中　外　物　理　学　精　品　书　系

本书出版得到"国家出版基金"资助

中外物理学精品书系

前沿系列·17

分析动力学
（第二版）

陈 滨 编著

图书在版编目(CIP)数据

分析动力学/陈滨编著. —2版. —北京:北京大学出版社,2012.10
(中外物理学精品书系·前沿系列)
ISBN 978-7-301-21334-6

Ⅰ.①分… Ⅱ.①陈… Ⅲ.①分析动力学 Ⅳ.①O316

中国版本图书馆CIP数据核字(2012)第230410号

书　　名:分析动力学(第二版)
著作责任者:陈　滨　编著
责 任 编 辑:尹照原
标 准 书 号:ISBN 978-7-301-21334-6/O·0889
出 版 发 行:北京大学出版社
地　　址:北京市海淀区成府路205号　100871
网　　址:http://www.pup.cn
电　　话:邮购部 62752015　发行部 62750672　编辑部 62752021
出版部 62754962
电 子 信 箱:zpup@pup.pku.edu.cn
印 刷 者:北京中科印刷有限公司
经 销 者:新华书店
730毫米×980毫米　16开本　31.75印张　605千字
1987年12月第1版
2012年10月第2版　2017年9月第2次印刷
定　　价:86.00元

《中外物理学精品书系》
编 委 会

序　言

物理学是研究物质、能量以及它们之间相互作用的科学. 她不仅是化学、生命、材料、信息、能源和环境等相关学科的基础,同时还是许多新兴学科和交叉学科的前沿. 在科技发展日新月异和国际竞争日趋激烈的今天,物理学不仅囿于基础科学和技术应用研究的范畴,而且在社会发展与人类进步的历史进程中发挥着越来越关键的作用.

我们欣喜地看到,改革开放三十多年来,随着中国政治、经济、教育、文化等领域各项事业的持续稳定发展,我国物理学取得了跨越式的进步,做出了很多为世界瞩目的研究成果. 今日的中国物理正在经历一个历史上少有的黄金时代.

在我国物理学科快速发展的背景下,近年来物理学相关书籍也呈现百花齐放的良好态势,在知识传承、学术交流、人才培养等方面发挥着无可替代的作用. 从另一方面看,尽管国内各出版社相继推出了一些质量很高的物理教材和图书,但系统总结物理学各门类知识和发展,深入浅出地介绍其与现代科学技术之间的渊源,并针对不同层次的读者提供有价值的教材和研究参考,仍是我国科学传播与出版界面临的一个极富挑战性的课题.

为有力推动我国物理学研究、加快相关学科的建设与发展,特别是展现近年来中国物理学者的研究水平和成果,北京大学出版社在国家出版基金的支持下推出了《中外物理学精品书系》,试图对以上难题进行大胆的尝试和探索. 该书系编委会集结了数十位来自内地和香港顶尖高校及科研院所的知名专家学者. 他们都是目前该领域十分活跃的专家,确保了整套丛书的权威性和前瞻性.

这套书系内容丰富,涵盖面广,可读性强,其中既有对我国传统物理学发展的梳理和总结,也有对正在蓬勃发展的物理学前沿的全面展示;既引进和介绍了世界物理学研究的发展动态,也面向国际主流领域传播中国物理的优秀专著. 可以说,《中外物理学精品书系》力图完整呈现近现代世界和中国物理科学发展的全貌，是一部目前国内为数不多的兼具学术价值和阅读乐趣的经典物理丛书.

《中外物理学精品书系》另一个突出特点是，在把西方物理的精华要义“请进来”的同时，也将我国近现代物理的优秀成果“送出去”. 物理学科在世界范围内的重要性不言而喻，引进和翻译世界物理的经典著作和前沿动态，可以满足当前国内物理教学和科研工作的迫切需求. 另一方面，改革开放几十年来，我国的物理学研究取得了长足发展，一大批具有较高学术价值的著作相继问世. 这套丛书首次将一些中国物理学者的优秀论著以英文版的形式直接推向国际相关研究的主流领域，使世界对中国物理学的过去和现状有更多的深入了解，不仅充分展示出中国物理学研究和积累的“硬实力”，也向世界主动传播我国科技文化领域不断创新的“软实力”，对全面提升中国科学、教育和文化领域的国际形象起到重要的促进作用.

值得一提的是，《中外物理学精品书系》还对中国近现代物理学科的经典著作进行了全面收录. 20 世纪以来，中国物理界诞生了很多经典作品，但当时大都分散出版，如今很多代表性的作品已经淹没在浩瀚的图书海洋中，读者们对这些论著也都是“只闻其声，未见其真”. 该书系的编者们在这方面下了很大工夫，对中国物理学科不同时期、不同分支的经典著作进行了系统的整理和收录. 这项工作具有非常重要的学术意义和社会价值，不仅可以很好地保护和传承我国物理学的经典文献，充分发挥其应有的传世育人的作用，更能使广大物理学人和青年学子切身体会我国物理学研究的发展脉络和优良传统，真正领悟到老一辈科学家严谨求实、追求卓越、博大精深的治学之美.

温家宝总理在 2006 年中国科学技术大会上指出，“加强基础研究是提升国家创新能力、积累智力资本的重要途径，是我国跻身世界科技强国的必要条件”. 中国的发展在于创新，而基础研究正是一切创新的根本和源泉. 我相信，这套《中外物理学精品书系》的出版，不仅可以使所有热爱和研究物理学的人们从中获取思维的启迪、智力的挑战和阅读的乐趣，也将进一步推动其他相关基础科学更好更快地发展，为我国今后的科技创新和社会进步做出应有的贡献.

《中外物理学精品书系》编委会 主任

中国科学院院士，北京大学教授

王恩哥

2010 年 5 月于燕园

内 容 简 介

本书系统、全面地论述分析动力学.除包括有传统的经典内容外,还包括了近几十年来关于分析动力学理论和应用研究中的重要新成果,其中一部分是作者长期研究的结果.

全书共分五章.第一章是关于约束的研究.本书特别强调约束的研究,并以关于约束数学性质和力学性质的研究成果作为分析动力学的基石.第二章是 Lagrange 力学完整的叙述.第三章介绍非完整系统动力学.本章除介绍了经典的有关非完整系统动力学的研究成果外,还介绍了近年来关于 Kane 方程的研究.第四章讨论了力学的变分原理.第五章给出了 Hamilton 力学的内容并以天体力学为例介绍 Hamilton 力学的应用.每章末均附有习题.

本书可作为大学力学、数学、物理学以及工程专业高年级学生及研究生的教材或教学参考书,也可供有关教师、研究工作者及工程技术人员参考.

第二版序

本书第一版是1987年12月由北京大学出版社出版的.该书1992年获国家级优秀教材奖.1989年台湾高等教育出版社出版了本书的繁体字版.

从本书第一版出版到现在已经二十多年了.在这期间本书作者和几位志同道合的老师,像台湾大学应用力学研究所王立昇老师,北京理工大学梅凤翔老师,浙江师范大学俞慧丹老师,北京大学力学系朱海平老师、刘才山老师,以及几位勤奋努力、年轻并富有创造力的同学:肖世富、赵振、姚文莉、潘寒萌、金海,诸位合作,共同开展了这一领域的研究工作,并取得了若干成果.我觉得其中有些成果是带有基础性,对分析动力学这门学科有意义,例如:状态空间轨道与轨道映射理论,状态空间线性约束完整性、非完整局部性与大范围全局分析理论,状态空间非线性约束的完整性与非完整性理论,纯非完整系统理论,约束本构特性理论以及Gauss-Appell-Четаев模型与Vacoo动力学模型理论,以动力学普遍的微分变分原理为基础的时间步进求解法,Hamilton原理及其特性的深入研究及其在刚-柔耦合系统动力学研究中的应用,引导并开展变结构系统的动力学研究.将这些成果适当地收录入本书,这就形成了本书的新版.进入21世纪以来,我们重点开展了有关变结构系统与碰撞动力学的研究,但由于不打算扩充本书的论题,这方面的成果就没有引入了.

在经典动力学的体系中引入约束的概念,并把约束和力一样,作为动力学考虑的基本因素,这是分析动力学的重要特色.从它出发,建立了力学体系,引入了系统能量表述的动力学体系,它不仅极大地简化了系统的动力学分析过程,而且它所建立的系统规律和表述方式,构成了发展现代物理学的阶梯.本书新版更细致、更丰富地发展了相关的理论和应用,这在科学上应是有意义的.

感谢北京大学出版社为出版本书新版所做的出色工作.

陈　滨

2012年2月于北京大学工学院

第一版序

由 Lagrange 和 Hamilton 所奠基的分析动力学(亦称为“分析力学”或“经典动力学”)是一门已经成熟发展了的学科. 和目前兴起的种种新学科相比,它确实显得古老了. 但是,这门古老的学科在今天人类认识和改造自然界的斗争中,其价值并没有减少. 生产和科学的实践还正在提出一系列新的课题迫切地需要这门学科加以研究.

分析动力学作为经典物理学普遍而统一的动力学理论一直很引人注目. 它是经典物理的基石之一,同时也是很多数学理论的发源地和恰当的应用对象. 成熟发展的经典动力学理论给现代物理学的发展准备好了阶梯. 分析动力学的研究不仅有理论价值,也有着巨大的实用意义. 它的研究一方面提供了现代应用力学以及动力学一般理论最基本的原理和方法,另一方面,它本身也给出了在振动、稳定性、刚体与刚体系统、天体与宇航器的运动等领域中一系列有实用价值的成果.

正是由于这个原因,目前不少专业的大学本科教学计划中都安排有分析动力学的初步内容,而在高年级选修课和研究生课程中则有着分析动力学更深入更完备的论述. 作为这种较深入课程用的教材或专著,在国外已有不少,但国内出版的却还不多. 作者在给北京大学力学系一般力学与控制理论专业研究生讲授分析动力学课程时只好自编讲义. 本书就是在这个讲义的基础上修改补充而成的. 为了不和本科生教学计划中的内容有太多的重复,有关用第二类 Lagrange 方程解题的部分本书就不再发挥,而把重点放在基本理论的发展上. 由于最近几年关于非线性非完整系统动力学的研究,在分析动力学的某些基本概念问题上产生了不少争论,而在这些争论问题上的观点显然会影响着我们对分析动力学基本理论的陈述. 在本书中,我们论证了我们的观点和方法. 但只要有可能,我们将尽量保持着传统的叙述方式. 关于应用课题,本书对振动、陀螺、车辆动力学、宇航器以及天体力学给予了特别的注意. 在本书的基本内容中,我们只使用比较普及的数学工具,这是为了适应目前一般非数学专业学生的普遍情况.但是在某些非基本的补充材料中,我们则比较自由地使用一些更深入的数学工具.在这样做的时候,将尽可能给予说明或注明出处,以方便于读者的理解.

作者感谢汪家訸教授,黄克累教授,李灏教授,吕茂烈教授,他们在百忙中审阅了本书初稿并提出了宝贵的修改意见.我们的老师钱敏教授审阅了全书.对于他的指导和帮助,作者表示深切的谢意.本书习题的选编很不成熟,其中一部分是自编的,一部分来自其他的著作[①].对于这些著作的作者、译者,这里一并致谢.

陈　滨

1983 年 11 月于北京大学

① 例如,Е. С. Нятницкий 等编:《Сборник по аналцтической механике》,Издателъство《Наука》,1980,刘正福,王忠礼译,华东工程学院印,1982 年 10 月.

目　录

绪　论

观察自然界或研究工程技术，机械运动是一个经常碰到的普遍现象. 研究物质机械运动和平衡的规律是力学的任务①.

除史前期(以 Galileo，Kepler 的工作为代表)以外，力学学科的开始可以算自1687 年 Newton 的《自然哲学的数学原理》[1]一书的出版. 这本书，Lagrange 称之为"人类智慧的最伟大的产物". 从那时至今，约有三百多年. 我们可以大致以一百年为一段，把这三百年分成三个阶段. 下面的表格粗略地回顾了这三百年力学发展各个阶段的特征.

项目 阶段	时期	主要人物及工作	主要特征
第一阶段	1687 年	Newton：《自然哲学的数学原理》	力学和分析数学的开端
	17 世纪到 18 世纪的一百年	Bernoulli，Euler，d'Alembert 等	数学和力学发展的黄金时代
第二阶段	1788 年	Lagrange：《分析力学》	创建了分析的和体系的力学理论——Lagrange 力学
	18 世纪到 19 世纪的一百年	Laplace，Gauss，Hamilton，Jacobi，Hertz，Liouville，Poincaré，Maxwell 等	分析动力学的成熟发展与在物理学上碰到困难
第三阶段	1881 年	Michelson 实验与 Einstein 的狭义相对论	现代物理学的开端
	19 世纪到 20 世纪的一百年	Lorentz，Einstein，Planck，Schrödinger，Heisenberg 等 Plandtl，Жуковский，Saint-Venant，Ляпунов 等	相对论力学与量子力学的发展 现代应用力学的发展

作为力学学科的开创人物——Newton，他的重大贡献是：找到了制约自然界物质机械运动的相当普遍的规律，同时也发明了研究这种规律的数学方法——微积分，也就是今天发展成为"分析"的数学学科. Newton 的原理及其方法的成就使得当时科学界不少人产生这样的观念：好像已经找到了制约自然界一切运动的根

① 当然，这是就力学的狭义理解而言的.

本规律，一切都可以纳入 Newton 的模式来加以理解和认识了.

但是，人们在研究实践中发现问题不是那么简单. 实际的困难至少来自这三个方面：

第一，Newton 的模式把影响物体运动的原因统统归结为力. 而实际上，大量的运动是受约束的运动. 原则上说，约束对运动的作用虽确可以归结为力，但这些力就像未知的运动一样，是有待决定的. 因此，如果局限在 Newton 的力学模式中，寻求受约束系统的运动就产生了困难. 换句话说，Newton 的模式对研究受约束系统的力学是不方便的.

仅从概念上说，约束（至少是几何约束）的作用可以看成是沿约束面法向强度极大的吸力场作用的极限（见 1.5.1 小节）. 采用这种看法似乎可以不把约束作为独立的动力学基本因素，而仅研究 Newton 的模式. 但可惜的，这种想法对动力学的研究来说并不富有成果. 动力学也可以走另一个极端，这就是 Hertz 的理论[2]. 他完全摒弃力这个概念，而仅以约束为基础. 这样的做法也是不自然的. Lagrange 走的是中间道路，在他的体系中[3]，力和约束都作为动力学的基本因素. 既承认力的作用，又承认约束的作用. 我们今天的分析动力学仍然本着 Lagrange 的这个思想.

第二，数学的困难：建立了动力学原理或者建立了系统的动力学方程，并不是研究的终结. 因为我们并没有一般的办法去找到动力学方程的积分. 这就像微分方程理论中 Liouville 关于 Riccati 方程的研究结果一样①，使得动力学方程的求解问题成为一个一直需要研究的课题. 在力学上，著名的结果是关于重刚体绕不动点的转动问题和三体问题，在一般情况下找不到足够的第一积分. 这对于我们原来的愿望来说，是一个重大的打击. 如何千方百计地去寻找较多的动力学方程积分以及如何最好地利用这些积分，成为古典数学力学家们努力的重要目标. 在找不到动力学方程组足够的第一积分的情况下，如何研究力学系统的运动特性，如何定性地研究解的结构，如何定量地进行计算，这构成近代数学、力学中极为重要的课题. 特别是分析动力学位形空间所具有的微分流形构造以及近年来关于奇异吸引子的发现，使得这些研究更具有丰富的色彩.

第三，物理上的困难：当人们天真地想把 Newton 的模式拿去研究光、电磁、微观粒子等现象时，碰到了像接近光速的相对论效应，微观粒子的波粒二象性等难题. 在这种情况下，作为整个经典动力学的基本观念——时间的绝对性与时空分离的观念、质能分离的观念、运动的确定性描述观念等等都受到了挑战. 在人们不得不承认新的物理事实之后，就极需要在已经成熟的经典力学理论中寻找那样一些

① 具体内容读者可以参阅秦元勋的《微分方程所定义的积分曲线》上册.

理论的形式和方法，使得它能够顺利地摆脱经典概念的束缚，而且成为自然地过渡向非经典力学的桥梁. 经典力学的分析动力学形式为这种过渡作出了最好的准备.

分析动力学是数学、力学研究者在克服上述诸困难中工作成果的部分记录. 1788 年，也就是 Newton 的经典著作发表之后约一百年，Lagrange 完成了他的著作《分析力学》[3]. 这开辟了经典力学的第二个阶段. 这本著作在很大的程度上克服了 Newton 力学上述的第一个困难(并没有完全克服. 在 Lagrange 的著作中还没有非完整约束的概念. 非完整系统动力学是后来研究的成果)，在一定的程度上克服了 Newton 力学的第二个困难. Lagrange 得到了力学系统在完全一般性广义坐标描述下具有不变形式的动力学方程组，并突出了能量函数的意义. Lagrange 系统实际上概括了比 Newton 力学要广泛得多的系统，同时它也提供了对力学系统的动力学、稳定性、振动过程作一般性研究的可能. 在这方面的研究中，Liouville, Routh, Rayleigh, Ляпунов, Whittaker 等人的成果最为著名. 这些成果不但构成了 Lagrange 力学的重要内容，而且在更广泛的系统中(例如电气系统、控制系统等等)得到应用. Lagrange 力学的另一重要发展是研究非完整系统. 特别是非线性非完整系统的研究，导致了对分析动力学一系列基本概念，诸如虚位移、虚速度、$d\delta$ 变换性、变分原理等作深入的探讨. 非完整系统在工程技术上的重要性也促进了这种研究的发展. 这种研究一直延伸到现在，并在最近一些年来受到很大的重视.

经典力学发展的第三阶段是和 Hamilton 的工作分不开的. Hamilton 对光学和力学之间深刻联系的思想促进了他对经典动力学作出了创造性的研究. 他的成就概要为两点：第一，力学的原理不仅可以按 Newton 的方式来叙述，也可以按某种作用量(数学上是某种泛函)的逗留值(有时是极小值)方式来叙述. 第二，力学的状态描述和动力学方程可以找到一种优美的正则形式以及等价“波动形式”，这些形式有着极好的数学性质. Jacobi 继续了 Hamilton 的研究. Hamilton-Jacobi 方法不仅仅开辟了解决天体力学以及物理学中一系列重要的动力学问题的途径，同时作为波动力学的先导，给量子力学的发展提供了启示. 按 Hamilton 所描述的经典力学原理和动力学方程的形式，最适宜于成为向现代物理学过渡的桥梁. 在这方面，我们只要举出最小作用量原理提供了建立相对论力学和量子力学最简练的而富有概括性的出发点，以及 Schrödinger 方程、Heisenberg 方程和 Hamilton 力学的紧密联系就可以说明. 即使局限在经典范围内，Hamilton 体系所包含的动力学现象也有着异常丰富的研究前景. 非保守的经典动力学系统中奇异吸引子的发现以及有关所谓“混沌”(chaos)现象的研究模糊了确定性与随机性的界限，这是近年来关于动力学理论有基本意义的成果之一[4-6].

最近一百年来，现代物理学的发展只是使经典力学失去了那种误认为可以“统率一切”的虚假的光辉，但并没有使它失去巨大的应用价值. 近一百年来，现代应用力学的迅速发展就是明证.客观世界中宏观物质规律的错综复杂性以及力学方程组求解的困难,提供了应用力学长期研究的领域.分析动力学提供了这种应用力学研究最基本的原理和方法.由分析动力学研究所直接生长起来的关于振动、稳定性、陀螺、刚体与刚体系统、宇航器与天体力学的理论已经成为相当宽广的领域,而非线性力学、基于变分原理的直接法、可控体或生物体的动力学,以及有限自由度体系和连续体动力学之间的联系与过渡等等都正在受到很大的重视.有关这些问题的研究一定能更加丰富分析动力学的内容并大大开阔它的应用范围.

第一章　约束的研究

物体的机械运动就是物体的空间位置随时间的变动，而约束就是对物体机械运动附加的一种强制性的限制条件. 一般而言，包含这种约束条件的质点组在一定的给定力作用下构成了“力学体系”. 对这种力学体系，除已知的给定力以外，由于约束而另加在运动物体上的力，就像该物体的运动一样是有待决定的. 因此对于动力学问题，约束需要和力一样，作为一个基本因素来加以考虑. 为此，需要对约束的种类和性质作深入的分析.

§1.1　体系运动的多维空间描述

无论是对物体的运动加以研究或是对约束加以研究，都需要引入以下的描述. 这里强调的实质，乃是关于为描述物体运动而引入的坐标随时间变化的函数所应具有的性质以及它们整体性的几何表现.

1.1.1　Descartes 位形空间 C

对于物体运动的客观空间，我们引入一个 Descartes 坐标系 $Oxyz$. 为描述一个质点，需要知道它的质量 m，以及每时刻的向径 $\boldsymbol{r}(t)$，或者记为：

$$质点：\{m;\boldsymbol{r}(t):x(t),y(t),z(t)\},$$

其中 $t\in b$，b 定义为由 $-\infty$ 到 $+\infty$ 的一维连续流；$m=\text{const.}\in\mathbf{R}^{+}$；$x(t),y(t),z(t)$ 为单值连续实函数.

以下来描述质点组：N 个质点，编号为 $\nu=1,2,\cdots,N$；都在同一个 Descartes 坐标系 $Oxyz$ 内计算，表述为

$$质点组：\{m_\nu;\boldsymbol{r}_\nu(t):x_\nu(t),y_\nu(t),z_\nu(t);\nu=1,2,\cdots,N\},$$

其中 $t\in b$；$m_\nu=\text{const.}\in\mathbf{R}^{+}$（特殊情形，可允许某些 $m_\nu=0$）；$x_\nu(t),y_\nu(t),z_\nu(t)$ 为单值连续实函数. 因此，每一时刻该质点组决定自己的位置形状——简称为**位形**，需要 $3N$ 个数. 将其表达成有序实数集合的列阵形式，即为：

$$\begin{aligned}\boldsymbol{c}&=[u_1,u_2,u_3,u_4,u_5,u_6,\cdots,u_{3N}]^{\mathrm{T}}{}^{①}\\&=[x_1(t),y_1(t),z_1(t),x_2(t),y_2(t),z_2(z),\cdots,x_N(t),y_N(t),z_N(t)]^{\mathrm{T}}.\end{aligned}$$

---

① 上角标 T 表示矩阵的转置.

于是我们可以引入一个由这 $3N$ 个数张成的抽象空间来表现位形 $\boldsymbol{c}$，记这个抽象空间为 C，称为**位形空间**. 位形空间的度量选择有一定自由性，例如可以假定这个空间是由这 $3N$ 个数构成各维的正交欧氏空间. 这样，位形 $\boldsymbol{c}$ 的列阵具有矢量的特性，同时在 C 空间规定了度量：

$$\text{距离}^2 = \sum_{s=1}^{3N}(\Delta u_s)^2.$$

此时，质点组每一时刻的位形刚好唯一地对应着 C 空间中的一个表现点 $\boldsymbol{c}$，而 C 空间中的任意一个点，也刚好对应着质点组的一个位形①，表现着质点组各质点的 Descartes 坐标分量. 因此，这个 $3N$ 维的抽象空间 C 称为质点组的 **Descartes 位形空间**.

当质点组的位形随时间而变动时，它的位形表现点在 C 空间里画出了一条超曲线，即一维的轨迹. 这个轨迹被称为**质点组运动的 $\boldsymbol{c}$ 轨迹**，$\boldsymbol{c}$ 轨迹又称为**位形空间里的轨道**，它构成了位形空间以时间 t 为参数的纤维.

在今后所考虑的力学系统运动中，我们假定所有的作用——包括给定力的作用和约束的作用，一般都是有界的. 无界的作用只允许考虑有限的几个时刻的孤立打击. 在这种情况下，可以指出 $\boldsymbol{c}$ 轨迹的某些一般性质如下：

(1) $\boldsymbol{c}$ 轨迹是连续的. 因为不能设想系统的位形可以不经过一定的时间间隔而产生有限的变化，这在经典力学的意义上是明显成立的. 在数学上，反映为 $u_\nu(t)$，$\nu=1,2,\cdots,3N$ 诸函数为 t 的单值连续实函数.

(2) $\boldsymbol{c}$ 轨迹可以有自交点，即重点. 例如，在周期运动中明显有重点.

(3) 除某些孤立的打击点和静止点而外，$\boldsymbol{c}$ 轨迹在每一点可定义一方向

$$\boldsymbol{d}_c = \left(\sum_{\nu=1}^{3N}\dot{u}_\nu^2\right)^{-\frac{1}{2}}\begin{bmatrix}\dot{u}_1\\ \dot{u}_2\\ \vdots\\ \dot{u}_{3N}\end{bmatrix}.$$

这就是说，在除去孤立的打击点而外，$u_\nu(t)$，$\nu=1,2,\cdots,3N$ 诸函数应该是可微的.

(4) $\boldsymbol{c}$ 轨迹的方向一般是连续变化的. 可见，我们不但假定了 $u_\nu(t)$，$\nu=1,2,\cdots,3N$ 诸函数是分段可微，而且假定了它们是分段连续可微. 拐点仅发生在方向无法确定的地方：

a. 在静止点处，即

---

① 这只是一般而言，实际上，由于某些实际的限制，C 空间里的某些表现点并不能对应系统可能的位形. 例如，由于不可入性的考虑，两质点不能同时占据客观空间的同一位置. 这就说明，C 空间里，满足

$$z_\nu = x_\mu,\quad y_\nu = y_\mu,\quad z_\nu = z_\mu\quad \nu,\mu\in 1,2,\cdots,N,\quad \nu\neq\mu$$

的表现点并不对应系统实际可能的位形.

$$\dot{u}_\nu(t^*) = 0,\quad \nu = 1,2,\cdots,3N.$$

b. 在有打击作用的时刻.此时有某些速度分量不连续,即

$$\boldsymbol{d}_c(t^{**}-0) \neq \boldsymbol{d}_c(t^{**}+0).$$

这时,称 $\boldsymbol{c}$ 轨迹在 $t=t^{**}$ 时刻有**真拐点**.

1.1.2　事件空间 E

将时间 t 以及该时刻所达到的位形两者"联系"在一起,就构成了一个事件.在这里,这种时间和空间的"联系",有两类可能的观念:(1) 时间和空间简单并列,各自独立.这是经典物理的观念;(2) 虽然并列,但变换时相互牵连.这是相对论的观念.但无论如何,一个事件是指一 $3N+1$ 个实数的有序集合,表达成为列阵的形式,即

$$\boldsymbol{e} = \begin{bmatrix} u_1 \\ u_2 \\ \vdots \\ u_{3N} \\ t \end{bmatrix}.$$

当我们用一个 $3N+1$ 维的正交欧氏空间来表现上述事件的时候,这个空间就是**事件空间** E. E 空间和 C 空间不同,它的各维当中,有一维是时间 t,它和别的维有性质上的不同.当质点组在运动时,它的事件点 $\boldsymbol{e}$ 在 E 空间里扫出了一条超曲线——一维轨迹,称之为系统运动的 $\boldsymbol{e}$ 轨迹. $\boldsymbol{e}$ 轨迹的一般性质如下:

(1) $\boldsymbol{e}$ 轨迹是连续的.

(2) $\boldsymbol{e}$ 轨迹不可能有重点.因为同一时刻只可能有一个表现点(由于 $u_\nu(t)$ 函数的单值性),而不同时刻不可能形成重点.

(3) 除有限的几个孤立打击点以外,$\boldsymbol{e}$ 轨迹在每一点可定义一个方向

$$\boldsymbol{d}_e = \left(\sum_{\nu=1}^{3N} \dot{u}_\nu^2 + 1\right)^{-\frac{1}{2}} \begin{bmatrix} \dot{u}_1 \\ \dot{u}_2 \\ \vdots \\ \dot{u}_{3N} \\ 1 \end{bmatrix},$$

这些方向是连续变化的.

(4) $\boldsymbol{e}$ 轨迹对 $t=\text{const.}$ 超平面是正向穿越.这就是说,$\boldsymbol{e}$ 轨迹的方向和 $t=\text{const.}$ 平面的单位正法向之间的夹角小于 $\pi/2$. $t=\text{const.}$ 超平面的单位正法向为

$$\boldsymbol{t} = \begin{bmatrix} 0 \\ 0 \\ \vdots \\ 0 \\ 1 \end{bmatrix}.$$

分三种情况讨论：

a. 非静止的光滑点处：$\dot{u}_\nu(t)$全存在但不全为零，此时

$$\cos\theta = \frac{\boldsymbol{d}_e \cdot \boldsymbol{t}}{|\boldsymbol{d}_e| \cdot |\boldsymbol{t}|} = \left(\sum_{\nu=1}^{3N} \dot{u}_\nu^2 + 1\right)^{-\frac{1}{2}} \begin{cases} > 0, \\ < 1. \end{cases}$$

可见有$|\theta| < \pi/2$.

b. 静止点处：有

$$\dot{u}_\nu(t^*) = 0, \quad \nu = 1, 2, \cdots, 3N.$$

此时 $\boldsymbol{d}_e = [0, 0, \cdots, 0, 1]^{\mathrm{T}}$，所以 $\boldsymbol{t}$ 和 $\boldsymbol{d}_e$ 同向，夹角为零.

c. 受打击处：此时有

$$\boldsymbol{d}_e(t^{**} - 0) = [\dot{u}_1(t^{**} - 0), \cdots, \dot{u}_{3N}(t^{**} - 0), 1]^{\mathrm{T}},$$

$$\boldsymbol{d}_e(t^{**} + 0) = [\dot{u}_1(t^{**} + 0), \cdots, \dot{u}_{3N}(t^{**} + 0), 1]^{\mathrm{T}}.$$

这时，虽然 $\boldsymbol{d}_e$ 本身无意义，但 $\boldsymbol{d}_e(t^{**} - 0)$和 $\boldsymbol{d}_e(t^{**} + 0)$的穿越性质仍然不变.

图 1.1 表达了上述三种情况穿越的图像.

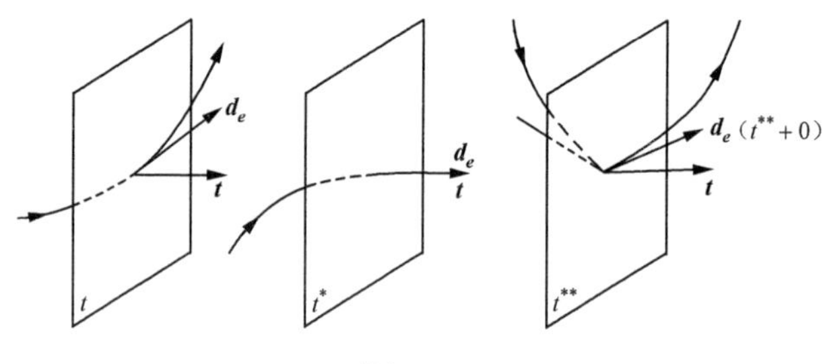

图 1.1

(5) $\boldsymbol{e}$ 轨迹可以有拐点：在受打击处，$\boldsymbol{e}$ 轨迹有真拐点.

以下讨论经典力学的事件空间和相对论力学的事件空间的对比[7]. 为了更加对称，我们记经典力学的一个事件为

$$\boldsymbol{e} = [x_1, x_2, x_3, x_4]^{\mathrm{T}} = [x, y, z, t]^{\mathrm{T}}.$$

如果考虑两个事件，则定义它们之间的间隔 ΔS 为 E 空间中两个表现点之间的距离，即有

$$(\Delta S)^2 = \sum_{i=1}^{4} (\Delta x_i)^2.$$

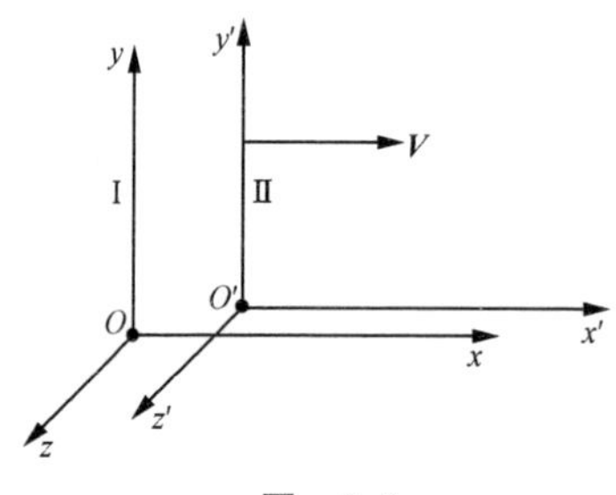

图 1.2

现考虑如图 1.2 所示的两个惯性坐标系，其中第二惯性系 Ⅱ 以固定速度 $\boldsymbol{V}$ 相对第一惯性系 Ⅰ 运动. 当从 Ⅰ，Ⅱ 中分别观察同一力学事件时，得到

$$\boldsymbol{e} = [x_1, x_2, x_3, x_4]^{\mathrm{T}}, \quad 在 \text{ I } 中,$$
$$\boldsymbol{e}' = [x_1', x_2', x_3', x_4']^{\mathrm{T}}, \quad 在 \text{ II } 中.$$

若考察两个力学事件,分别可以得到间隔

$$(\Delta S)^2 = \sum_{i=1}^{4}(\Delta x_i)^2, \quad 在 \text{ I } 中,$$

$$(\Delta S')^2 = \sum_{i=1}^{4}(\Delta x_i')^2, \quad 在 \text{ II } 中.$$

在经典力学里,由于事件空间 E 仅仅是客观空间和时间的简单联合,而Ⅰ,Ⅱ之间的空间变换是度量不变的变换,即

$$\sum_{i=1}^{3}(\Delta x_i)^2 = \sum_{i=1}^{3}(\Delta x_i')^2.$$

时间是绝对的,即 $\Delta t = \Delta t'$. 因此恒有

$$(\Delta S)^2 = (\Delta S')^2.$$

这就是说,从不同的惯性坐标系去考察力学事件时,其事件空间的变换是度量不变的. 这个原理是本质的,即使在相对论力学里同样成立.

相对论力学最本质的观念是把空间和时间统一在一起考虑的观念,也就是事件空间的观念. 我们就是要通过把空间和时间统一在一起来变换的方式以适应相对性原理和光速不变性同时成立的物理事实.

同样考虑如图 1.2 所示的惯性坐标系Ⅰ和Ⅱ. 观察同一物理事件,分别得到事件

$$\boldsymbol{e} = [x_1, x_2, x_3, x_4]^{\mathrm{T}}, \quad 在 \text{ I } 中,$$
$$\boldsymbol{e}' = [x_1', x_2', x_3', x_4']^{\mathrm{T}}, \quad 在 \text{ II } 中.$$

考虑两个物理事件时,分别有间隔

$$(\Delta S)^2 = \sum_{i=1}^{4}(\Delta x_i)^2, \quad 在 \text{ I } 中,$$

$$(\Delta S')^2 = \sum_{i=1}^{4}(\Delta x_i')^2, \quad 在 \text{ II } 中.$$

首先考虑光的传播这个物理事件. 比如在Ⅰ中,经过 Δt 时间,光的传播满足方程

$$(\Delta x_1)^2 + (\Delta x_2)^2 + (\Delta x_3)^2 = (c\Delta t)^2,$$

其中 c 是光速. 上式也可以改写成为

$$(\Delta x_1)^2 + (\Delta x_2)^2 + (\Delta x_3)^2 + [\Delta(\mathrm{i}ct)]^2 = 0.$$

根据光速不变性原则,在Ⅱ坐标中观察上述同一光的传播过程,同样有

$$(\Delta x_1')^2 + (\Delta x_2')^2 + (\Delta x_3')^2 + [\Delta(\mathrm{i}ct')]^2 = 0.$$

因此,如果定义

$$\boldsymbol{e} = [x_1, x_2, x_3, x_4]^{\mathrm{T}} = [x_1, x_2, x_3, \mathrm{i}ct]^{\mathrm{T}};$$
$$\boldsymbol{e}' = [x_1', x_2', x_3', x_4']^{\mathrm{T}} = [x_1', x_2', x_3', \mathrm{i}ct']^{\mathrm{T}}.$$

则对于光的传播这一物理事件就满足了变换的度量不变性,即恒有

$$(\Delta S)^2 = (\Delta S')^2 = 0.$$

由于经典力学事件空间变换是度量不变的,再根据光速不变性推得相对论的零间隔是度量不变的,因此我们推广上述结果并假定,在相对论力学的领域,对一切物理事件同样有事件空间变换的度量不变性原理成立.

从这个原理出发,我们可以导出相对论力学的基本变换公式. 仍然考虑如图 1.2 所示的情况. 根据对称性,现在有 $x_2 = x_2'$, $x_3 = x_3'$. 略去平凡的平移部分,即假定 t 和 t' 都是从 Ⅰ, Ⅱ 坐标系重合时算起,再考虑到度量不变性的基本原理,此时事件空间的变换为

$$\begin{cases} x_1 = x_1'\cos\Psi - x_4'\sin\Psi, \\ x_2 = x_2', \\ x_3 = x_3', \\ x_4 = x_1'\sin\Psi + x_4'\cos\Psi. \end{cases}$$

利用 O' 点的变换来定系数: 因为 $x_1'|_{O'} = 0$,所以

$$\begin{cases} x_1|_{O'} = -x_4'|_{O'}\sin\Psi, \\ x_4|_{O'} = x_4'|_{O'}\cos\Psi. \end{cases}$$

从而有

$$\tan\Psi = -\frac{x_1|_{O'}}{x_4|_{O'}} = -\frac{x_1|_{O'}}{\mathrm{i}ct} = \frac{\mathrm{i}V}{c}.$$

这样可以解出

$$\sin\Psi = \frac{\mathrm{i}V/c}{\sqrt{1-(V/c)^2}}, \quad \cos\Psi = \frac{1}{\sqrt{1-(V/c)^2}}.$$

由此,可以得到 Ⅰ, Ⅱ 之间的变换公式为

$$\begin{cases} x_1 = \dfrac{x_1' + Vt'}{\sqrt{1-(V/c)^2}}, \\ x_2 = x_2', \\ x_3 = x_3', \\ t = \dfrac{t' + Vx_1'/c^2}{\sqrt{1-(V/c)^2}}. \end{cases}$$

这就是 Lorentz 变换公式.

1.1.3 状态空间 S

将时刻 t 时系统的位形$[u_1, u_2, \cdots, u_{3N}]^{\mathrm{T}}$以及该时刻的速度 $\dot{u}_1, \dot{u}_2, \cdots, \dot{u}_{3N}$（假定该时刻各个速度分量都存在）联合在一起，称之为该时刻系统的状态. 因此，状态是 $6N$ 个实数的有序集合，表达成列阵的形式为

$$\boldsymbol{s} = [s_1, \cdots, s_{3N+1}, \cdots, s_{6N}]^{\mathrm{T}} = [u_1, \cdots, u_{3N}, \dot{u}_1, \cdots, \dot{u}_{3N}]^{\mathrm{T}}.$$

如果建立一个 $6N$ 维的正交欧氏空间来表现上述的状态，这个空间就称为**状态空间** S. 此时，系统的每一状态在 S 空间里对应着唯一的一个状态点，而反过来，S 空间里的每一个点也对应着系统的一个确定的状态①.

当系统的状态随着时间而变化时，系统的状态点在 S 空间里画出一条超曲线——一维轨迹，称之为**系统运动的 $\boldsymbol{s}$ 轨迹**.

为什么将系统的位形和速度合在一起构成“状态”呢？这是由于力学系统一般是由二阶常微分方程组来制约的：

$$m_i \frac{\mathrm{d}^2 u_i}{\mathrm{d}t^2} = F_i, \quad i = 1, 2, \cdots, 3N.$$

因此，有了位形和速度合在一起的“状态”，粗略地说，就构成了唯一地决定系统运动的时续过程的条件，即能够唯一地确定系统的过去和未来. 在这个意义上，状态空间这个概念有着更广泛的应用价值.

力学系统的 $\boldsymbol{s}$ 轨迹有一般性质如下：

（1）$\boldsymbol{s}$ 轨迹在非打击时刻是连续的，可微的. 在受有打击的时刻，$\boldsymbol{s}$ 轨迹可能发生间断，而间断发生在速度分量上.

（2）$\boldsymbol{s}$ 轨迹可以有重点.

1.1.4 状态时间空间 T

将系统的状态以及发生该状态的时间联合在一起，就构成了 $6N+1$ 个实数的有序集合，称为**状态时间点**，记为

$$\begin{aligned}\boldsymbol{st} &= [st_1, \cdots, st_{3N}, st_{3N+1}, \cdots, st_{6N}, st_{6N+1}]^{\mathrm{T}} \\ &= [u_1, \cdots, u_{3N}, \dot{u}_1, \cdots, \dot{u}_{3N}, t]^{\mathrm{T}}.\end{aligned}$$

引进一个抽象的 $6N+1$ 维的正交欧氏空间来表现上述的 $\boldsymbol{st}$ 时，这个空间就是状态时间空间 T. 当系统运动时，系统对应的 $\boldsymbol{st}$ 点在 T 空间里画出一条超曲线——一维轨迹，称之为**系统运动的 $\boldsymbol{st}$ 轨迹**.

力学系统的 $\boldsymbol{st}$ 轨迹有一般性质如下：

---

① 参看第 6 页注释.

(1) **st** 轨迹是分段连续,分段光滑;

(2) **st** 轨迹不能有重点;

(3) **st** 轨迹对 $t=$cosnt. 超平面是正向穿越.

利用以上引入的各个空间,我们可以几何地描述系统的运动,同时也可以几何地描述和理解约束的含义,并研究约束的性质.

1.1.5 状态空间轨道的一般理论[8]

假定我们研究一个由 N 个质点组成的力学系统,其 Descartes 位形是 $\boldsymbol{u}=[u_1, u_2, \cdots, u_{3N}]^{\mathrm{T}}$, Descartes 速度为 $\boldsymbol{v}=[v_1, v_2, \cdots, v_{3N}]^{\mathrm{T}}$,这样,系统的状态空间变元为

$$\begin{aligned} \boldsymbol{s} &= [s_1, s_2, \cdots, s_{6N}]^{\mathrm{T}} = [\boldsymbol{u}, \boldsymbol{v}]^{\mathrm{T}} \\ &= [u_1, \cdots, u_{3N}, v_1, \cdots, v_{3N}]^{\mathrm{T}}. \end{aligned} \tag{1.1}$$

在研究系统的运动时,所有的状态变元都是时间 t 的函数. 状态空间的引入,如果把它仅作为更形象更充分表现现实运动的工具,那么,它的各变元对时间的依赖关系是有着联系的. 这种联系就是速度分量和位形分量之间的自然联系,称为**协调性**,即

$$v_i(t) = \frac{\mathrm{d}}{\mathrm{d}t}[u_i(t)], \quad i = 1, 2, \cdots, 3N. \tag{1.2}$$

但是,状态空间的引入并不仅仅是为了更形象更充分地表现现实运动,而是有着更深刻的意义. 这个更深刻的意义在于它提供了可以研究真实运动在各种"假想运动"中特殊地位的工具. 为了实现这种研究,我们让状态空间各维都具有完全的独立性,从而可以引入广义的、一般性的状态轨道,定义如下:

定义 状态空间里**一般性轨道**,是指函数族

$$s(t): \begin{cases} u_1 = u_1(t), u_2 = u_2(t), \cdots, u_{3N} = u_{3N}(t), \\ v_1 = v_1(t), v_2 = v_2(t), \cdots, v_{3N} = v_{3N}(t), \end{cases} \tag{1.3}$$

其中每个函数都是连续可微的(特殊放宽者一般应给予说明).

上述状态轨道的定义,实际上是给予状态空间各变元分量都有独立性. 因此,这样定义的状态轨道是广义的,它既概括了真实运动轨道在状态空间里的表现,同时也概括了各种假想的运动. 状态轨道概念的这一推广,具有重要的理论意义.

定义 状态的**完全协调轨道**是指一条状态轨道,且满足完全协调性条件,即

$$v_i(t) = \frac{\mathrm{d}}{\mathrm{d}t}[u_i(t)], \quad i = 1, 2, \cdots, 3N. \tag{1.4}$$

很明显,一般性的状态轨道,不一定是完全协调轨道. 力学系统的任何一个现实运动,其状态轨道必然是完全协调轨道. 对于任意一个状态轨道 $s(t)$,我们可以生成一系列的完全协调轨道,定义如下:

定义 任给一条状态轨道

$$s(t):\begin{cases}u_1=u_1(t),u_2=u_2(t),\cdots,u_{3N}=u_{3N}(t),\\ v_1=v_1(t),v_2=v_2(t),\cdots,v_{3N}=v_{3N}(t).\end{cases}$$

我们可以生成一系列的轨道如下

(1) $s(t)$的**位形生成轨道**为

$$s_u(t):\begin{cases}u_1=u_1(t),u_2=u_2(t),\cdots,u_{3N}=u_{3N}(t),\\ v_1=\frac{\mathrm{d}}{\mathrm{d}t}[u_1(t)],v_2=\frac{\mathrm{d}}{\mathrm{d}t}[u_2(t)],\cdots,v_{3N}=\frac{\mathrm{d}}{\mathrm{d}t}[u_{3N}(t)].\end{cases}\tag{1.5}$$

(2) $s(t)$的从初始点$(\boldsymbol{u}^0,t_0)$出发的**速度生成轨道**为

$$s_v(t):\begin{cases}u_1=u_1^0+\int_{t_0}^{t}v_1(\tau)\mathrm{d}\tau,\cdots,u_{3N}=u_{3N}^0+\int_{t_0}^{t}v_{3N}(\tau)\mathrm{d}\tau,\\ v_1=v_1(t),v_2=v_2(t),\cdots,v_{3N}=v_{3N}(t).\end{cases}\tag{1.6}$$

(3) $s_{uv}(t)$：将指标分为两组，一组按位形生成，剩下者按速度生成，这样生成的轨道为$s(t)$的**混合生成轨道**.

很明显，上述生成的轨道$s_u(t),s_v(t),s_{uv}(t)$都是状态空间里的完全协调轨道. 如果$s(t)$轨道本身也是状态空间里的完全协调轨道，并且初始点也是$s(t)$轨道上的点，那么所有的$s_u(t),s_v(t),s_{uv}(t)$都将完全重合.

对于状态空间的轨道，也可以讨论其部分协调性问题.

定义 状态空间里的任一轨道，如果其分量中，对于指标为$j_1,j_2,\cdots,j_r$的这些分量具有协调性，即

$$v_{j_1}=\frac{\mathrm{d}}{\mathrm{d}t}[u_{j_1}(t)],\quad\cdots,\quad v_{j_r}=\frac{\mathrm{d}}{\mathrm{d}t}[u_{j_r}(t)],\tag{1.7}$$

则称该轨道为$(j_1,j_2,\cdots,j_r)$的部分协调轨道. 由于具有协调性的分量为r对，所以也称之为r维协调轨道.

以下讨论状态空间轨道的变分. 变分可分为等时变分和非等时变分. 通常记等时变分运算为δ，记非等时变分运算为Δ. 定义如下：

定义 在状态空间里，两条相邻轨道之间的等时变元差，称为**状态等时变分**，简称为**状态变分**. 通常称第一轨道为**原轨**，记为$[\boldsymbol{u}^1(t),\boldsymbol{v}^1(t)]^{\mathrm{T}}$，第二轨道为**变轨**，记为$[\boldsymbol{u}^2(t),\boldsymbol{v}^2(t)]^{\mathrm{T}}$，则状态等时变分定义为

$$\begin{cases}\delta u_i=u_i^2(t)-u_i^1(t),\\ \delta v_i=v_i^2(t)-v_i^1(t),\end{cases}\quad i=1,2,\cdots,3N.\tag{1.8}$$

定义 状态空间里，两条相邻轨道之间的非等时变元差，称为**状态非等时变分**. 此时先需引入时间变分函数$\Delta(t)$，则状态非等时变分为

$$\begin{cases}\Delta u_i=u_i^2(t+\Delta(t))-u_i^1(t),\\ \Delta v_i=v_i^2(t+\Delta(t))-v_i^1(t),\end{cases}\quad i=1,2,\cdots,3N.\tag{1.9}$$

状态等时变分运算 δ 和时间微分运算 d，在一定条件下其次序可以交换．这个条件就是被涉及的轨道应具有完全协调性．有以下定理：

定理 若原轨和变轨都是完全协调轨道，那么其等时交分满足 dδ 普遍交换性．

证明 按定义，等时变分为

$$\delta v_i = v_i^2(t) - v_i^1(t).$$

根据原轨和变轨都具有完全协调性假定，有

$$\begin{aligned}\delta v_i &= \frac{\mathrm{d}}{\mathrm{d}t}[u_i^2(t)] - \frac{\mathrm{d}}{\mathrm{d}t}[u_i^1(t)] = \frac{\mathrm{d}}{\mathrm{d}t}[u_i^2(t) - u_i^1(t)] \\ &= \frac{\mathrm{d}}{\mathrm{d}t}(\delta u_i), \quad i = 1,2,\cdots,3N.\end{aligned}$$

上式说明，速度的等时变分等于位形等时变分的时间导数，即 dδ 普遍交换性成立．定理得证． □

定理 若原轨是完全协调轨道，那么以下两个结论等价：

(1) 对原轨的等时变分满足 dδ 普遍交换性；

(2) 变轨是完全协调轨道．

由以上定理可知，当研究等时变分的原轨和变轨都是完全协调轨道时，dδ 普遍交换性是一定成立的．dδ 普遍交换性不成立的情况一定是在变分的研究中使用了状态空间里的非协调轨道．

以下讨论位形空间、状态空间、速度空间三者之间的轨道映射问题．由于轨道映射在今后的研究中起重要作用，此处作某些说明似乎是需要的．

考虑位形空间中的任一轨道

$$c(t):\begin{cases} u_1 = u_1(t), \\ u_2 = u_2(t), \\ \cdots\cdots\cdots\cdots\cdots \\ u_{3N} = u_{3N}(t). \end{cases}$$

$c(t)$在状态空间中有自然扩张的映射轨道

$$s(t):\begin{cases} u_1 = u_1(t), \\ \cdots\cdots\cdots\cdots\cdots \\ u_{3N} = u_{3N}(t), \\ v_1 = \dfrac{\mathrm{d}}{\mathrm{d}t}[u_1(t)], \\ \cdots\cdots\cdots\cdots\cdots\cdots \\ v_{3N} = \dfrac{\mathrm{d}}{\mathrm{d}t}[u_{3N}(t)]. \end{cases}$$

此时,在状态空间映射轨道的表述中,既包含了原有的位形运动的内容,也包含了满足完全协调性的速度的内容.因而具有扩张的意味.这些速度分量的获得依赖于对时间的全导数运算,因此这种轨道映射称为**时间全导数自然扩张映射**,或简称为**自然扩张映射**,记为 $\widehat{\mathrm{DJ}}$,即

$$c(t) \xrightarrow{\widehat{\mathrm{DJ}}} s(t).$$

自然扩张映射产生的状态空间轨道一定是完全协调的,当它由逆映射$\widehat{\mathrm{DJ}}^{-1}$返回位形空间时,有唯一的确定的位形轨道作为映像,就是原来的位形轨道.状态空间里的一般性轨道,由于不一定具有完全协调性,因此不一定能进行$\widehat{\mathrm{DJ}}^{-1}$映射,这是需要注意的.

以下考虑位形空间轨道对速度空间作单纯的时间全导数映射 DJ.所谓单纯的时间全导数映射 DJ,只是先把位形空间各分量 $u_1, u_2, \cdots, u_{3N}$ 分别看成独立的时间函数,然后对轨道的每一分量求出时间全导数导出的信息,并以这些信息作为映像.这样的像,只有速度分量的信息,而不保留原来的位形分量信息.因此,对位形轨道而言,DJ 映射的像轨道是速度空间的轨道,即

$$c(t):\begin{cases} u_1 = u_1(t), \\ u_2 = u_2(t), \\ \cdots\cdots\cdots\cdots \\ u_{3N} = u_{3N}(t) \end{cases} \xrightarrow{\mathrm{DJ}} v(t):\begin{cases} v_1 = \dfrac{\mathrm{d}}{\mathrm{d}t}[u_1(t)], \\ v_2 = \dfrac{\mathrm{d}}{\mathrm{d}t}[u_2(t)], \\ \cdots\cdots\cdots\cdots\cdots \\ v_{3N} = \dfrac{\mathrm{d}}{\mathrm{d}t}[u_{3N}(t)]. \end{cases}$$

时间全导数映射 DJ 不再有扩张的意味,它和 $\widehat{\mathrm{DJ}}$ 映射的重要区别反映在逆映射上.$\widehat{\mathrm{DJ}}$ 的逆映射像只要存在,一定是一对一的.而 DJ 的逆映射像却是多值的,即

$$v(t):\begin{cases} v_1 = v_1(t), \\ v_2 = v_2(t), \\ \cdots\cdots\cdots\cdots \\ v_{3N} = v_{3N}(t) \end{cases} \xrightarrow{[\mathrm{DJ}]^{-1}} c(t):\begin{cases} u_1 = u_1^0 + \displaystyle\int_{t_0}^{t} v_1(\tau)\mathrm{d}\tau, \\ u_2 = u_2^0 + \displaystyle\int_{t_0}^{t} v_2(\tau)\mathrm{d}\tau, \\ \cdots\cdots\cdots\cdots\cdots\cdots \\ u_{3N} = u_{3N}^0 + \displaystyle\int_{t_0}^{t} v_{3N}(\tau)\mathrm{d}\tau. \end{cases}$$

此时,逆映射的像 $c(t)$是位形空间里的一束轨道.

§1.2 约束的某些数学性质

研究有约束的力学系统,是分析动力学的特征.这里所说的约束,是指加在力

学系统上强制性的限制条件，而这种条件可以是对系统的位形，或事件，或状态，或状态时间表达出的限制. 以下分别来加以研究.

1.2.1　几何约束

几何约束是指对系统位形或事件所加的强制性限制条件. 数学上表达这种限制条件有两方面内容：

(1) 系统在位形空间或事件空间生存或考查的区域 $\mathscr{D}$. 通常它应是连通开区域.

(2) 在区域 $\mathscr{D}$ 中，系统位形或事件必须满足的有限方程

$$f(u_1, u_2, \cdots, u_{3N}) = 0, \quad c \in \mathscr{D} \tag{2.1}$$

或

$$f(u_1, u_2, \cdots, u_{3N}, t) = 0, \quad e \in \mathscr{D}. \tag{2.2}$$

这样的约束条件称为**几何约束**. 其中(2.1)式不显含时间 t，是**定常几何约束**. 它对应的几何图像是位形空间里一张确定的超曲面. 在事件空间里看，就成为一个以 t 方向为轴线的超柱面了.(2.2)方程中显含时间 t，叫做**不定常的几何约束**，它在位形空间里的几何图像是随时间而变动的超曲面. 如果转移到事件空间里考虑，不定常的几何约束成为一张确定的超曲面了.

值得注意的，约束的有限方程(2.1)或(2.2)，根据其因子分解的构造，约束可分为单支和多支的不同情况. 例如设想几何约束有限方程的 f 函数可分解 k 个不同因子，即

$$f = f_1 f_2 \cdots f_k = \prod_{i=1}^{k} f_i = 0, \quad e \in \mathscr{D}. \tag{2.3}$$

显然，此处的几何约束为 k 个分支约束联合构成：

第 1 分支约束：$f_1 = 0, f_2, \cdots, f_k$ 取任意有限值，$e \in \mathscr{D}$；

第 2 分支约束：$f_2 = 0, f_1, f_3, \cdots, f_k$ 取任意有限值，$e \in \mathscr{D}$；

………………

第 k 分支约束：$f_k = 0, f_1, \cdots, f_{k-1}$ 取任意有限值，$e \in \mathscr{D}$.

既然系统的 c 点或 e 点恒满足几何约束的有限方程，因此系统运动的 $\boldsymbol{c}$ 轨迹或 $\boldsymbol{e}$ 轨迹必然位于约束超曲面上. 几何上说，就是系统的 $\boldsymbol{c}$ 轨迹或 $\boldsymbol{e}$ 轨迹，构成了约束曲面的纤维. 对于有多支构造的约束而言，系统的 $\boldsymbol{c}$ 轨迹或 $\boldsymbol{e}$ 轨迹通常只在自己所在的分支约束曲面上运行. 但在多支约束的交汇点上将可能有复杂的情况出现. 由此也可以看到，几何约束不仅对系统的位形(或事件)有了限制，相应地也同时对系统的速度分量有限制. 这个限制方程可以通过将原几何约束方程沿位形轨迹(或沿事件轨迹)对时间求全导数而得到. 由(2.1)式，得

$$\sum_{s=1}^{3N}\frac{\partial f}{\partial u_s}\dot{u}_s=0,\quad c\in\mathscr{D}.\tag{2.4}$$

由(2.2)式得

$$\sum_{s=1}^{3N}\frac{\partial f}{\partial u_s}\dot{u}_s+\frac{\partial f}{\partial t}=0,\quad e\in\mathscr{D}.\tag{2.5}$$

(2.4)和(2.5)式称为**几何约束的微商形式**.可以看到,几何约束的微商形式乃是一种特殊的速度分量线性方程.(2.4)和(2.5)式可以转化为微分形式:由(2.4)式得到

$$\sum_{s=1}^{3N}\frac{\partial f}{\partial u_s}\mathrm{d}u_s=0,\quad c\in\mathscr{D}.\tag{2.6}$$

由(2.6)式得

$$\sum_{s=1}^{3N}\frac{\partial f}{\partial u_s}\mathrm{d}u_s+\frac{\partial f}{\partial t}\mathrm{d}t=0,\quad e\in\mathscr{D}.\tag{2.7}$$

我们称(2.6)和(2.7)式为**几何约束的微分形式**.可以明显地看到,几何约束的微分形式都是恰当微分形式.

当由几何约束的微分形式反推原来的几何约束有限方程时,我们得到:由(2.6)式推得

$$f(u_1,u_2,\cdots,u_{3N})=d,\quad c\in\mathscr{D};$$

由(2.7)式推得

$$f(u_1,u_2,\cdots,u_{3N},t)=d,\quad e\in\mathscr{D},$$

其中 d 为一任意常数.由此可见,几何约束的有限方程决定了事件空间里的一张超曲面,而几何约束的微分形式则决定了事件空间里一族超曲面,并在 $\mathscr{D}$ 域内形成分层的结构.当然,原来几何约束有限方程对应的那张超曲面应该是这族曲面当中的一张.由此可以看到,为了保证几何约束微分形式和有限形式的等价性,还必须加上初始条件的限制,以便确定积分常数.这个关系可以表达如下:

几何约束的有限形式
$f(u_1,u_2,\cdots,u_{3N},t)=0$

$\Longleftrightarrow$

① 几何约束的微分形式
$\sum_{s=1}^{3N}\frac{\partial f}{\partial u_s}\mathrm{d}u_s+\frac{\partial f}{\partial t}\mathrm{d}t=0$
② 初始条件限制
$f(u_1^0,u_2^0,\cdots,u_{3N}^0,t_0)=0$

1.2.2　Pfaff 约束

在本书中,对等式约束通常我们仅考虑一阶的情况[①].因此,在这个意义下最

---

① 为保证力学系统的某些重要特征,在通常情况下,我们都保留这个限制.参见 2.3.1 小节.

广泛的等式约束是系统状态空间里定常或不定常约束方程，如

$$f(u_1,u_2,\cdots,u_{3N},\dot{u}_1,\dot{u}_2,\cdots,\dot{u}_{3N},t)=0,\quad st\in D,\tag{2.8}$$

其中 D 是系统状态时间约束生存或考查的区域，通常应是连通开区域.

约束也可以是方程组形式，即

$$\begin{cases}f_1(u_1,u_2,\cdots,u_{3N},\dot{u}_1,\dot{u}_2,\cdots,\dot{u}_{3N},t)=0,\\ \cdots\cdots\cdots\cdots\cdots\cdots\cdots\cdots\cdots\cdots\cdots\cdots\cdots\cdots\cdots\cdots\cdots & st\in D.\\ f_r(u_1,u_2,\cdots,u_{3N},\dot{u}_1,\dot{u}_2,\cdots,\dot{u}_{3N},t)=0,\end{cases}\tag{2.9}$$

对于以上的一阶约束方程而言，根据它是速度分量的线性函数还是非线性函数区分为两种：一阶线性约束和一阶非线性约束. 由于几何约束的微商形式对速度分量来说一定是线性的，因此，我们首先来考虑一阶线性约束，即假定

$$f=\sum_{s=1}^{3N}A_s(u_1,u_2,\cdots,u_{3N},t)\dot{u}_s+A(u_1,u_2,\cdots,u_{3N},t)=0,\quad st\in D.\tag{2.10}$$

很明显，(2.4)和(2.5)式所表达的几何约束微商形式都是(2.10)式的特殊情况.

(2.10)式可以改写成微分形式，成为

$$\sum_{s=1}^{3N}A_s(u_1,u_2,\cdots,u_{3N},t)\mathrm{d}u_s+A(u_1,u_2,\cdots,u_{3N},t)\mathrm{d}t=0,\quad e\in\mathscr{D}.\tag{2.11}$$

其中事件空间中的区域 $\mathscr{D}$ 是状态时间空间区域 D 对事件空间的投影，记为

$$\mathscr{D}=\mathrm{Proj}\ D.\tag{2.12}$$

具有(2.11)式形式的约束，我们称之为 **Pfaff 约束**. 实际上，Pfaff 约束就是一般形式下的一阶线性约束. 几何约束的微分形式显然是 Pfaff 约束当中的一种.

在已有的传统的分析动力学研究中，往往不注意约束条件成立的特定区域，而是不加声明地将约束成立的区域扩张到全空间. 由此而得到的对约束性质的判断就带有全局整体的特征. 例如本书老版中的论述：

对于一般的 Pfaff 约束，在 E 空间里对系统 $\boldsymbol{e}$ 轨迹的限制可以分为三种情况：

(1) (2.11)式为恰当微分形式. 此时 Pfaff 约束就是几何约束的微分形式，因而可积分成为有限形式的约束方程. 这种情况的约束称为**完整约束**.

(2) (2.11)式为非恰当微分的可积情况. 这时只要找到了积分因子，(2.11)式的 Pfaff 约束同样可以积分为有限形式. 这种情况有人称之为**半完整约束**. 完整约束和半完整约束也可以统称为完整约束或**可积约束**.

(3) (2.11)式为不可积的情况，此时称之为**非完整约束**.

很明显，以上论述是把约束的完整性与非完整性问题作为约束的整体性质来处理的. 但实际上，约束的完整性与非完整性问题只是约束的局部性质. 这种把完整约束定义为全空间完全可积的要求是过于苛刻了. 相反，由此派生的非完整约束

又是过于广泛了.这种所谓的“非完整约束”可能包含非常复杂的情况.例如,从大范围上来说,可能出现部分区域是完全可积的,而在另一区域却不是完全可积的复杂情形.除去这种分区域的完整性与非完整性外,还有着孤立积分流形及奇异点集的存在.这些约束的大范围性质在运动规划与控制中有重要的意义.以下我们来逐步讨论这些结果.

1.2.3 Pfaff 约束的可积性定理

为定理的叙述方便起见,这里不再区分位形变量和时间变量.这样,Pfaff 约束(2.11)式可写成

$$\sum_{i=1}^{n} A_i(u_1, u_2, \cdots, u_n)\mathrm{d}u_i = 0,$$
$$\boldsymbol{e} = [u_1, u_2, \cdots, u_n]^{\mathrm{T}} \in \mathscr{D}. \tag{2.13}$$

以下分四种情况来讨论 Pfaff 型(2.13)式的可积性.

1. 第一种情况

(2.13)式中只有两个变元的情形,即

$$A(x,y)\mathrm{d}x + B(x,y)\mathrm{d}y = 0,$$
$$A, B \in c_2, \quad [x,y]^{\mathrm{T}} \in \mathscr{D}. \tag{2.14}$$

定理 (2.14)式的 Pfaff 约束在 $\mathscr{D}$ 域内一定是完整的.

证明 分两种情况讨论.

(1) 若$\dfrac{\partial A}{\partial y}=\dfrac{\partial B}{\partial x}$,根据 Green 公式,

$$\oint_c A\,\mathrm{d}x + B\mathrm{d}y = \iint\left(\frac{\partial B}{\partial x} - \frac{\partial A}{\partial y}\right)\mathrm{d}x\mathrm{d}y,$$

其中 c 为连通开区域 $\mathscr{D}$ 内的任一单封闭曲线.由此可知,(2.14)式的微分形式沿任一单封闭曲线 c 的积分均为零,从而可断定(2.14)式为恰当微分.定理得证.

(2) 若$\dfrac{\partial A}{\partial y}\neq\dfrac{\partial B}{\partial x}$,则一定可以找到 $\mu(x,y)\neq 0$,使得

$$\frac{\partial(\mu A)}{\partial y} = \frac{\partial(uB)}{\partial x}.$$

这由一阶线性偏微分方程积分的存在性定理即可知.由此得到 $\mu(A\mathrm{d}x+B\mathrm{d}y)$ 是恰当微分,从而 $A\mathrm{d}x+B\mathrm{d}y=0$ 是半完整约束.定理得证. □

顺便说明,本定理亦可作为下一定理的推论而得到.

2. 第二种情况

(2.13)式中有三个变元的情形,即

$$A(x,y,z)\mathrm{d}x + B(x,y,z)\mathrm{d}y + C(x,y,z)\mathrm{d}z = 0,$$
$$A, B, C \in C_2, \quad [x,y,z]^{\mathrm{T}} \in \mathscr{D}. \tag{2.15}$$

定理 (2.15)式在 $\mathscr{D}$ 域内是完整约束的充要条件是

$$A\left(\frac{\partial B}{\partial z}-\frac{\partial C}{\partial y}\right)+B\left(\frac{\partial C}{\partial x}-\frac{\partial A}{\partial z}\right)+C\left(\frac{\partial A}{\partial y}-\frac{\partial B}{\partial x}\right)=0,\quad [x,y,z]^{\mathrm{T}}\in\mathscr{D}. \tag{2.16}$$

亦即

$$[A,B,C]\cdot\{\nabla\times[A,B,C]\}=0,\quad [x,y,z]^{\mathrm{T}}\in\mathscr{D}. \tag{2.17}$$

证明 先证明(2.16)式条件的必要性. 假定(2.15)式在 $\mathscr{D}$ 域内存在积分 $\Phi(x,y,z)=\lambda$,不失一般性,假定

$$\frac{\partial\Phi}{\partial z}\neq 0,$$

则由这个积分可解得

$$z=z(x,y,\lambda), \tag{2.18}$$

从而

$$\mathrm{d}z=\frac{\partial z}{\partial x}\mathrm{d}x+\frac{\partial z}{\partial y}\mathrm{d}y. \tag{2.19}$$

将(2.19)和(2.16)式比较,可知

$$\begin{cases}\dfrac{\partial z}{\partial x}=-\dfrac{A}{C}=P_1(x,y,z),\\[2mm]\dfrac{\partial z}{\partial y}=-\dfrac{B}{C}=Q_1(x,y,z).\end{cases} \tag{2.20}$$

根据 $\dfrac{\partial^2 z}{\partial x\partial y}=\dfrac{\partial^2 z}{\partial y\partial x}$ 的条件,由(2.20)式立即得

$$\frac{\partial P_1}{\partial y}+\frac{\partial P_1}{\partial z}Q_1=\frac{\partial Q_1}{\partial x}+\frac{\partial Q_1}{\partial z}P_1. \tag{2.21}$$

将(2.20)式代入上式,整理就得到条件(2.16).

以下证明条件(2.16)的充分性,即证明在条件(2.16)成立时,过 $\mathscr{D}$ 域中的任一点,有且仅有一张积分曲面通过. 用构造性证法. 不失一般性,假定 $C\neq 0$,此时考虑如下的偏微分方程

$$\frac{\partial z}{\partial x}=-\frac{A}{C}=P_1(x,y,z), \tag{2.22}$$

$$\frac{\partial z}{\partial y}=-\frac{B}{C}=Q_1(x,y,z). \tag{2.23}$$

假定在区域 $\mathscr{D}$ 中任意指定的一点为 (x_0,y_0,z_0),现利用方程(2.22)和(2.23)来构造过 (x_0,y_0,z_0) 点的一张曲面. 为此,首先在 $y=y_0$ 平面上考虑: 由于 $y=y_0$ 不变,方程(2.23)可以不管,而方程(2.22)成为

$$\frac{\mathrm{d}z}{\mathrm{d}x}=P_1(x,y_0,z). \tag{2.24}$$

根据常微分方程解的存在唯一性定理，过(x_0,y_0,z_0)点在 $y=y_0$ 平面有唯一的积分曲线 L.

现再来考虑 $x=x_0^*=\text{const.}$ 的平面. 此平面和 L 相交点记为 D 点. 应注意到，当 $x_0^*=x_0$ 时，D 点就是(x_0,y_0,z_0)点. 在 $x=x_0^*$ 平面上，由于 x 值不变，方程(2.22)可以不管，而方程(2.23)成为

$$\frac{\mathrm{d}z}{\mathrm{d}y}=Q_1(x_0^*,y,z). \tag{2.25}$$

根据同样的道理，方程(2.25)在 $x=x_0^*$ 平面上通过 D 点有唯一的积分曲线 l. 当 x_0^* 在 x_0 邻近扫过的时候，所有的 l 曲线显然织成一张曲面 $S:z=z(x,y)$，并且 $z_0=z(x_0,y_0)$. 从构造出 S 的方法可知它是唯一的.

我们来证明，如果条件(2.16)成立，上面构造出的 S 确实是方程(2.22)和(2.23)的积分曲面. 首先 $S:z=z(x,y)$ 满足方程(2.23)，这由构造法本身就可保证，只要再证明它满足方程(2.22)即可. 为此令

$$F(x,y)=\frac{\partial[z(x,y)]}{\partial x}-P_1(x,y,z)\mid_z=z(x,y). \tag{2.26}$$

注意到 $z=z(x,y)\mid_{y=y_0}$ 就是曲线 L，它是(2.24)式的积分曲线，因此

$$\left.\frac{\partial z(x,y)}{\partial x}\right|_{y=y_0}-P_1(x,y_0,z)\mid_{z=z(x,y_0)}=0, \tag{2.27}$$

即

$$F\mid_{x,y_0}=F_0=0. \tag{2.28}$$

现在求证 $F\equiv 0$，为此求

$$\begin{aligned}\frac{\partial F}{\partial y}&=\frac{\partial^2[z(x,y)]}{\partial y\partial x}-\frac{\partial P_1}{\partial z}\frac{\partial z}{\partial y}-\frac{\partial P_1}{\partial y}\\&=\frac{\partial}{\partial x}[Q_1(x,y,z)\mid_{z=z(x,y)}]-\frac{\partial P_1}{\partial z}Q_1-\frac{\partial P_1}{\partial y}\\&=\frac{\partial Q_1}{\partial x}+\frac{\partial Q_1}{\partial z}\frac{\partial z}{\partial x}-\frac{\partial P_1}{\partial z}Q_1-\frac{\partial P_1}{\partial y}.\end{aligned}$$

注意到条件(2.16)就是(2.21)式，因此

$$\frac{\partial F}{\partial y}=\frac{\partial Q_1}{\partial z}F. \tag{2.29}$$

从而得到

$$F=F_0\exp\left(\int_{y_0}^{y}\frac{\partial Q_1}{\partial z}\mathrm{d}y\right)=0. \tag{2.30}$$

这就证明了构造出的曲面 $S:z=z(x,y)$确实是过(x_0,y_0,z_0)点而且满足(2.22)与(2.23)式的唯一的积分曲面. 在 $C\neq 0$ 的情况下，上述积分曲面显然也是 Pfaff 型(2.15)的积分曲面. 从而定理证毕. □

推论 Pfaff 约束 $A\mathrm{d}x+B\mathrm{d}y+C\mathrm{d}z=0,[x,y,z]^{\mathrm{T}}\in\mathscr{D}$，若满足

$$\nabla \times [A,B,C] = \mathbf{0}.$$

则在 $\mathscr{D}$ 域内一定是可积约束.

推论 Pfaff 约束 $A\mathrm{d}x+B\mathrm{d}y+C\mathrm{d}z=0$,若满足

$$\frac{\partial A}{\partial z}=0,\quad \frac{\partial B}{\partial z}=0,\quad C=0,\quad [x,y]^{\mathrm{T}}\in\mathscr{D}.$$

则显然满足条件(2.16),在 $\mathscr{D}$ 域内一定是可积约束.

例 试证明下面约束:

$$Pf_1 = yz(y+z)\mathrm{d}x + zx(z+x)\mathrm{d}y + xy(x+y)\mathrm{d}z = 0$$

为全空间的完整约束.

解 将此约束和(2.15)式对比,有

$$A = yz(y+z),\quad B = zx(z+x),\quad C = xy(x+y).$$

经计算得到

$$\frac{\partial A}{\partial y} = z(y+z)+yz,\quad \frac{\partial A}{\partial z} = y(y+z)+yz,$$

$$\frac{\partial B}{\partial x} = z(z+x)+zx,\quad \frac{\partial B}{\partial z} = x(z+x)+zx,$$

$$\frac{\partial C}{\partial x} = y(x+y)+xy,\quad \frac{\partial C}{\partial y} = x(x+y)+xy.$$

将上式代入条件(2.16),有

$$\begin{aligned}&yz(y+z)\{x(z+x)+zx-[x(x+y)+xy]\}\\&\quad+zx(z+x)\{y(x+y)+xy-[y(y+z)+yz]\}\\&\quad+xy(x+y)\{z(y+z)+yz-[z(z+x)+zx]\}\equiv 0\end{aligned}$$

根据定理,可以断定 $Pf_1=0$ 为$[x,y,z]^{\mathrm{T}}$ 全空间的完整约束.

例 试讨论约束

$$Pf_2 = \mathrm{d}y - g(z)\mathrm{d}x = 0$$

何时为完整约束?何时为非完整约束?

解 将此约束和(2.15)式对比,有

$$A = -g(z),\quad B = 1,\quad C = 0.$$

经计算得到

$$\nabla\times[A,B,C] = (0,-g'(z),0).$$

从而

$$[A,B,C]\cdot\{\nabla\times[A,B,C]\} = -g'(z).$$

根据判别完整性的充要条件可以知道,在考查的区域内,若 $g'(z)\equiv 0$,亦即 $g(z)=\mathrm{const.}$,则 $Pf_2=0$ 在此区域内为完整约束.若 $g'(z)$不恒为零,亦即 $g(z)$不恒为常数,则 $Pf_2=0$ 是非完整约束.

例 在研究刚体绕固定点转动时,如果用 Euler 角 ψ,θ,φ 来描述刚体位形,有运动学方程

$$\omega_x = \dot{\psi}\sin\varphi\sin\theta + \dot{\theta}\cos\varphi,$$
$$\omega_y = \dot{\psi}\cos\varphi\sin\theta - \dot{\theta}\sin\varphi,$$
$$\omega_z = \dot{\psi}\cos\theta + \dot{\varphi}.$$

上述方程右边是 $\dot{\psi}$,$\dot{\theta}$,$\dot{\varphi}$ 的线性式. 当它们写成微分形式时,一般来说,都是不可积的. 以第一个式子为例,有

$$Pf_x = \omega_x \mathrm{d}t = \sin\varphi\sin\theta\mathrm{d}\psi + \cos\varphi\mathrm{d}\theta + 0\mathrm{d}\varphi.$$

此时

$$A = \sin\varphi\sin\theta,\quad B = \cos\varphi,\quad C = 0.$$

经计算得到

$$\frac{\partial B}{\partial\varphi} - \frac{\partial C}{\partial\theta} = -\sin\varphi,\quad \frac{\partial C}{\partial\psi} - \frac{\partial A}{\partial\varphi} = -\cos\varphi\sin\theta,\quad \frac{\partial A}{\partial\theta} - \frac{\partial B}{\partial\psi} = \sin\varphi\cos\theta.$$

代入判别条件,有

$$A\left(\frac{\partial B}{\partial\varphi} - \frac{\partial C}{\partial\theta}\right) + B\left(\frac{\partial C}{\partial\psi} - \frac{\partial A}{\partial\varphi}\right) + C\left(\frac{\partial A}{\partial\theta} - \frac{\partial B}{\partial\psi}\right) = -\sin\theta.$$

在 θ 不恒为零时,判别式不恒为零,因此 $Pf_x = \omega_x\mathrm{d}t$ 一般是不可积的. $Pf_y = \omega_y\mathrm{d}t$, $Pf_z = \omega_z\mathrm{d}t$ 的性质类似,读者可以证明之.

如果记 Pfaff 约束的微分形式为 ω,即

$$\omega = A\mathrm{d}x + B\mathrm{d}y + C\mathrm{d}z.$$

根据外微分的计算规律[9],有

$$\begin{aligned}
\mathrm{d}\omega &= \mathrm{d}A \wedge \mathrm{d}x + \mathrm{d}B \wedge \mathrm{d}y + \mathrm{d}C \wedge \mathrm{d}z \\
&= \left(\frac{\partial A}{\partial x}\mathrm{d}x + \frac{\partial A}{\partial y}\mathrm{d}y + \frac{\partial A}{\partial z}\mathrm{d}z\right) \wedge \mathrm{d}x \\
&\quad + \left(\frac{\partial B}{\partial x}\mathrm{d}x + \frac{\partial B}{\partial y}\mathrm{d}y + \frac{\partial B}{\partial z}\mathrm{d}z\right) \wedge \mathrm{d}y \\
&\quad + \left(\frac{\partial C}{\partial x}\mathrm{d}x + \frac{\partial C}{\partial y}\mathrm{d}y + \frac{\partial C}{\partial z}\mathrm{d}z\right) \wedge \mathrm{d}z \\
&= \left(\frac{\partial B}{\partial x} - \frac{\partial A}{\partial y}\right)\mathrm{d}x \wedge \mathrm{d}y + \left(\frac{\partial C}{\partial y} - \frac{\partial B}{\partial z}\right)\mathrm{d}y \wedge \mathrm{d}z \\
&\quad + \left(\frac{\partial A}{\partial z} - \frac{\partial C}{\partial x}\right)\mathrm{d}z \wedge \mathrm{d}x.
\end{aligned}$$

作外积,得到

$$\begin{aligned}
\mathrm{d}\omega \wedge \omega = &\left[\left(\frac{\partial B}{\partial x} - \frac{\partial A}{\partial y}\right)\mathrm{d}x \wedge \mathrm{d}y + \left(\frac{\partial C}{\partial y} - \frac{\partial B}{\partial z}\right)\mathrm{d}y \wedge \mathrm{d}z\right. \\
&\left. + \left(\frac{\partial A}{\partial z} - \frac{\partial C}{\partial x}\right)\mathrm{d}z \wedge \mathrm{d}x\right] \wedge (A\mathrm{d}x + B\mathrm{d}y + C\mathrm{d}z)
\end{aligned}$$

$$= \left[A\left(\frac{\partial C}{\partial y} - \frac{\partial B}{\partial z}\right) + B\left(\frac{\partial A}{\partial z} - \frac{\partial C}{\partial x}\right) + C\left(\frac{\partial B}{\partial x} - \frac{\partial A}{\partial y}\right)\right] \mathrm{d}x \wedge \mathrm{d}y \wedge \mathrm{d}z.$$

从上式,并根据已经证明的定理,可以肯定,Pfaff 约束 $\omega=0$ 在连通开区域 $\mathscr{D}$ 中为完整约束的充要条件可记为

$$\mathrm{d}\omega \wedge \omega = 0, \quad [x,y,z]^{\mathrm{T}} \in \mathscr{D}.$$

3. 第三种情况

n 个变元的一般性的 Pfaff 型约束为

$$\sum_{i=1}^{n} A_i(u_1, u_2, \cdots, u_n) \mathrm{d}u_i = 0, \quad [u_1, u_2, \cdots, u_n]^{\mathrm{T}} \in \mathscr{D},$$

其中 $\mathscr{D}$ 是任一连通开区域.

定理 (2.13)式一般性 Pfaff 约束在区域 $\mathscr{D}$ 内可积的充要条件是

$$[A_i, A_j, A_k] \cdot \{\nabla \times [A_i, A_j, A_k]\} = 0, \quad i,j,k = 1,2,\cdots,n,$$
$$[u_1, u_2, \cdots, u_n]^{\mathrm{T}} \in \mathscr{D}. \tag{2.31}$$

本定理及下一定理的证明,有兴趣的读者可查阅参考文献[10],[11],[12].

推论 对于 Pfaff 型约束(2.13),如果有

$$\nabla \times [A_i, A_j, A_k] = 0, \quad i,j,k = 1,2,\cdots,n,$$
$$[u_1, u_2, \cdots, u_n]^{\mathrm{T}} \in \mathscr{D}. \tag{2.32}$$

亦即有

$$\frac{\partial A_i}{\partial u_j} = \frac{\partial A_j}{\partial u_i}, \quad i,j = 1,2,\cdots,n, \quad [u_1, u_2, \cdots, u_n]^{\mathrm{T}} \in \mathscr{D}. \tag{2.33}$$

那么在 $\mathscr{D}$ 内一定是可积的.

如果记

$$\omega = \sum_{i=1}^{n} A_i(u_1, u_2, \cdots, u_n) \mathrm{d}u_i, \quad [u_1, u_2, \cdots, u_n]^{\mathrm{T}} \in \mathscr{D}.$$

那么一般性 Pfaff 约束 $\omega=0$ 在 $\mathscr{D}$ 区域内为完整约束的充要条件仍可表达为

$$\mathrm{d}\omega \wedge \omega = 0, \quad [u_1, u_2, \cdots, u_n]^{\mathrm{T}} \in \mathscr{D}.$$

4. 第四种情况

对于 n 个变元同时考虑 L 个线性独立的 Pfaff 方程

$$\sum_{s=1}^{n} A_{rs}(u_1, u_2, \cdots, u_n) \mathrm{d}u_s = 0, \quad r = 1,2,\cdots,L \leqslant n-2,$$
$$[u_1, u_2, \cdots, u_n]^{\mathrm{T}} \in \mathscr{D}. \tag{2.34}$$

我们称(2.34)式为 Pfaff 约束组. Pfaff 约束组的完全可积性是指存在着 L 个独立的积分

$$\begin{cases} f_1(u_1,u_2,\cdots,u_n)=0, \\ f_2(u_1,u_2,\cdots,u_n)=0, \\ \cdots\cdots\cdots\cdots\cdots\cdots \\ f_L(u_1,u_2,\cdots,u_n)=0, \end{cases} \quad [u_1,u_2,\cdots,u_n]^{\mathrm{T}}\in\mathscr{D}. \tag{2.35}$$

Frobenius 定理　Pfaff 约束组(2.34)在 $\mathscr{D}$ 区域内完全可积的充要条件是

$$\sum_{\alpha=1}^{n}\sum_{\beta=1}^{n}\left(\frac{\partial A_{r\beta}}{\partial u_\alpha}-\frac{\partial A_{r\alpha}}{\partial u_\beta}\right)X_\alpha Y_\beta=0,\quad r=1,2,\cdots,L,$$
$$[u_1,u_2,\cdots,u_n]^{\mathrm{T}}\in\mathscr{D}, \tag{2.36}$$

其中 X_α,Y_β 是代数方程

$$\sum_{s=1}^{n}A_{rs}x_s=0 \tag{2.37}$$

的任意两个解组.

推论　对 Pfaff 约束组(2.34),如果

$$\frac{\partial A_{r\beta}}{\partial u_\alpha}=\frac{\partial A_{r\alpha}}{\partial u_\beta},\quad \alpha,\beta=1,2,\cdots,n,\quad r=1,2,\cdots,L,\quad [u_1,u_2,\cdots,u_n]^{\mathrm{T}}\in\mathscr{D}.$$

那么,约束组在 $\mathscr{D}$ 区域内一定是完全可积的.

必须说明,单个来看的不可积约束,可因附加其他的完整或非完整约束而构成完整组,即形成完全可积的约束组. 可举例说明如下:

例　试考虑一 Pfaff 约束

$$Pf_1=A(x,y)\mathrm{d}x+B(x,y)\mathrm{d}y+C(z)\mathrm{d}z=0.$$

代入判别条件,有

$$A\left(\frac{\partial B}{\partial z}-\frac{\partial C}{\partial y}\right)+B\left(\frac{\partial C}{\partial x}-\frac{\partial A}{\partial z}\right)+C\left(\frac{\partial A}{\partial y}-\frac{\partial B}{\partial x}\right)=C\left(\frac{\partial A}{\partial y}-\frac{\partial B}{\partial x}\right).$$

可见,如果

$$C\neq 0,\quad \frac{\partial A}{\partial y}\neq\frac{\partial B}{\partial x}.$$

则 $Pf_1=0$ 单个来看,显然是不可积约束. 但若同时附加另一完整约束

$$Pf_2=\mathrm{d}z=0.$$

则 $Pf_1=0$ 约束在 $Pf_2=0$ 的积分流形 $z=\text{const.}$ 上,蜕化为

$$A(x,y)\mathrm{d}x+B(x,y)\mathrm{d}y=0.$$

显然,它也成为可积约束了. 由此可见,$Pf_1=0,Pf_2=0$ 构成了完全可积组.

例　试考虑 Pfaff 约束组

$$Pf_1=(x^2+y^2)\mathrm{d}x+xz\mathrm{d}z=0,$$
$$Pf_2=(x^2+y^2)\mathrm{d}y+yz\mathrm{d}z=0.$$

单个来看,$Pf_1=0$ 或 $Pf_2=0$ 都是不可积约束. 但它们合在一起,却构成了完全可

积组.不难找到它们的两个独立的积分.作

$$yPf_1 - xPf_2 = (x^2 + y^2)xy(x^{-1}dx - y^{-1}dy)$$
$$= (x^2 + y^2)xy\,d(\ln xy^{-1}) = 0,$$
$$xPf_1 + yPf_2 = (x^2 + y^2)(xdx + ydy + zdz)$$
$$= (x^2 + y^2)2^{-1}d(x^2 + y^2 + z^2) = 0.$$

从而得到**第一积分**

$$\ln\frac{x}{y} = \text{const.}, \quad x^2 + y^2 + z^2 = \text{const.}.$$

以上的 Frobenius 定理亦可表达为如下形式[10-12]:

Frobenius 定理′　设 $\omega_1, \omega_2, \cdots, \omega_k (k<n)$ 是自变元 $u_1, u_2, \cdots, u_n$ 在任一单连通开区域 $\mathscr{D}$ 上的 k 个线性独立的微分一型,即

$$\omega_i = \sum_{j=1}^{n} A_{ij}(u_1, u_2, \cdots, u_n)du_j, \quad i = 1,2,\cdots,k < n.$$

线性独立条件为

$$\Omega = \omega_1 \wedge \omega_2 \wedge \cdots \wedge \omega_k \neq 0.$$

那么,$\omega_1 = 0, \cdots, \omega_k = 0$ 构成 $\mathscr{D}$ 区域上完全可积组的充要条件是

$$d\omega_i \wedge \Omega = 0, \quad i = 1,2,\cdots,k, \quad [u_1, u_2, \cdots, u_n]^{\mathrm{T}} \in \mathscr{D}.$$

这个条件称为 **Frobenius 条件**.

关于状态空间线性约束可积性定理的注　状态空间里一般性的线性约束为

$$\Pi_l: \Phi_r = \sum_{\beta=1}^{3N} A_{r\beta}(\boldsymbol{u}, t)v_\beta + A_r(\boldsymbol{u}, t) = d_r, \quad r = 1,2,\cdots,L < 3N.$$

一般性的线性约束组 Π_l 何时为完整约束组,以上的 Frobenius 定理给出了解答.这个解答在数学上很完美,但力学意义却不甚明了.利用轨道和变分的研究,我们可以建立一阶线性约束组完整性与非完整性的新的判别定理.这个定理的力学意义比较明确,并能直接推广到一阶非线性约束情况.

1.2.4　Pfaff 约束的大范围性质分析[13]

考虑$\{[u_1, u_2, \cdots, u_n]^{\mathrm{T}}\}$空间的 Pfaff 约束组

$$\omega_r = \sum_{s=1}^{n} A_{rs}(u_1, u_2, \cdots, u_n)du_s = 0,$$
$$r = 1,2,\cdots,l < n-2, \quad A_{rs} \in c^k, \quad k \geqslant 2,$$

传统的把上述 Pfaff 约束组区分为完整约束与非完整约束的整体性做法是过于粗糙了.实际上,约束的完整性与非完整性只是约束的局部性质,一个约束组 $\boldsymbol{\omega} = \boldsymbol{0}$ 在$\{[u_1, u_2, \cdots, u_n]^{\mathrm{T}}\}$全空间里可能有着非常复杂的结构.本小节我们给出这种复杂结构的分析方法.

1. Pfaff 约束分区域的完整性与非完整性

根据上一小节的 Frobenius 定理,可以分别引入区域上 Pfaff 约束组完整性与非完整性的定义.

定义 若 Pfaff 约束组 $\boldsymbol{\omega}=\boldsymbol{0}$ 在 n 维连通开区域 U 的任一点 p 上都满足

(1) 线性独立条件成立,即

$$\Omega\,|_p = (\omega_1 \wedge \omega_2 \wedge \cdots \wedge \omega_l)\,|_p \neq 0;$$

(2) Frobenius 条件成立,即

$$(\mathrm{d}\omega_r \wedge \Omega)\,|_p = 0, \quad r = 1,2,\cdots,l,$$

则称 $\boldsymbol{\omega}=\boldsymbol{0}$ 为区域 U 上的完整约束组,或称 U 为约束组 $\boldsymbol{\omega}=\boldsymbol{0}$ 的完整区域.

定义 若 Pfaff 约束组 $\boldsymbol{\omega}=\boldsymbol{0}$ 在 n 维连通开区域 U 的任一点 p 都有 Frobenius 条件不成立,即存在 $r\in(1,2,\cdots,l)$,使得 $(\mathrm{d}\omega_r\wedge\Omega)\,|_p\neq 0$. 则称 $\boldsymbol{\omega}=\boldsymbol{0}$ 为区域 U 上的非完整约束组,或称 U 为约束组 $\boldsymbol{\omega}=\boldsymbol{0}$ 的非完整区域.

以下举例来说明 Pfaff 约束分区域完整性与非完整性的应用.

例 首先引入函数 $\Phi(x,y,z)\in c^3$:

$$\Phi(x,y,z) = \begin{cases} (x^2+y^2+z^2-1)^4, & x^2+y^2+z^2-1 \geqslant 0, \\ 0, & x^2+y^2+z^2-1 < 0. \end{cases}$$

考虑 $R^3=\{[x,y,z]^{\mathrm{T}}\}$ 空间里的 Pfaff 约束

$$\omega = A\mathrm{d}x + B\mathrm{d}y + C\mathrm{d}z = 0,$$

其中

$$A = 2x, \quad B = 2y + \Phi x, \quad C = 2z + \Phi.$$

分区域完整性与非完整性分析:

(1) 单位球面 $x^2+y^2+z^2=1$ 内部,此时显然有

$$\omega = 2x\mathrm{d}x + 2y\mathrm{d}y + 2z\mathrm{d}z = \mathrm{d}(x^2+y^2+z^2) = 0.$$

约束方程可积分为

$$x^2+y^2+z^2 = \text{const.}.$$

可见,在单位球面的内部区域,约束是完全可积的. 积分流形是原点为球心的球面. 不同球面上的位形点之间是不可能用满足约束的轨迹连接通达的. 根据定义,显然单位球面内部区域是约束的完整区.

(2) 考查单位球面的外部区域. 为此,计算 Frobenius 判别式

$$\mathrm{d}\omega \wedge \omega = \Delta \cdot \mathrm{d}x \wedge \mathrm{d}y \wedge \mathrm{d}z,$$

$$\Delta = [A,B,C]\cdot\{\nabla\times[A,B,C]\} = \Phi(2z+\Phi).$$

图 1.3 中绘出了在单位球面外部 Δ 的取值符号区. 其中有 $\Delta>0$ 区,也有 $\Delta<0$ 区. 根据定义,显然它们分别是两个非完整区.

(3) 对于 $\Delta=0$ 的孤立曲面,本例中包含两支:一支是单位球面 $x^2+y^2+z^2=1$,

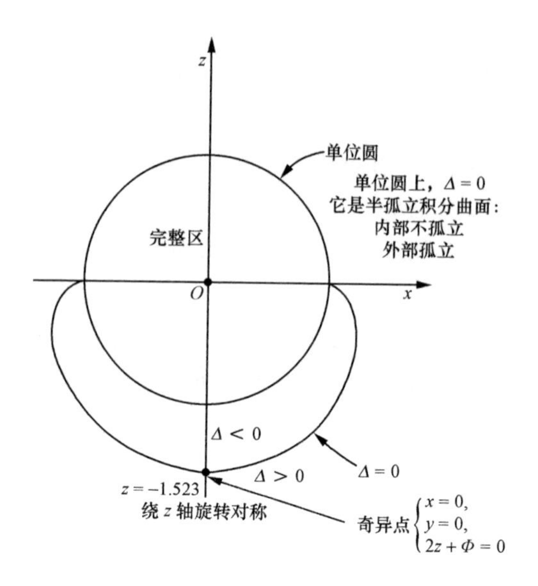

图 1.3

另一支是在单位球面外部，但满足 $2z+\Phi=0$ 的曲面. 这两支上的点显然不属于非完整区，因为它们满足 Frobenius 判别式为零. 但它们也不应属于完整区域，因为它们的任意小的 n 维邻域中都有非完整区域中点，而不可能满足完整区域的条件. 对于这样的点集，以后还要深入地讨论.

约束完整性与非完整性分区域分析的方案，随每个具体约束的性质而变化. 虽然可能存在着异常复杂的 Pfaff 约束，但上述分区域判断的办法完全可以通过逐步细化来适应需要. 实际上，这里判断 Pfaff 约束组的完全可积性可以逐点地来进行分析. 这有以下"点域"的 Frobenius 定理为根据.

定理[10-12] 假定 Pfaff 约束组 $\boldsymbol{\omega}=\mathbf{0}$ 在 p 点的线性独立组，即满足

$$\Omega\,|_p=(\omega_1\wedge\omega_2\wedge\cdots\wedge\omega_l)\,|_p\neq 0.$$

在上述条件下，约束组 $\boldsymbol{\omega}=\mathbf{0}$ 在 p 点 n 维邻域具有正规的完全可积积分流形结构的充分必要条件是：在 p 点的 n 维邻域 U，使 $\boldsymbol{\omega}=\mathbf{0}$ 约束组在 U 上满足 Frobenius 条件

$$(\mathrm{d}\omega_r\wedge\Omega)\,|_U=0,\quad r=1,2,\cdots,l.$$

根据上述定理，可以引入 Pfaff 约束组的完整点与非完整点定义如下：

定义 满足前述定理条件的点 p，称为 **Pfaff 约束的完整点**；Frobenius 条件不成立的点，称为 **Pfaff 约束的非完整点**.

不难证明，Pfaff 约束组的完整区域全由完整点构成，非完整区域全由非完整点构成.

2. Pfaff 约束组的非正规点集

上面定义的完整点和非完整点，都具有$\{[u_1,u_2,\cdots,u_n]^{\mathrm{T}}\}$空间中的非孤立性，即总存在该点的 n 维邻域，使该邻域上的所有点都有同样的完整性或非完整性. 这样的点，称为 Pfaff 约束组的**正规点**. 但是，Pfaff 约束组还可能存在着**非正规点**，并且它的性质与结构对约束系统大范围性质有着重要的影响. 如果记满足 Frobenius 条件的点集为 Frobenius 点集，即

$$F(\boldsymbol{\omega}) \triangleq \{p \in R^n : (\mathrm{d}\omega_r \wedge \Omega)|_p = 0, r = 1,2,\cdots,l\}.$$

那么非正规点集一定是 $F(\boldsymbol{\omega})$的子集，并且非正规点的任一 n 维邻域中都一定要含有非零的非完整点角域. Pfaff 约束的非正规点集由以下三种点集组合而成：

(1) 使 Pfaff 约束组蜕化，从而使$[\mathrm{d}u_1,\mathrm{d}u_2,\cdots,\mathrm{d}u_n]^{\mathrm{T}}$ 选择有特别的自由性的点，也就是满足 $\Omega|_p=0$ 的奇异点集.

(2) Pfaff 约束组的孤立积分流形点集. 由于它形成约束的积分流形，因而它构成约束轨迹的隔离面. 其上的点虽然是完全可积点，但却不是正规的完全可积点，它的每一点的任一 n 维邻域中都包有非零的非完整点角域.

(3) 满足 Frobenius 条件但不是可积点的临界点集. 由于它具有允许约束轨迹穿透的特征，故称之为**百叶窗点集**.

以下举例说明.

例 考虑 $R^3=\{[x,y,z]^{\mathrm{T}}\}$空间上的 Pfaff 约束

$$\omega = A\mathrm{d}x + B\mathrm{d}y + C\mathrm{d}z = (x^2+y^2)\mathrm{d}x + 0\mathrm{d}y + xz\,\mathrm{d}z = 0.$$

计算约束的 Frobenius 判别式

$$\mathrm{d}\omega \wedge \Omega = \mathrm{d}\omega \wedge \omega = \Delta \cdot \mathrm{d}x \wedge \mathrm{d}y \wedge \mathrm{d}z,$$

$$\Delta = [A,B,C] \cdot \{\nabla \times [A,B,C]\} = -2xyz.$$

根据判别式可以看到，除三张坐标平面外，空间的其他点处都有 $\Delta \neq 0$. 根据非完整点的定义，这些点都是非完整点，也都是正规点. 这些正规点由三张坐标平面分割成八个非完整区. 对于三张坐标平面上的点，如图 1.4 所示，可作如下分析：

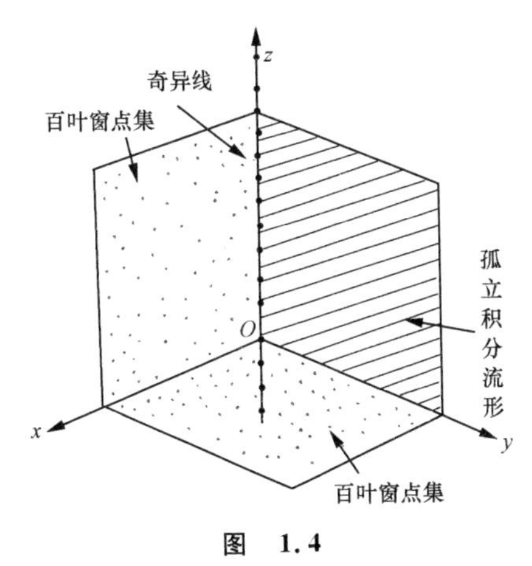

图 1.4

(1) 三张坐标平面上任一点 p，都有 Frobenius 条件成立，即$(\mathrm{d}\omega \wedge \Omega)|_p = (\mathrm{d}\omega \wedge \omega)|_p=0$，这样的点称为约束的 **Frobenius 点**. 此处的 Frobenius 点都是非正规的，因为它的任何 n 维邻域总包含非 Frobenius 点. 这种非正规的 Frobenius 点构成的点集，称为**临界的 Frobenius 点集**.

(2) 三张坐标平面上任一点，不可能是完整点，因为它的三维邻域中总包含非完整点．也不可能是非完整点，因为它是 Frobenius 点．由此可见，三张坐标平面是约束的**非正规点集**．

(3) 以下对由三张坐标平面构成的临界 Frobenius 点集或约束的非正规点集作进一步分析：

a. 该点集上包含了一些点，满足条件

$$\Omega\mid_p = 0.$$

在这些点上，Pfaff 约束组不独立，发生了蜕化，放松了对 $[\mathrm{d}u_1,\mathrm{d}u_2,\cdots,\mathrm{d}u_n]^{\mathrm{T}}$ 的限制．此种点称为 Pfaff 约束组的奇异点．对本例，奇异点应满足 $A=B=C=0$．不难看出，整个 z 轴满足此条件．约束方程在这些点上蜕化，对 $[\mathrm{d}x,\mathrm{d}y,\mathrm{d}z]^{\mathrm{T}}$ 不产生任何限制，因而可以自由选取．约束组在奇异点处的性能一般要作专门的分析．

三张坐标平面的其他点均不是奇异点．但注意到三张坐标平面全是由非完整点包围的孤立平面，其上的点若存在积分流形，则该积分流形只可能是孤立平面本身．据此，可作如下的直接检验来进行判别．

b. 检查坐标平面 $\{p:x=0\}$．不难得到，该平面是其上任一点（除去奇异点）的积分流形．上述积分流形和一般的积分流形不同，它是约束的孤立积分流形，其特点一是过其上任一点有完全的积分流形，因此属于可积点；二是其上任一点的任一 n 维邻域都含有不可积点．孤立积分流形上的点是约束的完全可积点，却不是正规的完全可积点．

c. 检查坐标平面 $\{p:y=0\}$，可得到本平面上的点（除去奇异点）均是不可积点的结论．这个不可积点集和非完整点集不同，它是由临界的 Frobenius 点构成．此种 Frobenius 点集由于临界性的原因，具有不形成隔离面的条件．

d. 检查坐标平面 $\{p:z=0\}$，同样得到，除去奇异点（原点）外，本坐标平面不是积分流形，而是百叶窗点集．

(4) Pfaff 约束组非正规点集的分析有重要意义．在非正规点集中，孤立积分流形对轨迹有隔离作用，而奇异点处由于约束限制的放松又有可能引导轨迹穿透隔离面．因此要掌握 Pfaff 约束组的大范围性能，不仅应有分区的完整性与非完整性分析，而且要有非正规点集分析或临界 Frobenius 点集分析．

例　考虑 $R^3=\{[x,y,z]^{\mathrm{T}}\}$ 空间上的 Pfaff 约束[13]

$$\omega = (y^2 - x^2 - z)\mathrm{d}x + (z - y^2 - xy)\mathrm{d}y + x\mathrm{d}z = 0.$$

要分析它的大范围性质，需计算它的 Frobenius 判别式

$$\mathrm{d}\omega \wedge \Omega = \mathrm{d}\omega \wedge \omega = \Delta \cdot \mathrm{d}x \wedge \mathrm{d}y \wedge \mathrm{d}z,$$

$$\Delta = [A,B,C] \cdot \{\nabla \times [A,B,C]\} = x^2 + y^2 - xy - z.$$

从而在 R^3 空间中，约束有 Frobenius 点集存在

$$z = x^2 + y^2 - xy.$$

对此可进行如下分析(如图1.5所示):

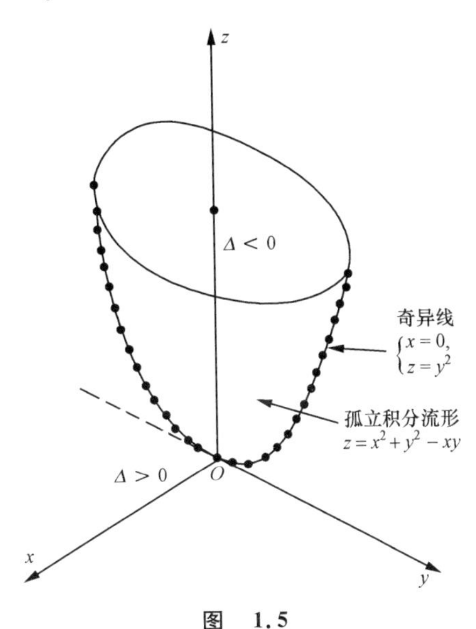

图 1.5

(1) Frobenius 点集将 R^3 全空间分割为内区($\Delta<0$)和外区($\Delta>0$),其中的点全为非完整点,构成了两个非完整区. Frobenius 点集本身是孤立的临界曲面,可称为 **Frobenius 临界曲面**.

(2) Frobenius 临界曲面上包含有约束的奇异线,即曲线$\{p:x=0,z=y^2\}$,其上的点满足 $A=B=C=0$,约束在奇异线上被释放,此时$[\mathrm{d}x,\mathrm{d}y,\mathrm{d}z]^{\mathrm{T}}$ 可以自由选择.

(3) Frobenius 临界曲面$\{p:x^2+y^2-xy-z=0\}$上任一点(除去奇异线)的曲面法方向刚好和该处的$[A,B,C]^{\mathrm{T}}$ 方向平行,因此 Frobenius 临界曲面是其上点的积分流形. 它构成了约束的孤立积分流形.

(4) 因为 Frobenius 临界曲面是约束的孤立积分流形,因此它对约束轨迹起隔离作用. 但其上的奇异线处可以允许轨迹穿越隔离面.

本例的非正规点集不包含百叶窗点集.

3. R^n 全空间点集的分类分析

根据前面的讨论,可总结 Pfaff 约束组 R^n 全空间的点集分类定义如下:

假定 $R^n=\{[u_1,u_2,\cdots,u_n]^{\mathrm{T}}\}$空间上的 Pfaff 约束组为

$$\omega_r = \sum_{s=1}^{n} A_{rs}(u_1,\cdots,u_n)\mathrm{d}u_s = 0, \quad r = 1,2,\cdots,l < n,$$

$$A_{rs} \in C^k, \quad k \geqslant 2.$$

记

$$\boldsymbol{\omega} = [\omega_1,\omega_2,\cdots,\omega_l]^{\mathrm{T}},$$

$$\Omega = \omega_1 \wedge \omega_2 \wedge \cdots \wedge \omega_l,$$

$$\mathrm{d}u_1 \wedge \mathrm{d}u_2 \wedge \cdots \wedge \mathrm{d}u_n \text{ 恒不为零}.$$

定义 Pfaff 约束组 $\boldsymbol{\omega}=\mathbf{0}$ 的如下点集:

(1) Frobenius 点集 $F(\boldsymbol{\omega})\triangleq\{P\in R^n,且(\mathrm{d}\omega_r\wedge\Omega)|_p=0,r=1,2,\cdots,l\}$.

(2) 非完整点集 $NH(\boldsymbol{\omega})\triangleq\{p\in R^n,且\ p\notin F(\boldsymbol{\omega})\}=\{p\in R^n,且存在\ r\in(1,\cdots,l),使(\mathrm{d}\omega_r\wedge\Omega)|_p\neq 0\}$.

(3) 奇异点集 $S(\boldsymbol{\omega})\triangleq\{p\in R^n$，且 $\Omega|_p=0\}$，不难证明，$S(\boldsymbol{\omega})\subset F(\boldsymbol{\omega})$，因此，奇异点集可以在 Frobenius 点集中去寻找，实际上，约束的奇异点集等于约束的奇异 Frobenius 点集：$SF(\boldsymbol{\omega})\triangleq\{p\in F(\boldsymbol{\omega})$，且 $\Omega|_p=0\}$.

(4) 非奇异 Frobenius 点集 $RF(\boldsymbol{\omega})\triangleq\{p\in F(\boldsymbol{\omega})$，且 $\Omega|_p\neq 0\}=\{p\in R^n$，且 $\Omega|_p\neq 0,(\mathrm{d}\omega_r\wedge\Omega)|_p=0,r=1,2,\cdots,l\}$.

(5) 完整点集 $H(\boldsymbol{\omega})\triangleq\{p\in RF(\boldsymbol{\omega})$，且是 $RF(\boldsymbol{\omega})$ 的 n 维内点$\}$.

(6) 临界非奇异 Frobenius 点集 $CRF(\boldsymbol{\omega})=\{p\in RF(\boldsymbol{\omega})$，且 p 的任一 n 维邻域中包含有非完整点$\}$.

(7) 百叶窗点集 Shutter$(\boldsymbol{\omega})\triangleq\{p\in CRF(\boldsymbol{\omega})$，且 $CRF(\boldsymbol{\omega})$ 不是 p 点的积分流形$\}$.

(8) 孤立积分流形点集 Isoint$(\boldsymbol{\omega})\triangleq\{p\in CRF(\boldsymbol{\omega})$，且 $CRF(\boldsymbol{\omega})$ 是 p 点的积分流形$\}$.

图 1.6 给出了 Pfaff 约束组大范围分析中各点集的条件及相互包含的逻辑关系.

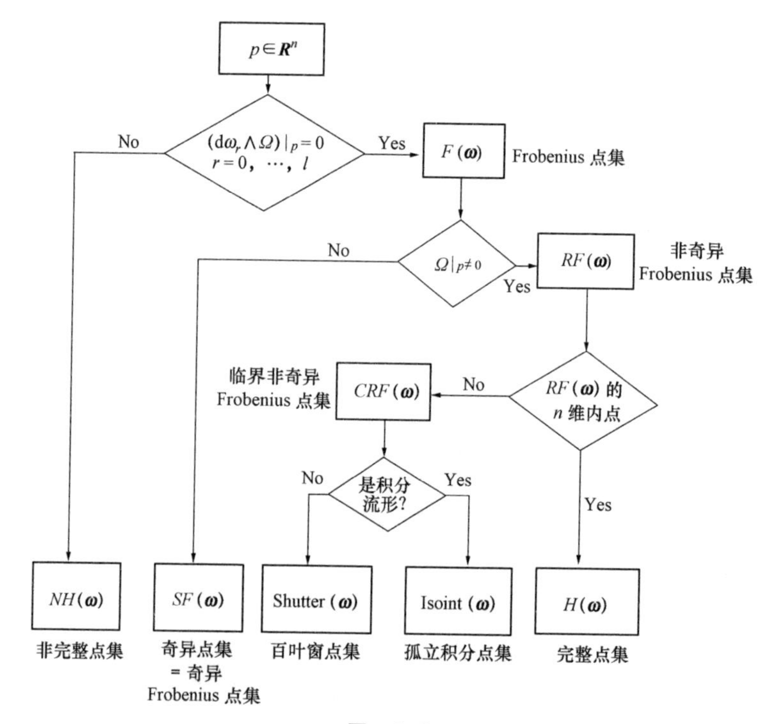

图　1.6

对于图 1.3 所示的例子而言，Frobenius 点集包含两支：一支是单位球面 $x^2+y^2+z^2=1$，另一支是单位球面外部但满足 $2z+\Phi=0$ 的曲面. 其中单位球面是半孤立积分曲面：它是约束的积分曲面，对球内不孤立，对球外部却是孤立的积分曲面.另一支 Frobenius 点集中包含有奇异点($x=0,y=0,2z+\Phi=0$),其他点都是百叶窗点集.

Pfaff 约束全空间点集分析提示我们,Pfaff 约束的积分流形总是其 Frobenius 点的联合,但 Frobenius 点任意联合所构成的流形却不一定是约束的积分流形.

1.2.5　约束数学方程与约束流形的一般讨论

1. 讨论约束在事件空间里表达和状态时间里表达的互相映射问题

几何约束可以在事件空间里用一个超曲面加以刻画.假定此超曲面的数学方程为

$$f(u_1,u_2,\cdots,u_{3N},t)=0. \tag{2.38}$$

几何约束也可以在状态时间空间里加以刻画.产生这种刻画的本质观念是应用位形运动轨道的概念,即认为几何约束在事件空间里的超曲面实际上是由系统运动的一族位形轨道作为纤维所构成,这族位形轨道的每一轨道都是满足几何约束超曲面方程的.因此,认为几何约束超曲面方程(2.38)中,都有

$$u_i=u_i(t),\quad i=1,2,\cdots,3N.$$

从而,可以应用时间全导数映射 DJ,得到

$$\sum_{i=1}^{3N}\frac{\partial f}{\partial u_i}v_i+\frac{\partial f}{\partial t}=0. \tag{2.39}$$

表达这个映射关系,成为

事件空间里几何关系　　　　状态时间空间里的一阶线性约束

$$f(u_1,u_2,\cdots,u_{3N},t)=0\quad\xrightarrow{\text{DJ}}\quad\sum_{i=1}^{3N}\frac{\partial f}{\partial u_i}v_i+\frac{\partial f}{\partial t}=0.$$

应该注意到,几何约束的 DJ 映射的象需要在状态时间里表达,它是表达一族位形轨道的映射关系,和单一位形轨道的映射关系不一样,单一位形轨道的 DJ 映射是用速度空间里的轨道来表达.这是两者区别之处.对于状态时间空间里如(2.39)式的一阶线性约束,其 DJ 的逆映射在事件空间里是存在的,但不再是原来的唯一的一张超曲面 $f(u_1,u_2,\cdots,u_{3N},t)=0$,而成为一族的几何约束 $f(u_1,u_2,\cdots,u_{3N},t)=c$,其中 c 为任意常数.表达这个逆映射关系为

状态时间空间的一阶线性约束　　　　事件空间里的几何约束族

$$\sum_{i=1}^{3N}\frac{\partial f}{\partial u_i}v_i+\frac{\partial f}{\partial t}=0\quad\xrightarrow{\text{DJ}^{-1}}\quad f(u_1,u_2,\cdots,u_{3N},t)=c.$$

应该注意到,这种 DJ^{-1} 映射由状态时间空间里单个的一阶线性约束产生出事件空间里几何约束族的原因,是和 1.1.5 小节中所述的轨道逆映射中扩张成为一束轨道直接相关.

状态时间空间里的一个一般性线性约束方程为

$$\psi = \sum_{i=1}^{3N} A_i(\boldsymbol{u},t)v_i + A(\boldsymbol{u},t) = 0, \quad (\boldsymbol{u},\boldsymbol{v},t) \in \mathscr{D},$$

其中 $\mathscr{D}$ 是我们研究的约束成立的区域.

这种一般性的一阶线性约束是否在事件空间里有自己的逆象,这是一个问题. 根据 Frobenius 定理,在 $\mathscr{D}$ 区域上,利用 $\mathrm{d}\psi \wedge \psi$ 是否为零作判据,可将状态时间空间里的一阶线性约束分为可积与不可积两种. 如果可积,则 DJ^{-1} 可以进行. 如果不可积,则 DJ^{-1} 不可进行.

2. *研究状态时间空间里约束数学方程与约束流形的概念及相互关系*

假定被研究的力学系统的位形变量为 $[u_1, u_2, \cdots, u_{3N}]^{\mathrm{T}}$,速度变量为 $[v_1, v_2, \cdots, v_{3N}]^{\mathrm{T}}$,时间变量为 t,记实函数 ψ 为 $R^{2\times 3N+1} \to R$,考查区域为 $\mathscr{D}$,一个状态时间空间的约束数学方程表达为

$$\psi(\boldsymbol{u},\boldsymbol{v},t) = 0, \quad (\boldsymbol{u},\boldsymbol{v},t) \in \mathscr{D}.$$

一个状态时间空间的一阶约束数学方程组表达为

$$\psi_r(\boldsymbol{u},\boldsymbol{v},t) = 0, \quad r = 1,2,\cdots,L < 3N, \quad (\boldsymbol{u},\boldsymbol{v},t) \in \mathscr{D}.$$

应该注意到,约束数学方程是力学系统约束表达的外在形式. 由于数学方程表达的灵活性,约束的这种表达不是唯一的.

刻画约束的本质是约束流形. 所谓约束流形,是指在我们所考查的区域 $\mathscr{D}$ 上,满足约束数学方程的状态时间的点所组成的几何对象. 对约束的数学方程组有以下的等价概念:

如果有以下两个状态时间空间约束方程组

$$\Pi\colon \psi_r(\boldsymbol{u},\boldsymbol{v},t) = 0, \quad r = 1,2,\cdots,L < 3N, \quad (\boldsymbol{u},\boldsymbol{v},t) \in \mathscr{D};$$

$$K\colon \Phi_r(\boldsymbol{u},\boldsymbol{v},t) = 0, \quad r = 1,2,\cdots,L < 3N, \quad (\boldsymbol{u},\boldsymbol{v},t) \in \mathscr{D}.$$

满足以下条件: 在考查的区域 $\mathscr{D}$ 上,对任一状态时间点 $p \in \mathscr{D}$,都有

$$\text{若 } p \in \Pi \Longrightarrow p \in K; \quad \text{且若 } p \in K \Longrightarrow p \in \Pi,$$

则称 Π 和 K 在区域 $\mathscr{D}$ 上为等价的约束数学方程组. 它们在 $\mathscr{D}$ 上实际上有着相同的约束流形.

很明显,完全相同的约束数学方程组一定是等价的,但等价的约束数学方程组并不一定相同. 等价的约束数学方程组有着相同的约束流形. 约束流形刻画约束的本质特性,而约束数学方程组只不过是它外在的表达形式. 这种表达形式不是唯一的.

为了研究的方便,对约束数学方程表达中应用的函数有以下基本的设定:

考虑状态时间空间中的约束数学方程组

$$\Pi\colon \psi_r(\boldsymbol{u},\boldsymbol{v},t) = 0, \quad r = 1,2,\cdots,L < 3N, \quad (\boldsymbol{u},\boldsymbol{v},t) \in \mathscr{D},$$

其中 $\psi_r(\boldsymbol{u},\boldsymbol{v},t)$ 是一般性函数，但通常要求满足以下条件：

(1) 在 $\mathscr{D}$ 区域中没有奇点；

(2) 在 $\mathscr{D}$ 区域中有二级连续偏导数.

在进一步的研究中，对约束数学方程组往往加上非奇异性要求，即要求在某指定点或某指定区域处，有 $\left[\dfrac{\partial \psi_r}{\partial v_i}\right]$ 满秩.

3. 约束数学方程组的因子结构

约束的数学方程表述虽然只是约束表达的外在形式，并且是不唯一的，但它却是我们表达和研究约束最常见最方便的形式. 因此，需要对约束数学方程组的结构进一步加以讨论.

(1) 因子分解与可去因子.

考虑某一个状态时间空间的约束数学方程

$$\psi(\boldsymbol{u},\boldsymbol{v},t)=0,\quad (\boldsymbol{u},\boldsymbol{v},t)\in\mathscr{D}.$$

假定在区域 $\mathscr{D}$ 上，函数 ψ 有如下的因子分解式

$$\psi=\psi_1\psi_2\cdots\psi_j,\quad (\boldsymbol{u},\boldsymbol{v},t)\in\mathscr{D}.$$

则称每个 $\psi_i(i=1,2,\cdots,j)$ 为 ψ 在 $\mathscr{D}$ 上的因子函数. 在约束数学方程中，并不是每个因子函数对决定约束流形都有贡献，其中有的因子是可以丢弃的. 这有以下定理：

定理　如果在区域 $\mathscr{D}$ 上，某因子函数取值恒不为零，则在约束方程表达中，该因子可以丢弃. 这样的因子称为**可去因子**.

对于函数 ψ，在丢弃所有的可去因子之后，有两种可能的情况：一种是只剩下一个唯一的因子函数，另一种是仍然有多个因子函数. 第一种情况为**单因子约束数学方程**，第二种为**多因子约束数学方程**.

(2) 单支约束流形与多支约束流形.

试考查某一状态时间空间的约束流形，其约束数学方程组为

$$\Pi:\psi_r(\boldsymbol{u},\boldsymbol{v},t)=0,\quad r=1,2,\cdots,L<3N,\quad (\boldsymbol{u},\boldsymbol{v},t)\in\mathscr{D}.$$

考查的第一步是丢弃所有的可去因子. 如果在丢弃所有的可去因子之后，Π 的每一约束方程函数全是单因子的，则 Π 流形为“单支的状态时间空间约束流形”. 反之，如果 Π 的约束方程函数中仍有某一个为多因子函数，则 Π 为“多支的状态时间空间约束流形”. 多支的约束流形是由分支约束流形组合而成. 任一分支约束流形为

$$\Pi^{(j)}:\psi_r^{(j_r)}(\boldsymbol{u},\boldsymbol{v},t)=0,\quad r=1,2,\cdots,L<3N,\quad (\boldsymbol{u},\boldsymbol{v},t)\in\mathscr{D},$$

其中 $\psi_r^{(j_r)}(\boldsymbol{u},\boldsymbol{v},t)$ 是 $\psi_r(\boldsymbol{u},\boldsymbol{v},t)$ 函数的任一因子函数，但不是可去因子，而且在 $\mathscr{D}$ 上不再能分解. Π 约束流形是全部分支约束的并，即

$$\Pi=\bigcup_{j}\Pi^{(j)}.$$

4. 状态时间空间约束流形的局部分解定理

以上关于状态时间空间约束流形的讨论是在整个 $\mathscr{D}$ 区域上考查的. 如果我们局限在 $\mathscr{D}$ 区域上某一状态时间点 p 的邻域中考查,则可以有进一步的结果.

首先证明以下定理:

单支激活定理 考虑某个状态时间空间约束流形,其数学方程组为

$$\Pi\colon \psi_r(\boldsymbol{u},\boldsymbol{v},t)=0,\quad r=1,2,\cdots,L<3N,\quad (\boldsymbol{u},\boldsymbol{v},t)\in\mathscr{D}.$$

如果在 $\mathscr{D}$ 上的某一状态时间点 p,它满足约束,即

$$\psi_r(\boldsymbol{u},\boldsymbol{v},t)\mid_p=0,\quad r=1,2,\cdots,L<3N,$$

且 p 点为 Π 的非奇异点,即$\left[\dfrac{\partial\psi_r}{\partial v_i}\right]_p$ 满秩,则 p 点只可能满足 Π 的一支分支约束流形. 此分支约束流形称为 **Π 的被 p 激活的分支约束流形.**

证明 用反证法. 若 Π 的某一约束方程有两个因子被 p 点满足,即某个

$$\psi=\Phi_1\Phi_2,\quad \text{且}\quad \Phi_1\mid_p=0,\quad \Phi_2\mid_p=0,$$

则

$$\frac{\partial\psi}{\partial v_i}=\frac{\partial\Phi_1}{\partial v_i}\Phi_2+\Phi_1\frac{\partial\Phi_2}{\partial v_i},\quad i=1,2,\cdots,3N.$$

从而

$$\left.\frac{\partial\psi}{\partial v_i}\right|_p=\left.\frac{\partial\Phi_1}{\partial v_i}\right|_p\Phi_2\mid_p+\Phi_1\mid_p\left.\frac{\partial\Phi_2}{\partial v_i}\right|_p=0,\quad i=1,2,\cdots,3N.$$

由此可知,$\left[\dfrac{\partial\psi_r}{\partial v_i}\right]$不可能在 p 点满秩,这和假定矛盾. □

根据以上单支激活定理,有一个重要推论:对于任意的状态时间空间约束流形

$$\Pi\colon \psi_r(\boldsymbol{u},\boldsymbol{v},t)=0,\quad r=1,2,\cdots,L<3N,\quad (\boldsymbol{u},\boldsymbol{v},t)\in\mathscr{D}.$$

如果在 $\mathscr{D}$ 上某点 p 满足约束,且 p 点为 Π 的非奇异点,则 Π 在 p 点邻域不可能有两个或两个以上不同的积分流形. 对此结论亦可用反证法证明. 如果 Π 在 p 点邻域有两个不同的积分流形,分别记为 $\Gamma_1(\boldsymbol{u},t)$,$\Gamma_2(\boldsymbol{u},t)$,将它们映射到状态时间空间,记为

$$\Pi_1=\mathrm{DJ}[\Gamma_1(\boldsymbol{u},t)],$$
$$\Pi_2=\mathrm{DJ}[\Gamma_2(\boldsymbol{u},t)].$$

显然 Π_1,Π_2 必然都是 Π 的因子约束,并且都包含 p 点,因而 Π 在 p 点必然是奇异的,这就导致矛盾.

以下考虑状态时间空间一般性约束的局部特性研究. 设有状态时间空间的一般性约束方程组

$$\Pi: \psi_r(\boldsymbol{u},\boldsymbol{v},t) = 0, \quad r = 1,2,\cdots,L < 3N, \quad (\boldsymbol{u},\boldsymbol{v},t) \in \mathscr{D}.$$

假定某状态时间点 $p \in \mathscr{D}$，且满足约束，$\left[\dfrac{\partial \psi_r}{\partial v_i}\right]_p$ 满秩，我们想研究约束流形 Π 在 p 点邻域的特性. 对于这种研究，第一步简化，是丢弃 ψ_r 的所有 $\mathscr{D}$ 上的可去因子. 第二步简化，是丢弃所有的 p 点的“局部可去因子”. 所谓 p 点的局部可去因子，满足：(1) 它是 ψ_r 的因子；(2) 它在 p 点取值不为零. 完成以上简化后，假定约束方程组成为

$$\Phi_r(\boldsymbol{u},\boldsymbol{v},t) = 0, \quad r = 1,2,\cdots,L < 3N, \quad (\boldsymbol{u},\boldsymbol{v},t) \in p \text{ 点的邻域}.$$

此时，剩下的 Φ_r，若有多因子，则每个因子都应被 p 所满足. 但根据 p 点为非奇异点的假定，只可能有一个因子被满足，因此 $\Phi_r(\boldsymbol{u},\boldsymbol{v},t)$ 实际上只可能是单因子函数. 并且仍有 $\left[\dfrac{\partial \Phi_r}{\partial v_i}\right]_p$ 满秩的特性.

1.2.6　纯非完整系统与可达性

完整约束与非完整约束重要的区别之一反映在可达性上.

定义　设系统的事件变元为 $u_1, u_2, \cdots, u_n$. 考虑事件空间里的任一点 $P(u_1^0, u_2^0, \cdots, u_n^0)$，若从 P 点出发，能引出任意一满足约束方程的轨线，使 P 点转移到 Q 点，则 Q 点称为 P 点在约束作用下的**可达点**.

应该说明的是，在研究的约束是 Pfaff 约束情况下，任一 P 点都可以当做出发点. 若研究的约束是有限形式，则显然 P 点应该在约束曲面上，否则过 P 点的任一轨线都不满足约束方程.

P 点的所有可达点集合，称为 P 点在约束作用下的**可达区域**，又称为**可达子空间**.

通过事件空间简单的平移变换，可以把任一点 P 的可达区域问题化为原点的可达区域问题. 此时，我们应注意到，简单的平移变换既不会改变约束条件的可积性，也不会改变可达区域的性质. 变换前后的所有情况都只是简单的平移而已. 因此，不失一般性，我们用考查原点的可达区域性质作为代表.

定理　设系统的事件变元为 $u_1, u_2, \cdots, u_n$，受有 Pfaff 约束

$$\sum_{i=1}^{n} A_i(u_1, u_2, \cdots, u_n)\,\mathrm{d}u_i = 0.$$

如果约束是完整的，并且原点不是约束方程积分的孤立点①，那么从原点出发的可

---

① 试考虑 Pfaff 约束的积分为

$$f(x,y,z) = \frac{x^2}{a^2} + \frac{y^2}{b^2} + \frac{z^2}{c^2} = \text{const.}$$

的情形.

达区域维数是 $n-1$,即事件空间维数减去 1.

证明 因为约束是完整的,所以有积分

$$f(u_1,u_2,\cdots,u_n)=c,$$

其中 c 是积分常数.这是一族积分曲面.记 $f(u_1,u_2,\cdots,u_n)=c_0$ 曲面过原点的一叶为 σ,其中 $c_0=f(0,0,\cdots,0)$.由于从原点出发的任一满足约束的轨线必在积分曲面上,故原点的可达点 Q 必在 σ 上.又因 σ 上的任一点总可以用轨线和原点相联(否则 σ 不是连通的一叶曲面),故恒为原点的可达点.由此可见,σ 是原点的可达区域,其维数为 $n-1$. □

推论 在 $Oxyz$ 空间有约束为 $A\mathrm{d}x+B\mathrm{d}y+C\mathrm{d}z=0$.若此约束是可积的,并且原点不是约束方程积分的孤立点,则原点的可达区域为一过原点的曲面,维数为 2,如图 1.7 所示.

例 试求 Pfaff 约束

$$x\mathrm{d}x+y\mathrm{d}y-(z-1)\mathrm{d}z=0$$

从原点出发的可达区域.

解 此 Pfaff 约束的积分为

$$f(x,y,z)=\frac{x^2}{2}+\frac{y^2}{2}-\frac{(z-1)^2}{2}=c.$$

根据过原点的条件,定出

$$c_0=f(0,0,0)=-1/2.$$

积分曲面的方程为

$$x^2+y^2-(z-1)^2=-1,$$

这是双叶双曲面.由原点出发的可达区域是此曲面的一叶 σ,如图 1.8 所示.

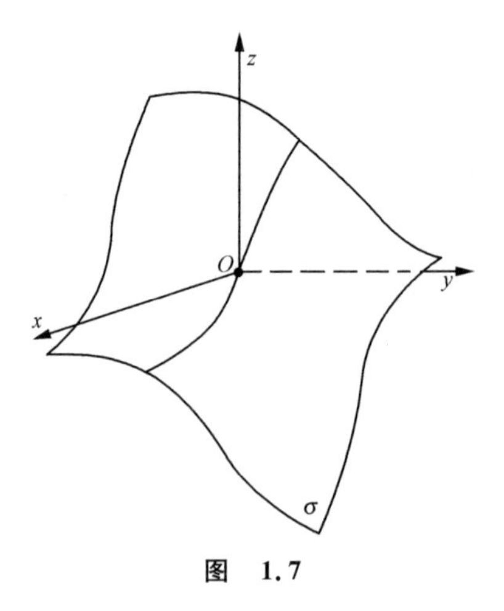

图 1.7

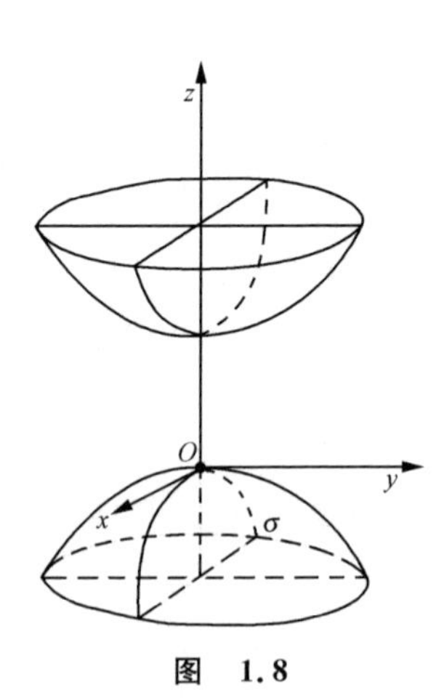

图 1.8

定理 设 xyz 空间,受有约束

$$A\mathrm{d}x + B\mathrm{d}y + C\mathrm{d}z = 0.$$

若此约束是全空间不可积的,则全空间是原点的可达区域.

证明 为证明此定理,我们应用 Pfaff 的引理: 对全空间不可积的约束

$$A\mathrm{d}x + B\mathrm{d}y + C\mathrm{d}z = 0,$$

一定可以经过空间的一一变换,将约束化为标准形[14]. 如果变换后的变量仍记做(x,y,z),则约束的标准形为

$$-z\mathrm{d}x + \mathrm{d}y + 0\mathrm{d}z = 0. \tag{2.40}$$

现证明全空间都是原点的可达区域. 为此,取空间里任一点(x_1,y_1,z_1),$x_1 \neq 0$. 在 xy 平面上作一函数 $y=f(x)$,使

$$\begin{cases} f(0) = 0, & f'(0) = 0, \\ f(x_1) = y_1, & f'(x_1) = z_1. \end{cases} \tag{2.41}$$

然后令轨线为

$$\begin{cases} y = f(x), \\ z = \mathrm{d}f/\mathrm{d}x. \end{cases} \tag{2.42}$$

(2.42)式定义的轨线满足如下条件:

(1) 过原点;

(2) 当 $x=x_1$ 时,

$$y = f(x_1) = y_1, \quad z = \left.\frac{\mathrm{d}f}{\mathrm{d}x}\right|_{x=x_1} = z_1,$$

亦即过(x_1,y_1,z_1)点.

(3) 满足约束方程,因为

$$-z\mathrm{d}x + \mathrm{d}y = -\frac{\mathrm{d}f}{\mathrm{d}x}\mathrm{d}x + \mathrm{d}f(x) = 0.$$

定理证毕. □

以上讨论的是全空间不可积约束的可达性. 依据 1.2.4 小节中的分析,已知 Pfaff 约束的完整性与非完整性是约束的局部性质,因此,也可以讨论区域上非完整约束的可达性问题. 可以设想,单个 Pfaff 约束在连通的非完整区域内,任意两点之间应该是可达的. 但是对于 Pfaff 约束组而言,非完整区域内的完全可达性成立还应该增加要求: 该 Pfaff 约束组内约束的任意线性组合不会产生可积约束. 具有这种性质的 Pfaff 约束组在该区域内我们称之为纯非完整约束系统. 明确定义如下:

定义 考虑 N 个变元的状态空间$\{[x_1,x_2,\cdots,x_N]^{\mathrm{T}}\}$,在区域 $\mathscr{D}$ 上有 Pfaff 约束组

$$\Pi\colon \omega_i = 0, \quad i = 1,2,\cdots,n < N-2, \quad [x_1,x_2,\cdots,x_N]^{\mathrm{T}} \in \mathscr{D}.$$

假定上述约束都是相互独立的,即

$$\Omega = \omega_1 \wedge \omega_2 \wedge \cdots \wedge \omega_n \neq 0, \quad [x_1, x_2, \cdots, x_N]^{\mathrm{T}} \in \mathscr{D},$$

且是 $\mathscr{D}$ 上的非完整组. 作 Π 约束组 n 个约束的线性组合约束

$$\omega = \sum_{i=1}^{n} \varphi_i \omega_i = 0.$$

其中 $\varphi_i = \varphi_i(x_1, x_2, \cdots, x_N)$ 为任意可微函数, $[x_1, x_2, \cdots, x_N]^{\mathrm{T}} \in \mathscr{D}$. 如果对 Π 约束组能证明如下逻辑关系:

$$\Delta = \mathrm{d}\omega \wedge \omega = 0 \Longleftrightarrow \varphi_i \text{ 为零解}: \varphi_i \equiv 0, \ i = 1, 2, \cdots, N,$$

则称 Π 为区域 $\mathscr{D}$ 上的**纯非完整约束系统**.

不是纯非完整系统的非完整约束组,就好像具有筋膜的肌肉一样,有着隔离面,通过这些隔离面把整个非完整区分成几个子区. 这些隔离面实际上就是非完整约束通过线性组合形成的可积约束的积分曲面.

下面以四变元状态空间、两个 Pfaff 约束组成的约束组为例,即

$$\Pi: \omega_1 = 0, \quad \omega_2 = 0.$$

记

$$\Omega = \omega_1 \wedge \omega_2,$$
$$\Delta_{11} = \mathrm{d}\omega_1 \wedge \omega_1, \quad \Delta_{12} = \mathrm{d}\omega_1 \wedge \omega_2,$$
$$\Delta_{21} = \mathrm{d}\omega_2 \wedge \omega_1, \quad \Delta_{22} = \mathrm{d}\omega_2 \wedge \omega_2.$$

Π 的线性组合约束

$$\omega_3 = \varphi_1 \omega_1 + \varphi_2 \omega_2 = 0.$$

判别 Π 在区域 $\mathscr{D}$ 上为非完整约束组的条件是

$$\mathrm{d}\omega_1 \wedge \Omega \neq 0 \text{ 或 } \mathrm{d}\omega_2 \wedge \Omega \neq 0, \quad [x_1, x_2, \cdots, x_N]^{\mathrm{T}} \in \mathscr{D}.$$

判别 $\omega_3 = 0$ 约束是否为完整约束的判别条件为

$$\begin{aligned} \Delta = \mathrm{d}\omega_3 \wedge \omega_3 &= (\varphi_2 \mathrm{d}\varphi_1 - \varphi_1 \mathrm{d}\varphi_2) \wedge \Omega + \varphi_1^2 \Delta_{11} \\ &\quad + \varphi_1 \varphi_2 (\Delta_{12} + \Delta_{21}) + \varphi_2^2 \Delta_{22} = 0, \quad [x_1, x_2, \cdots, x_N]^{\mathrm{T}} \in \mathscr{D}. \end{aligned}$$

如果对 Π 约束组能证明

$$\Delta = 0 \Longleftrightarrow \text{零解}: \varphi_1 = 0, \ \varphi_2 = 0, \ [x_1, x_2, \cdots, x_N]^{\mathrm{T}} \in \mathscr{D}.$$

则 Π 为 $\mathscr{D}$ 上的纯非完整约束系统.

纯非完整系统举例: 考虑四状态变元 $[x, y, z, s]^{\mathrm{T}}$,约束组为

$$\Pi: \omega_1 = \mathrm{d}z + y\mathrm{d}x = 0, \quad \omega_2 = \mathrm{d}s + z\mathrm{d}x = 0,$$

$\mathscr{D}$ 为全空间. 作以下计算

$$\begin{aligned} \Omega = \omega_1 \wedge \omega_2 &= (\mathrm{d}z + y\mathrm{d}x) \wedge (\mathrm{d}s + z\mathrm{d}x) \\ &= \mathrm{d}z \wedge \mathrm{d}s + z\mathrm{d}z \wedge \mathrm{d}x + y\mathrm{d}x \wedge \mathrm{d}s \neq 0, \end{aligned}$$
$$\mathrm{d}\omega_1 = \mathrm{d}(\mathrm{d}z + y\mathrm{d}x) = \mathrm{d}y \wedge \mathrm{d}x,$$
$$\mathrm{d}\omega_2 = \mathrm{d}(\mathrm{d}s + z\mathrm{d}x) = \mathrm{d}z \wedge \mathrm{d}x,$$
$$\Delta_{11} = \mathrm{d}\omega_1 \wedge \omega_1 = \mathrm{d}y \wedge \mathrm{d}x \wedge \mathrm{d}z \neq 0, \quad \omega_1 = 0 \text{ 为单个非完整约束},$$

$$\Delta_{12} = \mathrm{d}\omega_1 \wedge \omega_2 = \mathrm{d}y \wedge \mathrm{d}x \wedge \mathrm{d}s,$$
$$\Delta_{21} = \mathrm{d}\omega_2 \wedge \omega_1 = 0,$$
$$\Delta_{22} = \mathrm{d}\omega_2 \wedge \omega_2 = \mathrm{d}z \wedge \mathrm{d}x \wedge \mathrm{d}s,$$
$$\mathrm{d}\omega_1 \wedge \Omega = \mathrm{d}y \wedge \mathrm{d}x \wedge \mathrm{d}z \wedge \mathrm{d}s \neq 0,$$
$$\mathrm{d}\omega_2 \wedge \Omega = 0.$$

根据 Frobenius 定理,Π 是非完整系统. 但 Π 是不是纯非完整系统呢? 为判别此事,需建立判别方程

$$\begin{aligned}\Delta =& (\varphi_2 \mathrm{d}\varphi_1 - \varphi_1 \mathrm{d}\varphi_2) \wedge (\mathrm{d}z \wedge \mathrm{d}s + z\mathrm{d}z \wedge \mathrm{d}x + y\mathrm{d}x \wedge \mathrm{d}s) \\ &+ \varphi_1^2(\mathrm{d}y \wedge \mathrm{d}x \wedge \mathrm{d}z) + \varphi_1\varphi_2(\mathrm{d}y \wedge \mathrm{d}x \wedge \mathrm{d}s) + \varphi_2^2(\mathrm{d}z \wedge \mathrm{d}x \wedge \mathrm{d}s) = 0.\end{aligned}$$

展开并整理上式,得到

$$\begin{aligned}\Delta =& A\mathrm{d}x \wedge \mathrm{d}y \wedge \mathrm{d}z + B\mathrm{d}x \wedge \mathrm{d}y \wedge \mathrm{d}s \\ &+ C\mathrm{d}x \wedge \mathrm{d}z \wedge \mathrm{d}s + D\mathrm{d}y \wedge \mathrm{d}z \wedge \mathrm{d}s = 0,\end{aligned}$$

其中

$$A = \varphi_2 z \frac{\partial \varphi_1}{\partial y} - \varphi_1 z \frac{\partial \varphi_2}{\partial y} - \varphi_1^2,$$

$$B = -\varphi_2 y \frac{\partial \varphi_1}{\partial y} + \varphi_1 y \frac{\partial \varphi_2}{\partial y} - \varphi_1\varphi_2,$$

$$C = \varphi_2 \frac{\partial \varphi_1}{\partial x} - \varphi_2 z \frac{\partial \varphi_1}{\partial s} - \varphi_2 y \frac{\partial \varphi_1}{\partial z} - \varphi_1 \frac{\partial \varphi_2}{\partial x} + \varphi_1 z \frac{\partial \varphi_2}{\partial s} + \varphi_1 y \frac{\partial \varphi_2}{\partial z} - \varphi_2^2,$$

$$D = \varphi_2 \frac{\partial \varphi_1}{\partial y} - \varphi_1 \frac{\partial \varphi_2}{\partial y}.$$

如果 $\Delta=0$,则由 $D=0$,得到 $\varphi_2 \dfrac{\partial \varphi_1}{\partial y}=\varphi_1 \dfrac{\partial \varphi_2}{\partial y}$,代入 $A=0$,可以得到 $\varphi_1^2=0$,即 $\varphi_1=0$. 将此式代入 $C=0$,可以得到 $\varphi_2^2=0$,即 $\varphi_2=0$.

因此,对此非完整系统 Π,有

$$\Delta = 0 \Longleftrightarrow \text{零解}: \varphi_1 = 0, \varphi_2 = 0.$$

结论为:Π 是全状态空间的纯非完整系统.

混合系统举例如下:考虑四状态变元$[x,y,z,s]^{\mathrm{T}}$,约束组为

$$\Pi: \omega_1 = \mathrm{d}z - x\mathrm{d}y = 0, \quad \omega_2 = \mathrm{d}s + 2xz\mathrm{d}y = 0,$$

$\mathscr{D}$ 为全空间. 作以下计算:

$$\begin{aligned}\Omega &= \omega_1 \wedge \omega_2 = (\mathrm{d}z - x\mathrm{d}y) \wedge (\mathrm{d}s + 2xz\mathrm{d}y) \\ &= \mathrm{d}z \wedge \mathrm{d}s + 2xz\mathrm{d}z \wedge \mathrm{d}y - x\mathrm{d}y \wedge \mathrm{d}s \neq 0,\end{aligned}$$
$$\mathrm{d}\omega_1 = \mathrm{d}(\mathrm{d}z - x\mathrm{d}y) = \mathrm{d}y \wedge \mathrm{d}x,$$
$$\mathrm{d}\omega_2 = \mathrm{d}(\mathrm{d}s + 2xz\mathrm{d}y) = 2z\mathrm{d}x \wedge \mathrm{d}y + 2x\mathrm{d}z \wedge \mathrm{d}y$$
$$\Delta_{11} = \mathrm{d}\omega_1 \wedge \omega_1 = \mathrm{d}y \wedge \mathrm{d}x \wedge \mathrm{d}z \neq 0, \quad \omega_1 = 0 \text{ 为单个非完整约束},$$
$$\Delta_{12} = \mathrm{d}\omega_1 \wedge \omega_2 = \mathrm{d}y \wedge \mathrm{d}x \wedge \mathrm{d}s,$$

$$\Delta_{21} = \mathrm{d}\omega_2 \wedge \omega_1 = 2z\mathrm{d}x \wedge \mathrm{d}y \wedge \mathrm{d}z,$$
$$\Delta_{22} = \mathrm{d}\omega_2 \wedge \omega_2 = 2z\mathrm{d}x \wedge \mathrm{d}y \wedge \mathrm{d}s + 2x\mathrm{d}z \wedge \mathrm{d}y \wedge \mathrm{d}s \neq 0,$$

$\omega_2 = 0$ 为单个非完整约束.

Π 全系统判别,根据 Frobenius 定理,

$$\mathrm{d}\omega_1 \wedge \Omega = \mathrm{d}y \wedge \mathrm{d}x \wedge \mathrm{d}z \wedge \mathrm{d}s \neq 0,$$
$$\mathrm{d}\omega_2 \wedge \Omega = 2z\mathrm{d}x \wedge \mathrm{d}y \wedge \mathrm{d}z \wedge \mathrm{d}s \neq 0.$$

因此,Π 是全状态空间的非完整约束系统. 但 Π 是不是纯非完整系统呢? 它有没有组合的完整约束呢? 有没有隔离面呢? 为此分析,需建立判别方程

$$\Delta = (\varphi_2 \mathrm{d}\varphi_1 - \varphi_1 \mathrm{d}\varphi_2) \wedge \Omega + \varphi_1^2 \Delta_{11} + \varphi_1\varphi_2(\Delta_{12} + \Delta_{21}) + \varphi_2^2\Delta_{22} = 0.$$

展开计算,得到

$$\Delta = A\mathrm{d}x \wedge \mathrm{d}y \wedge \mathrm{d}z + B\mathrm{d}x \wedge \mathrm{d}y \wedge \mathrm{d}s + C\mathrm{d}x \wedge \mathrm{d}z \wedge \mathrm{d}s + D\mathrm{d}y \wedge \mathrm{d}z \wedge \mathrm{d}s = 0,$$

其中

$$A = -2xz\frac{\partial\varphi_1}{\partial x}\varphi_2 + \varphi_1 2xz\frac{\partial\varphi_2}{\partial x} - \varphi_1^2 + \varphi_1\varphi_2 2z,$$

$$B = -\varphi_2 x\frac{\partial\varphi_1}{\partial x} + \varphi_1 x\frac{\partial\varphi_2}{\partial x} - \varphi_1\varphi_2 + 2z\varphi_2^2,$$

$$C = \varphi_2\frac{\partial\varphi_1}{\partial x} - \varphi_1\frac{\partial\varphi_2}{\partial x},$$

$$D = \varphi_2\frac{\partial\varphi_1}{\partial y} - 2xz\varphi_2\frac{\partial\varphi_1}{\partial s} + x\varphi_2\frac{\partial\varphi_1}{\partial z} - \varphi_1\frac{\partial\varphi_2}{\partial y} + 2xz\varphi_1\frac{\partial\varphi_2}{\partial s} - \varphi_1 x\frac{\partial\varphi_2}{\partial z} - 2x\varphi_2^2.$$

如果 $\Delta=0$,则由 $C=0$,得到 $\varphi_2\frac{\partial\varphi_1}{\partial x}=\varphi_1\frac{\partial\varphi_2}{\partial x}$,代入 $A=0$,得到 $\varphi_1^2-2z\varphi_1\varphi_2=0$,即

$$\varphi_1(\varphi_1 - 2z\varphi_2) = 0.$$

第一个解: $\varphi_1=0$,代入 $B=0$,得到 $\varphi_2=0$,是零解. 第二个解: $\varphi_1=2z\varphi_2$,可直接验证,有 $\Delta=0$,这是判别方程的非零解. 因此 Π 是混合系统. 它有组合出的完整约束

$$\omega = \varphi_1\omega_1 + \varphi_2\omega_2 = \varphi_2(2z\omega_1 + \omega_2) = 0,$$

即

$$2z\omega_1 + \omega_2 = 2z\mathrm{d}z + \mathrm{d}s = 0.$$

隔离面的积分曲面为

$$z^2 + s = c.$$

定理 事件变元为 $u_1, u_2, \cdots, u_n$,设受有一完整的 Pfaff 约束

$$Pf_1 = \sum_{i=1}^{n} A_{1i}\mathrm{d}u_i = 0.$$

若现在系统又附加另一和 Pf_1 线性独立的 Pfaff 完整约束

$$Pf_2 = \sum_{i=1}^{n} A_{2i} \mathrm{d}u_i = 0,$$

并且原点不是约束积分曲面的孤立点，则原点的可达区域维数再降低 1，等于 $n-2$.

证明　只要证明线性独立的完整 Pfaff 约束一定产生函数独立的积分即可. 记这两个约束的积分分别为

$$\Phi_1(u_1, u_2, \cdots, u_n) = \lambda_1, \quad \Phi_2(u_1, u_2, \cdots, u_n) = \lambda_2 \tag{2.43}$$

现证明 Φ_1, Φ_2 是函数独立的. 用反证法，设有

$$F(\Phi_1, \Phi_2) = 0,$$

且

$$\frac{\partial F}{\partial \Phi_1} \neq 0, \quad \frac{\partial F}{\partial \Phi_2} \neq 0,$$

则

$$\frac{\partial F}{\partial \Phi_1} \mathrm{d}\Phi_1 + \frac{\partial F}{\partial \Phi_2} \mathrm{d}\Phi_2 = 0. \tag{2.44}$$

由于 Φ_1, Φ_2 是约束的积分函数，所以

$$\mathrm{d}\Phi_1 = \mu_1 Pf_1, \quad \mathrm{d}\Phi_2 = \mu_2 Pf_2,$$

其中 $\mu_1 \neq 0, \mu_2 \neq 0$. 从而

$$\frac{\partial F}{\partial \Phi_1} \mu_1 Pf_1 + \frac{\partial F}{\partial \Phi_2} \mu_2 Pf_2 = 0. \tag{2.45}$$

(2.45)式显然和 Pf_1, Pf_2 线性独立相矛盾. 定理证毕. □

当系统受有多个 Pfaff 约束作用的时候，系统的约束构成一个 Pfaff 约束组. 这时产生了约束性质互相影响问题. 根据以上的分析，不难看到下面的结果：

(1) 若 Pfaff 约束组中有一个约束是完整约束，并且当仅有这一约束作用时，原点的可达子空间为 σ，那么在考虑其他约束同时作用之后，原点的可达子空间只可能是 σ 的子集.

(2) 几个完整约束同时作用下的原点可达子空间是每一个完整约束单独作用的原点可达子空间的交集.

(3) 单个来看的不可积约束和其他约束合在一起作用可能会通过线性组合而得到完整约束. 因此单个不可积约束不降低可达空间维数的性质，在附加别的约束时可能变化.

(4) 不可积约束在别的可积约束的可达子空间里，由于可积约束的降维作用，不可积约束的性质可能发生变化，因而需要在子空间里重新检验. 此时，原来的不可积约束可能变成为子空间里的可积约束，因而对可达子空间又产生了进一步的

降维作用.对此可参阅1.2.3小节中第四种情况的例子.有关这些问题在理论上都关联着上一小节指出的Pfaff约束组的最大完全可积组构成的论题.

1.2.7 不等式约束

以上讨论的约束都是由满足某个等式所规定的,称之为**等式约束**.但实际上,约束的种类可能是多种多样的.例如,就有另一类约束,它是由满足某个不等式所构成的,可以称之为**不等式约束**.

单面限制的**几何约束**是最直观的不等式约束.举例如下:

(1) 柔索摆.用柔软而不可伸长的绳索将摆锤挂在固定点 O 上.如图1.9所示.此时摆锤运动的约束条件为

$$x^2+y^2+z^2\leqslant R^2.$$

(2) 在固定面上方运动的质点,如图1.10所示.固定面为

$$z=f(x,y).$$

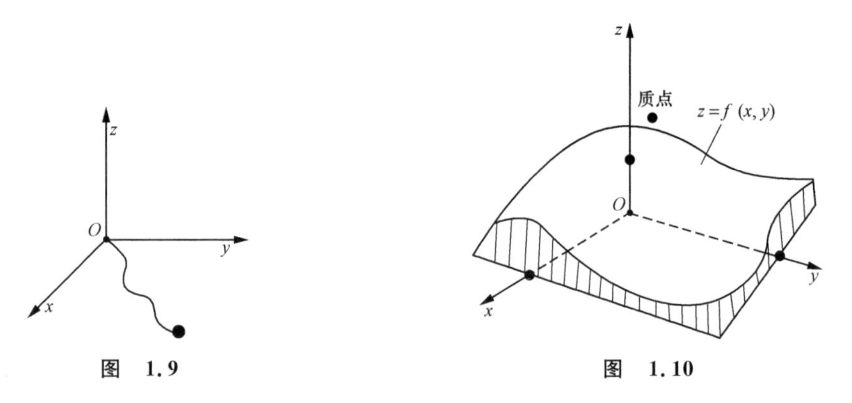

图 1.9　　图 1.10

质点在面上或面的上方运动.此时质点运动的约束条件为

$$z-f(x,y)\geqslant 0.$$

以上单面限制的几何约束明显地可以分段来处理.在运动满足等式约束阶段,按等式约束来处理.在解除等式约束阶段,按自由运动来处理.这里需要特殊研究的只是连接点的所在以及连接点处的跳跃规律.

更一般单面限制的约束可以是如下的不等式约束:

(1) 不定常的单面几何约束:

$$f(u_1,u_2\cdots,u_{3N},t)\geqslant 0.$$

(2) 定常的单面一阶约束:

$$f(u_1,u_2,\cdots,u_{3N},\dot{u}_1,\dot{u}_2,\cdots,\dot{u}_{3N})\geqslant 0.$$

(3) 不定常的单面一阶约束:

$$f(u_1,u_2,\cdots,u_{3N},\dot{u}_1,\dot{u}_2,\cdots,\dot{u}_{3N},t)\geqslant 0.$$

这些单面限制的不等式约束应该可以解释为，限定系统的表现点(位形点或事件点)必须在 $f=0$ 所规定的超曲面的一侧. 对于这些不等式约束分段处理的办法仍然有效，关键是决定连接点的所在.

§1.3 虚 变 更

上一节研究的是约束的整体性质；这一节和下一节，我们来研究约束的局部性质. 在本节中，我们是按传统的方式来叙述 Lagrange 的虚变更观念，这时我们局限在讨论一阶线性约束. 在§1.4中，我们将采用更为一般性的方式来讨论约束的微变性质，那时考虑的可以是任意的一阶约束.

1.3.1 可能位移

假定系统所受的约束是一阶线性约束组

$$\sum_{s=1}^{3N} A_{rs}(u_1,u_2,\cdots,u_{3N},t)\dot{u}_s + A_r(u_1,u_2,\cdots,u_{3N},t) = 0,$$
$$r = 1,2,\cdots,L < 3N. \tag{3.1}$$

这种形式的约束是相当一般的了. 它包含完整约束的全部，以及具有 Pfaff 形式的非完整约束. 我们假定这组约束是互相独立的，也就是假定(3.1)式对速度变元的系数矩阵缺秩为零.

将(3.1)式乘以时间微变间隔 $\mathrm{d}t$，得到

$$\sum_{s=1}^{3N} A_{rs}\mathrm{d}u_s + A_r\mathrm{d}t = 0,\quad r = 1,2,\cdots,L < 3N. \tag{3.2}$$

这就是约束所给予的对系统位形微改变量 $[\mathrm{d}u_1,\mathrm{d}u_2,\cdots,\mathrm{d}u_{3N}]^{\mathrm{T}}$ 和 $\mathrm{d}t$ 之间的限制关系式，可以称之为**约束的微变量关系式**，其中位形的微改变量 $[\mathrm{d}u_1,\mathrm{d}u_2,\cdots,\mathrm{d}u_{3N}]^{\mathrm{T}}$ 我们称之为**位移**，所以(3.2)式就是位移所应满足的约束关系式. 满足这个关系式的位移称为**可能位移**.

定义 可能位移是在给定时刻、给定位形、给定时间微变间隔情况下，满足约束限制方程(3.2)的位移.

应该注意到，(3.2)式的约束限制方程对位移变量来说是线性方程，但一般说来，是非齐次的. 由于位移分量数 $3N$ 大于限制方程数 L，因此可能位移是很多的.

1.3.2 虚位移

在我们所研究的一阶线性约束范围内，我们定义**虚位移**是两组在同一给定时刻、同一给定位形，且在相等时间间隔内完成的可能位移之差，并记之为 $[\delta_{\mathrm{v}}u_1,\delta_{\mathrm{v}}u_2,\cdots,\delta_{\mathrm{v}}u_{3N}]^{\mathrm{T}}$，即

$$[\delta_v u_1, \delta_v u_2, \cdots, \delta_v u_{3N}]^T = [du'_1, du'_2, \cdots, du'_{3N}]^T - [du''_1, du''_2, \cdots, du''_{3N}]^T, \quad (3.3)$$

其中，$[du'_1, du'_2, \cdots, du'_{3N}]^T$ 及 $[du''_1, du''_2, \cdots, du''_{3N}]^T$ 分别满足

$$\begin{cases} \sum_{s=1}^{3N} A_{rs}(u_1, u_2, \cdots, u_{3N}, t) du'_s + A_r(u_1, u_2, \cdots, u_{3N}, t) dt = 0, \\ \sum_{s=1}^{3N} A_{rs}(u_1, u_2 \cdots, u_{3N}, t) du''_s + A_r(u_1, u_2, \cdots, u_{3N}, t) dt = 0, \end{cases} \quad (3.4)$$

其中 $r=1,2,\cdots,L<3N$. 注意到，上述两组可能位移是在同样的给定时刻、同样的给定位形，并在相等的时间间隔内完成的，故两式中各系数对应相等. 将两式相减，得到虚位移所满足的方程为

$$\sum_{s=1}^{3N} A_{rs}(u_1, u_2, \cdots, u_{3N}, t) \delta_v u_s = 0, \quad r = 1,2,\cdots,L < 3N. \quad (3.5)$$

注意到(3.5)式对虚位移分量是线性齐次方程，因此，任意两组虚位移的线性组合都是虚位移. 这样，可以断定，在给定时刻和给定位形上，所有的虚位移矢量

$$[\delta_v u_1, \delta_v u_2, \cdots, \delta_v u_{3N}]^T$$

张成了一个线性空间，称之为**虚位移空间** ε^v. 组成这个空间的每个元素——虚位移矢量都有 $3N$ 个微变[①]分量：$\delta_v u_1, \delta_v u_2, \cdots, \delta_v u_{3N}$，但这些分量并不是独立自由的，它们必须满足由约束产生的线性齐次方程组(3.5). 这个方程组我们称之为**虚位移空间** ε^v **的限制方程**.

1.3.3 约束为完整时虚位移的含义

当约束为完整时，虚位移的概念就变得非常直观了. 先考虑系统仅有一个约束的情况：

$$\sum_{s=1}^{3N} A_s(u_1, u_2, \cdots, u_{3N}, t) du_s + A(u_1, u_2, \cdots, u_{3N}, t) dt = 0. \quad (3.6)$$

设这个约束是完整的，并记它的积分为

$$f(u_1, u_2, \cdots, u_{3N}, t) = c = \text{const.},$$

则有

$$\sum_{s=1}^{3N} \frac{\partial f}{\partial u_s} du_s + \frac{\partial f}{\partial t} dt = \mu\Big(\sum_{s=1}^{3N} A_s du_s + A dt\Big), \quad (3.7)$$

其中 μ 为积分因子，并有 $\mu \neq 0$. 注意到，(3.7)式的成立，其中各微变量是自由的，可知一定有

① 此"微变"一语的来由是：产生虚位移的可能位移是在微变时间间隔 dt 内完成的. 但从张成线性空间的意义来看，我们并未限制这些分量的大小，这和切空间的概念是一致的.

$$A_s(u_1,u_2,\cdots,u_{3N},t)=\frac{1}{u}\frac{\partial f}{\partial u_s},\quad s=1,2,\cdots,3N. \tag{3.8}$$

从而得到,在完整约束作用下虚位移的限制方程为

$$\sum_{s=1}^{3N}\frac{\partial f}{\partial u_s}\delta_{\mathrm{v}}u_s=0. \tag{3.9}$$

引入等时变分记号

$$\delta f(u_1,u_2,\cdots,u_{3N},t)=\sum_{s=1}^{3N}\frac{\partial f}{\partial u_s}\delta u_s. \tag{3.10}$$

从而,在完整约束下,虚位移限制方程为

$$\delta f\,|_{\delta u_s=\delta_{\mathrm{v}}u_s}=0. \tag{3.11}$$

由此可见,所谓虚位移$[\delta_{\mathrm{v}}u_1,\delta_{\mathrm{v}}u_2,\cdots,\delta_{\mathrm{v}}u_{3N}]^{\mathrm{T}}$就是将约束积分曲面方程中的时间瞬间凝固之后,沿被凝固的约束曲面切平面上所作的任一无穷小①位移.这种位移我们称之为**位形的等时变分**,记为

$$\delta[u_1,u_2,\cdots,u_{3N}]^{\mathrm{T}}=[\delta u_1,\delta u_2,\cdots,\delta u_{3N}]^{\mathrm{T}}. \tag{3.12}$$

所以在几何约束条件下,虚位移就是位形的等时变分.如果这个约束还是定常的,那么虚位移就是满足约束方程的任一无穷小位移,即可能位移了.

对于系统受有多个一阶线性约束时,我们现在也来考虑整个 Pfaff 约束组是完全可积的情形.积分曲面族如下:

$$\begin{cases}f_1(u_1,u_2,\cdots,u_{3N},t)=c_1,\\ f_2(u_1,u_2,\cdots,u_{3N},t)=c_2,\\ \cdots\cdots\cdots\cdots\cdots\cdots\cdots\cdots\\ f_L(u_1,u_2,\cdots,u_{3N},t)=c_L.\end{cases} \tag{3.13}$$

此时 Pfaff 约束组等价于如下方程组

$$\sum_{s=1}^{3N}\frac{\partial f_r}{\partial u_s}\mathrm{d}u_s+\frac{\partial f_r}{\partial t}\mathrm{d}t=0,\quad r=1,2,\cdots,L<3N. \tag{3.14}$$

由此可见,虚位移限制方程组为

$$\delta f_r\,|_{\delta u_s=\delta_{\mathrm{v}}u_s}=\sum_{s=1}^{3N}\frac{\partial f_r}{\partial u_s}\delta_{\mathrm{v}}u_s=0,\quad r=1,2,\cdots,L<3N. \tag{3.15}$$

这时虚位移的几何意义仍然是瞬间凝固所有的约束曲面后,沿凝固的约束曲面交集上所作的无穷小位移.在约束全是定常的情况下,虚位移和可能位移一致.

1.3.4 虚速度

为了明了虚速度的含义,我们首先在定常几何约束的条件下来分析.

---

① 参见第 46 页注释.

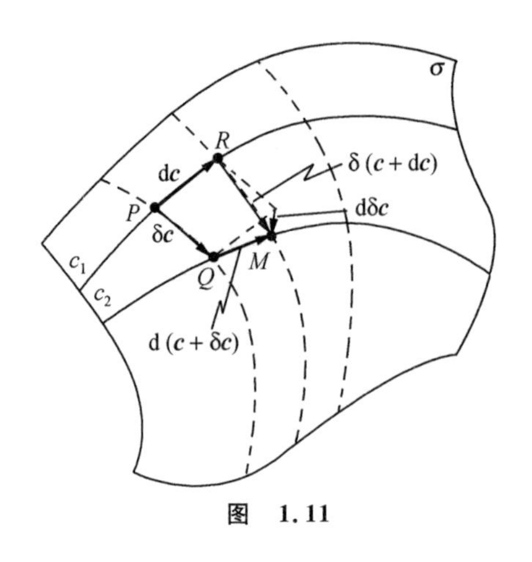

图　1.11

在系统的位形空间 C 内来考虑. 假定 σ 是系统的约束超曲面. 再假定 c_1 是系统的一条可能的 $\boldsymbol{c}$ 轨迹. 因而明显地,它是一条以时间 t 为参数的,位于曲面 σ 上的曲线. 现在考虑在曲面 σ 上,在 c_1 邻近的另一条 $\boldsymbol{c}$ 轨迹 c_2,显然它也是张在曲面 σ 上,以时间 t 为参数的一条曲线.

用虚点线将 c_1,c_2 轨迹上对应的等时点联结起来,如图 1.11 所示. 其中 P 与 Q,R 与 M 为对应等时点,而 P 和 R,Q 和 M 则分别是同一条轨迹上的邻近点. 根据 1.3.3 小节中的分析,在系统约束为定常几何约束时,显然有

$$\begin{aligned}\overrightarrow{PQ}&=[\delta_{\mathrm{v}}u_1,\delta_{\mathrm{v}}u_2,\cdots,\delta_{\mathrm{v}}u_{3N}]^{\mathrm{T}}=[\delta u_1,\delta u_2,\cdots,\delta u_{3N}]^{\mathrm{T}}\\&=\delta[u_1,u_2,\cdots,u_{3N}]^{\mathrm{T}},\end{aligned}\tag{3.16}$$

$$\overrightarrow{PR}=[\mathrm{d}u_1,\mathrm{d}u_2,\cdots,\mathrm{d}u_{3N}]^{\mathrm{T}}=\mathrm{d}[u_1,u_2,\cdots,u_{3N}]^{\mathrm{T}},\tag{3.17}$$

$$\begin{aligned}\overrightarrow{RM}&=\delta[u_1+\mathrm{d}u_1,u_2+\mathrm{d}u_2,\cdots,u_{3N}+\mathrm{d}u_{3N}]^{\mathrm{T}}\\&=[\delta u_1+\delta\mathrm{d}u_1,\delta u_2+\delta\mathrm{d}u_2,\cdots,u_{3N}+\delta u_{3N}]^{\mathrm{T}},\end{aligned}\tag{3.18}$$

$$\begin{aligned}\overrightarrow{QM}&=\mathrm{d}[u_1+\delta u_1,u_2+\delta u_2,\cdots,u_{3N}+\delta\mathrm{d}u_{3N}]^{\mathrm{T}}\\&=[\mathrm{d}u_1+\mathrm{d}\delta u_1,\mathrm{d}u_2+\mathrm{d}\delta u_2,\cdots,\mathrm{d}u_{3N}+\mathrm{d}\delta u_{3N}]^{\mathrm{T}}.\end{aligned}\tag{3.19}$$

根据对 Descartes 位形空间 C 是正交欧氏的假定,有明显的几何关系式成立

$$\overrightarrow{PQ}+\overrightarrow{QM}=\overrightarrow{PR}+\overrightarrow{RM}.\tag{3.20}$$

即

$$\delta u_s+\mathrm{d}u_s+\mathrm{d}\delta u_s=\mathrm{d}u_s+\delta u_s+\delta\mathrm{d}u_s,\quad s=1,2,\cdots,3N.\tag{3.21}$$

从而得到

$$\mathrm{d}\delta u_s=\delta\mathrm{d}u_s,\quad s=1,2,\cdots,3N.\tag{3.22}$$

(3.22)式是重要的关于位形的 dδ 交换公式. 将上式除以 $\mathrm{d}t$,得到

$$\frac{\mathrm{d}}{\mathrm{d}t}\delta u_s=\delta\frac{\mathrm{d}u_s}{\mathrm{d}t}=\delta\dot{u}_s,\quad s=1,2,\cdots,3N.\tag{3.23}$$

由此我们得到结论如下:虚位移的时间变化率$\frac{\mathrm{d}}{\mathrm{d}t}(\delta u_s)$等于 $\dot{u}_s$ 的等时变更. 此时我们称它为**虚速度**.

以上的结论是系统的约束为定常几何约束时得到的. 对于系统的约束是一阶线性约束的一般情况,虚速度 $\delta_{\mathrm{v}}\dot{u}_s$ 的概念就没有上述那样直观了. 此时,我们以保

持 $\mathrm{d}\delta_{\mathrm{v}}$ 交换性为原则,定义虚速度 $\delta_{\mathrm{v}}\dot{u}_s$ 为

$$\delta_{\mathrm{v}}\dot{u}_s = \frac{\mathrm{d}}{\mathrm{d}t}(\delta_{\mathrm{v}}u_s), \quad s = 1,2,\cdots,3N. \tag{3.24}$$

由此我们知道,$\mathrm{d}\delta_{\mathrm{v}}$ 的交换性是普遍成立的.

注意到 $\delta_{\mathrm{v}}u_s$ 所满足的方程为

$$\sum_{s=1}^{3N} A_{rs}(u_1,u_2,\cdots,u_{3N},t)\delta_{\mathrm{v}}u_s = 0, \quad r = 1,2,\cdots,L < 3N.$$

此式在每一时刻全成立.现在考虑沿一条轨道串起来,就应该有

$$\frac{\mathrm{d}}{\mathrm{d}t}\Big[\sum_{s=1}^{3N} A_{rs}(u_1,u_2,\cdots,u_{3N},t)\delta_{\mathrm{v}}u_s\Big] = 0.$$

亦即

$$\sum_{s=1}^{3N}\Big(\sum_{j=1}^{3N}\frac{\partial A_{rs}}{\partial u_j}\dot{u}_j + \frac{\partial A_{rs}}{\partial t}\Big)\delta_{\mathrm{v}}u_s + \sum_{s=1}^{3N} A_{rs}\frac{\mathrm{d}}{\mathrm{d}t}(\delta_{\mathrm{v}}u_s) = 0.$$

应用(3.24)式的 $\mathrm{d}\delta_{\mathrm{v}}$ 普遍交换关系式,有

$$\sum_{s=1}^{3N} A_{rs}\delta_{\mathrm{v}}\dot{u}_s + \sum_{s=1}^{3N}\Big(\sum_{j=1}^{3N}\frac{\partial A_{rs}}{\partial u_j}\dot{u}_j + \frac{\partial A_{rs}}{\partial t}\Big)\delta_{\mathrm{v}}u_s = 0,$$
$$r = 1,2,\cdots,L < 3N. \tag{3.25}$$

这就是虚速度和虚位移分量应满足的关系式.

1.3.5 状态的等时可能变更与虚变更

现在我们转移到状态空间 S 内来研究约束的作用.假定系统受有 L 个一阶线性约束

$$\Phi_r(u_1,u_2,\cdots,u_{3N},\dot{u}_1,\dot{u}_2\cdots,\dot{u}_{3N},t) = \sum_{\beta=1}^{3N} A_{r\beta}(u_1,u_2,\cdots,u_{3N},t)\dot{u}_\beta + A_r = 0,$$
$$r = 1,2,\cdots,L < 3N. \tag{3.26}$$

约束组(3.26)在状态空间 S 内来理解,它是 L 张随时间而变动的状态约束超曲面.对于每一个固定时刻,约束组就是 L 张确定的超曲面.系统在该时刻的所有可能的状态就是这 L 张超曲面的交集.

假定 $\boldsymbol{s}_0 = [u_1^0,u_2^0,\cdots,u_{3N}^0,\dot{u}_1^0,\dot{u}_2^0,\cdots,\dot{u}_{3N}^0]^{\mathrm{T}}$ 是时刻 t 的一个可能状态,即有

$$\Phi_r(u_1^0,\cdots,u_{3N}^0,\dot{u}_1^0,\cdots,\dot{u}_{3N}^0,t) = 0, \quad r = 1,2,\cdots,L < 3N. \tag{3.27}$$

在同一时刻,在 $\boldsymbol{s}_0$ 的邻近还会有其他的可能状态.记这些可能状态对 $\boldsymbol{s}_0$ 的微小变更为

$$\delta_{\mathrm{p}}\boldsymbol{s} = [\delta_{\mathrm{p}}u_1,\delta_{\mathrm{p}}u_2,\cdots,\delta_{\mathrm{p}}u_{3N},\delta_{\mathrm{p}}\dot{u}_1,\delta_{\mathrm{p}}\dot{u}_2,\cdots,\delta_{\mathrm{p}}\dot{u}_{3N}]^{\mathrm{T}}. \tag{3.28}$$

我们称 $\delta_{\mathrm{p}}\boldsymbol{s}$ 为状态 $\boldsymbol{s}_0$ 的**等时可能变更**.由于这样的状态变更是等时微变的,因此它满足的方程为

$$\delta_p \Phi_r = \sum_{\alpha=1}^{3N}\left(\frac{\partial \Phi_r}{\partial u_\alpha}\delta_p u_\alpha + \frac{\partial \Phi_r}{\partial \dot{u}_\alpha}\delta_p \dot{u}_\alpha\right) = 0, \quad r = 1,2,\cdots,L < 3N. \tag{3.29}$$

注意到(3.26)式中 Φ_r 的具体形式,我们得到状态的等时可能微变更满足的方程为

$$\sum_{\alpha=1}^{3N}\sum_{\beta=1}^{3N}\frac{\partial A_{r\beta}}{\partial u_\alpha}\dot{u}_\beta \delta_p u_\alpha + \sum_{\alpha=1}^{3N}\frac{\partial A_r}{\partial u_\alpha}\delta_p u_\alpha + \sum_{\alpha=1}^{3N}A_{r\alpha}\delta_p \dot{u}_\alpha = 0,$$
$$r = 1,2,\cdots,L < 3N. \tag{3.30}$$

现在我们考虑从可能状态 $\boldsymbol{s}_0$ 作另一种微变更,称之为状态的**虚变更**,定义为

$$\delta_v \boldsymbol{s} = [\delta_v u_1,\cdots,\delta_v u_{3N},\delta_v \dot{u}_1,\cdots,\delta_v \dot{u}_{3N}]^{\mathrm{T}}. \tag{3.31}$$

试问,这样的状态虚变更是否也是状态的等时可能变更呢?从以下一个定理可以看出,状态虚变更 $\delta_v \boldsymbol{s}$ 一般不是状态的等时可能变更.同时还将看出,要状态的虚变更与等时可能变更一致,条件并不是要约束方程组(3.26)中的 $A_r=0(r=1,2,\cdots,L<3N)$,而是要约束方程组(3.26)是一个完整约束组.这一点也突出刻画了完整约束组与非完整约束组之间重要的区别.

定理 如果约束方程组(3.26)是完整约束组,则由系统任一可能状态出发所作的状态虚变更也同样是状态的等时可能变更.

证明 记

$$t = u_{3N+1},\quad A_r(u_1,u_2,\cdots,u_{3N},t) = A_{r,3N+1}(u_1,u_2,\cdots,u_{3N+1}).$$

则约束方程组(3.26)式可以写成 Pfaff 形式

$$\sum_{\beta=1}^{3N+1}A_{r\beta}(u_1,u_2,\cdots,u_{3N+1})\mathrm{d}u_\beta = 0,\quad r = 1,2,\cdots,L < 3N. \tag{3.32}$$

根据假定,(3.32)式是完全可积的,故可以利用 1.2.3 中的 Frobenius 定理.由 Pfaff 约束组(3.32)式生成的代数方程有两组明显的特解:

$$\text{虚位移解}[X_\alpha] = [\delta_v u_1,\cdots,\delta_v u_{3N},0]^{\mathrm{T}}, \tag{3.33}$$

$$\text{可能位移解}[Y_\beta] = [\mathrm{d}u_1,\cdots,\mathrm{d}u_{3N},\mathrm{d}t]^{\mathrm{T}}. \tag{3.34}$$

(3.32)式完全可积的 Frobenius 条件为

$$\sum_{\alpha=1}^{3N+1}\sum_{\beta=1}^{3N+1}\left(\frac{\partial A_{r\beta}}{\partial u_\alpha} - \frac{\partial A_{r\alpha}}{\partial u_\beta}\right)X_\alpha Y_\beta = 0,\quad r = 1,2,\cdots,L < 3N. \tag{3.35}$$

将(3.33)及(3.34)式的$[X_\alpha]$,$[X_\beta]$代入,并注意 u_{3N+1} 及 $A_{r,3N+1}$ 的含义,即得

$$\sum_{\alpha=1}^{3N}\sum_{\beta=1}^{3N}\left(\frac{\partial A_{r\beta}}{\partial u_\alpha} - \frac{\partial A_{r\alpha}}{\partial u_\beta}\right)\delta_v u_\alpha \mathrm{d}u_\beta + \sum_{\alpha=1}^{3N}\left(\frac{\partial A_r}{\partial u_\alpha} - \frac{\partial A_{r\alpha}}{\partial t}\right)\delta_v u_\alpha \mathrm{d}t = 0,$$
$$r = 1,2,\cdots,L < 3N. \tag{3.36}$$

注意到虚位移满足的方程

$$\sum_{\alpha=1}^{3N}A_{r\alpha}(u_1,\cdots,u_{3N},t)\delta_v u_\alpha = 0,\quad r = 1,2,\cdots,L < 3N. \tag{3.37}$$

从而有

$$\frac{\mathrm{d}}{\mathrm{d}t}\left[\sum_{\alpha=1}^{3N} A_{r\alpha}(u_1,u_2,\cdots,u_{3N},t)\delta_{\mathrm{v}}u_\alpha\right]=0. \tag{3.38}$$

展开并整理,得到

$$\sum_{\alpha=1}^{3N}\sum_{\beta=1}^{3N}\frac{\partial A_{r\alpha}}{\partial u_\beta}\dot{u}_\beta\,\delta_{\mathrm{v}}u_\alpha+\sum_{\alpha=1}^{3N}\frac{\partial A_{r\alpha}}{\partial t}\delta_{\mathrm{v}}u_\alpha+\sum_{\alpha=1}^{3N}A_{r\alpha}\delta_{\mathrm{v}}\dot{u}_\alpha=0, \tag{3.39}$$

其中使用了

$$\frac{\mathrm{d}}{\mathrm{d}t}(\delta_{\mathrm{v}}u_\alpha)=\delta_{\mathrm{v}}\dot{u}_\alpha$$

的位形 $\mathrm{d}\delta_{\mathrm{v}}$ 普遍交换公式.将(3.39)式乘以 $\mathrm{d}t$,立即得到

$$\sum_{\alpha=1}^{3N}\sum_{\beta=1}^{3N}\frac{\partial A_{r\alpha}}{\partial u_\beta}\delta_{\mathrm{v}}u_\alpha\mathrm{d}u_\beta+\sum_{\alpha=1}^{3N}\frac{\partial A_{r\alpha}}{\partial t}\delta_{\mathrm{v}}u_\alpha\mathrm{d}t=-\sum_{\alpha=1}^{3N}A_{r\alpha}\delta_{\mathrm{v}}\dot{u}_\alpha\mathrm{d}t. \tag{3.40}$$

利用(3.40)式来化简(3.36)式,得到

$$\sum_{\alpha=1}^{3N}\sum_{\beta=1}^{3N}\frac{\partial A_{r\beta}}{\partial u_\alpha}\delta_{\mathrm{v}}u_\alpha\mathrm{d}u_\beta+\sum_{\alpha=1}^{3N}\frac{\partial A_r}{\partial u_\alpha}\delta_{\mathrm{v}}u_\alpha\mathrm{d}t+\sum_{\alpha=1}^{3N}A_{r\alpha}\delta_{\mathrm{v}}\dot{u}_\alpha\mathrm{d}t=0. \tag{3.41}$$

将(3.41)式除以 $\mathrm{d}t$,成为

$$\sum_{\alpha=1}^{3N}\sum_{\beta=1}^{3N}\frac{\partial A_{r\beta}}{\partial u_\alpha}\dot{u}_\beta\,\delta_{\mathrm{v}}u_\alpha+\sum_{\alpha=1}^{3N}\frac{\partial A_r}{\partial u_\alpha}\delta_{\mathrm{v}}u_\alpha+\sum_{\alpha=1}^{3N}A_{r\alpha}\delta_{\mathrm{v}}\dot{u}_\alpha=0,\quad r=1,2,\cdots,L<3N. \tag{3.42}$$

比较状态虚变更所满足的方程(3.42)与状态等时可能微变更所满足的方程(3.30),可以看到是完全一致的.定理证毕. □

由此定理可以看到,如果系统所受约束组是完整的,那么虚速度定义中引入的 $\mathrm{d}\delta_{\mathrm{v}}$ 普遍交换原则就成为等时变分的 $\mathrm{d}\delta$ 交换原则,如同我们在 1.3.4 小节中对于定常几何约束情况下讨论的结果一样.实际上,因为

$$\frac{\mathrm{d}}{\mathrm{d}t}(\delta u_s)\overset{(1)}{=\!=}\frac{\mathrm{d}}{\mathrm{d}t}(\delta_{\mathrm{v}}u_s)\overset{(2)}{=\!=}\delta_{\mathrm{v}}\dot{u}_s\overset{(3)}{=\!=}\delta_{\mathrm{p}}\dot{u}_s\overset{(4)}{=\!=}\delta\dot{u}_s,\quad s=1,2,\cdots,3N,$$

其中推理的根据是:(1) 由于约束组完整;(2) 根据定义;(3) 利用本定理;(4) 根据定义.

以下讨论力学系统状态变分可能施加的限制条件以及状态变分的分类[8].设想考查有 N 个质点组成的力学系统,其状态时间空间为

$$[u_1,u_2,\cdots,u_{3N},v_1,v_2,\cdots,v_{3N}]^{\mathrm{T}},$$

假定它受有一般性的状态空间约束为

$$\pi:\ \Phi_r(\boldsymbol{u},\boldsymbol{v},t)=\mathrm{d}r,\quad r=1,2,\cdots,L<3N.$$

考查该力学系统两个邻近的状态 $\boldsymbol{s}_1,\boldsymbol{s}_2$,记它们对应的分量差为状态变分矢量

$$\delta\boldsymbol{s}=[\delta u_1,\delta u_2,\cdots,\delta u_{3N},\delta v_1,\delta v_2,\cdots,\delta v_{3N}]^{\mathrm{T}}.$$

在今后关于变分原理研究中,对于以上的状态变分矢量可以加上不同的限制条件,从而形成不同种类的状态变分:

(1) 完全自由的状态变分.

这时对 $\delta\boldsymbol{s}$ 不加任何限制. 因此,这种完全自由的状态变分一共有 $6N$ 个自由变分量,其中 $3N$ 个是位形变分,另外 $3N$ 个是速度变分. 它们都是自由量,相互之间也没有联系.

在应用变分原理建立动力学方程时,由于已存在 L 个独立的约束方程,我们只需要保留 $3N-L$ 个自由变分量就可以了. 但状态的变分量一共有 $6N$ 个,因此我们在状态变分分量之间可以附加 $3N+L$ 个条件. 这 $3N+L$ 个条件的选择有一定的自由性. 这 $3N+L$ 个条件的选择实际上反映了我们选择哪些轨道作为可比轨道族来和正轨作变分的研究.

(2) 状态虚变分 δ_{v}.

状态的虚变分,对位形的变分和速度变分都有限制条件. 位形变分的限制条件由约束产生,满足符合密切空间的虚位移条件,即

$$\sum_{i=1}^{3N}\frac{\partial\Phi_r}{\partial u_i}\bigg|_0\delta_{\mathrm{v}}u_i=0,\quad r=1,2,\cdots,L<3N,$$

一共 L 个限制方程条件.

速度虚变分需要满足完全协调性条件

$$\frac{\mathrm{d}}{\mathrm{d}t}(\delta_{\mathrm{v}}u_i)=\delta_{\mathrm{v}}v_i,\quad i=1,2,\cdots,3N.$$

这个限制条件一共有 $3N$ 个.

(3) 状态可能变分 δ_{p}.

此种状态变分要求两个状态都在约束流形之上. 由于变分是考虑邻近状态的比较,因此,这种变分有 L 个限制条件如下:

$$\sum_{i=1}^{3N}\frac{\partial\Phi_r}{\partial u_i}\bigg|_0\delta_{\mathrm{p}}u_i+\sum_{i=1}^{3N}\frac{\partial\Phi_r}{\partial v_i}\bigg|_0\delta_{\mathrm{p}}v_i=0,\quad r=1,2,\cdots,L<3N.$$

进一步,还要求变分前后的轨道都有现实性,因而要求满足完全协调性条件,即

$$\frac{\mathrm{d}}{\mathrm{d}t}(\delta_{\mathrm{p}}u_i)=\delta_{\mathrm{p}}v_i,\quad i=1,2,\cdots,3N.$$

这个限制一共有 $3N$ 个.

(4) 状态的等式变分 δ_{e}.

此种变分,我们放弃要求变分前后轨道有现实性,因而放弃完全协调性要求,而只保留状态变更在约束流形之上,以保证等式性成立. 具体说,对等式变分 δ_{e} 而言,位形变分是虚位移,即满足

$$\sum_{i=1}^{3N}\frac{\partial\Phi_r}{\partial v_i}\bigg|_0\delta_{\mathrm{e}}u_i=0,\quad r=1,2,\cdots,L<3N.$$

状态变分在约束流形之上,即满足

$$\sum_{i=1}^{3N}\frac{\partial \Phi_r}{\partial u_i}\bigg|_0 \delta_e u_i + \sum_{i=1}^{3N}\frac{\partial \Phi_r}{\partial v_i}\bigg|_0 \delta_e v_i = 0, \quad r = 1,2,\cdots,L < 3N.$$

这样,总共有 $2L$ 个限制条件.这种变分的特性是保证等式的变分仍然能成为等式,而且变分限制条件较少.由于我们可以附加 $3N+L$ 个条件,因此,对等式变分还可以增加 $3N-L$ 个限制条件.传统的非完整动力学研究中常增加 $3N-L$ 个协调性条件,而有 L 个分量不满足 $\mathrm{d}\delta$ 交换性.

§ 1.4 约束的可能变元及其微变空间

约束的局部性质,即微变特性,在分析动力学的理论中起着重要作用.在 Lagrange 的研究中,由于仅考虑完整约束,这时虚位移和位形等时变分、虚速度和虚位移时间导数、$\mathrm{d}\delta_{\mathrm{v}}$ 普遍交换性和 $\mathrm{d}\delta$ 交换性等都可以不去严格地区分.后来在研究稍为广泛一点的一阶线性约束时,由于有了非完整约束出现的可能,上述概念的严格区分就是完全必要的了.但是,在作为约束微变特性的基础概念——虚位移、虚速度的定义以及 $\mathrm{d}\delta_{\mathrm{v}}$ 普遍交换性等理论问题上,正如我们上一节已经介绍的,并没有产生困难.可是,上一节的理论仅适用于一阶线性约束.如果要考虑更为一般的一阶非线性约束,上一节的理论就产生了困难.为此需要更为一般的方法.本节的任务是来建立关于约束局部特性的一般理论.这个理论可以适应高阶约束的普遍情况.但是我们的叙述还是先从特殊情况开始,逐步推广到一般.

1.4.1 可能位形及其微变空间

研究可能位形时考虑系统只受有几何约束组

$$f_r(u_1,u_2,\cdots,u_{3N},t) = c_r, \quad r = 1,2\cdots,L < 3N. \tag{4.1}$$

所谓**可能位形**,定义为在给定时刻 t 情况下,任一组满足约束方程(4.1)式的系统位形 $[u_1,u_2,\cdots,u_{3N}]_t^{\mathrm{T}}$.由于独立约束的数目恒少于位形分量的数目,因此在给定时刻情况下,系统的可能位形有很多组.考虑在同一时刻情况下,任意的两组可能位形

$$[u_1',u_2',\cdots,u_{3N}']_t^{\mathrm{T}}, \quad [u_1'',u_2'',\cdots,u_{3N}'']_t^{\mathrm{T}}.$$

并记

$$[\Delta_{\mathrm{L}} u_1,\cdots,\Delta_{\mathrm{L}} u_{3N}]^{\mathrm{T}} = [u_1'-u_1'',\cdots,u_{3N}'-u_{3N}'']^{\mathrm{T}}. \tag{4.2}$$

我们称之为**可能位形的有限变更**.其中 Δ 代表有限变更的意思,L 代表变更是在给定时刻满足约束条件下所取的意思.这种变更称之为 **Lagrange 变更**.

如果在作系统可能位形的 Lagrange 变更时,仅考虑在系统某一可能位形的无限小邻近,那么"可能位形的有限变更"蜕化为"可能位形的微变更",记为

$$\delta_{\mathrm{L}} \boldsymbol{c} = [\delta_{\mathrm{L}} u_1,\delta_{\mathrm{L}} u_2,\cdots,\delta_{\mathrm{L}} u_{3N}]^{\mathrm{T}}. \tag{4.3}$$

可能位形的微变更 $\delta_L \boldsymbol{c}$ 是由 $3N$ 个无限小的微变量①分量所组成，但是这 $3N$ 个微变量 $\delta_L u_1, \delta_L u_2, \cdots, \delta_L u_{3N}$ 并不是各自独立的，自由的，它们必须满足一定的限制方程. 由于这些微变更是"Lagrange 的"——在同一时刻，在某一可能位形的无限小邻近而且都满足约束，因此限制方程显然为

$$\sum_{s=1}^{3N} \frac{\partial f_r}{\partial u_s} \delta_L u_s = 0, \quad r = 1,2,\cdots,L < 3N. \tag{4.4}$$

由于限制方程(4.4)是线性齐次的，因此可能位形微变更的线性组合仍然是可能位形微变更. 这就说明，由 $\delta_L u_1, \delta_L u_2, \cdots, \delta_L u_{3N}$ 这 $3N$ 个微变分量组成的元素 $\delta_L \boldsymbol{c}$ 构成了一个线性空间. 我们称这个空间为**可能位形的微变空间** ε^L.

注意到仅有几何约束的系统的虚位移限制方程(3.15)式，即为

$$\sum_{s=1}^{3N} \frac{\partial f_r}{\partial u_s} \delta_v u_s = 0, \quad r = 1,2,\cdots,L < 3N. \tag{4.5}$$

对比(4.4)和(4.5)式，可见，虚位移空间 ε^v 与可能位形微变空间 ε^L 除去元素记号的区别而外，是完全一致的.

1.4.2 可能速度及其微变空间

现在考虑系统受有完全一般的一阶约束组

$$\Phi_r(u_1, \cdots, u_{3N}, \dot{u}_1, \cdots, \dot{u}_{3N}, t) = 0, \quad r = 1,2,\cdots,L < 3N. \tag{4.6}$$

所谓可能速度，定义为是在给定时刻、给定位形情况下——亦即给定事件情况下，任一组满足约束方程(4.6)式的速度 $[\dot{u}_1, \dot{u}_2, \cdots, \dot{u}_{3N}]_e^T$. 由于独立约束的数目恒少于速度分量的数目，因此在给定事件情况下，系统的可能速度有很多个. 考虑此种任意两组可能速度 $[\dot{u}_1', \dot{u}_2', \cdots, \dot{u}_{3N}']_e^T$，$[\dot{u}_1'', \dot{u}_2'', \cdots, \dot{u}_{3N}'']_e^T$，并记

$$[\Delta_J \dot{u}_1, \cdots, \Delta_J \dot{u}_{3N}]^T = [\dot{u}_1' - \dot{u}_1'', \cdots, \dot{u}_{3N}' - \dot{u}_{3N}'']^T, \tag{4.7}$$

称之为**可能速度的有限变更**. 其中 Δ 代表有限速度，J 代表是在给定事件情况下所取的速度变更，称之为 **Jourdain 变更**. 如果在作系统可能速度的 Jourdain 变更的时候，仅考虑在系统某状态时间点的邻近，那么"可能速度的有限变更"蜕化为"可能速度的微变更"，记为

$$\delta_J \dot{\boldsymbol{c}} = [\delta_J \dot{u}_1, \delta_J \dot{u}_2, \cdots, \delta_J \dot{u}_{3N}]^T. \tag{4.8}$$

可能速度的微变更 $\delta_J \dot{\boldsymbol{c}}$ 是由 $3N$ 个无限小的微变量所组成. 但是这 $3N$ 个微变分量 $\delta_J \dot{u}_1, \delta_J \dot{u}_2, \cdots, \delta_J \dot{u}_{3N}$ 并不是各自独立自由的，它们必须满足一定的限制方程. 这个限制方程显然为

$$\sum_{s=1}^{3N} \frac{\partial \Phi_r}{\partial \dot{u}_s} \delta_J \dot{u}_s = 0, \quad r = 1,2,\cdots,L < 3N. \tag{4.9}$$

---

① 参见第 46 页注释.

由于限制方程(4.9)式对微变分量是线性齐次的,因此这 $3N$ 个微变量组成的元素 $\delta_J \dot{\boldsymbol{c}}$ 构成了一个线性空间.我们称这个空间为**可能速度的微变空间** ε^J.

注意系统的约束为一阶线性约束组的特殊情况:

$$\Phi_r = \sum_{s=1}^{3N} A_{rs}(u_1, \cdots, u_{3N}, t)\dot{u}_s + A_r(u_1, \cdots, u_{3N}, t) = 0,$$
$$r = 1, 2, \cdots, L < 3N. \tag{4.10}$$

很明显,此时系统可能速度的有限变更满足如下方程

$$\sum_{s=1}^{3N} A_{rs}\Delta_J \dot{u}_s = 0, \quad r = 1, 2, \cdots, L < 3N. \tag{4.11}$$

可能速度微变空间的限制方程为

$$\sum_{s=1}^{3N} A_{rs}\delta_J \dot{u}_s = 0, \quad r = 1, 2, \cdots, L < 3N. \tag{4.12}$$

注意到一阶线性约束时,虚位移空间 ε^v 的限制方程为

$$\sum_{s=1}^{3N} A_{rs}\delta_v u_s = 0, \quad r = 1, 2, \cdots, L < 3N. \tag{4.13}$$

比较(4.12)和(4.13)式,可见,在一阶线性约束情况下,Jourdain 的可能速度微变空间 ε^J 和虚位移空间 ε^v 除去元素记号的区别而外,是完全一致的.

1.4.3 可能加速度及其微变空间

考虑系统受有完全一般的一阶约束组

$$\Phi_r(u_1, u_2, \cdots, u_{3N}, \dot{u}_1, \dot{u}_2, \cdots, \dot{u}_{3N}, t) = 0, \quad r = 1, 2, \cdots, L < 3N. \tag{4.14}$$

假定在某给定时刻 t 有某状态 s 满足约束方程(4.14).那么约束方程组(4.14)不仅仅限制了当时的时刻 t 和状态 s 之间的关系,而且对由此时刻和状态出发的加速度 $[\ddot{u}, \ddot{u}_2, \cdots, \ddot{u}_{3N}]^{\mathrm{T}}$ 也有相应的约束限制.这个约束限制可由方程(4.14)作对时间的全导数得到

$$\sum_{s=1}^{3N} \frac{\partial \Phi_r}{\partial \dot{u}_s}\ddot{u}_s + \sum_{s=1} \frac{\partial \Phi_r}{\partial u_s}\dot{u}_s + \frac{\partial \Phi_r}{\partial t} = 0, \quad r = 1, 2, \cdots, L < 3N. \tag{4.15}$$

所谓**可能加速度**,我们定义为:在给定时刻 t,从某满足约束方程(4.14)的状态 s 出发的,满足限制方程(4.15)的任一组加速度 $[\ddot{u}_1, \ddot{u}_2, \cdots, \ddot{u}_{3N}]^{\mathrm{T}}$.由于限制方程(4.15)的方程数目恒少于加速度分量数目,因此,可能加速度是很多的.现考虑在同一给定时刻,从同一状态出发的两组任意的可能加速度

$$[\ddot{u}'_1, \ddot{u}'_2, \cdots, \ddot{u}'_{3N}]^{\mathrm{T}}, \quad [\ddot{u}''_1, \ddot{u}''_2, \cdots, \ddot{u}''_{3N}]^{\mathrm{T}}.$$

根据它们所应满足的加速度分量限制方程(4.15),可以得到

$$\sum_{s=1}^{3N} \frac{\partial \Phi_r}{\partial \dot{u}_s}[\ddot{u}'_s - \ddot{u}''_s] = 0, \quad r = 1, 2, \cdots, L < 3N. \tag{4.16}$$

记

$$[\Delta_G \ddot{u}_1, \cdots, \Delta_G \ddot{u}_{3N}]^T = [\ddot{u}_1' - \ddot{u}_1'', \cdots, \ddot{u}_{3N}' - \ddot{u}_{3N}'']^T. \tag{4.17}$$

我们称之为**可能加速度的有限变更**,其中 Δ 代表有限变更,G 代表是满足约束方程(4.14)的同一时刻、从同一状态出发的可能加速度变更,称之为 **Gauss 变更**. 可能加速度的有限变更满足如下限制方程:

$$\sum_{s=1}^{3N} \frac{\partial \Phi_r}{\partial \dot{u}_s} \Delta_G \ddot{u}_s = 0, \quad r = 1,2,\cdots,L < 3N. \tag{4.18}$$

如果我们在作可能加速度的 Gauss 变更时,仅考虑可能加速度的无限小微变更,并记为

$$\delta_G \ddot{\boldsymbol{v}} = [\delta_G \ddot{u}_1, \delta_G \ddot{u}_2, \cdots, \delta_G \ddot{u}_{3N}]^T. \tag{4.19}$$

可能加速度的微变更 $\delta_G \ddot{\boldsymbol{v}}$ 是由 $3N$ 个无限小的微变量所组成. 但这 $3N$ 个微变分量 $\delta_G \ddot{u}_1, \delta_G \ddot{u}_2, \cdots, \delta_G \ddot{u}_{3N}$ 并不是各自独立自由的,它们必须满足一定的限制方程. 由于这些微变更是 Gauss 的,显然它们的限制方程为

$$\sum_{s=1}^{3N} \frac{\partial \Phi_r}{\partial \dot{u}_s} \delta_G \ddot{u}_s = 0, \quad r = 1,2,\cdots,L < 3N. \tag{4.20}$$

由于限制方程(4.20)对各微变分量是线性齐次的,因此由这 $3N$ 个微变分量组成的元素 $\delta_G \ddot{\boldsymbol{v}}$ 构成了一个线性空间. 我们称这个线性空间为**可能加速度的微变空间** ε^G.

总结以上的分析,可以看出下述结果:

(1) 如果系统的约束是一般性的一阶约束,那么 ε^J 和 ε^G 都有定义,并且在除去元素的记号有区别之外,限制方程是完全一致的;

(2) 如果系统的约束是一阶线性约束,那么 $\varepsilon^v, \varepsilon^J, \varepsilon^G$ 三者全有定义. 除去在元素的记号有区别之外,其他的性质是完全一致的;

(3) 如果系统的约束是几何约束组,那么 $\varepsilon^v, \varepsilon^L, \varepsilon^J, \varepsilon^G$ 四者全有定义. 除去在元素的记号有区别之外,其他的性质是完全一致的.

1.4.4 一阶约束的微变线性空间

为了一般化,我们来引入"一阶约束的微变线性空间"的概念. 假定系统的约束都可以化成为一阶约束的形式,并有①:

$$\Phi_r(u_1, u_2, \cdots, u_{3N}, \dot{u}_1, \dot{u}_2, \cdots, \dot{u}_{3N}, t) = 0, \quad r = 1,2,\cdots,L < 3N. \tag{4.21}$$

记

$$[A_{rs}] = \left[\frac{\partial \Phi_r}{\partial \dot{u}_s}\right], \quad r = 1,2,\cdots,L, \quad s = 1,2,\cdots,3N. \tag{4.22}$$

① 几何约束化为一阶约束时,需补足初始位形的限制条件.

引进由 $3N$ 个微变分量组成的元素

$$\boldsymbol{\delta}=[\delta_1,\delta_2,\cdots,\delta_{3N}]^{\mathrm{T}}, \tag{4.23}$$

其中 $3N$ 个微变分量不是各自独立自由的,而必须满足如下的线性齐次方程组:

$$\sum_{s=1}^{3N}A_{rs}\delta_s=0,\quad r=1,2,\cdots,L<3N. \tag{4.24}$$

由于限制方程组(4.24)是线性齐次的,所以元素 $\boldsymbol{\delta}$ 构成的是线性空间,我们称这个线性空间为**约束的微变线性空间** ε. 通常我们还假定方程组(4.24)的系数矩阵 $[A_{rs}]$ 的缺秩为零.

当系统的约束是一阶线性约束时,约束微变空间和虚位移空间一致. 在一般情况下,约束微变空间 $\varepsilon,\varepsilon^{\mathrm{J}},\varepsilon^{\mathrm{G}}$ 一致.

1.4.5 高阶约束微变线性空间的一般理论

我们可以将一阶约束的微变空间理论推广到高阶约束的一般情况,虽然关于高阶约束在力学系统中有无实际意义是有争议的.

假定某系统所受的约束组 π 由如下的 L 个独立的一般形式的约束所组成:

$$\Phi_r(u_1,\cdots,u_{3N},\dot{u}_1,\cdots,\dot{u}_{3N},\cdots,u_1^{(k_r)},\cdots,u_{3N}^{(k_r)},t)=0,$$
$$r=1,2,\cdots,L<3N,$$

其中 $u_1^{(k_r)},\cdots,u_{3N}^{(k_r)}$ 是 Φ_r 中所含的最高阶的位形对时间导数,k_r 是阶数.

记矩阵

$$[A_{rs}]=\left[\frac{\partial\Phi_r}{\partial u_s^{(k_r)}}\right],\quad r=1,2,\cdots,L,\quad s=1,2,\cdots,3N.$$

并假定其缺秩为零.

引进由 $3N$ 个分量组成的元素

$$\boldsymbol{\delta}=[\delta_1,\delta_2,\cdots,\delta_{3N}]^{\mathrm{T}},$$

其中的 $3N$ 个变量不是各自独立自由的,而必须满足如下的线性齐次限制方程组

$$\sum_{s=1}^{3N}A_{rs}\delta_s=0,\quad r=1,2,\cdots,L<3N.$$

这样的 $\boldsymbol{\delta}$ 的总体记为 ε. 由于 $L<3N$,这样的 ε 对非零的 $\boldsymbol{\delta}$ 是非空的. 由于限制方程是线性齐次的,所以 ε 是一个线性空间. 我们称这个线性空间为**约束组 π 的微变线性空间**,或**密切空间**,并记为 $\varepsilon(\pi)$.

微变线性空间刻画了约束组的本质特性,它是约束组的不变性质. 我们可以证明如下命题:

定理 等价约束组的微变线性空间是相同的.

证明 根据定义,约束组 π 的微变线性空间 $\varepsilon(\pi)$ 是满足如下限制方程组的 $\boldsymbol{\delta}$ 的总体

$$\sum_{s=1}^{3N} \frac{\partial \Phi_r}{\partial u_s^{(k_r)}} \delta_s = 0, \quad r = 1,2,\cdots,L < 3N.$$

以下分别研究约束组 π 等价形式的微变线性空间：

(1) 首先考虑与约束组 π"函数等价"的约束组. 设约束组 π' 与约束组 π"函数等价",也就是说,组成 π' 的任一约束可表达为如下形式：

$$F(u_1,\cdots,u_{3N},\dot{u}_1,\cdots,\dot{u}_{3N},\cdots,u_1^{(k)},\cdots,u_{3N}^{(k)},t)$$
$$= f(\Phi_1,\Phi_2,\cdots,\Phi_L) = c,$$

其中

$$k = \max\left[k_\nu \middle| \nu = 1,2,\cdots,L,\text{且使得}\frac{\partial f}{\partial \Phi_\nu} \neq 0\right], \quad c = f(0,0,\cdots,0).$$

现在证明,$\varepsilon(\pi)$的任一元素 $\boldsymbol{\delta}^*$ 必满足约束 $F=c$ 所产生的限制方程. 实际上,$F=c$ 的限制方程为

$$\sum_{s=1}^{3N} \frac{\partial F}{\partial u_s^{(k)}} \delta_s = 0.$$

根据 F 的表达式,知

$$\frac{\partial F}{\partial u_s^{(k)}} = \sum_\nu \frac{\partial f}{\partial \Phi_\nu} \frac{\partial \Phi_\nu}{\partial u_s^{(k)}},$$

从而

$$\sum_{s=1}^{3N} \frac{\partial F}{\partial u_s^{(k)}} \delta_s = \sum_{s=1}^{3N} \Big(\sum_\nu \frac{\partial f}{\partial \Phi_\nu} \frac{\partial \Phi_\nu}{\partial u_s^{(k)}} \Big) \delta_s = \sum_\nu \frac{\partial f}{\partial \Phi_\nu} \sum_{s=1}^{3N} \frac{\partial \Phi_\nu}{\partial u_s^{(k)}} \delta_s,$$

其中 $\nu=1,2,\cdots,L$ 且满足$\frac{\partial f}{\partial \Phi_\nu}\neq 0$. 并注意到 k 的特性,我们知道 $\boldsymbol{\delta}^*$ 一定满足

$$\sum_{s=1}^{3N} \frac{\partial \Phi_\nu}{\partial u_s^{(k)}} \delta_s^* = 0,$$

因此,

$$\sum_{s=1}^{3N} \frac{\partial F}{\partial u_s^{(k)}} \delta_s \bigg|_{\delta_s = \delta_s^*} = \sum_\nu \frac{\partial f}{\partial \Phi_\nu} \Big(\sum_{s=1}^{3N} \frac{\partial \Phi_\nu}{\partial u_s^{(k)}} \delta_s^* \Big) = 0,$$

由此可以断定

$$\varepsilon(\pi) \subset \varepsilon(\pi').$$

由于函数等价是相互的,因此也必然有 $\varepsilon(\pi')\subset\varepsilon(\pi)$,从而得到 $\varepsilon(\pi)=\varepsilon(\pi')$.

(2) 将 π 中任一约束方程对时间取全导数,记为 F. 不失一般性,比如令

$$F = \frac{\mathrm{d}\Phi_1}{\mathrm{d}t} = \sum_{s=1}^{3N} \frac{\partial \Phi_1}{\partial u_s} \dot{u}_s + \sum_{s=1}^{3N} \frac{\partial \Phi_1}{\partial \dot{u}_s} \ddot{u}_s + \cdots + \sum_{s=1}^{3N} \frac{\partial \Phi_1}{\partial u_s^{(k_1)}} u_s^{(k_1+1)} + \frac{\partial \Phi_1}{\partial t} = 0.$$

于是得到约束组 π 的另一等价形式为

$$\pi':\begin{cases}F=0,\\ \Phi_r=0,\quad r=2,3,\cdots,L<3N,\\ \text{初始条件满足 }\Phi_1=0\text{ 的限制}.\end{cases}$$

可以证明 $\varepsilon(\pi')=\varepsilon(\pi)$. 实际上,根据 $F=0$ 的定义,它产生的限制方程为

$$\sum_{s=1}^{3N}\frac{\partial F}{\partial u_s^{(k_1+1)}}\delta_s=0.$$

由 F 的表达式,显然有

$$\frac{\partial F}{\partial u_s^{(k_1+1)}}=\frac{\partial \Phi_1}{\partial u_s^{(k_1)}},\quad s=1,2,\cdots,3N.$$

所以,$F=0$ 产生的限制方程为

$$\sum_{s=1}^{3N}\frac{\partial \Phi_1}{\partial u_s^{(k_1)}}\delta_s=0.$$

它和 $\Phi_1=0$ 产生的限制方程相同. 由此得到 $\varepsilon(\pi')=\varepsilon(\pi)$.

(3) 设 π 存在着某一首次积分

$$F(u_1,\cdots,u_{3N},\dot{u}_1,\cdots,\dot{u}_{3N},\cdots,u_1^{(\mu)},\cdots,u_{3N}^{(\mu)},t)=c=\text{const.},$$

那么约束组 π 有另一等价形式

$$\pi':\begin{cases}\Phi_r=0,\quad r=1,2,\cdots,L<3N,\\ F=c=\text{const.}.\end{cases}$$

以下证明 $\varepsilon(\pi')=\varepsilon(\pi)$. 为此只要证明 $F=c$ 产生的限制方程是约束组 π 限制方程的推论即可. 根据 $F=c$ 是 π 的首次积分,有

$$\frac{\mathrm{d}F}{\mathrm{d}t}=\Phi=f(\Phi_1,\Phi_2,\cdots,\Phi_L)-f(0,0,\cdots,0)=0.$$

根据本定理证明中的(1),知 $\Phi=0$ 产生的限制方程是约束组 π 限制方程的推论. 现在只要进一步证明 $\Phi=0$ 的限制方程和 $F=c$ 的限制方程完全一致即可. $F=c$ 的限制方程为

$$\sum_{s=1}^{3N}\frac{\partial F}{\partial u_s^{(\mu)}}\delta_s=0.$$

注意到

$$\frac{\partial \Phi}{\partial u_s^{(\mu+1)}}=\frac{\partial F}{\partial u_s^{(\mu)}},\quad s=1,2,\cdots,3N,$$

显然 $\Phi=0$ 的限制方程为

$$\sum_{s=1}^{3N}\frac{\partial \Phi}{\partial u_s^{(\mu+1)}}\delta_s=\sum_{s=1}^{3N}\frac{\partial F}{\partial u_s^{(\mu)}}\delta_s=0.$$

定理证毕. □

从理论上来说,研究高阶约束需引进比传统的力学中所用的由位形和位形速

度构成的状态空间要更加复杂的“状态空间”. 高阶约束 π 在这样的状态空间里形成一微分流形[①]. 我们现在研究的约束微变空间乃是约束微分流形切空间关于位形对时间最高阶导数的子空间. 这个子空间在分析动力学普遍原理的表述上有重要的作用.

例 一质点 m, 在运动中其动能被限定为常数 c. 此约束为一阶约束, 表达式为

$$\Phi = \frac{1}{2}m(\dot{x}^2 + \dot{y}^2 + \dot{z}^2) - c = 0.$$

由这个约束产生的微变空间限制方程系数阵是

$$[A_{rs}] = \left[\frac{\partial \Phi}{\partial \dot{x}}, \frac{\partial \Phi}{\partial \dot{y}}, \frac{\partial \Phi}{\partial \dot{z}}\right] = [m\dot{x}, m\dot{y}, m\dot{z}].$$

例 一质点 m 约束在一光滑曲面上运动. 考虑重力场, 并假定其初始机械能为常数 c.

取坐标系为 $Oxyz$, 其中 Oz 垂直向上. 约束曲面方程记为

$$f(x, y, z) = 0.$$

质点在运动中有机械能守恒, 故有

$$\Phi = \left[\frac{1}{2}m(\dot{x}^2 + \dot{y}^2 + \dot{z}^2) + mgz\right] - c = 0.$$

我们可以把机械能守恒律方程 $\Phi=0$ 看成一个约束, 它显然是一阶的. 它和 $f=0$ 构成约束组 π, 那么 $\varepsilon(\pi)$ 的限制方程系数阵为

$$[A_{rs}] = \begin{bmatrix} \dfrac{\partial f}{\partial x} & \dfrac{\partial f}{\partial y} & \dfrac{\partial f}{\partial z} \\ \dfrac{\partial \Phi}{\partial \dot{x}} & \dfrac{\partial \Phi}{\partial \dot{y}} & \dfrac{\partial \Phi}{\partial \dot{z}} \end{bmatrix} = \begin{bmatrix} \dfrac{\partial f}{\partial x} & \dfrac{\partial f}{\partial y} & \dfrac{\partial f}{\partial z} \\ m\dot{x} & m\dot{y} & m\dot{z} \end{bmatrix}.$$

1.4.6 状态空间一阶线性约束组完整性判别定理[15]

考虑状态空间里的一阶线性约束组

$$\pi:\ \Phi_r(\boldsymbol{u}, \boldsymbol{v}, t) = \sum_{\beta=1}^{3N} A_{r\beta}(\boldsymbol{u}, t) v_\beta + A_r(\boldsymbol{u}, t) = d_r,$$
$$r = 1, 2, \cdots, L < 3N.$$

上述一阶线性约束组, 何时为完整约束组, 1.2.3 小节中的 Frobenius 定理给出了解答. 这个解答在数学上完美, 但力学意义不甚明了. 在本书有了关于轨道与轨道映射, 虚位移与虚变分, 约束的密切空间等研究成果之后, 本小节将应用新的工具来表达状态空间一阶线性约束可积性定理. 此定理的表达力学意义明确, 并可

① 作此种研究时, π 中每一约束都要化成具有同样最高阶导数的等价形式. 当然, 为了保持等价性, 需要补足有关初始条件的限制.

自然地推广到考查状态空间一阶非线性约束组的情况.

为表达 π 约束流形完整性的充要条件,需要引入两个能刻画约束组流形及其轨道本质特性的结构:

(1) 约束组 π 的密切空间 T_{π}^{*},它是附着于流形上状态点的线性空间,表达如下:

$$T_{\pi}^{*}=T_{\Phi_1}^{*}\cap T_{\Phi_2}^{*}\cap\cdots\cap T_{\Phi_L}^{*},$$

而

$$T_{\Phi_r}^{*}=\left\{\boldsymbol{\delta}=[\delta_1,\delta_2,\cdots,\delta_{3N}]^{\mathrm{T}}\,\middle|\,\sum_{i=1}^{3N}A_{ri}\delta_i=0\right\}.$$

密切空间 T_{π}^{*} 的元素,有时也称为位形虚变分,记为$[\delta_{\mathrm{v}}u_1,\delta_{\mathrm{v}}u_2,\cdots,\delta_{\mathrm{v}}u_{3N}]^{\mathrm{T}}$,它满足 Gauss-Appell-Четаев 条件

$$\sum_{i=1}^{3N}A_{ri}\delta_{\mathrm{v}}u_i=0,\quad r=1,2,\cdots,L<3N.$$

(2) 约束的动力矢量 $\boldsymbol{D}_{\Phi_1},\boldsymbol{D}_{\Phi_2},\cdots,\boldsymbol{D}_{\Phi_L}$,定义如下:对约束组 π 上的任一协调可能轨道,作

$$\boldsymbol{D}_{\Phi_r}=[\varepsilon_1(\Phi_r),\varepsilon_2(\Phi_r),\cdots,\varepsilon_{3N}(\Phi_r)]^{\mathrm{T}},\quad r=1,2,\cdots,L<3N,$$

其中 ε_i 是 Euler-Lagrange 算子,即

$$\varepsilon_i(\Phi_r)=\frac{\mathrm{d}}{\mathrm{d}t}\left(\frac{\partial\Phi_r}{\partial v_i}\right)-\frac{\partial\Phi_r}{\partial u_i}.$$

以下是状态空间里一般性的一阶线性约束流形完整性的充要条件:

定理　对于状态空间里的非奇异的一阶线性约束流形 π,它在区域 $\mathscr{D}$ 内具有完整性的充要条件是:在 $\mathscr{D}$ 区域内,沿 π 流形上的任一协调可能轨道,都有约束动力矢量和 T_{π}^{*} 恒正交,即满足:

$$\sum_{i=1}^{3N}\left[\frac{\mathrm{d}}{\mathrm{d}t}\left(\frac{\partial\Phi_r}{\partial v_i}\right)-\frac{\partial\Phi_r}{\partial u_i}\right]\delta_{\mathrm{v}}u_i=0,\quad r=1,2,\cdots,L<3N.$$

证明　已知

$$\Phi_r=\sum_{\beta=1}^{3N}A_{r\beta}(\boldsymbol{u},t)v_\beta+A_r(\boldsymbol{u},t).$$

故

$$\varepsilon_i(\Phi_r)=\frac{\mathrm{d}}{\mathrm{d}t}\left(\frac{\partial\Phi_r}{\partial v_i}\right)-\frac{\partial\Phi_r}{\partial u_i}=\sum_{\beta=1}^{3N}\left(\frac{\partial A_{ri}}{\partial u_\beta}-\frac{\partial A_{r\beta}}{\partial u_i}\right)v_\beta+\left(\frac{\partial A_{ri}}{\partial t}-\frac{\partial A_r}{\partial u_i}\right).$$

于是判别条件成为

$$\sum_{\alpha=1}^{3N}\varepsilon_\alpha(\Phi_r)\delta_{\mathrm{v}}u_\alpha=\sum_{\alpha=1}^{3N}\left[\sum_{\beta=1}^{3N}\left(\frac{\partial A_{r\alpha}}{\partial u_\beta}-\frac{\partial A_{r\beta}}{\partial u_\alpha}\right)v_\beta+\left(\frac{\partial A_{r\alpha}}{\partial t}-\frac{\partial A_r}{\partial u_\alpha}\right)\right]\delta_{\mathrm{v}}u_\alpha=0.$$

由于轨道的协调性,应该有 $v_\beta=\dfrac{\mathrm{d}u_\beta}{\mathrm{d}t}$,则上述判别条件成为

$$\sum_{\alpha=1}^{3N}\sum_{\beta=1}^{3N}\left(\frac{\partial A_{r\alpha}}{\partial u_\beta}-\frac{\partial A_{r\beta}}{\partial u_\alpha}\right)\mathrm{d}u_\beta\delta_{\mathrm{v}}u_\alpha+\sum_{\alpha=1}^{3N}\left(\frac{\partial A_{r\alpha}}{\partial t}-\frac{\partial A_r}{\partial u_\alpha}\right)\mathrm{d}t\delta_{\mathrm{v}}u_\alpha=0,$$

$$r=1,2,\cdots,L<3N.$$

上式正是线性约束组 π 是完整组的 Frobenius 充要条件. □

定理 对于状态空间里的非奇异的一阶线性约束流形 π,它在区域 $\mathscr{D}$ 内具有完整性的充要条件是:在 $\mathscr{D}$ 区域内,沿 π 流形上的任一协调可能轨道,其邻近虚变分轨道均是 π 的可能轨道.

证明 π 流形的虚变分满足

$$\sum_{i=1}^{3N}\frac{\partial\Phi_r}{\partial v_i}\delta_{\mathrm{v}}u_i=0,\quad r=1,2,\cdots,L<3N.$$

沿 π 流形上的任一协调可能轨道,对上式的各方程求时间全导数,得到

$$\sum_{i=1}^{3N}\left[\frac{\mathrm{d}}{\mathrm{d}t}\left(\frac{\partial\Phi_r}{\partial v_i}\right)\delta_{\mathrm{v}}u_i+\frac{\partial\Phi_r}{\partial v_i}\frac{\mathrm{d}}{\mathrm{d}t}(\delta_{\mathrm{v}}u_i)\right]=0.$$

根据等时虚变分的协调性,有 $\mathrm{d}\delta_{\mathrm{v}}$ 的普遍交换性成立,则

$$\sum_{i=1}^{3N}\left[\frac{\mathrm{d}}{\mathrm{d}t}\left(\frac{\partial\Phi_r}{\partial v_i}\right)\delta_{\mathrm{v}}u_i+\frac{\partial\Phi_r}{\partial v_i}\delta_{\mathrm{v}}v_i\right]=0.\tag{4.25}$$

根据上述 1.4.6 小节中的第一个定理,已知一阶线性约束组 π 在 $\mathscr{D}$ 上具有完整性的充要条件是

$$\sum_{i=1}^{3N}\left[\frac{\mathrm{d}}{\mathrm{d}t}\left(\frac{\partial\Phi_r}{\partial v_i}\right)-\frac{\partial\Phi_r}{\partial u_i}\right]\delta_{\mathrm{v}}u_i=0,$$

亦即

$$\sum_{i=1}^{3N}\frac{\mathrm{d}}{\mathrm{d}t}\left(\frac{\partial\Phi_r}{\partial v_i}\right)\delta_{\mathrm{v}}u_i=\sum_{i=1}^{3N}\frac{\partial\Phi_r}{\partial u_i}\delta_{\mathrm{v}}u_i.$$

结合方程(4.25),立即可知,上述充要条件的成立等价于如下条件的成立

$$\sum_{i=1}^{3N}\left(\frac{\partial\Phi_r}{\partial u_i}\delta_{\mathrm{v}}u_i+\frac{\partial\Phi_r}{\partial v_i}\delta_{\mathrm{v}}v_i\right)=0,\quad r=1,2,\cdots,L<3N.\tag{4.26}$$

(4.26)条件就是代表了,要求任一协调可能轨道的邻近虚变分轨道均是 π 的可能轨道.定理证毕. □

1.4.7 状态空间一阶非线性约束组的完整性与非完整性[16,17]

状态空间一阶线性约束的理论在数学上有较好的基础.如位形空间的微分流形理论,位形空间上的分布及其积分流形理论,Frobenius 理论等提供了研究线性约束性质的工具.关于线性约束大范围性质分析,本质上推进了这一领域的研究.相比而言,状态空间非线性约束的理论就比较困难.由于完整约束对应位形空间的有限约束方程组

$$f_r(\boldsymbol{u},t)=c_r,\quad r=1,2,\cdots,L<3N.$$

它等价于状态空间里的一阶线性约束方程组

$$\pi:\ \sum_{i=1}^{3N}\frac{\partial f_r}{\partial u_i}v_i+\frac{\partial f_r}{\partial t}=0,\quad r=1,2,\cdots,L<3N.$$

因此,传统上认为状态空间的非线性约束都是非完整的.但实际上并非如此.由于状态空间约束的非线性只是就约束的数学方程表达式而言,只是限定约束的外在表现形式,并未直接限定约束的本质特性——约束流形,因此,这两个概念,即约束的非线性与约束的非完整,两者是有差别的.本小节给出判别状态空间非线性约束完整性与非完整性的理论.

判别状态空间非线性约束方程组的完整性与非完整性,有两种可行的途径.第一种途径是应用约束方程函数的分区和分解因子方法,使约束方程中的非线性数学尽可能分解到最简单情况.根据1.2.5小节中的单支激活定理,在任一满足约束的状态时间点 p 邻域,只要约束为非奇异,则约束流形等价于一支的分支约束流形.对于此分支约束流形,有可能利用熟知的区域 Frobenius 定理来判定其完整性或非完整性.上述途径有两个缺陷:分解约束数学函数为简单因子的过程依赖于数学灵感,而无确定的方法;即使实现了因子分解,也很难保证分解出的分支约束流形是线性约束流形.本小节是来建立状态空间非线性约束组完整性与非完整性判别的另一途径.这一判别方法可以直接处理非线性约束流形,只要求约束流形是非奇异即可.这一方法的理论基础是应用1.1.5小节中的轨道映射概念.

1. 应用轨道映射的概念给出状态空间一般性约束完整性定义

考虑状态空间的一般性约束流形

$$\pi:\ \Phi_r(\boldsymbol{u},\boldsymbol{v},t)=d_r,\quad r=1,2,\cdots,L<3N.$$

假定 π 在状态空间某一连通开区域 U 上非奇异,即矩阵 $\left[\dfrac{\partial\Phi_r}{\partial v_s}\right]$ 满秩.记 $(\pi)_U$ 为约束流形在区域 U 上的部分.设它在位形空间的投影区域为 $\mathscr{D}$,即

$$\mathscr{D}=\mathrm{Proj}[(\pi)_U],$$

其中 Proj[·]为状态空间对位形空间的自然投影.如果过 $\mathscr{D}$ 的任一点 q,都能在其邻近构成一个 $3N-L$ 维的位形空间流形 $G_\pi(q)$,且具有如下性质:

(1) $G_\pi(q)$ 是 $(\pi)_U$ 的积分流形,即流形 $G_\pi(q)$ 上过 q 点邻近且初速 $\in U$ 的任一位形轨道,其生成的状态轨道均为 π 的可能轨道;

(2) π 流形上过 $p=\mathrm{Proj}^{-1}[q]$ 点邻近的任一协调可能轨道,其自然投影的位形轨道均是 $G_\pi(q)$ 的可能轨道.此时,$G_\pi(q)$ 是 $(\pi)_U$ 的完全积分流形.

满足以上要求的一般性约束 π,称为区域 U 上的**完全可积约束**,简称为**完整约束**.而 $G_\pi(q)$ 位形流形为约束 π 过 q 点的完全积分流形.

以上定义中的连通开区域 U 是任意的.这对研究分区域的完整性与非完整性是需要的.利用此特点,也可以定义状态空间非线性约束流形的完整点概念.

定义 考虑状态空间一般性的约束流形

$$\pi:\ \Phi_r(\boldsymbol{u},\boldsymbol{v},t)=d_r,\quad r=1,2,\cdots,L<3N.$$

假定π在其上某状态点是非奇异的，即$\left[\dfrac{\partial\Phi_r}{\partial v_s}\right]_p$满秩. 称$p$为$\pi$约束流形的完整点，如果存在$p$点的邻域$U$，$\pi$在$U$上是完整约束.

2. 状态空间一般性约束流形完整性的判别定理

判别定理1 若状态空间的一般性约束流形

$$\pi:\ \Phi_r(\boldsymbol{u},\boldsymbol{v},t)=d_r,\quad r=1,2,\cdots,L<3N;$$

在状态空间某一连通开区域U上非奇异，即矩阵$\left[\dfrac{\partial\Phi_r}{\partial v_s}\right]$在$U$上满秩，则$\pi$约束在$U$上为完整约束的充分必要条件是如下轨道性质：在$U$上任一协调可能轨道作原轨，其邻近虚变分轨道为可能轨道.

证明 本定理排除了奇异约束的讨论. 因此，定理中假定π约束流形在状态空间连通开区域U上非奇异，这是重要的基本假定. 以下首先给出非奇异约束流形几个一般性质：

(1) $(\pi)_U$上每个状态点都有约束π的唯一的密切空间，它是约束组π流形的不变性质.

(2) 根据$\left[\dfrac{\partial\Phi_r}{\partial v_s}\right]$在$U$上满秩的假定，$\pi$流形的方程组在$U$上可解出$L$个$\boldsymbol{v}$的分量来. 不失一般性，假定$\pi$流形在$U$上可解为

$$\pi:\ v_i=V_i(\boldsymbol{u},v_{L+1},\cdots,v_{3N},t),\quad i=1,2,\cdots,L<3N;$$

或记为

$$\pi:\ \psi_i=v_i-V_i(\boldsymbol{u},v_{L+1},\cdots,v_{3N},t)=0,\quad i=1,2,\cdots,L<3N.$$

这是π流形完全等价的另一数学表达形式. 由这一数学表达形式求出的密切空间和用原来方程求出的密切空间是完全一致的.

(3) 过$(\pi)_U$流形上任一状态点，必有协调可能轨道通过. 为证明这一结论，现考虑$(\pi)_U$上任一状态点$p=[u_1^0,\cdots,u_{3N}^0,v_1^0,\cdots,v_{3N}^0]^{\mathrm{T}}$，任取一条$3N-L$维的协调轨道$[\tilde{u}_{L+1}(t),\cdots,\tilde{u}_{3N}(t),\tilde{v}_{L+1}(t),\cdots,\tilde{v}_{3N}(t)]^{\mathrm{T}}$，满足初始条件

$$\begin{aligned}&[\tilde{u}_{L+1}(t),\cdots,\tilde{u}_{3N}(t),\tilde{v}_{L+1}(t),\cdots,\tilde{v}_{3N}(t)]^{\mathrm{T}}\big|_{t=t_0}\\&=[u_{L+1}^0,\cdots,u_{3N}^0,v_{L+1}^0,\cdots,v_{3N}^0]^{\mathrm{T}}.\end{aligned}$$

将上述$3N-L$维协调轨道代入V_i函数中，可建立方程如下：

$$\begin{aligned}\frac{\mathrm{d}u_i}{\mathrm{d}t}&=V_i(u_1,\cdots,u_L,\tilde{u}_{L+1},\cdots,\tilde{u}_{3N},\tilde{v}_{L+1},\cdots,\tilde{v}_{3N},t)\\&=\widetilde{V}_i(u_1,u_2,\cdots,u_L,t),\quad i=1,2,\cdots,L<3N.\end{aligned}$$

根据π流形在p点的非奇异性及常微分方程组初值解的存在唯一性，上述方程组

有初值问题的解为

$$[\tilde{u}_1(t),\tilde{u}_2(t),\cdots,\tilde{u}_L(t)]^{\mathrm{T}},$$

并满足初始条件

$$[\tilde{u}_1(t),\tilde{u}_2(t),\cdots,\tilde{u}_L(t)]^{\mathrm{T}}\big|_{t=t_0}=[u_1^0,u_2^0,\cdots,u_L^0]^{\mathrm{T}}.$$

令

$$[\tilde{v}_1(t),\tilde{v}_2(t),\cdots,\tilde{v}_L(t)]^{\mathrm{T}}=[\dot{\tilde{u}}_1(t),\dot{\tilde{u}}_2(t),\cdots,\dot{\tilde{u}}_L(t)]^{\mathrm{T}}.$$

显然,已生成的轨道 $\tilde{s}=[\tilde{u}_1(t),\cdots,\tilde{u}_{3N}(t),\tilde{v}_1(t),\cdots,\tilde{v}_{3N}(t)]^{\mathrm{T}}$ 是过 p 点的协调可能轨道.

(4) 记 $\mathscr{D}=\mathrm{Proj}[(\pi)_U]$. 现证过 $\mathscr{D}$ 的任一点 q,都能在其邻近构成一个 $3N-L$ 维的位形空间流形 $F_\pi(q)$. 构成法如下:记 $p=\mathrm{Proj}^{-1}[q]$,p 为 $(\pi)_U$ 上的一个状态点. 根据(3),过 p 点可任取定一条协调可能轨道 $\tilde{s}=[\tilde{u}_1(t),\cdots,\tilde{u}_{3N}(t),\tilde{v}_1(t),\cdots,\tilde{v}_{3N}(t)]^{\mathrm{T}}$,其位形空间自然投影轨道为 $\tilde{c}=[\tilde{u}_1(t),\cdots,\tilde{u}_{3N}(t)]^{\mathrm{T}}$. 那么,在位形空间中,一定可以在 $\tilde{c}$ 轨道邻近建立一个 $3N-L$ 维位形流形,称为沿 $\tilde{c}$ 轨道的 π 虚位移流形,$\tilde{c}$ 轨道在这个流形之上. 虚位移流形的构成法是:

作 $\tilde{c}$ 这条位形轨道邻近的虚变分轨道

$$c=[u_1(t),\cdots,u_{3N}(t)]^{\mathrm{T}}=[\tilde{u}_1(t)+\delta_{\mathrm{v}}u_1,\cdots,\tilde{u}_{3N}(t)+\delta_{\mathrm{v}}u_{3N}]^{\mathrm{T}},$$

其中$[\delta_{\mathrm{v}}u_1,\cdots,\delta_{\mathrm{v}}u_{3N}]^{\mathrm{T}}$ 满足相应的 $\tilde{c}$ 上等时刻点在 π 映像处的虚变分条件,即

$$\sum_{i=1}^{3N}\frac{\partial\psi_r}{\partial v_i}\bigg|_{\tilde{s}}\delta_{\mathrm{v}}u_i=0,\quad r=1,2,\cdots,L<3N.$$

注意到 ψ_r 的表达式,得到

$$\begin{bmatrix}\delta_{\mathrm{v}}u_1\\\delta_{\mathrm{v}}u_2\\\vdots\\\delta_{\mathrm{v}}u_L\end{bmatrix}=\begin{bmatrix}\dfrac{\partial V_1}{\partial v_{L+1}}\delta_{\mathrm{v}}u_{L+1}+\cdots+\dfrac{\partial V_1}{\partial v_{3N}}\delta_{\mathrm{v}}u_{3N}\\\dfrac{\partial V_2}{\partial v_{L+1}}\delta_{\mathrm{v}}u_{L+1}+\cdots+\dfrac{\partial V_2}{\partial v_{3N}}\delta_{\mathrm{v}}u_{3N}\\\vdots\\\dfrac{\partial V_L}{\partial v_{L+1}}\delta_{\mathrm{v}}u_{L+1}+\cdots+\dfrac{\partial V_L}{\partial v_{3N}}\delta_{\mathrm{v}}u_{3N}\end{bmatrix}_{\tilde{s}}.$$

根据$\left[\dfrac{\partial\Phi_r}{\partial v_s}\right]$在 U 上恒满秩的假定,知道在$(\pi)_U$ 上任一状态点有唯一不变的密切空间,它是由位形虚变分矢量$[\delta_{\mathrm{v}}u_1,\delta_{\mathrm{v}}u_2,\cdots,\delta_{\mathrm{v}}u_{3N}]^{\mathrm{T}}$ 张成,是 $3N-L$ 维线性空间,其限制方程如上所示. 据此,沿 $\tilde{c}$ 轨道的每一点可取如下的 $3N-L$ 个独立矢量作为位形虚变分空间的基底

$$\varepsilon_1=\left[\frac{\partial V_1}{\partial v_{L+1}},\cdots,\frac{\partial V_L}{\partial v_{L+1}},1,0,\cdots,0\right]^{\mathrm{T}}\bigg|_{\tilde{s}},$$

$$\varepsilon_2=\left[\frac{\partial V_1}{\partial v_{L+2}},\cdots,\frac{\partial V_L}{\partial v_{L+2}},0,1,\cdots,0\right]^{\mathrm{T}}\bigg|_{\tilde{s}},$$

…………………………………………

$$\varepsilon_{3N-L}=\left[\frac{\partial V_1}{\partial v_{3N}},\cdots,\frac{\partial V_L}{\partial v_{3N}},0,0,\cdots,1\right]^{\mathrm{T}}\bigg|_{\tilde{s}}.$$

而任一位形虚变分矢量可表达为

$$\delta_{\mathrm{v}}\boldsymbol{u}=x_1\varepsilon_1+x_2\varepsilon_2+\cdots+x_n\varepsilon_n,\quad n=3N-L.$$

利用公式 $c=\boldsymbol{u}(t)=\tilde{\boldsymbol{u}}(t)+\delta_{\mathrm{v}}\boldsymbol{u}$,可以用取定的 $\tilde{c}$ 为经线,c 轨道为纤维,根据坐标 $[x_1,x_2,\cdots,x_n]^{\mathrm{T}}$ 可扫遍原点任意邻域的特性,从而在 q 点邻域编织出位形空间的 $n=3N-L$ 维的流形,记为 $F_\pi(\tilde{c})$,$F_\pi(\tilde{s})$或 $F_\pi(q)$,即

$$\boldsymbol{x}=\begin{bmatrix}x_1(t)\\x_2(t)\\\vdots\\x_n(t)\end{bmatrix}\longrightarrow F_\pi(\tilde{c})=F_\pi(\tilde{s})=F_\pi(q)=\left\{C=\begin{bmatrix}\tilde{u}_1(t)+\delta_{\mathrm{v}}u_1\\\tilde{u}_2(t)+\delta_{\mathrm{v}}u_2\\\vdots\\\tilde{u}_{3N}(t)+\delta_{\mathrm{v}}u_{3N}\end{bmatrix}\right\}.$$

显然 $q\in F_\pi(\tilde{c})$.

以下证明本定理.

首先证明定理条件的充分性.分为三步:

第一步,根据$(\pi)_U$ 的非奇异性.已知过 $\mathscr{D}=\mathrm{Proj}[(\pi)_U]$的任一位形点 q,都可以在其邻近构成一个 $3N-L$ 维的位形流形 $F_\pi(q)=F_\pi(\tilde{c})$,它是 $\tilde{c}$ 的虚位移流形.在本定理假定的轨道性质成立情况下,这个流形一定是$(\pi)_U$ 过 p 点的积分流形.因为 $F_\pi(\tilde{c})$位形流形上的任一位形轨道都是 $\tilde{c}$ 的虚位移轨道,它的状态空间自然扩张映射的轨道必是 $\tilde{s}$ 的虚变分轨道,因而一定是$(\pi)_U$ 的协调可能轨道.

第二步,以上过 q 点在 q 点邻域生成的流形 $F_\pi(q)=F_\pi(\tilde{c})$是唯一的,它和 $\tilde{s}$ 与 $\tilde{c}$ 的取法无关.实际上,由于 $F_\pi(\tilde{c})$是$(\pi)_U$ 过 p 点的 $3N-L$ 维积分流形,而$(\pi)_U$ 点 p 点是非奇异的.根据 1.2.5 小节中的积分流形唯一性定理,即可知积分流形 $F_\pi(\tilde{c})$与 $\tilde{c}$ 的取法无关.

第三步,证明 $F_\pi(\tilde{c})$不仅是过 q 点的积分流形,而且是完全的积分流形.考虑过 p 点 π 的任意一条完全协调可能轨道,其位形投影轨道必然过 q 点.这个位形投影轨道必然也能生成一个虚位移流形,而且这个位形投影轨道在这个生成的虚位移流形之上.在定理所述的轨道性质成立之下,已知虚位移流形的唯一性,这个新生成的虚位移流形和原来的 $F_\pi(\tilde{c})$一致,因此,过 p 点$(\pi)_U$ 的任一协调可能轨道的位形投影轨道都是 $\tilde{c}$ 的虚变分轨道,并在 $F_\pi(\tilde{c})$流形之上.

以上三步证明了$(\pi)_U$ 是完全可积的完整约束.

下面证明,在$(\pi)_U$ 为非奇异情况下,定理所述的轨道性质是完整约束的必要条件.实际上,如果$(\pi)_U$ 为非奇异,且为完整约束,那么过$(\pi)_U$ 的任一状态点 p 有唯一的完全积分流形 $F_\pi^*(p)$.现考虑过 p 点任一协调可能轨道 $\tilde{s}$,记 $\tilde{c}=\mathrm{Proj}(\tilde{s})$,应

该有 $\tilde{c}\in F_{\pi}^{*}(p)$,而 $\tilde{c}$ 的虚位移轨道就是在完全积分流形上 $\tilde{c}$ 邻近的其他轨道. 因此 $\tilde{s}$ 的虚变分轨道一定是$(\pi)_U$ 的可能轨道. □

判别定理 2 状态空间里的一般性约束流形

$$\pi:\ \Phi_r(\boldsymbol{u},\boldsymbol{v},t)=d_r,\quad r=1,2,\cdots,L<3N.$$

假定 π 在状态空间某一连通开区域 U 上非奇异,即矩阵$\left[\frac{\partial\Phi_r}{\partial v_s}\right]$在 U 上满秩,则 π 约束在 U 上为完整约束的充要条件为:在$(\pi)_U$ 上任一协调可能轨道都有约束动力矢量和 π 的密切空间 T_{π}^{*} 恒正交,即沿任一协调可能轨道,有

$$\sum_{i=1}^{3N}\left[\frac{\mathrm{d}}{\mathrm{d}t}\left(\frac{\partial\Phi_r}{\partial v_i}\right)-\frac{\partial\Phi_r}{\partial u_i}\right]\delta_{\mathrm{v}}u_i=0,\quad r=1,2,\cdots,L<3N.$$

证明 首先证明条件的充分性. 考虑$(\pi)_U$ 上的任一协调可能轨道,沿轨道的每一点,其虚位移都满足

$$\sum_{i=1}^{3N}\frac{\partial\Phi_r}{\partial v_i}\delta_{\mathrm{v}}u_i=0,\quad r=1,2,\cdots,L<3N.$$

对上述方程,沿协调可能轨道作时间全导数,得到

$$\sum_{i=1}^{3N}\left[\frac{\mathrm{d}}{\mathrm{d}t}\left(\frac{\partial\Phi_r}{\partial v_i}\right)\delta_{\mathrm{v}}u_i+\frac{\partial\Phi_r}{\partial v_i}\frac{\mathrm{d}}{\mathrm{d}t}(\delta_{\mathrm{v}}u_i)\right]=0.$$

根据协调性,上式成为

$$\sum_{i=1}^{3N}\left[\frac{\mathrm{d}}{\mathrm{d}t}\left(\frac{\partial\Phi_r}{\partial v_i}\right)\delta_{\mathrm{v}}u_i+\frac{\partial\Phi_r}{\partial v_i}\delta_{\mathrm{v}}v_i\right]=0.$$

如果本定理所述条件成立,即

$$\sum_{i=1}^{3N}\left[\frac{\mathrm{d}}{\mathrm{d}t}\left(\frac{\partial\Phi_r}{\partial v_i}\right)\delta_{\mathrm{v}}u_i-\frac{\partial\Phi_r}{\partial u_i}\delta_{\mathrm{v}}u_i\right]=0.$$

则沿协调可能轨道一定有

$$\sum_{i=1}^{3N}\left(\frac{\partial\Phi_r}{\partial u_i}\delta_{\mathrm{v}}u_i+\frac{\partial\Phi_r}{\partial v_i}\delta_{\mathrm{v}}v_i\right)=0.$$

显然,这证明沿协调可能轨道邻近的虚变分轨道是可能轨道. 根据判别定理 1,即可知$(\pi)_U$ 为完整约束.

以下证明条件的必要性. 若假定$(\pi)_U$ 是完整约束,根据判别定理 1,在任一协调可能轨道邻近的虚变分轨道是可能轨道,因此有

$$\sum_{i=1}^{3N}\left(\frac{\partial\Phi_r}{\partial u_i}\delta_{\mathrm{v}}u_i+\frac{\partial\Phi_r}{\partial v_i}\delta_{\mathrm{v}}v_i\right)=0,$$

即

$$\sum_{i=1}^{3N}\frac{\partial\Phi_r}{\partial u_i}\delta_{\mathrm{v}}u_i=-\sum_{i=1}^{3N}\frac{\partial\Phi_r}{\partial v_i}\delta_{\mathrm{v}}v_i$$

沿任一协调可能轨道作虚位移方程的时间全导数,可求得

$$\sum_{i=1}^{3N}\left[\frac{\mathrm{d}}{\mathrm{d}t}\left(\frac{\partial\Phi_r}{\partial v_i}\right)\delta_{\mathrm{v}}u_i+\frac{\partial\Phi_r}{\partial v_i}\delta_{\mathrm{v}}v_i\right]=0.$$

从而得到

$$\sum_{i=1}^{3N}\left[\frac{\mathrm{d}}{\mathrm{d}t}\left(\frac{\partial\Phi_r}{\partial v_i}\right)-\frac{\partial\Phi_r}{\partial u_i}\right]\delta_{\mathrm{v}}u_i=0,\quad r=1,2,\cdots,L<3N$$

这就是约束动力矢量和虚位移空间正交性成立. □

3. 状态空间一般性约束流形完整性条件的代数表达

考虑状态空间里一般性的约束流形

$$\pi:\Phi_r(\boldsymbol{u},\boldsymbol{v},t)=d_r,\quad r=1,2,\cdots,L<3N.$$

假定 π 在状态空间某一连通开区域 U 上非奇异,即矩阵$\left[\frac{\partial\Phi_r}{\partial v_s}\right]$在 U 上满秩. 记

$$\boldsymbol{A}=\begin{bmatrix}\frac{\partial\Phi_1}{\partial v_1} & \frac{\partial\Phi_1}{\partial v_2} & \cdots & \frac{\partial\Phi_1}{\partial v_{3N}}\\ \vdots & \vdots & & \vdots\\ \frac{\partial\Phi_L}{\partial v_1} & \frac{\partial\Phi_L}{\partial v_2} & \cdots & \frac{\partial\Phi_L}{\partial v_{3N}}\end{bmatrix}=\begin{bmatrix}\boldsymbol{a}_1\\ \boldsymbol{a}_2\\ \vdots\\ \boldsymbol{a}_L\end{bmatrix}.$$

在 U 上的非奇异性,即要求 rank $\boldsymbol{A}=L$. 考虑 U 上的任一协调可能轨道,有约束动力矢量

$$\boldsymbol{D}_{\Phi_r}=[\varepsilon_1(\Phi_r),\varepsilon_2(\Phi_r),\cdots,\varepsilon_{3N}(\Phi_r)]^{\mathrm{T}},\quad r=1,2,\cdots,L<3N,$$

其中

$$\varepsilon_i=\frac{\mathrm{d}}{\mathrm{d}t}\left(\frac{\partial}{\partial u_i}\right)-\frac{\partial}{\partial v_i},\quad i=1,2,\cdots,3N$$

是 Euler-Lagrange 算子.

记

$$\boldsymbol{A}_r=\begin{bmatrix}\varepsilon_1(\Phi_r),\varepsilon_2(\Phi_r),\cdots,\varepsilon_{3N}(\Phi_r)\\ \boldsymbol{A}\end{bmatrix},\quad r=1,2,\cdots,L<3N.$$

则 π 在 U 上完整的充要条件是

$$\operatorname{rank}\boldsymbol{A}_r=\operatorname{Rank}\boldsymbol{A}=L.$$

上述判别条件亦可用外代数形式来表示,记

$$\boldsymbol{D}=\begin{bmatrix}\varepsilon_1(\Phi_1) & \varepsilon_2(\Phi_1) & \cdots & \varepsilon_{3N}(\Phi_1)\\ \vdots & \vdots & & \vdots\\ \varepsilon_1(\Phi_L) & \varepsilon_2(\Phi_L) & \cdots & \varepsilon_{3N}(\Phi_L)\end{bmatrix}=\begin{bmatrix}\boldsymbol{D}_1\\ \boldsymbol{D}_2\\ \vdots\\ \boldsymbol{D}_L\end{bmatrix},$$

则$(\pi)_U$ 为完整约束的充要条件是

(1) 非奇异条件 $\boldsymbol{a}=\boldsymbol{a}_1\wedge\boldsymbol{a}_2\wedge\cdots\wedge\boldsymbol{a}_L\neq\boldsymbol{0}$.

(2) 判别条件 $\boldsymbol{D}_r\wedge\boldsymbol{a}=0,r=1,2,\cdots,L<3N$.

4. 状态空间非线性约束局部完整性与非完整性判别举例

考虑状态空间$\{[x,y,z,\dot{x},\dot{y},\dot{z}]^{\mathrm{T}}\}$中的非线性约束

$$\psi = z\dot{y}\dot{z} - z^2\dot{x}\dot{z} + 1 = 1.$$

考查约束$\psi=1$在其上状态点s_0和s_1邻近的特性，其中

$$s_0 = [x=0, y=1, z=1, \dot{x}=1, \dot{y}=0, \dot{z}=0]^{\mathrm{T}},$$

$$s_1 = [x=0, y=0, z=1, \dot{x}=1, \dot{y}=1, \dot{z}=1]^{\mathrm{T}}.$$

考虑经过被考查状态点的任一协调可能轨道，由于满足约束$\psi=1$，从而

$$\frac{\mathrm{d}\psi}{\mathrm{d}t} = \dot{y}\dot{z}^2 + z\dot{z}\ddot{y} + z\dot{y}\ddot{z} - 2z\dot{z}^2\dot{x} - z^2\dot{z}\ddot{x} - z^2\dot{x}\ddot{z} = 0.$$

计算$\mathbf{A}$，得到

$$\mathbf{A} = \left[\frac{\partial\psi}{\partial\dot{x}}, \frac{\partial\psi}{\partial\dot{y}}, \frac{\partial\psi}{\partial\dot{z}}\right] = [-z^2\dot{z}, z\dot{z}, z\dot{y} - z^2\dot{x}].$$

计算约束动力矢量

$$\varepsilon_x(\psi) = -z^2\ddot{z} - 2z\dot{z}^2,$$

$$\varepsilon_y(\psi) = z\ddot{z} + \dot{z}^2,$$

$$\varepsilon_z(\psi) = z\ddot{y} - z^2\ddot{x};$$

$$\Delta_1 = \begin{vmatrix} \varepsilon_x(\psi) & \varepsilon_y(\psi) \\ \dfrac{\partial\psi}{\partial\dot{x}} & \dfrac{\partial\psi}{\partial\dot{y}} \end{vmatrix} = -z^2\dot{z}^3,$$

$$\Delta_2 = \begin{vmatrix} \varepsilon_x(\psi) & \varepsilon_z(\psi) \\ \dfrac{\partial\psi}{\partial\dot{x}} & \dfrac{\partial\psi}{\partial\dot{z}} \end{vmatrix} = -z^3\dot{y}\ddot{z} + z^4\dot{x}\ddot{z} - 2z^2\dot{y}\dot{z}^2 + 2z^3\dot{x}\dot{z}^2 + z^3\dot{z}\ddot{y} - z^4\dot{z}\ddot{x},$$

$$\Delta_3 = \begin{vmatrix} \varepsilon_y(\psi) & \varepsilon_z(\psi) \\ \dfrac{\partial\psi}{\partial\dot{y}} & \dfrac{\partial\psi}{\partial\dot{z}} \end{vmatrix} = z^2\dot{y}\ddot{z} - z^3\dot{x}\ddot{z} + z\dot{z}^2\dot{y} - z^2\dot{x}\dot{z}^2 - z^2\dot{z}\ddot{y} + z^3\dot{z}\ddot{x}.$$

分别考查s_0, s_1的取值，有

$$\Delta_1|_{s_0} = 0, \quad \Delta_2|_{s_0} = \ddot{z}|_{s_0} = 0.$$

因此，在s_0邻近，$\psi=1$约束是完整约束. 又有

$$\Delta_1|_{s_1} = -z^2\dot{z}^3|_{s_1} = -1,$$

在s_1邻近，$\psi=1$约束是非完整约束.

§1.5　约束的力学性质

1.5.1　约束力

按 Newton 力学的观点，一切影响质点机械运动的因素都可以归结为力. 因

此,约束作用也可以归结为力.一般说来,约束肯定对受约束的质点给予了作用力.因为,如果约束不给予质点以作用力,那么质点的加速度可以按 Newton 第二定律由其他非约束作用力立即求得:

$$\boldsymbol{a}_\mu = \frac{1}{m_\mu}\boldsymbol{F}_\mu, \quad \mu = 1,2,\cdots,N. \tag{5.1}$$

这样决定的 $\boldsymbol{a}_\mu$ 一般不见得满足约束所给予的限制条件.这个条件就是 1.4.3 小节中的(4.15)式.为了迫使质点由 Newton 第二定律决定的加速度满足约束的加速度限制关系式(4.15),约束一定向质点作用了某些作用力.记这些约束的作用力为 $\boldsymbol{R}_\mu$,则质点的运动满足如下方程

$$m_\mu \ddot{\boldsymbol{r}}_\mu = \boldsymbol{F}_\mu + \boldsymbol{R}_\mu, \quad \mu = 1,2,\cdots,N. \tag{5.2}$$

对于(5.2)式这组方程,可以从两方面来说明其意义:

第一,一旦我们引入了约束的作用力 $\boldsymbol{R}_\mu$ 之后,受约束质点系的运动方程完全和自由质点的运动方程一样,不必再管约束了.这就好像约束被解除了,质点系变成自由的了.

第二,引入约束力来使受约束质点系变成自由质点系只是形式上的.因为我们并不知道 $\boldsymbol{R}_\mu$ 等于多少.我们只有根据 $\ddot{\boldsymbol{r}}_\mu$ 满足约束限制条件(4.15)式才能确定有什么样的约束力 $\boldsymbol{R}_\mu$.

但是,不管怎么说,约束给予质点以作用力来强迫质点的运动符合约束的要求,这是确定无疑的.

所有实际作用在质点上的力可以有不同的分类.内力和外力是一种分类,给定力和约束力是另一种分类,只是划分的标准不同而已.举例来看:

(1) 两质点之间有刚性约束,如图 1.12(a)所示.此时两质点之间的作用力既是内力,又是约束力.

(a) 刚性约束　　(b) 万有引力

图 1.12

(2) 两自由质点之间的万有引力,如图 1.12(b)所示.此时两质点之间作用的万有引力是内力,但由于这个作用力不是由约束提供的,因而不是约束力,而是给定力.

(3) 物理摆受到了重力的作用,如图 1.13(a)所示.此时我们认为系统仅是由物理摆构成,因而重力作用是外力.同时它也不是约束给予的,即不是约束力,是给定力.

(4) 物块在光滑斜面上运动,如图 1.13(b)所示.只考虑由物块组成系统时,斜

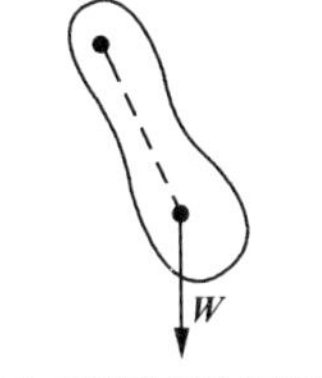

(a) 物理摆受重力的作用

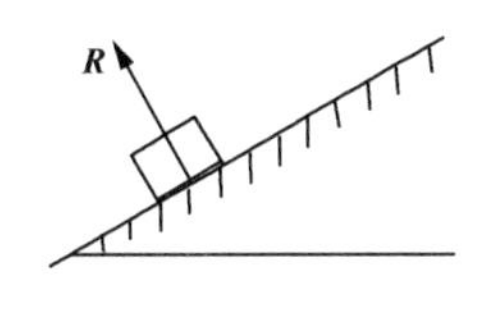

(b) 物块在光滑斜面上的运动

图 1.13

面对物块的作用力 **R** 是外力. 很明显，此力是斜面约束所提供的，它是约束力.

力的不同分类有不同的特性，也就有不同的用处. 根据 Newton 第三定律，内力的特性是在质点系内部成对出现，等值反向地作用在两质点的联线上. 由此，内力具有不改变系统总动量与总动量矩的特性. 内力对能量的作用就比较复杂，此时对力的分类就以无势和有势为好了. 对于我们研究约束系统力学来说，把力区分为内力、外力用处不大，我们需要的分类是给定力和约束力. 为了真正明确这种区分，还必须深入研究约束力的性质.

约束的实现不是纯数学的，而是通过某种物理过程来实现的. 在这个过程中，由于约束而产生的力是非常复杂的. 我们前面所给的对约束的数学描述不过是这种约束力系作用结果的某种抽象，某种理想化. 举例来说，所谓"平面上一质点约束在曲线 c' 上运动"这句话，或者"质点的坐标 (x,y) 满足 $f(x,y)=0$ 这个方程"，其力学基础是什么呢？我们用 q_1 代表沿着曲线方向的坐标，q_2 代表垂直曲线方向的坐标(如图 1.14 所示)，那么所谓约束质点沿曲线 c' 运动，其力学基础必须设想在曲线 c' 周围沿 q_2 方向有无穷大吸力梯度的力场作用. 否则任何沿 q_2 方向的约束力必须以一个相应的沿 q_2 方向的有限位移作为产生的条件，这就破坏了质点在曲线 c' 上运动的限制. 在实际当中，这个约束力场沿 q_2 方向的梯度不见得有无穷大，但只要是足够大，使得质点沿 q_2 方向的运动可以忽略不计，那么我们仍然可以使用上述的抽象. 更进一步，有时我们一方面照样使用上述对约束的数学抽象，另一方面又通过别的途径来考虑质点沿 q_2 方向运动所造成的影响. 这种影响往往可以通过估价"摩擦力"来达到. 这种估价通常表现为摩擦的实验定律的形式. 由于约束实际的作用力是如此的复杂，在我们对它作一般性研究时，简便的办法是采取分类处理：其中满足某种性质的力，我们称之为**理想约束力**，而其他的约束力，则是**非理想的约束力**. 用什么性质作为这种区分的标准呢？这就需要引入以下将要讨论的"约束力的虚功"的概念.

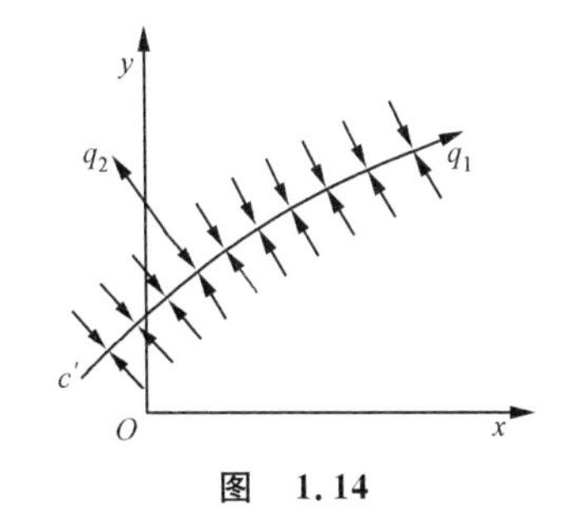

图 1.14

1.5.2　约束力的虚功

首先,我们按传统的意义来叙述这个概念.更一般性的扩充我们放在 1.5.4 小节中来引入.

假定质点系有 N 个质点,编号为 $\mu=1,2,\cdots,N$.系统受有一阶线性约束组

$$\sum_{s=1}^{3N}A_{rs}(u_1,u_2,\cdots,u_{3N},t)\dot{u}_s+A_r(u_1,u_2,\cdots,u_{3N},t)=0,$$
$$r=1,2,\cdots,L<3N.$$

考虑系统在某给定事件点,受有约束力为 $\boldsymbol{R}_1,\boldsymbol{R}_2,\cdots,\boldsymbol{R}_N$,其分量式为 $\boldsymbol{R}_1=[R_1,R_2,R_3]^{\mathrm{T}}$,$\boldsymbol{R}_2=[R_4,R_5,R_6]^{\mathrm{T}},\cdots,\boldsymbol{R}_N=[R_{3N-2},R_{3N-1},R_{3N}]^{\mathrm{T}}$,而由此事件点所决定的虚位移按质点分别写为:$\delta_{\mathrm{v}}\boldsymbol{r}_1=[\delta_{\mathrm{v}}u_1,\delta_{\mathrm{v}}u_2,\delta_{\mathrm{v}}u_3]^{\mathrm{T}}$,$\delta_{\mathrm{v}}\boldsymbol{r}_2=[\delta_{\mathrm{v}}u_4,\delta_{\mathrm{v}}u_5,\delta_{\mathrm{v}}u_6]^{\mathrm{T}},\cdots$,$\delta_{\mathrm{v}}\boldsymbol{r}_N=[\delta_{\mathrm{v}}u_{3N-2},\delta_{\mathrm{v}}u_{3N-1},\delta_{\mathrm{v}}u_{3N}]^{\mathrm{T}}$,此时,质点系**约束力的虚功**定义为:约束力系在虚位移下所作功的总和,即

$$\delta A=\sum_{\mu=1}^{N}\boldsymbol{R}_\mu\cdot\delta_{\mathrm{v}}\boldsymbol{r}_\mu=\sum_{s=1}^{3N}R_s\delta_{\mathrm{v}}u_s.\tag{5.3}$$

值得指明的,此地的记号 δA 只是约束力虚功总和的简记,并没有肯定它是某函数 A 的 δ 变分运算的含义①.

以下我们具体地讨论常见的几种约束,分析它们约束力的虚功的特征.

(1) 质点沿固定光滑的曲面运动.设约束曲面方程为

$$f(x,y,z)=0.\tag{5.4}$$

虚位移 $\delta_{\mathrm{v}}\boldsymbol{r}=[\delta x,\delta y,\delta z]^{\mathrm{T}}$ 满足

$$\frac{\partial f}{\partial x}\delta x+\frac{\partial f}{\partial y}\delta y+\frac{\delta f}{\delta z}\delta z=0.\tag{5.5}$$

因为假定约束面是光滑的,所以沿曲面任何切方向不会产生约束作用力,这就意味着约束力只可能沿曲面的法方向,即

$$\boldsymbol{R}=\lambda\left[\frac{\partial f}{\partial x},\frac{\partial f}{\partial y},\frac{\partial f}{\partial z}\right]^{\mathrm{T}}.\tag{5.6}$$

将上式代入约束力虚功的表达式(5.3),并注意到(5.5)式的虚位移方程,有

$$\delta A=\boldsymbol{R}\cdot\delta_{\mathrm{v}}\boldsymbol{r}=\lambda\left(\frac{\partial f}{\partial x}\delta x+\frac{\partial f}{\partial y}\delta y+\frac{\partial f}{\partial z}\delta z\right)=0.\tag{5.7}$$

这里的情况是约束力总是和虚位移相垂直的情况.此时有明显的结论:约束力的虚功为零.

(2) 质点约束在光滑的曲面上运动,而曲面本身随时间变化或运动.约束方

---

① 为特别指明这一点,有的资料上记虚功为 $\delta' A$.见参考文献[18].

程为

$$f(x,y,z,t)=0. \tag{5.8}$$

根据虚位移分析，$\delta_{\mathrm{v}}\boldsymbol{r}$ 是在瞬间凝固曲面的切平面上. 而根据光滑性假定，约束力在瞬间凝固曲面的切平面上无分量，亦即约束力 $\boldsymbol{R}$ 只能在瞬间凝固曲面的法方向上. 可见，这里仍然是 $\boldsymbol{R}$ 恒和 $\delta_{\mathrm{v}}\boldsymbol{r}$ 相垂直的情况，从而有

$$\delta A=\boldsymbol{R}\cdot\delta_{\mathrm{v}}\boldsymbol{r}=0.$$

只是要注意到，在这里 $\mathrm{d}\boldsymbol{r}$ 一般和 $\delta_{\mathrm{v}}\boldsymbol{r}$ 并不一致(如图 1.15 所示)，因此一般有 $\boldsymbol{R}\cdot\mathrm{d}\boldsymbol{r}\neq 0$.

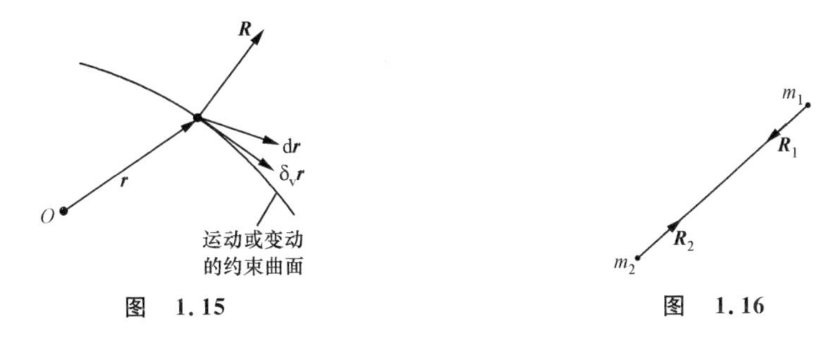

图 1.15　　图 1.16

(3) 质点约束在光滑曲线(变动或不变动)上运动的情形，可以看成是质点约束在两张光滑曲面上的运动. 这也是约束力恒和虚位移垂直的情况，故有 $\delta A=\boldsymbol{R}\cdot\delta_{\mathrm{v}}\boldsymbol{r}=0$.

(4) 刚性约束：两质点之间用轻质刚性杆连接. 设想此两质点和连杆一起作任意的运动.

如图 1.16 所示，设想质点 m_1 受刚杆作用的约束力为 $\boldsymbol{R}_1$，根据 Newton 第三定律，知刚杆受 m_1 的作用力 $\boldsymbol{N}_1=-\boldsymbol{R}_1$. 同理，质点 m_2 受约束力为 $\boldsymbol{R}_2$，刚杆受 m_2 的作用力为 $\boldsymbol{N}_2=-\boldsymbol{R}_2$. 记杆子的质量为 m，质量中心惯量张量为 I，$\boldsymbol{a}$ 为质量中心加速度，$\boldsymbol{\omega}$ 为角速度，$\boldsymbol{L}$ 为对杆子作用力对质量中心的力矩. 由动力学基本定理，得到

$$m\boldsymbol{a}=\boldsymbol{N}_1+\boldsymbol{N}_2,\quad \frac{\mathrm{d}}{\mathrm{d}t}[\boldsymbol{I}\boldsymbol{\omega}]=\boldsymbol{L}. \tag{5.9}$$

由于假定杆子是轻质杆，则 $m=0$，$I=0$，从而有

$$\boldsymbol{N}_1+\boldsymbol{N}_2=\boldsymbol{0},\quad \boldsymbol{L}=\boldsymbol{0}. \tag{5.10}$$

由此不难断定，约束力 $\boldsymbol{R}_1$，$\boldsymbol{R}_2$ 满足 $\boldsymbol{R}_1+\boldsymbol{R}_2=\boldsymbol{0}$，且都沿着杆子的轴向. 从而

$$\boldsymbol{R}_1=-\boldsymbol{R}_2=\lambda(\boldsymbol{r}_1-\boldsymbol{r}_2). \tag{5.11}$$

现在求约束力的虚功

$$\begin{aligned}\delta A&=\boldsymbol{R}_1\cdot\delta_{\mathrm{v}}\boldsymbol{r}_1+\boldsymbol{R}_2\cdot\delta_{\mathrm{v}}\boldsymbol{r}_2=\boldsymbol{R}_1\cdot(\delta_{\mathrm{v}}\boldsymbol{r}_1-\delta_{\mathrm{v}}\boldsymbol{r}_2)\\&=\lambda(\boldsymbol{r}_1-\boldsymbol{r}_2)\cdot\delta_{\mathrm{v}}(\boldsymbol{r}_1-\boldsymbol{r}_2)=\frac{\lambda}{2}\delta_{\mathrm{v}}(\boldsymbol{r}_1-\boldsymbol{r}_2)^2.\end{aligned} \tag{5.12}$$

根据约束的刚性假定，有$(\boldsymbol{r}_1-\boldsymbol{r}_2)^2=\text{const.}$，于是有

$$\delta A = 0. \tag{5.13}$$

应该注意此时的特点：

a. 每个质点所受的约束力和自身的虚位移方向并不一定保持垂直；

b. 每一个质点的约束力虚功并不等于零，但整个约束力系的总虚功则恒为零.

(5) 自由刚体. 这是上述刚性约束的组合，因此恒有

$$\delta A = 0.$$

(6) 两个以光滑的点铰约束在一起的刚体，如图 1.17 所示. 由于约束是光滑的点铰，所以两个刚体之间只有约束力相互作用，而无约束力矩作用. 记体 1 受到的约束力为 $\boldsymbol{R}_1$，体 2 受到的约束力为 $\boldsymbol{R}_2$，根据 Newton 第三定律，有

$$\boldsymbol{R}_1 + \boldsymbol{R}_2 = \boldsymbol{0}.$$

又根据点铰的性质，两体上的约束力作用点不能分开，故 $\delta_v\boldsymbol{r}_1=\delta_v\boldsymbol{r}_2$，从而

$$\delta A = \boldsymbol{R}_1 \cdot \delta_v\boldsymbol{r}_1 + \boldsymbol{R}_2 \cdot \delta_v\boldsymbol{r}_2 = (\boldsymbol{R}_1 + \boldsymbol{R}_2) \cdot \delta_v\boldsymbol{r}_1 = 0.$$

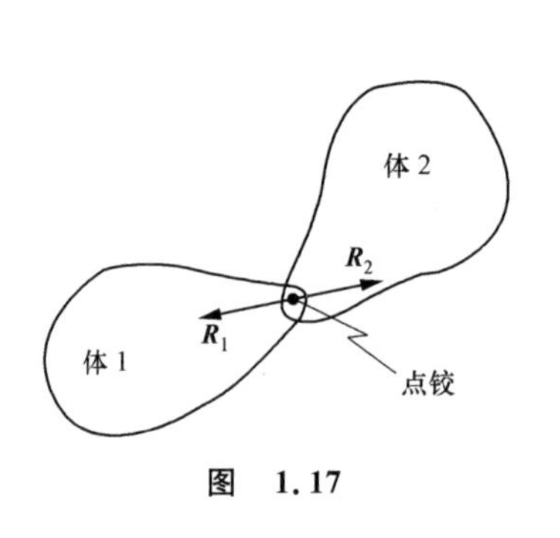

图 1.17

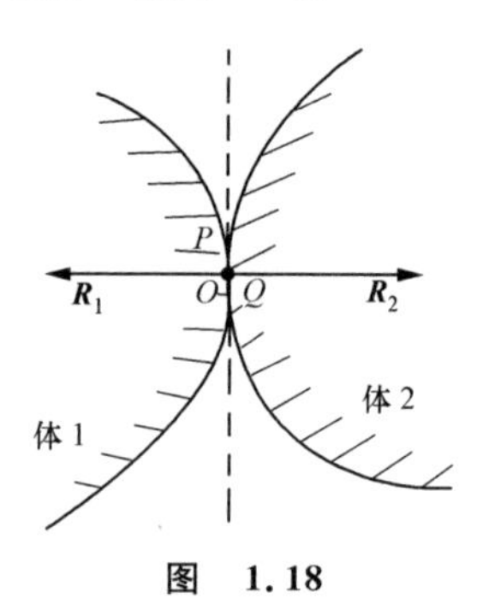

图 1.18

(7) 两刚体以光滑表面保持点接触而运动. 对这种约束可参见图 1.18，并作如下分析：

a. 由于点接触，相互限制的约束力只是通过接触点对(P,Q)的相互作用力而无力矩. 由于接触面光滑，所以在接触点的切平面方向不产生约束作用力. 再考虑到 Newton 第三定律，就得到约束力 $\boldsymbol{R}_1$，$\boldsymbol{R}_2$ 的性质是：大小相等，方向相反，并和接触面垂直.

b. 记体 1 的接触点为 P，体 2 的接触点为 Q，并记 $\overrightarrow{OP}=\boldsymbol{r}_1$，$\overrightarrow{OQ}=\boldsymbol{r}_2$，由于两物体为刚性并保持接触，所以接触点 P，Q 的任何一组可能位移 $\mathrm{d}\boldsymbol{r}_1$，$\mathrm{d}\boldsymbol{r}_2$ 在接触面法方向分量必相等，亦即 $\mathrm{d}\boldsymbol{r}_1-\mathrm{d}\boldsymbol{r}_2$ 必在接触点切平面上. 由此得到

$$\begin{aligned}\delta A &= \boldsymbol{R}_1 \cdot \delta_v\boldsymbol{r}_1 + \boldsymbol{R}_2 \cdot \delta_v\boldsymbol{r}_2 = \boldsymbol{R}_1 \cdot (\delta_v\boldsymbol{r}_1 - \delta_v\boldsymbol{r}_2)\\ &= \boldsymbol{R}_1 \cdot [(\mathrm{d}\boldsymbol{r}_1' - \mathrm{d}\boldsymbol{r}_2') - (\mathrm{d}\boldsymbol{r}_1'' - \mathrm{d}\boldsymbol{r}_2'')] = 0.\end{aligned}$$

应该注意到，此时 $\delta_v\boldsymbol{r}_1$，$\delta_v\boldsymbol{r}_2$ 本身并不一定沿接触点切平面方向，亦即 $\boldsymbol{R}_1 \cdot \delta_v\boldsymbol{r}_1$ 和

$\boldsymbol{R}_2 \cdot \delta_v \boldsymbol{r}_2$ 并不一定等于零.

(8) 两刚体以完全粗糙的表面接触而运动. 参见图 1.19 所示,此时约束力就是两刚体的相互作用力,所以有 $\boldsymbol{R}_1 + \boldsymbol{R}_2 = \boldsymbol{0}$,但方向没有限制[1]. 因为接触面完全粗糙,所以法向相对速度 $v_1 - v_2 = 0$,亦即接触点 P 与 Q 的任何一组可能位移之差必等于零. 从而

$$\begin{aligned}\delta_v \boldsymbol{r}_1 - \delta_v \boldsymbol{r}_2 &= (\mathrm{d}\boldsymbol{r}_1' - \mathrm{d}\boldsymbol{r}_1'') - (\mathrm{d}\boldsymbol{r}_2' - \mathrm{d}\boldsymbol{r}_2'') \\ &= (\mathrm{d}\boldsymbol{r}_1' - \mathrm{d}\boldsymbol{r}_2') - (\mathrm{d}\boldsymbol{r}_1'' - \mathrm{d}\boldsymbol{r}_2'') = 0.\end{aligned}$$

于是有

$$\delta A = \boldsymbol{R}_1 \cdot \delta_v \boldsymbol{r}_1 + \boldsymbol{R}_2 \cdot \delta_v \boldsymbol{r}_2 = \boldsymbol{R}_1 \cdot (\delta_v \boldsymbol{r}_1 - \delta_v \boldsymbol{r}_2) = 0.$$

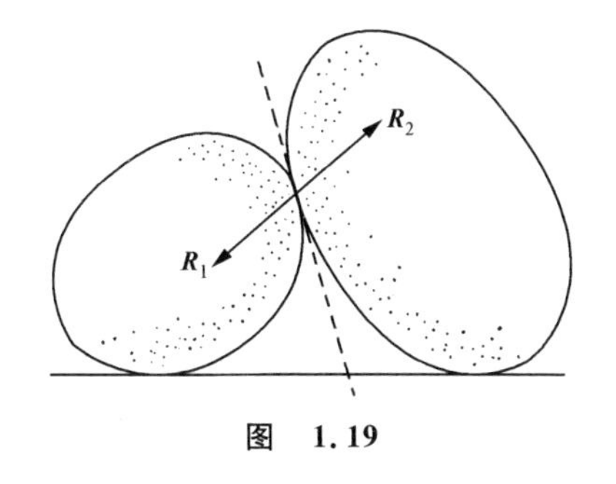

图 1.19

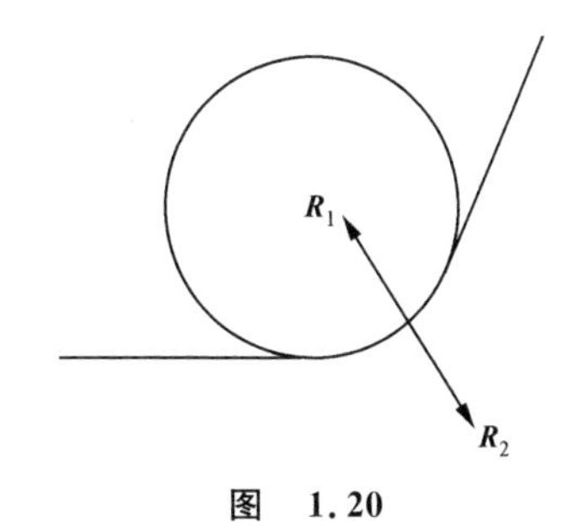

图 1.20

(9) 紧张且不可伸长的柔索形成的约束. 考虑两种情况:

a. 用柔索拴住质点或刚体. 在柔索紧张而不可伸长的条件下,此种情况和两刚体以点铰联结的情形一致,故应有 $\delta A = 0$.

b. 柔索紧贴光滑刚体表面,如图 1.20 所示. 试考虑接触的任意一处. 约束力为绳索和刚体的相互作用力,有

$$\boldsymbol{R}_1 + \boldsymbol{R}_2 = \boldsymbol{0}.$$

又因为光滑,$\boldsymbol{R}_1$,$\boldsymbol{R}_2$ 均应和接触面垂直. 又 $\mathrm{d}\boldsymbol{r}_1 - \mathrm{d}\boldsymbol{r}_2$ 只能在接触点切平面上,从而 $\delta_v \boldsymbol{r}_1 - \delta_v \boldsymbol{r}_2$ 也只能在接触点切平面上. 于是有

$$\delta A = \boldsymbol{R}_1 \cdot \delta_v \boldsymbol{r}_1 + \boldsymbol{R}_2 \cdot \delta_v \boldsymbol{r}_2 = \boldsymbol{R}_1 \cdot [\delta_v \boldsymbol{r}_1 - \delta_v \boldsymbol{r}_2] = 0.$$

1.5.3　理想约束假定

根据以上对典型约束的约束力虚功的分析,我们可以引入传统意义下的理想约束假定:

考虑由 N 个质点组成的质点系,Descartes 位形变量为 $u_1, u_2, \cdots, u_{3N}$. 假定系统上有一阶线性约束组

---

① 这一说法实际是一个理想化的假定. 按照这一说法,两刚体之间必须绝对坚硬,保持点接触,不会有力矩效应影响它们相互自旋或滚动. 但实际上,并不能绝对如此.

$$\sum_{s=1}^{3N} A_{rs}(u_1, u_2, \cdots, u_{3N}, t)\dot{u}_s + A_r(u_1, u_2, \cdots, u_{3N}, t) = 0,$$
$$r = 1,2,\cdots,L < 3N.$$

由于上约束组的存在,在质点系上形成了约束力 $\boldsymbol{R}_1=[R_1, R_2, \cdots, R_3]^{\mathrm{T}}$, $\boldsymbol{R}_2=[R_4, R_5, R_6]^{\mathrm{T}}$, $\cdots$, $\boldsymbol{R}_N=[R_{3N-2}, R_{3N-1}, R_{3N}]^{\mathrm{T}}$,约束的虚位移为 $\delta_{\mathrm{v}}\boldsymbol{r}_1, \delta_{\mathrm{v}}\boldsymbol{r}_2, \cdots, \delta_{\mathrm{v}}\boldsymbol{r}_N$. 若恒有

$$\delta A = \sum_{\mu=1}^{N} \boldsymbol{R}_\mu \cdot \delta_{\mathrm{v}}\boldsymbol{r}_\mu = \sum_{s=1}^{3N} R_s \delta_{\mathrm{v}} u_s = 0, \tag{5.14}$$

则称此约束组为**理想约束**. 显然,上一小节分析的常见约束都是理想约束. 这也说明,引入理想约束假定并不是凭空假想的,而是从实际约束的主要因素中抽象出来的. 但是,作为理想约束的物理基础,如光滑性、刚性、不可伸长性等等都只是一种理想化,并不能完全做到. 因此,进一步我们也可以把理想约束假定看成是对作用在质点系上的力的一种分类: 符合理想约束假定的力系称为**理想力系**,不符合者都归入**非理想力系**. 按照这个原则,在理想力系中,既可以有真正的约束力,也可以有符合假定的原给定力. 在非理想力系中,既可以有原来的给定力,也可以有不符合假定的非理想约束力.

1.5.4 约束力在微变空间上的作用

为了处理一般性的一阶约束,我们可以扩充前面引进的“约束力虚功”及“理想约束假定”这两个重要概念.

假定系统受有一般性的一阶约束

$$\Phi_r(u_1, u_2, \cdots, u_{3N}, \dot{u}_1, \dot{u}_2, \cdots, \dot{u}_{3N}, t) = 0,$$
$$r = 1,2,\cdots,L < 3N. \tag{5.15}$$

它有约束的微变线性空间 ε: $\boldsymbol{\delta}=[\delta_1, \delta_2, \cdots, \delta_{3N}]^{\mathrm{T}}$,其限制方程为

$$\sum_{s=1}^{3N} \frac{\partial \Phi_r}{\partial \dot{u}_s}\delta_s = 0, \quad r = 1,2,\cdots,L < 3N. \tag{5.16}$$

所谓**约束力在微变空间 ε 上的作用**定义为

$$\delta W = \sum_{s=1}^{3N} R_s \delta_s. \tag{5.17}$$

理想约束假定为: 如果约束满足

$$\delta W \equiv 0, \tag{5.18}$$

则被称为理想约束. 这个假定的几何意义是,理想约束力向量 $\boldsymbol{R}=[R_1, R_2, \cdots, R_{3N}]^{\mathrm{T}}$ 总是和约束微变空间 ε 的元素 $\boldsymbol{\delta}=[\delta_1, \delta_2, \cdots, \delta_{3N}]^{\mathrm{T}}$ 相直交.

同 1.5.3 小节中所说的一样,条件 $\delta W\equiv 0$ 仍然可以看做是对作用力系的一种分类标准.

在研究高阶约束的系统时，只要我们将约束组微变空间的概念按 1.4.5 小节所述推广到高阶约束组，那么这里所引进的“约束力在微变空间 ε 上的作用”、“理想约束假定”以及下一小节关于理想约束力的定理都仍旧成立.

在这里必须说明，上述“理想约束假定”是一个约束力学性质独立的假定，而不是从任何理论推出的结果. 根据历史，它可以称为 **Gauss-Appell-Четаев 假定**. 它的成立既不是 Newton 力学原理的逻辑结果，也不是约束数学条件的逻辑结果. 它是根据某些实验概括加以承认的独立的假定. 如果仅从两个无可怀疑的论据出发：(1) Newton 体系的力学规律成立；(2) 力学系统运动时，其状态应满足约束规定的约束数学方程，即约束数学方程是刚性的，我们可以证明，满足以上两个要求的约束力方案可以有多种，不是仅有以上“理想约束假定”导出的唯一的一种. 根据某种原因，在以上可能的约束力方案中选择一种，并将约束力表达成为系统状态和约束数学条件确定的表达式，我们可称之为**约束的力学本构特性**. 确定约束的力学本构特性，这是一个需要深入研究的专门课题. 在 4.1.6 小节中我们将继续这一课题的讨论.

1.5.5 理想约束下的约束力，Lagrange 乘子

考虑某质点系，由 N 个质点组成. 受有 L 个独立的一阶约束. 约束的微变线性空间 ε 的元素为 $\boldsymbol{\delta}=[\delta_1,\delta_2,\cdots,\delta_{3N}]^{\mathrm{T}}$，其限制方程为

$$\sum_{s=1}^{3N} A_{rs}\delta_s = 0,\quad r=1,2,\cdots,L<3N. \tag{5.19}$$

定理 对于上述系统，约束是理想的充要条件是：系统的约束力 $\boldsymbol{R}=[R_1,R_2,\cdots,R_{3N}]^{\mathrm{T}}$ 可以表达为

$$R_s = \sum_{r=1}^{L} \lambda_r A_{rs},\quad s=1,2,\cdots,3N. \tag{5.20}$$

其中 $\lambda_1,\lambda_2,\cdots,\lambda_L$ 是对应每个约束的乘子，称为**约束的 Lagrange 乘子**.

证明 先证明条件(5.20)的充分性. 假定(5.20)式成立，则

$$\delta W = \sum_{s=1}^{3N} R_s\delta_s = \sum_{s=1}^{3N}\Big(\sum_{r=1}^{L}\lambda_r A_{rs}\Big)\delta_s = \sum_{r=1}^{L}\lambda_r\Big(\sum_{s=1}^{3N} A_{rs}\delta_s\Big). \tag{5.21}$$

注意微变空间 ε 的限制方程(5.19)式，立即得到

$$\delta W \equiv 0.$$

再证必要性. 根据约束的独立性，知方程组(5.19)的系数矩阵缺秩为零. 不失一般性，可以假定

$$D = \begin{vmatrix} A_{11} & A_{12} & \cdots & A_{1L} \\ A_{21} & A_{22} & \cdots & A_{2L} \\ \vdots & \vdots & & \vdots \\ A_{L1} & A_{L2} & \cdots & A_{LL} \end{vmatrix} \neq 0. \tag{5.22}$$

这样,由方程(5.19)可以解出 $\delta_1,\delta_2,\cdots,\delta_L$,使它表达为 $\delta_{L+1},\delta_{L+2},\cdots,\delta_{3N}$ 的组合.这样,$\delta_{L+1},\delta_{L+2},\cdots,\delta_{3N}$ 是独立的了.

现假定约束是理想的,亦即假定恒有

$$\delta W = \sum_{s=1}^{3N} R_s \delta_s = 0. \tag{5.23}$$

对于方程组(5.19)的每一个方程乘以一个未定乘子 λ_r,然后与(5.23)式组合,即可得

$$\sum_{s=1}^{3N}\left(-R_s + \sum_{r=1}^{L} A_{rs}\lambda_r\right)\delta_s = 0. \tag{5.24}$$

注意到,方程(5.24)对任意的 L 个乘子都应该成立.现在这样来选择乘子 $\lambda_1,\lambda_2,\cdots,\lambda_L$,使

$$\begin{cases} -R_1 + \sum\limits_{r=1}^{L} A_{r1}\lambda_r = -R_1 + A_{11}\lambda_1 + A_{21}\lambda_2 + \cdots + A_{L1}\lambda_L = 0, \\ -R_2 + \sum\limits_{r=1}^{L} A_{r2}\lambda_r = -R_2 + A_{12}\lambda_1 + A_{22}\lambda_2 + \cdots + A_{L2}\lambda_L = 0, \\ \cdots\cdots\cdots\cdots\cdots\cdots\cdots\cdots\cdots\cdots\cdots\cdots \\ -R_L + \sum\limits_{r=1}^{L} A_{rL}\lambda_r = -R_L + A_{1L}\lambda_1 + A_{2L}\lambda_2 + \cdots + A_{LL}\lambda_L = 0. \end{cases} \tag{5.25}$$

由于方程(5.25)对未定乘子 $\lambda_1,\lambda_2,\cdots,\lambda_L$ 的系数行列式 $D\neq 0$,因此这样的 $\lambda_1,\lambda_2,\cdots,\lambda_L$ 一定能够选到.对于这样决定的 L 个乘子,即 Lagrange 乘子来说,显然有

$$R_s = \sum_{r=1}^{L} \lambda_r A_{rs}, \quad s = 1,2,\cdots,L. \tag{5.26}$$

于是,(5.24)式成为

$$\sum_{s=L+1}^{3N}\left(-R_s + \sum_{r=1}^{L} \lambda_r A_{rs}\right)\delta_s = 0. \tag{5.27}$$

由于 $\delta_{L+1},\delta_{L+2},\cdots,\delta_{3N}$ 都是独立的,而方程(5.27)对任意选择的 $\delta_{L+1},\delta_{L+2},\cdots,\delta_{3N}$ 都应该成立,故一定有

$$R_s = \sum_{r=1}^{L} \lambda_r A_{rs}, \quad s = L+1, L+2,\cdots,3N. \tag{5.28}$$

(5.26)与(5.28)式合并在一起,就是(5.20)式.定理证毕. □

实际上,理想约束力的表达式(5.20)可以推广到任意的理想力系.就是说,作用在质点系上的任何力系 $\boldsymbol{R}^* = [R_1^*, R_2^*, \cdots, R_{3N}^*]^{\mathrm{T}}$ 是理想力系的充要条件为

$$R_s^* = \sum_{r=1}^{L} \lambda_r^* A_{rs}, \quad s = 1,2,\cdots,3N.$$

1.5.6 非理想约束的约束力

理想约束是实际约束的某种简单化.虽然这种简单化在不少的约束中是可用

的，但若仔细地考察起来，实际的约束却都是非理想的. 处理这种非理想约束的办法是：把约束力分为两部分：一部分是符合理想约束假定的，称为**理想约束力部分**；另一部分是不符合理想约束假定的，称为**非理想约束力部分**. 我们可以记理想约束力部分为$[R_1,R_2,\cdots,R_{3N}]^{\mathrm{T}}$，记非理想约束力部分为$[\widetilde{R}_1,\widetilde{R}_2,\cdots,\widetilde{R}_{3N}]^{\mathrm{T}}$.

约束力$[\widetilde{R}_1,\widetilde{R}_2,\cdots,\widetilde{R}_{3N}]^{\mathrm{T}}$虽然是非理想的，但往往却是理想约束力部分的函数. 举例而论，这就好像 Coulomb 摩擦定律所指出的，摩擦力（它是非理想约束力）是由正压力（它是理想约束力）所决定的. 因此，我们常作假定

$$\widetilde{R}_s = \Psi_s(R_1,R_2,\cdots,R_{3N}),\quad s=1,2,\cdots,3N. \tag{5.29}$$

对于理想约束力$[R_1,R_2,\cdots,R_{3N}]^{\mathrm{T}}$，根据已经证明的定理，可以用 Lagrange 乘子来表达，因此有

$$\widetilde{R}_s = \Psi_s\Big(\sum_{r=1}^{L}A_{r1}\lambda_r,\sum_{r=1}^{L}A_{r2}\lambda_r,\cdots,\sum_{r=1}^{L}A_{r,3N}\lambda_r\Big),\quad s=1,2,\cdots,3N, \tag{5.30}$$

其中A_{rs}是约束微变空间的限制方程系数.

1.5.7　第一类 Lagrange 方程

把 Newton 动力学定律和约束方程这两个独立的因素结合起来，建立“受约束系统”的动力学方程，其最直接的形式就是第一类 Lagrange 方程. 它也是我们对约束的力学性质分析结果的应用. 这种动力学方程的优点是不必区分约束的完整与非完整性，可以统一处理；缺点是未知量的数目和相应的方程数目不但不因约束而减少，反而因约束而增加了，这对求解来说是不利的.

考虑一个由 N 个质点组成的质点系. 假定已知质点系受有给定力$[F_1,F_2,\cdots,F_{3N}]^{\mathrm{T}}$，已知质点系受的约束为一阶约束组①

$$\Phi_r(u_1,u_2,\cdots,u_{3N},\dot{u}_1,\dot{u}_2,\cdots,\dot{u}_{3N},t)=0,\quad r=1,2,\cdots,L<3N. \tag{5.31}$$

根据前面的分析，作用在质点系上的力除给定力外，还有理想约束力$[R_1,R_2,\cdots,R_{3N}]^{\mathrm{T}}$和非理想约束力$[\widetilde{R}_1,\widetilde{R}_2,\cdots,\widetilde{R}_{3N}]^{\mathrm{T}}$. 在假定产生位形$[u_1,u_2,\cdots,u_{3N}]^{\mathrm{T}}$的 Descartes 空间为惯性空间的条件下，我们有

$$m_s\ddot{u}_s = F_s + R_s + \widetilde{R}_s,\quad s=1,2,\cdots,3N. \tag{5.32}$$

将理想约束力的表达式(5.20)和非理想约束力的表达式(5.30)代入上式，立即得到

$$m_s\ddot{u}_s = F_s + \sum_{r=1}^{L}A_{rs}\lambda_r + \Psi_s\Big(\sum_{r=1}^{L}A_{r1}\lambda_r,\cdots,\sum_{r=1}^{L}A_{r,3N}\lambda_r\Big),$$
$$s=1,2,\cdots,3N. \tag{5.33}$$

(5.33)式共 $3N$ 个方程. 由于约束而引进的 L 个 Lagrange 乘子，多出了 L 个未知

① 注意 1.2.1 小节中声明的几何约束和其微商形式之间等价关系所需补足的条件.

量.这可由 L 个独立的约束方程(5.31)来补足.这样,方程(5.33)和(5.31)合在一起,就构成了约束系统的封闭动力学方程组,称之为**第一类 Lagrange 方程**.

作为用第一类 Lagrange 方程解决问题的例子,我们来考虑一个非完整问题——斜冰面上冰刀简化模型的动力学.假定将冰刀抽象为以刚性轻杆相连的两个质点,并设两质点质量相等.轻杆长度为 l.当冰刀在斜冰面上运动时,受有非完整约束:杆中点的速度只能沿着杆子方向.

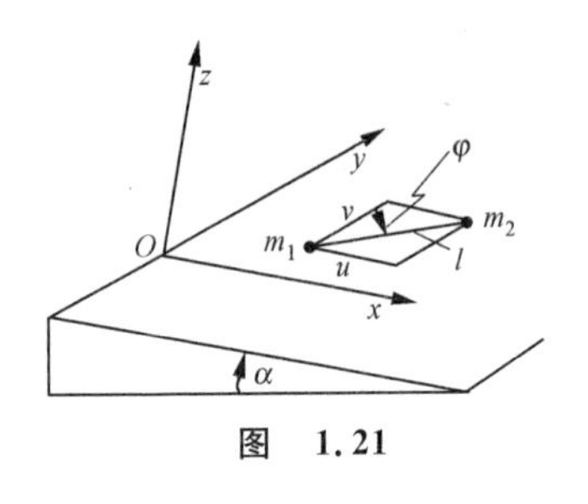

图　1.21

取斜冰面的坐标系为 $Oxyz$,其中 Oz 垂直冰面,Oy 水平.冰面的倾角记为 α,如图1.21所示.

根据简化模型假定,$m_1=m_2=m$,m_1 的坐标为 (x_1,y_1),m_2 的坐标为 (x_2,y_2),系统的位形为

$$[u_1,u_2,u_3,u_4]^{\mathrm{T}}=[x_1,y_1,x_2,y_2]^{\mathrm{T}}.$$

冰刀简化模型运动的约束条件为:完整约束

$$f_1=\frac{1}{2}[(x_2-x_1)^2+(y_2-y_1)^2-l^2]=0;$$

非完整约束

$$f_2=(x_2-x_1)(\dot{y}_1+\dot{y}_2)-(y_2-y_1)(\dot{x}_1+\dot{x}_2)=0.$$

注意到 $f_1=0$ 是零阶约束,$f_2=0$ 是一阶约束,因此微变空间限制方程的系数阵为

$$\begin{aligned}[A_{rs}]&=\begin{bmatrix}A_{11} & A_{12} & A_{13} & A_{14}\\ A_{21} & A_{22} & A_{23} & A_{24}\end{bmatrix}\\ &=\begin{bmatrix}\partial f_1/\partial x_1 & \partial f_1/\partial y_1 & \partial f_1/\partial x_2 & \partial f_1/\partial y_2\\ \partial f_2/\partial \dot{x}_1 & \partial f_2/\partial \dot{y}_1 & \partial f_2/\partial \dot{x}_2 & \partial f_2/\partial \dot{y}_2\end{bmatrix}\\ &=\begin{bmatrix}-(x_2-x_1) & -(y_2-y_1) & x_2-x_1 & y_2-y_1\\ -(y_2-y_1) & x_2-x_1 & -(y_2-y_1) & x_2-x_1\end{bmatrix}.\end{aligned}$$

给定力是质点所受重力沿冰面的分量.从而有

$$[F_1,F_2,F_3,F_4]^{\mathrm{T}}=[mg\sin\alpha,0,mg\sin\alpha,0]^{\mathrm{T}}.$$

对约束方程 $f_1=0$ 引入乘子 λ,对 $f_2=0$ 引入另一个乘子 μ,按(5.33)式可建立系统的第一类 Lagrange 方程

$$m\ddot{x}_1=mg\sin\alpha-\lambda(x_2-x_1)-\mu(y_2-y_1),\tag{5.34}$$

$$m\ddot{y}_1=-\lambda(y_2-y_1)+\mu(x_2-x_1),\tag{5.35}$$

$$m\ddot{x}_2=mg\sin\alpha+\lambda(x_2-x_1)-(y_2-y_1),\tag{5.36}$$

$$m\ddot{y}_2=\lambda(y_2-y_1)+\mu(x_2-x_1),\tag{5.37}$$

$$f_1=0,\tag{5.38}$$

$$f_2=0.\tag{5.39}$$

对于这个非完整系统,我们仍然能得到绕质心角动量守恒的结果.为此从方程

(5.34)和(5.35)中可解得

$$\lambda = \frac{mg\sin\alpha}{l^2}(x_2 - x_1) - \frac{m}{l^2}[(x_2 - x_1)\ddot{x}_1 + (y_2 - y_1)\ddot{y}_1],$$

$$\mu = \frac{mg\sin\alpha}{l^2}(y_2 - y_1) + \frac{m}{l^2}[(x_2 - x_1)\ddot{y}_1 - (y_2 - y_1)\ddot{x}_1].$$

从方程(5.36)和(5.37)又可解得

$$\lambda = -\frac{mg\sin\alpha}{l^2}(x_2 - x_1) + \frac{m}{l^2}[(x_2 - x_1)\ddot{x}_2 + (y_2 - y_1)\ddot{y}_2],$$

$$\mu = \frac{mg\sin\alpha}{l^2}(y_2 - y_1) + \frac{m}{l^2}[(x_2 - x_1)\ddot{y}_2 - (y_2 - y_1)\ddot{x}_2].$$

于是可以得到消去λ,μ的方程如下：

$$2g(x_2 - x_1)\sin\alpha = (x_2 - x_1)(\ddot{x}_1 + \ddot{x}_2) + (y_2 - y_1)(\ddot{y}_1 + \ddot{y}_2), \tag{5.40}$$

$$(x_2 - x_1)(\ddot{y}_2 - \ddot{y}_1) - (y_2 - y_1)(\ddot{x}_2 - \ddot{x}_1) = 0. \tag{5.41}$$

如图 1.21 所示，引入

$$x_2 - x_1 = u, \quad y_2 - y_1 = v,$$

显然有

$$u = l\sin\varphi, \quad v = l\cos\varphi.$$

将以上关系式代入方程(5.41)，即得

$$\ddot{\varphi} = 0;$$

积分一次，得到

$$\dot{\varphi} = \omega = \text{const.}.$$

这就是说，冰刀绕质心转动的角动量守恒. 再积分一次，得到

$$\varphi = \omega t + \theta_0, \quad \theta_0 = \text{const.}.$$

于是有

$$u = l\sin(\omega t + \theta_0), \quad v = l\cos(\omega t + \theta_0).$$

冰刀的运动可进一步求解如下：

注意到方程(5.40)可改写成为

$$2gu\sin\alpha = u\frac{\mathrm{d}}{\mathrm{d}t}(\dot{x}_1 + \dot{x}_2) + v\frac{\mathrm{d}}{\mathrm{d}t}(\dot{y}_1 + \dot{y}_2). \tag{5.42}$$

再由约束方程 $f_2 = 0$ 得到

$$(\dot{y}_1 + \dot{y}_2)/v = (\dot{x}_1 + \dot{x}_2)/u = K,$$

亦即

$$\dot{y}_1 + \dot{y}_2 = Kv = Kl\cos\varphi, \quad \dot{x}_1 + \dot{x}_2 = Ku = Kl\sin\varphi.$$

将上式代入方程(5.42)，得到

$$(u^2 + v^2)\frac{\mathrm{d}K}{\mathrm{d}t} = 2gu\sin\alpha,$$

即

$$\frac{\mathrm{d}K}{\mathrm{d}t}=\frac{2g\sin\alpha}{l^2}u=\frac{2g\sin\alpha}{l}\sin(\omega t+\theta_0).$$

积分之,得到

$$K=-2g(l\omega)^{-1}\sin\alpha\cos(\omega t+\theta_0)+\delta_0,$$

其中 δ_0 也是积分常数. 于是求得

$$\dot{x}_1+\dot{x}_2=Ku=[-2g(l\omega)^{-1}\sin\alpha\cos(\omega t+\theta_0)+\delta_0]l\sin(\omega t+\theta_0),$$

$$\dot{y}_1+\dot{y}_2=Kv=[-2g(l\omega)^{-1}\sin\alpha\cos(\omega t+\theta_0)+\delta_0]l\cos(\omega t+\theta_0).$$

积分之,得到

$$x_1+x_2=g\omega^{-2}\sin\alpha\cos^2(\omega t+\theta_0)-l\omega^{-1}\delta_0\cos(\omega t+\theta_0)+\varepsilon_0,$$

$$y_1+y_2=-\frac{2g\sin\alpha}{\omega^2}\left[\frac{\omega t+\theta_0}{2}+\frac{\sin(\omega t+\theta_0)\cos(\omega t+\theta_0)}{2}\right]+l\omega^{-1}\delta_0\sin(\omega t+\theta_0)+\eta_0,$$

其中 ε_0,η_0 是积分常数. 再注意到

$$x_2-x_1=u=l\sin(\omega t+\theta_0),\quad y_2-y_1=v=l\cos(\omega t+\theta_0),$$

可立即求出 x_1,x_2,y_1,y_2 的表达式.

1.5.8 平衡问题

利用第一类 Lagrange 方程还可以解决受约束系统的平衡问题. 所谓平衡问题,可以有两种不同的提法.

1. 平衡问题的第一种提法

认为平衡就是静态. 这种平衡我们可以特别称之为**静态平衡**. 寻求系统静态平衡及其成立的条件是静力学. 用公式来表达,这种平衡就是质点组的静态解

$$u_1=u_1^0=\text{const.},\quad u_2=u_2^0=\text{const.},\quad \cdots,\quad u_{3N}=u_{3N}^0=\text{const.}. \tag{5.43}$$

为了上述解能够成立,根据运动微分方程解的存在唯一性,其充要条件是

(1) 初始条件应为

$$u_1|_{t=0}=u_1^0,\quad u_2|_{t=0}=u_2^0,\quad \cdots,\quad u_{3N}|_{t=0}=u_{3N}^0; \tag{5.44}$$

$$\dot{u}_1|_{t=0}=0,\quad \dot{u}_2|_{t=0}=0,\quad \cdots,\quad \dot{u}_{3N}|_{t=0}=0. \tag{5.45}$$

(2) 以静态解(5.43)代入第一类 Lagrange 方程,均应满足,即有

$$\Phi_r(u_1^0,\cdots,u_{3N}^0,0,\cdots,0,t)=0^{①},\quad r=1,2,\cdots,L<3N; \tag{5.46}$$

$$F_s+\sum_{r=1}^{L}A_{rs}\lambda_r+\Psi_s=0,\quad s=1,2,\cdots,3N. \tag{5.47}$$

---

① 见 1.5.7 小节中的注.

以上条件中,(5.44),(5.45),(5.46)式是表示初始状态应为静止,且满足约束方程.条件(5.47)则称为**平衡条件**.如果将(5.47)式改写为

$$F_s+\Psi_s=-\sum_{r=1}^{L}A_{rs}\lambda_r,\quad s=1,2,\cdots,3N. \tag{5.48}$$

根据1.5.5小节中已经证明的定理立即知道,平衡条件的成立等价于要求$[F_1+\Psi_1,F_2+\Psi_2,\cdots,F_{3N}+\Psi_{3N}]^{\mathrm{T}}$为理想力系,亦即有

$$\sum_{s=1}^{3N}(F_s+\Psi_s)\delta_s=0. \tag{5.49}$$

如果约束是理想的,那么条件(5.49)可以简化为

$$\sum_{s=1}^{3N}F_s\delta_s=0. \tag{5.50}$$

条件(5.50)表达了通常的所谓**虚功原理**:在条件(5.44),(5.45),(5.46)成立的前提下,满足"给定力系总虚功为零"乃是理想约束系统静态平衡成立的充要条件.

例 长$2a$的轻杆,一端有质量m_1,约束在位于垂直面上的光滑的1/4圆环上.杆的中点另有一质量m_2,杆的下端约束在离环心距离为h的光滑水平面上.整个系统如图1.22所示.求杆的静态平衡位置.

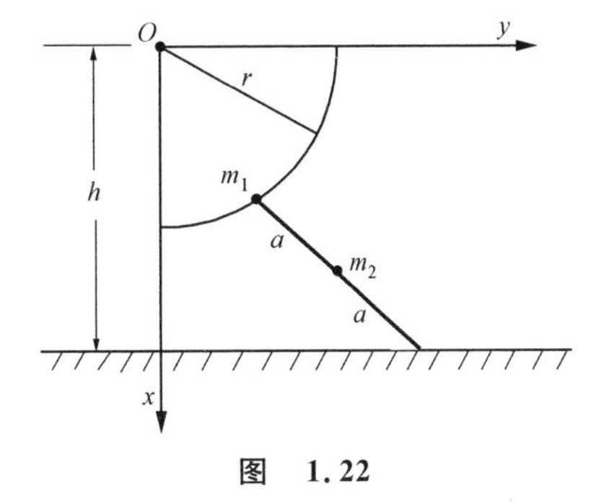

图 1.22

解 记m_1的坐标为(x_1,y_1),m_2的坐标为(x_2,y_2),系统的位形为

$$[u_1,u_2,u_3,u_4]^{\mathrm{T}}=[x_1,y_1,x_2,y_2]^{\mathrm{T}}.$$

约束条件为

$$f_1=\frac{1}{2}(x_1^2+y_1^2-r^2)=0,$$

$$f_2=\frac{1}{2}[(x_2-x_1)^2+(y_2-y_1)^2-a^2]=0,$$

$$f_3=x_1+2(x_2-x_1)-h=2x_2-x_1-h=0,$$

并应有

$$h>r\geqslant x_1\geqslant 0,\quad h>r\geqslant y_1\geqslant 0.$$

系统的约束都是几何约束.由这些约束形成的对微变空间限制方程的系数矩阵为

$$[A_{rs}]=\begin{bmatrix}\dfrac{\partial f_1}{\partial x_1} & \dfrac{\partial f_1}{\partial y_1} & \dfrac{\partial f_1}{\partial x_2} & \dfrac{\partial f_1}{\partial y_2}\\[2ex] \dfrac{\partial f_2}{\partial x_1} & \dfrac{\partial f_2}{\partial y_1} & \dfrac{\partial f_2}{\partial x_2} & \dfrac{\partial f_2}{\partial y_2}\\[2ex] \dfrac{\partial f_3}{\partial x_1} & \dfrac{\partial f_3}{\partial y_1} & \dfrac{\partial f_3}{\partial x_2} & \dfrac{\partial f_3}{\partial y_2}\end{bmatrix}$$

$$= \begin{bmatrix} x_1 & y_1 & 0 & 0 \\ -(x_2 - x_1) & -(y_2 - y_1) & (x_2 - x_1) & (y_2 - y_1) \\ -1 & 0 & 2 & 0 \end{bmatrix}.$$

系统所受的给定力仅有重力，为

$$[F_1, F_2, F_3, F_4]^{\mathrm{T}} = [m_1 g, 0, m_2 g, 0]^{\mathrm{T}}.$$

由于约束都是理想的，根据虚功原理，静态平衡除初始条件外，平衡的充要条件为

$$\sum_{s=1}^{4} F_s \delta_s = 0.$$

由于 $\delta_1, \delta_2, \delta_3, \delta_4$ 各微变分量不是独立的，故有三个限制方程. 为此采用 Lagrange 乘子法来寻求虚功原理方程的解. 引入乘子 λ, μ, ν，得到

$$\sum_{s=1}^{4} F_s \delta_s + \lambda[x_1 \delta_1 + y_1 \delta_2] + \mu[-(x_2 - x_1)\delta_1 - (y_2 - y_1)\delta_2 + (x_2 - x_1)\delta_3 + (y_2 - y_1)\delta_4] + \nu[-\delta_1 + 2\delta_3] = 0.$$

引入 Lagrange 乘子之后，各微变分量可看成自由的了，因而得到分离方程

$$m_1 g + \lambda x_1 - \mu(x_2 - x_1) - \nu = 0, \tag{5.51}$$

$$\lambda y_1 - \mu(y_2 - y_1) = 0, \tag{5.52}$$

$$m_2 g + \mu(x_2 - x_1) + 2\nu = 0, \tag{5.53}$$

$$\mu(y_2 - y_1) = 0. \tag{5.54}$$

利用这组方程以及约束方程，就可以求解静力学问题了. 分别讨论如下：

(1) 从方程(5.54)可以看到，如果 $y_2 - y_1 = 0$，且 μ 为有限值，则(5.54)式得到满足. 此时 $y_1 = y_2$，这表示杆子是垂直的. 将这个条件代入 $f_2 = 0$，得到

$$(x_2 - x_1)^2 = a^2.$$

从而

$$x_2 - x_1 = \pm a.$$

再将这个式子代入 $f_3 = 0$，得到

$$x_1 = h \mp 2a.$$

注意到 x_1 需满足 $h > x_1$，因此只能得到

$$\begin{cases} x_2 - x_1 = a, \\ x_1 = h - 2a, \end{cases}$$

则

$$x_2 = x_1 + a = h - a.$$

并由 $f_1 = 0$ 解得

$$y_1 = y_2 = \sqrt{r^2 - (h - 2a)^2}.$$

此种平衡位置如图 1.23 所示.

将求得的平衡位置代回方程(5.51)～(5.54)中，可求解此时的 Lagrange 乘子：

$$m_1 g + \lambda(h - 2a) - \mu a - \nu = 0, \tag{5.55}$$

$$\lambda \sqrt{r^2 - (h - 2a)^2} = 0, \tag{5.56}$$

$$m_2 g + \mu a + 2\nu = 0. \tag{5.57}$$

假定$\sqrt{r^2(h-2a)^2}\neq 0$,由方程(5.56)可求得

$$\lambda = 0,$$

并可解得

$$\mu = \frac{(2m_1 + m_2)g}{a}, \quad \nu = -(m_1 + m_2)g,$$

其中μ确为有限值.

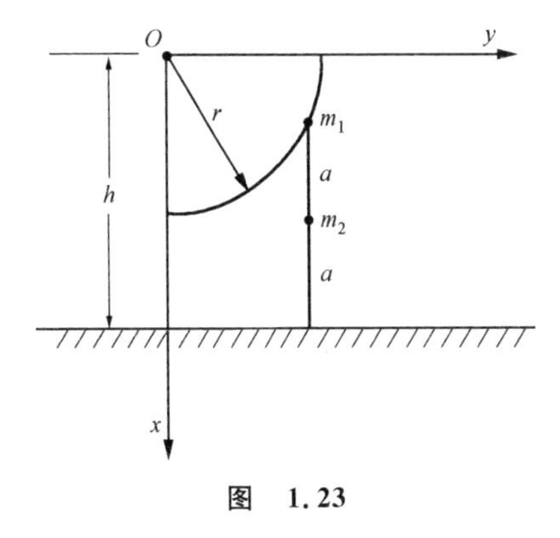

图　1.23

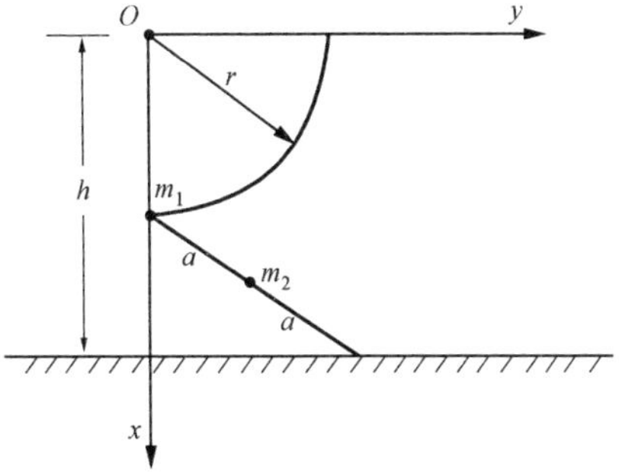

图　1.24

(2) 由方程(5.52)和(5.54),得到

$$\lambda_1 y_1 = 0.$$

可见,若$y_1=0$也满足此方程.此种情况是m_1落到1/4圆环的最低点,如图1.24所示.由$y_1=0$,代入$f_1=0$可知$x_1=r$,再由$f_3=0$可解得$x_2=(h+r)/2$.代入$f_2=0$,即得

$$y_2 = \sqrt{a^2 - (h-r)^2/4}.$$

将平衡位置代入方程(5.51)~(5.54)后亦可求得此种平衡情况的Lagrange乘子

$$\lambda = -(2m_1 + m_2)g/2r, \quad \mu = 0,$$

$$\nu = -m_2 g/2.$$

(3) 例外情况,即满足$\sqrt{r^2-(h-2a)^2}=0$的情形.此时,$r=h-2a$,根据约束条件,显然系统的位置如图1.25所示.这时

$$x_1 = r, \quad y_1 = 0,$$

$$x_2 = r + a, \quad y_2 = 0.$$

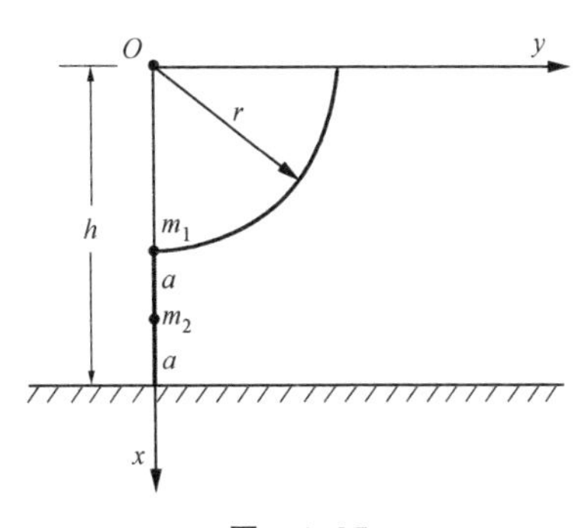

图　1.25

如果以这个位置代入方程(5.51)~(5.54),得到

$$\begin{cases} m_1 g + \lambda r - \mu a - \nu = 0, \\ m_2 g + \mu a + 2\nu = 0. \end{cases}$$

此时未知乘子数目多于方程数目,因而不能确定乘子.这实际上反映系统为静不定情形.例子讨论完毕.

2. 平衡问题的第二种提法

认为所谓系统的平衡乃是一种无需外加给定力而能维持的运动状态(或其特殊情况——某种静止状态).这种运动亦称之为**受约束系统的惯性运动**或者**受约束系统的自然运动**.

如果记这个运动为

$$u_1 = u_1^*(t), \quad u_2 = u_2^*(t), \quad \cdots, \quad u_{3N} = u_{3N}^*(t). \tag{5.58}$$

我们可以如下来表述这种运动成立所必须满足的条件:

(1) 初始条件应为

$$u_1|_{t=0} = u_1^*(0), \quad u_2|_{t=0} = u_2^*(0), \quad \cdots, \quad u_{3N}|_{t=0} = u_{3N}^*(0), \tag{5.59}$$

$$\dot{u}_1|_{t=0} = \dot{u}_1^*(0), \quad \dot{u}_2|_{t=0} = \dot{u}_2^*(0), \quad \cdots, \quad \dot{u}_{3N}|_{t=0} = \dot{u}_{3N}^*(0). \tag{5.60}$$

(2) 以惯性运动(5.58)式代入第一类 Lagrange 方程,均应满足,即有

$$\Phi_r(u_1^*(t),\cdots,u_{3N}^*(t),\dot{u}_1^*(t),\cdots,\dot{u}_{3N}^*(t),t) = 0, \quad r = 1,2,\cdots,L < 3N; \tag{5.61}$$

$$m_s\ddot{u}_s^* = \sum_{r=1}^{L} A_{rs}\lambda_r + \Psi_s, \quad s = 1,2,\cdots,3N. \tag{5.62}$$

如果系统所受的约束是理想约束,那么条件(5.46)简化成为

$$m_s\ddot{u}_s^* = \sum_{r=1}^{L} A_{rs}\lambda_r, \quad s = 1,2,\cdots,3N. \tag{5.63}$$

这就说明,为了(5.58)式所确定的运动是约束系统的惯性运动,除条件(5.59),(5.60),(5.61)必须满足以外,剩下的充要条件是要求这个运动所形成的惯性力系$[-m_1\ddot{u}_1^*, -m_2\ddot{u}_2^*, \cdots, -m_{3N}\ddot{u}_{3N}^*]^{\mathrm{T}}$ 是一个理想力系.

注意到理想约束系统的第一类 Lagrange 方程为

$$m_s\ddot{u}_s = F_s + \sum_{r=1}^{L} A_{rs}\lambda_r, \quad s = 1,2,\cdots,3N.$$

由此可以立即得到一个推论:当理想约束系统所受的给定力系是理想力系时,这时系统运动的惯性力系也必然是理想力系.因此,这个运动也必然是惯性运动.这就是说,把这个给定力系撤去并不改变这个运动的成立.

寻求受约束系统的惯性运动是一个很有兴趣的课题.有时,这个问题很简单.如约束在光滑水平面上的质点,它们的惯性运动是等速运动.但是,一般说来,受约束系统的惯性运动可能相当复杂,甚至具有某些出人意料的特性.刚体绕固定点转

动的 Euler 情形就是一种惯性运动,它的运动规律一般需要用椭圆函数表达. 完全对称、平衡、理想约束的 Cardan 陀螺仪系统,其惯性运动更为复杂,并表现出令人惊奇的"不稳定"特性. 有关这方面的研究我们将在 §2.5 中再仔细介绍. 受约束系统惯性运动的研究在宇航体动力学的分析中很有用,这是由于宇航体(比如抽象成多刚体系统模型)常常处于不受外力的条件下,它的运动往往表现出惯性运动的特征.

习　题

1.1　一质点在一直线上运动. 运动规律分别为:(1) $x=A\sin\omega t$;(2) $x=Ae^{-\lambda t}\sin(\omega t+\alpha)$. 试画出 $\boldsymbol{c},\boldsymbol{e},\boldsymbol{s}$ 轨迹.

1.2　两质点在同一直线上运动,如图 1.26 所示. 画出此系统的 C 空间,并分析由于不可入性而造成的对 $\boldsymbol{c}$ 轨迹的限制.

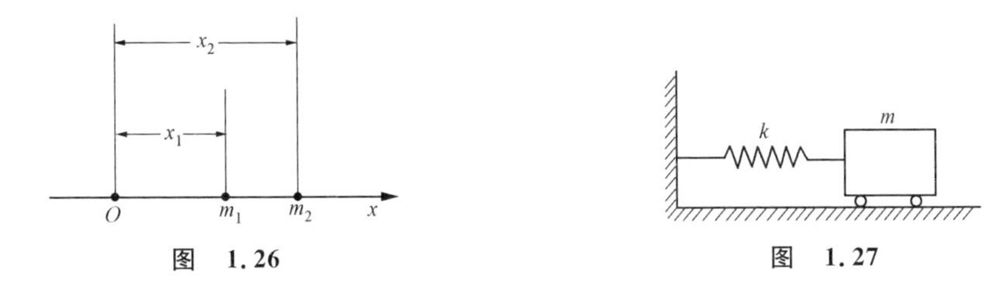

图　1.26　　　　图　1.27

1.3　试建立如图 1.27 所示的单自由度谐振子的运动方程及状态方程. 分析其 $\boldsymbol{c},\boldsymbol{e},\boldsymbol{s}$ 轨迹.

1.4　一质量为 m 的质点从地面以初速 v_0 垂直上抛,分别考虑所受重力为均匀以及万有引力规律的两种情况. 试建立质点运动的 $\boldsymbol{s}$ 轨迹.

1.5　在研究冰橇动力学时,得到约束方程为

$$\sin\varphi\,dx-\cos\varphi\,dy+0d\varphi=0.$$

试判断此约束是否为完整约束.

1.6　已知 Pfaff 约束为

$$yz(y+z)dx+xz^2dy+xy(x+y)dz+x^2z\,d\zeta=0.$$

(1) 试判断此约束的完整性;

(2) 试举出另一独立的 Pfaff 约束,使它和上述约束构成完整组.

1.7　考虑变量 $q_1,q_2,\cdots,q_n$ 的一阶线性约束

$$\dot{q}_n+\sum_{j=1}^{n-1}f_j(q_1,q_2,\cdots,q_n)\dot{q}_j=0.$$

试证明,如果有关系式

$$\frac{\partial f_i}{\partial q_j}+\frac{\partial f_j}{\partial q_n}f_i=\frac{\partial f_j}{\partial q_i}+\frac{\partial f_i}{\partial q_n}f_j,\quad i,j=1,2,\cdots,n-1$$

成立，则上述约束是完整的.

1.8　说明下列一阶线性约束中哪些是可积的. 对于可积约束，求出其相应的有限方程.

(1) $x\dot{z}+(y^2-x^2-z)\dot{x}+(z-y^2-xy)\dot{y}=0$；

(2) $\dfrac{\dot{x}_1+\dot{x}_2}{x_1-x_2}=\dfrac{\dot{y}_1+\dot{y}_2}{y_1-y_2}$；

(3) $\dot{y}-z\dot{x}=0$；

(4) $\dot{x}(x^2+y^2+z^2)+2(x\dot{x}+y\dot{y}+z\dot{z})=0$；

(5) $(2x+y+z)\dot{x}+(2y+z+x)\dot{y}+(2z+x+y)\dot{z}=0$.

1.9　试证明滚盘问题的约束组为非完整组：

$$Pf_1=\cos\varphi\,\mathrm{d}\xi+\sin\varphi\,\mathrm{d}\eta-a\sin\theta\,\mathrm{d}\theta=0,$$

$$Pf_2=-\sin\varphi\,\mathrm{d}\xi+\cos\varphi\,\mathrm{d}\eta+a\cos\theta\,\mathrm{d}\varphi+a\,\mathrm{d}\psi=0.$$

1.10　在圆柱的 P 点上固定柔索的一端，另一端系有质点 m，如图 1.28 所示. 柔索不可伸长. 质点在 Oxy 平面内运动，试表达其所受的约束条件.

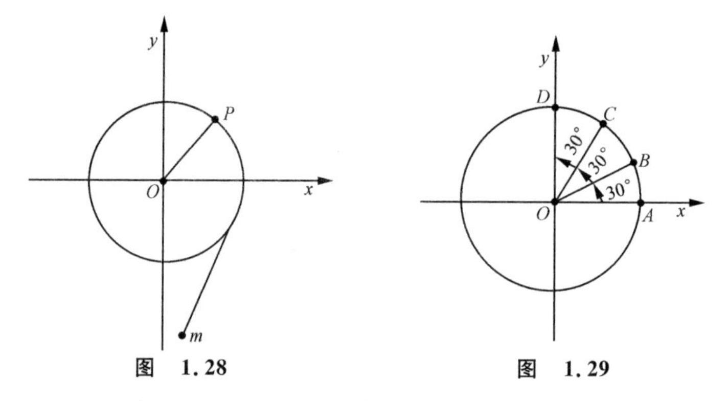

图　1.28　　　　图　1.29

1.11　试列出追踪问题中 P 点的约束方程：目标点 A 在空间中按预定规律运动，P 点运动的速度矢量恒指向 A 点.

1.12　试列出常速问题的约束方程：质点 P 在空间中运动时，其速度大小恒为常数.

1.13　质点运动受 Pfaff 约束

$$(x-1)\mathrm{d}x+(y-2)\mathrm{d}y-3\mathrm{d}z=0.$$

试求从原点出发质点运动的可达区域.

1.14　一质点约束在半径为 10 的固定圆环上运动，如图 1.29 所示. 试讨论当质点位于 A,B,C,D 各点时，其虚位移分量 $\delta_v x$ 和 $\delta_v y$ 之间的限制关系式，并求以下未知的虚位移分量：

(1) 已知 A 点 $\delta_v x=5$，求 $\delta_v y$；

(2) 已知 B 点 $\delta_v x=3$,求 $\delta_v y$;

(3) 已知 C 点 $\delta_v y=2$,求 $\delta_v x$;

(4) 已知 D 点 $\delta_v y=2$,求 $\delta_v x$.

1.15 质点 m 约束在光滑铁丝框上运动. 铁丝框的形式是一抛物线,在 $O\rho z$ 平面上的方程是 $\rho^2=2az$. 铁丝框以匀速 ω 绕 Oz 轴转动,如图 1.30 所示. 并假定在 $t=0$ 时,$O\rho z$ 平面和 Oxz 平面重合.

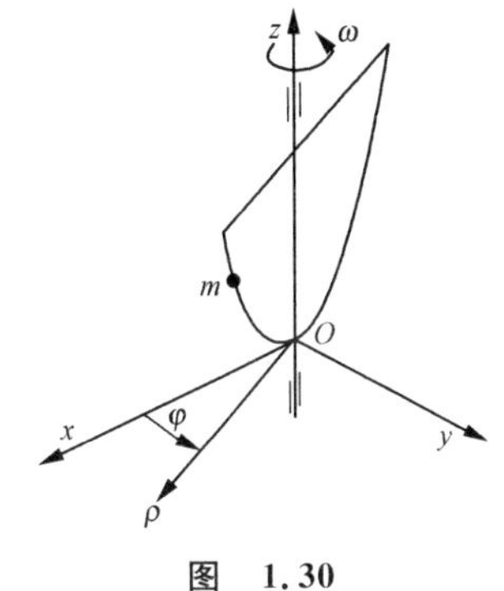

图 1.30

(1) 试列出质点 Descartes 位形 $[x,y,z]^T$ 所受约束的方程式. 此约束能否表达为一阶线性约束的等价形式?

(2) 建立质点可能位移的限制方程,并计算当给定 $\varphi=0,\rho=2,dx=1,dt=0.1$ 时质点的可能位移矢量.

(3) 建立质点的虚位移限制方程,并计算当给定 $\varphi=0,\rho=2,\delta_v x=1$ 时质点的虚位移矢量.

1.16 试建立追踪问题中约束的虚位移限制方程.

1.17 试求变长度单摆的虚位移限制方程.

1.18 如图 1.31 所示,半径为 R 的吊索铰轮以角速度 $\omega(t)$ 旋转. 试求重物 W 摆动运动所受的约束关系式,并建立其可能位移及虚位移的限制方程.

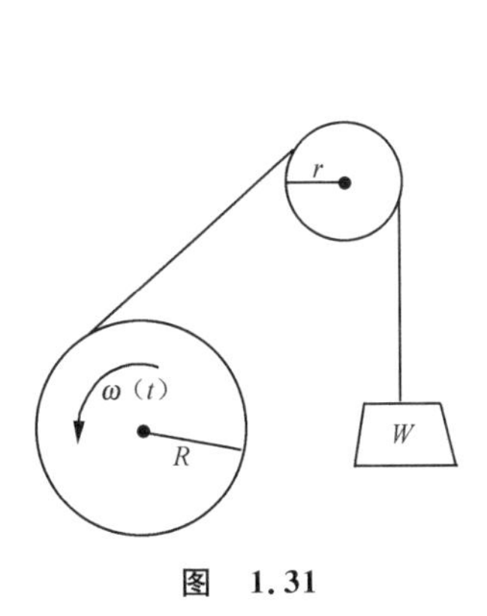

图 1.31

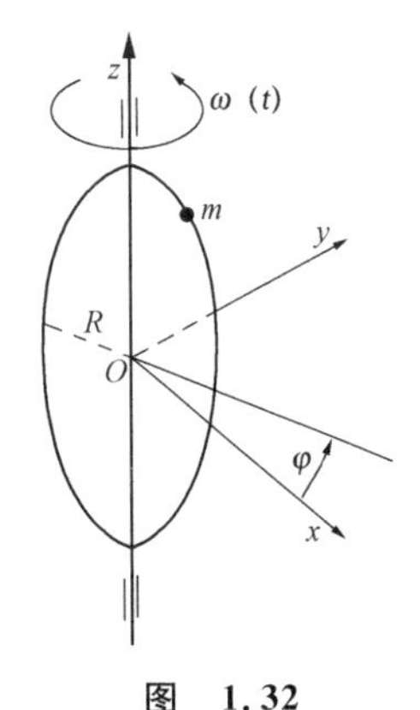

图 1.32

1.19 一质点约束在曲面

$$x^2+y^2-(z-1)^2=-1$$

上运动. 试求此约束的一阶形式,二阶形式,并比较其 $\varepsilon^L,\varepsilon^J,\varepsilon^G$ 三者的异同.

1.20 一质点约束在半径为 R 的圆环上运动,圆环绕其自身某直径以角速度 $\omega(t)$ 旋转,如图 1.32 所示. 试分析质点所受约束的 $\varepsilon^L,\varepsilon^v,\varepsilon^J,\varepsilon^G$ 限制方程.

1.21 滚盘运动所受的约束组为

$$\dot{\xi}\cos\varphi+\dot{\eta}\sin\varphi-a\dot{\theta}\sin\theta=0,$$

$$-\dot{\xi}\sin\varphi+\dot{\eta}\cos\varphi+a(\dot{\psi}+\dot{\varphi}\cos\theta)=0.$$

试分析运动所受约束的 ε^{L}，ε^{v}，ε^{J}，ε^{G}.

1.22 试求常速问题中约束的 ε^{J}，ε^{G}.

1.23 两椭球在地面上按照图 1.33 所示的方式滚动. 三者表面完全粗糙. 试证明其约束力系为理想力系.

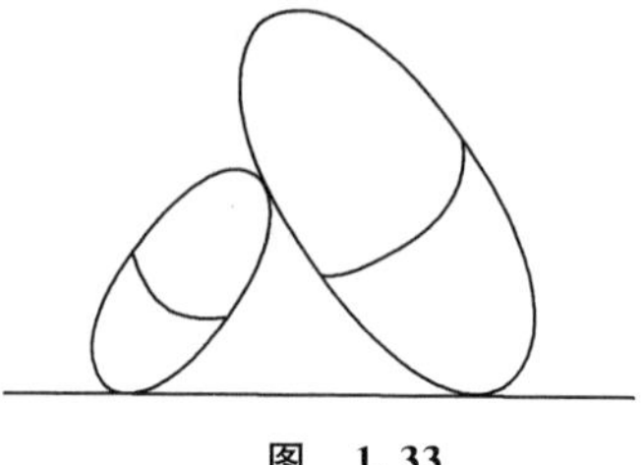

图 1.33

1.24 试寻求习题 1.15 中质点在铁丝框上平衡不动时所受的约束力.

1.25 一质点约束在光滑曲面 $f(x,y,z)=0$ 上运动. 质点所受的给定力为 $\boldsymbol{F}=[-kx,-ky,-kz]^{\mathrm{T}}$. 为使曲面上每一点都能成为平衡位置，函数 $f(x,y,z)$ 应为何种函数?

1.26 如图 1.34 所示，质量均为 m 的质点 A_0，A_1，A_2，…，A_n 用长度相同的轻杆串联. 整个系统位于垂直平面内. 第一个点 A_0 固定不动，处于最高位置，而最后一个点 A_n 则受大小不变的水平力 $\boldsymbol{Q}$ 的作用. 试求在平衡位置上，各杆与垂直线的夹角 φ_1，φ_2，…，φ_n.

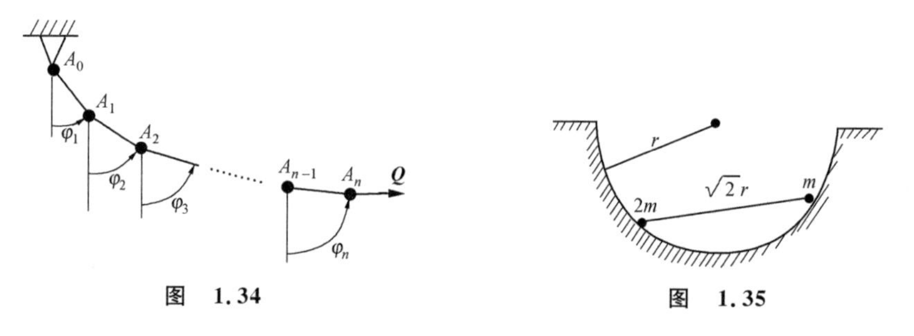

图 1.34　　　　图 1.35

1.27 质量为 m 的质点可无摩擦地沿曲线 $ax^2+bxy+cy^2+\alpha x+\beta y+\rho=0$ 滑动，Oy 垂直向上，$4ac-b^2\neq0$. 求质点的平衡位置.

1.28 如图 1.35 所示，质量分别为 m 和 $2m$ 的两个质点由长 $\sqrt{2}r$ 的无质轻杆相连而构成一个哑铃状系统，它可以在半径为 r 的碗内无摩擦地滑动. 求系统的平衡位置.

1.29 试举出受约束系统惯性运动的三个例子.

第二章　Lagrange 力学

对力学系统的约束加以区分，把完整约束组分离出来，并由此转移到广义坐标空间中去研究动力学问题，这是 Lagrange 力学的主要特点. 但是应该说明，本书对 Lagrange 力学的论述具有局部的特征. 实际上，力学系统由于约束而形成的位形可达子空间往往具有一般性的微分流形特征，而不和欧氏空间同胚[9]. 因此，如果想建立全局性的 Lagrange 力学，就必须以微分流形结构为基础. 但是，本书不准备展开这方面的研究. 我们只是在一组正规的广义坐标覆盖范围内，用微分流形理论的术语，也就是在一个图的像域内，发展我们的理论. 虽然这样做并不是全局有效的，但缺陷也只在为数不多的奇点的邻域. 这对于实用来说，并没有引起重大的问题(个别情况例外). 有关这种缺陷，我们在适当的地方将给予说明.

§2.1　广 义 坐 标

2.1.1　完整约束组的区分

考虑 N 个质点组成的力学系统. 设系统受有 K 个独立的一阶约束

$$\begin{cases}\Phi_1(u_1,u_2,\cdots,u_{3N},\dot{u}_1,\dot{u}_2,\cdots,\dot{u}_{3N},t)=0,\\ \Phi_2(u_1,u_2,\cdots,u_{3N},\dot{u}_1,\dot{u}_2,\cdots,\dot{u}_{3N},t)=0,\\ \cdots\cdots\cdots\cdots\cdots\cdots\cdots\cdots\cdots\cdots\cdots\cdots\cdots\cdots\cdots\\ \Phi_K(u_1,u_2,\cdots,u_{3N},\dot{u}_1,\dot{u}_2,\cdots,\dot{u}_{3N},t)=0.\end{cases}\tag{1.1}$$

独立的含义是，在我们所关心的状态时间点，有

$$\frac{\partial(\Phi_1,\Phi_2,\cdots,\Phi_K)}{\partial(\dot{u}_1,\dot{u}_2,\cdots,\dot{u}_{3N})}$$

缺秩为零. 假定其中有 L 个约束是一阶线性的. 不失一般性，可假定约束组(1.1)的前 L 个约束是一阶线性的. 将这 L 个约束写成 Pfaff 形式：

$$\sum_{s=1}^{3N}A_{rs}(u_1,u_2,\cdots,u_{3N},t)\mathrm{d}u_s+A_r(u_1,u_2,\cdots,u_{3N},t)\mathrm{d}t=0,$$
$$r=1,2,\cdots,L\leqslant K<3N.\tag{1.2}$$

假定我们在约束组(1.2)中找到了一个由 d 个约束组成的完全可积组. 例如,假定

$$\sum_{s=1}^{3N} A_{rs}\mathrm{d}u_s + A_r\mathrm{d}t = 0, \quad r = g+1,\cdots,g+d = L \tag{1.3}$$

是一个完全可积组,即它满足 1.2.3 小节中的 Frobenius 定理的条件. 于是这组约束等价①于如下的约束组

$$\sum_{s=1}^{3N} \frac{\partial f_r}{\partial u_s}\mathrm{d}u_s + \frac{\partial f_r}{\partial t}\mathrm{d}t = 0, \quad r = 1,2,\cdots,d, \tag{1.4}$$

其中 $f_1(u_1,u_2,\cdots,u_{3N},t), f_2(u_1,u_2,\cdots,u_{3N},t),\cdots,f_d(u_1,u_2,\cdots,u_{3N},t)$ 是完全可积组(1.3)的积分函数. 由此可见,(1.3)约束组等价于如下的 d 个独立的几何约束

$$\begin{cases} f_1(u_1,u_2,\cdots,u_{3N},t) = c_1, \\ f_2(u_1,u_2,\cdots,u_{3N},t) = c_2, \\ \cdots\cdots\cdots\cdots\cdots\cdots\cdots\cdots \\ f_d(u_1,u_2,\cdots,u_{3N},t) = c_d, \end{cases} \tag{1.5}$$

其中 $c_1,c_2,\cdots,c_d$ 是由系统初始条件决定的常数. 在规定系统一定要在确定的几何约束曲面上时,$c_1,c_2,\cdots,c_d$ 就是确定的常数. 这时,系统的初始条件是受限制的,应该满足这些具有确定常数的约束方程组(1.5). 因此,这和由初始条件来确定常数是一致的. 我们以下研究的正是这种常见的情况. 对于系统的完全可积约束组(1.3)仅为一阶约束组而无初始条件限制的情况,只是 $c_1,c_2,\cdots,c_d$ 应看做未定的常参数,其他和常见的情况并无不同.

几何约束组(1.5)独立的条件是: 在所关心的区域上 Jacobi 矩阵

$$[J_f] = \begin{bmatrix} \dfrac{\partial f_1}{\partial u_1} & \dfrac{\partial f_1}{\partial u_2} & \cdots & \dfrac{\partial f_1}{\partial u_{3N}} \\ \dfrac{\partial f_2}{\partial u_1} & \dfrac{\partial f_2}{\partial u_2} & \cdots & \dfrac{\partial f_2}{\partial u_{3N}} \\ \vdots & \vdots & & \vdots \\ \dfrac{\partial f_d}{\partial u_1} & \dfrac{\partial f_d}{\partial u_2} & \cdots & \dfrac{\partial f_d}{\partial u_{3N}} \end{bmatrix} \tag{1.6}$$

的缺铁为零;亦即在所关心区域的每个子域上,都能找到点,使矩阵(1.6)的某 d 阶行列式不等于零.

以上叙述的是一般情况. 比较简单的情形有:

(1) 系统除完全可积的约束组(1.3)外,别无其他的约束了. 这就是系统为完整系统的特殊情况.

(2) 系统除完全可积的约束组(1.3)外,还有某些一阶线性约束,但没有非线

① 此处的“等价”是就约束组(1.3)和约束组(1.4)整组而言的,可参见 1.2.5 小节.

性约束.这就是系统的约束仅为一阶线性约束的特殊情况.

2.1.2 广义坐标

我们从一般性的意义上来建立广义坐标.

不失一般性,假定在我们所关心的区域上,函数组(1.5)就是对 $u_1,u_2,\cdots,u_d$ 这一组 d 个坐标满足

$$\frac{\mathrm{D}(f_1,f_2,\cdots,f_d)}{\mathrm{D}(u_1,u_2,\cdots,u_d)}=\begin{vmatrix}\frac{\partial f_1}{\partial u_1} & \frac{\partial f_1}{\partial u_2} & \cdots & \frac{\partial f_1}{\partial u_d}\\ \frac{\partial f_2}{\partial u_1} & \frac{\partial f_2}{\partial u_2} & \cdots & \frac{\partial f_2}{\partial u_d}\\ \vdots & \vdots & & \vdots\\ \frac{\partial f_d}{\partial u_1} & \frac{\partial f_d}{\partial u_2} & \cdots & \frac{\partial f_d}{\partial u_d}\end{vmatrix}\neq 0. \tag{1.7}$$

此时,我们引入 Descartes 位形空间 C:$\{\boldsymbol{c}=[u_1,u_2,\cdots,u_{3N}]^{\mathrm{T}}\}$到另一新的空间 X:$\{\boldsymbol{x}=[x_1,x_2,\cdots,x_{3N}]^{\mathrm{T}}\}$之间的变换,其变换关系式为

$$x_s=f_s(u_1,u_2,\cdots,u_{3N},t),\quad s=1,2,\cdots,3N, \tag{1.8}$$

其中前 d 个函数就是(1.5)式的几何约束表达式,而后 $3N-d$ 个函数可以任选,只要求保证函数组(1.8)在我们关心的区域上是一个无关组,亦即使

$$\frac{\mathrm{D}(x_1,x_2,\cdots,x_{3N})}{\mathrm{D}(u_1,u_2,\cdots,u_{3N})}\neq 0. \tag{1.9}$$

我们来说明,这样的函数组一定可以取到.举例说来,我们可以选

$$f_{d+1}=u_{d+1},\quad f_{d+2}=u_{d+2},\quad \cdots,\quad f_{3N}=u_{3N}. \tag{1.10}$$

此时

$$\frac{\mathrm{D}(x_1,x_2,\cdots,x_{3N})}{\mathrm{D}(u_1,u_2,\cdots,u_{3N})}=\begin{vmatrix}\frac{\partial f_1}{\partial u_1} & \cdots & \frac{\partial f_1}{\partial u_d} & \frac{\partial f_1}{\partial u_{d+1}} & \frac{\partial f_1}{\partial u_{d+2}} & \cdots & \frac{\partial f_1}{\partial u_{3N}}\\ \vdots & & \vdots & \vdots & \vdots & & \vdots\\ \frac{\partial f_d}{\partial u_1} & \cdots & \frac{\partial f_d}{\partial u_d} & \frac{\partial f_d}{\partial u_{d+1}} & \frac{\partial f_d}{\partial u_{d+2}} & \cdots & \frac{\partial f_d}{\partial u_{3N}}\\ 0 & \cdots & 0 & 1 & 0 & \cdots & 0\\ 0 & \cdots & 0 & 0 & 1 & \cdots & 0\\ \vdots & & \vdots & \vdots & \vdots & & \vdots\\ 0 & \cdots & 0 & 0 & 0 & \cdots & 1\end{vmatrix}$$

$$=\frac{\mathrm{D}(f_1,f_2,\cdots,f_d)}{\mathrm{D}(u_1,u_2,\cdots,u_d)}\neq 0. \tag{1.11}$$

根据隐函数定理,我们可以从关系式(1.8)反解得到

$$u_s=u_s(x_1,\cdots,x_d,x_{d+1},\cdots,x_{3N},t),\quad s=1,2,\cdots,3N. \tag{1.12}$$

这样,关系式(1.8)和(1.12)就建立了 C 空间和 X 空间之间在我们所关心的区域上互相变换的一一映射关系.按照这样的变换,将已知的几何约束组(1.5)变到 X 空间里,并成为系统在 X 空间里必须满足的约束关系式,即

$$x_1 = c_1, \quad x_2 = c_2, \quad \cdots, \quad x_d = c_d. \tag{1.13}$$

在满足(1.13)式这组几何约束的条件下,变换关系式(1.12)成为

$$u_s = u_s(c_1, \cdots, c_d, x_{d+1}, \cdots, x_{3N}, t), \quad s = 1, 2, \cdots, 3N, \tag{1.14}$$

其中 $c_1, c_2, \cdots, c_d$ 为常数.我们记

$$x_{d+1} = q_1, \quad x_{d+2} = q_2, \quad \cdots, \quad x_{3N} = q_n, \tag{1.15}$$

其中 $n=3N-d$.这样,由公式(1.14)就得到在满足约束条件(1.5),亦即满足约束(1.13)的情况下,系统的 $3N$ 个 Descartes 位形变元 $u_1, u_2, \cdots, u_{3N}$ 用 n 个变元 $q_1, q_2, \cdots, q_n$ 表达的关系式

$$u_s = u_s(q_1, \cdots, q_n, t), \quad s = 1, 2, \cdots, 3N. \tag{1.16}$$

注意到,对于满足几何约束条件(1.5)这一点来说,变换关系式(1.16)是自动地达到,而不必再对 $q_1, q_2, \cdots, q_n$ 有其他的限制了.这是变数 $q_1, q_2, \cdots, q_n$ 的重要特点.同时,变换式(1.16)的 Jacobi 矩阵

$$[J_q] = \frac{\partial(u_1, u_2, \cdots, u_{3N})}{\partial(q_1, q_2, \cdots, q_n)} \tag{1.17}$$

的缺秩一定为零①.这是因为函数组

$$\begin{cases} q_1 = f_{d+1}(u_1, u_2, \cdots, u_{3N}, t), \\ q_2 = f_{d+2}(u_1, u_2, \cdots, u_{3N}, t), \\ \cdots\cdots\cdots\cdots\cdots\cdots\cdots\cdots\cdots\cdots\cdots \\ q_n = f_{3N}(u_1, u_2, \cdots, u_{3N}, t). \end{cases} \tag{1.18}$$

是无关组(1.8)式的一个子组,因而它也是一个无关组.这样,一定能找到 n 个 Descartes 位形变元 $u_{s_1}, u_{s_2}, \cdots, u_{s_n}$,使

$$j = \frac{\mathrm{D}(q_1, q_2, \cdots, q_n)}{\mathrm{D}(u_{s_1}, u_{s_2}, \cdots, u_{s_n})} \neq 0. \tag{1.19}$$

显然,$[J_q]$矩阵的一个 n 阶子行列式

$$\frac{\mathrm{D}(u_{s_1}, u_{s_2}, \cdots, u_{s_n})}{\mathrm{D}(q_1, q_2, \cdots, q_n)} = \frac{1}{j} \neq 0. \tag{1.20}$$

从而肯定了矩阵$[J_q]$的缺秩为零.

如上所得到的 n 个变数 $q_1, q_2, \cdots, q_n$,我们称之为 **Lagrange 广义坐标**.对于广义坐标,除如上从变换的意义来理解而外,还可以这样来解释它的几何意义:在 Descartes 位形空间 C 中看,所有满足几何约束(1.5)的位形点 $\boldsymbol{c}$ 实际上组成了系

---

① 注意,这个论断只在“我们所关心的区域”上成立.

统在(1.5)约束下的可达子空间.在一组确定的常数 $c_1, c_2, \cdots, c_d$ 情况下,这个子空间是 $3N-d=n$ 维的.公式(1.16)表明,广义坐标 $q_1, q_2, \cdots, q_n$ 正是这 n 维可达子空间某个局部区域上的 n 个独立的描述参数,或者说是张在这 n 维可达子空间某个局部区域上的 n 维曲线坐标.无论从哪一个观点,系统满足几何约束的任意位形(限制在某个局部区域内)都可以用这 n 个广义坐标表示出来.反之,任意一组广义坐标数值也对应着系统满足几何约束的一个确定位形.由此,类似于 Descartes 位形空间 C 一样,我们记

$$\boldsymbol{q} = [q_1, q_2, \cdots, q_n]^{\mathrm{T}},$$

并引入由这 n 个广义坐标张成的 n 维空间①,来表现系统的位形(指满足几何约束并在某局部区域内的位形;以下未声明者,均同此义).我们称这个空间为**广义坐标位形空间** C^q,简称为**广义坐标空间**.

在这里,我们要着重作一个说明.对于一个力学系统,选定一组确定的广义坐标参数往往会导致位形描述不再具有全局性的限制.这个限制反映在要求$[J_q]$缺秩为零这项条件上.实际上,由于可达位形子空间具有一般微分流形的特征,一组确定的广义坐标参数一般都不能保证在 C^q 整个空间里处处有$[J_q]$缺秩为零.这时可能有奇点(或奇线,奇面),而奇点的邻域就是这组广义坐标失效的区域.我们可以举一个例子来说明.

一质点 m 约束在以 O 点为心,r 为半径的球面上运动.系统的 Descartes 位形为

$$\boldsymbol{c} = [u_1, u_2, u_3]^{\mathrm{T}} = [x, y, z]^{\mathrm{T}}.$$

这是一个完整系统,受到的约束为

$$f = [x^2 + y^2 + z^2 - r^2]/2 = 0.$$

系统的位形可达子空间是由 $f=0$ 所决定的球面,这是一个二维的子空间.当我们想转移到广义坐标空间来做研究时,我们可以选用球面上的广义坐标 q_1, q_2 来描述系统的可达位形.例如,通常选 q_1 为经度角 φ,q_2 为纬度角 θ,如图 2.1 所示.这时,变换关系(1.16)为

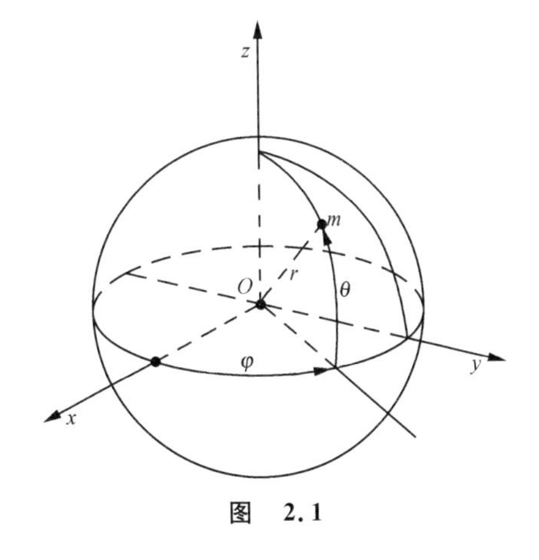

图 2.1

$$u_1 = x = r\cos\theta\cos\varphi, \quad u_2 = y = r\cos\theta\sin\varphi, \quad u_3 = z = r\sin\theta,$$

因而

① 有关这个空间的度量我们将在需要的地方再赋予.它可能是欧氏的,但更一般的情况则是 Riemann 的.

$$[J_q]=\frac{\partial(u_1,u_2,u_3)}{\partial(\varphi,\theta)}=\begin{bmatrix}\partial x/\partial\varphi & \partial x/\partial\theta\\ \partial y/\partial\varphi & \partial y/\partial\theta\\ \partial z/\partial\varphi & \partial z/\partial\theta\end{bmatrix}=\begin{bmatrix}-r\cos\theta\sin\varphi & -r\sin\theta\cos\varphi\\ r\cos\theta\cos\varphi & -r\sin\theta\sin\varphi\\ 0 & r\cos\theta\end{bmatrix}.$$

Jacobi 矩阵$[J_q]$的三个二阶子行列式为

$$\triangle_1 = \mathrm{D}(x,y)/\mathrm{D}(\varphi,\theta) = r^2\sin\theta\cos\theta,$$
$$\triangle_2 = \mathrm{D}(x,z)/\mathrm{D}(\varphi,\theta) = -r^2\cos^2\theta\sin\varphi,$$
$$\triangle_3 = \mathrm{D}(y,z)/\mathrm{D}(\varphi,\theta) = r^2\cos^2\theta\cos\varphi.$$

由此不难看到,若要$[J_q]$的缺秩为零,其充要条件是$\theta\neq\pm\pi/2$;也就是说,对于上述选定的经纬度坐标来说,球面的上、下两个极点是奇点,它们的邻域是这组广义坐标失效的区域.

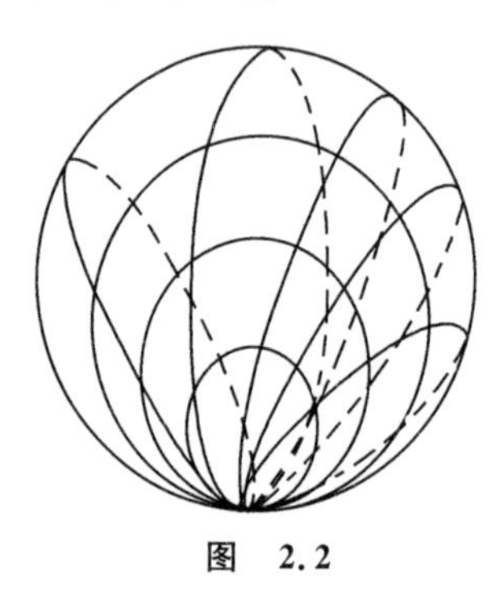

图 2.2

球面上经纬度坐标出现的上述缺陷并不是偶然的,也不是我们选择不当所引起的.实际上,由于球面和二维欧氏空间的不同胚性,球面上任何一组广义坐标都必然不是全局的,而只能是局部的.当然,奇点的数目和位置分布会随着广义坐标的选择而变化.例如,上述经纬度坐标是双奇点的.但是,在球面上可以找到单奇点的广义坐标系统.例如,图 2.2 所示的坐标网就是球面上单奇点的广义坐标.虽然由这组广义坐标决定的变换关系式要比经纬度坐标复杂,但由于奇点数目减少,这种坐标系统在地球球面导航的应用中是有价值的.

上述的广义坐标局部性质并没有在实用上引起重大的困难.在作了上述说明之后,今后我们在谈到整个广义坐标空间的时候,就不再对这些不大的奇点邻域作一一的说明了.

力学系统任一满足几何约束的运动都表现为$\boldsymbol{q}=[q_1,q_2,\cdots,q_n]^{\mathrm{T}}$随时间变化的一维轨道.反过来,$C^q$ 空间里任一以时间为变元的一维轨道也对应系统满足几何约束的一种"可能运动".这种一维轨道叫做系统运动的 $\boldsymbol{q}$ 轨迹.从这里可以看到,仅从满足几何约束来说,系统运动的 $\boldsymbol{q}$ 轨迹在 C^q 空间里是完全自由的了.

2.1.3 广义速度与广义加速度

在考虑了系统的完整约束组(1.5)之后,引入广义坐标 $q_1,q_2,\cdots,q_n$,并且有表达式

$$u_s = u_s(q_1,q_2,\cdots,q_n,t),\quad s=1,2,\cdots,3N. \tag{1.21}$$

系统的任一运动可表达为广义坐标 $q_1,q_2,\cdots,q_n$ 随时间而变化,即有

$$q_i = q_i(t),\quad i=1,2,\cdots,n,$$

从而有

$$\dot{u}_s = \sum_{i=1}^{n} \frac{\partial u_s}{\partial q_i}\dot{q}_i + \frac{\partial u_s}{\partial t}, \quad s = 1,2,\cdots,3N. \tag{1.22}$$

注意到表达式(1.22)的右边是 $q_1, q_2, \cdots, q_n, \dot{q}_1, \dot{q}_2, \cdots, \dot{q}_n, t$ 的函数，而对 $\dot{q}_1, \dot{q}_2, \cdots, \dot{q}_n$ 是线性的. 其中 $\dot{q}_1, \dot{q}_2, \cdots, \dot{q}_n$ 是广义坐标的时间变化率，称之为**广义速度**. 注意到在分析动力学中对表达式的偏导数运算是把表达式中的各 $q_i, \dot{q}_i, t$ 等都当成独立变数看待，而对表达式的时间全导数运算 $\mathrm{d}/\mathrm{d}t$，是把表达式中 $q_i, \dot{q}_i$ 都看成时间的函数，那么由(1.22) 式直接可得

$$\frac{\partial \dot{u}_s}{\partial \dot{q}_i} = \frac{\partial u_s}{\partial q_i}, \quad s = 1,2,\cdots,3N, \quad i = 1,2,\cdots,n, \tag{1.23}$$

$$\frac{\mathrm{d}}{\mathrm{d}t}\left(\frac{\partial u_s}{\partial q_r}\right) = \frac{\partial \dot{u}_s}{\partial q_r}, \quad s = 1,2,\cdots,3N, \quad r = 1,2,\cdots,n. \tag{1.24}$$

当然，对于一个具体运动来说，$q_i, \dot{q}_i$ 都还是 t 的函数，这样，由(1.22) 可求出加速度

$$\begin{aligned}\ddot{u}_s = &\sum_{i=1}^{n} \frac{\partial u_s}{\partial q_i}\ddot{q}_i + \sum_{i=1}^{n}\sum_{k=1}^{n} \frac{\partial^2 u_s}{\partial q_i \partial q_k}\dot{q}_i \dot{q}_k \\ &+ 2\sum_{i=1}^{n} \frac{\partial^2 u_s}{\partial q_i \partial t}\dot{q}_i + \frac{\partial^2 u_s}{\partial t^2}, \quad s = 1,2,\cdots,3N,\end{aligned} \tag{1.25}$$

其中的 $\ddot{q}_1, \ddot{q}_2, \cdots, \ddot{q}_n$ 称为**广义加速度**. 在 Descartes 位形的表达式(1.21) 不显含时间 t 时(如果系统的完整约束为定常，此种不显含时间 t 的关系一定可以建立). (1.22) 和(1.25) 式简化成为

$$\dot{u}_s = \sum_{i=1}^{n} \frac{\partial u_s}{\partial q_i}\dot{q}_i, \quad s = 1,2,\cdots,3N, \tag{1.26}$$

$$\ddot{u}_s = \sum_{i=1}^{n} \frac{\partial u_s}{\partial q_i}\ddot{q}_i + \sum_{i=1}^{n}\sum_{k=1}^{n} \frac{\partial^2 u_s}{\partial q_i \partial q_k}\dot{q}_i \dot{q}_k. \tag{1.27}$$

由此可见，此时位形速度是广义速度的齐次线性式，位形加速度是广义加速度的线性组合加上广义速度的二次型.

把系统的广义坐标 $q_1, q_2, \cdots, q_n$ 和广义速度 $\dot{q}_1, \dot{q}_2, \cdots, \dot{q}_n$ 结合到一起，构成了 $2n$ 维的空间，称之为**广义坐标的状态空间**，并记为 S^q. **广义坐标的事件空间** E^q 和**广义坐标的状态时间空间** T^q 也可以类似地定义.

2.1.4 其他约束

按照 2.1.1 小节中的假定，对于我们所研究的系统除已经考虑的几何约束组(1.5)以外，还有两个独立的约束组：

一个是一阶线性约束组

$$\Phi_r = \sum_{s=1}^{3N} A_{rs}(u_1,\cdots,u_{3N},t)\mathrm{d}u_s + A_r(u_1,\cdots,u_{3N},t)\mathrm{d}t = 0,$$
$$r = 1,2,\cdots,g. \tag{1.28}$$

另一个是一般性的一阶约束组

$$\begin{cases}\Phi_{L+1}(u_1,u_2,\cdots,u_{3N},\dot{u}_1,\dot{u}_2,\cdots,\dot{u}_{3N},t) = 0,\\ \Phi_{L+2}(u_1,u_2,\cdots,u_{3N},\dot{u}_1,\dot{u}_2,\cdots,\dot{u}_{3N},t) = 0,\\ \cdots\cdots\cdots\cdots\cdots\cdots\cdots\cdots\cdots\cdots\cdots\cdots\cdots\cdots\cdots\\ \Phi_K(u_1,u_2,\cdots,u_{3N},\dot{u}_1,\dot{u}_2,\cdots,\dot{u}_{3N},t) = 0.\end{cases} \tag{1.29}$$

在没有考虑这两组约束时,系统的运动在 C^q 空间里是自由的.现在要考虑这两组约束,我们需要把这两组约束条件转移到 C^q 空间里去.首先考虑(1.28)式的线性约束组.由(1.22)式得到

$$\mathrm{d}u_s = \sum_{i=1}^{n}\frac{\partial u_s}{\partial q_i}\mathrm{d}q_i + \frac{\partial u_s}{\partial t}\mathrm{d}t, \quad s = 1,\cdots,3N. \tag{1.30}$$

将此式代入(1.28)约束方程,得到

$$\sum_{s=1}^{3N}A_{rs}\mathrm{d}u_s + A_r\mathrm{d}t = \sum_{s=1}^{3N}A_{rs}\left(\sum_{i=1}^{n}\frac{\partial u_s}{\partial q_i}\mathrm{d}q_i + \frac{\partial u_s}{\partial t}\mathrm{d}t\right) + A_r\mathrm{d}t,$$

即

$$\varphi_r = \sum_{i=1}^{n}B_{ri}\mathrm{d}q_i + B_r\mathrm{d}t = 0, \quad r = 1,2,\cdots,g, \tag{1.31}$$

其中

$$B_{ri} = \sum_{s=1}^{3N}A_{rs}\frac{\partial u_s}{\partial q_i}\bigg|_{u\to q} = B_{ri}(q_1,q_2,\cdots,q_n,t), \tag{1.32}$$

$$B_r = \left(\sum_{s=1}^{3N}A_{rs}\frac{\partial u_s}{\partial t} + A_r\right)\bigg|_{u\to q} = B_r(q_1,\cdots,q_n,t). \tag{1.33}$$

其次,再考虑一般性的一阶约束组(1.29).已知

$$u_s = u_s(q_1,q_2,\cdots,q_n,t), \quad \dot{u}_s = \sum_{i=1}^{n}\frac{\partial u_s}{\partial q_i}\dot{q}_i + \frac{\partial u_s}{\partial t}.$$

将其代入到(1.29)式中,立即得到

$$\begin{cases}\Phi_{L+1}(u_1,u_2,\cdots,u_{3N},\dot{u}_1,\dot{u}_2,\cdots,\dot{u}_{3N},t)\,|_{u\to q}\\ \qquad = \varphi_{L+1}(q_1,q_2,\cdots,q_n,\dot{q}_1,\dot{q}_2,\cdots,\dot{q}_n,t) = 0,\\ \Phi_{L+2}(u_1,u_2,\cdots,u_{3N},\dot{u}_1,\dot{u}_2,\cdots,\dot{u}_{3N},t)\,|_{u\to q}\\ \qquad = \varphi_{L+2}(q_1,q_2,\cdots,q_n,\dot{q}_1,\dot{q}_2,\cdots,\dot{q}_n,t) = 0,\\ \cdots\cdots\cdots\cdots\cdots\cdots\cdots\cdots\cdots\cdots\cdots\cdots\cdots\cdots\cdots\\ \Phi_K(u_1,u_2,\cdots,u_{3N},\dot{u}_1,\dot{u}_2,\cdots,\dot{u}_{3N},t)\,|_{u\to q}\\ \qquad = \varphi_K(q_1,q_2,\cdots,q_n,\dot{q}_1,\dot{q}_2,\cdots,\dot{q}_n,t) = 0.\end{cases} \tag{1.34}$$

这样,我们就得到了附加在广义坐标轨道上两组约束条件(1.31)和(1.34),其中(1.31)式仍然是一阶线性约束,(1.34)式仍然是一般性的一阶约束,而且其独立性不变,即

$$\frac{\partial(\varphi_1,\cdots,\varphi_g,\varphi_{L+1},\cdots,\varphi_K)}{\partial(\dot{q}_1,\dot{q}_2,\cdots,\dot{q}_n)}$$

的缺秩为零.

2.1.5 微变线性空间的变换

当应用(1.8)式的变换

$$x_s=f_s(u_1,u_2,\cdots,u_{3N},t),\quad s=1,2,\cdots,3N$$

或者(1.12)式所表达的逆变换式

$$u_s=u_s(x_1,x_2,\cdots,x_{3N},t),\quad s=1,2,\cdots,3N,$$

将 C 空间变到 X 空间时,C 空间里原来的约束组(1.1)也变换到 X 空间里去,成为相应的 X 空间里的约束组,即

$$\begin{aligned}&\Phi_r(u_1,u_2,\cdots,u_{3N},\dot{u}_1,\dot{u}_2,\cdots,\dot{u}_{3N},t)\mid_{u\to x}\\&=\varphi_r(x_1,x_2,\cdots,x_{3N},\dot{x}_1,\dot{x}_2,\cdots,\dot{x}_{3N},t)=0,\\&\qquad r=1,2,\cdots,K.\end{aligned}\tag{1.35}$$

在 C 空间里,由约束组(1.1)可建立相应的约束微变线性空间,特记为 ε^C,其元素为 $\boldsymbol{\delta}^C=[\delta_1^C,\delta_2^C,\cdots,\delta_{3N}^C]^{\mathrm{T}}$. 在这 $3N$ 个微变分量之间的限制方程为

$$\sum_{s=1}^{3N}\frac{\partial\Phi_r}{\partial\dot{u}_s}\delta_s^C=0,\quad r=1,2,\cdots,K.\tag{1.36}$$

可以证明,只要对 ε^C 空间按以下公式作线性变换

$$\delta_j^X=\sum_{s=1}^{3N}\frac{\partial f_j}{\partial u_s}\delta_s^C,\quad j=1,2,\cdots,3N\tag{1.37}$$

或者

$$\delta_s^C=\sum_{j=1}^{3N}\frac{\partial u_s}{\partial x_j}\delta_j^X,\quad s=1,2,\cdots,3N.\tag{1.38}$$

那么,变换得到的空间$\{\boldsymbol{\delta}^X=[\delta_1^X,\delta_2^X,\cdots,\delta_{3N}^X]^{\mathrm{T}}\}$就是 X 空间里相应的约束(1.35)式所生成的微变空间 ε^X. 这只要证明 $\boldsymbol{\delta}^X$ 满足 X 空间里约束所生成的限制方程即可. 为此,我们注意到由变换式(1.8)及(1.12)产生的速度变换式

$$\dot{x}_j=\sum_{s=1}^{3N}\frac{\partial f_j}{\partial u_s}\dot{u}_s+\frac{\partial f_j}{\partial t},\quad j=1,2,\cdots,3N$$

及

$$\dot{u}_s=\sum_{j=1}^{3N}\frac{\partial u_s}{\partial x_j}\dot{x}_j+\frac{\partial u_s}{\partial t},\quad s=1,2,\cdots,3N.$$

由此可知

$$\frac{\partial \dot{x}_j}{\partial \dot{u}_s}=\frac{\partial f_j}{\partial u_s},\quad \frac{\partial \dot{u}_s}{\partial \dot{x}_j}=\frac{\partial u_s}{\partial x_j},\quad j,s=1,2,\cdots,3N.$$

当变换式用(1.37)式时,我们可以来计算

$$\begin{aligned}\sum_{j=1}^{3N}\frac{\partial \varphi_r}{\partial \dot{x}_j}\delta_j^X &= \sum_{j=1}^{3N}\frac{\partial \varphi_r}{\partial \dot{x}_j}\sum_{s=1}^{3N}\frac{\partial f_j}{\partial u_s}\delta_s^C=\sum_{j=1}^{3N}\frac{\partial \varphi_r}{\partial \dot{x}_j}\sum_{s=1}^{3N}\frac{\partial \dot{x}_j}{\partial \dot{u}_s}\delta_s^C\\ &=\sum_{s=1}^{3N}\left(\sum_{j=1}^{3N}\frac{\partial \varphi_r}{\partial \dot{x}_j}\frac{\partial \dot{x}_j}{\partial \dot{u}_s}\right)\delta_s^C=\sum_{s=1}^{3N}\frac{\partial \Phi_r}{\partial \dot{u}_s}\delta_s^C=0.\end{aligned}\tag{1.39}$$

当变换用(1.38)式时,我们有

$$\begin{aligned}0&=\sum_{s=1}^{3N}\frac{\partial \Phi_r}{\partial \dot{u}_s}\delta_s^C=\sum_{s=1}^{3N}\frac{\partial \Phi_r}{\partial \dot{u}_s}\sum_{j=1}^{3N}\frac{\partial u_s}{\partial x_j}\delta_j^X\\ &=\sum_{s=1}^{3N}\frac{\partial \Phi_r}{\partial \dot{u}_s}\sum_{j=1}^{3N}\frac{\partial \dot{u}_s}{\partial \dot{x}_j}\delta_j^X=\sum_{j=1}^{3N}\left(\sum_{s=1}^{3N}\frac{\partial \Phi_r}{\partial \dot{u}_s}\frac{\partial \dot{u}_s}{\partial \dot{x}_j}\right)\delta_j^X\\ &=\sum_{j=1}^{3N}\frac{\partial \varphi_r}{\partial \dot{x}_j}\delta_j^X.\end{aligned}\tag{1.40}$$

(1.39)和(1.40)式都证明,变换后的微变空间$\{\boldsymbol{\delta}^X=[\delta_1^X,\delta_2^X,\cdots,\delta_{3N}^X]^{\mathrm{T}}\}$确实满足 X 空间里约束所生成的限制方程,因而它确是 X 空间里的约束微变空间,记为 ε^X.

在假定约束组(1.1)中有一个几何约束组(1.5)情况下,根据 2.1.2 小节中的分析,已知前 d 个约束在 X 空间里的表达式为

$$x_1=c_1,\quad x_2=c_2,\quad \cdots,\quad x_d=c_d,$$

因而有

$$\varphi_r=\dot{x}_r=0,\quad r=1,2,\cdots,d.\tag{1.41}$$

根据 X 空间的约束限制方程,可知

$$\sum_{j=1}^{3N}\frac{\partial \varphi_r}{\partial \dot{x}_j}\delta_j^X=\delta_r^X=0,\quad r=1,2,\cdots,d.\tag{1.42}$$

由此可见,在目前的情况下,X 空间里约束微变空间的元素 $\boldsymbol{\delta}^X$ 具有如下的特征

$$\boldsymbol{\delta}^X=[0,0,\cdots,0,\delta_{d+1}^X,\delta_{d+2}^X,\cdots,\delta_{3N}^X]^{\mathrm{T}},$$

其中至多有 $3N-d=n$ 个非零微变分量.这 n 个微变分量应满足 $K-d$ 个限制方程

$$\sum_{j=d+1}^{3N}\frac{\partial \varphi_r}{\partial \dot{x}_j}\delta_j^X=0,\quad r=d+1,d+2,\cdots,K.\tag{1.43}$$

对这 n 个微变分量引用(1.15)式的记号,有

$$[\delta_{d+1}^X,\delta_{d+2}^X,\cdots,\delta_{3N}^X]^{\mathrm{T}}=[\delta_1^q,\delta_2^q,\cdots,\delta_n^q]^{\mathrm{T}},\tag{1.44}$$

并称 $\boldsymbol{\delta}^q=[\delta_1^q,\delta_2^q,\cdots,\delta_n^q]^{\mathrm{T}}$ 组成的空间为广义坐标微变空间,记为 ε^q,则其元素应满足的限制方程(1.43)可写成为

$$\sum_{i=1}^{n}\frac{\partial \varphi_r}{\partial \dot{q}_i}\delta_i^q=0,\quad r=d+1,d+2,\cdots,K.\tag{1.45}$$

(1.45)这 $K-d$ 个限制方程可分为两组,一组是由线性约束(1.31)式产生的,为

$$\sum_{i=1}^{n} B_{ri}\delta_i^q = 0, \quad r = 1,2,\cdots,g; \tag{1.46}$$

另一组是由一般性的一阶约束(1.34)产生的,为

$$\sum_{i=1}^{n} \frac{\partial \varphi_r}{\partial \dot{q}_i}\delta_i^q = 0, \quad r = L+1, L+2,\cdots,K. \tag{1.47}$$

此时,ε^C 和 ε^q 之间的变换关系可直接由(1.38)式简化得到

$$\delta_s^C = \sum_{i=1}^{n} \frac{\partial u_s}{\partial q_i}\delta_i^q, \quad s = 1,2,\cdots,3N, \tag{1.48}$$

其中 u_s 和 q_i 的关系式就是 C 空间到 C^q 空间的变换式

$$u_s = u_s(q_1, q_2, \cdots, q_n, t), \quad s = 1,2,\cdots,3N.$$

2.1.6 完整系统的虚位移,虚速度与等时变分

这里考虑系统仅有几何约束组(1.5)的情形.这时,系统有以下特点:(1) 系统是完整的,因此它的约束微变性质完全可以应用§1.3中讨论的结果.这时约束微变空间成为虚位移空间;(2) 当应用空间 C 到空间 C^q 的变换式(1.21)之后,没有附加约束.

以下证明,在这种情况下,虚位移 $\delta_v u_s$ 可以由广义坐标的等时变分来形成.注意到引入广义坐标的变换式(1.21)

$$u_s = u_s(q_1, q_2, \cdots, q_n, t), \quad s = 1,2,\cdots,3N.$$

可以得到可能位移的表达式

$$\mathrm{d}u_s = \sum_{i=1}^{n} \frac{\partial u_s}{\partial q_i}\mathrm{d}q_i + \frac{\partial u_s}{\partial t}\mathrm{d}t, \quad s = 1,2,\cdots,3N. \tag{1.49}$$

按照虚位移的定义,从同一给定时刻,同一给定位形作两组在同样时间间隔内完成的可能位移

$$\begin{cases} \mathrm{d}u_s' = \sum_{i=1}^{n} \frac{\partial u_s}{\partial q_i}\mathrm{d}q_i' + \frac{\partial u_s}{\partial t}\mathrm{d}t, \\ \mathrm{d}u_s'' = \sum_{i=1}^{n} \frac{\partial u_s}{\partial q_i}\mathrm{d}q_i'' + \frac{\partial u_s}{\partial t}\mathrm{d}t. \end{cases} \tag{1.50}$$

相减之后,得到虚位移

$$\delta_v u_s = \sum_{i=1}^{n} \frac{\partial u_s}{\partial q_i}(\mathrm{d}q_i' - \mathrm{d}q_i''), \quad s = 1,2,\cdots,3N. \tag{1.51}$$

其中 $\mathrm{d}q_i' - \mathrm{d}q_i''$ 是两组在相等时间间隔内完成的广义坐标可能变更之差(见图2.3),称之为**广义坐标的等时变分**,并记为 δq_i,从而得到

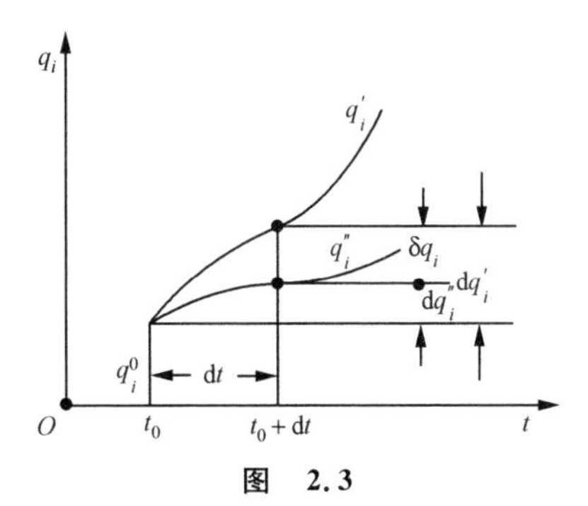

图 2.3

$$\delta_{\mathrm{v}} u_s = \sum_{i=1}^{n} \frac{\partial u_s}{\partial q_i} \delta q_i, \quad s = 1,2,\cdots,3N. \tag{1.52}$$

比较(1.52)和(1.21)式,可以看到,虚位移 $\delta_{\mathrm{v}} u_s$ 可以通过将广义坐标和位形坐标之间的变换公式中的时间 t“冻结”之后,让 $q_1, q_2, \cdots, q_n$ 作等时变分所得到的函数变分来表达.这个函数变分称为 u_s 的等时变分,并记为 δu_s,即有

$$\delta_{\mathrm{v}} u_s = \delta u_s = \sum_{i=1}^{n} \frac{\partial u_s}{\partial q_i} \delta q_i, \quad s = 1,2,\cdots,3N. \tag{1.53}$$

比较(1.52)和(1.48)式,可知 $\delta_{\mathrm{v}} u_s$ 对应着 δ_s^C,δq_i 对应着 δ_i^q,但 $\delta_{\mathrm{v}} u_s$,δq_i 仅适用于这里讨论的完整系统(至多可扩充到一阶线性约束系统),而微变空间分量 δ_s^C,δ_i^q 的含义可适应更广泛的约束.

以下我们来讨论广义速度的等时变分以及广义坐标的 $\mathrm{d}\delta$ 交换性问题.根据 1.3.5 小节中的定理,对于完整系统,我们已经证明对位移有 $\mathrm{d}\delta$ 交换性,即

$$\frac{\mathrm{d}}{\mathrm{d}t}(\delta u_s) - \delta \dot{u}_s = 0, \quad s = 1,2,\cdots,3N. \tag{1.54}$$

注意到(1.53)式,有

$$\begin{aligned}\frac{\mathrm{d}}{\mathrm{d}t}(\delta u_s) &= \frac{\mathrm{d}}{\mathrm{d}t}\left(\sum_{i=1}^{n} \frac{\partial u_s}{\partial q_i} \delta q_i\right) \\ &= \sum_{i=1}^{n}\sum_{k=1}^{n} \frac{\partial^2 u_s}{\partial q_i \partial q_k} \dot{q}_k \delta q_i + \sum_{i=1}^{n} \frac{\partial^2 u_s}{\partial q_i \partial t} \delta q_i + \sum_{i=1}^{n} \frac{\partial u_s}{\partial q_i} \frac{\mathrm{d}}{\mathrm{d}t}(\delta q_i).\end{aligned}$$

根据(1.22)式,又有

$$\begin{aligned}\delta \dot{u}_s &= \delta\left(\sum_{k=1}^{n} \frac{\partial u_s}{\partial q_k} \dot{q}_k + \frac{\partial u_s}{\partial t}\right) \\ &= \sum_{i=1}^{n}\sum_{k=1}^{n} \frac{\partial^2 u_s}{\partial q_i \partial q_k} \dot{q}_k \delta q_i + \sum_{k=1}^{n} \frac{\partial u_s}{\partial q_k} \delta \dot{q}_k + \sum_{k=1}^{n} \frac{\partial^2 u_s}{\partial q_k \partial t} \delta q_k,\end{aligned}$$

从而得到

$$\frac{\mathrm{d}}{\mathrm{d}t}(\delta u_s) - \delta \dot{u}_s = \sum_{i=1}^{n} \frac{\partial u_s}{\partial q_i}\left[\frac{\mathrm{d}}{\mathrm{d}t}(\delta q_i) - \delta \dot{q}_i\right] = 0, \quad s = 1,2,\cdots,3N. \tag{1.55}$$

注意到$[J_q]$矩阵的缺秩为零,因此从上述 $3N$ 个方程中总可以找到 n 个,使它的系统行列式不为零.由此可见,有

$$\frac{\mathrm{d}}{\mathrm{d}t}(\delta q_i) - \delta \dot{q}_i = 0, \quad i = 1,2,\cdots,n,$$

亦即

$$\delta \dot{q}_i = \frac{\mathrm{d}}{\mathrm{d}t}(\delta q_i), \quad i = 1,2,\cdots,n. \tag{1.56}$$

这就证明了,就完整系统而言,它的所有广义坐标均具有 $\mathrm{d}\delta$ 交换性.

2.1.7 一些重要的数目,自由度

在受约束质点系的以上描述中,应注意一些重要的数目:

N——质点系质点的个数.

$3N$——描述质点系位形的 Descartes 坐标分量个数.

d——系统所受的独立的几何约束个数.

$n=3N-d$——在上述几何约束作用下可达位形空间维数;描述上述可达位形空间的独立参数个数;亦即广义坐标个数.

g——广义坐标空间附加的一阶线性约束个数.

记 $d+g=L$,并记系统上独立约束的总数为 K,则:

$K-L$——广义坐标空间附加的一般性一阶约束的个数.

l——广义坐标微变空间 ε^q 独立的限制方程个数,亦即 K 个约束中除 d 个几何约束外,剩下的独立约束个数.

$\mu=n-l$——广义坐标微变空间 ε^q 独立微变分量的个数;线性约束条件下,独立虚位移的数目;亦称为系统的自由度.

如果所研究的系统是完整系统,那么附加约束的个数为零,亦即 $l=0$,从而 $\mu=n$. 这就是说,系统的自由度和广义坐标个数一致. 在非完整系统里,由于存在着非完整的附加约束,而可达空间维数可能不会因这些非完整约束而降低,广义坐标的个数也就不能减少. 此时自由度就要小于广义坐标的个数了.

2.1.8 多余坐标

在实际选择某些参数来描述系统的可达位形的时候,会出现选择的参数个数超过可达区域维数的情况. 这时有两种不同的情形.

1. 第一种情形

此时被选择用来描述系统位形的参数实际上并不是相互独立的,而是有某些关系式存在. 如为描述图 2.4 所示机构中 P 点的位置,则描述参数可以选择为:

(1) P 点的 Descartes 坐标 x,y;

(2) 决定机构位形的角度,例如 $\varphi_1,\varphi_2,\varphi_3$. 显然,机构位置决定了,$P$ 点的位置也就决定了.

但是,无论是上述的哪一种选择,参数的个数都超过了系统可达位形空间的维数. 因为这个机构的可达空间是一维的:在确定 φ_1 之后,满足机构约束的 P 点位置有分离的两支(见图 2.5),我们可规定任取一支. 以选择 $\varphi_1,\varphi_2,\varphi_3$ 作描述参数为例,此时机构的约束条件决定 $\varphi_1,\varphi_2,\varphi_3$ 之间有如下的关系式:

$$\begin{cases}F_1 = a_1\cos\varphi_1 + a_2\cos\varphi_2 + a_3\cos\varphi_3 - d = 0,\\ F_2 = a_1\sin\varphi_1 + a_2\sin\varphi_2 - a_3\sin\varphi_3 = 0.\end{cases} \tag{1.57}$$

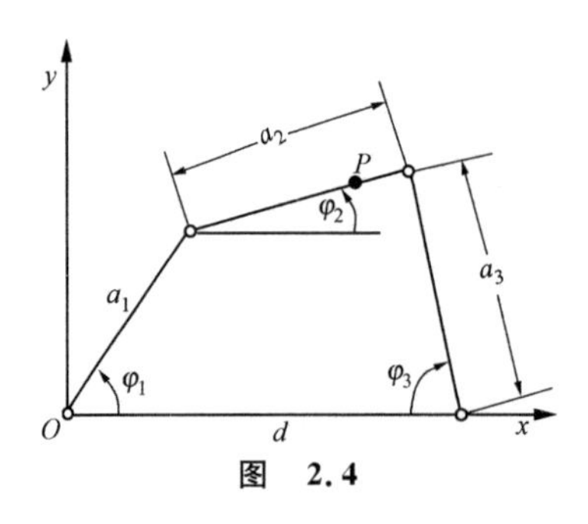

图　2.4

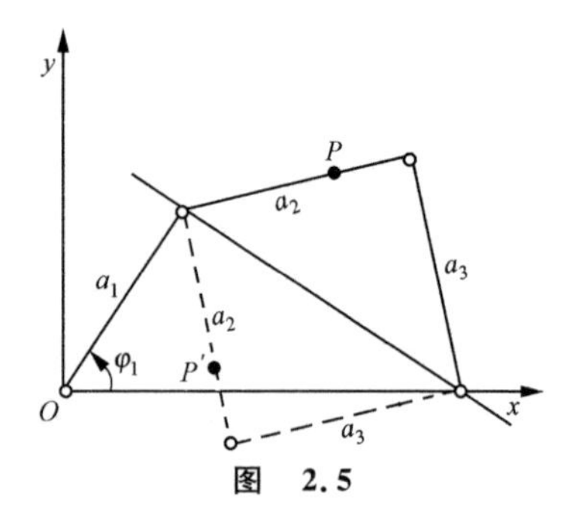

图　2.5

注意到

$$
\begin{cases}
\dfrac{\mathrm{D}(F_1,F_2)}{\mathrm{D}(\varphi_1,\varphi_2)} = a_1a_2(\cos\varphi_1\sin\varphi_2 - \sin\varphi_1\cos\varphi_2), \\
\dfrac{\mathrm{D}(F_1,F_2)}{\mathrm{D}(\varphi_2,\varphi_3)} = a_2a_3(\sin\varphi_2\cos\varphi_3 + \cos\varphi_2\sin\varphi_3),
\end{cases}
\tag{1.58}
$$

因此

$$
\frac{\mathrm{D}(F_1,F_2)}{\mathrm{D}(\varphi_1,\varphi_2)},\quad \frac{\mathrm{D}(F_1,F_2)}{\mathrm{D}(\varphi_2,\varphi_3)}
$$

一般不同时为零. 这样,由关系式(1.57)总可以解出

$$
\varphi_1 = g_1(\varphi_3),\quad \varphi_2 = g_2(\varphi_3),
\tag{1.59}
$$

如果 $\mathrm{D}(F_1,F_2)/\mathrm{D}(\varphi_1,\varphi_2)\neq 0$ 的话;或者解出

$$
\varphi_2 = f_2(\varphi_1),\quad \varphi_3 = f_3(\varphi_1),
\tag{1.60}
$$

如果有 $\mathrm{D}(F_1,F_2)/\mathrm{D}(\varphi_2,\varphi_3)\neq 0$ 的话. 这样,真正独立的参数(广义坐标)可以选择为 φ_1 或者为 φ_3. 但由于解出的 g_1,g_2 或 f_2,f_3 相当复杂,应用起来不甚方便. 在某些研究中,仍可以选用这三个参数 $\varphi_1,\varphi_2,\varphi_3$ 作为坐标参数,但考虑它们有两个完整的约束关系式(1.57)存在. 这种坐标个数多于可达区域维数而又附加约束的情况就叫做有**多余坐标**.

2. 第二种情形

描述系统可达位形的参数和系统可达位形之间的关系本质上不是一一对应的. 这时描述的参数个数虽然多于可达位形空间的维数,但这些参数之间却没有类似于第一种情形中那样的约束关系式存在.

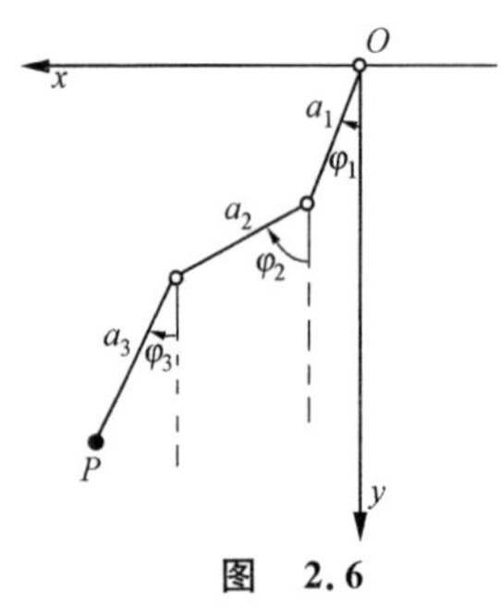

图　2.6

参见图 2.6 所示的例子. 我们要求的是描述 P 点的位置. 显然,描述的参数可以用 P 点的 Descartes 坐标 x,y,但也可以用三截摆杆和垂直线的夹角 $\varphi_1,\varphi_2,\varphi_3$ 来描述. 用参数 $\varphi_1,\varphi_2,\varphi_3$ 表达 P 点 Descartes 坐标的关系式为

$$\begin{cases} x = a_1\sin\varphi_1 + a_2\sin\varphi_2 + a_3\sin\varphi_3, \\ y = a_1\cos\varphi_1 + a_2\cos\varphi_2 + a_3\cos\varphi_3. \end{cases} \tag{1.61}$$

描述 P 点位形的可达空间维数显然是 2，但描述参数个数是 3，那么，是否在 $\varphi_1,\varphi_2,\varphi_3$ 之间存在着类似于完整约束的关系式呢？我们来说明，这样的关系式并不存在.实际上，如果这种关系式存在，则相当于 $\varphi_1,\varphi_2,\varphi_3$ 的取值只能落在某一约束曲面上.这样，给定了 $\varphi_1,\varphi_2,\varphi_3$ 中的两个参数之值后，第三个参数之值应该相应地确定.但在本例中，$\varphi_1,\varphi_2,\varphi_3$ 这三个参数取值完全可以自由.由此可见，上述的约束关系式并不存在.出现这种情况的数学含义是：

一组 $\varphi_1,\varphi_2,\varphi_3$ 的数值，对应一组确定的 x,y 位形；但反过来，一组确定的 x^0，y^0 位形，有多少个 $\varphi_1,\varphi_2,\varphi_3$ 数值和它相对应呢？此时必须满足

$$\sum_{i=1}^{3} a_i\sin\varphi_i = x^0,\quad \sum_{i=1}^{3} a_i\cos\varphi_i = y^0. \tag{1.62}$$

关系式(1.62)在 x^0,y^0 为确定数值时，在 $\varphi_1,\varphi_2,\varphi_3$ 参数空间里形成两张曲面.两者的交线记为 c^0.很明显，参数空间里的这整个曲线 c^0 都对应着系统的同一个位形 x^0,y^0.这正是描述参数和系统位形之间不是一一对应的情况.这种描述参数可以称之为**多值对应参数**.

为了克服这种不是一一对应的缺陷，可以人为地引入一张约束曲面，比如可选为

$$f(\varphi_1,\varphi_2,\varphi_3) = 0. \tag{1.63}$$

这样，即可克服变换关系之间的非单值性.引进了约束关系式(1.63)之后，多值对应参数就转化为类似于第一种情形的有多余坐标的描述.

$f(\varphi_1,\varphi_2,\varphi_3)=0$ 的选择是自由的，只要它不包含任何一条 c^0 曲线.

§ 2.2 第二类 Lagrange 方程

2.2.1 动能

考虑 N 个质点组成的系统.质点组相对于产生 $[u_1,u_2,\cdots,u_{3N}]^{\mathrm{T}}$ 的 Descartes 标架系统的动能是标量 T，定义为

$$T = \sum_{s=1}^{3N} \frac{1}{2}m_s\dot{u}_s^2. \tag{2.1}$$

假定系统受有如(1.1)式一样的约束.在按§2.1中对约束进行分类之后，变换到广义坐标空间中去：

$$u_s = u_s(q_1,q_2,\cdots,q_n,t),\quad s = 1,2,\cdots,3N, \tag{2.2}$$

从而

$$\begin{aligned} T &= \sum_{s=1}^{3N} \frac{1}{2} m_s \left(\sum_{i=1}^{n} \frac{\partial u_s}{\partial q_i} \dot{q}_i + \frac{\partial u_s}{\partial t} \right)^2 \\ &= \frac{1}{2} \sum_{i=1}^{n} \sum_{j=1}^{n} \left(\sum_{s=1}^{3N} m_s \frac{\partial u_s}{\partial q_i} \frac{\partial u_s}{\partial q_j} \right) \dot{q}_i \dot{q}_j \\ &\quad + \sum_{i=1}^{n} \left(\sum_{s=1}^{3N} m_s \frac{\partial u_s}{\partial q_i} \frac{\partial u_s}{\partial t} \right) \dot{q}_i + \sum_{s=1}^{3N} \frac{1}{2} m_s \left(\frac{\partial u_s}{\partial t} \right)^2 \\ &= \frac{1}{2} \sum_{i=1}^{n} \sum_{j=1}^{n} a_{ij} \dot{q}_i \dot{q}_j + \sum_{i=1}^{n} b_i \dot{q}_i + c, \end{aligned} \tag{2.3}$$

其中

$$a_{ij} = a_{ji} = \sum_{s=1}^{3N} m_s \frac{\partial u_s}{\partial q_i} \frac{\partial u_s}{\partial q_j}, \tag{2.4}$$

$$b_i = \sum_{s=1}^{3N} m_s \frac{\partial u_s}{\partial q_i} \frac{\partial u_s}{\partial t}, \tag{2.5}$$

$$c = \frac{1}{2} \sum_{s=1}^{3N} m_s \left(\frac{\partial u_s}{\partial t} \right)^2. \tag{2.6}$$

今后我们记

$$T_2 = \frac{1}{2} \sum_{i=1}^{n} \sum_{j=1}^{n} a_{ij} \dot{q}_i \dot{q}_j, \tag{2.7}$$

$$T_1 = \sum_{i=1}^{n} b_i \dot{q}_i, \tag{2.8}$$

$$T_0 = c, \tag{2.9}$$

其中 T_2 是广义速度$[\dot{q}_1, \dot{q}_2, \cdots, \dot{q}_n]^{\mathrm{T}}$ 的齐二次式，系数矩阵$[a_{ij}]$是实对称的，T_1 是广义速度的齐一次式，T_0 是广义速度的齐零次式.

可以证明，T_2 是广义速度$[\dot{q}_1, \dot{q}_2, \cdots, \dot{q}_n]^{\mathrm{T}}$ 的正定二次型. 实际上，因为

$$T_2 = \sum_{s=1}^{3N} \frac{1}{2} m_s \left(\sum_{i=1}^{n} \frac{\partial u_s}{\partial q_i} \dot{q}_i \right)^2, \quad s = 1, 2, \cdots, 3N, \tag{2.10}$$

故由 $m_s > 0$ 先可推知 $T_2 \geqslant 0$. 现再证明，当且仅当 $\dot{q}_1 = \dot{q}_2 = \cdots = \dot{q}_n = 0$ 时，T_2 才等于零. 实际上，从(2.10)式可知，当且仅当

$$\sum_{i=1}^{n} \frac{\partial u_s}{\partial q_i} \dot{q}_i = 0, \quad s = 1, 2, \cdots, 3N \tag{2.11}$$

全成立时，T_2 才等于零. 注意到广义坐标变换的 Jacobi 阵

$$[J_{\boldsymbol{q}}] = \frac{\partial(u_1, u_2, \cdots, u_{3N})}{\partial(q_1, q_2, \cdots, q_n)}$$

的缺秩为零①，因此一定能找到 $u_{i_1}, u_{i_2}, \cdots, u_{i_n}$，使

① 应该记住，这一性质在奇点处并不成立.

$$\frac{D(u_{i_1}, u_{i_2}, \cdots, u_{i_n})}{D(q_1, q_2, \cdots, q_n)} \neq 0. \tag{2.12}$$

这样,结合方程(2.11)和(2.12)可以肯定,$\dot{q}_1=\dot{q}_2=\cdots=\dot{q}_n=0$ 是 $T_2=0$ 的充要条件. 既然 T_2 是 $\dot{q}_1, \dot{q}_2, \cdots, \dot{q}_n$ 的正定二次型,根据代数上的已知定理,可以断定矩阵

$$[a_{ij}] = \begin{bmatrix} a_{11} & a_{12} & \cdots & a_{1n} \\ a_{21} & a_{22} & \cdots & a_{2n} \\ \vdots & \vdots & & \vdots \\ a_{n1} & a_{n2} & \cdots & a_{nn} \end{bmatrix} \tag{2.13}$$

的所有主子式均大于零.

当系统的几何约束组全为定常时,我们称系统为**定常系统**. 对于定常系统,我们可以选择到广义坐标,使变换式(2.2)不显含时间 t,亦即有①

$$\frac{\partial u_s}{\partial t} = 0, \quad s = 1, 2, \cdots, 3N. \tag{2.14}$$

从而有

$$T_1 = T_0 = 0, \quad \frac{\partial T_2}{\partial t} = 0. \tag{2.15}$$

于是

$$T = T_2 = \frac{1}{2}\sum_{i=1}^{n}\sum_{j=1}^{n} a_{ij}\dot{q}_i\dot{q}_j.$$

亦即对于定常系统,动能是广义速度的正定二次型.

应该说明,有时系统虽不满足(2.14)式,但其动能 T 仍可能不显含时间 t. 有人称此种系统为**半定常系统**.

2.2.2 动力学基本方程与 Lagrange 基本方程

考虑 N 个质点组成的系统,受到如(1.1)式一样的约束. 假定其生成$[u_1, u_2, \cdots, u_{3N}]^{\mathrm{T}}$ 的 Descartes 坐标系为惯性坐标系. 根据 1.5.7 小节中的研究,此系统有第一类 Lagrange 方程成立

$$m_s\ddot{u}_s = F_s + R_s^* + \tilde{R}_s, \quad s = 1, 2, \cdots, 3N, \tag{2.16}$$

其中$[R_1^*, R_2^*, \cdots, R_{3N}^*]^{\mathrm{T}}$ 为理想约束力系,$[\tilde{R}_1, \tilde{R}_2, \cdots, \tilde{R}_{3N}]^{\mathrm{T}}$ 为非理想约束力系,将方程(2.16)改写成为

$$R_s^* = m_s\ddot{u}_s - F_s - \tilde{R}_s, \quad s = 1, 2, \cdots, 3N. \tag{2.17}$$

代入理想力系的条件,有

---

① 对于定常系统,以后不加声明,都是这样地选取广义坐标.

$$\sum_{s=1}^{3N} R_s^* \delta_s^C = \sum_{s=1}^{3N} (m_s \ddot{u}_s - F_s - \widetilde{R}_s) \delta_s^C = 0. \tag{2.18}$$

方程(2.18)就是适用于包括一阶非线性非完整系统在内的分析动力学普遍原理下的动力学基本方程,其中$[\delta_1^C, \delta_2^C, \cdots, \delta_{3N}^C]^{\mathrm{T}}$是 Descartes 位形空间 C 中的约束微变空间元素.在假定系统的约束是完全理想的时候,应该有 $\widetilde{R}_s = 0 (s = 1, 2, \cdots, 3N)$,此时动力学基本方程简化为

$$\sum_{s=1}^{3N} (m_s \ddot{u}_s - F_s) \delta_s^C = 0. \tag{2.19}$$

如果称下述矢量为 d'Alembert 动力学矢量:

$$\boldsymbol{F}_{\mathrm{d}} = [F_1 - m_1 \ddot{u}_1, F_2 - m_2 \ddot{u}_2, \cdots, F_{3N} - m_{3N} \ddot{u}_{3N}]^{\mathrm{T}}.$$

而 $\boldsymbol{\delta}^C$ 是空间 C 内约束微变空间的任一矢量,那么分析动力学普遍原理下的动力学基本方程可以表述为

$$\boldsymbol{F}_{\mathrm{d}} \cdot \boldsymbol{\delta}^C = 0.$$

也就是说,动力学基本方程的几何意义是:d'Alembert 动力学矢量和约束微变空间恒直交.

在研究高阶约束的动力学系统时,如果约束是理想的,那么分析动力学普遍原理的以上表述仍可以使用.

动力学基本方程如上表述的好处是:(1) 用一个方程就能概括整个动力学;(2) 这个方程几何意义明确;(3) 能适应各种坐标变换,而得到具有不变性的动力学算子,即 Euler-Lagrange 算子.

如果我们的研究局限在一阶线性约束系统,根据 1.4.4 小节中的分析,空间 ε^C 和虚位移空间 ε^{v} 一致.此时普遍原理的动力学方程(2.19)可写成为 d'Alembert-Lagrange 原理下的动力学基本方程

$$\sum_{s=1}^{3N} (F_s - m_s \ddot{u}_s) \delta_{\mathrm{v}} u_s = 0,$$

亦即

$$\boldsymbol{F}_{\mathrm{d}} \cdot \boldsymbol{\delta}^{\mathrm{v}} = 0,$$

其中 $\boldsymbol{\delta}^{\mathrm{v}} = [\delta_{\mathrm{v}} u_1, \delta_{\mathrm{v}} u_2, \cdots, \delta_{\mathrm{v}} u_{3N}]^{\mathrm{T}}$ 是系统虚位移空间 ε^{v} 的任一元素.

Lagrange 力学按如下方式来变换动力学基本方程:假定系统的约束当中有一个完整组:d 个独立的几何约束.按广义坐标理论,引入广义坐标 $q_1, q_2, \cdots, q_n (n = 3N - d)$,变换到广义坐标空间 C^q 之后,我们有

$$\delta_s^C = \sum_{i=1}^{3N} \frac{\partial u_s}{\partial q_i} \delta_i^q, \quad s = 1, 2, \cdots, 3N. \tag{2.20}$$

代入到动力学基本方程(2.18),有

$$\sum_{s=1}^{3N} (m_s \ddot{u}_s - F_s - \widetilde{R}_s) \sum_{i=1}^{n} \frac{\partial u_s}{\partial q_i} \delta_i^q = 0,$$

亦即

$$\sum_{i=1}^{n}\Big(\sum_{s=1}^{3N}m_s\ddot{u}_s\frac{\partial u_s}{\partial q_i}-\sum_{s=1}^{3N}F_s\frac{\partial u_s}{\partial q_i}-\sum_{s=1}^{3N}\widetilde{R}_s\frac{\partial u_s}{\partial q_i}\Big)\delta_i^q=0. \tag{2.21}$$

注意到

$$\sum_{s=1}^{3N}m_s\ddot{u}_s\frac{\partial u_s}{\partial q_i}=\sum_{s=1}^{3N}m_s\Big[\frac{\mathrm{d}}{\mathrm{d}t}\Big(\dot{u}_s\frac{\partial u_s}{\partial q_i}\Big)-\dot{u}_s\frac{\mathrm{d}}{\mathrm{d}t}\Big(\frac{\partial u_s}{\partial q_i}\Big)\Big]$$

及关系式(1.23)和(1.24),则有

$$\begin{aligned}\sum_{s=1}^{3N}m_s\ddot{u}_s\frac{\partial u_s}{\partial q_i}&=\sum_{s=1}^{3N}m_s\Big[\frac{\mathrm{d}}{\mathrm{d}t}\Big(\dot{u}_s\frac{\partial \dot{u}_s}{\partial \dot{q}_i}\Big)-\dot{u}_s\frac{\partial \dot{u}_s}{\partial q_i}\Big]\\&=\frac{\mathrm{d}}{\mathrm{d}t}\Big(\sum_{s=1}^{3N}m_s\dot{u}_s\frac{\partial \dot{u}_s}{\partial q_i}\Big)-\sum_{s=1}^{3N}m_s\dot{u}_s\frac{\partial \dot{u}_s}{\partial q_i}\\&=\frac{\mathrm{d}}{\mathrm{d}t}\Big(\frac{\partial T}{\partial \dot{q}_i}\Big)-\frac{\partial T}{\partial q_i}.\end{aligned} \tag{2.22}$$

记

$$Q_i=\sum_{s=1}^{3N}F_s\frac{\partial u_s}{\partial q_i},\quad i=1,2,\cdots,n, \tag{2.23}$$

$$P_i=\sum_{s=1}^{3N}\widetilde{R}_s\frac{\partial u_s}{\partial q_i},\quad i=1,2,\cdots,n. \tag{2.24}$$

则动力学基本方程(2.18)变换成为

$$\sum_{i=1}^{n}\Big[\frac{\mathrm{d}}{\mathrm{d}t}\Big(\frac{\partial T}{\partial \dot{q}_i}\Big)-\frac{\partial T}{\partial q_i}-Q_i-P_i\Big]\delta_i^q=0. \tag{2.25}$$

即用广义坐标表达的动力学基本方程,称之为 **Lagrange 力学基本方程**. 如果称下述矢量为 **Lagrange 动力学矢量**:

$$\boldsymbol{F}_{\mathrm{L}}=\Big[Q_1+P_1-\frac{\mathrm{d}}{\mathrm{d}t}\Big(\frac{\partial T}{\partial \dot{q}_1}\Big)+\frac{\partial T}{\partial q_1},\cdots,Q_n+P_n-\frac{\mathrm{d}}{\mathrm{d}t}\Big(\frac{\partial T}{\partial \dot{q}_n}\Big)+\frac{\partial T}{\partial q_n}\Big]^{\mathrm{T}},$$

而 $\boldsymbol{\delta}^q=[\delta_1^q,\delta_2^q,\cdots,\delta_n^q]^{\mathrm{T}}$ 为广义坐标约束微变空间 ε^q 的任一矢量,那么方程(2.25)可表达为

$$\boldsymbol{F}_{\mathrm{L}}\cdot\boldsymbol{\delta}^q=0.$$

这就是说,Lagrange 力学基本方程的几何意义是:Lagrange 动力学矢量和广义坐标约束微变空间恒直交.

2.2.3 第二类 Lagrange 方程

当质点系的描述从空间 C 变换到空间 C^q 之后,已知的几何约束组被自动满足,而不对广义坐标及其微变空间有任何限制. 其余的约束也转换到广义坐标空间,不失一般性,可假定这些相互独立的约束为:一阶线性约束组

$$\sum_{i=1}^{n} B_{ri}(q_1,\cdots,q_n,t)\dot{q}_i + B_r(q_1,\cdots,q_n,t) = 0,$$
$$r = 1,2,\cdots,g. \tag{2.26}$$

及一般性的一阶约束组

$$\varphi_r(q_1,\cdots,q_n,\dot{q}_1,\cdots,\dot{q}_n,t) = 0, \quad r = g+1,\cdots,g+h. \tag{2.27}$$

根据微变空间的理论,两组约束(2.26)及(2.27)对微变空间 ε^q 的元素 $\boldsymbol{\delta}^q = [\delta_1^q, \delta_2^q,\cdots,\delta_n^q]^{\mathrm{T}}$ 产生了相应的限制方程为

$$\sum_{i=1}^{n} B_{ri}(q_1,\cdots,q_n,t)\delta_i^q = 0, \quad r = 1,2,\cdots,g \tag{2.28}$$

及

$$\sum_{i=1}^{n} \frac{\partial \varphi_r}{\partial \dot{q}_i}\delta_i^q = 0, \quad r = g+1,\cdots,g+h. \tag{2.29}$$

根据附加约束的相互独立性,方程组(2.28)与(2.29)的系数矩阵缺秩应为零.我们注意到,Lagrange 基本方程在此地之所以不能得到分离的动力学微分方程,就是因为有了(2.28)与(2.29)这两组限制方程,使得微变分量 $\delta_1^q,\delta_2^q,\cdots,\delta_n^q$ 并不是各自独立的.为了将 Lagrange 基本方程变换到微变空间 ε^q 的一组独立基上去,可以使用熟知的 Lagrange 未定乘子法.我们引入 $g+h$ 个未定乘子:$\lambda_1,\lambda_2,\cdots,\lambda_g,\lambda_{g+1},\lambda_{g+2},\cdots,\lambda_{g+h}$,使微变空间 ε^q 的限制方程(2.28)和(2.29)和 Lagrange 基本方程(2.25)相结合,成为

$$\sum_{i=1}^{n}\left(\frac{\mathrm{d}}{\mathrm{d}t}\frac{\partial T}{\partial \dot{q}_i} - \frac{\partial T}{\partial q_i} - Q_i - P_i - \sum_{r=1}^{g}\lambda_r B_{ri} - \sum_{r=g+1}^{g+h}\lambda_r \frac{\partial \varphi_r}{\partial \dot{q}_i}\right)\delta_i^q = 0. \tag{2.30}$$

对方程(2.30)使用 Lagrange 乘子的论证:选择 $\lambda_1,\lambda_2,\cdots,\lambda_{g+h}$ 这些乘子,使方程(2.30)中,$\delta_1^q,\delta_2^q,\cdots,\delta_n^q$ 等 n 个分量由于附加限制方程(2.28)和(2.29)产生的 $g+h$ 个非独立项的系数为零.根据方程组(2.28)和(2.29)系数矩阵缺秩为零的性质,这种选择一定能够达到.然后,由于其余各微变分量是独立的,由方程(2.30),其系数也应为零.故得到

$$\frac{\mathrm{d}}{\mathrm{d}t}\frac{\partial T}{\partial \dot{q}_i} - \frac{\partial T}{\partial q_i} = Q_i + P_i + \sum_{r=1}^{g}\lambda_r B_{ri} + \sum_{r=g+1}^{g+h}\lambda_r \frac{\partial \varphi_r}{\partial \dot{q}_i},$$
$$i = 1,2,\cdots,n. \tag{2.31}$$

这就是**第二类 Lagrange 方程**.这个方程组与约束组(2.26)和(2.27)在一起,构成了质点系以广义坐标 $q_1,q_2,\cdots,q_n$ 以及未定乘子 $\lambda_1,\lambda_2,\cdots,\lambda_{g+h}$ 为变量的封闭动力学方程组①.第二类 Lagrange 方程是力学系统在最一般意义的广义坐标描述下的动力学方程.从上述推导中我们也可以看出,这个方程组的形式对各种不同的广义

① 假定 P_i 可表示为这些变量及时间 t 的表达式.

坐标来说是统一的,具有不变性.

当质点系为完整的时候,第二类 Lagrange 方程成为

$$\frac{\mathrm{d}}{\mathrm{d}t}\frac{\partial T}{\partial \dot{q}_i}-\frac{\partial T}{\partial q_i}=Q_i+P_i,\quad i=1,2,\cdots,n. \tag{2.32}$$

以这个方程组为基础,对力学系统的动力学特征进行研究,是 Lagrange 力学的主要内容.更进一步,考虑有 $\sum_{r=1}^{g}\lambda_r B_{ri}$ 项的系统,是线性非完整系统的动力学.考虑有 $\sum_{r=g+1}^{g+h}\lambda_r\frac{\partial\varphi_r}{\partial\dot{q}_i}$ 项的系统,则是非线性非完整系统的动力学.

2.2.4 广义力

考虑理想的完整系统的动力学,其动力学方程为

$$\frac{\mathrm{d}}{\mathrm{d}t}\frac{\partial T}{\partial \dot{q}_i}-\frac{\partial T}{\partial q_i}=Q_i,\quad i=1,2,\cdots,n, \tag{2.33}$$

其中,Q_i 是由作用在质点系上的给定力系$[F_1,F_2,\cdots,F_{3N}]^{\mathrm{T}}$ 转换来的,转换公式为

$$Q_i=\sum_{s=1}^{3N}F_s\frac{\partial u_s}{\partial q_i}.$$

由于系统的约束是完整的,所以约束微变空间 ε^{C} 等价于虚位移空间 ε^{v}.此时,给定力系在微变空间上的作用就是给定力系的虚功,即

$$\delta W=\delta A=\sum_{s=1}^{3N}F_s\delta_{\mathrm{v}}u_s. \tag{2.34}$$

根据(1.53)式,我们得到

$$\delta A=\sum_{s=1}^{3N}F_s\sum_{i=1}^{n}\frac{\partial u_s}{\partial q_i}\delta q_i=\sum_{i=1}^{n}\left(\sum_{s=1}^{3N}F_s\frac{\partial u_s}{\partial q_i}\right)\delta q_i=\sum_{i=1}^{n}Q_i\delta q_i. \tag{2.35}$$

如果记

$$\boldsymbol{Q}=[Q_1,Q_2,\cdots,Q_n]^{\mathrm{T}}, \tag{2.36}$$

$$\delta\boldsymbol{q}=[\delta q_1,\delta q_2,\cdots,\delta q_n]^{\mathrm{T}}, \tag{2.37}$$

则(2.35)式成为

$$\delta A=\boldsymbol{Q}\cdot\delta\boldsymbol{q}. \tag{2.38}$$

由此可以看到,Q_i 的合理名称应该是:给定力系在广义坐标 q_i 微变分量上的广义力分量,而 $\boldsymbol{Q}$ 称为**广义力**.应该注意到,广义力分量 Q_i 的量纲不见得是力.这只要求 $Q_i\delta q_i$ 乘积的量纲是功的量纲.因此,若某 q_i 的量纲是长度,则其相应的广义力分量的量纲是力.若某 q_i 是角度(它是无量纲量),则其相应广义分量的量纲是力矩.

在寻求广义力分量 Q_i 的表达式中，如果给定力系能分离出一个理想力系，即

$$[F_1,\cdots,F_{3N}]^{\mathrm{T}} = [F_1^*,\cdots,F_{3N}^*]^{\mathrm{T}} + [\widetilde{F}_1,\cdots,\widetilde{F}_{3N}]^{\mathrm{T}}, \tag{2.39}$$

其中$[F_1^*,\cdots,F_{3N}^*]^{\mathrm{T}}$ 满足理想力系的条件，即有

$$\sum_{s=1}^{3N} F_s^* \delta_{\mathrm{v}} u_s = 0. \tag{2.40}$$

从而

$$\begin{aligned}\delta A &= \sum_{s=1}^{3N} F_s \delta_{\mathrm{v}} u_s = \sum_{s=1}^{3N} (F_s^* + \widetilde{F}_s)\delta_{\mathrm{v}} u_s \\ &= \sum_{s=1}^{3N} \widetilde{F}_s \delta_{\mathrm{v}} u_s = \sum_{i=1}^{n}\left(\sum_{s=1}^{3N} \widetilde{F}_s \frac{\partial u_s}{\partial q_i}\right)\delta q_i.\end{aligned}$$

可见，应该有

$$Q_i = \sum_{s=1}^{3N} \widetilde{F}_s \frac{\partial u_s}{\partial q_i}. \tag{2.41}$$

这就说明，在计算广义力时，不必考虑给定力系当中的理想力系部分.

在具体寻求广义力分量的表达式时，可通过选择广义坐标微变分量来计算虚功的方式得到. 比如，选择

$$\delta \boldsymbol{q} = [0,\cdots,0,\delta q_k,0,\cdots,0]^{\mathrm{T}}. \tag{2.42}$$

假定能计算出在上述 $\delta \boldsymbol{q}$ 下，给定力系的虚功为$(\delta A)_k$，则显然有

$$Q_k = \frac{(\delta A)_k}{\delta q_k}. \tag{2.43}$$

在 § 2.5 中将给出计算广义力的实例.

§ 2.3 第二类 Lagrange 方程的古典研究(Ⅰ)

第二类 Lagrange 方程是力学系统在最一般意义的广义坐标描述下，具有不变形式的动力学方程. 因此通过第二类 Lagrange 方程来研究力学系统的动力学具有极大的普遍性. 在 Lagrange 力学的早期研究中，目标是集中在：第一，方程的一般结构与性质；第二，寻求第一积分；第三，第一积分的利用——方程降阶；第四，希望求得以积分形式或积分反转形式表达的解. 本节和下一节就来讨论这些古典研究的主要结果.

2.3.1 第二类 Lagrange 方程的结构

考虑理想的、完整的力学系统，系统的动力学方程为

$$\frac{\mathrm{d}}{\mathrm{d}t}\frac{\partial T}{\partial \dot{q}_k} - \frac{\partial T}{\partial q_k} = Q_k, \quad k = 1,2,\cdots,n. \tag{3.1}$$

已知

$$T = T_2 + T_1 + T_0 = \frac{1}{2}\sum_{i=1}^{n}\sum_{j=1}^{n} a_{ij}\dot{q}_i\dot{q}_j + \sum_{i=1}^{n} b_i\dot{q}_i + c. \tag{3.2}$$

将(3.2)式代入(3.1)式,然后分别计算,有

$$\begin{aligned}\frac{\mathrm{d}}{\mathrm{d}t}\frac{\partial T_2}{\partial \dot{q}_k} - \frac{\partial T_2}{\partial q_k} &= \frac{\mathrm{d}}{\mathrm{d}t}\Big(\sum_{i=1}^{n} a_{ik}\dot{q}_i\Big) - \frac{1}{2}\sum_{i=1}^{n}\sum_{j=1}^{n}\frac{\partial a_{ij}}{\partial q_k}\dot{q}_i\dot{q}_j \\ &= \sum_{i=1}^{n} a_{ik}\ddot{q}_i + \sum_{i=1}^{n}\sum_{j=1}^{n}[ij,k]\dot{q}_i\dot{q}_j + \sum_{i=1}^{n}\frac{\partial a_{ik}}{\partial t}\dot{q}_i,\end{aligned} \tag{3.3}$$

其中

$$[ij,k] = \frac{1}{2}\Big(\frac{\partial a_{ik}}{\partial q_j} + \frac{\partial a_{jk}}{\partial q_i} - \frac{\partial a_{ij}}{\partial q_k}\Big), \quad i,j,k = 1,2,\cdots,n \tag{3.4}$$

称为第一类 Christoffel 符号. 又有

$$\frac{\mathrm{d}}{\mathrm{d}t}\frac{\partial T_1}{\partial \dot{q}_k} - \frac{\partial T_1}{\partial q_k} = \frac{\mathrm{d}}{\mathrm{d}t}(b_k) - \sum_{i=1}^{n}\frac{\partial b_i}{\partial q_k}\dot{q}_i = \sum_{i=1}^{n} g_{ik}\dot{q}_i + \frac{\partial b_k}{\partial t}, \tag{3.5}$$

其中

$$g_{ik} = \frac{\partial b_k}{\partial q_i} - \frac{\partial b_i}{\partial q_k}, \quad i,k = 1,2,\cdots,n. \tag{3.6}$$

注意到

$$g_{ki} = \frac{\partial b_i}{\partial q_k} - \frac{\partial b_k}{\partial q_i}, \tag{3.7}$$

因此有

$$g_{ki} + g_{ik} = 0, \quad i,k = 1,2,\cdots,n. \tag{3.8}$$

特别地,应有

$$g_{kk} = 0, \quad k = 1,2,\cdots,n. \tag{3.9}$$

(3.8)及(3.9)式说明,矩阵

$$[g_{ik}] = \begin{bmatrix} 0 & g_{12} & \cdots & g_{1n} \\ g_{21} & 0 & \cdots & g_{2n} \\ \vdots & \vdots & & \vdots \\ g_{n1} & g_{n2} & \cdots & 0 \end{bmatrix} \tag{3.10}$$

是反对称的. 这里,它被称为**陀螺阵**. 而以陀螺阵为系数的“力”,即(3.5)式中的 $\sum_{i=1}^{n} g_{ik}\dot{q}_i$ 项,称之为**陀螺力**. 注意到(3.5)和(3.6)式,可知此处的陀螺力是由于广义坐标变换的非定常性所引起的.

最后,T_0 引起的项为

$$\frac{\mathrm{d}}{\mathrm{d}t}\frac{\partial T_0}{\partial \dot{q}_k} - \frac{\partial T_0}{\partial q_k} = -\frac{\partial c}{\partial q_k}, \quad k = 1,2,\cdots,n. \tag{3.11}$$

组合(3.3),(3.5),(3.11)各式,再注意到$[a_{ik}]$的对称性、$[g_{ik}]$的反对称性,我们得到理想完整系统第二类 Lagrange 方程的一般构造如下:

$$\sum_{i=1}^{n} a_{ki}\ddot{q}_i + \sum_{i=1}^{n}\sum_{j=1}^{n}[ij,k]\dot{q}_i\dot{q}_j = \sum_{i=1}^{n} g_{ki}\dot{q}_i - \left(\sum_{i=1}^{n}\frac{\partial a_{ki}}{\partial t}\dot{q}_i + \frac{\partial b_k}{\partial t}\right) + \frac{\partial c}{\partial q_k} + Q_k,$$

$$k = 1,2,\cdots,n, \tag{3.12}$$

其中第一项称之为惯性项,第二项为 Christoffel 项,第三项为广义坐标变换的非定常性引起的陀螺项,第四项为动能显含时间所引起的项,第五项为 T_0 引起的项,第六项为广义力项. 在特殊情况下,方程可以简化:

(1) 当系统为定常系统时,第三项、第四项、第五项全为零,则第二类 Lagrange 方程成为简单形式

$$\sum_{i=1}^{n} a_{ki}\ddot{q}_i + \sum_{i=1}^{n}\sum_{j=1}^{n}[ij,k]\dot{q}_i\dot{q}_j = Q_k, \quad k = 1,2,\cdots,n. \tag{3.13}$$

(2) 当系统为半定常系统时,其动能不显含时间 t,因而第四项等于零. 此时系统的动力学方程为

$$\sum_{i=1}^{n} a_{ki}\ddot{q}_i + \sum_{i=1}^{n}\sum_{j=1}^{n}[ij,k]\dot{q}_i\dot{q}_j = \sum_{i=1}^{n} g_{ki}\dot{q}_i + \frac{\partial c}{\partial q_k} + Q_k, \quad k = 1,2,\cdots,n. \tag{3.14}$$

回过来讨论一般的情况. 由于 T_2 的正定性,可知

$$\det[a_{ik}] \neq 0.$$

记$[a_{ik}]$的逆阵为$[\tilde{a}_{lk}]$,所以(3.12)式的一般形式可以变成为如下的范式:

$$\ddot{q}_k + \sum_{i=1}^{n}\sum_{j=1}^{n}\begin{Bmatrix} k \\ ij \end{Bmatrix}\dot{q}_i\dot{q}_j = D_k(q_1,q_2,\cdots,q_n,\dot{q}_1,\dot{q}_2,\cdots,\dot{q}_n,t),$$

$$k = 1,2,\cdots,n, \tag{3.15}$$

其中$\begin{Bmatrix} k \\ ij \end{Bmatrix}$是第二类的 Christoffel 符号,定义为

$$\begin{Bmatrix} k \\ ij \end{Bmatrix} = \sum_{l=1}^{n}\tilde{a}_{kl}[ij,l]. \tag{3.16}$$

而

$$D_k = \sum_{l=1}^{n}\tilde{a}_{kl}\left(\sum_{i=1}^{n} g_{li}\dot{q}_i - \sum_{i=1}^{n}\frac{\partial a_{li}}{\partial t}\dot{q}_i - \frac{\partial b_l}{\partial t} + \frac{\partial c}{\partial q_l} + Q_l\right),$$

$$k = 1,2,\cdots,n. \tag{3.17}$$

完整系统动力学方程可以按最高阶导数解成(3.15)式的典范形式,是力学系统的重要特征. 这是以 T_2 的正定性为保证的. 在假定广义力表达式不包含广义加

速度而且约束仅为一阶或一阶以下的情况下，这种按最高阶导数的可解性质不会改变. 因此，通常在研究力学系统动力学时都作这样的假定. 在下一小节引入广义势时，我们还要应用这一假定. 但如果扩大讨论的范围，认为广义力中可以包含广义加速度项或者研究高阶约束的系统，这时为保证典范化能继续成立，就需要作补充假定. 否则动力学方程会产生由于最高阶导数系数阵失去正定性而带来的奇异情况.

2.3.2　有势系统的 Jacobi 积分与 Whittaker 定理

考虑理想的、完整的力学系统. 如果系统的广义力与广义速度无关，且存在函数 $V(q_1,q_2,\cdots,q_n,t)$，使

$$Q_i(q_1,q_2,\cdots,q_n,t)=-\frac{\partial V}{\partial q_i},\quad i=1,2,\cdots,n. \tag{3.18}$$

则称广义力 $\boldsymbol{Q}$ 为**有势力**[1]；称函数 V 为**势函数**或**势能**. 从势函数定义可以看出，若 V 是势函数，则 $V+c$ 也是势函数，其中 c 为一任意常数. 在广义力有势的情况下，广义力的总虚功表达式真正成为某一函数的等时变分，即

$$\delta A=\boldsymbol{Q}\cdot\delta\boldsymbol{q}=\sum_{i=1}^{n}Q_i\delta q_i=\sum_{i=1}^{n}\left(-\frac{\partial V}{\partial q_i}\right)\delta q_i=\delta(-V). \tag{3.19}$$

此时系统的第二类 Lagrange 方程成为

$$\frac{\mathrm{d}}{\mathrm{d}t}\frac{\partial T}{\partial\dot{q}_i}-\frac{\partial T}{\partial q_i}=-\frac{\partial V}{\partial q_i},\quad i=1,2,\cdots,n. \tag{3.20}$$

令

$$L=T-V=L(q_1,q_2,\cdots,q_n,\dot{q}_1,\dot{q}_2,\cdots,\dot{q}_n,t). \tag{3.21}$$

这就是系统的 Lagrange 函数. 这样，系统的动力学方程化为更简洁的形式：

$$\frac{\mathrm{d}}{\mathrm{d}t}\frac{\partial L}{\partial\dot{q}_i}-\frac{\partial L}{\partial q_i}=0,\quad i=1,2,\cdots,n. \tag{3.22}$$

方程(3.22)是适用于理想、完整、有势系统的第二类 Lagrange 方程.

以上引进的势函数 V 与广义速度无关，称之为**普通势**. 但是，动力学方程(3.22)并不仅适用于普通势的系统. 我们可以很自然地作如下推广：假定系统的广义力 Q_i 满足

$$Q_i=\frac{\mathrm{d}}{\mathrm{d}t}\frac{\partial V}{\partial\dot{q}_i}-\frac{\partial V}{\partial q_i},\quad i=1,2,\cdots,n, \tag{3.23}$$

---

① 广义力 $\boldsymbol{Q}$ 有势和要求系统上所受的给定义 $\boldsymbol{F}=[F_1,F_2,\cdots,F_{3N}]^{\mathrm{T}}$ 在空间 C 中有势并不等价. 后者是前者成立的充分条件. 如果存在着函数 $G(u_1,u_2,\cdots,u_{3N},t)$，使

$$F_s=-\frac{\partial G}{\partial u_s},\quad s=1,2,\cdots,3N.$$

那么广义力 $\boldsymbol{Q}$ 必有势，且 $V(q_1,q_2,\cdots,q_n,t)=G|_{\boldsymbol{u}\to\boldsymbol{q}}$.

其中 $V=V(q_1,q_2,\cdots,q_n,\dot{q}_1,\dot{q}_2,\cdots,\dot{q}_n,t)$，则显然方程(3.22)照样成立. 为了保证上述 Q_i 的表达式中不显含广义加速度(参考 2.3.1 小节中的解释)，这时的 V 函数只可能含有广义速度的线性项，即

$$V=\sum_{i=1}^{n}V_i\dot{q}_i+V_0, \tag{3.24}$$

其中 $V_0,V_1,\cdots,V_n$ 都只是 $q_1,q_2,\cdots,q_n,t$ 的函数. 具有这种性质的 V 函数，称为**广义势**.

这种把分析动力学中适用于理想、完整、有普通势系统的 Lagrange 方程很自然地推广到有广义势系统的工作，在物理学上就包含了从一般机械运动的研究过渡向经典的电动力学. 试考虑带电粒子在电磁场中的运动. 根据 Lorentz 力的公式，场作用在带电粒子上的力为

$$\boldsymbol{F}=\rho\boldsymbol{E}+\frac{1}{c}\rho\boldsymbol{v}\times\boldsymbol{B}, \tag{3.25}$$

其中 ρ 是粒子荷电量，$\boldsymbol{E}$ 为电场强度，$\boldsymbol{v}$ 为粒子运动速度，$\boldsymbol{B}$ 为磁感强度，c 为光速. (3.25)式说明，作用在带电粒子上的力一部分是电场对电荷作用的力，另一部分是带电粒子运动形成电流受磁场作用的力.

由电磁场理论[19]，我们知道电磁场总可以通过标量势 φ 和矢量势 $\boldsymbol{A}$ 来表示，即

$$\begin{cases}\boldsymbol{E}=-\nabla\varphi-\dfrac{1}{c}\dfrac{\partial\boldsymbol{A}}{\partial t},\\ \boldsymbol{B}=\nabla\times\boldsymbol{A}.\end{cases} \tag{3.26}$$

将(3.26)式代入到(3.25)式，有

$$\boldsymbol{F}=-\rho\nabla\varphi-\frac{\rho}{c}\frac{\partial\boldsymbol{A}}{\partial t}+\frac{\rho}{c}\boldsymbol{v}\times(\nabla\times\boldsymbol{A}). \tag{3.27}$$

注意到

$$\begin{aligned}\frac{\mathrm{d}\boldsymbol{A}}{\mathrm{d}t}&=\begin{bmatrix}\dfrac{\partial A_x}{\partial t}\\ \dfrac{\partial A_y}{\partial t}\\ \dfrac{\partial A_z}{\partial t}\end{bmatrix}+\begin{bmatrix}\dot{x}\dfrac{\partial A_x}{\partial x}+\dot{y}\dfrac{\partial A_x}{\partial y}+\dot{z}\dfrac{\partial A_x}{\partial z}\\ \dot{x}\dfrac{\partial A_y}{\partial x}+\dot{y}\dfrac{\partial A_y}{\partial y}+\dot{z}\dfrac{\partial A_y}{\partial z}\\ \dot{x}\dfrac{\partial A_z}{\partial x}+\dot{y}\dfrac{\partial A_z}{\partial y}+\dot{z}\dfrac{\partial A_z}{\partial z}\end{bmatrix}\\ &=\frac{\partial\boldsymbol{A}}{\partial t}+(\boldsymbol{v}\cdot\nabla)\boldsymbol{A},\end{aligned} \tag{3.28}$$

所以

$$\boldsymbol{F}=-\rho\nabla\varphi-\frac{\rho}{c}\frac{\mathrm{d}\boldsymbol{A}}{\mathrm{d}t}+\frac{\rho}{c}[(\boldsymbol{v}\cdot\nabla)\boldsymbol{A}+\boldsymbol{v}\times(\nabla\times\boldsymbol{A})]$$

$$=-\rho\nabla\varphi-\frac{\rho}{c}\frac{\mathrm{d}\mathbf{A}}{\mathrm{d}t}+\frac{\rho}{c}\nabla(\boldsymbol{v}\cdot\mathbf{A}). \tag{3.29}$$

令

$$V=\rho\varphi-\frac{\rho}{c}(\boldsymbol{v}\cdot\mathbf{A}), \tag{3.30}$$

则显然有

$$\frac{\partial V}{\partial\dot{x}}=-\frac{\rho}{c}A_x,\quad \frac{\partial V}{\partial x}=\rho\frac{\partial\varphi}{\partial x}-\frac{\rho}{c}\frac{\partial}{\partial x}(\boldsymbol{v}\cdot\mathbf{A}). \tag{3.31}$$

故

$$F_x=-\rho\frac{\partial\varphi}{\partial x}-\frac{\rho}{c}\frac{\mathrm{d}A_x}{\mathrm{d}t}+\frac{\rho}{c}\frac{\partial}{\partial x}(\boldsymbol{v}\cdot\mathbf{A})=\frac{\mathrm{d}}{\mathrm{d}t}\left(\frac{\partial V}{\partial\dot{x}}\right)-\frac{\partial V}{\partial x}. \tag{3.32}$$

其他两个分量类似. 由此可见,研究带电粒子在电磁场中的运动,如果引入 Lagrange 函数为

$$L=T-V=\frac{1}{2}m\boldsymbol{v}^2-\rho\varphi+\frac{\rho}{c}(\boldsymbol{v}\cdot\mathbf{A}). \tag{3.33}$$

那么,粒子运动的动力学方程仍然为

$$\frac{\mathrm{d}}{\mathrm{d}t}\frac{\partial L}{\partial\dot{q}_i}-\frac{\partial L}{\partial q_i}=0,\quad i=1,2,3. \tag{3.34}$$

具有普通势或广义势的系统,我们均称之为**有势系统**. 此时系统的 Lagrange 函数应表达为

$$L=T-V=L_2+L_1+L_0, \tag{3.35}$$

其中 L_2 是广义速度的齐二次式,且为正定的二次型,L_1 是广义速度的齐一次式,L_0 与广义速度无关. Lagrange 函数具有这种构造的系统我们称之为**自然的 Lagrange 系统**.

可以更大胆地推广 Lagrange 方程(3.22)所概括的内容. 对于具有一般结构的 $L(q_1,q_2,\cdots,q_n,\dot{q}_1,\dot{q}_2,\cdots,\dot{q}_n,t)$ 函数,可以考虑由它生成的 Lagrange 方程

$$\frac{\mathrm{d}}{\mathrm{d}t}\frac{\partial L}{\partial\dot{q}_i}-\frac{\partial L}{\partial q_i}=0,\quad i=1,2,\cdots,n. \tag{3.36}$$

我们称之为**非自然的 Lagrange 系统**. 这里的"非自然"一词并没有不现实的含义. 举例来说,在相对论中质点的自由运动就决定于如下的"非自然 Lagrange 系统":

$$L=-mc^2\sqrt{1-\frac{\dot{x}^2+\dot{y}^2+\dot{z}^2}{c^2}}. \tag{3.37}$$

而相对论电动力学,即电磁场中高速粒子运动动力学,其运动规律决定于如下的非自然 Lagrange 系统:

$$L=-mc^2\sqrt{1-\frac{\dot{x}^2+\dot{y}^2+\dot{z}^2}{c^2}}-\rho\varphi+\frac{\rho}{c}(\boldsymbol{v}\cdot\mathbf{A}).$$

Lagrange 系统具有如下的性质：如果两个系统的 Lagrange 函数，其差别仅是一个广义坐标和时间函数的时间全导数，亦即

$$\widetilde{L}=L+\frac{\mathrm{d}\Phi(q_1,q_2,\cdots,q_n,t)}{\mathrm{d}t}=L+\sum_{i=1}^{n}\frac{\partial\Phi}{\partial q_i}\dot{q}_i+\frac{\partial\Phi}{\partial t},$$

那么这两个系统的动力学方程完全相同.

对于一般性的 Lagrange 系统，我们引入**广义能量** E^*，定义为

$$E^*=\sum_{i=1}^{n}\frac{\partial L}{\partial\dot{q}_i}\dot{q}_i-L=E^*(q_1,q_2,\cdots,q_n,\dot{q}_1,\dot{q}_2,\cdots,\dot{q}_n,t). \tag{3.38}$$

求它的时间全导数，有

$$\begin{aligned}\frac{\mathrm{d}E^*}{\mathrm{d}t}&=\left(\sum_{i=1}^{n}\dot{q}_i\frac{\mathrm{d}}{\mathrm{d}t}\frac{\partial L}{\partial\dot{q}_i}+\sum_{i=1}^{n}\ddot{q}_i\frac{\partial L}{\partial\dot{q}_i}\right)-\left(\sum_{i=1}^{n}\ddot{q}_i\frac{\partial L}{\partial\dot{q}_i}+\sum_{i=1}^{n}\dot{q}_i\frac{\partial L}{\partial q_i}+\frac{\partial L}{\partial t}\right)\\&=\sum_{i=1}^{n}\left(\frac{\mathrm{d}}{\mathrm{d}t}\frac{\partial L}{\partial\dot{q}_i}-\frac{\partial L}{\partial q_i}\right)\dot{q}_i-\frac{\partial L}{\partial t}.\end{aligned} \tag{3.39}$$

根据 Lagrange 系统的方程(3.36)，我们得到 Lagrange 系统关于广义能量的重要关系式

$$\frac{\mathrm{d}E^*}{\mathrm{d}t}=-\frac{\partial L}{\partial t}. \tag{3.40}$$

由此可见，对于 Lagrange 系统，如果有

$$\partial L/\partial t=0, \tag{3.41}$$

亦即 L 函数不显含时间 t，则系统有广义能量守恒，也就是有 Jacobi 积分成立：

$$E^*=\sum_{i=1}^{n}\frac{\partial L}{\partial\dot{q}_i}\dot{q}_i-L=h=\text{const.}. \tag{3.42}$$

此时系统被称为**广义保守系统**.

以下讨论 Jacobi 积分在特殊情况下的具体表达形式与物理意义：

(1) 对于自然的 Lagrange 系统，应该有

$$L=T-V=(T_2+T_1+T_0)-(V_1+V_0), \tag{3.43}$$

其中 V_1 是广义速度的齐一次式，它是由广义势而来的. V_0 是广义速度的齐零次式.

如果此时有 $\partial L/\partial t=0$，那么 Jacobi 积分有如下的具体形式：

$$\begin{aligned}E^*&=\sum_{i=1}^{n}\frac{\partial(T_2+T_1+T_0-V_1-V_0)}{\partial\dot{q}_i}\dot{q}_i-L\\&=(2T_2+T_1-V_1)-(T_2+T_1+T_0-V_1-V_0)\\&=T_2-T_0+V_0=h=\text{const.}.\end{aligned} \tag{3.44}$$

(2) 对于只有普通势的 Lagrange 系统，则 $V=V_0$. 如果此时有 $\partial L/\partial t=0$，则 Jacobi 积分成为

$$E^* = T_2 - T_0 + V = h = \text{const.}. \tag{3.45}$$

(3) 如果一力学系统理想、定常，只有普通势，且 $\partial V/\partial t=0$，则此时有 $\partial L/\partial t=0$，即符合 Jacobi 积分成立的条件. 并且此时 Jacobi 积分就是系统的机械能守恒积分

$$E^* = E = T + V = h = \text{const.}. \tag{3.46}$$

这种系统称为**保守系统**.

应该注意，Jacobi 积分成立的条件 $\partial L/\partial t=0$ 并不一定要求系统的广义坐标变换式(2.2)不显含时间 t. 而且一般来说，Jacobi 积分并不是系统的机械能守恒. 可以举例来说明：考虑在惯性空间 $Oxyz$ 中运动的质点. 假定广义坐标系统选为绕 z 轴以 ω 为角速度旋转的直角坐标系 $Oq_1q_2q_3$，如图 2.7 所示. 变换关系式为

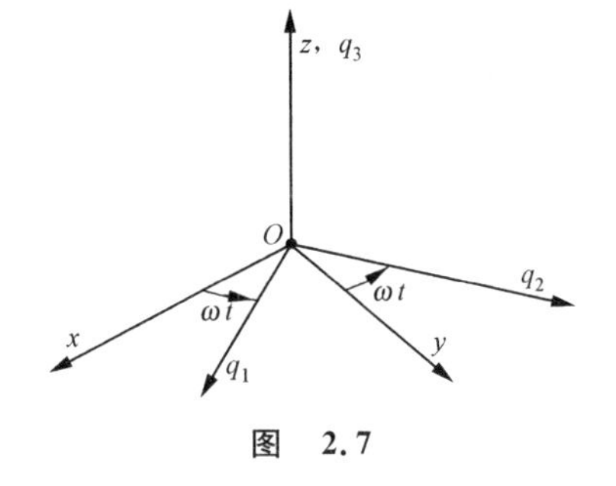

图 2.7

$$\begin{cases} x = q_1\cos\omega t - q_2\sin\omega t, \\ y = q_1\sin\omega t + q_2\cos\omega t, \\ z = q_3. \end{cases} \tag{3.47}$$

经计算得到

$$\begin{cases} T_2 = m(\dot{q}_1^2 + \dot{q}_2^2 + \dot{q}_3^2)/2, \\ T_1 = m\omega(q_1\dot{q}_2 - q_2\dot{q}_1), \\ T_0 = m\omega^2(q_1^2 + q_2^2)/2. \end{cases} \tag{3.48}$$

假定系统有势，势函数为

$$V = V(q_1, q_2, q_3). \tag{3.49}$$

显然，系统符合 Jacobi 积分成立的条件，因此有

$$\begin{aligned} E^* &= T_2 - T_0 + V \\ &= \frac{m}{2}(\dot{q}_1^2 + \dot{q}_2^2 + \dot{q}_3^2) - \frac{m}{2}\omega^2(q_1^2 + q_2^2) + V(q_1, q_2, q_3) \\ &= h. \end{aligned} \tag{3.50}$$

从这个例子也可以看到，Jacobi 积分(3.50)并不是系统的机械能守恒积分.

Jacobi 积分可以用来化简系统的动力学方程. Whittaker 证明，对于有 Jacobi 积分的 Lagrange 系统，一定可以利用这个积分使原系统化简成为另一个广义坐标数目少一的新的 Lagrange 系统. Whittaker 的这个定理可以证明如下：

设原 Lagrange 系统为

$$\frac{\mathrm{d}}{\mathrm{d}t}\frac{\partial L}{\partial \dot{q}_i} - \frac{\partial L}{\partial q_i} = 0, \quad i = 1, 2, \cdots, n. \tag{3.51}$$

该系统有 Jacobi 积分,即满足 $\partial L/\partial t=0$,从而

$$L = L(q_1,q_2,\cdots,q_n,\dot{q}_1,\dot{q}_2,\cdots,\dot{q}_n),$$

$$E^* = \sum_{i=1}^{n}\frac{\partial L}{\partial \dot{q}_i}\dot{q}_i - L = h = \text{const.}. \tag{3.52}$$

应该指明：一方面,L 函数必包含所有广义速度.否则,若 $\partial L/\partial \dot{q}_r\equiv 0$,则由 Lagrange 方程得到 $\partial L/\partial q_r\equiv 0$,可见方程组(3.51)根本没有出现过 q_r 这个广义坐标变量.方程组的降阶已经实现.另一方面,Jacobi 积分(3.52)式不能蜕化为几何约束,因此 E^* 函数中不可能全不含广义速度.注意到这些事实之后,我们通过选用新的自变量来化简系统,不失一般性,我们可以选 q_1 为新的自变量.注意以下明显的关系式：

$$\dot{q}_r = \frac{\mathrm{d}q_r}{\mathrm{d}q_1}\frac{\mathrm{d}q_1}{\mathrm{d}t} = \dot{q}_1 q_r', \tag{3.53}$$

其中

$$q_r' = \frac{\mathrm{d}q_r}{\mathrm{d}q_1},\quad r = 2,3,\cdots,n. \tag{3.54}$$

将(3.53)式代入 L 和 E^* 函数中,得到

$$L(q_1,q_2,\cdots,q_n,\dot{q}_1,\dot{q}_2,\cdots,\dot{q}_n)\big|_{\dot{q}_r=\dot{q}_1 q_r'}$$
$$= \Omega(q_1,q_2,\cdots,q_n,\dot{q}_1,q_2',q_3',\cdots,q_n'), \tag{3.55}$$

$$E^*(q_1,q_2,\cdots,q_n,\dot{q}_1,\dot{q}_2,\cdots,\dot{q}_n)\big|_{\dot{q}_r=\dot{q}_1 q_r'}$$
$$= \Psi(q_1,q_2,\cdots,q_n,\dot{q}_1,q_2',q_3',\cdots,q_n') = h. \tag{3.56}$$

由(3.55)式作

$$\frac{\partial \Omega}{\partial \dot{q}_1} = \Phi(q_1,q_2,\cdots,q_n,\dot{q}_1,q_2',q_3',\cdots,q_n'). \tag{3.57}$$

由(3.56)式一定可以反解出

$$\dot{q}_1 = \dot{q}_1(q_1,q_2,\cdots,q_n,q_2',q_3',\cdots,q_n',h). \tag{3.58}$$

将(3.58)式代入(3.57)式中,得到

$$\widetilde{L} = \Phi\big|_{\dot{q}_1=\dot{q}_1(q_1,\cdots,q_n,q_2',\cdots,q_n',h)} = \widetilde{L}(q_1,q_2,\cdots,q_n,q_2',q_3',\cdots,q_n',h). \tag{3.59}$$

我们来证明,简化的 Lagrange 系统为

$$\frac{\mathrm{d}}{\mathrm{d}q_1}\frac{\partial \widetilde{L}}{\partial q_r'} - \frac{\partial \widetilde{L}}{\partial q_r} = 0,\quad r = 2,3,\cdots,n. \tag{3.60}$$

实际上,由原 Lagrange 系统方程可得

$$\frac{\mathrm{d}}{\mathrm{d}t}\frac{\partial L}{\partial \dot{q}_r} = \dot{q}_1\frac{\mathrm{d}}{\mathrm{d}q_1}\left(\frac{\partial L}{\partial \dot{q}_r}\right) = \frac{\partial L}{\partial q_r}. \tag{3.61}$$

如果有下列等式成立：

$$\frac{\partial \widetilde{L}}{\partial q_r'} = \frac{\partial \widetilde{L}}{\partial \dot{q}_r}, \quad \frac{\partial \widetilde{L}}{\partial \dot{q}_r} = \frac{1}{\dot{q}_1}\frac{\partial L}{\partial q_r}, \tag{3.62}$$

那么,由(3.61)式即可证实简化方程(3.60)成立.以下我们来证实(3.62)式的成立.(3.62)式的右边项可化为

$$\begin{cases} \dfrac{\partial L}{\partial \dot{q}_r} = \dfrac{\partial \Omega}{\partial q_r'}\dfrac{\partial q_r'}{\partial \dot{q}_r} = \dfrac{1}{\dot{q}_1}\dfrac{\partial \Omega}{\partial q_r'}, \\ \dfrac{1}{\dot{q}_1}\dfrac{\partial L}{\partial q_r} = \dfrac{1}{\dot{q}_1}\dfrac{\partial \Omega}{\partial q_r}. \end{cases} \tag{3.63}$$

由 $\widetilde{L}$ 的定义,可知(3.62)式的左边项可化为

$$\begin{cases} \dfrac{\partial \widetilde{L}}{\partial q_r'} = \dfrac{\partial^2 \Omega}{\partial \dot{q}_1 \partial q_r'} + \dfrac{\partial^2 \Omega}{\partial \dot{q}_1^2}\dfrac{\partial \dot{q}_1}{\partial q_r'}, \\ \dfrac{\partial \widetilde{L}}{\partial q_r} = \dfrac{\partial^2 \Omega}{\partial \dot{q}_1 \partial q_r} + \dfrac{\partial^2 \Omega}{\partial \dot{q}_1^2}\dfrac{\partial \dot{q}_1}{\partial q_r}. \end{cases} \tag{3.64}$$

由 Ω 的定义可知

$$\begin{aligned} \frac{\partial \Omega}{\partial \dot{q}_1} &= \frac{\partial L}{\partial \dot{q}_1} + \sum_{r=2}^{n}\frac{\partial L}{\partial \dot{q}_r}\frac{\partial \dot{q}_r}{\partial \dot{q}_1} = \frac{\partial L}{\partial \dot{q}_1} + \sum_{r=2}^{n}\frac{\partial L}{\partial \dot{q}_r}q_r' \\ &= \frac{\partial L}{\partial \dot{q}_1} + \sum_{r=2}^{n}\frac{\partial L}{\partial \dot{q}_r}\frac{\dot{q}_r}{\dot{q}_1}. \end{aligned}$$

从而有

$$\dot{q}_1\frac{\partial \Omega}{\partial \dot{q}_1} = \dot{q}_1\frac{\partial L}{\partial \dot{q}_1} + \sum_{r=2}^{n}\frac{\partial L}{\partial \dot{q}_r}\dot{q}_r = \sum_{i=1}^{n}\frac{\partial L}{\partial \dot{q}_i}\dot{q}_i. \tag{3.65}$$

于是,Jacobi 积分可表达为

$$\dot{q}_1\frac{\partial \Omega}{\partial \dot{q}_1} - \Omega = h = \text{const.}. \tag{3.66}$$

注意到(3.58)式是由 Jacobi 积分反解出来的,因此有

$$\left(\dot{q}_1\frac{\partial \Omega}{\partial \dot{q}_1} - \Omega\right)\bigg|_{\dot{q}_1 = \dot{q}_1(q_1, \cdots, q_n, q_2', \cdots, q_n', h)} \equiv h.$$

这样,由上式左边项对 q_r' 及 q_r 的偏导数为零而得到

$$\begin{cases} \dfrac{1}{\dot{q}_1}\dfrac{\partial \Omega}{\partial q_r'} = \dfrac{\partial^2 \Omega}{\partial \dot{q}_1 \partial q_r'} + \dfrac{\partial^2 \Omega}{\partial \dot{q}_1^2}\dfrac{\partial \dot{q}_1}{\partial q_r'}, \\ \dfrac{1}{\dot{q}_1}\dfrac{\partial \Omega}{\partial q_r} = \dfrac{\partial^2 \Omega}{\partial \dot{q}_1 \partial q_r} + \dfrac{\partial^2 \Omega}{\partial \dot{q}_1^2}\dfrac{\partial \dot{q}_1}{\partial q_r}. \end{cases} \tag{3.67}$$

比较(3.67),(3.64),(3.63)诸式,即知(3.62)式成立.

2.3.3 力学系统机械能变化规律,陀螺力与耗散力

让我们离开一般性意义下的 Lagrange 系统,回到力学系统的讨论.假定我们

研究的力学系统约束是理想的、完整的，作用有普通势 V 和附加广义力 $\tilde{Q}_i$. 系统的机械能由动能和普通势势能组成，定义为

$$E = T + V. \tag{3.68}$$

以下研究系统机械能变化的规律. 首先计算 $\mathrm{d}T/\mathrm{d}t$. 注意到 T 是 $q_1, q_2, \cdots, q_n, \dot{q}_1, \dot{q}_2, \cdots, \dot{q}_n, t$ 的函数，所以

$$\begin{aligned}\frac{\mathrm{d}T}{\mathrm{d}t} &= \sum_{i=1}^{n}\left(\frac{\partial T}{\partial q_i}\dot{q}_i + \frac{\partial T}{\partial \dot{q}_i}\ddot{q}_i\right) + \frac{\partial T}{\partial t} \\ &= \frac{\mathrm{d}}{\mathrm{d}t}\left(\sum_{i=1}^{n}\frac{\partial T}{\partial \dot{q}_i}\dot{q}_i\right) - \sum_{i=1}^{n}\dot{q}_i\frac{\mathrm{d}}{\mathrm{d}t}\frac{\partial T}{\partial \dot{q}_i} + \sum_{i=1}^{n}\dot{q}_i\frac{\partial T}{\partial q_i} + \frac{\partial T}{\partial t} \\ &= \frac{\mathrm{d}}{\mathrm{d}t}\left(\sum_{i=1}^{n}\frac{\partial T}{\partial \dot{q}_i}\dot{q}_i\right) + \sum_{i=1}^{n}\left(\frac{\partial T}{\partial q_i} - \frac{\mathrm{d}}{\mathrm{d}t}\frac{\partial T}{\partial \dot{q}_i}\right)\dot{q}_i + \frac{\partial T}{\partial t}.\end{aligned} \tag{3.69}$$

注意到齐次函数的 Euler 公式

$$\sum_{i=1}^{n}\frac{\partial T}{\partial \dot{q}_i}\dot{q}_i = 2T_2 + T_1,$$

以及系统的 Lagrange 方程

$$\frac{\partial T}{\partial q_i} - \frac{\mathrm{d}}{\mathrm{d}t}\frac{\partial T}{\partial \dot{q}_i} = \frac{\partial V}{\partial q_i} - \tilde{Q}_i,$$

(3.69)式成为

$$\begin{aligned}\frac{\mathrm{d}T}{\mathrm{d}t} &= \frac{\mathrm{d}}{\mathrm{d}t}(2T_2 + T_1) + \sum_{i=1}^{n}\left(\frac{\partial V}{\partial q_i} - \tilde{Q}_i\right)\dot{q}_i + \frac{\partial T}{\partial t} \\ &= 2\frac{\mathrm{d}T}{\mathrm{d}t} - \frac{\mathrm{d}}{\mathrm{d}t}(T_1 + 2T_0) + \frac{\partial T}{\partial t} + \frac{\mathrm{d}V}{\mathrm{d}t} - \frac{\partial V}{\partial t} - \sum_{i=1}^{n}\tilde{Q}_i\dot{q}_i,\end{aligned}$$

整理后，成为

$$\frac{\mathrm{d}E}{\mathrm{d}t} = \sum_{i=1}^{n}\tilde{Q}_i\dot{q}_i + \frac{\mathrm{d}}{\mathrm{d}t}(T_1 + 2T_0) - \frac{\partial T}{\partial t} + \frac{\partial V}{\partial t}. \tag{3.70}$$

公式(3.70)描述了力学系统机械能变化的规律. 以下讨论系统为定常的情况.

由于系统定常，故

$$T_1 = T_0 = 0, \quad \partial T/\partial t = 0. \tag{3.71}$$

此时系统机械能变化规律为

$$\frac{\mathrm{d}E}{\mathrm{d}t} = \sum_{i=1}^{n}\tilde{Q}_i\dot{q}_i + \frac{\partial V}{\partial t}. \tag{3.72}$$

很明显，对于这个定常系统，如果还有条件

$$\tilde{Q}_i = 0\ (i = 1, 2, \cdots, n), \quad 且\ \partial V/\partial t = 0. \tag{3.73}$$

那么 $\mathrm{d}E/\mathrm{d}t = 0$，亦即有

$$E = T + V = E_0 = \text{const.}. \tag{3.74}$$

这个式子就是上一小节中对于理想、完整、定常、仅有普通势且 $\partial V/\partial t=0$ 的所谓"保守系统"的机械能守恒积分. 如果(3.73)条件中仅有 $\partial V/\partial t=0$ 成立,那么系统的机械能变化公式为

$$\frac{\mathrm{d}E}{\mathrm{d}t}=\sum_{i=1}^{n}\widetilde{Q}_i\dot{q}_i. \tag{3.75}$$

由此可见,此种有附加力作用的系统,其总机械能 E 随时间的变化性质取决于 $\sum_{i=1}^{n}\widetilde{Q}_i\dot{q}_i$ 的性质. (3.75)式亦可改写为

$$\mathrm{d}E=\sum_{i=1}^{n}\widetilde{Q}_i\mathrm{d}q_i. \tag{3.76}$$

公式(3.76)表明,此时系统总机械能的变化等于附加力作的实功. 为研究附加力 $\widetilde{Q}_i$ 的性质,我们引入如下定义:

如果 $\sum_{i=1}^{n}\widetilde{Q}_i\dot{q}_i\equiv 0$,则此种广义力 $\widetilde{Q}_i$ 称为**无功力**. 对于附加力仅为无功力的系统,机械能守恒积分(3.74) 仍然成立. 如果 $\sum_{i=1}^{n}\widetilde{Q}_i\dot{q}_i\leqslant 0$,则由(3.75) 式可知 $\mathrm{d}E/\mathrm{d}t\leqslant 0$. 因此,系统在运动中总机械能逐渐减小. 具有此种性质的广义力 $\widetilde{Q}_i$ 称为**耗散力**.

首先考虑 $\widetilde{Q}_i$ 是广义速度的线性函数的情况,有下面结果:

(1) 附加力 $\widetilde{Q}_i$ 是无功力的充要条件是 $\widetilde{Q}_i$ 为陀螺力,陀螺力必是无功力,因为

$$\begin{aligned}\sum_{i=1}^{n}\widetilde{Q}_i\dot{q}_i&=\sum_{i=1}^{n}\Big(\sum_{j=1}^{n}g_{ij}\dot{q}_j\Big)\dot{q}_i\\&=\frac{1}{2}\sum_{i=1}^{n}\sum_{j=1}^{n}(g_{ij}+g_{ji})\dot{q}_i\dot{q}_j=0,\end{aligned} \tag{3.77}$$

其中应用了陀螺力的条件

$$g_{ij}+g_{ji}=0,\quad i,j=1,2,\cdots,n.$$

反过来,如果 $\widetilde{Q}_i$ 是无功力,再注意到完整系统各广义速度分量可能的取值是自由的,因此由(3.77)式立即可以得到

$$g_{ij}+g_{ji}=0,\quad i,j=1,2,\cdots,n.$$

这就是说,$\widetilde{Q}_i$ 一定是陀螺力.

(2) 引入一个广义速度的常正二次型

$$R=\frac{1}{2}\sum_{i=1}^{n}\sum_{j=1}^{n}r_{ij}\dot{q}_i\dot{q}_j. \tag{3.78}$$

考虑系统上的附加力 $\widetilde{Q}_i$ 由这个函数按下式生成:

$$\widetilde{Q}_i=-\frac{\partial R}{\partial\dot{q}_i}=-\sum_{j=1}^{n}r_{ij}\dot{q}_j. \tag{3.79}$$

显然,它是广义速度的线性齐次函数.对于这样的 $\widetilde{Q}_i$,有

$$\frac{\mathrm{d}E}{\mathrm{d}t}=\sum_{i=1}^{n}\widetilde{Q}_i\dot{q}_i=-\sum_{i=1}^{n}\sum_{j=1}^{n}r_{ij}\dot{q}_i\dot{q}_j=-2R\leqslant 0. \tag{3.80}$$

由此可见,这样的 $\widetilde{Q}_i$ 为耗散力,称为 **Rayleigh 力**,而 R 函数称为 **Rayleigh 耗散函数**.

Rayleigh 耗散力是广义速度的线性齐次函数,力学上是属于线性阻尼性质.但更一般的耗散力是非线性阻尼.我们来描述非线性阻尼的耗散力.考虑系统的每个质点上作用有和质点速度有关的阻尼力

$$\widetilde{F}_s=-K_sf_s(\dot{u}_s),\quad s=1,2,\cdots,3N. \tag{3.81}$$

为保证阻尼的性质,应有

$$\begin{cases}K_s=K_s(u_1,u_2,\cdots,u_{3N},t)\geqslant 0,\\ f_s(\dot{u}_s)\text{ 满足: }f_s(\dot{u}_s)\dot{u}_s\geqslant 0.\end{cases} \tag{3.82}$$

与这种阻力相应的广义力为

$$\widetilde{Q}_i=\sum_{s=1}^{3N}\widetilde{F}_s\frac{\partial u_s}{\partial q_i}. \tag{3.83}$$

于是有

$$\frac{\mathrm{d}E}{\mathrm{d}t}=\sum_{i=1}^{n}\widetilde{Q}_i\dot{q}_i=-\sum_{s=1}^{3N}K_sf_s(\dot{u}_s)\sum_{i=1}^{n}\frac{\partial u_s}{\partial \dot{q}_i}\dot{q}_i. \tag{3.84}$$

由于现在已假定系统为定常,故

$$\sum_{i=1}^{n}\frac{\partial u_s}{\partial q_i}\dot{q}_i=\dot{u}_s.$$

所以

$$\frac{\mathrm{d}E}{\mathrm{d}t}=-\sum_{s=1}^{3N}K_sf_s(\dot{u}_s)\dot{u}_s. \tag{3.85}$$

鉴于(3.82)式的条件,可知系统在这个 $\widetilde{Q}_i$ 作用下一定有 $\mathrm{d}E/\mathrm{d}t\leqslant 0$;也就是说,这种广义力 $\widetilde{Q}_i$ 是耗散力.此种非线性阻尼的耗散力亦可表达为由下述耗散函数来生成:

$$\begin{aligned}\widetilde{Q}_i&=\sum_{s=1}^{3N}[-K_sf_s(\dot{u}_s)]\frac{\partial u_s}{\partial q_i}=-\sum_{s=1}^{3N}K_sf_s(\dot{u}_s)\frac{\partial \dot{u}_s}{\partial \dot{q}_i}\\&=-\frac{\partial}{\partial \dot{q}_i}\Big(\sum_{s=1}^{3N}K_s\int_0^{\dot{u}_s}f_s(v)\mathrm{d}v\Big)=-\frac{\partial \Lambda}{\partial \dot{q}_i},\end{aligned} \tag{3.86}$$

其中

$$\Lambda=\sum_{s=1}^{3N}K_s\int_0^{\dot{u}_s}f_s(v)\mathrm{d}v \tag{3.87}$$

称为 **Лурье 耗散函数**.注意到(3.82)式的条件,可知 Λ 函数一定是正值的.用这种

函数可描述非线性阻尼的情况. Rayleigh 耗散函数是 Лурье 耗散函数的特殊情况. 此时可令 $f_s(v)=v$ 即可. 比线性阻尼较为一般的是阻尼力大小和速度的 m 次方成比例的情形,即

$$f_s(\dot{u}_s)=|\dot{u}_s|^m\operatorname{sign}(\dot{u}_s). \tag{3.88}$$

将上式代入到(3.87)式寻求耗散函数时,应注意到每一个

$$\int_0^{\dot{u}_s}f_s(v)\mathrm{d}v$$

都是恒正的,因而

$$\Lambda=\frac{1}{m+1}\sum_{s=1}^{3N}K_s\left|\sum_{i=1}^{n}\frac{\partial u_s}{\partial q_i}\dot{q}_i\right|^{m+1}. \tag{3.89}$$

由于 Λ 函数分块地是 $\dot{q}_1,\dot{q}_2,\cdots,\dot{q}_n$ 的 $m+1$ 次齐次式,故

$$\frac{\mathrm{d}E}{\mathrm{d}t}=\sum_{i=1}^{n}\widetilde{Q}_i\dot{q}_i=\sum_{i=1}^{n}\left(-\frac{\partial\Lambda}{\partial\dot{q}_i}\right)\dot{q}_i=-(m+1)\Lambda\leqslant 0. \tag{3.90}$$

当 $m=0$ 时为 Coulomb 干摩擦;$m=1$ 为线性阻尼;$m=2$ 为速度平方阻尼;等等.

2.3.4　分离变数与局部能量积分,Liouville 系统

考虑一个完整的、有势的力学系统,广义坐标为 $q_1,q_2,\cdots,q_n$. 如果其中有一个广义坐标,例如 q_1,在系统的动能 T 和势能 V 中被分离出来,并有

$$\begin{cases}T=T_1+\widetilde{T}(q_2,q_3,\cdots,q_n,\dot{q}_2,\dot{q}_3,\cdots,\dot{q}_n,t),\\ V=V_1+\widetilde{V}(q_2,q_3,\cdots,q_n,t),\end{cases} \tag{3.91}$$

其中

$$T_1=\frac{1}{2}v_1(q_1)\dot{q}_1^2,\quad V_1=W_1(q_1). \tag{3.92}$$

应注意到,上述 T_1 和 V_1 的表达式中全不显含时间 t. 此时系统关于 q_1 的第二类 Lagrange 方程为

$$\frac{\mathrm{d}}{\mathrm{d}t}\frac{\partial T}{\partial\dot{q}_1}-\frac{\partial T}{\partial q_1}=\frac{\mathrm{d}}{\mathrm{d}t}[v_1(q_1)\dot{q}_1]-\frac{1}{2}v_1'(q_1)\dot{q}_1^2=-W_1'(q_1),$$

即

$$v_1(q_1)\ddot{q}_1+\frac{1}{2}v_1'(q_1)\dot{q}_1^2=-W_1'(q_1), \tag{3.93}$$

其中

$$v_1'(q_1)=\frac{\mathrm{d}v_1}{\mathrm{d}q_1},\quad W_1'(q_1)=\frac{\mathrm{d}W_1}{\mathrm{d}q_1}.$$

将(3.93)式乘以 $2\dot{q}_1$,可得到

$$\frac{\mathrm{d}}{\mathrm{d}t}[v_1(q_1)\dot{q}_1^2+2W_1(q_1)]=0.$$

从而有

$$T_1+V_1=\frac{1}{2}v_1(q_1)\dot{q}_1^2+W_1(q_1)=c_1=\text{const.}. \tag{3.94}$$

这样的广义坐标 q_1，称为系统的分离保守坐标. 对于分离保守坐标，有着局部的能量积分(3.94)式. 利用局部能量积分，q_1 可以被积分出：由(3.94)式得

$$\frac{\mathrm{d}q_1}{\mathrm{d}t}=\sqrt{2[c_1-W_1(q_1)]/v_1(q_1)}.$$

从而

$$t=\int_{q_1^0}^{q_1}\sqrt{\frac{v_1(q_1)}{2[c_1-W_1(q_1)]}}\mathrm{d}q_1, \tag{3.95}$$

其中 q_1^0 是 q_1 在 $t=0$ 时刻的值，c_1 是局部能量积分常数.

如果系统的所有广义坐标全为分离保守的，即

$$T=\sum_{i=1}^n T_i,\quad V=\sum_{i=1}^n V_i, \tag{3.96}$$

其中

$$T_i=\frac{1}{2}v_i(q_i)\dot{q}_i^2,\quad V_i=W_i(q_i). \tag{3.97}$$

此时显然有 n 个分离变数的局部能量积分

$$\begin{aligned}T_i+V_i&=\frac{1}{2}v_i(q_i)\dot{q}_i^2+W_i(q_i)\\&=c_i=\text{const.},\quad i=1,2,\cdots,n.\end{aligned} \tag{3.98}$$

应注意到，此时系统的总机械能守恒积分只是这 n 个积分的推论，不是另一个独立的积分. 利用 n 个局部能量积分，系统的运动完全可以用积分表达出来：

$$t=\int_{q_i^0}^{q_i}\sqrt{\frac{v_i(q_i)}{2[c_i-W_i(q_i)]}}\mathrm{d}q_i,\quad i=1,2,\cdots,n. \tag{3.99}$$

(3.99)式给出了系统全部的解. 其中有 $2n$ 个积分常数：$t=0$ 时刻的 n 个广义坐标值 $q_1^0,q_2^0,\cdots,q_n^0$ 以及 n 个局部能量积分常数 $c_1,c_2,\cdots,c_n$.

Liouville 推广了上述完全分离保守系统的结果. 他考虑一种较为广泛的系统：

$$\begin{cases}T=\dfrac{1}{2}[u_1(q_1)+\cdots+u_n(q_n)][v_1(q_1)\dot{q}_1^2+\cdots+v_n(q_n)\dot{q}_n^2],\\V=\dfrac{W_1(q_1)+\cdots+W_n(q_n)}{u_1(q_1)+\cdots+u_n(q_n)}.\end{cases} \tag{3.100}$$

这种系统称为 **Liouville 系统**. 以下证明，Liouville 系统可以找到 n 个局部能量积分.

首先对(3.100)式作变换，令

$$q_i^*=\int_0^{q_i}\sqrt{v_i(s)}\mathrm{d}s,\quad s=1,2,\cdots,n. \tag{3.101}$$

则

$$\frac{\mathrm{d}q_i^*}{\mathrm{d}t}=\frac{\mathrm{d}q_i^*}{\mathrm{d}q_i}\frac{\mathrm{d}q_i}{\mathrm{d}t}=\sqrt{v_i(q_i)}\dot{q}_i.$$

即有

$$(\dot{q}_i^*)^2=v_i(q_i)\dot{q}_i^2,\quad i=1,2,\cdots,n. \tag{3.102}$$

这样,(3.100)变换成为

$$\begin{cases}T=\dfrac{1}{2}[u_1^*(q_1^*)+\cdots+u_n^*(q_n^*)][(\dot{q}_1^*)^2+\cdots+(\dot{q}_n^*)^2],\\ V=\dfrac{W_1^*(q_1^*)+\cdots+W_n^*(q_n^*)}{u_1^*(q_1^*)+\cdots+u_n^*(q_n^*)}.\end{cases} \tag{3.103}$$

为避免书写上的麻烦,以下略去所有的星号,并记

$$u=\sum_{i=1}^n u_i(q_i),\quad W=\sum_{s=1}^n W_i(q_i). \tag{3.104}$$

则系统成为

$$T=\frac{1}{2}u(\dot{q}_1^2+\dot{q}_2^2+\cdots+\dot{q}_n^2),\quad V=W/u. \tag{3.105}$$

将(3.105)式代入第二类 Lagrange 方程. 例如,考虑对 q_1 的方程

$$\frac{\mathrm{d}}{\mathrm{d}t}\frac{\partial T}{\partial\dot{q}_1}-\frac{\partial T}{\partial q_1}=\frac{\mathrm{d}}{\mathrm{d}t}(u\dot{q}_1)-\frac{1}{2}\frac{\partial u}{\partial q_1}(\dot{q}_1^2+\cdots+\dot{q}_n^2)=-\frac{\partial V}{\partial q_1}. \tag{3.106}$$

将(3.106)式乘以 $2u\dot{q}_1$,得到

$$2u\dot{q}_1\frac{\mathrm{d}}{\mathrm{d}t}(u\dot{q}_1)-2\dot{q}_1\frac{\partial u}{\partial q_1}\left[\frac{1}{2}u(\dot{q}_1^2+\cdots+\dot{q}_n^2)\right]=-2\frac{\partial V}{\partial q_1}u\dot{q}_1. \tag{3.107}$$

利用系统(3.105)的总机械能守恒积分

$$T+V=h=\text{const.}, \tag{3.108}$$

(3.107)式可改写成

$$\frac{\mathrm{d}}{\mathrm{d}t}[(u\dot{q}_1)^2]-2\dot{q}_1\frac{\partial u}{\partial q_1}(h-V)=-2\frac{\partial V}{\partial q_1}u\dot{q}_1, \tag{3.109}$$

亦即

$$\begin{aligned}\frac{\mathrm{d}}{\mathrm{d}t}[(u\dot{q}_1)^2]&=2\dot{q}_1\frac{\partial}{\partial q_1}[u(h-V)]=2\dot{q}_1\frac{\partial}{\partial q_1}(hu-W)\\&=2\dot{q}_1\frac{\partial}{\partial q_1}(hu_1-W_1)=\frac{\mathrm{d}}{\mathrm{d}t}[2(hu_1-W_1)],\end{aligned} \tag{3.110}$$

从而得到第一个局部能量积分

$$\frac{1}{2}(u\dot{q}_1)^2+(W_1-hu_1)=c_1=\text{const.}. \tag{3.111}$$

对其他的 q_i 完全类似,共可以得到 n 个局部能量积分

$$\frac{1}{2}(u\dot{q}_i)^2+(W_i-hu_i)=c_i=\text{const.},\quad i=1,2,\cdots,n,\tag{3.112}$$

其中积分常数为 $c_1,c_2,\cdots,c_n,h$，且满足一个条件

$$\begin{aligned}\sum_{i=1}^{n}c_i&=\frac{1}{2}u_2\sum_{i=1}^{n}\dot{q}_i^2+W-hu\\&=u\left(\frac{1}{2}u\sum_{i=1}^{n}\dot{q}_i^2+\frac{W}{u}-h\right)\\&=u(T+V-h)=0.\end{aligned}\tag{3.113}$$

应该注意到，Liouville 系统的 n 个局部能量积分并不是分离变数的，这是 Liouville 系统和完全分离保守系统的区别.

作为完全分离保守系统的特例，我们举出多自由度常系数线性系统. 此时系统的动能和势能表达为广义速度和广义坐标的二次型

$$\begin{cases}T=\dfrac{1}{2}\displaystyle\sum_{i=1}^{n}\sum_{j=1}^{n}a_{ij}\dot{q}_i\dot{q}_j,\\V=\dfrac{1}{2}\displaystyle\sum_{i=1}^{n}\sum_{j=1}^{n}b_{ij}q_iq_j,\end{cases}\tag{3.114}$$

其中 a_{ij}，b_{ij} 均为常数. 由于 T 是广义速度的正定二次型，根据代数上已知的定理，一定可以找到一个非奇异线性变换，使 T 化成平方和，而 V 同时化成为带系统的平方和，即

$$\begin{cases}T=\displaystyle\sum_{i=1}^{n}(\dot{q}_i^*)^2,\\V=\displaystyle\sum_{i=1}^{n}\lambda_i(q_i^*)^2.\end{cases}\tag{3.115}$$

比较(3.115)和(3.96)式，即知(3.115)系统已是完全分离保守系统. 因此，它存在着 n 个局部能量积分，并且系统是完全可积的，即可以用积分或积分反转来表达系统的通解. 以上处理线性系统的方法，实质上是通过变换把一个系统分离成互相之间完全无关的 n 个小系统，然后通过小系统来研究整个系统. 这种方法可以推广到非线性问题的研究. 如果我们通过非奇异变换，使一个"大"系统能够表达成数个相互之间没有耦合(或只有弱耦合)的子系统的综合，而子系统具有较简单的特性. 这样通过子系统来综合研究，可以得到原来系统的特性. 这种方法，有人称之为**大系统方法**[20].

2.3.5　循环坐标与循环积分

寻找动力学方程组的第一积分对解决动力学问题来说是很重要的. 除前面已

经讨论过的机械能守恒积分、Jacobi 广义能量积分、分离保守的局部能量积分及其在 Liouville 系统上的推广等等以外，最重要的还有循环积分. 它是 Newton 力学当中动量和角动量守恒积分的一般化.

考虑一个 Lagrange 系统，其 Lagrange 函数为

$$L = L(q_1, q_2, \cdots, q_n, \dot{q}_1, \dot{q}_2, \cdots, \dot{q}_n, t).$$

我们定义：如果 L 函数不显含某个广义坐标 q_r，即有 $\partial L/\partial q_r = 0$(注意，此时 L 函数必显含 $\dot{q}_r$，否则系统蜕化为与 q_r 无关，因而成为只有 $n-1$ 个广义坐标的系统了)，则称 q_r 为系统的一个**循环坐标**.

每一个循环坐标必有一个相应的积分存在. 设 q_r 为循环坐标，根据系统的第二类 Lagrange 方程，有

$$\frac{\mathrm{d}}{\mathrm{d}t}\frac{\partial L}{\partial \dot{q}_r} = \frac{\partial L}{\partial q_r} = 0.$$

于是有积分

$$\frac{\partial L}{\partial \dot{q}_r} = \beta_r = \text{const.}. \tag{3.116}$$

(3.116)式称为循环坐标 q_r 相应的**循环积分**. 通常我们引入**广义动量**，并定义为

$$p_i = \frac{\partial L}{\partial \dot{q}_i}, \quad i = 1, 2, \cdots, n. \tag{3.117}$$

因此，循环坐标相应的广义动量必守恒. 循环积分就是与循环坐标相应的广义动量守恒积分.

就像 2.3.2 小节中 Whittaker 定理利用 Jacobi 积分可以使系统降阶一样，利用循环积分同样可以使系统降阶. 实际上，自然系统所有的循环坐标都可以利用循环积分加以消去，使系统降阶为仅仅保留以非循环坐标为变量的动力学系统.

为证明上述结论，我们首先注意自然系统的一个性质：在广义坐标 $q_1, q_2, \cdots, q_n$ 中任取 k 个，比如 $q_{i_1}, q_{i_2}, \cdots, q_{i_k}$，一定有其 L 函数的 Hess 行列式不等于零，即

$$\begin{vmatrix} \dfrac{\partial^2 L}{\partial \dot{q}_{i_1} \partial \dot{q}_{i_1}} & \dfrac{\partial^2 L}{\partial \dot{q}_{i_1} \partial \dot{q}_{i_2}} & \cdots & \dfrac{\partial^2 L}{\partial \dot{q}_{i_1} \partial \dot{q}_{i_k}} \\ \vdots & \vdots & & \vdots \\ \dfrac{\partial^2 L}{\partial \dot{q}_{i_k} \partial \dot{q}_{i_1}} & \dfrac{\partial^2 L}{\partial \dot{q}_{i_k} \partial \dot{q}_{i_2}} & \cdots & \dfrac{\partial^2 L}{\partial \dot{q}_{i_k} \partial \dot{q}_{i_k}} \end{vmatrix} \neq 0. \tag{3.118}$$

实际上，适当调整一下次序，上述的 Hess 行列式就是 T_2 这个正定二次型系数矩阵的某个主子式，因而(3.118)式一定成立. 对于非自然的 Lagrange 系统，上述性质不一定成立.

现在我们来讨论循环坐标的可消去性. 假定某 Lagrange 系统，其 $q_{m+1}, q_{m+2}, \cdots,$

q_n 为循环坐标,并且有①

$$\begin{vmatrix} \frac{\partial^2 L}{\partial\dot{q}_{m+1}\partial\dot{q}_{m+1}} & \frac{\partial^2 L}{\partial\dot{q}_{m+1}\partial\dot{q}_{m+2}} & \cdots & \frac{\partial^2 L}{\partial\dot{q}_{m+1}\partial\dot{q}_{n}} \\ \frac{\partial^2 L}{\partial\dot{q}_{m+2}\partial\dot{q}_{m+1}} & \frac{\partial^2 L}{\partial\dot{q}_{m+2}\partial\dot{q}_{m+2}} & \cdots & \frac{\partial^2 L}{\partial\dot{q}_{m+2}\partial\dot{q}_{n}} \\ \vdots & \vdots & & \vdots \\ \frac{\partial^2 L}{\partial\dot{q}_{n}\partial\dot{q}_{m+1}} & \frac{\partial^2 L}{\partial\dot{q}_{n}\partial\dot{q}_{m+2}} & \cdots & \frac{\partial^2 L}{\partial\dot{q}_{n}\partial\dot{q}_{n}} \end{vmatrix} \neq 0. \tag{3.119}$$

每一个循环坐标有一个相应的循环积分,即

$$p_{m+1} = \frac{\partial L}{\partial\dot{q}_{m+1}} = \beta_{m+1} = \text{const.}, \quad \cdots, \quad p_n = \frac{\partial L}{\partial\dot{q}_n} = \beta_n = \text{const.}. \tag{3.120}$$

由于(3.119)式的条件,我们从(3.120)的循环积分中一定可以反解出循环速度 $\dot{q}_{m+1},\dot{q}_{m+2},\cdots,\dot{q}_n$ 为

$$\begin{cases} \dot{q}_{m+1} = f_{m+1}(q_1,\cdots,q_m,\dot{q}_1,\cdots,\dot{q}_m,t,\beta_{m+1},\cdots,\beta_n), \\ \dot{q}_{m+2} = f_{m+2}(q_1,\cdots,q_m,\dot{q}_1,\cdots,\dot{q}_m,t,\beta_{m+1},\cdots,\beta_n), \\ \cdots\cdots\cdots\cdots\cdots\cdots\cdots\cdots\cdots\cdots \\ \dot{q}_n = f_n(q_1,\cdots,q_m,\dot{q}_1,\cdots,\dot{q}_m,t,\beta_{m+1},\cdots,\beta_n). \end{cases} \tag{3.121}$$

在自然系统里,上述反解过程是求解一个线性方程组. 根据关系式(3.121)可以看到,

$$\dot{q}_{m+1},\cdots,\dot{q}_n \quad 及 \quad \ddot{q}_{m+1},\cdots,\ddot{q}_n$$

等都可以表达为 $q_1,\cdots,q_m,\dot{q}_1,\cdots,\dot{q}_m,\ddot{q}_1,\cdots,\ddot{q}_m$ 及时间 t 的函数. 将这些关系式代入下述 Lagrange 方程

$$\frac{\mathrm{d}}{\mathrm{d}t}\frac{\partial L}{\partial\dot{q}_i} - \frac{\partial L}{\partial q_i} = 0, \quad i = 1,2,\cdots,m.$$

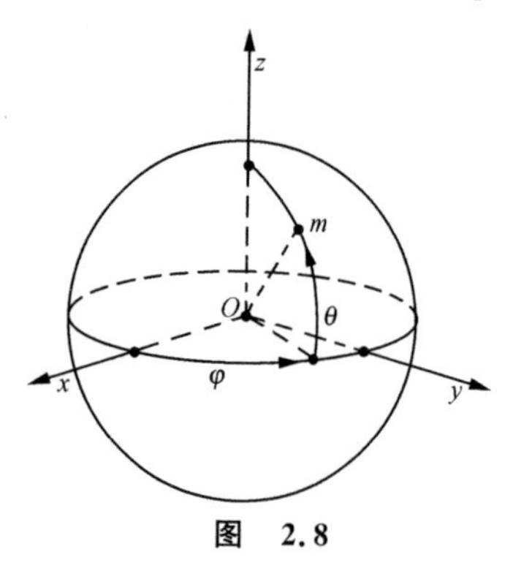

图 2.8

完全可以消去 $q_{m+1},q_{m+2},\cdots,q_n$ 及其时间导数等变量,而得到以 $q_1,q_2,\cdots,q_m$ 为变量的总共 $2m$ 阶的动力学方程组. Routh 的进一步工作证明,消去循环坐标之后得到以 $q_1,q_2,\cdots,q_m$ 为变量的动力学方程可以仍然保持 Lagrange 系统的形式. 在下一节我们将深入讨论这个问题.

例 考虑重力场中一质点 m 约束在固定光滑球面上运动,如图 2.8 所示,其中 Oz 轴垂直向上. 这是两个自由度的完整系统. 它的广义坐标

① 对于自然系统,(3.119)式一定成立;对于非自然系统,(3.119)式的成立是一个假定.

可以选用 2.1.1 小节中已经介绍过的球面经纬度 φ,θ.

用直角坐标系 $Oxyz$ 来描述,系统的动能为

$$T=\frac{1}{2}m(\dot{x}^2+\dot{y}^2+\dot{z}^2),$$

系统的势能为

$$V=mgz.$$

根据广义坐标的变换公式,立即可以计算得到

$$T=\frac{1}{2}mr^2(\dot{\theta}^2+\dot{\varphi}^2\cos^2\theta),\quad V=mgr\sin\theta.$$

系统的 Lagrange 函数

$$L=T-V=\frac{1}{2}mr^2(\dot{\theta}^2+\dot{\varphi}^2\cos^2\theta)-mgr\sin\theta.$$

应用第二类 Lagrange 方程,可以得到系统运动的动力学方程组为

$$\frac{\mathrm{d}}{\mathrm{d}t}\frac{\partial L}{\partial\dot{\varphi}}-\frac{\partial L}{\partial\varphi}=mr^2\ddot{\varphi}\cos^2\theta-2mr^2\dot{\theta}\dot{\varphi}\sin\theta\cos\theta=0,$$

$$\frac{\mathrm{d}}{\mathrm{d}t}\frac{\partial L}{\partial\dot{\theta}}-\frac{\partial L}{\partial\theta}=mr^2\ddot{\theta}+mr^2\dot{\varphi}^2\sin\theta\cos\theta+mgr\cos\theta=0.$$

在 2.1.1 小节中我们已经指出,对于约束在球面上运动的质点,如果选用球面经、纬度 φ,θ 作为广义坐标,不可避免地使上下两个极点成为广义坐标变换的奇点. 我们看到,在这组广义坐标基础上建立的第二类 Lagrange 方程,在这两点(即 $\theta=\pi/2$ 及 $\theta=-\pi/2$)也表现出奇异性. 很明显,如果在这两个奇点邻域对上述动力学方程组进行数字积分计算,那么由于最高阶导数项系统接近于零而形成病态. 类似的问题在惯性导航计算机中也存在,并成为需要专门加以解决的问题. 在这里,上下极点奇异性引起的问题并不严重. 实际上,根据绕 Oz 轴的角动量守恒,我们可以证明①,能够直接经过上、下极点的运动非常简单,只有如下两种情况:

(1) 位于上(或下)极点的静止平衡状态,即

$$\theta\equiv\pi/2\quad 或\quad \theta\equiv-\pi/2;$$

(2) $\varphi=\text{const.}$ 的平面运动. 此时动力学方程成为

$$mr^2\ddot{\theta}+mgr\cos\theta=0.$$

这就是单摆的情况.

除上述两种简单情况外,所有的运动都不可能直接经过上(或下)极点,因而在运动中恒有 $\theta\neq\pm\pi/2$. 对于这些运动,前面建立的 Lagrange 动力学方程成立. 这时

---

① 论证的根据是:能够经过上(或下)极点的运动,其绕 Oz 轴的角动量必恒等于零. 如果在 Lagrange 力学范围内来证明这一点,可以通过更换广义坐标的极点来达到.

系统有两个明显的第一积分：

(1) 由于系统保守，故有机械能守恒积分

$$T+V=\frac{1}{2}mr^2(\dot{\theta}^2+\dot{\varphi}^2\cos^2\theta)+mgr\sin\theta=E_0=\text{const.};$$

(2) 由于 $\partial L/\partial\varphi=0$，$\varphi$ 是循环坐标，有循环积分

$$p_\varphi=\frac{\partial L}{\partial\dot{\varphi}}=mr^2\dot{\varphi}\cos^2\theta=G_z=\text{const.}.$$

利用这两个第一积分，不难求解运动：由循环积分，得到

$$\dot{\varphi}=G_z/mr^2\cos^2\theta.$$

代入机械能守恒积分，有

$$\frac{1}{2}mr^2\dot{\theta}^2+\frac{G_z^2}{2mr^2\cos^2\theta}+mgr\sin\theta=E_0.$$

解此式，得

$$\dot{\theta}=\sqrt{\frac{2}{mr^2}\left(E_0-mgr\sin\theta-\frac{G_z^2}{2mr^2\cos^2\theta}\right)}.$$

积分之，得

$$\int_{\theta_0}^{\theta}\frac{mr^2\cos\theta\,\mathrm{d}\theta}{\sqrt{2mr^2\cos^2\theta(E_0-mgr\sin\theta)-G_z^2}}=t-t_0,$$

其中 t_0 和 θ_0 是初始条件常数，且

$$\theta\,|_{t=t_0}=\theta_0.$$

注意到

$$\begin{aligned}\mathrm{d}\varphi=\dot{\varphi}\,\mathrm{d}t&=\frac{G_z}{mr^2\cos^2\theta}\mathrm{d}t\\&=\frac{G_z}{mr^2\cos^2\theta}\frac{mr^2\cos\theta\,\mathrm{d}\theta}{\sqrt{2mr^2\cos^2\theta(E_0-mgr\sin\theta)-G_z^2}},\end{aligned}$$

因此有

$$\varphi-\varphi_0=\int_{\theta_0}^{\theta}\frac{G_z\,\mathrm{d}\theta}{\cos\theta\sqrt{2mr^2\cos^2\theta(E_0-mgr\sin\theta)-G_z^2}},$$

其中 $\varphi_0=\varphi(t_0)$.

§2.4 第二类 Lagrange 方程的古典研究(Ⅱ)

2.4.1 Legendre 变换与 Routh 方程

通过具有一定性质的变换来简化和分析系统，是分析动力学重要的研究手段

之一.现在我们引入由一个函数生成的变换:

假定给定一个 $\in c_2$ 类的函数 $X(x_1,x_2,\cdots,x_n;\alpha_1,\alpha_2,\cdots,\alpha_m)$,它对变量 x_1, $x_2,\cdots,x_n$ 的 Hess 式不等于零,即

$$\det\left[\frac{\partial^2 X}{\partial x_i\partial x_j}\right]_{i,j=1,2,\cdots,n}\neq 0. \tag{4.1}$$

我们按下式规定一个由变量 $x_1,x_2,\cdots,x_n$ 到另一组变量 $y_1,y_2,\cdots,y_n$ 的变换:

$$y_i=\frac{\partial X}{\partial x_i},\quad i=1,2,\cdots,n. \tag{4.2}$$

这个变换,我们称之为由函数 X 生成的 **Legendre 变换**[①]. 以下证明 Legendre 变换的重要性质.

Donkin 定理 Legendre 变换必定可逆,而且逆变换也是 Legendre 变换. 逆变换的生成函数为

$$Y(y_1,y_2,\cdots,y_n;\alpha_1,\alpha_2,\cdots,\alpha_m)=\left(\sum_{i=1}^{n}x_iy_i-X\right)\Big|_{x\to y}. \tag{4.3}$$

而且对参数 $\alpha_1,\alpha_2,\cdots,\alpha_m$ 还有如下关系式成立:

$$\frac{\partial Y}{\partial\alpha_j}=-\frac{\partial X}{\partial\alpha_j},\quad j=1,2,\cdots,m. \tag{4.4}$$

证明 Legendre 变换(4.2)的 Jacobi 行列式为

$$\frac{D(y_1,y_2,\cdots,y_n)}{D(x_1,x_2,\cdots,x_n)}=\begin{vmatrix}\dfrac{\partial y_1}{\partial x_1} & \dfrac{\partial y_1}{\partial x_2} & \cdots & \dfrac{\partial y_1}{\partial x_n}\\ \dfrac{\partial y_2}{\partial x_1} & \dfrac{\partial y_2}{\partial x_2} & \cdots & \dfrac{\partial y_2}{\partial x_n}\\ \vdots & \vdots & & \vdots\\ \dfrac{\partial y_n}{\partial x_1} & \dfrac{\partial y_n}{\partial x_2} & \cdots & \dfrac{\partial y_n}{\partial x_n}\end{vmatrix}$$

$$=\det\left[\frac{\partial^2 X}{\partial x_i\partial x_j}\right]_{i,j=1,2,\cdots,n}\neq 0. \tag{4.5}$$

因此,变换式(4.2)是可逆的. 记逆变换为

$$x_i=x_i(y_1,\cdots,y_n;\alpha_1,\cdots,\alpha_m),\quad i=1,2,\cdots,n. \tag{4.6}$$

于是,将(4.6)式代入(4.3)式,即可求出 Y 函数

$$Y(y_1,y_2,\cdots,y_n;\alpha_1,\alpha_2,\cdots,\alpha_m)$$

$$=\left(\sum_{i=1}^{n}x_iy_i-X\right)\Big|_{x_i=x_i(y_1,\cdots,y_n;\alpha_1,\cdots,\alpha_m)}. \tag{4.7}$$

既然 Y 函数已经求出,我们可以通过直接计算来验证由 Y 函数生成的 Legendre 变

---

① 在这里,Legendre 变换被看成是变量 $x_1,x_2,\cdots,x_n$ 到另一组变量 $y_1,y_2,\cdots,y_n$ 的变换. 但 Legendre 变换也可以看成是函数 X 到另一函数 Y 的变换. Y 的定义见后. 请见参考文献[9].

换确是(4.2)变换的逆变换：

$$\begin{aligned}\frac{\partial Y}{\partial y_i}&=\frac{\partial}{\partial y_i}\left[\left(\sum_{k=1}^{n}x_k y_k-X\right)\bigg|_{x_k=x_k(y_1,\cdots,y_n;\alpha_1,\cdots,\alpha_m)}\right]\\&=\sum_{k=1}^{n}\frac{\partial x_k}{\partial y_i}y_k+x_i-\sum_{k=1}^{n}\frac{\partial X}{\partial x_k}\cdot\frac{\partial x_k}{\partial y_i}\\&=\sum_{k=1}^{n}\frac{\partial x_k}{\partial y_i}\left(y_k-\frac{\partial X}{\partial x_k}\right)+x_i\\&=x_i,\quad i=1,2,\cdots,n.\end{aligned}\tag{4.8}$$

(4.4)关系式亦可以通过直接计算得到

$$\begin{aligned}\frac{\partial Y}{\partial \alpha_j}&=\frac{\partial}{\partial \alpha_j}\left[\left(\sum_{i=1}^{n}x_i y_i-X\right)\bigg|_{x_i=x_i(y_1,\cdots,y_n;\alpha_1,\cdots,\alpha_m)}\right]\\&=\sum_{i=1}^{n}\frac{\partial x_i}{\partial \alpha_j}y_i-\sum_{i=1}^{n}\frac{\partial X}{\partial x_i}\frac{\partial x_i}{\partial \alpha_j}-\frac{\partial X}{\partial \alpha_j}\\&=\sum_{i=1}^{n}\frac{\partial x_i}{\partial \alpha_j}\left(y_i-\frac{\partial X}{\partial x_i}\right)-\frac{\partial X}{\partial \alpha_j}\\&=-\frac{\partial X}{\partial \alpha_j},\quad j=1,2,\cdots,m.\end{aligned}\tag{4.9}$$

定理证毕. □

利用上述的 Legendre 变换，我们可以方便地完成 2.3.5 小节中消去循环坐标的工作. 假定某 Lagrange 系统，其广义坐标中有 $n-m$ 个循环坐标. 不失一般性，记这些循环坐标为 $q_{m+1},q_{m+2},\cdots,q_n$. 并且假定有不等式(3.119)成立. 显然系统的 Lagrange 函数为

$$L=L(q_1,\cdots,q_m,\dot{q}_1,\cdots,\dot{q}_m,t,\dot{q}_{m+1},\cdots,\dot{q}_n).\tag{4.10}$$

注意到条件(3.119)的成立，所以我们可以利用这个 Lagrange 函数作为生成函数，作循环速度 $\dot{q}_{m+1},\cdots,\dot{q}_n$ 这些变量的 Legendre 变换，而把 $q_1,\cdots,q_m,\dot{q}_1,\cdots,\dot{q}_m,t$ 看做不变换的参数. 显然变换出的新变量为

$$p_\alpha=\frac{\partial L}{\partial \dot{q}_\alpha},\quad \alpha=m+1,m+2,\cdots,n.\tag{4.11}$$

不言而喻，这些新变量正好是循环坐标 $q_{m+1},\cdots,q_n$ 相应的广义动量 $p_{m+1},p_{m+2},\cdots,p_n$. 根据 Donkin 定理，有 R 函数存在①，其表达式为

$$\begin{aligned}R&=-\left(\sum_{r=m+1}^{n}p_r\dot{q}_r-L\right)\bigg|_{(\dot{q}_{m+1},\cdots,\dot{q}_n)\to(p_{m+1},\cdots,p_n)}\\&=R(q_1,\cdots,q_m,\dot{q}_1,\cdots,\dot{q}_m,t,p_{m+1},\cdots,p_n).\end{aligned}\tag{4.12}$$

① 应注意到，此处的 R 函数和 Donkin 定理中逆变换的生成函数 Y 相差一个负号.

并有如下关系式成立

$$\frac{\partial R}{\partial q_i}=\frac{\partial L}{\partial q_i},\quad \frac{\partial R}{\partial \dot{q}_i}=\frac{\partial L}{\partial \dot{q}_t},\quad i=1,2,\cdots,m,\tag{4.13}$$

注意到原系统有循环积分

$$p_\alpha=\beta_\alpha=\text{const.},\quad \alpha=m+1,m+2,\cdots,n,\tag{4.14}$$

因此新变量 $p_{m+1},\cdots,p_n$ 在运动中保持常值.从而 R 函数可记为

$$\begin{aligned}&R(q_1,\cdots,q_m,\dot{q}_1,\cdots,\dot{q}_m,t,p_{m+1},\cdots,p_m)\big|_{p_\alpha=\beta_\alpha}\\&\quad=R(q_1,\cdots,q_m,\dot{q}_1,\cdots,\dot{q}_m,t,\beta_{m+1},\cdots,\beta_n).\end{aligned}\tag{4.15}$$

根据(4.13)式和原系统的第二类 Lagrange 方程,可以得到

$$\frac{\mathrm{d}}{\mathrm{d}t}\frac{\partial R}{\partial \dot{q}_i}-\frac{\partial R}{\partial q_i}=0,\quad i=1,2,\cdots,m.\tag{4.16}$$

这就是消去循环坐标以后,以 $q_1,\cdots,q_m$ 为变量的动力学方程.它仍然保持 Lagrange 系统的形式.新的 Lagrange 函数就是(4.15)式中的 R(其中含有循环动量常数),称之为 **Routh 函数**,而方程组(4.16)称为 **Routh 方程**.

假定我们能够求解非循环坐标所满足的 Routh 方程,得到特解

$$q_i=q_i(t,\beta_{m+1},\cdots,\beta_n),\quad i=1,2,\cdots,m.\tag{4.17}$$

那么,原系统循环坐标的变化规律不难求得.为此将特解(4.17)代入到(4.11) Legendre 变换的逆变换公式中,得

$$\dot{q}_\alpha=-\frac{\partial R}{\partial p_\alpha}\bigg|_{p_\alpha=\beta_\alpha,q_i=q_i(t,\beta_{m+1},\cdots,\beta_n)},\quad \alpha=m+1,m+2,\cdots,n.\tag{4.18}$$

等式(4.18)的右边项是时间 t 及循环动量常数 $\beta_{m+1},\beta_{m+2},\cdots,\beta_n$ 的函数,特记为

$$\dot{q}_\alpha=-\widetilde{\left(\frac{\partial R}{\partial p_\alpha}\right)},\quad \alpha=m+1,m+2,\cdots,n.$$

从而可以决定循环坐标的变化规律

$$q_\alpha=-\int\widetilde{\left(\frac{\partial R}{\partial p_\alpha}\right)}\mathrm{d}t.\tag{4.19}$$

以上关于 Routh 函数和 Routh 方程的讨论都局限在有势系统里.但实际上,上述分析可推广到有势和无势混合的系统,即

$$\frac{\mathrm{d}}{\mathrm{d}t}\frac{\partial L}{\partial \dot{q}_i}-\frac{\partial L}{\partial q_i}=Q_i,\quad i=1,2,\cdots,n.\tag{4.20}$$

设此系统中,$q_{m+1},q_{m+2},\cdots,q_n$ 为循环坐标,即满足如下条件

$$\begin{cases}\dfrac{\partial L}{\partial q_{m+1}}=\dfrac{\partial L}{\partial q_{m+2}}=\cdots=\dfrac{\partial L}{\partial q_n}=0,\\ Q_{m+1}=Q_{m+2}=\cdots=Q_n=0.\end{cases}\tag{4.21}$$

此时有循环积分

$$p_j = \frac{\partial L}{\partial \dot{q}_j} = \beta_j = \text{const.}, \quad j = m+1,\cdots,n. \tag{4.22}$$

引用 $\dot{q}_{m+1},\dot{q}_{m+2}\cdots,\dot{q}_n$ 到 $p_{m+1},p_{m+2},\cdots,p_n$ 的 Legendre 变换，再根据 Donkin 定理，有 R 函数存在①

$$R = \overbrace{\left(L - \sum_{r=m+1}^{n} p_r \dot{q}_r\right)}$$

$$= R(q_1,\cdots,q_m,\dot{q}_1,\cdots,\dot{q}_m,t,\beta_{m+1},\cdots,\beta_n). \tag{4.23}$$

并有关系式

$$\frac{\partial R}{\partial q_i} = \frac{\partial L}{\partial q_i}, \quad \frac{\partial R}{\partial \dot{q}_i} = \frac{\partial L}{\partial \dot{q}_i}, \quad i = 1,2,\cdots,m. \tag{4.24}$$

代入系统的原 Lagrange 方程，则得 Routh 方程

$$\frac{\mathrm{d}}{\mathrm{d}t}\frac{\partial R}{\partial \dot{q}_i} - \frac{\partial R}{\partial q_i} = \widehat{Q}_i, \quad i = 1,2,\cdots,m. \tag{4.25}$$

为了保证 Routh 方程(4.25)完全消去循环坐标，我们应假定 $Q_1,Q_2,\cdots,Q_m$ 中均不显含循环坐标.

2.4.2 Routh 函数的结构

循环坐标与循环积分，在力学系统的理论和实用中有重要的价值. 从理论上说，循环坐标的出现依赖于广义坐标的选择，而广义坐标是可以变换的. 因此，通过变换来得到更多的循环坐标与循环积分就是一条研究力学系统可能的途径. 另外，有循环坐标的力学系统在实用上也很有研究价值，陀螺系统就是一例. 在陀螺系统中，系统的运动明显地分为两个部分：一部分是"循环坐标"的运动(例如陀螺仪转子的自转)，它往往不需要考察(因为自转的快慢并不直接改变陀螺仪整体的形象)或者观察不到(转子往往被封在陀螺房里)，故称之为**隐运动**；另一部分是"非循环坐标"的运动，它往往是我们需要考察的，称之为**显运动**. 但是，不要以为隐运动是无关紧要的. 非循环坐标运动的某些重要性质正是由于存在着隐运动才发生的. 这时非循环坐标的运动好像加上了一种特殊的"有势力"，这个有势力正是由于循环坐标的隐运动而产生的. 我们称这种势为 **Routh 附加势**. Routh 附加势对非循环坐标来说，表现为普通势和广义势两部分，而其中广义势部分就导出作用在系统上的一种陀螺力.

为了明确隐运动对显运动的影响，我们来分析 Routh 函数的结构. 试考察一个理想、完整、定常的力学系统，作用有普通势而不显含时间 t. 其广义坐标中，假定 $q_{m+1},q_{m+2},\cdots,q_n$ 为循环坐标，故

① 上括号代表所括式子一律以变换后的变量表示.

$$L = T - V = \frac{1}{2}\sum_{i=1}^{n}\sum_{j=1}^{n} a_{ij}(q_1, q_2, \cdots, q_m)\dot{q}_i\dot{q}_j - V(q_1, q_2, \cdots, q_m). \quad (4.26)$$

按 Routh 的方式作 Legendre 变换,将循环速度变换成相应的广义运动,即

$$p_r = \frac{\partial L}{\partial \dot{q}_r}, \quad r = m+1, m+2, \cdots, n. \quad (4.27)$$

其 Routh 函数为

$$R = \widehat{\left(L - \sum_{r=m+1}^{n} p_r\dot{q}_r\right)} = \widehat{T} - V - \sum_{r=m+1}^{n} p_r\,\widehat{\dot{q}_r}. \quad (4.28)$$

由此可见,为了明确 Routh 函数的结构,需要知道 $\widehat{T}$ 及 $\widehat{\dot{q}_r}$的表达式.以下来具体计算.

由(4.26)及(4.27)式知

$$\begin{aligned} p_r &= \frac{\partial L}{\partial \dot{q}_r} = \frac{\partial}{\partial \dot{q}_r}\left(\frac{1}{2}\sum_{i=1}^{n}\sum_{j=1}^{n} a_{ij}(q_1, q_2, \cdots, q_m)\dot{q}_i\dot{q}_j\right) \\ &= \sum_{i=1}^{n} a_{ri}\dot{q}_i = \sum_{i=1}^{m} a_{ri}\dot{q}_i + \sum_{j=m+1}^{n} a_{rj}\dot{q}_j, \\ &\qquad r = m+1, m+2, \cdots, n. \end{aligned} \quad (4.29)$$

于是得到循环速度 $\dot{q}_{m+1}, \cdots, \dot{q}_n$ 的方程组为

$$\sum_{r=m+1}^{n} a_{jr}\dot{q}_r = p_j - \sum_{i=1}^{m} a_{ji}\dot{q}_i, \quad j = m+1, m+2, \cdots, n. \quad (4.30)$$

由 T_2 的正定性,可肯定有

$$D = \begin{vmatrix} a_{m+1,m+1} & a_{m+1,m+2} & \cdots & a_{m+1,n} \\ a_{m+2,m+1} & a_{m+2,m+2} & \cdots & a_{m+2,n} \\ \vdots & \vdots & & \vdots \\ a_{n,m+1} & a_{n,m+2} & \cdots & a_{nn} \end{vmatrix} \neq 0. \quad (4.31)$$

因此方程(4.30)可解成

$$\begin{aligned} \dot{q}_r &= \sum_{j=m+1}^{n} b_{rj}\left(p_j - \sum_{i=1}^{m} a_{ji}\dot{q}_i\right) \\ &= \sum_{j=m+1}^{n} b_{rj}p_j - \sum_{i=1}^{m} \gamma_{ri}\dot{q}_i, \quad r = m+1, m+2, \cdots, n, \end{aligned} \quad (4.32)$$

其中

$$\begin{bmatrix} b_{m+1,m+1} & \cdots & b_{m+1,n} \\ \vdots & & \vdots \\ b_{n,m+1} & \cdots & b_{nn} \end{bmatrix} = \begin{bmatrix} a_{m+1,m+1} & \cdots & a_{m+1,n} \\ \vdots & & \vdots \\ a_{n,m+1} & \cdots & a_{nn} \end{bmatrix}^{-1}. \quad (4.33)$$

且

$$\gamma_{ri} = \sum_{j=m+1}^{n} b_{rj} a_{ji}.$$

公式(4.32)是用循环动量及非循环速度表达出的循环速度,因此就是$\widehat{\dot{q}}_r$表达式.将

$$T = \frac{1}{2}\sum_{i=1}^{n}\sum_{j=1}^{n} a_{ij}(q_1,\cdots,q_m)\dot{q}_i\dot{q}_j.$$

表达式中所有的循环速度用公式(4.32)代入,即可求出 $\widehat{T}$. 注意到(4.32)式的线性性质,故 $\widehat{T}$ 仍应是 Routh 变量 $\dot{q}_1,\dot{q}_2,\cdots,\dot{q}_m,p_{m+1},p_{m+2},\cdots,p_n$ 的二次型. 分开来写,这个二次型应为

$$\widehat{T} = \frac{1}{2}\sum_{i=1}^{m}\sum_{j=1}^{m} a_{ij}^{*}\dot{q}_i\dot{q}_j + \frac{1}{2}\sum_{\alpha=m+1}^{n}\sum_{\beta=m+1}^{n} a_{\alpha\beta}^{*} p_\alpha p_\beta + \sum_{i=1}^{m}\sum_{r=m+1}^{n} a_{ir}^{*}\dot{q}_i p_r. \tag{4.34}$$

首先,我们来证明 $\widehat{T}$ 的上述表达式中应没有交叉项,即

$$a_{ir}^{*} = 0,\quad i = 1,2,\cdots,m,\quad r = m+1,m+2,\cdots,n. \tag{4.35}$$

因为

$$\begin{aligned} a_{ir}^{*} &= \frac{\partial^2 \widehat{T}}{\partial \dot{q}_i \partial p_r} = \frac{\partial}{\partial \dot{q}_i}\left(\frac{\partial \widehat{T}}{\partial p_r}\right) \\ &= \frac{\partial}{\partial \dot{q}_i}\left[\frac{\partial}{\partial p_r}\overbrace{\left(\frac{1}{2}\sum_{i=1}^{n}\sum_{j=1}^{n} a_{ij}\dot{q}_i\dot{q}_j\right)}\right]. \end{aligned} \tag{4.36}$$

注意到,在 $\dot{q}_1,\dot{q}_2,\cdots,\dot{q}_n$ 中,只有循环速度才与 p_r 有关,因此

$$a_{ir}^{*} = \frac{\partial}{\partial \dot{q}_i}\overbrace{\sum_{\beta=m+1}^{n}\left(\frac{\partial T}{\partial \dot{q}_\beta}\frac{\partial \dot{q}_\beta}{\partial p_r}\right)} = \frac{\partial}{\partial \dot{q}_i}\left(\sum_{\beta=m+1}^{n} p_\beta b_{\beta r}\right) = 0, \tag{4.37}$$

其中 $i=1,2,\cdots,m,r=m+1,m+2,\cdots,n$. 其次,

$$\begin{aligned} a_{\alpha\beta}^{*} &= \frac{\partial^2 \widehat{T}}{\partial p_\alpha \partial p_\beta} = \frac{\partial}{\partial p_\alpha}\left(\frac{\partial \widehat{T}}{\partial p_\beta}\right) = \frac{\partial}{\partial p_\alpha}\overbrace{\sum_{r=m+1}^{n}\left(\frac{\partial T}{\partial \dot{q}_r}\frac{\partial \dot{q}_r}{\partial p_\beta}\right)} \\ &= \frac{\partial}{\partial p_\alpha}\left(\sum_{r=m+1}^{n} p_r b_{r\beta}\right) = b_{\alpha\beta}, \end{aligned} \tag{4.38}$$

其中 $\alpha=m+1,m+2,\cdots,n,\beta=m+1,m+2,\cdots,n$. 最后,

$$\begin{aligned} a_{ij}^{*} &= \frac{\partial^2 \widehat{T}}{\partial \dot{q}_i \partial \dot{q}_j} = \frac{\partial}{\partial \dot{q}_i}\left(\frac{\partial}{\partial \dot{q}_j}\widehat{T}\right) \\ &= \frac{\partial}{\partial \dot{q}_i}\overbrace{\left(\frac{\partial T}{\partial \dot{q}_j} + \sum_{\alpha=m+1}^{n}\frac{\partial T}{\partial \dot{q}_\alpha}\frac{\partial \dot{q}_\alpha}{\partial \dot{q}_j}\right)} \\ &= \frac{\partial}{\partial \dot{q}_i}\overbrace{\left(\frac{\partial T}{\partial \dot{q}_j}\right)} + \frac{\partial}{\partial \dot{q}_i}\overbrace{\left[\sum_{\alpha=m+1}^{n}(-p_\alpha \gamma_{\alpha j})\right]}. \end{aligned}$$

由于后一项应等于零,从而

$$a_{ij}^* = \widehat{\left(\frac{\partial^2 T}{\partial\dot{q}_i\partial\dot{q}_j} + \sum_{\alpha=m+1}^{n}\frac{\partial^2 T}{\partial\dot{q}_j\partial\dot{q}_\alpha}\frac{\partial\dot{q}_\alpha}{\partial\dot{q}_i}\right)}$$

$$= a_{ij} - \sum_{\alpha=m+1}^{n}\gamma_{\alpha i}a_{\alpha j} = a_{ij} - \sum_{\alpha=m+1}^{n}\sum_{\beta=m+1}^{n}b_{\alpha\beta}a_{\beta i}a_{\alpha j}, \tag{4.39}$$

其中 $i=1,2,\cdots,m$, $j=1,2,\cdots,m$. 根据等式(4.33),有 $b_{\alpha\beta}=A_{\beta\alpha}/D$,其中 $A_{\beta\alpha}$ 是行列式 D 中元素 $a_{\beta\alpha}$ 的代数余子式. 由此可将(4.39)式写成

$$a_{ij}^* = \frac{1}{D}\begin{vmatrix} a_{ij} & a_{i,m+1} & \cdots & a_{in} \\ a_{m+1,j} & a_{m+1,m+1} & \cdots & a_{m+1,n} \\ \vdots & \vdots & & \vdots \\ a_{nj} & a_{n,m+1} & \cdots & a_{nn} \end{vmatrix}. \tag{4.40}$$

综合以上计算,得到 $\widehat{T}$ 的表达式如下:

$$\widehat{T} = \frac{1}{2}\sum_{i=1}^{m}\sum_{j=1}^{m}a_{ij}^*\dot{q}_i\dot{q}_j + \frac{1}{2}\sum_{\alpha=m+1}^{n}\sum_{\beta=m+1}^{n}b_{\alpha\beta}p_\alpha p_\beta. \tag{4.41}$$

将已求得的 $\widehat{T}$ 表达式(4.41)以及 $\widehat{\dot{q}_r}$ 表达式(4.32)一并代入到(4.28)式中,即有

$$\begin{aligned} R =& \frac{1}{2}\sum_{i=1}^{m}\sum_{j=1}^{m}a_{ij}^*\dot{q}_i\dot{q}_j + \frac{1}{2}\sum_{\alpha=m+1}^{n}\sum_{\beta=m+1}^{n}b_{\alpha\beta}p_\alpha p_\beta \\ & - V - \sum_{r=m+1}^{n}p_r\left(\sum_{j=m+1}^{n}b_{rj}p_j - \sum_{i=1}^{m}\gamma_{ri}\dot{q}_i\right) \\ =& \frac{1}{2}\sum_{i=1}^{m}\sum_{j=1}^{m}a_{ij}^*\dot{q}_i\dot{q}_j + \sum_{i=1}^{m}\left(\sum_{\alpha=m+1}^{n}\gamma_{\alpha i}p_\alpha\right)\dot{q}_i \\ & - \frac{1}{2}\sum_{\alpha=m+1}^{n}\sum_{\beta=m+1}^{n}b_{\alpha\beta}p_\alpha p_\beta - V \\ =& R_2 + R_1 + R_0 - V, \end{aligned} \tag{4.42}$$

其中

$$R_2 = \frac{1}{2}\sum_{i=1}^{m}\sum_{j=1}^{m}a_{ij}^*\dot{q}_i\dot{q}_j, \quad R_1 = \sum_{i=1}^{m}\left(\sum_{\alpha=m+1}^{n}\gamma_{\alpha i}p_\alpha\right)\dot{q}_i,$$

$$R_0 = -\frac{1}{2}\sum_{\alpha=m+1}^{n}\sum_{\beta=m+1}^{n}b_{\alpha\beta}p_\alpha p_\beta.$$

而 a_{ij}^*,$\gamma_{\alpha i}$,$b_{\alpha\beta}$,V 都是 $q_1,q_2,\cdots,q_m$ 的函数,与循环坐标无关.

根据 Routh 方程,我们知道对非循环坐标 $q_1,q_2,\cdots,q_m$ 来说,它的运动决定于如下的方程:

$$\frac{\mathrm{d}}{\mathrm{d}t}\frac{\partial R}{\partial\dot{q}_i} - \frac{\partial R}{\partial q_i} = 0, \quad i=1,2,\cdots,m. \tag{4.43}$$

在 Routh 方程中,起到新的 Lagrange 函数作用的是 Routh 函数 R. 可以把(4.42)

式的 Routh 函数写成

$$R = T^* - V^*, \tag{4.44}$$

其中

$$T^* = \frac{1}{2}\sum_{i=1}^{m}\sum_{j=1}^{m} a_{ij}^* \dot{q}_i \dot{q}_j = R_2, \tag{4.45}$$

$$V^* = V - (R_1 + R_0) = V + V_R, \tag{4.46}$$

而

$$V_R = V_{R_1} + V_{R_0} = -R_1 - R_0. \tag{4.47}$$

由(4.46)式可知，在(4.43)式的系统中，总势是由两部分组成：V 是原来的势；V_R 是由于循环坐标隐运动而在非循环坐标显运动上附加的势，即 **Routh 附加势**. Routh 附加势 V_R 分为两部分：一部分是普通势 V_{R_0}：

$$V_{R_0} = -R_0 = \frac{1}{2}\sum_{\alpha=m+1}^{n}\sum_{\beta=m+1}^{n} b_{\alpha\beta} p_\alpha p_\beta; \tag{4.48}$$

另一部分是广义势 V_{R_1}：

$$V_{R_1} = -R_1 = -\sum_{i=1}^{m}\Big(\sum_{\alpha=m+1}^{n}\gamma_{\alpha i} p_\alpha\Big)\dot{q}_i = \sum_{i=1}^{m} B_i \dot{q}_i, \tag{4.49}$$

其中

$$B_i = -\sum_{\alpha=m+1}^{n}\gamma_{\alpha i} p_\alpha, \quad i = 1,2,\cdots,m.$$

以 R 函数为 Lagrange 函数的新系统，我们称之为原系统的**导出系统**. 它也就是描述非循环坐标显运动的动力学系统. 导出系统的动能为 T^*，势能为 $V+V_{R_0}$，总机械能为 T^*+V-R_0. 注意到(4.41)关系式，即 $T=T^*-R_0=T^*+V_{R_0}$，从而原来系统的总机械能为

$$T + V = T^* + V_{R_0} + V = T^* + V - R_0; \tag{4.50}$$

这就是说，原系统和导出系统的总机械能是相等的. 只是在导出系统中，原系统动能中的一部分转化为导出系统的势能.

导出系统上的广义势 V_{R_1}，在导出系统的动力学中显示为陀螺力. 这可直接验证如下：

$$\begin{aligned}\frac{\mathrm{d}}{\mathrm{d}t}\frac{\partial V_{R_1}}{\partial \dot{q}_i} - \frac{\partial V_{R_1}}{\partial q_i} &= \frac{\mathrm{d}}{\mathrm{d}t}(B_i) - \sum_{j=1}^{m}\frac{\partial B_j}{\partial q_i}\dot{q}_j \\ &= \sum_{j=1}^{m}\Big(\frac{\partial B_i}{\partial q_j} - \frac{\partial B_j}{\partial q_i}\Big)\dot{q}_j = \sum_{j=1}^{m} g_{ij}\dot{q}_j.\end{aligned} \tag{4.51}$$

从(4.51)式，显然有 $g_{ij} = -g_{ji}$，因此广义势 V_{R_1} 显示为陀螺力. 在陀螺仪系统①中，

① 指陀螺仪表中使用直接稳定的陀螺系统.

这部分力的分量很大,它决定了陀螺仪非循环的"表观"坐标的主要运动——进动.

从以上分析可看出,原系统的部分动能可转化为导出系统的势能.实际上,我们可以证明,任何理想、完整、定常、有势系统的势能,都可以看作由某扩展系统的循环坐标动能转化来的.

试考虑任意的理想、完整、定常、有势的系统.广义坐标为 $q_1,q_2,\cdots,q_m$,动能为

$$T^* = \frac{1}{2}\sum_{i=1}^{m}\sum_{j=1}^{m}a_{ij}(q_1,q_2,\cdots,q_m)\dot{q}_i\dot{q}_j,$$

势能为

$$V^* = V^*(q_1,q_2,\cdots,q_m).$$

现考虑另一扩展系统,它的广义坐标为 $q_1,q_2,\cdots,q_m,q_{m+1}$,其中新扩展的坐标 q_{m+1} 设想为循环坐标,并令扩展系统的动能、势能分别为

$$\begin{cases} T = \dfrac{1}{2}\displaystyle\sum_{i=1}^{m}\sum_{j=1}^{m}a_{ij}(q_1,q_2,\cdots,q_m)\dot{q}_i\dot{q}_j + \dfrac{K}{2V^*(q_1,q_2,\cdots,q_m)}\dot{q}_{m+1}^2, \\ V = 0. \end{cases} \tag{4.52}$$

显然,扩展系统的 Lagrange 函数不显含 q_{m+1},故 q_{m+1} 确为循环坐标. q_{m+1} 相应的广义动量为

$$p_{m+1} = \frac{\partial L}{\partial \dot{q}_{m+1}} = \frac{K}{V^*(q_1,q_2,\cdots,q_m)}\dot{q}_{m+1}. \tag{4.53}$$

由此得到

$$\widehat{T} = \frac{1}{2}\sum_{i=1}^{m}\sum_{j=1}^{m}a_{ij}\dot{q}_i\dot{q}_j + \frac{V^*(q_1,q_2,\cdots,q_m)}{2K}p_{m+1}^2. \tag{4.54}$$

Routh 函数按(4.28)式可求得如下:

$$\begin{aligned} R &= \widehat{T} - p_{m+1}\,\widehat{\dot{q}}_{m+1} = \frac{1}{2}\sum_{i=1}^{m}\sum_{j=1}^{m}a_{ij}\dot{q}_i\dot{q}_j - \frac{V^*}{2K}p_{m+1}^2 \\ &= T^* - \widetilde{V}^*, \end{aligned} \tag{4.55}$$

其中

$$\widetilde{V}^* = \frac{V^*}{2K}p_{m+1}^2.$$

由此可见,只要选定 $K=p_{m+1}^2/2$,则有 $\widetilde{V}^*=V^*$.因此,这时扩展系统的 Routh 导出系统就是原系统,原系统的势能 V^* 刚好是由扩展系统的隐运动动能所产生.

§2.5 陀螺动力学的某些问题

Lagrange 力学早期的研究是集中在寻求第二类 Lagrange 方程的第一积分和运用这些积分,并力图把解表达为积分的形式.我们在§2.3 和§2.4 中介绍了这

方面的主要成果.虽然这些结果是极为重要和基本的,但是,当人们真正企图应用 Lagrange 力学古典研究的成果去解决工程技术中的理论和设计问题时,发现有很多困难.能够找到足够第一积分的力学系统本来就很少,何况即使有足够的第一积分,甚至解也能表达为积分反转形式,但是,由于反转函数的复杂性,也很难运用它对我们感兴趣的问题作出回答.在这种情况下,提出了一些近似分析方法,这些方法往往能简捷地给出我们感兴趣的结果.发展这些近似分析方法,从理论上给这些近似分析方法提供严格的根据,就是 Lagrange 力学现代研究的特点.本节中,我们将以有实用价值的陀螺动力学问题为例,来具体地说明 Lagrange 力学从古典研究向现代研究的转变.

2.5.1　转子陀螺仪的动力学方程及其古典解

陀螺仪是 1852 年 Foucault 为了形象地显示地球的自转而首先使用的.从那时至今的一百多年中,陀螺仪已经从简单的演示装置发展成有惊人精确度的仪表.举例来说,现在的精密陀螺仪可敏感的角速度能小到数年甚至数十年转一圈的程度.它在航空、航海、航天以及制导技术上得到了极大的应用.陀螺仪动力学的研究为这些应用提供了依据和指导.

陀螺仪动力学早期研究的对象是所谓**转子陀螺仪**,即一个轴对称的绕自身某悬挂点可自由转动的单个刚体.显然,这是一个完整的力学系统.这个悬挂点称为陀螺仪的支架点,陀螺仪的对称轴称为形体轴或转子轴.形体轴的指向在空间里如何运动正是我们所要研究的.

动力学研究的第一步是要确定陀螺仪位形的描述和给出运动学关系.设惯性坐标系为 $O^*\xi^*\eta^*\zeta^*$,陀螺仪对 $O^*\xi^*\eta^*\zeta^*$ 的运动可分解为两部分:支架点 O 的运动以及陀螺仪绕支架点 O 的转动.我们引入平动坐标系 $O\xi^*\eta^*\zeta^*$,在 $O\xi^*\eta^*\zeta^*$ 系中来建立动力学方程,并假想 $O\xi^*\eta^*\zeta^*$ 是惯性的,为此只需要引入由于 $O\xi^*\eta^*\zeta^*$ 平动而产生的惯性力即可.此时陀螺仪对 $O\xi^*\eta^*\zeta^*$ 的运动实际上就是前面所说的转动部分.在实际观察和描述陀螺仪的运动时,往往并不是以平动系为参考,而是关心陀螺仪相对于另一随 O 点运动而变化的辅助坐标系 $O\xi\eta\zeta$ 的姿态位形.此辅助坐标系称之为"定向坐标系".设定向坐标系对平动系的角速度为

$$\boldsymbol{U}=U_\xi\boldsymbol{\xi}+u_\eta\boldsymbol{\eta}+U_\zeta\boldsymbol{\zeta},\tag{5.1}$$

其中 $\boldsymbol{\xi},\boldsymbol{\eta},\boldsymbol{\zeta}$ 代表各轴方向上的单位矢量.

在陀螺仪转子上固联一个坐标系 $Oxyz$,其中 Oz 为对称轴.设想陀螺仪的理想指向为 Oz 和 $O\zeta$ 重合.在实际当中,Oz 偏离了 $O\zeta$ 方向,于是引入描述陀螺仪位形的参数——广义坐标为 α,β,φ,其定义为

$$(O\xi\eta\zeta)\xrightarrow{\dot\alpha\eta}(Ox'\eta k)\xrightarrow{\dot\beta x'}(Ox'y'z)\xrightarrow{\dot\varphi z'}(Oxyz).$$

几何关系如图 2.9 所示. 变换矩阵为

$$\begin{bmatrix}\boldsymbol{\xi}\\ \boldsymbol{\eta}\\ \boldsymbol{\zeta}\end{bmatrix}=\begin{bmatrix}\cos\alpha & 0 & \sin\alpha\\ 0 & 1 & 0\\ -\sin\alpha & 0 & \cos\alpha\end{bmatrix}\begin{bmatrix}\boldsymbol{x}'\\ \boldsymbol{\eta}\\ \boldsymbol{k}\end{bmatrix},\tag{5.2}$$

$$\begin{bmatrix}\boldsymbol{x}'\\ \boldsymbol{\eta}\\ \boldsymbol{k}\end{bmatrix}=\begin{bmatrix}1 & 0 & 0\\ 0 & \cos\beta & -\sin\beta\\ 0 & \sin\beta & \cos\beta\end{bmatrix}\begin{bmatrix}\boldsymbol{x}'\\ \boldsymbol{y}'\\ \boldsymbol{z}\end{bmatrix}.\tag{5.3}$$

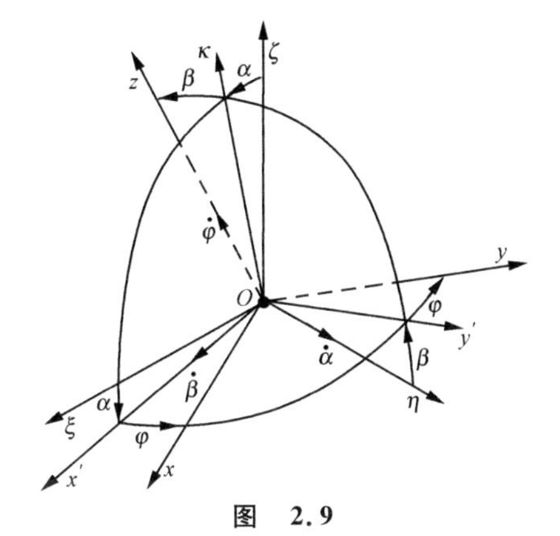

图 2.9

陀螺仪转子对平动系的角速度为

$$\boldsymbol{\Omega}=\boldsymbol{U}+\dot{\alpha}\boldsymbol{\eta}+\dot{\beta}\boldsymbol{x}'+\dot{\varphi}\boldsymbol{z}=\Omega_{x'}\boldsymbol{x}'+\Omega_{y'}\boldsymbol{y}'+\Omega_z\boldsymbol{z},\tag{5.4}$$

其中

$$\begin{cases}\Omega_{x'}=U_\xi\cos\alpha-U_\zeta\sin\alpha+\dot{\beta},\\ \Omega_{y'}=U_\xi\sin\alpha\sin\beta+U_\eta\cos\beta+U_\zeta\cos\alpha\sin\beta+\dot{\alpha}\cos\beta,\\ \Omega_z=U_\xi\sin\alpha\cos\beta-U_\eta\sin\beta+U_\zeta\cos\alpha\cos\beta-\dot{\alpha}\sin\beta+\dot{\varphi}.\end{cases}\tag{5.5}$$

为应用对平动系 $O\xi^*\eta^*\zeta^*$ 的第二类 Lagrange 方程,需计算陀螺仪这个力学系统对平动系的动能

$$T=\frac{1}{2}A(\Omega_{x'}^2+\Omega_{y'}^2)+\frac{1}{2}C\Omega_z^2,\tag{5.6}$$

其中 A 是陀螺仪转子对 Ox, Oy 轴的转动惯量, C 是陀螺仪转子对 Oz 轴之转动惯量. 在平动系里,设作用在陀螺仪上对 O 点的总力矩为 $\boldsymbol{m}$,并记

$$\boldsymbol{m}=m_{x'}\boldsymbol{x}'+m_{y'}\boldsymbol{y}'+m_z\boldsymbol{z}.\tag{5.7}$$

广义力可通过各广义坐标作小的虚变更的虚功来计算:

$$\delta A=\boldsymbol{m}\cdot\delta\boldsymbol{\theta},\tag{5.8}$$

其中 $\delta\boldsymbol{\theta}$ 是虚角位移. 根据定义,有

$$\begin{aligned}\delta\boldsymbol{\theta}&=\mathrm{d}\boldsymbol{\theta}'-\mathrm{d}\boldsymbol{\theta}''=\boldsymbol{\Omega}'\mathrm{d}t-\boldsymbol{\Omega}''\mathrm{d}t\\ &=\begin{bmatrix}\mathrm{d}\beta'-\mathrm{d}\beta''\\ \cos\beta\mathrm{d}\alpha'-\cos\beta\mathrm{d}\alpha''\\ (\mathrm{d}\varphi'-\sin\beta\mathrm{d}\alpha')-(\mathrm{d}\varphi''-\sin\beta\mathrm{d}\alpha'')\end{bmatrix}\\ &=[\delta\beta,\cos\beta\delta\alpha,\delta\varphi-\sin\beta\delta\alpha]^{\mathrm{T}}.\end{aligned}\tag{5.9}$$

因此系统的虚功表示为:

$$\delta A=(m_{y'}\cos\beta-m_z\sin\beta)\delta\alpha+m_{x'}\delta\beta+m_z\delta\varphi,\tag{5.10}$$

从而得

$$\begin{cases} Q_\alpha = m_{y'}\cos\beta - m_z\sin\beta, \\ Q_\beta = m_{x'}, \\ Q_\varphi = m_z. \end{cases} \tag{5.11}$$

将(5.6)及(5.11)式代入到第二类 Lagrange 方程,则可得到陀螺仪的动力学方程

$$\begin{cases} \dfrac{\mathrm{d}}{\mathrm{d}t}\dfrac{\partial T}{\partial\dot\alpha} - \dfrac{\partial T}{\partial\alpha} = m_{y'}\cos\beta - m_z\sin\beta, \\ \dfrac{\mathrm{d}}{\mathrm{d}t}\dfrac{\partial T}{\partial\dot\beta} - \dfrac{\partial T}{\partial\beta} = m_{x'}, \\ \dfrac{\mathrm{d}}{\mathrm{d}t}\dfrac{\partial T}{\partial\dot\varphi} - \dfrac{\partial T}{\partial\varphi} = m_z. \end{cases} \tag{5.12}$$

现在假定定向坐标系是不转动的,即有

$$\boldsymbol{U} = 0. \tag{5.13}$$

由此得

$$T = \frac{1}{2}A(\dot\beta^2 + \dot\alpha^2\cos^2\beta) + \frac{1}{2}C(\dot\varphi - \dot\alpha\sin\beta)^2. \tag{5.14}$$

如果假定 $m_z=0$,再注意到 $\partial T/\partial\varphi=0$,所以 φ 是循环坐标. 为了利用古典研究的 Routh 方程(4.25),我们来计算循环动量积分

$$p_\varphi = \frac{\partial T}{\partial\dot\varphi} = C(\dot\varphi - \dot\alpha\sin\beta) = H = \text{const.}. \tag{5.15}$$

由(5.15)式解出循环速度 $\dot\varphi$,得到

$$\dot\varphi = \frac{H}{C} + \dot\alpha\sin\beta. \tag{5.16}$$

作出 Routh 函数

$$R = \widehat{T} - p_\varphi\widehat{\dot\varphi} = \frac{1}{2}A(\dot\beta^2 + \dot\alpha^2\cos^2\beta) - H\dot\alpha\sin\beta - \frac{1}{2}\frac{H^2}{C}, \tag{5.17}$$

代入 Routh 方程(4.25),就得到了消去循环坐标 φ 的动力学方程

$$\begin{cases} \dfrac{\mathrm{d}}{\mathrm{d}t}\dfrac{\partial R}{\partial\dot\alpha} - \dfrac{\partial R}{\partial\alpha} = A\ddot\alpha\cos^2\beta - 2A\dot\alpha\dot\beta\cos\beta\sin\beta - H\dot\beta\cos\beta \\ \qquad\qquad = m_{y'}\cos\beta - m_z\sin\beta, \\ \dfrac{\mathrm{d}}{\mathrm{d}t}\dfrac{\partial R}{\partial\dot\beta} - \dfrac{\partial R}{\partial\beta} = A\ddot\beta + A\dot\alpha^2\cos\beta\sin\beta + H\dot\alpha\cos\beta = m_{x'}. \end{cases} \tag{5.18}$$

我们来研究完全自由的转子陀螺仪. 此时陀螺仪的质心重合于 O 点,因此惯性力不产生对 O 点的力矩. 又假定其他干扰力矩为零,于是动力学方程成为

$$\begin{cases} A\ddot\alpha\cos^2\beta - 2A\dot\alpha\dot\beta\cos\beta\sin\beta - H\dot\beta\cos\beta = 0, \\ A\ddot\beta + A\dot\alpha\cos\beta\sin\beta + H\dot\alpha\cos\beta = 0. \end{cases} \tag{5.19}$$

动力学方程(5.19)对于应用 Lagrange 力学古典研究的成果说来是一个很理想的对象.实际上,它还有两个第一积分：对 α 的循环积分

$$p_{\alpha}=\frac{\partial R}{\partial \dot{\alpha}}=A\dot{\alpha}\cos^{2}\beta-H\sin\beta=k=\text{const.} \tag{5.20}$$

及 Jacobi 积分

$$p_{\alpha}\dot{\alpha}+p_{\beta}\dot{\beta}-R=\frac{1}{2}A\dot{\alpha}^{2}\cos^{2}\beta+\frac{1}{2}A\dot{\beta}^{2}+\frac{1}{2}\frac{H^{2}}{C}=h/2=\text{const.}. \tag{5.21}$$

在引用 $u=\sin\beta$ 这个记号之后,上述积分成为

$$\begin{cases}A\dot{\alpha}(1-u^{2})-Hu=k,\\ A\dot{\alpha}^{2}(1-u^{2})^{2}+A\dot{u}^{2}+\left(\dfrac{H^{2}}{C}-h\right)(1-u^{2})=0,\end{cases} \tag{5.22}$$

从而解出

$$A\dot{u}^{2}=f(u),$$

$$t=\int\sqrt{\frac{A}{f(u)}}\mathrm{d}u, \tag{5.23}$$

$$\alpha=\int\frac{k+Hu}{(1-u^{2})\sqrt{Af(u)}}\mathrm{d}u, \tag{5.24}$$

其中

$$f(u)=\frac{1}{A}\left[A\left(h-\frac{H^{2}}{C}\right)(1-u^{2})-(k+Hu)^{2}\right]. \tag{5.25}$$

公式(5.23),(5.24),(5.25)就是转子陀螺仪自由运动的古典分析解.这个解的意义可以通过角动量的几何分析来得到.从古典理论看来,我们已经完全解决了动力学方程(5.19),并已将它的解表达为积分和积分反转形式.但是,在陀螺仪的研究和设计当中,这种形式表达的规律并不便于使用,也没有对陀螺仪运动的特征给出直观的启示.但是,众所周知,陀螺仪的实际运动是有明显特征的,其突出的表现就是进动规律和章动.利用近似方法来说明这些特征是很简捷的.以下我们就转向这些近似方法的讨论并指明它们成立所依据的条件.

2.5.2　陀螺仪动力学的小偏角近似理论与进动简化理论

首先我们讨论转子陀螺仪的自由运动.直接从动力学方程(5.19)出发.可以明显看到,陀螺仪任何一个空间固定指向

$$\alpha\equiv\alpha_{0},\quad \beta\equiv\beta_{0} \tag{5.26}$$

都是解,因为它满足动力学方程(5.19).我们称(5.26)的解为**定向解**.显然,这种定向解要求满足如下的初始状态条件 $\boldsymbol{s}_{0}$：

$$\boldsymbol{s}_{0}=[\alpha,\beta,\dot{\alpha},\dot{\beta}]_{t=0}^{\mathrm{T}}=[\alpha_{0},\beta_{0},0,0]^{\mathrm{T}}. \tag{5.27}$$

在自由的转子陀螺仪情况下,利用角动量守恒作几何分析,或者利用其他方法,都可以严格证明(详见 2.6.4 小节),如果陀螺仪的初始状态不是 $\boldsymbol{s}_0$,但在 $\boldsymbol{s}_0$ 的邻近,那么动力学方程(5.19)的解在 $t>0$ 以后将一直在 $\boldsymbol{s}_0$ 的邻近.这种性质叫做"状态 $\boldsymbol{s}_0$ 具有 Ляпунов 的稳定性"(它的准确定义将在 2.6.2 小节中给出).在此基础上,我们以下讨论的小偏角近似理论就有了根据.也就是说,当我们研究状态 $\boldsymbol{s}_0$ 邻近的运动规律时,我们可以假定以下一些量:

$$\begin{cases}\Delta\alpha = \alpha - \alpha_0, & \Delta\beta = \beta - \beta_0, \\ \dfrac{\mathrm{d}}{\mathrm{d}t}(\Delta\alpha) = \dot{\alpha}, & \dfrac{\mathrm{d}}{\mathrm{d}t}(\Delta\beta) = \dot{\beta}\end{cases} \tag{5.28}$$

永远为小量.以 $\alpha=\alpha_0+\Delta\alpha,\beta=\beta_0+\Delta\beta$ 代入动力学方程(5.19),展开并略去高阶小量,得到线性微分方程组

$$\begin{cases}\alpha\,\dfrac{\mathrm{d}^2}{\mathrm{d}t^2}(\Delta\alpha) - b\,\dfrac{\mathrm{d}}{\mathrm{d}t}(\Delta\beta) = 0, \\ e\,\dfrac{\mathrm{d}^2}{\mathrm{d}t^2}(\Delta\beta) + b\,\dfrac{\mathrm{d}}{\mathrm{d}t}(\Delta\alpha) = 0,\end{cases} \tag{5.29}$$

其中

$$\alpha = A\cos^2\beta_0, \quad b = H\cos\beta_0, \quad e = A. \tag{5.30}$$

陀螺仪的小偏角近似理论乃是线性理论.线性方程(5.29)的通解可表示为

$$\begin{cases}\Delta\alpha = -A_\alpha\cos(\lambda t + \psi) + c_\alpha, \\ \Delta\beta = A_\beta\sin(\lambda t + \psi) + c_\beta,\end{cases} \tag{5.31}$$

其中

$$\lambda = b/\sqrt{ae} = H/A, \quad A_\beta/A_\alpha = \cos\beta_0. \tag{5.32}$$

而 $A_\beta,\psi,c_\alpha,c_\beta$ 是积分常数.设初始状态偏差为

$$\left[\Delta\alpha,\Delta\beta,\frac{\mathrm{d}}{\mathrm{d}t}(\Delta\alpha),\frac{\mathrm{d}}{\mathrm{d}t}(\Delta\beta)\right]^{\mathrm{T}}_{t=0} = [\Delta\alpha_0,\Delta\beta_0,\dot{\alpha}_0,\dot{\beta}_0]^{\mathrm{T}}, \tag{5.33}$$

则可决定出解的公式为

$$\begin{cases}\Delta\alpha = (\Delta\alpha_0 - A\dot{\beta}_0/H\cos\beta_0) - A_\alpha\cos(\lambda t + \Psi), \\ \Delta\beta = (\Delta\beta_0 - A\dot{\alpha}_0\cos\beta_0/H) + A_\beta\sin(\lambda t + \Psi),\end{cases} \tag{5.34}$$

其中

$$A_\beta = AH^{-1}\sqrt{\dot{\alpha}_0^2\cos^2\beta_0 + \dot{\beta}_0^2}, \quad \tan\Psi = -\dot{\alpha}_0(\dot{\beta}_0)^{-1}\cos\beta_0. \tag{5.35}$$

由解(5.34)立即可以看出陀螺仪的运动规律如下:

(1) 陀螺仪指向偏角的平均值由两部分构成:一部分是指向偏角的初始偏差角 $[\Delta\alpha_0,\Delta\beta_0]^{\mathrm{T}}$;另一部分是由初始冲击形成的项 $[-A\dot{\beta}_0/H\cos\beta_0,-A\dot{\alpha}_0\cos\beta_0/H]^{\mathrm{T}}$.这后一部分偏角的大小和冲击大小成正比,和陀螺仪自转角动量 H 成反比.当 H 充

分大之后，由冲击角速度 $\dot{\alpha}_0$，$\dot{\beta}_0$ 所引起的固定偏角是很小的，往往可以忽略不计.

(2) 陀螺仪指向在平均偏角邻近作圆锥运动，称之为**章动**. 章动的圆频率 $\lambda=H/A$，和 H 成正比. 章动的幅度 A_α，A_β 和 H 成反比. 因此当 H 充分大之后，章动是高频小振幅的，实际当中往往可以忽略不计.

从以上用小偏角近似理论的分析证明，陀螺仪在 H 充分大之后，指向偏角只是由于初始对准误差 $[\Delta\alpha_0,\Delta\beta_0]^{\mathrm{T}}$ 形成，而冲击引起的部分均可以忽略不计. 这就说明了陀螺仪的指向具有抵抗冲击干扰的特性，习惯上称之为**定轴性**. 以上研究的是陀螺仪的自由运动. 如果研究陀螺仪的强迫运动，上述小偏角方法就有了困难. 对陀螺仪运动的实际观察发现，此时陀螺仪的运动明显分为两个部分：一部分是缓慢的平均运动，称为进动；另一部分是绕平均运动周围的高频小振幅的章动. 由于章动实际上可以略去不计，所以陀螺仪表现出的运动就是进动. 陀螺仪的进动可以通过如下的进动简化理论来分析：直接从动力学方程(5.18)出发，当 H 充分大之后，设想在方程(5.18)的左边式中，不包含 H 因子的各项与包含 H 因子的项相比可以略去不计，那么得到

$$\begin{cases}-H\dot{\beta}\cos\beta=m_{y'}\cos\beta-m_z\sin\beta,\\ H\dot{\alpha}\cos\beta=m_{x'}.\end{cases}\tag{5.36}$$

我们称方程(5.36)为陀螺仪的**进动简化方程**. 这组方程也可以应用**动能简化假定**来得到. 动能简化假定为：

$$\text{陀螺仪动能 } T\approx\text{自转动能}=\frac{1}{2}C(\dot{\varphi}-\dot{\alpha}\sin\beta)^2.\tag{5.37}$$

将(5.37)式代入第二类 Lagrange 方程就得到(5.36)式. 必须注意，进动方程(5.36)是非线性方程，但和原来的动力学方程(5.18)相比，是由 4 阶方程降为 2 阶方程. 因此由方程(5.36)决定的进动运动只能满足初始偏角的条件，而不能满足初始速度的条件. 这一点也正好反映了陀螺仪的运动基本上不受初始冲击影响的性质. 进动简化方程的解能代表方程(5.18)精确解的主要特性. 例如，设 $m_z=0$ 并且在 $\beta=0$ 邻近考虑，方程(5.36)近似成为

$$\dot{\beta}=-m_{y'}/H,\quad \dot{\alpha}=m_{x'}/H.\tag{5.38}$$

由(5.38)式可以看到陀螺仪进动运动的主要特点：陀螺仪绕 x' 轴的转动角速度 $\dot{\beta}$ 是由绕 y' 轴的力矩 $m_{y'}$ 决定，陀螺仪绕 y' 轴的转动角速度 $\dot{\alpha}$ 是由绕 x' 轴的力矩 $m_{x'}$ 决定. 其情况如图 2.10 所示. 这种规则叫做**陀螺仪进动的交叉作用原理**，它和无自转的非陀

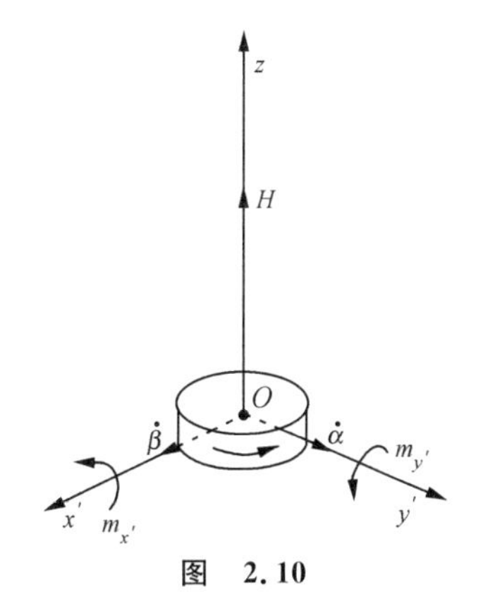

图　2.10

螺刚体的动力学规律完全不同.按交叉作用原理产生的陀螺仪角速度大小与力矩大小成正比,与 H 的大小成反比.转动的方向使 $\boldsymbol{H}$ 的矢端速度与外力矩方向一致.这叫做**陀螺仪运动的 Resal 规则**.利用这个规则可以直观地决定陀螺仪的进动.

在转子陀螺仪的模型下,陀螺仪动力学的两种近似理论——小偏角线性理论和进动简化理论,在前面描述的条件下都是可以使用的.利用近似理论给出的定量结果虽然是近似的,但是,第一,不会产生运动性质上的变化;第二,描述陀螺仪的实际运动也有足够的精度.可是,使用近似理论是要小心的.它的成立是有条件的.特别要注意,这些条件必须以原来尚未简化的完全动力学方程的分析为根据,而不能仅从近似理论的方程出发.这就是提出了完全动力学方程定性研究的任务.不注意这个定性研究的基础而盲目地使用近似理论就可能犯原则性的错误.以下我们仍然以陀螺仪动力学的问题来说明这一点,并指出修改近似理论的方案.

2.5.3 Cardan 陀螺仪的动力学方程及其古典解

实际的陀螺仪大都是用万向支架悬挂的所谓 Cardan 陀螺仪,其构造如图 2.11 所示.这时,陀螺仪不再是一个单个刚体,而是由三个刚体——外环、内环及转子通过完整约束而组成的系统.这个系统的动力学研究我们同样可以应用第二类 Lagrange 方程及 Routh 方程,并能彻底地给出它的古典解.

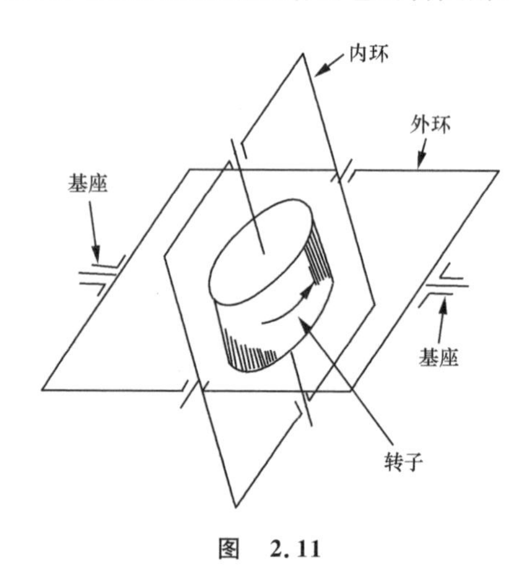

图 2.11

试考虑一个 Cardan 陀螺仪,其运动的描述参数以及运动学关系与在 2.5.1 小节中叙述的一样,这时定向坐标系就是基座坐标系,只是有:外环固联坐标系 $Ox_3y_3z_3=Ox'\eta k$,它对平动系的角速度记为 $\boldsymbol{\Omega}_3$;内环固联坐标系 $Ox_2y_2z_2=Ox'y'z$,它对平动系的角速度记为 $\boldsymbol{\Omega}_2$;转子固联坐标系 $Ox_1y_1z_1=Oxyz$,它对平动系的角速度为 $\boldsymbol{\Omega}_1$,则有

$$\boldsymbol{\Omega}_3 = \boldsymbol{U} + \dot{\alpha}\boldsymbol{\eta} = \begin{bmatrix} U_\xi\cos\alpha - U_\zeta\sin\alpha \\ U_\eta + \dot{\alpha} \\ U_\xi\sin\alpha + U_\zeta\cos\alpha \end{bmatrix}_3. \tag{5.39}$$

列阵括号的右下角码代表矢量投影的坐标系.

$$\begin{aligned} \boldsymbol{\Omega}_2 &= (\boldsymbol{U} + \dot{\alpha}\boldsymbol{\eta}) + \dot{\beta}\boldsymbol{x}' \\ &= \begin{bmatrix} U_\xi\cos\alpha - U_\zeta\sin\alpha + \dot{\beta} \\ U_\xi\sin\alpha\sin\beta + U_\eta\cos\beta + U_\zeta\cos\alpha\sin\beta + \dot{\alpha}\cos\beta \\ U_\xi\sin\alpha\cos\beta - U_\eta\sin\beta + U_\zeta\cos\alpha\cos\beta - \dot{\alpha}\sin\beta \end{bmatrix}_2, \end{aligned} \tag{5.40}$$

$$\begin{aligned} \boldsymbol{\Omega}_1 &= \boldsymbol{\Omega}_2 + \dot{\varphi}\boldsymbol{z} \\ &= \begin{bmatrix} U_\xi\cos\alpha - U_\zeta\sin\alpha + \dot{\beta} \\ U_\xi\sin\alpha\sin\beta + U_\eta\cos\beta + U_\zeta\cos\alpha\sin\beta + \dot{\alpha}\cos\beta \\ U_\xi\sin\alpha\cos\beta - U_\eta\sin\beta + U_\zeta\cos\alpha\cos\beta - \dot{\alpha}\sin\beta + \dot{\varphi} \end{bmatrix}_2. \end{aligned} \tag{5.41}$$

陀螺仪系统对平动系的动能为

$$T = T_1 + T_2 + T_3 = \frac{1}{2}\sum_{i=1}^{3}\boldsymbol{\Omega}_i^{\mathrm{T}}\boldsymbol{\Theta}_i\boldsymbol{\Omega}_i, \tag{5.42}$$

其中 $\boldsymbol{\Theta}_3,\boldsymbol{\Theta}_2,\boldsymbol{\Theta}_1$ 分别为外环、内环、转子对 O 点的惯量张量. 以下来寻求广义力. 设 K_η 为基座对外环作用的沿外环轴方向的力矩, $L_{x'}$ 为外环对内环作用的沿内环轴方向的力矩, M_z 为内环对转子作用的沿转子轴方向的力矩, 又假定 $\boldsymbol{k},\boldsymbol{l},\boldsymbol{m}$ 分别为作用在外环、内环、转子上的非相互作用的力矩. 使用同 2.5.1 小节中一样的方法, 得系统的虚功:

$$\begin{aligned} \delta A =& [K_\eta + k_\eta + (l_{y'} + m_{y'})\cos\beta - (l_z + m_z)\sin\beta]\delta\alpha \\ &+ (L_{x'} + l_{x'} + m_{x'})\delta\beta + (M_z + m_z)\delta\varphi. \end{aligned} \tag{5.43}$$

于是, 应用第二类 Lagrange 方程, 立即可以建立 Cardan 陀螺仪的动力学方程

$$\begin{cases} \dfrac{\mathrm{d}}{\mathrm{d}t}\dfrac{\partial T}{\partial\dot{\alpha}} - \dfrac{\partial T}{\partial\alpha} = (K_\eta + k_\eta) + (l_{y'} + m_{y'})\cos\beta - (l_z + m_z)\sin\beta, \\ \dfrac{\mathrm{d}}{\mathrm{d}t}\dfrac{\partial T}{\partial\dot{\beta}} - \dfrac{\partial T}{\partial\beta} = L_{x'} + l_{x'} + m_{x'}, \\ \dfrac{\mathrm{d}}{\mathrm{d}t}\dfrac{\partial T}{\partial\dot{\varphi}} - \dfrac{\partial T}{\partial\varphi} = M_z + m_z. \end{cases} \tag{5.44}$$

现在我们假定定向参考系是不转动的, 于是有 $\boldsymbol{U}=\boldsymbol{0}$, 从而

$$T = \frac{1}{2}A_1(\dot{\beta}^2 + \dot{\alpha}^2\cos^2\beta) + \frac{1}{2}C_1(\dot{\varphi} - \dot{\alpha}\sin\beta)^2 + \frac{1}{2}A_2\dot{\beta}^2$$

$$+\frac{1}{2}B_2\dot{\alpha}^2\cos^2\beta+\frac{1}{2}C_2\dot{\alpha}^2\sin^2\beta+\frac{1}{2}B_3\dot{\alpha}^2, \tag{5.45}$$

其中已假定

$$[\boldsymbol{\Theta}_3]_3=\begin{bmatrix}A_3&0&0\\0&B_3&0\\0&0&C_3\end{bmatrix}_3,\quad [\boldsymbol{\Theta}_2]_2=\begin{bmatrix}A_2&0&0\\0&B_2&0\\0&0&C_2\end{bmatrix}_2,\quad [\boldsymbol{\Theta}_1]_1=\begin{bmatrix}A_1&0&0\\0&A_1&0\\0&0&C_1\end{bmatrix}_1. \tag{5.46}$$

再进一步假定 $M_z+m_z=0$,并注意到 $\partial T/\partial\varphi=0$,所以 φ 是循环坐标. 以下用 Routh 方程.

循环动量

$$p_\varphi=\frac{\partial T}{\partial\dot{\varphi}}=C_1(\dot{\varphi}-\dot{\alpha}\sin\beta)=H=\text{const.}. \tag{5.47}$$

由(5.47)式解出循环速度,有

$$\dot{\varphi}=\frac{H}{C_1}+\dot{\alpha}\sin\beta. \tag{5.48}$$

作出 Routh 函数

$$\begin{aligned}R&=\widehat{T}-p_\varphi\widehat{\dot{\varphi}}\\&=\frac{1}{2}A_1(\dot{\beta}^2+\dot{\alpha}^2\cos^2\beta)-H\dot{\alpha}\sin\beta-\frac{1}{2}\frac{H^2}{C_1}+\frac{1}{2}A_2\dot{\beta}^2\\&\quad+\frac{1}{2}B_2\dot{\alpha}^2\cos^2\beta+\frac{1}{2}C_2\dot{\alpha}^2\sin^2\beta+\frac{1}{2}B_3\dot{\alpha}^2.\end{aligned} \tag{5.49}$$

代入 Routh 方程,于是得

$$\begin{cases}[B_3+C_2\sin^2\beta+(B_2+A_1)\cos^2\beta]\ddot{\alpha}+2[C_2-B_2-A_1]\dot{\alpha}\dot{\beta}\sin\beta\cos\beta-H\dot{\beta}\cos\beta\\\qquad=(K_\eta+k_\eta)+(l_{y'}+m_{y'})\cos\beta-(l_z+m_z)\sin\beta,\\(A_2+A_1)\ddot{\beta}+(A_1+B_2-C_2)\dot{\alpha}^2\sin\beta\cos\beta+H\dot{\alpha}\cos\beta\\\qquad=L_{x'}+l_{x'}+m_{x'}.\end{cases} \tag{5.50}$$

如果我们研究静止基座上完全理想的、自由的 Cardan 陀螺仪,其动力学方程成为

$$\begin{cases}[B_3+C_2\sin^2\beta+(B_2+A_1)\cos^2\beta]\ddot{\alpha}+2(C_2-B_2\\\qquad-A_1)\dot{\alpha}\dot{\beta}\sin\beta\cos\beta-H\dot{\beta}\cos\beta=0,\\(A_2+A_1)\ddot{\beta}+(A_1+B_2-C_2)\dot{\alpha}^2\sin\beta\cos\beta+H\dot{\alpha}\cos\beta=0.\end{cases} \tag{5.51}$$

这时,可以使用 Lagrange 力学古典研究的成果来求解方程(5.51). 首先,有对 α 的循环积分:

$$[(B_3+B_2+A_1)-(B_2+A_1-C_2)\sin^2\beta]\dot{\alpha}-H\sin\beta=k=\text{const.}. \tag{5.52}$$

其次,有 Jacobi 积分:

$$[(B_3+B_2+A_1)-(B_2+A_1-C_2)\sin^2\beta]\dot{\alpha}^2$$
$$+(A_2+A_1)\dot{\beta}^2+H^2/C_1=h=\text{const.}. \tag{5.53}$$

在引用了 $u=\sin\beta$ 这个中间变量之后，立即可以由第一积分(5.52)，(5.53)式得

$$t=\int\sqrt{(A-Bu^2)/f(u)(1-u^2)}\,\mathrm{d}u, \tag{5.54}$$

$$\alpha=\int\frac{k+Hu}{\sqrt{f(u)(1-u^2)(A-Bu^2)}}\mathrm{d}u, \tag{5.55}$$

其中

$$A=B_3+B_2+A_1,\quad B=B_2+A_1-C_2,\quad C=A_2+A_1,$$
$$f(u)=\frac{1}{C}\left[\left(h-\frac{H^2}{C_1}\right)(A-Bu^2)-(k+Hu)^2\right]. \tag{5.56}$$

(5.54)，(5.55)式给出了 Cardan 陀螺仪自由运动彻底的分析解. 与转子陀螺仪时的情况一样，古典分析解并未能对 Cardan 陀螺仪运动的特征给出什么明显的启示. 甚至于像定向解是否具有稳定性这样的问题也难以回答. 这就再一次说明，古典方法在解决实际问题时有明显的缺陷. 为了克服这个困难，同样提出了近似解法.

2.5.4 修正的近似方法——迭代解法

研究 Cardan 陀螺仪的自由运动可以从方程(5.51)出发. 此时，定向解

$$\alpha\equiv\alpha_0,\quad \beta\equiv\beta_0$$

仍然成立. 那么，在考查从定向解邻近出发的运动时，是否可以应用小偏角近似理论呢？在 2.5.2 小节中我们已经指明，应用小偏角近似理论，必须要求定向解具有 Ляпунов 稳定性. 如果不管这个条件，而盲目使用小偏角近似理论，那就有如下结果：令

$$\alpha=\alpha_0+\Delta\alpha,\quad \beta=\beta_0+\Delta\beta, \tag{5.57}$$

并且假定 $\Delta\alpha,\Delta\beta,\frac{\mathrm{d}}{\mathrm{d}t}(\Delta\alpha),\frac{\mathrm{d}}{\mathrm{d}t}(\Delta\beta)$ 均为小量. 将(5.57)代入方程(5.51)之后，展开，并略去所有的高阶小量，这就得到线性近似方程

$$\begin{cases}a\dfrac{\mathrm{d}^2}{\mathrm{d}t^2}(\Delta\alpha)-b\dfrac{\mathrm{d}}{\mathrm{d}t}(\Delta\beta)=0,\\[2mm] e\dfrac{\mathrm{d}^2}{\mathrm{d}t^2}(\Delta\beta)+b\dfrac{\mathrm{d}}{\mathrm{d}t}(\Delta\alpha)=0,\end{cases} \tag{5.58}$$

其中

$$\begin{cases}a=B_3+C_2\sin^2\beta_0+(B_2+A_1)\cos^2\beta_0,\\ b=H\cos\beta_0,\\ e=A_2+A_1.\end{cases} \tag{5.59}$$

很明显,此时的近似方程和转子陀螺仪的小偏角线性近似方程(5.29)在形式上完全一样,仅仅在系数上有所差别.它的通解也具有同样的形式

$$\begin{cases}\Delta\alpha = -A_\alpha\cos(\lambda t+\psi)+c_\alpha,\\ \Delta\beta = A_\beta\sin(\lambda t+\psi)+c_\beta,\end{cases} \tag{5.60}$$

其中章动圆频率公式为

$$\lambda = \frac{b}{\sqrt{ae}} = \frac{H\cos\beta_0}{\sqrt{ae}}. \tag{5.61}$$

章动振幅比公式为

$$\frac{A_\beta}{A_\alpha} = \frac{a\lambda}{b} = \sqrt{\frac{a}{e}}. \tag{5.62}$$

如果我们盲目地相信小偏角近似理论,那么这里的结论应该和转子陀螺仪相同:当 H 充分大之后,初始冲击只能使陀螺仪在定向解邻近发生高频小振幅的章动.从而,定向解似乎也应有"定轴性".但是,现在已经查明,这个从线性近似理论得来的结论是不正确的.

严格的理论分析和精细的实验考查已经证明[21],Cardan 陀螺仪的定向解在 $\beta_0\neq0$ 时是 Ляпунов 不稳定的.它的根据是如下的所谓 **Cardan 自由陀螺仪的恒定漂移现象**:如果在静止基座上安装一个有 Cardan 支架的自由陀螺仪,那么,即使我们能够完全理想地实现动静平衡,轴承无摩擦,但只要内、外环不正交(即 $\beta_0\neq0$),这个陀螺仪在受到小冲击后会慢慢地然而是不断地绕外环轴旋转,从而转子轴将逐渐远离开原有位置并在陀尖球面上画出如图 2.12 所示的轨迹来.这是一个令人惊奇的结果,它指示我们,多刚体系统的惯性运动在性质上有很大的复杂性.

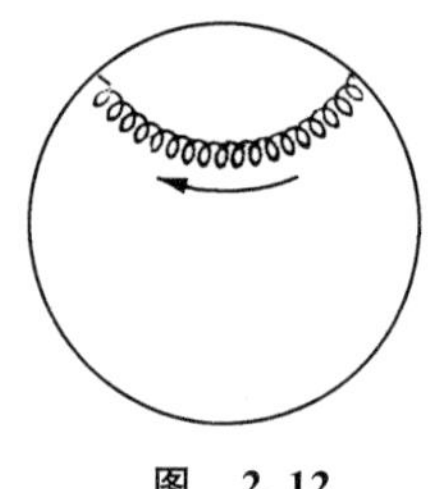

图　2.12

由于定向解不具有 Ляпунов 稳定性,因而小偏角近似理论失去成立的基础.此时盲目使用小偏角线性理论就会导致原则的错误.但是,这个困难并不预示着近似方法就无能为力了.我们只要对近似方法加以修正,仍然能避免错误并很简洁地得到正确的结果.为此,我们不简单地使用小偏角近似,但仍然令

$$\alpha = \alpha_0 + \Delta\alpha,\quad \beta = \beta_0 + \Delta\beta. \tag{5.63}$$

将(5.63)式代入方程(5.51)之后,作 Taylor 展开,但不再按小偏角线性理论那样完全略去高阶小量,而采用解决非线性问题的逐次迭代法:先将完全动力学方程展开后,表征高一级小量的非线性项全移到方程右边,左边只保留线性项;然后认为零次近似就是略去右边非线性项后的解,一次近似则是将右边非线性项用零次近似代入后求出的解.依此继续下去,即可迭代求解.由于每次都是求解线性方程,因此不会遇到什么原则困难.按此种方法,将方程(5.51)展开后,保留到二阶非线性项,得到迭代方程

$$\begin{cases} a\dfrac{\mathrm{d}^2}{\mathrm{d}t^2}(\Delta\alpha)-b\dfrac{\mathrm{d}}{\mathrm{d}t}(\Delta\beta)=2e'\Delta\beta\dfrac{\mathrm{d}^2}{\mathrm{d}t^2}(\Delta\alpha)-f\Delta\beta\dfrac{\mathrm{d}}{\mathrm{d}t}(\Delta\beta) \\ \qquad\qquad +2e'\dfrac{\mathrm{d}}{\mathrm{d}t}(\Delta\alpha)\dfrac{\mathrm{d}}{\mathrm{d}t}(\Delta\beta), \\ e\dfrac{\mathrm{d}^2}{\mathrm{d}t^2}(\Delta\beta)+b\dfrac{\mathrm{d}}{\mathrm{d}t}(\Delta\alpha)=-e'\left[\dfrac{\mathrm{d}}{\mathrm{d}t}(\Delta\alpha)\right]^2+f\Delta\beta\dfrac{\mathrm{d}}{\mathrm{d}t}(\Delta\alpha), \end{cases} \tag{5.64}$$

其中的 a,b,e 与(5.59)式一致,还有

$$e'=(B_2+A_1-C_2)\sin\beta_0\cos\beta_0,\quad f=H\sin\beta_0. \tag{5.65}$$

从方程(5.64)可以求出零次近似解. 实际上,它就是小偏角线性理论解出的章动解(5.60). 将零次近似解(5.60)代入方程(5.64)的右边非线性项中,即可求解一次近似. 如果不管一次近似解中的振动部分,而对方程(5.64)的两边求平均值,就可以得到: Cardan 陀螺仪自由运动除章动外,确实有形成定向解不稳定的转动,并且可求出平均转动角速度为

$$\bar{\dot{\alpha}}=\frac{A_\alpha^2}{2ae}[fa-be'],\quad \dot{\beta}=0. \tag{5.66}$$

将(5.59),(5.65)式的各参数代入上式,即可求得所谓 Cardan 陀螺仪自由运动的章动漂移公式

$$\bar{\dot{\alpha}}=\frac{A_\alpha^2H\sin\beta_0(B_3+C_2)}{2(A_2+A_1)[B_3+C_2\sin^2\beta_0+(B_2+A_1)\cos^2\beta_0]}. \tag{5.67}$$

举个具体的例子: 设陀螺仪参数为

$$B_3=1891.4\times10^{-9}\ \mathrm{kg\cdot m^2},\quad C_2=568.4\times10^{-9}\ \mathrm{kg\cdot m^2},$$
$$A_2=B_2=450.8\times10^{-9}\ \mathrm{kg\cdot m^2},\quad A_1=539.0\times10^{-9}\ \mathrm{kg\cdot m^2},$$
$$H=2101227\times10^{-9}\ \mathrm{kg\cdot m^2\cdot s^{-1}},$$

初始状态为

$$\alpha_0=0,\quad \beta_0=60^\circ,\quad \dot{\alpha}_0=0.5\ \mathrm{s^{-1}},\quad \dot{\beta}_0=0.5\ \mathrm{s^{-1}}.$$

利用迭代解法求得的公式(5.67),可计算得到漂移率

$$\bar{\dot{\alpha}}=0.000714\ \mathrm{s^{-1}}.$$

这与我们直接用电子计算机去求解完全动力学方程(5.51)得到的数值结果完全一致. 这就证实了修正后的近似方法是有效的.

必须着重说明,非线性问题定量方法的研究是很复杂的. 每一种方法都有着自己适用的范围和成立的理论根据,而不能随意通用. 有关这类问题的深入研究,构成了现代非线性力学研究的专门领域.

§ 2.6 平衡的稳定性与运动的稳定性

从上一节的分析看到,当我们不满足于 Lagrange 力学古典研究的成果,考虑

到为了求解动力学问题并使解便于在技术上使用而发展某些近似方法的时候，稳定性问题必须首先加以研究．由 Lagrange 开始，并由 Poincaré 和 Ляпунов 所发展的稳定性理论开创了动力学问题定性研究的方向．稳定性研究的成果本身就有重要的实际意义，同时也给某些近似方法提供了依据．

2.6.1　平衡位置的稳定性

首先研究力学系统平衡位置的稳定性．考虑一个完整的力学系统，其广义坐标为 $q_1, q_2, \cdots, q_n$，现在我们所说的平衡位置是对广义坐标空间来说的，它的含义是：如果系统在 $t=t_0$ 的初始状态为

$$\boldsymbol{s}|_{t=t_0} = \boldsymbol{s}_0[q_1^0, q_2^0, \cdots, q_n^0, 0, 0, \cdots, 0]^{\mathrm{T}}, \tag{6.1}$$

而系统动力学方程的解为

$$\boldsymbol{s}(t) = \boldsymbol{s}_0, \quad t \geqslant t_0, \tag{6.2}$$

那么我们说，位置 $\boldsymbol{c}_0 = [q_1^0, q_2^0, \cdots, q_n^0]^{\mathrm{T}}$ 是系统的平衡位置，而 $\boldsymbol{s}_0$ 是系统的平衡状态．

对于非定常系统来说，$[q_1^0, q_2^0, \cdots, q_n^0]^{\mathrm{T}}$ 是系统平衡位置的条件，可以从方程(3.12)得到．将解(6.2)代入方程(3.12)，得到条件为

$$\left(\frac{\partial c}{\partial q_i}\right)_0 - \left(\frac{\partial b_i}{\partial t}\right)_0 + (Q_i)_0 = 0, \quad i = 1, 2, \cdots, n. \tag{6.3}$$

如果系统是定常的，那么$[q_1^0, q_2^0, \cdots, q_n^0]^{\mathrm{T}}$ 是平衡位置的充要条件简化为

$$(Q_i)_0 = 0, \quad i = 1, 2, \cdots, n. \tag{6.4}$$

通过简单的平移变换，可以使平衡位置变到广义坐标空间的原点．因此，不失一般性，可以认为我们讨论的平衡位置就是

$$q_1^0 = q_2^0 = \cdots = q_n^0 = 0. \tag{6.5}$$

这样，系统运动时的广义坐标 $q_1, q_2, \cdots, q_n$ 刚好代表了系统离开平衡位置的偏差．

既然假定坐标原点是系统的平衡位置，因此，$q_1 = q_2 = \cdots = q_n = 0$ 从数学上来说，一定是动力学方程的一个解案．但是，这个解案能不能在实际中真正实现呢？一般地说，对动力学方程任何一个解案都可以提出这样的问题．回答这个问题就必须考虑这个解案的稳定性．仅就平衡位置的稳定性而论，这个稳定性概念可以严格定义如下：

定义　任给一个 $\varepsilon > 0$，不管它是如何地小，我们总可以找到一个相应的 $\eta > 0$，使得，只要扰动引起的初始状态和平衡状态之间的偏差满足

$$\sum_{i=1}^{n}[(q_i^0)^2 + (\dot{q}_0^2)^2] < \eta, \tag{6.6}$$

就有

$$\sum_{i=1}^{n}[q_i^2(t)+\dot{q}_i^2(t)]<\varepsilon, \tag{6.7}$$

其中 $t\geqslant t_0$. 具有这样性质的平衡位置 $q_1=q_0=\cdots=q_n=0$ 称之为稳定的平衡位置. 反之,不具有上述性质的平衡位置称之为不稳定的平衡位置.

可以在状态空间 S^q 里很直观地来理解上述定义的几何含义：为了使系统实际运动的状态点永远离开平衡状态点 $\boldsymbol{s}_0$ 不远(例如,限制在以 $\boldsymbol{s}_0$ 为球心、任给的 $\varepsilon>0$ 为半径的球内),只要限制初始扰动状态离开平衡状态不远(例如,限制初始状态位于以 $\boldsymbol{s}_0$ 为球心、以相应的 $\eta>0$ 为半径的球内)就能达到. 这就是稳定平衡位置的性质. 反之,对于不稳定的平衡位置,它的性质就是：对于任给的 $\varepsilon_0>0$,无论它是多么的小,总可以找到某个 $0<\varepsilon<\varepsilon_0$,使得对于这个 ε 球面而言,无论上述的 η 多么的小,总至少可以找到一条 $\boldsymbol{s}$ 轨迹,它在 $t=t_0$ 从 η 球内出发,而后却跑到 ε 球面以外.

对于判别平衡位置的稳定性,如果我们已经找到了系统的通解,那么利用通解来分析稳定性当然是一种可能的途径. 但是在大部分问题中,上述通解是不知道的. 因此,更为实际的方法是在不知道通解的情况下寻找稳定性问题的解法. 以下定理给出了保守系统平衡位置及稳定性的判别准则.

Lagrange-Dirichlet 定理 如果保守系统(满足理想、完整、定常、有势且 $\partial V/\partial t=0$)在某一位置其势能有严格的极小值,那么此位置是一个稳定的平衡位置.

证明 不失一般性,我们无妨假定此位置就是

$$q_1=q_2=\cdots=q_n=0. \tag{6.8}$$

并且有

$$V|_{q_1=q_3=\cdots=q_n=0}=V(0,0,\cdots,0)=0. \tag{6.9}$$

根据在 $q_1=q_2=\cdots=q_n=0$ 处势能有严格极小值的假定,可知有

$$Q_i|_{q_1=\cdots=q_n=0}=-\left.\frac{\partial V}{\partial q_i}\right|_{q_1=\cdots=q_n=0}=0,\quad i=1,2,\cdots,n. \tag{6.10}$$

根据条件(6.4),这就证明了 $q_1=q_2=\cdots=q_n=0$ 为平衡位置. 以下证明它是稳定的.

考虑系统的机械能函数

$$\begin{aligned}&E(q_1,q_2,\cdots,q_n,\dot{q}_1,\dot{q}_2,\cdots,\dot{q}_n)\\&=T+V=\frac{1}{2}\sum_{i=1}^{n}\sum_{j=1}^{n}a_{ij}\dot{q}_i\dot{q}_j+V(q_1,\cdots,q_n).\end{aligned} \tag{6.11}$$

我们来证明,机械能函数 E 在平衡状态 $\boldsymbol{s}_0$ 的状态空间邻域内是正定函数. 实际上,有

$$E|_{\boldsymbol{s}_0}=E|_{q_1=\cdots=q_n=\dot{q}_1=\cdots=\dot{q}_n=0}=0. \tag{6.12}$$

而对 s_0 邻近的任一其他状态点

$$s=[q_1,q_2,\cdots,q_n,\dot{q}_1,\dot{q}_2,\cdots,\dot{q}_n]^{\mathrm{T}}\neq[0,0,\cdots,0,0,0,\cdots,0]^{\mathrm{T}},$$

一定满足下面两者之一：$[q_1,q_2,\cdots,q_n]^{\mathrm{T}}\neq[0,0,\cdots,0]^{\mathrm{T}}$ 或者 $[\dot{q}_1,\dot{q}_2,\cdots,\dot{q}_n]^{\mathrm{T}}\neq[0,0,\cdots,0]^{\mathrm{T}}$. 根据 T 函数的正定性以及 $V(0,0,\cdots,0)=0$ 是严格极小的性质，显然有

$$E|_s=T|_s+V|_s>0. \tag{6.13}$$

现任给一个足够小的正数 $\varepsilon>0$，我们来考虑状态空间里的球面

$$\sum_{i=1}^{n}(q_i^2+\dot{q}_i^2)=\varepsilon. \tag{6.14}$$

在这个球面上，每个点的 E 函数值都是大于零的，即有下界. 由于这个球面是一个闭域，因此函数 E 在球面上有下确界. 记此下确界为 $E_{\min}$. 由于这个 $E_{\min}$ 在 ε 球面上一定能取到，所以有

$$E_{\min}>0. \tag{6.15}$$

由于 E 函数是状态变量的连续函数，而 $E|_{s_0}=0$，因此，一定可以找到 $\delta>0$，只要

$$\sum_{i=1}^{n}(q_i^2+\dot{q}_i^2)<\delta. \tag{6.16}$$

就有 E 函数的值小于 $E_{\min}$.

根据保守系统的机械能守恒规律，有

$$\mathrm{d}E/\mathrm{d}t=0, \tag{6.17}$$

积分之，得到

$$E=h=\text{const.}. \tag{6.18}$$

(6.18)式说明，沿系统的任一 s 轨迹运动，总有 E 函数值保持不变. 由此可以看到，从 $\sum_{i=1}^{n}(q_i^2+\dot{q}_i^2)<\delta$ 内出发的 s 轨迹，由于其初始的 E 值小于 $E_{\min}$，因此永远不能抵达 ε 球面. 也就是说，只可能永远在 ε 球面之内，即满足

$$\sum_{i=1}^{n}(q_i^2(t)+\dot{q}_i^2(t))<\varepsilon,\quad t\geqslant t_0.$$

定理证毕. □

2.6.2 运动稳定性的一般概念

考虑一个理想、完整的力学系统，其广义坐标为 $q_1,q_2,\cdots,q_m$，它的动力学方程由第二类 Lagrange 方程显式(3.15)给出：

$$\ddot{q}_k=D_k(q_1,\cdots,q_m,\dot{q}_1,\cdots,\dot{q}_m,t)-\sum_{i=1}^{m}\sum_{j=1}^{m}\begin{Bmatrix}k\\ij\end{Bmatrix}\dot{q}_i\dot{q}_j,$$
$$k=1,2,\cdots,m. \tag{6.19}$$

引入系统的状态空间 S^q 的变量

$$\begin{cases} s_1 = q_1, & s_2 = q_2, & \cdots, & s_m = q_m, \\ s_{m+1} = \dot{q}_1, & s_{m+2} = \dot{q}_2, & \cdots, & s_{2m} = \dot{q}_m, \end{cases} \tag{6.20}$$

那么由(6.19)式立即得到系统状态变量的动力学方程为

$$\begin{cases} \dfrac{\mathrm{d}s_1}{\mathrm{d}t} = s_{m+1}, \\ \cdots\cdots\cdots\cdots \\ \dfrac{\mathrm{d}s_m}{\mathrm{d}t} = s_{2m}, \\ \dfrac{\mathrm{d}s_{m+1}}{\mathrm{d}t} = \ddot{q}_1 = D_1(s_1, s_2, \cdots, s_{2m}, t) - \displaystyle\sum_{i=1}^{m}\sum_{j=1}^{m}\begin{Bmatrix} 1 \\ ij \end{Bmatrix} s_{m+i}s_{m+j}, \\ \cdots\cdots\cdots\cdots\cdots\cdots\cdots\cdots\cdots\cdots\cdots\cdots\cdots\cdots \\ \dfrac{\mathrm{d}s_{2m}}{\mathrm{d}t} = \ddot{q}_m = D_m(s_1, s_2, \cdots, s_{2m}, t) - \displaystyle\sum_{i=1}^{m}\sum_{j=1}^{m}\begin{Bmatrix} m \\ ij \end{Bmatrix} s_{m+i}s_{m+j}. \end{cases} \tag{6.21}$$

记 $2m=n$,那么(6.21)方程可以表达为更为一般的形式

$$\frac{\mathrm{d}s_i}{\mathrm{d}t} = \Phi_i(s_1, s_2, \cdots, s_n, t), \quad i = 1, 2, \cdots, n. \tag{6.22}$$

考虑系统状态方程(6.22)的任一已给解案

$$s_i = s_i^*(t), \quad i = 1, 2, \cdots, n. \tag{6.23}$$

它是方程(6.22)的一个特解.从数学上来说,(6.23)这个解案应该描述了当初始状态为理想初始状态

$$\boldsymbol{s}^* = [s_1^*(t_0), s_2^*(t_0), \cdots, s_n^*(t_0)]^{\mathrm{T}} \tag{6.24}$$

时系统的运动.但是这样的运动能否在实际当中真正地实现呢?回答这个问题,就必须考虑(6.23)这个运动的稳定性.Ляпунов 给出这个稳定性的严格定义如下:

定义 任给一个 $\varepsilon>0$,不管它是如何地小,我们总可以找到一个相应的 $\eta>0$,使得,只要扰动引起初始状态和理想初始状态之间的偏差满足

$$\sum_{i=1}^{n}[s_i(t_0) - s_i^*(t_0)]^2 < \eta, \tag{6.25}$$

就有

$$\sum_{i=1}^{n}[s_i(t) - s_i^*(t)]^2 < \varepsilon, \tag{6.26}$$

其中 $t\geqslant t_0$.具有上述性质的运动(6.23),称为 **Ляпунов 意义下稳定的运动**;反之,称为 **Ляпунов 意义下不稳定的运动**.

我们称方程(6.22)的已知特解(6.23)为系统的**未扰运动**,而其他的运动 $\boldsymbol{s}(t)=[s_1(t), s_2(t), \cdots, s_n(t)]^{\mathrm{T}}$ 为**受扰运动**.作受扰运动与未扰运动在同时刻的

偏差

$$x_i = s_i(t) - s_i^*(t), \quad i = 1,2,\cdots,n. \tag{6.27}$$

由(6.27)和(6.22)式,立即可以得到偏差 x_i 所满足的方程为

$$\begin{aligned}\frac{\mathrm{d}x_i}{\mathrm{d}t} &= \Phi_i(x_1 + s_1^*(t),\cdots,x_n + s_n^*(t),t) - \Phi_i(s_1^*(t),\cdots,s_n^*(t),t) \\ &= X_i(x_1,\cdots,x_n,t), \quad i = 1,2,\cdots,n.\end{aligned} \tag{6.28}$$

应该注意到,有

$$X_i(x_1,\cdots,x_n,t)\big|_{x_1=\cdots=x_n=0} = 0. \tag{6.29}$$

这样,原系统的未扰运动就转化为以 $x_1,x_2,\cdots,x_n$ 为状态变量的系统的零解,而原系统未扰运动的稳定性(Ляпунов 意义下)也相应地转化为系统(6.28)的零解稳定性(同样在 Ляпунов 意义下),其定义为:

定义 任给 $\varepsilon>0$,不管它是如何地小,我们总可以找到一个相应的 $\eta>0$,使得,只要在初始时刻满足

$$\sum_{i=1}^{n} x_i^2(t_0) < \eta, \tag{6.30}$$

就有

$$\sum_{i=1}^{n} x_i^2(t) < \varepsilon, \tag{6.31}$$

其中 $t \geqslant t_0$. 如果上述性质成立,方程(6.28)的零解称为 **Ляпунов 意义下稳定的**;反之,称为 **Ляпунов 意义下不稳定的**.

有时,还可以加强上述稳定性的要求. 如果我们能够找到 $\eta>0$,使得只要在初始时刻满足

$$\sum_{i=1}^{n} x_i^2(t_0) < \eta, \tag{6.32}$$

方程(6.28)的解就有

$$\lim_{t\to+\infty} x_i(t) = 0, \quad i = 1,2,\cdots,n. \tag{6.33}$$

这样,(6.28)系统的零解不仅是 Ляпунов 意义下稳定的,而且是渐近稳定的.

Ляпунов 意义下的稳定性概念并不是动力学研究中唯一的稳定性概念. 由于 Ляпунов 稳定性要求受扰运动自初始时刻起,每时每刻都与同时刻的未扰运动相差很小(而且这个要求一直到 $t\to+\infty$ 都必须成立),在不少问题上,这种概念的要求是显得过于苛刻了. 例如在天体轨道的研究中,一个天体运行轨道是否具有稳定性,我们只关心受扰运动的天体轨道是否在原轨道的邻近,并不要求这两个天体的同时刻偏差一定能受初始扰动的限制. 举周期轨道族为例来说明. 由于初始扰动引起轨道扰动,而轨道扰动往往同时有运行周期的变动. 这样,即使很小的初始扰动,由于周期变动的缘故(虽然这个周期的变动是很小的),在运行时间足够长之后,两

个轨道上的天体在同时刻的偏差也会增大到一定的数值.由此可见,Ляпунов稳定性的要求对轨道稳定问题的研究来说是不适合的.Poincaré在Ляпунов之前,早就提出了"轨道稳定性"的概念.它的定义可如下来叙述:

定义　设在状态空间里,某未扰运动的$\boldsymbol{s}$轨迹为

$$\boldsymbol{s}=\boldsymbol{s}(t,\boldsymbol{\alpha}),\tag{6.34}$$

其中$\boldsymbol{\alpha}$为未扰运动的初始状态,即有

$$\boldsymbol{s}(t,\boldsymbol{\alpha})|_{t=t_0}=\boldsymbol{\alpha},\tag{6.35}$$

如果任给一个$\varepsilon>0$,不管它是如何地小,总可以找到一个相应的$\eta>0$,使得只要

$$|\boldsymbol{\delta}|^2=\sum_{i=1}^{n}\delta_i^2<\eta\tag{6.36}$$

对于任何的$t\geqslant t_0$,总有$t'\geqslant t_0$存在;反之,对任何的$t'\geqslant t_0$,也存在$t\geqslant t_0$,使下式成立

$$|\boldsymbol{s}(t',\boldsymbol{\alpha}+\boldsymbol{\delta})-\boldsymbol{s}(t,\boldsymbol{\alpha})|^2=\sum_{i=1}^{n}[s_i(t',\boldsymbol{\alpha}+\boldsymbol{\delta})-s_i(t,\boldsymbol{\alpha})]^2<\varepsilon.\tag{6.37}$$

这样,未扰运动$\boldsymbol{s}(t,\boldsymbol{\alpha})$称为在状态空间里是**Poincaré意义下轨道稳定的.**

在某些情况下,轨道稳定性的概念也可以仅在位形空间里考虑.

Ляпунов稳定性与Poincaré稳定性的要求是不同的.图2.13形象地对比了这两种稳定性概念的区别[17].

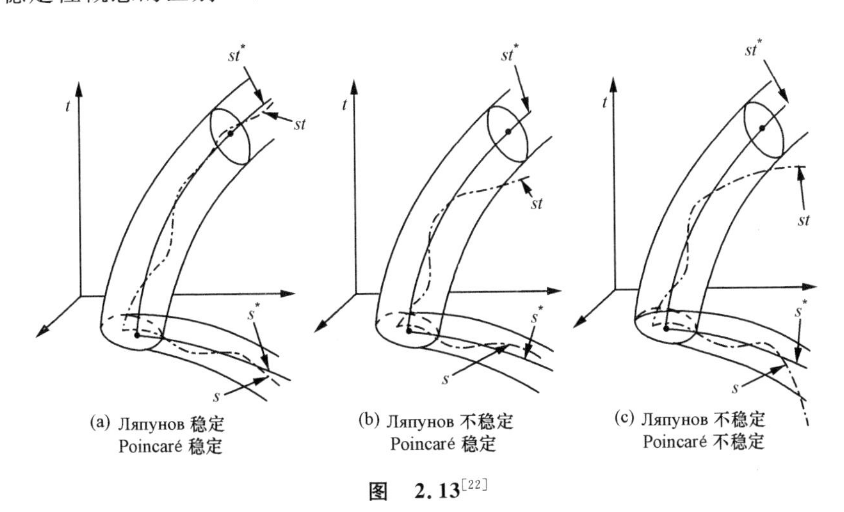

图　2.13[22]

2.6.3　Ляпунов函数与Ляпунов关于稳定性的定理

Ляпунов在给出他的稳定性概念的同时,也发展了研究稳定性问题的直接法.这种直接法并不去寻求受扰运动微分方程的解,而在于去找出变数$x_1,x_2,\cdots,$

x_n,t 的某种函数，并使它关于时间 t 的全导数（求全导数时，认为 $x_1,x_2,\cdots,x_n$ 是满足受扰运动方程(6.28)的解）具有某些性质. 通过这种定性的研究就可以判断(6.28)系统零解的稳定性. 这种用以判断稳定性的函数我们概称为 **Ляпунов 函数**. 很明显，这种方法是 2.6.1 小节中用能量函数 E 来判断稳定性的直接推广.

为建立这种方法的严格理论，我们来研究实变数 $x_1,x_2,\cdots,x_n,t$ 的实函数 $V(x_1,x_2,\cdots,x_n,t)$，并考虑其变数的取值范围为

$$D(t_0,H):\left\{t\geqslant t_0,\sum_{i=1}^{n}x_i^2\leqslant H\right\},\tag{6.38}$$

其中 t_0,H 是常数，且 $H>0$. 关于这种 V 函数，我们总是假定：

(1) 在某个 D 区域里，它是单值的，连续的；

(2) $V(x_1,x_2,\cdots,x_n,t)|_{x_1=x_2=\cdots=x_n=0}\equiv 0$； (6.39)

(3) 在某个 D 区域里，V 函数有连续的一阶偏导数.

在 V 函数满足上述性质的基础上，我们来引入关于 V 函数取值符号的定义如下：

定义　如果可找到某个 D 区域，使得 V 函数在 D 区域内除可取值为零而外，只能取同一符号的数值，便称其为**常号函数**；如果想指出它的符号，可称为**正常号函数**或**负常号函数**.

定义　如果 V 函数（满足 $n>1$）不显含时间 t，且可找到某 $H>0$，使得 $V(x_1,x_2,\cdots,x_n)$ 在 D 区域内仅有 $x_1=x_2=\cdots=x_n=0$ 点取值为零，则此种 V 函数称为**定号函数**.（由连续性可知，此种 V 函数在 D 区域内只可能取同一符号的值.）如果取的是正值，称为**正定函数**；如果取的是负值，称为**负定函数**. 对于 $n=1$ 的情况，则预先要求 V 是常号的.

定义　如果 V 函数显含时间 t，则只有在如下条件下才称为定号函数：可以找到一个与时间 t 无关的正定函数 W，使得 $V-W$ 或 $-V-W$ 两者之一是正常号函数.

上述定义的几何含义示于图 2.14 中.

不显含时间 t 的函数 $V(x_1,x_2,\cdots,x_n)$，由于其连续性，它在 $x_1=x_2=\cdots=x_n=0$ 的邻近有一个重要性质：限制了 $x_1,x_2,\cdots,x_n$ 的模，就能限制 V 函数值的模. 其严格意义如下：任给一个 $l>0$，不管它是如何地小，我们总能找到一个 $\lambda>0$，使得当 $\sum_{i=1}^{n}x_i^2\leqslant\lambda$ 时，有 $|V(x_1,x_2,\cdots,x_n)|<l$.

上述性质对于依赖于时间的函数 V 就不见得成立. 例如考虑 $V=\sin^2[(x_1^2+x_2^2+\cdots+x_n^2)t]$，它显然不满足上述性质. 为此我们引入如下定义来加以区分：

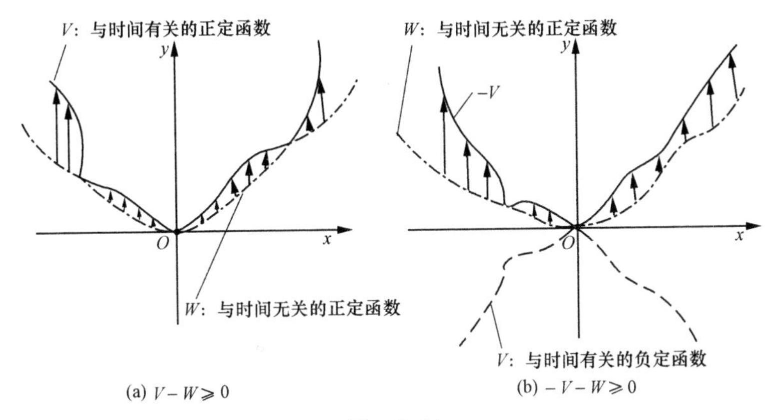

图 2.14

定义 任给一个 $l>0$,不管它是如何地小,我们总能找到一个 $\lambda>0$,使得当 $\sum_{i=1}^{n} x_i^2 \leqslant \lambda, t \geqslant t_0$ 时,恒有

$$|V(x_1, x_2, \cdots, x_n, t)| < l.$$

这样的函数 $V(x_1, x_2, \cdots, x_n, t)$ 叫做**具有无穷小上界**. 举例来说,$V=(x_1^2+x_2^2+\cdots+x_n^2)\sin^2 t$ 就具有无穷小上界.

在研究函数 $V(x_1, x_2, \cdots, x_n, t)$ 性质的同时,还要考查它对于时间 t 的全导数. 在求它的全导数时,认为 $x_1, x_2, \cdots, x_n$ 是满足方程(6.28)的解. 因此这个全导数就是 V 函数之值沿着运动轨迹变化的规律. 这个全导数函数为

$$\frac{\mathrm{d}V}{\mathrm{d}t} = \dot{V} = \frac{\partial V}{\partial x_1}X_1 + \cdots + \frac{\partial V}{\partial x_n}X_n + \frac{\partial V}{\partial t}. \tag{6.40}$$

显然,全导数函数也是 $x_1, x_2, \cdots, x_n, t$ 的函数.

利用以上关于 V 函数性质的分析,Ляпунов 建立关于稳定性的一般定理如下:

Ляпунов 稳定性定理 如果对于受扰运动微分方程(6.28)可以找到一个定号函数 V,而由受扰运动微分方程求出的 $\dot{V}$ 是与 V 异号的常号函数或者恒等于零,则未扰运动 $x_1=x_2=\cdots=x_n=0$ 是稳定的.

证明 不失一般性,可假定 V 为正定函数,$\dot{V}$ 函数为负常号函数或恒等于零. 根据有关定义,定可找到一个与时间 t 无关的正定函数 W,并找到一个 $D(t_0, H)$ 区域,使在 D 区域内有不等式成立

$$V \geqslant W, \quad \dot{V} \leqslant 0. \tag{6.41}$$

现考虑任给一个足够小的 $\varepsilon>0$(设想,有 $\varepsilon<H$),我们来讨论 ε 球面

$$\sum_{i=1}^{n} x_i^2 = \varepsilon. \tag{6.42}$$

由于 ε 球面是一个闭域,因此有下界的函数 W 在 ε 球面上可取到下确界 l. 注意到 W 的正定性,显然有 $l>0$.

考虑 $V(x_1,x_2,\cdots,x_n,t_0)$ 这个函数. 由于它不再是依赖于时间 t 的,因此它有无穷小上界. 从而对于 $l>0$,我们总可以找到一个 $\eta>0$,只要 $\sum_{i=1}^{n}x_i^2\leqslant\eta$,就有

$$V(x_1,x_2,\cdots,x_n,t_0)<l. \tag{6.43}$$

现在我们就以这个 η 值来限制初始扰动,使

$$\sum_{i=1}^{n}x_i^2(t_0)\leqslant\eta. \tag{6.44}$$

因此在初始点的 V 值应有

$$V_0=V(x_1(t_0),x_2(t_0),\cdots,x_n(t_0),t_0)<l. \tag{6.45}$$

注意到沿受扰运动轨迹,有

$$V-V_0=\int_{t_0}^{t}\dot{V}\mathrm{d}t\leqslant 0, \tag{6.46}$$

其中 t 是大于 t_0 的任意时刻. 由(6.46),(6.45),(6.41)诸公式,可以得到,对于满足(6.44)式的轨迹,在 $t\geqslant t_0$ 的任意时刻均有

$$W\leqslant V\leqslant V_0<l. \tag{6.47}$$

因此,这样的运动轨迹永远不能抵达 ε 球面. 也就是说,永远有 $\sum_{i=1}^{n}x_i^2(t)<\varepsilon$ 成立. 定理证毕. □

Ляпунов 渐近稳定性定理 如果对于受扰运动微分方程(6.28)可以找到一个定号函数 V,它具有无穷小上界,而由于运动方程的 $\dot{V}$ 函数是与 V 异号的定号函数,则未扰运动 $x_1=x_2=\cdots=x_n=0$ 是渐近稳定的.

证明 不失一般性,可假定 V 为正定,而 $\dot{V}$ 为负定. 根据定义,可找到与时间无关的正定函数 $W,\widetilde{W}$ 及区域 $D(t_0,H)$,使在 D 区域内满足

$$V-W\geqslant 0,\quad -\dot{V}-\widetilde{W}\geqslant 0. \tag{6.48}$$

由于本定理的条件符合稳定性定理的一切要求,因此对任给的 $\varepsilon>0$(不妨认为 $\varepsilon<H$),总可以找到相应的 $\eta>0$,使得只要在初始时刻满足

$$\sum_{i=1}^{n}x_i^2(t_0)\leqslant\eta, \tag{6.49}$$

就有 $\sum_{i=1}^{n}x_i^2(t)<\varepsilon<H$,其中 $t\geqslant t_0$. 因此,对于满足(6.49)条件的运动,(6.48)的不等式总是成立的.

以下我们来证明,对于满足(6.49)条件的运动,一定有

$$\lim_{t\to+\infty}\sum_{i=1}^{n}x_i^2(t)=0.$$

为此,考虑任给一个 $\mu>0$(可认为 $\mu<\varepsilon$),记 W 函数在球面 $\sum\limits_{i=1}^{n}x_i^2=\mu$ 上的下确界为 l,显然有 $l>0$. 先根据 W 函数在 D 区域内没有奇点,以及(6.48)不等式的关系,显然有下列区域的关系成立:

$$区域\Big|_{V\leqslant l}\subset 区域\Big|_{W\leqslant l}\subset 区域\Big|_{\sum\limits_{i=1}^{n}x_i^2\leqslant\mu}. \tag{6.50}$$

再根据 V 函数有无穷小上界的假定,对于 $l>0$,总可以找到 $\delta>0$,使得只要 $\sum\limits_{i=1}^{n}x_i^2\leqslant\delta$,就有 $V\leqslant l$. 因此,又有如下的区域关系式:

$$区域\Big|_{\sum\limits_{i=1}^{n}x_i^2\leqslant\delta}\subset 区域\Big|_{V\leqslant l}. \tag{6.51}$$

以上所述的区域关系均如图 2.15 所示.

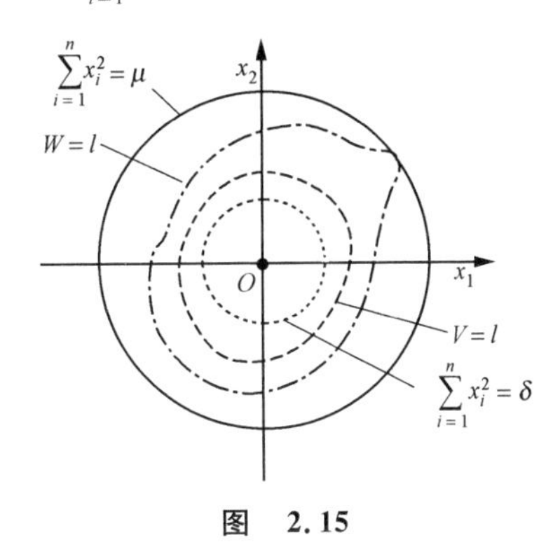

图 2.15

现在我们来证明,满足(6.49)条件的解,一定能找到一个足够大的 T,使 $t>T$ 之后,解的表现点一定曾进入到 $V\leqslant l$ 区域. 对此可反证. 如果找不到这样的 T,那就是说,对解的表现点而言,永远有 $V>l$. 这样,解的表现点显然永远满足 $\delta\leqslant\sum\limits_{i=1}^{n}x_i^2\leqslant\varepsilon$. 我们记正定函数 $\widetilde{W}$ 在闭区域 $\delta\leqslant\sum\limits_{i=1}^{n}x_i^2\leqslant\varepsilon$ 内的下确界为 l',显然 $l'>0$,从而有

$$\begin{aligned}V&=V_0+\int_{t_0}^{t}\dot{V}\mathrm{d}t\leqslant V_0-\int_{t_0}^{t}\widetilde{W}\mathrm{d}t\\&\leqslant V_0-\int_{t_0}^{t}l'\mathrm{d}t=V_0-l'(t-t_0).\end{aligned} \tag{6.52}$$

由(6.52)式可以看出,要解永远保持 $V>l$ 是不可能的. 这就导致矛盾.

既然当 $t>T$ 之后,解的表现点进入 $V\leqslant l$ 区域,又由于 V 的单调下降性,表现点显然必永远留在区域$|_{V\leqslant l}$中. 由(6.50)式,可知当 $t>T$ 之后,就永远有

$$\sum_{i=1}^{n}x_i^2(t)<\mu$$

成立. 定理证毕. □

2.6.4 刚体绕固定点转动及陀螺仪的运动稳定性问题

刚体绕固定点转动及陀螺仪的运动稳定性问题是一个既有理论兴趣,也有实际应用价值的研究课题. 在刚体动力学早期的研究中,关于运动稳定性的结果有些是依据某种简化假定而得到的,这就失之于不够严密;有些是依据解的全局分析

(分析的或几何的研究),这又失之于太繁杂.上一小节中的 Ляпунов 稳定性定理,提供了解决这类问题的一条新途径:这就是利用第一积分来构造 Ляпунов 函数,从而来判断刚体动力学方程某些特解的稳定性或导出稳定性的条件.只是要注意,对于刚体动力学的问题,动力学方程组往往直接从 Euler 方程出发比较方便,不必引用第二类 Lagrange 方程.以下举例说明之.

例　Euler 情形中永久转动的稳定性.

考虑一刚体绕自身某固定点的转动.作为这个力学模型的实例,可以是地面上点悬挂刚体的转动问题,也可以是天体或人造天体绕其质心的姿态运动问题.

记上述固定点为 O,空间固定坐标系为 $O\xi\eta\zeta$,而刚体的惯性主轴系为 $Oxyz$.刚体相对 $O\xi\eta\zeta$ 转动的角速度 $\boldsymbol{\omega}$ 在主轴系上的投影为 $[\omega_x,\omega_y,\omega_z]^{\mathrm{T}}$,而 $O\zeta$ 方向单位矢量在主轴系上的分量记为 $[\gamma_1,\gamma_2,\gamma_3]^{\mathrm{T}}$.Euler 情形的动力学方程为

$$A\frac{\mathrm{d}\omega_x}{\mathrm{d}t}+(C-B)\omega_y\omega_z=0,$$

$$B\frac{\mathrm{d}\omega_y}{\mathrm{d}t}+(A-C)\omega_z\omega_x=0,$$

$$C\frac{\mathrm{d}\omega_z}{\mathrm{d}t}+(B-A)\omega_x\omega_y=0;$$

运动学方程为

$$\frac{\mathrm{d}\gamma_1}{\mathrm{d}t}=\omega_z\gamma_2-\omega_y\gamma_3,\quad \frac{\mathrm{d}\gamma_2}{\mathrm{d}t}=\omega_x\gamma_3-\omega_z\gamma_1,\quad \frac{\mathrm{d}\gamma_3}{\mathrm{d}t}=\omega_y\gamma_1-\omega_x\gamma_2.$$

Euler 情形有三个明显的特解,称为**永久转动**:

(1) $\omega_x=\text{const.}=\omega_x^0,\omega_y=\omega_z=0$,并且转轴 Ox 在 $O\xi\eta\zeta$ 坐标系中方向不变.这是绕 Ox 轴的永久转动;

(2) $\omega_y=\text{const.}=\omega_y^0,\omega_x=\omega_z=0$,并且转轴 Oy 在 $O\xi\eta\zeta$ 坐标系中方向不变.这是绕 Oy 轴的永久转动;

(3) $\omega_z=\text{const.}=\omega_z^0,\omega_x=\omega_y=0$,并且转轴 Oz 在 $O\xi\eta\zeta$ 坐标系中方向不变.这是绕 Oz 轴的永久转动.

Euler 情形的永久转动是刚体绕固定点运动当中一种特别简单的"惯性运动".这种运动的本体极锥和空间极锥都已蜕化,成为一条在本体和空间里都不变的"极线".如果刚体此时受到了扰动,刚体的运动就会偏离永久转动,而刚体的角速度矢量一般来说会分别扫出非蜕化的本体极锥和空间极锥.所谓永久转动的稳定性,就是当上述扰动足够小之后,这两个极锥是否和永久转动的"极线"充分接近(包括极锥张角足够小,角速度模值和永久转动角速度足够接近).Poinsot 的几何研究已经给出了这个问题的回答,而 Четаев 则首先开创了用第一积分组成 Ляпунов 函数的方法来解决这个问题.但是,他的工作只解决了本体极

锥的问题①. 后来由别人用同样的方法全面地解决了这一问题.

我们以绕 Ox 轴的永久转动为例来说明. 不失一般性,假定永久转动的轴线和 $O\zeta$ 轴重合. 这个永久转动可以表达成为如下的特解

$$\omega_x = \Omega = \text{const.}, \quad \omega_y = \omega_z = 0,$$
$$\gamma_1 = 1, \quad \gamma_2 = \gamma_3 = 0.$$

受扰动之后,引入刚体运动的变量为

$$\begin{cases} \omega_x = \Omega + x_1, & \omega_y = x_2, \quad \omega_z = x_3, \\ \gamma_1 = 1 + x_4, & \gamma_2 = x_5, \quad \gamma_3 = x_6, \end{cases} \tag{6.53}$$

其中 $x_1, x_2, x_3, x_4, x_5, x_6$ 是偏差变量. 从刚体的动力学方程得到偏差方程为

$$\frac{\mathrm{d}x_1}{\mathrm{d}t} = \frac{B-C}{A}x_2x_3,$$
$$\frac{\mathrm{d}x_2}{\mathrm{d}t} = \frac{C-A}{B}x_3(x_1+\Omega),$$
$$\frac{\mathrm{d}x_3}{\mathrm{d}t} = \frac{A-B}{C}x_2(x_1+\Omega),$$
$$\frac{\mathrm{d}x_4}{\mathrm{d}t} = x_3x_5 - x_2x_6,$$
$$\frac{\mathrm{d}x_5}{\mathrm{d}t} = (x_1+\Omega)x_6 - x_3(1+x_4),$$
$$\frac{\mathrm{d}x_6}{\mathrm{d}t} = x_2(1+x_4) - (x_1+\Omega)x_5.$$

Euler 情形有如下的第一积分:

能量积分: $A\omega_x^2 + B\omega_y^2 + C\omega_z^2 = 2T = \text{const.}$;

动量矩模守恒: $A^2\omega_x^2 + B^2\omega_y^2 + C^2\omega_z^2 = G^2 = \text{const.}$;

动量矩在固定轴 $O\zeta$ 上投影不变:

$$A\omega_x\gamma_1 + B\omega_y\gamma_2 + C\omega_z\gamma_3 = k = \text{const.};$$

几何积分: $\gamma_1^2 + \gamma_2^2 + \gamma_3^2 = 1$.

将定义偏差变量的公式(6.53)代入上述积分,得到偏差方程的第一积分如下:

$$V_1 = Ax_1^2 + Bx_2^2 + Cx_3^2 + 2A\Omega x_1 = \text{const.},$$
$$V_2 = A^2x_1^2 + B^2x_2^2 + C^2x_3^2 + 2A^2\Omega x_1 = \text{const.},$$
$$V_3 = A(\Omega + x_1)(1 + x_4) + Bx_2x_5 + Cx_3x_6 = \text{const.},$$
$$V_4 = x_4^2 + x_5^2 + x_6^2 + 2x_4 = 0.$$

利用这些第一积分,作

① 由于刚体运动学方程可能出现交耦作用,从本体极锥的稳定性不能直接得到空间极锥稳定性的结论.

$$V = V_1^2 + V_2 - 2A\Omega V_3 + A^2\Omega^2 V_4 + 2A^2\Omega^2,$$

从而得到偏差方程组的一个第一积分为

$$V = A^2(x_1 - \Omega x_4)^2 + (Bx_2 - A\Omega x_5)^2 + (Cx_3 - A\Omega x_6)^2 + (Ax_1^2 + Bx_2^2 + Cx_3^2 + 2A\Omega x_1)^2 = \text{const.}. \tag{6.54}$$

以下证明,上述 V 函数在$[x_1, x_2, x_3, x_4, x_5, x_6]^{\mathrm{T}}$ 的原点邻域是正定的. 首先,从(6.54)式不难看出,$V \geqslant 0$ 是成立的. 所以只要讨论一下满足 $V=0$ 的点. 从(6.54)式可以看出,为了 $V=0$,首先必须有

$$x_1 = \Omega x_4, \quad x_2 = \frac{A}{B}\Omega x_5, \quad x_3 = \frac{A}{C}\Omega x_6. \tag{6.55}$$

以这些关系式代入 V 函数,得到的函数记为 V^*,有

$$V^* = A^2\Omega^4\left(x_4^2 + 2x_4 + \frac{A}{B}x_5^2 + \frac{A}{C}x_6^2\right)^2.$$

注意到 V_4 的关系式,可以得到

$$V^* = A^2\Omega^4\left[\left(\frac{A}{B} - 1\right)x_5^2 + \left(\frac{A}{C} - 1\right)x_6^2\right]^2.$$

由此可见,在(6.55)式成立的情况下,如果还有$(A/B-1)$,$(A/C-1)$两者同时为正,或者两者同时为负,亦即满足

$$(A - B)(A - C) > 0, \tag{6.56}$$

那么,为了 $V=0$ 就需要

$$x_5 = x_6 = 0. \tag{6.57}$$

代入(6.55)式,此时还应有

$$x_2 = x_3 = 0. \tag{6.58}$$

我们注意到,在满足(6.57)式情况下,为了 $x_1 = \Omega x_4$,只可能两种情况:

(1) $x_1 = x_4 = 0$. 结合(6.57),(6.58)式,可知这种情形就是取$[x_1, x_2, x_3, x_4, x_5, x_6]^{\mathrm{T}}$ 的原点.

(2) $x_4 \neq 0$. 此时可以证明,一定有 $x_4 = -2$. 理由如下:根据 V_4 关系式,知

$$2x_4 = -x_4^2 - x_5^2 - x_6^2. \tag{6.59}$$

由(6.57)式的成立,得到

$$x_4(x_4 + 2) = 0.$$

在 $x_4 \neq 0$ 时,只可能有 $x_4 = -2$. 由于我们只关心$[x_1, x_2, x_3, x_4, x_5, x_6]^{\mathrm{T}}$ 原点的邻域,因此这种情况可以不予考虑.

综合以上分析,可知已经证明,在(6.56)条件成立情况下,V 函数在$[x_1, x_2, x_3, x_4, x_5, x_6]^{\mathrm{T}}$ 的原点邻域是正定的. 而 V 是偏差方程的第一积分,$\dot{V} \equiv 0$,根据 Ляпунов 关于稳定性的定理,可以判定上述永久转动是稳定的. 这时,由 $\omega_x, \omega_y, \omega_z$ 变量的稳定性可以得到本体极锥的稳定性质,再加上 $\gamma_1, \gamma_2, \gamma_3$ 变量的稳定性,就

可以判定空间极锥的稳定性质.

条件$(A-B)(A-C)>0$,说明刚体的上述永久转动是绕最大惯量主轴或绕最小惯量主轴.这时的永久转动是稳定的[①]. Euler 情形绕中间惯量主轴的永久转动是不稳定的,这可以利用下一小节的 Четаев 不稳定性定理加以证明.只是要注意,不稳定性的结果只要对本体极锥来加以论证就足够了.

例 重力对称陀螺仪(即刚体动力学研究中的 Lagrange 情形)垂直转动的稳定性.

刚体绕固定点 O 转动,它对 O 点的惯性主轴系记为 $Oxyz$. Lagrange 情形有如下条件成立:$A=B$,刚体的重心坐标满足 $x_C=y_C=0$.记垂直向上单位矢量在主轴系内的方向余弦为 $\gamma_1,\gamma_2,\gamma_3$,则 Lagrange 情形的动力学方程为

$$\begin{cases} A\dfrac{\mathrm{d}\omega_x}{\mathrm{d}t}+(C-A)\omega_y\omega_z=Mg\gamma_2 z_C, \\ A\dfrac{\mathrm{d}\omega_y}{\mathrm{d}t}+(A-C)\omega_z\omega_x=-Mg\gamma_1 z_C, \\ C\dfrac{\mathrm{d}\omega_z}{\mathrm{d}t}=0; \end{cases} \tag{6.60}$$

$$\begin{cases} \dfrac{\mathrm{d}\gamma_1}{\mathrm{d}t}=\omega_z\gamma_2-\omega_y\gamma_3, \\ \dfrac{\mathrm{d}\gamma_2}{\mathrm{d}t}=\omega_x\gamma_3-\omega_z\gamma_1, \\ \dfrac{\mathrm{d}\gamma_3}{\mathrm{d}t}=\omega_y\gamma_1-\omega_x\gamma_2, \end{cases} \tag{6.61}$$

以 $\omega_x,\omega_y,\omega_z,\gamma_1,\gamma_2,\gamma_3$ 为变量的动力学方程组(6.60),(6.61)有显然的特解

$$\begin{aligned} &\omega_x=\omega_y=0, \quad \omega_z=r_0=\text{const.}, \\ &\gamma_1=\gamma_2=0, \quad \gamma_3=1. \end{aligned} \tag{6.62}$$

这就是陀螺仪 Oz 轴垂直向上而转动的情况.此时,若 $z_C>0$,就是重力陀螺仪的上举情形;若 $z_C<0$,是重力陀螺仪的下垂情形;若 $z_C=0$,就蜕化为 Euler 情形.引入上述特解的偏差变量

$$\begin{aligned} &\omega_x=\xi, \quad \omega_y=\eta, \quad \omega_z=r_0+\zeta, \\ &\gamma_1=\alpha, \quad \gamma_2=\beta, \quad \gamma_3=1+\delta. \end{aligned} \tag{6.63}$$

从而,(6.62)式的特解对应着 $\xi,\eta,\zeta,\alpha,\beta,\delta$ 变量的零解. Lagrange 情形有下列经典

---

① 作为 Euler 情形永久转动稳定性应用的实例,是人造天体利用自转来实现姿态稳定性.人们在工程中,曾分别试图利用绕最大惯量轴和绕最小惯量轴的自转来实现姿态稳定性.实践的结果,绕最大惯量轴的自转能成功保证姿态稳定性,而绕最小惯量轴的自转却不能保证姿态稳定性.深入研究发现,人造天体并非真正刚体,而是有内耗的"近刚体".此时只是动量矩守恒,而系统动能却不断下降.可以证明,此时绕最大惯量轴的自转是稳定的,而绕最小惯量轴的自转是不稳定的.

的第一积分：

$$
\begin{aligned}
&\text{能量积分：} A(\omega_x^2+\omega_y^2)+C\omega_z^2+2Mgz_C\gamma_3=h=\text{const.};\\
&\text{绕垂直轴的动量矩积分：} A\omega_x\gamma_1+A\omega_y\gamma_2+C\omega_z\gamma_3=k=\text{const.};\\
&\text{几何积分：} \gamma_1^2+\gamma_2^2+\gamma_3^2=1;\\
&\text{自转积分：} \omega_z=r_0=\text{const.}.
\end{aligned}
\tag{6.64}
$$

利用(6.63)式，立即得到偏差方程的第一积分如下：

$$
\begin{cases}
V_1=A(\xi^2+\eta^2)+C(\zeta^2+2r_0\zeta)+2Mgz_C\delta,\\
V_2=A(\xi\alpha+\eta\beta)+C(\delta\zeta+r_0\delta+\zeta),\\
V_3=\alpha^2+\beta^2+\delta^2+2\delta,\\
V_4=\zeta.
\end{cases}
\tag{6.65}
$$

引入待定常数 λ 和 μ，利用第一积分(6.65)来构造 Ляпунов 函数. 注意，构造的目标是消去一次项，然后来保证二次式的正定性：

$$
\begin{aligned}
V&=V_1+2\lambda V_2-(Mgz_C+Cr_0\lambda)V_3+\mu V_4^2-2(Cr_0+C\lambda)V_4\\
&=[A\xi^2+2\lambda A\xi\alpha-(Mgz_C+Cr_0\lambda)\alpha^2]\\
&\quad+[A\eta^2+2\lambda A\eta\beta-(Mgz_C+Cr_0\lambda)\beta^2]\\
&\quad+[(C+\mu)\zeta^2+2\lambda C\delta\zeta-(Mgz_C+Cr_0\lambda)\delta^2].
\end{aligned}
\tag{6.66}
$$

欲使(6.66)式前面两个同类型同系数的二次型对相应的变量(ξ,α)及(η,β)为正定的，必要而且充分的条件是如此选定 λ，使

$$
\begin{vmatrix} A & A\lambda \\ A\lambda & -(Mgz_C+Cr_0\lambda) \end{vmatrix}>0.
$$

即

$$
A\lambda^2+Cr_0\lambda+Mgz_C<0.
\tag{6.67}
$$

为了使满足(6.67)的实数 λ 能够选到，必须使 $A\lambda^2+Cr_0\lambda+Mgz_C=0$ 具有两个相异的实根. 为此需有

$$
\begin{vmatrix} A & Cr_0/2 \\ Cr_0/2 & Mgz_C \end{vmatrix}<0.
$$

即

$$
C^2r_0^2-4AMgz_C>0.
\tag{6.68}
$$

按上述要求选定 λ 之后，可如此来选定 μ：

$$
\mu=C(C-A)/A.
$$

此时(6.66)式中的第三个二次型对变量(ζ,δ)也是正定的. 为验证这一点，可检查它的判别条件

$$
\begin{vmatrix} C+\mu & C\lambda \\ C\lambda & -(Mgz_C+Cr_0\lambda) \end{vmatrix}>0,
$$

亦即

$$(C+\mu)\left[\frac{C^2}{C+\mu}\lambda^2+Cr_0\lambda+Mgz_C\right]$$
$$=\frac{C^2}{A}(A\lambda^2+Cr_0\lambda+Mgz_C)<0 \tag{6.69}$$

是否满足. 在 λ 是按(6.67)式选定的情况下,条件(6.69)显然是成立的. 由此可见,在满足(6.68)的条件下,按(6.66)式构造的 V 函数是正定的. 由于 V 函数是由偏差方程第一积分及常数所组成,故 $\dot{V}\equiv 0$. 根据 Ляпунов 稳定性定理,可以肯定,重力对称陀螺仪的垂直转动在满足条件(6.68)情况下是稳定的.

例 Cardan 悬挂的重力对称陀螺仪垂直转动的稳定性.

考虑一个外环轴水平安置的 Cardan 陀螺仪,其支架中心为 O,内环坐标系为 $Oxyz$. 系统的广义坐标选用 Euler 角 ψ,θ,φ,如图 2.16 所示. 假定外环是平衡的,内环和转子合在一起的重心位于转子轴上(即有 $x_C=y_C=0$),重量为 P. 记内环角速度在 $Oxyz$ 上的分量为 p_1,q_1,r_1,则

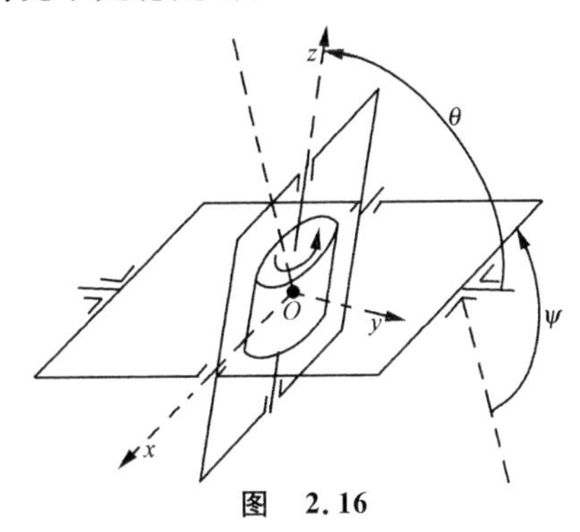

图 2.16

$$p_1=\dot{\theta},\quad q_1=\dot{\psi}\sin\theta,\quad r_1=\dot{\psi}\cos\theta. \tag{6.70}$$

转子角速度在 $Oxyz$ 上的分量记为 p,q,r,有

$$p=\dot{\theta},\quad q=\dot{\psi}\sin\theta,\quad r=\dot{\varphi}+\dot{\psi}\cos\theta. \tag{6.71}$$

整个陀螺仪系统的动能为

$$T=T_{外环}+T_{内环}+T_{转子}$$
$$=\frac{1}{2}A_2\dot{\psi}^2+\frac{1}{2}[A_1\dot{\theta}^2+B_1\dot{\psi}^2\sin^2\theta+C_1\dot{\psi}^2\cos^2\theta]$$
$$+\frac{1}{2}[A\dot{\theta}^2+A\dot{\psi}^2\sin^2\theta+C(\dot{\varphi}+\dot{\psi}\cos\theta)^2], \tag{6.72}$$

系统的势能

$$V=Pz_C\sin\theta\sin\psi, \tag{6.73}$$

其中,A_2 是外环绕外环轴的转动惯量,A_1,B_1,C_1 是内环绕主轴 Ox,Oy,Oz 的转动惯量,A,C 是陀螺仪转子的赤道惯量及极惯量. 假定系统的约束是理想的,系统的 Lagrange 函数 $L=T-V$,代入第二类 Lagrange 方程,得到 Cardan 重力陀螺仪的动力学方程为

$$\begin{cases}(A+A_1)\ddot{\theta}-(A+B_1-C_1)\dot{\psi}^2\sin\theta\cos\theta \\ \qquad +C(\dot{\varphi}+\dot{\psi}\cos\theta)\dot{\psi}\sin\theta+Pz_C\cos\theta\sin\psi=0, \\ \dfrac{\mathrm{d}}{\mathrm{d}t}\{[(A+B_1)\sin^2\theta+C_1\cos^2\theta+A_2]\dot{\psi} \\ \qquad +C(\dot{\varphi}+\dot{\psi}\cos\theta)\cos\theta\}+Pz_C\sin\theta\cos\psi=0, \\ C\dfrac{\mathrm{d}}{\mathrm{d}t}(\dot{\varphi}+\dot{\psi}\cos\theta)=0.\end{cases} \tag{6.74}$$

这个系统有经典的第一积分

$$\begin{cases}(A+A_1)\dot{\theta}^2+[(A+B_1)\sin^2\theta+C_1\cos^2\theta+A_2]\dot{\psi}^2+C(\dot{\varphi}+\dot{\psi}\cos\theta)^2 \\ \qquad +2Pz_C\sin\theta\sin\psi=h=\text{const.}\quad\text{(能量积分)}, \\ \dot{\varphi}+\dot{\psi}\cos\theta=r=\text{const.}\quad\text{(自转积分)}.\end{cases} \tag{6.75}$$

重力陀螺仪的垂直转动是显然的特解，即

$$\theta=\pi/2,\quad \dot{\theta}=0,\quad \psi=\pi/2,\quad \dot{\psi}=0,\quad r=\omega=\text{const.}. \tag{6.76}$$

现在我们来研究这个特解的运动稳定性. 引入偏差变量

$$\theta=\frac{\pi}{2}+\eta_1,\quad \dot{\theta}=\dot{\eta}_1,\quad \psi=\frac{\pi}{2}+\eta_2,\quad \dot{\psi}=\dot{\eta}_2,\quad r=\omega+\xi. \tag{6.77}$$

根据已知积分(6.75)，立即可以得到偏差方程的积分：

$$\begin{cases}V_1=(A+A_1)\dot{\eta}_1^2+(A+B_1+A_2)\dot{\eta}_2^2+C(\xi^2+2\omega\xi) \\ \qquad -Pz_C(\eta_1^2+\eta_2^2)+\cdots=\text{const.}, \\ V_2=\xi=\text{const.}.\end{cases} \tag{6.78}$$

作 Ляпунов 函数

$$\begin{aligned}V&=V_1-2C\omega V_2 \\ &=(A+A_1)\dot{\eta}_1^2+(A+B_1+A_2)\dot{\eta}_2^2+C\xi^2-Pz_C(\eta_1^2+\eta_2^2)+\cdots,\end{aligned} \tag{6.79}$$

由此可见，若 $z_C<0$，则 V 函数是变量 $\eta_1,\dot{\eta}_1,\eta_2,\dot{\eta}_2,\xi$ 的正定函数. 由于 V 函数是由第一积分及常数组合而成，因此有 $\dot{V}\equiv 0$. 根据 Ляпунов 稳定性定理，此时 Cardan 陀螺仪的垂直转动是稳定的.

2.6.5 关于不稳定性的定理

首先来讨论 Четаев 关于不稳定性的定理. 为此需要进一步扩充关于 V 函数符号的定义.

V 函数在某个 $D(t_0,H)$ 区域内符合 $V>0$ 条件的点集合称为 $V>0$ 区域. 这个区域的边界显然是 $V=0$ 曲面. 在 V 函数显含 t 时，这个区域及区域边界都是随时

间变化的.以下引入定义:

定义 如果:

(1) W 函数只在边界 $V=0$ 上方可能为零;

(2) 任给 $\varepsilon>0$,不管它是多么小,我们总可以找到一个 $l>0$,使得对于满足 $V>\varepsilon$ 的点以及 $t\geqslant t_0$ 时刻,恒有 $|W|\geqslant l$,

这样,我们称 **W 函数在 $V>0$ 区域内是定号的.**

Четаев 不稳定性定理 对于扰动方程(6.28),如果我们能够找到这样的函数 V,使得在某个 $D(t_0,H)$ 区域内,有:

(1) V 在 $V>0$ 区域内有界;

(2) $V>0$ 的区域对任何的 $t\geqslant t_0$ 及绝对值任意小的变数 x_i 都存在;

(3) $\dot{V}$ 在 $V>0$ 区域内正定.

那么,未扰运动 $x_1=x_2=\cdots=x_n=0$ 是不稳定的.

证明 我们来证明,无论限制初始扰动多么小,总可以找到这种运动,它的表现点轨迹最终将越出 $\sum\limits_{i=1}^{n}x_i^2\leqslant H$ 的范围.

设任给 $\varepsilon>0$,不管它是多少小,根据假定,我们总可以找到一个初始状态,满足

$$t=t_0,\quad \sum_{i=1}^{n}(x_i^0)^2=\varepsilon \text{ 且 } V(x_1^0,x_2^0,\cdots,x_n^0,t_0)=V_0>0.$$

由于 $\dot{V}$ 在 $V>0$ 区域内正定,因此从上述初始状态出发的轨迹以后永远有 $V>V_0>0$.由正定性定义,我们总可以找到一个 $l>0$,使得对于满足 $V\geqslant V_0$ 的点及 $t\geqslant t_0$ 时刻,恒有

$$\dot{V}\geqslant l>0. \tag{6.80}$$

由此得到

$$V\geqslant V_0+l(t-t_0). \tag{6.81}$$

注意到 V 在 $V>0$ 的区域内是有界的,因此由(6.81)式看到,当 t 足够大之后,上述运动的表现点只可能越出 $\sum\limits_{i=1}^{n}x_i^2\leqslant H$ 的区域.定理证毕. □

利用 Четаев 关于不稳定性的定理,可以简单地导出 Ляпунов 提出的两个关于不稳定性的定理.为此需要注意以下的定义和性质:

定义 所谓 W 函数在 $V>0$ 区域内**有无穷小上界**,其含义为:W 函数在 $V>0$ 区域内有界,且对于任给的 $l>0$,不管它是多么小,总可以找到一个 $\lambda>0$,使当 $t\geqslant t_0$,$\sum\limits_{i=1}^{n}x_i^2\leqslant\lambda$,$V\geqslant 0$ 时,有不等式 $|W|<l$ 成立.

很明显,若 W 为具有无穷小上界的函数,那么它在 $V>0$ 区域内有无穷小

上界.

利用上述定义,可以证明如下性质:

性质　若 V 函数在 $V>0$ 区域内具有无穷小上界,则任何定号函数 W 在 $V>0$ 区域内都是定号的.

证明　不失一般性,可假定 W 为正定函数.显然,W 只可能在 $V=0$ 处才可能为零.

因为 V 函数在 $V>0$ 区域内有无穷小上界,故任给 $\varepsilon>0$,不管它是多么小,总可以找到一个 $\lambda>0$,使当 $t\geqslant t_0$, $\sum_{i=1}^{n}x_i^2\leqslant\lambda, V\geqslant 0$ 时,有不等式 $|V|<\varepsilon$ 成立.由此可见,$V>\varepsilon$ 的区域必然在球面 $\sum_{i=1}^{n}x_i^2=\lambda$ 之外.

因为 W 为正定函数,故存在一个与时间无关的正定函数 U,使 $W-U$ 为正常号函数.记 U 函数在闭域 $\lambda\leqslant\sum_{i=1}^{n}x_i^2\leqslant H$ 内的下确界为 l,显然有 $l>0$.由于 $V>\varepsilon$ 的区域在 $\sum_{i=1}^{n}x_i^2=\lambda$ 之外,故它必然在 $\lambda\leqslant\sum_{i=1}^{n}x_i^2\leqslant H$ 之内,因此 l 必然是 W 函数在 $V>\varepsilon$ 区域内的一个下界.证毕.　□

Ляпунов 不稳定性定理　对于扰动运动方程(6.28),如果能够找出一个函数 V,它具有无穷小上界,而 $\dot{V}$ 为定号函数,并且对于任何 $t\geqslant t_0$,在值 $\sum_{i=1}^{n}x_i^2$ 任意小的范围内都可以选到点,使 V 和 $\dot{V}$ 同号.那么,未扰运动是不稳定的.

证明　不失一般性,假定 $\dot{V}$ 为正定.由于 V 具有无穷小上界,因此 V 在 $V>0$ 区域内有界,且具有无穷小上界.根据上面已经证明的性质,可肯定 $\dot{V}$ 在 $V>0$ 区域内是定号的.由此可见,V 函数满足 Четаев 定理的条件.证毕.　□

Ляпунов 不稳定性定理′　如果对于扰动运动方程(6.28),可以找到一个有界函数 V(指在某个 $D(t_0,H)$ 内而言),使由于扰动运动方程而作的 $\mathrm{d}V/\mathrm{d}t$ 能表为下列形式:

$$\frac{\mathrm{d}V}{\mathrm{d}t}=\lambda V+W\quad(\lambda\text{ 是正的常数}),$$

其中 W 或者恒有零,或者是某个常号函数,并设在后一种情况下所找到的函数 V 是这样:对于任意的 $t\geqslant t_0$,在值 $\sum_{i=1}^{n}x_i^2$ 任意小的范围内,总可以找到点使 V 和 W 同号,则未扰运动是不稳定的.

证明　若 $W\equiv 0$,则 $\dot{V}=\lambda V$,且 $\lambda>0$.显然可见,$\dot{V}$ 函数在 $V>0$ 区域内必是正

定的;在 $V<0$ 区域内必是负定的.而 V 函数在 $t\geqslant t_0$,在值 $\sum_{i=1}^{n}x_i^2$ 任意小的范围内,或者存在着 $V>0$ 区域,或者存在着 $V<0$ 区域,否则 $V\equiv 0$. 因此,V 函数符合 Четаев 不稳定性定理的条件.

若 W 不恒为零,则在 V 与 W 同号的区域内,$\dot{V}$ 是定号函数.显然,此时 V 函数也符合 Четаев 不稳定性定理的条件.证毕. □

例 我们来补足 2.6.4 小节中例 1 的绕中间惯量主轴永久转动的不稳定性的证明.为此考虑 $V=x_2x_3$,则由于扰动运动方程(6.55)作出的 $\dot{V}$ 可表示成下列形式:

$$\dot{V}=(x_1+\omega_x^0)\left(\frac{C-A}{B}x_3^2+\frac{A-B}{C}x_2^2\right).$$

不失一般性,我们考虑 $\omega_x^0>0$,$C>A>B$ 的情况.此时,在 $|x_1|$ 充分小之后,恒有 $x_1+\omega_x^0>0$;再注意到 V 是不显含时间 t 的,它具有无穷小上界,因此,$\dot{V}$ 函数在 $V>0$ 区域内是正定的.

2.6.6 线性系统的稳定性与按线性近似来决定稳定性

扰动运动方程(6.28)的一种特殊情况是常系数线性系统,即

$$\frac{\mathrm{d}x_i}{\mathrm{d}t}=\sum_{j=1}^{n}a_{ij}x_j,\quad i=1,2,\cdots,n. \tag{6.82}$$

其中系数 a_{ij} 均为常数.如果记 $\boldsymbol{x}=[x_1,x_2,\cdots,x_n]^{\mathrm{T}}$,则方程(6.82)可以用矩阵形式表示:

$$\dot{\boldsymbol{x}}=\boldsymbol{A}\boldsymbol{x}, \tag{6.83}$$

其中

$$\boldsymbol{A}=\begin{bmatrix}a_{11}&a_{12}&\cdots&a_{1n}\\a_{21}&a_{22}&\cdots&a_{2n}\\\vdots&\vdots&&\vdots\\a_{n1}&a_{n2}&\cdots&a_{nn}\end{bmatrix}. \tag{6.84}$$

根据熟知的线性常微分方程组理论,(6.83)方程的通解表达为

$$x=\sum_{i=1}^{n}c_i(u_i+u_i't+\cdots)\mathrm{e}^{\lambda_i t}, \tag{6.85}$$

其中 λ_i 是矩阵 $\boldsymbol{A}$ 的特征值,满足特征方程

$$\det(\boldsymbol{A}-\lambda\boldsymbol{I})=0. \tag{6.86}$$

由此可以得到关于常系数线性系统零解稳定性的结论:

(1) 若矩阵 $\boldsymbol{A}$ 的特征值 λ_i 都有负实部,则有

$$\lim_{t\to+\infty} x(t) = 0.$$

因此,系统(6.83)的零解是渐近稳定的.

(2) 矩阵 $\mathbf{A}$ 的特征值 λ_i 中只要有一个具有正实部,那么系统(6.83)的零解便是不稳定的.

上述结论的重要性在于,它也在一定程度上回答了非线性系统的稳定性问题.试考虑一般性的扰动运动方程

$$\frac{\mathrm{d}x_i}{\mathrm{d}t} = X_i(x_1, x_2, \cdots, x_n, t), \quad i = 1,2,\cdots,n. \tag{6.87}$$

注意到 $X_i(x_1,x_2,\cdots,x_n,t)\,|_{x_1=x_2=\cdots=x_n=0}=0$ 的特点,我们在 $x_1=x_2=\cdots=x_n=0$ 处展开各 X_i 函数,则有

$$\frac{\mathrm{d}x_i}{\mathrm{d}t} = \sum_{j=1}^{n} a_{ij}x_j + \widetilde{X}_i, \quad i = 1,2,\cdots,n, \tag{6.88}$$

其中 $\widetilde{X}_i$ 对 $x_1,x_2,\cdots,x_n$ 的展开式最低项是二阶项.如果在方程(6.88)中略去高阶项 $\widetilde{X}_i$,就立即得到线性近似方程

$$\frac{\mathrm{d}x_i}{\mathrm{d}t} = \sum_{j=1}^{n} a_{ij}x_j, \quad i = 1,2,\cdots,n. \tag{6.89}$$

在所有 X_i 是不显含时间 t 的情况下,得到的线性近似方程是常系数线性系统,而且非线性项 $\widetilde{X}_i$ 也是不显含时间 t 的.在所有的 X_i 是时间 t 的周期函数(周期为 τ)时,则 a_{ij} 及 $\widetilde{X}_i$ 也都是时间 t 的周期函数(周期为 τ).这两种情况是常见的情况.此时,已经证明的有如下的关于稳定性的定理:

(1) 若线性近似方程(6.89)的零解是渐近稳定的,那么原扰动运动方程(6.87)的零解也是渐近稳定的.

(2) 若线性近似方程的特征值中至少有一个具有正实部,那么原扰动方程(6.87)的零解是不稳定的.

由此可见,利用线性近似在不少情况下完全可以决定原系统的稳定性.失效的情况仅仅发生在系统的特征根一部分具有负实部,一部分具有零实部的情形.这时我们不得不进一步研究非线性项对稳定性的影响.这种情况概称为**临界情形**.有关这些理论问题深入的研究可以在稳定性问题的专著中找到[23].

2.6.7 车辆行驶的运动稳定性

作为用线性近似方法来研究力学系统运动稳定性的实例,我们来讨论一个有趣而且有实用价值的论题——车辆行驶的运动稳定性:

车辆行驶的运动对其稳定性有重要的影响.自行车静止站立时是不稳定的,但却可以稳定地行驶.四轮的汽车静止时是稳定的,但在高速行驶时却可能导致不稳定.由于汽车行驶速度日益的提高,这个问题的研究有重要的实用价值.

法国学者 Rocard 在关于力学系统不稳定性问题的专著[24]中,探讨了汽车行驶时可能出现的不稳定性,并作了初步的分析. Rocard 分析的基础是建立在关于充气轮胎车轮产生垂直于车轮中面的侧向力的规律的假定上. 为明确这个假定,我们引入一个概念——侧滑角,它的含义是: 当充气轮胎车轮在滚动行驶时,其轮心对地面的线速度和车轮中面的夹角 α,称为**侧滑角**. 显然,车轮理想滚动时侧滑角应为零,这时车轮不会向车辆提供侧向力;反之,如果充气轮胎车轮在滚动中侧滑角不等于零,则车轮就会向车辆提供侧向力. Rocard 假定确定了这两者之间的关系.

Rocard 假定 充气轮胎车轮在滚动行驶中,如果有侧滑角,则车轮将产生垂直于车轮中面的侧向力作用在车辆上,其大小和侧滑角成正比.

记车轮中心对地面的线速度在车轮中面上的分量为 v_τ,垂直于车轮中面的分量为 v_n,在侧滑角不大的情况下,显然有

$$\alpha \approx \tan\alpha = v_n / v_\tau. \tag{6.90}$$

根据 Rocard 假定,此时车轮产生的侧向力为

$$F = K\alpha \approx K v_n / v_\tau, \tag{6.91}$$

其中 K 称为车轮的**侧向力系数**.

利用 Rocard 假定,可以对汽车行驶的稳定性问题作简要的分析. 为简化起见,不考虑操纵的影响. 试研究一个如图 2.17 所示的无操纵作用的四轮车辆. 假定该车的正常行驶是沿着 Oy 轴路径以速度 V 前进. 现在由于扰动的原因,假定车辆偏离了正常行驶路径. 引入以下的参数来描述车辆的偏离:

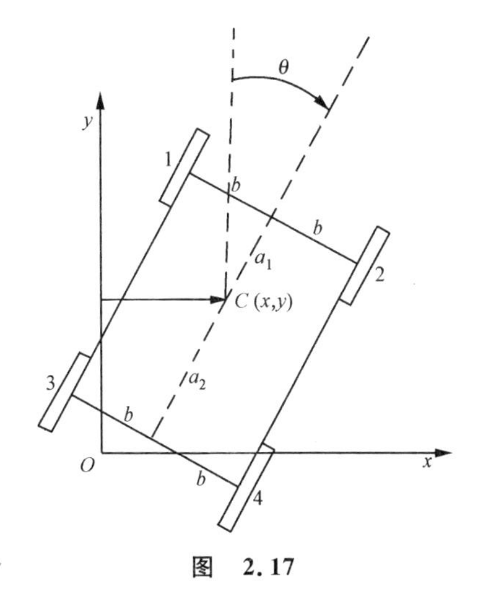

图 2.17

车辆的质心记为 C,它偏离了 Oy 轴,记它的坐标为(x,y);

车辆纵轴方向偏离了 Oy 轴方向,产生的偏角记为 θ.

我们来计算车轮 1 的侧滑角 α_1. 由运动学关系,得

$$v_{n_1} = \dot{x}\cos\theta + a_1\dot{\theta} - V\sin\theta, \quad v_{\tau_1} = \dot{x}\sin\theta + b\dot{\theta} + V\cos\theta.$$

在 θ 充分小,而 V 足够大的情况下,近似地有

$$v_{n_1} \approx \dot{x} + a_1\dot{\theta} - V\theta, \quad v_{\tau_1} \approx V.$$

从而,根据(6.90)式,得

$$\alpha_1 \approx v_{n_1} / v_{\tau_1} = V^{-1}(\dot{x} + a_1\dot{\theta}) - \theta.$$

作类似的分析,最后得到

$$\begin{cases}\alpha_1 = \alpha_2 = V^{-1}(\dot{x} + a_1\dot{\theta}) - \theta, \\ \alpha_3 = \alpha_4 = V^{-1}(\dot{x} - a_2\dot{\theta}) - \theta.\end{cases} \tag{6.92}$$

假定两个前轮的侧向力系数均为 K_1，两个后轮的侧向力系数均为 K_2. 根据刚体运动的规律，不难直接建立车辆扰动运动的方程为

$$\begin{cases}m\ddot{x} = -K_1(\alpha_1 + \alpha_2)\cos\theta - K_2(\alpha_3 + \alpha_4)\cos\theta, \\ I\ddot{\theta} = -K_1(\alpha_1 + \alpha_2)a_1 + K_2(\alpha_3 + \alpha_4)a_2,\end{cases} \tag{6.93}$$

其中 m 是车辆的总质量，I 是车辆绕过质心垂直轴的转动惯量. 将(6.92)关系式代入上述方程，整理得

$$\begin{cases}m\ddot{x} + (2K_1 + 2K_2)V^{-1}\dot{x} + 2(K_1a_1 - K_2a_2)V^{-1}\dot{\theta} \\ \qquad - 2(K_1 + K_2)\theta = 0, \\ I\ddot{\theta} + (2K_1a_1^2 + 2K_2a_2^2)V^{-1}\dot{\theta} - 2(K_1a_1 - K_2a_2)\theta \\ \qquad + 2(K_1a_1 - K_2a_2)V^{-1}\dot{x} = 0.\end{cases} \tag{6.94}$$

令 $I = m\rho^2, x = \rho\psi$，其中 ρ 为车辆绕过质心垂直轴的回转半径. 代入方程(6.94)后，整理可得到系统的特征方程

$$\begin{vmatrix}\lambda^2 + \dfrac{2(K_1 + K_2)}{mV}\lambda & \dfrac{2(K_1a_1 - K_2a_2)}{m\rho V}\lambda - \dfrac{2(K_1 + K_2)}{m\rho} \\ \dfrac{2(K_1a_1 - K_2a_2)}{m\rho V}\lambda & \lambda^2 + \dfrac{2(K_1a_1^2 + K_2a_2^2)}{m\rho^2 V}\lambda - \dfrac{2(K_1a_1 - K_2a_2)}{m\rho^2}\end{vmatrix} = 0. \tag{6.95}$$

展开后，整理得

$$\lambda^2\left\{\lambda^2 + \frac{2}{mV}\left[K_1\left(1 + \frac{a_1^2}{\rho^2}\right) + K_2\left(1 + \frac{a_2^2}{\rho^2}\right)\right]\lambda \right. \\ \left. + \left[\frac{4K_1K_2(a_1 + a_2)^2}{m^2\rho^2V^2} - \frac{2(K_1a_1 - K_2a_2)}{m\rho^2}\right]\right\} = 0. \tag{6.96}$$

根据线性近似决定稳定性的定理，如果上述特征方程括号内二次方程的根有正实部，则车辆的行驶肯定是不稳定的. 此时，出现不稳定性的临界条件为

$$\frac{4K_1K_2(a_1 + a_2)^2}{m^2\rho^2V^2} - \frac{2(K_1a_1 - K_2a_2)}{m\rho^2} = 0,$$

亦即

$$\frac{4K_1K_2(a_1 + a_2)^2}{m^2\rho^2V^2} = \frac{2(K_1a_1 - K_2a_2)}{m\rho^2} > 0. \tag{6.97}$$

(6.97)式的临界条件在车辆参数满足

$$K_1a_1 - K_2a_2 > 0 \tag{6.98}$$

的条件下有解. 此时，得到临界速度为

$$V_{\mathrm{KP}} = \sqrt{\frac{2K_1K_2}{m(K_1a_1 - K_2a_2)}}(a_1 + a_2). \tag{6.99}$$

(6.99)式给出了汽车行驶的最大速度.当汽车行驶速度超过这个速度时,汽车就会失稳.

以上只是对车辆行驶运动稳定性问题所作的最简化分析.实际上,由于充气轮胎侧向力规律的复杂性以及车辆运动的其他因素(例如操纵系统和悬挂系统的因素)的影响,这个问题的精确分析是很复杂的.对这个问题更深入的研究可参阅有关专著[25,26].

§2.7　小振动理论

小振动是自然界和工程系统中常见的一种运动现象.物体被击发声,乐器的弦振以及常见的机械振动等等都是明显的例子.由于技术上对避免共振、隔振和消振,以及某些情况下激振的要求,振动现象的研究是极为重要的.以非常一般的形式来研究振动系统的运动规律,并且得到具有概括力的结果,这不能不说是 Lagrange 力学的重要成绩.

2.7.1　保守系统的小振动(在一般广义坐标下自由振动的分析)

在描述系统的小振动现象时,由于要考虑直观的意义,广义坐标的选择就受到了限制.从实用观点来看,保留这种受限制的选择是有好处的,虽然它们在理论分析上有某些不便之处.

现在来考虑一保守系统在其某个稳定平衡位置邻近的小振动.假定系统的广义坐标为 $q_1,q_2,\cdots,q_n$,不失一般性,设系统势能 V 在广义坐标空间的原点处取严格的极小值.根据已证明的定理,这个原点是系统的稳定平衡位置.再注意到系统是保守的假定,我们有

$$\begin{aligned} T &= T_2 = \frac{1}{2}\sum_{i=1}^{n}\sum_{j=1}^{n} a_{ij}^{*}(q_1,q_2,\cdots,q_n)\dot{q}_i\dot{q}_j, \\ V &= V(q_1,q_2,\cdots,q_n), \end{aligned} \tag{7.1}$$

且有

$$\left(\frac{\partial V}{\partial q_i}\right)_0 = 0, \quad i = 1,2,\cdots,n.$$

不失一般性,我们假定

$$V(0,0,\cdots,0) = 0.$$

于是在原点邻近展开上述表达式,得

$$T = \frac{1}{2}\sum_{i=1}^{n}\sum_{j=1}^{n} a_{ij}\dot{q}_i\dot{q}_j + \text{高阶项},$$
$$V = \frac{1}{2}\sum_{i=1}^{n}\sum_{j=1}^{n} c_{ij}q_iq_j + \text{高阶项}, \tag{7.2}$$

其中 $a_{ij}=a_{ij}^*(0,0,\cdots,0)$. 表达式(7.2)中两个二次型的系数都是常数，并且

$$\frac{1}{2}\sum_{i=1}^{n}\sum_{j=1}^{n} a_{ij}\dot{q}_i\dot{q}_j$$

是广义速度的正定二次型. 由于 V 在广义坐标原点的邻域是正定的，故除极少数特殊情况外[①]，

$$\frac{1}{2}\sum_{i=1}^{n}\sum_{j=1}^{n} c_{ij}q_iq_j$$

应该是 $q_1,q_2,\cdots,q_n$ 的正定二次型. 由于原点是稳定的平衡位置，因此系统在原点邻域作小偏差运动的假定有成立的根据. 在小偏差情况下，动能和势能表达式(7.2)中的高阶项可以略去不计. 因此对小振动系统，它的动能和势能表达式具有如下形式：

$$T = \frac{1}{2}\sum_{i=1}^{n}\sum_{j=1}^{n} a_{ij}\dot{q}_i\dot{q}_j, \quad V = \frac{1}{2}\sum_{i=1}^{n}\sum_{j=1}^{n} c_{ij}q_iq_j, \tag{7.3}$$

其中 a_{ij}, c_{ij} 均为常数，且 $[a_{ij}]$, $[c_{ij}]$ 都是正定矩阵. 将(7.3)式代入第二类 Lagrange 方程，得到如下的振动系统方程

$$\sum_{j=1}^{n}(a_{ij}\ddot{q}_j + c_{ij}q_j) = 0, \quad i = 1,2,\cdots,n; \tag{7.4}$$

用矩阵形式表示，振动方程为

$$\boldsymbol{A}\ddot{\boldsymbol{q}} + \boldsymbol{C}\boldsymbol{q} = \boldsymbol{0}, \tag{7.5}$$

其中

$$\boldsymbol{q} = [q_1,q_2,\cdots,q_n]^{\mathrm{T}}, \tag{7.6}$$

$$\boldsymbol{A} = \begin{bmatrix} a_{11} & a_{12} & \cdots & a_{1n} \\ a_{21} & a_{22} & \cdots & a_{2n} \\ \vdots & \vdots & & \vdots \\ a_{n1} & a_{n2} & \cdots & a_{nn} \end{bmatrix}, \tag{7.7}$$

$$\boldsymbol{C} = \begin{bmatrix} c_{11} & c_{12} & \cdots & c_{1n} \\ c_{21} & c_{22} & \cdots & c_{2n} \\ \vdots & \vdots & & \vdots \\ c_{n1} & c_{n2} & \cdots & c_{nn} \end{bmatrix}. \tag{7.8}$$

---

① 这里所说的特殊情况是指，V 函数展开式中，二次项部分不是正定函数，而只是常正函数. 但是补上高阶项之后，却成为正定函数. 例如：

$$V(q_1,q_2,q_3) = q_1^2 + q_2^2 + q_1^4 + q_2^4 + q_3^4.$$

A 称为系统的**质量阵**,**C** 称之为系统的**刚度阵**. 这样得到的振动方程是一个常系数线性系统. 为了要研究系统在任意初始条件 $\boldsymbol{q}^0,\dot{\boldsymbol{q}}^0$ 下的运动规律,需要能构成方程(7.5)在初始条件 $\boldsymbol{q}^0,\dot{\boldsymbol{q}}^0$ 下的解. 以下我们要证明,振动系统的这样的解总是由系统某些特解的线性组合所构成.

定义 当振动系统的各广义坐标以同一频率、同一相位作谐振动,这种特解称为**主振动**. 它的表达式为

$$\begin{cases} q_1 = u_1\sin(\omega t+\alpha), \\ q_2 = u_2\sin(\omega t+\alpha), \\ \cdots\cdots\cdots\cdots\cdots\cdots \\ q_n = u_n\sin(\omega t+\alpha), \end{cases} \tag{7.9}$$

其中 ω 称为**主频率**,非零矢量 $[u_1,u_2,\cdots,u_n]^{\mathrm{T}}$ 称为与主频率 ω 相应的**主振型矢量**. 这两者是构成一个主振动的要素. 它们对一个振动系统来说,并不是任意的,而必须满足一定的方程. 将主振动表达式(7.9)代入运动方程(7.4),得

$$\sum_{j=1}^{n}(c_{ij}-\omega^2 a_{ij})u_j = 0, \quad i=1,2,\cdots,n. \tag{7.10}$$

为了保证由(7.10)求出的主振型矢量是非零的,主频率 ω 必须满足方程

$$\det[c_{ij}-\omega^2 a_{ij}] = 0, \tag{7.11}$$

亦即

$$\begin{vmatrix} c_{11}-\omega^2 a_{11} & c_{12}-\omega^2 a_{12} & \cdots & c_{1n}-\omega^2 a_{1n} \\ c_{12}-\omega^2 a_{21} & c_{22}-\omega^2 a_{22} & \cdots & c_{2n}-\omega^2 a_{2n} \\ \vdots & \vdots & & \vdots \\ c_{n1}-\omega^2 a_{n1} & c_{n2}-\omega^2 a_{n2} & \cdots & c_{nn}-\omega^2 a_{nn} \end{vmatrix} = 0. \tag{7.12}$$

(7.11)或(7.12)式是主频率方程.

如果愿意,也可以把上述问题化成等价的典范形式. 由于 **A** 是正定阵,它必是可逆的. 以 $\boldsymbol{A}^{-1}$ 左乘(7.5),得到小振动系统的典范方程

$$\ddot{\boldsymbol{q}} + C^*\boldsymbol{q} = 0.$$

其中 $\boldsymbol{C}^* = \boldsymbol{A}^{-1}\boldsymbol{C}$ 称为系统的**典范刚度阵**. 应该注意到,此处典范刚度阵 $\boldsymbol{C}^*$,一般而言,将失去对称性. 这是它和原来刚度阵的重要区别. 再将前面关于主振动的讨论应用于典范方程,并记 $\omega^2=\lambda$,那么频率方程成为典范形式

$$\det[\boldsymbol{C}^* - \lambda\boldsymbol{I}] = 0.$$

由此可见,寻求小振动系统主频率的问题在数学上就是典范刚度阵的特征值问题. 而频率方程的(7.11)形式则称为**广义特征值问题**.

当由主频率方程解出 ω 之后,代入主振型方程(7.10),由于此时方程的系数行列式为零,故一定有主振型矢量的非零解. 由方程(7.10)也可以看到,若 $[u_1,u_2,$

$\cdots,u_n]^{\mathrm{T}}$ 是一个主振型矢量,则$[ku_1,ku_2,\cdots,ku_n]^{\mathrm{T}}$ 也必是主振型矢量,其中 k 是一任意非零常数. 由于这两个主振型矢量只差一个倍数,因此是线性相关的.

为了用主振动这种特解来构造振动系统的一般解,我们需要找出系统所有的主频率和所有的相互线性独立的主振型. 为此,我们引入双线性函数,它提供了小振动理论分析最简便的工具.

任给一个 $n\times n$ 的矩阵$[a_{ij}]$,矢量 $\boldsymbol{u}=[u_1,u_2,\cdots,u_n]^{\mathrm{T}}$,$\boldsymbol{v}=[v_1,v_2,\cdots,v_n]^{\mathrm{T}}$,引入

$$A(\boldsymbol{u},\boldsymbol{v})=\sum_{i=1}^{n}\sum_{j=1}^{n}a_{ij}u_iv_j=\boldsymbol{u}^{\mathrm{T}}[a_{ij}]\boldsymbol{v}, \tag{7.13}$$

是一个以矩阵 $\mathbf{A}=[a_{ij}]$为系数的、矢量 $\boldsymbol{u},\boldsymbol{v}$ 的双线性函数. 不难直接验证如下的性质:

(1) $\boldsymbol{A}(\boldsymbol{u}_1+\boldsymbol{u}_2,\boldsymbol{v})=\boldsymbol{A}(\boldsymbol{u}_1,\boldsymbol{v})+\boldsymbol{A}(\boldsymbol{u}_2,\boldsymbol{v})$,

$\boldsymbol{A}(\boldsymbol{u},\boldsymbol{v}_1+\boldsymbol{v}_2)=\boldsymbol{A}(\boldsymbol{u},\boldsymbol{v}_1)+\boldsymbol{A}(\boldsymbol{u},\boldsymbol{v}_2)$;

(2) $\boldsymbol{A}(\lambda\boldsymbol{u},\boldsymbol{v})=\lambda\boldsymbol{A}(\boldsymbol{u},\boldsymbol{v})$,$\boldsymbol{A}(\boldsymbol{u},\lambda\boldsymbol{v})=\lambda\boldsymbol{A}(\boldsymbol{u},\boldsymbol{v})$;

(3) 若 $\mathbf{A}=[a_{ij}]$为对称阵,则 $\mathbf{A}(\boldsymbol{u},\boldsymbol{v})=\mathbf{A}(\boldsymbol{v},\boldsymbol{u})$;

(4) 若 $\mathbf{A}=[a_{ij}]$为实对称阵,则 $\mathbf{A}(\boldsymbol{u},\bar{\boldsymbol{u}})$为实值的,其中 $\bar{\boldsymbol{u}}$ 代表如下的矢量:$[\bar{u}_1,\bar{u}_2,\cdots,\bar{u}_n]^{\mathrm{T}}$;

(5) 若 $\mathbf{A}=[a_{ij}]$为实正定阵,则 $\mathbf{A}(\boldsymbol{u},\bar{\boldsymbol{u}})>0$,其中 $\boldsymbol{u}$ 为任一非零矢量.

以下证明 Rayleigh 定理 对于振动系统

$$\boldsymbol{A}\ddot{\boldsymbol{q}}+\boldsymbol{C}\boldsymbol{q}=0$$

来说,若 λ 是频率方程 $\det[\boldsymbol{C}-\lambda\boldsymbol{A}]=0$ 的一个根,$\boldsymbol{u}$ 是与 λ 相应的主振型矢量(即 $\boldsymbol{u}$ 满足 $\boldsymbol{C}\boldsymbol{u}=\lambda\boldsymbol{A}\boldsymbol{u}$,且 $\boldsymbol{u}\neq 0$),那么对于任意的矢量$\boldsymbol{v}$,都有

$$\boldsymbol{C}(\boldsymbol{u},\boldsymbol{v})=\lambda\boldsymbol{A}(\boldsymbol{u},\boldsymbol{v}). \tag{7.14}$$

证明 因为 $\boldsymbol{u}$ 满足 $\boldsymbol{C}\boldsymbol{u}=\lambda\boldsymbol{A}\boldsymbol{u}$,即

$$\sum_{j=1}^{n}c_{ij}u_j=\lambda\sum_{j=1}^{n}a_{ij}u_j,\quad i=1,2,\cdots,n. \tag{7.15}$$

将(7.15)式左右乘以 v_i,然后从 $i=1,2,\cdots,n$ 累加,得

$$\sum_{i=1}^{n}\sum_{j=1}^{n}c_{ij}v_iu_j=\lambda\sum_{i=1}^{n}\sum_{j=1}^{n}a_{ij}v_iu_j.$$

即是

$$\boldsymbol{C}(\boldsymbol{v},\boldsymbol{u})=\lambda\boldsymbol{A}(\boldsymbol{v},\boldsymbol{u}). \tag{7.16}$$

由于振动系统的 $\boldsymbol{A}$ 阵与 $\boldsymbol{C}$ 阵都是对称的,因此(7.16)式可改写成为

$$\boldsymbol{C}(\boldsymbol{u},\boldsymbol{v})=\lambda\boldsymbol{A}(\boldsymbol{u},\boldsymbol{v}).$$

定理证毕. □

利用 Rayleigh 定理,可以立即证明频率方程 $\det[\boldsymbol{C}-\lambda\boldsymbol{A}]=0$ 对 λ 只可能有正

实根. 实际上, 设 λ 是频率方程的一个根, 而 $\boldsymbol{u}$ 是它相应的主振型矢量, 显然应有 $\boldsymbol{u}\neq\boldsymbol{0}$. 根据 Rayleigh 定理, 有

$$\boldsymbol{C}(\boldsymbol{u},\boldsymbol{v})=\lambda\boldsymbol{A}(\boldsymbol{u},\boldsymbol{v}),$$

其中 $\boldsymbol{v}$ 为任一矢量. 现取 $\boldsymbol{v}=\bar{\boldsymbol{u}}$, 则有

$$\boldsymbol{C}(\boldsymbol{u},\bar{\boldsymbol{u}})=\lambda\boldsymbol{A}(\boldsymbol{u},\bar{\boldsymbol{u}}).$$

由于 $\boldsymbol{C},\boldsymbol{A}$ 都是实正定阵, 故 $\boldsymbol{C}(\boldsymbol{u},\bar{\boldsymbol{u}})>0,\boldsymbol{A}(\boldsymbol{u},\bar{\boldsymbol{u}})>0$, 从而

$$\lambda=\frac{\boldsymbol{C}(\boldsymbol{u},\bar{\boldsymbol{u}})}{\boldsymbol{A}(\boldsymbol{u},\bar{\boldsymbol{u}})}>0.$$

频率方程 $\det[\boldsymbol{C}-\lambda\boldsymbol{A}]=0$ 是 λ 的 n 阶方程. 我们已经证明它对 λ 只可能有正实根. 记这些根为 $\lambda_1,\lambda_2,\cdots,\lambda_n$, 它们相应的 n 个主频率为

$$\omega_1=\sqrt{\lambda_1},\quad \omega_2=\sqrt{\lambda_2},\quad \cdots,\quad \omega_n=\sqrt{\lambda_n}. \tag{7.17}$$

每一个主频率都能求得相应的主振型矢量, 记为 $\boldsymbol{u}_1,\boldsymbol{u}_2,\cdots,\boldsymbol{u}_n$, 它们也都是非零的实矢量. 其中最小的主频率称为基本频率, 与基本频率相应的振型称为基本振型. 这样称呼的原因, 是由于在实际当中, 小振动系统的运动往往以这一频率的振动为主. 根据 Rayleigh 定理, 如果在(7.14)式中取 $\boldsymbol{u}=\boldsymbol{u}_i,\boldsymbol{v}=\boldsymbol{u}_i$, 则得到主频率和主振型之间的重要关系式

$$\omega_i^2=\lambda_i=\frac{\boldsymbol{C}(\boldsymbol{u}_i,\boldsymbol{u}_i)}{\boldsymbol{A}(\boldsymbol{u}_i,\boldsymbol{u}_i)}. \tag{7.18}$$

通常我们定义

$$R(\boldsymbol{q})=\frac{\boldsymbol{C}(\boldsymbol{q},\boldsymbol{q})}{\boldsymbol{A}(\boldsymbol{q},\boldsymbol{q})}, \tag{7.19}$$

称之为 **Rayleigh 函数**[①]. 由(7.18)式可见, 当 $\boldsymbol{q}$ 取为主振型矢量时, Rayleigh 函数的值就是主频率的平方.

现在我们来证明如下命题:

命题 不同的主频率所对应的主振型一定以 $\boldsymbol{A}$ 矩阵(或 $\boldsymbol{C}$ 矩阵)为系数加权正交.

证明 设频率方程有两个不同的根 $\lambda_1\neq\lambda_2$, λ_1 相应的主振型为 $\boldsymbol{u}_1$, λ_2 相应的主振型为 $\boldsymbol{u}_2$, 根据 Rayleigh 定理, 有

$$\boldsymbol{C}(\boldsymbol{u}_1,\boldsymbol{u}_2)=\lambda_1\boldsymbol{A}(\boldsymbol{u}_1,\boldsymbol{u}_2),\quad \boldsymbol{C}(\boldsymbol{u}_2,\boldsymbol{u}_1)=\lambda_2\boldsymbol{A}(\boldsymbol{u}_2,\boldsymbol{u}_1).$$

根据 $\boldsymbol{A},\boldsymbol{C}$ 的对称性, 知

$$\boldsymbol{C}(\boldsymbol{u}_1,\boldsymbol{u}_2)=\boldsymbol{C}(\boldsymbol{u}_2,\boldsymbol{u}_1),\quad \boldsymbol{A}(\boldsymbol{u}_1,\boldsymbol{u}_2)=\boldsymbol{A}(\boldsymbol{u}_2,\boldsymbol{u}_1),$$

所以有

---

① 我们可以这样来理解 Rayleigh 函数 $R(\boldsymbol{q})$ 的意义: 设想系统作假想的"主振动"——以 $\boldsymbol{q}$ 为振型矢量, 振动圆频率 $\omega=1$, 此时系统的最大势能和最大动能之比值即为 Rayleigh 函数值.

$$(\lambda_1 - \lambda_2)\boldsymbol{A}(\boldsymbol{u}_1, \boldsymbol{u}_2) = 0.$$

现 $\lambda_1 \neq \lambda_2$，故一定有 $\boldsymbol{A}(\boldsymbol{u}_1, \boldsymbol{u}_2) = 0$. 显然，也应同时有 $\boldsymbol{C}(\boldsymbol{u}_1, \boldsymbol{u}_2) = 0$. 证毕. □

上述主振型的加权正交关系在特殊情况下成为简单形式. 比如，若 $\boldsymbol{A}$ 阵(或 $\boldsymbol{C}$ 阵)为

$$\boldsymbol{A} = \begin{bmatrix} m & 0 & \cdots & 0 \\ 0 & m & \cdots & 0 \\ \vdots & \vdots & & \vdots \\ 0 & 0 & \cdots & m \end{bmatrix}$$

时，上述正交关系成为

$$\boldsymbol{u}_1 \cdot \boldsymbol{u}_2 = 0.$$

在如上对振动系统的主振动进行研究之后，我们可以在稍加限制的情况下来证明如下定理：

展开定理 若振动系统频率方程 $\det[\boldsymbol{C} - \lambda \boldsymbol{A}] = 0$ 的根 $\lambda_1, \lambda_2, \cdots, \lambda_n$ 互不相等，则系统的任一振动均可用主振动的线性组合来构成.

证明 记

$$\omega_j = \sqrt{\lambda_j}, \quad j = 1, 2, \cdots, n$$

记与 ω_j 相对应的主振型为 $\boldsymbol{u}_j$，相应的主振动为

$$\boldsymbol{q}_j = \boldsymbol{u}_j \sin(\omega_j t + \alpha_j), \quad j = 1, 2, \cdots, n.$$

首先证明，在 $\lambda_1, \lambda_2, \cdots, \lambda_n$ 互不相等情况下，n 个主振型矢量必是线性无关的. 因为，若有

$$\sum_{j=1}^{n} l_j \boldsymbol{u}_j = 0.$$

其中 $l_1, l_2, \cdots, l_n$ 是常数，则有

$$\boldsymbol{A}\left(\boldsymbol{u}_k, \sum_{j=1}^{n} l_j \boldsymbol{u}_j\right) = 0, \quad k = 1, 2, \cdots, n.$$

根据双线性函数的线性性质，有

$$\sum_{j=1}^{n} l_j \boldsymbol{A}(\boldsymbol{u}_k, \boldsymbol{u}_j) = 0, \quad k = 1, 2, \cdots, n. \tag{7.20}$$

由于 $\lambda_1, \lambda_2, \cdots, \lambda_n$ 互不相等，因此有

$$\boldsymbol{A}(\boldsymbol{u}_k, \boldsymbol{u}_j) = 0, \quad 当\ k \neq j\ 时,$$

$$\boldsymbol{A}(\boldsymbol{u}_j, \boldsymbol{u}_j) > 0, \quad j = 1, 2, \cdots, n.$$

这样，从(7.20)式立即得到 $l_1 = l_2 = \cdots = l_n = 0$，这就证实了 $\boldsymbol{u}_1, \boldsymbol{u}_2, \cdots, \boldsymbol{u}_n$ 是线性无关的矢量组. 现在来证明：主振动的线性组合确实可以满足任意给定的初始条件.

记主振动的线性组合为

$$\boldsymbol{q}=\sum_{j=1}^{n}c_j\boldsymbol{q}_j=\sum_{j=1}^{n}c_j\boldsymbol{u}_j\sin(\omega_j t+\alpha_j).$$

其中 $c_1,c_2,\cdots,c_n,\alpha_1,\alpha_2,\cdots,\alpha_n$ 是任意常数.现在通过选择它们来满足任给的初始条件

$$\begin{cases}\boldsymbol{q}|_{t=0}=\sum_{j=1}^{n}(c_j\sin\alpha_j)\boldsymbol{u}_j=\boldsymbol{q}^0,\\ \dot{\boldsymbol{q}}|_{t=0}=\sum_{j=1}^{n}(c_j\omega_j\cos\alpha_j)\boldsymbol{u}_j=\dot{\boldsymbol{q}}^0.\end{cases}\tag{7.21}$$

由于各主振型是线性无关的,所以由各主振型为列的行列式一定不等于零.故由(7.21)方程可以求出

$$c_j\sin\alpha_j=\beta_j,\quad c_j\omega_j\cos\alpha_j=\delta_j,\quad j=1,2,\cdots,n,$$

其中 β_j,δ_j 是由初始条件决定的常数.这样,立即得

$$c_j=\sqrt{\beta_j^2+\frac{\delta_j^2}{\omega_j^2}},\quad \tan\alpha_j=\beta_j\delta_j^{-1}\omega_j,\quad j=1,2,\cdots,n.\tag{7.22}$$

既然主振动的线性组合肯定能满足任给的初始条件,而由于振动方程的线性性质,主振动的线性组合一定是解.根据运动的存在唯一性,上述求得的线性组合就是我们所需要的解.定理证毕. □

实际上,上述展开定理中关于 $\lambda_1,\lambda_2,\cdots,\lambda_n$ 互不相等的限制是不必要的.但是,在一般广义坐标下仔细讨论这个问题显得繁杂.进一步,在讨论具有重要意义的强迫振动问题中,如果停留在一般广义坐标下就更显得不便.但如果我们放弃广义坐标的某些直观性,而引用所谓"主坐标"的话,那一切就变得简单和明了了.

2.7.2　主坐标描述下的自由振动与强迫振动

考虑一个振动系统,它的动能和势能表达式分别为

$$T=\frac{1}{2}\sum_{i=1}^{n}\sum_{j=1}^{n}a_{ij}\dot{q}_i\dot{q}_j,\quad V=\frac{1}{2}\sum_{i=1}^{n}\sum_{j=1}^{n}c_{ij}q_iq_j.$$

由于 T 是正定的二次型,利用代数上已知的定理,一定可以找到一个广义坐标的非奇异线性变换,即

$$\begin{bmatrix}q_1\\q_2\\\vdots\\q_n\end{bmatrix}=\begin{bmatrix}u_{11}&u_{12}&\cdots&u_{1n}\\u_{21}&u_{22}&\cdots&u_{2n}\\\vdots&\vdots&&\vdots\\u_{n1}&u_{n2}&\cdots&u_{nn}\end{bmatrix}\begin{bmatrix}\theta_1\\\theta_2\\\vdots\\\theta_n\end{bmatrix},\tag{7.23}$$

其中 $\det\boldsymbol{U}=\det[u_{ij}]\neq 0$,以保证变换的非奇异性.经过这个变换,使得系统的动能、势能分别变为

$$2T=\dot{\theta}_1^2+\dot{\theta}_2^2+\cdots+\dot{\theta}_n^2,\tag{7.24}$$

$$2V = \lambda_1\theta_1^2 + \lambda_2\theta_2^2 + \cdots + \lambda_n\theta_n^2. \tag{7.25}$$

注意到 V 也是正定二次型，故(7.25)式中应有 $\lambda_1>0,\lambda_2>0,\cdots,\lambda_n>0$. 使振动系统的动能及势能具有(7.24)，(7.25)形式的广义坐标 $\theta_1,\theta_2,\cdots,\theta_n$，称为振动系统的**主坐标**. 下面我们以主坐标来讨论系统的自由振动与强迫振动.

根据第二类 Lagrange 方程在不同广义坐标描述下具有形式的不变性，可知，系统在主坐标描述下的自由振动动力学方程为

$$\ddot{\theta}_j + \lambda_j\theta_j = 0, \quad j = 1,2,\cdots,n. \tag{7.26}$$

(7.26)式是分离变数的简单谐振子方程. 它的通解立即可以表达如下：

$$\theta_j = c_j\sin(\omega_j t + \alpha_j), \quad j = 1,2,\cdots,n, \tag{7.27}$$

即每个主坐标只发生与自己相应的那一个频率的振动，其频率为 $\omega_j=\sqrt{\lambda_j}\,(j=1,2,\cdots,n)$，而 $c_j,\alpha_j\,(j=1,2,\cdots,n)$为积分常数，由初始条件决定. (7.27)式显然已描述了系统的全部运动. 利用变换关系(7.23)，可以得到以一般广义坐标 q_i 描述下的通解

$$q_i = \sum_{j=1}^{n} u_{ij}c_j\sin(\omega_j t + \alpha_j), \quad i = 1,2,\cdots,n. \tag{7.28}$$

这就是展开定理. 在这里，$\lambda_1,\lambda_2,\cdots,\lambda_n$ 有重根并没有在讨论中引起任何的特殊困难. 这就证实了在上一小节中所指出的结论：展开定理的成立无需限制 $\lambda_1,\lambda_2,\cdots,\lambda_n$ 互不相等.

在主坐标的描述下，当系统的某一主坐标发生振动，而其他的主坐标全为零时，这种运动正是系统的主振动. 举例来说，例如这种运动

$$\theta_1 = c_1\sin(\omega_1 t + \alpha_1), \quad \theta_2 = \theta_3 = \cdots = \theta_n = 0 \tag{7.29}$$

就是系统的主振动，我们不妨称之为**第一主振动**. 变回到一般广义坐标 $q_1,q_2,\cdots,q_n$ 时，此第一主振动为

$$\begin{cases} q_1 = u_{11}\theta_1 = u_{11}c_1\sin(\omega_1 t + \alpha_1), \\ q_2 = u_{21}\theta_1 = u_{21}c_1\sin(\omega_1 t + \alpha_1), \\ \cdots\cdots\cdots\cdots\cdots\cdots\cdots\cdots \\ q_n = u_{n1}\theta_1 = u_{n1}c_1\sin(\omega_1 t + \alpha_1). \end{cases} \tag{7.30}$$

由(7.30)式看到，此时 $q_1,q_2,\cdots,q_n$ 正在作同一频率、同一相位的振动，它正是我们以前定义的一个主振动：ω_1 是主频率，而$[u_{11},u_{21},\cdots,u_{n1}]^{\mathrm{T}}$ 是相应的主振型矢量. 由此得到结论：在(7.23)和(7.25)式中，$\omega_j=\sqrt{\lambda_j}\,(j=1,2,\cdots,n)$是系统的主频率，而变换矩阵 $\boldsymbol{U}=[u_{ij}]$的列矢量 $\boldsymbol{u}_j=[u_{1j},u_{2j},\cdots,u_{nj}]^{\mathrm{T}}$ 是与 ω_j 相应的，以 $q_1,q_2,\cdots,q_n$ 为广义坐标的主振型矢量. 由于 $\det\boldsymbol{U}=\det[u_{ij}]\neq 0$，所以这 n 个主振型矢量一定是线性无关的. 从这里看出，n 个自由度的振动系统一定有 n 个线性独立的主振型. 这和系统是否有 n 个互不相等的主频率无关.

现在考虑，当其中 $\boldsymbol{q}$ 变换成相应的 $\boldsymbol{\theta}$ 时，由(7.19)式定义的 Rayleigh 函数如何用 $\boldsymbol{\theta}$ 来表示. 利用(7.24)和(7.25)式，显然有

$$R(\boldsymbol{q})=R(\boldsymbol{\theta})=\frac{\lambda_1\theta_1^2+\lambda_2\theta_2^2+\cdots+\lambda_n\theta_n^2}{\theta_1^2+\theta_2^2+\cdots+\theta_n^2}. \tag{7.31}$$

这就是 Rayleigh 函数在主坐标下的表达式. 利用这个表达式可以讨论主频率的取值界限.

现在我们来讨论强迫振动. 假定系统在原广义坐标 $q_1,q_2,\cdots,q_n$ 表示下，除由势能 V 产生的有势力而外，还有随时间变化的强迫力

$$Q_i=Q_i(t),\quad i=1,2,\cdots,n. \tag{7.32}$$

当我们转换到主坐标 $\theta_1,\theta_2,\cdots,\theta_n$ 来研究系统的运动时，这些强迫力也转变成为与主坐标相应的广义力 $P_i(t)$，它们之间的关系由下式决定：

$$\delta A=\sum_{i=1}^{n}Q_i\delta q_i=\sum_{i=1}^{n}P_i\delta\theta_i.$$

注意到

$$\delta q_i=\sum_{j=1}^{n}u_{ij}\delta\theta_j,\quad i=1,2,\cdots,n,$$

故立即得到

$$P_i=\sum_{j=1}^{n}u_{ji}Q_j,\quad i=1,2,\cdots,n. \tag{7.33}$$

用矩阵来表示，则有 $\boldsymbol{P}=\boldsymbol{U}^{\mathrm{T}}\boldsymbol{Q}$. 利用(7.33)式求出在主坐标描述下相应的强迫力之后，代入第二类 Lagrange 方程，立即得到强迫振动方程为

$$\ddot{\theta}_j+\omega_j^2\theta_j=P_j(t),\quad j=1,2,\cdots,n. \tag{7.34}$$

方程(7.34)的通解可以表达为

$$\theta_j(t)=c_j\sin(\omega_jt+\alpha_j)+\theta_j^*(t),\quad j=1,2,\cdots,n, \tag{7.35}$$

其中 $\theta_j^*(t)$是方程(7.34)的任一组特解，它反映了系统的强迫振动部分，而 c_j,α_j 是积分常数，由初始条件决定，从而决定了系统的自由振动部分.

我们考虑系统受到的各强迫力 $P_j(t)(j=1,2,\cdots,n)$是同一频率 Ω 的谐振力的情形，即

$$P_j(t)=A_j\sin\Omega t,\quad j=1,2,\cdots,n, \tag{7.36}$$

那么立即得到

$$\theta_j^*(t)=\frac{A_j}{\omega_j^2-\Omega^2}\sin\Omega t,\quad j=1,2,\cdots,n. \tag{7.37}$$

从(7.37)式显然看到，如果强迫力的频率 Ω 与系统的某一主频率接近或重合，而相应的 $A_j\neq0$，那么将出现共振现象. 这在不少的工程问题里是亟须避免的. 为此，估价系统强迫力的频率 Ω，迅速地计算出系统的各主频率，以判断是否有可能出现共

振现象,这在实际工作当中是很有价值的.

2.7.3 动力载荷对陀螺仪漂移的影响与等刚度设计原则

强迫振动的研究在工程技术中有重大的实用价值,如旋转机械引起的振动,地震对建筑结构的影响等等,都是这方面的重要课题.有关的资料相当丰富,这里介绍一个和结构刚度及强迫振动有关但却比较"隐蔽"的课题:基座加速度引起的动力载荷对陀螺仪漂移的影响.这个问题的研究在现代高精度陀螺仪的设计中具有重要意义[27].

我们知道,陀螺仪一般安装在运载器上.陀螺仪基座的加速度即是由运载器的运动加速度和结构振动加速度所构成.基座加速度能干扰陀螺仪运动最明显的因素就是陀螺仪的不平衡,即重心不重合于支架中心.不难看出,这种重心固定偏离产生的漂移率是和基座加速度成一次式的关系.同时,这种因素具有极明显的性质,即使基座在地球上静止,那么由于重力的作用,这种漂移也还是要发生的.因此,可以设想这种漂移已经在调整时发现并得到消除或补偿.

陀螺仪受基座加速度干扰的另一重要因素,是陀螺仪自身结构的弹性.当基座有线加速度时,陀螺仪各部件都将承受动力载荷.此种动力载荷的效应将使陀螺房质心偏离支架中心.而这种偏离又感受基座加速度的作用,形成与基座加速度成二次式关系的漂移率.这种动力载荷的作用在基座有强烈振动时特别突出.由于这种漂移在普通情况下不容易被发现,往往可能构成陀螺仪漂移的潜在危险,因而有仔细分析的必要.

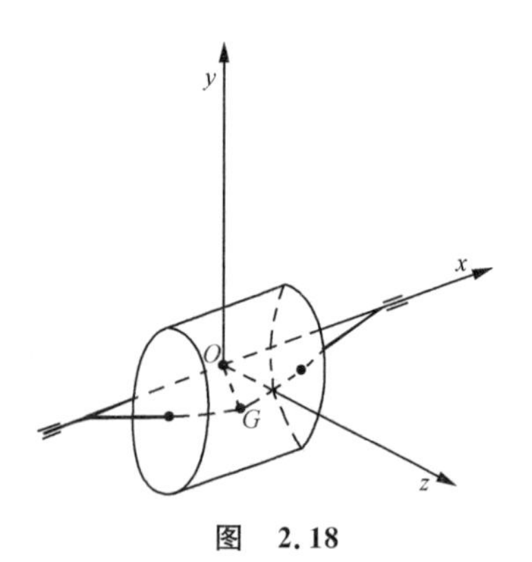

图 2.18

考虑如图 2.18 所示的陀螺仪.假定在无动力载荷时,陀螺房的质心 G 重合于支架中心 O.选取如下的坐标系 $Oxyz$,其中 Ox 为转子轴,Oy 为内环轴.在正常情况下,Oz 也正好落在外环轴上.

当有了动力载荷作用时,陀螺仪各构件将产生变形,如图 2.18 所示.变形的效应很多,我们这里只着重考虑变形引起陀螺房质心偏离支架中心这个基本效应.为简化起见,在计算干扰力矩时,我们把陀螺转子抽象成一个空间弹性支撑的集中质量,并认为这个质量的偏离就代表了陀螺房质心的偏移.假定基座加速度矢量为 $\boldsymbol{W}$①,引起了作用在陀螺转子上的动力载荷为

① 重力加速度也应归化在内.

$$\boldsymbol{F}_{\mathrm{a}} = -m\boldsymbol{W},$$

其中 m 为转子质量.

记转子质心偏移矢量为 $\boldsymbol{r}=\overrightarrow{OG}$,由于空间弹性支撑而产生了弹性恢复力

$$\boldsymbol{F}_{\mathrm{e}} = -\boldsymbol{K}\boldsymbol{r},$$

其中 $\boldsymbol{K}$ 为陀螺仪结构弹性系数矩阵.从而,转子质心的运动方程为

$$m\frac{\mathrm{d}^2\boldsymbol{r}}{\mathrm{d}t^2} + \boldsymbol{K}\boldsymbol{r} = -m\boldsymbol{W}. \tag{7.38}$$

由于转子质心偏移而敏感基座加速度,引起的干扰力矩为

$$\boldsymbol{M}_{\mathrm{B}} = \boldsymbol{r}\times(-m\boldsymbol{W}). \tag{7.39}$$

根据陀螺仪进动的 Resal 规则,陀螺仪的漂移角速度 $\boldsymbol{\omega}_{\mathrm{B}}$ 应满足如下方程:

$$\boldsymbol{H}\times\boldsymbol{\omega}_{\mathrm{B}} + \boldsymbol{M}_{\mathrm{B}} = \boldsymbol{0}, \tag{7.40}$$

其中 $\boldsymbol{H}$ 是陀螺仪转子的自转角动量.方程(7.38),(7.39),(7.40)是我们在进动简化理论条件下,寻求陀螺仪动力载荷漂移率的根据.

首先考虑"准静态"动力载荷的作用.此时,由于 $\boldsymbol{W}$ 不变化或者变化很慢,所以转子质心的偏移可以认为是静态的,即有 $\mathrm{d}^2\boldsymbol{r}/\mathrm{d}t^2=\boldsymbol{0}$.从而,由(7.38)式得到

$$\boldsymbol{r} = \boldsymbol{\Pi}(-m\boldsymbol{W}).$$

其中 $\boldsymbol{\Pi}=\boldsymbol{K}^{-1}$,它是转子空间弹性支撑的刚度矩阵.此时由(7.39)决定出的干扰力矩为

$$\boldsymbol{M}_{\mathrm{B}} = m^2(\boldsymbol{\Pi}\boldsymbol{W})\times\boldsymbol{W}. \tag{7.41}$$

从表达式(7.41)不难看出,如果对任何的 $\boldsymbol{W}$ 而言,$\boldsymbol{\Pi}\boldsymbol{W}$ 永远和 $\boldsymbol{W}$ 平行,那么立即得到 $\boldsymbol{M}_{\mathrm{B}}=0$,亦即此时陀螺仪将不可能由于准静态动力载荷的作用而产生漂移.这当然是我们所希望的.此时要求陀螺仪的结构设计满足这样的要求,使得转子质心的空间弹性支撑在各个方向都具有相等的刚度,亦即要求

$$\boldsymbol{\Pi} = d\boldsymbol{I}, \tag{7.42}$$

其中 d 是一个常数,E 为单位矩阵.陀螺仪结构设计的这种要求,我们称之为**等刚度设计原则**.

如果在结构设计中不能保证等刚度的实现,那么陀螺仪即使在基座准静态加速度干扰下也会出现二次式关系的漂移率.比如,在如图 2.18 所示的坐标系内来计算,设

$$\boldsymbol{\Pi} = \begin{bmatrix} d_{11} & d_{12} & d_{13} \\ d_{21} & d_{22} & d_{23} \\ d_{31} & d_{32} & d_{33} \end{bmatrix},$$

$$\boldsymbol{W} = [W_x, W_y, W_z]^{\mathrm{T}}, \quad \boldsymbol{H} = H\boldsymbol{x},$$

其中 $\boldsymbol{x}$ 是 Ox 轴方向的单位矢量.利用(7.41)和(7.40)式,不难得到陀螺仪的漂移率为

$$\omega_{By} = \frac{m^2}{H}[W_x(d_{21}W_x + d_{22}W_y + d_{23}W_z) - W_y(d_{11}W_x + d_{12}W_y + d_{13}W_z)],$$

$$\omega_{Bz} = \frac{m^2}{H}[W_x(d_{31}W_x + d_{32}W_y + d_{33}W_z) - W_z(d_{11}W_x + d_{12}W_y + d_{13}W_z)].$$

在近似的情况下，考虑到 x,y,z 轴可以认为是转子空间弹性支撑的变形主轴，亦即有

$$d_{ij} = 0,\quad 当\ i \neq j\ 时,$$

从而，陀螺仪的漂移率为

$$\begin{cases} \omega_{By} = \dfrac{m^2}{H}(d_{22} - d_{11})W_xW_y, \\ \omega_{Bz} = \dfrac{m^2}{H}(d_{33} - d_{11})W_xW_z. \end{cases} \tag{7.43}$$

(7.43)的表达式反映了陀螺仪非等刚度漂移率的主要特征.

如果陀螺仪基座的加速度中包含有振动分量，那么我们在研究中不得不考虑转子质心偏移的强迫振动过程. 由于这种情况在实际当中有很大的重要性，所以我们作进一步的讨论.

仍然假定 x,y,z 各轴是转子质心空间弹性支撑的变形主轴，因此有 $K_{ij}=0$，当 $i\neq j$ 时. 在略去高阶小量之后，我们还进一步假定

$$K_{11} = K_{11}(x),\quad K_{22} = K_{22}(y),\quad K_{33} = K_{33}(z).$$

于是方程(7.38)成为

$$\begin{cases} m\ddot{x} + K_{11}(x)x = -mW_x, \\ m\ddot{y} + K_{22}(y)y = -mW_y, \\ m\ddot{z} + K_{33}(z)z = -mW_z. \end{cases} \tag{7.44}$$

以下考虑一种比较接近实际的情况：基座加速度是由垂直大加速度及另一个线振动产生，即

$$W = W_0 y + W_1 \sin\omega t.$$

投影式为

$$W_x = W_{x_1}\sin\omega t,\quad W_y = W_0 + W_{y_1}\sin\omega t,\quad W_z = W_{z_1}\sin\omega t.$$

因而，方程(7.44)成为

$$\begin{cases} \ddot{x} + f(x) = p_1\sin\omega t, \\ \ddot{y} + h(y) = q_0 + q_1\sin\omega t, \\ \ddot{z} + l(z) = r_1\sin\omega t, \end{cases} \tag{7.45}$$

其中

$$f(x)=\frac{1}{m}K_{11}(x)x,\quad p_1=-W_{x_1},$$

$$h(y)=\frac{1}{m}K_{22}(y)y,\quad q_0=-W_0,\quad q_1=-W_{y_1},$$

$$l(z)=\frac{1}{m}K_{33}(z)z,\quad r_1=-W_{z_1}.$$

在假定(7.45)式各方程全为线性振子情况下,这时

$$f(x)=f_0x,\quad h(y)=h_0y,\quad l(z)=l_0z.$$

由方程(7.45),可以求得强迫振动的特解为

$$x=\frac{p_1}{f_0-\omega^2}\sin\omega t,\quad y=\frac{q_0}{h_0}+\frac{q_1}{h_0-\omega^2}\sin\omega t,\quad z=\frac{r_1}{l_0-\omega^2}\sin\omega t.\tag{7.46}$$

利用解(7.46),即可计算陀螺仪受到的干扰力矩为

$$M_{\mathrm{By}}=m\left(\frac{1}{l_0-\omega^2}-\frac{1}{f_0-\omega^2}\right)W_{x_1}W_{z_1}\sin^2\omega t,$$

$$M_{\mathrm{Bz}}=m\left(\frac{1}{f_0-\omega^2}-\frac{1}{h_0}\right)W_0W_{x_1}\sin\omega t$$
$$+m\left(\frac{1}{f_0-\omega^2}-\frac{1}{h_0-\omega^2}\right)W_{x_1}W_{y_1}\sin^2\omega t.$$

在一个振动周期内寻求平均值,得到

$$\begin{cases}\overline{M}_{\mathrm{By}}=\dfrac{m}{2}\left(\dfrac{1}{l_0-\omega^2}-\dfrac{1}{f_0-\omega^2}\right)W_{x_1}W_{z_1},\\[2ex]\overline{M}_{\mathrm{Bz}}=\dfrac{m}{2}\left(\dfrac{1}{f_0-\omega^2}-\dfrac{1}{h_0-\omega^2}\right)W_{x_1}W_{y_1}.\end{cases}\tag{7.47}$$

根据方程(7.40),即可求得陀螺仪的平均漂移率为

$$\begin{cases}\bar{\omega}_{\mathrm{By}}=-\overline{M}_{\mathrm{Bz}}/H=C_{x_1y_1}W_{x_1}W_{y_1},\\ \bar{\omega}_{\mathrm{Bz}}=\overline{M}_{\mathrm{By}}/H=C_{x_1z_1}W_{x_1}W_{z_1},\end{cases}\tag{7.48}$$

其中交叉耦合的漂移系数为

$$\begin{cases}C_{x_1y_1}=\dfrac{m}{2H}\left(\dfrac{1}{h_0-\omega^2}-\dfrac{1}{f_0-\omega^2}\right),\\[2ex]C_{x_1z_1}=\dfrac{m}{2H}\left(\dfrac{1}{l_0-\omega^2}-\dfrac{1}{f_0-\omega^2}\right).\end{cases}\tag{7.49}$$

由(7.48)和(7.49)式可以看到,如果陀螺仪结构设计保证了等刚度要求,那么有 $f_0=h_0=l_0$,从而立即得到

$$C_{x_1y_1}=C_{x_1z_1}=0.$$

这就是说,等刚度的设计不仅保证了准静态的基座加速度对陀螺仪的无干扰性,而且保证了在振动加速度作用下的无干扰性,这在实用上是非常有利的. 如果陀螺仪的结构设计是非等刚度的,那么陀螺仪在基座线振动加速度干扰下,漂移系数具有

共振的特点.当基座的线振动频率无论接近陀螺仪的哪一个主频率,都将引起很大的漂移系数,从而使陀螺仪的工作失效.显然,这在实用中是必须避免的.

2.7.4 主频率的极值性质与分布界限

寻求振动系统的主频率是一件有价值的工作.用各种计算方法去求解频率方程当然是一种途径,但利用 Rayleigh 函数可以直接得到主频率的极值性质,并由此可以判断主频率分布的界限.这在某些实际问题中已经够用了.

假定频率方程 $\det[\boldsymbol{C}-\lambda\boldsymbol{A}]=0$ 的根为 $\lambda_1,\lambda_2,\cdots,\lambda_n$,已按大小排列好,即满足

$$\lambda_1 \leqslant \lambda_2 \leqslant \cdots \leqslant \lambda_n. \tag{7.50}$$

回忆(7.31)式,Rayleigh 函数为

$$R(\boldsymbol{q}) = R(\boldsymbol{\theta}) = \frac{\lambda_1\theta_1^2+\lambda_2\theta_2^2+\cdots+\lambda_n\theta_n^2}{\theta_1^2+\theta_2^2+\cdots+\theta_n^2}. \tag{7.51}$$

注意不等式(7.50),显然对任意的 $\boldsymbol{q}$ 来说,都有

$$R(\boldsymbol{q}) = R(\boldsymbol{\theta}) \geqslant \frac{\lambda_1\theta_1^2+\lambda_1\theta_2^2+\cdots+\lambda_1\theta_n^2}{\theta_1^2+\theta_2^2+\cdots+\theta_n^2} = \lambda_1. \tag{7.52}$$

因此,λ_1 乃是 Rayleigh 函数的一个下界.以下说明,一定有适当选择的 $\boldsymbol{q}$,使其相应的 Rayleigh 函数值等于 λ_1.很明显,只要取这样的 $\boldsymbol{q}$,使其相应的主坐标有 $\theta_2=\theta_3=\cdots=\theta_n=0$,而 $\theta_1\neq 0$ 即可.根据(7.23)式,这样的 $\boldsymbol{q}$ 为

$$\boldsymbol{q} = \theta_1[u_{11},u_{21},\cdots,u_{n1}]^{\mathrm{T}}. \tag{7.53}$$

可见,只要选 $\boldsymbol{q}$ 为第一主振型矢量,则求出的 Rayleigh 函数值等于 λ_1(实际上,取 $\boldsymbol{q}$ 为第 k 个主振型矢量,则求出的 Rayleigh 函数值就是 λ_k,此即(7.18)式已证明过的结果).从这里我们看到,有下面的极值性质成立

$$\min_{\text{任意的}\boldsymbol{q}} R(\boldsymbol{q}) = \lambda_1. \tag{7.54}$$

根据上述性质,Rayleigh 提出了寻求第一主频率的近似方法如下:把系统符合约束的静力变形形式作为 $\boldsymbol{q}$,以它的 Rayleigh 函数值作为 λ_1 的近似值.由于上述静力变形形式往往接近于第一主振型的形式,因而这种方法求得的第一主频率值相当准确.

振动系统的其他主频率的数值与系统受到附加约束而损失自由度之后的导出系统性质有关.为此,我们来研究附加约束的影响.首先考虑在原振动系统上新附加一个定常完整约束

$$f(q_1,q_2,\cdots,q_n) = 0. \tag{7.55}$$

为了不破坏平衡位置,广义坐标原点应该满足这个新增加的约束,故有

$$f(0,0,\cdots,0) = 0. \tag{7.56}$$

在平衡位置邻近展开约束方程,得到

$$f = \frac{\partial f}{\partial q_1}\bigg|_0 q_1 + \frac{\partial f}{\partial q_2}\bigg|_0 q_2 + \cdots + \frac{\partial f}{\partial q_n}\bigg|_0 q_n + \text{高阶项}. \tag{7.57}$$

在小振动情况下,可略去高阶项,故附加的约束方程可简化为

$$f = l_1 q_1 + l_2 q_2 + \cdots + l_n q_n = 0, \tag{7.58}$$

其中 $l_1, l_2, \cdots, l_n$ 为常数,且不全为零.变换到主坐标,相应的约束方程记为

$$f = l_1' \theta_1 + l_2' \theta_2 + \cdots + l_n' \theta_n = 0, \tag{7.59}$$

其中 $l_1', l_2', \cdots, l_n'$ 也应为常数,且不全为零.

现在研究,当 $\boldsymbol{q}$ 的取法限定在满足附加约束情况下,原系统的 Rayleigh 函数极值问题.首先应该有

$$\min_{f=0} R(\boldsymbol{q}) \geqslant \min R(\boldsymbol{q}) = \lambda_1, \tag{7.60}$$

那么究竟 $\min\limits_{f=0} R(\boldsymbol{q})$ 会增大到什么程度呢?我们证明,它不会增大到比 λ_2 还大,即应有

$$\min_{f=0} R(\boldsymbol{q}) \leqslant \lambda_2. \tag{7.61}$$

实际上,在符合 $f=0$ 约束限制的 $\boldsymbol{q}$ 当中,我们可以取到这样的 $\boldsymbol{q}$,使它相应的 $\theta_3 = \theta_4 = \cdots = \theta_n = 0$(保留 θ_1, θ_2 任意选择以便满足约束方程),此时

$$R(\boldsymbol{q}) = R(\boldsymbol{\theta}) = \frac{\lambda_1 \theta_1^2 + \lambda_2 \theta_2^2}{\theta_1^2 + \theta_2^2} \leqslant \frac{\lambda_2 \theta_1^2 + \lambda_2 \theta_2^2}{\theta_1^2 + \theta_2^2} = \lambda_2.$$

既然在符合约束的 $\boldsymbol{q}$ 中,有这样的 $\boldsymbol{q}$,使 $R(\boldsymbol{q}) \leqslant \lambda_2$,可见(7.61)式必定成立.

在(7.61)式中,当附加约束 $f=0$ 是不同的约束时,$\min\limits_{f=0} R(\boldsymbol{q})$ 的值可能不同.现在我们证明,有着这样的约束方程 $f^* = 0$,使得

$$\min_{f^*=0} R(\boldsymbol{q}) = \lambda_2. \tag{7.62}$$

这是明显成立的,例如我们取 $f^* = \theta_1 = 0$,则对符合 $f^* = 0$ 的 $\boldsymbol{q}$ 来说,有

$$\begin{aligned} R(\boldsymbol{q}) = R(\boldsymbol{\theta}) &= \frac{\lambda_2 \theta_2^2 + \lambda_3 \theta_3^2 + \cdots + \lambda_n \theta_n^2}{\theta_2^2 + \theta_3^2 + \cdots + \theta_n^2} \\ &\geqslant \frac{\lambda_2 \theta_2^2 + \lambda_2 \theta_3^2 + \cdots + \lambda_2 \theta_n^2}{\theta_2^2 + \theta_3^2 + \cdots + \theta_n^2} = \lambda_2. \end{aligned}$$

同时,对符合 $f^* = 0$ 的 $\boldsymbol{q}$,若取 $\theta_3 = \theta_4 = \cdots = \theta_n = 0, \theta_2 \neq 0$,则应有 $R(\boldsymbol{q}) = R(\boldsymbol{\theta}) = \lambda_2$.由此可见,

$$\min_{\theta_1=0} R(\boldsymbol{q}) = \lambda_2. \tag{7.63}$$

结合(7.61)与(7.63)式,可以写成如下的关系式:

$$\max_{\text{任意一个约束}} \left[\min_{f=0} R(\boldsymbol{q})\right] = \lambda_2. \tag{7.64}$$

现在考虑 $\boldsymbol{q}$ 满足两个不同的附加约束 $f_1 = 0, f_2 = 0$.首先可以证明

$$\min_{f_1=0, f_2=0} R(\boldsymbol{q}) \leqslant \lambda_3. \tag{7.65}$$

实际上,我们取这样的 $\boldsymbol{q}$,使它相应的 $\theta_4=\theta_5=\cdots=\theta_n=0$,保留 $\theta_1,\theta_2,\theta_3$ 任意选择来满足约束的限制 $f_1=0,f_2=0$. 对这样的 $\boldsymbol{q}$ 来说,有

$$R(\boldsymbol{q})=R(\boldsymbol{\theta})=\frac{\lambda_1\theta_1^2+\lambda_2\theta_2^2+\lambda_3\theta_3^2}{\theta_1^2+\theta_2^2+\theta_3^2}\leqslant\frac{\lambda_3\theta_1^2+\lambda_3\theta_2^2+\lambda_3\theta_3^2}{\theta_1^2+\theta_2^2+\theta_3^2}=\lambda_3.$$

这就证实了(7.65)式一定成立. 然后证明,可以找到这样的两个不同约束 $f_1^*=0$, $f_2^*=0$,使

$$\min_{f_1^*=0,f_2^*=0}R(\boldsymbol{q})=\lambda_3.$$

实际上,这两个约束可取为 $f_1^*=\theta_1=0,f_2^*=\theta_2=0$,此时

$$R(\boldsymbol{q})=R(\boldsymbol{\theta})=\frac{\lambda_3\theta_3^2+\lambda_4\theta_4^2+\cdots+\lambda_n\theta_n^2}{\theta_3^2+\theta_4^2+\cdots+\theta_n^2}.$$

显然有

$$\min_{\theta_1=0,\theta_2=0}R(\boldsymbol{q})=\lambda_3. \tag{7.66}$$

结合(7.65)和(7.66)式,可以写成如下的关系式:

$$\max_{\text{任意两个约束}}\left[\min_{f_1=0,f_2=0}R(\boldsymbol{q})\right]=\lambda_3. \tag{7.67}$$

同理,可以建立一般公式如下:

$$\max_{\text{任意}k\text{个约束}}\left[\min_{f_1=0,\cdots,f_k=0}R(\boldsymbol{q})\right]=\lambda_{k+1}. \tag{7.68}$$

这就是振动系统主频率的极值公式. 利用这个公式,可以证明以下两个关于主频率的比较定理:

比较定理 1　设一振动系统的主频率为 $\omega_1\leqslant\omega_2\leqslant\cdots\leqslant\omega_n$,当附加上 s 个独立的约束 $f_1^*=0,f_2^*=0,\cdots,f_s^*=0$ 时,则得到一个 $n-s$ 自由度的系统. 设新系统的主频率为 $\omega_1^*\leqslant\omega_2^*\leqslant\cdots\leqslant\omega_{n-s}^*$,则有如下的分布界限

$$\omega_k\leqslant\omega_k^*\leqslant\omega_{k+s},\quad k=1,2,\cdots,n-s. \tag{7.69}$$

证明　如果记

$$I=\{\min_{f_1=0,\cdots,f_{k+s-1}=0}R(\boldsymbol{q})\mid f_1=0,\cdots,f_{k+s-1}=0\text{ 为任意 }k+s-1\text{ 个约束}\},$$

$$J=\{\min_{\substack{f_1=0,\cdots,f_{k-1}=0\\ f_1^*=0,\cdots,f_s^*=0}}R(\boldsymbol{q})\mid f_1=0,\cdots,f_{k-1}=0\text{ 为任意 }k-1\text{ 个约束}\},$$

$$K=\{\boldsymbol{q}\mid f_1=0,\cdots,f_{k-1}=0,f_1^*=0,\cdots,f_s^*=0\},$$

$$L=\{\boldsymbol{q}\mid f_1=0,\cdots,f_{k-1}=0\}.$$

显然有 $I\supset J,K\subset L$. 因此

$$\max I\geqslant\max J,\quad \min_{\boldsymbol{q}\in K}R(\boldsymbol{q})\geqslant\min_{\boldsymbol{q}\in L}R(\boldsymbol{q}).$$

注意到公式(7.68),可以得到

$$\omega_{k+s}^2=\lambda_{k+s}=\max I\geqslant\max J=(\omega_k^*)^2.$$

而

$$
\begin{aligned}
(\omega_k^*)^2 &= \max_{\text{任意}k-1\text{个约束}} \left[\min_{q \in K} R(\boldsymbol{q})\right] \\
&\geqslant \max_{\text{任意}k-1\text{个约束}} \left[\min_{q \in L} R(\boldsymbol{q})\right] = \omega_k^2.
\end{aligned}
$$

于是,证实了(7.69)关系式的成立. □

以下考虑两个振动系统:一者的动能为

$$
T = \frac{1}{2}\sum_{i=1}^{n}\sum_{j=1}^{n} a_{ij}\dot{q}_i\dot{q}_j,
$$

势能为

$$
V = \frac{1}{2}\sum_{i=1}^{n}\sum_{j=1}^{n} c_{ij}q_iq_j.
$$

我们称之为**老系统**;另一者的动能为

$$
\widetilde{T} = \sum_{i=1}^{n}\sum_{j=1}^{n} \tilde{a}_{ij}\dot{q}_i\dot{q}_j,
$$

势能为

$$
\widetilde{V} = \frac{1}{2}\sum_{i=1}^{n}\sum_{j=1}^{n} \tilde{c}_{ij}q_iq_j.
$$

我们称之为**新系统**. 比较这两个系统. 如果对任意的 $\boldsymbol{q}$,恒有 $V(\boldsymbol{q}) \leqslant \widetilde{V}(\boldsymbol{q})$,则称新系统刚度较大. 如果对任意的 $\dot{\boldsymbol{q}}$,恒有 $T(\dot{\boldsymbol{q}}) \geqslant \widetilde{T}(\dot{\boldsymbol{q}})$,则称新系统惯性较小. 对于这两个振动系统,其主频率的比较关系为:

比较定理 2 新系统若惯性不变,但刚度较大;或者新系统刚度不变,但惯性较小,则一定有不等式

$$
\omega_j \leqslant \tilde{\omega}_j, \quad j = 1,2,\cdots,n
$$

成立.

注意到主频率的极值性质,本定理的成立是明显的.

§ 2.8 陀螺系统的一般理论

振动系统本质上是惯性和弹性这两个因素相互作用的结果. 从这些因素在动力学方程中的表现来说,惯性引起依赖于广义加速度的“力”,弹性引起依赖于广义坐标的恢复力. 但是,在不少系统中,也有依赖于广义速度的力. 在 2.3.3 小节中的能量分析中我们看到,至少有两种这样的力:一种是耗散力(例如 Rayleigh 耗散力);另一种是不损耗能量的陀螺力. 本节,就来讨论陀螺力对系统运动性质的影响.

2.8.1 陀螺力与陀螺系统

考虑一个完整、定常的力学系统,其广义坐标为 $q_1,q_2,\cdots,q_n$,系统的动能为

$$T=T_2=\frac{1}{2}\sum_{i=1}^{n}\sum_{j=1}^{n}a_{ij}(q_1,q_2,\cdots,q_n)\dot{q}_i\dot{q}_j. \tag{8.1}$$

系统受到的广义力为 $Q_i(i=1,2,\cdots,n)$,按第二类 Lagrange 方程,其动力学方程为

$$\frac{\mathrm{d}}{\mathrm{d}t}\frac{\partial T_2}{\partial\dot{q}_i}-\frac{\partial T_2}{\partial q_i}=Q_i,\quad i=1,2,\cdots,n. \tag{8.2}$$

现假定

$$Q_i=\widetilde{Q}_i+G_i, \tag{8.3}$$

其中

$$\begin{aligned}g_i=&\sum_{j=1}^{n}g_{ji}\dot{q}_j=g_{1i}\dot{q}_1+g_{2i}\dot{q}_2+\cdots+g_{ni}\dot{q}_n\\=&\boldsymbol{G}_i\boldsymbol{q},\end{aligned} \tag{8.4}$$

而且系数 g_{ji} 仅依赖于广义坐标和时间 t,并且

$$\boldsymbol{G}=[g_{ij}]=\begin{bmatrix}g_{11}&g_{12}&\cdots&g_{1n}\\g_{21}&g_{22}&\cdots&g_{2n}\\\vdots&\vdots&&\vdots\\g_{n1}&g_{n2}&\cdots&g_{nn}\end{bmatrix}=[\boldsymbol{G}_1,\boldsymbol{G}_2,\cdots,\boldsymbol{G}_n]^{\mathrm{T}} \tag{8.5}$$

是反对称的,即

$$g_{ij}=-g_{ji},\quad g_{ii}=0,\quad i,j=1,2,\cdots,n. \tag{8.6}$$

$\boldsymbol{G}$ 称为**陀螺矩阵**. 我们已经证明过,陀螺力的主要特性是:系统在运动时,陀螺力不做功. 如果一个系统,其广义力中陀螺力占主要分量,我们就称之为**陀螺系统**.

产生如(8.4)式这样的陀螺力,其原因可能是多种多样的. 在 2.3.1 小节中我们曾证明,在非定常系统的第二类 Lagrange 方程显式中,就有陀螺力项出现. 现在,我们来考虑定常的但有广义势和普通势联合作用的"广义有势系统". 此时

$$V=\widetilde{V}+\sum_{j=1}^{n}V_j\dot{q}_j, \tag{8.7}$$

其中

$$\begin{aligned}&\widetilde{V}=\widetilde{V}(q_1,q_2,\cdots,q_n),\\&V_j=V_j(q_1,q_2,\cdots,q_n),\quad j=1,2,\cdots,n.\end{aligned} \tag{8.8}$$

将(8.1)式的动能与(8.7)式的势能代入第二类 Lagrange 方程,得

$$\frac{\mathrm{d}}{\mathrm{d}t}\frac{\partial T}{\partial\dot{q}_i}-\frac{\partial T}{\partial q_i}=\frac{\mathrm{d}}{\mathrm{d}t}\frac{\partial V}{\partial\dot{q}_i}-\frac{\partial V}{\partial q_i}=\frac{\mathrm{d}V_i}{\mathrm{d}t}-\sum_{j=1}^{n}\frac{\partial V_j}{\partial q_i}\dot{q}_j-\frac{\partial\widetilde{V}}{\partial q_i}$$

$$= \sum_{j=1}^{n}\left(\frac{\partial V_i}{\partial q_j}-\frac{\partial V_j}{\partial q_i}\right)\dot{q}_j-\frac{\partial \widetilde{V}}{\partial q_i}=\sum_{j=1}^{n}g_{ij}\dot{q}_j-\frac{\partial \widetilde{V}}{\partial q_i}$$
$$= g_i-\frac{\partial \widetilde{V}}{\partial q_i}, \tag{8.9}$$

其中

$$g_{ji}=\frac{\partial V_i}{\partial q_j}-\frac{\partial V_j}{\partial q_i},\quad i,j=1,2,\cdots,n. \tag{8.10}$$

注意到按(8.10)式定义的 g_{ji}，显然有

$$g_{ij}+g_{ji}=0,\quad g_{ii}=0.$$

2.8.2 陀螺仪系统

在实际工程当中，系统中出现陀螺力，并且陀螺力对系统的运动起决定性作用. 这样的例子主要是陀螺仪系统. 我们现在从一般的意义上来研究它.

试考虑一个陀螺仪系统，设想它包含 r 个陀螺仪转子. 假定系统是完整定常的，描述系统位形的广义坐标共 $n+r$ 个，其中有 r 个就是陀螺仪转子对陀螺房壳(亦即内环)的自转角 $\varphi_k(k=1,2,\cdots,r)$，另外的 n 个则是用以描述陀螺仪转子轴方向及支架环角位置用的，我们记之为 $q_1,q_2,\cdots,q_n$. 为了应用 Lagrange 力学的结果，我们首先需要计算系统的动能. 系统的动能可分解成为两部分：一部分是陀螺仪转子的自转动能；另一部分是其余者. 所有陀螺仪转子的自转动能为

$$T_z=\frac{1}{2}\sum_{k=1}^{r}C_k\omega_{zk}^2, \tag{8.11}$$

其中 C_k 是第 k 个陀螺仪转子绕自转轴的转动惯量，ω_{zk} 是第 k 个陀螺仪转子的绝对角速度矢量在其自身自转轴上的投影. 显然，这个 ω_{zk} 由两部分组成：一是转子对陀螺房壳的自转角速度 $\dot{\varphi}_k$；二是其他广义速度引起的在第 k 个转子轴上的分量. 从而有下面的式子

$$\omega_{zk}=\dot{\varphi}_k+\sum_{j=1}^{n}a_j^{(k)}\dot{q}_j,\quad k=1,2,\cdots,r. \tag{8.12}$$

代入到 T_z 的(8.11)式，有

$$T_z=\frac{1}{2}\sum_{k=1}^{r}C_k\left(\dot{\varphi}_k+\sum_{j=1}^{n}a_j^{(k)}\dot{q}_j\right)^2. \tag{8.13}$$

除陀螺仪转子自转动能而外，系统的其余动能为

$$T_2=\frac{1}{2}\sum_{i=1}^{n}\sum_{j=1}^{n}a_{ij}\dot{q}_i\dot{q}_j. \tag{8.14}$$

由于陀螺仪转子的自转不会改变其他广义坐标之间的相互关系，因而 $a_j^{(k)}$，a_{ij} 等系数中全不含 $\varphi_k(k=1,2,\cdots,r)$，这是需要特别注意的.

有了系统的总动能 $T=T_2+T_z$ 的表达式之后，可以利用第二类 Lagrange 方程来建立系统的动力学方程. 首先，对于广义坐标 φ_k，有

$$\frac{\mathrm{d}}{\mathrm{d}t}\frac{\partial T}{\partial \dot{\varphi}_k}-\frac{\partial T}{\partial \varphi_k}=Q_{\varphi_k},\quad k=1,2,\cdots,r. \tag{8.15}$$

我们假定 $Q_{\varphi_k}=0$，再注意到有

$$\frac{\partial T}{\partial \varphi_k}=0. \tag{8.16}$$

从而有各陀螺仪转子的自转循环积分存在

$$\begin{aligned} p_{\varphi_k}&=\frac{\partial T}{\partial \dot{\varphi}_k}=C_k\left(\dot{\varphi}_k+\sum_{j=1}^{n}a_j^{(k)}\dot{q}_j\right)\\ &=H_k=\text{const.},\quad k=1,2,\cdots,r. \end{aligned} \tag{8.17}$$

对于这种含循环坐标的系统，我们宜于进一步采用 Routh 方程. 为此，需求出 Routh 函数. 首先从循环积分(8.17)中解出循环速度：

$$\dot{\varphi}_k=\frac{H_k}{C_k}-\sum_{j=1}^{n}a_j^{(k)}\dot{q}_j. \tag{8.18}$$

再利用(8.18)式将 T 表达式中的循环速度 $\dot{\varphi}_k$ 消去，得

$$\widehat{T}=T_2+\frac{1}{2}\sum_{k=1}^{r}\frac{H_k^2}{C_k}. \tag{8.19}$$

于是有 Routh 函数

$$\begin{aligned} R&=\overbrace{\left(T-\sum_{k=1}^{r}p_{\varphi_k}\dot{\varphi}_k\right)}\\ &=T_2+\frac{1}{2}\sum_{k=1}^{r}\frac{H_k^2}{C_k}-\sum_{k=1}^{r}H_k\left(\frac{H_k}{C_k}-\sum_{j=1}^{n}a_j^{(k)}\dot{q}_j\right)\\ &=T_2+R_1-R_0, \end{aligned} \tag{8.20}$$

其中

$$R_1=\sum_{k=1}^{r}H_k\sum_{j=1}^{n}a_j^{(k)}\dot{q}_j, \tag{8.21}$$

$$R_0=\frac{1}{2}\sum_{k=1}^{r}\frac{H_k^2}{C_k}=\text{const.}. \tag{8.22}$$

对于函数 R_1，引入一个统一的参数 H，定义为

$$H=\min|H_k|, \tag{8.23}$$

则有

$$R_1=H\sum_{j=1}^{n}a_j\dot{q}_j, \tag{8.24}$$

其中

$$a_j = \sum_{k=1}^{r} \frac{H_k}{H} a_j^{(k)}. \tag{8.25}$$

将求得的 Routh 函数代入 Routh 方程,就有

$$\frac{\mathrm{d}}{\mathrm{d}t}\frac{\partial T_2}{\partial \dot{q}_i} - \frac{\partial T_2}{\partial q_i} + \frac{\mathrm{d}}{\mathrm{d}t}\frac{\partial R_1}{\partial \dot{q}_i} - \frac{\partial R_1}{\partial q_i} = Q_i, \quad i = 1,2,\cdots,n. \tag{8.26}$$

以 R_1 的表达式(8.24)代入,不难看到有

$$\frac{\mathrm{d}}{\mathrm{d}t}\frac{\partial R_1}{\partial \dot{q}_i} - \frac{\partial R_1}{\partial q_i} = - H\sum_{j=1}^{n} g_{ji}\dot{q}_j, \tag{8.27}$$

其中

$$g_{ji} = \frac{\partial a_j}{\partial q_i} - \frac{\partial a_i}{\partial q_j}, \quad i,j = 1,2,\cdots,n. \tag{8.28}$$

于是得到陀螺仪系统的动力学方程为

$$\frac{\mathrm{d}}{\mathrm{d}t}\frac{\partial T_2}{\partial \dot{q}_i} - \frac{\partial T_2}{\partial q_i} = Q_i + H\sum_{j=1}^{n} g_{ji}\dot{q}_j, \quad i = 1,2,\cdots,n. \tag{8.29}$$

注意到按(8.28)式确定的 g_{ij} 满足

$$g_{ij} + g_{ji} = 0, \quad g_{ii} = 0, \tag{8.30}$$

因此,方程(8.29)右边包含有带参数 H 的陀螺力. 在 H 很大的情况下,这个系统显然是陀螺系统.

值得指明的,方程组(8.29)共有 n 个方程,刚好是陀螺仪系统除陀螺仪转子自转以外的广义坐标数目,其中 T_2 就是整个陀螺仪系统除转子以外其余的部件的动能加上转子的赤道转动动能. 计算这个动能表达式时,可以把转子和它的陀螺房看成是一个刚体来计算即可. 陀螺仪转子自转角速度大小对陀螺仪系统运动的影响就反映在(8.29)式右边的陀螺力当中了. 实践证明,当 H 充分大之后,整个陀螺仪系统的运动显示出一些重要的特性. 我们从方程(8.29)出发,就可以一般性地来研究这些特性.

2.8.3 随遇解的稳定性与章动

考虑某带陀螺力参数 H 的陀螺系统

$$\frac{\mathrm{d}}{\mathrm{d}t}\frac{\partial T_2}{\partial \dot{q}_i} - \frac{\partial T_2}{\partial q_i} = Q_i + H\sum_{j=1}^{n} g_{ji}\dot{q}_j, \quad i = 1,2,\cdots,n, \tag{8.31}$$

其中

$$T_2 = \frac{1}{2}\sum_{i=1}^{n}\sum_{j=1}^{n} a_{ij}\dot{q}_i\dot{q}_j.$$

如果研究该系统的自由运动,则有 $Q_i = 0$. 从而动力学方程成为

$$\frac{\mathrm{d}}{\mathrm{d}t}\frac{\partial T_2}{\partial \dot{q}_i} - \frac{\partial T_2}{\partial q_i} = H\sum_{j=1}^{n} g_{ji}\dot{q}_j. \tag{8.32}$$

对于这个陀螺系统的自由运动而言，如果我们在某时刻(为确定起见，例如说在 $t=0$ 时刻)将系统在任意位置停住，那么这一位置即将是系统的平衡位置. 这正是**随遇平衡**的情况. 实际上，如果初始条件是

$$q_i|_{t=0}=q_i^0 \quad \dot{q}_i|_{t=0}=0. \tag{8.33}$$

则

$$q_i(t)\equiv q_i^0 \tag{8.34}$$

就是满足动力学方程(8.32)及初始条件(8.33)的解. 这个解我们称之为**随遇解**，它相当于我们在 2.5.2 小节中讨论过的陀螺仪定向解. 类似于那里的情况，第一个需要研究的就是平衡位置(8.34)有没有 Ляпунов 稳定性. 对于(8.32)式的一般非线性系统，这个理论问题还没有解决. 但是在所有的系数 a_{ij}，g_{ij} 都是常数的情况下，我们可以证明如下的定理：

定理　为使系统(8.32)的平衡位置(8.34)是 Ляпунов 稳定的，其充要条件为

$$\det[g_{ij}]\neq 0. \tag{8.35}$$

证明　已知 a_{ij}，g_{ij} 都是常数，故系统的动力学方程成为

$$\sum_{j=1}^{n}(a_{ij}\ddot{q}_j+Hg_{ij}\dot{q}_j)=0,\quad i=1,2,\cdots,n. \tag{8.36}$$

注意到方程(8.36)是线性常系数的，因此不失一般性，我们可假定所讨论的平衡位置就是广义坐标空间的原点. 这样，讨论稳定性的扰动运动方程就是动力学方程(8.36).

现在我们来证明，如果 $\det[g_{ij}]\neq 0$，则上述平衡位置是 Ляпунов 稳定的. 为此，将方程(8.36)积分一次，得到

$$\sum_{j=1}^{n}(a_{ij}\dot{q}_j+Hg_{ij}q_j)=A_i=\text{const.}. \tag{8.37}$$

由初始扰动条件可以决定积分常数 A_i 为

$$A_i=\sum_{j=1}^{n}(a_{ij}\dot{q}_j^0+Hg_{ij}q_j^0). \tag{8.38}$$

现在作变换，令

$$q_i=\alpha_i+x_i, \tag{8.39}$$

其中 α_i 是待定常数. 当把(8.39)式代入到(8.37)式之后，得到

$$\sum_{j=1}^{n}(a_{ij}\dot{x}_j+Hg_{ij}x_j)+H\sum_{j=1}^{n}g_{ij}\alpha_j=A_i. \tag{8.40}$$

现在规定这样来选择 α_i，使其满足

$$\sum_{j=1}^{n}g_{ij}\alpha_j=\frac{A_i}{H}=\sum_{j=1}^{n}\left(a_{ij}\frac{\dot{q}_j^0}{H}+g_{ij}q_j^0\right). \tag{8.41}$$

由于 $\det[g_{ij}]\neq 0$，这样的 α_i 一定可以选到，并且可以看到，当 $\dot{q}_j^0$，$q_j^0(j=1,2,\cdots,n)$

充分小时，求出的 α_j 也必充分小.

利用这些 α_i，则方程(8.37)在变换(8.39)作用下，变成

$$\sum_{j=1}^{n}(a_{ij}\dot{x}_j + Hg_{ij}x_j) = 0, \quad i = 1,2,\cdots,n. \tag{8.42}$$

把方程(8.42)按次序乘以 x_i，然后累加，得

$$\sum_{i=1}^{n}\sum_{j=1}^{n}a_{ij}x_i\dot{x}_j + H\sum_{i=1}^{n}\sum_{j=1}^{n}g_{ij}x_ix_j = 0. \tag{8.43}$$

注意到$[g_{ij}]$的反对称性，有 $\sum_{i=1}^{n}\sum_{j=1}^{n}g_{ij}x_ix_j = 0$，从而得到

$$\sum_{i=1}^{n}\sum_{j=1}^{n}a_{ij}x_i\dot{x}_j = 0. \tag{8.44}$$

积分这个等式，得

$$V = \frac{1}{2}\sum_{i=1}^{n}\sum_{j=1}^{n}a_{ij}x_ix_j = V_0 = \text{const.}. \tag{8.45}$$

由于$[a_{ij}]$是正定矩阵，且方程(8.42)表示 $\dot{V}$ 恒等于零，所以 V 函数是变数 $x_1, x_2, \cdots, x_n$ 的正定二次型. 根据 Ляпунов 关于稳定性的定理，可以判定 $x_1 = x_2 = \cdots = x_n = 0$ 是方程(8.42)的 Ляпунов 稳定的平衡位置. q_i 和 x_i 之间的变换是一个平移，平移量 α_i 完全可由初始扰动来限制，因此可以得出结论，广义坐标原点($q_1 = q_2 = \cdots = q_n = 0$)亦是方程(8.36)的 Ляпунов 意义下的稳定平衡位置.

条件 $\det[g_{ij}] \neq 0$ 的必要性可通过它的反面来加以证实：如果有 $\det[g_{ij}] = 0$，则平衡位置是不稳定的. 关于这一点的论证，我们这里略去[28]. □

注意到反对称行列式的一个性质

$$\det[g_{ij}] = (-1)^n\det[g_{ij}], \tag{8.46}$$

因此，当 n 是奇数时，一定有 $\det[g_{ij}] = 0$. 由此可见，n 为偶数乃是平衡位置具有稳定性的必要条件. 这一点在陀螺仪系统中有实际意义.

现在我们假定 $q_1 = q_2 = \cdots = q_n = 0$ 是系统(8.32)的稳定平衡位置. 那么当系统有了初始扰动之后将作何种性质的运动呢？以下将证明，陀螺系统的受扰运动就是在平衡位置邻近的章动. 为此，我们来寻求常系数线性方程组(8.36)具有如下形式的解：

$$q_j = B_j e^{\lambda t}, \quad j = 1,2,\cdots,n. \tag{8.47}$$

代入方程组(8.36)，约去 $e^{\lambda t}$，得

$$\sum_{j=1}^{n}(a_{ij}\lambda + Hg_{ij})B_j = 0, \quad i = 1,2,\cdots,n. \tag{8.48}$$

为了使这个关于 B_j 的线性齐次方程组有非零解，其充要条件是

$$\triangle(\lambda) \triangleq \begin{vmatrix} a_{11}\lambda & a_{12}\lambda + Hg_{12} & \cdots & a_{1n}\lambda + Hg_{1n} \\ a_{21}\lambda + Hg_{21} & a_{22}\lambda & \cdots & a_{2n}\lambda + Hg_{2n} \\ \vdots & \vdots & & \vdots \\ a_{n1}\lambda + Hg_{n1} & a_{n2}\lambda + Hg_{n2} & \cdots & a_{nn}\lambda \end{vmatrix} = 0. \quad (8.49)$$

或者简写成

$$\triangle(\lambda) = \det[a_{ij}\lambda + Hg_{ij}] = 0.$$

我们来证明，方程(8.49)对 λ 来说，所有的根都是纯虚根. 这是因为有下面等式：

$$\begin{aligned}\triangle(-\lambda) &= \det[-a_{ij}\lambda + Hg_{ij}] = \det[-(a_{ij}\lambda - Hg_{ij})] \\ &= \det[-(a_{ji}\lambda + Hg_{ji})] = (-n)^n \det[a_{ji}\lambda + Hg_{ji}] \\ &= (-1)^n \det[a_{ij}\lambda + Hg_{ij}] = (-1)^n \triangle(\lambda). \end{aligned} \quad (8.50)$$

因此，对于特征方程(8.49)来说，若 λ 是特征根，则 $-\lambda$ 也必是特征根. 这样，如果特征方程(8.49)有任一个根其实部不为零，就可以肯定一定有特征根，其实部为正. 这就可以断定平衡位置是 Ляпунов 不稳定的. 显然，这和前面的假定相矛盾. 同时应注意到，矩阵 $[a_{ij}\lambda + Hg_{ij}]$ 的初等因式必是单重因式，否则也与平衡位置是稳定的假定相矛盾.

由 $\det[g_{ij}] \neq 0$ 可知，n 必为偶数. 记 $n = 2m$，展开行列式(8.49)，所得到的多项式将仅含 λ 的偶次方. 这是因为，由(8.50)式可知将(8.49)式中的 λ 换成 $-\lambda$ 之后，方程完全不变. 此外，由(8.49)式可以看出，方程对 λ 和 H 是齐次的，因此在展开式中，每一项的 λ 与 H 的幂指数之和应等于 $2m$，即

$$\triangle(\lambda) = a_0\lambda^{2m} + a_2 H^2 \lambda^{2m-2} + \cdots + a_{2m-2} H^{2m-2} \lambda^2 + a_{2m} H^{2m} = 0, \quad (8.51)$$

其中

$$a_0 = \det[a_{ij}] \neq 0, \quad a_{2m} = \det[g_{ij}] \neq 0,$$

且 $a_0, a_2, \cdots, a_{2m}$ 全与参数 H 无关. 引入

$$\mu = \lambda^2 / H^2.$$

则方程(8.51)成为

$$a_0 \mu^m + a_2 \mu^{m-1} + \cdots + a_{2m-2}\mu + a_{2m} = 0. \quad (8.52)$$

(8.52)的根应全为负实数，并且与参数 H 无关. 我们以 $-\mu_1^2, -\mu_2^2, \cdots, -\mu_m^2$ 来表示它们，于是得到

$$\lambda_i = H\mu_i \sqrt{-1}, \quad \lambda_{m+i} = -H\mu_i \sqrt{-1}, \quad i = 1, 2, \cdots, m. \quad (8.53)$$

由方程(8.53)的特征根可见，对于陀螺系统(8.32)，它在稳定平衡位置邻近的运动乃是一种“振动”，其频率与 H 成正比. 在参数 H 很大的情况下，振动频率非常高，而周期则很短. 这种运动正是陀螺系统的章动.

2.8.4 进动简化方程的可用性

仍然考虑带陀螺力参数 H 的陀螺系统

$$\frac{\mathrm{d}}{\mathrm{d}t}\frac{\partial T_2}{\partial \dot{q}_i}-\frac{\partial T_2}{\partial q_i}=Q_i+H\sum_{j=1}^{n}g_{ji}\dot{q}_j,\quad i=1,2,\cdots,n,\tag{8.54}$$

其中

$$T_2=\frac{1}{2}\sum_{i=1}^{n}\sum_{j=1}^{n}a_{ij}\dot{q}_i\dot{q}_j.$$

对于这样的陀螺系统,我们也产生和 2.5.2 小节中处理陀螺仪时一样的问题:当 H 充分大之后,方程(8.54)能否简化成为“进动简化方程”,即

$$Q_i+H\sum_{j=1}^{n}g_{ji}\dot{q}_j=0.\tag{8.55}$$

由完全方程(8.54)得到“进动简化方程”,实际上就是令 $T_2=0$ 即可. 在陀螺仪系统中,如果令 $T\approx T_z$(其含义为:假定整个陀螺仪系统的动能可以用各陀螺仪转子自转动能之和来代替),然后代入第二类 Lagrange 方程就可以得到进动简化方程.

为了明确上述简化的含义并检查它的合理性,我们研究如下的“可用性”概念:为了突出简化方程变量与原来系统广义坐标之间的区别,我们将进动简化方程改写成为

$$Q_i+H\sum_{j=1}^{n}g_{ji}\dot{u}_j=0,\quad i=1,2,\cdots,n.\tag{8.56}$$

应该注意到,原系统的动力学方程(8.54)是二阶微分方程组,它的解应该包含 $2n$ 个任意常数. 而简化方程(8.56)是一阶微分方程组,它的解则只包含了 n 个任意常数. 现在考虑原系统(8.54)的任意一个解

$$\boldsymbol{q}(t)=[q_1(t),q_2(t),\cdots,q_n(t)]^{\mathrm{T}}.$$

它显然由如下初始条件所确定

$$q_j(t)|_{t=0}=q_j^0,\quad \dot{q}_j(t)|_{t=0}=\dot{q}_j^0,\quad j=1,2,\cdots,n.\tag{8.57}$$

在这同时,考虑简化方程(8.56)由同(8.57)一样的广义坐标初始条件确定的解 $\boldsymbol{u}(t)=[u_1(t),u_2(t),\cdots,u_n(t)]^{\mathrm{T}}$,即满足

$$u_j(t)|_{t=0}=q_j^0,\quad j=1,2,\cdots,n.\tag{8.58}$$

但显然这个解不一定能够满足初始速度的条件. 现在我们希望用条件(8.58)确定的一个简化方程解来代替原系统因初始速度不同而得到的很多解. 为此引入定义如下:

定义 对于任意给定的初始速度 $\dot{q}_j^0(j=1,2,\cdots,n)$,任意给定的 $\varepsilon>0$ 及 $t_1>0$,我们总可以找到足够大的 H_0,使得当 $H\geqslant H_0$ 时,对于所有的 $0\leqslant t\leqslant t_1$ 的 t 值,恒有

$$|q_j(t)-u_j(t)|<\varepsilon,\quad j=1,2,\cdots,n\tag{8.59}$$

成立,那么我们说,简化方程的解 $\boldsymbol{u}(t)$ 是**可用解**;否则,叫做**不可用解**.

从上述定义可以明显看到,解的可用性只要求坐标的可用性,而不要求速度的可用性,这一点是要特别注意的.

现在我们只讨论陀螺系统自由运动方程(8.32)简化方程的可用性问题.此时仍然假定 a_{ij}, g_{ij} 都是常数.我们可以证明可用性定理如下：

定理 对于 a_{ij}, g_{ij} 均为常数的陀螺系统,如果 $\det[g_{ij}]\neq 0$,则其自由运动简化方程的解存在,而且是可用的.

证明 自由运动简化方程为

$$H\sum_{j=1}^{n} g_{ji}\dot{u}_j = 0, \quad i = 1,2,\cdots,n. \tag{8.60}$$

由于 $\det[g_{ij}]\neq 0$,因此简化方程有唯一解

$$\dot{u}_j = 0, \quad j = 1,2,\cdots,n. \tag{8.61}$$

积分之,并注意简化解的初始条件,应有

$$u_j(t) = q_j^0, \quad j = 1,2,\cdots,n. \tag{8.62}$$

系统的原方程为

$$\sum_{j=1}^{n}(a_{ij}\ddot{q}_j + Hg_{ij}\dot{q}_j) = 0, \quad i = 1,2,\cdots,n. \tag{8.63}$$

直接积分一次,得到

$$\sum_{j=1}^{n}(a_{ij}\dot{q}_j + Hg_{ij}q_j) = A_i = \text{const.}, \quad i = 1,2,\cdots,n. \tag{8.64}$$

由初始条件可以决定常数 A_i 为

$$A_i = \sum_{j=1}^{n}(a_{ij}\dot{q}_j^0 + Hg_{ij}q_j^0), \quad i = 1,2,\cdots,n. \tag{8.65}$$

现在令

$$q_j = q_j^0 + \gamma_j + x_j, \quad j = 1,2,\cdots,n, \tag{8.66}$$

其中 γ_j 是待定常数.将(8.66)式代入(8.64)式,得

$$\sum_{j=1}^{n}(a_{ij}\dot{x}_j + Hg_{ij}x_j) = \sum_{j=1}^{n}a_{ij}\dot{q}_j^0 - H\sum_{j=1}^{n}g_{ij}\gamma_j, \quad i = 1,2,\cdots,n. \tag{8.67}$$

选择 γ_j 满足

$$\sum_{j=1}^{n}g_{ij}\gamma_j = \frac{1}{H}\sum_{j=1}^{n}a_{ij}\dot{q}_j^0, \quad i = 1,2,\cdots,n, \tag{8.68}$$

由于 $\det[g_{ij}]\neq 0$,满足(8.68)式的 γ_j 一定能够选到,而且在给定初始速度情况下,总可以通过使 H 变大的办法,使 γ_j 小到任意的程度.利用如此选择到的 γ_j 来变换,则方程(8.67)成为

$$\sum_{j=1}^{n}(a_{ij}\dot{x}_j + Hg_{ij}x_j) = 0, \quad i = 1,2,\cdots,n. \tag{8.69}$$

方程组(8.69)的特征根全为纯虚根,这是已经证明过的.x_j 的初始条件为

$$x_j(t)|_{t=0} = -\gamma_j, \quad j = 1,2,\cdots,n. \tag{8.70}$$

它是可以通过增大 H 来使其任意小的，因此 $x_j(t)$ 也可以通过增大 H 来使其以后一直保持任意小. 由此得到，当 H 足够大之后，应一直有

$$|q_j(t) - u_j(t)| = |q_j(t) - q_j^0| = |\gamma_j + x_j(t)| < \varepsilon.$$

可见，此时 $t_1 = +\infty$，定理证毕. □

现在我们可以肯定，当 $\det[g_{ij}] \neq 0$ 时，陀螺系统在任意的位置，以任意的但是给定的初速度 $\dot{q}_j^0$ 的情况下（比如，可理解为在给定的初始打击作用下），总可以利用增大 H 的方法，使所有的差值 $q_j(t) - q_j^0$ 的模变得任意小. 这样一来，陀螺系统在参数 H 很大时，获得了"陀螺刚性"，我们不能用冲击来使它离开初始位置. 这是陀螺系统有趣的特性之一.

习　题

2.1　描述一自由质点的运动，如广义坐标选用柱坐标，试求出其坐标变换的非奇异条件.

2.2　对于习题 1.15 建立适当的广义坐标. 寻求质点速度，加速度用广义速度及广义加速度表达的关系式.

2.3　试证明不在一条直线上的 N 个质点组成的刚体，其自由度等于 6.

2.4　求如图 2.19 所示的平面三连杆机构 $ABCD$ 的自由度. 其中 A 和 D 可沿 Ox 轴移动.

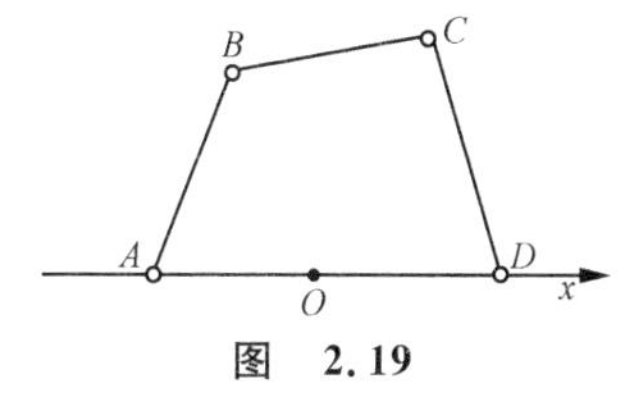

图　2.19

2.5　系统由两个叠放在一起的陀螺组成，如图 2.20 所示. 试求其自由度. 下面的陀螺支点固定不动.

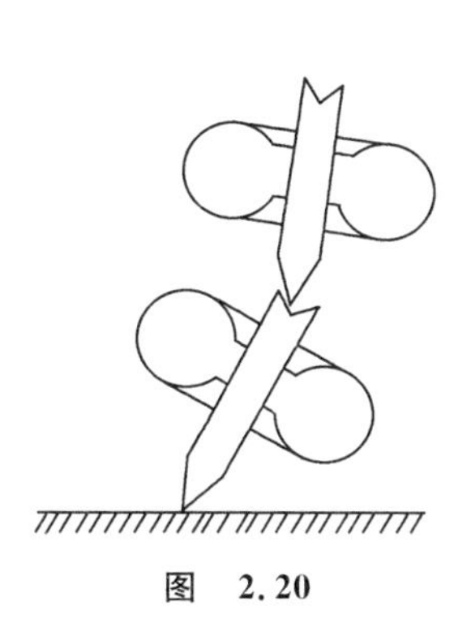

图　2.20

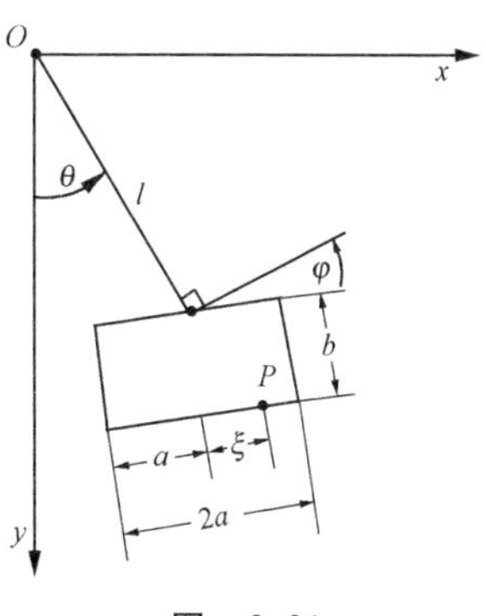

图　2.21

2.6 如图 2.21 所示，质点 P 可以在一个二维盒子的底部运动. 它相对盒子的位置可以用一个参数 ξ 来决定. 盒子的上部中点处铰连一杆，长度为 l，杆的另一端铰连在固定点 O. 显然，质点的位形实际上可以用两个 Descartes 坐标 x,y 来确定. 试问：在三个参数 θ,φ,ξ 之间是否存在有约束关系？能否找出这样的约束关系？质点 P 的自由度为多少？

2.7 一自由质点在给定力 $\boldsymbol{F}=[F_x,F_y,F_z]^{\mathrm{T}}$ 作用下运动. 如广义坐标选用下列曲线坐标系，试分别求出相应的广义力表达式及动能表达式：(1) 柱坐标；(2) 球坐标；(3) 抛物线坐标 u,v,φ，其关系式为

$$x=\sqrt{uv}\cos\varphi,\quad y=\sqrt{uv}\sin\varphi,\quad z=(u-v)/2.$$

2.8 质量为 m 的自由质点在势力场中运动，势能函数为 $V(x,y,z,t)$. 现选用一正交曲线坐标 q_1,q_2,q_3 作为广义坐标，变换关系式为

$$x=x(q_1,q_2,q_3),\quad y=y(q_1,q_2,q_3),\quad z=z(q_1,q_2,q_3).$$

试利用 Lame 系数

$$h_i=\sqrt{\left(\frac{\partial x}{\partial q_i}\right)^2+\left(\frac{\partial y}{\partial q_i}\right)^2+\left(\frac{\partial z}{\partial q_i}\right)^2},\quad i=1,2,3$$

来表达质点的 Lagrange 函数.

2.9 质量为 m、长为 l 的均匀杆在水平面上运动，杆的一端装有刀刃，它使得该端点不可能具有垂直于杆的速度分量. 试采用 x,y,θ 作为广义坐标（如图 2.22 所示），并作

(1) 写出系统的约束方程；

(2) 建立系统的动力学方程；

(3) 试证明当约束方程表达为 $\cos\theta\,\mathrm{d}y-\sin\theta\,\mathrm{d}x=0$ 时，其 Lagrange 乘子代表刀刃约束处的横向力.

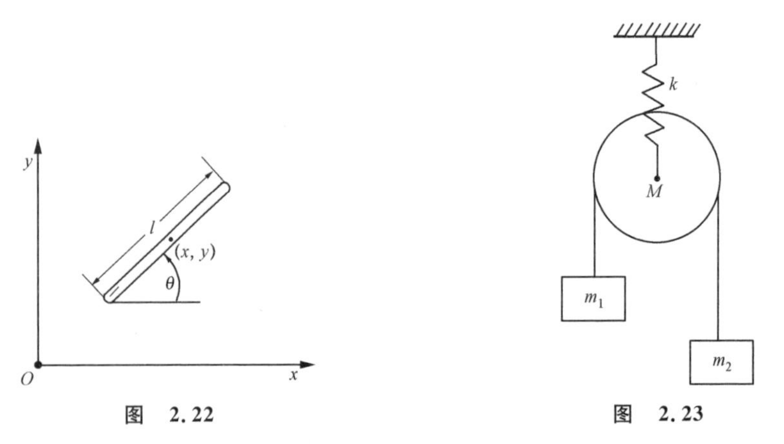

图 2.22 图 2.23

2.10 类似于习题 1.15 的装置，一质点 m 在光滑抛物线铁丝框上运动. 铁丝

框绕垂直轴 Oz 的转动惯量为 J，试分别对下述两种情况建立系统的动力学方程：

（1）设作用在铁丝框上的给定力矩 $M_z = M_z(\varphi, t)$；

（2）设 φ 是时间 t 的已知函数.

2.11　如图 2.23 所示，一形状为匀质圆盘的滑轮用刚度为 k 的弹簧悬挂. 滑轮的质量为 M，滑轮上装有不可伸长的绳子，绳子两端各系有质量 m_1 和 m_2. 绳子在滑轮上不滑动，m_1，m_2 沿垂直线运动. 试建立系统的动力学方程.

2.12　如图 2.24 所示，质量为 M 的方木用刚度为 k 的弹簧与固定墙联结，并在水平导板上做无摩擦的运动. 在方木内挖出半径为 R 的圆柱形空腔. 在空腔内有质量为 m，半径为 $r(r<R)$ 的匀质圆柱作无滑动的滚动. 试以 Lagrange 形式建立系统的动力学方程.

2.13　如图 2.25 所示，一质量为 M 的三棱柱 ABD 沿光滑斜面滑动，斜面与水平面成 α 角，$\angle BAD=\beta$. 沿棱柱 AB 面有质量为 m 的均质圆柱在无滑动地向下滚动. 试利用 Lagrange 方程求棱柱加速度 W 和圆柱中心相对于棱柱的加速度 W_C.

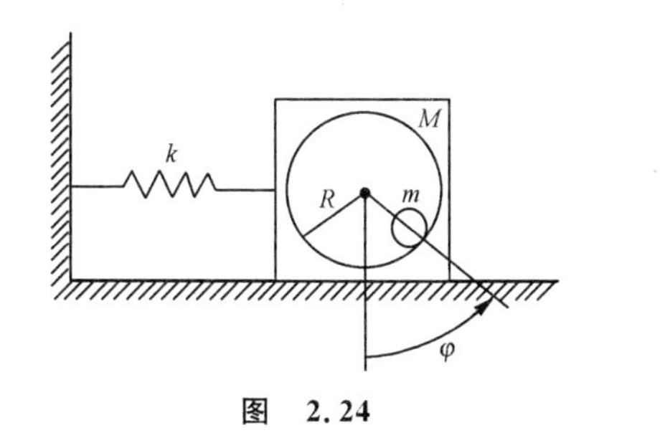

图　2.24

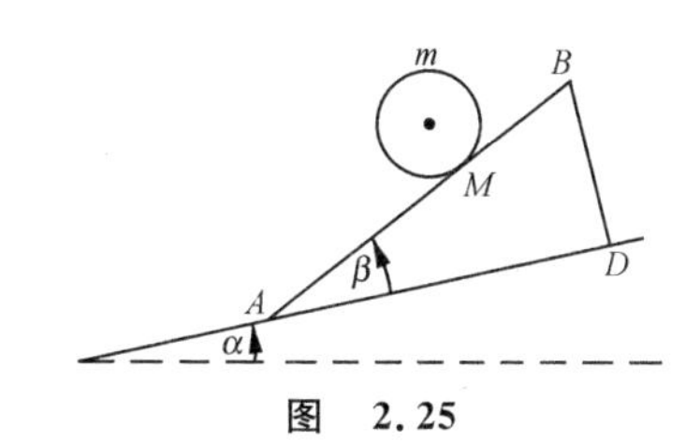

图　2.25

2.14　设某力学系统有广义势 V. 试证当系统的广义势改取为

$$U = V + \sum_{j=1}^{n} \frac{\partial \Psi}{\partial q_j}\dot{q}_j + \frac{\partial \Psi}{\partial t}$$

时，由广义势 U 产生的广义力不变，其中 $\Psi(q_1, q_2, \cdots, q_n, t)$ 是可微的任意函数.

2.15　试证 g_{ij} 为常数的陀螺力必有广义势，并求出此广义势.

2.16　质量为 m 的质点在以匀角速度 ω 绕垂直轴 Oz 转动的曲面 $z=f(x,y)$ 上运动. 求质点相对运动中牵连惯性力和 Coriolis 惯性力的广义势.

2.17　某力学系统动能

$$T = \frac{1}{2} m \sum_{i=1}^{n} \dot{q}_i^2 .$$

势能

$$V = \frac{1}{2} \sum_{i=1}^{n} \sum_{j=1}^{n} c_{ij} q_i q_j .$$

以及 Rayleigh 耗散函数

$$R=\frac{1}{2}\beta\sum_{i=1}^{n}\dot{q}_i^2.$$

试证对于这个系统可引进 $L(q_1,q_2,\cdots,q_n,\dot{q}_1,\dot{q}_2,\cdots,\dot{q}_n,t)$，使系统的动力学方程表达为

$$\frac{\mathrm{d}}{\mathrm{d}t}\frac{\partial L}{\partial \dot{q}_i}-\frac{\partial L}{\partial q_i}=0$$

的形式.

2.18　如图 2.26 所示，质量为 M 的对称刚体（$A=B\neq C$，其中 A,B,C 分别为三个主轴的转动惯量），可绕其对称轴上的固定点 O 转动，点 O 距刚体质量中心的距离等于 l. 在刚体内有一狭窄的柱形腔，其轴与刚体对称轴重合. 质量为 m 的质点 D 顺着柱形腔移动，并用刚度为 c 的弹簧与固定点联结. 弹簧的长度在未变形时等于 l_0. 不计摩擦，试用 Lagrange 方法建立动力学方程并寻求第一积分.

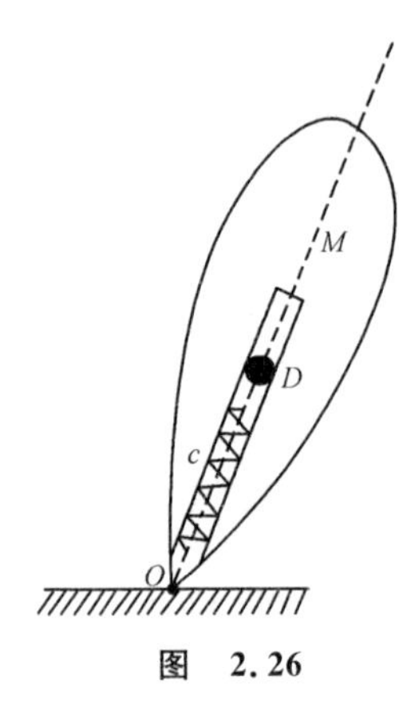

图　2.26

2.19　已知系统的 Lagrange 函数为

$$L=\frac{1}{2}\frac{\dot{q}_1^2}{a+bq_2^2}+\frac{1}{2}\dot{q}_2^2-c-dq_2,$$

其中 a,b,c,d 是正常数. 试用 Routh 方法消去循环坐标，建立 Routh 方程并求出系统的解.

2.20　在球坐标描述下，引力场内相对论性质点的 Lagrange 函数为

$$L=-m_0c^2\sqrt{1-(\dot{r}^2+r^2\dot{\theta}^2+r^2\dot{\varphi}^2\sin^2\theta)/c^2}+\gamma/r,$$

其中 m_0 是质点的静止质量，c 是光速，试求出质点的 Routh 函数.

2.21　质量 m 的小重环沿质量为 M、半径为 r 的光滑铁丝圆周滑动，而铁丝圆周则绕其垂直直径转动. 试按 Routh 方法建立动力学方程.

2.22　某陀螺摆是由一 Cardan 平衡陀螺仪和位于转子轴上的配重 W 所组成. 初步研究时，假定此陀螺仪的支架环以及配重运动的动能可忽略不计，试用 Lagrange 方法建立陀螺摆的动力学方程并求出它的平衡状态以及在平衡状态邻近的小振动频率.

2.23　某陀螺罗盘是由一 Cardan 平衡陀螺仪和位于陀螺房壳上并在陀螺转子赤道面上的配重 W 所组成. 考虑此罗盘固定安放在纬度为 φ 的地面上，并同样认为可忽略支架环以及配重的运动动能. 试用 Lagrange 方法建立陀螺罗盘的动力学方程，求出它的平衡状态以及在平衡状态邻近的小振动解.

2.24　三耦合摆如图 2.27 所示. 三个单摆垂直时各弹性力为零. 试求小振动

的主频率与主振型.

2.25　n 个自由度的力学系统在做微振动.已知主频率 $\omega_1,\omega_2,\cdots,\omega_{n-1}$ 和动能及势能的系数矩阵行列式 $\det\boldsymbol{A}$,$\det\boldsymbol{C}$,试确定主频率 ω_n.

2.26　某保守系统小振动的频率方程

$$\det[\boldsymbol{C}-\lambda\boldsymbol{A}]=a_0\lambda^n+a_1\lambda^{n-1}+\cdots+a_{n-1}\lambda+a_n=0$$

有分别为 k 重和 $n-k$ 重的两个不同根 λ_1 和 λ_2.试证 λ_1,λ_2 分别满足

$$\lambda_1 k+(n-k)\sqrt[n-k]{|a_n|/(|a_0|\lambda_1^k)}=|a_1|/|a_0|,$$

$$\lambda_2(n-k)+k\sqrt[k]{|a_n|/(|a_0|\lambda_2^{n-k})}=|a_1|/|a_0|.$$

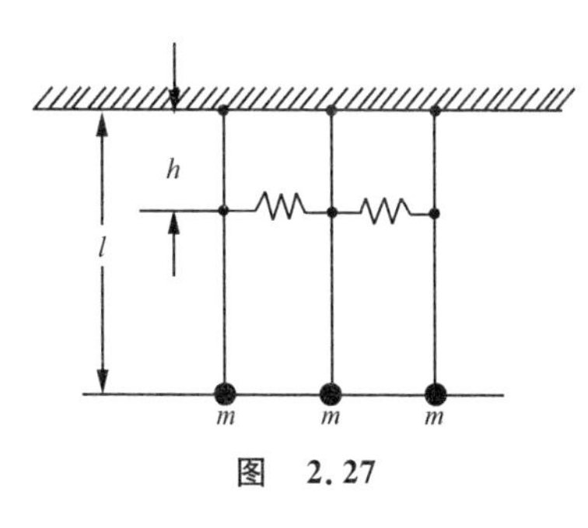

图　2.27

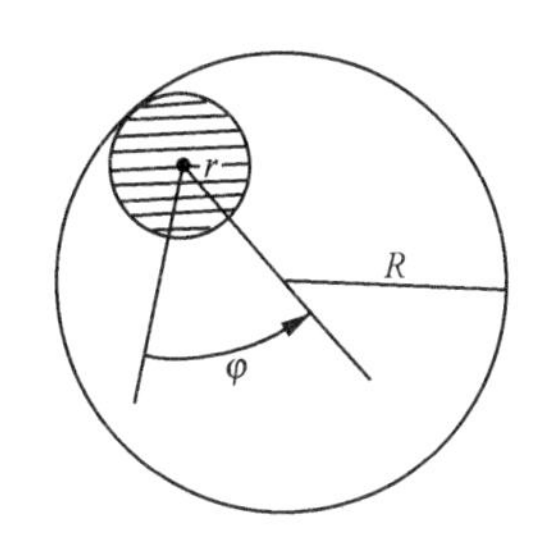

图　2.28

2.27　如图 2.28 所示,质量为 M、半径为 R 的圈可以依靠在半径为 r 的圆柱在垂直平面内摆动.圆柱与圈之间不存在滑动.试证圈的小振动周期与长度为 $2(R-r)$ 的数学摆小振动周期一致.

2.28　质量为 m 的小重环在光滑金属丝的椭圆

$$\frac{x^2}{a^2}+\frac{y^2}{b^2}=1$$

上滑动,而此椭圆以匀角速度 ω 绕垂直轴 Oy 转动.求小重环在稳定平衡位置附近的小振动.

2.29　如图 2.29 所示,沿光滑水平导轨滑动的质量为 m 的木块,用刚度各为 c 的两根弹簧与固定墙联结.在木块上面有质量为 $m/2$,半径为 r 的圆盘可以无滑动地滚动,其中心用刚度为 $2c$ 的弹簧与木块边缘联结.求系统的小振动.

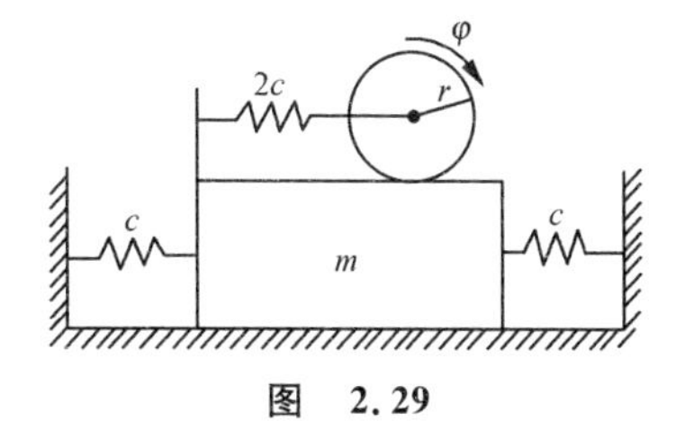

图　2.29

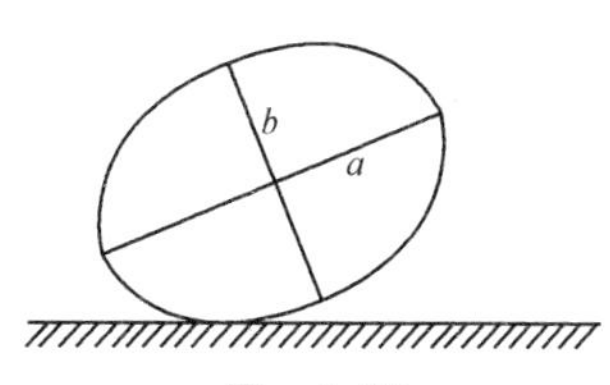

图　2.30

2.30　如图 2.30 所示,匀质椭圆形截面的柱体可沿水平面无滑动地滚动.椭

圆柱的椭圆长半轴与短半轴分别为 a 和 b. 求椭圆柱在稳定平衡位置邻近的小振动周期.

2.31 试证明本章 2.1.4 小节末的结论,即

$$\frac{\partial(\varphi_1,\varphi_2,\cdots,\varphi_g,\varphi_{L+1},\varphi_{L+2},\cdots,\varphi_K)}{\partial(\dot{q}_1,\dot{q}_2,\cdots,\dot{q}_n)}$$

的缺秩为零.

第三章　非完整系动力学

在 Lagrange 的经典著作[3]中还没有明确的非完整系统的概念.完整系与非完整系的区分是从 Hertz[2]开始的.19 世纪末至 20 世纪初著名的力学家 Чаплыгин,Appell,Hamel 等对非完整系的动力学作出了基础性的研究工作[29-31].到最近的一些年里,关于非完整系动力学的研究又有了进一步的发展[32-36],这些发展一方面是为了解决工程技术中某些非完整系的应用,另一方面,在非完整问题的基础研究上也取得了更进一步的成果.

§3.1　引　　论

3.1.1　典型非完整系统的例子

非完整系动力学的发展在历史上是和几个典型例子的研究分不开的.这几个经典例子就是冰橇问题、滚盘问题和滚球问题.在现代,工程技术中已有着更多的非完整系统的例子.特别是控制技术的发展,使得非完整系的论题有着更广泛的意义.以下我们分别举例说明之.

1. 冰橇问题

试考虑一冰橇在水平冰面上的滑行.我们把这个运动看成一个刚体的平面平行运动.此时,如果设想冰面是绝对坚硬和完全光滑的,那么冰橇的惯性运动将是非常单调的：它的质心将只能沿初速方向作等速直线运动,而橇体绕质心将作等速转动.但是,如果在冰橇的某处装上一把冰刀,那么冰橇在冰面上的惯性运动就会完全不同了.如何刻画冰刀的作用呢?

如图 3.1 所示,设想冰橇的冰刀装在 A 点,冰刀的方向为 $A\xi$.取 $A\xi\eta$ 为冰橇的固联坐标系.由于冰刀的作用,冰橇运动时 A 点的瞬时速度受到了限制：它只能有沿着 $A\xi$ 方向的分量,而不能有 $A\eta$ 方向的分量;也就是说,沿 $A\eta$ 方向受到了约束作用.此时冰面对于冰橇来说,不再是完全光滑的了.冰面对于冰橇在 $A\eta$ 方向可以通过冰刀施加以约束力(这一句描述,实际上是关于冰橇问题约束力学性质的一个假定).正是由于这个约束力的作用,冰橇的惯性运动就大不相同了.

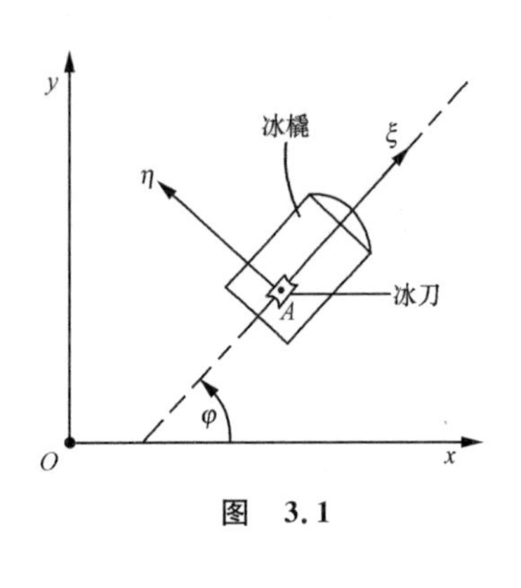

图　3.1

用 A 点的坐标 x,y 以及 $A\xi$ 方向和 x 方向的夹角 φ 为参数来描述冰橇的运动. 这样,冰刀约束的数学表达式为

$$\dot{y}/\dot{x} = \tan\varphi,$$

或

$$\dot{x}\sin\varphi - \dot{y}\cos\varphi = 0. \tag{1.1}$$

写成 Pfaff 形式,为

$$\sin\varphi \mathrm{d}x - \cos\varphi \mathrm{d}y = 0. \tag{1.2}$$

不难证明,对于 x,y,φ 这三个变元来说,(1.2)式是一个不可积的非完整约束.

2. 滚盘问题

铁环、盘子、硬币、轮子等有薄边缘的圆形物在粗糙平面上滚动,构成了另一个有趣的非完整系统问题. 参照图 3.2 所示,取 $Oxyz$ 为固定坐标系,Oz 与平面垂直. 描述此滚盘的运动可选用如下参数: 质心 G 在固定坐标系内的坐标 ξ,η,ζ,以及圆盘绕质心的转角 φ,θ,ψ,其中 φ,θ,ψ 是由平动系 $Gxyz$ 到圆盘固联坐标系 $Gx'y'z'$(其中 Gz'为垂直圆盘面方向)按如下转动关系形成:

$$Gxyz \xrightarrow{\dot{\varphi}z} GP2z \xrightarrow{\dot{\theta}2} G123 \xrightarrow{\dot{\Psi}3} Gx'y'z',$$

其中 $G1$ 方向通过接触点 K,$G2$ 方向平行于滚动的路径切向. $G3$ 方向和 Gz'方向一致. 各转角的关系如图 3.3 所示.

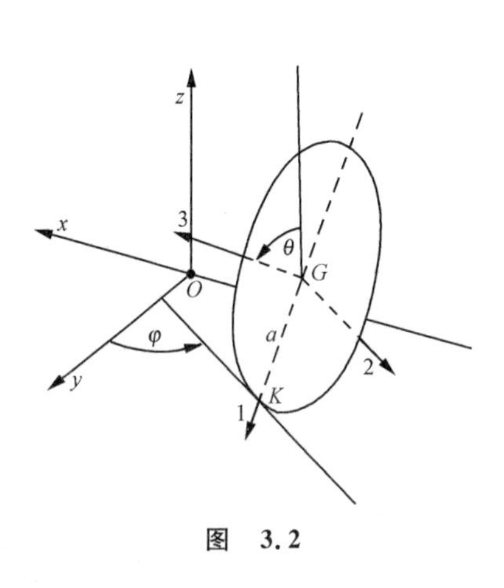

图　3.2

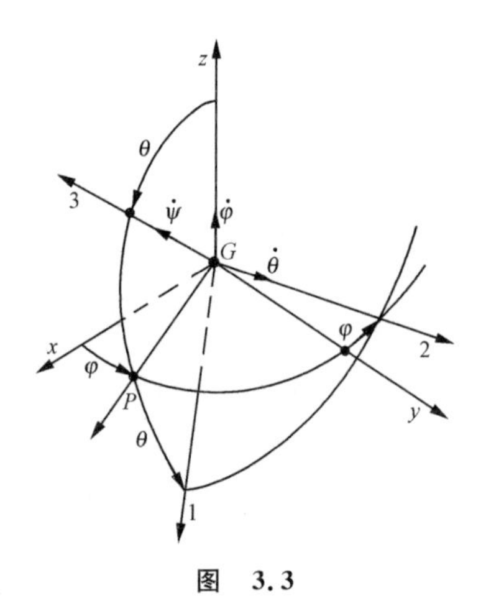

图　3.3

用以上六个参数来描述圆盘运动是很自然的,但是,实际上它包含多余坐标. 很明显,如果改用切点位置(x_k,y_k)以及圆盘绕切点 K 的三个转角,同样也可以确定圆盘位形的描述. 这就只需要五个参数了. 以上引用多余坐标所应有的附加约束

关系可以在以下分析中得到.

以 $G123$ 为投影的坐标系,则圆盘的角速度为

$$\boldsymbol{\omega}=\begin{bmatrix}\omega_1\\ \omega_2\\ \omega_3\end{bmatrix}=\begin{bmatrix}-\dot{\varphi}\sin\theta\\ \dot{\theta}\\ \dot{\psi}+\dot{\varphi}\cos\theta\end{bmatrix}. \tag{1.3}$$

质心 G 的速度 $\boldsymbol{v}_G=\dot{\xi}\boldsymbol{x}+\dot{\eta}\boldsymbol{y}+\dot{\zeta}\boldsymbol{z}$,将其投影到 $G123$ 坐标系上,有

$$\boldsymbol{v}_G=\begin{bmatrix}v_1\\ v_2\\ v_3\end{bmatrix}=\begin{bmatrix}\cos\theta & 0 & -\sin\theta\\ 0 & 1 & 0\\ \sin\theta & 0 & \cos\theta\end{bmatrix}\begin{bmatrix}\cos\varphi & \sin\varphi & 0\\ -\sin\varphi & \cos\varphi & 0\\ 0 & 0 & 1\end{bmatrix}\begin{bmatrix}\dot{\xi}\\ \dot{\eta}\\ \dot{\zeta}\end{bmatrix}$$

$$=\begin{bmatrix}\dot{\xi}\cos\theta\cos\varphi+\dot{\eta}\cos\theta\sin\varphi-\dot{\zeta}\sin\theta\\ -\dot{\xi}\sin\varphi+\dot{\eta}\cos\varphi\\ \dot{\xi}\sin\theta\cos\varphi+\dot{\eta}\sin\theta\sin\varphi+\dot{\zeta}\cos\theta\end{bmatrix}. \tag{1.4}$$

多余坐标的附加关系是

$$\zeta=a\sin\theta. \tag{1.5}$$

所以 $\dot{\zeta}=a\dot{\theta}\cos\theta$. 代入 $\boldsymbol{v}_G$ 的表达式, 有

$$\boldsymbol{v}_G=\begin{bmatrix}\dot{\xi}\cos\theta\cos\varphi+\dot{\eta}\cos\theta\sin\varphi-a\dot{\theta}\cos\theta\sin\theta\\ -\dot{\xi}\sin\varphi+\dot{\eta}\cos\varphi\\ \dot{\xi}\sin\theta\cos\varphi+\dot{\eta}\sin\theta\sin\varphi+a\dot{\theta}\cos^2\theta\end{bmatrix}. \tag{1.6}$$

圆盘无滑动的约束条件是

$$\boldsymbol{v}_K=\boldsymbol{v}_G+\boldsymbol{\omega}\times\boldsymbol{r}_K=\mathbf{0}.$$

投影在 $G123$ 坐标系上,有

$$\boldsymbol{v}_K=[v_1,v_2+a\omega_3,v_3-a\omega_2]^{\mathrm{T}}=\mathbf{0}.$$

亦即

$$\begin{cases}\dot{\xi}\cos\theta\cos\varphi+\dot{\eta}\cos\theta\sin\varphi-a\dot{\theta}\cos\theta\sin\theta=0,\\ -\dot{\xi}\sin\varphi+\dot{\eta}\cos\varphi+a(\dot{\psi}+\dot{\varphi}\cos\theta)=0,\\ \dot{\xi}\sin\theta\cos\varphi+\dot{\eta}\sin\theta\sin\varphi+a\dot{\theta}\cos^2\theta-a\dot{\theta}=0,\end{cases}$$

其中,第一式和第三式的限制完全一样. 于是,最后得到如下的约束方程:

$$\begin{cases}\dot{\xi}\cos\varphi+\dot{\eta}\sin\varphi-a\dot{\theta}\sin\theta=0,\\ -\dot{\xi}\sin\varphi+\dot{\eta}\cos\varphi+a(\dot{\psi}+\dot{\varphi}\cos\theta)=0.\end{cases} \tag{1.7}$$

不难证明,这是一组一阶线性齐次非完整约束. 研究滚盘的运动规律必须处理这个

非完整系统.

3. 滚球问题

考虑一个半径为 a 的均匀球体在粗糙平面上滚动.这也是非完整系统的一个著名的例子.参见图 3.4 所示,取固定坐标系为 $Oijk$,其中 Oij 平面就是球滚动所在的平面.球的位形由球心 G 的坐标(x_G, y_G, a)以及与球固联的球心主轴系 $G\xi\eta\zeta$ 和平动系 $Gxyz$ 之间的三个转角 φ,θ,ψ 决定.如图 3.5 所示,按如下转动关系形成

$$Gxyz \xrightarrow{\dot{\varphi}x} Gx'y'z \xrightarrow{\dot{\theta}x'} Gx'y''\zeta \xrightarrow{\dot{\Psi}\zeta} G\xi\eta\zeta.$$

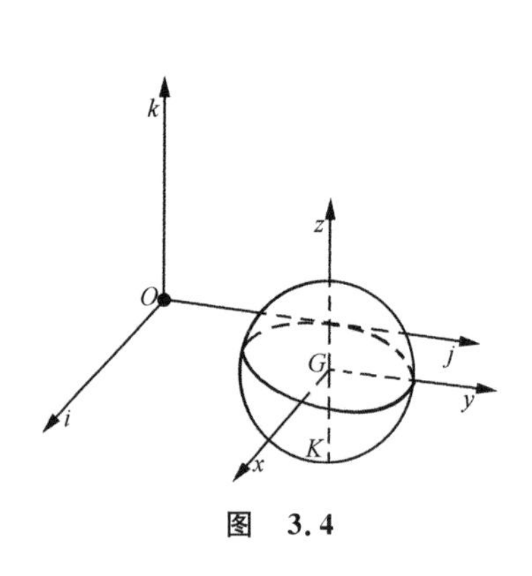

图 3.4

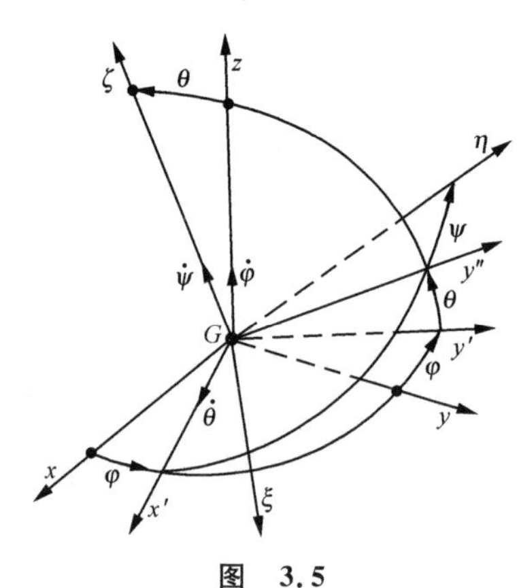

图 3.5

球体角速度

$$\begin{aligned}\boldsymbol{\omega} &= \dot{\varphi}\boldsymbol{z} + \dot{\theta}\boldsymbol{x}' + \dot{\psi}\zeta \\ &= (\dot{\psi}\sin\theta\sin\varphi + \dot{\theta}\cos\varphi)\boldsymbol{x} + (\dot{\theta}\sin\varphi - \dot{\psi}\sin\theta\cos\varphi)\boldsymbol{y} + (\dot{\varphi} + \dot{\psi}\cos\theta)\boldsymbol{z}.\end{aligned} \tag{1.8}$$

而切点 K 在 $Gxyz$ 系内的坐标为$(0,0,-a)$,从而得到切点速度

$$\boldsymbol{v}_K = \boldsymbol{v}_G + \boldsymbol{\omega} \times \boldsymbol{r}_K = (\dot{x}_G - a\omega_y)\boldsymbol{x} + (\dot{y}_G + a\omega_x)\boldsymbol{y}.$$

根据无滑动的条件,我们得到约束方程为

$$\begin{cases}\dot{x}_G - a(\dot{\theta}\sin\varphi - \dot{\psi}\sin\theta\cos\varphi) = 0, \\ \dot{y}_G + a(\dot{\theta}\cos\varphi + \dot{\psi}\sin\theta\sin\varphi) = 0.\end{cases} \tag{1.9}$$

这就是滚球问题的约束方程组,它也是一组一阶线性齐次非完整约束方程组.

4. 单轴陀螺稳定平台

在某些舰船或飞行器上,有一种单轴陀螺稳定平台.其构造大意如图 3.6 所示.若取 $Oxyz$ 为平台台体坐标系.平台绕 Oz 轴有闭环陀螺稳定控制系统,而绕 Ox,Oy 轴则可能是一般悬挂.

假定 $O\xi\eta\zeta$ 为过悬挂点 O 的惯性定向坐标系. 研究平台相对 $O\xi\eta\zeta$ 的转动运动时，引入 Euler 角 ψ,θ,φ. 此时运动学关系为

$$\begin{cases}\omega_x = \dot{\psi}\sin\varphi\sin\theta + \dot{\theta}\cos\varphi,\\ \omega_y = \dot{\psi}\cos\varphi\sin\theta - \dot{\theta}\sin\varphi,\\ \omega_z = \dot{\psi}\cos\theta + \dot{\varphi}.\end{cases}$$

假定绕 Oz 轴的闭环陀螺稳定系统完全有效，则平台在运动过程中，恒有 $\omega_z=0$，亦即满足 Pfaff 约束

$$\cos\theta\mathrm{d}\psi + 0\mathrm{d}\theta + \mathrm{d}\varphi = 0.$$

不难证明，这是一个非完整约束.

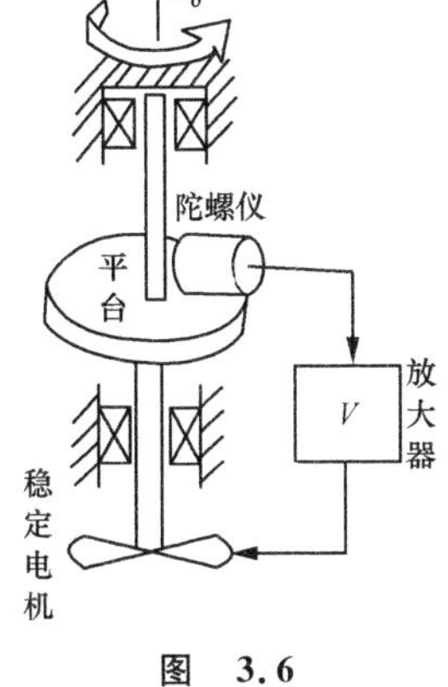

图　3.6

在现代工程技术中，非完整系统的例子日益增多. 如快速随动系统，某些有约束条件的控制系统，用充气轮胎轮子的运载器等等都是非完整系统的例子[25].

5. Lanczos 约束

Lanczos 在著名的著作[37]中曾研究 $\{[x,y,z]^{\mathrm{T}}\}$ 空间中的 Pfaff 约束

$$\omega = (y^2 - x^2 - z)\mathrm{d}x + (z - y^2 - xy)\mathrm{d}y + x\mathrm{d}z = 0.$$

这是一个以孤立积分流形 $z=x^2+y^2-xy$ 为分割面，形成两个非完整区域的复杂约束①.

6. Appell 约束与第一积分约束

以上所举非完整约束的例子都是一阶线性的. Appell 在研究非完整系统时曾引进过这样的约束

$$\dot{q}_3^2 = a^2(\dot{q}_1^2 + \dot{q}_2^2).$$

这显然是一阶非线性的约束. 在对力学系统进行研究当中，可以把系统已知的第一积分看成一种约束. 这种**第一积分约束**一般是非线性的.

3.1.2 乘子方程与 Maggi 方程

动力学基本方程

$$\sum_{s=1}^{3N}(m_s\ddot{u}_s - F_s - \widetilde{R}_s)\delta_s^C = 0.$$

其数学意义是，d'Alembert 动力学矢量

$$\boldsymbol{F}_{\mathrm{d}} = [F_1 + \widetilde{R}_1 - m_1\ddot{u}_1, F_2 + \widetilde{R}_2 - m_2\ddot{u}_2, \cdots, F_{3N} + \widetilde{R}_{3N} - m_{3N}\ddot{u}_{3N}]^{\mathrm{T}}$$

和 Descartes 位形的约束微变空间 ε 恒直交. 在有约束的情况下，位形微变空间各

---

① 参见本书 1.2.4 小节及参考文献[38]中的分析.

微变量不是自由的,而必须满足约束限制方程.如果按 Lagrange 的方式,先考虑一组完整约束,于是可引入广义坐标 $q_1, q_2, \cdots, q_n$,那么动力学基本方程变换成 Lagrange 基本方程

$$\sum_{i=1}^{n}\left(\frac{\mathrm{d}}{\mathrm{d}t}\frac{\partial T}{\partial \dot{q}_i}-\frac{\partial T}{\partial q_i}-Q_i-P_i\right)\delta_i^q=0.$$

其数学意义是 Lagrange 的动力学矢量

$$\boldsymbol{F}_{\mathrm{L}}=[Q_1+P_1-E_1(T), Q_2+P_2-E_2(T), \cdots, Q_n+P_n-E_n(T)]^{\mathrm{T}}$$

与广义坐标约束微变空间 ε^q 恒直交,其中 E_i 代表 Euler-Lagrange 算子,即

$$E_i(T)=\frac{\mathrm{d}}{\mathrm{d}t}\frac{\partial T}{\partial \dot{q}_i}-\frac{\partial T}{\partial q_i}, \quad i=1,2,\cdots,n.$$

广义坐标约束微变空间各微变量在有附加约束时也不是各自自由的,它必须满足附加约束的限制方程

$$\sum_{i=1}^{n}B_{ri}\delta_i^q=0, \quad r=1,2,\cdots,g;$$

$$\sum_{i=1}^{n}\frac{\partial \varphi_r}{\partial \dot{q}_i}\delta_i^q=0, \quad r=g+1,g+2,\cdots,g+h.$$

要把上述 Lagrange 基本方程这种直交形式变成为分离的动力学微分方程组,有两种方案.一种方案是我们在 2.2.3 小节中已经讲过的 Lagrange 未定乘子法——通过增多未知量的个数来解除微变空间的限制方程,从而得到**乘子方程**:

$$\begin{cases}\dfrac{\mathrm{d}}{\mathrm{d}t}\dfrac{\partial T}{\partial \dot{q}_i}-\dfrac{\partial T}{\partial q_i}=Q_i+P_i+\displaystyle\sum_{r=1}^{g}\lambda_r B_{ri} \\ \qquad\qquad +\displaystyle\sum_{r=g+1}^{g+h}\lambda_r\frac{\partial \varphi_r}{\partial \dot{q}_i}, \quad i=1,2,\cdots,n, \\ \displaystyle\sum_{i=1}^{n}B_{ri}\dot{q}_i+B_r=0, \quad r=1,2,\cdots,g, \\ \varphi_r(q_1,\cdots,q_n,\dot{q}_1,\cdots,\dot{q}_n,t)=0, \quad r=g+1,\cdots,g+h.\end{cases} \tag{1.10}$$

(1.10)这组方程的优点是:既可以适用于完整系统,也可以适用于非完整系统;既可以决定系统的运动,也同时可以确定附加约束作用的大小.利用它可以解决不少非完整系统的问题.在某些情况下,从这组方程也可以方便地消去未定乘子,从而得到不含附加约束乘子的动力学方程组.有关这些研究我们在§3.2中讨论.

处理动力学基本方程的另一方案是,寻找微变空间在附加约束限制条件下独立的基.如果附加约束限制方程都是独立的,那么微变空间 ε^q 独立的基是由 $n-(g+h)=m$ 个自由微变量组成.记这组基为$[\varepsilon_1, \varepsilon_2, \cdots, \varepsilon_m]^{\mathrm{T}}$,显然有如下表达式

$$\delta_i^q=\sum_{j=1}^{m}M_{ij}\varepsilon_j, \quad i=1,2,\cdots,n. \tag{1.11}$$

将这个表达式代入 Lagrange 基本方程,有

$$\sum_{j=1}^{m}\left\{\sum_{i=1}^{n}[E_i(T)-Q_i-P_i]M_{ij}\right\}\varepsilon_j=0. \tag{1.12}$$

根据$[\varepsilon_1,\varepsilon_2,\cdots,\varepsilon_m]^{\mathrm{T}}$各微变分量的独立性,故上述直交方程可分离成如下的动力学方程组

$$\sum_{i=1}^{n}E_i(T)M_{ij}=N_j+K_j, \tag{1.13}$$

其中

$$N_j=\sum_{i=1}^{n}Q_iM_{ij},\quad K_j=\sum_{i=1}^{n}P_iM_{ij},\quad i,j=1,2,\cdots,m. \tag{1.14}$$

(1.13)方程组就是 Maggi 方程组. 它的数目刚好是系统自由度数目. 对同一个问题,由于选择独立基$[\varepsilon_1,\varepsilon_2,\cdots,\varepsilon_m]^{\mathrm{T}}$可以有各种的方案,因而可以得到 Maggi 方程不同的表现形式. 同时还要指明,在方程组(1.13)中,Euler-Lagrange 算子所作用的表达式 T 是只考虑引入广义坐标时的完整约束而得到的"完整表达式",附加约束此时不能预先代入. 附加约束只能在算子作用之后和方程联立而进行考虑.

3.1.3 dδ 运算与 Lagrange-Volterra 方程

在乘子方程和 Maggi 方程的基础上作进一步的变换,可以得到非完整系动力学中各种形式的方程. 但是,Lagrange 本人以及后来的 Volterra 也曾利用过另外的途径. 这就是所谓 dδ 运算法. 由于在非完整系统里,δ_v 运算和 δ 运算并不等价(参见 1.3.5 小节),因此在 δ 运算的定义以及 dδ 交换性问题上曾出现过某些争论[25]. 对于这个问题我们所持的观点是: 应该以不同的记号明确区分这两种含义不同的变分运算,以免引起误解和无谓的争论①. 以下我们对一阶线性约束的系统来明确陈述这两种变分的定义并比较其异同.

首先要说明,对于一个已给的力学系统来说,确定它的要素是其状态,因此每种变分的定义必须确定整个状态变分所应满足的条件. 也就是说,它不仅要规定位形变分所应满足的条件,同时还要规定速度变分所应满足的条件. 现假定系统的约束为

$$\Phi_r=\sum_{s=1}^{3N}A_{rs}(u_1,u_2,\cdots,u_{3N},t)\dot{u}_s+A_r(u_1,u_2,\cdots,u_{3N},t)=0,$$
$$r=1,2,\cdots,L<3N.$$

---

① 在传统的分析动力学文献中,δ_v 和 δ 两种变分被笼统地不加区分地记为 δ,这就引起了误解和争论. 在某些近代文献中,为了指出其不同,亦有称 δ_v 为"Hölder 观点下的变分 δ",称 δ 为"Appell-Суслов 观点下的变分 δ".

(1) δ_v 变分运算,我们称之为**虚变分**.这个算子对系统位形$[u_1,u_2,\cdots,u_{3N}]^T$的作用形成虚位移,记为$[\delta_v u_1,\delta_v u_2,\cdots,\delta_v u_{3N}]^T$,它满足约束加在虚位移上的限制方程

$$\sum_{s=1}^{3N} A_{rs}\delta_v u_s = 0, \quad r = 1,2,\cdots,L < 3N.$$

δ_v 变分算子对速度$[\dot{u}_1,\dot{u}_2,\cdots,\dot{u}_{3N}]^T$的作用形成**虚速度**$[\delta_v\dot{u}_1,\delta_v\dot{u}_2,\cdots,\delta_v\dot{u}_{3N}]^T$,它满足的条件是具有普遍的 $d\delta_v$ 交换性,即

$$\delta_v\dot{u}_s = \frac{d}{dt}\delta_v u_s, \quad s = 1,2,\cdots,3N.$$

按照上述定义的虚变分,在 1.3.5 小节中对于一阶线性约束的系统我们已经证明了如下的重要性质:

性质 在完整系统里,状态的虚变分能保证系统从可能状态等时地变更到可能状态.也就是说,虚变分是在状态空间里等时的约束超曲面上进行.

如果系统是非完整的,这个性质就不再成立.这一点非常重要.这就是说,对非完整系统而言,从系统的一个满足全部约束条件 $\Phi_r=0,r=1,2,\cdots,L<3N$ 的可能状态出发作虚变分,却可能变更到约束超曲面之外,从而有

$$\delta_v\Phi_r \neq 0.$$

因此,如果从系统的非完整约束方程产生某一微分等式,例如

$$du_1 = \sum_{j=2}^{3N}\beta_{1j}\,du_j.$$

却不能得到如下的变分微分双重运算等式

$$\delta_v(du_1) = \delta_v\Big(\sum_{j=2}^{3N}\beta_{1j}\,du_j\Big).$$

由此我们明显看到,δ_v 算子的特点是保持了 $d\delta_v$ 的普遍交换性,但却失去了 δ_v 算子对等式运算上的普遍性.

(2) δ 变分运算,我们称为**普遍等时变分**,或简称为**等时变分**.这个算子对系统位形$[u_1,u_2,\cdots,u_{3N}]^T$的作用形成位形的等时变分,记为$[\delta u_1,\delta u_2,\cdots,\delta u_{3N}]^T$,它定义为同一时刻,从同一事件出发,满足约束的两可能轨道的等时位形差.根据约束方程,显然有

$$\sum_{s=1}^{3N} A_{rs}\delta u_s = 0, \quad r = 1,2,\cdots,L < 3N.$$

由此可见,等时变分算子 δ 对位形的作用和 δ_v 算子并无不同,但在对速度的作用上却完全不同.等时变分算子 δ 对速度的作用形成$[\delta\dot{u}_1,\delta\dot{u}_2,\cdots,\delta\dot{u}_{3N}]^T$,它被限制必须使状态的等时变更在状态空间里等时的约束超曲面上进行,亦即满足

$$\delta\Phi_r = \sum_{\alpha=1}^{3N}\left(\frac{\partial\Phi_r}{\partial u_\alpha}\delta u_\alpha + \frac{\partial\Phi_r}{\partial\dot{u}_\alpha}\delta\dot{u}_\alpha\right) = 0,\quad r = 1,2,\cdots,L < 3N.$$

在完整系统里,状态的虚变分正好满足上述要求,因此虚变分和等时变分并无不同.但在非完整系统里,这两种变分就不相同了.对于 δ 算子来说,它保持了微分变分在运算上的普遍性.如果从系统的约束方程得到微分等式

$$\mathrm{d}u_1 = \sum_{j=2}^{3N}\beta_{1j}\mathrm{d}u_j,$$

那么根据定义,就知道应该有

$$\delta(\mathrm{d}u_1) = \delta\left(\sum_{j=2}^{3N}\beta_{1j}\mathrm{d}u_j\right).$$

由此可以看到,δ 算子的特点是保持对等式运算上的普遍性,但却失去了普遍的 dδ 交换性.以下我们举一个具体例子来说明.

考虑平面 Oxy 上两个质点 M_1,M_2 在运动,其坐标分别为$(x_1,y_1),(x_2,y_2)$.设想质点的运动存在着如下的约束:M_1 质点的速度总是沿着 M_1M_2 连线方向,即满足

$$\dot{x}_1/(x_2-x_1) = \dot{y}_1/(y_2-y_1). \tag{1.15}$$

约束方程(1.15)亦可等价地表示为微分等式

$$\mathrm{d}x_1 = (x_2-x_1)(y_2-y_1)^{-1}\mathrm{d}y_1. \tag{1.16}$$

位形的等时变分$[\delta x_1,\delta y_1,\delta x_2,\delta y_2]^{\mathrm{T}}$ 满足的限制方程为

$$\delta x_1 = (x_2-x_1)(y_2-y_1)^{-1}\delta y_1. \tag{1.17}$$

根据状态等时变分的定义,对方程(1.16)及(1.17)作进一步变分或微分运算后仍然能得到等式,即应有

$$\delta\mathrm{d}x_1 = \delta((x_2-x_1)(y_2-y_1)^{-1}\mathrm{d}y_1),$$
$$\mathrm{d}\delta x_1 = \mathrm{d}((x_2-x_1)(y_2-y_1)^{-1}\delta y_1).$$

从而可以直接计算 dδ 运算的结果如下:

$$\begin{aligned}\mathrm{d}\delta x_1 &= \mathrm{d}\left(\frac{x_2-x_1}{y_2-y_1}\delta y_1\right) = \mathrm{d}\left(\frac{x_2-x_1}{y_2-y_1}\right)\delta y_1 + \frac{x_2-x_1}{y_2-y_1}\mathrm{d}\delta y_1\\ &= \left(\frac{-1}{y_2-y_1}\mathrm{d}x_1 + \frac{x_2-x_1}{(y_2-y_1)^2}\mathrm{d}y_1 + \frac{1}{y_2-y_1}\mathrm{d}x_2\right.\\ &\quad\left. - \frac{x_2-x_1}{(y_2-y_1)^2}\mathrm{d}y_2\right)\delta y_1 + \frac{x_2-x_1}{y_2-y_1}\mathrm{d}\delta y_1,\end{aligned}$$

$$\begin{aligned}\delta\mathrm{d}x_1 &= \delta\left(\frac{x_2-x_1}{y_2-y_1}\mathrm{d}y_1\right) = \delta\left(\frac{x_2-x_1}{y_2-y_1}\right)\mathrm{d}y_1 + \frac{x_2-x_1}{y_2-y_1}\delta\mathrm{d}y_1\\ &= \left(\frac{-1}{y_2-y_1}\delta x_1 + \frac{x_2-x_1}{(y_2-y_1)^2}\delta y_1 + \frac{1}{y_2-y_1}\delta x_2\right.\end{aligned}$$

$$-\frac{x_2-x_1}{(y_2-y_1)^2}\delta y_2\Big)\mathrm{d}y_1+\frac{x_2-x_1}{y.2-y_1}\delta\mathrm{d}y_1.$$

相减得到 x_1 的 dδ 运算交换差为

$$\begin{aligned}\mathrm{d}\delta x_1-\delta\mathrm{d}x_1=&-(y_2-y_1)^{-2}[(y_2-y_1)\mathrm{d}x_1\delta y_1-(y_2-y_1)\delta x_1\mathrm{d}y_1\\&-(y_2-y_1)\mathrm{d}x_2\delta y_1+(y_2-y_1)\delta x_2\mathrm{d}y_1\\&+(x_2-x_1)\mathrm{d}y_2\delta y_1-(x_2-x_1)\delta y_2\mathrm{d}y_1]\\&+(x_2-x_1)(y_2-y_1)^{-1}(\mathrm{d}\delta y_1-\delta\mathrm{d}y_1).\end{aligned}\tag{1.18}$$

由(1.16)及(1.17)式可以得到

$$\delta x_1\mathrm{d}y_1-\mathrm{d}x_1\delta y_1=0.$$

从而(1.18)可简化成为

$$\begin{aligned}\mathrm{d}\delta x_1-\delta\mathrm{d}x_1=&-(y_2-y_1)^{-2}[(y_2-y_1)(\delta x_2\mathrm{d}y_1-\mathrm{d}x_2\delta y_1)\\&+(x_2-x_1)(\mathrm{d}y_2\delta y_1-\delta y_2\mathrm{d}y_1)]\\&+(x_2-x_1)(y_2-y_1)^{-1}(\mathrm{d}\delta y_1-\delta\mathrm{d}y_1).\end{aligned}\tag{1.19}$$

由此可见，要 $\mathrm{d}\delta x_1-\delta\mathrm{d}x_1=0$ 及 $\mathrm{d}\delta y_1-\delta\mathrm{d}y_1=0$ 同时成立，必须有

$$\frac{y_2-y_1}{x_2-x_1}=\frac{\mathrm{d}y_1\delta y_2-\delta y_1\mathrm{d}y_2}{\mathrm{d}y_1\delta x_2-\mathrm{d}x_2\delta y_1}.\tag{1.20}$$

由于(1.20)式左右两边是各自独立的量，所以它并不总是成立的. 这就说明，在满足非完整约束的条件下，对各位形坐标 dδ 普遍交换性不成立.

以下我们转向 Lagrange-Volterra 方程. 注意到系统的动能

$$T=\sum_{s=1}^{3N}\frac{1}{2}m_s\dot{u}_s^2,$$

因此，

$$\begin{aligned}\frac{\mathrm{d}}{\mathrm{d}t}\sum_{s=1}^{3N}\frac{\partial T}{\partial\dot{u}_s}\delta u_s&=\sum_{s=1}^{3N}\Big(\frac{\mathrm{d}}{\mathrm{d}t}\frac{\partial T}{\partial\dot{u}_s}\Big)\delta u_s+\sum_{s=1}^{3N}\frac{\partial T}{\partial\dot{u}_s}\frac{\mathrm{d}}{\mathrm{d}t}\delta u_s\\&=\sum_{s=1}^{3N}m_s\ddot{u}_s\delta u_s+\sum_{s=1}^{3N}\frac{\partial T}{\partial\dot{u}_s}\frac{\mathrm{d}}{\mathrm{d}t}\delta u_s.\end{aligned}$$

如果我们考虑的系统只有一阶线性约束，此时由于位形的等时变分和虚变分并无不同，则动力学基本方程可写为

$$\sum_{s=1}^{3N}(m_s\ddot{u}_s-F_s-\tilde{R}_s)\delta u_s=0.$$

由此得到

$$\frac{\mathrm{d}}{\mathrm{d}t}\sum_{s=1}^{3N}\frac{\partial T}{\partial\dot{u}_s}\delta u_s=\sum_{s=1}^{3N}(F_s+\tilde{R}_s)\delta u_s+\sum_{s=1}^{3N}\frac{\partial T}{\partial\dot{u}_s}\frac{\mathrm{d}}{\mathrm{d}t}\delta u_s.\tag{1.21}$$

再有

$$\delta T=\delta\sum_{s=1}^{3N}\frac{1}{2}m_s\dot{u}_s^2=\sum_{s=1}^{3N}\frac{\partial T}{\partial\dot{u}_s}\delta\left(\frac{\mathrm{d}}{\mathrm{d}t}u_s\right).\tag{1.22}$$

将(1.21)与(1.22)式相减，整理即得

$$\frac{\mathrm{d}}{\mathrm{d}t}\left(\sum_{s=1}^{3N}\frac{\partial T}{\partial\dot{u}_s}\delta u_s\right)-\delta T+\sum_{s=1}^{3N}\frac{\partial T}{\partial\dot{u}_s}\left(\delta\frac{\mathrm{d}u_s}{\mathrm{d}t}-\frac{\mathrm{d}}{\mathrm{d}t}\delta u_s\right)=\sum_{s=1}^{3N}(F_s+\widetilde{R}_s)\delta u_s.\tag{1.23}$$

这即是 Lagrange-Volterra 方程. 注意到 Lagrange-Volterra 方程中包含有

$$\sum_{s=1}^{3N}\frac{\partial T}{\partial\dot{u}_s}\left(\delta\frac{\mathrm{d}u_s}{\mathrm{d}t}-\frac{\mathrm{d}}{\mathrm{d}t}\delta u_s\right)$$

项，它与各个位形坐标 u_s 是否有 dδ 交换性密切相关.

如果我们先考虑上述系统有一个完整约束组. 在满足此完整约束组条件下，可引入广义坐标 $q_1,q_2,\cdots,q_n$. 此时关于 u_s 的 d 运算和 δ 运算均转化为 q_i 的 d 运算和 δ 运算. 如果我们记

$$T^q=\left(\sum_{s=1}^{3N}\frac{1}{2}m_s\dot{u}_s^2\right)\Bigg|_{\dot{u}_s\to(q_1,\cdots,q_n,\dot{q}_1,\cdots,\dot{q}_n,t)}=T^q(q_1,q_2,\cdots,q_n,\dot{q}_1,\dot{q}_2,\cdots,\dot{q}_n,t).\tag{1.24}$$

立即可以计算得到

$$\sum_{s=1}^{3N}\frac{\partial T}{\partial\dot{u}_s}\left(\delta\frac{\mathrm{d}u_s}{\mathrm{d}t}-\frac{\mathrm{d}}{\mathrm{d}t}\delta u_s\right)=\sum_{i=1}^{n}\frac{\partial T^q}{\partial\dot{q}_i}\left(\delta\dot{q}_i-\frac{\mathrm{d}}{\mathrm{d}t}\delta q_i\right).\tag{1.25}$$

又根据微分形式的不变性，有

$$\delta T=\delta T^q=\sum_{i=1}^{n}\frac{\partial T^q}{\partial q_i}\delta q_i+\sum_{i=1}^{n}\frac{\partial T^q}{\partial\dot{q}_i}\delta\dot{q}_i.\tag{1.26}$$

将上述表达式代入(1.23)式，立即得到

$$\frac{\mathrm{d}}{\mathrm{d}t}\left(\sum_{i=1}^{n}\frac{\partial T^q}{\partial\dot{q}_i}\delta q_i\right)-\delta T^q+\sum_{i=1}^{n}\frac{\partial T^q}{\partial\dot{q}_i}\left(\delta\dot{q}_i-\frac{\mathrm{d}}{\mathrm{d}t}\delta q_i\right)=\sum_{i=1}^{n}(Q_i+P_i)\delta q_i,\tag{1.27}$$

其中

$$Q_i=\sum_{s=1}^{3N}F_s\frac{\partial u_s}{\partial q_i},\quad P_i=\sum_{s=1}^{3N}\widetilde{R}_s\frac{\partial u_s}{\partial q_i},\quad i=1,2,\cdots,n.$$

方程(1.27)就是广义坐标表达下的 Lagrange-Volterra 方程，其特点是包含有

$$\sum_{i=1}^{n}\frac{\partial T^q}{\partial\dot{q}_i}\left(\delta\dot{q}_i-\frac{\mathrm{d}}{\mathrm{d}t}\delta q_i\right)$$

项，它与各广义坐标 q_i 是否有 dδ 交换性密切相关. 广义坐标表达下的 Lagrange-

Volterra 方程实际上是与 Lagrange 基本方程等价的. 完整系统的动力学亦可从这里作为出发点. 在力学系统为完整的情况下, $\mathrm{d}\delta$ 具有普遍交换性而且 $\delta q_1, \delta q_2, \cdots, \delta q_n$ 都是独立的, 这样, 由(1.27)式立即得到第二类 Lagrange 方程

$$\frac{\mathrm{d}}{\mathrm{d}t}\frac{\partial T^q}{\partial \dot{q}_i} - \frac{\partial T^q}{\partial q_i} = Q_i + P_i, \quad i = 1,2,\cdots,n.$$

当力学系统为非完整系统时, 我们可以从 Lagrange-Volterra 方程出发, 只要能求出 $\mathrm{d}\delta$ 交换差, 即 $\mathrm{d}\delta u_s - \mathrm{d}\delta u_s$ 或 $\delta \mathrm{d}q_i - \mathrm{d}\delta q_i$ 的表达式, 就可以得到相应的非完整系统动力学方程组.

3.1.4 非完整系统的能量关系式

我们考虑系统仅有一阶线性约束

$$\sum_{s=1}^{3N} A_{rs}(u_1, u_2, \cdots, u_{3N}, t)\mathrm{d}u_s + A_r \mathrm{d}t = 0, \quad r = 1,2,\cdots,g.$$

如果某一个约束的 $A_r \equiv 0$, 则我们称这个一阶线性约束是**有规的**(catastatic). 否则称为**非有规的**(acatastatic). 如果某个约束是可积的, 那么它的有规和非有规概念、定常和非定常概念完全一致. 但对非完整的一阶线性约束, 有规仅要求 $A_r \equiv 0$, 并不要求 A_{rs} 不显含时间 t.

对于约束是有规的系统, 不管它是否完整, 都可以作如下的能量分析:

系统的约束方程为

$$\sum_{s=1}^{3N} A_{rs}(u_1, \cdots, u_{3N}, t)\mathrm{d}u_s = 0, \quad r = 1,2,\cdots,g. \tag{1.28}$$

系统的虚位移方程为

$$\sum_{s=1}^{3N} A_{rs}(u_1, \cdots, u_{3N}, t)\delta_{\mathrm{v}} u_s = 0. \tag{1.29}$$

比较(1.28)和(1.29)式, 可见对于有规系统, 其可能位移 $[\mathrm{d}u_1, \mathrm{d}u_2, \cdots, \mathrm{d}u_{3N}]^{\mathrm{T}}$ 和虚位移 $[\delta_{\mathrm{v}} u_1, \delta_{\mathrm{v}} u_2, \cdots, \delta_{\mathrm{v}} u_{3N}]^{\mathrm{T}}$ 完全一致. 于是从动力学基本方程(请注意, 此处应已认定系统的约束符合 Gauss 理想约束假定)立即得到

$$\sum_{s=1}^{3N} (m_s \ddot{u}_s - F_s)\mathrm{d}u_s = 0, \tag{1.30}$$

亦即有

$$\sum_{s=1}^{3N} m_s \ddot{u}_s \dot{u}_s = \sum_{s=1}^{3N} F_s \dot{u}_s. \tag{1.31}$$

注意到

$$\frac{\mathrm{d}T}{\mathrm{d}t} = \frac{\mathrm{d}}{\mathrm{d}t}\sum_{s=1}^{3N} \frac{1}{2} m_s \dot{u}_s^2 = \sum_{s=1}^{3N} m_s \dot{u}_s \ddot{u}_s,$$

从而得到

$$\frac{\mathrm{d}T}{\mathrm{d}t}=\sum_{s=1}^{3N}F_s\dot{u}_s=\boldsymbol{F}\cdot\dot{\boldsymbol{c}}. \tag{1.32}$$

(1.32)式可表述为如下的定理：

定理 对于有规系统，不管其是否完整，其动能的变化率等于给定力所作的功率.

(1.32)公式亦可改写成积分形式：

$$T=\int\sum_{s=1}^{3N}F_s\mathrm{d}u_s+h, \tag{1.33}$$

其中 h 是积分常数. 如果系统的给定力有势，那么由(1.33)式立即得到

$$T+V=h. \tag{1.34}$$

(1.34)式可表述为如下的机械能守恒定理：对于有规系统，如果给定力有势，那么系统在运动中总机械能守恒. 此种系统我们称之为**一般性的保守系统或封闭系统**①.

§3.2 Lagrange 乘子方程

3.2.1 冰橇的简单问题

现在研究冰刀的安装点 A 就是冰橇质心垂直投影点的特殊情况. 描述冰橇位形的广义坐标为(x,y,φ)，如图 3.7 所示. 系统的动能表达式为

$$T=m(\dot{x}^2+\dot{y}^2+k^2\dot{\varphi}^2)/2. \tag{2.1}$$

冰刀所提供的非完整约束关系式为

$$\dot{x}\sin\varphi-\dot{y}\cos\varphi=0. \tag{2.2}$$

引用 Lagrange 未定乘子 λ，得到乘子方程如下：

$$m\ddot{x}=\lambda\sin\varphi, \tag{2.3}$$

$$m\ddot{y}=-\lambda\cos\varphi, \tag{2.4}$$

$$mk^2\ddot{\varphi}=0. \tag{2.5}$$

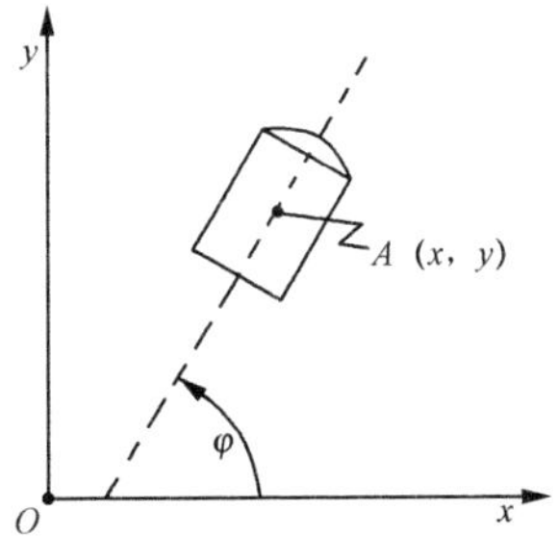

图 3.7

由(2.5)式求得

$$\dot{\varphi}=\omega=\text{const.}. \tag{2.6}$$

如果取 $\varphi|_{t=0}=0$，那么由(2.6)式立即得到

$$\varphi=\omega t. \tag{2.7}$$

---

① 此性质可应用在圆球，圆盘在水平面的纯滚动问题上. 但实际上，这种总机械能的守恒依赖于 Gauss 理想约束力的假定. 这在实验中是可以观察到不符合的情况.

由(2.3),(2.4)式消去未定乘子λ,有

$$\ddot{x}\cos\varphi+\ddot{y}\sin\varphi=0. \tag{2.8}$$

而

$$\frac{\mathrm{d}}{\mathrm{d}t}(\dot{x}\cos\varphi+\dot{y}\sin\varphi)=\ddot{x}\cos\varphi+\ddot{y}\sin\varphi-(\dot{x}\sin\varphi-\dot{y}\cos\varphi)\dot{\varphi}.$$

注意到(2.2)及(2.8)式,得

$$\frac{\mathrm{d}}{\mathrm{d}t}(\dot{x}\cos\varphi+\dot{y}\sin\varphi)=0.$$

积分一次,得

$$\dot{x}\cos\varphi+\dot{y}\sin\varphi=v_\tau=\text{const.}, \tag{2.9}$$

其中积分常数v_τ就是质心速度沿冰刀方向的分量.由于冰刀约束限定质心速度沿垂直冰刀方向的分量为零,因此v_τ实际上就是冰橇质心速度的大小.将(2.9)和(2.2)式联立,解得

$$\dot{x}=v_\tau\cos\varphi=v_\tau\cos\omega t,\quad \dot{y}=v_\tau\sin\varphi=v_\tau\sin\omega t.$$

再积分一次,得到冰橇质心运动轨迹的方程

$$x=v_\tau\omega^{-1}\sin\omega t+x_0,\quad y=-v_\tau\omega^{-1}\cos\omega t+y_0. \tag{2.10}$$

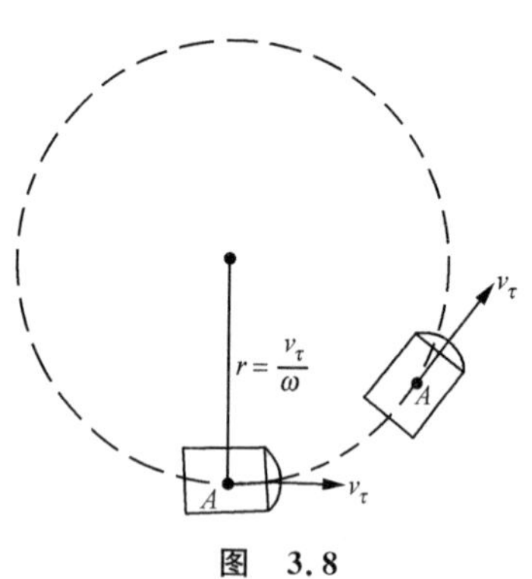

图 3.8

由此可见,在简单问题的情况下,冰橇的质心作圆周运动,圆的半径$r=v_\tau/\omega$,它和冰橇的初速大小成正比,和冰橇的初角速度成反比.冰橇绕质心作等速转动,这个转动刚好保证了冰刀的方向时时刻刻和圆轨道相切,如图3.8所示.

3.2.2 冰橇运动的 Чаплыгин 问题

如果冰刀的安装点A不在冰橇质心的垂直投影处,但质心投影点G仍在冰刀方向上,这就构成冰橇运动的 Чаплыгин 问题.这种情况所提供的冰橇惯性运动和前面简单情况又大不相同了.

记G点和A点之间的距离为a,冰橇运动的广义坐标仍用A点坐标(x,y),$A\xi$的转角为φ,如图3.9所示.此时G点坐标为

$$x_G=x+a\cos\varphi,\quad y_G=y+a\sin\varphi.$$

因此有

$$\dot{x}_G=\dot{x}-a\dot{\varphi}\sin\varphi,\quad \dot{y}_G=\dot{y}+a\dot{\varphi}\cos\varphi.$$

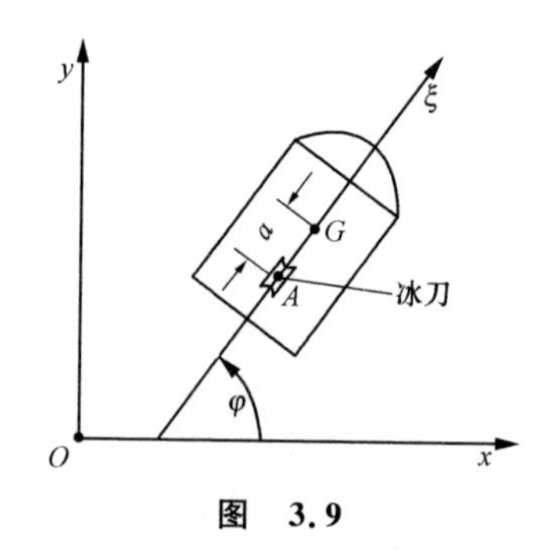

图 3.9

系统的动能

$$T=\frac{1}{2}J_G\dot{\varphi}^2+\frac{1}{2}m(\dot{x}_G^2+\dot{y}_G^2)$$
$$=\frac{1}{2}(J_G+ma^2)\dot{\varphi}^2+\frac{1}{2}m(\dot{x}^2+\dot{y}^2+2a\dot{\varphi}\dot{y}\cos\varphi-2a\dot{\varphi}\dot{x}\sin\varphi),\quad(2.11)$$

其中 m 是冰橇质量,J_G 是冰橇绕过质心的垂直轴的转动惯量. A 点的冰刀约束条件为

$$\dot{x}\sin\varphi-\dot{y}\cos\varphi=0.\quad(2.12)$$

代入乘子方程,得到

$$m\frac{\mathrm{d}}{\mathrm{d}t}(\dot{x}-a\dot{\varphi}\sin\varphi)=\lambda\sin\varphi,\quad(2.13)$$

$$m\frac{\mathrm{d}}{\mathrm{d}t}(\dot{y}+a\dot{\varphi}\cos\varphi)=-\lambda\cos\varphi,\quad(2.14)$$

$$(J_G+ma^2)\ddot{\varphi}+ma\dot{\varphi}(\dot{x}\cos\varphi+\dot{y}\sin\varphi)=0.\quad(2.15)$$

可以如下来寻求 Чаплыгин 问题的解:由(2.13)及(2.14)式消去未定乘子 λ,得

$$\cos\varphi\frac{\mathrm{d}}{\mathrm{d}t}(\dot{x}-a\dot{\varphi}\sin\varphi)+\sin\varphi\frac{\mathrm{d}}{\mathrm{d}t}(\dot{y}+a\dot{\varphi}\cos\varphi)$$
$$=\ddot{x}\cos\varphi+\ddot{y}\sin\varphi-a\dot{\varphi}^2=0.\quad(2.16)$$

而

$$\frac{\mathrm{d}}{\mathrm{d}t}(\dot{x}\cos\varphi+\dot{y}\sin\varphi)=\ddot{x}\cos\varphi+\ddot{y}\sin\varphi-\dot{\varphi}(\dot{x}\sin\varphi-\dot{y}\cos\varphi).$$

注意到约束条件(2.12),则有

$$\frac{\mathrm{d}}{\mathrm{d}t}(\dot{x}\cos\varphi+\dot{y}\sin\varphi)=\ddot{x}\cos\varphi+\ddot{y}\sin\varphi.$$

所以(2.16)式成为

$$\frac{\mathrm{d}}{\mathrm{d}t}(\dot{x}\cos\varphi+\dot{y}\sin\varphi)=a\dot{\varphi}^2.\quad(2.17)$$

由(2.15)式中解出 $\dot{x}\cos\varphi+\dot{y}\sin\varphi$ 后,代入(2.17)式就有

$$\frac{\mathrm{d}}{\mathrm{d}t}\left[\frac{(J_G+ma^2)\ddot{\varphi}}{ma\dot{\varphi}}\right]=-a\dot{\varphi}^2.$$

记

$$\dot{\varphi}=\omega,\quad k^2=1+J_G/ma^2,$$

则上式成为

$$k^2\frac{\mathrm{d}}{\mathrm{d}t}\left(\frac{\dot{\omega}}{\omega}\right)=-\omega^2.\quad(2.18)$$

将(2.18)乘以 $\dot{\omega}/\omega$,立即得

$$k^2\frac{\mathrm{d}}{\mathrm{d}t}\left[\left(\frac{\dot{\omega}}{\omega}\right)^2\right]=-\frac{\mathrm{d}}{\mathrm{d}t}\omega^2.$$

于是得积分

$$k^2(\dot{\omega}/\omega)^2 = k^2c^2 - \omega^2, \tag{2.19}$$

其中 c 是积分常数.引入辅助变量 ψ,变换关系为

$$\omega = kc\cos\psi. \tag{2.20}$$

代入(2.19)式,得

$$\dot{\psi}^2 = c^2\cos^2\psi.$$

由于 c 是任意常数,正负号未定,因此上式可写成

$$\dot{\psi} = c\cos\psi. \tag{2.21}$$

由此可以直接得到 ψ 变量的意义:

$$\frac{\mathrm{d}\varphi}{\mathrm{d}t} = \omega = kc\cos\psi = k\dot{\psi}. \tag{2.22}$$

因而,只要选定 $\varphi|_{t=0}=0$,以及

$$\psi|_{t=0} = 0, \tag{2.23}$$

那么从(2.22)式可以得到

$$\varphi = k\psi. \tag{2.24}$$

根据方程(2.21)及条件(2.23),可以求出 ψ 随时间变化的规律:

$$ct = \int_0^\psi \frac{\mathrm{d}\xi}{\cos\xi} = \frac{1}{2}\ln\frac{1+\sin\psi}{1-\sin\psi}.$$

即

$$\psi = \mathrm{arcsinh}\,ct. \tag{2.25}$$

冰橇转角 φ 随时间的变化规律为

$$\varphi = k\psi = k\,\mathrm{arcsinh}\,ct. \tag{2.26}$$

由此式可以知道,冰橇的 Чаплыгин 情况和简单情况不同,它不是一直转动下去.当时间由 $-\infty$ 到 $+\infty$ 变化时,φ 角是从 $-k\pi/2$ 转到 $k\pi/2$,角度共转过 $k\pi$.

以下用 ψ 为参数来寻求 A 点的运动轨迹:从约束条件不难得到

$$\dot{x} = (\dot{x}\cos\varphi + \dot{y}\sin\varphi)\cos\varphi, \quad \dot{y} = (\dot{x}\cos\varphi + \dot{y}\sin\varphi)\sin\varphi.$$

再注意(2.15)式,可解得

$$\dot{x}\cos\varphi + \dot{y}\sin\varphi = -\frac{J_G + ma^2}{ma}\frac{\ddot{\varphi}}{\dot{\varphi}}.$$

于是有

$$\begin{aligned}\frac{\mathrm{d}x}{\mathrm{d}\psi} &= \frac{\dot{x}}{\dot{\psi}} = \frac{(\dot{x}\cos\varphi + \dot{y}\sin\varphi)\cos\varphi}{\dot{\psi}} \\ &= -\frac{J_G + ma^2}{ma}\frac{\ddot{\varphi}}{\dot{\varphi}}\frac{\cos\varphi}{\dot{\psi}}\end{aligned}$$

$$=-\frac{J_G+ma^2}{ma}\frac{-kc\dot{\psi}\sin\psi}{kc\cos\psi}\frac{\cos k\psi}{\dot{\psi}}$$
$$=ak^2\tan\psi\cos k\psi.$$

同理,可求得

$$\frac{\mathrm{d}y}{\mathrm{d}\psi}=ak^2\tan\psi\sin k\psi.$$

于是得到

$$x=ak^2\int_0^{\psi}\tan\xi\cos k\xi\mathrm{d}\xi+x_0,\quad y=ak^2\int_0^{\psi}\tan\xi\sin k\xi\mathrm{d}\xi+y_0.\tag{2.27}$$

对于不同的参数 k,可得到 A 点轨迹如图 3.10～3.13 所示.

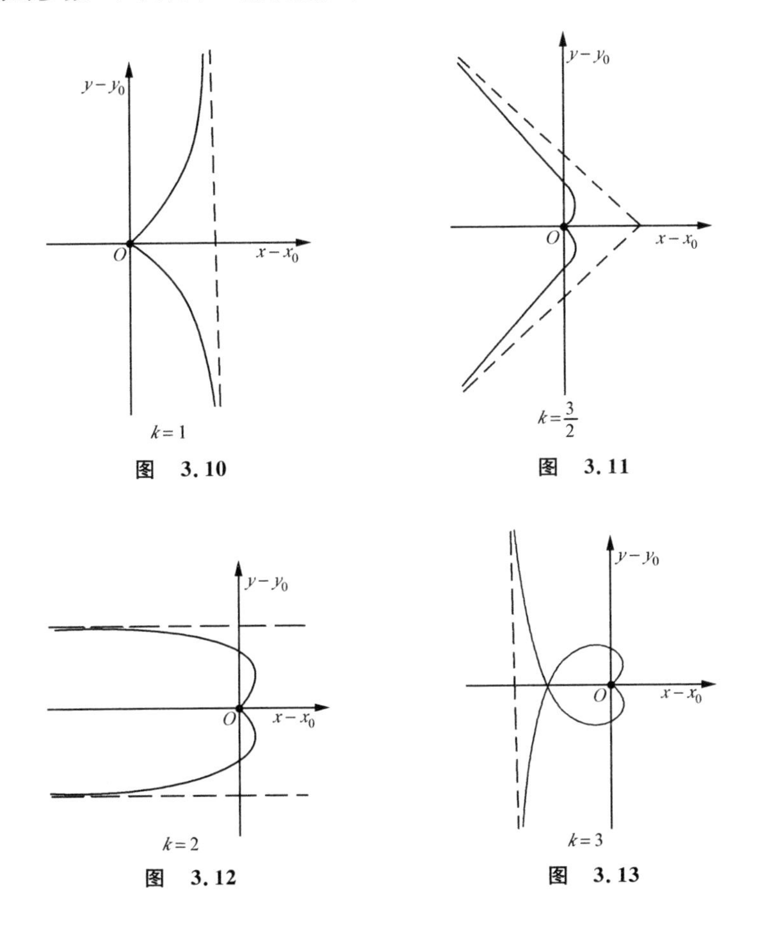

图　3.10

图　3.11

图　3.12

图　3.13

3.2.3　滚盘问题

问题的提法及描述参数如 3.1.1 小节中所述.

系统动能

$$T=\frac{1}{2}M(\dot{\xi}^2+\dot{\eta}^2+\dot{\zeta}^2)+\frac{1}{2}(A\omega_1^2+A\omega_2^2+C\omega_3^2).$$

注意到(1.3)及(1.5)式,则上式可化为

$$T=\frac{1}{2}M(\dot{\xi}^2+\dot{\eta}^2+a^2\dot{\theta}^2\cos^2\theta)+\frac{1}{2}A(\dot{\theta}^2+\dot{\varphi}^2\sin^2\theta)$$
$$+C(\dot{\psi}+\dot{\varphi}\cos\theta)^2/2. \tag{2.28}$$

系统势能

$$V=Mg\zeta=Mga\sin\theta. \tag{2.29}$$

将(2.28),(2.29)式代入非完整系的 Lagrange 乘子方程[①]

$$\frac{\mathrm{d}}{\mathrm{d}t}\frac{\partial L}{\partial\dot{q}_i}-\frac{\partial L}{\partial q_i}=\lambda B_{1i}+\mu B_{2i},$$

其中 $q_1=\xi,q_2=\eta,q_3=\theta,q_4=\varphi,q_5=\psi$,再注意到一阶线性非完整约束方程为

$$\dot{\xi}\cos\varphi+\dot{\eta}\sin\varphi-a\dot{\theta}\sin\theta=0, \tag{2.30}$$

$$-\dot{\xi}\sin\varphi+\dot{\eta}\cos\varphi+a(\dot{\varphi}\cos\theta+\dot{\psi})=0, \tag{2.31}$$

得到

$$\frac{\mathrm{d}}{\mathrm{d}t}(M\dot{\xi})=\lambda\cos\varphi-\mu\sin\varphi, \tag{2.32}$$

$$\frac{\mathrm{d}}{\mathrm{d}t}(M\dot{\eta})=\lambda\sin\varphi+\mu\cos\varphi, \tag{2.33}$$

$$\frac{\mathrm{d}}{\mathrm{d}t}(Ma^2\dot{\theta}\cos^2\theta+A\dot{\theta})-(-Ma^2\cos\theta\sin\theta+A\dot{\varphi}^2\sin\theta\cos\theta$$
$$-C\omega_3\dot{\varphi}\sin\theta-Mga\cos\theta)=-\lambda a\sin\theta, \tag{2.34}$$

$$\frac{\mathrm{d}}{\mathrm{d}t}(A\dot{\varphi}\sin^2\theta+C\omega_3\cos\theta)=\mu a\cos\theta, \tag{2.35}$$

$$\frac{\mathrm{d}}{\mathrm{d}t}(C\omega_3)=\mu a, \tag{2.36}$$

其中

$$\omega_3=\dot{\psi}+\dot{\varphi}\cos\theta.$$

(2.30)～(2.36)式共七个方程,七个变量:$\xi,\eta,\theta,\varphi,\psi,\lambda,\mu$,组成了系统的动力学方程组.

对于上述非完整系动力学方程组可作如下研究:

(1) 由方程(2.32)和(2.33)可求得未定乘子的如下表达式

---

① 此处已应用假定:滚盘的非完整约束是 Gauss 理想的. 这个假定等价于以下关于相互作用的假定:接触是点接触,相互作用力是通过接触点的.

$$\lambda = M(\ddot{\xi}\cos\varphi + \ddot{\eta}\sin\varphi) = -F_{DP}, \tag{2.37}$$

$$\mu = M(-\ddot{\xi}\sin\varphi + \ddot{\eta}\cos\varphi) = -F_{D2}, \tag{2.38}$$

其中 F_{DP} 是盘子沿 GP 方向的惯性力，F_{D2} 是盘子沿 $G2$ 方向的惯性力. 由此可见，未定乘子的物理意义是：λ 是粗糙水平面在切点沿 GP 方向作用的约束力，μ 是粗糙平面在切点沿 $G2$ 方向作用的约束力.

(2) 利用约束方程，可以从(2.37)和(2.38)式中消去 $\ddot{\xi}$ 和 $\ddot{\eta}$，得到如下表达式

$$\lambda = Ma(\ddot{\theta}\sin\theta + \dot{\theta}^2\cos\theta + \omega_3\dot{\varphi}), \quad \mu = Ma(\dot{\theta}\dot{\varphi}\sin\theta - \dot{\omega}_3).$$

将上述 λ,μ 表达式代入(2.34)～(2.36)式中，得到仅含 θ,φ,ψ 三个变量的方程组

$$(A + Ma^2)\ddot{\theta} = A\dot{\varphi}^2\cos\theta\sin\theta - (C + Ma^2)\omega_3\dot{\varphi}\sin\theta - Mga\cos\theta, \tag{2.39}$$

$$(C + Ma^2)\dot{\omega}_3 = Ma^2\dot{\theta}\dot{\varphi}\sin\theta, \tag{2.40}$$

$$\frac{\mathrm{d}}{\mathrm{d}t}(A\dot{\varphi}\sin^2\theta) = C\omega_3\dot{\theta}\sin\theta. \tag{2.41}$$

(3) 类似于刚体动力学传统的方法，引入辅助变量

$$s = \cos\theta, \tag{2.42}$$

于是有

$$\frac{\mathrm{d}s}{\mathrm{d}t} = -\dot{\theta}\sin\theta, \tag{2.43}$$

$$1 - s^2 = \sin^2\theta. \tag{2.44}$$

将(2.40)式变换成为

$$(C + Ma^2)\frac{\mathrm{d}\omega_3}{\mathrm{d}s}\frac{\mathrm{d}s}{\mathrm{d}t} = Ma^2\dot{\theta}\dot{\varphi}\sin\theta.$$

再将(2.43)式代入，即得

$$\dot{\varphi} = -\left(1 + \frac{C}{Ma^2}\right)\frac{\mathrm{d}\omega_3}{\mathrm{d}s}. \tag{2.45}$$

将(2.43)—(2.45)各式一并代入(2.41)式，得

$$\frac{\mathrm{d}}{\mathrm{d}s}\left[(1 - s^2)\frac{\mathrm{d}\omega_3}{\mathrm{d}s}\right] - \frac{C}{A(1 + C/Ma^2)}\omega_3 = 0. \tag{2.46}$$

这是一个以 s 为自变量的 Legendre 型方程. 从此方程出发，解出 ω_3 作为 s 的函数之后，不难进一步讨论方程组(2.39)～(2.41)的完全解.

(4) 现在研究滚盘运动中一种常见的定常运动：盘面和水平面成固定倾角 α 而滚动，质心作圆周运动. 记质心作圆周运动的半径为 b，绕圆周的角速度为 ω，则此种定常运动对应着如下的特解：

$$\begin{aligned} &\theta = \alpha = \text{const.}, \quad \dot{\theta} = \ddot{\theta} = 0, \\ &\dot{\varphi} = \omega = \text{const.}, \quad \omega_3 = \text{const.} = -a^{-1}b\omega. \end{aligned} \tag{2.47}$$

这个特解显然满足方程(2.40)和(2.41). 但代入方程(2.39), 为了满足这个方程, 应有

$$A\omega^2\cos\alpha\sin\alpha + a^{-1}b(C+Ma^2)\omega^2\sin\alpha = Mga\cos\alpha. \tag{2.48}$$

这就是定常运动(2.47)成为滚盘可能的特解所必须满足的条件, 这个条件给出了 ω 和 α 两者取值的限制关系.

(5) 从方程组(2.39)～(2.41)出发, 用小偏差方法还可以研究定常解的运动稳定性. 这种用小偏差研究稳定性的理论在 2.6.6 小节中已作了一般性的论述.

以圆盘直滚为例. 此时圆盘运动的特解为

$$\alpha = \pi/2, \quad \varphi = \varphi_0 = \text{const.}, \quad \dot{\psi} = \Omega = \text{const.}. \tag{2.49}$$

为研究这个特解的稳定性, 在其邻近引进小偏差, 即令

$$\begin{aligned} \theta &= \frac{\pi}{2} + \Delta\theta, \quad \dot{\theta} = \frac{\mathrm{d}}{\mathrm{d}t}(\Delta\theta), \quad \ddot{\theta} = \frac{\mathrm{d}^2}{\mathrm{d}t^2}(\Delta\theta), \\ \varphi &= \varphi_0 + \Delta\varphi, \quad \dot{\varphi} = \frac{\mathrm{d}}{\mathrm{d}t}(\Delta\varphi), \quad \ddot{\varphi} = \frac{\mathrm{d}^2}{\mathrm{d}t^2}(\Delta\varphi). \end{aligned} \tag{2.50}$$

将(2.50)各式代入方程(2.39)和(2.41)中, 展开后, 略去高阶小量, 得一次近似方程

$$(A+Ma^2)\frac{\mathrm{d}^2}{\mathrm{d}t^2}(\Delta\theta) = -(C+Ma^2)\Omega\frac{\mathrm{d}}{\mathrm{d}t}(\Delta\varphi) + Mga(\Delta\theta), \tag{2.51}$$

$$A\frac{\mathrm{d}^2}{\mathrm{d}t^2}(\Delta\varphi) = C\Omega\frac{\mathrm{d}}{\mathrm{d}t}(\Delta\theta). \tag{2.52}$$

对方程(2.52)积分一次, 得

$$\frac{\mathrm{d}}{\mathrm{d}t}(\Delta\varphi) = \frac{C\Omega}{A}(\Delta\theta) + d, \tag{2.53}$$

其中 d 是积分常数. 将(2.53)式代入(2.51)式中, 得

$$(A+Ma^2)\frac{\mathrm{d}^2}{\mathrm{d}t^2}(\Delta\theta) + \left[(C+Ma^2)\frac{C}{A}\Omega^2 - Mga\right]\Delta\theta = R, \tag{2.54}$$

其中

$$R = -(C+Ma^2)A^{-1}C\Omega^2 d = \text{const.}.$$

从(2.54)式可以得到圆盘直滚稳定的条件

$$(C+Ma^2)A^{-1}C\Omega^2 - Mga > 0,$$

亦即滚动角速度 Ω 满足

$$\Omega > \sqrt{MgaA/(C+Ma^2)C}. \tag{2.55}$$

3.2.4 变结构系统动力学举例: 滚盘的实际运动

Lagrange 力学区别于 Newton 力学的本质特点之一是, 把约束和力都作为力

学系统动力学的基本因素看待. 在传统的 Lagrange 分析动力学研究中,大都研究约束是确定的系统. 但实际上,任何约束的成立都需要满足某些辅助的条件,一旦这些条件发生变化,系统的约束就会发生变化. 无论在自然界或是在工程技术系统中,系统的约束发生变化,即产生约束的加载和卸载的情况是常见的现象. 产生这种约束加载和卸载的原因,可能是由于实际力学条件的变化,也可能是由于控制和系统功能的需要. 考虑这种情况的动力学研究,我们称之为**变结构系统动力学**. 这一领域的研究,使动力学系统和动力学现象更加丰富多彩.

本小节介绍这一领域研究的一个例子: 薄边缘滚盘的实际运动. 作为经典非完整动力学三个典型例子之一,滚盘问题由于其直观、易于实现以及工程中的广泛实用性,为众多力学工作者所研究,但是,现有对滚盘动力学的研究仅考虑纯滚情形,而实际当中情况要复杂得多. 这表现在: (1) 运动是分段的. 通常初始条件不满足纯滚要求,滚盘倒地时纯滚条件会被破坏,因此滚盘实际运动会经历由连滚带滑到纯滚到连滚带滑直至倒地的过程;(2) 从约束条件看,有着完整约束与非完整约束随力学条件不同而产生转换;(3) 滚盘原地自旋明显的衰减和滚动半径的收缩表明在滚盘实际运动研究中必须考虑阻尼因素. 因此滚盘实际运动的研究是一个变结构动力学的课题. 以下我们以相互作用的力学分析为根据,仔细考查其约束产生的力学条件,建立符合实际运动规律的动力学模型及其转换条件,利用数值模拟检验其正确性,并着重解决大范围角运动引起的计算奇异性困难.

1. 滚盘实际运动的动力学模型

考虑一均质薄边圆盘在水平面上滚动,圆盘质量为 m,半径为 R. 假定圆盘和水平面之间的摩擦力符合 Coulomb 摩擦定律,并且静摩擦系数 $\mu_{\max}$ 大于动摩擦系数 μ. Coulomb 摩擦定律中静摩擦力的多值性是形成纯滚动时非完整约束的力学基础. 取 $Oxyz$ 为固定参考系,其中 Oxy 为水平地面,如图 3.14 所示. 描述圆盘运动的参数为: 质心在 $Oxyz$ 中的坐标 x_C, y_C, z_C,圆盘绕质心的转角 ψ,θ,φ. 其中 ψ,θ,φ 是由平动系 $Cxyz$ 到圆盘固连系 $Cx'y'z'$(Cz' 垂直于盘面)按图 3.15 转动而成.

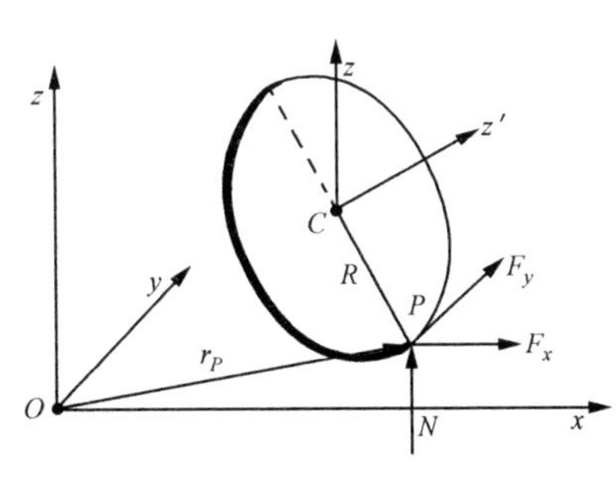

图 3.14

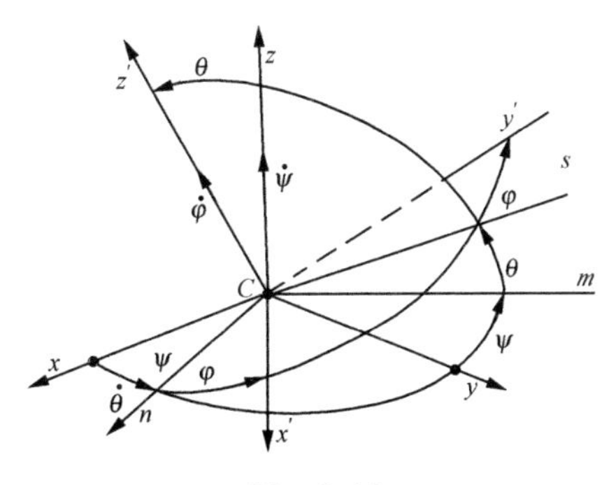

图 3.15

圆盘的瞬时角速度为

$$\boldsymbol{\omega}=\dot{\psi}\boldsymbol{z}+\dot{\theta}\boldsymbol{n}+\dot{\varphi}\boldsymbol{z}'=\dot{\theta}\boldsymbol{n}+\dot{\psi}\sin\theta\boldsymbol{s}+(\dot{\varphi}+\dot{\psi}\cos\theta)\boldsymbol{z}'$$
$$=(\dot{\varphi}\sin\theta\sin\psi+\dot{\theta}\cos\psi)\boldsymbol{x}+(-\dot{\varphi}\sin\theta\cos\psi+\dot{\theta}\sin\psi)\boldsymbol{y}+(\dot{\varphi}\cos\theta+\dot{\psi})\boldsymbol{z}. \tag{2.56}$$

圆盘触地点 P 的位置矢量为

$$\boldsymbol{r}_P=(x_C+R\cos\theta\sin\psi)\boldsymbol{x}+(y_C-R\cos\theta\cos\psi)\boldsymbol{y}+(z_C-R\sin\theta)\boldsymbol{z}. \tag{2.57}$$

盘上 P 点速度为

$$\boldsymbol{v}_P=v_{Px}\boldsymbol{x}+v_{Py}\boldsymbol{y},$$

其中

$$v_{Px}=\dot{x}_C+R\cos\psi(\dot{\psi}\cos\theta+\dot{\varphi})-R\dot{\theta}\sin\theta\sin\psi, \tag{2.58}$$

$$v_{Py}=\dot{y}_C+R\sin\psi(\dot{\psi}\cos\theta+\dot{\varphi})+R\dot{\theta}\sin\theta\cos\psi. \tag{2.59}$$

圆盘不跳起,满足触地的完整约束

$$z_C-R\sin\theta=0. \tag{2.60}$$

圆盘绕质心 C 的动量矩为

$$\boldsymbol{G}_c=(J_1\dot{\theta})\boldsymbol{n}+(J_1\dot{\psi}\sin\theta)\boldsymbol{s}+J_3(\dot{\varphi}+\dot{\psi}\cos\theta)\boldsymbol{z}', \tag{2.61}$$

其中

$$J_1=\frac{1}{4}mR^2,\quad J_3=\frac{1}{2}mR^2.$$

圆盘所受的作用力除重力外,还有地面给滚盘的摩擦力 $F_x\boldsymbol{x}+F_y\boldsymbol{y}$,正反力 $N\boldsymbol{z}$,在 $\boldsymbol{z}$ 方向还考虑有阻尼力矩 $-mR^2\zeta\omega_z\boldsymbol{z}$,其中 ζ 为阻尼系数.

对滚盘应用质心动量定理与绕质心的动量矩定理,可以得到如下方程:

$$\begin{cases}\ddot{x}_C\cos\psi+\ddot{y}_C\sin\psi=(F_y\sin\psi+F_x\cos\psi)/m,\\ -\ddot{x}_C\sin\psi+\ddot{y}_C\cos\psi=(F_y\cos\psi-F_x\sin\psi)/m,\\ \ddot{z}_C=N/m-g,\\ J_1\ddot{\theta}-J_1\dot{\psi}^2\sin\theta\cos\theta+J_3\dot{\psi}\sin\theta(\dot{\psi}\cos\theta+\dot{\varphi})\\ \qquad=-RN\cos\theta+R\sin\theta(F_y\cos\psi-F_x\sin\psi),\\ J_1\ddot{\psi}\sin\theta+2J_1\dot{\theta}\dot{\psi}\cos\theta-J_3\dot{\theta}(\dot{\psi}\cos\theta+\dot{\varphi})=-mR^2\zeta\omega_z\sin\theta,\\ J_3(\ddot{\psi}\cos\theta-\dot{\psi}\dot{\theta}\sin\theta+\ddot{\varphi})=R(F_y\sin\psi+F_x\cos\psi)-mR^2\zeta\omega_z\cos\theta.\end{cases} \tag{2.62}$$

根据滚盘运动不同的条件,力学模型又分为以下两种不同的阶段:

(1) 连滚带滑阶段. 当滚盘触地点对地有滑动时,这就是连滚带滑阶段. 此时地面给的摩擦力为滑动摩擦力. 记滑动摩擦系数为 μ,则

$$F_x=-\mu Nv_{Px}/v_P,\quad F_y=-\mu Nv_{Py}/v_P. \tag{2.63}$$

此时滚盘仅受一完整约束(2.60).利用它消去 z_C,并应用(2.63)式可得到连滚带滑阶段的动力学方程为

$$\begin{aligned}
\ddot{x}_C &= -\mu R v_{Px}(\ddot{\theta}\cos\theta - \dot{\theta}^2\sin\theta + g/R)/v_P, \\
\ddot{y}_C &= -\mu R v_{Py}(\ddot{\theta}\cos\theta - \dot{\theta}^2\sin\theta + g/R)/v_P, \\
\ddot{\theta} &= \{4[\cos\theta - \mu\sin\theta(v_{Px}\sin\psi - v_{Py}\cos\psi)/v_P](\dot{\theta}^2\sin\theta - g/R) \\
&\quad - \dot{\psi}^2\sin\theta\cos\theta - 2\dot{\psi}\dot{\varphi}\sin\theta\}/[1 + 4\cos^2\theta - 4\mu\sin\theta\cos\theta(v_{Px}\sin\psi - v_{Py}\cos\psi)], \\
\ddot{\psi} &= 2\dot{\theta}\dot{\varphi}/\sin\theta - 4\zeta(\dot{\psi} + \dot{\varphi}\cos\theta), \\
\ddot{\varphi} &= -2\dot{\theta}\dot{\varphi}\cos\theta/\sin\theta + \dot{\psi}\dot{\theta}\sin\theta - 2\mu(v_{Px}\cos\psi + v_{Py}\sin\psi) \\
&\quad \cdot (\ddot{\theta}\cos\theta - \dot{\theta}^2\sin\theta + g/R)/v_p + 2\zeta\cos\theta(\dot{\psi} + \dot{\varphi}\cos\theta).
\end{aligned} \tag{2.64}$$

滚盘实际运动中,通常在初始和在倒地之前都属于这个阶段.

(2) 纯滚阶段.当滚盘触地点速度为零时,滚盘由连滚带滑变为纯滚.纯滚阶段中,滚盘触地点的速度一直保持为零.由(2.58)和(2.59)式可得到此阶段中应增加的两个约束方程

$$\begin{aligned}
f_1 &= \dot{x}_C\cos\psi + \dot{y}_C\sin\psi + R(\dot{\psi}\cos\theta + \dot{\varphi}) = 0, \\
f_2 &= \dot{x}_C\sin\psi - \dot{y}_C\cos\psi - R\dot{\theta}\sin\theta = 0.
\end{aligned} \tag{2.65}$$

滚盘此时成为非完整系统.在此阶段中,滚盘与地面间的摩擦力为静摩擦力.(2.63)式不再成立.因此(2.64)式的力学模型不再能够使用.处理纯滚动阶段的非完整动力学问题可以使用经典的乘子方程办法,但针对本课题而言,更简单的办法是直接利用约束方程将动力学方程中平动变量与转动变量分离.由约束方程(2.65)及(2.60),得到

$$\begin{cases}
\dot{x}_C = R\dot{\theta}\sin\theta\sin\psi - R\cos\psi(\dot{\psi}\cos\theta + \dot{\varphi}), \\
\dot{y}_C = -R\dot{\theta}\sin\theta\cos\psi - R\sin\psi(\dot{\psi}\cos\theta + \dot{\varphi}), \\
z_C = R\sin\theta.
\end{cases} \tag{2.66}$$

利用(2.62)式的前三个方程可求出 $F_y\sin\psi + F_x\cos\psi$, $F_y\cos\psi - F_x\sin\psi$, N 的表达式,代入后三个方程,可得到纯滚阶段已分离变量的角运动动力学方程

$$\begin{cases}
\ddot{\theta} = -\dfrac{6}{5}\dot{\psi}\dot{\varphi}\sin\theta - \dot{\psi}^2\cos\theta\sin\theta - \dfrac{4g}{5R}\cos\theta, \\
\ddot{\psi} = 2\dot{\varphi}\dot{\theta}/\sin\theta - 4\zeta(\dot{\varphi}\cos\theta + \dot{\psi}), \\
\ddot{\varphi} = -2\dot{\varphi}\dot{\theta}\cos\theta/\sin\theta + \dfrac{5}{3}\dot{\theta}\dot{\psi}\sin\theta + \dfrac{10}{3}\zeta(\dot{\varphi}\cos\theta + \dot{\psi})\cos\theta.
\end{cases} \tag{2.67}$$

寻求质心和触地点位置的方程不难由(2.66)式得到.

(3) 转换条件. 滚盘连滚带滑的条件是 $v_p \neq 0$. 一旦 $v_p = 0$,则滚盘脱出连滚带滑阶段,进入纯滚阶段. 在纯滚阶段中必须保持触地点速度为零. 从相互作用力条件来看,必须保证维持约束成立的相互作用力小于最大静摩擦力. 否则,纯滚条件破坏,非完整约束解除,滚盘变为连滚带滑. 转换的条件可以通过计算静摩擦力在 n,m 方向的投影而得到

$$\begin{cases} F_n = mR\left[\dfrac{1}{3}\dot{\psi}\dot{\theta}\sin\theta + \dfrac{2}{3}\zeta\cos\theta(\dot{\varphi}\cos\theta + \dot{\psi})\right], \\ F_m = mR\left[-\dot{\psi}^2\cos^3\theta - \dot{\psi}\dot{\varphi}\left(1 - \dfrac{6}{5}\sin^2\theta\right) + \dfrac{4g}{5R}\cos\theta\sin\theta - \dot{\theta}^2\cos\theta\right], \\ N = mR\left[-\dfrac{6}{5}\dot{\psi}\dot{\varphi}\sin\theta\cos\theta - \dot{\psi}^2\cos^2\theta\sin\theta - \dfrac{4g}{5R}\cos^2\theta - \dot{\theta}^2\sin\theta + \dfrac{g}{R}\right]. \end{cases} \tag{2.68}$$

滚盘由纯滚转变为连滚带滑的判别条件为

$$F = \sqrt{F_n^2 + F_m^2} \geqslant \mu_{\max}\,|N|, \tag{2.69}$$

其中 $\mu_{\max}$ 为静摩擦系数.

2. 第二套坐标下的动力学模型

在滚盘实际运动的研究中,由于要模拟滚盘从开始到倒地的整个过程,角度的计算范围是很大的. 当 θ 在 $\pi/2$ 邻近时,描述是接近正常滚动的情况,此时上面给出的动力学模型非常适用. 但当 θ 变化接近 0 或 π 时,上面的动力学模型接近描述坐标的奇点,数值计算成为不可能,这是刚体动力学大范围计算经常碰到的情况. 针对本问题的特点,我们采取用两套描述坐标的办法来克服此种困难.

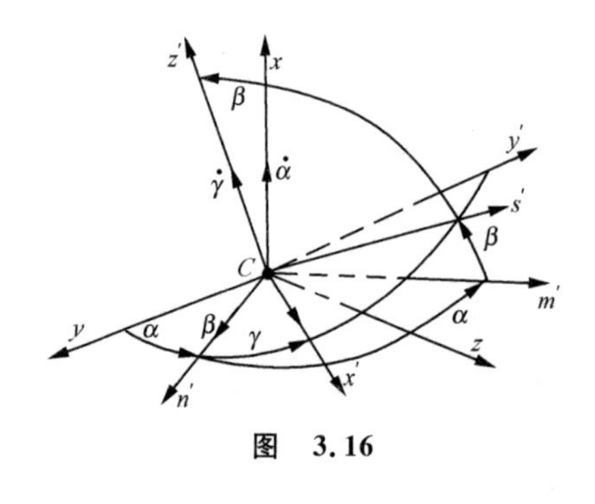

图 3.16

当 θ 接近 0 或者 π 时,我们选用另一组 Euler 角来描述滚盘的角运动. 坐标系 $Oxyz$, $Cxyz$, $Cx'y'z'$ 的含义不变,质心坐标为 x_C, y_C, z_C,新选的 Euler 角 α,β,γ 选用如图 3.16 所示表达圆盘固联坐标系 $Cx'y'z'$ 和 $Cxyz$ 的转动关系. 很明显,对于滚盘近于倒地的情形,$\beta \approx \dfrac{\pi}{2}$,因而避开了奇点.

根据几何关系,可以计算得到

$$\boldsymbol{r}_P = (x_C + Ra)\boldsymbol{x} + (y_C + Rb)\boldsymbol{y} + (z_C + Rc)\boldsymbol{z}, \tag{2.70}$$

其中

$$\begin{cases} a = -\sin\beta\cos\beta\cos\alpha/\sqrt{A}, \\ b = -\sin^2\beta\sin\alpha\cos\alpha/\sqrt{A}, \\ c = -\sqrt{A}, \\ A = \cos^2\beta + \sin^2\beta\sin^2\alpha. \end{cases} \tag{2.71}$$

滚盘瞬时角速度

$$\begin{aligned} \boldsymbol{\omega} &= \omega_x \boldsymbol{x} + \omega_y \boldsymbol{y} + \omega_z \boldsymbol{z} \\ &= (\dot{\alpha} + \dot{\gamma}\cos\beta)\boldsymbol{x} + (\dot{\beta}\cos\alpha + \dot{\gamma}\sin\beta\sin\alpha)\boldsymbol{y} + (\dot{\beta}\sin\alpha - \dot{\gamma}\sin\beta\cos\alpha)\boldsymbol{z}. \end{aligned} \tag{2.72}$$

滚盘触地点速度

$$\begin{aligned} \boldsymbol{v}_P &= v_{Px}\boldsymbol{x} + v_{Py}\boldsymbol{y} \\ &= [\dot{x}_C + R(\omega_y c - \omega_z b)]\boldsymbol{x} + [\dot{y}_C + R(\omega_z a - \omega_x c)]\boldsymbol{y}. \end{aligned} \tag{2.73}$$

地面对滚盘的作用力仍记为 $F_x\boldsymbol{x} + F_y\boldsymbol{y} + N\boldsymbol{z}$，旋转阻尼力矩为 $-mR^2\zeta\omega_z\boldsymbol{z}$，根据和前面一致的方法，可以建立第二套坐标下滚盘连滚带滑的动力学方程

$$\begin{cases} \ddot{\alpha} = (c_{12}c_3 + c_{34}c_1)/(c_2c_3 + c_4c_1), \\ \ddot{\beta} = (c_{12}c_4 - c_{34}c_2)/(c_2c_3 + c_4c_1), \\ \ddot{\gamma} = 2MZN_0 + 2\zeta\omega_z\cos\alpha\sin\beta + \dot{\alpha}\dot{\beta}\sin\beta \\ \qquad - (\cos\beta + 2MZ\sin^2\beta\sin\alpha\cos\alpha/\sqrt{A})\ddot{\alpha} + 2MZ\cos^2\alpha\sin\beta\cos\beta\ddot{\beta}/\sqrt{A}, \\ \ddot{x}_C = R\mu v_{Px}(\sin^2\beta\sin\alpha\cos\alpha\ddot{\alpha} - \cos^2\alpha\sin\beta\cos\beta\ddot{\beta} - N_0\sqrt{A})/(v_P\sqrt{A}), \\ \ddot{y}_C = R\mu v_{Py}(\sin^2\beta\sin\alpha\cos\alpha\ddot{\alpha} - \cos^2\alpha\sin\beta\cos\beta\ddot{\beta} - N_0\sqrt{A})/(v_P\sqrt{A}), \end{cases} \tag{2.74}$$

其中

$$\begin{aligned} c_1 &= 1 - 4MN\cos^2\alpha\sin\beta\cos\beta/\sqrt{A}, \\ c_2 &= 4MN\sin^2\beta\sin\alpha\cos\alpha/\sqrt{A}, \\ c_{12} &= 4MNN_0 - 4\zeta\omega_z\sin\alpha - \dot{\alpha}^2\sin\beta\cos\beta - 2\dot{\alpha}\dot{\gamma}\sin\beta, \\ c_3 &= 4MS\cos^2\alpha\sin\beta\cos\beta, \\ c_4 &= \sin\beta + 4MS\sin^2\beta\sin\alpha\cos\alpha/\sqrt{A}, \\ c_{34} &= 2\dot{\beta}\dot{\gamma} + 4MSN_0 - 4\zeta\omega_z\cos\alpha\cos\beta, \\ MN &= -(\mu c v_{Px}/v_P + a)\cos\alpha + \mu\sin\alpha(-av_{Py} + bv_{Px})/v_P, \\ MS &= (b + \mu c v_{Py}/v_P)\sin\beta + (\mu c v_{Px}/v_P + a)\sin\alpha\cos\beta \\ &\quad + \mu(-av_{Py} + bv_{Px})\cos\alpha\cos\beta/v_P, \\ MZ &= (b + \mu c v_{Py}/v_P)\cos\beta - (\mu c v_{Px}/v_P + a)\sin\alpha\sin\beta \\ &\quad - \mu(-av_{Py} + bv_{Px})\cos\alpha\sin\beta/v_P, \end{aligned}$$

$$N_0 = (\dot{\alpha}\sin^2\beta\cos\alpha\sin\alpha - \dot{\beta}\cos^2\alpha\cos\beta\sin\beta)/A\sqrt{A}$$
$$-[(4\dot{\alpha}\dot{\beta}\sin\beta\cos\beta\sin\alpha\cos\beta + \dot{\alpha}^2\sin^2\beta(\cos^2\alpha - \sin^2\alpha)$$
$$-\dot{\beta}^2\cos^2\alpha(\cos^2\beta - \sin^2\beta)]/\sqrt{A} + g/R. \tag{2.75}$$

第二套坐标下滚盘纯滚的动力学模型也可以同样建立,此处略去.

两套坐标需要在计算中进行转换,它们之间的关系可以利用 $Cxyz$ 标架和 $Cx'y'z'$ 标架之间方向余弦矩阵的两种表达式直接得到. 以下用 ψ,θ,φ 来表达 α,β,γ,有

$$\cos\beta = \sin\theta\sin\psi. \tag{2.76}$$

由于 β 满足 $0\leqslant\beta\leqslant\pi$,所以

$$\begin{cases}\sin\beta = \sqrt{1-\cos^2\beta} > 0,\\ \sin\alpha = -\sin\theta\cos\psi/\sin\beta,\\ \cos\alpha = -\cos\theta/\sin\beta,\\ \sin\gamma = (\cos\varphi\cos\psi - \sin\varphi\cos\theta\sin\psi)/\sin\beta,\\ \cos\gamma = (-\sin\varphi\cos\psi - \cos\varphi\cos\theta\sin\psi)/\sin\beta.\end{cases} \tag{2.77}$$

$\dot{\alpha},\dot{\beta},\dot{\gamma}$ 和 $\dot{\psi},\dot{\theta},\dot{\varphi}$ 之间的关系式,可以利用以上公式求导而得. 上述公式对于两套坐标转换的计算而言,是有亢余的. 在实用中,要注意公式的选用,以期减少计算误差.

3. 数值模拟结果

对于已建立的力学模型,需要用数值模拟和实际观察的结果来检验其正确性,可以使用的数值模拟工具很多,并可根据实际条件选用. 以下是我们对滚盘实际运动不同情况所作的数值模拟结果. 图 3.17~3.20 是在不同阻尼下,滚盘做纯滚时触地点运动的轨迹. 运动初始条件为 $\theta=60°,\psi=0,\varphi=0,\dot{\theta}=0,\dot{\psi}=0.5,\dot{\varphi}=-15.3,x_C=0,y_C=-15.05$,系统参数 $R=0.5$,其中,图 3.17 是力学著作中经常讨论的定常圆周滚动轨迹,图 3.18 和图 3.19 是实际观察中常见的结果,阻尼越大,半径收缩得越快. 图 3.20 是根据计算模拟得到的一个从连滚带滑到纯滚到连滚带滑直到倒地的完整过程的解所作的示意图. 圆盘的运动初始条件为 $\theta=80°,\psi=90°,\varphi=0,\dot{\theta}=0,\dot{\psi}=-0.1,\dot{\varphi}=0.2,x_C=0,y_C=0,\dot{x}_C=0.1,\dot{y}_C=0.2$,系统参数 $\mu=0.2,R=0.33,\mu_{\max}=0.45,\zeta=0.5$. 整个过程的运动时间为 0.64 s. 如选择不同的初始条件和系统参数,利用本节建立的力学模型,可以计算得到更一般更复杂的符合实际情况的解.

圆盘的原地自转和直滚两种情况很容易通过本节的模型算出,得到与实际相符的解.

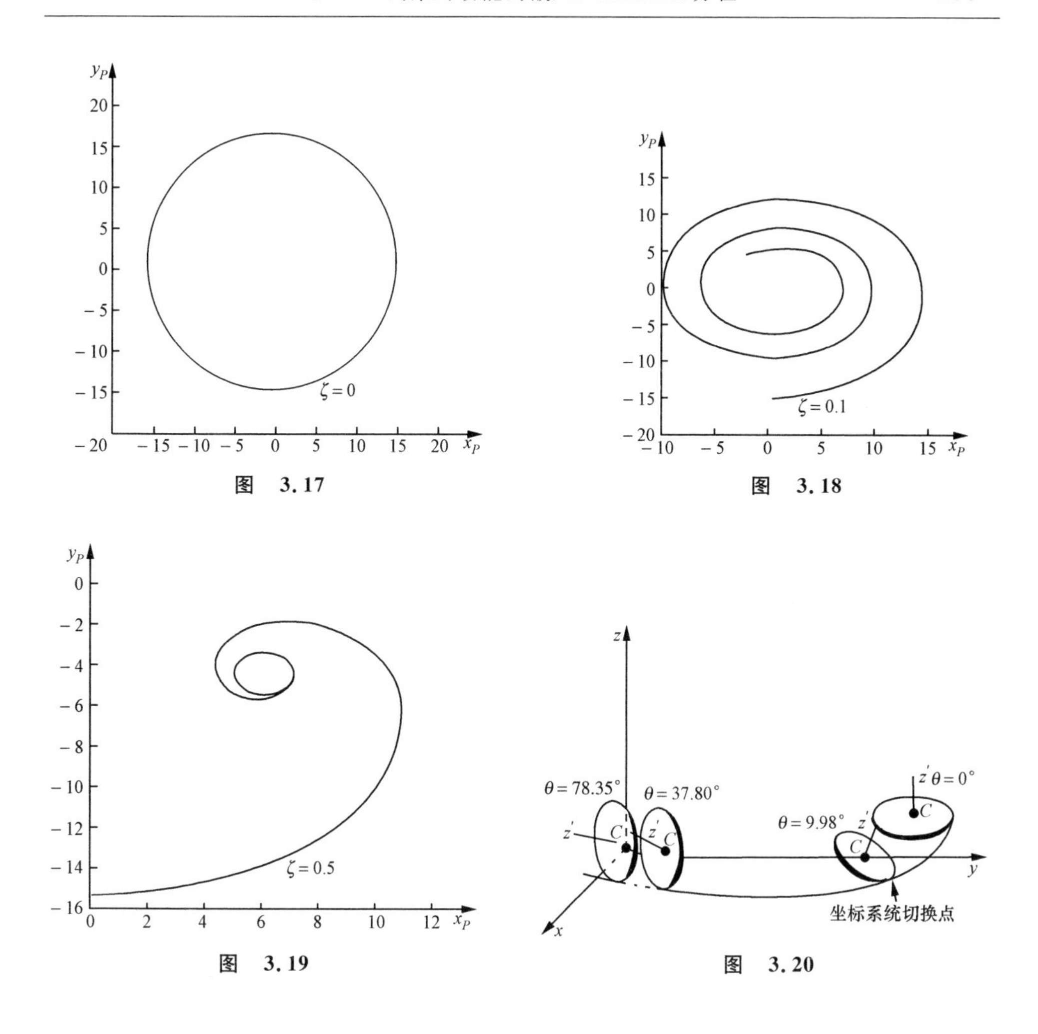

图 3.17

图 3.18

图 3.19

图 3.20

§3.3 约束对动能的嵌入,Чаплыгин 方程

3.3.1 Lindelöf 错误

非完整系统的乘子方程虽然能解决不少问题,但它的缺点是变量数目不但不因附加约束而减少,反而增加了.是否有办法不引入这些代表约束作用力的未定乘子,而直接来解决非完整系统动力学的问题呢?

1895 年芬兰学者 Lindelöf 在试图解决旋转体在水平面上滚动这个非完整动力学问题时未引入未定乘子.但是,他在研究中犯了一个原则性错误[29]:他先用系统的非完整约束关系式去简化系统的动能表达式,消去因非完整约束存在而产生的不独立的广义速度,从而得到动能的简化表达式 T^*.这种做法可称之为“附加约束对动能的预先嵌入”. Lindelöf 在得到 T^* 之后，直接将它代入到如下方程中去：

$$\frac{\mathrm{d}}{\mathrm{d}t}\frac{\partial T^*}{\partial \dot{q}_i}-\frac{\partial T^*}{\partial q_i}=Q_i+P_i,\quad i=1,2,\cdots,n, \tag{3.1}$$

然后，从(3.1)这组方程来求解系统的运动.

Lindelöf 的做法是错误的. 按他的做法所得到的方程组和系统运动真正的动力学方程组完全不同. 求得的“运动”也完全不同. 我们可以用已经正确求解过的冰橇简单问题来作对比.

采用与 3.2.1 小节中一致的记号，系统的动能表达式为

$$T=m(\dot{x}^2+\dot{y}^2+k^2\dot{\varphi}^2)/2. \tag{3.2}$$

非完整约束关系为

$$\dot{x}\sin\varphi-\dot{y}\cos\varphi=0. \tag{3.3}$$

按 Lindelöf 做法，用(3.3)式消去(3.2)式中的 $\dot{y}$，也就是将附加约束(3.3)预先嵌入动能表达式，得

$$\begin{aligned}T^*&=\frac{1}{2}m(\dot{x}^2+\dot{y}^2+k^2\dot{\varphi}^2)\big|_{\dot{y}=\dot{x}\tan\varphi}\\&=\frac{1}{2}m\left(\frac{1}{\cos^2\varphi}\dot{x}^2+k^2\dot{\varphi}^2\right).\end{aligned} \tag{3.4}$$

仍按他的做法，将 T^* 代入方程(3.1)，得

$$\frac{\mathrm{d}}{\mathrm{d}t}\frac{\partial T^*}{\partial \dot{x}}-\frac{\partial T^*}{\partial x}=\frac{\mathrm{d}}{\mathrm{d}t}\left(\frac{m}{\cos^2\varphi}\dot{x}\right)=0, \tag{3.5}$$

$$\frac{\mathrm{d}}{\mathrm{d}t}\frac{\partial T^*}{\partial \dot{\varphi}}-\frac{\partial T^*}{\partial \varphi}=\frac{\mathrm{d}}{\mathrm{d}t}(mk^2\dot{\varphi})-m\dot{x}^2\frac{\sin\varphi}{\cos^3\varphi}=0. \tag{3.6}$$

从方程(3.5)积分可得

$$\dot{x}=Am^{-1}\cos^2\varphi, \tag{3.7}$$

其中 A 是积分常数. 将(3.7)式代入方程(3.6)，得

$$\ddot{\varphi}-A^2m^{-2}k^{-2}\sin\varphi\cos\varphi=0. \tag{3.8}$$

将(3.8)式乘以 $\dot{\varphi}$，并积分一次，得

$$\dot{\varphi}^2-A^2m^{-2}k^{-2}\sin^2\varphi=B=\text{const.}, \tag{3.9}$$

其中 B 是积分常数. 再积分一次，得

$$t=\int\left(B+\frac{A^2}{m^2k^2}\sin^2\varphi\right)^{-\frac{1}{2}}\mathrm{d}\varphi. \tag{3.10}$$

此解与在 3.2.1 小节中求得的真正解 $\varphi=\omega t+\varphi_0$ 完全不同.

Lindelöf 错误的本质是没有认识到下述方程组

$$\frac{\mathrm{d}}{\mathrm{d}t}\frac{\partial T}{\partial \dot{q}_i}-\frac{\partial T}{\partial q_i}=Q_i+P_i,\quad i=1,2,\cdots,n$$

只适用于完整系统. 对于非完整系统，无论是用原来的动能表达式 T 或是用预先

嵌入非完整约束关系式而得到的 T^*，都不能再用上述方程了. 下面我们来建立正确的可以用预先嵌入非完整约束的动能 T^* 代入的动力学方程组.

3.3.2　Чаплыгин 方程

研究某力学系统. 假定先考虑其上的一个完整约束组. 这样，满足此完整约束组的系统位形可以由广义坐标 $q_1,q_2,\cdots,q_n$ 来描述. 此时有 Lagrange 基本方程成立

$$\sum_{i=1}^{n}\left(\frac{\mathrm{d}}{\mathrm{d}t}\frac{\partial T}{\partial \dot{q}_i}-\frac{\partial T}{\partial q_i}-Q_i-P_i\right)\delta_i^q=0. \tag{3.11}$$

设系统还有如下的 g 个独立的一阶、线性、齐次、定常的完整或非完整约束，使得 n 个广义速度 $\dot{q}_1,\dot{q}_2,\cdots,\dot{q}_n$ 中有 g 个是不独立的. 不失一般性，我们假定 $\dot{q}_1,\dot{q}_2,\cdots,\dot{q}_m$ 可以看成是各自独立的，而 $\dot{q}_{m+1},\cdots,\dot{q}_{m+g}$ 是它们的线性组合式，其中 $m=n-g$. 亦即假定系统的 g 个附加约束为

$$\begin{aligned}
\dot{q}_{m+1}&=B_{m+1,1}\dot{q}_1+B_{m+1,2}\dot{q}_2+\cdots+B_{m+1,m}\dot{q}_m,\\
\dot{q}_{m+2}&=B_{m+2,1}\dot{q}_1+B_{m+2,2}\dot{q}_2+\cdots+B_{m+2,m}\dot{q}_m,\\
&\cdots\cdots\cdots\cdots\cdots\cdots\cdots\cdots\cdots\cdots\cdots\cdots\\
\dot{q}_{m+g}&=B_{m+g,1}\dot{q}_1+B_{m+g,2}\dot{q}_2+\cdots+B_{m+g,m}\dot{q}_m.
\end{aligned}$$

即

$$\dot{q}_{m+\nu}=\sum_{j=1}^{m}B_{m+\nu,j}\dot{q}_j,\quad \nu=1,2,\cdots,g. \tag{3.12}$$

由(3.12)附加约束表达式，立即可以得到微变空间 ε^q 的附加限制方程

$$\delta_{m+\nu}^q=\sum_{j=1}^{m}B_{m+\nu,j}\delta_j^q,\quad \nu=1,2,\cdots,g. \tag{3.13}$$

由此可看到，微变空间 ε^q 的一组独立的基可选为$[\delta_1^q,\delta_2^q,\cdots,\delta_m^q]$，从而得到 Maggi 方程为

$$\begin{aligned}
&\left(\frac{\mathrm{d}}{\mathrm{d}t}\frac{\partial T}{\partial \dot{q}_j}-\frac{\partial T}{\partial q_j}\right)+\sum_{\nu=1}^{g}\left(\frac{\mathrm{d}}{\mathrm{d}t}\frac{\partial T}{\partial \dot{q}_{m+\nu}}-\frac{\partial T}{\partial q_{m+\nu}}\right)B_{m+\nu,j}\\
&\quad=Q_j+P_j+\sum_{\nu=1}^{g}(Q_{m+\nu}+P_{m+\nu})B_{m+\nu,j},\\
&\qquad j=1,2,\cdots,m.
\end{aligned} \tag{3.14}$$

Чаплыгин 在进一步的限制下，对上述 Maggi 方程作变换. 他的限制条件为

(1) $q_{m+1},q_{m+2},\cdots,q_{m+g}$全为系统的循环坐标，即有

$$\frac{\partial T}{\partial q_{m+\nu}}=0,\quad Q_{m+\nu}+P_{m+\nu}=0,\quad \nu=1,2,\cdots,g; \tag{3.15}$$

(2) 附加约束方程(3.12)的系数 $B_{m+\nu,j}$全不含 $q_{m+1},\cdots,q_{m+g}$及时间 t 变量.

满足如上条件的系统,称为 **Чаплыгин 系统**. 虽然它的限制较强,但确有不少系统是 Чаплыгин 系统. 在上述限制情况下,方程(3.14)成为

$$\frac{\mathrm{d}}{\mathrm{d}t}\frac{\partial T}{\partial \dot{q}_j}-\frac{\partial T}{\partial \dot{q}_j}+\sum_{\nu=1}^{g}\Big(\frac{\mathrm{d}}{\mathrm{d}t}\frac{\partial T}{\partial \dot{q}_{m+\nu}}\Big)B_{m+\nu,j}=Q_j+P_j,$$
$$j=1,2,\cdots,m. \tag{3.16}$$

引入预先嵌入附加约束(3.12)的系统动能表达式

$$T^*(q_1,\cdots,q_m,\dot{q}_1,\cdots,\dot{q}_m,t)$$
$$=T(q_1,\cdots,q_m,\dot{q}_1,\cdots,\dot{q}_n,t)\Big|_{\dot{q}_{m+\nu}=\sum\limits_{j=1}^{m}B_{m+\nu,j}\dot{q}_j}. \tag{3.17}$$

于是有

$$\frac{\partial T^*}{\partial \dot{q}_j}=\frac{\partial T}{\partial \dot{q}_j}+\sum_{\nu=1}^{g}\frac{\partial T}{\partial \dot{q}_{m+\nu}}B_{m+\nu,j}, \tag{3.18}$$

$$\frac{\partial T^*}{\partial q_j}=\frac{\partial T}{\partial q_j}+\sum_{\nu=1}^{g}\frac{\partial T}{\partial \dot{q}_{m+\nu}}\sum_{l=1}^{m}\frac{\partial B_{m+\nu,l}}{\partial q_j}\dot{q}_l. \tag{3.19}$$

从(3.18)式,可作进一步计算:

$$\frac{\mathrm{d}}{\mathrm{d}t}\frac{\partial T^*}{\partial \dot{q}_j}=\frac{\mathrm{d}}{\mathrm{d}t}\frac{\partial T}{\partial \dot{q}_j}+\frac{\mathrm{d}}{\mathrm{d}t}\sum_{\nu=1}^{g}\frac{\partial T}{\partial \dot{q}_{m+\nu}}B_{m+\nu,j}.$$

注意到已假定 $\partial B_{m+\nu,j}/\partial t=0$,故上式成为

$$\frac{\mathrm{d}}{\mathrm{d}t}\frac{\partial T^*}{\partial \dot{q}_j}=\frac{\mathrm{d}}{\mathrm{d}t}\frac{\partial T}{\partial \dot{q}_j}+\sum_{\nu=1}^{g}\Big(\frac{\mathrm{d}}{\mathrm{d}t}\frac{\partial T}{\partial \dot{q}_{m+\nu}}\Big)B_{m+\nu,j}$$
$$+\sum_{\nu=1}^{g}\frac{\partial T}{\partial \dot{q}_{m+\nu}}\sum_{l=1}^{m}\frac{\partial B_{m+\nu,j}}{\partial q_l}\dot{q}_l.$$

从上式中减去(3.19)式,整理得到

$$\frac{\mathrm{d}}{\mathrm{d}t}\frac{\partial T}{\partial \dot{q}_j}-\frac{\partial T}{\partial q_j}=\Big(\frac{\mathrm{d}}{\mathrm{d}t}\frac{\partial T^*}{\partial \dot{q}_j}-\frac{\partial T^*}{\partial q_j}\Big)-\sum_{\nu=1}^{g}\Big(\frac{\mathrm{d}}{\mathrm{d}t}\frac{\partial T}{\partial \dot{q}_{m+\nu}}\Big)B_{m+\nu,j}$$
$$-\sum_{\nu=1}^{g}\sum_{l=1}^{m}\frac{\partial T}{\partial \dot{q}_{m+\nu}}\frac{\partial B_{m+\nu,j}}{\partial q_l}\dot{q}_l+\sum_{\nu=1}^{g}\sum_{l=1}^{m}\frac{\partial T}{\partial \dot{q}_{m+\nu}}\frac{\partial B_{m+\nu,l}}{\partial q_j}\dot{q}_l. \tag{3.20}$$

将(3.20)式代入(3.16)的 Maggi 方程,立即得

$$\frac{\mathrm{d}}{\mathrm{d}t}\frac{\partial T^*}{\partial \dot{q}_j}-\frac{\partial T^*}{\partial \dot{q}_j}+\sum_{\nu=1}^{g}\sum_{l=1}^{m}\frac{\partial T}{\partial \dot{q}_{m+\nu}}\Big(\frac{\partial B_{m+\nu,l}}{\partial q_j}-\frac{\partial B_{m+\nu,j}}{\partial q_l}\Big)\dot{q}_l=Q_j+P_j,$$
$$j=1,2,\cdots,m. \tag{3.21}$$

这就是 **Чаплыгин 方程**. 它适用的范围是 Чаплыгин 系统. 它的特点是: (1) 其中使用了预先嵌入附加约束的简化动能表达式 T^*;(2) 不含未定乘子;(3) 方程的数目等于系统自由度数目,并刚好构成了 $q_1,q_2,\cdots,q_m$ 的封闭动力学方程组.

注意到,如果附加约束组系数满足下列条件

$$\frac{\partial B_{m+\nu,l}}{\partial q_j}=\frac{\partial B_{m+\nu,j}}{\partial q_l},\quad \nu=1,2,\cdots,g,\quad l,j=1,2,\cdots,m. \tag{3.22}$$

这就是说,如果每个附加约束都是恰当可积约束,此时 Чаплыгин 方程蜕化成为

$$\frac{\mathrm{d}}{\mathrm{d}t}\frac{\partial T^*}{\partial \dot{q}_j}-\frac{\partial T^*}{\partial q_j}=Q_j+P_j,\quad j=1,2,\cdots,m. \tag{3.23}$$

这就说明,Linderlöf 做法对每个附加约束均为恰当可积约束的系统来说,那才是正确的.否则应该运用 Чаплыгин 方程.

3.3.3 举例:斜冰面上的冰橇问题(Чаплыгин 情形和简单情形)

如图 3.21 所示.在冰面上取固定坐标系 $Oxyz$,其中 Oz 垂直冰面,Oy 水平.冰橇在冰面上运动的描述参数为 A 点坐标 x,y 及冰刀方向在 Ox 方向的夹角 φ.在 Чаплыгин 情形,系统的动能

$$T=\frac{1}{2}(J_G+Ma^2)\dot{\varphi}^2+\frac{1}{2}M[\dot{x}^2+\dot{y}^2+2a\dot{\varphi}(\dot{y}\cos\varphi-\dot{x}\sin\varphi)], \tag{3.24}$$

系统的势能

$$V=-Mg\sin\alpha(x+a\cos\varphi), \tag{3.25}$$

其中 α 是斜冰面和水平面的夹角.附加约束的方程是

$$\dot{y}=\dot{x}\tan\varphi. \tag{3.26}$$

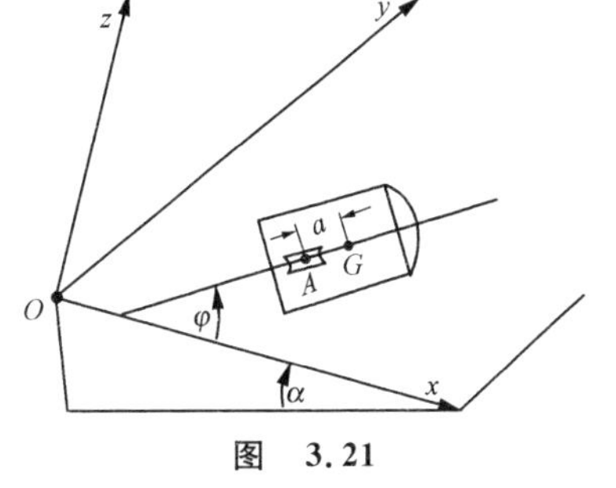

图 3.21

按 Чаплыгин 方程的记号,我们令

$$q_1=x,\quad q_2=\varphi,\quad q_3=y,$$

则附加约束只有一个,为

$$\dot{q}_3=B_{31}\dot{q}_1+B_{32}\dot{q}_2, \tag{3.27}$$

其中

$$B_{31}=\tan\varphi,\quad B_{32}=0. \tag{3.28}$$

我们利用 Чаплыгин 方程来建立这个非完整系统的动力学方程.为此首先将附加约束嵌入动能表达式,有

$$T^*=\frac{1}{2}(J_G+Ma^2)\dot{\varphi}^2+\frac{1}{2}\frac{M}{\cos^2\varphi}\dot{x}^2. \tag{3.29}$$

利用 Чаплыгин 方程,困难之处是要计算附加项

$$\Delta_j=\sum_{\nu=1}^{g}\sum_{l=1}^{m}\frac{\partial T}{\partial \dot{q}_{m+\nu}}\left(\frac{\partial B_{m+\nu,l}}{\partial q_j}-\frac{\partial B_{m+\nu,j}}{\partial q_l}\right)\dot{q}_l,$$
$$j=1,2,\cdots,m. \tag{3.30}$$

注意到本例题有 $g=1$,$m=2$,故有

$$\Delta_1=\frac{\partial T}{\partial\dot q_3}\sum_{l=1}^{2}\left(\frac{\partial B_{3l}}{\partial q_1}-\frac{\partial B_{31}}{\partial q_l}\right)\dot q_l$$

$$=(M\dot y+Ma\dot\varphi\cos\varphi)\left[\left(\frac{\partial B_{31}}{\partial x}-\frac{\partial B_{31}}{\partial x}\right)\dot x+\left(\frac{\partial B_{32}}{\partial x}-\frac{\partial B_{31}}{\partial\varphi}\right)\dot\varphi\right]$$

$$=-(M\dot y+Ma\dot\varphi\cos\varphi)(\cos^2\varphi)^{-1}\dot\varphi, \tag{3.31}$$

$$\Delta_2=\frac{\partial T}{\partial\dot q_3}\sum_{l=1}^{2}\left(\frac{\partial B_{3l}}{\partial q_2}-\frac{\partial B_{32}}{\partial q_l}\right)\dot q_l$$

$$=\frac{\partial T}{\partial\dot y}\left[\left(\frac{\partial B_{31}}{\partial\varphi}-\frac{\partial B_{32}}{\partial x}\right)\dot x+\left(\frac{\partial B_{32}}{\partial\varphi}-\frac{\partial B_{32}}{\partial\varphi}\right)\dot\varphi\right]$$

$$=(M\dot y+Ma\dot\varphi\cos\varphi)(\cos^2\varphi)^{-1}\dot x, \tag{3.32}$$

从而得到动力学方程

$$\frac{\mathrm d}{\mathrm dt}\frac{\partial T^*}{\partial\dot x}-\frac{\partial T^*}{\partial x}+\Delta_1^*$$

$$=\frac{\mathrm d}{\mathrm dt}\left(\frac{M}{\cos^2\varphi}\dot x\right)+(M\dot x\tan\varphi+Ma\dot\varphi\cos\varphi)\left(\frac{-\dot\varphi}{\cos^2\varphi}\right)$$

$$=-\partial V/\partial x=Mg\sin\alpha, \tag{3.33}$$

$$\frac{\mathrm d}{\mathrm dt}\frac{\partial T^*}{\partial\dot\varphi}-\frac{\partial T^*}{\partial\varphi}+\Delta_2^*$$

$$=\frac{\mathrm d}{\mathrm dt}[(J_G+Ma^2)\dot\varphi]-\frac{M\sin\varphi}{\cos^3\varphi}\dot x^2+(M\dot x\tan\varphi+Ma\dot\varphi\cos\varphi)\frac{\dot x}{\cos^2\varphi}$$

$$=-\partial V/\partial\varphi=Mga\sin\alpha\sin\varphi. \tag{3.34}$$

整理后,得

$$M\ddot x+M\dot x\dot\varphi\tan\varphi-Ma\dot\varphi^2\cos\varphi=Mg\sin\alpha\cos^2\varphi, \tag{3.35}$$

$$(J_G+Ma^2)\ddot\varphi+M\dot x\dot\varphi a/\cos\varphi=Mga\sin\alpha\sin\varphi. \tag{3.36}$$

以下考虑简单情况,即假定 $a=0$,则方程(3.36)成为

$$\ddot\varphi=0,$$

于是经积分得到

$$\varphi=\omega t+\varphi_0, \tag{3.37}$$

其中 ω 和 φ_0 为积分常数.将(3.37)式代入方程(3.35)中,得到变系数方程

$$\ddot x+\omega\tan(\omega t+\varphi_0)\dot x=g\sin\alpha\cos^2(\omega t+\varphi_0). \tag{3.38}$$

由上式不难得到积分

$$\frac{\dot x^2}{2\cos^2(\omega t+\varphi_0)}+\frac12k^2\omega^2-gx\sin\alpha=h, \tag{3.39}$$

其中 k 是冰橇绕过质心且和冰面相垂直的轴的回转半径,h 是积分常数.

当初始条件为

$$x|_{t=0}=\dot x|_{t=0}=y|_{t=0}=\dot y|_{t=0}=\varphi|_{t=0}=0,\quad \dot\varphi|_{t=0}=\omega \tag{3.40}$$

时，上述倾斜冰面上冰橇简单问题可得到解

$$\begin{cases} x = A^2 \sin^2 \omega t, \\ y = A^2 (\omega t - 2^{-1} \sin 2\omega t), \end{cases} \tag{3.41}$$

其中

$$A^2 = (2\omega^2)^{-1} g \sin\alpha. \tag{3.42}$$

质心在冰面上投影点运动的轨迹如图 3.22 所示.

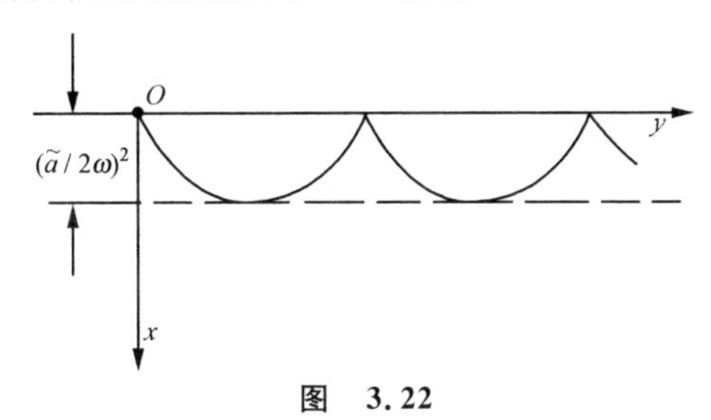

图　3.22

3.3.4　Воронец 方程

Чаплыгин 系统要求的条件较强. 在不满足这些条件的情况下，Чаплыгин 方程不再成立. 此时可对 Чаплыгин 方程稍加推广，得到如下所述的 Воронец 方程.

假定系统的广义坐标为 $q_1, q_2, \cdots, q_n$. 考虑附加约束为

$$\begin{bmatrix} B_{11} & B_{12} & \cdots & B_{1m} & -1 & 0 & \cdots & 0 \\ B_{21} & B_{22} & \cdots & B_{2m} & 0 & -1 & \cdots & 0 \\ \vdots & \vdots & & \vdots & \vdots & \vdots & & \vdots \\ B_{g1} & B_{g2} & \cdots & B_{gm} & 0 & 0 & \cdots & -1 \end{bmatrix} \begin{bmatrix} \dot{q}_1 \\ \dot{q}_2 \\ \vdots \\ \dot{q}_n \end{bmatrix} = 0,$$

即

$$\dot{q}_{m+\nu} = \sum_{j=1}^{m} B_{\nu j} \dot{q}_j, \quad \nu = 1, 2, \cdots, g, \tag{3.43}$$

其中 $B_{\nu j}$ 为 $q_1, q_2, \cdots, q_n$ 的函数，但不显含时间 t. 根据 Lagrange 乘子方程，我们得到如下的动力学方程

$$\begin{cases} \dfrac{\mathrm{d}}{\mathrm{d}t} \dfrac{\partial T}{\partial \dot{q}_j} - \dfrac{\partial T}{\partial q_j} = Q_j - \sum\limits_{\nu=1}^{g} \lambda_\nu B_{\nu j}, \quad j = 1, 2, \cdots, m, \\ \dfrac{\mathrm{d}}{\mathrm{d}t} \dfrac{\partial T}{\partial \dot{q}_{m+\nu}} - \dfrac{\partial T}{\partial q_{m+\nu}} = Q_{m+\nu} + \lambda_\nu, \quad \nu = 1, 2, \cdots, g, \end{cases} \tag{3.44}$$

其中 $m = n - g$. 对于方程组(3.44)，我们可以设法消去未定乘子，同时也可以设法使用简化的动能表达式 T^*. 具体的过程如下：对系统动能表达式 T 预先嵌入约束关系，得到

$$
\begin{aligned}
&T^{*}(q_1,\cdots,q_n,\dot{q}_1,\cdots,\dot{q}_m,t)\\
&\quad = T(q_1,\cdots,q_n,\dot{q}_1,\cdots,\dot{q}_n,t)\big|_{\dot{q}_{m+\nu}=\sum\limits_{j=1}^{m}B_{\nu j}\dot{q}_j}.
\end{aligned}
$$

从而有

$$
\frac{\partial T^{*}}{\partial \dot{q}_j}=\frac{\partial T}{\partial \dot{q}_j}+\sum_{\nu=1}^{g}\frac{\partial T}{\partial \dot{q}_{m+\nu}}B_{\nu j},\quad j=1,2,\cdots,m. \tag{3.45}
$$

作时间全导数,有

$$
\frac{\mathrm{d}}{\mathrm{d}t}\frac{\partial T^{*}}{\partial \dot{q}_j}=\frac{\mathrm{d}}{\mathrm{d}t}\frac{\partial T}{\partial \dot{q}_j}+\sum_{\nu=1}^{g}\left(B_{\nu j}\frac{\mathrm{d}}{\mathrm{d}t}\frac{\partial T}{\partial \dot{q}_{m+\nu}}+\frac{\partial T}{\partial \dot{q}_{m+\nu}}\frac{\mathrm{d}}{\mathrm{d}t}B_{\nu j}\right),
$$

$$
j=1,2,\cdots,m. \tag{3.46}
$$

注意到方程组(3.44),可以分别求出

$$
\frac{\mathrm{d}}{\mathrm{d}t}\frac{\partial T}{\partial \dot{q}_j}\quad 及\quad \frac{\mathrm{d}}{\mathrm{d}t}\frac{\partial T}{\partial \dot{q}_{m+\nu}},
$$

然后代入上式,得

$$
\begin{aligned}
\frac{\mathrm{d}}{\mathrm{d}t}\frac{\partial T^{*}}{\partial \dot{q}_j}&=\left(\frac{\partial T}{\partial q_j}+Q_j-\sum_{\nu=1}^{g}\lambda_\nu B_{\nu j}\right)+\sum_{\nu=1}^{g}B_{\nu j}\left(\frac{\partial T}{\partial q_{m+\nu}}+Q_{m+\nu}+\lambda_\nu\right)+\sum_{\nu=1}^{g}\frac{\partial T}{\partial \dot{q}_{m+\nu}}\frac{\mathrm{d}}{\mathrm{d}t}B_{\nu j}\\
&=\frac{\partial T}{\partial q_j}+Q_j+\sum_{\nu=1}^{g}B_{\nu j}\frac{\partial T}{\partial q_{m+\nu}}+\sum_{\nu=1}^{g}B_{\nu j}Q_{m+\nu}+\sum_{\nu=1}^{g}\frac{\partial T}{\partial \dot{q}_{m+\nu}}\frac{\mathrm{d}}{\mathrm{d}t}B_{\nu j},
\end{aligned} \tag{3.47}
$$

而

$$
\frac{\partial T^{*}}{\partial q_i}=\frac{\partial T}{\partial q_i}+\sum_{\nu=1}^{g}\frac{\partial T}{\partial \dot{q}_{m+\nu}}\sum_{l=1}^{m}\frac{\partial B_{\nu l}}{\partial q_i}\dot{q}_l,\quad i=1,2,\cdots,n.
$$

从上式中解出 $\partial T/\partial q_j,\partial T/\partial q_{m+\nu}$,然后代入(3.47)式中,得

$$
\begin{aligned}
\frac{\mathrm{d}}{\mathrm{d}t}\frac{\partial T^{*}}{\partial \dot{q}_j}&=\left(\frac{\partial T^{*}}{\partial q_j}-\sum_{\nu=1}^{g}\frac{\partial T}{\partial \dot{q}_{m+\nu}}\sum_{l=1}^{m}\frac{\partial B_{\nu l}}{\partial q_j}\dot{q}_l\right)+Q_j\\
&\quad+\sum_{\nu=1}^{g}B_{\nu j}\left(\frac{\partial T^{*}}{\partial q_{m+\nu}}-\sum_{\mu=1}^{g}\frac{\partial T}{\partial \dot{q}_{m+\mu}}\sum_{l=1}^{m}\frac{\partial B_{\mu l}}{\partial q_{m+\nu}}\dot{q}_l\right)\\
&\quad+\sum_{\nu=1}^{g}B_{\nu j}Q_{m+\nu}+\sum_{\nu=1}^{g}\frac{\partial T}{\partial \dot{q}_{m+\nu}}\frac{\mathrm{d}}{\mathrm{d}t}B_{\nu j}\\
&=\frac{\partial T^{*}}{\partial q_j}+Q_j+\sum_{\nu=1}^{g}B_{\nu j}\left(\frac{\partial T^{*}}{\partial q_{m+\nu}}+Q_{m+\nu}\right)\\
&\quad+\sum_{\nu=1}^{g}\frac{\partial T}{\partial \dot{q}_{m+\nu}}\left[\frac{\mathrm{d}}{\mathrm{d}t}B_{\nu j}-\sum_{l=1}^{m}\left(\frac{\partial B_{\nu l}}{\partial q_j}+\sum_{\mu=1}^{g}\frac{\partial B_{\nu l}}{\partial q_{m+\mu}}B_{\mu j}\right)\dot{q}_l\right].
\end{aligned} \tag{3.48}
$$

由于

$$
\frac{\mathrm{d}}{\mathrm{d}t}B_{\nu j}-\sum_{l=1}^{m}\left(\frac{\partial B_{\nu l}}{\partial q_j}+\sum_{\mu=1}^{g}\frac{\partial B_{\nu l}}{\partial q_{m+\mu}}B_{kj}\right)\dot{q}_l
$$

$$
\begin{aligned}
&= \sum_{l=1}^{m} \frac{\partial B_{\nu j}}{\partial q_l}\dot{q}_l + \sum_{\mu=1}^{g} \frac{\partial B_{\nu j}}{\partial q_{m+\mu}}\dot{q}_{m+\mu} - \sum_{l=1}^{m} \frac{\partial B_{\nu l}}{\partial q_j}\dot{q}_l - \sum_{l=1}^{m}\sum_{\mu=1}^{g} \frac{\partial B_{\nu l}}{\partial q_{m+\mu}} B_{\mu j}\dot{q}_l \\
&= \sum_{l=1}^{m}\left(\frac{\partial B_{\nu j}}{\partial q_l} - \frac{\partial B_{\nu l}}{\partial q_j}\right)\dot{q}_l + \sum_{\mu=1}^{g} \frac{\partial B_{\nu j}}{\partial q_{m+\mu}} \sum_{l=1}^{m} B_{\mu l}\dot{q}_l - \sum_{l=1}^{m}\sum_{\mu=1}^{g} \frac{\partial B_{\nu l}}{\partial q_{m+\mu}} B_{\mu j}\dot{q}_l \\
&= \sum_{l=1}^{m} \beta_{jl}^{\nu}\dot{q}_l,
\end{aligned}
\tag{3.49}
$$

其中

$$
\beta_{jl}^{\nu} = \left(\frac{\partial B_{\nu j}}{\partial q_l} - \frac{\partial B_{\nu l}}{\partial q_j}\right) + \sum_{\mu=1}^{g} \frac{\partial B_{\nu j}}{\partial q_{m+\mu}} B_{\mu l} - \sum_{\mu=1}^{g} \frac{\partial B_{\nu l}}{\partial q_{m+\mu}} B_{\mu j},
$$
$$
j, l = 1,2,\cdots,m, \quad \nu = 1,2,\cdots,g. \tag{3.50}
$$

于是方程(3.48)成为

$$
\begin{aligned}
\frac{\mathrm{d}}{\mathrm{d}t}\frac{\partial T^*}{\partial \dot{q}_j} - \frac{\partial T^*}{\partial q_j} - Q_j &= \sum_{\nu=1}^{g} B_{\nu j}\left(\frac{\partial T^*}{\partial q_{m+\nu}} + Q_{m+\nu}\right) \\
&\quad + \sum_{\nu=1}^{g} \frac{\partial T}{\partial \dot{q}_{m+\nu}} \sum_{l=1}^{m} \beta_{jl}^{\nu}\dot{q}_l, \quad j = 1,2,\cdots,m.
\end{aligned}
\tag{3.51}
$$

这就是 **Воронец 方程**. 如果系统是 Чаплыгин 系统,那么显然有

$$
\beta_{jl}^{\nu} = \frac{\partial B_{\nu j}}{\partial q_l} - \frac{\partial B_{\nu l}}{\partial q_j}, \quad Q_{m+\nu} = 0, \quad \frac{\partial T^*}{\partial q_{m+\nu}} = 0,
$$
$$
\nu = 1,2,\cdots,g.
$$

此时,Воронец 方程(3.51)蜕化为 Чаплыгин 方程(3.21).

3.3.5 推广的 Воронец 方程

以上建立的 Чаплыгин 方程及 Воронец 方程仅适用于附加约束是一阶线性约束的系统. 但是对于附加约束是一阶非线性的情形,同样可以利用上述的思路来建立具有同样特点的动力学方程组.

假定系统的广义坐标为 $q_1, q_2, \cdots, q_n$,附加约束为一阶非线性非完整的情形,并表达为

$$
\dot{q}_{m+\nu} = \varphi_{m+\nu}(q_1, q_2, \cdots, q_n, \dot{q}_1, \dot{q}_2, \cdots, \dot{q}_m, t), \quad \nu = 1,2,\cdots,g, \tag{3.52}
$$

其中 $m=n-g$. 根据微变空间研究的结果,在满足(3.52)附加约束情况下,有

$$
\delta_{m+\nu}^{q} = \sum_{j=1}^{m} \frac{\partial \varphi_{m+\nu}}{\partial \dot{q}_j}\delta_j^{q}, \quad \nu = 1,2,\cdots,g. \tag{3.53}
$$

按照 Maggi 方法,不难得到如下的 Maggi 方程:

$$
\begin{aligned}
&\frac{\mathrm{d}}{\mathrm{d}t}\frac{\partial T}{\partial \dot{q}_j} - \frac{\partial T}{\partial q_j} - Q_j - P_j + \sum_{\nu=1}^{g}\left(\frac{\mathrm{d}}{\mathrm{d}t}\frac{\partial T}{\partial \dot{q}_{m+\nu}} - \frac{\partial T}{\partial q_{m+\nu}}\right. \\
&\qquad \left. - Q_{m+\nu} - P_{m+\nu}\right)\frac{\partial \varphi_{m+\nu}}{\partial \dot{q}_j} = 0, \quad j = 1,2,\cdots,m.
\end{aligned}
\tag{3.54}
$$

引入预先嵌入附加约束的简化动能表达式

$$\begin{aligned} &T^*(q_1,q_2,\cdots,q_n,\dot{q}_1,\dot{q}_2,\cdots,\dot{q}_m,t) \\ &\quad = T(q_1,q_2,\cdots,q_n,\dot{q}_1,\dot{q}_2,\cdots,\dot{q}_n,t)|_{\dot{q}_{m+\nu}=\varphi_{m+\nu}}. \end{aligned}$$

从而有

$$\frac{\partial T^*}{\partial \dot{q}_j} = \frac{\partial T}{\partial \dot{q}_j} + \sum_{\nu=1}^{g} \frac{\partial T}{\partial \dot{q}_{m+\nu}} \frac{\partial \varphi_{m+\nu}}{\partial \dot{q}_j}, \qquad j = 1,2,\cdots,m,$$

$$\frac{\partial T^*}{\partial q_j} = \frac{\partial T}{\partial q_j} + \sum_{\nu=1}^{g} \frac{\partial T}{\partial \dot{q}_{m+\nu}} \frac{\partial \varphi_{m+\nu}}{\partial q_j}, \qquad j = 1,2,\cdots,m,$$

$$\frac{\partial T^*}{\partial q_{m+\nu}} = \frac{\partial T}{\partial q_{m+\nu}} + \sum_{\mu=1}^{g} \frac{\partial T}{\partial \dot{q}_{m+\mu}} \frac{\partial \varphi_{m+\mu}}{\partial q_{m+\nu}}, \quad \nu = 1,2,\cdots,g.$$

以上面结果代入 Maggi 方程(3.54),得

$$\begin{aligned} &\frac{\mathrm{d}}{\mathrm{d}t}\frac{\partial T^*}{\partial \dot{q}_j} - \frac{\partial T^*}{\partial q_j} - \sum_{\nu=1}^{g}\left[\frac{\mathrm{d}}{\mathrm{d}t}\left(\frac{\partial T}{\partial \dot{q}_{m+\nu}}\frac{\partial \varphi_{m+\nu}}{\partial \dot{q}_j}\right) - \frac{\partial T}{\partial \dot{q}_{m+\nu}}\frac{\partial \varphi_{m+\nu}}{\partial q_j}\right] \\ &\quad - Q_j - P_j + \sum_{\nu=1}^{g}\left(\frac{\mathrm{d}}{\mathrm{d}t}\frac{\partial T}{\partial \dot{q}_{m+\nu}} - \frac{\partial T^*}{\partial q_{m+\nu}}\right. \\ &\quad \left. + \sum_{\mu=1}^{g}\frac{\partial T}{\partial \dot{q}_{m+\mu}}\frac{\partial \varphi_{m+\mu}}{\partial q_{m+\nu}} - Q_{m+\nu} - P_{m+\nu}\right)\frac{\partial \varphi_{m+\nu}}{\partial \dot{q}_j} = 0. \end{aligned}$$

整理上式,得到

$$\begin{aligned} &\frac{\mathrm{d}}{\mathrm{d}t}\frac{\partial T^*}{\partial \dot{q}_j} - \frac{\partial T^*}{\partial q_j} - \sum_{\nu=1}^{g}\frac{\partial T}{\partial \dot{q}_{m+\nu}}\left(\frac{\mathrm{d}}{\mathrm{d}t}\frac{\partial \varphi_{m+\nu}}{\partial \dot{q}_j} - \frac{\partial \varphi_{m+\nu}}{\partial q_j}\right. \\ &\quad \left. - \sum_{\mu=1}^{g}\frac{\partial \varphi_{m+\nu}}{\partial q_{m+\mu}}\frac{\partial \varphi_{m+\mu}}{\partial \dot{q}_j}\right) - \sum_{\nu=1}^{g}\frac{\partial T^*}{\partial q_{m+\nu}}\frac{\partial \varphi_{m+\nu}}{\partial \dot{q}_j} \\ &\quad = Q_j + P_j + \sum_{\nu=1}^{g}(Q_{m+\nu} + P_{m+\nu})\frac{\partial \varphi_{m+\nu}}{\partial \dot{q}_j}. \end{aligned} \tag{3.55}$$

记

$$H_j^\nu = \frac{\mathrm{d}}{\mathrm{d}t}\frac{\partial \varphi_{m+\nu}}{\partial \dot{q}_j} - \frac{\partial \varphi_{m+\nu}}{\partial q_j} - \sum_{\mu=1}^{g}\frac{\partial \varphi_{m+\nu}}{\partial q_{m+\mu}}\frac{\partial \varphi_{m+\mu}}{\partial \dot{q}_j}, \tag{3.56}$$

$$Q_j^* = Q_j + P_j + \sum_{\nu=1}^{g}(Q_{m+\nu} + P_{m+\nu})\frac{\partial \varphi_{m+\nu}}{\partial \dot{q}_j}, \tag{3.57}$$

则方程(3.55)成为

$$\begin{aligned} &\frac{\mathrm{d}}{\mathrm{d}t}\frac{\partial T^*}{\partial \dot{q}_j} - \frac{\partial T^*}{\partial q_j} - \sum_{\nu=1}^{g}\frac{\partial T}{\partial \dot{q}_{m+\nu}}H_j^\nu - \sum_{\nu=1}^{g}\frac{\partial T^*}{\partial q_{m+\nu}}\frac{\partial \varphi_{m+\nu}}{\partial \dot{q}_j} = Q_j^*, \\ &\qquad j = 1,2,\cdots,m. \end{aligned} \tag{3.58}$$

这就是**推广的 Воронец 方程**.

§3.4　准速度与准坐标

3.4.1　准速度与准坐标的含义

在力学上，有一组著名的动力学方程——刚体绕固定点转动的 Euler 动力学方程

$$\begin{cases} A\dfrac{\mathrm{d}\omega_1}{\mathrm{d}t}+(C-B)\omega_2\omega_3=M_1, \\ B\dfrac{\mathrm{d}\omega_2}{\mathrm{d}t}+(A-C)\omega_3\omega_1=M_2, \\ C\dfrac{\mathrm{d}\omega_3}{\mathrm{d}t}+(B-A)\omega_1\omega_2=M_3, \end{cases} \tag{4.1}$$

其中变量 $\omega_1,\omega_2,\omega_3$ 是刚体瞬时角速度矢量在刚体惯性主轴坐标系 $Oxyz$ 上的投影分量. 假定描述刚体位形的广义坐标选择为图 3.23 所示的角度 ψ,θ,φ 的话，那么变量 $\omega_1,\omega_2,\omega_3$ 与广义坐标. 广义速度之间的关系为

$$\begin{bmatrix}\omega_1\\ \omega_2\\ \omega_3\end{bmatrix}=\begin{bmatrix}\sin\theta\sin\varphi & \cos\varphi & 0\\ \sin\theta\cos\varphi & -\sin\varphi & 0\\ \cos\theta & 0 & 1\end{bmatrix}\begin{bmatrix}\dot{\psi}\\ \dot{\theta}\\ \dot{\varphi}\end{bmatrix}. \tag{4.2}$$

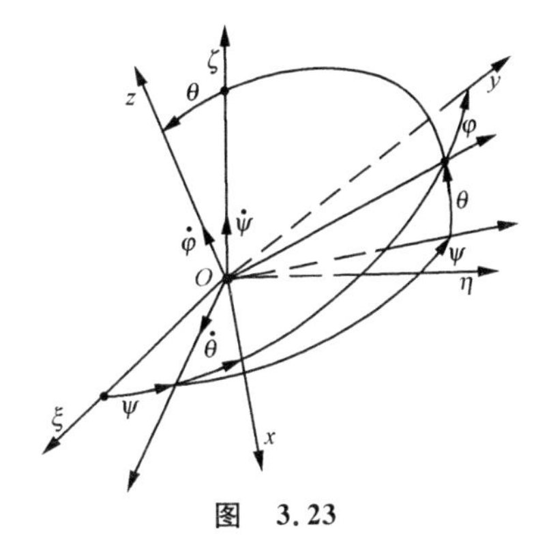

图　3.23

由此可见，在动力学方程组(4.1)中所用的变量 $\omega_1,\omega_2,\omega_3$ 每一个都是广义速度的线性组合. 这些线性式的系数行列式为

$$\triangle=\begin{vmatrix}\sin\theta\sin\varphi & \cos\varphi & 0\\ \sin\theta\cos\varphi & -\sin\varphi & 0\\ \cos\theta & 0 & 1\end{vmatrix}=-\sin\theta. \tag{4.3}$$

只要 $\theta\neq k\pi(k=0,\pm1,\pm2,\cdots)$，则有 $\triangle\neq0$. 这样的变量 $\omega_1,\omega_2,\omega_3$ 就是所谓**准速度**变量. 不难看出，如果准速度定义中的每个广义速度线性表达式都是可积表达式，那么所谓准速度不过是另一组广义坐标描述下系统的广义速度. 但是，一般说来，构成准速度的各个线性表达式并不一定都是可积的[①]. 以上面刚体动力学的例子而论，不难验证，这些表达式都不是可积的. 因此 $\omega_1,\omega_2,\omega_3$ 这三者并不是另外一组

① 在分析动力学的某些文献中，把“准速度”这个术语限制在不可积的情形. 这可以说是一种狭义的理解. 为了理论的统一性，我们这里不做这种限制，因而是对“准速度”这个术语的广义理解.

广义速度. 但是,我们仍然一般地使用如下的记号

$$[\omega_1,\omega_2,\omega_3]^{\mathrm{T}}=[\dot{\pi}_1,\dot{\pi}_2,\dot{\pi}_3]^{\mathrm{T}},\tag{4.4}$$

其中的 π_1,π_2,π_3 本身并没有独立的意义,它不是另外一组有明确意义的广义坐标. 它仅是一种记号,这种记号的意义仅在于:它的“形式上的时间导数 $\dot{\pi}_i=\mathrm{d}\pi_i/\mathrm{d}t$”是准速度,也就是等于广义速度的某线性表达式. 通常称这种记号 π_1,π_2,π_3 为**准坐标**. 这里要着重说明,在准速度的表达式是不可积时,这些 π_1,π_2,π_3 本身并不能独立作为广义坐标的函数而存在,因而严格来说,准坐标“对时间的导数”也是无意义的. 这时,$\dot{\pi}_i=\mathrm{d}\pi_i/\mathrm{d}t$ 是作为一个整体的记号来看待,它就是准速度那个线性表达式的缩简写法. 其中的所谓“对时间导数”只是一个整体符号的一部分而已. 但是,如果定义准速度的线性表达式是可积的全微分表达式,那么准坐标就成为另一个广义坐标,而准速度表达式 $\dot{\pi}_i=\mathrm{d}\pi_i/\mathrm{d}t$ 中的“对时间导数”也就具有普通的意义了.

以下推广到一般系统. 考虑某力学系统,假定其广义坐标为 $q_1,q_2,\cdots,q_n$,其广义速度为 $\dot{q}_1,\dot{q}_2,\cdots,\dot{q}_n$. 引进如下的 n 个广义速度的线性组合表达式

$$\dot{\pi}_i=\sum_{k=1}^{n}a_{ik}\dot{q}_k+a_i,\quad i=1,2,\cdots,n,\tag{4.5}$$

其中系数 a_{ik},a_i 等都是广义坐标和时间 t 的函数. 假定上述线性组合表达式的系数行列式

$$\triangle=\begin{vmatrix}a_{11}&a_{12}&\cdots&a_{1n}\\a_{21}&a_{22}&\cdots&a_{2n}\\\vdots&\vdots&&\vdots\\a_{n1}&a_{n2}&\cdots&a_{nn}\end{vmatrix}\neq 0.\tag{4.6}$$

那么,我们称 $\dot{\pi}_1,\dot{\pi}_2,\cdots,\dot{\pi}_n$ 为系统的一组准速度,而 $\pi_1,\pi_2,\cdots,\pi_n$ 为系统的一组准坐标. 反解方程组(4.5),可以得到

$$\dot{q}_s=\sum_{k=1}^{n}b_{sk}\dot{\pi}_k+b_s,\quad s=1,2,\cdots,n.\tag{4.7}$$

3.4.2　准坐标的变分

从上面我们看到,一般来说,准坐标 $\pi_1,\pi_2,\cdots,\pi_n$ 本身虽不能独立使用,但 $\dot{\pi}_1,\dot{\pi}_2,\cdots,\dot{\pi}_n$ 却有明确的意义,也可以独立使用. 本小节将进一步指明,准坐标 $\pi_1,\pi_2,\cdots,\pi_n$ 的变分(包括时间变分与等时变分)也都有明确定义,可以独立使用. 首先定义

$$\mathrm{d}\pi_i=\dot{\pi}_i\mathrm{d}t,\quad i=1,2,\cdots,n.\tag{4.8}$$

由于 $\dot{\pi}_i$ 含义明确,因此(4.8)式给出了 $\pi_1,\pi_2,\cdots,\pi_n$ 时间变分的明确含义. 当 $\dot{\pi}_i$ 用(4.5)式代入后,有

$$d\pi_i = \sum_{k=1}^{n} a_{ik} dq_k + a_i dt, \quad i = 1,2,\cdots,n. \tag{4.9}$$

进一步定义准坐标的等时变分为

$$\delta\pi_i = \dot{\pi}_i' dt - \dot{\pi}_i'' dt, \quad i = 1,2,\cdots,n, \tag{4.10}$$

其中 $\dot{\pi}_i'$,$\dot{\pi}_i''$ 是从同一事件点出发,符合约束的两个可能准速度.因此有

$$\begin{aligned}\delta\pi_i &= \left(\sum_{k=1}^{n} a_{ik}\dot{q}_k' + a_i\right)dt - \left(\sum_{k=1}^{n} a_{ik}\dot{q}_k'' + a_i\right)dt \\ &= \sum_{k=1}^{n} a_{ik}\delta q_k, \quad i = 1,2,\cdots,n.\end{aligned} \tag{4.11}$$

也可以直接把(4.9)及(4.11)式作为准坐标的时间变分与等时变分的定义.反解(4.11)式,得到

$$\delta q_s = \sum_{k=1}^{n} b_{sk}\delta\pi_k, \quad s = 1,2,\cdots,n. \tag{4.12}$$

3.4.3 函数对准速度与准坐标的导数

考虑某函数 $F(q_1,q_2,\cdots,q_n,\dot{q}_1,\dot{q}_2,\cdots,\dot{q}_n,t)$,当引入准速度,准坐标之后,$F$ 函数成为

$$F^* = F(q_1,q_2,\cdots,q_n,\dot{q}_1,\dot{q}_2,\cdots,\dot{q}_n,t)\Big|_{\dot{q}_s = \sum_{k=1}^{n} b_{sk}\dot{\pi}_k + b_s}. \tag{4.13}$$

明显可见,有

$$\frac{\partial F^*}{\partial\dot{\pi}_l} = \sum_{s=1}^{n}\frac{\partial F}{\partial\dot{q}_s}\frac{\partial\dot{q}_s}{\partial\dot{\pi}_l} = \sum_{s=1}^{n}\frac{\partial F}{\partial\dot{q}_s}b_{sl}, \quad l = 1,2,\cdots,n. \tag{4.14}$$

这就是函数对准速度的偏导数关系式.注意到 F(或 F^*)函数中并不含准坐标 π_1,$\pi_2,\cdots,\pi_n$ 本身,因此函数对准坐标的偏导数需专门定义

$$\frac{\partial F^*}{\partial\pi_l} = \sum_{k=1}^{n}\frac{\partial F^*}{\partial q_k}b_{kl}, \quad l = 1,2,\cdots,n. \tag{4.15}$$

当 $F=q_s$ 时,显然有

$$\frac{\partial F^*}{\partial q_k} = \begin{cases}0, & k \neq s, \\ 1, & k = s.\end{cases}$$

因此,按(4.15)的定义,有

$$\frac{\partial q_s}{\partial\pi_l} = b_{sl}, \quad s,l = 1,2,\cdots,n. \tag{4.16}$$

3.4.4 准坐标的 dδ 交换公式

已知

$$d\pi_i = \sum_{k=1}^{n} a_{ik} dq_k + a_i dt, \quad i = 1,2,\cdots,n. \tag{4.17}$$

若记 $t=q_{n+1}$, $d\pi_{n+1}=dt$,则(4.17)式可改写成为

$$d\pi_i = \sum_{k=1}^{n+1} a_{ik} dq_k, \quad i = 1,2,\cdots,n+1, \tag{4.18}$$

其中

$$\begin{cases} a_{i,n+1} = a_i, & i = 1,2,\cdots,n, \\ a_{n+1,k} = 0, & k = 1,2,\cdots,n, \\ a_{n+1,n+1} = 1. \end{cases} \tag{4.19}$$

因此,(4.18)式右边表达式的系数行列式为

$$\begin{vmatrix} a_{11} & \cdots & a_{1n} & a_1 \\ \vdots & & \vdots & \vdots \\ a_{n1} & \cdots & a_{nn} & a_n \\ 0 & \cdots & 0 & 1 \end{vmatrix} = \begin{vmatrix} a_{11} & a_{12} & \cdots & a_{1n} \\ a_{21} & a_{22} & \cdots & a_{2n} \\ \vdots & \vdots & & \vdots \\ a_{n1} & a_{n2} & \cdots & a_{nn} \end{vmatrix} \neq 0. \tag{4.20}$$

不难看到,由(4.18)式可反解得到

$$dq_s = \sum_{k=1}^{n+1} b_{sk} d\pi_k, \quad s = 1,2,\cdots,n+1. \tag{4.21}$$

按照准坐标等时变分的定义,不难得到如下关系式:

$$\delta\pi_i = \sum_{k=1}^{n+1} a_{ik} \delta q_k, \quad i = 1,2,\cdots,n+1, \tag{4.22}$$

$$\delta q_s = \sum_{k=1}^{n+1} b_{sk} \delta\pi_k, \quad s = 1,2,\cdots,n+1, \tag{4.23}$$

其中

$$\begin{cases} b_{i,n+1} = b_i, & i = 1,2,\cdots,n, \\ b_{n+1,k} = 0, & k = 1,2,\cdots,n, \\ b_{n+1,n+1} = 1. \end{cases} \tag{4.24}$$

对(4.18)及(4.22)式作进一步的变分或微分运算[①],得到

$$\begin{aligned} d\delta\pi_i &= d\Big(\sum_{k=1}^{n+1} a_{ik} \delta q_k\Big) \\ &= \sum_{k=1}^{n+1} a_{ik} d\delta q_k + \sum_{k=1}^{n+1}\sum_{l=1}^{n+1} \frac{\partial a_{ik}}{\partial q_l} dq_l \delta q_k \\ &= \sum_{k=1}^{n+1} a_{ik} d\delta q_k + \sum_{k=1}^{n+1}\sum_{l=1}^{n+1} \frac{\partial a_{ik}}{\partial q_l} \Big(\sum_{j=1}^{n+1} b_{lj} d\pi_j\Big)\Big(\sum_{s=1}^{n+1} b_{ks} \delta\pi_s\Big) \end{aligned}$$

---

① 应该说明,对变分(或微分)等式作进一步变分(或微分)运算后仍能得到等式,这是基于等时变分定义保证了运算上的普遍性.虚变分算子在非完整系统里不能保证这一点.

$$= \sum_{k=1}^{n+1} a_{ik} \mathrm{d}\delta q_k + \sum_{k=1}^{n+1}\sum_{l=1}^{n+1}\sum_{j=1}^{n+1}\sum_{s=1}^{n+1} \frac{\partial a_{ik}}{\partial q_l} b_{lj} b_{ks} \mathrm{d}\pi_j \delta\pi_s,$$

$$\delta \mathrm{d}\pi_i = \sum_{k=1}^{n+1} a_{ik} \delta \mathrm{d} q_k + \sum_{k=1}^{n+1}\sum_{l=1}^{n+1}\sum_{j=1}^{n+1}\sum_{s=1}^{n+1} \frac{\partial a_{il}}{\partial q_k} b_{ks} b_{lj} \delta\pi_s \mathrm{d}\pi_j.$$

于是得到准坐标的 $\mathrm{d}\delta$ 交换差公式如下:

$$\begin{aligned}\mathrm{d}\delta\pi_i - \delta\mathrm{d}\pi_i &= \sum_{k=1}^{n+1} a_{ik} (\mathrm{d}\delta q_k - \delta \mathrm{d} q_k) \\ &\quad + \sum_{k=1}^{n+1}\sum_{l=1}^{n+1}\sum_{j=1}^{n+1}\sum_{s=1}^{n+1} \left(\frac{\partial a_{ik}}{\partial q_l} - \frac{\partial a_{il}}{\partial q_k}\right) b_{lj} b_{ks} \mathrm{d}\pi_j \delta\pi_s \\ &= \sum_{k=1}^{n+1} a_{ik} (\mathrm{d}\delta q_k - \delta \mathrm{d} q_k) + \sum_{j=1}^{n+1}\sum_{s=1}^{n+1} \gamma_{js}^i \mathrm{d}\pi_j \delta\pi_s, \end{aligned} \tag{4.25}$$

其中

$$\gamma_{js}^i = \sum_{k=1}^{n+1}\sum_{l=1}^{n+1} \left(\frac{\partial a_{ik}}{\partial q_l} - \frac{\partial a_{il}}{\partial q_k}\right) b_{ks} b_{lj}. \tag{4.26}$$

以下对公式(4.25)及(4.26)作一些讨论:

(1) 如果系统在引入广义坐标 $q_1, q_2, \cdots, q_n$ 之后,没有其他的附加约束——此时系统显然为完整系统,那么由 2.1.6 小节中的分析,有

$$\mathrm{d}\delta q_k - \delta \mathrm{d} q_k = 0, \quad k = 1,2,\cdots,n+1.$$

此时准坐标的 $\mathrm{d}\delta$ 交换差公式为

$$\mathrm{d}\delta\pi_i - \delta\mathrm{d}\pi_i = \sum_{j=1}^{n+1}\sum_{s=1}^{n+1} \gamma_{js}^i \mathrm{d}\pi_j \delta\pi_s, \quad i = 1,2,\cdots,n+1. \tag{4.27}$$

(2) 如果在上述没有附加约束的完整系统上,在引入准坐标时满足如下的条件

$$\frac{\partial a_{ik}}{\partial q_l} - \frac{\partial a_{il}}{\partial q_k} = 0, \quad i,k,l = 1,2,\cdots,n+1. \tag{4.28}$$

显然,此时准坐标就是另外一组广义坐标. 由(4.26)式知

$$\gamma_{js}^i = 0, \quad i,j,s = 1,2,\cdots,n+1.$$

因此有

$$\mathrm{d}\delta\pi_i - \delta\mathrm{d}\pi_i = 0, \quad i = 1,2,\cdots,n+1. \tag{4.29}$$

(3) 在不符合上述条件的一般情况下,(4.29)式不再成立. 这就说明,在一般情况下,对准坐标没有 $\mathrm{d}\delta$ 交换性成立. 此时 $\mathrm{d}\delta$ 交换差公式的系数 γ_{js}^i 有反对称的特性,即满足

$$\gamma_{js}^i + \gamma_{sj}^i = 0, \quad i,j,s = 1,2,\cdots,n+1. \tag{4.30}$$

(4) 若在引入准坐标时,采用如下形式

$$\mathrm{d}\pi_i = \sum_{k=1}^{n} a_{ik} \mathrm{d} q_k, \quad i = 1,2,\cdots,n,$$

而且系数 a_{ik} 中全不显含时间 t，那么以上建立的公式中，求和上限可改为 n，而不必到 $n+1$.

§3.5 Hamel 方程与 Volterra 方程

当引用准坐标和准速度来表达系统的动力学方程时，如果动力学函数仍然选用动能，那么它的形式就是 Hamel 方程. 当准速度的引入限定为 Volterra 形式，那么 Volterra 方程显得形式上更为简单一些.

3.5.1 完整系的 Hamel 方程

研究一完整的力学系统. 在考虑了它的完整约束组之后，系统的广义坐标为 $q_1, q_2, \cdots, q_n$，广义速度为 $\dot{q}_1, \dot{q}_2, \cdots, \dot{q}_n$. 引入准速度，并限定为如下形式

$$\dot{\pi}_s = \sum_{k=1}^{n} a_{sk}\dot{q}_k, \quad s = 1,2,\cdots,n, \tag{5.1}$$

其中系数 a_{sk} 仅为广义坐标的函数，并有

$$\triangle = \begin{vmatrix} a_{11} & a_{12} & \cdots & a_{1n} \\ a_{21} & a_{22} & \cdots & a_{2n} \\ \vdots & \vdots & & \vdots \\ a_{n1} & a_{n2} & \cdots & a_{nn} \end{vmatrix} \neq 0. \tag{5.2}$$

反解(5.1)这组线性关系式，得到

$$\dot{q}_k = \sum_{l=1}^{n} b_{kl}\dot{\pi}_l, \quad k = 1,2,\cdots,n. \tag{5.3}$$

显然，b_{kl} 也是广义坐标的函数，并且有

$$\sum_{k=1}^{n} a_{sk}b_{kl} = \begin{cases} 0, & \text{当 } s \neq l \text{ 时}, \\ 1, & \text{当 } s = l \text{ 时}. \end{cases} \tag{5.4}$$

由于系统是完整的，在引入广义坐标之后就没有其他附加约束了，因此有

$$\delta_s^q = \delta q_s = \sum_{l=1}^{n} b_{sl}\delta\pi_l, \quad s = 1,2,\cdots,n. \tag{5.5}$$

将上式代入 Lagrange 基本方程，并根据 $\delta\pi_l$ 的各自独立性，就可以得到 Maggi 方程

$$\sum_{s=1}^{n}\left(\frac{\mathrm{d}}{\mathrm{d}t}\frac{\partial T}{\partial \dot{q}_s} - \frac{\partial T}{\partial q_s} - Q_s\right)b_{sl} = 0, \quad l = 1,2,\cdots,n, \tag{5.6}$$

$$K_l' = \sum_{s=1}^{n} b_{sl}\frac{\mathrm{d}}{\mathrm{d}t}\frac{\partial T}{\partial \dot{q}_s}, \quad K_l'' = \sum_{s=1}^{n} b_{sl}\frac{\partial T}{\partial q_s}, \quad K_l = \sum_{s=1}^{n} b_{sl}Q_s, \tag{5.7}$$

则(5.6)式的 Maggi 方程成为

$$K_l' - K_l'' = K_l, \quad l = 1,2,\cdots,n. \tag{5.8}$$

引入准速度表达的系统动能函数

$$\begin{aligned} &\widehat{T}(q_1, q_2, \cdots, q_n, \dot{\pi}_1, \dot{\pi}_2, \cdots, \dot{\pi}_n, t) \\ &= T(q_1, q_2, \cdots, q_n, \dot{q}_1, \dot{q}_2, \cdots, \dot{q}_n, t) \Big|_{\dot{q}_k = \sum\limits_{l=1}^{n} b_{kl}\dot{\pi}_l}, \end{aligned} \tag{5.9}$$

然后作如下计算：

$$\begin{aligned} K_l' &= \sum_{s=1}^{n} b_{sl} \frac{\mathrm{d}}{\mathrm{d}t} \frac{\partial T}{\partial \dot{q}_s} \\ &= \sum_{s=1}^{n} \left[\frac{\mathrm{d}}{\mathrm{d}t} \left(\frac{\partial T}{\partial \dot{q}_s} b_{sl} \right) - \frac{\partial T}{\partial \dot{q}_s} \frac{\mathrm{d}}{\mathrm{d}t} b_{sl} \right], \end{aligned} \tag{5.10}$$

而

$$\frac{\partial \widehat{T}}{\partial \dot{\pi}_l} = \sum_{s=1}^{n} \left(\frac{\partial T}{\partial \dot{q}_s} \frac{\partial \dot{q}_s}{\partial \dot{\pi}_l} \right) = \sum_{s=1}^{n} \left(\frac{\partial T}{\partial \dot{q}_s} b_{sl} \right),$$

所以

$$\sum_{s=1}^{n} \frac{\mathrm{d}}{\mathrm{d}t} \left(\frac{\partial T}{\partial \dot{q}_s} b_{sl} \right) = \frac{\mathrm{d}}{\mathrm{d}t} \left(\frac{\partial \widehat{T}}{\partial \dot{\pi}_l} \right), \tag{5.11}$$

又

$$\begin{aligned} \sum_{s=1}^{n} \frac{\partial T}{\partial \dot{q}_s} \frac{\mathrm{d}}{\mathrm{d}t} b_{sl} &= \sum_{s=1}^{n} \frac{\partial T}{\partial \dot{q}_s} \sum_{j=1}^{n} \frac{\partial b_{sl}}{\partial q_j} \dot{q}_j \\ &= \sum_{s=1}^{n} \sum_{j=1}^{n} \frac{\partial T}{\partial \dot{q}_s} \frac{\partial b_{sl}}{\partial q_j} \sum_{r=1}^{n} b_{jr} \dot{\pi}_r, \end{aligned} \tag{5.12}$$

且知

$$\frac{\partial T}{\partial \dot{q}_s} = \sum_{i=1}^{n} \frac{\partial \widehat{T}}{\partial \dot{\pi}_i} \frac{\partial \dot{\pi}_i}{\partial \dot{q}_s} = \sum_{i=1}^{n} \frac{\partial \widehat{T}}{\partial \dot{\pi}_i} a_{is},$$

从而

$$\sum_{s=1}^{n} \frac{\partial T}{\partial \dot{q}_s} \frac{\mathrm{d}}{\mathrm{d}t} b_{sl} = \sum_{r} \sum_{j} \sum_{s} \sum_{i} \frac{\partial \widehat{T}}{\partial \dot{\pi}_i} a_{is} \frac{\partial b_{sl}}{\partial q_j} b_{jr} \dot{\pi}_r. \tag{5.13}$$

又因

$$\sum_{s=1}^{n} a_{is} b_{sl} = \begin{cases} 1, & \text{当 } i = l \text{ 时}, \\ 0, & \text{当 } i \neq l \text{ 时}, \end{cases}$$

故

$$\sum_{s=1}^{n} \frac{\partial a_{is}}{\partial q_j} b_{sl} + \sum_{s=1}^{n} a_{is} \frac{\partial b_{sl}}{\partial q_j} = 0,$$

即

$$\sum_{s=1}^{n} a_{is} \frac{\partial b_{sl}}{\partial q_j} = -\sum_{s=1}^{n} b_{sl} \frac{\partial a_{is}}{\partial q_j}.$$

以此式代入(5.13)式，得

$$\sum_{s=1}^{n}\frac{\partial T}{\partial\dot{q}_s}\frac{\mathrm{d}}{\mathrm{d}t}b_{sl}=-\sum_r\sum_j\sum_s\sum_i\frac{\partial\widehat{T}}{\partial\dot{\pi}_i}\frac{\partial a_{is}}{\partial q_j}b_{sl}b_{jr}\dot{\pi}_r. \tag{5.14}$$

将(5.14)式代入(5.10)式，得

$$K_l'=\frac{\mathrm{d}}{\mathrm{d}t}\frac{\partial\widehat{T}}{\partial\dot{\pi}_l}+\sum_r\sum_j\sum_s\sum_i\frac{\partial\widehat{T}}{\partial\dot{\pi}_i}\frac{\partial a_{is}}{\partial q_j}b_{sl}b_{jr}\dot{\pi}_r. \tag{5.15}$$

再来计算 K_l''，有

$$\begin{aligned}K_l''&=\sum_{s=1}^{n}\frac{\partial T}{\partial q_s}b_{sl}=\sum_{s=1}^{n}\left(\frac{\partial\widehat{T}}{\partial q_s}+\sum_{i=1}^{n}\frac{\partial\widehat{T}}{\partial\dot{\pi}_i}\frac{\partial\dot{\pi}_i}{\partial q_s}\right)b_{sl}\\&=\sum_{s=1}^{n}\frac{\partial\widehat{T}}{\partial q_s}b_{sl}+\sum_{s=1}^{n}\sum_{i=1}^{n}\frac{\partial\widehat{T}}{\partial\dot{\pi}_i}b_{sl}\sum_{j=1}^{n}\frac{\partial a_{ij}}{\partial q_s}\dot{q}_j\\&=\sum_{s=1}^{n}\frac{\partial\widehat{T}}{\partial q_s}b_{sl}+\sum_s\sum_i\sum_j\frac{\partial\widehat{T}}{\partial\dot{\pi}_i}b_{sl}\frac{\partial a_{ij}}{\partial q_s}\sum_r b_{jr}\dot{\pi}_r\\&=\frac{\partial\widehat{T}}{\partial\pi_l}+\sum_s\sum_i\sum_j\sum_r\frac{\partial\widehat{T}}{\partial\dot{\pi}_i}b_{sl}\frac{\partial a_{ij}}{\partial q_s}b_{jr}\dot{\pi}_r.\end{aligned} \tag{5.16}$$

将(5.15)，(5.16)式一起代入 Maggi 方程(5.8)，得

$$\frac{\mathrm{d}}{\mathrm{d}t}\frac{\partial\widehat{T}}{\partial\dot{\pi}_l}-\frac{\partial\widehat{T}}{\partial\pi_l}+\sum_s\sum_i\sum_j\sum_r b_{sl}b_{jr}\frac{\partial\widehat{T}}{\partial\dot{\pi}_i}\dot{\pi}_r\left(\frac{\partial a_{is}}{\partial q_j}-\frac{\partial a_{ij}}{\partial q_s}\right)=K_l,$$
$$l=1,2,\cdots,n. \tag{5.17}$$

记①

$$\beta_{ri}^l=\sum_s\sum_j b_{sl}b_{jr}\left(\frac{\partial a_{is}}{\partial q_j}-\frac{\partial a_{ij}}{\partial q_s}\right), \tag{5.18}$$

则方程(5.17)成为

$$\frac{\mathrm{d}}{\mathrm{d}t}\frac{\partial\widehat{T}}{\partial\dot{\pi}_l}-\frac{\partial\widehat{T}}{\partial\pi_l}+\sum_r\sum_i\beta_{ri}^l\frac{\partial\widehat{T}}{\partial\dot{\pi}_i}\dot{\pi}_r=K_l,$$
$$l=1,2,\cdots,n. \tag{5.19}$$

这就是**完整系的 Hamel 方程**.

由(5.18)及(4.26)式，我们可以得到

$$\begin{aligned}\beta_{ri}^l&=\sum_s\sum_j b_{sl}b_{jr}\left(\frac{\partial a_{is}}{\partial q_j}-\frac{\partial a_{ij}}{\partial q_s}\right)\\&=\sum_s\sum_j b_{jl}b_{sr}\left(\frac{\partial a_{ij}}{\partial q_s}-\frac{\partial a_{is}}{\partial q_j}\right)\\&=-\sum_s\sum_j b_{jl}b_{sr}\left(\frac{\partial a_{is}}{\partial q_j}-\frac{\partial a_{ij}}{\partial q_s}\right)\end{aligned}$$

① 注意，此处的记号与(3.50)式含义不同.

$$=-\gamma_{lr}^{i}. \tag{5.20}$$

因此，完整系的 Hamel 方程亦可写成为

$$\frac{\mathrm{d}}{\mathrm{d}t}\frac{\partial\widehat{T}}{\partial\dot{\pi}_l}-\frac{\partial\widehat{T}}{\partial\pi_l}-\sum_r\sum_i\gamma_{lr}^{i}\frac{\partial\widehat{T}}{\partial\dot{\pi}_i}\dot{\pi}_r=K_l,$$
$$l=1,2,\cdots,n. \tag{5.21}$$

3.5.2 非完整系的 Hamel 方程

设某力学系统的广义坐标为 $q_1,q_2,\cdots,q_n$，广义速度为 $\dot{q}_1,\dot{q}_2,\cdots,\dot{q}_n$. 由于系统是非完整的，它一定有附加约束. 设想它的附加约束为如下形式

$$\begin{aligned}&a_{m+1,1}\dot{q}_1+a_{m+1,2}\dot{q}_2+\cdots+a_{m+1,n}\dot{q}_n=0,\\&a_{m+2,1}\dot{q}_1+a_{m+2,2}\dot{q}_2+\cdots+a_{m+2,n}\dot{q}_n=0,\\&\cdots\cdots\cdots\cdots\cdots\cdots\\&a_{n1}\dot{q}_1+a_{n2}\dot{q}_2+\cdots+a_{nn}\dot{q}_n=0,\end{aligned} \tag{5.22}$$

其中 a_{ij} 为广义坐标的函数. 对此系统，如按下述方式引入准速度

$$\begin{aligned}&\text{I}:\begin{cases}\dot{\pi}_1=a_{11}\dot{q}_1+a_{12}\dot{q}_2+\cdots+a_{1n}\dot{q}_n,\\\dot{\pi}_2=a_{21}\dot{q}_1+a_{22}\dot{q}_2+\cdots+a_{2n}\dot{q}_n,\\\cdots\cdots\cdots\cdots\cdots\cdots\\\dot{\pi}_m=a_{m1}\dot{q}_1+a_{m2}\dot{q}_2+\cdots+a_{mn}\dot{q}_n;\end{cases}\\&\text{II}:\begin{cases}\dot{\pi}_{m+1}=a_{m+1,1}\dot{q}_1+a_{m+1,2}\dot{q}_2+\cdots+a_{m+1,n}\dot{q}_n,\\\dot{\pi}_{m+2}=a_{m+2,1}\dot{q}_1+a_{m+2,2}\dot{q}_2+\cdots+a_{m+2,n}\dot{q}_n,\\\cdots\cdots\cdots\cdots\cdots\cdots\\\dot{\pi}_n=a_{n1}\dot{q}_1+a_{n2}\dot{q}_2+\cdots+a_{nn}\dot{q}_n.\end{cases}\end{aligned} \tag{5.23}$$

第Ⅱ组准速度就是用附加约束的式子定义，而第Ⅰ组只要求和第Ⅱ组在一起构成线性无关组，即有如下条件成立：

$$\det\begin{bmatrix}a_{11}&a_{12}&\cdots&a_{1n}\\a_{21}&a_{22}&\cdots&a_{2n}\\\vdots&\vdots&&\vdots\\a_{n1}&a_{n2}&\cdots&a_{nn}\end{bmatrix}\neq 0. \tag{5.24}$$

根据此条件，反解(5.23)关系式，得

$$\dot{q}_k=\sum_{l=1}^{n}b_{kl}\dot{\pi}_l,\quad k=1,2,\cdots,n, \tag{5.25}$$

其中系数 b_{kl} 也是广义坐标的函数，并有

$$\sum_{k=1}^{n}a_{sk}b_{kl}=\begin{cases}0,&\text{当 } s\neq l \text{ 时},\\1,&\text{当 } s=l \text{ 时}.\end{cases} \tag{5.26}$$

按如上方式引入准速度,附加约束成为

$$\dot{\pi}_{m+1}=\dot{\pi}_{m+2}=\cdots=\dot{\pi}_n=0. \tag{5.27}$$

按 3.4.2 小节中定义,引入准坐标的等时变分,有

$$\delta\pi_i=\sum_{k=1}^{n}a_{ik}\delta q_k,\quad i=1,2,\cdots,n. \tag{5.28}$$

注意到(5.22)各式的附加约束,$\delta q_1,\delta q_2,\cdots,\delta q_n$ 这 n 个分量应满足如下的限制方程

$$\sum_{k=1}^{n}a_{ik}\delta q_k=0,\quad i=m+1,m+2,\cdots,n. \tag{5.29}$$

注意到 $\delta q_1,\delta q_2,\cdots,\delta q_n$ 的限制方程(5.29)与 δ_i^q 的限制方程一致,因此可以认为

$$[\delta_1^q,\delta_2^q,\cdots,\delta_n^q]^{\mathrm{T}}=[\delta q_1,\delta q_2,\cdots,\delta q_n]^{\mathrm{T}}, \tag{5.30}$$

并且可通过准坐标的等时变分$[\delta\pi_1,\delta\pi_2,\cdots,\delta\pi_n]^{\mathrm{T}}$来表达,即

$$\delta q_k=\sum_{l=1}^{n}b_{kl}\delta\pi_l,\quad k=1,2,\cdots,n. \tag{5.31}$$

应该注意到,在考虑附加约束(5.27)时,$\delta\pi_1,\delta\pi_2,\cdots,\delta\pi_n$ 中只有 $\delta\pi_1,\delta\pi_2,\cdots,\delta\pi_m$ 为自由微变量,而 $\delta\pi_{m+1}=\delta\pi_{m+2}=\cdots=\delta\pi_n=0$. 将(5.30)及(5.31)式代入 Lagrange 基本方程,有

$$\begin{aligned}
&\sum_{s=1}^{n}\left(\frac{\mathrm{d}}{\mathrm{d}t}\frac{\partial T}{\partial\dot{q}_s}-\frac{\partial T}{\partial q_s}-Q_s\right)\delta_s^q\\
&=\sum_{s=1}^{n}\left(\frac{\mathrm{d}}{\mathrm{d}t}\frac{\partial T}{\partial\dot{q}_s}-\frac{\partial T}{\partial q_s}-Q_s\right)\delta q_s\\
&=\sum_{s=1}^{n}\left(\frac{\mathrm{d}}{\mathrm{d}t}\frac{\partial T}{\partial\dot{q}_s}-\frac{\partial T}{\partial q_s}-Q_s\right)\sum_{l=1}^{n}b_{sl}\delta\pi_l\\
&=\sum_{l=1}^{n}\sum_{s=1}^{n}\left(\frac{\mathrm{d}}{\mathrm{d}t}\frac{\partial T}{\partial\dot{q}_s}-\frac{\partial T}{\partial q_s}-Q_s\right)b_{sl}\delta\pi_l.
\end{aligned}$$

重复在 3.5.1 小节中的推导,得

$$\sum_{l=1}^{n}\left(\frac{\mathrm{d}}{\mathrm{d}t}\frac{\partial\widehat{T}}{\partial\dot{\pi}_l}-\frac{\partial\widehat{T}}{\partial\pi_l}+\sum_{r=1}^{n}\sum_{i=1}^{n}\beta_{ri}^{l}\frac{\partial\widehat{T}}{\partial\dot{\pi}_i}\dot{\pi}_r-K_l\right)\delta\pi_l=0. \tag{5.32}$$

注意到 $\delta\pi_{m+1}=\delta\pi_{m+2}=\cdots=\delta\pi_n=0$,于是方程(5.32)式成为

$$\sum_{l=1}^{m}\left(\frac{\mathrm{d}}{\mathrm{d}t}\frac{\partial\widehat{T}}{\partial\dot{\pi}_l}-\frac{\partial\widehat{T}}{\partial\pi_l}+\sum_{r=1}^{n}\sum_{i=1}^{n}\beta_{ri}^{l}\frac{\partial\widehat{T}}{\partial\dot{\pi}_i}\dot{\pi}_r-K_l\right)\delta\pi_l=0. \tag{5.33}$$

鉴于 $\delta\pi_1,\delta\pi_2,\cdots,\delta\pi_m$ 的各自独立性,并注意到附加约束形成的(5.27)式,则由(5.33)式可立即得到**非完整系统的 Hamel 方程**

$$\frac{\mathrm{d}}{\mathrm{d}t}\frac{\partial\widehat{T}}{\partial\dot{\pi}_l}-\frac{\partial\widehat{T}}{\partial\pi_l}+\sum_{r=1}^{m}\sum_{i=1}^{n}\beta_{ri}^{l}\frac{\partial\widehat{T}}{\partial\dot{\pi}_i}\dot{\pi}_r=K_l,$$

$$l = 1, 2, \cdots, m. \tag{5.34}$$

3.5.3 Volterra 方程

Volterra 不预先考虑系统有一个完整约束组，而直接从系统的 Descartes 位形出发. 即认为

$$[q_1, q_2, \cdots, q_n]^{\mathrm{T}} = [u_1, u_2, \cdots, u_{3N}]^{\mathrm{T}}, \tag{5.35}$$

其中

$$n = 3N. \tag{5.36}$$

系统的动能表达式为

$$T = \sum_{s=1}^{3N} \frac{1}{2} m_s \dot{u}_s^2. \tag{5.37}$$

现在假定系统有如下的相互独立的一阶线性约束组

$$\sum_{s=1}^{3N} a_{rs} \dot{u}_s = 0, \quad r = m+1, m+2, \cdots, 3N. \tag{5.38}$$

仿照 Hamel 的做法，可引入如下的准速度：

$$\dot{\pi}_i = \sum_{s=1}^{3N} a_{is} \dot{u}_s, \quad i = 1, 2, \cdots, m, m+1, \cdots, 3N. \tag{5.39}$$

并要求具备如下条件

$$\det \begin{bmatrix} a_{11} & a_{12} & \cdots & a_{1,3N} \\ a_{21} & a_{22} & \cdots & a_{2,3N} \\ \vdots & \vdots & & \vdots \\ a_{3N,1} & a_{3N,2} & \cdots & a_{3N,3N} \end{bmatrix} \neq 0. \tag{5.40}$$

这样，由(5.39)式可反解出

$$\dot{u}_s = \sum_{l=1}^{3N} b_{sl} \dot{\pi}_l, \quad s = 1, 2, \cdots, 3N. \tag{5.41}$$

引入准速度后，约束方程成为

$$\dot{\pi}_{m+1} = \dot{\pi}_{m+2} = \cdots = \dot{\pi}_{3N} = 0. \tag{5.42}$$

显然，此时系统完全符合应用非完整系的 Hamel 方程的条件，由于应用 Hamel 方程计算较繁琐，此时我们直接从动力学基本方程出发，导出另一种形式上稍为简单的方程，这就是以下讨论的 Volterra 方程.

对于动力学基本方程

$$\sum_{s=1}^{3N} (m_s \ddot{u}_s - F_s) \delta_s^C = 0.$$

由于约束组(5.38) 式的存在，$\delta_1^C, \delta_2^C, \cdots, \delta_{3N}^C$ 不再是 $3N$ 个自由的微变量，而有着 $3N - m$ 个独立的限制方程

$$\sum_{s=1}^{3N} a_{rs}\delta_s^C = 0, \quad r = m+1, m+2, \cdots, 3N. \tag{5.43}$$

因此，$\delta_1^C, \delta_2^C, \cdots, \delta_{3N}^C$可找到另一组 m 个独立的微变分量来加以表达. 显然，这 m 个独立分量可取为 $\delta\pi_1, \delta\pi_2, \cdots, \delta\pi_m$，表达式为

$$\delta_s^C = \sum_{l=1}^{m} b_{sl}\delta\pi_l, \quad s = 1, 2, \cdots, 3N. \tag{5.44}$$

将(5.44)式代入动力学基本方程，即得到 Maggi 方程

$$\sum_{s=1}^{3N} m_s \ddot{u}_s b_{sl} = K_l, \tag{5.45}$$

其中

$$K_l = \sum_{s=1}^{3N} F_s b_{sl}, \quad l = 1, 2, \cdots, m. \tag{5.46}$$

注意到

$$\sum_{s=1}^{3N} m_s \ddot{u}_s b_{sl} = \frac{\mathrm{d}}{\mathrm{d}t}\Big(\sum_{s=1}^{3N} m_s \dot{u}_s b_{sl}\Big) - \sum_{s=1}^{3N} m_s \dot{u}_s \frac{\mathrm{d}b_{sl}}{\mathrm{d}t},$$

并引入准速度表达的动能函数

$$\widehat{T} = \sum_{s=1}^{3N} \frac{1}{2} m_s \dot{u}_s^2 \Big|_{\dot{u}_s = \sum_{l=1}^{3N} b_{sl}\dot{\pi}_l}, \tag{5.47}$$

显然有

$$\frac{\partial \widehat{T}}{\partial \dot{\pi}_l} = \sum_{s=1}^{3N} \frac{\partial T}{\partial \dot{u}_s}\frac{\partial \dot{u}_s}{\partial \dot{\pi}_l} = \sum_{s=1}^{3N} m_s \dot{u}_s b_{sl}, \tag{5.48}$$

所以

$$\sum_{s=1}^{3N} m_s \ddot{u}_s b_{sl} = \frac{\mathrm{d}}{\mathrm{d}t}\frac{\partial \widehat{T}}{\partial \dot{\pi}_l} - \sum_{s=1}^{3N} m_s \dot{u}_s \frac{\mathrm{d}}{\mathrm{d}t} b_{sl}. \tag{5.49}$$

由于系数 a_{is}, b_{sl}都仅是位形坐标 $u_1, u_2, \cdots, u_{3N}$的函数，因此

$$\begin{aligned}\sum_{s=1}^{3N} m_s \dot{u}_s \frac{\mathrm{d}b_{sl}}{\mathrm{d}t} &= \sum_{s=1}^{3N} m_s \sum_{s=1}^{3N} b_{sr}\dot{\pi}_r \sum_{j=1}^{3N} \frac{\partial b_{sl}}{\partial u_j}\dot{u}_j \\ &= \sum_{s=1}^{3N}\sum_{r=1}^{3N}\sum_{j=1}^{3N}\sum_{k=1}^{3N} m_s b_{sr} b_{jk} \frac{\partial b_{sl}}{\partial u_j}\dot{\pi}_r\dot{\pi}_k. \end{aligned}\tag{5.50}$$

记

$$B_{rk}^l = \sum_{s=1}^{3N}\sum_{j=1}^{3N} m_s b_{sr} b_{jk} \frac{\partial b_{sl}}{\partial u_j}. \tag{5.51}$$

则由(5.49)及(5.50)式得

$$\sum_{s=1}^{3N} m_s \ddot{u}_s b_{sl} = \frac{\mathrm{d}}{\mathrm{d}t}\frac{\partial \widehat{T}}{\partial \dot{\pi}_l} - \sum_{r=1}^{3N}\sum_{k=1}^{3N} B_{rk}^l \dot{\pi}_r \dot{\pi}_k. \tag{5.52}$$

代入(5.45)式，立即得

$$\frac{\mathrm{d}}{\mathrm{d}t}\frac{\partial \widehat{T}}{\partial \dot{\pi}_l}-\sum_{r=1}^{3N}\sum_{k=1}^{3N}B_{rk}^{l}\dot{\pi}_r\dot{\pi}_k=K_l,\quad l=1,2,\cdots,m. \tag{5.53}$$

此时,可注意到(5.42)式的约束,并记

$$\dot{\pi}_l=p_l.$$

则方程(5.53)可进一步简化为

$$\frac{\mathrm{d}}{\mathrm{d}t}\frac{\partial \widehat{T}}{\partial p_l}-\sum_{r=1}^{m}\sum_{k=1}^{m}B_{rk}^{l}p_r p_k=K_l,\quad l=1,2,\cdots,m. \tag{5.54}$$

这就是 **Volterra 方程**.

3.5.4　用 dδ 交换差公式建立动力学方程

从(1.27)式的 Lagrange-Volterra 方程出发,应用已经建立的 dδ 交换差公式,同样可以来建立系统的动力学方程组. 下面以建立 Hamel 方程为例来说明. 设某力学系统的广义坐标为 $q_1,q_2,\cdots,q_n$,以广义坐标表达的 Lagrange-Volterra 方程为

$$\frac{\mathrm{d}}{\mathrm{d}t}\left(\sum_{i=1}^{n}\frac{\partial T^q}{\partial \dot{q}_i}\delta q_i\right)-\delta T^q+\sum_{i=1}^{n}\frac{\partial T^q}{\partial \dot{q}_i}\left(\delta\dot{q}_i-\frac{\mathrm{d}}{\mathrm{d}t}\delta q_i\right)=\sum_{i=1}^{n}Q_i\delta q_i. \tag{5.55}$$

首先考虑完整系统. 此时有

$$\delta\dot{q}_i-\frac{\mathrm{d}}{\mathrm{d}t}\delta q_i=0,\quad i=1,2,\cdots,n. \tag{5.56}$$

因此方程(5.55)成为

$$\frac{\mathrm{d}}{\mathrm{d}t}\left(\sum_{i=1}^{n}\frac{\partial T^q}{\partial \dot{q}_i}\delta q_i\right)-\delta T^q=\sum_{i=1}^{n}Q_i\delta q_i. \tag{5.57}$$

按(5.1)式引入准速度,作准速度表达的动能函数

$$\widehat{T}=T^q\big|_{\dot{q}_i=\sum_{l=1}^{n}b_{il}\dot{\pi}_l}. \tag{5.58}$$

注意到

$$\frac{\partial \widehat{T}}{\partial \dot{\pi}_l}=\sum_{i=1}^{n}\frac{\partial T^q}{\partial \dot{q}_i}\frac{\partial \dot{q}_i}{\partial \dot{\pi}_l}=\sum_{i=1}^{n}\frac{\partial T^q}{\partial \dot{q}_i}b_{il}.$$

于是有

$$\sum_{i=1}^{n}\frac{\partial T^q}{\partial \dot{q}_i}\delta q_i=\sum_{i=1}^{n}\frac{\partial T^q}{\partial \dot{q}_i}\sum_{l=1}^{n}b_{il}\delta\pi_l=\sum_{l=1}^{n}\frac{\partial \widehat{T}}{\partial \dot{\pi}_l}\delta\pi_l.$$

所以

$$\begin{aligned}\frac{\mathrm{d}}{\mathrm{d}t}\left(\sum_{i=1}^{n}\frac{\partial T^q}{\partial \dot{q}_i}\delta q_i\right)&=\frac{\mathrm{d}}{\mathrm{d}t}\left(\sum_{l=1}^{n}\frac{\partial \widehat{T}}{\partial \dot{\pi}_l}\delta\pi_l\right)\\&=\sum_{l=1}^{n}\frac{\mathrm{d}}{\mathrm{d}t}\left(\frac{\partial \widehat{T}}{\partial \dot{\pi}_l}\right)\delta\pi_l+\sum_{l=1}^{n}\frac{\partial \widehat{T}}{\partial \dot{\pi}_l}\frac{\mathrm{d}}{\mathrm{d}t}\delta\pi_l.\end{aligned} \tag{5.59}$$

又

$$\delta T^q = \delta \widehat{T} = \sum_{i=1}^{n} \frac{\partial \widehat{T}}{\partial \dot{\pi}_i} \delta \dot{\pi}_i + \sum_{l=1}^{n} \frac{\partial \widehat{T}}{\partial \pi_l} \delta \pi_l. \tag{5.60}$$

将(5.59)及(5.60)式代入(5.57)式，得

$$\sum_{l=1}^{n} \left(\frac{\mathrm{d}}{\mathrm{d}t} \frac{\partial \widehat{T}}{\partial \dot{\pi}_l} - \frac{\partial \widehat{T}}{\partial \pi_l} \right) \delta \pi_l + \sum_{i=1}^{n} \frac{\partial \widehat{T}}{\partial \dot{\pi}_i} \left(\frac{\mathrm{d}}{\mathrm{d}t} \delta \pi_i - \delta \dot{\pi}_i \right) = \sum_{l=1}^{n} K_l \delta \pi_l. \tag{5.61}$$

根据准坐标的 dδ 交换差公式，并注意到(5.56)式的性质，有

$$\frac{\mathrm{d}}{\mathrm{d}t} \delta \pi_i - \delta \dot{\pi}_i = \sum_{r=1}^{n} \sum_{l=1}^{n} \gamma_{rl}^{i} \dot{\pi}_r \delta \pi_l. \tag{5.62}$$

代入到(5.61)式，就有

$$\sum_{l=1}^{n} \left(\frac{\mathrm{d}}{\mathrm{d}t} \frac{\partial \widehat{T}}{\partial \dot{\pi}_l} - \frac{\partial \widehat{T}}{\partial \pi_l} + \sum_{i=1}^{n} \sum_{r=1}^{n} \gamma_{rl}^{i} \frac{\partial \widehat{T}}{\partial \dot{\pi}_i} \dot{\pi}_r \right) \delta \pi_l = \sum_{l=1}^{n} K_l \delta \pi_l. \tag{5.63}$$

根据 $\delta\pi_l$ 的各自独立性以及(4.30)式的性质，从(5.63)式即可得到动力学方程组

$$\frac{\mathrm{d}}{\mathrm{d}t} \frac{\partial \widehat{T}}{\partial \dot{\pi}_l} - \frac{\partial \widehat{T}}{\partial \pi_l} - \sum_{r=1}^{n} \sum_{i=1}^{n} \gamma_{lr}^{i} \frac{\partial \widehat{T}}{\partial \dot{\pi}_i} \dot{\pi}_r = K_l, \quad l = 1, 2, \cdots, n. \tag{5.64}$$

这就是**完整系的 Hamel 方程**.

以下考虑非完整系. 采用 3.5.2 小节中完全一样的方式引入准速度，则(5.59)及(5.60)式照样成立. 因此有

$$\begin{aligned} &\frac{\mathrm{d}}{\mathrm{d}t} \left(\sum_{i=1}^{n} \frac{\partial T^q}{\partial \dot{q}_i} \delta q_i \right) - \delta T^q \\ &\quad = \sum_{l=1}^{n} \left(\frac{\mathrm{d}}{\mathrm{d}t} \frac{\partial \widehat{T}}{\partial \dot{\pi}_l} - \frac{\partial \widehat{T}}{\partial \pi_l} \right) \delta \pi_l + \sum_{i=1}^{n} \frac{\partial \widehat{T}}{\partial \dot{\pi}_i} \left(\frac{\mathrm{d}}{\mathrm{d}t} \delta \pi_i - \delta \dot{\pi}_i \right). \end{aligned} \tag{5.65}$$

根据准坐标的 dδ 交换差公式，将(5.65)式代入完全的 Lagrange-Volterra 方程(5.55)，得

$$\begin{aligned} &\sum_{l=1}^{n} \left(\frac{\mathrm{d}}{\mathrm{d}t} \frac{\partial \widehat{T}}{\partial \dot{\pi}_l} - \frac{\partial \widehat{T}}{\partial \pi_l} \right) \delta \pi_l + \sum_{i=1}^{n} \frac{\partial \widehat{T}}{\partial \dot{\pi}_i} \Big[\sum_{k=1}^{n} a_{ik} \left(\frac{\mathrm{d}}{\mathrm{d}t} \delta q_k - \delta \dot{q}_k \right) \\ &\quad + \sum_{r=1}^{n} \sum_{l=1}^{n} \gamma_{rl}^{i} \dot{\pi}_r \delta \pi_l \Big] + \sum_{i=1}^{n} \frac{\partial T^q}{\partial \dot{q}_i} \left(\delta \dot{q}_i - \frac{\mathrm{d}}{\mathrm{d}t} \delta q_i \right) = \sum_{l=1}^{n} K_l \delta \pi_l. \end{aligned} \tag{5.66}$$

注意到

$$\frac{\partial T^q}{\partial \dot{q}_i} = \sum_{k=1}^{n} \frac{\partial \widehat{T}}{\partial \dot{\pi}_k} \frac{\partial \dot{\pi}_k}{\partial \dot{q}_i} = \sum_{k=1}^{n} \frac{\partial \widehat{T}}{\partial \dot{\pi}_k} a_{ki}.$$

因而

$$\sum_{i=1}^{n} \frac{\partial T^q}{\partial \dot{q}_i} \left(\delta \dot{q}_i - \frac{\mathrm{d}}{\mathrm{d}t} \delta q_i \right) = \sum_{i=1}^{n} \left(\sum_{k=1}^{n} \frac{\partial \widehat{T}}{\partial \dot{\pi}_k} a_{ki} \right) \left(\delta \dot{q}_i - \frac{\mathrm{d}}{\mathrm{d}t} \delta q_i \right)$$

$$= \sum_{i=1}^{n}\sum_{k=1}^{n}\frac{\partial \widehat{T}}{\partial \dot{\pi}_i}a_{ik}\left(\delta\dot{q}_k - \frac{\mathrm{d}}{\mathrm{d}t}\delta q_k\right).$$

因此,不管系统是否完整,总有下式成立

$$\sum_{l=1}^{n}\left(\frac{\mathrm{d}}{\mathrm{d}t}\frac{\partial \widehat{T}}{\partial \dot{\pi}_l} - \frac{\partial \widehat{T}}{\partial \pi_l} + \sum_{i=1}^{n}\sum_{r=1}^{n}\frac{\partial \widehat{T}}{\partial \dot{\pi}_i}\gamma^i_{rl}\dot{\pi}_r\right)\delta\pi_l = \sum_{l=1}^{n}K_l\delta\pi_l. \tag{5.67}$$

在考虑了附加约束之后,有

$$\delta\pi_{m+1} = \delta\pi_{m+2} = \cdots = \delta\pi_n = 0.$$

于是(5.67)成为

$$\sum_{l=1}^{m}\left(\frac{\mathrm{d}}{\mathrm{d}t}\frac{\partial \widehat{T}}{\partial \dot{\pi}_l} - \frac{\partial \widehat{T}}{\partial \pi_l} + \sum_{i=1}^{n}\sum_{r=1}^{n}\frac{\partial \widehat{T}}{\partial \dot{\pi}_i}\gamma^i_{rl}\dot{\pi}_r\right)\delta\pi_l = \sum_{l=1}^{m}K_l\delta\pi_l. \tag{5.68}$$

根据 $\delta\pi_1,\delta\pi_2,\cdots,\delta\pi_m$ 的各自独立性,以及附加约束 $\dot{\pi}_{m+1}=\dot{\pi}_{m+2}=\cdots=\dot{\pi}_n=0$,从(5.68)立即得到**非完整系的 Hamel 方程**:

$$\frac{\mathrm{d}}{\mathrm{d}t}\frac{\partial \widehat{T}}{\partial \dot{\pi}_l} - \frac{\partial \widehat{T}}{\partial \pi_l} - \sum_{r=1}^{m}\sum_{i=1}^{n}\gamma^i_{lr}\frac{\partial \widehat{T}}{\partial \dot{\pi}_i}\dot{\pi}_r = K_l,\quad l = 1,2,\cdots,m. \tag{5.69}$$

§ 3.6　Gibbs-Appell 方程

在分析动力学的研究中,Lagrange 型的动力学方程算一大类,其中有完整系的第二类 Lagrange 方程、非完整系的乘子方程、用"预先嵌入附加约束的动能"所表达的 Чаплыгин 方程,以及用准坐标表达的 Hamel 方程、Volterra 方程等等. 这些方程的共同特点是使用系统的动能作为动力学函数,并且以对动能函数作用 Euler-Lagrange 算子为基础. 代替 Euler-Lagrange 算子也还有其他的等价的算子,例如所谓 Nielsen 算子①. 但是,还有另外的方程,它与上面所有的方程不同,这就是所谓 Gibbs-Appell 方程. 它不使用系统的动能函数,而使用"加速度能量函数",又称为 Gibbs 函数. Appell 方程还使用一般形式下的准坐标. 这种方程可以不区分系统的完整与非完整而能作统一的处理. 同时还将动力学算子简化到最简单的程度.

---

① Euler-Lagrange 算子是指

$$E_i = \left[\frac{\mathrm{d}}{\mathrm{d}t}\frac{\partial}{\partial \dot{q}_i} - \frac{\partial}{\partial q_i}\right];$$

而 Nielsen 算子是指

$$N_i = \left[\frac{\partial}{\partial \dot{q}_i}\frac{\mathrm{d}}{\mathrm{d}t} - 2\frac{\partial}{\partial q_i}\right],$$

我们称它们为动力学算子,可以参阅:陈滨. 关于 Kane 方程. 力学学报,1984;16(3).

3.6.1　Gibbs-Appell 方程的建立

限定系统所受的约束是一阶线性约束组. 其中可以有完整的部分,也可以有非完整的部分. 由于约束是一阶线性的,所以引用虚位移空间就普遍适用了. 在理想约束假定下,下述动力学基本方程

$$\sum_{s=1}^{3N}(F_s - m_s\ddot{u}_s)\delta_v u_s = 0$$

成立. 记

$$\delta' N = \sum_{s=1}^{3N} m_s\ddot{u}_s\delta_v u_s, \quad \delta' W = \sum_{s=1}^{3N} F_s\delta_v u_s. \tag{6.1}$$

则动力学基本方程成为如下形式

$$\delta' N = \delta' W. \tag{6.2}$$

以下引用准坐标来变换 $\delta' N$ 和 $\delta' W$ 的形式.

假定先考虑系统的一个完整约束组. 由此可引入广义坐标 $q_1, q_2, \cdots, q_n$, 广义速度 $\dot{q}_1, \dot{q}_2, \cdots, \dot{q}_n$. 此时无论系统是完整的或是非完整的,根据第二章中的(1.48)式,总有

$$\delta_v u_s = \sum_{i=1}^{n}\frac{\partial u_s}{\partial q_i}\delta_v q_i, \quad s = 1,2,\cdots,3N, \tag{6.3}$$

其中 $\delta_v q_1, \delta_v q_2, \cdots, \delta_v q_n$ 是广义坐标的虚变分.

假定系统还有 g 个相互独立的附加约束. 若用广义坐标表达,则这些附加约束为

$$\begin{cases} a_{m+1,1}\dot{q}_1 + a_{m+1,2}\dot{q}_2 + \cdots + a_{m+1,n}\dot{q}_n + a_{m+1} = 0, \\ a_{m+2,1}\dot{q}_1 + a_{m+2,2}\dot{q}_2 + \cdots + a_{m+2,n}\dot{q}_n + a_{m+2} = 0, \\ \cdots\cdots\cdots\cdots\cdots\cdots\cdots\cdots\cdots\cdots\cdots\cdots \\ a_{n1}\dot{q}_1 + a_{n2}\dot{q}_2 + \cdots + a_{nn}\dot{q}_n + a_n = 0, \end{cases}$$

其中 $m=n-g$, 系数 a_{ri}, a_r 等都是广义坐标和时间 t 的函数. 对此系统,可以按如下方式引入准速度

$$\dot{\pi}_i = \sum_{j=1}^{n} a_{ij}\dot{q}_j + a_i, \quad i = 1,2,\cdots,n, \tag{6.4}$$

其中所有系数 a_{ij} 及 a_i 都是广义坐标和时间 t 的函数,并且有

$$\det\boldsymbol{A} = \det\begin{bmatrix} a_{11} & a_{12} & \cdots & a_{1n} \\ a_{21} & a_{22} & \cdots & a_{2n} \\ \vdots & \vdots & & \vdots \\ a_{n1} & a_{n2} & \cdots & a_{22} \end{bmatrix} \neq 0. \tag{6.5}$$

据此,可反解(6.4)式,得

$$\dot{q}_i = \sum_{j=1}^{n} h_{ij}\dot{\pi}_j + h_i, \quad i = 1,2,\cdots,n. \tag{6.6}$$

用准坐标表达,附加约束成为

$$\dot{\pi}_{m+1} = \dot{\pi}_{m+2} = \cdots = \dot{\pi}_n = 0. \tag{6.7}$$

可以同仿照准坐标的等时变分一样,用下式将广义坐标的虚变分经非奇异线性变换变成准坐标的虚变分:

$$\delta_v \pi_i = \sum_{j=1}^{n} a_{ij}\delta_v q_j, \quad i = 1,2,\cdots,n. \tag{6.8}$$

根据附加约束,立即可以得到

$$\delta_v \pi_{m+1} = \delta_v \pi_{m+2} = \cdots = \delta_v \pi_n = 0, \tag{6.9}$$

而剩下的 m 个虚变分 $\delta_v\pi_1, \delta_v\pi_2, \cdots, \delta_v\pi_m$ 是完全独立的微变量. 显然有

$$\begin{cases} \delta_v q_i = \displaystyle\sum_{j=1}^{m} h_{ij}\delta_v \pi_j, \\ \dot{q}_i = \displaystyle\sum_{j=1}^{m} h_{ij}\dot{\pi}_j + h_i, \end{cases} \quad i = 1,2,\cdots,n. \tag{6.10}$$

首先利用准坐标来表达 $\delta' W$:

$$\begin{aligned} \delta' W &= \sum_{s=1}^{3N} F_s \delta_v u_s = \sum_{i=1}^{n} Q_i \delta_v q_i = \sum_{i=1}^{n} Q_i \sum_{j=1}^{m} h_{ij}\delta_v \pi_j \\ &= \sum_{j=1}^{m}\Big(\sum_{i=1}^{n} Q_i h_{ij}\Big)\delta_v \pi_j = \sum_{j=1}^{m} P_j \delta_v \pi_j, \end{aligned} \tag{6.11}$$

其中

$$P_j = \sum_{i=1}^{n} Q_i h_{ij} = \sum_{i=1}^{n}\sum_{s=1}^{3N} F_s \frac{\partial u_s}{\partial q_i} h_{ij}, \quad j = 1,2,\cdots,m, \tag{6.12}$$

并注意一个关系式

$$\begin{aligned} \dot{u}_s &= \sum_{i=1}^{n} \frac{\partial u_s}{\partial q_i}\dot{q}_i + \frac{\partial u_s}{\partial t} = \sum_{i=1}^{n} \frac{\partial u_s}{\partial q_i}\Big(\sum_{j=1}^{m} h_{ij}\dot{\pi}_j + h_i\Big) + \frac{\partial u_s}{\partial t} \\ &= \sum_{j=1}^{m}\Big(\sum_{i=1}^{n} \frac{\partial u_s}{\partial q_i} h_{ij}\Big)\dot{\pi}_j + \sum_{i=1}^{n} \frac{\partial u_s}{\partial q_i} h_i + \frac{\partial u_s}{\partial t}, \end{aligned}$$

因此

$$\begin{aligned} \ddot{u}_s = &\sum_{j=1}^{m}\Big(\sum_{i=1}^{n} \frac{\partial u_s}{\partial q_i} h_{ij}\Big)\ddot{\pi}_j + \sum_{j=1}^{m} \frac{\mathrm{d}}{\mathrm{d}t}\Big(\sum_{i=1}^{n} \frac{\partial u_s}{\partial q_i} h_{ij}\Big)\dot{\pi}_j \\ &+ \frac{\mathrm{d}}{\mathrm{d}t}\Big(\sum_{i=1}^{n} \frac{\partial u_s}{\partial q_i} h_i\Big) + \frac{\mathrm{d}}{\mathrm{d}t}\Big(\frac{\partial u_s}{\partial t}\Big). \end{aligned}$$

从而得到

$$\frac{\partial \ddot{u}_s}{\partial \ddot{\pi}_j} = \sum_{i=1}^{n} \frac{\partial u_s}{\partial q_i} h_{ij}, \quad j = 1,2,\cdots,m. \tag{6.13}$$

再来变换 $\delta' N$，有

$$\begin{aligned}\delta' N &= \sum_{s=1}^{3N} m_s \ddot{u}_s \delta_v u_s = \sum_{s=1}^{3N} m_s \ddot{u}_s \sum_{i=1}^{n} \frac{\partial u_s}{\partial q_i} \sum_{j=1}^{m} h_{ij} \delta_v \pi_j \\ &= \sum_{s=1}^{3N} m_s \ddot{u}_s \sum_{j=1}^{m} \frac{\partial \ddot{u}_s}{\partial \ddot{\pi}_j} \delta_v \pi_j = \sum_{j=1}^{m} \left(\sum_{s=1}^{3N} m_s \ddot{u}_s \frac{\partial \ddot{u}_s}{\partial \ddot{\pi}_j} \right) \delta_v \pi_j \\ &= \sum_{j=1}^{m} \frac{\partial}{\partial \ddot{\pi}_j} \left(\sum_{s=1}^{3N} \frac{1}{2} m_s \ddot{u}_s^2 \right) \delta_v \pi_j. \end{aligned} \tag{6.14}$$

引入系统的加速度能量函数，即 **Gibbs 函数**

$$S = \sum_{s=1}^{3N} \frac{1}{2} m_s \ddot{u}_s^2, \tag{6.15}$$

则(6.13)式成为

$$\delta' N = \sum_{j=1}^{m} \frac{\partial S}{\partial \ddot{\pi}_j} \delta_v \pi_j.$$

将上式及(6.11)式代入动力学基本方程(6.2)，得到

$$\sum_{j=1}^{m} \left(\frac{\partial S}{\partial \ddot{\pi}_j} - P_j \right) \delta_v \pi_j = 0. \tag{6.16}$$

根据 $\delta_v \pi_1, \delta_v \pi_2, \cdots, \delta_v \pi_m$ 的独立性，由(6.16)式即可得到分离的动力学方程组

$$\frac{\partial S}{\partial \ddot{\pi}_j} = P_j, \quad j = 1,2,\cdots,m. \tag{6.17}$$

这就是 **Gibbs-Appell 方程**. 对于这组方程可作如下讨论：

(1) 如果 $S = S^* + S'$，其中 S' 是不含 $\ddot{\pi}_1, \ddot{\pi}_2, \cdots, \ddot{\pi}_m$ 者，则称 S' 是**无关项**. 当用 S 代入 Appell 方程时，无关项不起任何作用. 因此在研究 Gibbs 函数时，可以任意加上或舍去一些“无关项”. 这样得到的函数虽然已不再是原来按(6.15)式定义的 Gibbs 函数，但对建立动力学方程来说并无影响. 这样的 Gibbs 函数称为**等价 S 函数**，记为 S^*.

(2) 动力学方程组(6.17)是准速度的一阶方程组，完全类似于刚体动力学的 Euler 动力学方程组. 如果记

$$\dot{\pi}_j = \omega_j, \quad j = 1,2,\cdots,m,$$

则 Appell 方程就是 $\omega_1, \omega_2, \cdots, \omega_m$ 的 m 个一阶方程. 为了完全解决系统的运动问题，还需要考虑**运动学方程**，即

$$\omega_j = \sum_{i=1}^{n} a_{ji} \dot{q}_i + a_j, \quad j = 1,2,\cdots,m, \tag{6.18}$$

以及约束方程

$$\sum_{i=1}^{n} a_{ri}\dot{q}_i + a_r = 0, \quad r = m+1,\cdots,n. \tag{6.19}$$

(3) Appell 方程只要求系统的约束组是一阶线性的.它既适用于完整系统,也适用于非完整系统.

3.6.2 König 定理

对任何质点系,其加速度能量函数 S,如同一般的动能函数 T 一样,有如下的定理成立:

König 定理　质点系对空间参考系 $Oxyz$ 的加速度能量 S 等于该质点系质心 G(设想质点系的总质量集中于 G 点)对 $Oxyz$ 的加速度能量 S_G 与质点系对质心平动系 $Gxyz$ 的加速度能量 $\tilde{S}_G$ 之和.

证明　设质点系的质点为 $m_1, m_2, \cdots, m_N$,按定义,有

$$S = \sum_{r=1}^{N} \frac{1}{2} m_r (\ddot{x}_r^2 + \ddot{y}_r^2 + \ddot{z}_r^2), \tag{6.20}$$

其中(x_r, y_r, z_r)是质点 m_r 在 $Oxyz$ 系中的 Descartes 坐标.记质点系质心 G 的坐标为(x_G, y_G, z_G),有

$$\begin{cases} x_G = \sum_{r=1}^{N} m_r x_r \Big/ \sum_{r=1}^{N} m_r, \\ y_G = \sum_{r=1}^{N} m_r y_r \Big/ \sum_{r=1}^{N} m_r, \\ z_G = \sum_{r=1}^{N} m_r z_r \Big/ \sum_{r=1}^{N} m_r. \end{cases} \tag{6.21}$$

记质点 m_r 在质心平动系 $Gxyz$ 中的坐标为(x_r', y_r', z_r'),则

$$x_r = x_G + x_r', \quad y_r = y_G + y_r', \quad z_r = z_G + z_r'. \tag{6.22}$$

代入到(6.20)式中,有

$$\begin{aligned} S = & \sum_{r=1}^{N} \frac{1}{2} m_r [(\ddot{x}_G + \ddot{x}_r')^2 + (\ddot{y}_G + \ddot{y}_r')^2 + (\ddot{z}_G + \ddot{z}_r')^2] \\ = & \sum_{r=1}^{N} \frac{1}{2} m_r (\ddot{x}_G^2 + \ddot{y}_G^2 + \ddot{z}_G^2) + \sum_{r=1}^{N} \frac{1}{2} m_r (\ddot{x}_r'^2 + \ddot{y}_r'^2 + \ddot{z}_r'^2) \\ & + \ddot{x}_G \sum_{r=1}^{N} m_r \ddot{x}_r' + \ddot{y}_G \sum_{r=1}^{N} m_r \ddot{y}_r' + \ddot{z}_G \sum_{r=1}^{N} m_r \ddot{z}_r'. \end{aligned} \tag{6.23}$$

由于

$$\sum_{r=1}^{N} m_r x_r' = \sum_{r=1}^{N} m_r y_r' = \sum_{r=1}^{N} m_r z_r' \equiv 0. \tag{6.24}$$

所以由(6.23)式得到

$$S = S_G + \widetilde{S}_G. \tag{6.25}$$

这就是 König 定理. □

3.6.3　刚体的 Gibbs 函数

应用 Appell 方程来解决具体问题时，必要的工作是要建立系统的 Gibbs 函数或等价的 Gibbs 函数. 以下具体计算刚体的 Gibbs 函数.

考虑一刚体在空间中运动. 设 $O\xi\eta\zeta$ 为该空间的参考坐标系. 刚体的质心为 G，$G\xi\eta\zeta$ 为质心平动系. 根据 König 定理，刚体在空间中运动的 Gibbs 函数为

$$S = S_G + \widetilde{S}_G,$$

其中 $S_G = M(\ddot{\xi}_G^2 + \ddot{\eta}_G^2 + \ddot{\zeta}_G^2)/2$，$M$ 为刚体质量，(ξ_G, η_G, ζ_G) 为质心 G 在 $O\xi\eta\zeta$ 系中的坐标. 由此可见，计算 S 的关键是寻求 $\widetilde{S}_G$ 的表达式.

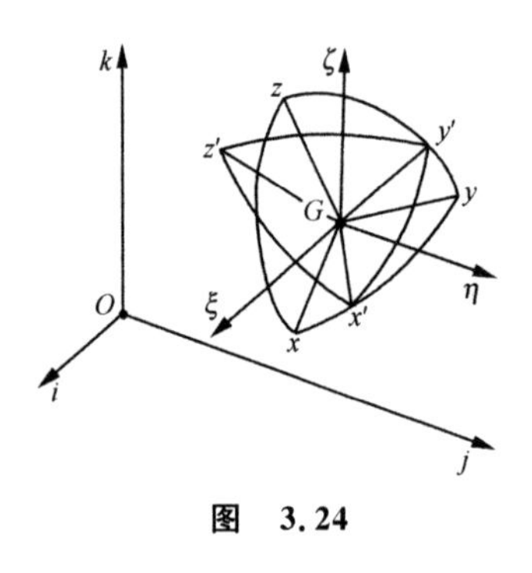

图　3.24

如图 3.24 所示，引入两个坐标系：

(1) $Gxyz$，它是和刚体固联的质心主轴系. 它对平动系的角速度和刚体的角速度一致，记为 $\boldsymbol{\omega}$.

(2) $Gx'y'z'$，它是刚体对 G 点的另一主轴系，称为中间坐标系. 如果刚体的质心主轴系是唯一的，那么这个所谓中间系只能与 $Gxyz$ 重合，并和刚体固联. 但如果刚体的质心主轴系并不唯一，则 $Gx'y'z'$就有选择的余地. 在实际问题中，通过 $Gx'y'z'$的适当选择可以简化求解的过程. 记中间系对平动系的角速度为 $\boldsymbol{\omega}'$.

考虑刚体上任一点，它对质心 G 的定位矢量为 $\boldsymbol{r}$，该点在平动系 $G\xi\eta\zeta$ 的速度为

$$\boldsymbol{u} = \mathrm{d}\boldsymbol{r}/\mathrm{d}t.$$

在中间坐标系 $Gx'y'z'$ 内来计算上式. 以 $\tilde{\dot{\boldsymbol{r}}}$ 代表矢量 $\boldsymbol{r}$ 在中间系内对时间 t 取导数，则有

$$\boldsymbol{u} = \frac{\mathrm{d}\boldsymbol{r}}{\mathrm{d}t} = \boldsymbol{\omega} \times \boldsymbol{r} = \tilde{\dot{\boldsymbol{r}}} + \boldsymbol{\omega}' \times \boldsymbol{r}. \tag{6.26}$$

由上式，可见有

$$\tilde{\dot{\boldsymbol{r}}} = (\boldsymbol{\omega} - \boldsymbol{\omega}') \times \boldsymbol{r}. \tag{6.27}$$

该点在平动系 $G\xi\eta\zeta$ 中的加速度

$$\begin{aligned} \boldsymbol{w} &= \frac{\mathrm{d}\boldsymbol{u}}{\mathrm{d}t} = \tilde{\dot{\boldsymbol{u}}} + \boldsymbol{\omega}' \times \boldsymbol{u} = \frac{\tilde{\mathrm{d}}}{\mathrm{d}t}(\boldsymbol{\omega} \times \boldsymbol{r}) + \boldsymbol{\omega}' \times (\boldsymbol{\omega} \times \boldsymbol{r}) \\ &= \boldsymbol{\omega} \times \tilde{\dot{\boldsymbol{r}}} + \tilde{\dot{\boldsymbol{\omega}}} \times \boldsymbol{r} + \boldsymbol{\omega}' \times (\boldsymbol{\omega} \times \boldsymbol{r}) \end{aligned}$$

$$= \boldsymbol{\omega} \times [(\boldsymbol{\omega} - \boldsymbol{\omega}') \times \boldsymbol{r}] + \tilde{\dot{\boldsymbol{\omega}}} \times \boldsymbol{r} + \boldsymbol{\omega}' \times (\boldsymbol{\omega} \times \boldsymbol{r})$$
$$= \boldsymbol{\omega} \times (\boldsymbol{\omega} \times \boldsymbol{r}) + \tilde{\dot{\boldsymbol{\omega}}} \times \boldsymbol{r} + [\boldsymbol{\omega}' \times (\boldsymbol{\omega} \times \boldsymbol{r}) + \boldsymbol{\omega} \times (\boldsymbol{r} \times \boldsymbol{\omega}')]$$
$$= \boldsymbol{\omega} \times (\boldsymbol{\omega} \times \boldsymbol{r}) - \boldsymbol{r} \times \boldsymbol{\varphi}, \tag{6.28}$$

其中 $\boldsymbol{\varphi} = \tilde{\dot{\boldsymbol{\omega}}} + \boldsymbol{\omega}' \times \boldsymbol{\omega} = \mathrm{d}\boldsymbol{\omega}/\mathrm{d}t$，正是刚体的角加速度矢量，这是因为

$$\begin{aligned}&\boldsymbol{\omega}' \times (\boldsymbol{\omega} \times \boldsymbol{r}) + \boldsymbol{\omega} \times (\boldsymbol{r} \times \boldsymbol{\omega}')\\ &\quad = (\boldsymbol{\omega}' \cdot \boldsymbol{r})\boldsymbol{\omega} - (\boldsymbol{\omega}' \cdot \boldsymbol{\omega})\boldsymbol{r} + (\boldsymbol{\omega} \cdot \boldsymbol{\omega}')\boldsymbol{r} - (\boldsymbol{\omega} \cdot \boldsymbol{r})\boldsymbol{\omega}'\\ &\quad = (\boldsymbol{\omega}' \cdot \boldsymbol{r})\boldsymbol{\omega} - (\boldsymbol{\omega} \cdot \boldsymbol{r})\boldsymbol{\omega}' = - \boldsymbol{r} \times (\boldsymbol{\omega}' \times \boldsymbol{\omega}).\end{aligned} \tag{6.29}$$

现在计算加速度矢量 $\boldsymbol{w}$ 在中间系上的分量式. 为此，记中间系的坐标轴向单位矢量为 $\boldsymbol{x}', \boldsymbol{y}', \boldsymbol{z}'$，并记

$$\begin{cases}\boldsymbol{\omega} = \omega_1 \boldsymbol{x}' + \omega_2 \boldsymbol{y}' + \omega_3 \boldsymbol{z}',\\ \boldsymbol{\omega}' = \omega_1' \boldsymbol{x}' + \omega_2' \boldsymbol{y}' + \omega_3' \boldsymbol{z}',\\ \boldsymbol{r}_i = x_i \boldsymbol{x}' + y_i \boldsymbol{y}' + z_i \boldsymbol{z}',\\ \boldsymbol{\varphi} = \varphi_1 \boldsymbol{x}' + \varphi_2 \boldsymbol{y}' + \varphi_3 \boldsymbol{z}',\\ \boldsymbol{w}_i = w_{i1} \boldsymbol{x}' + w_{i2} \boldsymbol{y}' + w_{i3} \boldsymbol{z}'.\end{cases} \tag{6.30}$$

代入(6.28)式，可得到

$$\begin{cases}w_{i1} = - x_i(\omega_2^2 + \omega_3^2) + y_i(\omega_1\omega_2 - \varphi_3) + z_i(\omega_3\omega_1 + \varphi_2),\\ w_{i2} = - y_i(\omega_3^2 + \omega_1^2) + z_i(\omega_2\omega_3 - \varphi_1) + x_i(\omega_1\omega_2 + \varphi_3),\\ w_{i2} = - z_i(\omega_1^2 + \omega_2^2) + x_i(\omega_3\omega_1 - \varphi_2) + y_i(\omega_2\omega_3 + \varphi_1).\end{cases} \tag{6.31}$$

将(6.31)代入 $\tilde{S}_G$ 的表达式，并注意到

$$\sum_{i=1}^{N} m_i x_i y_i = \sum_{i=1}^{N} m_i y_i z_i = \sum_{i=1}^{N} m_i z_i x_i = 0,$$

即有

$$\begin{aligned}\tilde{S}_G &= \sum_{i=1}^{N} \frac{1}{2} m_i (w_{i1}^2 + w_{i2}^2 + w_{i3}^2)\\ &= \frac{1}{2}\sum_{i=1}^{N} m_i \{[z_i^2(\omega_2\omega_3 - \varphi_1)^2 + y_i^2(\omega_2\omega_3 + \varphi_1)^2]\\ &\quad + [x_i^2(\omega_3\omega_1 - \varphi_2)^2 + z_i^2(\omega_3\omega_1 + \varphi_2)^2]\\ &\quad + [y_i^2(\omega_1\omega_2 - \varphi_3)^2 + x_i^2(\omega_1\omega_2 + \varphi_3)^2] + x_i^2(\omega_2^2 + \omega_3^2)^2\\ &\quad + y_i^2(\omega_3^2 + \omega_1^2)^2 + z_i^2(\omega_1^2 + \omega_2^2)^2\}\\ &= \frac{1}{2}\sum_{i=1}^{N} m_i \{[(z_i^2 + y_i^2)(\omega_2^2\omega_3^2 + \varphi_1^2) - (z_i^2 - y_i^2)2\omega_2\omega_3\varphi_1]\\ &\quad + [(x_i^2 + z_i^2)(\omega_3^2\omega_1^2 + \varphi_2^2) - (x_i^2 - z_i^2)2\omega_3\omega_1\varphi_2]\\ &\quad + [(y_i^2 + x_i^2)(\omega_1^2\omega_2^2 + \varphi_3^2) - (y_i^2 - x_i^2)2\omega_1\omega_2\varphi_3]\end{aligned}$$

$$+x_i^2(\omega_2^2+\omega_3^2)^2+y_i^2(\omega_3^2+\omega_1^2)^2+z_i^2(\omega_1^2+\omega_2^2)^2\}$$

$$=(A\varphi_1^2+B\varphi_2^2+C\varphi_3^2)/2-(B-C)\omega_2\omega_3\varphi_1$$

$$-(C-A)\omega_3\omega_1\varphi_2-(A-B)\omega_1\omega_2\varphi_3+\text{与 }\varphi\text{ 无关项}, \tag{6.32}$$

其中 A,B,C 分别为刚体绕 Gx',Gy',Gz' 轴的转动惯量. 略去无关项,则等价的 Gibbs 函数为

$$\widetilde{S}_G^*=(A\varphi_1^2+B\varphi_2^2+C\varphi_3^2)/2-(B-C)\omega_2\omega_3\varphi_1$$

$$-(C-A)\omega_3\omega_1\varphi_2-(A-B)\omega_1\omega_2\varphi_3. \tag{6.33}$$

针对刚体的具体条件,中间系的取法有三种不同的情形,$\widetilde{S}_G^*$ 的表达式也各不相同. 以下分别讨论:

(1) 若刚体的质心惯性椭球为球形,则此时中间系的方向可以随研究方便而任意选取. 不管如何取,总有下面的公式成立:

$$\widetilde{S}_G^*=A(\varphi_1^2+\varphi_2^2+\varphi_3^2)/2. \tag{6.34}$$

(2) 若刚体对质心的惯性椭球为回转对称椭球,Gz 为椭球的对称轴,则此时中间系(它也应是主轴系)只能是由固联主轴系 $Gxyz$ 绕 z 轴作旋转而成. 由此可见,此时 ω 和 ω' 只是在 z' 方向投影可以不同,即有

$$\omega_1'=\omega_1,\quad \omega_2'=\omega_2.$$

因此

$$\varphi_1=\dot{\omega}_1+\omega_2(\omega_3-\omega_3'),\quad \varphi_2=\dot{\omega}_2-\omega_1(\omega_3-\omega_3'),\quad \varphi_3=\dot{\omega}_3. \tag{6.35}$$

注意到此时有 $A=B$,代入(6.33)式,并略去无关项,有

$$\widetilde{S}^*=A(\dot{\omega}_1^2+\dot{\omega}_2^2)/2+C\dot{\omega}_3^2/2+(A\omega_3'-C\omega_3)(\omega_1\dot{\omega}_2-\omega_2\dot{\omega}_1). \tag{6.36}$$

(3) 若刚体对质心的惯性椭球为三轴椭球,则中间系只好选择与固联的主轴系相重合. 此时 $\boldsymbol{\omega}'=\boldsymbol{\omega}$,并有

$$\varphi_1=\dot{\omega}_1,\quad \varphi_2=\dot{\omega}_2,\quad \varphi_3=\dot{\omega}_3.$$

代入(6.33)式中,得

$$\widetilde{S}^*=(A\dot{\omega}_1^2+B\dot{\omega}_2^2+C\dot{\omega}_3^2)/2-(B-C)\omega_2\omega_3\dot{\omega}_1$$

$$-(C-A)\omega_3\omega_1\dot{\omega}_2-(A-B)\omega_1\omega_2\dot{\omega}_3. \tag{6.37}$$

3.6.4 滚盘问题

滚盘这个典型的非完整问题在 3.2.3 小节中曾用未定乘子法进行过讨论. 应用 Appell 方法也同样可以进行分析.

采用 3.1.1 小节中的记号和运动学分析. 为应用 Appell 方程,首先计算滚盘的 Gibbs 函数:

$$S=S_G+\widetilde{S}_G.$$

由于滚盘的质心惯性椭球是回转椭球,因此,中间坐标系可适当进行选择. 比较方

便的是选用 $G123$ 坐标系为中间坐标系. 根据公式(6.36),有

$$\widetilde{S}_G^* = A(\dot{\omega}_1^2 + \dot{\omega}_2^2)/2 + C\dot{\omega}_3^2/2 + (A\omega_3' - C\omega_3)(\omega_1\dot{\omega}_2 - \omega_2\dot{\omega}_1), \quad (6.38)$$

而

$$S_G = M\boldsymbol{w}_G^2/2. \quad (6.39)$$

以下来计算 S_G. 因为 $\boldsymbol{w}_G = \mathrm{d}\boldsymbol{v}_G/\mathrm{d}t$,在中间坐标系内进行计算,有

$$\boldsymbol{w}_G = \frac{\widetilde{\mathrm{d}\boldsymbol{v}_G}}{\mathrm{d}t} + \boldsymbol{\omega}' \times \boldsymbol{v}_G. \quad (6.40)$$

根据在 3.1.1 小节中讨论过的无滑动条件,我们有如下结果:

$$\boldsymbol{v}_G = [v_1, v_2, v_3]_{G123}^{\mathrm{T}} = [0, -a\omega_3, a\omega_2]^{\mathrm{T}}. \quad (6.41)$$

从(6.40)式可得

$$\begin{aligned}\boldsymbol{w}_G &= [w_{G1}, w_{G2}, w_{G3}]_{G123}^{\mathrm{T}} \\ &= [a(\omega_2^2 + \omega_3\omega_3'), -a(\dot{\omega}_3 + \omega_1\omega_2), a(\dot{\omega}_2 - \omega_1\omega_3)]^{\mathrm{T}},\end{aligned} \quad (6.42)$$

由此得到(已略去无关项)

$$S_G^* = Ma^2[(\dot{\omega}_2 - \omega_1\omega_3)^2 + (\dot{\omega}_3 + \omega_1\omega_2)^2]/2. \quad (6.43)$$

重力的虚功

$$\delta'W = -Mg\delta_v\zeta = -Mga\cos\theta\delta_v\theta = -Mga\cos\theta\delta_v\pi_2,$$

故

$$P_1 = 0, \quad P_2 = -Mga\cos\theta, \quad P_3 = 0. \quad (6.44)$$

将(6.38),(6.43)及(6.44)各式一并代入 Appell 方程,立即得到滚盘系统的动力学方程

$$\begin{cases} \dfrac{\partial S^*}{\partial \dot{\omega}_1} = A\dot{\omega}_1 - \omega_2(A\omega_3' - C\omega_3) = 0, \\ \dfrac{\partial S^*}{\partial \dot{\omega}_2} = A\dot{\omega}_2 + \omega_1(A\omega_3' - C\omega_3) + Ma^2(\dot{\omega}_2 - \omega_1\omega_3) \\ \qquad = -Mga\cos\theta, \\ \dfrac{\partial S^*}{\partial \dot{\omega}_3} = C\dot{\omega}_3 + Ma^2(\dot{\omega}_3 + \omega_1\omega_2) = 0. \end{cases} \quad (6.45)$$

3.6.5 倾斜转台上的滚球

考虑一个和水平面成固定倾角 α 的平转台,如图 3.25 所示,它绕过 O 点的垂直轴以常角速度 Ω 旋转. 一匀质圆球(半径为 a,球的质量为 M,质心为 G)在转台平面上无滑动地滚动. 试用 Appell 方程来研究此非完整系统的动力学问题.

此球在转台上的运动,可分解为球心的运动以及球体绕球心的转动. 描述球心对转台的位置需引入两个变量 x_G 与 y_G,球体对球心的转动需引入三个变量(例如 Euler 角),一共是五个变量. 由于无滑动的限制,系统存在着两个非完整约束条件.

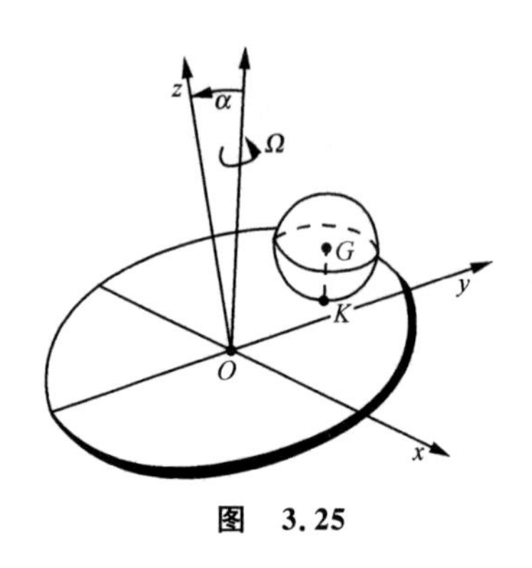

图　3.25

因此这个问题是五个广义坐标、三个自由度的非完整动力学问题.

首先来表达约束条件.

引入转台坐标系 $Oxyz$,其中 Oz 和转台平面垂直,Ox 水平,如图 3.18 中所示. $Oxyz$ 是和转台平面相固联的转动坐标系,它相对空间固定坐标系的角速度记为 $\boldsymbol{\Omega}$,并有

$$\boldsymbol{\Omega}=[\Omega_1,\Omega_2,\Omega_3]^{\mathrm{T}}_{Oxyz}=[0,\Omega\sin\alpha,\Omega\cos\alpha]^{\mathrm{T}}. \tag{6.46}$$

记球心在 $Oxyz$ 内的坐标为(x_G,y_G,a),则接触点 K 在 $Oxyz$ 内的坐标显然为$(x_G,y_G,0)$. 台面上的 K 点绝对速度为

$$\boldsymbol{\Omega}\times\boldsymbol{r}_K=\begin{vmatrix}\boldsymbol{x} & \boldsymbol{y} & \boldsymbol{z}\\ \Omega_1 & \Omega_2 & \Omega_3\\ x_G & y_G & 0\end{vmatrix}=\begin{bmatrix}-y_G\Omega_3\\ x_G\Omega_3\\ -x_G\Omega_2\end{bmatrix}_{Oxyz}. \tag{6.47}$$

球体上 K 点的绝对速度可计算如下:

$$\boldsymbol{v}_K=\boldsymbol{v}_G+\boldsymbol{u}_K, \tag{6.48}$$

其中 $\boldsymbol{v}_G$ 为球心的绝对速度,$\boldsymbol{u}_K$ 为 K 点相对球心平动系的速度. 记 $\boldsymbol{r}_G=\overrightarrow{OG}$,$\boldsymbol{\omega}$ 为球体的绝对角速度,它在 $Gxyz$ 上的分量为 $\omega_1,\omega_2,\omega_3$,则有

$$\boldsymbol{v}_G=\frac{\mathrm{d}\boldsymbol{r}_G}{\mathrm{d}t}=\frac{\widetilde{\mathrm{d}\boldsymbol{r}_G}}{\mathrm{d}t}+\boldsymbol{\Omega}\times\boldsymbol{r}_G,\quad \boldsymbol{u}_K=\boldsymbol{\omega}\times\boldsymbol{\rho}_K, \tag{6.49}$$

其中 $\boldsymbol{\rho}_K=\overrightarrow{GK}$. 将上述关系式全在 $Oxyz$ 上进行计算,得

$$\boldsymbol{v}_K=[\dot{x}_G+a\Omega_2-y_G\Omega_3-a\omega_2,\dot{y}_G+x_G\Omega_3+a\omega_1,-x_G\Omega_2]^{\mathrm{T}}. \tag{6.50}$$

我们让平台上 K 点的绝对速度(6.47)式和球体上 K 点的绝对速度(6.50)式相等,即得约束条件

$$\dot{x}_G=a(\omega_2-\Omega_2),\quad \dot{y}_G=-a\omega_1. \tag{6.51}$$

为了应用 Gibbs-Appell 方法,我们需要计算滚球的 Gibbs 函数. 由于球体对球心的惯性椭球是球形的,因此中间坐标系的方向可任意选取. 为了方便起见,这里中间坐标系就选为 $Gxyz$.

以下计算角加速度矢量 $\mathrm{d}\boldsymbol{\omega}/\mathrm{d}t$ 在中间坐标系上的投影

$$\begin{aligned}[\varphi_1,\varphi_2,\varphi_3]^{\mathrm{T}}&=\frac{\widetilde{\mathrm{d}\boldsymbol{\omega}}}{\mathrm{d}t}+\boldsymbol{\Omega}\times\boldsymbol{\omega}\\ &=[\dot{\omega}_1+\Omega_2\omega_3-\Omega_3\omega_2,\dot{\omega}_2+\Omega_3\omega_1,\dot{\omega}_3-\Omega_2\omega_1]^{\mathrm{T}}.\end{aligned} \tag{6.52}$$

应用约束关系式(6.51),从(6.52)式中消去 $\omega_1,\omega_2,\omega_3$,得到如下表达式:

$$\begin{cases} a\varphi_1 = -\ddot{y}_G + \dot{\zeta}\Omega_2 - (\dot{x}_G + a\Omega_2)\Omega_3, \\ a\varphi_2 = \ddot{x}_G - \dot{y}_G\Omega_3, \\ a\varphi_3 = \ddot{\zeta} + \dot{y}_G\Omega_2, \end{cases} \tag{6.53}$$

其中

$$\dot{\zeta} = a\omega_3. \tag{6.54}$$

根据公式(6.34),我们得到

$$\begin{aligned} \widetilde{S}_G^* &= A(\varphi_1^2 + \varphi_2^2 + \varphi_3^2)/2 \\ &= (2a^2)^{-1}A[(a\varphi_1)^2 + (a\varphi_2)^2 + (a\varphi_3)^2] \\ &= (2a^2)^{-1}A[(\ddot{y}_G + \ddot{x}_G\Omega_3 - \dot{\zeta}\Omega_2 + a\Omega_2\Omega_3)^2 \\ &\quad + (\ddot{x}_G - \dot{y}_G\Omega_3)^2 + (\ddot{\zeta} + \dot{y}_G\Omega_2)^2]. \end{aligned} \tag{6.55}$$

以下来寻求

$$S_G = M(w_{G1}^2 + w_{G2}^2 + w_{G3}^2/2).$$

注意到

$$\begin{aligned} [w_{G1}, w_{G2}, w_{G3}]^{\mathrm{T}} &= \frac{\mathrm{d}\boldsymbol{v}_G}{\mathrm{d}t} = \frac{\widetilde{\mathrm{d}\boldsymbol{v}_G}}{\mathrm{d}t} + \boldsymbol{\Omega} \times \boldsymbol{v}_G \\ &= \begin{bmatrix} \ddot{x}_G - 2\dot{y}_G\Omega_3 - x_G\Omega^2 \\ \ddot{y}_G + 2\dot{x}_G\Omega_3 - y_G\Omega_3^2 + a\Omega_2\Omega_3 \\ -2\dot{x}_G\Omega_2 + y_G\Omega_2\Omega_3 - a\Omega_2^2 \end{bmatrix}, \end{aligned} \tag{6.56}$$

略去无关项,即可求得

$$\begin{aligned} S_G^* = &M[(\ddot{x}_G - 2\dot{y}_G\Omega_3 - x_G\Omega^2)^2 + (\ddot{y}_G + 2\dot{x}_G\Omega_3 \\ &- y_G\Omega_3^2 + a\Omega_2\Omega_3)^2]/2. \end{aligned} \tag{6.57}$$

以下再来计算重力的虚功,表达为 $\delta_v x_G, \delta_v y_G, \delta_v \zeta$ 的组合,即

$$\begin{aligned} \delta' W &= -Mg\,\delta_v h = -Mg\,\delta_v(a\cos\alpha + y_G\sin\alpha) \\ &= -Mg\sin\alpha\,\delta_v y_G. \end{aligned} \tag{6.58}$$

将(6.55),(6.57)及(6.58)诸式的结果代入 Appell 方程,立即得

$$\begin{cases} \dfrac{\partial S^*}{\partial \ddot{x}_G} = M(\ddot{x}_G - 2\dot{y}_G\Omega_3 - x_G\Omega^2) + \dfrac{A}{a^2}(\ddot{x}_G - \dot{y}_G\Omega_3) = 0, \\ \dfrac{\partial S^*}{\partial \ddot{y}_G} = M(\ddot{y}_G + 2\dot{x}_G\Omega_3 - y_G\Omega_3^2 + a\Omega_2\Omega_3) \\ \qquad + \dfrac{A}{a^2}(\ddot{y}_G + \dot{x}_G\Omega_3 - \dot{\xi}\Omega_2 + a\Omega_2\Omega_3) = -Mg\sin\alpha, \\ \dfrac{\partial S^*}{\partial \ddot{\zeta}} = \dfrac{A}{a^2}(\ddot{\zeta} + \dot{y}_G\Omega_2) = 0. \end{cases} \tag{6.59}$$

方程组(6.59)不难求解，从最后一个方程可以得积分

$$\dot{\zeta} + y_G\Omega_2 = c = \text{const.}. \tag{6.60}$$

利用这个积分，并注意到均质球体有

$$A = 2Ma^2/5.$$

从(6.59)式的前两个方程中消去 $\dot{\zeta}$，即可得

$$\begin{cases} 7\ddot{x}_G - 12\Omega_3\dot{y}_G - 5\Omega^2 x_G = 0, \\ 7\ddot{y}_G + 12\Omega_3\dot{x}_G - y_G(5\Omega_3^2 - 2\Omega_2^2) = d, \end{cases} \tag{6.61}$$

其中

$$d = 2\Omega_2 c - 7a\Omega_3\Omega_2 - 5g\sin\alpha = \text{const.}.$$

(6.61)式是常系数二阶方程组，应用普通的方法不难求出问题的解.

3.6.6　球在固定曲面上的滚动

已知一固定曲面 σ，一匀质球体在该曲面上无滑动地滚过，如图 3.26 所示，这个问题和上一小节所讨论的问题一样，是一个需要五个广义坐标，但自由度却仅为三的非完整动力学问题. 以下我们用 Appell 方程来建立它的动力学方程.

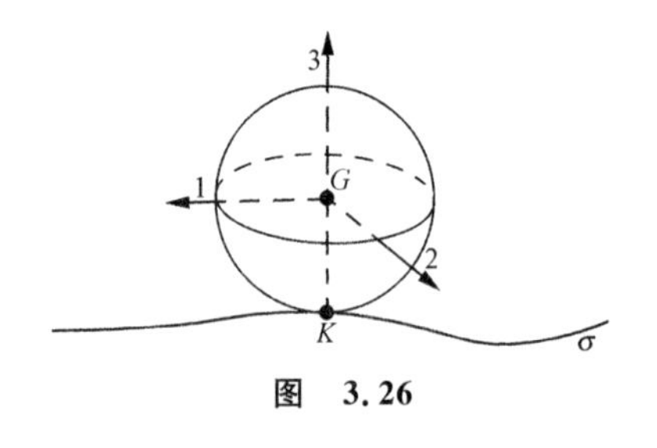

图　3.26

由于匀质球的质心惯性椭球是球形的，故计算 Gibbs 函数的中间坐标系方向可任意选取. 现取为 $G123$，其中 $G3$ 方向为接触点 K 的曲面外法向. 设匀质球体半径为 a.

引入以下各矢量在 $G123$ 上的分量记号：

中间坐标系角速度 $\boldsymbol{\omega}' = [\omega_1', \omega_2', \omega_3']^{\mathrm{T}}$；

球体的绝对角速度 $\boldsymbol{\omega} = [\omega_1, \omega_2, \omega_3]^{\mathrm{T}}$；

球心的绝对速度 $\boldsymbol{v}_G = [v_1, v_2, v_3]^{\mathrm{T}}$.

并且接触点 K 在 $G123$ 系中的坐标为$(0, 0, -a)$. 由此可求无滑动的约束条件：球体上接触点 K 的速度

$$\boldsymbol{v}_K = \boldsymbol{v}_G + \boldsymbol{\omega} \times \overrightarrow{GK} = [v_1 - a\omega_2, v_2 + a\omega_1, v_3]^{\mathrm{T}}. \tag{6.62}$$

由 $\boldsymbol{v}_K = 0$ 的限制，得到约束条件为

$$v_1 = a\omega_2, \quad v_2 = -a\omega_1, \quad v_3 = 0. \tag{6.63}$$

以下我们用 $\omega_1, \omega_2, \omega_3$ 作为三个准速度. 为了计算 Gibbs 函数，需要计算质心加速度及球体绕质心的角加速度.

质心加速度

$$\boldsymbol{w}_G=\frac{\mathrm{d}\boldsymbol{v}_G}{\mathrm{d}t}=\frac{\widetilde{\mathrm{d}\boldsymbol{v}_G}}{\mathrm{d}t}+\boldsymbol{\omega}'\times\boldsymbol{v}_G=\begin{bmatrix}\dot{v}_1\\\dot{v}_2\\\dot{v}_3\end{bmatrix}+\begin{bmatrix}\omega_2'v_3-\omega_3'v_2\\\omega_3'v_1-\omega_1'v_3\\\omega_1'v_2-\omega_2'v_1\end{bmatrix}. \tag{6.64}$$

利用(6.63)式的条件,就有

$$\begin{aligned}w_{G1}&=a(\dot{\omega}_2+\omega_3'\omega_1),\\w_{G2}&=-a(\dot{\omega}_1-\omega_3'\omega_2),\\w_{G3}&=-a(\omega_1'\omega_1+\omega_2'\omega_2).\end{aligned} \tag{6.65}$$

球体的角加速度

$$\begin{aligned}\boldsymbol{\varphi}&=\frac{\mathrm{d}\boldsymbol{\omega}}{\mathrm{d}t}=\frac{\widetilde{\mathrm{d}\boldsymbol{\omega}}}{\mathrm{d}t}+\boldsymbol{\omega}'\times\boldsymbol{\omega}\\&=[\dot{\omega}_1+(\omega_2'\omega_3-\omega_3'\omega_2),\dot{\omega}_2+(\omega_3'\omega_1-\omega_1'\omega_3),\\&\quad\dot{\omega}_3+(\omega_1'\omega_2-\omega_2'\omega_1)]^{\mathrm{T}}.\end{aligned} \tag{6.66}$$

由(6.65)及(6.66)式可计算 Gibbs 函数(略去无关项),有

$$\begin{aligned}S^*&=S_G^*+\widetilde{S}_G^*\\&=M[a^2(\dot{\omega}_2+\omega_3'\omega_1)^2+a^2(\dot{\omega}_1-\omega_3'\omega_2)^2]/2\\&\quad+A\{[\dot{\omega}_1+(\omega_2'\omega_3-\omega_3'\omega_2)]^2\\&\quad+[\dot{\omega}_2+(\omega_3'\omega_1-\omega_1'\omega_3)]^2\\&\quad+[\dot{\omega}_2+(\omega_1'\omega_2-\omega_2'\omega_1)]^2\}/2.\end{aligned} \tag{6.67}$$

以下求给定力系的虚功.对刚体来说,若给定力系归化到任选一点 O',其主矢为 $\boldsymbol{F}$,其主矩为 $\boldsymbol{L}_{O'}$,则给定力系的虚功为

$$\delta'W=\boldsymbol{F}\cdot\delta_{\mathrm{v}}\boldsymbol{r}_{O'}+\boldsymbol{L}_{O'}\cdot\delta_{\mathrm{v}}\boldsymbol{\theta}, \tag{6.68}$$

其中 $\delta_{\mathrm{v}}\boldsymbol{r}_{O'}$ 为 O' 点的虚位移,$\delta_{\mathrm{v}}\boldsymbol{\theta}$ 为球体绕 O' 点的虚角位移.现取 O' 为接触点 K,由于 K 点的速度恒为零,故

$$\delta_{\mathrm{v}}\boldsymbol{r}_{O'}=\delta_{\mathrm{v}}\boldsymbol{r}_K=\boldsymbol{0}.$$

于是(6.68)式成为

$$\delta'W=\boldsymbol{L}_K\cdot\delta_{\mathrm{v}}\boldsymbol{\theta}. \tag{6.69}$$

投影在中间系上,记给定力系对 K 点的主矩为 $[L_{K1},L_{K2},L_{K3}]^{\mathrm{T}}$,并注意到角位移矢量和角速度矢量之间的关系,有

$$\delta_{\mathrm{v}}\theta_1=\delta_{\mathrm{v}}\pi_1,\quad\delta_{\mathrm{v}}\theta_2=\delta_{\mathrm{v}}\pi_2,\quad\delta_{\mathrm{v}}\theta_3=\delta_{\mathrm{v}}\pi_3,$$

故由(6.69)式得

$$P_1=L_{K1},\quad P_2=L_{K2},\quad P_3=L_{K3}. \tag{6.70}$$

将(6.67),(6.70)式一并代入 Appell 方程,即可得到系统的动力学方程为

$$
\begin{cases}
\dfrac{\partial S^*}{\partial \dot{\omega}_1} = A[\dot{\omega}_1 + (\omega_2'\omega_3 - \omega_3'\omega_2)] + Ma^2(\dot{\omega}_1 - \omega_3'\omega_2) = L_{K1}, \\
\dfrac{\partial S^*}{\partial \dot{\omega}_2} = A[\dot{\omega}_2 + (\omega_3'\omega_1 - \omega_1'\omega_2)] + Ma^2(\dot{\omega}_2 + \omega_3'\omega_1) = L_{K2}, \\
\dfrac{\partial S^*}{\partial \dot{\omega}_3} = A[\dot{\omega}_3 + (\omega_1'\omega_2 - \omega_2'\omega_1)] = L_{K3}.
\end{cases}
\tag{6.71}
$$

对(6.71)式略作整理，并记 $A+Ma^2=B$，则得动力学方程

$$
\begin{cases}
B(\dot{\omega}_1 - \omega_3'\omega_2) + A\omega_2'\omega_3 = L_{K1}, \\
B(\dot{\omega}_2 + \omega_3'\omega_1) - A\omega_1'\omega_3 = L_{K2}, \\
A(\dot{\omega}_3 - \omega_2'\omega_1 + \omega_1'\omega_2) = L_{K3}.
\end{cases}
\tag{6.72}
$$

为了求解具体问题，还需要建立 $\omega_1', \omega_2', \omega_3'$ 和 $\omega_1, \omega_2, \omega_3$ 之间的关系，这要根据曲面的具体形状来确定.

§ 3.7 Kane 方法

分析动力学的经典研究，已经给出了质点系一系列的动力学方程. 像以前所述的 Lagrange 型的方程以及 Gibbs-Appell 方程等都是. 这些方程中有一些不仅在形式上异常简单，而且在动力学的理论研究上有重大的意义. 但是，在解决动力学的实用问题中，特别是在用计算机编排和分析复杂力学系统的动力学和稳定性问题时，完全沿用上述经典方法的计算程序有时显得不便. 对于建立动力学方程来说，经典方法虽然有理论上统一的好处，但在计算上可能是多做了一些事：在作了必要的运动学计算之后，还要建立整个系统的动力学函数（动能函数或 Gibbs 函数），然后再用求偏导数、求导数等方法来导出那些在动力学方程中该处于平衡的“力”. 有没有办法不经过上述过程，直接在完成运动学计算之后，就建立系统不带乘子的动力学方程呢？美国学者 T. R. Kane 提出了一种方法，可以不通过寻求系统动力学函数而直接建立系统的动力学方程. 这种方法在建立某些复杂飞行器动力学方程的具体工作中，特别是在用计算机编排和进行分析计算时，可能是有某些好处的.

本节的任务是来介绍 Kane 方法. 由于 Kane 本人在建立他的方法时所使用的论证不够完备[39]，特别是没有指明它和分析动力学经典研究之间的关系，因此本节先采用新的途径来建立 Kane 方程，这样有便于阐明这种方法的本质，然后研究这种方法在多体系统上的应用，最后再把这种方法推广到一阶非线性非完整系统上去.

3.7.1 Kane 方程及转移矩阵

假定我们所研究的对象是一个一阶线性约束的力学系统. 采用同 3.6.1 小节

中完全一样的记号和推导过程,我们建立了系统的 Gibbs-Appell 方程为

$$\partial S/\partial\ddot{\pi}_j = P_j,\quad j=1,2,\cdots,m.$$

根据推导过程中的(6.12)及(6.13)式,我们有

$$P_j = \sum_{i=1}^{n} Q_i h_{ij} = \sum_{s=1}^{3N} F_s \left(\sum_{i=1}^{n} \frac{\partial u_s}{\partial q_i} h_{ij} \right), \tag{7.1}$$

$$\frac{\partial S}{\partial \ddot{\pi}_j} = \sum_{s=1}^{3N} (m_s \ddot{u}_s) \left(\sum_{i=1}^{n} \frac{\partial u_s}{\partial q_i} h_{ij} \right). \tag{7.2}$$

如果我们称 P_j 为系统给定力在 $\delta_v\pi_j$ 上的广义力分量,并改记为 K_j,即令

$$K_j = P_j = \sum_{s=1}^{3N} F_s \left(\sum_{i=1}^{n} \frac{\partial u_s}{\partial q_i} h_{ij} \right), \tag{7.3}$$

而称

$$K_j' = -\frac{\partial S}{\partial \ddot{\pi}_j} = \sum_{s=1}^{3N} (-m_s \ddot{u}_s) \left(\sum_{i=1}^{n} \frac{\partial u_s}{\partial q_i} h_{ij} \right) \tag{7.4}$$

为系统惯性力在 $\delta_v\pi_j$ 上的分量,那么 Gibbs-Appell 方程成为

$$K_j + K_j' = 0,\quad j=1,2,\cdots,m. \tag{7.5}$$

方程(7.5)在某些文献上称为 **Kane 方程**. 因此,所谓 Kane 方程就是 Gibbs-Appell 方程的一种变形. 按其力学意义来说,这组方程可称之为**准坐标下的广义 d'Alembert 方程**.

Kane 方程的主要特点并不是建立以上的所谓 Kane 方程,而是放弃通过 Gibbs 函数来寻求系统广义惯性力分量 K_j' 的传统方法,建议采用如下直接的矩阵计算方法: 记

$$\begin{cases} \delta_v \boldsymbol{u} = [\delta_v u_1, \delta_v u_2, \cdots, \delta_v u_{3N}]^{\mathrm{T}}, \\ \delta_v \boldsymbol{q} = [\delta_v q_1, \delta_v q_2, \cdots, \delta_v q_n]^{\mathrm{T}}, \\ \delta_v \boldsymbol{\pi} = [\delta_v \pi_1, \delta_v \pi_2, \cdots, \delta_v \pi_m]^{\mathrm{T}}. \end{cases} \tag{7.6}$$

参阅 3.6.1 小节中的推导,可知有

$$\delta_v \boldsymbol{u} = \boldsymbol{G}\delta_v \boldsymbol{q},\quad \delta_v \boldsymbol{q} = \boldsymbol{H}\delta_v \boldsymbol{\pi}, \tag{7.7}$$

其中

$$\boldsymbol{G} = \begin{bmatrix} \partial u_1/\partial q_1 & \partial u_1/\partial q_2 & \cdots & \partial u_1/\partial q_n \\ \partial u_2/\partial q_1 & \partial u_2/\partial q_2 & \cdots & \partial u_2/\partial q_n \\ \vdots & \vdots & & \vdots \\ \partial u_{3N}/\partial q_1 & \partial u_{3N}/\partial q_2 & \cdots & \partial u_{3N}/\partial q_n \end{bmatrix}, \tag{7.8}$$

$$\boldsymbol{H} = \begin{bmatrix} h_{11} & h_{12} & \cdots & h_{1m} \\ h_{21} & h_{22} & \cdots & h_{2m} \\ \vdots & \vdots & & \vdots \\ h_{n1} & h_{n2} & \cdots & h_{nm} \end{bmatrix}. \tag{7.9}$$

从(7.7)式可得到

$$\delta_v \boldsymbol{u} = K\delta_v \boldsymbol{\pi}, \tag{7.10}$$

其中

$$\boldsymbol{K} = \boldsymbol{G}\boldsymbol{H} = \begin{bmatrix} K_{11} & K_{12} & \cdots & K_{1m} \\ K_{21} & K_{22} & \cdots & K_{2m} \\ \vdots & \vdots & & \vdots \\ K_{3N,1} & K_{3N,2} & \cdots & K_{3N,m} \end{bmatrix}. \tag{7.11}$$

分析(7.10)和(7.11)式,可知矩阵 $\boldsymbol{K}$ 就是系统虚位移矢量 $\delta_v \boldsymbol{u}$ 用准坐标虚变分矢量 $\delta_v \boldsymbol{\pi}$ 表达的系数矩阵. 这个矩阵在 Kane 方法中起关键作用,我们可特称之为**转移矩阵**.

从(7.11)式可知

$$K_{sj} = \sum_{i=1}^{n} \frac{\partial u_s}{\partial q_i} h_{ij}, \quad s = 1,2,\cdots,3N, \quad j = 1,2,\cdots,m. \tag{7.12}$$

从而(7.3)与(7.4)式成为

$$K_j = \sum_{s=1}^{3N} F_s K_{sj}, \quad K_j' = \sum_{s=1}^{3N} (-m_s \ddot{u}_s) K_{sj}, \quad j = 1,2,\cdots,m. \tag{7.13}$$

从(7.13)式可以看到,只要知道了转移矩阵 $\boldsymbol{K}$,我们就可以从系统的给定力与质点的惯性力直接组合出 K_j 和 K_j',从而直接得到 Gibbs-Appell 方程的 d'Alembert 形式,即所谓 Kane 方程. 它和系统的附加约束方程在一起构成了系统的动力学方程组.

3.7.2 关于 Kane 方法的几点说明

为了 Kane 方法的实际运用,以下作几点说明:

(1) 如果记

$$\begin{cases} \boldsymbol{Q}_\pi = [K_1, K_2, \cdots, K_m]^{\mathrm{T}}, \\ \boldsymbol{D}_\pi = [K_1', K_2', \cdots, K_m']^{\mathrm{T}}, \\ \boldsymbol{F} = [F_1, F_2, \cdots, F_{3N}]^{\mathrm{T}}, \\ \boldsymbol{D} = [-m_1 \ddot{u}_1, -m_2 \ddot{u}_2, \cdots, -m_{3N} \ddot{u}_{3N}]^{\mathrm{T}}. \end{cases} \tag{7.14}$$

则由(7.13)式知

$$\boldsymbol{Q}_\pi^{\mathrm{T}} = \boldsymbol{F}^{\mathrm{T}} \boldsymbol{K}, \quad \boldsymbol{D}_\pi^{\mathrm{T}} = \boldsymbol{D}^{\mathrm{T}} \boldsymbol{K}. \tag{7.15}$$

而 Kane 方程成为

$$\boldsymbol{F}^{\mathrm{T}} \boldsymbol{K} + \boldsymbol{D}^{\mathrm{T}} \boldsymbol{K} = 0. \tag{7.16}$$

显然,在构成 Kane 方程中,转移矩阵 $\boldsymbol{K}$ 起重要作用. 为说明 $\boldsymbol{K}$ 阵的意义,注意到有

$$\dot{u}_s = \sum_{i=1}^{n} \frac{\partial u_s}{\partial q_i} \dot{q}_i + \frac{\partial u_s}{\partial t} = \sum_{i=1}^{n} \frac{\partial u_s}{\partial q_i} \left(\sum_{j=1}^{m} h_{ij} \dot{\pi}_j + h_i \right) + \frac{\partial u_s}{\partial t}$$

$$= \sum_{j=1}^{m} K_{sj}\dot{\pi}_j + c_s, \tag{7.17}$$

其中

$$c_s = \sum_{i=1}^{n} \frac{\partial u_s}{\partial q_i} h_i + \frac{\partial u_s}{\partial t} = c_s(q_1, \cdots, q_n, t), \quad s = 1,2,\cdots,3N. \tag{7.18}$$

仅是广义坐标和时间 t 的函数,而与准速度 $\dot{\pi}_1, \dot{\pi}_2, \cdots, \dot{\pi}_m$ 无关.由此可见,转移矩阵 K 乃是质点速度用准速度表达时的线性部分系数矩阵,剩下的部分乃是与准速度无关项.在 Kane 的工作中,称这些系数为**偏速度**.

(2) 在实际运用 Kane 方程时,我们将上述有限个质点的质点系扩充成为多体系统.所谓**多体系统**,是指有限多个刚体(或广义的刚体,包括单个质点,一维刚性杆,二维刚性板等模型)组成的系统.对于每一个刚体来说,组成它的质点数目可以有限,也可以无限.对于多体系统来计算 K_j 和 K'_j 时,为了对每一个刚体上作用的给定力系和惯性力系进行简化,可注意有如下的**功率公式**:

对于完整的或一阶线性非完整的系统,其给定力总功率和惯性力总功率有如下表达式:

$$W = K_1\dot{\pi}_1 + K_2\dot{\pi}_2 + \cdots + K_m\dot{\pi}_m + \sum_{s=1}^{3N} F_s c_s, \tag{7.19}$$

$$W' = K'_1\dot{\pi}_1 + K'_2\dot{\pi}_2 + \cdots + K'_m\dot{\pi}_m + \sum_{s=1}^{3N} (-m_s\ddot{u}_s)c_s. \tag{7.20}$$

为证明上述结论,只要根据总功率的定义,再将(7.17)式代入,即有

$$\begin{aligned} W &= \sum_{s=1}^{3N} F_s\dot{u}_s = \sum_{s=1}^{3N} F_s\left(\sum_{j=1}^{m} K_{sj}\dot{\pi}_j + c_s\right) \\ &= \sum_{j=1}^{m}\left(\sum_{s=1}^{3N} F_s K_{sj}\right)\dot{\pi}_j + \sum_{s=1}^{3N} F_s c_s, \\ W' &= \sum_{s=1}^{3N} (-m_s\ddot{u}_s)\dot{u}_s = \sum_{s=1}^{3N} (-m_s\ddot{u}_s)\left(\sum_{j=1}^{m} K_{sj}\dot{\pi}_j + c_s\right) \\ &= \sum_{j=1}^{m}\left[\sum_{s=1}^{3N} (-m_s\ddot{u}_s)K_{sj}\right]\dot{\pi}_j + \sum_{s=1}^{3N} (-m_s\ddot{u}_s)c_s. \end{aligned}$$

注意到(7.13)式,功率公式得证.注意到 c_s 是与准速度无关的项,从功率公式(7.19)和(7.20)可以得到如下规则:当我们暂时认定作用在系统上的给定力系与惯性力系是与准速度无关的条件时,整个系统的给定力和惯性力总功率表达式一定是准速度的线性式,而相应的系数就是构成 Kane 方程的 K_j 和 K'_j.

上述规则在应用 Kane 方程时相当重要.因为根据它,我们在计算 K_j 和 K'_j 时,可以将给定力系和惯性力系作任意的简化,只要保持"暂时认定作用在系统上的给定力系与惯性力系是与准速度无关"这个假定,并且简化前后的总功率不变就

可以了.假定我们研究的是一个多体系统,总共有 l 个刚体,那么整个系统的总功率有公式

$$W = \sum_{\nu=1}^{l} W_{\nu}, \quad W' = \sum_{\nu=1}^{l} W'_{\nu},$$

其中 W_{ν}, W'_{ν} 是第 ν 个刚体的给定力功率和惯性力功率.以下来计算 W_{ν} 和 W'_{ν}.假定这个刚体如图 3.27 所示,组成刚体的质量微元 $\mathrm{d}m=\rho\mathrm{d}V$,给定力微元为 $f\mathrm{d}V$,根据定义,有

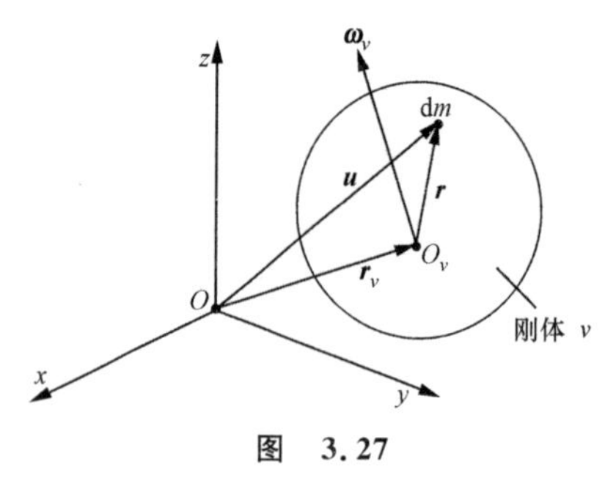

图　3.27

$$W_{\nu} = \iiint \boldsymbol{f} \cdot \dot{\boldsymbol{u}} \mathrm{d}V,$$

$$W'_{\nu} = \iiint (-\rho \ddot{\boldsymbol{u}}) \cdot \dot{\boldsymbol{u}} \mathrm{d}V,$$

其中 $\dot{\boldsymbol{u}}$ 是质量微元 $\mathrm{d}m$ 的速度.假定该刚体的归化中心 O_{ν} 的空间矢径为 $\boldsymbol{r}_{\nu}$,角速度为 $\boldsymbol{\omega}_{\nu}$,那么

$$\dot{\boldsymbol{u}} = \dot{\boldsymbol{r}}_{\nu} + \boldsymbol{\omega}_{\nu} \times \boldsymbol{r}.$$

将此式代入 W_{ν}, W'_{ν} 的表达式,得到

$$\begin{aligned}
W_{\nu} &= \iiint \boldsymbol{f} \cdot (\dot{\boldsymbol{r}}_{\nu} + \boldsymbol{\omega}_{\nu} \times \boldsymbol{r}) \mathrm{d}V \\
&= \iiint \boldsymbol{f} \cdot \dot{\boldsymbol{r}}_{\nu} \mathrm{d}V + \iiint \boldsymbol{f} \cdot (\boldsymbol{\omega}_{\nu} \times \boldsymbol{r}) \mathrm{d}V \\
&= \left(\iiint \boldsymbol{f} \mathrm{d}V\right) \cdot \dot{\boldsymbol{r}}_{\nu} + \iiint \boldsymbol{\omega}_{\nu} \cdot (\boldsymbol{r} \times \boldsymbol{f}) \mathrm{d}V \\
&= \left(\iiint \boldsymbol{f} \mathrm{d}V\right) \cdot \dot{\boldsymbol{r}}_{\nu} + \boldsymbol{\omega}_{\nu} \cdot \iint (\boldsymbol{r} \times \boldsymbol{f}) \mathrm{d}V.
\end{aligned}$$

记刚体 ν 上给定力对归化中心 O_{ν} 的主矢量为 $\boldsymbol{F}_{\nu}$,主矩为 $\boldsymbol{L}_{\nu}$,那么立即得

$$W_{\nu} = \boldsymbol{F}_{\nu} \cdot \dot{\boldsymbol{r}}_{\nu} + \boldsymbol{L}_{\nu} \cdot \boldsymbol{\omega}_{\nu}. \tag{7.21}$$

同理可得

$$W'_{\nu} = (-M_{\nu} \ddot{\boldsymbol{r}}_{\nu}) \cdot \dot{\boldsymbol{r}}_{\nu} + \boldsymbol{L}'_{\nu} \cdot \boldsymbol{\omega}_{\nu}, \tag{7.22}$$

其中 M_{ν} 是刚体 ν 的总质量,$\boldsymbol{L}'_{\nu}$ 是刚体 ν 对 O_{ν} 的惯性主矩.如果 O_{ν} 是刚体 ν 的质心,那么由刚体动力学可知

$$\boldsymbol{L}'_{\nu} = -\frac{\mathrm{d}}{\mathrm{d}t}(I_{\nu} \boldsymbol{\omega}_{\nu}),$$

其中 I_{ν} 是刚体 ν 对 O_{ν} 点的惯量张量.

整个系统的总功率通过将多体累加而得,即

$$W = \sum_{\nu=1}^{l}(\boldsymbol{F}_\nu \cdot \dot{\boldsymbol{r}}_\nu + \boldsymbol{L}_\nu \cdot \boldsymbol{\omega}_\nu), \tag{7.23}$$

$$W' = \sum_{\nu=1}^{l}[(-M_\nu \ddot{\boldsymbol{r}}_\nu) \cdot \dot{\boldsymbol{r}}_\nu + \boldsymbol{L}'_\nu \cdot \boldsymbol{\omega}_\nu]. \tag{7.24}$$

只要我们能够将每个刚体的 $\dot{\boldsymbol{r}}_\nu, \boldsymbol{\omega}_\nu$ 转换为准速度的表达式，并暂时认定 $\boldsymbol{F}_\nu, \boldsymbol{L}_\nu, -M_\nu\ddot{\boldsymbol{r}}_\nu, \boldsymbol{L}'_\nu$ 等与准速度无关，那么通过求和，整个系统 W, W' 相应于(7.19)，(7.20)的表达式不难得到. 这时，由于整个系统的理想约束力系不做功，所以在计算中不必加以考虑. 根据功率公式的性质，通过以上表达式的系数可以直接得到 Kane 方程.

3.7.3 Kane 方法应用举例

1. 完整系统

考虑一刚性宇航飞行器 A，如图 3.28 所示，它相对于惯性坐标系 I^* 作飞行. 飞行器有质量中心点 A^*，飞行器对 A^* 的主轴坐标系为 A^*xyz，惯性张量记为 I，主惯量分别为 I_x, I_y, I_z. 在飞行器的 A^*xy 平面内，有一可转动的机构，它是杆 L_1L_2, L_2L_3, L_3L_4 所组成. 在 L_1 点和 L_4 点，上述机构与飞行器之间有角弹簧和阻尼器，飞行器通过它们作用在机构上的力矩在 L_1 点和 L_4 点均为 $\tau\boldsymbol{z}$. 在杆 L_2L_3 上有一质量为 m 的质点可滑动，它通过线弹簧和阻尼器和 L_2 点相联系. 机构在点 L_2 作用在 m 上的力记为 $\sigma\boldsymbol{y}$. 假定飞行器所受给定外力系在 A^* 的主矢量为 $\boldsymbol{F}=F_x\boldsymbol{x}+F_y\boldsymbol{y}+F_z\boldsymbol{z}$，主矩为 $\boldsymbol{L}=L_x\boldsymbol{x}+L_y\boldsymbol{y}+L_z\boldsymbol{z}$. 作用在质点 m 上的外给定力为 $\boldsymbol{R}=R_x\boldsymbol{x}+R_y\boldsymbol{y}+R_z\boldsymbol{z}$. 假定机构杆件的质量可忽略不计. 试用 Kane 方法来建立此系统的动力学方程组.

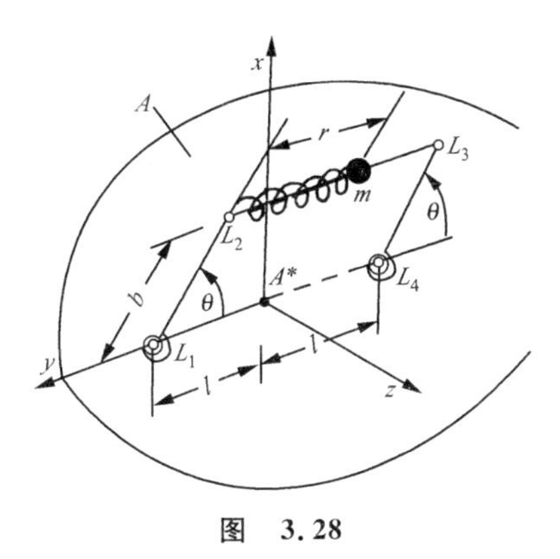

图 3.28

解 刚性飞行器 A 的运动有平动和转动，共有六个自由度. 机构相对飞行器有一个转动自由度，质点 m 相对机构有一个平动自由度，所以整个系统是八个自由度的完整系统. 为刻画它的运动，需引入运动学参数：记飞行器中心点 A^* 的线速度为 $\boldsymbol{v}^{A^*}$，分量式为

$$\boldsymbol{v}^{A^*} = v_x^{A^*}\boldsymbol{x} + v_y^{A^*}\boldsymbol{y} + v_z^{A^*}\boldsymbol{z}.$$

飞行器的角速度为

$$\boldsymbol{\omega}^A = \omega_x\boldsymbol{x} + \omega_y\boldsymbol{y} + \omega_z\boldsymbol{z}.$$

记杆件 L_1L_2, L_4L_3 对 y 轴负方向的夹角为 θ，质点 m 离 L_2 点的距离为 r，那么机构上点 L_2 相对飞行器的线速度为 $b\dot{\boldsymbol{\theta}}$，质点 m 相对飞行器沿 y 方向的速度为

$$\frac{\mathrm{d}}{\mathrm{d}t}(l-b\cos\theta-r)=b\dot{\boldsymbol{\theta}}\sin\theta-\dot{r}.$$

于是，为描述整个系统的运动可引入如下八个相互独立的准速度：

$$\dot{\pi}_1=\omega_x,\quad \dot{\pi}_2=\omega_y,\quad \dot{\pi}_3=\omega_z,\quad \dot{\pi}_4=v_x^{A^*},\quad \dot{\pi}_5=v_y^{A^*},$$

$$\dot{\pi}_6=v_z^{A^*},\quad \dot{\pi}_7=b\dot{\boldsymbol{\theta}},\quad \dot{\pi}_8=b\dot{\boldsymbol{\theta}}\sin\theta-\dot{r}.$$

这是一个多体系统，一共有五个刚体. 以 ν 为标号，按次序分别对应为飞行器 A、杆件 L_1L_2、杆件 L_4L_3、杆件 L_2L_3 和质点 m. 为了应用 Kane 方法，我们来计算系统的给定力功率和惯性力功率. 根据上一小节中的化简原则，有

$$W_1=\boldsymbol{F}\cdot\boldsymbol{v}^{A^*}+\boldsymbol{L}\cdot\boldsymbol{\omega}^A+(-2\tau\boldsymbol{z})\cdot\boldsymbol{\omega}^A,$$

$$W_2=(\tau\boldsymbol{z})\cdot\boldsymbol{\omega}^L+(-\sigma\boldsymbol{y})\cdot\boldsymbol{v}^{L_2},$$

$$W_3=(\tau\boldsymbol{z})\cdot\boldsymbol{\omega}^L,\quad W_4=0,\quad W_5=(\boldsymbol{R}+\sigma\boldsymbol{y})\cdot\boldsymbol{v}^m,$$

其中 $\boldsymbol{v}^{L_2}$ 是 L_2 点的绝对速度，$\boldsymbol{\omega}^L$ 是杆件 L_1L_2, L_4L_3 的角速度，$\boldsymbol{v}^m$ 是质点 m 的绝对速度. 在计算系统惯性力功率时，应注意到杆件的质量可以忽略不计，故有

$$W_1'=(-M\dot{\boldsymbol{v}}^{A^*})\cdot\boldsymbol{v}^{A^*}+\left[-\frac{\mathrm{d}}{\mathrm{d}t}(\boldsymbol{I}\boldsymbol{\omega}^A)\right]\cdot\boldsymbol{\omega}^A,$$

$$W_2'=0,\quad W_3'=0,\quad W_4'=0,\quad W_5'=(-m\dot{\boldsymbol{v}}^m)\cdot\boldsymbol{v}^m.$$

为了得到 Kane 方程，以下我们先做运动学计算，将运动学参数表达成为准速度的式子，然后在代入到功率表达式中时，暂时认定给定力与惯性力是和准速度无关. 此时

$$\boldsymbol{v}^{A^*}=\dot{\pi}_4\boldsymbol{x}+\dot{\pi}_5\boldsymbol{y}+\dot{\pi}_6\boldsymbol{z},\quad \boldsymbol{\omega}^A=\dot{\pi}_1\boldsymbol{x}+\dot{\pi}_2\boldsymbol{y}+\dot{\pi}_3\boldsymbol{z},$$

$$\boldsymbol{\omega}^L=\boldsymbol{\omega}^A+\dot{\boldsymbol{\theta}}\boldsymbol{z}=\dot{\pi}_1\boldsymbol{x}+\dot{\pi}_2\boldsymbol{y}+(\dot{\pi}_3+\dot{\pi}_7/b)\boldsymbol{z},$$

$$\begin{aligned}\boldsymbol{v}^{L_2}&=(\boldsymbol{v}^{A^*}+\boldsymbol{\omega}^A\times\overrightarrow{A^*L_2})+\dot{\boldsymbol{\theta}}\text{ 转动所引起的相对速度}\\&=[\dot{\pi}_4-\dot{\pi}_3(l-b\cos\theta)+\dot{\pi}_7\cos\theta]\boldsymbol{x}\\&\quad+[\dot{\pi}_5+\dot{\pi}_3b\sin\theta+\dot{\pi}_7\sin\theta]\boldsymbol{y}+[\dot{\pi}_6+\dot{\pi}_1(l-b\cos\theta)-\dot{\pi}_2b\sin\theta]\boldsymbol{z},\end{aligned}$$

$$\begin{aligned}\boldsymbol{v}^m&=(\boldsymbol{v}^{A^*}+\boldsymbol{\omega}^A\times\overrightarrow{A^*m})+\dot{\boldsymbol{\theta}}\text{ 与 }\dot{r}\text{ 运动所引起的相对速度}\\&=[\dot{\pi}_4-\dot{\pi}_3(l-b\cos\theta-r)+\dot{\pi}_7\cos\theta]\boldsymbol{x}\\&\quad+[\dot{\pi}_5+\dot{\pi}_3b\sin\theta+\dot{\pi}_8]\boldsymbol{y}+[\dot{\pi}_6+\dot{\pi}_1(l-b\cos\theta-r)-\dot{\pi}_2b\sin\theta]\boldsymbol{z}.\end{aligned}$$

将上述式子代入给定力功率表达式，得

$$W_1=[L_x,L_y,L_z-2\tau,F_x,F_y,F_z,0,0]\dot{\boldsymbol{\pi}},$$

$$W_2=[0,0,\tau-\sigma b\sin\theta,0,-\sigma,0,\tau b^{-1}-\sigma\sin\theta,0]\dot{\boldsymbol{\pi}},$$

$$W_3 = [0, 0, \tau, 0, 0, 0, \tau/b, 0]\dot{\boldsymbol{\pi}},$$

$$W_4 = 0,$$

$$W_5 = [R_z(l - b\cos\theta - r), -R_z b\sin\theta,$$
$$-R_x(l - b\cos\theta - r) + (R_y + \sigma)b\sin\theta,$$
$$R_x, R_y + \sigma, R_z, R_x\cos\theta, R_y + \sigma]\dot{\boldsymbol{\pi}},$$

其中

$$\dot{\boldsymbol{\pi}} = [\dot{\pi}_1, \dot{\pi}_2, \dot{\pi}_3, \dot{\pi}_4, \dot{\pi}_5, \dot{\pi}_6, \dot{\pi}_7, \dot{\pi}_8]^{\mathrm{T}}.$$

通过累加,得到整个系统给定力功率的准速度表达式

$$W = \sum_{\nu=1}^{5} W_\nu$$
$$= [L_x + R_z(l - b\cos\theta - r), L_y - R_z b\sin\theta,$$
$$L_z - R_x(l - b\cos\theta - r) + R_y b\sin\theta, F_x + R_x,$$
$$F_y + R_y, F_z + R_z, 2\tau b^{-1} - \sigma\sin\theta + R_x\cos\theta,$$
$$R_y + \sigma]\dot{\boldsymbol{\pi}}.$$

以下计算 W'的准速度表达式. 注意,此时需暂时认定惯性力与 $\dot{\boldsymbol{\pi}}$ 无关. 故引入记号

$$-M\dot{\boldsymbol{v}}^{A^*} = D_x^M\boldsymbol{x} + D_y^M\boldsymbol{y} + D_z^M\boldsymbol{z},$$

$$-\frac{\mathrm{d}}{\mathrm{d}t}(\boldsymbol{I}\boldsymbol{\omega}^A) = L_x'\boldsymbol{x} + L_y'\boldsymbol{y} + L_z'\boldsymbol{z},$$

$$-m\dot{\boldsymbol{v}}^m = D_x^m\boldsymbol{x} + D_y^m\boldsymbol{y} + D_z^m\boldsymbol{z},$$

于是得

$$W_1' = [L_x', L_y', L_z', D_x^M, D_y^M, D_z^M, 0, 0]\dot{\boldsymbol{\pi}},$$

$$W_2' = W_3' = W_4' = 0,$$

$$W_5' = [D_z^m(l - b\cos\theta - r), -D_z^m b\sin\theta,$$
$$-D_x^m(l - b\cos\theta - r) + D_y^m b\sin\theta,$$
$$D_x^m, D_y^m, D_z^m, D_x^m\cos\theta, D_y^m]\dot{\boldsymbol{\pi}}.$$

通过累加,得到整个系统惯性力功率的准速度表达式

$$W' = \sum_{\nu=1}^{5} W_\nu'$$
$$= [L_x' + D_z^m(l - b\cos\theta - r), L_y' - D_z^m b\sin\theta,$$
$$L_z' - D_x^m(l - b\cos\theta - r) + D_y^m b\sin\theta, D_x^M + D_x^m,$$
$$D_y^M + D_y^m, D_z^M + D_x^m, D_x^m\cos\theta, D_y^m]\dot{\boldsymbol{\pi}}.$$

比较 W 和 W' 的准速度表达式,按功率公式的结果,可得到 Kane 方程

$$\begin{cases} L_x + R_z(l - b\cos\theta - r) + L'_x + D_z^m(l - b\cos\theta - r) = 0, \\ L_y - R_z b\sin\theta + L'_y - D_z^m b\sin\theta = 0, \\ L_z - R_x(l - b\cos\theta - r) + R_y b\sin\theta + L'_x \\ \qquad - D_x^m(l - b\cos\theta - r) + D_y^m b\sin\theta = 0, \\ F_x + R_x + D_x^M + D_x^m = 0, \\ F_y + R_y + D_y^M + D_y^m = 0, \\ F_z + R_z + D_z^M + D_z^m = 0, \\ 2\tau b^{-1} - \sigma\sin\theta + R_x\cos\theta + D_x^m\cos\theta = 0, \\ R_y + \sigma + D_y^m = 0. \end{cases}$$

为了将上述 Kane 方程表达为显式,只要将所有惯性力及惯性主矩的分量显式求出即可. 注意到

$$\dot{\boldsymbol{x}} = \boldsymbol{\omega}^A \times \boldsymbol{x} = \dot{\pi}_3\boldsymbol{y} - \dot{\pi}_2\boldsymbol{z},$$

$$\dot{\boldsymbol{y}} = \boldsymbol{\omega}^A \times \boldsymbol{y} = \dot{\pi}_1\boldsymbol{z} - \dot{\pi}_3\boldsymbol{x},$$

$$\dot{\boldsymbol{z}} = \boldsymbol{\omega}^A \times \boldsymbol{z} = \dot{\pi}_2\boldsymbol{x} - \dot{\pi}_1\boldsymbol{y},$$

从而有

$$\begin{aligned} D_x^M &= -M(\ddot{\pi}_4 - \dot{\pi}_5\dot{\pi}_3 + \dot{\pi}_6\dot{\pi}_2), \\ D_y^M &= -M(\ddot{\pi}_5 - \dot{\pi}_6\dot{\pi}_1 + \dot{\pi}_4\dot{\pi}_3), \\ D_z^M &= -M(\ddot{\pi}_6 - \dot{\pi}_4\dot{\pi}_2 + \dot{\pi}_5\dot{\pi}_1), \\ L'_x &= (I_2 - I_3)\dot{\pi}_2\dot{\pi}_3 - I_1\ddot{\pi}_1, \\ L'_y &= (I_3 - I_1)\dot{\pi}_3\dot{\pi}_1 - I_2\ddot{\pi}_2, \quad L'_z = (I_1 - I_2)\dot{\pi}_1\dot{\pi}_2 - I_3\ddot{\pi}_3, \\ D_z^m &= -m\{\ddot{\pi}_4 - \ddot{\pi}_3(l - b\cos\theta - r) + \ddot{\pi}_7\sin\theta \\ &\quad - \dot{\pi}_3\dot{\pi}_8 - \dot{\pi}_7^2 b^{-1}\sin\theta - \dot{\pi}_3(\dot{\pi}_5 + \dot{\pi}_3 b\sin\theta + \dot{\pi}_8) \\ &\quad + \dot{\pi}_2[\dot{\pi}_6 + \dot{\pi}_1(l - b\cos\theta - r) - \dot{\pi}_2 b\sin\theta]\}, \\ D_y^m &= -m\{[\ddot{\pi}_5 + \ddot{\pi}_3 b\sin\theta + \dot{\pi}_3\dot{\pi}_7\cos\theta + \ddot{\pi}_8] \\ &\quad + \dot{\pi}_3[\dot{\pi}_4 - \dot{\pi}_3(l - b\cos\theta - r) + \dot{\pi}_7\cos\theta] \\ &\quad - \dot{\pi}_1[\dot{\pi}_6 + \dot{\pi}_1(l - b\cos\theta - r) - \dot{\pi}_2 b\sin\theta]\}, \\ D_z^m &= -m\{\ddot{\pi}_6 + \ddot{\pi}_1(l - b\cos\theta - r) + \dot{\pi}_1\dot{\pi}_8 \\ &\quad - \ddot{\pi}_2 b\sin\theta - \dot{\pi}_2\dot{\pi}_7\cos\theta - \dot{\pi}_2[\dot{\pi}_4 - \dot{\pi}_3(l - b\cos\theta - r) \\ &\quad + \dot{\pi}_7\cos\theta] + \dot{\pi}_1[\dot{\pi}_5 + \dot{\pi}_3 b\sin\theta + \dot{\pi}_8]\}. \end{aligned}$$

将上述惯性力显式代入 Kane 方程,立即得到 Kane 方程的显式. □

2. 一阶线性非完整系统

试考虑一轮轴系统：在一个与水平面成 θ 角的斜平面上，用一对半径为 r 的薄片轮子支撑一轴，轴长为 $2r$. 轴与轮子之间的轴承理想光滑. 轮与斜面之间完全粗糙无滑动. 轴的质量分布可认为是一维的. 试用 Kane 方法建立系统的动力学方程.

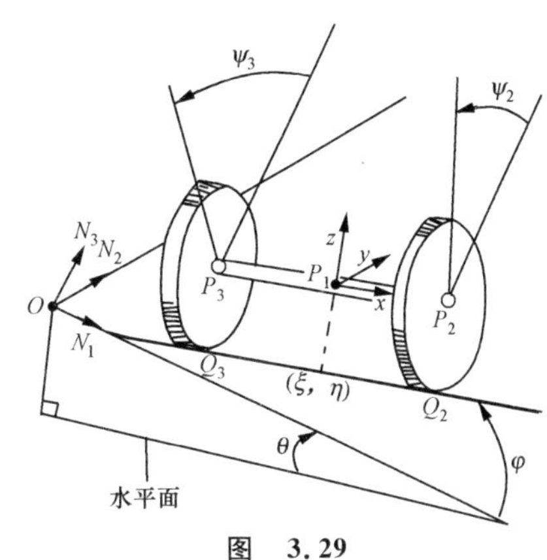

图 3.29

解 整个系统如图 3.29 所示. 这是一个多体系统，其中 $\nu=1$ 是中轴，$\nu=2$ 是右轮，$\nu=3$ 是左轮，相应的归化中心是 P_1，P_2，P_3. 为了用 Kane 方法建立动力学方程，可按如下步骤进行分析：

(1) 运动学与约束分析.

$ON_1N_2N_3$ 是斜面上不动的参考系. 系统的位形为 $[\xi,\eta,\varphi,\psi_2,\psi_3]^{\mathrm{T}}$. 约束条件是接触点 Q_2，Q_3 的速度皆等于零. 先求出这个约束条件. 运动学关系有

$$\nu=1:\ \boldsymbol{\omega}_1=\dot{\varphi}\boldsymbol{z},\qquad \boldsymbol{V}^{P_1}=\dot{\xi}\boldsymbol{N}_1+\dot{\eta}\boldsymbol{N}_2;$$

$$\nu=2:\ \boldsymbol{\omega}_2=\dot{\psi}_2\boldsymbol{x}+\dot{\varphi}\boldsymbol{z},\quad \boldsymbol{V}^{P_2}=\boldsymbol{V}^{P_1}+\boldsymbol{\omega}_1\times(r\boldsymbol{x});$$

$$\nu=3:\ \boldsymbol{\omega}_3=\dot{\psi}_3\boldsymbol{x}+\dot{\varphi}\boldsymbol{z},\quad \boldsymbol{V}^{P_3}=\boldsymbol{V}^{P_1}+\boldsymbol{\omega}_1\times(-r\boldsymbol{x}).$$

注意到

$$\boldsymbol{N}_1=\cos\varphi\boldsymbol{x}-\sin\varphi\boldsymbol{y},\quad \boldsymbol{N}_2=\sin\varphi\boldsymbol{x}+\cos\varphi\boldsymbol{y},$$

并应用刚体运动学的公式，得

$$\boldsymbol{V}^{Q_2}=(\dot{\xi}\cos\varphi+\dot{\eta}\sin\varphi)\boldsymbol{x}+[-\dot{\xi}\sin\varphi+\dot{\eta}\cos\varphi+r(\dot{\varphi}+\dot{\psi}_2)]\boldsymbol{y},$$

$$\boldsymbol{V}^{Q_3}=(\dot{\xi}\cos\varphi+\dot{\eta}\sin\varphi)\boldsymbol{x}+[-\dot{\xi}\sin\varphi+\dot{\eta}\cos\varphi-r(\dot{\varphi}-\dot{\psi}_3)]\boldsymbol{y}.$$

于是约束条件为

$$\dot{\xi}\cos\varphi+\dot{\eta}\sin\varphi=0,$$

$$-\dot{\xi}\sin\varphi+\dot{\eta}\cos\varphi+r(\dot{\varphi}+\dot{\psi}_2)=0,$$

$$-\dot{\xi}\sin\varphi+\dot{\eta}\cos\varphi-r(\dot{\varphi}-\dot{\psi}_3)=0.$$

上述条件可简化成为

$$2\dot{\varphi}=\dot{\psi}_3-\dot{\psi}_2,\quad \dot{\xi}=r(\dot{\varphi}+\dot{\psi}_2)\sin\varphi,\quad \dot{\eta}=-r(\dot{\varphi}+\dot{\psi}_2)\cos\varphi.$$

由此可见，对于这个系统我们只需要引进两个准速度. 例如选用

$$\dot{\pi}_1=\dot{\psi}_2,\quad \dot{\pi}_2=\dot{\varphi}.$$

利用约束条件,可将各物体的运动学参数用准速度表达如下:

$$\boldsymbol{\omega}_1 = \dot{\pi}_2 \boldsymbol{z}, \qquad \boldsymbol{V}^{P_1} = -r(\dot{\pi}_1 + \dot{\pi}_2)\boldsymbol{y},$$

$$\boldsymbol{\omega}_2 = \dot{\pi}_1 \boldsymbol{x} + \dot{\pi}_2 \boldsymbol{z}, \qquad \boldsymbol{V}^{P_2} = -r\dot{\pi}_1 \boldsymbol{y},$$

$$\boldsymbol{\omega}_3 = (\dot{\pi}_1 + 2\dot{\pi}_2)\boldsymbol{x} + \dot{\pi}_2 \boldsymbol{z}, \quad \boldsymbol{V}^{P_3} = -r(\dot{\pi}_1 + 2\dot{\pi}_2)\boldsymbol{y}.$$

(2) 给定力分析.

假定各物体对各自的归化中心是对称的,再注意到约束是理想的,因而各物体给定力对归化中心的主矩为零,主矢量为

$$\boldsymbol{F}_1 = m_1 g\sin\theta\cos\varphi\boldsymbol{x} - m_1 g\sin\theta\sin\varphi\boldsymbol{y} - m_1 g\cos\theta\boldsymbol{z},$$

$$\boldsymbol{F}_2 = m_2 g\sin\theta\cos\varphi\boldsymbol{x} - m_2 g\sin\theta\sin\varphi\boldsymbol{y} - m_2 g\cos\theta\boldsymbol{z},$$

$$\boldsymbol{F}_3 = m_3 g\sin\theta\cos\varphi\boldsymbol{x} - m_3 g\sin\theta\sin\varphi\boldsymbol{y} - m_3 g\cos\theta\boldsymbol{z}.$$

(3) 惯性力分析.

计算各物体惯性力对归化中心的主矢量与主矩时,需注意下列关系:

$$\dot{\boldsymbol{x}} = \boldsymbol{\omega}_1 \times \boldsymbol{x} = \dot{\pi}_2 \boldsymbol{y}, \quad \dot{\boldsymbol{y}} = \boldsymbol{\omega}_1 \times \boldsymbol{y} = -\dot{\pi}_2 \boldsymbol{x}, \quad \dot{\boldsymbol{z}} = \boldsymbol{0}.$$

从而得

$$\begin{aligned}\boldsymbol{F}_1' &= -m_1 \dot{\boldsymbol{V}}^{P_1} = -m_1 \frac{\mathrm{d}}{\mathrm{d}t}[-r(\dot{\pi}_1 + \dot{\pi}_2)\boldsymbol{y}] \\ &= -m_1[-r(\ddot{\pi}_1 + \ddot{\pi}_2)\boldsymbol{y} - r(\dot{\pi}_1 + \dot{\pi}_2)\dot{\boldsymbol{y}}] \\ &= -m_1[r(\dot{\pi}_1\dot{\pi}_2 + \dot{\pi}_2^2)\boldsymbol{x} - r(\ddot{\pi}_1 + \ddot{\pi}_2)\boldsymbol{y}],\end{aligned}$$

$$\begin{aligned}\boldsymbol{L}_1' &= -\frac{\mathrm{d}}{\mathrm{d}t}\left\{\begin{bmatrix}0 & 0 & 0 \\ 0 & I_{1y} & 0 \\ 0 & 0 & I_{1z}\end{bmatrix}\begin{bmatrix}0 \\ 0 \\ \dot{\varphi}\end{bmatrix}\right\} = -\frac{\mathrm{d}}{\mathrm{d}t}(I_{1z}\dot{\varphi}\boldsymbol{z}) \\ &= -I_{1z}\ddot{\pi}_2\boldsymbol{z}.\end{aligned}$$

亦即

$$F_{1x}' = -m_1 r(\dot{\pi}_1\dot{\pi}_2 + \dot{\pi}_2^2), \quad F_{1y}' = m_1 r(\ddot{\pi}_1 + \ddot{\pi}_2), \quad F_{1z}' = 0,$$

$$L_{1x}' = 0, \quad L_{1y}' = 0, \quad L_{1z}' = -I_{1z}\ddot{\pi}_2.$$

其他的计算类似,有

$$F_{2x}' = -m_2 r\dot{\pi}_1\dot{\pi}_2, \qquad L_{2x}' = -I_{2x}\ddot{\pi}_1,$$

$$F_{2y}' = m_2 r\ddot{\pi}_1, \qquad L_{2y}' = -I_{2x}\dot{\pi}_1\dot{\pi}_2,$$

$$F_{2z}' = 0, \qquad L_{2z}' = -I_{2z}\ddot{\pi}_2,$$

$$F_{3x}' = -m_3 r(\dot{\pi}_1\dot{\pi}_2 + 2\dot{\pi}_2^2), \quad L_{3x}' = -I_{3x}(2\ddot{\pi}_2 + \ddot{\pi}_1),$$

$$F_{3y}' = m_3 r(\ddot{\pi}_1 + 2\ddot{\pi}_2), \qquad L_{3y}' = -I_{3x}(2\dot{\pi}_2 + \dot{\pi}_1)\dot{\pi}_2,$$

$$F_{3z}' = 0, \qquad L_{3z}' = -I_{3z}\ddot{\pi}_2,$$

(4) 功率表达式.

为建立 Kane 方程,我们可通过计算给定力和惯性力总功率的准速度表达式. 在做此表达式计算时,需暂认定给定力和惯性力与准速度无关. 功率表达式可计算如下:

$$W = W_1 + W_2 + W_3.$$

而

$$\begin{aligned} W_1 &= \boldsymbol{F}_1 \cdot \boldsymbol{V}^{P_1} + \boldsymbol{L}_1 \cdot \boldsymbol{\omega}_1 \\ &= (F_{1x}\boldsymbol{x} + F_{1y}\boldsymbol{y} + F_{1z}\boldsymbol{z}) \cdot [-r(\dot{\pi}_1 + \dot{\pi}_2)\boldsymbol{y}] \\ &= -F_{1y}r(\dot{\pi}_1 + \dot{\pi}_2) = [-F_{1y}r, -F_{1y}r][\dot{\pi}_1, \dot{\pi}_2]^{\mathrm{T}}; \end{aligned}$$

对 W_2, W_3 作类似的计算,有

$$W_2 = [-F_{2y}r, 0,][\dot{\pi}_1, \dot{\pi}_2]^{\mathrm{T}},$$

$$W_3 = [-F_{3y}r, -2F_{3y}r][\dot{\pi}_1, \dot{\pi}_2]^{\mathrm{T}}.$$

又

$$W' = W_1' + W_2' + W_3',$$

其中

$$\begin{aligned} W_1' &= [-F_{1y}'r, -F_{1y}'r + L_{1z}'][\dot{\pi}_1, \dot{\pi}_2]^{\mathrm{T}}, \\ W_2' &= [-F_{2y}'r + L_{2x}', L_{2z}'][\dot{\pi}_1, \dot{\pi}_2]^{\mathrm{T}}, \\ W_3' &= [-F_{3y}'r + L_{3x}', -2F_{3y}'r + 2L_{3x}' + L_{3z}'][\dot{\pi}_1, \dot{\pi}_2]^{\mathrm{T}}, \end{aligned}$$

根据功率公式,得到 Kane 方程为

$$(F_{1y} + F_{2y} + F_{3y})r = L_{2x}' + L_{3x}' - (F_{1y}' + F_{2y}' + F_{3y}')r,$$

$$(F_{1y} + 2F_{3y})r = L_{1z}' + L_{2z}' + L_{3z}' + 2L_{3x}' - (F_{1y}' + 2F_{3y}')r.$$

只要将(3)中计算的结果代入,立即得到 Kane 方程的显式. □

3.7.4 一阶非线性非完整系统的 Kane 方程

考虑同 3.6.1 小节中一样的质点系,只是将它的 g 个一阶线性附加约束改为 g 个独立的一阶非线性非完整约束.

对于一阶非线性非完整系统,根据分析动力学普遍原理,有动力学基本方程①

$$\sum_{s=1}^{3N}(F_s - m_s\ddot{u}_s)\delta_s^C = 0, \tag{7.25}$$

其中$[\delta_1^C, \delta_2^C, \cdots, \delta_{3N}^C]^{\mathrm{T}}$ 是系统的约束微变空间矢量. 在仅考虑系统的完整约束组时,引入广义坐标 $q_1, q_2, \cdots, q_n$,从而动力学基本方程变换成为

$$\sum_{s=1}^{3N}(F_s - m_s\ddot{u}_s)\sum_{i=1}^{n}\frac{\partial u_s}{\partial q_i}\delta_i^q = \sum_{i=1}^{n}(Q_i + Q_i')\delta_i^q = 0, \tag{7.26}$$

① 参阅 4.1.1 小节.

其中

$$Q_i = \sum_{s=1}^{3N} F_s \frac{\partial u_s}{\partial q_i}, \quad Q_i' = \sum_{s=1}^{3N} (-m_s \ddot{u}_s) \frac{\partial u_s}{\partial q_i}. \tag{7.27}$$

现在考虑附加的 g 个独立的一阶非线性非完整约束为

$$\begin{aligned}
&\Phi_1(q_1, q_2, \cdots, q_n; \dot{q}_1, \dot{q}_2, \cdots, \dot{q}_n, t) = 0, \\
&\Phi_2(q_1, q_2, \cdots, q_n; \dot{q}_1, \dot{q}_2, \cdots, \dot{q}_n, t) = 0, \\
&\cdots\cdots\cdots\cdots\cdots\cdots \\
&\Phi_g(q_1, q_2, \cdots, q_n; \dot{q}_1, \dot{q}_2, \cdots, \dot{q}_n, t) = 0.
\end{aligned} \tag{7.28}$$

根据微变空间的理论,从(7.28)式得到$[\delta_1^q, \delta_2^q, \cdots, \delta_n^q]^{\mathrm{T}}$ 的限制方程为

$$\begin{cases}
\dfrac{\partial \Phi_1}{\partial \dot{q}_1}\delta_1^q + \dfrac{\partial \Phi_1}{\partial \dot{q}_2}\delta_2^q + \cdots + \dfrac{\partial \Phi_1}{\partial \dot{q}_n}\delta_n^q = 0, \\
\dfrac{\partial \Phi_2}{\partial \dot{q}_1}\delta_1^q + \dfrac{\partial \Phi_2}{\partial \dot{q}_2}\delta_2^q + \cdots + \dfrac{\partial \Phi_2}{\partial \dot{q}_n}\delta_n^q = 0, \\
\cdots\cdots\cdots\cdots\cdots\cdots \\
\dfrac{\partial \Phi_g}{\partial \dot{q}_1}\delta_1^q + \dfrac{\partial \Phi_g}{\partial \dot{q}_2}\delta_2^q + \cdots + \dfrac{\partial \Phi_g}{\partial \dot{q}_n}\delta_n^q = 0.
\end{cases} \tag{7.29}$$

由附加约束组的相互独立性,我们可假定在所研究的状态点有

$$\begin{bmatrix}
\partial \Phi_1 / \partial \dot{q}_1 & \cdots & \partial \Phi_1 / \partial \dot{q}_n \\
\vdots & & \vdots \\
\partial \Phi_g / \partial \dot{q}_1 & \cdots & \partial \Phi_g / \partial \dot{q}_n
\end{bmatrix} \tag{7.30}$$

的缺秩为零. 根据线性代数的定理,一定可以找到一组基 $\eta_1, \eta_2, \cdots, \eta_m$(其中 $m = n - g$),使

$$\delta_i^q = \sum_{j=1}^{m} h_{ij} \eta_j, \quad i = 1, 2, \cdots, n, \tag{7.31}$$

亦即

$$\boldsymbol{\delta}^q = H\boldsymbol{\eta}, \tag{7.32}$$

其中 $H = [h_{ij}]$ 的各元素是 $q_1, q_2, \cdots, q_n, \dot{q}_1, \dot{q}_2, \cdots, \dot{q}_n, t$ 等变元的函数. 将(7.31)式代入(7.26)式,得

$$\begin{aligned}
\sum_{i=1}^{n} (Q_i + Q_i') \sum_{j=1}^{m} h_{ij} \eta_j &= \sum_{j=1}^{m} \Big(\sum_{i=1}^{n} Q_i h_{ij} + \sum_{i=1}^{n} Q_i' h_{ij} \Big) \eta_j \\
&= \sum_{j=1}^{m} (K_j + K_j') \eta_j = 0,
\end{aligned} \tag{7.33}$$

其中

$$K_j = \sum_{i=1}^{n} Q_i h_{ij} = \sum_{s=1}^{3N} F_s \Big(\sum_{i=1}^{n} \frac{\partial u_s}{\partial q_i} h_{ij} \Big) = \sum_{s=1}^{3N} F_s K_{sj}, \tag{7.34}$$

$$K_j' = \sum_{i=1}^{n} Q_i' h_{ij} = \sum_{s=1}^{3N} (-m_s \ddot{u}_s) \left(\sum_{i=1}^{n} \frac{\partial u_s}{\partial q_i} h_{ij} \right) = \sum_{s=1}^{3N} (-m_s \ddot{u}_s) K_{sj}. \quad (7.35)$$

而

$$[K_{sj}] = \boldsymbol{K} = \boldsymbol{GH}.$$

这个转移矩阵的公式照样成立. 根据 $\eta_1, \eta_2, \cdots, \eta_m$ 的各自独立性,我们立即得到,动力学基本方程成立的充分必要条件是

$$K_j + K_j' = 0, \quad j = 1,2,\cdots,m. \quad (7.36)$$

这就是一阶非线性非完整系统的 Kane 方程. 它和约束组方程(7.28)合在一起,构成了系统用广义坐标表达的动力学方程组(不含未定乘子).

以下举简单例子说明对于非线性非完整系统 Kane 方程的应用.

例　设一质点 m 在惯性空间中运动,给定力为$[F_x, F_y, F_z]^{\mathrm{T}}$,受有 Appell 约束

$$\Phi = \frac{1}{2}[\dot{x}^2 - a^2(\dot{y}^2 + \dot{z}^2)] = 0.$$

试用 Kane 方法建立动力学方程.

解　令 $q_1 = u_1 = x, q_2 = u_2 = y, q_3 = u_3 = z$. 故有

$$\boldsymbol{G} = \begin{bmatrix} 1 & 0 & 0 \\ 0 & 1 & 0 \\ 0 & 0 & 1 \end{bmatrix}.$$

由 Φ 方程知 $\delta_1^q, \delta_2^q, \delta_3^q$ 的限制方程为

$$\dot{x}\delta_1^q - a^2\dot{y}\delta_2^q - a^2\dot{z}\delta_3^q = 0$$

选择 $\eta_1 = \delta_2^q, \eta_2 = \delta_3^q$,从而

$$\boldsymbol{H} = \begin{bmatrix} a^2\dot{y}\dot{x}^{-1} & a^2\dot{z}\dot{x}^{-1} \\ 1 & 0 \\ 0 & 1 \end{bmatrix}.$$

故转移矩阵为

$$\boldsymbol{K} = \boldsymbol{GH} = \begin{bmatrix} a^2\dot{y}\dot{x}^{-1} & a^2\dot{z}\dot{x}^{-1} \\ 1 & 0 \\ 0 & 1 \end{bmatrix}.$$

于是

$$K_1 = F_x K_{11} + F_y K_{21} + F_z K_{31} = F_z a^2 \dot{y}\dot{x}^{-1} + F_y,$$

$$K_2 = F_x K_{12} + F_y K_{22} + F_z K_{32} = F_x a^2 \dot{z}\dot{x}^{-1} + F_z.$$

同理

$$K_1' = (-m\ddot{x})a^2\dot{y}\dot{x}^{-1} + (-m\ddot{y}), \quad K_2' = (-m\ddot{x})a^2\dot{z}\dot{x}^{-1} + (-m\ddot{z}).$$

Kane 方程为

$$a^2 m\ddot{x}\dot{y}\dot{x}^{-1} + m\ddot{y} = a^2 F_x \dot{y}\dot{x}^{-1} + F_y,$$

$$a^2 m\ddot{x}\dot{z}\dot{x}^{-1} + m\ddot{z} = a^2 F_x \dot{z}\dot{x}^{-1} + F_z.$$

它和 $\Phi=0$ 在一起构成了质点运动的动力学方程组.

习　　题

3.1　试考虑一四轮车辆的模型,如图 3.30 所示. 它是由前轮轴,车身及后轮轴,四个轮子等六件所组成. 用 B 点坐标 x,y,角度 θ,ψ 以及四个车轮的转角 φ_1, $\varphi_2,\varphi_3,\varphi_4$ 来描述系统的位形. 假定车轮和地面之间无滑动,试建立系统的约束方程.

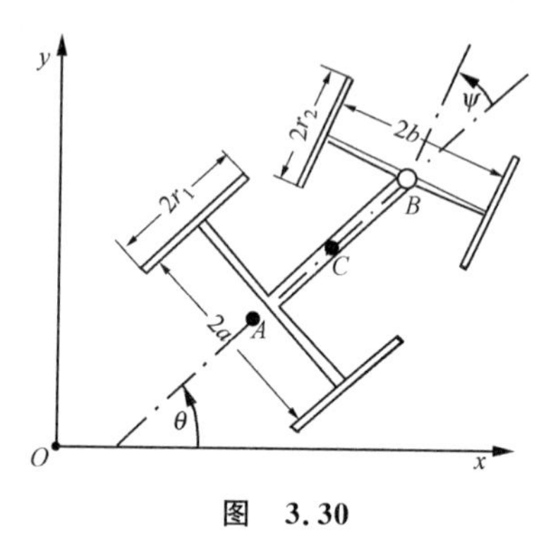

图　3.30

3.2　质点在平面 Oxy 上运动,选用准坐标 r,π,其关系式为

$$r^2 = x^2 + y^2, \quad d\pi = x dy - y dx.$$

试建立质点运动的 Gibbs 函数,并应用 Gibbs-Appell 方程来建立动力学方程.

3.3　质量为 m、半径为 r 的匀质小球无滑动地在半径为 R 的固定大球上滚动. 试用 Gibbs-Appell 方程建立其动力学方程.

3.4　如图 3.31 所示,试考虑一轮轴系统:在一与水平面成 θ 角的斜平面上,用一对半径均为 r 的薄片轮子支撑一轴,轴长为 $2r$. 轴与轮子之间的轴承理想光滑,轮与斜面之间完全粗糙无滑动. 轴的质量分布可以认为是一维的、均匀的. 试用 Gibbs-Appell 方程建立系统的动力学方程.

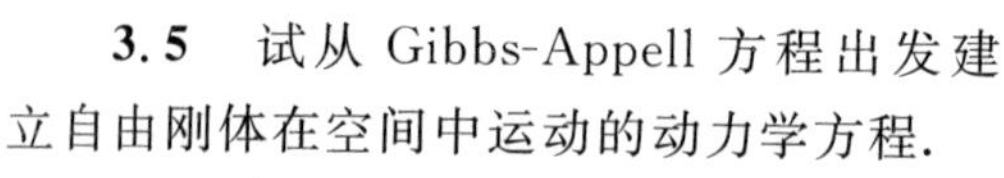

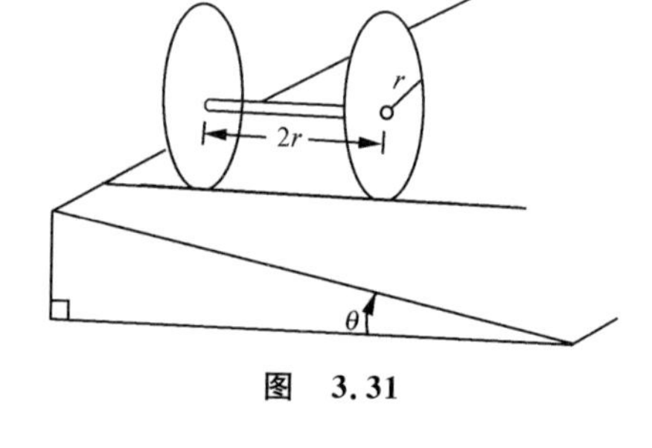

图　3.31

3.5　试从 Gibbs-Appell 方程出发建立自由刚体在空间中运动的动力学方程.

3.6　假定在习题 3.1 中的四轮车辆模型中引入如下参数:M_1 为车身及后轮轴的质量,M_2 为前轮轴质量,Θ_1 为车身及后轮轴绕 A 点垂直轴的转动惯量,Θ_2 为前轮轴绕 B 点垂直轴的转动惯量,m_1 为后轮质量,m_3 为前轮质量,J_1 与 J_1' 为后轮的轴转动惯量与赤道转动惯量,J_3 与 J_3' 为前轮的轴转动惯量与赤道转动惯量,$AC=l_1$,$BC=l_2$,C 是车身及后轮轴的质量中心. 试建立此系统的动力学方程.

第四章 力学的变分原理

在自然界和工程技术中,物质机械运动的表现形态是多种多样的.但从力学学科来看,这么多的错综复杂的机械运动只不过是由几个为数不多的"基本规律"所制约.也可以这样说,客观实际中表现出来的如此复杂的机械运动形态都只是为数不多的"基本规律"的逻辑结果.当我们把力学学科逻辑推理的出发点缩小到最小的程度之后,这个出发点就是我们所理解的**公理体系**,或简称为**原理**.因此,所谓"原理",是潜藏着整个力学学科结果的最小的、最简明的逻辑出发点(当然,由于力学研究对象的不断发展,这个所谓"整个力学"的概括范围可以有不同的理解.由于范围的理解不同,"原理"的构造也就不同).

对于分析动力学,有着多种多样的力学原理.形成这种情况的原因有二:第一,这是由于原理所概括的力学对象范围不同.如经典力学与非经典力学,完整系统与非完整系统、保守系与非保守系等等.第二,即使在同一范围内,其力学原理的构造也可以有不同的表现形式.当然,在同一对象范围内,这些不同的形式应该是逻辑等价的.但是,这些逻辑等价的"原理"在更广的系统里,其表现就可能大不相同.有的可能仍然成立,有的需要略加改造,有的就完全不适合了.显然,能够适应更广的力学系统的原理表现形式被认为具有更大的概括性.

在力学原理的种种表达形式中,有一类是变分的,即是一种极值性原理.按照这种原理,力学系统的实际运动(也包括静态平衡)比起它的邻近某种可能的运动来说,总是使某种函数或某种泛函取极值.这种性质本身就很有兴趣,而且有着重要的理论价值.这是因为:(1) 变分的提法本身往往和广义坐标系统的选取无关,因而变分原理及其推论往往具有对坐标变换的不变性;(2) 变分原理提法的解比起微分方程提法的解可以适应更广的函数类;(3) 经验证明,原理的变分提法具有极大的概括性.不仅如此,由于现代计算机的应用,解决变分问题的直接法有了很大的发展,所以变分原理除具有理论意义外,还提供了寻找实际运动的一条有效的新途径.

分析动力学的变分原理分为两大类:一类是微分的变分原理.它是研究力学系统在某状态邻近无穷小的时间间隔里,实际运动和其他可能运动之间所作的局部比较.比较的结果表现为某种函数取极值,或者它的导出形式:动力学矢量和微变空间的直交性.另一类的变分原理是积分的原理.它是研究力学系统在一段有限时间内,实际运动与可能运动的比较.通常这种比较的结果就形成一个泛函的极值问题.

§4.1 分析动力学的普遍原理与 Gauss 原理

4.1.1 分析动力学的普遍原理

我们在第二章和第三章讨论分析动力学的基本理论时,采用了比较浅显的做法,即用 Newton 第二定律加上理想约束假定作为逻辑推理的出发点.这时,我们建立了动力学基本方程

$$\sum_{s=1}^{3N}(F_s - m_s\ddot{u}_s)\delta_s = 0, \tag{1.1}$$

其中 $[F_1, F_2, \cdots, F_{3N}]^{\mathrm{T}}$ 是作用在质点系上的给定力,包括非理想的约束力,$[-m_1\ddot{u}_1, -m_2\ddot{u}_2, \cdots, -m_{3N}\ddot{u}_{3N}]^{\mathrm{T}}$ 是质点系的惯性力,$[\delta_1, \delta_2, \cdots, \delta_{3N}]^{\mathrm{T}}$ 是质点系约束组 π 的微变线性空间 $\varepsilon(\pi)$ 的任一元素.

通过第二章和第三章的研究,我们已经知道,从上述动力学基本方程出发,只要利用约束微变空间的某些性质,就可以导出各种力学系统的动力学方程组,从而概括了相应的力学系统的运动规律.由于微变空间的性质是纯几何的,因此,真正作为力学理论的逻辑出发点就是这个动力学基本方程.分析动力学可以直接以它作为“原理”,这比承认 Newton 定律再附加上理想约束假定作为出发点更为简洁和富有概括性.由于(1.1)这个原理表达式可以作为所有的系统:完整系,一阶线性约束的非完整系,一阶非线性约束的非完整系,高阶约束系统等统一的动力学基础,因此可以称之为**分析动力学的普遍原理**.

实际上,分析动力学的普遍原理统一组合了三个独立的理论假定:(1) Newton 力学体系原理成立;(2) 约束的状态空间数学方程成立;(3) 理想约束假定成立.正如我们在 1.5.4 小节指出的,这一分析动力学体系,是建立在 Gauss-Appell-Четаев 假定基础之上的.从纯理论的角度说,这一选择并不是唯一的.在 4.1.6 小节中我们将进一步讨论这一问题.

如果我们把讨论局限在完整系统或一阶约束系统,那么对于上述普遍原理,其动力学基本方程可针对具体情况而成为如下的形式:

对于完整系统,由于 ε 和 ε^{L} 一致,因此方程(1.1)蜕化为

$$\sum_{s=1}^{3N}(F_s - m_s\ddot{u}_s)\delta_{\mathrm{L}}u_s = 0, \tag{1.2}$$

其中 $[\delta_{\mathrm{L}}u_1, \delta_{\mathrm{L}}u_2, \cdots, \delta_{\mathrm{L}}u_{3N}]^{\mathrm{T}}$ 是系统可能位形的 Lagrange 微变更矢量.

对于约束是一阶线性的系统，由于 ε 和 ε^{V} 一致，因此方程(1.1)蜕化为

$$\sum_{s=1}^{3N}(F_s - m_s\ddot{u}_s)\delta_{\mathrm{V}}u_s = 0, \tag{1.3}$$

其中 $[\delta_{\mathrm{V}}u_1,\delta_{\mathrm{V}}u_2,\cdots,\delta_{\mathrm{V}}u_{3N}]^{\mathrm{T}}$ 是系统的虚位移矢量.

对于约束是一般的一阶约束(可以是一阶非线性非完整约束)的系统，由于 ε 和 ε^{J} 一致，因此方程(1.1)可表达为

$$\sum_{s=1}^{3N}(F_s - m_s\ddot{u}_s)\delta_{\mathrm{J}}\dot{u}_s = 0, \tag{1.4}$$

其中 $[\delta_{\mathrm{J}}\dot{u}_1,\delta_{\mathrm{J}}\dot{u}_2,\cdots,\delta_{\mathrm{J}}\dot{u}_{3N}]^{\mathrm{T}}$ 是系统的 Jourdain 微变更矢量.

对于约束是一般的一阶约束系统，由于 ε 和 ε^{G} 也完全一致，因此方程(1.1)的普遍原理方程亦可表达为

$$\sum_{s=1}^{3N}(F_s - m_s\ddot{u}_s)\delta_{\mathrm{G}}\ddot{u}_s = 0, \tag{1.5}$$

其中 $[\delta_{\mathrm{G}}\ddot{u}_1,\delta_{\mathrm{G}}\ddot{u}_2,\cdots,\delta_{\mathrm{G}}\ddot{u}_{3N}]^{\mathrm{T}}$ 是系统的 Gauss 微变更矢量.

上述(1.2)～(1.5)各表达式在分析动力学中都是很有名的，其中(1.2)及(1.3)式称为 d'Alembert-Lagrange 原理，(1.4)式称为 Jourdian 原理，而(1.5)式则是 Gauss 原理的表达式.

回顾§1.4 中的分析，我们知道上述(1.2)～(1.5)各原理表达式实际上是等价的，只是由于各微变空间几何定义的原因，使得各原理适应的力学系统范围有大有小而已. 从传统上来说，d'Alembert-Lagrange 原理最为著名，这在动力学微分原理上仅是由于历史的原因和人们习惯于虚功原理的直观性而引起的. 从逻辑上来说，在一阶约束系统的分析动力学微分变分原理中，Jourdian 原理是普遍原理最直接的表现形式. 但从力学概念上来说，把 Gauss 原理作为基本原理似乎是最恰当的. 其理由是：

(1) 它具有简单而明确的极值意义；

(2) 对所有的一阶以及一阶以下的约束，其 ε^{G} 都可以构造，并且几何意义非常简单明确；

(3) 在不同的一阶约束条件下，其他的原理表达式都可以由它导出；

(4) 在研究更广意义下的动力学问题时(如可控的动力学系统，包含强制运动的动力学系统等等)，可以以它作为格式来加以推广，建立新的微分变分原理.

以下我们来具体地讨论 Gauss 原理.

4.1.2 力学系统运动的拘束函数 Z

考虑某力学系统，其 Descartes 位形变量为 $u_1,u_2,\cdots,u_{3N}$，受到的给定力为 $F_1,F_2,\cdots,F_{3N}$，在假定 Descartes 参考系为惯性系的条件下，我们来考虑系统在 $t=t_0$，从某一状态 $\boldsymbol{s}_0=[u_1^0,u_2^0,\cdots,u_{3N}^0,\dot{u}_1^0,\dot{u}_2^0,\cdots,\dot{u}_{3N}^0]^{\mathrm{T}}$ 出发的运动. 对此可建立一拘束

函数 Z,定义为

$$Z = \sum_{s=1}^{3N} \frac{1}{2} m_s \left(\ddot{u}_s - \frac{F_s}{m_s} \right)^2. \tag{1.6}$$

为什么要建立这样的函数呢？其思考的来源是：如果系统没有任何约束的作用,其运动显然可由 Newton 定律来决定

$$m_s \ddot{u}_s^* = F_s, \quad s = 1,2,\cdots,3N, \tag{1.7}$$

其中“$*$”代表去掉约束的假想运动. 这个假想的运动在无穷小的时间间隔 $\mathrm{d}t$ 之后,其位形为

$$u_s^*(t_0 + \mathrm{d}t) = u_s^0 + \dot{u}_s^0 \mathrm{d}t + \frac{F_s}{m_s} \frac{1}{2!} (\mathrm{d}t)^2 + \cdots. \tag{1.8}$$

但是,实际上系统从 $\boldsymbol{s}_0$ 出发作运动时,受有一组等式约束 π：

$$\varphi_r(u_1, u_2, \cdots, u_{3N}, \dot{u}_1, \dot{u}_2, \cdots, \dot{u}_{3N}, t) = 0,$$
$$r = 1,2,\cdots,K < 3N. \tag{1.9}$$

因此系统的实际运动一般来说不再是 $u_s^*(t_0+\mathrm{d}t)$,而是 $\tilde{u}_s(t_0+\mathrm{d}t)$. 现在我们来考虑从 $\boldsymbol{s}_0$ 出发,满足约束组 π 的可能运动. 显然,这样的运动一般来说有很多,我们记之为 $u_s(t_0+\mathrm{d}t)$. 不言而喻,$\tilde{u}_s(t_0+\mathrm{d}t)$必然是 $u_s(t_0+\mathrm{d}t)$当中的某一组.

在 $t=t_0$ 处展开 $u_s(t_0+\mathrm{d}t)$,有

$$u_s(t_0 + \mathrm{d}t) = u_s^0 + \dot{u}_s^0 \mathrm{d}t + \ddot{u}_s \frac{1}{2!} (\mathrm{d}t)^2 + \cdots. \tag{1.10}$$

因此符合约束的可能运动和不考虑约束的假想运动在 $\mathrm{d}t$ 时间间隔内的位形差为

$$\Delta u_s = u_s(t_0 + \mathrm{d}t) - u_s^*(t_0 + \mathrm{d}t) = (\ddot{u}_s - F_s/m_s) \frac{1}{2!} (\mathrm{d}t)^2 + \cdots,$$
$$s = 1,2,\cdots,3N.$$

显然,产生上述位形差的原因是约束的作用. 注意到约束作用的大小不仅直接与位形差的大小有关,而且还与相应的质量有关,因此作为约束作用大小的一个统一标志,引入上述位形差以质量为权因子的加权平方和,即

$$\sigma^2 = \sum_{s=1}^{3N} \frac{1}{2} m_s (\Delta u_s)^2 = \frac{(\mathrm{d}t)^4}{4} \sum_{s=1}^{3N} \frac{1}{2} m_s \left(\ddot{u}_s - \frac{F_s}{m_s} \right)^2 + o[(\mathrm{d}t)^4]. \tag{1.11}$$

由此可见,(1.6)式定义的拘束函数 Z 乃是约束作用主要项的系数. 显然,它可以作为约束作用大小的标志.

4.1.3 Gauss 原理

在所有的可能运动中如何挑出实际的运动来？Gauss 原理回答了这个问题：力学系统在等式约束组 π 的作用下,实际的运动是所有可能运动中使拘束函数 Z 取极小值的那个运动. 这就是 **Gauss 的最小拘束原理**,简称为 **Gauss 原理**,或 **Gauss 理想约束假定**.

由于拘束函数中，m_s 和 F_s 是给定的，因此各可能运动能变更的就是 $\ddot{u}_s$，它就是系统从 $\boldsymbol{s}_0$ 状态出发，满足约束方程的可能加速度. 根据 §1.4 中的理论，这个可能加速度的变更就是 Gauss 变更. 根据 Gauss 原理，实际的运动使拘束函数在 Gauss 变更时取极小值，从而有

$$\delta_G Z = 0. \tag{1.12}$$

由于 m_s, F_s 是给定的，因此有

$$\delta_G(F_s/m_s) = 0, \quad s = 1,2,\cdots,3N. \tag{1.13}$$

于是(1.12)式成为

$$\sum_{s=1}^{3N}(F_s - m_s\ddot{u}_s)\delta_G\ddot{u}_s = 0, \tag{1.14}$$

其中 $[\delta_G\ddot{u}_1, \delta_G\ddot{u}_2, \cdots, \delta_G\ddot{u}_{3N}]^T$ 是 Gauss 微变空间的元素，它满足限制方程

$$\sum_{s=1}^{3N}\frac{\partial\varphi_r}{\partial\dot{u}_s}\delta_G\ddot{u}_s = 0, \quad r = 1,2,\cdots,K < 3N, \tag{1.15}$$

其中

$$\varphi_r(u_1,\cdots,u_{3N},\dot{u}_1,\cdots,\dot{u}_{3N},t) = 0, \quad r = 1,2,\cdots,K < 3N$$

是系统的约束组.

4.1.4 由 Gauss 原理导出 Jourdian 原理及 d'Alembert-Lagrange 原理

已知 Gauss 原理的表达式为

$$\sum_{s=1}^{3N}(F_s - m_s\ddot{u}_s)\delta_G\ddot{u}_s = 0. \tag{1.16}$$

当系统的约束组 π 为(1.9)式的一阶等式约束组时，由 §1.4 中的论证，我们已知 ε^J 和 ε^G 等价. 因此由(1.16)式立即得

$$\sum_{s=1}^{3N}(F_s - m_s\ddot{u}_s)\delta_J\dot{u}_s = 0. \tag{1.17}$$

这就是 **Jourdian 原理**.

当系统的约束是一阶线性约束时，由 §1.4 中的论证，我们已知 ε^v 和 ε^G 等价，因此由(1.16)式立即得

$$\sum_{s=1}^{3N}(F_s - m_s\ddot{u}_s)\delta_v u_s = 0. \tag{1.18}$$

这就是熟知的 **d'Alembert-Lagrange 原理**.

4.1.5 Gauss 原理的完备性

由 Gauss 原理的(1.16)式来建立完整系和非完整系的动力学方程组，我们在第二章和第三章中已经做过了. 因此我们确信，处理理想的一阶约束系统，Gauss

原理是完备的,不再需要附加其他的原理性假定了.

4.1.6 约束力基本方程

研究一个 n 自由度的力学系统.设想它是由 N 个质点组成,其惯性空间 Descartes 位形为

$$\boldsymbol{C}=[u_1,u_2,\cdots,u_{3N}]^{\mathrm{T}}.$$

根据 Newton 力学原理,其动力学方程为

$$m_s\ddot{u}_s=F_s+P_s,\quad s=1,2,\cdots,3N,\tag{1.19}$$

其中 F_s 为外加主动力,设想为已知的. P_s 是约束力,设想为待定的.系统所受的约束条件数学方程是刚性的,并分为两部分

(1) 完整约束组 Π_h: $f_i(u_1,u_2,\cdots,u_{3N},t)=0,i=1,2,\cdots,k$,显然,系统的自由度 $n=3N-k$.

(2) 状态约束组 Π_e:

$$\varphi_r(u_1,u_2,\cdots,u_{3N},\dot{u}_1,\cdots,\dot{u}_{3N},t)=0,\quad r=1,2,\cdots,L,$$
$$L<3N-k=n,$$

首先考虑互容的非奇异的完整约束组 Π_h.由于完整约束组 Π_h 中的数学方程必须满足,根据 Lagrange 的广义坐标理论,引入广义坐标 $q_1,q_2,\cdots,q_n$,有

$$u_s=u_s(q_1,q_2,\cdots,q_n,t),\quad s=1,2,\cdots,3N.$$

且

$$J=\frac{\partial(u_1,u_2,\cdots,u_{3N})}{\partial(q_1,q_2,\cdots,q_n)}$$

的缺秩为零,它使约束组 Π_h 自动满足.

由(1.19)式可以得到

$$\sum_{s=1}^{3N}m_s\ddot{u}_s\frac{\partial u_s}{\partial q_i}=\sum_{s=1}^{3N}F_s\frac{\partial u_s}{\partial q_i}+\sum_{s=1}^{3N}P_s\frac{\partial u_s}{\partial q_i},\quad i=1,2,\cdots,n.$$

根据 Lagrange 纯数学变换的推导,上式成为

$$\frac{\mathrm{d}}{\mathrm{d}t}\left(\frac{\partial T}{\partial\dot{q}_i}\right)-\frac{\partial T}{\partial q_i}=Q_i+R_i,\quad i=1,2,\cdots,n,\tag{1.20}$$

其中

$$T=\sum_{s=1}^{3N}\frac{1}{2}m_s\dot{u}_s^2=T_2+T_1+T_0$$

是系统动能,而

$$T_2=\frac{1}{2}\sum_{i=1}^{n}\sum_{j=1}^{n}a_{ij}\dot{q}_i\dot{q}_j,$$

$$T_1=\sum_{i=1}^{n}b_i\dot{q}_i,$$

$$T_0 = c.$$

$Q_i = \sum_{s=1}^{3N} F_s \frac{\partial u_s}{\partial q_i}$ 是外加主动广义力，应为已知的；$R_i = \sum_{s=1}^{3N} P_s \frac{\partial u_s}{\partial q_i}$ 是广义约束力，一共有 n 个分量，它是待定的. 产生这些广义约束力的来源既可能是几何约束，也可能来自 Π_e 的约束. 虽然这 n 个未定的约束力分量有广泛的选择余地，但必须满足如下的条件：使方程(1.20)的解满足状态约束条件 Π_e. 根据这一原则，我们可以导出约束力必须满足的基本方程.

系统的状态约束组 Π_e 在广义坐标空间里表达为

$$\Pi_e: \varphi_r(q_1, \cdots, q_n, \dot{q}_1, \cdots, \dot{q}_n, t) = 0, \quad r = 1, 2, \cdots, L < n.$$

一般而言，它是一个非完整约束组.

将状态约束条件 Π_e 对时间求全导数，则有

$$\sum_{j=1}^{n} \frac{\partial \varphi_r}{\partial \dot{q}_j} \ddot{q}_j + \sum_{j=1}^{n} \frac{\partial \varphi_r}{\partial q_j} \dot{q}_j + \frac{\partial \varphi_r}{\partial t} = 0, \quad r = 1, 2, \cdots, L < n. \tag{1.21}$$

记

$$\boldsymbol{\Phi} = \begin{bmatrix} \frac{\partial \varphi_1}{\partial \dot{q}_1} & \frac{\partial \varphi_1}{\partial \dot{q}_2} & \cdots & \frac{\partial \varphi_1}{\partial \dot{q}_n} \\ \vdots & \vdots & & \vdots \\ \frac{\partial \varphi_L}{\partial \dot{q}_1} & \frac{\partial \varphi_L}{\partial \dot{q}_2} & \cdots & \frac{\partial \varphi_L}{\partial \dot{q}_n} \end{bmatrix}$$

则(1.21)式成为

$$\boldsymbol{\Phi} \ddot{\boldsymbol{q}} = \boldsymbol{B}, \tag{1.22}$$

其中

$$\boldsymbol{B} = -\begin{bmatrix} \frac{\partial \varphi_1}{\partial q_1} \dot{q}_1 + \cdots + \frac{\partial \varphi_1}{\partial q_n} \dot{q}_n + \frac{\partial \varphi_1}{\partial t} \\ \vdots \\ \frac{\partial \varphi_L}{\partial q_1} \dot{q}_1 + \cdots + \frac{\partial \varphi_L}{\partial q_n} \dot{q}_n + \frac{\partial \varphi_L}{\partial t} \end{bmatrix} = \boldsymbol{B}(\boldsymbol{q}, \dot{\boldsymbol{q}}, t).$$

根据方程组(1.20)及 Lagrange 方程结构的推导，有

$$\boldsymbol{A} \ddot{\boldsymbol{q}} = \boldsymbol{C} + \boldsymbol{R}, \tag{1.23}$$

其中

$$\boldsymbol{A} = \begin{bmatrix} a_{11} & a_{12} & \cdots & a_{1n} \\ a_{21} & a_{22} & \cdots & a_{2n} \\ \vdots & \vdots & & \vdots \\ a_{n1} & a_{n2} & \cdots & a_{nn} \end{bmatrix}$$

是力学系统对称正定的质量阵，

$$\boldsymbol{C}=\Big[\sum_{i=1}^{n}g_{1i}\dot{q}_i-\sum_{i=1}^{n}\sum_{j=1}^{n}[ij,1]\dot{q}_i\dot{q}_j-\Big(\sum_{i=1}^{n}\frac{\partial a_{1i}}{\partial t}\dot{q}_i+\frac{\partial b_1}{\partial t}\Big)+\frac{\partial c}{\partial q_1}$$

$$+Q_1,\cdots,\sum_{i=1}^{n}g_{ni}\dot{q}_i-\sum_{i=1}^{n}\sum_{j=1}^{n}[ij,n]\dot{q}_i\dot{q}_j-\Big(\sum_{i=1}^{n}\frac{\partial a_{ni}}{\partial t}\dot{q}_i+\frac{\partial b_n}{\partial t}\Big)+\frac{\partial c}{\partial q_n}+Q_n\Big],$$

$$\boldsymbol{R}=[R_1,R_2,\cdots,R_n]^{\mathrm{T}}.$$

由(1.23)解出 $\ddot{\boldsymbol{q}}$，代入(1.22)，得到

$$\boldsymbol{\Phi A}^{-1}\boldsymbol{R}=\boldsymbol{B}-\boldsymbol{\Phi A}^{-1}\boldsymbol{C}.$$

记 $\boldsymbol{W}=\boldsymbol{\Phi A}^{-1}$，$\boldsymbol{G}=\boldsymbol{B}-\boldsymbol{\Phi A}^{-1}\boldsymbol{C}$，则 $\boldsymbol{R}=[R_1,R_2,\cdots,R_n]^{\mathrm{T}}$ 所应满足的基本方程为

$$\boldsymbol{WR}=\boldsymbol{G}.\tag{1.24}$$

写成显式为

$$\begin{bmatrix}w_{11}&w_{12}&\cdots&w_{1n}\\w_{21}&w_{22}&\cdots&w_{2n}\\\vdots&\vdots&&\vdots\\w_{L1}&w_{L2}&\cdots&w_{Ln}\end{bmatrix}\begin{bmatrix}R_1\\R_2\\\vdots\\R_n\end{bmatrix}=\begin{bmatrix}G_1\\G_2\\\vdots\\G_L\end{bmatrix}.\tag{1.25}$$

由于 $\boldsymbol{W}=\boldsymbol{\Phi A}^{-1}$，其中 $\boldsymbol{\Phi}$ 的缺秩为零，$\boldsymbol{A}$ 是对称正定的，根据代数的理论，可以证明 $\boldsymbol{W}$ 的缺秩为零. 方程(1.24)或(1.25)，是约束力基本方程. 它有 n 个待定量，即 n 个广义约束力分量 $R_1,R_2,\cdots,R_n$，而必须满足的基本方程却只有 L 个. 由于 $L<n$，待定量个数大于方程数目，是一个"静不定"方程组. 约束力基本方程中，除 $\boldsymbol{R}$ 为待定量外，其他都是力学系统状态变量，时间 t 及外加主动力的函数. 由此可见，仅仅依靠目前理论的基本出发论据，约束系统的动力学是个"静不定"问题，也就是说，满足基本出发论据的约束力方案有很多种，不同的约束力方案将导出约束系统动力学的不同模型. 产生这种不确定性的原因，是因为目前的理论体系中仅有约束的数学方程描述，还缺乏约束如何产生约束力的力学性质描述. 将约束力表达成为系统状态和约束数学条件确定的表达式，我们称之为**约束的力学本构特性**，这是确定约束系统动力学必须补足的内容.

4.1.7　约束的力学本构特性

约束如何具体地向系统产生约束力，这是一个复杂的力学过程，必须根据约束的具体构造加以分析. 但从分析动力学理论来说，我们需要的是获得约束力 $\boldsymbol{R}=[R_1,R_2,\cdots,R_n]^{\mathrm{T}}$ 如何依赖于系统状态及约束条件的确定的表达式，即约束的力学本构特性，使约束系统动力学方程组能够封闭起来.

约束本构特性表述的第一种方法是根据实验总结规律的方法. 其实，传统的分析动力学使用的理想约束假定以及非理想约束力表达为理想约束力函数的办法，就是约束本构特性的实验规律表达方法，它们的成立不是任何理论的逻辑结果，而

是总结实验经验得出的"规律". 利用这些规律可以把约束力基本方程的"静不定性"问题加以解决. 这个办法可以解决不少问题,但显然它是笼统地而不是深入、细致地解决问题,同时它也忽视了约束本构特性的多样性和复杂性.

约束本构特性表述的第二种方法是内变量方法. 状态约束的物理实现总是涉及某些内变量,这些内变量通过"约束内禀关系"控制约束力矢量 $\boldsymbol{R}$ 的变化. 但内变量的变化却应该不影响力学系统去满足状态约束方程. 举例来说,像机械限制形成的位形约束,其物理实质是接触副之间可以有随运动状态不同而不同的作用力,但我们认定它们之间作用力的大小并不引起约束条件的破坏. 静摩擦力引起的速度约束也是这样. 此时接触副之间的相互作用力(静摩擦力)可大可小(限制在最大静摩擦力之内),但相互之间无相对运动的条件应该保持. 陀螺伺服补偿形成的角速度约束也是这样. 此时稳定力矩可大可小,但不管力矩大小如何,角速度稳定条件却一直保持. 内变量的描述方法就是上述情况的抽象. 我们用内变量来控制接触副之间的相互作用力(矩)——广义约束力,但内变量的大小并不引起约束数学方程的失约. 用内变量方法来确定约束本构特性,就是由以下几个因素来构成一个**约束本构特性定解问题**:

(1) 根据力学系统的自由度、动能函数结构、外给定力等,建立约束力基本方程.

(2) 选择并确定内变量,为了能满足 L 个独立的约束力基本方程,内变量数目应不少于 L 个. 如果多于 L 个,则需补足内变量自身的补充方程. 如果内变量有动态或者"场过程",还需补足内变量的定解条件.

(3) 分析和建立约束力 $\boldsymbol{R}$ 如何依赖于内变量的关系式,即约束内禀关系式,这是关键的一步.

(4)将上述因素组合起来,构成"约束本构特性定解问题",从而克服约束力 $\boldsymbol{R}$ 有不确定的困难,使约束系统动力学问题成为一个确定的封闭的动力学问题.

当然,这样的约束系统动力学依赖于上述"约束本构特性",不同的约束本构特性将导致不同的约束系统动力学模型,它们的解和特性是完全不同的.

4.1.8 代数型本构特性,Gauss-Appell-Четаев 模型

在约束的物理实现中,如果相互作用的部件其材料刚度很高,则力学系统运动的动态激起部件最低模态的运动也可以忽略不计,此时我们可以略去内变量的动态过程和分布的场过程,从而构成代数型本构特性. 假定选择内变量为

$$\boldsymbol{\lambda} = [\lambda_1, \lambda_2, \cdots, \lambda_k]^{\mathrm{T}}, \quad k \geqslant L.$$

如果 $k > L$,则需补充内变量补充方程

$$\begin{cases}\theta_1(\boldsymbol{\lambda},t,\boldsymbol{q},\dot{\boldsymbol{q}},\ddot{\boldsymbol{q}})=0,\\ \theta_2(\boldsymbol{\lambda},t,\boldsymbol{q},\dot{\boldsymbol{q}},\ddot{\boldsymbol{q}})=0,\\ \cdots\cdots\cdots\cdots\cdots\cdots\\ \theta_{k-L}(\boldsymbol{\lambda},t,\boldsymbol{q},\dot{\boldsymbol{q}},\ddot{\boldsymbol{q}})=0.\end{cases}\tag{1.26}$$

假定我们根据某种选定的"原理",确定内禀关系式为

$$\begin{bmatrix}R_1\\R_2\\\vdots\\R_n\end{bmatrix}=\begin{bmatrix}\eta_1(\boldsymbol{\lambda},t,\boldsymbol{q},\dot{\boldsymbol{q}},\ddot{\boldsymbol{q}})\\\eta_2(\boldsymbol{\lambda},t,\boldsymbol{q},\dot{\boldsymbol{q}},\ddot{\boldsymbol{q}})\\\vdots\\\eta_n(\boldsymbol{\lambda},t,\boldsymbol{q},\dot{\boldsymbol{q}},\ddot{\boldsymbol{q}})\end{bmatrix}.\tag{1.27}$$

由内禀关系式决定的约束力必须满足约束力基本方程,即

$$\begin{bmatrix}w_{11}&w_{12}&\cdots&w_{1n}\\w_{21}&w_{22}&\cdots&w_{2n}\\\vdots&\vdots&&\vdots\\w_{L1}&w_{L2}&\cdots&w_{Ln}\end{bmatrix}\begin{bmatrix}\eta_1\\\eta_2\\\vdots\\\eta_n\end{bmatrix}=\begin{bmatrix}G_1\\G_2\\\vdots\\G_L\end{bmatrix}.\tag{1.28}$$

(1.28)式实际是 L 个如下方程

$$\begin{cases}\xi_1(\boldsymbol{\lambda},t,\boldsymbol{q},\dot{\boldsymbol{q}},\ddot{\boldsymbol{q}})=0,\\ \xi_2(\boldsymbol{\lambda},t,\boldsymbol{q},\dot{\boldsymbol{q}},\ddot{\boldsymbol{q}})=0,\\ \cdots\cdots\cdots\cdots\cdots\cdots\\ \xi_L(\boldsymbol{\lambda},t,\boldsymbol{q},\dot{\boldsymbol{q}},\ddot{\boldsymbol{q}})=0.\end{cases}\tag{1.29}$$

(1.26)和(1.29)合在一起,在假定有

$$\frac{D(\xi_1,\xi_2,\cdots,\xi_L,\theta_1,\theta_2,\cdots,\theta_{k-L})}{D(\lambda_1,\lambda_2,\cdots,\lambda_k)}\neq 0\tag{1.30}$$

的条件下,可以解得

$$\begin{cases}\lambda_1=\lambda_1(t,\boldsymbol{q},\dot{\boldsymbol{q}},\ddot{\boldsymbol{q}}),\\ \lambda_2=\lambda_2(t,\boldsymbol{q},\dot{\boldsymbol{q}},\ddot{\boldsymbol{q}}),\\ \cdots\cdots\cdots\cdots\cdots\cdots\\ \lambda_k=\lambda_k(t,\boldsymbol{q},\dot{\boldsymbol{q}},\ddot{\boldsymbol{q}}).\end{cases}\tag{1.31}$$

将(1.31)代入已假定的内禀关系式(1.27),即得到本模型的约束本构特性.

代数型本构特性中较简单的是以下线性内禀关系:内变量刚好选定为 L 个,内禀关系式为

$$\begin{bmatrix}R_1\\R_2\\\vdots\\R_n\end{bmatrix}=\begin{bmatrix}N_{11}&N_{12}&\cdots&N_{1L}\\N_{21}&N_{22}&\cdots&N_{2L}\\\vdots&\vdots&&\vdots\\N_{n1}&N_{n2}&\cdots&N_{nL}\end{bmatrix}\begin{bmatrix}\lambda_1\\\lambda_2\\\vdots\\\lambda_L\end{bmatrix}=N\boldsymbol{\lambda}.\tag{1.32}$$

将上述内禀关系式代入约束力基本方程,得

$$\boldsymbol{W}\boldsymbol{N}\boldsymbol{\lambda} = \boldsymbol{G}.$$

解出 $\boldsymbol{\lambda}$,得到

$$\boldsymbol{\lambda} = [\boldsymbol{W}\boldsymbol{N}]^{-1}\boldsymbol{G}.$$

于是得到约束力本构特性为

$$\boldsymbol{R} = \boldsymbol{N}[\boldsymbol{W}\boldsymbol{N}]^{-1}\boldsymbol{G}.$$

此时选择约束力 $\boldsymbol{R}$,使力学系统在每一时刻的 Gauss 拘束函数取极小值,即

$$\delta(Z) = 0,$$

其中

$$Z = \sum_{s=1}^{3N} \frac{1}{2} m_s \left(\ddot{u}_s - \frac{F_s + P_s}{m_s} \right)^2$$

根据此原理,可以得到

$$\boldsymbol{R} \cdot \boldsymbol{\delta} = 0,$$

其中 $\boldsymbol{\delta}$ 是约束密切空间元素. 据此,得到 Gauss-Appell-Четаев 模型,它有如下内禀关系式

$$\begin{bmatrix} R_1 \\ R_2 \\ \vdots \\ R_n \end{bmatrix} = \begin{bmatrix} \dfrac{\partial \varphi_1}{\partial \dot{q}_1} & \dfrac{\partial \varphi_2}{\partial \dot{q}_1} & \cdots & \dfrac{\partial \varphi_L}{\partial \dot{q}_1} \\ \dfrac{\partial \varphi_1}{\partial \dot{q}_2} & \dfrac{\partial \varphi_2}{\partial \dot{q}_2} & \cdots & \dfrac{\partial \varphi_L}{\partial \dot{q}_2} \\ \vdots & \vdots & & \vdots \\ \dfrac{\partial \varphi_1}{\partial \dot{q}_n} & \dfrac{\partial \varphi_2}{\partial \dot{q}_n} & \cdots & \dfrac{\partial \varphi_L}{\partial \dot{q}_n} \end{bmatrix} \begin{bmatrix} \lambda_1 \\ \lambda_2 \\ \vdots \\ \lambda_L \end{bmatrix} = \boldsymbol{\Phi}^{\mathrm{T}} \begin{bmatrix} \lambda_1 \\ \lambda_2 \\ \vdots \\ \lambda_L \end{bmatrix}. \tag{1.33}$$

因而可解得此模型的约束本构特性

$$\boldsymbol{R} = \boldsymbol{\Phi}^{\mathrm{T}}[\boldsymbol{W}\boldsymbol{\Phi}^{\mathrm{T}}]^{-1}\boldsymbol{G} = \boldsymbol{\Phi}^{\mathrm{T}}[\boldsymbol{\Phi}\boldsymbol{A}^{-1}\boldsymbol{\Phi}^{\mathrm{T}}]^{-1}\boldsymbol{G}. \tag{1.34}$$

Gauss-Appell-Четаев 模型有如下两个特性:

(1) 满足经典的理想约束条件. 因为

$$\delta \boldsymbol{A} = \boldsymbol{R}^{\mathrm{T}} \cdot \boldsymbol{\delta} = [\boldsymbol{\Phi}^{\mathrm{T}}\boldsymbol{\lambda}]^{\mathrm{T}} \cdot \boldsymbol{\delta} = \boldsymbol{\lambda}^{\mathrm{T}} \cdot \boldsymbol{\Phi}\boldsymbol{\delta}.$$

由于 $\boldsymbol{\Phi}\boldsymbol{\delta} \equiv \boldsymbol{0}$,因此 Gauss-Appell-Четаев 模型恒有

$$\delta \boldsymbol{A} = 0,$$

即满足经典理想的约束条件.

(2) Gauss-Appell-Четаев 模型动态特解的确定只需要知道力学系统的初始状态,无需内变量状态的补充条件. 这是代数型本构特性的特征.

4.1.9 动态型内变量的约束本构特性,Vacoo 模型

精致地考虑约束力产生的过程,不能不涉及内变量的动态. 这在以伺服补偿实

现的状态约束系统最为明显(例如陀螺稳定器).此时,整个系统实际上是由"外部的"受约束的力学系统和"内部的"内变量动态控制系统相耦合而构成的.一般性地表述这种情况如下:

假定内变量为 $\boldsymbol{\lambda}=[\lambda_1,\lambda_2,\cdots,\lambda_k]^{\mathrm{T}}$.为了满足 L 个独立的约束力基本方程,内变量数目 k 需要大于或等于 L.考虑内变量的动态,假定内禀关系式为

$$\begin{bmatrix} R_1 \\ R_2 \\ \vdots \\ R_n \end{bmatrix} = \begin{bmatrix} \eta_1(\boldsymbol{\lambda}^{(r)},\cdots,\dot{\boldsymbol{\lambda}},\boldsymbol{\lambda},t,\boldsymbol{q},\dot{\boldsymbol{q}},\ddot{\boldsymbol{q}}) \\ \eta_2(\boldsymbol{\lambda}^{(r)},\cdots,\dot{\boldsymbol{\lambda}},\boldsymbol{\lambda},t,\boldsymbol{q},\dot{\boldsymbol{q}},\ddot{\boldsymbol{q}}) \\ \vdots \\ \eta_n(\boldsymbol{\lambda}^{(r)},\cdots,\dot{\boldsymbol{\lambda}},\boldsymbol{\lambda},t,\boldsymbol{q},\dot{\boldsymbol{q}},\ddot{\boldsymbol{q}}) \end{bmatrix} = \boldsymbol{\eta}. \tag{1.35}$$

在 $k>L$ 情况下,还需要 $k-L$ 个独立的内变量补充方程

$$\begin{cases} \theta_1(\boldsymbol{\lambda}^{(r)},\cdots,\dot{\boldsymbol{\lambda}},\boldsymbol{\lambda},t,\boldsymbol{q},\dot{\boldsymbol{q}},\ddot{\boldsymbol{q}}) = 0, \\ \theta_2(\boldsymbol{\lambda}^{(r)},\cdots,\dot{\boldsymbol{\lambda}},\boldsymbol{\lambda},t,\boldsymbol{q},\dot{\boldsymbol{q}},\ddot{\boldsymbol{q}}) = 0, \\ \cdots\cdots\cdots\cdots\cdots\cdots \\ \theta_{k-L}(\boldsymbol{\lambda}^{(r)},\cdots,\dot{\boldsymbol{\lambda}},\boldsymbol{\lambda},t,\boldsymbol{q},\dot{\boldsymbol{q}},\ddot{\boldsymbol{q}}) = 0. \end{cases} \tag{1.36}$$

将内禀关系式(1.35)代入约束力基本方程,得到

$$\boldsymbol{W\eta} = \boldsymbol{G}.$$

亦即如下 L 个方程

$$\begin{cases} \xi_1(\boldsymbol{\lambda}^{(r)},\cdots,\dot{\boldsymbol{\lambda}},\boldsymbol{\lambda},t,\boldsymbol{q},\dot{\boldsymbol{q}},\ddot{\boldsymbol{q}}) = 0, \\ \xi_2(\boldsymbol{\lambda}^{(r)},\cdots,\dot{\boldsymbol{\lambda}},\boldsymbol{\lambda},t,\boldsymbol{q},\dot{\boldsymbol{q}},\ddot{\boldsymbol{q}}) = 0, \\ \cdots\cdots\cdots\cdots\cdots\cdots \\ \xi_L(\boldsymbol{\lambda}^{(r)},\cdots,\dot{\boldsymbol{\lambda}},\boldsymbol{\lambda},t,\boldsymbol{q},\dot{\boldsymbol{q}},\ddot{\boldsymbol{q}}) = 0. \end{cases} \tag{1.37}$$

(1.36)和(1.37)组合成决定 $\boldsymbol{\lambda}=[\lambda_1,\lambda_2,\cdots,\lambda_k]^{\mathrm{T}}$ 这 k 个内变量如何动态地依赖于力学系统状态的方程.将约束力的内禀关系式(1.35)代入外系统的方程(1.23),得到

$$\begin{bmatrix} a_{11} & a_{12} & \cdots & a_{1n} \\ a_{21} & a_{22} & \cdots & a_{2n} \\ \vdots & \vdots & & \vdots \\ a_{n1} & a_{n2} & \cdots & a_{nn} \end{bmatrix} \ddot{\boldsymbol{q}} = \boldsymbol{C} + \begin{bmatrix} \eta_1(\boldsymbol{\lambda}^{(r)},\cdots,\dot{\boldsymbol{\lambda}},\boldsymbol{\lambda},t,\boldsymbol{q},\dot{\boldsymbol{q}},\ddot{\boldsymbol{q}}) \\ \eta_2(\boldsymbol{\lambda}^{(r)},\cdots,\dot{\boldsymbol{\lambda}},\boldsymbol{\lambda},t,\boldsymbol{q},\dot{\boldsymbol{q}},\ddot{\boldsymbol{q}}) \\ \vdots \\ \eta_n(\boldsymbol{\lambda}^{(r)},\cdots,\dot{\boldsymbol{\lambda}},\boldsymbol{\lambda},t,\boldsymbol{q},\dot{\boldsymbol{q}},\ddot{\boldsymbol{q}}) \end{bmatrix}. \tag{1.38}$$

(1.36),(1.37),(1.38)式三者耦合在一起,一共 $n+k$ 个方程,形成了整个系统的动力学模型.此时决定系统的解,不仅需要知道受约束的力学系统的初始状态,同时还需要知道内变量的初始状态,这是动态型内变量本构特性的重要特征.

构成如上动态内变量约束系统动力学有很广泛的选择可能性.以下我们挑选一种,根据是"最优化指标":力学系统在满足状态约束条件下,系统的 Hamilton 作用量取极小为条件来选择广义约束力,即

$$\delta_{\Pi_e}\left(\int_{t_0}^{t_1} T\mathrm{d}t\right)=0.$$

按照条件变分的数学理论,可以将上述变分问题化为无约束变分问题,成为

$$\delta\left(\int_{t_0}^{t_1}\left[T+\sum_{s=1}^{L}\lambda_s(t)\varphi_s(\boldsymbol{q},\dot{\boldsymbol{q}},t)\right]\mathrm{d}t\right)=0,$$

其中 $\lambda_1,\lambda_2,\cdots,\lambda_L$ 为 L 个动态型内变量.内禀关系式为

$$\begin{bmatrix}R_1\\R_2\\\vdots\\R_n\end{bmatrix}=\begin{bmatrix}\sum_{s=1}^{L}\left\{\lambda_s\left[\frac{\partial\varphi_s}{\partial q_1}-\frac{\mathrm{d}}{\mathrm{d}t}\left(\frac{\partial\varphi_s}{\partial\dot{q}_1}\right)\right]-\dot{\lambda}_s\frac{\partial\varphi_s}{\partial\dot{q}_1}\right\}\\\sum_{s=1}^{L}\left\{\lambda_s\left[\frac{\partial\varphi_s}{\partial q_2}-\frac{\mathrm{d}}{\mathrm{d}t}\left(\frac{\partial\varphi_s}{\partial\dot{q}_2}\right)\right]-\dot{\lambda}_s\frac{\partial\varphi_s}{\partial\dot{q}_2}\right\}\\\vdots\\\sum_{s=1}^{L}\left\{\lambda_s\left[\frac{\partial\varphi_s}{\partial q_n}-\frac{\mathrm{d}}{\mathrm{d}t}\left(\frac{\partial\varphi_s}{\partial\dot{q}_n}\right)\right]-\dot{\lambda}_s\frac{\partial\varphi_s}{\partial\dot{q}_n}\right\}\end{bmatrix}. \tag{1.39}$$

这样形成的约束系统动力学就是 Vacoo 动力学模型.分别将内禀关系式(1.39)代入约束力基本方程和力学系统方程(1.23),得到

$$\boldsymbol{W}\begin{bmatrix}\sum_{s=1}^{L}\left\{\lambda_s\left[\frac{\partial\varphi_s}{\partial q_1}-\frac{\mathrm{d}}{\mathrm{d}t}\left(\frac{\partial\varphi_s}{\partial\dot{q}_1}\right)\right]-\dot{\lambda}_s\frac{\partial\varphi_s}{\partial\dot{q}_1}\right\}\\\vdots\\\sum_{s=1}^{L}\left\{\lambda_s\left[\frac{\partial\varphi_s}{\partial q_n}-\frac{\mathrm{d}}{\mathrm{d}t}\left(\frac{\partial\varphi_s}{\partial\dot{q}_n}\right)\right]-\dot{\lambda}_s\frac{\partial\varphi_s}{\partial\dot{q}_n}\right\}\end{bmatrix}=\boldsymbol{G}, \tag{1.40}$$

$$\boldsymbol{A}\dot{\boldsymbol{q}}=\begin{bmatrix}\sum_{s=1}^{L}\left\{\lambda_s\left[\frac{\partial\varphi_s}{\partial q_1}-\frac{\mathrm{d}}{\mathrm{d}t}\left(\frac{\partial\varphi_s}{\partial\dot{q}_1}\right)\right]-\dot{\lambda}_s\frac{\partial\varphi_s}{\partial\dot{q}_1}\right\}\\\vdots\\\sum_{s=1}^{L}\left\{\lambda_s\left[\frac{\partial\varphi_s}{\partial q_n}-\frac{\mathrm{d}}{\mathrm{d}t}\left(\frac{\partial\varphi_s}{\partial\dot{q}_n}\right)\right]-\dot{\lambda}_s\frac{\partial\varphi_s}{\partial\dot{q}_n}\right\}\end{bmatrix}+\boldsymbol{C}. \tag{1.41}$$

(1.40),(1.41)构成了 Vacoo 动力学模型.它和常用的如下模型等价:

$$\boldsymbol{A}\ddot{\boldsymbol{q}}=\begin{bmatrix}\sum_{s=1}^{L}\left\{\lambda_s\left[\frac{\partial\varphi_s}{\partial q_1}-\frac{\mathrm{d}}{\mathrm{d}t}\left(\frac{\partial\varphi_s}{\partial\dot{q}_1}\right)\right]-\dot{\lambda}_s\frac{\partial\varphi_s}{\partial\dot{q}_1}\right\}\\\vdots\\\sum_{s=1}^{L}\left\{\lambda_s\left[\frac{\partial\varphi_s}{\partial q_n}-\frac{\mathrm{d}}{\mathrm{d}t}\left(\frac{\partial\varphi_s}{\partial\dot{q}_n}\right)\right]-\dot{\lambda}_s\frac{\partial\varphi_s}{\partial\dot{q}_n}\right\}\end{bmatrix}+\boldsymbol{C}, \tag{1.42}$$

$$\Pi_e:\ \varphi_r(\boldsymbol{q},\dot{\boldsymbol{q}},t)=0,\quad r=1,2,\cdots,L.$$

以下分析 Vacoo 动力学模型的约束力在约束密切空间上做功的情况. 已知约束组 Π_e 的密切空间为

$$\left\{\boldsymbol{\delta}=[\delta_1,\delta_2,\cdots,\delta_n]^{\mathrm{T}}\,\middle|\,\sum_{i=1}^{n}\frac{\partial\varphi_s}{\partial\dot{q}_i}\delta_i=0,s=1,2,\cdots,L\right\}$$

$\boldsymbol{R}$ 在约束组 Π_e 密切空间上所做的功为

$$\begin{aligned}\delta A&=\sum_{i=1}^{n}R_i\delta_i\\&=\sum_{i=1}^{n}\left\{\sum_{s=1}^{L}\lambda_s\left[\frac{\partial\varphi_s}{\partial q_i}-\frac{\mathrm{d}}{\mathrm{d}t}\left(\frac{\partial\varphi_s}{\partial\dot{q}_i}\right)\right]-\sum_{s=1}^{L}\dot{\lambda}_s\frac{\partial\varphi_s}{\partial\dot{q}_i}\right\}\delta_i\\&=\sum_{s=1}^{L}\lambda_s\left\{\sum_{i=1}^{n}\left[\frac{\partial\varphi_s}{\partial q_i}-\frac{\mathrm{d}}{\mathrm{d}t}\left(\frac{\partial\varphi_s}{\partial\dot{q}_i}\right)\right]\delta_i\right\}-\sum_{s=1}^{L}\dot{\lambda}_s\left(\sum_{i=1}^{n}\frac{\partial\varphi_s}{\partial\dot{q}_i}\delta_i\right).\end{aligned}$$

注意到密切空间的限制方程,故有

$$\delta_A=\sum_{s=1}^{L}\lambda_s\left\{\sum_{i=1}^{n}\left[\frac{\partial\varphi_s}{\partial q_i}-\frac{\mathrm{d}}{\mathrm{d}t}\left(\frac{\partial\varphi_s}{\partial\dot{q}_i}\right)\right]\delta_i\right\}.$$

如果某 Vacoo 动力学系统具有如下特性：当该系统作任何运动时,它的约束力在约束密切空间上做功恒为零(即符合经典理想约束假定),那么由于内变量 $\boldsymbol{\lambda}$ 的动力学中,完全可以根据初始条件来选择其取值,从而应该恒有

$$\sum_{i=1}^{n}\left(\frac{\partial\varphi_s}{\partial q_i}-\frac{\mathrm{d}}{\mathrm{d}t}\frac{\partial\varphi_s}{\partial\dot{q}_i}\right)\delta_i=0,\quad s=1,2,\cdots,L.$$

由此可以肯定(1.4.7 小节中的判别定理 2),Π_e 是完整约束组. 当 Π_e 是非完整约束组时,此时的 Vacoo 动力学约束力在约束密切空间上的做功不可能恒为零,即经典的理想约束假定不可能成立.

4.1.10　以微分变分原理为基础的动力学特解的时间步进求解法

1. 力学系统动力学特解寻求的三类方法

实验法、理论推导法和数值计算法,三类方法各有优缺点,需要互相补充,对照研究,不可或缺. 实验法是力学的基础,具有第一性. 但实验研究花费较大,需要制备实验对象,提供实验环境条件,装备各种测量仪器,难以广泛进行. 理论推导研究是本门学科努力的重点,它具有预测、概括和指导意义. 但由于力学系统动力学大多是复杂的、非线性的,能够通过纯理论推导得到完备理论解的情况非常少. 动力学特解寻求的第三类方法是应用数值计算手段. 动力学的数值计算研究是建立在一定的理论研究成果基础之上的. 充分利用强大的方便的计算工具,能够快速地方便地调整数据的计算方法,花费比较小. 但数值计算只能是近似的,而不是严格的. 往往只能得到局部的结果,概括性不够,可信度需要特别地加以关注和论证,特别要保证每一步计算在数值上是良态的. 即使这样,也难以对全局的和时间充分长的

结果得出结论.

2. 动力学数值计算研究的两种不同途径

第一种数值计算研究的途径是首先建立力学系统严格的、全过程的理论数学模型.这种数学模型通常大多是微分动力系统或其他形式.此时动力学特解的数值计算研究可以看成是这种理论数学模型的数值求解方法.采用这种途径的研究有可能从理论数学模型出发,在某些特殊情况下找到一些精确的理论解,这些精确解可以作为数值计算近似解比较的范本.此时由于系统有精确数学模型的存在,数值计算结果的可信性在一定情况下可以从理论数学模型的性质中得到印证.但是,对于复杂系统而言,建立精确理论数学模型是一个繁重的工作.

动力学数值计算的第二种途径是不建立系统完整的、全过程的理论数学模型.动力学特解的整个求解是一个按时间分步的逐步迭代近似的计算过程.求出的动力学特解也没有独立的理论数学模型可供检验.这种办法的优点是简单快速,根本不必区分约束的完整性与非完整性,只是从局部微变的变分原理出发即可,能够适应各种复杂的系统情况;缺点是只能获得某些近似的数值特解,也没有独立的完全的理论数学模型可供检验,其结果的可信度只能依赖于间接的比较和论证.

3. 动力学特解的时间步进求解法

本小节我们按动力学数值计算研究的第二种途径,不建立系统的数学模型,直接以动力学微分变分原理为基础,给出动力学特解的时间步进求解法.

考虑由 N 个质点组成的力学系统,假设受到的约束条件记为 π.若约束条件在状态时间空间里表达,写成为数学方程组形式

$$\pi:\ \Phi_r(\boldsymbol{u},\boldsymbol{v},t)=0,\quad r=1,2,\cdots,L<3N.$$

在直接应用动力学的微分变分原理作为动力学特解求解的基础时,而应用 π 的以下两个限制条件:

(1) 在每一个状态时间点上 π 产生的对加速度矢量的限制条件

$$F_r=\frac{\mathrm{d}\Phi_r}{\mathrm{d}t}=\sum_{s=1}^{3N}\left(\frac{\partial\Phi_r}{\partial u_s}v_s+\frac{\partial\Phi_r}{\partial v_s}\ddot{u}_s\right)+\frac{\partial\Phi_r}{\partial t}=0,$$
$$r=1,2,\cdots,L<3N.$$

(2) 在每一个状态时间点上 π 产生的对微变空间的限制方程

$$\sum_{s=1}^{3N}A_{rs}\delta_s=0,$$

其中

$$A_{rs}=\frac{\partial F_r}{\partial\ddot{u}_s}=\frac{\partial\Phi_r}{\partial v_s},\quad r=1,2,\cdots,L<3N,\quad s=1,2,\cdots,3N.$$

π 约束条件也可直接以加速度矢量的限制条件给定:

$$\pi: F_r(\boldsymbol{u},\boldsymbol{v},\ddot{\boldsymbol{u}},t) = \sum_{s=1}^{3N} A_{rs}\ddot{u}_s + B_r(\boldsymbol{u},\boldsymbol{v},t) = 0,$$
$$r = 1,2,\cdots,L < 3N.$$

此时,约束在每一个状态时间点上对微变线性空间的限制方程为

$$\sum_{s=1}^{3N} A_{rs}\delta_s = 0,$$

其中

$$A_{rs} = \frac{\partial F_r}{\partial \ddot{u}_s}, \quad r = 1,2,\cdots,L < 3N, \quad s = 1,2,\cdots,3N.$$

动力学特解数值求解的基础是普遍的微分变分原理

$$\sum_{s=1}^{3N} (F_s - m_s\ddot{u}_s)\delta_s = 0,$$

其中$[F_1,F_2,\cdots,F_{3N}]^{\mathrm{T}}$ 是系统的外加给定力. 这个微分变分原理在数学上,是矢量$[F_1 - m_1\ddot{u}_1,\cdots,F_{3N} - m_{3N}\ddot{u}_{3N}]^{\mathrm{T}}$ 对微变线性空间的正交方程. 力学系统动力学特解的时间步进求解法,是寻求已知以下初始条件的动力学特解:

初始条件已知为,$t=t_0$ 时刻,

$$u_1|_{t=t_0} = u_1^0, \quad u_2|_{t=t_0} = u_2^0, \quad \cdots, \quad u_{3N}|_{t=t_0} = u_{3N}^0,$$
$$\dot{u}_1|_{t=t_0} = v_1^0, \quad \dot{u}_2|_{t=t_0} = v_2^0, \quad \cdots, \quad \dot{u}_{3N}|_{t=t_0} = v_{3N}^0.$$

时间步进求解法是把时间轴按步长 $\Delta t=h$ 分步,从 $t=t_0$ 出发,逐步求出动力学特解在每一步时刻 $t_0,t_0+h,t_0+2h,\cdots$的状态数值,从而获得动力学特解的数值近似.

时间步进求解法的每一步由下列计算构成: 两次根据微分变分原理求解加速度矢量的计算,一次状态值预报计算,一次状态值校正计算. 以下详述数值计算过程.

首先,根据 $t=t_0$ 时刻的初始条件及三大方程:

(1) 微分变分原理的正交方程;

(2) 约束微变线性空间限制方程;

(3) 约束的加速度矢量限制方程.

求解 $t=t_0$ 时刻的加速度矢量

$$[\ddot{u}_1|_{t=t_0},\ddot{u}_2|_{t=t_0},\cdots,\ddot{u}_{3N}|_{t=t_0}]^{\mathrm{T}}.$$

求解的数值算法可以采用正交方程处理的增广法(亦即 Lagrange 乘子法),或正交方程处理的缩并消去法.

接着,数值计算的任务是: 从 $t=t_0$ 出发,根据时间步进外推法,求出 $t=t_0+h$ 时刻的系统状态预报值,其中 h 是步长. 外推的根据是力学系统光滑性假定. 速度分量的步进外推预报值用 Euler 折线法

$$\dot{u}_i|_{t=t_0+h} = \dot{u}_i|_{t=t_0} + h\ddot{u}_i|_{t=t_0}, \quad i = 1,2,\cdots,3N.$$

位形的步进外推预报值用梯形公式

$$u_i|_{t_0+h} = u_i|_{t=t_0} + \frac{1}{2}h[\dot{u}_i|_{t=t_0} + \dot{u}|_{t=t_0+h}], \quad t = 1,2,\cdots,3N.$$

根据 $t=t_0+h$ 时刻的状态预报值以及该时刻的三大方程，再次求解加速度矢量的预报值

$$[\ddot{u}_1|_{t_0+h}, \ddot{u}_2|_{t_0+h}, \cdots, \ddot{u}_{3N}|_{t_0+h}]^{\mathrm{T}}.$$

从而，可以得到速度矢量的步进外推校正值

$$\dot{u}_i|_{t=t_0+h} = \dot{u}_i|_{t=t_0} + \frac{1}{2}h[\ddot{u}_i|_{t=t_0} + \ddot{u}_i|_{t_0+h}], \quad i = 1,2,\cdots,3N.$$

位形矢量的步进外推校正值

$$u_i|_{t_0+h} = u_i|_{t_0} + \frac{1}{2}h[\dot{u}_i|_{t=t_0} + \dot{u}_i|_{t_0+h}], \quad i = 1,2,\cdots,3N.$$

以上完成了 $t=t_0+h$ 时刻状态值的寻求.

下一步，从 $t=t_0+h$ 出发，继续下一时间步长的求解计算.

§4.2 关于广义的 d'Alembert-Lagrange 原理

把 d'Alembert-Lagrange 原理作为分析动力学的基本原理，这是传统的做法. 这种做法在力学系统的约束为完整约束或者是一阶线性约束的情况下，和 Gauss 原理完全等价，并无任何不便之处. 但是当系统的约束为一阶非线性的情况下，d'Alembert-Lagrange 原理中所用到的虚位移概念就变得比较难以说明了.

Четаев 为了克服这个困难，引入了著名的 **Четаев 假定**[40,41]：他认为一阶非线性约束组

$$\varphi_r(u_1, u_2, \cdots, u_{3N}, \dot{u}_1, \dot{u}_2, \cdots, \dot{u}_{3N}, t) = 0, \quad r = 1,2,\cdots,K < 3N \tag{2.1}$$

在状态点 $\boldsymbol{s}_0 = [u_1^0, u_2^0, \cdots, u_{3N}^0, \dot{u}_1^0, \dot{u}_2^0, \cdots, \dot{u}_{3N}^0]^{\mathrm{T}}$ 形成的虚位移空间 ε^{v}，是指元素 $\boldsymbol{\delta}_{\mathrm{v}} = [\delta_{\mathrm{v}} u_1, \delta_{\mathrm{v}} u_2, \cdots, \delta_{\mathrm{v}} u_{3N}]^{\mathrm{T}}$ 组成的线性空间，它满足如下的限制方程：

$$\sum_{s=1}^{3N} \frac{\partial \varphi_r}{\partial \dot{u}_s}\bigg|_0 \delta_{\mathrm{v}} u_s = 0, \quad r = 1,2,\cdots,K < 3N. \tag{2.2}$$

比较 Четаев 假定的(2.2)式和 Gauss 微变空间的(1.15)式可知，Четаев 假定的实质就是将 Gauss 微变空间定义为一阶非线性约束的虚位移空间. 显然，在承认这种假定的前提下，Gauss 原理的表达式(1.14)立刻具有了 d'Alembert-Lagrange 原理的形式. 因此，Четаев 假定下的 d'Alembert-Lagrange 原理实际上只是 Gauss 原理的另一种写法，并没有更多的内容. 这样做的目的，似乎仅仅是为了使力学原理保持虚功原理的传统外形. 仅从微分变分原理的观点来说，这样做并无必要. 直接从 Gauss 原理出发来建立分析动力学是完全足够了. 引入和 Gauss 加速度变更相一致的位形虚变分——这就是 Четаев 假定的实质，它仅仅是在考虑积分原理时才有必要.

Румянцев继续 Четаев 的观点，希望把分析动力学微分原理表达成 d'Alembert-Lagrange 的形式[42,43]. 在 Румянцев 的分析中，他不把 Четаев 假定作为人为的假定引入，而是从虚位移的概念分析出发. 以下我们从更一般的观点来发展这一方法.

试考虑系统两个无限邻近的可能的 e 轨迹. 它们从同一时刻 t_0 出发，并在 t_0 时刻满足一定的初始条件限制（下面将给出）. 经过同一无限小时间间隔 dt 之后，试计算它们可能位形之差. 如图 4.1 所示，有

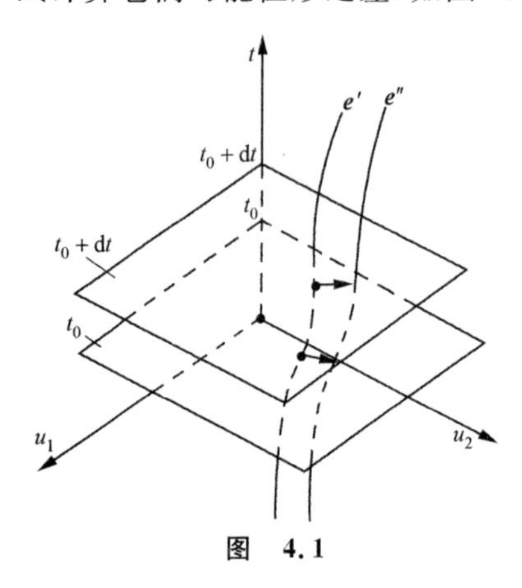

图　4.1

$$\Delta u_s = u_s'(t_0 + dt) - u_s''(t_0 + dt),\quad s = 1,2,\cdots,3N. \tag{2.3}$$

展开上述表达式，得到

$$\Delta u_s = [u_s'(t_0) - u_s''(t_0)] + [\dot{u}_s'(t_0) - \dot{u}_s''(t_0)]dt + \frac{[\ddot{u}_s'(t_0) - \ddot{u}_s''(t_0)]}{2!}(dt)^2 + \cdots,\quad s = 1,2,\cdots,3N. \tag{2.4}$$

如果记

$$\Delta \boldsymbol{u} = [\Delta u_1, \Delta u_2, \cdots, \Delta u_{3N}]^{\mathrm{T}},$$
$$\Delta \dot{\boldsymbol{u}} = [\Delta \dot{u}_1, \Delta \dot{u}_2, \cdots, \Delta \dot{u}_{3N}]^{\mathrm{T}},$$
$$\cdots\cdots\cdots\cdots\cdots\cdots.$$

则有

$$\Delta \boldsymbol{u} = \Delta \boldsymbol{u}(t_0) + \Delta \dot{\boldsymbol{u}}(t_0)dt + \frac{\Delta \ddot{\boldsymbol{u}}(t_0)}{2!}(dt)^2 + \cdots. \tag{2.5}$$

作为虚位移的新定义，我们可明确规定如下：

（1）相比较的 e 轨迹在 $t=t_0$ 时刻初始条件的限制：如果系统约束组方程中所含位形对时间的导数的最高阶数为 k，那么：

当 $k=0$ 时，e' 和 e'' 轨迹除无限邻近外，没有进一步的初始条件限制；

当 $k\geqslant 1$ 时，e' 和 e'' 轨迹的初始条件限定为

$$\boldsymbol{u}'(t_0) = \boldsymbol{u}''(t_0),\quad \dot{\boldsymbol{u}}'(t_0) = \dot{\boldsymbol{u}}''(t_0),\quad \cdots,\quad (\boldsymbol{u}')_{t_0}^{(k-1)} = (\boldsymbol{u}'')_{t_0}^{(k-1)}.$$

（2）所谓**虚位移**，我们定义为：上述可能 e 轨迹 e' 和 e'' 的偏差 $\Delta \boldsymbol{u}$，在其按 dt 的幂展开式(2.5)中，它的第一个不为零的主项，即：如果 $\Delta \boldsymbol{u}(t_0)=\boldsymbol{0}, \Delta \dot{\boldsymbol{u}}(t_0)=\boldsymbol{0},\cdots, \Delta \boldsymbol{u}^{(r-1)}(t_0)=\boldsymbol{0}$，而 $\Delta \boldsymbol{u}^{(r)}(t_0)\neq\boldsymbol{0}$，那么定义

$$\delta_{\mathrm{v}} \boldsymbol{u} = \Delta \boldsymbol{u}^{(r)}(t_0)\frac{(dt)^r}{r!}. \tag{2.6}$$

注意到初始条件的限制，显然有

$$\min(r) = k. \tag{2.7}$$

按上述虚位移的定义，整个分析动力学可以从如下的**广义 d'Alembert-**

Lagrange 原理出发：

$$\sum_{s=1}^{3N}(F_s - m_s\ddot{u}_s)\delta_v u_s = 0, \tag{2.8}$$

其中$[\delta_v u_1, \delta_v u_2, \cdots, \delta_v u_{3N}]^T = \delta_v \boldsymbol{u}$ 就是按(2.6)式定义的虚位移. 注意到(2.6)式中有特征数 r，因此我们可以称此时的原理表达式(2.8)为 **r 阶原理表达式**. 注意到(2.7)式，可见广义 d'Alembert-Lagrange 原理的表达式(2.8)实际上包含了 $r=k$，$r=k+1$，…等一系列的原理假定.

这里，我们暂回到通常力学系统考查的情况. 首先假定 $k=0$，则系统的约束是完整组，即

$$\begin{cases} f_1(u_1, u_2, \cdots, u_{3N}, t) = 0, \\ f_2(u_1, u_2, \cdots, u_{3N}, t) = 0, \\ \cdots\cdots\cdots\cdots\cdots\cdots\cdots\cdots\cdots \\ f_d(u_1, u_2, \cdots, u_{3N}, t) = 0. \end{cases} \tag{2.9}$$

此时，按定义，在 $t=t_0$ 对 $\boldsymbol{e}'$和 $\boldsymbol{e}''$没有初始条件的特殊限制. 因此，$\Delta\boldsymbol{u}(t_0)$可不为零. 因为 $\boldsymbol{e}'$和 $\boldsymbol{e}''$的初始位形是"可能的"，所以必须满足约束组(2.9). 回忆 1.4.1 小节中的定义，显然有

$$\Delta\boldsymbol{u}(t_0) = \delta_L \boldsymbol{u}(t_0), \tag{2.10}$$

从而，虚位移为

$$\delta_v \boldsymbol{u} = \delta_L \boldsymbol{u}(t_0). \tag{2.11}$$

广义 d'Alembert-Lagrange 原理成为：

$$\sum_{s=1}^{3N}(F_s - m_s\ddot{u}_s)\delta_L u_s = 0. \tag{2.12}$$

由此可见，在 $r=k=0$ 情况下，广义 d'Alembert-Lagrange 原理蜕化成为**完整系统的 d'Alembert-Lagrange 原理**，即(1.2)式.

对于这个完整系统($k=0$)，如果取 $r=1$，亦即选定

$$\Delta\boldsymbol{u}(t_0) = 0, \quad \Delta\dot{\boldsymbol{u}}(t_0) \neq 0.$$

那么根据 1.4.2 小节中的定义，不难知道有

$$\Delta\dot{\boldsymbol{u}}(t_0) = \delta_J \dot{\boldsymbol{u}}(t_0), \tag{2.13}$$

从而，虚位移为

$$\delta_v \boldsymbol{u} = \delta_J \dot{\boldsymbol{u}}(t_0)(\mathrm{d}t). \tag{2.14}$$

于是，对于 $k=0, r=1$ 的情况，广义 d'Alembert-Lagrange 原理成为

$$\sum_{s=1}^{3N}(F_s - m_s\ddot{u}_s)\delta_J \dot{u}_s = 0, \tag{2.15}$$

这就是**完整系的 Jourdian 原理式**.

对于 $k=0, r=2$ 时，广义 d'Alembert-Lagrange 原理成为完整系统的 Gauss 原

理式,此地就不赘述了.

以下转向 $k=1$ 的系统. 此时,约束组为

$$\begin{cases} f_1(u_1, u_2, \cdots, u_{3N}, t) = 0, \\ \cdots\cdots\cdots\cdots\cdots\cdots \\ f_d(u_1, u_2, \cdots, u_{3N}, t) = 0, \\ \varphi_1(u_1, u_2, \cdots, u_{3N}, \dot{u}_1, \dot{u}_2, \cdots, \dot{u}_{3N}, t) = 0, \\ \cdots\cdots\cdots\cdots\cdots\cdots\cdots\cdots\cdots \\ \varphi_g(u_1, u_2, \cdots, u_{3N}, \dot{u}_1, \dot{u}_2, \cdots, \dot{u}_{3N}, t) = 0, \end{cases} \tag{2.16}$$

其中 $d+g=L<3N$. 由于 $k=1$,因此 $\boldsymbol{e}'$ 和 $\boldsymbol{e}''$ 这两条可能 $\boldsymbol{e}$ 轨迹是从同一时刻 t_0、同一位形(即 $\boldsymbol{u}'(t_0)=\boldsymbol{u}''(t_0)$)出发的. 这和我们在 1.3.2 小节中定义一阶线性约束系统虚位移时假定的完全一样. 此时 $\Delta\boldsymbol{u}(t_0)=\boldsymbol{0}$,故

$$\Delta\boldsymbol{u} = \Delta\dot{\boldsymbol{u}}(t_0)\mathrm{d}t + \frac{\Delta\ddot{\boldsymbol{u}}(t_0)}{2!}(\mathrm{d}t)^2 + \cdots. \tag{2.17}$$

不难证明,在满足约束组(2.16)时,同样时刻 t_0,同样起始位形条件下可以取到 $\Delta\dot{\boldsymbol{u}}(t_0)$ 不全为零. 从而 $r=1$,并有

$$\Delta\dot{\boldsymbol{u}}(t_0) = \delta_{\mathrm{J}}\dot{\boldsymbol{u}} = \boldsymbol{\delta}, \tag{2.18}$$

其中 $\boldsymbol{\delta}$ 是约束微变空间元素. 因此 $k=1$ 系统的最低阶广义 d'Alembert-Lagrange 原理式是

$$\sum_{s=1}^{3N}(F_s - m_s\ddot{u}_s)\delta_{\mathrm{J}}\dot{u}_s = 0. \tag{2.19}$$

这就是一阶约束系统的 Jourdian 原理.

如果对于 $k=1$ 的系统,取 $\Delta\dot{\boldsymbol{u}}(t_0)=\boldsymbol{0}$,并取 $\Delta\ddot{\boldsymbol{u}}(t_0)\neq\boldsymbol{0}$(取 $r=2$),那么根据定义,有

$$\Delta\ddot{\boldsymbol{u}}(t_0) = \delta_{\mathrm{G}}\ddot{\boldsymbol{u}}. \tag{2.20}$$

新定义的虚位移为

$$\delta_{\mathrm{v}}\boldsymbol{u} = (\delta_{\mathrm{G}}\ddot{\boldsymbol{u}})\frac{(\mathrm{d}t)^2}{2!}. \tag{2.21}$$

这时,$r=2$ 的广义 d'Alembert-Lagrange 原理成为

$$\sum_{s=1}^{3N}(F_s - m_s\ddot{u}_s)\delta_{\mathrm{G}}\ddot{u}_s = 0. \tag{2.22}$$

这就是一阶约束系统的 Gauss 原理.

结束关于一阶约束系统的讨论,回到一般性的情况. 将虚位移定义的(2.6)式代入广义的 d'Alembert-Lagrange 原理式(2.8),有

$$\left[\sum_{s=1}^{3N}(F_s - m_s\ddot{u}_s)\Delta u_s^{(r)}(t_0)\right]\frac{(\mathrm{d}t)^r}{r!} = 0. \tag{2.23}$$

因此，r 阶的广义 d'Alembert-Lagrange 原理等价于下式：

$$\sum_{s=1}^{3N}(F_s - m_s\ddot{u}_s)\Delta u_s^{(r)}(t_0) = 0. \tag{2.24}$$

当 r 取最低阶时，根据(2.7)式，知道有 $r=k$. 此时，(2.24)式成为

$$\sum_{s=1}^{3N}(F_s - m_s\ddot{u}_s)\Delta u_s^{(k)}(t_0) = 0. \tag{2.25}$$

在 $\boldsymbol{e}'$ 和 $\boldsymbol{e}''$ 无限邻近的情况下，可能的 $\boldsymbol{e}$ 轨迹之间的 $\Delta\boldsymbol{u}^{(k)}(t_0)$ 正好是满足约束方程微变线性空间限制方程的元素. 因此(2.25)表达式正好是我们在 4.1.1 小节中引入的分析动力学普遍原理：

$$\sum_{s=1}^{3N}(F_s - m_s\ddot{u}_s)\delta_s = 0. \tag{2.26}$$

根据约束方程中包含的位形对时间导数最高阶数为 k 的假定，不难从分析动力学普遍原理，即 $r=k$ 时的广义 d'Alembert-Lagrange 原理来证明 $r=k+1,k+2,\cdots$ 等各原理式的成立. 因此，作为分析动力学原理来说，(2.8)式的广义 d'Alembert-Lagrange 原理是过强的原理性假定. 它不如(2.26)这个"普遍原理"精练. 虽然这个做法在本质上与普遍原理是等价的，但在理论上却没有达到使原理假定最为精练这个要求.

§ 4.3 关于变分的某些说明

在进行分析动力学积分变分原理的研究时，我们认为必须对位形和位形速度变分的基本概念作以下的说明.

4.3.1 位形的虚变分，虚速度

在讨论积分变分原理时，有必要明确引入位形变量(指 $u_1,u_2,\cdots,u_{3N}$ 或者 $q_1,q_2,\cdots,q_n$)和位形速度(指 $\dot{u}_1,\dot{u}_2,\cdots,\dot{u}_{3N}$ 或者 $\dot{q}_1,\dot{q}_2,\cdots,\dot{q}_n$)的基本变分，并给以确切的定义. 第一种这样的基本变分是"虚变分"，它是我们在 1.3.2 及 1.3.4 小节中引进的虚位移和虚速度概念的拓广.

我们认为力学系统约束组的微变空间概念是纯几何的，而且非常简单和明确，可以作为我们定义的基础.

我们定义，当系统的各位形变量以微变空间元素相应分量作变更时，此种变更称为位形变量作了**虚变分**.

在 Descartes 位形空间 C，我们定义

$$\delta_v u_s = \delta_s^C, \quad s = 1,2,\cdots,3N, \tag{3.1}$$

其中 $[\delta_1^C,\delta_2^C,\cdots,\delta_{3N}^C]^{\mathrm{T}}$ 是 C 中约束微变空间 ε 的元素.

在广义坐标空间 C^q，我们定义

$$\delta_v q_i = \delta_i^q, \quad i = 1,2,\cdots,n, \tag{3.2}$$

其中$[\delta_1^q,\delta_2^q,\cdots,\delta_n^q]^T$ 是 C^q 中约束微变空间 ε^q 的元素.

位形速度的虚变分，或称为**虚速度**，我们是以保持 $d\delta_v$ 普遍交换性为原则来定义的，即

$$\delta_v \dot{u}_s = \frac{d}{dt}(\delta_v u_s), \quad s = 1,2,\cdots,3N, \tag{3.3}$$

$$\delta_v \dot{q}_i = \frac{d}{dt}(\delta_v q_i), \quad i = 1,2,\cdots,n. \tag{3.4}$$

必须指明，按上述定义，位形变量的虚变分和等时变分完全是两个独立的概念. 虚变分可以是等时变分，也可以不是等时变分. 反过来，等时变分有时是虚变分，但有时却不是虚变分. 这一点必须特别地加以注意. 在 1.3.2 及 1.3.4 小节中，由于我们讨论的系统仅有一阶线性约束，那时定义的虚位移就是位形变量的等时变分，同时也是虚变分. 按现在的定义，这种虚位移只是位形变量虚变分当中的一种特殊情况.

4.3.2 广义坐标的自由等时变分与非自由等时变分

现在我们转移到广义坐标事件空间 E^q 内来考虑. 首先让我们明确以下的概念：对于事件空间 E^q 里的任一轨道 $q_i=q_i(t)$，$i=1,2,\cdots,n$，如果它满足附加约束方程，则称此轨道为"约束可能轨道"或"运动学可能轨道". 如果一条运动学可能轨道还满足系统的动力学方程组，则称之为"动力学可能轨道". 显然，力学系统的任一实际运动所对应的轨道必须是动力学可能轨道.

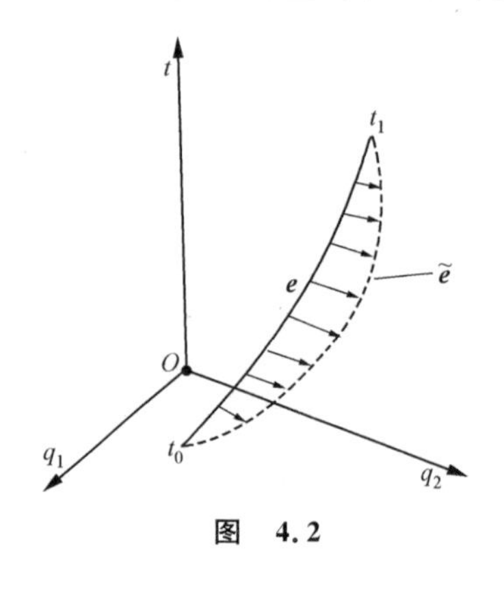

图 4.2

我们先来考虑完整系统. 此时对广义坐标没有附加约束. 这时系统的任一动力学可能轨道，就是满足如下第二类 Lagrange 方程：

$$\frac{d}{dt}\frac{\partial T}{\partial \dot{q}_i} - \frac{\partial T}{\partial q_i} = Q_i, \quad i = 1,2,\cdots,n \tag{3.5}$$

的解. 现在我们来考虑其中从 $t=t_0$ 到 $t=t_1$ 的一段，如图 4.2 所示，称之为**正轨 *e***.

在上述正轨的邻近再引入任一变动了的轨道 $\tilde{e}$，简称为"变轨 $\tilde{e}$"：

$$\tilde{q}_i = \tilde{q}_i(t), \quad i = 1,2,\cdots,n. \tag{3.6}$$

于是，立即可以定义如下的等时变分

$$\delta q_i = \tilde{q}_i(t) - q_i(t), \quad t_0 \leqslant t \leqslant t_1, \quad i = 1,2,\cdots,n. \tag{3.7}$$

对于这些等时变分分量 δq_i，当然也就是对于变轨 $\tilde{e}$，要加上变分学常规的限制：

（1）$\tilde{q}_i(t)$在$q_i(t)$的一级距离邻域之内，即有

$$\sum_{i=1}^{n}[|\tilde{q}_i(t)-q_i(t)|^2+|\dot{\tilde{q}}_i(t)-\dot{q}_i(t)|^2]<\eta,\quad t_0\leqslant t\leqslant t_1,\tag{3.8}$$

其中η是足够小的正数.

（2）$\delta q_i\in c_2, i=1,2,\cdots,n.$　(3.9)

由于系统是完整的，此时微变空间元素$[\delta_1^q,\delta_2^q,\cdots,\delta_n^q]^{\mathrm{T}}$各分量是自由微变量，没有任何限制方程，因此我们完全可以作如下的选取：

$$\delta_{\mathrm{v}}q_i=\delta q_i,\quad i=1,2,\cdots,n.\tag{3.10}$$

在完整系统里，由于没有附加约束方程，即使把δ运算看成满足约束方程的流形上的普遍等时变分算子，也不会产生对广义速度等时变分的任何限制（参见下文对(3.15)及(3.16)式的讨论）. 因此，我们同样可以作如下的选取：

$$\delta\dot{q}_i=\delta_{\mathrm{v}}\dot{q}_i=\frac{\mathrm{d}}{\mathrm{d}t}(\delta_{\mathrm{v}}q_i)=\frac{\mathrm{d}}{\mathrm{d}t}(\delta q_i),\quad i=1,2,\cdots,n.\tag{3.11}$$

由此得出结论：

（1）完整系统正轨的自由等时变分δq_i可以作为广义坐标的虚变分；

（2）对完整系统来说，其$\mathrm{d}\delta_{\mathrm{v}}$的普遍交换性等价于$\mathrm{d}\delta$的交换性；

（3）自由等时变分后的变轨仍然是约束可能轨道.

对于非完整系统，上述性质一般不再成立. 此时广义坐标的自由等时变分δq_1，$\delta q_2,\cdots,\delta q_n$若不加限制，一般不再构成广义坐标的虚变分. 如果附加约束方程为

$$\varphi_r(q_1,\cdots,q_n,\dot{q}_1,\cdots,\dot{q}_n,t)=0,\quad r=1,2,\cdots,l,\tag{3.12}$$

那么微变空间ε^q的限制方程为

$$\sum_{i=1}^{n}\frac{\partial\varphi_r}{\partial\dot{q}_i}\delta_i^q=0,\quad r=1,2,\cdots,l.\tag{3.13}$$

很明显，只有当$[\delta q_1,\delta q_2,\cdots,\delta q_n]^{\mathrm{T}}$满足

$$\sum_{i=1}^{n}\frac{\partial\varphi_r}{\partial\dot{q}_i}\delta q_i=0,\quad r=1,2,\cdots,l\tag{3.14}$$

的情况时，这样的广义坐标等时变分才构成虚变分. 由此可见，非完整系统的广义坐标等时变分要构成虚变分只能是“非自由的”（通常在谈到非完整系统的广义坐标等时变分时，往往不加声明地认为还满足上述限制条件）.

以下我们来说明广义速度的等时变分问题. 由于我们是把δ运算看成是满足约束方程条件下的普遍等时变分算子，具有运算的普遍性. 因此，由约束方程(3.12)的成立，得到

$$\delta\varphi_r(q_1,\cdots,q_n,\dot{q}_1,\cdots,\dot{q}_n,t)=0,\quad r=1,2,\cdots,l,\tag{3.15}$$

亦即

$$\sum_{i=1}^{n} \frac{\partial \varphi_r}{\partial \dot{q}_i} \delta \dot{q}_i + \sum_{i=1}^{n} \frac{\partial \varphi_r}{\partial q_i} \delta q_i = 0, \quad r = 1,2,\cdots,l. \tag{3.16}$$

上式构成了广义速度等时变分 $\delta\dot{q}_1, \delta\dot{q}_2, \cdots, \delta\dot{q}_n$ 所必须满足的限制方程. 这就说明，对于非完整系统，广义速度的等时变分不再是自由的了. 不仅如此，此时 $d\delta$ 交换性一般不再能对全部广义坐标成立了(见 3.1.3 小节中所举的例子). 下面我们还要说明，即使我们选择好广义坐标的等时变分符合虚变分的要求(即满足(3.14)式)，其变分轨道一般也不再是约束可能轨道了. 这一结论我们从 1.3.5 小节中的定理也可以想象到，但为了更加明确，我们可以举例来说明.

设某质点在空间中运动，加在其上的约束为

$$a(x,y,z)\dot{x} + b(x,y,z)\dot{y} + c(x,y,z)\dot{z} = 0, \tag{3.17}$$

其中 a,b,c 是 $\in c_1$ 类的函数.

假定上述约束是不可积的，广义坐标就选为 x,y,z，其正轨显然应该满足约束方程

$$a\dot{x} + b\dot{y} + c\dot{z} = 0. \tag{3.18}$$

假定从正轨出发所作的等时变分 $\delta x, \delta y, \delta z$ 已受到限制，使得它能够构成虚变分，显然它应满足

$$a\,\delta x + b\,\delta y + c\delta z = 0. \tag{3.19}$$

此时，变轨应该为

$$[x+\delta x, y+\delta y, z+\delta z]^{\mathrm{T}}.$$

我们可以证明，当质点沿着此种变轨运动时，它是不可能恒满足约束方程(3.17)的. 这就说明，变轨一般不是约束可能轨道. 对此结论可采用反证法来加以证实.

假定变轨恒满足约束方程(3.17)，即有

$$\begin{aligned} & a(x+\delta x, y+\delta y, z+\delta z)\,\frac{\mathrm{d}}{\mathrm{d}t}(x+\delta x) \\ & \quad + b(x+\delta x, y+\delta y, z+\delta z)\,\frac{\mathrm{d}}{\mathrm{d}t}(y+\delta y) \\ & \quad + c(x+\delta x, y+\delta y, z+\delta z)\,\frac{\mathrm{d}}{\mathrm{d}t}(z+\delta z) = 0. \end{aligned}$$

展开上式，并注意到(3.18)式，得

$$\begin{aligned} & \left(\dot{x}\delta a + a\,\frac{\mathrm{d}}{\mathrm{d}t}\delta x\right) + \left(\dot{y}\delta b + b\,\frac{\mathrm{d}}{\mathrm{d}t}\delta y\right) \\ & \quad + \left(\dot{z}\delta c + c\,\frac{\mathrm{d}}{\mathrm{d}t}\delta z\right) + \text{高阶项} = 0. \end{aligned} \tag{3.20}$$

由于现在的位形等时变分不是自由的，它已被选定恒满足方程(3.19)，因此有

$$\frac{\mathrm{d}a}{\mathrm{d}t}\delta x + \frac{\mathrm{d}b}{\mathrm{d}t}\delta y + \frac{\mathrm{d}c}{\mathrm{d}t}\delta z + a\,\frac{\mathrm{d}}{\mathrm{d}t}\delta x + b\,\frac{\mathrm{d}}{\mathrm{d}t}\delta y + c\,\frac{\mathrm{d}}{\mathrm{d}t}\delta z = 0. \tag{3.21}$$

由(3.21)式减去(3.20)式,并考虑小量的主要项,应有

$$\left(\frac{\mathrm{d}a}{\mathrm{d}t}\delta x - \dot{x}\delta a\right) + \left(\frac{\mathrm{d}b}{\mathrm{d}t}\delta y - \dot{y}\delta b\right) + \left(\frac{\mathrm{d}c}{\mathrm{d}t}\delta z - \dot{z}\delta c\right) = 0,$$

即

$$\begin{aligned}&\left(\frac{\partial a}{\partial x}\dot{x} + \frac{\partial a}{\partial y}\dot{y} + \frac{\partial a}{\partial z}\dot{z}\right)\delta x - \dot{x}\left(\frac{\partial a}{\partial x}\delta x + \frac{\partial a}{\partial y}\delta y + \frac{\partial a}{\partial z}\delta z\right)\\&\quad + \left(\frac{\partial b}{\partial x}\dot{x} + \frac{\partial b}{\partial y}\dot{y} + \frac{\partial b}{\partial z}\dot{z}\right)\delta y - \dot{y}\left(\frac{\partial b}{\partial x}\delta x + \frac{\partial b}{\partial y}\delta y + \frac{\partial b}{\partial z}\delta z\right)\\&\quad + \left(\frac{\partial c}{\partial x}\dot{x} + \frac{\partial c}{\partial y}\dot{y} + \frac{\partial c}{\partial z}\dot{z}\right)\delta z - \dot{z}\left(\frac{\partial c}{\partial x}\delta x + \frac{\partial c}{\partial y}\delta y + \frac{\partial c}{\partial x}\delta z\right) = 0,\end{aligned}$$

从而得到

$$\begin{aligned}&\left(\frac{\partial c}{\partial y} - \frac{\partial b}{\partial z}\right)(\dot{y}\delta z - \dot{z}\delta y) + \left(\frac{\partial a}{\partial z} - \frac{\partial c}{\partial x}\right)(\dot{z}\delta x - \dot{x}\delta z)\\&\quad + \left(\frac{\partial b}{\partial x} - \frac{\partial a}{\partial y}\right)(\dot{x}\delta y - \dot{y}\delta x) = 0.\end{aligned} \tag{3.22}$$

此外,由 $a\dot{x} + b\dot{y} + c\dot{z} = 0$ 及 $a\delta x + b\delta y + c\delta z = 0$ 可导出

$$\frac{\dot{y}\delta z - \dot{z}\delta y}{a} = \frac{\dot{z}\delta x - \dot{x}\delta z}{b} = \frac{\dot{x}\delta y - \dot{y}\delta x}{c}. \tag{3.23}$$

结合(3.22)及(3.23)式,得

$$a\left(\frac{\partial c}{\partial y} - \frac{\partial b}{\partial z}\right) + b\left(\frac{\partial a}{\partial z} - \frac{\partial c}{\partial x}\right) + c\left(\frac{\partial b}{\partial x} - \frac{\partial a}{\partial y}\right) = 0. \tag{3.24}$$

但(3.24)式不可能在正轨邻近的任何开域上成立,因为我们已经假设约束 $a\dot{x} + b\dot{y} + c\dot{z} = 0$ 是不可积的.否则就形成了矛盾.由此可以断定,从正轨按等时虚变分作出的变轨不可能恒为运动学可能轨道,这是非完整系统重要的特点之一.

4.3.3 广义坐标的非等时虚变分

广义坐标的虚变分并不一定要按上一小节的办法,由变轨和正轨之间的等时变分产生.用变轨和正轨之间的非等时变分也可以产生出广义坐标的虚变分.

为此,引入一个产生非等时变分的时间变更函数 $\delta(t)$,它是 $\in C_2$ 并满足条件

$$|\delta^2(t) + \dot{\delta}^2(t)| < \eta, \quad t_0 \leqslant t \leqslant t_1$$

的函数,其中 η 是足够小的正数.

由时间变更函数 $\delta(t)$ 产生出的变轨与正轨之间的非等时变分定义为

$$\Delta q_i = \tilde{q}_i(t + \delta(t)) - q_i(t), \quad i = 1, 2, \cdots, n. \tag{3.25}$$

鉴于 $\delta(t)$ 足够小,参见图 4.3,上述非等时变分的定义也可以由等时变分及时间变

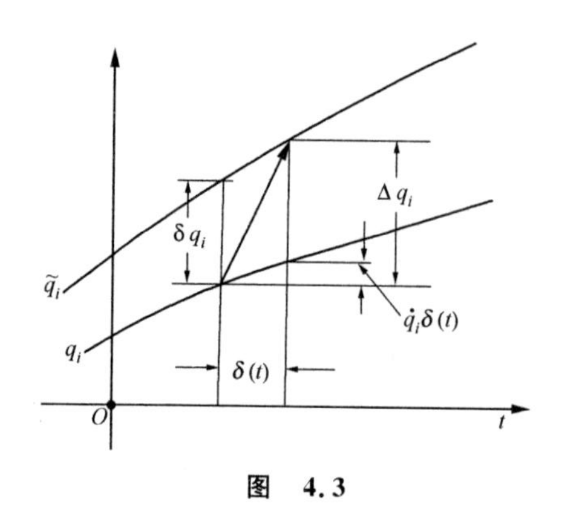

图 4.3

更函数按下式作为定义来形成

$$\Delta q_i = \delta q_i + \dot{q}_i \delta(t), \quad i = 1,2,\cdots,n. \tag{3.26}$$

据此类推,有

$$\Delta \dot{q}_i = \delta \dot{q}_i + \ddot{q}_i \delta(t), \quad i = 1,2,\cdots,n. \tag{3.27}$$

对于完整系统,由于广义坐标的虚变分没有任何附加限制方程,因此,自由等时变分 $\delta q_1,\delta q_2,\cdots,\delta q_n$ 是虚变分,自由的非等时变分 $\Delta q_1,\Delta q_2,\cdots,\Delta q_n$ 也是虚变分,并且有

$$\frac{\mathrm{d}}{\mathrm{d}t}(\Delta q_i) = \frac{\mathrm{d}}{\mathrm{d}t}(\delta q_i + \dot{q}_i \delta(t)) = \frac{\mathrm{d}}{\mathrm{d}t}\delta q_i + \ddot{q}_i \delta(t) + \dot{q}_i \frac{\mathrm{d}}{\mathrm{d}t}\delta(t).$$

根据完整系统的 $\mathrm{d}\delta$ 交换性,有

$$\frac{\mathrm{d}}{\mathrm{d}t}(\Delta q_i) = \delta \dot{q}_i + \ddot{q}_i \delta(t) + \dot{q}_i \frac{\mathrm{d}}{\mathrm{d}t}\delta(t).$$

注意到(3.27)式,得

$$\frac{\mathrm{d}}{\mathrm{d}t}(\Delta q_i) = \Delta \dot{q}_i + \dot{q}_i \frac{\mathrm{d}}{\mathrm{d}t}\delta(t), \quad i = 1,2,\cdots,n. \tag{3.28}$$

(3.28)式说明,即使对于完整系统,一般情况下也没有 $\mathrm{d}\Delta$ 交换性成立.

对于非完整系统,在按(3.26)式来定义非等时变分时,其中的 δq_i 我们限定它满足虚变分的条件,即有

$$\Delta q_i = \delta_{\mathrm{v}} q_i + \dot{q}_i \delta(t). \tag{3.29}$$

类似地,有

$$\Delta \dot{q}_i = \delta_{\mathrm{v}} \dot{q}_i + \ddot{q}_i \delta(t). \tag{3.30}$$

即使这样,对于非完整系统来说,如此定义的 $\Delta q_1,\Delta q_2,\cdots,\Delta q_n$ 仍不见得是虚变分.为了使它构成广义坐标的虚变分,还需要加以限制才行.

应该注意到,根据(3.29)式的定义,对于非完整系统的非等时变分,(3.28)公式照样成立,因为对于非完整系统,$\mathrm{d}\delta_{\mathrm{v}}$ 的交换性是成立的.

4.3.4 Voss 变分

Voss 在考虑线性非完整系统时,建议按如下方式来做广义坐标的非等时变分:

引入一个时间变更函数 $\delta(t)$,它是足够小而且 $\in C_2$ 的函数.考虑系统在正轨上每一点的在相应时间间隔 $\delta(t)$ 之内的可能变更 $\Delta_{\mathrm{p}} q_1,\Delta_{\mathrm{p}} q_2,\cdots,\Delta_{\mathrm{p}} q_n$ 来作为广义坐标的非等时变分,即令

$$\Delta q_i = \Delta_p q_i, \quad i = 1,2,\cdots,n,$$

其中 $\Delta_p q_1, \Delta_p q_2, \cdots, \Delta_p q_n$ 是可能变更，因而满足

$$\sum_{i=1}^{n} B_{ri}\Delta_p q_i + B_r\delta(t) = 0, \quad r = 1,2,\cdots,g. \tag{3.31}$$

根据保持(3.28)式成立的要求，我们令

$$\Delta_p \dot{q}_i = \frac{\mathrm{d}}{\mathrm{d}t}(\Delta_p q_i) - \dot{q}_i \frac{\mathrm{d}}{\mathrm{d}t}\delta(t), \quad i = 1,2,\cdots,n. \tag{3.32}$$

系统在正轨上点的可能速度为 $\dot{q}_1, \dot{q}_2, \cdots, \dot{q}_n$，即它们满足

$$\sum_{i=1}^{n} B_{ri}\dot{q}_i + B_r = 0, \quad r = 1,2,\cdots,g,$$

从而有

$$\sum_{i=1}^{n} B_{ri}\dot{q}_i\delta(t) + B_r\delta(t) = 0, \quad r = 1,2,\cdots,g. \tag{3.33}$$

将(3.31)与(3.33)式相减，得

$$\sum_{i=1}^{n} B_{ri}[\Delta_p q_i - \dot{q}_i\delta(t)] = 0, \quad r = 1,2,\cdots,g. \tag{3.34}$$

由此可见，当广义坐标按 Voss 作非等时变分时，$\Delta_p q_1 - \dot{q}_1\delta(t), \Delta_p q_2 - \dot{q}_2\delta(t), \cdots, \Delta_p q_n - \dot{q}_n\delta(t)$ 就构成了此非完整系统的虚变分.

4.3.5 端点条件

在分析动力学中，根据需求，将要考虑广义坐标作不同种类的变分. 同时还要规定相应的端点条件. 可以举出以下几种变分的例子.

1. Hamilton 变分

它符合以下的条件：

(1) 它是广义坐标的等时虚变分. 在完整系统里，它是自由等时变分. 在非完整系统里，它是符合附加限制条件的非自由等时变分；

(2) 起始时刻 t_0 和终了时刻 t_1 固定；

(3) $\delta q_i|_{t=t_0} = \delta q_i|_{t=t_1} = 0, i=1,2,\cdots,n.$

Hamilton 变分的情况如图 4.4 所示. 它在 E^q 空间里看是定端点变分.

2. Hölder 变分

它的条件如下：

(1) 它是广义坐标的非等时虚变分；

(2) $\delta(t)|_{t=t_0}$ 与 $\delta(t)|_{t=t_1}$ 可不为零；

(3) $\Delta q_i|_{t=t_0} = \Delta q_i|_{t=t_1} = 0, i=1,2,\cdots,n.$

因此，Hölder 变分在 E^q 空间里看，是沿 t 轴方向可变的变端点变分. 图 4.5 表

示了 Hölder 变分的情况.

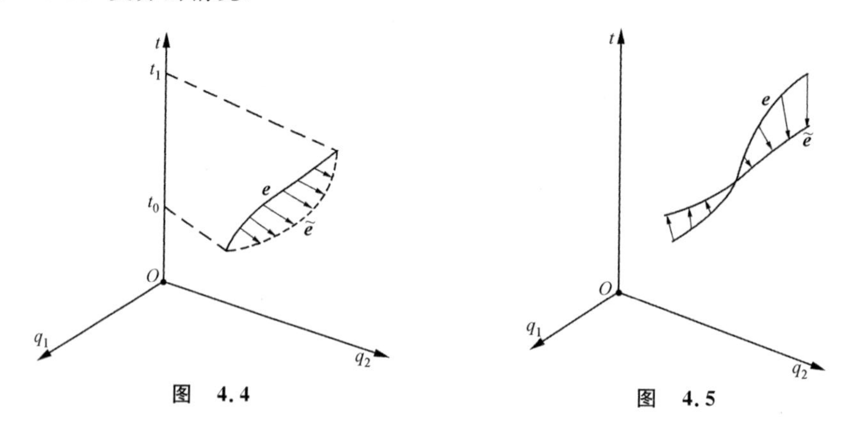

图 4.4　　　　图 4.5

3. Voss 变分

它的条件如下：

(1) 广义坐标的非等时可能变分；

(2) $\delta(t)|_{t=t_0}=\delta(t)|_{t=t_1}=0$；

(3) $\Delta_p q_i|_{t=t_0}=\Delta_p q_i|_{t=t_1}=0, i=1,2,\cdots,n.$

Voss 变分的特点是：适用于线性非完整系统，而且 $\Delta_p q_1-\dot{q}_1\delta(t), \Delta_p q_2-\dot{q}_2\delta(t), \cdots, \Delta_p q_n-\dot{q}_n\delta(t)$ 构成虚变分.

4.3.6 函数与泛函的变分

分析动力学中常需考虑如下的函数

$$F=F(q_1,q_2,\cdots,q_n,\dot{q}_1,\dot{q}_2,\cdots,\dot{q}_n,t).$$

当函数的自变量作变分时，函数改变量的线性主部定义为此函数的变分. 例如当 q_i 作虚变分 $\delta_v q_i$，$\dot{q}_i$ 作虚变分 $\delta_v \dot{q}_i$，t 作变更 $\delta_v(t)$ 时，函数 F 的虚变分为

$$\delta_v F=\sum_{i=1}^{n}\left(\frac{\partial F}{\partial q_i}\delta_v q_i+\frac{\partial F}{\partial \dot{q}_i}\delta_v \dot{q}_i\right)+\frac{\partial F}{\partial t}\delta_v(t). \tag{3.35}$$

当广义坐标的虚变分取的是等时变分时，有

$$\delta_v(t)=0. \tag{3.36}$$

此时，函数的等时变分为

$$\delta F=\sum_{i=1}^{n}\left(\frac{\partial F}{\partial q_i}\delta q_i+\frac{\partial F}{\partial \dot{q}_i}\delta \dot{q}_i\right). \tag{3.37}$$

当广义坐标的虚变分取的是非等时变分时，有

$$\delta_v(t)=\delta(t). \tag{3.38}$$

函数的非等时变分为

$$\Delta F=\sum_{i=1}^{n}\left(\frac{\partial F}{\partial q_i}\Delta q_i+\frac{\partial F}{\partial \dot{q}_i}\Delta \dot{q}_i\right)+\frac{\partial F}{\partial t}\delta(t). \tag{3.39}$$

利用(3.26),(3.27)式,得

$$\begin{aligned}\Delta F &= \sum_{i=1}^{n}\left(\frac{\partial F}{\partial q_i}\delta q_i+\frac{\partial F}{\partial \dot{q}_i}\delta \dot{q}_i\right)+\sum_{i=1}^{n}\left(\frac{\partial F}{\partial q_i}\dot{q}_i+\frac{\partial F}{\partial \dot{q}_i}\ddot{q}_i+\frac{\partial F}{\partial t}\right)\delta(t)\\ &= \delta F+\dot{F}\delta(t).\end{aligned} \tag{3.40}$$

以下来讨论泛函. 在这里,泛函仅被理解为在空间 E^q 内的某可取轨道族上由定积分定义的"轨道的函数". 若记 $t=t_0$ 到 $t=t_1$ 之间某可取轨道为 $\boldsymbol{e}$:

$$\boldsymbol{e}=[q_1(t),q_2(t),\cdots,q_n(t)]^{\mathrm{T}}. \tag{3.41}$$

定义的泛函为

$$J=\int_{t_0}^{t_1}F(q_1(t),\cdots,q_n(t),\dot{q}_1(t),\cdots,\dot{q}_n(t),t)\mathrm{d}t. \tag{3.42}$$

假定泛函在 $\boldsymbol{e}$ 邻近的可取轨道族 $\tilde{\boldsymbol{e}}$ 由如下的等时变分轨道构成

$$\tilde{q}_i(t)=q_i(t)+\delta q_i, \tag{3.43}$$

则泛函 J 在轨道 $\tilde{\boldsymbol{e}}$ 上取的值为

$$\begin{aligned}J(\tilde{\boldsymbol{e}})=&\int_{t_0}^{t_1}F\Big(q_1+\delta q_1,\cdots,q_n+\delta q_n,\\ &\dot{q}_1+\frac{\mathrm{d}}{\mathrm{d}t}\delta q_1,\cdots,\dot{q}_n+\frac{\mathrm{d}}{\mathrm{d}t}\delta q_n,t\Big)\mathrm{d}t,\end{aligned} \tag{3.44}$$

其中 $\frac{\mathrm{d}}{\mathrm{d}t}\delta q_i$ 是广义速度的改变,它是由轨道广义坐标改变诱导出来的,不是独立的变分. 这是经典变分的特点.

从而,当轨道由 $\boldsymbol{e}$ 变更到 $\tilde{\boldsymbol{e}}$,泛函的改变量为

$$\begin{aligned}J(\tilde{\boldsymbol{e}})-J(\boldsymbol{e})=&\int_{t_0}^{t_1}\sum_{i=1}^{n}\left(\frac{\partial F}{\partial q_i}\delta q_i+\frac{\partial F}{\partial \dot{q}_i}\frac{\mathrm{d}}{\mathrm{d}t}\delta q_i\right)\mathrm{d}t\\ &+o\left[\sum_{i=1}^{n}\left(|\delta q_i|+\left|\frac{\mathrm{d}}{\mathrm{d}t}\delta q_i\right|\right)\right].\end{aligned} \tag{3.45}$$

在 $\sum_{i=1}^{n}\left(|\delta q_i|+\left|\frac{\mathrm{d}}{\mathrm{d}t}\delta q_i\right|\right)$ 充分小的情况下,泛函改变量的线性主部定义为泛函 J 的经典变分,记为

$$\delta J=\int_{t_0}^{t_1}\sum_{i=1}^{n}\left(\frac{\partial F}{\partial q_i}\delta q_i+\frac{\partial F}{\partial \dot{q}_i}\frac{\mathrm{d}}{\mathrm{d}t}\delta q_i\right)\mathrm{d}t. \tag{3.46}$$

在讨论泛函的非等时变分时,我们假定由轨道 $\boldsymbol{e}$ 作变分产生出的变轨和泛函的可取轨道族一致. 此时可以建立如下公式

$$\Delta J=\int_{t_0}^{t_1}[\Delta F+F\dot{\delta}(t)]\mathrm{d}t; \tag{3.47}$$

实际上，

$$\Delta J = \Delta\left[\int_0^{t_1} F\mathrm{d}t - \int_0^{t_0} F\mathrm{d}t\right].$$

而根据(3.40)式，有

$$\Delta\int_0^t F\mathrm{d}t = \delta\int_0^t F\mathrm{d}t + F\delta(t). \tag{3.48}$$

在假定变分轨道和泛函可取轨道一致的情况下，有

$$\delta\int_0^t F\mathrm{d}t = \int_0^t \delta F\mathrm{d}t. \tag{3.49}$$

于是，(3.48)式成为

$$\Delta\int_0^t F\mathrm{d}t = \int_0^t \delta F\mathrm{d}t + F\delta(t). \tag{3.50}$$

此外，

$$\int_0^t (\Delta F)\mathrm{d}t = \int_0^t [\delta F + \dot{F}\delta(t)]\mathrm{d}t,$$

所以有

$$\int_0^t \delta F\mathrm{d}t = \int_0^t (\Delta F)\mathrm{d}t + \int_0^t F\dot{\delta}(t)\mathrm{d}t - F\delta(t)\Big|_0^t. \tag{3.51}$$

将(3.51)式代入(3.50)式，得

$$\begin{aligned}\Delta\int_0^t F\mathrm{d}t &= \int_0^t (\Delta F)\mathrm{d}t + \int_0^t F\dot{\delta}(t)\mathrm{d}t - F\delta(t)\Big|_0^t + F\delta(t)\\ &= \int_0^t [\Delta F + F\dot{\delta}(t)]\mathrm{d}t + F\delta(t)\Big|_{t=0}.\end{aligned} \tag{3.52}$$

由此式不难得到

$$\Delta J = \int_{t_0}^{t_1} [\Delta F + F\dot{\delta}(t)]\mathrm{d}t. \tag{3.53}$$

§4.4 Hamilton 原理

4.4.1 Hamilton 原理的一般形式

本小节研究 Hamilton 原理的一般形式. 这种 Hamilton 原理的成立是有前提的，请关注以下的表述.

试研究一力学系统，假定它的约束全是理想的，即符合 1.5.4 小节中规定的理想约束假定. 在考虑它的完整约束组之后，引进了广义坐标 $q_1, q_2, \cdots, q_n$. 此时系统的动能函数为 $T(q_1, q_2, \cdots, q_n, \dot{q}_1, \cdots \dot{q}_n, t)$.

现考虑 E^q 空间中一正轨 e，时间区间为 $t=t_0$ 到 $t=t_1$，当系统的广义坐标从 e 上作 Hamilton 的等时虚变分时，其广义速度也发生相应的虚变分. 于是动能函数的虚变分为

$$\delta_{\mathrm{v}} T=\sum_{i=1}^{n}\left(\frac{\partial T}{\partial q_{i}} \delta_{\mathrm{v}} q_{i}+\frac{\partial T}{\partial \dot{q}_{i}} \delta_{\mathrm{v}} \dot{q}_{i}\right). \tag{4.1}$$

在 $t=t_0$ 到 $t=t_1$ 的固定时间区间上积分上述变分等式，有

$$\int_{t_0}^{t_1}(\delta_{\mathrm{v}} T)\,\mathrm{d} t=\int_{t_0}^{t_1} \sum_{i=1}^{n} \frac{\partial T}{\partial q_{i}} \delta_{\mathrm{v}} q_{i}\,\mathrm{d} t+\int_{t_0}^{t_1} \sum_{i=1}^{n} \frac{\partial T}{\partial \dot{q}_{i}} \delta_{\mathrm{v}} \dot{q}_{i}\,\mathrm{d} t. \tag{4.2}$$

根据 $\mathrm{d}\delta_{\mathrm{v}}$ 的普遍交换性，我们可以变换(4.2)式的最后一个积分：

$$\begin{aligned}\int_{t_0}^{t_1} \sum_{i=1}^{n} \frac{\partial T}{\partial \dot{q}_{i}} \delta_{\mathrm{v}} \dot{q}_{i}\,\mathrm{d} t &=\int_{t_0}^{t_1} \sum_{i=1}^{n} \frac{\partial T}{\partial \dot{q}_{i}}\left(\frac{\mathrm{d}}{\mathrm{d} t} \delta_{\mathrm{v}} q_{i}\right) \mathrm{d} t \\ &=\sum_{i=1}^{n} \frac{\partial T}{\partial \dot{q}_{i}} \delta_{\mathrm{v}} q_{i}\bigg|_{t_0}^{t_1}-\int_{t_0}^{t_1} \sum_{i=1}^{n}\left(\frac{\mathrm{d}}{\mathrm{d} t} \frac{\partial T}{\partial \dot{q}_{i}}\right) \delta_{\mathrm{v}} q_{i}\,\mathrm{d} t .\end{aligned}$$

注意到 Hamilton 变分的端点条件，我们有

$$\sum_{i=1}^{n} \frac{\partial T}{\partial \dot{q}_{i}} \delta_{\mathrm{v}} q_{i}\bigg|_{t_0}^{t_1}=0,$$

因此得到

$$\int_{t_0}^{t_1}(\delta_{\mathrm{v}} T)\,\mathrm{d} t=\int_{t_0}^{t_1} \sum_{i=1}^{n}\left(\frac{\partial T}{\partial q_{i}}-\frac{\mathrm{d}}{\mathrm{d} t} \frac{\partial T}{\partial \dot{q}_{i}}\right) \delta_{\mathrm{v}} q_{i}\,\mathrm{d} t. \tag{4.3}$$

由于 $\delta_{\mathrm{v}} q_1, \delta_{\mathrm{v}} q_2, \cdots, \delta_{\mathrm{v}} q_n$ 是广义坐标的虚变分，根据定义，它一定构成广义坐标微变空间的元素. 注意到 e 是正轨，在它上应有 Lagrange 基本方程成立(第二章(2.25)式). 因此有

$$\sum_{i=1}^{n}\left(\frac{\partial T}{\partial q_{i}}-\frac{\mathrm{d}}{\mathrm{d} t} \frac{\partial T}{\partial \dot{q}_{i}}\right) \delta_{\mathrm{v}} q_{i}=-\sum_{i=1}^{n}(Q_{i}+P_{i}) \delta_{\mathrm{v}} q_{i}.$$

由于已假定约束全为理想的，从而

$$\sum_{i=1}^{n}\left(\frac{\partial T}{\partial q_{i}}-\frac{\mathrm{d}}{\mathrm{d} t} \frac{\partial T}{\partial \dot{q}_{i}}\right) \delta_{\mathrm{v}} q_{i}=-\sum_{i=1}^{n} Q_{i} \delta_{\mathrm{v}} q_{i}. \tag{4.4}$$

由此，(4.3)式变成

$$\int_{t_0}^{t_1}\left(\delta_{\mathrm{v}} T+\sum_{i=1}^{n} Q_{i} \delta_{\mathrm{v}} q_{i}\right) \mathrm{d} t=0. \tag{4.5}$$

这就是正轨上所应满足的 Hamilton 原理的一般形式，它对所有的理想约束系统的正轨全成立.

如果系统的给定力分为两部分：一部分为有势；另一部分为非势，即存在势函数 $V(q_1, q_2, \cdots, q_n, t)$，有

$$Q_{i}=-\frac{\partial V}{\partial q_{i}}+\widetilde{Q}_{i}, \quad i=1,2, \cdots, n,$$

其中 $\widetilde{Q}_i$ 为给定力中的非势分量，则上述 Hamilton 原理一般形式成为

$$\int_{t_0}^{t_1}\left(\delta_{\mathrm{v}} T-\sum_{i=1}^{n} \frac{\partial V}{\partial q_{i}} \delta_{\mathrm{v}} q_{i}+\sum_{i=1}^{n} \widetilde{Q}_{i} \delta_{\mathrm{v}} q_{i}\right) \mathrm{d} t$$

$$
\begin{aligned}
&= \int_{t_0}^{t_1} (\delta_v T - \delta_v V + \delta_v W)\,dt \\
&= \int_{t_0}^{t_1} (\delta_v L + \delta_v W)\,dt = 0,
\end{aligned} \tag{4.6}
$$

其中 $L = T - V$ 为系统的 Lagrange 函数，$\delta_v W = \sum_{i=1}^{n} \tilde{Q}_i \delta_v q_i$ 为系统非势给定力虚功.

如果系统为理想有势系统，则 $\delta_v W = 0$，这时 Hamilton 原理的表达式为：沿任意正轨，有

$$
\int_{t_0}^{t_1} \delta_v L\,dt = 0. \tag{4.7}
$$

Hamilton 原理的(4.5)式可以作为理想约束系统动力学的力学原理看待，因为从它出发，可以直接导出第二类 Lagrange 方程的成立. 实际上，如果假定(4.5)式沿正轨成立，则有

$$
\begin{aligned}
&\int_{t_0}^{t_1} \left(\delta_v T + \sum_{i=1}^{n} Q_i \delta_v q_i \right) dt \\
&\quad = \int_{t_0}^{t_1} \sum_{i=1}^{n} \left(\frac{\partial T}{\partial q_i} \delta_v q_i + \frac{\partial T}{\partial \dot{q}_i} \delta_v \dot{q}_i \right) dt + \int_{t_0}^{t_1} \sum_{i=1}^{n} Q_i \delta_v q_i\,dt \\
&\quad = \int_{t_0}^{t_1} \sum_{i=1}^{n} \frac{\partial T}{\partial q_i} \delta_v q_i\,dt + \int_{t_0}^{t_1} \sum_{i=1}^{n} \frac{\partial T}{\partial \dot{q}_i} \delta_v \dot{q}_i\,dt + \int_{t_0}^{t_1} \sum_{i=1}^{n} Q_i \delta_v q_i\,dt.
\end{aligned} \tag{4.8}
$$

应用 $d\delta_v$ 的普遍交换性，并分部积分，有

$$
\begin{aligned}
\int_{t_0}^{t_1} \sum_{i=1}^{n} \frac{\partial T}{\partial \dot{q}_i} \delta_v \dot{q}_i\,dt &= \int_{t_0}^{t_1} \sum_{i=1}^{n} \frac{\partial T}{\partial \dot{q}_i} \left(\frac{d}{dt} \delta_v q_i \right) dt \\
&= \sum_{i=1}^{n} \frac{\partial T}{\partial \dot{q}_i} \delta_v q_i \Big|_{t_0}^{t_1} - \int_{t_0}^{t_1} \sum_{i=1}^{n} \left(\frac{d}{dt} \frac{\partial T}{\partial \dot{q}_i} \right) \delta_v q_i\,dt.
\end{aligned}
$$

注意到 Hamilton 变分的端点条件，得到

$$
\int_{t_0}^{t_1} \sum_{i=1}^{n} \frac{\partial T}{\partial \dot{q}_i} \delta_v \dot{q}_i\,dt = -\int_{t_0}^{t_1} \sum_{i=1}^{n} \left(\frac{d}{dt} \frac{\partial T}{\partial \dot{q}_i} \right) \delta_v q_i\,dt.
$$

将上式代入(4.8)式中，得

$$
\int_{t_0}^{t_1} \sum_{i=1}^{n} \left(\frac{\partial T}{\partial q_i} - \frac{d}{dt} \frac{\partial T}{\partial \dot{q}_i} + Q_i \right) \delta_v q_i\,dt = 0. \tag{4.9}
$$

注意到 $\delta_v q_1, \delta_v q_2, \cdots, \delta_v q_n$ 是广义坐标的虚变分，它应该满足附加约束的限制方程. 按 2.2.3 小节中假定的附加约束应有

$$
\sum_{i=1}^{n} B_{ri} \delta_v q_i = 0, \quad r = 1, 2, \cdots, g; \tag{4.10}
$$

$$
\sum_{i=1}^{n} \frac{\partial \varphi_r}{\partial \dot{q}_i} \delta_v q_i = 0, \quad r = g+1, g+2, \cdots, g+h. \tag{4.11}
$$

利用 Lagrange 乘子论证,每个限制方程引入一个乘子,使 $\delta_v q_1,\delta_v q_2,\cdots,\delta_v q_n$ 成为自由变分.再应用变分法的基本引理,可知有下述方程成立:

$$\begin{cases}\dfrac{\mathrm{d}}{\mathrm{d}t}\dfrac{\partial T}{\partial \dot{q}_i}-\dfrac{\partial T}{\partial q_i}=Q_i+\sum\limits_{r=1}^{g}\lambda_r B_{ri}+\sum\limits_{r=g+1}^{g+h}\lambda_r\dfrac{\partial \varphi_r}{\partial \dot{q}_i}, \quad i=1,2,\cdots,n,\\ \sum\limits_{i=1}^{n}B_{ri}\dot{q}_i+B_r=0, \quad r=1,2,\cdots,g,\\ \varphi_r(q_1,\cdots,q_n,\dot{q}_1,\cdots,\dot{q}_n,t)=0, \quad r=g+1,g+2,\cdots,g+h.\end{cases} \tag{4.12}$$

这就是第二类 Lagrange 方程.

以上从 Hamilton 原理出发来推导 Lagrange 动力学方程的过程,在应用 Hamilton 原理作为建模原理使用时,是经常要重复的.

4.4.2　完整系统的 Hamilton 原理

现在我们来考虑完整系统.根据 4.3.1 小节中的分析,我们知道完整系统的 Hamilton 变分完全等价于定端点条件的自由等时变分,即有

$$\delta_v q_i=\delta q_i, \quad i=1,2,\cdots,n. \tag{4.13}$$

此时,$\mathrm{d}\delta_v$ 的普遍交换性也变成了 $\mathrm{d}\delta$ 的交换性.因此,Hamilton 原理成为:沿完整系统正轨有

$$\int_{t_0}^{t_1}\Big(\delta T+\sum_{i=1}^{n}Q_i\delta q_i\Big)\mathrm{d}t=0. \tag{4.14}$$

如果系统还有势,那么 Hamilton 原理成为:沿系统正轨有

$$\int_{t_0}^{t_1}\delta L\mathrm{d}t=0. \tag{4.15}$$

鉴于完整系统的约束可能轨道在广义坐标空间里是自由的,因此从正轨出发作 Hamilton 变分后的任一变轨一定是符合定端点条件的约束可能轨道,它是属于泛函

$$J=\int_{t_0}^{t_1}L\mathrm{d}t \tag{4.16}$$

的可取轨道族之内的.因此,(4.15)式形式的表达式完全等价于如下的泛函等时变分表达式

$$\delta J=\delta\int_{t_0}^{t_1}L\mathrm{d}t=0. \tag{4.17}$$

公式(4.17)就是著名的**理想、完整、有势系统的 Hamilton 原理**:在 E^q 空间里,从 A 点$(q_1^0,q_2^0,\cdots,q_n^0,t_0)$出发到 B 点$(q_1^1,q_2^1,\cdots,q_n^1,t_1)$的所有约束可能轨道中,真正的动力学可能轨道是使 Hamilton 作用量泛函

$$J=\int_{t_0}^{t_1}L(q_1,\cdots,q_n,\dot{q}_1,\cdots,\dot{q}_n,t)\mathrm{d}t. \tag{4.18}$$

成为逗留值的轨道，亦即对于动力学可能轨道，其泛函一阶变分为零，即

$$\delta J = 0. \tag{4.19}$$

(4.19)这个泛函逗留值的变分原理和理想、完整、有势系统的第二类 Lagrange 方程等价，这可由变分法著名的 Euler 方程得到证明，即

$$\delta J = 0 \Longleftrightarrow \frac{\mathrm{d}}{\mathrm{d}t}\frac{\partial L}{\partial \dot{q}_i} - \frac{\partial L}{\partial q_i} = 0, \quad i = 1,2,\cdots,n. \tag{4.20}$$

因此，(4.19) 式的 Hamilton 原理表达式可以看成是理想、完整、有势系统的力学原理，从它出发，可以建立这种系统的分析动力学. 应该说明的是，此处的 Hamilton 作用量泛函表达式(4.18) 中，独立自变函数是 $q_1(t),q_2(t),\cdots,q_n(t)$，一共有 n 个，而 $\dot{q}_1(t),\dot{q}_2(t),\cdots,\dot{q}_n(t)$ 是因变函数，并不是独立自变函数. 在时间区间(t_0,t_1) 确定情况下，给定了这 n 个独立自变函数，就决定了作用量泛函 J 的取值. 在取变分时，$\delta q_1(t),\cdots,\delta q_n(t)$ 是 n 个独立变分函数而 $\delta\dot{q}_1,\cdots,\delta\dot{q}_n$ 并不是独立变分函数(从理论上说，或者完全相反也可以). 端点条件也仅是$(\boldsymbol{q},t)$ 空间的定端点条件

$$\delta q_i|_{t_0} = \delta q_i|_{t_1} = 0, \quad i = 1,2,\cdots,n.$$

一般来说，$\delta\dot{q}_i|_{t_0}$ 和 $\delta\dot{q}_i|_{t_1}$ 都可不为零，但也可以为零. 具有以上特点表达的 Hamilton 原理，我们称之为**经典的 Hamilton 原理**，或称之为**$(\boldsymbol{q},t)$ 空间的 Hamilton 原理**.

必须说明，Hamilton 原理的泛函极值形式只是广义的，因为(4.19)式只是泛函取极值的必要条件而不是充分条件. 一般说来，正轨只是使泛函取逗留值. 但我们在此可以不加证明地指出，只要 t_1-t_0 足够小，经典 Hamilton 原理确实是个极小值原理. 一般情况下，沿正轨的 Hamilton 作用量究竟是不是极值，如何判别，这是人们一直很感兴趣的问题. 下一小节我们给出这方面的理论和结果.

4.4.3　完整系统 Hamilton 作用量的极值性质[44]

本小节研究理想、完整、有势的力学系统沿正轨的 Hamilton 作用量是不是极值或者在何种附加条件下成为极值的问题.

1. 事件空间里的轨道场及其性质

经典 Hamilton 原理考查的是广义坐标事件空间 $E^q=[q_1,q_2,\cdots,q_n,t]^{\mathrm{T}}$ 里的泛函变分问题. 其中自变元是时间 t，函数变元是广义坐标 $q_1,q_2,\cdots,q_n$，而作用量泛函是

$$J = \int_{t_0}^{t_1} L(t,q_1,\cdots,q_n,\dot{q}_1,\cdots,\dot{q}_n)\mathrm{d}t,$$

或简记为

$$J = \int_{t_0}^{t_1} L(t,\boldsymbol{q},\dot{\boldsymbol{q}})\mathrm{d}t,$$

其中 $L(t,\boldsymbol{q},\dot{\boldsymbol{q}})=L(t,q_1,\cdots,q_n,\dot{q}_1,\cdots,\dot{q}_n)$ 是系统的 Lagrange 函数. 经典 Hamilton 原理中 Hamilton 作用量极值性质的判别问题与事件空间里的轨道场概念密切相关. 以下给出这方面基本概念以及主要性质的论述.

(1) 事件空间里的轨道.

事件空间里的一段轨道(或称一条轨道)是指在考查的时间区间(t_0,t_1)内,确定的、单值的、连续可微的向量函数

$$\boldsymbol{q}(t)=[q_1(t),q_2(t),\cdots,q_n(t)]^{\mathrm{T}},\quad t_0<t<t_1,$$

其中 t 是自变量: 时间变元.

(2) 事件空间里一力学系统的驻定轨道.

一力学系统(此地考查的是理想、完整、有势系统),其 Lagrange 函数为 $L(t,\boldsymbol{q},\dot{\boldsymbol{q}})$,在事件空间里该力学系统的一段驻定轨道是指在考查的时间区间内,确定的、单值的、连续可微的向量函数

$$\boldsymbol{q}(t)=[q_1(t),q_2(t),\cdots,q_n(t)]^{\mathrm{T}},\quad t_0<t<t_1,$$

且满足系统的 Lagrange 第二类动力学方程,亦即 Hamilton 作用量泛函的驻定值 Euler 方程:

$$\frac{\mathrm{d}}{\mathrm{d}t}\left(\frac{\partial L}{\partial \dot{q}_i}\right)-\frac{\partial L}{\partial q_i}=0,\quad i=1,2,\cdots,n.$$

(3) 事件空间里的轨道场.

事件空间里的轨道场是指一个二元对象$(\mathscr{D},\varphi)$,其中 $\mathscr{D}$ 是事件空间 E^q 里的一个单连通开区域,φ 是一个轨道族,满足如下性质: 过 $\mathscr{D}$ 内任一点,都有且仅有唯一的属于 φ 的轨道通过此点.

(4) 事件空间里一力学系统的驻定轨道场.

设一力学系统(理想、完整、有势),其 Lagrange 函数为 $L(t,\boldsymbol{q},\dot{\boldsymbol{q}})$,事件空间里该力学系统的驻定轨道场,是指一个二元对象$(\mathscr{D},\varphi)$,它是一个轨道场,而且轨道族 φ 中每条轨道都是该力学系统的驻定轨道.

(5) 轨道场的速度向量函数 $\boldsymbol{u}$.

设$(\mathscr{D},\varphi)$是一个轨道场. 根据轨道场的假定,过 $\mathscr{D}$ 的任一点,有确定的轨道,从而也有确定的轨道速度向量,即

$$\dot{\boldsymbol{q}}=[\dot{q}_1(t),\dot{q}_2(t),\cdots,\dot{q}_n(t)]^{\mathrm{T}}.$$

显然,一个确定的轨道场必然在 $\mathscr{D}$ 区域内有一个确定的速度向量场,特记为 $\boldsymbol{u}$,它是定义在 $\mathscr{D}$ 上的一个向量函数,是$(\boldsymbol{q},t)$的确定向量函数.

(6) 中心轨道场.

若$(\mathscr{D},\varphi)$是一个轨道场,而且在 $\mathscr{D}$ 的边界上有一个点 A,轨道 φ 的每条轨道都是由 A 点出发的轨道,如图 4.6 所示,那么这个轨道场$(\mathscr{D},\varphi)$特称为以 A 为中心的中心轨道场.

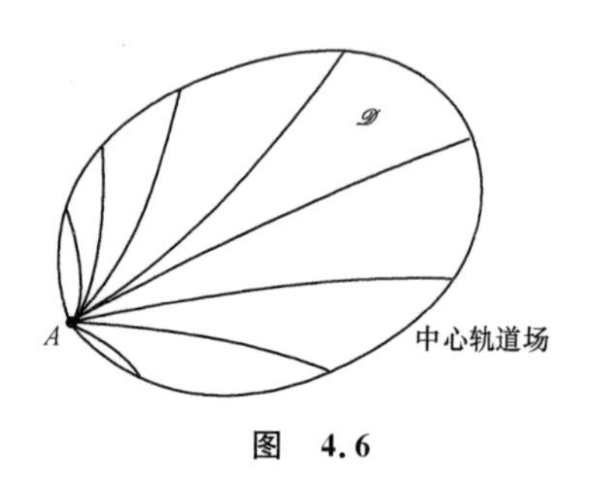

图　4.6

(7) 中心驻定轨道场的 Poincaré-Cartan 型.

设给定一力学系统(理想、完整、有势),其 Lagrange 函数为 $L(t,\boldsymbol{q},\dot{\boldsymbol{q}})$,由此 Lagrange 函数可产生确定的向量函数为

$$\left[\frac{\partial L}{\partial \dot{q}_1}(t,\boldsymbol{q},\dot{\boldsymbol{q}}),\frac{\partial L}{\partial \dot{q}_2}(t,\boldsymbol{q},\dot{\boldsymbol{q}}),\cdots,\frac{\partial L}{\partial \dot{q}_n}(t,\boldsymbol{q},\dot{\boldsymbol{q}})\right]^{\mathrm{T}}.$$

又设在事件空间里有该力学系统的一个中心驻定轨道场$(\mathscr{D},\varphi)$,该场有确定的速度向量函数 $\boldsymbol{u}$,定义在 $\mathscr{D}$ 上.

这样,在 $\mathscr{D}$ 上,可以定义一个事件空间的一阶微分型如下:

$$\begin{aligned}\omega_{\mathrm{P.C.}} &= \sum_{i=1}^{n} A_i(t,\boldsymbol{q})\mathrm{d}q_i + B(t,\boldsymbol{q})\mathrm{d}t \\ &\triangleq \sum_{i=1}^{n}\frac{\partial L}{\partial \dot{q}_i}(t,\boldsymbol{q},\boldsymbol{u})\mathrm{d}q_i + \left[L(t,\boldsymbol{q},\boldsymbol{u}) - \sum_{i=1}^{n} u_i\frac{\partial L}{\partial \dot{q}_i}(t,\boldsymbol{q},\boldsymbol{u})\right]\mathrm{d}t.\end{aligned}$$

通常记

$$\frac{\partial L}{\partial \dot{q}_i}(t,\boldsymbol{q},\boldsymbol{u}) = p_i(t,\boldsymbol{q},\boldsymbol{u}),\quad i=1,2,\cdots,n,$$

$$\sum_{i=1}^{n} u_i\frac{\partial L}{\partial \dot{q}_i}(t,\boldsymbol{q},\boldsymbol{u}) - L(t,\boldsymbol{q},\boldsymbol{u}) = H(t,\boldsymbol{q},\boldsymbol{p}).$$

那么,以上定义在 $\mathscr{D}$ 上的 Pfaff 型成为

$$\omega_{\mathrm{P.C.}} = \sum_{i=1}^{n} p_i\mathrm{d}q_i - H\mathrm{d}t,$$

叫做该中心驻定轨道场的 Poincaré-Cartan 型.

(8) 中心轨道场的 Hamilton 作用量函数及其对末端的微分.

如图 4.7 所示,设$(\mathscr{D},\varphi)$是一个以 A 为中心的中心轨道场, $L(t,\boldsymbol{q},\dot{\boldsymbol{q}})$是某力学系统的 Lagrange 函数. 记 A 点为

$$A = (q_1^0,q_2^0,\cdots,q_n^0,t_0).$$

任取 $\mathscr{D}$ 中的一点 B,记为

$$B = (q_1,q_2,\cdots,q_n,t).$$

根据中心轨道场的假定,有唯一的一条轨道$\in\varphi$,连接 A 和 B,记为$\widehat{AB}$,从而有确定的 Hamilton 作用量值

$$J_{\widehat{AB}} = \int_{\widehat{AB}} L(t,\boldsymbol{q},\dot{\boldsymbol{q}})\mathrm{d}t.$$

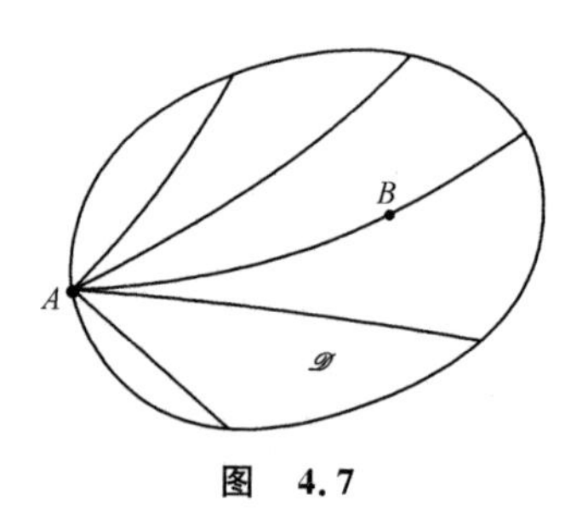

图　4.7

由于 A 点对整个中心场区域 $\mathscr{D}$ 来说是确定的,因

此 $J_{\widehat{AB}}$ 是 B 点的函数,即

$$J_{\widehat{AB}}=J(t,q_1,q_2,\cdots,q_n).$$

这个函数称为中心场$(\mathscr{D},\varphi)$的 Hamilton 作用量函数.

当上述末端点有微小变更时,Hamilton 作用量函数显然有相应的微小变更.这就是下面微分式:

$$\mathrm{d}J=\frac{\partial J}{\partial t}\mathrm{d}t+\sum_{i=1}^{n}\frac{\partial J}{\partial q_i}\mathrm{d}q_i.$$

如果上述中心场$(\mathscr{D},\varphi)$刚好是该力学系统的驻定轨道场,那么 Hamilton 作用量函数的上述微分式恰好是场的 Poincaré-Cartan 型.这就是下面的定理:

定理 中心驻定轨道场 Hamilton 作用量函数,对末端的微分式恰好是场的 Poincaré-Cartan 型.

证明 记末端 $B=(q_1,q_2,\cdots,q_n,t)$

第一步,研究先不变动 t,而仅有 $\mathrm{d}q_1,\mathrm{d}q_2,\cdots,\mathrm{d}q_n$ 即末端 B 变到 B',如图 4.8 所示.

$$B'=(q_1+\mathrm{d}q_1,q_2+\mathrm{d}q_2,\cdots,q_n+\mathrm{d}q_n,t).$$

显然 Hamilton 作用量函数的改变量为

$$\Delta J=\int_{\widehat{AB'}}L(t,\boldsymbol{q},\dot{\boldsymbol{q}})\mathrm{d}t-\int_{\widehat{AB}}L(t,\boldsymbol{q},\dot{\boldsymbol{q}})\mathrm{d}t.$$

由于末端的改变而引起的驻定轨道变分记为

$$\delta q_i(t)=[q_i(t)]_{\widehat{AB'}}-[q_i(t)]_{\widehat{AB}},\quad i=1,2,\cdots,n.$$

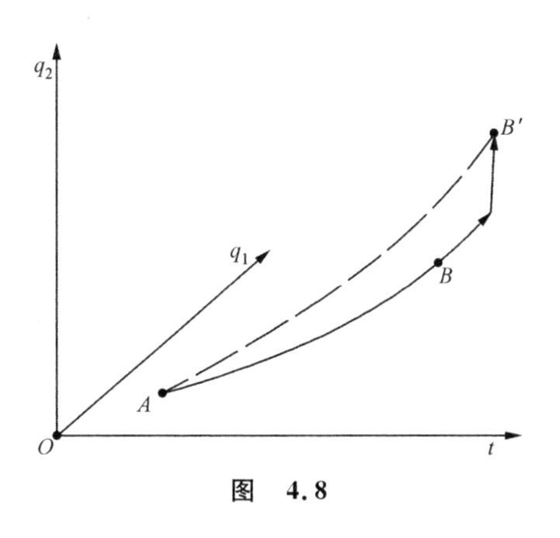

图 4.8

则上述 Hamilton 作用量函数改变量的线性主部为

$$\begin{aligned}\mathrm{d}J&=\int_{\widehat{AB}}\sum_{i=1}^{n}\left[\frac{\partial L}{\partial q_i}\delta q_i+\frac{\partial L}{\partial \dot{q}_i}\delta\dot{q}_i\right]\mathrm{d}t\\&=\left(\sum_{i=1}^{n}\frac{\partial L}{\partial \dot{q}_i}\delta q_i\right)\Bigg|_A^B-\int_{\widehat{AB}}\sum_{i=1}^{n}\left[\frac{\partial L}{\partial q_i}-\frac{\mathrm{d}}{\mathrm{d}t}\left(\frac{\partial L}{\partial \dot{q}_i}\right)\right]\delta q_i\mathrm{d}t.\end{aligned}$$

由于

$$\delta q_i|_A=0,$$

$$\delta q_i|_B=\mathrm{d}q_i,$$

$$\left[\frac{\partial L}{\partial q_i}-\frac{\mathrm{d}}{\mathrm{d}t}\left(\frac{\partial L}{\partial \dot{q}_i}\right)\right]_{\widehat{AB}}=0.$$

所以得到

$$\mathrm{d}J=\sum_{i=1}^{n}\left(\frac{\partial L}{\partial\dot{q}_i}\right)_B\mathrm{d}q_i.$$

注意到$\widehat{AB}$是驻定轨道,因而

$$(\dot{\boldsymbol{q}})_B=(\boldsymbol{u})_B.$$

所以有

$$\begin{aligned}\mathrm{d}J&=\sum_{i=1}^{n}\frac{\partial L}{\partial\dot{q}_i}(t,\boldsymbol{q},\boldsymbol{u})|_B\mathrm{d}q_i\\&=\sum_{i=1}^{n}p_i(t,\boldsymbol{q},\boldsymbol{u})\mathrm{d}q_i.\end{aligned}$$

亦即

$$\frac{\partial J}{\partial q_i}=p_i(t,\boldsymbol{q},\boldsymbol{u}),\quad i=1,2,\cdots,n.$$

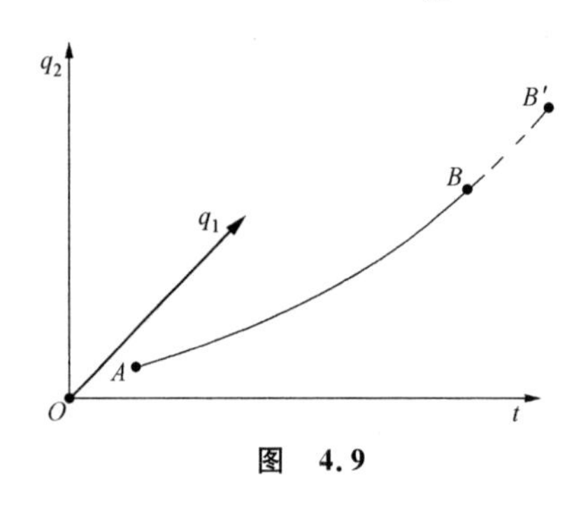

图　4.9

第二步,研究 Hamilton 作用量积分的末端 B 沿驻定轨道$\widehat{AB}$延长一微段到 B'的情况,如图 4.9 所示. 此时末端点的变化为 $B\rightarrow B'$,而

$$\begin{aligned}B'=&(q_1+\dot{q}_1|_B\mathrm{d}t,q_2+\dot{q}_2|_B\mathrm{d}t,\cdots,\\&q_n+\dot{q}_n|_B\mathrm{d}t,t+\mathrm{d}t).\end{aligned}$$

注意到微元段是沿驻定轨道,因此

$$\dot{q}_i|_B=u_i|_B,\quad i=1,2,\cdots,n.$$

此时,Hamilton 作用量的微分表达式可以有两种形式：第一种表达形式为：注意到 Hamilton 作用量 J 的积分式为

$$J=\int_{\widehat{AB}}L(t,\boldsymbol{q},\dot{\boldsymbol{q}})\mathrm{d}t,$$

从而

$$\mathrm{d}J=L|_B\mathrm{d}t,$$

第二种表达形式为：注意到末端 B'的表达式,我们又应有

$$\mathrm{d}J=\left.\frac{\partial J}{\partial t}\right|_B\mathrm{d}t+\sum_{i=1}^{n}\left.\frac{\partial J}{\partial q_i}\right|_B(\dot{q}_i|_B\mathrm{d}t).$$

比较以上 $\mathrm{d}J$ 的两个表达式,得到

$$\begin{aligned}\left.\frac{\partial J}{\partial t}\right|_B&=L|_B-\sum_{i=1}^{n}\left.\frac{\partial J}{\partial q_i}\right|_B\dot{q}_i|_B\\&=L(t,\boldsymbol{q},\boldsymbol{u})-\sum_{i=1}^{n}p_i(t,\boldsymbol{q},\boldsymbol{u})u_i\\&=-H(t,\boldsymbol{q},\boldsymbol{p}).\end{aligned}$$

综合以上结果,我们得到中心驻定场 Hamilton 作用量 $J(t,q_1,q_2,\cdots,q_n)$的全微分公式为

$$\begin{aligned}\mathrm{d}J &= \sum_{i=1}^{n} p_i(t,\boldsymbol{q},\boldsymbol{u})\mathrm{d}q_i + (-H)|_{(t,\boldsymbol{q},\boldsymbol{p})}\mathrm{d}t \\ &= \sum_{i=1}^{n}\frac{\partial L}{\partial \dot{q}_i}(t,\boldsymbol{q},\boldsymbol{u})\mathrm{d}q_i + \left[L(t,\boldsymbol{q},\boldsymbol{u}) - \sum_{i=1}^{n} u_i\frac{\partial L}{\partial \dot{q}_i}(t,\boldsymbol{q},\boldsymbol{u})\right]\mathrm{d}t \\ &= \omega_{\mathrm{P.C.}}.\end{aligned}$$

定理证毕. □

(9) Hilbert 定理.

根据(8)中的定理,立即可以得到以下的 Hilbert 定理.

定理 事件空间里中心驻定轨道场的 Poincaré-Cartan 型在 $\mathscr{D}$ 内沿任一路径的积分值只取决于路径的起点和终点,而与路径无关.

证明 设力学系统的 Lagrange 函数为 $L(t,\boldsymbol{q},\dot{\boldsymbol{q}})$,它的中心驻定轨道场为$(\mathscr{D},\varphi)$. 根据(8)中的证明,我们有 Hamilton 作用量函数 $J(t,q_1,q_2,\cdots,q_n)$,并且

$$\begin{aligned}\mathrm{d}J = \omega_{\mathrm{P.C.}} &= \sum_{i=1}^{n}\frac{\partial L}{\partial \dot{q}_i}(t,\boldsymbol{q},\boldsymbol{u})\mathrm{d}q_i \\ &\quad + \left[L(t,\boldsymbol{q},\boldsymbol{u}) - \sum_{i=1}^{n} u_i\frac{\partial L}{\partial \dot{q}_i}(t,\boldsymbol{q},\boldsymbol{u})\right]\mathrm{d}t.\end{aligned}$$

考查 $\mathscr{D}$ 内两点 S_1, S_2(如图 4.10 所示),联结两点有路径 γ 和 $\bar{\gamma}$,根据函数全微分沿闭环积分为零的定理,显然有

$$\int_{\gamma}\omega_{\mathrm{P.C.}} = \int_{\bar{\gamma}}\omega_{\mathrm{P.C.}},$$

即 Hilbert 定理成立. □

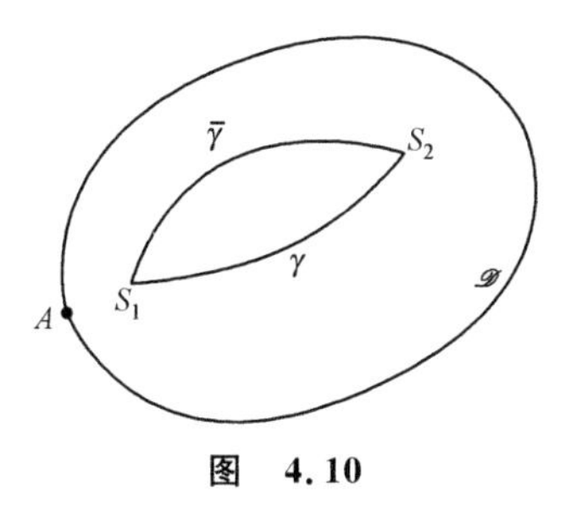

图 4.10

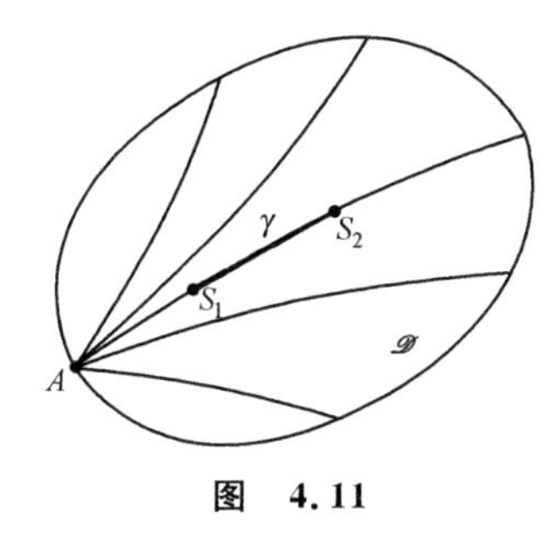

图 4.11

(10) Poincaré-Cartan 型沿驻定轨道的积分:

如图 4.11 所示,设已知某力学系统及其中心驻定轨道场$(\mathscr{D},\varphi)$,在 $\mathscr{D}$ 内有确定的 Poincaré-Cartan 微分型

$$\omega_{\text{P.C.}}=\sum_{i=1}^{n}\frac{\partial L}{\partial \dot{q}_i}(t,\boldsymbol{q},\boldsymbol{u})\mathrm{d}q_i+\left[L(t,\boldsymbol{q},\boldsymbol{u})-\sum_{i=1}^{n}u_i\frac{\partial L}{\partial \dot{q}_i}(t,\boldsymbol{q},\boldsymbol{u})\right]\mathrm{d}t.$$

考虑 $\mathscr{D}$ 内一段驻定轨道 $\widehat{S_1S_2}=\gamma$，计算 $\omega_{\text{P.C.}}$ 沿驻定轨道 γ 的积分 $I=\int_\gamma \omega_{\text{P.C.}}$，由于沿驻定轨道 γ 时，恒有 $\boldsymbol{u}=\dot{\boldsymbol{q}}$，因此

$$\begin{aligned}I&=\int_\gamma \omega_{\text{P.C.}}=\int_\gamma\left\{\sum_{i=1}^{n}\frac{\partial L}{\partial \dot{q}_i}(t,\boldsymbol{q},\dot{\boldsymbol{q}})\frac{\mathrm{d}q_i}{\mathrm{d}t}+\left[L(t,\boldsymbol{q},\dot{\boldsymbol{q}})-\sum_{i=1}^{n}\dot{q}_i\frac{\partial L}{\partial \dot{q}_i}(t,\boldsymbol{q},\dot{\boldsymbol{q}})\right]\right\}\mathrm{d}t\\&=\int_\gamma L(t,\boldsymbol{q},\dot{\boldsymbol{q}})\mathrm{d}t.\end{aligned}$$

由此可见，Poincaré-Cartan 微分型沿驻定轨道的积分刚好等于这一段轨道的 Hamilton 作用量值.

2. *泛函极值的基本定理*

利用上面关于事件空间里轨道场的理论，可以建立起泛函极值充分条件的基本定理.这涉及泛函改变量的表达式，Weierstrass 函数以及基本定理的几种表达形式.

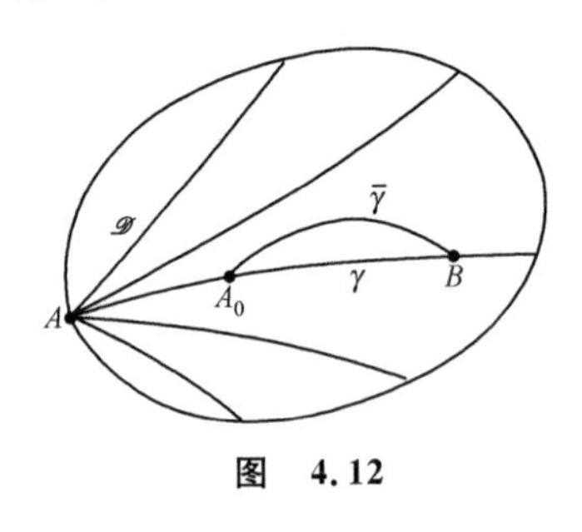

图　4.12

(1) 泛函改变量的表达式.

设已知一力学系统，其 Lagrange 函数为 $L(t,\boldsymbol{q},\dot{\boldsymbol{q}})$，假定已知$(\mathscr{D},\varphi)$是该系统的某一以 A 点为中心的驻定轨道场(如图 4.12 所示).

现考虑在 $\mathscr{D}$ 内有一段驻定轨道 $\gamma=\widehat{A_0B}$，从而可计算沿 γ 的 Hamilton 作用量

$$J(\gamma)=\int_\gamma L(t,\boldsymbol{q},\dot{\boldsymbol{q}})\mathrm{d}t.$$

该中心驻定轨道场的 Poincaré-Cartan 型为

$$\begin{aligned}\omega_{\text{P.C.}}&=\sum_{i=1}^{n}\frac{\partial L}{\partial \dot{q}_i}(t,\boldsymbol{q},\boldsymbol{u})\mathrm{d}q_i+\left[L(t,\boldsymbol{q},\boldsymbol{u})-\sum_{i=1}^{n}u_i\frac{\partial L}{\partial \dot{q}_i}(t,\boldsymbol{q},\boldsymbol{u})\right]\mathrm{d}t\\&=\sum_{i=1}^{n}p_i\mathrm{d}q_i-H\mathrm{d}t=\mathrm{d}J.\end{aligned}$$

根据之前(见(10)Poincaré-Cartan 型沿驻定轨道的积分)的论证，我们有

$$J(\gamma)=\int_\gamma \mathrm{d}J.$$

现考虑从 A_0 到 B 的变轨 $\bar{\gamma}$，根据 Hilbert 定理，有

$$\begin{aligned}J(\gamma)&=\int_\gamma \mathrm{d}J=\int_{\bar{\gamma}}\mathrm{d}J\\&=\int_{\bar{\gamma}}\left\{\sum_{i=1}^{n}\frac{\partial L}{\partial \dot{q}_i}(t,\boldsymbol{q},\boldsymbol{u})\mathrm{d}q_i+\left[L(t,\boldsymbol{q},\boldsymbol{u})-\sum_{i=1}^{n}u_i\frac{\partial L}{\partial \dot{q}_i}(t,\boldsymbol{q},\boldsymbol{u})\right]\mathrm{d}t\right\}\end{aligned}$$

$$= \int_{\bar{\gamma}} \left\{ \sum_{i=1}^{n} \frac{\partial L}{\partial \dot{q}_i}(t, \boldsymbol{q}, \boldsymbol{u}) \frac{\mathrm{d}q_i}{\mathrm{d}t} + \left[L(t, \boldsymbol{q}, \boldsymbol{u}) - \sum_{i=1}^{n} u_i \frac{\partial L}{\partial \dot{q}_i}(t, \boldsymbol{q}, \boldsymbol{u}) \right] \right\} \mathrm{d}t,$$

而沿路径 $\bar{\gamma}$ 的 Hamilton 作用量为

$$J(\bar{\gamma}) = \int_{\bar{\gamma}} L(t, \boldsymbol{q}, \dot{\boldsymbol{q}}) \mathrm{d}t,$$

从而可以得到 Hamilton 作用量泛函的改变量表达式

$$\begin{aligned} \Delta J &= J(\bar{\gamma}) - J(\gamma) \\ &= \int_{\bar{\gamma}} \left[L(t, \boldsymbol{q}, \dot{\boldsymbol{q}}) - L(t, \boldsymbol{q}, \boldsymbol{u}) - \sum_{i=1}^{n} (\dot{q}_i - u_i) \frac{\partial L}{\partial \dot{q}_i}(t, \boldsymbol{q}, \boldsymbol{u}) \right] \mathrm{d}t, \end{aligned}$$

其中 $\dot{\boldsymbol{q}}$ 是 $\bar{\gamma}$ 路径本身的速度向量，而 $\boldsymbol{u}$ 是 $\bar{\gamma}$ 路径上场的速度向量.

(2) Weierstrass 函数.

根据以上的推证，引入 Weierstrass 函数的定义如下：

$$E(t, \boldsymbol{q}, \boldsymbol{\xi}, \boldsymbol{\eta}) \triangleq L(t, \boldsymbol{q}, \boldsymbol{\eta}) - L(t, \boldsymbol{q}, \boldsymbol{\xi}) - \sum_{i=1}^{n} (\eta_i - \xi_i) \frac{\partial L}{\partial \dot{q}_i}(t, \boldsymbol{q}, \boldsymbol{\xi}),$$

从而得到 Hamilton 作用量泛函的改变量为

$$\Delta J = \int_{\bar{\gamma}} E(t, \boldsymbol{q}, \boldsymbol{u}, \dot{\boldsymbol{q}}) \mathrm{d}t.$$

(3) 泛函极值充分条件的基本定理.

定理 1 已知一力学系统，其 Lagrange 函数为 $L(g, \boldsymbol{q}, \dot{\boldsymbol{q}})$.

设 $\gamma = \widehat{A_0 B}$ 是一段驻定轨道，那么沿 γ 的 Hamilton 作用量是定端点强极小值的充分条件是：

① 有包围 γ 的邻域 $\mathscr{D}$，A_0 可在 $\mathscr{D}$ 的边界上，在 $\mathscr{D}$ 内可建立中心驻定轨道场 $(\mathscr{D}, \varphi)$，且 $\gamma \in \varphi$；

② γ 有邻域 $\mathscr{D}' \subset \mathscr{D}$ 存在，A_0 可在 $\mathscr{D}'$ 的边界上，使在此邻域中，Weierstrass 函数 $E(t, \boldsymbol{q}, \boldsymbol{u}, \boldsymbol{\eta})$ 对任意的 $\boldsymbol{\eta}$ 都有

$$E(t, \boldsymbol{q}, \boldsymbol{u}, \boldsymbol{\eta}) \geqslant 0.$$

证明 在 $\mathscr{D}'$ 区域内，取 γ 的任一定端点变轨 $\bar{\gamma}$（强变分轨道），根据上一小段的计算结果，有

$$\Delta J = \int_{\bar{\gamma}} L(t, \boldsymbol{q}, \dot{\boldsymbol{q}}) \mathrm{d}t - \int_{\gamma} L(t, \boldsymbol{q}, \dot{\boldsymbol{q}}) \mathrm{d}t = \int_{\bar{\gamma}} E(t, \boldsymbol{q}, \boldsymbol{u}, \dot{\boldsymbol{q}}) \mathrm{d}t.$$

由于 $\bar{\gamma}$ 在 $\mathscr{D}'$ 区域内，故上式积分过程中，恒有

$$E(t, \boldsymbol{q}, \boldsymbol{u}, \dot{\boldsymbol{q}}) \geqslant 0,$$

从而 $\Delta J \geqslant 0$，亦即

$$\int_{\bar{\gamma}} L(t, \boldsymbol{q}, \dot{\boldsymbol{q}}) \mathrm{d}t \geqslant \int_{\gamma} L(t, \boldsymbol{q}, \dot{\boldsymbol{q}}) \mathrm{d}t.$$

即泛函 $\int_{A_0}^{B} L(t,\boldsymbol{q},\dot{\boldsymbol{q}})\mathrm{d}t$ 沿正轨 γ 取强极小值. 定理证毕. □

定理 2(定理 1 的简化条件)　定理 1 的条件②可代之为：γ 有邻域 $\mathscr{D}'\subset\mathscr{D}$ 存在，使在此邻域中，二次型

$$\frac{1}{2}\sum_{i=1}^{n}\sum_{j=1}^{n}\frac{\partial^2 L}{\partial\dot{q}_i\partial\dot{q}_j}(t,\boldsymbol{q},\boldsymbol{u}^*)x_ix_j$$

对任意的 $\boldsymbol{u}^*$ 是常正的.

证明　根据定理 1，展开 Weierstrass 函数中的 $L(t,\boldsymbol{q},\boldsymbol{\eta})$，有

$$\begin{aligned}E(t,\boldsymbol{q},\boldsymbol{u},\boldsymbol{\eta}) &= L(t,\boldsymbol{q},\boldsymbol{\eta})-L(t,\boldsymbol{q},\boldsymbol{u})-\sum_{i=1}^{n}(\eta_i-u_i)\frac{\partial L}{\partial\dot{q}_i}(t,\boldsymbol{q},\boldsymbol{u})\\ &=\Big[L(t,\boldsymbol{q},\boldsymbol{u})+\sum_{i=1}^{n}\frac{\partial L}{\partial\dot{q}_i}(t,\boldsymbol{q},\boldsymbol{u})(\eta_i-u_i)\\ &\quad+\frac{1}{2}\sum_{i=1}^{n}\sum_{j=1}^{n}\frac{\partial^2 L}{\partial\dot{q}_i\partial\dot{q}_j}(t,\boldsymbol{q},\boldsymbol{u}^*)(\eta_i-u_i)(\eta_j-u_j)\Big]\\ &\quad-L(t,\boldsymbol{q},\boldsymbol{u})-\sum_{i=1}^{n}(\eta_i-u_i)\frac{\partial L}{\partial\dot{q}_i}(t,\boldsymbol{q},\boldsymbol{u})\\ &=\frac{1}{2}\sum_{i=1}^{n}\sum_{j=1}^{n}\frac{\partial^2 L}{\partial\dot{q}_i\partial\dot{q}_j}(t,\boldsymbol{q},\boldsymbol{u}^*)(\eta_i-u_i)(\eta_j-u_j),\end{aligned}$$

其中 $\boldsymbol{u}^*$ 位于 $\boldsymbol{\eta}$ 和 $\boldsymbol{u}$ 之间. 因此，只要 $\frac{1}{2}\sum_{i=1}^{n}\sum_{j=1}^{n}\frac{\partial^2 L}{\partial\dot{q}_i\partial\dot{q}_j}(t,\boldsymbol{q},\boldsymbol{u}^*)x_i$ 对任意的 $\boldsymbol{u}^*$ 是常正的二次型，那么，对任意的 $\boldsymbol{\eta}$，恒有

$$E(t,\boldsymbol{q},\boldsymbol{u},\boldsymbol{\eta})\geqslant 0.$$

从而满足沿 γ 的 Hamilton 作用量是强极小的充分条件. 定理证毕. □

经典的 Hamilton 原理考虑的是弱变分的问题. 由于弱变分问题中，变分轨道的位形和速度全在正轨的邻域里，因此利用定理 2，可以得到以下关于经典 Hamilton 原理充分条件的基本定理：

定理 3　任一力学系统(理想、完整、有势)，其 Lagrange 函数为 $L(t,\boldsymbol{q},\dot{\boldsymbol{q}})$，在其事件空间里有一段驻定轨道 $\gamma=\widehat{A_0B}$. 沿 γ 的 Hamilton 作用量是定端点弱极小的充分条件是：

① 有包围 γ 的邻域 $\mathscr{D}$(A_0 可在 $\mathscr{D}$ 的边界上)，在 $\mathscr{D}$ 内可建立系统的中心驻定轨道场($\mathscr{D},\varphi$)，且 $\gamma\in\varphi$；

② 沿 γ，

$$\frac{1}{2}\sum_{i=1}^{n}\sum_{j=1}^{n}\frac{\partial^2 L}{\partial\dot{q}_i\partial\dot{q}_j}(t,\boldsymbol{q},\dot{\boldsymbol{q}})x_ix_j$$

是正定二次型. 其中条件①称为 Jacobi 条件，条件②称为加强的 Legendre 条件. 注

意到力学系统 Lagrange 函数的构造

$$L = T - V = (T_2 + T_1 + T_0) - V$$

$$= \left(\frac{1}{2}\sum_{i=1}^{n}\sum_{j=1}^{n} a_{ij}\dot{q}_i\dot{q}_j + \sum_{i=1}^{n} b_i\dot{q}_i + C\right) - V(q_1, q_2, \cdots, q_n, t),$$

其中 T_2 是广义速度的正定二次型,因而

$$\frac{1}{2}\sum_{i=1}^{n}\sum_{j=1}^{n} \frac{\partial^2 L}{\partial \dot{q}_i \partial \dot{q}_j}(t, \boldsymbol{q}, \boldsymbol{u}^*) x_i x_j = \frac{1}{2}\sum_{i=1}^{n}\sum_{j=1}^{n} a_{ij} x_i x_j$$

是正定二次型. 由此可见,对于力学系统而言,加强的 Legendre 条件是恒满足的. 所以,沿正轨的 Hamilton 作用量是不是弱极小值的问题,关键在于考查 Jacobi 条件是否成立的问题.

3. 关于 Jacobi 条件

(1) Jacobi 定理.

设已知某力学系统(理想、完整、有势),其 Lagrange 函数为 $L(t, \boldsymbol{q}, \dot{\boldsymbol{q}})$. 又设已知该力学系统在事件空间里的一段驻定轨道 $\gamma = \widehat{A_0 B}$,其中

$$A_0 = (q_1^0, q_2^0, \cdots, q_n^0, t_0),$$

$$B = (q_1, q_2, \cdots, q_n, t_1).$$

轨道 $\gamma = \widehat{A_0 B}$ 是满足系统动力学方程的正轨,即满足

$$\frac{\mathrm{d}}{\mathrm{d}t}\left(\frac{\partial L}{\partial \dot{q}_i}\right) - \frac{\partial L}{\partial q_i} = 0, \quad i = 1, 2, \cdots, n.$$

根据力学系统 Lagrange 函数的性质,恒有加强的 Legendre 条件成立,即

$$\frac{1}{2}\sum_{i=1}^{n}\sum_{j=1}^{n} \frac{\partial^2 L}{\partial \dot{q}_i \partial \dot{q}_j} x_i x_j$$

是正定二次型. 因此,上述 Lagrange 第二类方程组过任一点都是非蜕化的二阶方程组,并可以按最高阶导数解成典范形式. 据此,对过 A_0 点各种初始速度的取法都有唯一存在的动力学方程解,从而形成了过 A_0 点的驻定轨道族

$$q_i = q_i(t, \alpha_1, \alpha_2, \cdots, \alpha_n), \quad i = 1, 2, \cdots, n.$$

上述轨道满足如下的初始条件

① 过 A_0 点,即

$$q_i(t, \alpha_1, \alpha_2, \cdots, \alpha_n)\big|_{t=t_0} = q_i^0, \quad i = 1, 2, \cdots, n;$$

② $\alpha_1, \alpha_2, \cdots, \alpha_n$ 是动力学轨道过 A_0 点的各广义速度分量的改变量,即

$$\dot{q}_i(t_1, \alpha_1, \alpha_2, \cdots, \alpha_n)\big|_{t=t_0} = \alpha_i + \dot{q}_i^0, \quad i = 1, 2, \cdots, n,$$

其中 $\dot{q}_i^0$ 是 $\widehat{A_0 B}$ 的初始速度分量. 上述的过 A_0 点的动力学轨道族都是系统的驻定轨道,它形成包围 γ(A_0 在邻域边界上)的中心驻定轨道场的条件是: 存在包围 γ

的一个邻域(A_0 在边界上)$\mathscr{D}'$,在此邻域中任给一点 $B^*=(q_1^*,q_2^*,\cdots,q_n^*,t^*)$,都有且仅有唯一的一条属于上述驻定轨道族中的一条轨道通过它,即下述方程组:

$$q_i(t^*,\alpha_1,\alpha_2,\cdots,\alpha_n)=q_i^*,\quad i=1,2,\cdots,n$$

在 γ 的 $\mathscr{D}'$邻域内存在唯一的一组解 $\alpha_1^*,\alpha_2^*,\cdots,\alpha_n^*$.

根据隐函数定理,上述隐式函数方程存在唯一解的条件是

$$\Delta=\frac{\mathrm{D}(q_1,q_2,\cdots,q_n)}{\mathrm{D}(\alpha_1,\alpha_2,\cdots,\alpha_n)}\bigg|_{t=t^*}\neq 0.$$

由此得到 Jacobi 定理如下:

Jacobi 定理 一力学系统的 Lagrange 函数为 $L(t,\boldsymbol{q},\dot{\boldsymbol{q}})$,$\gamma=\widehat{A_0B}$ 是联结 $A_0=(q_1^0,q_2^0,\cdots,q_n^0,t_0)$及 $B=(q_1^1,q_2^1,\cdots,q_n^1,t_1)$的动力学正轨. 那么,Hamilton 作用量 $J=\int_\gamma L(t,\boldsymbol{q},\dot{\boldsymbol{q}})\mathrm{d}t$ 是弱极小的充分条件是:存在包围 γ 的一个邻域(A_0 在邻域边界上),使在此邻域内,恒有

$$\Delta=\frac{\mathrm{D}(q_1,q_2,\cdots,q_n)}{\mathrm{D}(\alpha_1,\alpha_2,\cdots,\alpha_n)}\neq 0,$$

其中 $q_i=q_i(t,\alpha_1,\alpha_2,\cdots,\alpha_n)$是过 A_0 的动力学轨道族,而 $\alpha_1,\alpha_2,\cdots,\alpha_n$ 是过 A_0 的初始速度分量改变量.

(2) 力学系统在(t_0,t_1)足够短时,沿正轨 Hamilton 作用量是极小值的证明.

考虑一力学系统,其 Lagrange 函数为 $L(t,\boldsymbol{q},\dot{\boldsymbol{q}})$,系统的 Hamilton 作用量为

$$J=\int_\gamma L(t,\boldsymbol{q},\dot{\boldsymbol{q}})\mathrm{d}t.$$

系统的动力学轨道,亦即上述泛函的驻定轨道,满足如下方程:

$$\frac{\mathrm{d}}{\mathrm{d}t}\left(\frac{\partial L}{\partial\dot{q}_i}\right)-\frac{\partial L}{\partial q_i}=0,\quad i=1,2,\cdots,n.$$

由于 $\frac{1}{2}\sum_{i=1}^n\sum_{j=1}^n\frac{\partial^2 L}{\partial\dot{q}_i\partial\dot{q}_j}x_ix_j$ 是正定二次型,上述 Lagrange 第二类方程对 $\ddot{q}_1,\ddot{q}_2,\cdots,\ddot{q}_n$ 可解成非蜕化的典范形式,从而为过 A_0 构成动力学轨道族提供基础.

现考虑一段正轨 $\gamma=\widehat{A_0B}$,其中 $A_0=(q_1^0,q_2^0,\cdots,q_n^0,t_0)$,$\gamma$ 在 A_0 的初始速度为 $[\dot{q}_1^0,\dot{q}_2^0,\cdots,\dot{q}_n^0]^{\mathrm{T}}$. 现构造过 A_0 点的动力学轨道族

$$q_i=q_i(t,\alpha_1,\alpha_2,\cdots,\alpha_n),\quad i=1,2,\cdots,n,$$

满足如下初始条件:

① 过 A_0 点,即

$$q_i(t,\alpha_1,\alpha_2,\cdots,\alpha_n)|_{t=t_0}=q_i^0,\quad i=1,2,\cdots,n;$$

② $\alpha_1,\alpha_2,\cdots,\alpha_n$ 是动力学轨道过 A_0 点的广义速度的变量,即

$$\dot{q}_i(t,\alpha_1,\alpha_2,\cdots,\alpha_n)|_{t=t_0}=\dot{q}_i^0+\alpha_i,\quad i=1,2,\cdots,n.$$

显然，在 t_0 的邻近，动力学轨道族 $q_i=q_i(t,\alpha_1,\cdots,\alpha_n)$ 的展开式为

$$q_i(t,\alpha_1,\cdots,\alpha_n)=q_i^0+(\dot{q}_i^0+\alpha_i)(t-t_0)+o(t-t_0)^2,\quad i=1,2,\cdots,n,$$

从而，在 t_0 邻近有

$$\begin{aligned}\Delta&=\frac{\mathrm{D}(q_1,q_2,\cdots,q_n)}{\mathrm{D}(\alpha_1,\alpha_2,\cdots,\alpha_n)}\\&=\begin{vmatrix}(t-t_0)+o(t-t_0)^2 & 0+o(t-t_0)^2 & \cdots & 0+o(t-t_0)^2\\ 0+o(t-t_0)^2 & (t-t_0)+o(t-t_0)^2 & \cdots & 0+o(t-t_0)^2\\ \vdots & \vdots & & \vdots\\ 0+o(t-t_0)^2 & 0+o(t-t_0)^2 & \cdots & (t-t_0)+o(t-t_0)^2\end{vmatrix}\\&=(t-t_0)^n+o[(t-t_0)^{n+1}].\end{aligned}$$

显然，当 (t_0,t_1) 足够短，且 $t_1-t_0>0$ 之时，有

$$\Delta=\frac{\mathrm{D}(q_1,q_2,\cdots,q_n)}{\mathrm{D}(\alpha_1,\alpha_2,\cdots,\alpha_n)}>0,\quad t_1>t>t_0.$$

根据 Jacobi 定理，显然，此时沿 γ 的 Hamilton 作用量是弱极小.

(3) Jacobi 方程.

应用 Jacobi 定理中的 Jacobi 条件来判定沿正轨的 Hamilton 作用量是否是弱极小还不够方便，进一步的研究发现，Jacobi 条件的判别可以化为一个线性方程组(称为 Jacobi 方程)基本解组临界点的判别. 以下来说明这一结果.

以两个自由度的系统为例，设系统的 Lagrange 函数为 $L(t,q_1,q_2,\dot{q}_1,\dot{q}_2)$. 考虑时间区段 (t_0,t_1) 之间的某个正轨 γ，它在 $t=t_0$ 时刻的初始条件为

$$q_1|_{t=t_0}=q_1^0,\quad q_2|_{t=t_0}=q_2^0,$$
$$\dot{q}_1|_{t=t_0}=\dot{q}_1^0,\quad \dot{q}_2|_{t=t_0}=\dot{q}_2^0.$$

考虑由 A 点出发的中心驻定轨道族(如图 4.13 所示)，其初始条件为：

初始位形和 γ 一致，即

$$q_1|_{t=t_0}=q_1^0,\quad q_2|_{t=t_0}=q_2^0.$$

初始速度对 γ 而言有变分，即

$$\dot{q}_1|_{t=t_0}=\dot{q}_1^0+\alpha_1,\quad \dot{q}_2|_{t=t_0}=\dot{q}_2^0+\alpha_2.$$

根据 $\frac{1}{2}\sum_{i=1}^{n}\sum_{j=1}^{n}\frac{\partial^2 L}{\partial\dot{q}_i\partial\dot{q}_j}x_ix_j$ 是正定二次型的性质，我们可以得到过 A_0 点的依赖于参数 α_1,α_2 的中心驻定轨道族

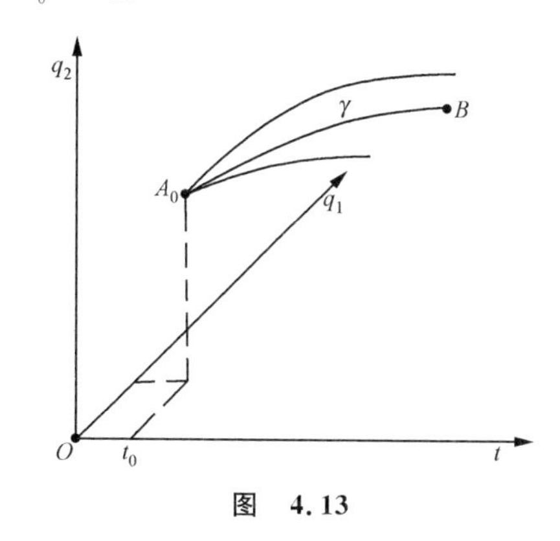

图 4.13

$$q_1=q_1(t,\alpha_1,\alpha_2),\quad q_2=q_2(t,\alpha_1,\alpha_2).$$

它满足系统的动力学方程

$$\mathscr{L}_1 = \frac{\partial L}{\partial q_1}(t, \boldsymbol{q}(t, \alpha_1, \alpha_2), \dot{\boldsymbol{q}}(t, \alpha_1, \alpha_2)) - \frac{\mathrm{d}}{\mathrm{d}t}\left[\frac{\partial L}{\partial \dot{q}_1}(t, \boldsymbol{q}(t, \alpha_1, \alpha_2), \dot{\boldsymbol{q}}(t, \alpha_1, \alpha_2))\right] = 0,$$

$$\mathscr{L}_2 = \frac{\partial L}{\partial q_2}(t, \boldsymbol{q}(t, \alpha_1, \alpha_2), \dot{\boldsymbol{q}}(t, \alpha_1, \alpha_2)) - \frac{\mathrm{d}}{\mathrm{d}t}\left[\frac{\partial L}{\partial \dot{q}_2}(t, \boldsymbol{q}(t, \alpha_1, \alpha_2), \dot{\boldsymbol{q}}(t, \alpha_1, \alpha_2))\right] = 0.$$

为了判别 $q_1(t, \alpha_1, \alpha_2), q_2(t, \alpha_1, \alpha_2)$是否能形成包围 γ(A_0 在边界上)的中心场,判别条件是在区域内有

$$\Delta = \begin{vmatrix} \dfrac{\partial q_1}{\partial \alpha_1} & \dfrac{\partial q_2}{\partial \alpha_1} \\ \dfrac{\partial q_1}{\partial \alpha_2} & \dfrac{\partial q_2}{\partial \alpha_2} \end{vmatrix} \neq 0.$$

记

$$\frac{\partial q_1}{\partial \alpha_1} = u_1, \quad \frac{\partial q_2}{\partial \alpha_1} = u_2,$$

$$\frac{\partial q_1}{\partial \alpha_2} = v_1, \quad \frac{\partial q_2}{\partial \alpha_2} = v_2,$$

从动力学方程立即可以得到 u_1, u_2, v_1, v_2 满足的方程为

$$\begin{cases} \dfrac{\partial \mathscr{L}_1}{\partial \alpha_1} = L_{q_1 q_1} u_1 + L_{q_1 \dot{q}_1} u_1 + L_{q_1 q_2} u_2 + L_{q_1 \dot{q}_2} \dot{u}_2 \\ \qquad - \dfrac{\mathrm{d}}{\mathrm{d}t}[L_{\dot{q}_1 q_1} u_1 + L_{\dot{q}_1 \dot{q}_1} \dot{u}_1 + L_{\dot{q}_1 q_2} u_2 + L_{\dot{q}_1 \dot{q}_2} \dot{u}_2] = 0, \\ \dfrac{\partial \mathscr{L}_2}{\partial \alpha_1} = L_{q_2 q_1} u_1 + L_{q_2 \dot{q}_1} \dot{u}_1 + L_{q_2 q_2} u_2 + L_{q_2 \dot{q}_2} \dot{u}_2 \\ \qquad - \dfrac{\mathrm{d}}{\mathrm{d}t}[L_{\dot{q}_2 q_1} u_1 + L_{\dot{q}_2 \dot{q}_1} \dot{u}_1 + L_{\dot{q}_2 q_2} u_2 + L_{\dot{q}_2 \dot{q}_2} \dot{u}_2] = 0; \end{cases}$$

$$\begin{cases} \dfrac{\partial \mathscr{L}_1}{\partial \alpha_2} = L_{q_1 q_1} v_1 + L_{q_1 \dot{q}_1} \dot{v}_1 + L_{q_1 q_2} v_2 + L_{q_1 \dot{q}_2} \dot{v}_2 \\ \qquad - \dfrac{\mathrm{d}}{\mathrm{d}t}[L_{\dot{q}_1 q_1} v_1 + L_{\dot{q}_1 \dot{q}_1} \dot{v}_1 + L_{\dot{q}_1 q_2} v_2 + L_{\dot{q}_1 \dot{q}_2} \dot{v}_2] = 0, \\ \dfrac{\partial \mathscr{L}_2}{\partial \alpha_2} = L_{q_2 q_1} v_1 + L_{q_2 \dot{q}_1} \dot{v}_1 + L_{q_2 q_2} v_2 + L_{q_2 \dot{q}_2} \dot{v}_2 \\ \qquad - \dfrac{\mathrm{d}}{\mathrm{d}t}[L_{\dot{q}_2 q_1} v_1 + L_{\dot{q}_2 \dot{q}_1} \dot{v}_1 + L_{\dot{q}_2 q_2} v_2 + L_{\dot{q}_2 \dot{q}_2} \dot{v}_2] = 0. \end{cases}$$

很明显,u_1, u_2 的方程和 v_1, v_2 的方程是同样的方程组,只是 u_1, u_2 和 v_1, v_2 的初始条件不同.因此,可引入如下统一的 Jacobi 方程组:

$$\begin{cases} L_{q_1 q_1} x + L_{q_1 \dot{q}_1} \dot{x} + L_{q_1 q_2} y + L_{q_1 \dot{q}_2} \dot{y} - \dfrac{\mathrm{d}}{\mathrm{d}t}[L_{\dot{q}_1 q_1} x + L_{\dot{q}_1 \dot{q}_1} \dot{x} + L_{\dot{q}_1 q_2} y + L_{\dot{q}_1 \dot{q}_2} \dot{y}] = 0, \\ L_{q_2 q_1} x + L_{q_2 \dot{q}_1} \dot{x} + L_{q_2 q_2} y + L_{q_2 \dot{q}_2} \dot{y} - \dfrac{\mathrm{d}}{\mathrm{d}t}[L_{\dot{q}_2 q_1} x + L_{\dot{q}_2 \dot{q}_1} \dot{x} + L_{\dot{q}_2 q_2} y + L_{\dot{q}_2 \dot{q}_2} \dot{y}] = 0. \end{cases}$$

它的两个基本解组 (x_1,y_1) 及 (x_2,y_2) 满足初始条件

$$x_1|_{t=t_0}=y_1|_{t=t_0}=x_2|_{t=t_0}=y_2|_{t=t_0}=0,$$
$$\dot{x}_1|_{t=t_0}=1,\quad \dot{y}_1|_{t=t_0}=0,\quad \dot{x}_2|_{t=t_0}=0,\quad \dot{y}_2|_{t=t_0}=1.$$

根据线性方程组的性质，(u_1,u_2)，(v_1,v_2) 是基本解组的线性组合，即

$$\begin{cases} u_1=\lambda_1 x_1+\lambda_2 x_2, & v_1=\mu_1 x_1+\mu_2 x_2, \\ u_2=\lambda_1 y_1+\lambda_2 y_2, & v_2=\mu_1 y_1+\mu_2 y_2, \end{cases}$$

从而

$$\Delta=\begin{vmatrix} u_1 & u_2 \\ v_1 & v_2 \end{vmatrix}=(\lambda_1\mu_2-\lambda_2\mu_1)\begin{vmatrix} x_1 & y_1 \\ x_2 & y_2 \end{vmatrix}.$$

由于 Δ 在 A_0 点邻近且 $t_1-t_0>0$ 时是大于零的，因此肯定有

$$\lambda_1\mu_2-\lambda_2\mu_1\neq 0,$$

从而 $\Delta\neq 0$ 的条件等价于 $D=\begin{vmatrix} x_1 & y_1 \\ x_2 & y_2 \end{vmatrix}\neq 0$ 的条件. 这个条件可以通过寻求 Jacobi 方程组的基本解组来加以判定.

(4) Jacobi 方程与 Hamilton 作用量泛函的二阶变分.

前面得到的 Jacobi 方程实际上和 Hamilton 作用量泛函的二阶变分密切相关. 以两个自由度系统为例，Hamilton 作用量泛函为

$$J=\int_{t_0}^{t_1} L(t,q_1,q_2,\dot{q}_1,\dot{q}_2)\mathrm{d}t.$$

上述 Hamilton 作用量泛函的二阶变分为

$$\begin{aligned} \delta^2 J=&\frac{1}{2}\int_{t_0}^{t_1}\Big[\Big(L_{q_1q_1}-\frac{\mathrm{d}}{\mathrm{d}t}L_{q_1\dot{q}_1}\Big)(\delta q_1)^2+\Big(L_{q_2q_2}-\frac{\mathrm{d}}{\mathrm{d}t}L_{q_2\dot{q}_2}\Big)(\delta q_2)^2 \\ &+2L_{q_1q_2}\delta q_1\delta q_2+2L_{q_1\dot{q}_2}\delta q_1\delta\dot{q}_2+2L_{q_2\dot{q}_1}\delta q_2\delta\dot{q}_1 \\ &+2L_{\dot{q}_1\dot{q}_2}\delta\dot{q}_1\delta\dot{q}_1+L_{\dot{q}_1\dot{q}_1}(\delta\dot{q}_1)^2+L_{\dot{q}_2\dot{q}_2}(\delta\dot{q}_2)^2\Big]\mathrm{d}t \\ =&\int_{t_0}^{t_1} F(t,\delta q_1,\delta q_2,\delta\dot{q}_1,\delta\dot{q}_2)\mathrm{d}t. \end{aligned}$$

把以上的二阶变分表达式看成以 δq_1，δq_2 为自变函数的泛函 I，显然这是一个二次泛函，它的 Euler 方程是一个线性方程组，可计算得到

$$\begin{cases} \Big(L_{q_1q_1}-\dfrac{\mathrm{d}}{\mathrm{d}t}L_{q_1\dot{q}_1}\Big)\delta q_1+L_{q_1q_2}\delta q_2+L_{q_1\dot{q}_2}\delta\dot{q}_2 \\ \qquad -\dfrac{\mathrm{d}}{\mathrm{d}t}[L_{q_2\dot{q}_1}\delta q_2+L_{\dot{q}_1\dot{q}_2}\delta\dot{q}_2+L_{\dot{q}_1\dot{q}_1}\delta\dot{q}_1]=0, \\ \Big(L_{q_2q_1}-\dfrac{\mathrm{d}}{\mathrm{d}t}L_{q_2\dot{q}_2}\Big)\delta q_2+L_{q_1q_2}\delta q_1+L_{q_2\dot{q}_1}\delta\dot{q}_1 \\ \qquad -\dfrac{\mathrm{d}}{\mathrm{d}t}[L_{q_1\dot{q}_2}\delta q_1+L_{\dot{q}_1\dot{q}_2}\delta\dot{q}_1+L_{\dot{q}_2\dot{q}_2}\delta\dot{q}_2]=0. \end{cases}$$

这个 Euler 方程组和 Jacobi 方程组完全一致.

上述 Euler 方程组有明显的特解

$$\delta q_1 = 0, \quad \delta q_2 = 0.$$

对此特解，I 的取值是零. 在 Jacobi 条件满足情况下，上述特解是泛函 I 定端点变分唯一的驻定轨线，它使 I 取极小值，因此，$\delta^2 J = I$ 是正定泛函. 从而可以断定，在这种条件下，Hamilton 作用量沿正轨是弱极小.

(5) 例子.

应用 Jacobi 方程来判断 Hamilton 作用量沿正轨是不是极小值，关键在于求解 Jacobi 方程的基本解组. 以下举例.

例 线性弹性恢复力振子

$$L = \frac{1}{2}m\dot{q} - \frac{1}{2}kq^2.$$

其 Jacobi 方程为

$$L_{qq}u + L_{q\dot{q}}\dot{u} - \frac{\mathrm{d}}{\mathrm{d}t}[L_{\dot{q}q}u + L_{\dot{q}\dot{q}}\dot{u}] = 0,$$

而

$$L_{qq} = -k, \quad L_{q\dot{q}} = L_{\dot{q}q} = 0, \quad L_{\dot{q}\dot{q}} = m,$$

从而

$$-ku - \frac{\mathrm{d}}{\mathrm{d}t}(m\dot{u}) = 0,$$

亦即

$$\ddot{u} + \omega^2 u = 0, \quad \omega = \sqrt{\frac{k}{m}}.$$

按初始条件 $u|_{t=0}=0, \dot{u}|_{t=0}=1$ 得到 Jacobi 方程的解

$$u = \frac{1}{\omega}\sin\omega t.$$

当 $t=t^*=\pi/\omega$ 时，有 $u=0$，所以 Hamilton 作用量

$$J = \int_0^{t_1} L\mathrm{d}t$$

沿正轨成为极小值的充分条件是 $t_1 < t^*$. 实际上也可以证明，这个条件也是必要的. 如果 $t_1 > t^*$，则 J 不再是弱极小.

例 线性斥力系统

$$L = T - V = \frac{1}{2}m\dot{q}^2 + \frac{1}{2}kq^2.$$

其 Jacobi 方程为

$$\ddot{u} - \omega^2 u = 0, \quad \omega = \sqrt{\frac{k}{m}}.$$

由初始条件

$$u|_{t=0}=0,\quad \dot{u}|_{t=0}=1$$

得到 Jacobi 方程的解

$$u=\frac{1}{2\omega}\mathrm{e}^{\omega t}-\frac{1}{2\omega}\mathrm{e}^{-\omega t}.$$

试检查,有无 $t=t^*>0$ 使 $u|_{t=t^*}=0$,即

$$\frac{1}{2\omega}(\mathrm{e}^{\omega t^*}-\mathrm{e}^{-\omega t^*})=0.$$

上述方程 $t^*>0$ 时无解. 故有结论:这一问题的任意正轨,其 Hamilton 作用量 $J=\int_0^{t_1}L\mathrm{d}t$ 是弱极小.

例　两自由度的问题:考虑平面重力的抛射问题,其系统为

$$L=\frac{1}{2}m(\dot{q}_1^2+\dot{q}_2^2)-mgq_2.$$

Jacobi 方程组为

$$\begin{cases}-\dfrac{\mathrm{d}}{\mathrm{d}t}(m\dot{x})=0,\\[2mm] -\dfrac{\mathrm{d}}{\mathrm{d}t}(m\dot{y})=0.\end{cases}$$

两个基本解组为

$$\begin{cases}x=t,\\ y=0;\end{cases}\quad \begin{cases}x=0,\\ y=t,\end{cases}$$

且

$$D=\begin{vmatrix}t & 0\\ 0 & t\end{vmatrix}=t^2.$$

因此,除 A_0 点外,$D\neq 0$. 从而可肯定,每一抛射运动的 Hamilton 作用量 $\int_0^{t_1}J\mathrm{d}t$ $(t_1>0)$都是弱极小.

(6) Лурье 例以及光滑化引理.

力学系统恒有加强的 Legendre 条件成立. 在这种情况下,我们知道 Jacobi 条件就是力学系统沿正轨的 Hamilton 作用量成为弱极小的充分条件. 但是,如果 Hamilton 作用量的时间区段扩大到包含临界点,那么沿正轨的 Hamilton 作用量是极值的性质是不是一定不成立呢?

Лурье 在他的著作中[45],以上面(5)中的第一个例子作为实例,试图证明,一旦 (t_0,t_1)时间段包含了 A_0 的临界点,那么沿正轨的 Hamilton 作用量就不再是极小. 也就是说,Jacobi 条件对于此例而言,不仅是充分的,也是必要的. Лурье 例中考虑的系统是

$$L=\frac{1}{2}\dot{q}^2-\frac{1}{2}\omega^2q^2.$$

系统的 Lagrange 第二类方程为

$$\ddot{q}+\omega^2q=0.$$

考虑的时间区段$(t_0,t_1)=\left(0,\frac{\pi}{\omega}+\tau\right)$,选择的正轨是

$$\gamma:\ q(t)=\alpha\cos\omega t+\frac{\beta}{\omega}\sin\omega t.$$

选择的变轨由两段组成,在$t=\frac{\pi}{\omega}-\tau$处连接,位形连续,但速度有跳变,表达式为

$$\bar{\gamma}:q^*(t)=\begin{cases}q_1^*(t), & 0\leqslant t\leqslant\frac{\pi}{\omega}-\tau,\\ q_2^*(t), & \frac{\pi}{\omega}-\tau\leqslant t\leqslant\frac{\pi}{\omega}+\tau,\end{cases}$$

其中

$$q_1^*(t)=\alpha\cos\omega t+\frac{\beta+\delta\beta}{\omega}\sin\omega t,$$

$$q_2^*(t)=\left(\alpha-\frac{\delta\beta}{2\omega}\tan\omega\tau\right)\cos\omega t+\frac{1}{\omega}\left(\beta+\frac{1}{2}\delta\beta\right)\sin\omega t.$$

这条变轨$\bar{\gamma}$符合以下条件:

① 是正轨的定端点连续的变分轨道;

② 除在$t=\frac{\pi}{\omega}-\tau$处有速度跳变$\frac{\delta\beta}{2}\frac{1}{\cos\omega\tau}$以外,变轨是连续的、可微的,且在正轨的一级邻域之内. 可以直接计算 Hamilton 作用量,得到

$$J(\gamma)=\frac{\sin\omega\tau}{2\omega}[(\beta^2-\alpha^2\omega^2)\cos\omega\tau-2\alpha\beta\sin\omega\tau],$$

$$J(\bar{\gamma})=J(\gamma)-\frac{(\delta\beta)^2}{4\omega}\tan\omega\tau.$$

由此可见,Лурье 例中在正轨γ的一级邻域内找出了带角点的定端点变轨$\bar{\gamma}$,使

$$J(\gamma)-J(\bar{\gamma})=\frac{(\delta\beta)^2}{4\omega}\tan\omega\tau>0,$$

亦即

$$J(\bar{\gamma})<J(\gamma).$$

有的研究者提出,Лурье 例中的变轨是含有角点的,并且在角点处有$\delta\beta$一级量的速度跳变,而沿带角点的变轨的 Hamilton 作用量比正轨的作用量小的值仅是$\delta\beta$的二阶小量,因此,对 Лурье 例中的有效性提出质疑.

但实际上,Лурье 例的变轨虽有角点,但整个变轨仍在正轨的一级邻域之内,并且沿变轨的 Hamilton 作用量小于沿正轨的 Hamilton 作用量. 在这种情况下,一

定可以在正轨的同一级邻域内找到另一条光滑化的变轨,沿这条光滑化变轨的作用量和带角点变轨的作用量之差可小于和 $\delta\beta$ 取值无关的任意指定的小数,这就是**光滑化引理**.

证明 不失一般性,仅考虑变轨 $q^*(t)$ 带一个角点的情况. 如图 4.14 所示,设 $t=t^*$ 处有变轨的角点,取一个任意足够小的小区间 $[t^*-\varepsilon, t^*+\varepsilon]$. 在 $t=t^*-\varepsilon$ 处,由 $q_1^*(t)$ 的切线形成 $\widetilde{q_1^*}(t)$: 直线 AB;在 $t=t^*+\varepsilon$ 处,由该处的切线形成 $\widetilde{q_2^*}(t)$: 直线 BC. 可以证明(见辅助定理),在小三角形 $\triangle ABC$ 区域内,可作出光滑轨线连接 A 点和 C 点,并和 $q_1^*(t)$, $q_2^*(t)$ 在 A 点,B 点光滑相接. 连接部分的轨线位形在三角形之内,斜率在 AB 斜率和 BC 斜率之间.

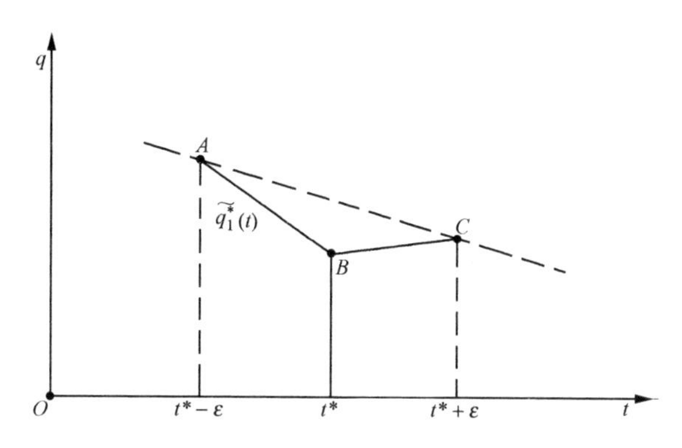

图 4.14

记整个光滑化后的变轨为 $\tilde{\gamma}=q^{**}(t)$,则有

$$J(\tilde{\gamma}) = \int_{t_0}^{t^*-\varepsilon} L|_{q_1^*(t)}\,\mathrm{d}t + \int_{t^*-\varepsilon}^{t^*+\varepsilon} L|_{q^{**}(t)}\,\mathrm{d}t + \int_{t^*+\varepsilon}^{t_1} L|_{q_2^*(t)}\,\mathrm{d}t,$$

而

$$J(\bar{\gamma}) = \int_{t_0}^{t^*-\varepsilon} L|_{q_1^*(t)}\,\mathrm{d}t + \int_{t^*-\varepsilon}^{t^*+\varepsilon} L|_{q^*(t)}\,\mathrm{d}t + \int_{t^*+\varepsilon}^{t_1} L|_{q_2^*(t)}\,\mathrm{d}t,$$

所以

$$|J(\tilde{\gamma}) - J(\bar{\gamma})| \leqslant \int_{t^*-\varepsilon}^{t^*+\varepsilon} |(L|_{q^{**}(t)} - L|_{q^*(t)})|\,\mathrm{d}t.$$

由于 L 是有界的,所以有

$$|J(\tilde{\gamma}) - J(\bar{\gamma})| \leqslant o(\varepsilon).$$

根据 Лурье 例的计算,已知

$$J(\bar{\gamma}) < J(\gamma).$$

由于 ε 的取法独立于角点的速度跳变量,因此一定可以取到足够小的 ε 值,使光滑化后的变轨 $\tilde{\gamma}$ 满足

$$J(\tilde{\gamma}) < J(\gamma).$$

证毕. □

辅助定理　如图 4.15 所示,有三角形$\triangle ABC$,一定可以找到在三角形内的光滑曲线,它连接 A 点和 C 点. 过 A 点时和 AB 直线相切,过 C 点时和 BC 直线相切. 连接的曲线的斜率在 AB 直线斜率和 BC 直线斜率之间.

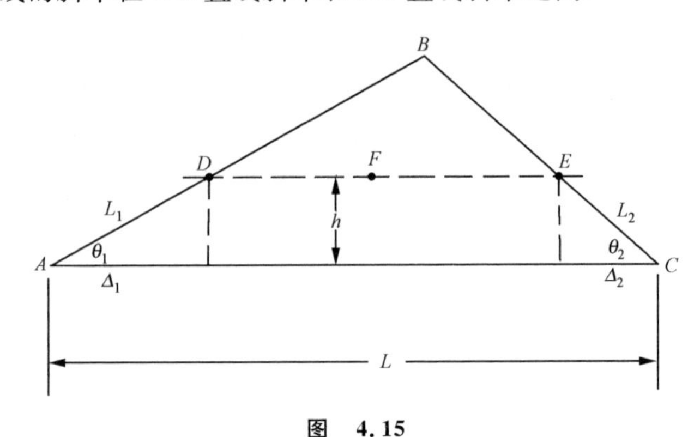

图　4.15

证明　用初等方法即可证明. 作和底平行,离底边距离为 h 的直线 DE,则

$$\Delta_1 = h\,\frac{\cos\theta_1}{\sin\theta_1},\quad L_1 = h\,\frac{1}{\sin\theta_1},$$

$$\Delta_2 = h\,\frac{\cos\theta_2}{\sin\theta_2},\quad L_2 = h\,\frac{1}{\sin\theta_2}.$$

令

$$L-(\Delta_1+\Delta_2) = L_1+L_2.$$

即

$$L = (\Delta_1+\Delta_2)+(L_1+L_2) = h\left[\frac{\sin\theta_1+\sin\theta_2+\sin(\theta_1+\theta_2)}{\sin\theta_1\sin\theta_2}\right].$$

按此式求出 h 后,即可决定 F 点,有

$$DF = AD,\quad EF = EC.$$

先作过 A,F 点并和 AB,DE 相切的圆,再作过 C,F 点并和 CB,DE 相切的圆,如此即形成满足要求的光滑化轨线. □

4.4.4　非完整系的 Hamilton 原理

在 4.4.1 小节中,对于理想、有势的系统,我们已经建立了 Hamilton 原理的一般形式

$$\int_{t_0}^{t_1}\delta_{\mathrm{v}}L\mathrm{d}t = 0. \tag{4.21}$$

这个表达式对完整系或非完整系全都成立，其中利用了虚变分算子而不是普遍的等时变分算子(回顾在 3.1.3 小节中对这两种算子的比较). 这时有

$$\delta_v L = \sum_{i=1}^{n}\left(\frac{\partial L}{\partial q_i}\delta_v q_i + \frac{\partial L}{\partial \dot{q}_i}\delta_v \dot{q}_i\right).$$

利用 $d\delta_v$ 的普遍交换性，得到

$$\delta_v L = \sum_{i=1}^{n}\left(\frac{\partial L}{\partial q_i}\delta_v q_i + \frac{\partial L}{\partial \dot{q}_i}\frac{d}{dt}\delta_v q_i\right). \tag{4.22}$$

非完整系的 Hamilton 原理也可以有另外的表达形式，例如，可以不利用虚变分算子 δ_v 而改用普遍等时变分算子 δ. 不失一般性，考虑附加约束为如下形式的一阶非线性非完整约束组

$$f_\nu = \dot{q}_{m+\nu} - \varphi_{m+\nu}(q_1,\cdots,q_n,\dot{q}_1,\cdots,\dot{q}_m,t) = 0,\quad \nu = 1,2,\cdots,g, \tag{4.23}$$

其中 $m=n-g$. 这同 3.3.5 小节中讨论的非完整系统的约束完全一致. 现在我们引入普遍等时变分算子 δ，其基本变分满足如下的假定：

$$\delta q_i = \delta_v q_i,\quad i = 1,2,\cdots,n,$$

并满足 Hamilton 变分的端点条件. 同时还有

$$\delta f_\nu = 0,\quad \nu = 1,2,\cdots,g, \tag{4.24}$$

亦即普遍等时变分的状态变更一直保持在附加约束流形的切空间中进行. 为了使这个性质能够成立，$d\delta$ 的交换性仅能对具有独立虚变分的那部分广义坐标成立，通常选定为

$$\begin{cases}\delta\dot{q}_j = \dfrac{d}{dt}\delta q_j,\quad j = 1,2,\cdots,m,\\ \delta\dot{q}_{m+\nu} = \delta\varphi_{m+\nu},\quad \nu = 1,2,\cdots,g,\end{cases} \tag{4.25}$$

其中

$$\begin{aligned}\delta\varphi_{m+\nu} &= \sum_{i=1}^{n}\frac{\partial\varphi_{m+\nu}}{\partial q_i}\delta q_i + \sum_{j=1}^{m}\frac{\partial\varphi_{m+\nu}}{\partial\dot{q}_j}\delta\dot{q}_j\\ &= \sum_{i=1}^{n}\frac{\partial\varphi_{m+\nu}}{\partial q_i}\delta_v q_i + \sum_{j=1}^{m}\frac{\partial\varphi_{m+\nu}}{\partial\dot{q}_j}\frac{d}{dt}\delta_v q_j.\end{aligned} \tag{4.26}$$

对于后 g 个坐标，可以计算其 $d\delta$ 交换差如下：根据定义并注意虚变分的条件，有

$$\delta q_{m+\nu} = \sum_{j=1}^{m}\frac{\partial\varphi_{m+\nu}}{\partial\dot{q}_j}\delta_v q_j,\quad \nu = 1,2,\cdots,g. \tag{4.27}$$

因此

$$\frac{d}{dt}(\delta q_{m+\nu}) = \sum_{j=1}^{m}\frac{d}{dt}\left(\frac{\partial\varphi_{m+\nu}}{\partial\dot{q}_j}\right)\delta_v q_j + \sum_{j=1}^{m}\frac{\partial\varphi_{m+\nu}}{\partial\dot{q}_j}\delta_v\dot{q}_j. \tag{4.28}$$

注意到(4.25)与(4.26)式，得

$$\frac{d}{dt}(\delta q_{m+\nu}) - \delta\dot{q}_{m+\nu}$$

$$= \sum_{j=1}^{m}\left(\frac{\mathrm{d}}{\mathrm{d}t}\frac{\partial \varphi_{m+\nu}}{\partial \dot{q}_j} - \frac{\partial \varphi_{m+\nu}}{\partial q_j}\right)\delta_{\mathrm{v}} q_j - \sum_{\mu=1}^{g}\frac{\partial \varphi_{m+\nu}}{\partial q_{m+\mu}}\delta_{\mathrm{v}} q_{m+\mu}$$

$$= \sum_{j=1}^{m}\left(\frac{\mathrm{d}}{\mathrm{d}t}\frac{\partial \varphi_{m+\nu}}{\partial \dot{q}_j} - \frac{\partial \varphi_{m+\nu}}{\partial q_j}\right)\delta_{\mathrm{v}} q_j - \sum_{\mu=1}^{g}\frac{\partial \varphi_{m+\nu}}{\partial q_{m+\mu}}\sum_{j=1}^{m}\frac{\partial \varphi_{m+\mu}}{\partial \dot{q}_j}\delta_{\mathrm{v}} q_j$$

$$= \sum_{j=1}^{m}\left[\frac{\mathrm{d}}{\mathrm{d}t}\frac{\partial \varphi_{m+\nu}}{\partial \dot{q}_j} - \frac{\partial \varphi_{m+\nu}}{\partial q_j} - \sum_{\mu=1}^{g}\frac{\partial \varphi_{m+\nu}}{\partial q_{m+\mu}}\frac{\partial \varphi_{m+\mu}}{\partial \dot{q}_j}\right]\delta_{\mathrm{v}} q_j$$

$$= \sum_{j=1}^{m} H_j^{\nu}\delta_{\mathrm{v}} q_j, \quad \nu = 1,2,\cdots,g, \tag{4.29}$$

其中 H_j^{ν} 的定义见 3.3.5 小节中的(3.56)式. 利用前面的各公式来变换(4.22)式,得

$$\delta_{\mathrm{v}} L = \sum_{i=1}^{n}\frac{\partial L}{\partial q_i}\delta q_i + \sum_{j=1}^{m}\frac{\partial L}{\partial \dot{q}_j}\delta \dot{q}_j + \sum_{\nu=1}^{g}\frac{\partial L}{\partial \dot{q}_{m+\nu}}\frac{\mathrm{d}}{\mathrm{d}t}\delta q_{m+\nu}$$

$$= \sum_{i=1}^{n}\frac{\partial L}{\partial q_i}\delta q_i + \sum_{j=1}^{m}\frac{\partial L}{\partial \dot{q}_j}\delta \dot{q}_j + \sum_{\nu=1}^{g}\frac{\partial L}{\partial \dot{q}_{m+\nu}}\left(\delta \dot{q}_{m+\nu} + \sum_{j=1}^{m} H_j^{\nu}\delta_{\mathrm{v}} q_j\right)$$

$$= \delta L + \sum_{\nu=1}^{g}\frac{\partial L}{\partial \dot{q}_{m+\nu}}\sum_{j=1}^{m} H_j^{\nu}\delta q_j. \tag{4.30}$$

将此式代入(4.21),立即得到非完整系统 Hamilton 原理的另一表达式

$$\int_{t_0}^{t_1}\left(\delta L + \sum_{\nu=1}^{g}\frac{\partial L}{\partial \dot{q}_{m+\nu}}\sum_{j=1}^{m} H_j^{\nu}\delta q_j\right)\mathrm{d}t = 0. \tag{4.31}$$

Hamilton 原理的(4.31)表达式可以作为具有附加约束为(4.23)式的一阶非线性非完整系统的力学原理看待. 从它出发,可以导出一阶非线性非完整系统的动力学方程组,即推广的 Воронец 方程.

注意到

$$\delta L = \delta(T - V) = \delta T - \delta V.$$

而

$$\delta T = \sum_{j=1}^{m}\frac{\partial T}{\partial q_j}\delta q_j + \sum_{j=1}^{m}\frac{\partial T}{\partial \dot{q}_j}\delta \dot{q}_j + \sum_{\nu=1}^{g}\frac{\partial T}{\partial q_{m+\nu}}\delta q_{m+\nu} + \sum_{\nu=1}^{g}\frac{\partial T}{\partial \dot{q}_{m+\nu}}\delta \dot{q}_{m+\nu}.$$

引入嵌入附加约束的简化动能表达式

$$T^* = T\,|_{\dot{q}_{m+\nu} = \varphi_{m+\nu}},$$

利用 3.3.5 小节中的计算结果以及(4.26),(4.27)式,有

$$\delta T = \sum_{j=1}^{m}\left(\frac{\partial T^*}{\partial q_j} - \sum_{\nu=1}^{g}\frac{\partial T}{\partial \dot{q}_{m+\nu}}\frac{\partial \varphi_{m+\nu}}{\partial q_j}\right)\delta q_j$$

$$+\sum_{j=1}^{m}\left(\frac{\partial T^*}{\partial \dot q_j}-\sum_{\nu=1}^{g}\frac{\partial T}{\partial \dot q_{m+\nu}}\frac{\partial \varphi_{m+\nu}}{\partial \dot q_j}\right)\delta \dot q_j$$

$$+\sum_{\nu=1}^{g}\left(\frac{\partial T^*}{\partial q_{m+\nu}}-\sum_{\mu=1}^{g}\frac{\partial T}{\partial \dot q_{m+\mu}}\frac{\partial \varphi_{m+\mu}}{\partial q_{m+\nu}}\right)\sum_{j=1}^{m}\frac{\partial \varphi_{m+\nu}}{\partial \dot q_j}\delta q_j$$

$$+\sum_{\nu=1}^{g}\frac{\partial T}{\partial \dot q_{m+\nu}}\left(\sum_{j=1}^{m}\frac{\partial \varphi_{m+\nu}}{\partial q_j}\delta q_j+\sum_{\mu=1}^{g}\frac{\partial \varphi_{m+\nu}}{\partial q_{m+\mu}}\sum_{j=1}^{m}\frac{\partial \varphi_{m+\mu}}{\partial \dot q_j}\delta q_j+\sum_{j=1}^{m}\frac{\partial \varphi_{m+\nu}}{\partial \dot q_j}\delta \dot q_j\right)$$

$$=\sum_{j=1}^{m}\left(\frac{\partial T^*}{\partial q_j}\delta q_j+\frac{\partial T^*}{\partial \dot q_j}\delta \dot q_j\right)+\sum_{j=1}^{m}\sum_{\nu=1}^{g}\frac{\partial T^*}{\partial q_{m+\nu}}\frac{\partial \varphi_{m+\nu}}{\partial \dot q_j}\delta q_j,$$

$$\delta V=\sum_{j=1}^{m}\frac{\partial V}{\partial q_j}\delta q_j+\sum_{\nu=1}^{g}\frac{\partial V}{\partial q_{m+\nu}}\delta q_{m+\nu}=-\sum_{j=1}^{m}Q_j^*\delta q_j,$$

其中

$$Q_j^*=-\left[\frac{\partial V}{\partial q_j}+\sum_{\nu=1}^{g}\frac{\partial V}{\partial q_{m+\nu}}\frac{\partial \varphi_{m+\nu}}{\partial \dot q_j}\right],\quad j=1,2,\cdots,m.$$

将上述结果一并代入(4.31)式,得到用普遍等时变分中独立分量表达的 Hamilton 原理公式

$$\int_{t_0}^{t_1}\left\{\sum_{j=1}^{m}\left(\frac{\partial T^*}{\partial q_j}\delta q_j+\frac{\partial T^*}{\partial \dot q_j}\delta \dot q_j\right)\right.$$
$$+\sum_{j=1}^{m}\left(\sum_{\nu=1}^{g}\frac{\partial T^*}{\partial q_{m+\nu}}\frac{\partial \varphi_{m+\nu}}{\partial \dot q_j}\right)\delta q_j+\sum_{j=1}^{m}Q_j^*\delta q_j$$
$$\left.+\sum_{j=1}^{m}\left(\sum_{\nu=1}^{g}\frac{\partial T}{\partial \dot q_{m+\nu}}H_j^{\nu}\right)\delta q_j\right\}\mathrm{d}t=0. \tag{4.32}$$

根据 δ 变分对 $j=1,2,\cdots,m$ 时的 dδ 可交换性,得到

$$\int_{t_0}^{t_1}\left(\frac{\partial T^*}{\partial \dot q_j}\delta \dot q_j\right)\mathrm{d}t=\int_{t_0}^{t_1}\left(\frac{\partial T^*}{\partial \dot q_j}\frac{\mathrm{d}}{\mathrm{d}t}\delta q_j\right)\mathrm{d}t$$
$$=\left(\frac{\partial T^*}{\partial \dot q_j}\delta q_j\right)\Big|_{t_0}^{t_1}-\int_{t_0}^{t_1}\left(\frac{\mathrm{d}}{\mathrm{d}t}\frac{\partial T^*}{\partial \dot q_j}\right)\delta q_j\,\mathrm{d}t$$
$$=-\int_{t_0}^{t_1}\left(\frac{\mathrm{d}}{\mathrm{d}t}\frac{\partial T^*}{\partial \dot q_j}\right)\delta q_j\,\mathrm{d}t,\quad j=1,2,\cdots,m. \tag{4.33}$$

从而(4.32)式成为

$$\int_{t_0}^{t_1}\left[\sum_{j=1}^{n}\left(\frac{\partial T^*}{\partial q_j}-\frac{\mathrm{d}}{\mathrm{d}t}\frac{\partial T^*}{\partial \dot q_j}+\sum_{\nu=1}^{g}\frac{\partial T^*}{\partial q_{m+\nu}}\frac{\partial \varphi_{m+\nu}}{\partial \dot q_j}+Q_j^*\right.\right.$$
$$\left.\left.+\sum_{\nu=1}^{g}\frac{\partial T}{\partial \dot q_{m+\nu}}H_j^{\nu}\right)\delta q_j\right]\mathrm{d}t=0. \tag{4.34}$$

根据 $\delta q_j(j=1,2,\cdots,m)$ 各变分分量的独立性,应用变分学基本引理,得到系统的动力学方程如下:

$$\frac{\mathrm{d}}{\mathrm{d}t}\frac{\partial T^*}{\partial \dot{q}_j}-\frac{\partial T^*}{\partial q_j}-\sum_{\nu=1}^{g}\frac{\partial T}{\partial \dot{q}_{m+\nu}}H_j^{\nu}-\sum_{\nu=1}^{g}\frac{\partial T^*}{\partial q_{m+\nu}}\frac{\partial \varphi_{m+\nu}}{\partial \dot{q}_j}=Q_j^*,$$
$$j=1,2,\cdots,m. \tag{4.35}$$

这就是一阶非线性非完整系统的**推广的 Воронец 方程**.

非完整系 Hamilton 原理的表达式(4.21)和(4.31)是完全等价的,它们都是系统 Lagrange 函数从正轨出发的某种变分具有积分为零的性质. 值得注意的是,非完整系的 Hamilton 原理和完整系的情况大不相同,它不能一般地表达成为作用量泛函 $J=\int_{t_0}^{t_1}L\mathrm{d}t$ 具有逗留值的形式. 不仅如此,非完整系的 Hamilton 原理也不能一般地表达成为作用量泛函 $J=\int_{t_0}^{t_1}L\mathrm{d}t$ 在附加约束条件下的"条件变分"问题. 对于这一结论,我们只要举一个简单的例子来说明就可以了.

试考虑一个单位质量的质点在惯性空间中运动,给定力为零,受有一非完整约束

$$z\dot{x}-\dot{y}=0. \tag{4.36}$$

这个系统运动的正轨不难直接寻求. 系统的乘子方程为

$$\ddot{x}-\lambda z=0,\quad \ddot{y}+\lambda=0,\quad \ddot{z}=0. \tag{4.37}$$

(4.37)和(4.36)式合在一起,构成了系统的封闭动力学方程组. 直接积分上述方程组,得到系统的某些解为

$$x=AW^{-1}\theta,\quad y=AW^{-1}(\cosh\theta-1),\quad z=\sinh\theta=Wt, \tag{4.38}$$

其中 A,W 都是未定的积分常数. 可以证明,(4.38)式解组中的任一特解都不能使作用量泛函 $J=\int_{t_0}^{t_1}L\mathrm{d}t$ 在约束条件(4.36)下具有逗留值. 为证明这一点,可以引用条件变分理论. 实际上,如果(4.38)中有使泛函 J 在约束条件(4.36)下具有逗留值的解,那么一定存在 μ,使上述那个解满足泛函

$$\int_{t_0}^{t_1}[L-\mu(z\dot{x}-\dot{y})]\mathrm{d}t$$

的 Euler 方程. 注意到

$$L=(\dot{x}^2+\dot{y}^2+\dot{z}^2)/2,$$

所以此 Euler 方程为

$$\frac{\mathrm{d}}{\mathrm{d}t}(\dot{x}-\mu z)=0,\quad \frac{\mathrm{d}}{\mathrm{d}t}(\dot{y}+\mu)=0,\quad \ddot{z}+\mu\dot{x}=0. \tag{4.39}$$

将(4.38)式直接代入方程(4.39),即知(4.38)式解组中不可能有满足方程(4.39)的解,从而证实了我们的论断.

完整系沿正轨的 Hamilton 作用量一定是逗留值;非完整系则得不出这个结论. 这是完整系和非完整系在积分变分原理上的重大差别. 当然,这并不是说,在具

体情况下,非完整系统沿某些特解的作用量一定不可能成为约束条件下的逗留值.我们可以建立一些判别条件,根据这些条件,可以把非完整系统的正轨中,具有使作用量成为条件逗留值性质和不具有这种性质的两类区别开来.

根据条件变分理论,使 Hamilton 作用量 J 在约束条件(4.23)下成为逗留值的轨道一定使泛函

$$J^{*}=\int_{t_0}^{t_1}\left(L+\sum_{\nu=1}^{g}K_{\nu}f_{\nu}\right)\mathrm{d}t \tag{4.40}$$

的一阶变分等于零,其中 $K_{\nu}(\nu=1,2,\cdots,g)$ 是依赖于时间 t 的 Lagrange 未定乘子.为此,这种轨道应满足 J^{*} 的 Euler 方程

$$\frac{\mathrm{d}}{\mathrm{d}t}\frac{\partial L}{\partial\dot{q}_i}-\frac{\partial L}{\partial q_i}=\sum_{\nu=1}^{g}K_{\nu}\left(\frac{\partial f_{\nu}}{\partial q_i}-\frac{\mathrm{d}}{\mathrm{d}t}\frac{\partial f_{\nu}}{\partial\dot{q}_i}\right)-\sum_{\nu=1}^{g}\dot{K}_{\nu}\frac{\partial f_{\nu}}{\partial\dot{q}_i},$$
$$i=1,2,\cdots,n. \tag{4.41}$$

这正是在 4.1.9 小节中建立的 Vacoo 动力学模型.它具有动态内变量的约束本构特性.对于非完整系统而言,这种系统模型不符合约束经典的理想性假定.

可是,具有附加约束(4.23)的经典非完整系统,即符合经典的约束理想性假定的系统,其正轨一定满足动力学方程组

$$\frac{\mathrm{d}}{\mathrm{d}t}\frac{\partial L}{\partial\dot{q}_i}-\frac{\partial L}{\partial q_i}=\sum_{\nu=1}^{g}\lambda_{\nu}\frac{\partial f_{\nu}}{\partial\dot{q}_i},\quad i=1,2,\cdots,n. \tag{4.42}$$

(4.41)和(4.42)这两个方程组的不等价性正是说明了非完整系统的动力学轨道,不具有使 Hamilton 作用量成为约束条件下的逗留值的一般性质.但这个结论并不意味着(4.41)和(4.42)的某些特解不能重合.比较这两组方程,可知某些特解重合的条件是这些解满足

$$\sum_{\nu=1}^{g}\lambda_{\nu}\frac{\partial f_{\nu}}{\partial\dot{q}_i}=\sum_{\nu=1}^{g}K_{\nu}\left(\frac{\partial f_{\nu}}{\partial q_i}-\frac{\mathrm{d}}{\mathrm{d}t}\frac{\partial f_{\nu}}{\partial\dot{q}_i}\right)-\sum_{\nu=1}^{g}\dot{K}_{\nu}\frac{\partial f_{\nu}}{\partial\dot{q}_i}$$

即

$$\sum_{\nu=1}^{g}(\lambda_{\nu}+\dot{K}_{\nu})\frac{\partial f_{\nu}}{\partial\dot{q}_i}=\sum_{\nu=1}^{g}K_{\nu}\left(\frac{\partial f_{\nu}}{\partial q_i}-\frac{\mathrm{d}}{\mathrm{d}t}\frac{\partial f_{\nu}}{\partial\dot{q}_i}\right),\quad i=1,2,\cdots,n. \tag{4.43}$$

将(4.43)每个方程乘以相应的 $\delta_{\mathrm{v}}q_i$,然后累加,得

$$\sum_{i=1}^{n}\sum_{\nu=1}^{g}K_{\nu}\left(\frac{\partial f_{\nu}}{\partial q_i}-\frac{\mathrm{d}}{\mathrm{d}t}\frac{\partial f_{\nu}}{\partial\dot{q}_i}\right)\delta_{\mathrm{v}}q_i=\sum_{\nu=1}^{g}(\lambda_{\nu}+\dot{K}_{\nu})\sum_{i=1}^{n}\frac{\partial f_{\nu}}{\partial\dot{q}_i}\delta_{\mathrm{v}}q_i. \tag{4.44}$$

注意到虚变分的限制方程

$$\sum_{i=1}^{n}\frac{\partial f_{\nu}}{\partial\dot{q}_i}\delta_{\mathrm{v}}q_i=0,\quad \nu=1,2,\cdots,g.$$

因此,(4.44)式成为

$$\sum_{i=1}^{n}\sum_{\nu=1}^{g}K_{\nu}\left(\frac{\partial f_{\nu}}{\partial q_i}-\frac{\mathrm{d}}{\mathrm{d}t}\frac{\partial f_{\nu}}{\partial\dot{q}_i}\right)\delta_{\mathrm{v}}q_i=0. \tag{4.45}$$

以上证明了,在 Hamilton 作用量的条件变分逗留值曲线中,如果有一部分同时又是非完整系的动力学可能轨道,那么它必须满足条件(4.45).以下我们还可以证明,条件(4.45)也是充分的.

实际上,条件变分的逗留值曲线满足(4.41)式.将(4.41)式中的每一个方程乘以相应的 $\delta_v q_i$,累加之,有

$$\sum_{i=1}^{n}\left(\frac{\mathrm{d}}{\mathrm{d}t}\frac{\partial L}{\partial\dot{q}_i}-\frac{\partial L}{\partial q_i}\right)\delta_v q_i$$
$$=\sum_{i=1}^{n}\sum_{\nu=1}^{g}K_\nu\left(\frac{\partial f_\nu}{\partial q_i}-\frac{\mathrm{d}}{\mathrm{d}t}\frac{\partial f_\nu}{\partial\dot{q}_i}\right)\delta_v q_i-\sum_{i=1}^{n}\sum_{\nu=1}^{g}\dot{K}_\nu\frac{\partial f_\nu}{\partial\dot{q}_i}\delta_v q_i.$$

现假定(4.45)式已被满足,从而得到

$$\sum_{i=1}^{n}\left(\frac{\mathrm{d}}{\mathrm{d}t}\frac{\partial L}{\partial\dot{q}_i}-\frac{\partial L}{\partial q_i}+\sum_{\nu=1}^{g}\dot{K}_\nu\frac{\partial f_\nu}{\partial\dot{q}_i}\right)\delta_v q_i=0. \tag{4.46}$$

由(4.46)式的成立,再根据 1.5.5 小节中理想力系的定理,可知

$$\frac{\mathrm{d}}{\mathrm{d}t}\frac{\partial L}{\partial\dot{q}_i}-\frac{\partial L}{\partial q_i}+\sum_{\nu=1}^{g}\dot{K}_\nu\frac{\partial f_\nu}{\partial\dot{q}_i}=\sum_{\nu=1}^{g}\mu_\nu\frac{\partial f_\nu}{\partial\dot{q}_i},\quad i=1,2,\cdots,n, \tag{4.47}$$

其中 $\mu_1,\mu_2,\cdots,\mu_g$ 是 Lagrange 乘子.记

$$\lambda_\nu=\mu_\nu-\dot{K}_\nu,\quad \nu=1,2,\cdots,g, \tag{4.48}$$

则方程(4.47)成为

$$\frac{\mathrm{d}}{\mathrm{d}t}\frac{\partial L}{\partial\dot{q}_i}-\frac{\partial L}{\partial\dot{q}_i}=\sum_{\nu=1}^{g}\lambda_\nu\frac{\partial f_\nu}{\partial\dot{q}_i},\quad i=1,2,\cdots,n. \tag{4.49}$$

这就证明了,满足条件(4.45)的逗留值曲线一定是非完整系的动力学可能轨道.

对于具体的非完整系统来说,其动力学可能轨道中,究竟有没有 Hamilton 作用量的条件逗留值曲线,这就要利用条件(4.45)式来具体地判别.

4.4.5 Hamilton 原理应用到柔性多体系统的注解

本书论述的分析动力学,表达的是宏观离散系统的动力学,似乎不包含连续介质力学的对象.但这只是表达形式的差别,在原理上,两者是统一的,例如,(4.7)式的 Hamilton 原理

$$\int_{t_0}^{t_1}(\delta_v T-\delta_v V+\delta_v W)\mathrm{d}t=0$$

完全可以作为柔性多体系统动力学[46]建模的统一根据.只是在纯宏观离散系统,动能的表达式为第二章中(2.3)式的函数形式

$$T=T_2+T_1+T_0,$$

其中

$$T_2=\frac{1}{2}\sum_{i=1}^{n}\sum_{j=1}^{n}a_{ij}\dot{q}_i\dot{q}_j,\quad T_1=\sum_{i=1}^{n}b_i\dot{q}_i,\quad T_0=c,$$

a_{ij},b_i,c 为广义坐标和时间的函数. 但对于每个柔性连续体,动能表达式应扩充为以下泛函形式

$$T = \iiint_{\mathscr{D}} T_{\mathrm{d}} \mathrm{d}\mathscr{D}, \tag{4.50}$$

其中 $\mathscr{D}$ 为该柔性连续体所占空间区域,T_{d} 为动能密度,表达式为

$$T_{\mathrm{d}} = \frac{1}{2}\rho\left[\frac{\mathrm{d}}{\mathrm{d}t}(\boldsymbol{\gamma})\right]^2, \tag{4.51}$$

其中 ρ 为柔体的质量密度,$\boldsymbol{\gamma}$ 为柔体位移场矢量,$\frac{\mathrm{d}}{\mathrm{d}t}(\cdot)$为时间全导数.

柔性连续体的势能 V 应扩充为应变能泛函形式

$$V = \iiint_{\mathscr{D}} V_{\mathrm{d}} \mathrm{d}\mathscr{D}, \tag{4.52}$$

其中 V_{d} 为柔体的应变能密度.

在以上扩充的公式中,关键是选用哪些独立函数来给出 T_{d} 和 V_{d} 的表达式. 对动能的表达来说,最简单的独立函数变元的选择是用柔体位移场矢量对统一的惯性空间的分量,即

$$\boldsymbol{\gamma} = u(t,x,y,z)\boldsymbol{x}^* + v(t,x,y,z)\boldsymbol{y}^* + w(t,x,y,z)\boldsymbol{z}^*. \tag{4.53}$$

此时,动能泛函表达式为

$$T = \iiint_{\mathscr{D}} \frac{1}{2}\rho\left[\left(\frac{\partial u}{\partial t}\right)^2 + \left(\frac{\partial v}{\partial t}\right)^2 + \left(\frac{\partial w}{\partial t}\right)^2\right]\mathrm{d}x\mathrm{d}y\mathrm{d}z. \tag{4.54}$$

但这种独立函数变元的选择对表达柔性体的势能就不方便了. 由于柔性多体系统对于统一的惯性坐标系而言,一般总有大位移的运动发生,但在不少情况下,应变却可能是很小的. 这时,选用统一惯性坐标系分量作为独立函数变元,Cauchy 应变分析是不适用的. 为了在这种小应变情况下能够继续使用成熟的线性理论,可行的办法是引入浮动坐标系来分解各构件的运动,使构件的绝对位移分解为浮动坐标系的"刚性位移",以及相对于浮动坐标系的小位移. 此时,构件相对于浮动坐标系的小位移,就可用 Cauchy 应变来刻画. 这样,对于弹性连续体而言,应变能的表达式为

$$V_{\mathrm{d}} = \frac{1}{2}(\varepsilon_x\sigma_x + \varepsilon_y\sigma_y + \varepsilon_z\sigma_z + \tau_{xy}\gamma_{xy} + \tau_{yz}\gamma_{yz} + \tau_{zx}\gamma_{zx}), \tag{4.55}$$

其中应变分量 ε_x,ε_y,ε_z,γ_{xy},γ_{yz},γ_{zx} 和浮动坐标系中位移场分量的关系由 Cauchy 应变关系得到,而应力分量 σ_x,σ_y,σ_z,τ_{xy},τ_{yz},τ_{zx} 和应变分量的关系为材料本构关系. 这些关系由我们对柔性体的设定和浮动坐标系的选择以及独立函数变元的选定而得到. 利用这些关系,柔性连续体的 T 和 V,都可以表达为位移场矢量独立函数变元的泛函.

在连续体应变能的表达中,除掉应用上述位移场矢量的独立函数变元外,有时

为了表达清晰简捷起见,还需要引进一些附加变量 $\gamma_1,\gamma_2,\cdots,\gamma_k$ 来作为独立函数变元,而这些附加变量和原来的独立函数变元之间满足独立的几何约束条件

$$f_1=0,\quad f_2=0,\quad \cdots,\quad f_k=0. \tag{4.56}$$

此时,在应用 Hamilton 原理时,就碰到有附加变量作为独立函数变元同时又有约束条件的变分问题. 为此,可以引用变分原理的 Lagrange 乘子理论,构造含 Lagrange 乘子的泛函变分问题

$$\int_{t_0}^{t_1}\delta_{\mathrm{v}}\Big(T-V+W+\iiint_{\mathscr{D}}\sum_{i=1}^{k}\lambda_i f_i\,\mathrm{d}\mathscr{D}\Big)\mathrm{d}t=0. \tag{4.57}$$

这样,有约束条件的 Hamilton 原理变分问题就可以按无条件变分问题加以求解了.

在作了上述注解之后,我们将应用 Hamilton 原理研究柔性多体系统动力学的某些问题,例如刚柔耦合动力学问题. 在此类问题的研究中,有两种可能的考虑方式. 一种是全面考查刚体运动和柔体运动之间的动力学耦合;另一种则是仅考虑刚性大运动对柔体动力学特性的影响. 这第二种考虑方式虽然是近似的,但往往也能抓住耦合影响的主要部分,其原因是: 在工程中,柔性体一般以附件形式出现,质量相对较小,它的运动对主刚体运动影响较小. 另者,主刚体的刚性大运动一般有控制系统操控,能保持稳态大运动的条件.

4.4.6　刚柔耦合系统动力学(Ⅰ):中心刚体——外接柔性梁耦合系统

1. 应用 Hamilton 原理给系统建模

在人们对柔性机械臂,涡轮机叶片,直升机旋翼以及带柔性附件的航天器进行动力学与控制研究中,都提出了一类有中心刚体并带有柔性梁附件的刚-柔耦合系统(如图 4.16 所示). 假定中心刚体可绕 O^* 旋转,而柔性梁相对浮动坐标系 OXY 运动. 对于这种刚-柔耦合系统,刚体的角运动将激励柔性梁的变形,其明显的因素是 $\ddot{\alpha}$ 引起的切向惯性力. 考虑了此种耦合项的 Euler-Bernoulli 梁方程为

$$EI\frac{\partial^4 y}{\partial x^4}+\rho A\frac{\partial^2 y}{\partial t^2}=-(R+x)PA\ddot{\alpha}.$$

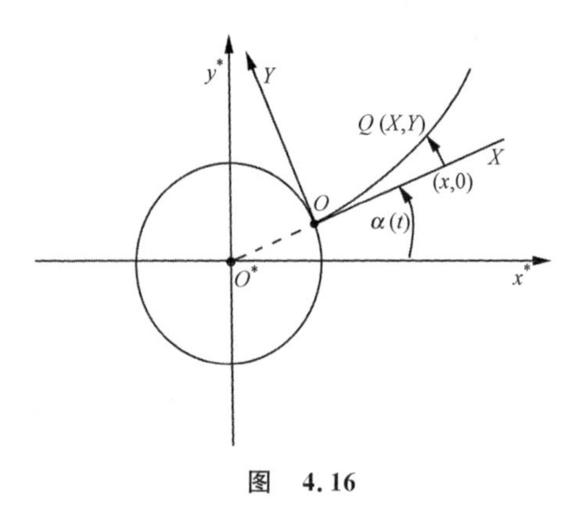

图　4.16

采用这种耦合模型进行研究的人有许多[47-49]. 但是这种简单考虑的模型是不合理的,因为它忽略了具有重要意义的中心刚体旋转运动和梁的弯曲运动沿轴向分量耦合的柯氏力作用. 由于这个柯氏力作用方向刚好垂直于梁的轴线,具有失稳的倾向,对梁的弯曲

变形影响较大，是不应忽略的，同时在不少情况下，$\dot{\alpha}$ 也不是小量. 因此在一些进一步的耦合动力学研究中[50,51]就考虑这一耦合因素，使用了如下的耦合模型：

$$EI\frac{\partial^4 y}{\partial x^4}+\rho A\frac{\partial^2 y}{\partial t^2}=-(R+x)\rho A\ddot{\alpha}+\rho A\dot{\alpha}^2 y.$$

深入的理论研究和数值计算证明[52,53]，这一耦合模型导致了一个非常有趣的动力学结果，即系统以 $\dot{\alpha}=\mathrm{const.}$ 作为参数考虑时，梁的自然平衡状态 $y(x,t)=0$ 随着 $\dot{\alpha}$ 的增加将产生失稳和分岔. 这一动力学结果并未被实验证实.

上述耦合模型出现不真实的动力学结果的原因是由于忽略了另一重要的刚-柔耦合离心惯性力影响. Bloch 在线性模型下考虑了这一因素的影响，提出了新的耦合模型

$$\begin{aligned}EI\frac{\partial^4 y}{\partial x^4}+\rho A\frac{\partial^2 y}{\partial t^2}=&-(R+x)\rho A\ddot{\alpha}+\rho A\dot{\alpha}^2 y\\&+\rho A\dot{\alpha}^2\frac{\partial}{\partial x}\left[\left(R(L-x)+\frac{1}{2}(L^2-x^2)\right)y_x\right].\end{aligned}$$

由上可见，刚-柔耦合系统的正确建模有一定的复杂性. 以下我们采取严格的办法，在明确的力学假定下，根据 Hamilton 变分原理，建立完整的刚-柔耦合系统大挠度非线性动力学模型，并以此为基础，逐步深入地开展此种系统的动力学研究.

考虑如图 4.16 所示的刚-柔耦合系统. 其中 $O^*x^*y^*$ 是惯性坐标系，OXY 是描述梁变形运动的浮动坐标系. 记 OX 轴对惯性坐标系的转角为 $\alpha(t)$. 柔性梁固接在中心刚体的 O 点处. 未变形时，梁的自然位置沿 OX 轴方向，长度为 L. 系统的建模是基于以下两个假定：

(1) 中心刚体的转动和柔性梁的变形运动都在 $O^*x^*y^*$ 平面上；

(2) 柔性梁的变形，无论是 Rayleigh 型还是 Euler-Bernoulli 型，都符合平截面假定. 考虑梁的大变形，但材料本构特性仍假定为线性的.

引入以下的记号：

(1) 柔性梁的变形使自然状态下中轴线上的 $Q_0(x,0)$ 点在 t 时刻变到 Q 点，它在浮动坐标系中的坐标为 $(X(x,t),Y(x,t))$ $(0\leqslant x\leqslant L,t\geqslant 0)$，显然应满足边界条件 $X(0,t)=0,Y(0,t)=0$.

(2) 梁的左端点到 Q 点沿中轴线的弧长为 $S(x,t)$，在考虑梁的可伸缩性时，记 $\gamma(x,t)=\dfrac{\partial S(x,t)}{\partial x}$，为梁中轴线的伸长率.

(3) 梁的中轴线在 Q 点的切方向单位矢量为 $\tau(x,t)$，法方向单位矢量为 $n(x,t)$. OX 轴正方向到 $\tau(x,t)$ 方向的夹角为 $\theta(x,t)$. 显然应该有 $\theta(0,t)=0$，$\left.\dfrac{\partial\theta}{\partial x}\right|_{x=L}=0$.

(4) 柔梁横截面宽度为 b,高度为 h,面积为 A,几何转动惯量为 I,横截面坐标系为 $Q\xi\eta$,梁的质量密度为 ρ.

(5) 中心刚体所受的外驱动力矩为 $m(t)$.

在根据 Hamilton 原理建模中,我们需要表达柔性梁横截面上坐标为 η 点相对于惯性坐标系 $O^*x^*y^*$ 的位移场矢量

$$\boldsymbol{r}=[(R+X(x,t)-\eta\sin\theta)\boldsymbol{i}+(\gamma(x,t)+\eta\cos\theta)\boldsymbol{j}]-[(R+x)\boldsymbol{x}^*], \tag{4.58}$$

其中 $\boldsymbol{i},\boldsymbol{j}$ 分别为浮动坐标系 OXY 坐标轴的正向单位矢量. 柔梁横截面上点相对 $O^*x^*y^*$ 的速度矢量为

$$\begin{aligned}\frac{\mathrm{d}}{\mathrm{d}t}(\boldsymbol{r})&=(\dot{X}-\eta\cos\theta\dot{\theta})\boldsymbol{i}+(\dot{Y}-\eta\sin\theta\dot{\theta})\boldsymbol{j}\\&\quad+(R+X-\eta\sin\theta)\dot{\alpha}\boldsymbol{j}+(Y+\eta\cos\theta)(-\dot{\alpha}\boldsymbol{i})\\&=(\dot{X}-\eta\cos\dot{\theta}-Y\dot{\alpha}-\eta\cos\theta\dot{\alpha})\boldsymbol{i}\\&\quad+(\dot{Y}-\eta\cos\theta\dot{\theta}+(R+X)\dot{\alpha}-\eta\sin\theta\dot{\alpha})\boldsymbol{j}.\end{aligned} \tag{4.59}$$

根据 4.4.4 小节中的注解,可表达图 4.16 的刚柔耦合系统的动能泛函如下:

$$\begin{aligned}T&=\frac{1}{2}I_0\dot{\alpha}^2+\frac{1}{2}\rho b\int_{-\frac{h}{2}}^{\frac{h}{2}}\mathrm{d}\eta\int_0^L\mathrm{d}x[(\dot{X}-\eta\cos\theta\dot{\theta}-Y\dot{\alpha}-\eta\cos\theta\dot{\alpha})^2\\&\quad+(\dot{Y}-\eta\sin\theta\dot{\theta}+(R+X-\eta\sin\theta)\dot{\alpha})^2]\\&=\frac{1}{2}I_0\dot{\alpha}^2+\frac{1}{2}\rho A\int_0^L\{[(R+X)\dot{\alpha}+\dot{Y}]^2+(\dot{X}-Y\dot{\alpha})^2\}\mathrm{d}x\\&\quad+\frac{1}{2}J\int_0^L(\dot{\theta}+\dot{\alpha})^2\mathrm{d}x,\end{aligned} \tag{4.60}$$

其中 $A=bh, J=\rho I=\rho bh^3/12$.

在耦合系统动能泛函表达式(4.60)中,考虑了柔梁横截面转动惯量对动能的贡献,这是柔梁的 Rayleigh 模型. 在更简化一点的柔梁 Euler-Bernoulli 模型中,则忽略柔梁横截面转动惯量对动能的贡献,即令 $J=0$,此时刚柔耦合系统的动能泛函简化为

$$T=\frac{1}{2}I_0\dot{\alpha}^2+\frac{1}{2}\rho A\int_0^L\{(\dot{X}-Y\dot{\alpha})^2+[(R+X)\dot{\alpha}+\dot{Y}]^2\}\mathrm{d}x \tag{4.61}$$

以下我们仅研究 Euler-Bernoulli 梁模型. 回顾 Euler-Bernoulli 梁关于横截面应力和弯矩的分析,知系统的势能由柔性梁的弯曲势能和拉伸势能所组成. 它们的表达式为

$$V=\frac{1}{2}\int_0^L\left[K\left(\frac{\partial\theta}{\partial x}\right)^2+EA(\gamma-1)^2\right]\mathrm{d}x, \tag{4.62}$$

其中 $K=EI$ 为梁的弯曲刚度,EA 为柔性梁的拉伸刚度. 系统外驱动力矩的虚功为

$$\delta W = m(t)\delta\alpha. \tag{4.63}$$

由于在系统势能表达式中引用了附加变元 θ,γ，它们和独立函数变元 $X(x,t)$，$Y(x,t)$之间满足的几何约束方程为

$$\begin{cases} f_1 = \dfrac{\partial X}{\partial x} - \gamma\cos\theta = 0, \\ f_2 = \dfrac{\partial Y}{\partial y} - \gamma\sin\theta = 0. \end{cases} \tag{4.64}$$

引入 Lagrange 乘子 $P(x,t)$，$S(x,t)$，如图 4.16 所示的刚柔耦合系统的 Hamilton 原理表达成为如下的无条件变分形式

$$\int_{t_0}^{t_1} (\delta\tilde{L} + \delta W)\mathrm{d}t = 0, \tag{4.65}$$

其中

$$\tilde{L} = T - V - \int_0^L [P(X' - \gamma\cos\theta) + S(Y' - \gamma\sin\theta)]\mathrm{d}x,$$
$$\delta W = m(t)\delta\alpha. \tag{4.66}$$

已知的柔梁边界条件为：

$x=0$ 处为柔梁的固定端，有

$$X(0,t) = 0, \quad Y(0,t) = 0, \quad \theta(0,t) = 0; \tag{4.67}$$

$x=L$ 处为柔梁的自由端，满足条件为

无拉伸力作用，对应条件 $\gamma|_{x=L} = 1$，

无剪力作用，对应条件 $\left(EI\dfrac{\partial\theta}{\partial x}\right)'\Big|_{x=L} = 0$， (4.68)

无弯矩作用，对应条件 $\left(\dfrac{\partial\theta}{\partial x}\right)\Big|_{x=L} = 0$.

应该注意到，上述含 Lagrange 乘子 Hamilton 原理变分表达式中，有如下七个独立函数变元：刚体转角变元 $\alpha(t)$，柔性梁位移场变元 $X(x,t)$，$Y(x,t)$，附加的多余变元：拉伸率 $\gamma(x,t)$，转角 $\theta(x,t)$，Lagrange 乘子变元 $P(x,t)$，$S(x,t)$. 无条件 Hamilton 原理变分表达式对每个独立函数变元的 Hamilton 变分都应该成立. 因此，从上述原理表达式可以导出七个独立的变分等式. 再应用变分学基本引理，就可以建立耦合系统的动力学方程组.

以下分别计算. 首先计算独立函数变元 $\alpha(t)$的变分等式

$$\int_{t_0}^{t_1} [\delta_\alpha(\tilde{L}) + m(t)\delta\alpha]\mathrm{d}t = 0,$$

其中 $\delta_\alpha(F)$表示 $\alpha(t)$在(t_0,t_1)上作 Hamilton 变分 $\delta\alpha$ 下的 F 的因变分. 因此

$$\int_{t_0}^{t_1} \delta_\alpha\left(\frac{1}{2}I_0\dot{\alpha}^2\right)\mathrm{d}t = \int_{t_0}^{t_1} (I_0\dot{\alpha}\delta\dot{\alpha})\mathrm{d}t = \int_{t_0}^{t_1} \left(I_0\dot{\alpha}\frac{\mathrm{d}}{\mathrm{d}t}\delta\alpha\right)\mathrm{d}t$$

$$= I_0\dot{\alpha}\delta\alpha\Big|_{t_0}^{t_1} - \int_{t_0}^{t_1}(I_0\ddot{\alpha}\delta\alpha)\mathrm{d}t = -\int_{t_0}^{t_1}(I_0\ddot{\alpha}\delta\alpha)\mathrm{d}t,$$

$$\int_{t_0}^{t_1}\delta\alpha\left\{\frac{1}{2}\rho A\int_0^L([(R+X)\dot{\alpha}+\dot{Y}]^2+(\dot{X}-Y\dot{\alpha})^2)\mathrm{d}x\right\}\mathrm{d}t$$

$$= \int_{t_0}^{t_1}\rho A\int_0^L\{(R+X)[(R+X)\dot{\alpha}+\dot{Y}]-Y(\dot{X}-Y\dot{\alpha})\}\delta\dot{\alpha}\mathrm{d}x\mathrm{d}t$$

$$= \int_{t_0}^{t_1}\rho A\int_0^L\{(R+X)[(R+X)\dot{\alpha}+\dot{Y}]-Y(\dot{X}-Y\dot{\alpha})\}\mathrm{d}x\,\frac{\mathrm{d}}{\mathrm{d}t}(\delta\alpha)\mathrm{d}t$$

$$= -\int_{t_0}^{t_1}\frac{\mathrm{d}}{\mathrm{d}t}\left\{\rho A\int_0^L[(R+X)((R+X)\dot{\alpha}+\dot{Y})-Y(\dot{X}-Y\dot{\alpha})]\mathrm{d}x\right\}\delta\alpha\mathrm{d}t,$$

$$\int_{t_0}^{t_1}\delta_\alpha(V)\mathrm{d}t = 0,$$

从而得到 $\alpha(t)$ 的变分等式为

$$\int_{t_0}^{t_1}\left\{-I_0\ddot{\alpha}-\rho A\frac{\mathrm{d}}{\mathrm{d}t}\int_0^L[(R+X)[(R+X)\dot{\alpha}+\dot{Y}]\right.$$

$$\left.-Y(\dot{X}-Y\dot{\alpha})]\mathrm{d}x+m(t)\right\}\delta\alpha\,\mathrm{d}t = 0.$$

根据变分学基本引理，可以得到**第一个动力学方程**：

$$I_0\ddot{\alpha}+\rho A\frac{\mathrm{d}}{\mathrm{d}t}\int_0^L\{(R+X)[(R+X)\dot{\alpha}+\dot{Y}]-Y(\dot{X}-Y\dot{\alpha})\}\mathrm{d}x-m(t) = 0.$$

对于独立函数变元 γ 的变分原理计算：原理等式为

$$\int_{t_0}^{t_1}\delta_\gamma(\widetilde{L})\mathrm{d}t = 0.$$

并注意到：

$$\delta_\gamma(T) = 0,\quad \delta_\gamma(V) = \int_0^L EA(\gamma-1)\delta\gamma\mathrm{d}x,$$

$$\delta_\gamma\left\{\int_0^L[P(X'-\gamma\cos\theta)+S(Y'-\gamma\sin\theta)]\mathrm{d}x\right\}$$

$$= \int_0^L(-P\cos\theta-S\sin\theta)\delta\gamma\mathrm{d}x.$$

从而得到

$$\int_{t_0}^{t_1}\int_0^L[-EA(\gamma-1)+(P\cos\theta+S\sin\theta)]\delta\gamma\mathrm{d}x\mathrm{d}t = 0,$$

其中 $\delta\gamma$ 是 $(t_0\leqslant t\leqslant t_1, 0\leqslant x\leqslant L)$ 上的 Hamilton 变分函数. 根据变分学基本引理，可以得到**第二个动力学方程**：

$$EA(\gamma-1)-(P\cos\theta+S\sin\theta) = 0.$$

对于独立函数变元 $\theta(x,t)$ 的变分原理计算：原理等式为

$$\int_{t_0}^{t_1}\delta_\theta(\widetilde{L})\mathrm{d}t = 0.$$

而

$$\delta_\theta(T)=0,$$

$$\begin{aligned}\delta_\theta(V)&=S_\theta\left(\frac{1}{2}\int_0^L[EI\theta'^2+EA(\gamma-1)^2]\mathrm{d}x\right)\\&=\int_0^L EI\theta'\delta\theta'\mathrm{d}x=\int_0^L EI\theta'\frac{\partial}{\partial x}(\delta\theta)\mathrm{d}x\\&=EI\theta'\delta\theta\Big|_0^L-\int_0^L\frac{\partial}{\partial x}(EI\theta')\delta\theta\mathrm{d}x.\end{aligned}$$

注意到

$$\frac{\partial\theta}{\partial x}\Big|_L=0,\quad \delta\theta\Big|_{x=0}=0,$$

得到

$$\delta_\theta(V)=-\int_0^L EI\theta''\delta\theta\,\mathrm{d}x,$$

$$\delta_\theta\left\{\int_0^L[P(X'-\gamma\cos\theta)+S(Y'-\gamma\sin\theta)]\mathrm{d}x\right\}=\int_0^L(P\sin\theta-S\cos\theta)\gamma\delta\theta\mathrm{d}x.$$

关于 $\delta\theta(x,t)$的 Hamilton 原理变分变式为

$$\int_{t_0}^{t_1}\int_0^L[EI\theta''+\gamma(-P\sin\theta+S\cos\theta)]\delta\theta\,\mathrm{d}x\mathrm{d}t=0.$$

根据变分学基本引理,得到**第三个动力学方程**:

$$EI\theta''+\gamma(-P\sin\theta+S\cos\theta)=0.$$

从第二个、第三个动力学方程可得

$$P=EA(\gamma-1)\cos\theta+EI\theta''\sin\theta/\gamma,$$
$$S=EA(\gamma-1)\sin\theta-EI\theta''\cos\theta/\gamma.$$

可计算得到 $P(x,t),S(x,t)$在 $x=L$ 处的边界条件为

$$P(L,t)=0,\quad S(L,t)=0.$$

以下计算独立函数变元 $X(x,t)$作符合边界条件的 Hamilton 变分 δX 下的变分等式

$$\begin{aligned}\int_{t_0}^{t_1}\delta_X(T)\mathrm{d}t&=\int_{t_0}^{t_1}\rho A\int_0^L\{[(R+X)\dot\alpha+\dot Y]\dot\alpha\delta X+(\dot X-Y\dot\alpha)\delta\dot X\}\mathrm{d}x\mathrm{d}t\\&=\int_{t_0}^{t_1}\rho A\int_0^L\left\{[(R+X)\dot\alpha+\dot Y]\dot\alpha-\frac{\mathrm{d}}{\mathrm{d}t}(\dot X-Y\dot\alpha)\right\}\delta X\mathrm{d}x\mathrm{d}t,\end{aligned}$$

$$\int_{t_0}^{t_1}\delta_X(V)\mathrm{d}t=0,$$

$$\begin{aligned}&\int_{t_0}^{t_1}\delta_X\left\{\int_0^L[P(X'-\gamma\cos\theta)+S(Y'-\gamma\sin\theta)]\mathrm{d}x\right\}\mathrm{d}t\\&\quad=\int_{t_0}^{t_1}\left(\int_0^L P\delta X'\mathrm{d}x\right)\mathrm{d}t=\int_{t_0}^{t_1}\left[(P\delta X)\Big|_0^L-\int_0^L P'\delta X\mathrm{d}x\right]\mathrm{d}t\end{aligned}$$

$$= -\int_{t_0}^{t_1}\left(\int_0^L P'\delta X \mathrm{d}x\right)\mathrm{d}t.$$

得到关于 δX 的 Hamilton 原理变分等式为

$$\int_{t_0}^{t_1}\delta_X(\widetilde{L})\mathrm{d}t = \int_{t_0}^{t_1}\int_0^L\left(\rho A\{[(R+X)\dot{\alpha}+\dot{Y}]\dot{\alpha}-\frac{\mathrm{d}}{\mathrm{d}t}(\dot{X}-Y\dot{\alpha})\}+P'\right)\delta X\mathrm{d}x\mathrm{d}t = 0.$$

根据变分学基本引理,得到**第四个动力学方程**:

$$P'-\rho A\left\{\frac{\mathrm{d}}{\mathrm{d}t}(\dot{X}-Y\dot{\alpha})-[(R+X)\dot{\alpha}+\dot{Y}]\dot{\alpha}\right\}=0.$$

同理,可对独立函数变元 $Y(x,t)$ 作符合边界条件的 Hamilton 变分计算,得到**第五个动力学方程**:

$$S'-\rho A\left\{\frac{\mathrm{d}}{\mathrm{d}t}[(R+X)\dot{\alpha}+\dot{Y}]+(\dot{X}-Y\dot{\alpha})\dot{\alpha}\right\}=0.$$

对于独立函数变元 $P(x,t)$ 和 $S(x,t)$ 的变分原理进行计算:原理等式为

$$\int_{t_0}^{t_1}\delta_P(\widetilde{L})\mathrm{d}t=0,\quad \int_{t_0}^{t_1}\delta_S(\widetilde{L})\mathrm{d}t=0.$$

注意到

$$\delta_P(T)=0,\quad \delta_P(V)=0,$$
$$\delta_S(T)=0,\quad \delta_S(V)=0,$$

$$\delta_P\left\{\int_0^L[P(X'-\gamma\cos\theta)+S(Y'-\gamma\sin\theta)]\mathrm{d}x\right\}$$
$$=\int_0^L(X'-\gamma\cos\theta)\delta P\mathrm{d}x,$$

$$\delta_S\left\{\int_0^L[P(X'-\gamma\cos\theta)+S(Y'-\gamma\sin\theta)]\mathrm{d}x\right\}$$
$$=\int_0^L(Y'-\gamma\sin\theta)\delta S\mathrm{d}x.$$

从而得到变分等式

$$\int_{t_0}^{t_1}\int_0^L(X'-\gamma\cos\theta)\delta P\mathrm{d}x\mathrm{d}t=0,$$
$$\int_{t_0}^{t_1}\int_0^L(Y'-\gamma\sin\theta)\delta S\mathrm{d}x\mathrm{d}t=0.$$

根据变分学基本引理,得到**第六个动力学方程**:

$$X'-\gamma\cos\theta=0;$$

第七个动力学方程:

$$Y'-\gamma\sin\theta=0.$$

整理以上变分原理的计算,得到如图 4.16 所示刚柔耦合系统大挠度非线性动力学方程组

$$
\begin{cases}
I_0\ddot{\alpha}+\dfrac{\mathrm{d}}{\mathrm{d}t}\left\{\displaystyle\int_0^L\rho A[(R+X)[(R+X)\dot{\alpha}+\dot{Y}]-Y(\dot{X}-Y\dot{\alpha})]\mathrm{d}x\right\}=m(t),\\
EA(\gamma-1)-(P\cos\theta+S\sin\theta)=0,\\
EI\theta''+\gamma(-P\sin\theta+S\cos\theta)=0,\\
P'-\rho A\left\{\dfrac{\mathrm{d}}{\mathrm{d}t}(\dot{X}-Y\dot{\alpha})-[(R+X)\dot{\alpha}+\dot{Y}]\dot{\alpha}\right\}=0,\\
S'-\rho A\left\{\dfrac{\mathrm{d}}{\mathrm{d}t}[(R+X)\dot{\alpha}+\dot{Y}]+(\dot{X}-Y\dot{\alpha})\dot{\alpha}\right\}=0,\\
X'-\gamma\cos\theta=0,\\
Y'-\gamma\sin\theta=0,
\end{cases}
\tag{4.69}
$$

及其边界条件

$$
\begin{aligned}
&X(0,t)=0,\quad Y(0,t)=0,\quad \theta(0,t)=0,\\
&P(L,t)=0,\quad S(L,t)=0,\quad \left.\frac{\partial\theta}{\partial x}\right|_{x=L}=0.
\end{aligned}
\tag{4.70}
$$

如图 4.16 所示的刚柔耦合系统建模也可用力学分析的微元法来推导[54]，结果完全一致. 并可得到 Lagrange 乘子的力学意义由下式决定：

$$
P=N\cos\theta-Q\sin\theta,
$$

$$
S=N\sin\theta+Q\cos\theta,
$$

其中 N 为柔梁的横截面轴力，Q 为柔梁的横截面剪力.

2. 不可伸长梁的平凡解及其稳定性

以下我们使用理论方法研究已建立的刚柔耦合系统大挠度非线性力学模型 (4.69). 我们假定所研究的柔梁为不可伸长，但却可以弯曲. 此时，柔梁拉伸方向为时时平衡，方程

$$
EA(\gamma-1)-(P\cos\theta+S\sin\theta)=0
$$

自然成立，而 $\gamma\equiv1$.

对于这个系统，我们有中心刚体等速旋转情况下的平凡解

$$
\begin{cases}
m(t)\equiv0,\quad \dot{\alpha}=\Omega=\text{const.},\\
X(x,t)\equiv x,\quad Y(x,t)\equiv0,\quad \theta(x,t)\equiv0,\\
P(x,t)=\rho A\Omega^2\left[R(L-x)+\dfrac{1}{2}(L^2-x^2)\right],\quad S(x,t)\equiv0.
\end{cases}
\tag{4.71}
$$

这种平凡解，对应的是柔性梁有等速旋转离心力向外拉紧，产生增强效应的情形，称为**动力强力**. 为研究此非线性系统平凡解的稳定性，引入扰动变量如下：

$$
\begin{cases}
u(x,t)=X(x,t)-x,\\
y(x,t)=Y(x,t), \qquad 0\leqslant x\leqslant L,\quad t\geqslant0.\\
\dot{\beta}(t)=\dot{\alpha}(t)-\Omega,
\end{cases}
\tag{4.72}
$$

代入动力学方程,得到非线性的扰动方程

$$\begin{cases} u' = \cos\theta - 1, \quad y' = \sin\theta, EI\theta'' = P\sin\theta - S\cos\theta, \\ P' = \rho A[\ddot{u} - y\ddot{\beta} - 2\dot{y}(\Omega + \dot{\beta}) - (R + x + u)(\Omega + \dot{\beta})^2], \\ S' = \rho A[\ddot{y} + (R + x + u)\ddot{\beta} + 2\dot{u}(\Omega + \dot{\beta}) - y(\Omega + \dot{\beta})^2], \\ \dfrac{\mathrm{d}}{\mathrm{d}t}\Big(I_0\dot{\beta} + \rho A\displaystyle\int_0^L \{(R + x + u)[\dot{y} + (R + x + u)(\Omega + \dot{\beta})] \\ \qquad - y[\dot{u} - y(\Omega + \dot{\beta})]\}\mathrm{d}x\Big) = 0, \end{cases} \tag{4.73}$$

其对应的边界条件为

$$\begin{cases} u(0,t) = 0, \quad y(0,t) = 0, \quad \theta(0,t) = 0, \\ \left.\dfrac{\partial\theta}{\partial x}\right|_{x=L} = 0, \quad P(L,t) = 0, \quad S(L,t) = 0. \end{cases} \tag{4.74}$$

扰动系统的平凡解为

$$\begin{cases} u(x,t) \equiv 0, \quad y(x,t) \equiv 0, \quad \dot{\beta}(t) \equiv 0, \quad \theta(x,t) \equiv 0, \\ P(x,t) \equiv \rho A\Omega^2\left[R(L - x) + \dfrac{1}{2}(L^2 - x^2)\right], \quad S(x,t) \equiv 0. \end{cases} \tag{4.75}$$

以下我们研究非线性扰动系统平凡解的稳定性,即研究系统在足够小的初始扰动条件下,耦合系统的扰动动态过程是否总在平凡解的邻近.由于系统现在包含柔性体,描述它的扰动变量是时间变元和空间变元的多变量函数,为了判别此多变量函数在时间过程中是否保持在平凡解的邻近,需要引用泛函分析中在多变量函数之间定义距离的概念,如在 L_2 空间中定义

$$\|u(x,t)\| \triangleq \sqrt{\int_0^L [u(x,t)]^2\mathrm{d}x},$$

其中 $\|u(x,t)\|$ 为 $u(x,t)$的 L_2 范数,它代表扰动解 $u(x,t)$和平凡解 $u(x,t)\equiv 0$ 之间的距离.它能够在动态时间过程中保持足够小,代表此扰动解分量总在平凡解的邻近.

为判别上述非线性扰动系统平凡解的稳定性,我们使用 2.6.4 小节中介绍的 Ляпунов-Четаев 方法,即利用系统的能量积分和动量矩积分来组合构成 Ляпунов 函数.为此,将扰动变量公式代入系统动能表达式(4.61),展开后,将积分出的常值项合并,得到扰动系统的动能

$$T^* = T_{\mathrm{d}} + T_1 + T_2, \tag{4.76}$$

其中

$$\begin{cases} T_d = \dfrac{1}{2}I_0\dot{\beta}^2 + \dfrac{1}{2}\rho A\displaystyle\int_0^L \{(\dot{u} - y\dot{\beta})^2 + [\dot{y} + (R + x + u)\dot{\beta}]^2\}\mathrm{d}x, \\ T_1 = \Omega\left(I_0\dot{\beta} + \rho A\displaystyle\int_0^L \{y(y\dot{\beta} - \dot{u}) + (R + x + u)[\dot{y} + (R + x + u)\dot{\beta}]\}\mathrm{d}x\right), \\ T_2 = \Omega^2\left\{\dfrac{1}{2}\rho A\displaystyle\int_0^L [y^2 + 2(R + x)u + u^2]\mathrm{d}x\right\}. \end{cases} \tag{4.77}$$

不可伸长柔性梁扰动系统的变形势能为

$$V^* = \frac{1}{2}\int_0^L EI(\theta')^2\mathrm{d}x. \tag{4.78}$$

耦合系统扰动方程的能量积分为

$$T^* + V^* = \mathrm{const.}. \tag{4.79}$$

Euler-Bernoulli 梁耦合系统对 O^* 的动量矩为

$$I_0\dot{\alpha} + \rho A\int_0^L [(R + X)(\dot{Y} + (R + X)\dot{\alpha} - Y(X - Y\dot{\alpha})]\mathrm{d}x.$$

将扰动变量公式代入,得到扰动系统的动量矩积分

$$\begin{aligned} G^* &= I_0\dot{\beta} + \rho A\int_0^L \{(R + x + u)[\dot{y} + (R + x + u)(\Omega + \dot{\beta}) - y(\dot{u} - y(\Omega + \dot{\beta}))]\}\mathrm{d}x \\ &= \frac{T_1}{\Omega} + \rho A\Omega\int_0^L [(R + x + u)^2 + y^2]\mathrm{d}x = \mathrm{const.}. \end{aligned} \tag{4.80}$$

利用扰动系统的能量积分和动量矩积分,可组合出第一积分

$$\begin{aligned} H &= T^* + V^* - \Omega G^* \\ &= T_d + V^* - \Omega^2\frac{\rho A}{2}\int_0^L [2(R + x)u + u^2 + y^2]\mathrm{d}x. \end{aligned} \tag{4.81}$$

以下证明 H 函数对于平凡解是正定函数. 记

$$\begin{aligned} \bar{V} &= V^* - \Omega^2\frac{\rho A}{2}\int_0^L [2(R + x)u + y^2 + u^2]\mathrm{d}x \\ &= \frac{1}{2}\int_0^L \left\{EI\left(\frac{\partial\theta}{\partial x}\right)^2 - \rho A\Omega^2[2(R + x)u + u^2 + y^2]\right\}\mathrm{d}x. \end{aligned} \tag{4.82}$$

可以证明不等式

$$\bar{V} \geqslant 0. \tag{4.83}$$

因为

$$u(x,t) = \int_0^x (\cos\theta - 1)\mathrm{d}x,$$

$$y(x,t) = \int_0^x \sin\theta\mathrm{d}x,$$

据 Schwarz 不等式

$$\left[\int_a^b f(x)g(x)\mathrm{d}x\right]^2 \leqslant \int_a^b [f(x)]^2\mathrm{d}x\int_a^b [g(x)]^2\mathrm{d}x,$$

可以得到

$$\begin{aligned} u^2+y^2 &= \left[\int_0^x (\cos\theta-1)\mathrm{d}x\right]^2 + \left(\int_0^x \sin\theta\mathrm{d}x\right)^2 \\ &\leqslant x\int_0^x (\cos\theta-1)^2\mathrm{d}x + x\int_0^x (\sin\theta)^2\mathrm{d}x \\ &= -2x\int_0^x (\cos\theta-1)\mathrm{d}x = -2xu, \quad x\geqslant 0, \end{aligned}$$

所以有以下不等式成立

$$u^2+y^2+2(R+x)u\leqslant 0, \quad x\geqslant 0.$$

将此式代入 $\bar{V}$ 表达式(4.82)中,即证实 $\bar{V}\geqslant 0$ 成立.根据

$$H = T_{\mathrm{d}}+\bar{V} = \frac{1}{2}I_0\dot{\beta}^2 + \frac{\rho A}{2}\int_0^L \{(\dot{u}-y\dot{\beta})^2 + [\dot{y}+(R+x+u)\dot{\beta}]^2\}\mathrm{d}x + \bar{V}$$

可以明显看到,要 $H=0$,必要条件为

$$\dot{\beta}=0, \quad \dot{u}-y\dot{\beta}=0, \quad \dot{y}+(R+x+u)\dot{\beta}=0, \quad \frac{\partial\theta}{\partial x}=0. \tag{4.84}$$

再注意到边界条件,不难断定此时只能为平凡解(4.75).于是 H 函数对平凡解(4.75)是正定函数.而 H 函数是扰动系统的第一积分,根据推广的 Ляпунов 稳定性定理,可以断定:对于非线性扰动系统(4.73),(4.74),对于任何的 Ω 常值,其平凡解(4.75)对刚体运动描述变量及柔体变形描述变元的 L_2 范数是 Ляпунов 稳定的.

在以上稳定性的描述中,用 L_2 范数 $\|u(x,t)\|$,$\|y(x,t)\|$ 来限制柔梁的变形,直观性稍差.对于本例所讨论的刚柔耦合系统而言,利用已求得的 Ляпунов 函数 H,可以直接证明平凡解对柔梁扰动变形 $u(x,t)$,$y(x,t)$ 的最大模范数也是稳定的.记 $u(x,t)$,$y(x,t)$ 的最大模范数为 $\|\widehat{u(x,t)}\|$,$\|\widehat{y(x,t)}\|$,根据不等式

$$-2\leqslant u'(x,t) = \cos\theta-1\leqslant 0, \quad 0\leqslant x\leqslant L, \quad t\geqslant 0,$$

因此 $u(x,t)$随 x 增大是单调递减的,从而

$$\|\widehat{u(x,t)}\| = -u(L,t).$$

而

$$u^2(L,t) = \int_0^L 2uu'\mathrm{d}x \leqslant \int_0^L |2u'||u|\mathrm{d}x \leqslant -4\int_0^L u(x,t)\mathrm{d}x,$$

由不等式 $u^2+y^2\leqslant -2xu$,可以得到

$$\|\widehat{y(x,t)}\| \leqslant 2L\|\widehat{u(x,t)}\|.$$

因此，要限制 $\|\widehat{u(x,t)}\|$，$\|\widehat{y(x,y)}\|$，只要限制 $\int_0^L u(x,t)\mathrm{d}x$ 即可. 由 $\bar{V}$ 的表达式(4.82)，可以得到

$$-\rho AR\Omega^2\int_0^L u(x,t)\mathrm{d}x \leqslant \bar{V} \leqslant H.$$

因此限制 $\int_0^L u(x,t)\mathrm{d}x$ 和限制 H 的扰动值是等价的. 根据 Ляпунов 论证，即知平凡解对柔性梁的变形扰动是最大模范数稳定的.

3. 刚柔耦合系统动力强化柔性梁小振动特征[55]

前面对图 4.16 所示刚柔耦合系统平凡解稳定性的论证，给该系统动力强化柔性梁的小振动研究奠定了理论基础. 以下我们可假定平凡解邻近的扰动变量 $u(x,t)$，$y(x,t)$，$\dot{\beta}(t)$ 均为小量，则可由非线性扰动方程(4.73)，(4.74)直接线性化，得到刚柔耦合系统的线性化扰动方程组

$$\begin{cases} EI\dfrac{\partial^4 y}{\partial x^4} + \rho A\dfrac{\partial^2 y}{\partial t^2} = -\rho A(R+x)\ddot{\beta} + \rho A\Omega^2\left[y + \dfrac{\partial}{\partial x}\left(p(x)\dfrac{\partial y}{\partial x}\right)\right], \\ I_0\ddot{\beta} = EI[-Ry'''(0,t) + y''(0,t)], \\ p(x) = R(L-x) + \dfrac{1}{2}(L^2 - x^2), \end{cases} \tag{4.85}$$

边界条件为

$$y(0,t) = 0,\quad y'(0,t) = 0,\quad y''(L,t) = 0,\quad y'''(L,t) = 0. \tag{4.86}$$

为了使以下分析和计算结果具有一般意义，引进无量纲化变量及参数如下：

$$\begin{cases} \bar{x} = \dfrac{x}{L},\quad \bar{y} = \dfrac{y}{L},\quad a = \dfrac{R}{L},\quad K = \dfrac{\rho AL^3}{I_0}, \\ \omega = \dfrac{\Omega}{\alpha},\quad J = \dfrac{I_0 L}{EI},\quad \text{其中 } \alpha = \sqrt{\dfrac{EI}{\rho AL^4}},\quad J\ddot{\beta} \text{ 为无量纲}, \end{cases} \tag{4.87}$$

并在以下记$(\cdot)' = \dfrac{\partial}{\partial \bar{x}}(\cdot)$，得到无量纲化动力学方程组(动力学过程时间变元 t 未无量纲化)

$$\begin{cases} \dfrac{\partial^2 \bar{y}}{\partial t^2} + \alpha^2\dfrac{\partial^4 \bar{y}}{\partial \bar{x}^4} = -(a+\bar{x})\ddot{\beta} + \Omega^2\left[\bar{y} + \dfrac{\partial}{\partial \bar{x}}(p_0(\bar{x})\bar{y}')\right], \\ J\ddot{\beta} = -a\bar{y}'''(0,t) + \bar{y}''(0,t), \\ p_0(\bar{x}) = a(1-\bar{x}) + \dfrac{1}{2}(1-\bar{x}^2), \end{cases} \tag{4.88}$$

边界条件

$$\bar{y}(0,t) = 0,\quad \bar{y}'(0,t) = 0,\quad \bar{y}''(1,t) = 0,\quad \bar{y}'''(1,t) = 0. \tag{4.89}$$

方程组(4.88),(4.89)是我们对系统进行小振动模态分析的线性化数学模型.从力学意义分析看,其中$\frac{\partial^2 \bar{y}}{\partial t^2}+\alpha^2\frac{\partial^4 \bar{y}}{\partial \bar{x}^4}$项是常规的 Euler-Bernoulli 梁横振动项,$-(a+\bar{x})\ddot{\beta}$ 项是切向惯性振动作用,$\Omega^2\bar{y}$ 是柯氏力振动作用,$\Omega^2\frac{\partial}{\partial \bar{x}}[p_0(\bar{x})\bar{y}']$ 是动力强化作用,$J\ddot{\beta}$ 方程是刚柔动力耦合作用.

小振动模态分析使用的是寻求非零特征解方法.假定方程组(4.88),(4.89)的非零解具有如下形式:

$$\bar{y}(\bar{x},t)=\nu(\bar{x})\exp(\mathrm{i}\alpha\mu t), \tag{4.90}$$

其中 $\nu(\bar{x})$ 为振动模态,$\alpha\mu$ 为相应模态的振动圆频率.将式(4.90)代入方程(4.88),(4.89),得到待求模态函数所应满足的方程

$$\begin{cases} \dfrac{\mathrm{d}^4\nu}{\mathrm{d}\bar{x}^4}=(\omega^2+\mu^2)\nu+K(a+\bar{x})[a\nu'''(0)-\nu''(0)]+\omega^2[p_0(\bar{x})\nu'], \\ p_0(\bar{x})=a(1-\bar{x})+\dfrac{1}{2}(1-\bar{x}^2), \\ \nu(0)=0,\quad \nu'(0)=0,\quad \nu''(1)=0\quad \nu'''(1)=0. \end{cases} \tag{4.91}$$

令 $y_1=\nu, y_2=\nu', y_3=\nu'', y_4=\nu''', Y=[y_1,y_2,y_3,y_4]^{\mathrm{T}}$,则方程(4.91)可化为

$$\begin{cases} Y'=G'(\bar{x},\mu)Y+B(\bar{x},\mu)Y(0), \\ C_0(\mu)Y(0)+C_1(\mu)Y(1)=0. \end{cases} \tag{4.92}$$

这是一个典型的含特征值 μ 的非齐次线性的两点边值问题.我们使用初值-代数方法来求解.考虑方程(4.92)对应的齐次线性方程

$$Z'=G(\bar{x},\mu)Z. \tag{4.93}$$

如果它的基本解矩阵为 $Z(\bar{x},\mu)$,则(4.92)的通解可表达为

$$Y(\bar{x},\mu)=Z(\bar{x},\mu)Y(0)+\left[Z(\bar{x},\mu)\int_0^{\bar{x}}Z^{-1}B(s,\mu)\mathrm{d}s\right]Y(0). \tag{4.94}$$

为了使上述解为非零解,μ 的取值应满足以下条件:

$$\det\left\{C_0(\mu)+C_1(\mu)\left[Z(1,\mu)+Z(1,\mu)\int_0^1 Z^{-1}(s,\mu)B(s,\mu)\mathrm{d}s\right]\right\}=0. \tag{4.95}$$

在数值求解的过程中,对一定的参数和 μ 的取值情况,可以用初值方法求解,然后用打靶法或代数求解法寻求(4.92)的非零解,从而决定柔性梁小振动的固有频率和振型模态.针对图 4.16 的刚柔耦合系统,计算结果如图 4.17～4.20 所示.由图可见,柔梁的小振动频率随中心刚体平凡解的转速增大而增大,随中心刚体的惯量增大而减小.这说明,柔性附件相对浮动坐标系的振动模态等特性不仅受浮动坐标系的运动的影响,也和中心刚体的动力学特性有关,是系统特性,而不是局部特性.

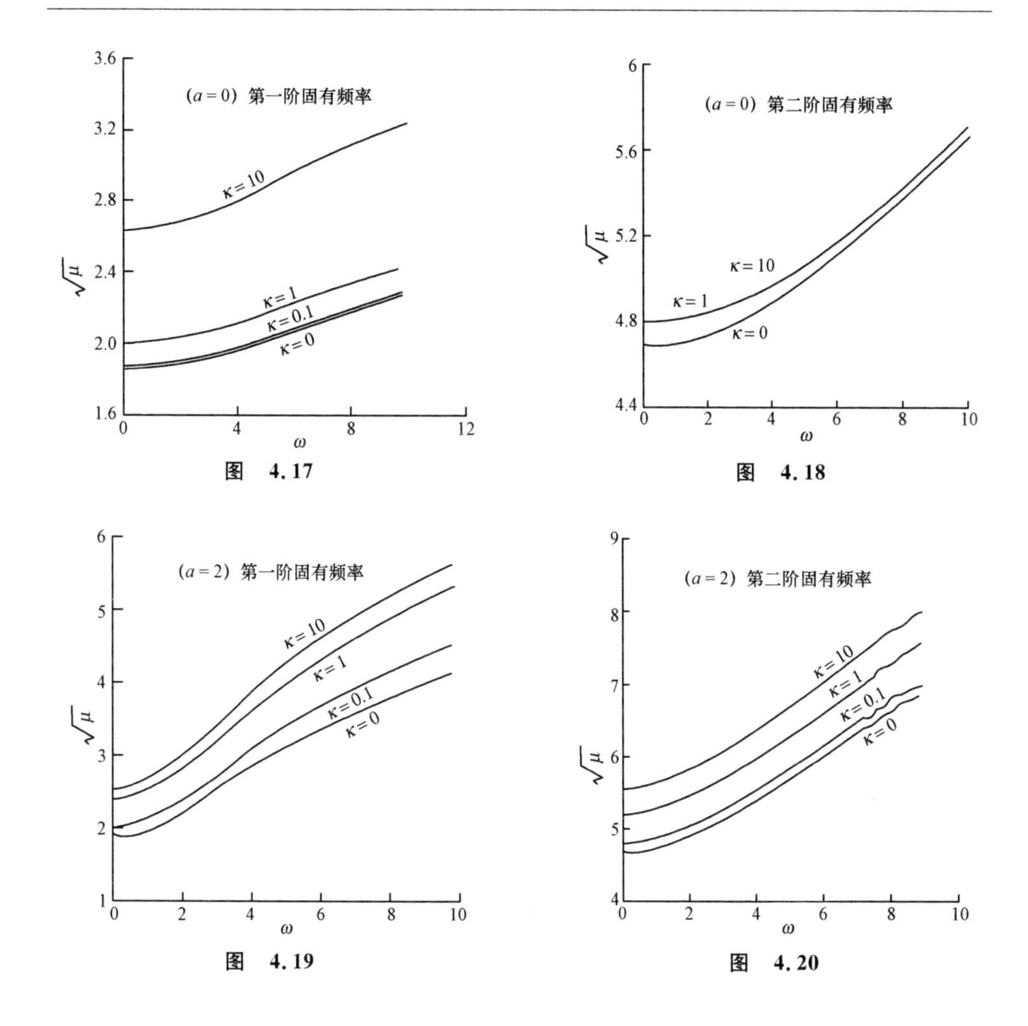

图 4.17

图 4.18

图 4.19

图 4.20

4.4.7 刚柔耦合系统动力学(Ⅱ):中心刚体——内接柔性梁耦合系统[56]

本小节研究一旋转刚环内接柔性梁的刚柔耦合系统,如图 4.21 所示.此种系统的动力学建模和上一小节在原理上完全一致,但柔梁所处的状态有所不同.这里旋转离心力对柔梁是起轴向压缩作用,对柔梁的横向振动有动力弱化的效果,在一定条件下柔梁将产生失稳和分岔.对此种现象的研究,需要新的方法和手段.

1. 系统的建模

考虑如图 4.21 所示的系统,其中 $O^*x^*y^*$ 是惯性坐标系,而 OXY 是描述内接悬臂梁变形运动的浮动坐标系.建模的假定和记号含义和上一小节一致,在 Rayleigh 梁假定下,可得系统的动能表达式为

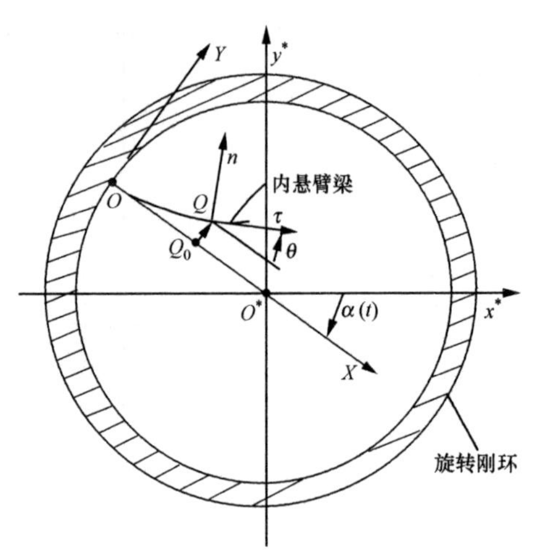

图 4.21　系统的物理模型

$$T=\frac{1}{2}I_0\dot{\alpha}^2+\frac{1}{2}\rho A\int_0^L\{[(-R+X)\dot{\alpha}+\dot{Y}]^2+(\dot{X}-Y\dot{\alpha})^2\}\mathrm{d}x$$

$$+\frac{1}{2}J\int_0^L(\dot{\theta}+\dot{\alpha})^2\mathrm{d}x. \tag{4.96}$$

注意,此处内接柔性梁动能表达式(4.96)和上一小节外接柔性梁动能表达式(4.60)的区别仅在于 R 换成 $-R$. 系统的势能为

$$V=\frac{1}{2}\int_0^L[K(\theta')^2+EA(\gamma-1)^2]\mathrm{d}x,\quad K=EI. \tag{4.97}$$

系统外力矩的虚功为

$$\delta W=m(t)\delta\alpha. \tag{4.98}$$

系统势能表达式中引用了附加变元 θ,γ,它们和独立函数变元 $X(x,t),Y(x,t)$之间满足约束方程

$$f_1=\frac{\partial X}{\partial x}-\gamma\cos\theta=0,\quad f_2=\frac{\partial Y}{\partial x}-\gamma\sin\theta=0. \tag{4.99}$$

因此,动力学建模可用含 Lagrange 乘子 $P(x,t),S(x,t)$的 Hamilton 变分原理

$$\int_{t_0}^{t_1}(\delta\tilde{L}+\delta W)\mathrm{d}t=0, \tag{4.100}$$

其中

$$\begin{cases}\tilde{L}=T-V-\int_0^L[P(X'-\gamma\cos\theta)+S'(Y'-\gamma\sin\theta)]\mathrm{d}x,\\ \delta W=m(t)\delta\alpha.\end{cases} \tag{4.101}$$

已知柔梁的边界条件

$$\begin{cases}X(0,t)=0,\quad Y(0,t)=0,\quad \theta(0,t)=0,\\ \gamma|_{x=L}=1,\quad \theta'|_{x=L}=0,\quad \theta''|_{x=L}=0,\end{cases} \tag{4.102}$$

根据 Hamilton 变分原理(4.100)式及边界条件(4.102),对独立函数变元 $\alpha(t)$, $X(x,t)$, $Y(x,t)$, $\gamma(x,t)$, $\theta(x,t)$, $P(x,t)$, $S(x,t)$ 计算各自变分表达式,可推导出中心刚体内接 Rayleigh 梁耦合系统非线性大挠度动力学方程组如下:

$$\begin{cases} I_0\ddot{\alpha}+\dfrac{\mathrm{d}}{\mathrm{d}t}\displaystyle\int_0^L\{\rho A[(-R+X)[(-R+X)\dot{\alpha}+\dot{Y}]-Y(\dot{X}-Y\dot{\alpha})] \\ \qquad +J(\dot{\theta}+\dot{\alpha})\}\mathrm{d}x=m(t), \\ EA(\gamma-1)-(P\cos\theta+S\sin\theta)=0, \\ EI\theta''+\gamma(-P\sin\theta+S\cos\theta)-J(\ddot{\theta}+\ddot{\alpha})=0, \\ P'-\rho A\left\{\dfrac{\mathrm{d}}{\mathrm{d}t}(\dot{X}-Y\dot{\alpha})-[(-R+X)\dot{\alpha}+\dot{Y}]\dot{\alpha}\right\}=0, \\ S'-\rho A\left\{\dfrac{\mathrm{d}}{\mathrm{d}t}[(-R+X)\dot{\alpha}+\dot{Y}]+(\dot{X}-Y\dot{\alpha})\dot{\alpha}\right\}=0, \\ X'-Y\cos\theta=0,\quad Y'-\gamma\sin\theta=0. \end{cases} \tag{4.103}$$

边界条件为

$$\begin{cases} X(0,t)=0,\quad Y(0,t)=0,\quad \theta(0,t)=0, \\ P(L,t)=0,\quad S=(L,t)=0,\quad \left.\dfrac{\partial\theta}{\partial x}\right|_{x=L}=0. \end{cases} \tag{4.104}$$

以下增加假定:柔性梁为不可压缩梁,则轴向力平衡方程 $EA(\gamma-1)-(P\cos\theta+S\sin\theta)=0$ 自然成立,且 $\gamma\equiv1$. 此时系统有平凡解

$$\begin{cases} m(t)\equiv0,\quad \dot{\alpha}=\Omega=\text{const.}, \\ X(x,t)\equiv x,\quad Y(x,t)\equiv0, \\ \theta(x,t)\equiv0,\quad S(x,t)\equiv0, \\ P(x,t)=\rho A\Omega^2\left[-R(L-x)+\dfrac{1}{2}(L^2-x^2)\right]. \end{cases} \tag{4.105}$$

图 4.22 中画出了柔梁轴力 $P(x,t)$ 的曲线. 可见,此平凡解状态下柔梁是受压缩力作用.

以下我们对系统动力学作简化考查. 假定刚环有控制力矩作用,保证刚环以固定角速度 Ω 旋转,研究此时柔梁横振动的动力学.

引入无量纲化量及参数

$$\begin{cases} \xi=x/L,\quad u=(X-x)/L,\quad v=Y/L, \\ p=PL^2/K,\quad q=SL^2/K, \\ m=ML/K(\text{无量纲弯矩}), \\ \alpha=R/L,\quad \varepsilon=J/\rho AL^2. \end{cases} \tag{4.106}$$

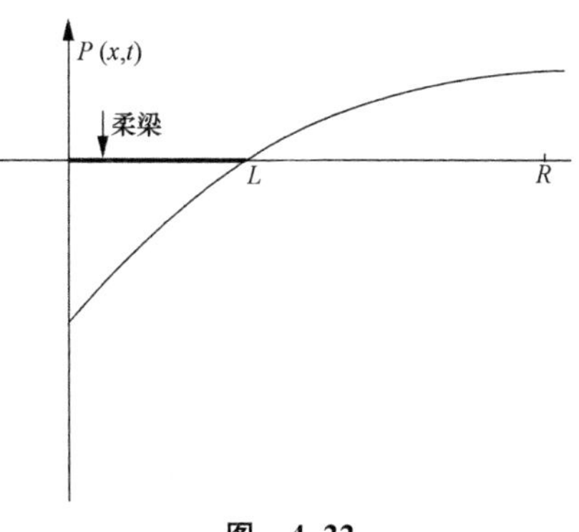

图 4.22

引进参数

$$\beta = PAL^4/K. \tag{4.107}$$

根据(4.103)～(4.107)式，可以得到在刚环以匀角速 Ω 旋转情况下，不可压缩内接 Rayleigh 梁大挠度非线性动力学方程为

$$\begin{cases} u' = \cos\theta - 1, \quad v' = \sin\theta, \\ \theta' = m, \quad m' = p\sin\theta - q\cos\theta + \varepsilon\beta\ddot{\theta}, \\ p' = \beta[\ddot{u} - 2\dot{v}\Omega + (a - \xi - u)\Omega^2], \\ q' = \beta[\ddot{v} + 2\dot{u}\Omega - v\Omega^2]. \end{cases} \tag{4.108}$$

此式中的“′”已代表对 ξ 的偏导数. 边界条件为

$$\begin{cases} u(\xi,t)|_{\xi=0} = 0, \quad v(\xi,t)|_{\xi=0} = 0, \\ \theta(\xi,t)|_{\xi=0} = 0, \quad m(\xi,t)|_{\xi=1} = 0, \\ p(\xi,t)|_{\xi=1} = 0, \quad q(\xi,t)|_{\xi=1} = 0. \end{cases} \tag{4.109}$$

此时柔梁的平凡解为

$$\begin{cases} u \equiv 0, \quad v \equiv 0, \quad m \equiv 0, \quad \theta \equiv 0, \quad q \equiv 0, \\ p = \rho\Omega^2\left[-a(1-\xi) + \dfrac{1-\xi^2}{2}\right] = \rho\Omega^2 f(\xi,a). \end{cases} \tag{4.110}$$

在研究柔梁在平凡解(4.110)邻近的小扰动解时，若假定 $\theta(\xi,t)$ 一直保持为一阶小量，根据方程(4.108)，知道

$$\begin{cases} u' = \cos\theta - 1 \approx -\dfrac{1}{2}\theta^2 + \dfrac{1}{4!}\theta^4 + \cdots, \\ v' = \sin\theta \approx \theta - \dfrac{1}{3!}\theta^3 + \cdots. \end{cases}$$

由于 ξ 变化范围为(0,1)，因此 $v(\xi,t)$ 一直保持为一阶小量，而 $u(\xi,t)$ 一直保持为二阶小量. 根据方程(4.108)，略去高阶小量，可得到柔梁的线性化方程

$$v'''' - \beta[(f(\xi,a)v')' + v]\Omega^2 + \beta(\ddot{v} - \varepsilon\ddot{v}'') = 0. \tag{4.111}$$

$v(\xi,t)$ 的边界条件为

$$v(0,t) = v'(0,t) = v''(1,t) = v'''(1,t) = 0. \tag{4.112}$$

在以上建模中，如果将 Rayleigh 梁模型蜕化为 Euler-Bernoulli 梁模型，只需将相应的方程中 J 或 ε 强令为零即可. 注意到这样做的时候，舍弃项均包含状态变量的时间导数因子，因此上述两种模型的静态分岔规律是没有区别的.

2. *中心刚体——内接 Euler-Bernoulli 梁在刚体匀速旋转时，内梁的失稳与分岔行为*

以下研究内接柔性梁在中心刚体匀速旋转时，动力弱化梁的失稳和分岔规律. 研究动力系统的失稳和分岔，有多种方法. 基于线性化系统的考查，是可能的方法之一. 但这种方法往往只能确定临界值，难以获得较大范围内的规律. 本节采用假

设模态法进行近似的非线性解析研究,可以获得动力弱化梁失稳和分岔规律较为完善的结果.

对于中心刚体以匀角速度 Ω 旋转的内接 Euler-Bernoulli 梁,非线性动力学方程可由(4.108),(4.109)式获得.它对应的动能、势能、附加约束关系以及其变分原理为

$$\begin{cases} T = \dfrac{1}{2}\displaystyle\int_0^1 \beta(\dot{u}^2 - 2\Omega v\dot{u} + 2\Omega u\dot{v} + \dot{v}^2)\,\mathrm{d}\xi, \\ V = \dfrac{1}{2}\displaystyle\int_0^1 \{(\theta')^2 - \beta\Omega^2[2(-a+\xi)u + u^2 + v^2]\}\,\mathrm{d}\xi, \\ u' = \cos\theta - 1, \quad v' = \sin\theta, \\ \displaystyle\int_{t_0}^{t_1} \delta\left\{T - V - \int_0^1 [p(u' - \cos\theta + 1) + q(v' - \sin\theta)]\,\mathrm{d}\xi\right\}\mathrm{d}t = 0. \end{cases} \tag{4.113}$$

从(4.108),(4.109)式可以求得边界条件

$$\theta(0,t) = 0, \quad \theta'(1,t) = 0, \quad \theta''(1,t) = 0. \tag{4.114}$$

由边界条件(4.114),可以选择系统转角变量 $\theta(\xi,t)$ 满足边界条件(4.114)的一阶假设模态为

$$\theta = Z(t)f(\xi), \quad f(\xi) = \xi^3 - 3\xi^2 + 3\xi, \tag{4.115}$$

其中 Z 为一阶模态的幅度变量,在保留到 Z 的 4 阶项时,几何约束可近似为

$$u' = -\frac{1}{2}\theta^2 + \frac{1}{4!}\theta^4, \quad v' = \theta - \frac{1}{3!}\theta^3. \tag{4.116}$$

将(4.115)式代入(4.116)式,得到

$$u' = -\frac{1}{2}Z^2f^2 + \frac{1}{4!}Z^4f^4, \quad v' = Zf - \frac{1}{3!}Z^3f^3.$$

从而

$$\begin{cases} u = \displaystyle\int_0^\xi u'\,\mathrm{d}\xi = -\frac{1}{2}Z^2\int_0^\xi f^2\,\mathrm{d}\xi + \frac{1}{4!}Z^4\int_0^\xi f^4\,\mathrm{d}\xi, \\ v = \displaystyle\int_0^\xi v'\,\mathrm{d}\xi = Z\int_0^\xi f\,\mathrm{d}\xi - \frac{1}{3!}Z^3\int_0^\xi f^3\,\mathrm{d}\xi. \end{cases} \tag{4.117}$$

利用(4.117)求出 T,V,并只保留到 Z 的 3 阶项,根据变分原理,即可求得一阶假设模态幅度变量 Z 的非线性动力学方程为

$$\left(\frac{13}{90} + \frac{11}{120}Z^2\right)\beta\ddot{Z} + \frac{11}{120}\beta Z\dot{Z}^2 + F(Z) = 0, \tag{4.118}$$

其中

$$F(Z) = \left[\frac{9}{5} + \left(\frac{1}{40} - \frac{9}{40}a\right)\beta\Omega^2\right]Z + \left(-\frac{27}{15400} + \frac{81}{3080}a\right)\beta\Omega^2 Z. \tag{4.119}$$

首先,由动力学方程(4.118)可直接分析 Z 的稳态解,这可由 $F(Z)$ 函数的零点分析得到.注意到,为保证内接柔性梁动力弱化性质成立,内接柔性梁不应太长.我们假

定柔梁满足 $L\leqslant 2R$,从而 $a\geqslant 1/2$.根据 $F(Z)$的(4.119)式,可知若

$$\beta\Omega^2 < 72/(9a-1), \tag{4.120}$$

则 $F(Z)$只有唯一的零点 $Z=0$,并且是稳定的.若

$$\beta\Omega^2 > 72/(9a-1), \tag{4.121}$$

则 $F(Z)$有三个零点：$Z=0$ 以及两个 Z 的非零解.此时方程(4.118)的零解是不稳定的,而两个 Z 的非零解却是稳定的.稳态非零解之值由下式求得：

$$Z^2 = \frac{(9a-1)\beta\Omega^2 - 72}{(81a/77 - 27/385)\beta\Omega^2}. \tag{4.122}$$

因此本系统内梁自然平衡状态失稳的条件就是转速超过临界转速,即

$$\beta\Omega^2 > \bar{\lambda} = 72/(9a-1). \tag{4.123}$$

临界值 $\bar{\lambda}$ 依赖于参数 a 的函数关系如图 4.23 所示.

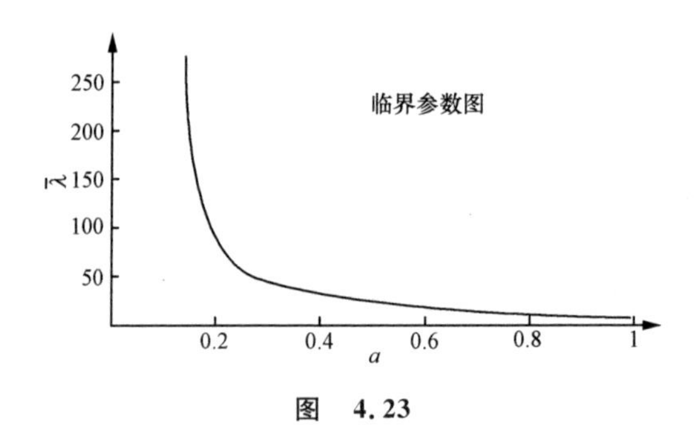

图 4.23

非线性动力学方程(4.118)不仅刻画了 Z 的稳态值及其稳定值,而且也描述 Z 变量的动态.在参数满足(4.120)情况下,$(Z,\dot{Z})$相平面上只有(0,0)一个中心,具有稳定性.而在参数为(4.121)情况下,$(Z,\dot{Z})$相平面的拓扑结构演化为图 4.24 所示,其中(0,0)成为不稳定奇点,而在它的左右各形成一个稳定的局部中心.

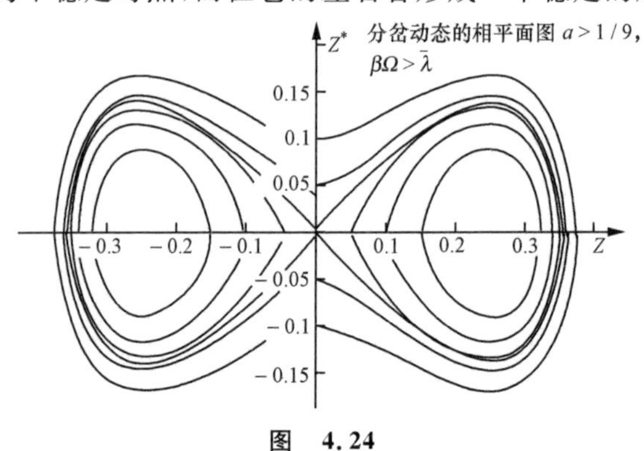

图 4.24

以上近似的非线性解析分析结果给出了 Euler-Bernoulli 梁系统一阶分岔的清晰图案. 不仅给出静态临界分岔值,也给出了分岔失稳后动态和静态的特性. 由于 Rayleigh 梁系统模型和 Euler-Bernoulli 梁系统模型在静态临界分岔方面并无差别,因此上述结果也概括了 Rayleigh 梁系统的分岔特性.

3. 数值校验

前面的理论结果,由于使用了近似解析分析工具,为确信它预测的结果,一般需要进行校验. 校验的方法可以是实验,也可以是实例的数值计算. 对于 $a=2.0$ 的情况,我们使用非线性数值分析的打靶法来直接求解系统的静态分岔解. 此时计算的边值问题方程组为

$$u' = \cos\theta - 1, \quad v' = \sin\theta, \quad \theta' = m,$$
$$m' = p\sin\theta - q\cos\theta, \quad p' = \omega^2(a - \xi - u), \quad q' = -\omega^2 v.$$

边界条件为

$$u(0) = 0, \quad v(0) = 0, \quad \theta(0) = 0,$$
$$m(1) = 0, \quad p(1) = 0, \quad q(1) = 0.$$

计算得到固接处($\xi=0$ 处)轴力 p,弯矩 m 和剪力 q 的第 1 阶分岔解如图 4.25 所示. 此结果肯定了前面近似解析分析的结论.

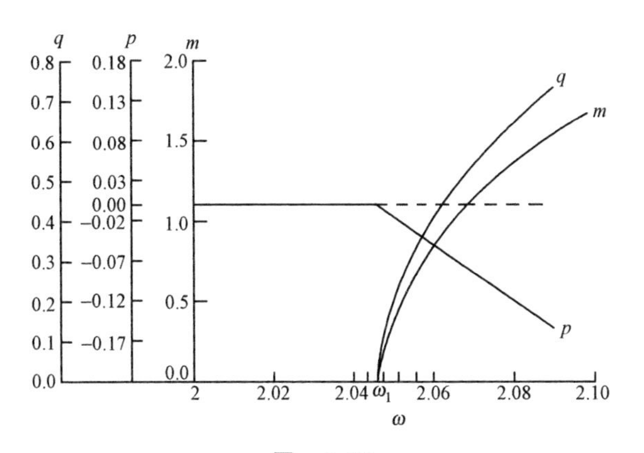

图 4.25

我们也使用了有限元法求解线性化边值问题(4.111),(4.112),以期获得分岔的临界值. 计算获得的前 3 阶临界分岔值特性如图 4.26 所示,其中一阶临界分岔值特性和解析分析结果基本一致.

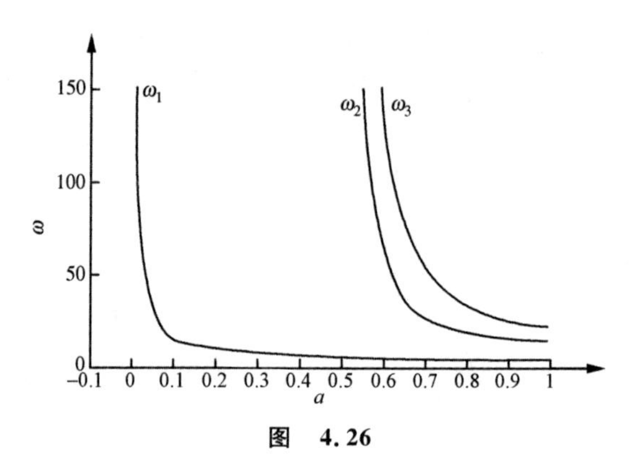

图 4.26

§4.5 积分原理的某些推广形式

4.5.1 Hölder 原理

考虑一理想有势的力学系统,其 Lagrange 函数为

$$L=T-V=L(q_1,q_2,\cdots,q_n,\dot{q}_1,\dot{q}_2,\cdots,\dot{q}_n,t).\tag{5.1}$$

现在假定系统的广义坐标从某正轨出发作 Hölder 变分,那么 Lagrange 函数产生了相应的函数变分,其公式为

$$\Delta L=\sum_{i=1}^{n}\left(\frac{\partial L}{\partial q_i}\Delta q_i+\frac{\partial L}{\partial \dot{q}_i}\Delta \dot{q}_i\right)+\frac{\partial L}{\partial t}\delta(t).\tag{5.2}$$

对上述变分等式在有限时间区段(t_0,t_1)上进行积分,得

$$\int_{t_0}^{t_1}\Delta L\mathrm{d}t=\int_{t_0}^{t_1}\left[\sum_{i=1}^{n}\left(\frac{\partial L}{\partial q_i}\Delta q_i+\frac{\partial L}{\partial \dot{q}_i}\Delta \dot{q}_i\right)+\frac{\partial L}{\partial t}\delta(t)\right]\mathrm{d}t.\tag{5.3}$$

注意到非等时变分的(3.28)式,即

$$\Delta \dot{q}_i=\frac{\mathrm{d}}{\mathrm{d}t}(\Delta q_i)-\dot{q}_i\frac{\mathrm{d}}{\mathrm{d}t}\delta(t),\tag{5.4}$$

所以

$$\begin{aligned}\int_{t_0}^{t_1}\sum_{i=1}^{n}\frac{\partial L}{\partial \dot{q}_i}\Delta \dot{q}_i\mathrm{d}t&=\int_{t_0}^{t_1}\sum_{i=1}^{n}\frac{\partial L}{\partial \dot{q}_i}\left[\frac{\mathrm{d}}{\mathrm{d}t}(\Delta q_i)-\dot{q}_i\frac{\mathrm{d}}{\mathrm{d}t}\delta(t)\right]\mathrm{d}t\\&=\sum_{i=1}^{n}\frac{\partial L}{\partial \dot{q}_i}\Delta q_i\Big|_{t_0}^{t_1}-\int_{t_0}^{t_1}\sum_{i=1}^{n}\left(\frac{\mathrm{d}}{\mathrm{d}t}\frac{\partial L}{\partial \dot{q}_i}\right)\Delta q_i\mathrm{d}t\\&\quad-\int_{t_0}^{t_1}\sum_{i=1}^{n}\frac{\partial L}{\partial \dot{q}_i}\dot{q}_i\frac{\mathrm{d}}{\mathrm{d}t}\delta(t)\mathrm{d}t.\end{aligned}\tag{5.5}$$

将上式代入(5.3)式,有

$$\int_{t_0}^{t_1}\Delta L\mathrm{d}t=\sum_{i=1}^{n}\frac{\partial L}{\partial\dot{q}_i}\Delta q_i\Big|_{t_0}^{t_1}+\int_{t_0}^{t_1}\Big[\frac{\partial L}{\partial t}\delta(t)-\sum_{i=1}^{n}\frac{\partial L}{\partial\dot{q}_i}\dot{q}_i\frac{\mathrm{d}}{\mathrm{d}t}\delta(t)\Big]\mathrm{d}t$$
$$-\int_{t_0}^{t_1}\sum_{i=1}^{n}\Big(\frac{\mathrm{d}}{\mathrm{d}t}\frac{\partial L}{\partial\dot{q}_i}-\frac{\partial L}{\partial q_i}\Big)\Delta q_i\mathrm{d}t. \tag{5.6}$$

注意到 Hölder 变更的条件，我们有

$$\sum_{i=1}^{n}\frac{\partial L}{\partial\dot{q}_i}\Delta q_i\Big|_{t_0}^{t_1}=0, \tag{5.7}$$

$$\sum_{i=1}^{n}\Big(\frac{\mathrm{d}}{\mathrm{d}t}\frac{\partial L}{\partial\dot{q}_i}-\frac{\partial L}{\partial q_i}\Big)\Delta q_i=0, \tag{5.8}$$

从而由(5.6)式得到如下的公式

$$\int_{t_0}^{t_1}\Big[\Delta L+\Big(\sum_{i=1}^{n}\frac{\partial L}{\partial\dot{q}_i}\dot{q}_i\Big)\frac{\mathrm{d}}{\mathrm{d}t}\delta(t)-\frac{\partial L}{\partial t}\delta(t)\Big]\mathrm{d}t=0. \tag{5.9}$$

这就是 Hölder 原理的表达式. Hölder 原理的公式是 Hamilton 原理的公式(4.7)的推广，适应于非等时变分的情况. 等时变分是非等时变分的特殊情形. 当取 $\delta(t)\equiv0$ 时，Hölder 原理的公式(5.9)蜕变为理想有势系统的 Hamilton 公式(4.7).

4.5.2　Voss 原理

考虑一理想有势系统. 利用系统的 Lagrange 函数可以沿 E^q 空间中的轨道建立泛函

$$J=\int_{t_0}^{t_1}L\mathrm{d}t. \tag{5.10}$$

假定系统的附加约束是一阶线性的，即为

$$\sum_{i=1}^{n}B_{ri}\dot{q}_i+B_r=0,\quad r=1,2,\cdots,g. \tag{5.11}$$

现假定各广义坐标从某正轨出发，作 Voss 变分. 我们来计算泛函的全变分. 根据(3.53)式，有

$$\Delta J=\int_{t_0}^{t_1}\Big[\Delta L+L\frac{\mathrm{d}}{\mathrm{d}t}\delta(t)\Big]\mathrm{d}t$$
$$=\int_{t_0}^{t_1}\Big[\sum_{i=1}^{n}\Big(\frac{\partial L}{\partial q_i}\Delta_{\mathrm{p}}q_i+\frac{\partial L}{\partial\dot{q}_i}\Delta_{\mathrm{p}}\dot{q}_i\Big)+\frac{\partial L}{\partial t}\delta(t)+L\frac{\mathrm{d}}{\mathrm{d}t}\delta(t)\Big]\mathrm{d}t. \tag{5.12}$$

注意到(3.32)式，我们可以进一步计算 ΔJ，得

$$\Delta J=\int_{t_0}^{t_1}\Big[\sum_{i=1}^{n}\frac{\partial L}{\partial q_i}\Delta_{\mathrm{p}}q_i+\sum_{i=1}^{n}\frac{\partial L}{\partial\dot{q}_i}\frac{\mathrm{d}}{\mathrm{d}t}\Delta_{\mathrm{p}}q_i$$

$$
\begin{aligned}
&-\Big(\sum_{i=1}^{n}\dot{q}_i\frac{\partial L}{\partial\dot{q}_i}-L\Big)\frac{\mathrm{d}}{\mathrm{d}t}\delta(t)+\frac{\partial L}{\partial t}\delta(t)\Big]\mathrm{d}t\\
=&\int_{t_0}^{t_1}\Big\{\Big[\sum_{i=1}^{n}\Big(\frac{\mathrm{d}}{\mathrm{d}t}\frac{\partial L}{\partial\dot{q}_i}\Big)\Delta_{\mathrm{p}}q_i+\sum_{i=1}^{n}\frac{\partial L}{\partial\dot{q}_i}\frac{\mathrm{d}}{\mathrm{d}t}\Delta_{\mathrm{p}}q_i\\
&-\frac{\mathrm{d}}{\mathrm{d}t}\Big(\sum_{i=1}^{n}\dot{q}_i\frac{\partial L}{\partial\dot{q}_i}-L\Big)\delta(t)-\Big(\sum_{i=1}^{n}\dot{q}_i\frac{\partial L}{\partial\dot{q}_i}-L\Big)\frac{\mathrm{d}}{\mathrm{d}t}\delta(t)\Big]\\
&+\Big[-\sum_{i=1}^{n}\Big(\frac{\mathrm{d}}{\mathrm{d}t}\frac{\partial L}{\partial\dot{q}_i}\Big)\Delta_{\mathrm{p}}q_i+\sum_{i=1}^{n}\frac{\partial L}{\partial q_i}\Delta_{\mathrm{p}}q_i\Big]\\
&+\Big[\frac{\mathrm{d}}{\mathrm{d}t}\Big(\sum_{i=1}^{n}\dot{q}_i\frac{\partial L}{\partial\dot{q}_i}-L\Big)\delta(t)+\frac{\partial L}{\partial t}\delta(t)\Big]\Big\}\mathrm{d}t\\
=&\int_{t_0}^{t_1}\Big\{\frac{\mathrm{d}}{\mathrm{d}t}\Big[\sum_{i=1}^{n}\frac{\partial L}{\partial\dot{q}_i}\Delta_{\mathrm{p}}q_i-\Big(\sum_{i=1}^{n}\dot{q}_i\frac{\partial L}{\partial\dot{q}_i}-L\Big)\delta(t)\Big]\\
&-\Big[\sum_{i=1}^{n}\Big(\frac{\mathrm{d}}{\mathrm{d}t}\frac{\partial L}{\partial\dot{q}_i}-\frac{\partial L}{\partial q_i}\Big)\Delta_{\mathrm{p}}q_i\Big]\\
&+\Big[\frac{\mathrm{d}}{\mathrm{d}t}\Big(\sum_{i=1}^{n}\dot{q}_i\frac{\partial L}{\partial\dot{q}_i}-L\Big)+\frac{\partial L}{\partial t}\Big]\delta(t)\Big\}\mathrm{d}t. \qquad (5.13)
\end{aligned}
$$

注意到

$$
\frac{\mathrm{d}}{\mathrm{d}t}\Big(\sum_{i=1}^{n}\dot{q}_i\frac{\partial L}{\partial\dot{q}_i}-L\Big)+\frac{\partial L}{\partial t}=\sum_{i=1}^{n}\Big(\frac{\mathrm{d}}{\mathrm{d}t}\frac{\partial L}{\partial\dot{q}_i}-\frac{\partial L}{\partial q_i}\Big)\dot{q}_i, \qquad (5.14)
$$

并记

$$
E=\sum_{i=1}^{n}\dot{q}_i\frac{\partial L}{\partial\dot{q}_i}-L, \qquad (5.15)
$$

则(5.13)式成为

$$
\begin{aligned}
\Delta J=&\Big(\sum_{i=1}^{n}\frac{\partial L}{\partial\dot{q}_i}\Delta_{\mathrm{p}}q_i-E\delta(t)\Big)\Big|_{t_0}^{t_1}\\
&-\int_{t_0}^{t_1}\sum_{i=1}^{n}\Big(\frac{\mathrm{d}}{\mathrm{d}t}\frac{\partial L}{\partial\dot{q}_i}-\frac{\partial L}{\partial q_i}\Big)(\Delta_{\mathrm{p}}q_i-\dot{q}_i\delta(t))\mathrm{d}t. \qquad (5.16)
\end{aligned}
$$

由于 $\Delta_{\mathrm{p}}q_1-\dot{q}_1\delta(t),\Delta_{\mathrm{p}}q_2-\dot{q}_2\delta(t),\cdots,\Delta_{\mathrm{p}}q_n-\dot{q}_n\delta(t)$ 构成系统的虚变分,因此有

$$
\sum_{i=1}^{n}\Big(\frac{\mathrm{d}}{\mathrm{d}t}\frac{\partial L}{\partial\dot{q}_i}-\frac{\partial L}{\partial q_i}\Big)(\Delta_{\mathrm{p}}q_i-\dot{q}_i\delta(t))=0. \qquad (5.17)
$$

再注意到 Voss 变分的端点条件,于是从(5.16)式得

$$
\Delta J=\Delta\int_{t_0}^{t_1}L\mathrm{d}t=0. \qquad (5.18)
$$

这就是 Voss 原理的公式.

§ 4.6 Maupertuis-Lagrange 最小作用量原理

4.6.1 Maupertuis-Lagrange 原理的建立

Maupertuis 于 1747 年最先提出了这个原理，到 1760 年由 Lagrange 给以明确的论证. 这是一个适用于保守系统的力学原理.

试考虑一个理想、有规、有势的力学系统. 显然，系统的完整约束组必须是定常的. 这样我们可以认定，在选择广义坐标 $q_1, q_2, \cdots, q_n$ 时，使 u_s 和 q_i 之间的变换关系不显含时间 t. 由此知道，系统的动能为

$$T = T_2 = \frac{1}{2}\sum_{i=1}^{n}\sum_{j=1}^{n} a_{ij}\dot{q}_i\dot{q}_j. \tag{6.1}$$

根据 3.1.4 小节中的分析，这种系统的运动一定有机械能守恒积分. 积分的表达式为

$$E = T + V = \sum_{i=1}^{n} \frac{\partial L}{\partial \dot{q}_i}\dot{q}_i - L = h = \text{const.}, \tag{6.2}$$

其中 h 是运动轨道的能量常数.

现在我们在 C^q 空间里来考虑变分问题. 假定有从 A 点到 B 点的某条正轨 $\boldsymbol{c}$，起始和终了的时刻分别为 t_0, t_1. 在假定系统为完整的情况下，我们有：

Hamilton 原理 对于所有的，在同样时间区间(从 t_0 到 t_1)内，从 A 点到 B 点的轨道来说，沿正轨的 Hamilton 作用量

$$J = \int_{t_0}^{t_1} L\mathrm{d}t$$

取逗留值.

Maupertuis-Lagrange 原理和 Hamilton 原理不同，其区别之点为：

(1) Maupertuis-Lagrange 原理的变轨虽然仍要求从 A 点到 B 点，但所经过的时间可以变化. 按通常习惯，如果认为变轨和正轨的出发时间一致，那么变轨到达 B 点的时间可以不是 t_1. 这是放松了对变轨的要求. 但另一方面却增加要求，变轨必须是总机械能守恒轨道，而且能量常数和正轨一致.

(2) 作用量泛函的定义不同. Lagrange 作用量泛函为

$$W = \int_{t_0}^{t_1} 2T\mathrm{d}t. \tag{6.3}$$

Maupertuis-Lagrange 原理 对于理想、有规、有势的系统，沿正轨的 Lagrange 作用量取逗留值. 但必须说明，如果系统是非完整的，则要求从正轨到变轨的非等时变分是 Hölder 的；如果系统是完整的，那么对变轨就没有附加的要求了.

为了证明上述结论，我们来计算 Lagrange 作用量泛函在其积分轨道由正轨转

移到变分轨道时所引起的变更.很明显,此时泛函的变更是非等时的.根据(3.53)式,有

$$\Delta W=\int_{t_0}^{t_1}\left[\Delta(2T)+(2T)\frac{\mathrm{d}}{\mathrm{d}t}\delta(t)\right]\mathrm{d}t. \tag{6.4}$$

注意到

$$\sum_{i=1}^{n}\frac{\partial L}{\partial\dot{q}_i}\dot{q}_i=2T. \tag{6.5}$$

因此有

$$\Delta W=\int_{t_0}^{t_1}\left[\Delta\left(\sum_{i=1}^{n}\frac{\partial L}{\partial\dot{q}_i}\dot{q}_i\right)+\left(\sum_{i=1}^{n}\frac{\partial L}{\partial\dot{q}_i}\dot{q}_i\right)\frac{\mathrm{d}}{\mathrm{d}t}\delta(t)\right]\mathrm{d}t. \tag{6.6}$$

由(6.2)式,得

$$\Delta\left(\sum_{i=1}^{n}\frac{\partial L}{\partial\dot{q}_i}\dot{q}_i\right)-\Delta L=\Delta h, \tag{6.7}$$

从而(6.6)式成为

$$\Delta W=\int_{t_0}^{t_1}\left[\Delta L+\Delta h+\left(\sum_{i=1}^{n}\frac{\partial L}{\partial\dot{q}_i}\dot{q}_i\right)\frac{\mathrm{d}}{\mathrm{d}t}\delta(t)\right]\mathrm{d}t. \tag{6.8}$$

由于轨道变分是 Hölder 的,因此 Hölder 原理的公式(5.9)成立.注意到现在有

$$\frac{\partial L}{\partial t}=0, \tag{6.9}$$

所以(5.9)的公式成为

$$\int_{t_0}^{t_1}\left[\Delta L+\left(\sum_{i=1}^{n}\frac{\partial L}{\partial\dot{q}_i}\dot{q}_i\right)\frac{\mathrm{d}}{\mathrm{d}t}\delta(t)\right]\mathrm{d}t=0. \tag{6.10}$$

因此,(6.8)式成为

$$\Delta W=\Delta h(t_1-t_0). \tag{6.11}$$

按规定,变分轨道的能量常数和正轨的能量常数一致,即 $\Delta h=0$,由此得到

$$\Delta W=\Delta\int_{t_0}^{t_1}2T\mathrm{d}t=0. \tag{6.12}$$

这就是 Maupertuis-Lagrange 原理的表达式.

4.6.2　Maupertuis-Lagrange 原理的充分性

Maupertuis-Lagrange 原理可以作为力学原理看待.以下我们仅对完整系统来证明,从 Maupertuis-Lagrange 原理出发,可以导出系统的动力学方程组.

为同变分学的习惯一致,我们在空间 E^q 内来讨论.此时 Maupertuis-Lagrange 原理提出的变分问题是:

(1) 起点为固定,即 $t_0, q_1^0, q_2^0, \cdots, q_n^0$ 全不变. 终点为半动半固定,即 $q_1^1, q_2^1, \cdots, q_n^1$ 固定不变,而 t_1 却可以变更.

(2) 由于系统完整,对于变分轨道除端点条件及满足 $T+V-h=0$ 的限制外,再没有别的附加限制了. 应该注意到,$T+V-h=0$ 式中的 h 是正轨的能量常数,它不变更.

因此,上述 Maupertuis-Lagrange 原理的变分问题是一个典型的条件变分问题. 根据变分学的条件变分及动端点的理论,上述变分问题的逗留值曲线(正轨)必须满足如下泛函的 Euler 方程:

$$W^* = \int_{t_0}^{t_1} F\mathrm{d}t = \int_{t_0}^{t_1} [2T + \lambda(T + V - h)]\mathrm{d}t, \tag{6.13}$$

其中 λ 是未定乘子. 根据变分学理论,它与 $q_i, \dot{q}_i$ 无关,仅是时间 t 的函数. 另外,在动端点(即终点)处,还应满足端点条件

$$\left(F - \sum_{i=1}^{n} \frac{\partial F}{\partial \dot{q}_i}\dot{q}_i\right)\bigg|_{\text{终点}} = 0. \tag{6.14}$$

注意到

$$\begin{aligned} F - \sum_{i=1}^{n} \frac{\partial F}{\partial \dot{q}_i}\dot{q}_i &= 2T + \lambda(T + V - h) - \sum_{i=1}^{n} \dot{q}_i \frac{\partial(2+\lambda)T}{\partial \dot{q}_i} \\ &= (2T + \lambda T + \lambda V - \lambda h) - (2+\lambda)2T \\ &= \lambda T + \lambda(V - h) - 2T - 2\lambda T \\ &= \lambda T - \lambda T - 2T - 2\lambda T = -2(1+\lambda)T. \end{aligned} \tag{6.15}$$

因此,(6.14)式的条件成为

$$\left(F - \sum_{i=1}^{n} \frac{\partial F}{\partial \dot{q}_i}\dot{q}_i\right)\bigg|_{\text{终点}} = -2(1+\lambda)T\,|_{\text{终点}} = 0. \tag{6.16}$$

一般说来,有 $T|_{\text{终点}} \neq 0$,因此由(6.16)式得

$$\lambda|_{\text{终点}} = -1. \tag{6.17}$$

但以下将证明,沿正轨恒有

$$\frac{\mathrm{d}}{\mathrm{d}t}[-2(1+\lambda)T] = 0,$$

于是由(6.17)可得

$$\lambda = -1.$$

将求得的乘子代入(6.13)式的 W^* 泛函表达式中,即可知其正轨满足的逗留值曲线方程为

$$\frac{\mathrm{d}}{\mathrm{d}t}\frac{\partial L}{\partial \dot{q}_i} - \frac{\partial L}{\partial q_i} = 0, \quad i = 1, 2, \cdots, n,$$

其中 $L = T - V$. 这就是完整系的第二类 Lagrange 方程组.

以下来补足证明,沿正轨恒有

$$\frac{\mathrm{d}}{\mathrm{d}t}[-2(1+\lambda)T]=0.$$

注意到,正轨需满足泛函 W^* 的 Euler 方程

$$\frac{\mathrm{d}}{\mathrm{d}t}\frac{\partial F}{\partial \dot{q}_i}-\frac{\partial F}{\partial q_i}=0,\quad i=1,2,\cdots,n,$$

以 $F=2T+\lambda(t)[T+V-h]$代入,经计算得

$$(2+\lambda)\left[\frac{\mathrm{d}}{\mathrm{d}t}\frac{\partial T}{\partial \dot{q}_i}-\frac{\partial(T-V)}{\partial q_i}\right]=2(1+\lambda)\frac{\partial V}{\partial q_i}-\frac{\mathrm{d}\lambda}{\mathrm{d}t}\frac{\partial T}{\partial \dot{q}_i}.$$

对上面每一个方程乘以相应的 $\dot{q}_i$,并累加之,得

$$(2+\lambda)\left(\frac{\mathrm{d}}{\mathrm{d}t}\sum_{i=1}^{n}\dot{q}_i\frac{\partial T}{\partial \dot{q}_i}-\frac{\mathrm{d}T}{\mathrm{d}t}+\frac{\mathrm{d}V}{\mathrm{d}t}\right)=2(1+\lambda)\frac{\mathrm{d}V}{\mathrm{d}t}-2T\frac{\mathrm{d}\lambda}{\mathrm{d}t}.$$

根据

$$\sum_{i=1}^{n}\dot{q}_i\frac{\partial T}{\partial \dot{q}_i}=2T,$$

上式成为

$$(2+\lambda)\frac{\mathrm{d}}{\mathrm{d}t}(T+V)=2(1+\lambda)\frac{\mathrm{d}V}{\mathrm{d}t}-2T\frac{\mathrm{d}\lambda}{\mathrm{d}t}.$$

沿正轨有机械能守恒,即$\frac{\mathrm{d}}{\mathrm{d}t}(T+V)=0$,因此得

$$-2(1+\lambda)\frac{\mathrm{d}T}{\mathrm{d}t}-2T\frac{\mathrm{d}\lambda}{\mathrm{d}t}=0,$$

即

$$\frac{\mathrm{d}}{\mathrm{d}t}[-2(1+\lambda)T]=0.$$

4.6.3 Maupertuis-Lagrange 原理的几种表达形式

Maupertuis-Lagrange 原理可以有多种表达形式.其中有的形式在数学上具有极简明的性质,同时在物理上也具有极大的概括性.

以下我们考虑的系统是理想、完整、定常、有势的,也就是所谓的**保守系统**. Maupertuis-Lagrange 原理是

$$\Delta\int_{t_0}^{t_1}2T\mathrm{d}t=0.\tag{6.18}$$

Lagrange 作用量泛函可以有不同的表达形式,这些不同的表达形式反映了力学系统运动时不同方面的特征.

1. Maupertuis 形式

在 Descartes 位形空间内来看,有

$$2T = \sum_{i=1}^{N} m_i \boldsymbol{v}_i^2, \tag{6.19}$$

其中 $\boldsymbol{v}_i$ 是第 i 个质点在 Descartes 参考系中的速度矢量. 将上式代入 Lagrange 作用量 W 的表达式,有

$$W = \int_{t_0}^{t_1} \left(\sum_{i=1}^{N} m_i \boldsymbol{v}_i^2 \right) \mathrm{d}t. \tag{6.20}$$

注意到

$$\boldsymbol{v}_i = \frac{\mathrm{d}\boldsymbol{s}_i}{\mathrm{d}t}, \quad i = 1, 2, \cdots, N, \tag{6.21}$$

其中 $\mathrm{d}\boldsymbol{s}_i$ 是第 i 个质点在 Descartes 参考系中运动的路径弧元矢量,由此得到

$$W = \sum_{i=1}^{N} \int_{s_i^0}^{s_i^1} m_i \boldsymbol{v}_i \cdot \mathrm{d}\boldsymbol{s}_i. \tag{6.22}$$

(6.22)式就是 Lagrange 作用量的 **Maupertuis 形式**. 它说明,Lagrange 作用量乃是系统各质点的动量矢量沿其路径所作功的总和.

2. Jacobi 形式

Jacobi 发现,Lagrange 作用量泛函,可以完全消去时间变元,表达成为空间 C 或空间 C^q 内纯几何内蕴量的积分. 这样 Maupertuis-Lagrange 原理就具有了纯几何的含义,从而把动力学变成了一个几何学的问题.

我们在空间 C^q 内来看. 根据假定,有

$$T = T_2 = \frac{1}{2} \sum_{i=1}^{n} \sum_{j=1}^{n} a_{ij} \dot{q}_i \dot{q}_j. \tag{6.23}$$

系统有能量守恒方程

$$T + V = h, \tag{6.24}$$

其中 $V = V(q_1, q_2, \cdots, q_n)$ 为势函数. 由此我们得

$$2T = 2(h - V), \quad \mathrm{d}t = \left(\sum_{i=1}^{n} \sum_{j=1}^{n} a_{ij} \mathrm{d}q_i \mathrm{d}q_j \right)^{\frac{1}{2}} / \sqrt{2(h - V)}. \tag{6.25}$$

将上式代入 Lagrange 作用量表达式,得到

$$W = \int_A^B \sqrt{2(h - V)} \left(\sum_{i=1}^{n} \sum_{j=1}^{n} a_{ij} \mathrm{d}q_i \mathrm{d}q_j \right)^{\frac{1}{2}}. \tag{6.26}$$

(6.26)式就是 Lagrange 作用量的 **Jacobi 形式**. 在这个表达式中,涉及的仅是空间 C^q 里轨线的纯几何的量,与时间变元无关. 利用这个表达式的特点,对于一些动力学问题,我们可以从 Maupertuis-Lagrange 原理的 Jacobi 形式出发,直接来寻求系统的运动轨道而不涉及时间变元. 以下举例说明之.

例　一质点 m 在平面 Oxy 上运动. 所受给定力为原点 O 的 Newton 中心引力. 试从 Maupertuis-Lagrange 原理出发直接寻求质点的运动轨道.

解　引入平面的极坐标 r,θ,则有

$$\text{动能}\ T=T_2=m(\dot{r}^2+r^2\dot{\theta}^2)/2$$

$$=[a_{rr}\dot{r}^2+a_{r\theta}\dot{r}\dot{\theta}+a_{\theta\theta}\dot{\theta}^2]/2,$$

其中

$$a_{rr}=m,\quad a_{r\theta}=0,\quad a_{\theta\theta}=mr^2.$$

质点的运动有机械能守恒,即

$$\frac{1}{2}m(\dot{r}^2+r^2\dot{\theta}^2)-\frac{\mu m}{r}=h=\text{const.}.$$

根据公式(6.26),得到 Lagrange 作用量的 Jacobi 形式为

$$W=\int_A^B\sqrt{2\left(h+\frac{\mu m}{r}\right)}\ \sqrt{m(\mathrm{d}r)^2+mr^2(\mathrm{d}\theta)^2}.$$

Maupertuis-Lagrange 原理的 Jacobi 形式为

$$\Delta W=\Delta\int_A^B\sqrt{2\left(h+\frac{\mu m}{r}\right)}\ \sqrt{m(\mathrm{d}r)^2+mr^2(\mathrm{d}\theta)^2}=0.$$

现在假定质点运动的轨道方程为 $r=r(\theta)$. 于是,从 Maupertuis-Lagrange 原理出发决定轨道的变分方程为

$$\Delta\int_{\theta_A}^{\theta_B}\sqrt{2\left(h+\frac{\mu m}{r}\right)}\sqrt{m\left(\frac{\mathrm{d}r}{\mathrm{d}\theta}\right)^2+mr^2}\,\mathrm{d}\theta=0.$$

此变分问题的 Euler 方程为

$$\frac{\mathrm{d}}{\mathrm{d}\theta}\frac{\partial F}{\partial r'}-\frac{\partial F}{\partial r}=0,$$

其中

$$F=\sqrt{2(h+\mu m r^{-1})}\ \sqrt{mr'^2+mr^2},\quad r'=\mathrm{d}r/\mathrm{d}\theta.$$

注意到上述 Euler 方程和 Lagrange 系统的动力学方程形式上完全一致,而现在有 $\partial F/\partial\theta=0$. 故利用 Lagrange 系统关于广义能量积分的性质,得

$$\frac{\partial F}{\partial r'}r'-F=\text{const.}.$$

即

$$-r^2\sqrt{\frac{2m(h+\mu m r^{-1})}{r^2+r'^2}}=c_1=\text{const.}.$$

对此式略加整理,得

$$\left(\frac{\mathrm{d}r}{\mathrm{d}\theta}\right)^2=\frac{2mr^2}{c_1^2}\left[\left(h+\frac{\mu m}{r}\right)r^2-\frac{c_1^2}{2m}\right].$$

选择运动中 r 取最小值的方位为极轴方向，并记 r 取最小值的点为初始点 A，亦即令

$$r|_A = r_0 = r_{\min}, \quad \theta|_A = 0.$$

于是可以求得轨道方程为

$$\theta = \sqrt{\frac{c_1^2}{2m}} \int_{r_0}^{r} \frac{\mathrm{d}r}{r\sqrt{hr^2 + \mu m r - c_1^2(2m)^{-1}}}$$

$$= \arcsin \frac{\mu m r - c_1^2 m^{-1}}{r\sqrt{\mu^2 m^2 + 2hc_1^2 m^{-1}}} - c_2.$$

注意到 $\dot{r}|_A = 0$，应有

$$c_1 = -m r_0^2 \dot{\theta}_0, \quad h = \frac{1}{2} m r_0^2 \dot{\theta}_0^2 - \frac{\mu m}{r_0},$$

可以不难地确定常数

$$c_2 = \pi/2,$$

从而得到轨道方程

$$\sin\left(\theta + \frac{\pi}{2}\right) = -\cos\theta = \frac{\mu m r - c_1^2 m^{-1}}{r\sqrt{\mu^2 m^2 + 2hc_1^2 m^{-1}}},$$

亦即

$$r = \frac{c_1^2/\mu m^2}{1 + \sqrt{1 + 2hc_1^2 \mu^{-2} m^{-3}} \cos\theta}.$$

3. Riemann 度规与短程线

系统的动能表达式为

$$T = T_2 = \frac{1}{2} \sum_{i=1}^{n} \sum_{j=1}^{n} a_{ij} \dot{q}_i \dot{q}_j. \tag{6.27}$$

如果我们在空间 C^q 的表现点之间引进度量

$$(\mathrm{d}s)^2 = \sum_{i=1}^{n} \sum_{j=1}^{n} a_{ij} \mathrm{d}q_i \mathrm{d}q_j. \tag{6.28}$$

我们称这样的空间 C^q 为：以 $[a_{ij}]$ 为 Riemann 度规的广义坐标位形空间，记为 C^q_{TM}.

在空间 C^q_{TM} 内，系统的动能为

$$T = \frac{1}{2} \sum_{i=1}^{n} \sum_{j=1}^{n} a_{ij} \dot{q}_i \dot{q}_j = \frac{1}{2} \left(\frac{\mathrm{d}s}{\mathrm{d}t}\right)^2. \tag{6.29}$$

这就是说，如果认为系统在空间 C^q_{TM} 内的表现点具有“等价质量＝1”，那么系统的动能等于其表现点在空间 C^q_{TM} 内运动的动能.

在空间 C^q_{TM} 内，系统 Lagrange 作用量泛函的表达式为

$$W=\int_A^B \sqrt{2(h-V)}\,\mathrm{d}s. \tag{6.30}$$

根据(6.30)式,Maupertuis-Lagrange 原理可以叙述成如下形式:对于势函数为 $V(q_1,q_2,\cdots,q_n)$的保守系统,如果在位形空间 C^q_{TM} 内来考虑其表现点轨线,那么,能量常数为 h,且从 A 点到 B 点的正轨,乃是使作用量

$$W=\int_A^B \sqrt{2[h-V(q_1,q_2,\cdots,q_n)]}\,\mathrm{d}s$$

成为逗留值的轨线.

经典力学原理的这个表述形式和几何光学中决定光线的 Fermat 原理非常相像. Fermat 原理说:在变折射率的光学介质中(折射率 n 为位置的函数),光线从 A 点到 B 点行进的路线是使总光程取逗留值的轨线. 其中总光程的定义为

$$l=\int_A^B n\,\mathrm{d}s.$$

据此,Hamilton 作如下分析:如果建立光学-力学的比拟,令 $n=\sqrt{2(h-V)}$,那么按 Maupertuis-Lagrange 原理运动的质点轨线和按 Fermat 原理决定的光线是完全一致的.

几何光学和经典力学的上述比拟不仅促进了经典力学的发展,而且在现代物理学的发展上也起过重要的启发作用. 19 世纪末 20 世纪初,光学在力学之先,首先得到重大发展. 几何光学规律已被证明是波动光学规律在波长极短时的极限. 这时,很自然地就提出了这样的问题:经典力学规律是不是某种更一般的"波动力学"的极限? 大家知道,de Broglie 根据这个启示,在 1923 年提出了物质波动性的假说,并把波动光学中的重要关系式类推到粒子波,预测了粒子波的频率与波长. 后来,Schrödinger 也是从这里出发,根据解释当时物理学一系列实验结果和经典理论之间矛盾的需要,创建了"波动力学",亦即量子力学的理论.

以下我们继续讨论经典力学的规律(6.30)式. 首先让我们来考虑完整系统的纯惯性运动——即假定给定力的势 $V\equiv 0$. 此时 Lagrange 作用量可取为

$$W^*=\int_A^B \mathrm{d}s, \tag{6.31}$$

即是表现点在空间 C^q_{TM} 内运动的弧长. 由此可见,根据 Maupertuis-Lagrange 原理,完整系统惯性运动的正轨是空间 C^q_{TM}内的短程线.

其次,考虑完整系统的有势运动. 此时我们可以改变空间 C^q内 Riemann 度规的取法,令

$$(\mathrm{d}s)^2=\sum_{i=1}^n\sum_{j=1}^n (h-V)a_{ij}\,\mathrm{d}q_i\mathrm{d}q_j. \tag{6.32}$$

这样的空间我们记为 C^q_{VTM}. 在这个空间内,系统的 Lagrange 作用量表达式仍可

取为

$$W^* = \int_A^B \mathrm{d}s. \tag{6.33}$$

可见,Lagrange 作用量是系统在空间 C_{VTM}^q 内表现点运动的弧长. 根据 Maupertuis-Lagrange 原理,完整系统有势运动的正轨乃是空间 C_{VTM}^q 内的短程线.

势力场改变了位形空间的 Riemann 度量,而力学系统的运动总是循着位形空间的 Riemann 短程线. 这两点结论目前仅仅是经典力学理论的结果. 但是,经典力学规律的这种表达形式具有极大的普遍性. Einstein 就是以它为出发点来建立他的广义相对论的一般理论[10].

习　题

4.1　如图 4.27 所示,一重质点 M 在光滑斜平面上,初速为零而自由滑下. 试用 Gauss 原理说明,质点下滑时走的是 MA,而不可能是 MB 或 MC.

4.2　质点依惯性作等速直线运动. 试证明,在空间 E 中过不同时刻的两事件点 $P_0(x_0, y_0, z_0, t_0)$ 和 $P_1(x_1, y_1, z_1, t_1)$ 之间总可以引一条且仅有一条正轨. 并试直接证明,沿正轨的 Hamilton 作用量和变轨相比是极小.

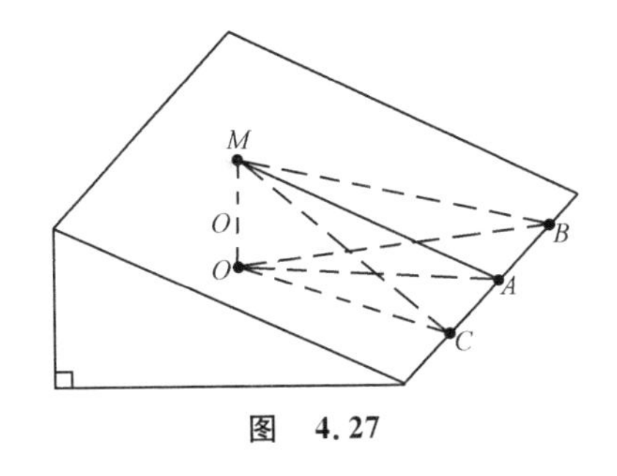

图　4.27

4.3　一质点在均匀重力作用下作铅直的运动. 试在 t_0 到 t_1 时间区段上计算 Hamilton 作用量. 试证明,如果采用平均速度代替实际速度,这个作用量积分就取较大的数值.

4.4　单自由度线性振子的固有频率等于 ω,在振子的事件空间 E 中过点(q^0, t_0)和(q^1, t_1)联结一条正轨. 试证明:

(1) 当 $t_1 - t_0 \neq K\pi/\omega(K = \pm 1, \pm 2, \cdots)$时,有唯一的解;

(2) 当 $t_1 - t_0 = K\pi/\omega(K = \pm 1, \pm 2, \cdots)$且 $q^1 = (-1)^K q^0$ 时,有无数多个解;

(3) 当 $t_1 - t_0 = K\pi/\omega(K = \pm 1, \pm 2, \cdots)$但 $q^1 \neq (-1)^K q^0$ 时,无解.

4.5　试用 Hamilton 原理证明,具有 Lagrange 函数 $L_0(q_1, \cdots, q_n, \dot{q}_1, \cdots, \dot{q}_n, t)$ 的系统与 Lagrange 函数为

$$L_1 = L_0 + \frac{\mathrm{d}\Phi}{\mathrm{d}t}$$

的系统动力学方程完全一致. 其中 $\Phi(q_1,\cdots,q_n,t)$ 是任意可微函数,而

$$\frac{\mathrm{d}\Phi}{\mathrm{d}t}=\frac{\partial\Phi}{\partial t}+\sum_{i=1}^{n}\frac{\partial\Phi}{\partial q_i}\dot{q}_i.$$

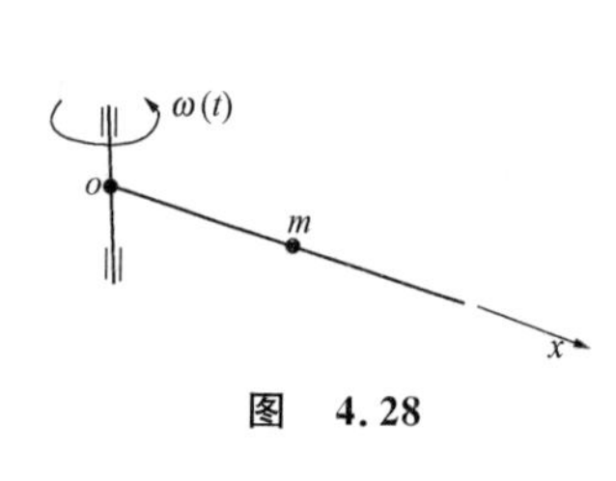

图 4.28

4.6 如图 4.28 所示,质量为 m 的质点可沿光滑水平杆滑动,而杆以角速度 $\omega(t)$ 绕垂直轴转动. 试证明,在质点的事件空间中,过不同时刻的任意两点可以引一条正轨,且只能引一条正轨.

4.7 一质点在均匀重力场中沿垂直直线运动. 试证明,正轨 $z=gt^2/2$ 上的 Hamilton 作用量小于各变轨 $z=a_nt^n(n\geqslant 1)$ 上的作用量.

4.8 频率为 ω 的一维谐振子在 $t=0$ 时从位置 q^0,初速为零地开始运动. 试计算在一个振动周期 τ 内正轨的 Hamilton 作用量 J;同时计算在时间 $t\leqslant\tau$ 内,形式为 $q(t)=\alpha t(t-\tau)+q^0$ 的各变轨上的作用量. 试证明,存在这样一些参数 α,分别有:(1) $J_{\text{变轨}}>J_{\text{正轨}}$;(2) $J_{\text{变轨}}=J_{\text{正轨}}$;(3) $J_{\text{变轨}}<J_{\text{正轨}}$.

4.9 对于习题 4.6 所述的系统,试证明其正轨的 Hamilton 作用量是严格的极小值.

4.10 一质点组有 N 个质点. 如果在其 Descartes 位形空间中引入普遍的度量公式

$$(\mathrm{d}s)^2=\sum_{i=1}^{N}m_i[(\mathrm{d}x_i)^2+(\mathrm{d}y_i)^2+(\mathrm{d}z_i)^2]\Big/\sum_{i=1}^{N}m_i.$$

试根据 Gauss 原理证明:

Hertz 最直路径原理 对服从定常几何约束且不受给定力作用的质点组来说,其位形表现点的速度大小不变,且位形表现点的轨道和约束所容许的其他轨道比起来具有最小的曲率.

4.11 试分别用 Hamilton 原理和 Maupertuis-Lagrange 原理证明,质点在光滑曲面上的惯性运动总是循着该曲面上的短程线运动.

第五章　Hamilton 力学

Hamilton 及其后继者在 Lagrange 力学的基础上，对理想、完整、有势系统的动力学作了更深入的研究，这就形成了所谓“Hamilton 力学”. Hamilton，Jacobi，Liouville 等人的研究成果首先在原理上揭示了经典动力学系统运动的基本性质. 不仅如此，Hamilton 力学所建立的基本成果，如力学量的正则共轭对，Hamilton 函数与能量的关系，正则方程组的 Poisson 形式，Hamilton 主函数以及 Hamilton-Jacobi 方程所引入的“波动”观念等都有着更普遍的意义. 物质微观运动的描述和宏观运动的描述在基本观念上有很大的不同，但是，在物质微观运动的规律当中，Hamilton 力学的上述成果在新的含义下都相应地保存着. 这就使得 Hamilton 力学成为经典力学向近代物理学观念过渡的桥梁. 除以上理论科学价值外，在 Hamilton 力学的研究中，也给出了一系列在实际计算上很有价值的方法. 例如像处理可分离变数系统的方法，摄动法等等. 这些方法在近代物理学和现代力学的发展中都得到了重要的应用.

§5.1　Hamilton 正则方程

由于 Hamilton 正则方程的重要性，我们从多方面来论证和分析它. 从这些讨论中我们也可以更加全面地了解这组方程的性质.

5.1.1　Legendre 变换与 Hamilton 正则方程

考虑一个理想、完整、有势的力学系统，其广义坐标为 $q_1, q_2, \cdots, q_n$. 根据 Lagrange 力学的分析，其动力学方程为

$$\frac{\mathrm{d}}{\mathrm{d}t}\frac{\partial L}{\partial \dot{q}_i} - \frac{\partial L}{\partial q_i} = 0, \quad i = 1,2,\cdots,n, \tag{1.1}$$

其中

$$L = T - V = L(q_1, \cdots, q_n, \dot{q}_1, \cdots, \dot{q}_n, t). \tag{1.2}$$

显然，Lagrange 方程(1.1)乃是 n 个变量 $q_1, q_2, \cdots, q_n$ 的 n 个二阶方程的方程组. 这种方程的解表现为 E^q 空间中的轨线. 但是，这种表现有一个重要的缺点：过 E^q

空间中任一点，系统(1.1)不是只有一条动力学可能轨线，而是有无穷多条. 这在理论研究中是很不方便的. 为了对动力学轨线作全局的研究，可以将动力学方程组化成为 $2n$ 个变量组成的 $2n$ 个一阶微分方程组，并且令

$$x_i = q_i, \quad x_{n+j} = \dot{q}_j, \quad i,j = 1,2,\cdots,n. \tag{1.3}$$

这样建立的状态变量 $x_1,x_2,\cdots,x_{2n}$ 对时间 t 的状态方程的解可以用状态空间 S^q 中的轨线，或者用状态-时间空间 T^q 中的轨线来表现. 这种表现就不再有上述缺点(少数奇点除外).

但是，为了状态方程的简化，最方便的状态变量不是选用 n 个广义坐标与 n 个广义速度，而是选用 n 个广义坐标与另外 n 个所谓**广义动量**来作为状态变量. 其中广义动量的定义是

$$p_i = \frac{\partial L}{\partial \dot{q}_i}, \quad i = 1,2,\cdots,n. \tag{1.4}$$

对于由(1.4)式定义的广义动量，我们作以下的说明：

(1) 回顾 2.4.1 小节中 Legendre 变换的定义，我们知道，如果有

$$\det\left[\frac{\partial^2 L}{\partial \dot{q}_i \partial \dot{q}_j}\right] \neq 0, \tag{1.5}$$

那么从广义速度 $\dot{q}_1,\dot{q}_2,\cdots,\dot{q}_n$ 到广义动量 $p_1,p_2,\cdots,p_n$ 的变换完全符合 Legendre 变换的条件. 对于理想、完整、有势的力学系统，有

$$L = T - V = (T_2 + T_1 + T_0) - (V_1 + V_0), \tag{1.6}$$

其中 V_1 是广义势的势函数，V_0 是普通势的势函数. 此时，显然有

$$\det\left[\frac{\partial^2 L}{\partial \dot{q}_i \partial \dot{q}_j}\right] = \det\left[\frac{\partial^2 T_2}{\partial \dot{q}_i \partial \dot{q}_j}\right] = \begin{vmatrix} a_{11} & a_{12} & \cdots & a_{1n} \\ a_{21} & a_{22} & \cdots & a_{2n} \\ \vdots & \vdots & & \vdots \\ a_{n1} & a_{n2} & \cdots & a_{nn} \end{vmatrix} > 0. \tag{1.7}$$

因此，所谓“广义动量”，乃是广义速度经过由 L 函数生成的 Legendre 变换而产生出的新变量.

(2) 由广义速度到广义动量的变换不仅是 Legendre 变换，而且是非奇异的线性变换. 现在的 Lagrange 函数表达式为

$$L = \frac{1}{2}\sum_{i=1}^{n}\sum_{j=1}^{n} a_{ij}\dot{q}_i\dot{q}_j + \sum_{i=1}^{n} b_i\dot{q}_i + c - (\widetilde{V}_1\dot{q}_1 + \cdots + \widetilde{V}_n\dot{q}_n + V_0), \tag{1.8}$$

其中 $a_{ij},b_i,c,\widetilde{V}_i,V_0$ 等都是广义坐标和时间的函数. 将(1.8)式代入(1.4)式，得

$$p_i = \frac{\partial L}{\partial \dot{q}_i} = \sum_{j=1}^{n} a_{ij}\dot{q}_j + b_i - \widetilde{V}_i, \quad i = 1,2,\cdots,n. \tag{1.9}$$

由此可见，广义动量 p_i 乃是广义速度的线性函数，而且其线性部分的系数行列式为

$$\begin{vmatrix} a_{11} & a_{12} & \cdots & a_{1n} \\ a_{21} & a_{22} & \cdots & a_{2n} \\ \vdots & \vdots & & \vdots \\ a_{n1} & a_{n2} & \cdots & a_{nn} \end{vmatrix} = \det\left[\frac{\partial^2 L}{\partial \dot{q}_i \partial \dot{q}_j}\right] \neq 0. \tag{1.10}$$

这样,由(1.9)式一定可以反解出广义速度,有

$$\dot{q}_i = \sum_{j=1}^{n} d_{ij} p_j + e_i, \quad i = 1,2,\cdots,n, \tag{1.11}$$

其中 d_{ij},e_i 是广义坐标及时间 t 的函数. 如果系统是定常系统,而且仅有普通势,那么广义速度与广义动量之间的变换是线性齐次的,可逆的,表达式为

$$p_i = \sum_{j=1}^{n} a_{ij} \dot{q}_j, \quad \dot{q}_i = \sum_{j=1}^{n} d_{ij} p_j, \tag{1.12}$$

其中 $i=1,2,\cdots,n$,而且系数也与时间 t 无关.

下面根据 Legendre 变换的性质来导出以 $q_1,q_2,\cdots,q_n,p_1,p_2,\cdots,p_n$ 为状态变量时,系统的状态方程. 根据 Legendre 变换关于逆变换的定理,(1.4)变换的逆变换生成函数为

$$\begin{aligned}\left(\sum_{i=1}^{n} p_i \dot{q}_i - L\right)\Bigg|_{(\dot{q}_i \to p_i)} &= \overline{\left(\sum_{i=1}^{n} p_i \dot{q}_i - L\right)} \\ &= H(q_1,q_2,\cdots,q_n,p_1,p_2,\cdots,p_n,t).\end{aligned} \tag{1.13}$$

逆变换的关系式为

$$\dot{q}_i = \frac{\partial H}{\partial q_i}, \quad i = 1,2,\cdots,n. \tag{1.14}$$

同时对 q_i,有关系式

$$\frac{\partial H}{\partial q_i} = -\frac{\partial L}{\partial q_i}, \quad i = 1,2,\cdots,n. \tag{1.15}$$

于是,利用系统的 Lagrange 方程(1.1)及(1.15)式,立即得

$$\dot{p}_i = \frac{\mathrm{d}}{\mathrm{d}t}\frac{\partial L}{\partial \dot{q}_i} = \frac{\partial L}{\partial q_i} = -\frac{\partial H}{\partial q_i}, \quad i = 1,2,\cdots,n. \tag{1.16}$$

组合(1.14)及(1.16)式,得到系统以 $q_1,q_2,\cdots,q_n,p_1,p_2,\cdots,p_n$ 为状态变量的状态方程组

$$\dot{q}_i = \frac{\partial H}{\partial p_i}, \quad \dot{p}_i = -\frac{\partial H}{\partial q_i}, \quad i = 1,2,\cdots,n, \tag{1.17}$$

其中

$$H = \overline{\left(\sum_{i=1}^{n} p_i \dot{q}_i - L\right)} = H(q_1,q_2,\cdots,q_n,p_1,p_2,\cdots,p_n,t) \tag{1.18}$$

称为系统的 **Hamilton 函数**,而方程组(1.17)则称为系统的 **Hamilton 正则方程**. 变

数 $q_1, q_2, \cdots, q_n, p_1, p_2, \cdots, p_n$ 称为系统的**正则状态变量**. 由正则状态变量张成的空间称为**系统的相空间**.

Hamilton 函数是形成系统正则方程的动力学函数. 应该研究一下这个函数的意义. 对于 Lagrange 函数为(1.6)式的系统,有

$$\begin{aligned} H &= \widehat{\left(\sum_{i=1}^{n} p_i \dot{q}_i - L\right)} = \widehat{\left(\sum_{i=1}^{n} \frac{\partial L}{\partial \dot{q}_i}\dot{q}_i - L\right)} \\ &= \widehat{(T_2 - T_0 + V_0)}. \end{aligned} \tag{1.19}$$

回忆 Lagrange 系统广义能量 E^* 的定义,即由第二章的(3.38)式,可知 Hamilton 函数就是以正则状态变量表示出的系统的广义能量. 如果系统定常而且仅有普通势,那么立即得

$$H = \widehat{(T + V)} = \widehat{E}; \tag{1.20}$$

亦即,此时系统的 Hamilton 函数就是以正则状态变量表示出的系统总机械能.

经典力学的关系式 $H = \widehat{E}$ 在物理学上有普遍的意义. 在量子力学中,它对应着最基本的 Schrödinger 方程

$$\hat{H}\psi = \hat{E}\psi,$$

其中 ψ 是描述微观粒子状态的"状态变量"(按统计诠释)——波函数, $\hat{H}$ 和 $\hat{E}$ 是系统的 Hamilton 算符和能量算符. 这些算符的表达式只不过是将 H 和 E 的经典表达式中保持基本变量不变(按 Schrödinger,基本变量为位形和时间,例如取为 x, y, z, t),而将它的共轭变量(指 $p_x, p_y, p_z, -E$)替换成相应的算符:

$$p_x \to -\mathrm{i}\hbar\frac{\partial}{\partial x}, \quad p_y \to -\mathrm{i}\hbar\frac{\partial}{\partial y}, \quad p_z \to -\mathrm{i}\hbar\frac{\partial}{\partial z}, \quad -E \to -\mathrm{i}\hbar\frac{\partial}{\partial t}.$$

举例来说,研究一个在势场 V 中运动的粒子,设其质量为 m,按 Hamilton 力学,有

$$H = \frac{1}{2m}(p_x^2 + p_y^2 + p_z^2) + V.$$

在量子力学中,有

$$\hat{H} = \frac{1}{2m}\left[\left(-\mathrm{i}\hbar\frac{\partial}{\partial x}\right)^2 + \left(-\mathrm{i}\hbar\frac{\partial}{\partial y}\right)^2 + \left(-\mathrm{i}\hbar\frac{\partial}{\partial z}\right)^2\right] + V = -\frac{\hbar^2}{2m}\nabla^2 + V,$$

$$\hat{E} = \mathrm{i}\hbar\frac{\partial}{\partial t}.$$

粒子运动的 Schrödinger 方程为

$$\left(-\frac{\hbar^2}{2m}\nabla^2 + V\right)\psi = \mathrm{i}\hbar\frac{\partial}{\partial t}\psi.$$

利用(1.18)式的 Hamilton 函数和 Legendre 变换的逆变换关系,可以表达系统的 Lagrange 函数为

$$L(q_1,\cdots,q_n,\dot{q}_1,\cdots,\dot{q}_n,t)=\Big[\sum_{i=1}^{n}p_i\dot{q}_i-H(\boldsymbol{q},\boldsymbol{p},t)\Big]_{\boldsymbol{p}\to\dot{\boldsymbol{q}}}.$$

因此,经典的 Hamilton 原理可以表达为

$$\delta J=\delta\int_{t_0}^{t_1}\Big[\sum_{i=1}^{n}p_i\dot{q}_i-H(\boldsymbol{q},\boldsymbol{p},t)\Big]_{\boldsymbol{p}\to\dot{\boldsymbol{q}}}\mathrm{d}t=0.$$

以上的 Hamilton 原理表达形式,称为**经典 Hamilton 原理的正则变形**. 虽然它应用到正则变量 $p_1(t),p_2(t),\cdots,p_n(t)$,但它只是中间变量,而不是泛函的独立自变函数. 从本质上,它仍是$(\boldsymbol{q},t)$空间的 Hamilton 原理,其中泛函的独立自变函数仍然是 $q_1(t),q_2(t),\cdots,q_n(t)$这 n 个函数. 独立变分仍然是 $\delta q_1,\delta q_2,\cdots,\delta q_n$ 这 n 个,而 $\delta\dot{q}_1,\delta\dot{q}_2,\cdots,\delta\dot{q}_n,\delta p_1,\delta p_2,\cdots,\delta p_n$ 等都不是独立变分. 此时的 $\delta p_i|_{t_0},\delta p_i|_{t_1}$ 完全由 Legendre 变换公式根据独立变分 $\delta q_1,\cdots,\delta q_n$ 来确定. 显然,这时 $\delta p_i|_{t_0},\delta p_i|_{t_1}$ 不见得是零,也不必是零(当然也可能是零).

5.1.2 动力学函数的等时变分与 Hamilton 正则方程

考虑理想、完整、有势的力学系统. 从 Lagrange 力学来看,其动力学函数为 $L=L(q_1,\cdots,q_n,\dot{q}_1,\cdots,\dot{q}_n,t)$.

考虑 Lagrange 函数的等时变分,有

$$\delta L=\sum_{i=1}^{n}\Big(\frac{\partial L}{\partial q_i}\delta q_i+\frac{\partial L}{\partial\dot{q}_i}\delta\dot{q}_i\Big).\tag{1.21}$$

必须说明,(1.21) 式是一个普适的微分等式,也就是说,它的成立与 $q_1,q_2,\cdots,q_n,\dot{q}_1,\dot{q}_2,\cdots,\dot{q}_n$ 各变量是否独立没有联系.

注意到广义速度 $\dot{q}_1,\dot{q}_2,\cdots,\dot{q}_n$ 到广义动量 $p_1,p_2,\cdots,p_n$ 的 Legendre 变换式(1.4),不难得到

$$\delta L=\sum_{i=1}^{n}\Big(\frac{\partial L}{\partial q_i}\delta q_i+p_i\delta\dot{q}_i\Big).\tag{1.22}$$

适当地变换关系式(1.22),就可以得到系统不同形式的动力学方程. 例如,利用另一普适的微分等式

$$\delta\Big(\sum_{i=1}^{n}p_i\dot{q}_i\Big)=\sum_{i=1}^{n}(p_i\delta\dot{q}_i+\dot{q}_i\delta p_i),\tag{1.23}$$

将(1.23)与(1.22)式相减,得

$$\delta\Big(\sum_{i=1}^{n}p_i\dot{q}_i-L\Big)=\sum_{i=1}^{n}\Big(\dot{q}_i\delta p_i-\frac{\partial L}{\partial q_i}\delta q_i\Big).\tag{1.24}$$

根据微分形式的不变性,当我们使用 $q_1,q_2,\cdots,q_n,p_1,p_2,\cdots,p_n$ 正则变量时,(1.24)式应成为

$$\delta\,\overline{\left(\sum_{i=1}^{n}p_i\dot{q}_i-L\right)}=\sum_{i=1}^{n}\left(\dot{q}_i\delta p_i-\frac{\partial L}{\partial q_i}\delta q_i\right),\tag{1.25}$$

其中

$$\overline{\left(\sum_{i=1}^{n}p_i\dot{q}_i-L\right)}=\left(\sum_{i=1}^{n}p_i\dot{q}_i-L\right)\Big|_{(\dot{q}_i\to p_i)}.$$

根据(1.13)式,(1.25)式成为

$$\delta H(q_1,q_2,\cdots,q_n,p_1,p_2,\cdots,p_n,t)=\sum_{i=1}^{n}\left(\dot{q}_i\delta p_i-\frac{\partial L}{\partial q_i}\delta q_i\right).$$

亦即

$$\sum_{i=1}^{n}\left(\frac{\partial H}{\partial q_i}\delta q_i+\frac{\partial H}{\partial p_i}\delta p_i\right)=\sum_{i=1}^{n}\left(\dot{q}_i\delta p_i-\frac{\partial L}{\partial q_i}\delta q_i\right).\tag{1.26}$$

(1.26)式是利用普适微分等式及 Legendre 变换式导出的,它本身仍是一普适等式. 也就是说,当 $\delta q_1,\delta q_2,\cdots,\delta q_n,\delta p_1,\delta p_2,\cdots,\delta p_n$ 各自独立时,(1.26)式照样成立. 由此可以对(1.26)式进行逐项比较,得到下列等式:

$$\dot{q}_i=\frac{\partial H}{\partial p_i},\quad \frac{\partial L}{\partial q_i}=-\frac{\partial H}{\partial q_i},\quad i=1,2,\cdots,n.\tag{1.27}$$

注意到原系统的 Lagrange 方程和 Legendre 变换式,从(1.27)式立即得到

$$\dot{q}_i=\frac{\partial H}{\partial p_i},\quad \dot{p}_i=-\frac{\partial H}{\partial q_i},\quad i=1,2,\cdots,n.$$

这就是系统的 Hamilton 正则方程.

值得指明的,上述利用关系式(1.22) 加以适当变化,再结合系统 Lagrange 方程而得到以 q_i,p_i 为状态变量,Hamilton 函数为动力学函数的正则方程的做法,从理论上来说,并不是只有唯一的可能. 例如,如果需要,我们也可以选用 $p_i,\dot{p}_i$ 为状态变量来代替正则状态变量. 实际上,从 Hamilton 正则方程可以看到,$\dot{p}_1,\dot{p}_2,\cdots,\dot{p}_n$ 这些变量正好可看成是由 $-H(q_1,q_2,\cdots,q_n,p_1,p_2,\cdots,p_n,t)$ 为生成函数,而得到 $q_1,q_2,\cdots,q_n$ 这样变量的 Legendre 变换. 由此即可决定 $q_1,q_2,\cdots,q_n$ 到 $\dot{p}_1,\dot{p}_2,\cdots,\dot{p}_n$ 的变换关系.

注意普适的微分等式

$$\delta\left[\sum_{i=1}^{n}(\dot{p}_iq_i+p_i\dot{q}_i)\right]=\sum_{i=1}^{n}(q_i\delta\dot{p}_i+\dot{q}_i\delta p_i+\dot{p}_i\delta q_i+p_i\delta\dot{q}_i),\tag{1.28}$$

由(1.28)式减去(1.22)式,得

$$\delta\left[\sum_{i=1}^{n}(\dot{p}_iq_i+p_i\dot{q}_i)-L\right]=\sum_{i=1}^{n}\left(\dot{p}_i-\frac{\partial L}{\partial q_i}\right)\delta q_i+\sum_{i=1}^{n}(q_i\delta\dot{p}_i+\dot{q}_i\delta p_i).\tag{1.29}$$

注意到经过由 $q_1, q_2, \cdots, q_n$ 到 $\dot{p}_1, \dot{p}_2, \cdots, \dot{p}_n$ 的变换之后,(1.29) 式成为

$$\delta \overline{\left[\sum_{i=1}^{n}(\dot{p}_i q_i + p_i \dot{q}_i) - L\right]} = \sum_{i=1}^{n}\left[\sum_{j=1}^{n}\left(\dot{p}_j - \frac{\partial L}{\partial q_j}\right)\frac{\partial q_j}{\partial \dot{p}_i}\right]\delta \dot{p}_i + \sum_{i=1}^{n}(q_i \delta \dot{p}_i + \dot{q}_i \delta p_i). \tag{1.30}$$

如果我们记

$$X(p_1, p_2, \cdots, p_n, \dot{p}_1, \dot{p}_2, \cdots, \dot{p}_n, t) = \overline{\left[\sum_{i=1}^{n}(\dot{p}_i q_i + p_i \dot{q}_i) - L\right]}$$

$$= \left[\sum_{i=1}^{n}(\dot{p}_i q_i + p_i \dot{q}_i) - L\right]\Bigg|_{(q_i, p_i) \to (p_i, \dot{p}_i)},$$

那么由(1.30)式成立的普适性,可以得

$$\begin{cases} q_i + \displaystyle\sum_{j=1}^{n}\left(\dot{p}_j - \frac{\partial L}{\partial q_j}\right)\frac{\partial q_j}{\partial \dot{p}_i} = \frac{\partial X}{\partial \dot{p}_i}, \\ \dot{q}_i = \dfrac{\partial X}{\partial p_i}, \end{cases} \quad i = 1, 2, \cdots, n. \tag{1.31}$$

现在再引用系统的 Lagrange 方程,则已经证明的等式(1.31)可成为

$$q_i = \frac{\partial X}{\partial \dot{p}_i}, \quad \dot{q}_i = \frac{\partial X}{\partial p_i}, \quad i = 1, 2, \cdots, n. \tag{1.32}$$

实际上,这就是以 $X(p_1, p_2, \cdots, p_n, \dot{p}_1, \dot{p}_2, \cdots, \dot{p}_n, t)$ 为动力学函数的 Lagrange 形式的方程

$$\frac{\mathrm{d}}{\mathrm{d}t}\frac{\partial X}{\partial \dot{p}_i} - \frac{\partial X}{\partial p_i} = 0, \quad i = 1, 2, \cdots, n. \tag{1.33}$$

关于系统状态变量的选取和动力学方程的形式还可能有其他的选择. 但是,这里要说明,Hamilton 正则变量以及正则方程的选择是最可取的. 因为,按 Hamilton 的选择,从广义速度到广义动量之间的变换是线性的,这就决定了 Hamilton 函数具有比较简单的构造. 同时,Hamilton 正则方程的构造是简单和对称的. 这种形式在数学上叫做**耦对方程**. 如果我们记

$$x_i = q_i, \quad x_{n+j} = p_j, \quad i, j = 1, 2, \cdots, n, \tag{1.34}$$

并记

$$H_{x_i} = \frac{\partial H}{\partial x_i}, \quad i = 1, 2, \cdots, 2n,$$

那么 Hamilton 正则方程可以写成如下的矩阵形式:

$$\begin{bmatrix} \dot{x}_1 \\ \dot{x}_2 \\ \vdots \\ \dot{x}_{2n} \end{bmatrix} = \begin{bmatrix} \mathbf{0} & \mathbf{I} \\ -\mathbf{I} & \mathbf{0} \end{bmatrix} \begin{bmatrix} H_{x_1} \\ H_{x_2} \\ \vdots \\ H_{x_{2n}} \end{bmatrix}, \tag{1.35}$$

其中 $\boldsymbol{I}$ 是 n 阶单位矩阵.(1.35)方程亦可简记为

$$\dot{\boldsymbol{x}} = \boldsymbol{Z}\boldsymbol{H}_x, \tag{1.36}$$

其中 $\boldsymbol{Z}$ 矩阵有如下特性

$$\boldsymbol{Z}^T = \boldsymbol{Z}^{-1} = -\boldsymbol{Z}, \quad |\boldsymbol{Z}| = 1. \tag{1.37}$$

它被称为**耦对矩阵**. Hamilton 正则方程的耦对性,决定了相空间存在着一个独特的“辛几何结构”[9],同时这种结构在一大类相当广泛的变换——接触变换下保持不变. 这些重要的数学性质提供了对动力学系统做深入研究的一系列新途径.

Hamilton 在经典力学中所引入的力学量的正则共轭对不仅使经典力学的表述上有如上的好处,而且在物理上也是很本质的. 在量子力学里,正是这些“正则共轭对”的力学量,其算符之间有不可交换的特征. 例如,看基本对易式[57]

$$\hat{x}\hat{p}_x - \hat{p}_x\hat{x} = \mathrm{i}\hbar, \quad \hat{x}\hat{p}_y - \hat{p}_y\hat{x} = 0,$$

一般地说,有

$$\hat{x}_\alpha\hat{p}_\beta - \hat{p}_\beta\hat{x}_\alpha = \mathrm{i}\hbar\delta_{\alpha\beta}, \quad \alpha,\beta = 1,2,3.$$

正是由于这种不可交换性,“正则共轭对”力学量之间有着微观的测不准关系式. 例如,有

$$\Delta x \Delta p_x \geqslant \hbar/2,$$

其中 $\Delta x, \Delta p_x$ 分别是 x 方向位形和 x 方向动量的同时测量涨落.

§5.2 Hamilton 正则方程的第一积分与应用

5.2.1 一般概念与经典积分

寻找 Hamilton 正则方程的第一积分是解决 Hamilton 动力学问题重要途径. 为此, 我们引入如下的定义: 若正则变量及时间 t 的函数 $f(q_1, q_2, \cdots, q_n, p_1, p_2, \cdots, p_n, t)$,至少依赖于一个正则变量 $\in c_1$,并且它沿着 Hamilton 正则方程的解保持常值,则称此函数 f 为 Hamilton 正则方程的一个第一积分.

值得说明的,第一积分函数沿正则方程的解保持常值的性质必须对所有解都成立. 当然,对不同的解,此常数可以不同. 可见,此常数乃是积分常数.

从定义明显看到,如果 f 函数是第一积分,则 $F(f)$ 也必然是第一积分. 只是它并不是另一个函数独立的新积分而已.

对于任一个函数 $f(q_1,q_2,\cdots,q_n,p_1,p_2,\cdots,p_n,t)$ 来说，它沿着正则方程的解所取数值的时间变化率可求之如下：

$$\begin{aligned}\frac{\mathrm{d}f}{\mathrm{d}t}&=\sum_{i=1}^{n}\left(\frac{\partial f}{\partial q_i}\dot{q}_i+\frac{\partial f}{\partial p_i}\dot{p}_i\right)+\frac{\partial f}{\partial t}\\&=\sum_{i=1}^{n}\left(\frac{\partial f}{\partial q_i}\frac{\partial H}{\partial p_i}-\frac{\partial f}{\partial p_i}\frac{\partial H}{\partial q_i}\right)+\frac{\partial f}{\partial t}.\end{aligned}\tag{2.1}$$

由此可见，f 函数是正则方程第一积分的充要条件是满足如下恒等式

$$\sum_{i=1}^{n}\left(\frac{\partial f}{\partial q_i}\frac{\partial H}{\partial p_i}-\frac{\partial f}{\partial p_i}\frac{\partial H}{\partial q_i}\right)+\frac{\partial f}{\partial t}\equiv 0.\tag{2.2}$$

每找到正则方程组的一个函数独立的第一积分，就算我们对 Hamilton 系统的运动增加了一部分认识. 如果我们能够找到正则方程组 $2n$ 个函数相互独立的第一积分的话，实际上就找到了 Hamilton 系统的通解. 因为，沿着正则方程的任何解，我们有

$$\begin{cases}f_1(q_1,q_2,\cdots,q_n,p_1,p_2,\cdots,p_n,t)=c_1,\\ f_2(q_1,q_2,\cdots,q_n,p_1,p_2,\cdots,p_n,t)=c_2,\\ \cdots\cdots\cdots\cdots\cdots\cdots\cdots\cdots\cdots\cdots\cdots\cdots\\ f_{2n}(q_1,q_1,\cdots,q_n,p_1,p_2,\cdots,p_n,t)=c_{2n},\end{cases}\tag{2.3}$$

其中 $c_1,c_2,\cdots,c_{2n}$ 是积分常数.

根据函数独立性的假定，应该有

$$\frac{\mathrm{D}(f_1,f_2,\cdots,f_{2n})}{\mathrm{D}(q_1,q_2,\cdots,q_n,p_1,p_2,\cdots,p_n)}\neq 0.\tag{2.4}$$

因此，从(2.3)式一定可以解出

$$\begin{cases}q_1=q_1(t,c_1,c_2,\cdots,c_{2n}),\\ \cdots\cdots\cdots\cdots\cdots\cdots\cdots\cdots\\ q_n=q_n(t,c_1,c_2,\cdots,c_{2n}),\\ p_1=p_1(t,c_1,c_2,\cdots,c_{2n}),\\ \cdots\cdots\cdots\cdots\cdots\cdots\cdots\cdots\\ p_n=p_n(t,c_1,c_2,\cdots,c_{2n}).\end{cases}\tag{2.5}$$

这就是 Hamilton 正则方程组的通解. 从这里可以看到，寻找函数独立的第一积分确实是求解 Hamilton 动力学的重要途径.

对于 Hamilton 正则方程，同 Lagrange 力学类似，也有以下关于经典积分的结果：

(1) 如果系统的 Hamilton 函数不显含时间 t，则 Hamilton 函数本身是一个第一积分. 这是因为

$$\frac{\mathrm{d}H}{\mathrm{d}t}=\sum_{i=1}^{n}\left(\frac{\partial H}{\partial q_i}\dot{q}_i+\frac{\partial H}{\partial p_i}\dot{p}_i\right)+\frac{\partial H}{\partial t}$$

$$=\sum_{i=1}^{n}\left(\frac{\partial H}{\partial q_i}\frac{\partial H}{\partial p_i}-\frac{\partial H}{\partial p_i}\frac{\partial H}{\partial q_i}\right)+\frac{\partial H}{\partial t}=\frac{\partial H}{\partial t}. \tag{2.6}$$

所以,如果有 $\partial H/\partial t=0$,则立即得到 $H=h$ 是一个第一积分,h 是积分常数. 这个积分就是经典的 Jacobi 广义能量守恒积分.

(2) 如果系统的 Hamilton 函数不显含某广义坐标 q_i,亦即有 $\partial H/\partial q_i\equiv 0$,则称此 q_i 为系统的循环坐标. 此时,系统有 $p_i=\alpha_i$ 这样一个第一积分,其中 α_i 为积分常数. 这是因为

$$\frac{\mathrm{d}p_i}{\mathrm{d}t}=-\frac{\partial H}{\partial q_i}=0. \tag{2.7}$$

$p_i=\alpha_i$ 这个积分就是经典的循环积分,也称之为广义动量守恒积分.

循环积分的存在对 Hamilton 力学的研究有重要的意义. 实际上,如果一个 Hamilton 系统,其全部广义坐标都是循环坐标的话,即有

$$H=H(p_1,p_2,\cdots,p_n,t), \tag{2.8}$$

那么此系统是完全可积的. 它的解可求之如下:由

$$\dot{p}_i=-\frac{\partial H}{\partial q_i}=0,\quad i=1,2,\cdots,n,$$

得到 n 个循环积分

$$p_i=\alpha_i,\quad i=1,2,\cdots,n, \tag{2.9}$$

其中 $\alpha_1,\alpha_2,\cdots,\alpha_n$ 都是积分常数. 将(2.9)式代入另外 n 个正则方程,有

$$\dot{q}_i=\left(\frac{\partial H}{\partial p_i}\right)\bigg|_{p_j=\alpha_j}=\gamma_i(t,\alpha_1,\alpha_2,\cdots,\alpha_n), \tag{2.10}$$

从而有

$$q_i=\int_0^t\gamma_i(t,\alpha_1,\alpha_2,\cdots,\alpha_n)\mathrm{d}t+\beta_i,\quad i=1,2,\cdots,n, \tag{2.11}$$

其中 $\beta_1,\beta_2,\cdots,\beta_n$ 是另外的几个积分常数.

一个力学系统是否存在着循环积分,除与系统本身有关外,还依赖于正则变量的选择. 由此产生这样的思路:希望能建立一种方法,使我们对任何的 Hamilton 系统总能找到恰当的正则变量的选择,在这种选择下系统的正则方程有 n 个循环积分. 这种方法如果能建立的话,它显然是解决 Hamilton 力学问题的途径之一. 有关这种思路的发展,我们将在 §5.6 中再进行讨论.

5.2.2 Poisson 方法

在不少的力学系统里,我们并不能轻而易举地立即找到 $2n$ 个函数独立的第一积分,但是,往往能首先找到几个函数独立的第一积分(例如经典积分). 在这种情

况下，能否有办法利用已知的第一积分去寻找其他的第一积分呢？Poisson 建立了一种方程，按这种方法，在一些情况下，我们确能从部分第一积分出发，像"滚雪球"似地找到全部的第一积分.遗憾的是，这种方法并不是对每个系统都适合.以下我们来讨论 Poisson 的方法.

首先引入定义：若 φ,ψ 均是正则变量及时间 t 的函数，$\in c_1$，则如下定义的运算

$$(\varphi,\psi)=\sum_{i=1}^{n}\frac{\mathrm{D}(\varphi,\psi)}{\mathrm{D}(q_i,p_i)}=\sum_{i=1}^{n}\left(\frac{\partial\varphi}{\partial q_i}\frac{\partial\psi}{\partial p_i}-\frac{\partial\varphi}{\partial p_i}\frac{\partial\psi}{\partial q_i}\right) \tag{2.12}$$

所产生的函数称为 φ 和 ψ 的 **Poisson 括号**，并记之为 (φ,ψ).

从上述定义出发，不难直接验证下列基本性质：

(1) $(\varphi,\varphi)=(\varphi,c)=(c,\varphi)=0$，即相同函数的 Poisson 括号为零，任一函数与常数的 Poisson 括号为零.

(2) $(k\varphi,\psi)=k(\varphi,\psi)$，其中 k 为常数；

$(\varphi_1+\varphi_2,\psi)=(\varphi_1,\psi)+(\varphi_2,\psi)$.

(3) $(\varphi,\psi)=-(\psi,\varphi)$.

(4) $\dfrac{\partial}{\partial t}(\varphi,\psi)=\left(\dfrac{\partial\varphi}{\partial t},\psi\right)+\left(\varphi,\dfrac{\partial\psi}{\partial t}\right)$；

$\dfrac{\partial}{\partial q_j}(\varphi,\psi)=\left(\dfrac{\partial\varphi}{\partial q_j},\psi\right)+\left(\varphi,\dfrac{\partial\psi}{\partial q_j}\right)$；

$\dfrac{\partial}{\partial p_j}(\varphi,\psi)=\left(\dfrac{\partial\varphi}{\partial p_j},\psi\right)+\left(\varphi,\dfrac{\partial\psi}{\partial p_j}\right)$.

(5) Poisson 括号有如下重要的 Jacobi 恒等式：

$$(\varphi,(\psi,w))+(\psi,(w,\varphi))+(w,(\varphi,\psi))=0, \tag{2.13}$$

其中 φ,ψ,w 是 $\in c_2$ 的任意函数.对于 Poisson 括号的 Jacobi 恒等式可证明如下.

首先证明一个引理：设 A，B 是两个线性微分算子，作用在函数 $f(x_1,x_2,\cdots,x_m)$ 上，其定义为

$$\mathrm{A}f=\sum_{r=1}^{m}A_r\frac{\partial f}{\partial x_r},\quad \mathrm{B}f=\sum_{r=1}^{m}B_r\frac{\partial f}{\partial x_r},$$

其中系数 $A_r,B_r\in c_1$，$f\in c_2$，则一定有 $\Delta=\mathrm{A}(\mathrm{B}f)-\mathrm{B}(\mathrm{A}f)$ 只包含 f 函数的一阶偏导数项，不包含 f 函数的二阶偏导数项.为证明此结论，直接计算即有

$$\begin{aligned}\Delta&=\mathrm{A}\left(\sum_{r=1}^{m}B_r\frac{\partial f}{\partial x_r}\right)-\mathrm{B}\left(\sum_{s=1}^{m}A_s\frac{\partial f}{\partial x_s}\right)\\&=\sum_{s=1}^{m}A_s\frac{\partial}{\partial x_s}\left(\sum_{r=1}^{m}B_r\frac{\partial f}{\partial x_r}\right)-\sum_{r=1}^{m}B_r\frac{\partial}{\partial x_r}\left(\sum_{s=1}^{m}A_s\frac{\partial f}{\partial x_s}\right)\\&=\left(\sum_{s=1}^{m}\sum_{r=1}^{m}A_s\frac{\partial B_r}{\partial x_s}\frac{\partial f}{\partial x_r}+\sum_{s=1}^{m}\sum_{r=1}^{m}A_sB_r\frac{\partial^2 f}{\partial x_r\partial x_s}\right)\end{aligned}$$

$$-\Big(\sum_{r=1}^{m}\sum_{s=1}^{m}B_r\frac{\partial A_s}{\partial x_r}\frac{\partial f}{\partial x_s}+\sum_{s=1}^{m}\sum_{r=1}^{m}B_rA_s\frac{\partial^2 f}{\partial x_s\partial x_r}\Big)$$
$$=\sum_{r=1}^{m}\sum_{s=1}^{m}\Big(A_s\frac{\partial B_r}{\partial x_s}-B_s\frac{\partial A_r}{\partial x_s}\Big)\frac{\partial f}{\partial x_r}.$$

以下来证明 Jacobi 恒等式.展开(2.13)式左边各项,根据 Poisson 括号定义,显然每一项都应该是两个一阶偏导数与一个二阶偏导数的乘积.但可以证明,含每一个函数二阶偏导数项的总和应该为零:例如,考虑含 φ 的二阶偏导数项.这种项显然只可能由(2.13)式左边的第二项,第三项中产生.若记

$$(\psi,\varphi)=\psi^*\varphi\quad(w,\varphi)=\mathrm{w}^*\varphi,$$

其中 ψ^*,w^* 为线性算子,所以

$$(\psi,(w,\varphi))=\psi^*(\mathrm{w}^*\varphi),$$
$$(w,(\varphi,\psi))=-(w,-(\varphi,\psi))=-(w,(\psi,\varphi))=-\mathrm{w}^*(\psi^*\varphi).$$

可见,有

$$(\psi,(w,\varphi))+(w,(\varphi,\psi))=\psi^*(\mathrm{w}^*\varphi)-\mathrm{w}^*(\psi^*\varphi).$$

根据引理,这两项之和一定不能包含 φ 的二阶偏导数项,从而证实了 Jacobi 恒等式左边不可能包含 φ 的二阶偏导数项.对 ψ 和 w 重复上述论证,即知 Jacobi 恒等式确实成立.

从以上证明的性质可以知道,Poisson 运算使正则变量的函数构成一 Lie 代数[9].同时,还可以把 Hamilton 正则方程表达成为 Poisson 形式

$$\frac{\mathrm{d}q_i}{\mathrm{d}t}=(q_i,H),\quad\frac{\mathrm{d}p_i}{\mathrm{d}t}=(p_i,H),\quad i=1,2,\cdots,n.$$

注意量子力学的 Heisenberg 方程[57]

$$\frac{\mathrm{d}\hat{q}_i}{\mathrm{d}t}=[\hat{q}_i,\hat{H}]/\mathrm{i}\hbar,\quad\frac{\mathrm{d}\hat{p}_i}{\mathrm{d}t}=[\hat{p}_i,\hat{H}]/\mathrm{i}\hbar,$$

其中[·,·]运算是算符的对易子.根据 Dirac 证明的定理,有

$$\lim_{\hbar\to0}[\hat{A},\hat{B}]/\mathrm{i}\hbar=(A,B).$$

可以立即看到,当 $\hbar\to0$ 时,Heisenberg 方程立即成为 Hamilton 正则方程的 Poisson 形式.这就说明了,经典动力学是量子力学在 $\hbar\to0$ 时的极限.在研究宏观客体的运动中,由于 $\hbar$ 与宏观尺度相比要小得多,因此经典动力学规律是精确成立的.

利用 Piosson 括号的性质,可以建立如下定理:

Poisson 方法的基本定理　(1) 正则变量与时间 t 的函数 $f(q_1,\cdots,q_n,p_1,\cdots,p_n,t)$ 为 Hamilton 正则方程第一积分的充要条件是满足

$$\frac{\partial f}{\partial t}+(f,H)\equiv0.\tag{2.14}$$

实际上,沿正则方程的任一解可计算得

$$\frac{\mathrm{d}f}{\mathrm{d}t}=\frac{\partial f}{\partial t}+\sum_{i=1}^{n}\left(\frac{\partial f}{\partial q_i}\dot{q}_i+\frac{\partial f}{\partial p_i}\dot{p}_i\right)$$

$$=\frac{\partial f}{\partial t}+\sum_{i=1}^{n}\left(\frac{\partial f}{\partial q_i}\frac{\partial H}{\partial p_i}-\frac{\partial f}{\partial p_i}\frac{\partial H}{\partial q_i}\right)=\frac{\partial f}{\partial t}+(f,H).$$

(2) 如果已知 $\varphi(q_1,\cdots,q_n,p_1,\cdots,p_n,t)$,$\psi(q_1,\cdots,q_n,p_1,\cdots,p_n,t)$是 Hamilton 正则方程的两个第一积分,只要(φ,ψ)是包含有正则变量的函数,则它一定是正则方程的第一积分.

证明 根据(1),要证明(φ,ψ)是第一积分,只要证明(φ,ψ)满足下式即可:

$$\frac{\partial(\varphi,\psi)}{\partial t}+((\varphi,\psi),H)\equiv 0.$$

而

$$\frac{\partial(\varphi,\psi)}{\partial t}+((\varphi,\psi),H)=\left(\frac{\partial\varphi}{\partial t},\psi\right)+\left(\varphi,\frac{\partial\psi}{\partial t}\right)+(H,(\varphi,\psi)),$$

利用 Poisson 括号的 Jacobi 恒等式,即知

$$\frac{\partial(\varphi,\psi)}{\partial t}+((\varphi,\psi),H)$$

$$=\left(\frac{\partial\varphi}{\partial t},\psi\right)+\left(\varphi,\frac{\partial\psi}{\partial t}\right)-(\psi,(\varphi,H))-(\varphi,(H,\psi))$$

$$=\left(\frac{\partial\varphi}{\partial t}+(\varphi,H),\psi\right)+\left(\varphi,\frac{\partial\psi}{\partial t}+(\psi,H)\right).$$

已知 φ,ψ 是第一积分,故

$$\frac{\partial\varphi}{\partial t}+(\varphi,H)\equiv 0,\quad \frac{\partial\psi}{\partial t}+(\psi,H)\equiv 0,$$

由此得

$$\frac{\partial(\varphi,\psi)}{\partial t}+((\varphi,\psi),H)\equiv 0.$$

定理证毕. □

从这一性质可以看到,任一 Hamilton 系统,其全部第一积分集合对 Poisson 括号运算是封闭的(此时需把平凡的常数看成系统的第一积分). 由于 Poisson 括号运算有 Jacobi 恒等式成立,因此上述第一积分的集合亦组成一 Lie 代数[7].

(3) **推论** 对于 Hamilton 函数不显含时间 t 的系统,如果有第一积分 $\varphi(q_1,\cdots,q_n,p_1,\cdots p_n,t)$,则 $\partial\varphi/\partial t$,$\partial^2\varphi/\partial t^2$,$\cdots$都是第一积分,只要它是包含正则变量的函数.

证明 φ 是第一积分,可见有

$$\frac{\partial\varphi}{\partial t}+(\varphi,H)\equiv 0.$$

对此恒等式求 t 的偏导数,有

$$\frac{\partial^2\varphi}{\partial t^2}+\frac{\partial}{\partial t}(\varphi,H)=\frac{\partial}{\partial t}\left(\frac{\partial\varphi}{\partial t}\right)+\left(\frac{\partial\varphi}{\partial t},H\right)+\left(\varphi,\frac{\partial H}{\partial t}\right)$$
$$=\frac{\partial}{\partial t}\left(\frac{\partial\varphi}{\partial t}\right)+\left(\frac{\partial\varphi}{\partial t},H\right)\equiv 0.$$

可见,如果 $\partial\varphi/\partial t$ 是正则变量的函数,它必是第一积分. 其他各阶导数可类似证明. 证毕. □

类似的结论可以推广到有循环坐标的系统:如果 q_i 是一个循环坐标,而且已知系统的一个第一积分 $\varphi(q_1,\cdots,q_i,\cdots,q_n,p_1,\cdots,p_n,t)$,那么 $\partial\varphi/\partial q_i$,$\partial^2\varphi/\partial q_i^2$,$\cdots$ 都是第一积分,只要它们是正则变量的函数.

以下转向讨论 Poisson 方法的应用问题. 应该承认,Poisson 方法有时确实如同滚雪球似的,能利用已知第一积分产生出函数独立的第一积分. 举例来说,考虑一个单位质量的质点在原点的中心力场中运动,此时可取

$$q_1=x,\quad q_2=y,\quad q_3=z,$$

有 Hamilton 函数为

$$H=\frac{1}{2}(p_1^2+p_2^2+p_3^2)+V(r),$$

而 $r=\sqrt{q_1^2+q_2^2+q_3^2}$. 系统的正则方程为

$$\dot{q}_i=\frac{\partial H}{\partial p_i}=p_i,\quad \dot{p}_i=-\frac{\partial H}{\partial q_i}=-V'(r)\frac{q_i}{r},\quad r=1,2,3.$$

对于这个系统,若已知

$$\varphi=q_2p_3-q_3p_2,\quad \psi=q_3p_1-q_1p_3,$$

这两个第一积分,根据 Poisson 方法,可以求 φ,ψ 的 Poisson 括号如下:

$$(\varphi,\psi)=\sum_{i=1}^{3}\frac{\mathrm{D}(\varphi,\psi)}{\mathrm{D}(q_i,p_i)}=\frac{\mathrm{D}(\varphi,\psi)}{\mathrm{D}(q_3,p_3)}=q_1p_2-q_2p_1=w.$$

不难直接验证,$\mathrm{D}(\varphi,\psi,w)/\mathrm{D}(q_1,q_2,p_1)\neq 0$,从而知道 (φ,ψ) 确是与 φ,ψ 函数独立的第一积分.

但是,Poisson 方法有如下两种失效的情况:

(1) 有时,两个已知第一积分的 Poisson 括号为零,不产生新的第一积分. 举例来说,考虑只有 z 方向势力的质点,显然有积分

$$\varphi=p_1=c_1,\quad \psi=p_2=c_2.$$

此时,$(\varphi,\psi)\equiv 0$,并不产生新的第一积分.

(2) 有时,出现以下的情况:已知系统的 r 个第一积分 $\varphi_1,\varphi_2,\cdots,\varphi_r$,但从中任取一对第一积分来做 Poisson 括号,新产生出的第一积分都是 $\varphi_1,\varphi_2,\cdots,\varphi_r$ 的函数,即

$$(\varphi_i,\varphi_j)=\Phi(\varphi_1,\varphi_2,\cdots,\varphi_r).$$

这样的 r 个第一积分构成了一个"内旋组",而从内旋组外再找出一个第一积分,此积分和内旋组内积分的 Poisson 括号为零. 在这种情况下,从已知积分中按 Poisson 方法就不能做出新的第一积分.

举例来看,如前面所说的中心力场的例子,它的三个第一积分

$$\varphi_1=q_2p_3-q_3p_2,\quad \varphi_2=q_3p_1-q_1p_3,\quad \varphi_3=q_1p_2-q_2p_1.$$

就构成了一个内旋组. 从它们出发,利用 Poisson 方法就不再能得到其他的第一积分了.

上述这种情况出现的数学含义,乃是这种 Hamilton 系统全部第一积分所组成的 Lie 代数实际上是由几种相互直交的子代数累加而成的缘故.

5.2.3 经典积分的应用——降阶法

经典积分和 Poisson 方法提供了某些寻找正则方程第一积分的方法. 但是,实际证明,对大多数系统,Poisson 方法并未能扩大我们已经掌握的经典积分的范围. 所以,能够真正找全 $2n$ 个独立的第一积分的情况是少见的. 常见的情况是,我们只能找到少数几个经典积分. 那么如何利用这几个积分呢?

降阶法就是利用已经找到的经典积分,把原正则方程组变成阶数较低的方程组,并保留方程组的 Hamilton 正则形式.

1. *循环积分的应用*

若 q_1 是循环坐标,那么 Hamilton 函数为

$$H=H(q_2,q_3,\cdots,q_n,p_1,p_2,\cdots,p_n,t),\tag{2.15}$$

从而有循环积分

$$p_1=\beta_1,\tag{2.16}$$

其中 β_1 是积分常数. 这个积分的应用很简单: 直接将 $p_1=\beta_1$ 代入原 Hamilton 函数,得到

$$\begin{aligned}&H(q_2,q_3,\cdots,q_n,p_1,p_2,\cdots,p_n,t)\big|_{p_1=\beta_1}\\&\quad=\widetilde{H}(q_2,q_3,\cdots,q_n,p_2,p_3,\cdots,p_n,t).\end{aligned}\tag{2.17}$$

对 $q_2,q_3,\cdots,q_n,p_2,p_3,\cdots,p_n$ 这些正则变量仍有如下正则方程成立:

$$\dot{q}_i=\frac{\partial\widetilde{H}}{\partial p_i},\quad \dot{p}_i=-\frac{\partial\widetilde{H}}{\partial q_i},\quad i=2,3,\cdots,n,\tag{2.18}$$

其中 $\widetilde{H}$ 函数含有积分常数 β_1.

另外还有一个决定 q_1 的补充方程

$$q_1=\int_0^t\left(\frac{\partial H}{\partial p_1}\bigg|_{p_1=\beta_1}\right)\mathrm{d}t+\alpha_1,\tag{2.19}$$

其中 α_1 是另外一个积分常数.

2. 广义能量积分的应用

如果系统的 Hamilton 函数不显含时间 t,亦即

$$H = H(q_1,\cdots,q_n,p_1,\cdots,p_n),$$

那么系统有广义能量积分

$$H(q_1,\cdots,q_n,p_1,\cdots,p_n) = h = \text{const.}. \tag{2.20}$$

广义能量积分函数中一定包含有广义动量.不失一般性,譬如它包含 p_1,亦即假定

$$\partial H/\partial p_1 \neq 0, \tag{2.21}$$

于是由(2.20)式可以解出

$$p_1 = -K(q_1,q_2,\cdots,q_n,p_2,\cdots,p_n,h). \tag{2.22}$$

显然,将(2.22)式代入广义能量积分式(2.20),应成为恒等式,即

$$H(q_1,\cdots,q_n,-K,p_2,\cdots,p_n) \equiv h. \tag{2.23}$$

作(2.23)式对 q_r,p_r 的偏导数($r=2,3,\cdots,n$),得恒等式

$$\frac{\partial H}{\partial q_r}+\frac{\partial H}{\partial p_1}\frac{\partial(-K)}{\partial q_r}=0,\quad \frac{\partial H}{\partial p_r}+\frac{\partial H}{\partial p_1}\frac{\partial(-K)}{\partial p_r}=0,\quad r=2,3,\cdots,n.$$

亦即

$$\frac{\partial H}{\partial p_r}\Big/\frac{\partial H}{\partial p_1}=\frac{\partial H}{\partial p_r},\quad -\frac{\partial H}{\partial q_r}\Big/\frac{\partial H}{\partial p_1}=-\frac{\partial K}{\partial q_r},\quad r=2,3,\cdots,n. \tag{2.24}$$

这样,我们可以得到以 $q_2,\cdots,q_n,p_2,\cdots,p_n$ 为正则变量,以 q_1 为自变量(代替原来的 t 的位置)的正则方程

$$\begin{cases}\dfrac{\mathrm{d}q_r}{\mathrm{d}q_1}=\dfrac{\mathrm{d}q_r}{\mathrm{d}t}\Big/\dfrac{\mathrm{d}q_1}{\mathrm{d}t}=\dfrac{\partial H}{\partial p_r}\Big/\dfrac{\partial H}{\partial p_1}=\dfrac{\partial K}{\partial p_r},\\[2ex] \dfrac{\mathrm{d}p_r}{\mathrm{d}q_1}=\dfrac{\mathrm{d}p_r}{\mathrm{d}t}\Big/\dfrac{\mathrm{d}q_1}{\mathrm{d}t}=-\dfrac{\partial H}{\partial q_r}\Big/\dfrac{\partial H}{\partial p_1}=-\dfrac{\partial K}{\partial q_r},\end{cases}\quad r=2,3,\cdots,n. \tag{2.25}$$

降阶后的新系统的 Hamilton 函数就是 $K(q_1,q_2,\cdots,q_n,p_2,p_3,\cdots,p_n,h)$,它除包含有正则变量 $q_2,q_3,\cdots,q_n,p_2,p_3,\cdots,p_n$ 外,还可能包含有新的自变量 q_1,能量积分常数 h.新系统的阶数为 $2(n-1)$,比原系统降低两阶.很明显,此处的结果同 2.3.2 小节中的 Whittaker 定理相一致.化简后的正则方程组(2.25)亦称为 **Whittaker 方程**.

5.2.4 Jacobi 最后乘子的应用

对于一般的 Hamilton 正则系统,为了完全解决问题,我们需要 $2n$ 个独立的第一积分.但是在自治系统(即 Hamilton 函数不显含时间 t 的系统),我们可将 Hamilton 正则方程写成消去时间变量 t 的形式:

$$\frac{\mathrm{d}q_1}{\dfrac{\partial H}{\partial p_1}}=\frac{\mathrm{d}q_2}{\dfrac{\partial H}{\partial p_2}}=\cdots=\frac{\mathrm{d}q_n}{\dfrac{\partial H}{\partial p_n}}=-\frac{\mathrm{d}p_1}{\dfrac{\partial H}{\partial q_1}}=-\frac{\mathrm{d}p_2}{\dfrac{\partial H}{\partial q_2}}=\cdots=-\frac{\mathrm{d}p_n}{\dfrac{\partial H}{\partial q_n}}. \tag{2.26}$$

对于方程组(2.26),我们不再需要 $2n$ 个独立的第一积分,而只需要 $2n-1$ 个独立的**空间第一积分**,即不显含时间 t 的第一积分,就可以决定了相空间相轨迹的形状. 再注意到,(2.26)有显然的 Jacobi 乘子 $M=1$. 因此,根据 Jacobi 的最后乘子理论,我们可以将上述要求再减少到 $2n-2$. 这一结论在某些经典的力学问题研究中曾起着重要的作用(例如在重刚体绕不动点的运动问题中). 以下我们来介绍这一理论.

1. Jacobi 最后乘子理论

试考虑某一般性的系统

$$\mathrm{d}x_1/X_1 = \mathrm{d}x_2/X_2 = \cdots = \mathrm{d}x_m/X_m, \tag{2.27}$$

其中

$$X_r = X_r(x_1, x_2, \cdots, x_m), \quad r = 1,2,\cdots,m. \tag{2.28}$$

如果我们已求得系统(2.27)的 $m-2$ 个独立的第一积分,即有

$$f_r(x_1, x_2, \cdots, x_m) = c_r, \quad r = 1,2,\cdots,m-2, \tag{2.29}$$

其中 c_r 是积分常数. 由于独立性,显然有 Jacobi 矩阵

$$\frac{\partial(f_1, f_2, \cdots, f_{m-2})}{\partial(x_1, x_2, \cdots, x_m)}$$

的缺秩为零. 不失一般性,我们假定有

$$K = \frac{\mathrm{D}(f_1, f_2, \cdots, f_{m-2})}{\mathrm{D}(x_1, x_2, \cdots, x_{m-2})} \neq 0. \tag{2.30}$$

此时,我们可以作如下的变换:

$$\begin{cases} y_1 = f_1(x_1, x_2, \cdots, x_m), \\ y_2 = f_2(x_1, x_2, \cdots, x_m), \\ \cdots\cdots\cdots\cdots\cdots\cdots\cdots\cdots \\ y_{m-2} = f_{m-2}(x_1, x_2, \cdots, x_m), \\ y_{m-1} = x_{m-1}, \\ y_m = x_m. \end{cases} \tag{2.31}$$

注意到(2.30)式,显然有

$$\frac{\mathrm{D}(y_1, y_2, \cdots, y_m)}{\mathrm{D}(x_1, x_2, \cdots, x_m)} \neq 0. \tag{2.32}$$

并且由(2.31)式的前 $m-2$ 个式可以解出

$$x_r = x_r(y_1, y_2, \cdots, y_{m-2}, x_{m-1}, x_m), \quad r = 1,2,\cdots,m-2. \tag{2.33}$$

在(2.31)的变换下,方程(2.27)变成为

$$\frac{\mathrm{d}y_1}{0} = \frac{\mathrm{d}y_2}{2} = \cdots = \frac{\mathrm{d}y_{m-2}}{0} = \frac{\mathrm{d}x_{m-1}}{\widehat{X}_{m-1}} = \frac{\mathrm{d}x_m}{\widehat{X}_m}. \tag{2.34}$$

此时应该有积分

$$y_1 = c_1, \quad y_2 = c_2, \quad \cdots, \quad y_{m-2} = c_{m-2}. \tag{2.35}$$

将这些积分代入方程(2.34),显然得到两个变元的方程

$$\mathrm{d}x_{m-1}/\widehat{X}_{m-1} = \mathrm{d}x_m/\widehat{X}_m, \tag{2.36}$$

其中

$$\begin{cases} \widehat{X}_{m-1} = X_{m-1}\big|_{x_r = x_r(c_1, c_2, \cdots, c_{m-2}, x_{m-1}, x_m)}, \\ \widehat{X}_m = X_m\big|_{x_r = x_r(c_1, c_2, \cdots c_{m-2}, x_{m-1}, x_m)}. \end{cases} \tag{2.37}$$

如果对于原系统(2.27)还知道一个 Jacobi 乘子 M,即 M 是如下方程的非零解:

$$\frac{\partial(MX_1)}{\partial x_1} + \frac{\partial(MX_2)}{\partial x_2} + \cdots + \frac{\partial(MX_m)}{\partial x_m} = 0. \tag{2.38}$$

通过计算不难证明[①],在作过变换(2.31)之后,新的方程有 Jacobi 乘子$(\widehat{M/K})$,亦即有

$$\frac{\partial[(\widehat{M/K})\widehat{X}_{m-1}]}{\partial x_{m-1}} + \frac{\partial[(\widehat{M/K})\widehat{X}_m]}{\partial x_m} = 0. \tag{2.39}$$

对于两个变元的方程,Jacobi 乘子就是积分因子,因此

$$(\widehat{M/K})(\widehat{X}_m \mathrm{d}x_{m-1} - \widehat{X}_{m-1}\mathrm{d}x_m)$$

是全微分.从此得到系统一个新的第一积分:

$$f_{m-1} = \int (\widehat{M/K})(\widehat{X}_m \mathrm{d}x_{m-1} - \widehat{X}_{m-1}\mathrm{d}x_m) = c_{m-1}. \tag{2.40}$$

2. 在两个自由度系统上的应用

考虑一两个自由度的、自治的 Hamilton 系统.消去时间变量 t 后,方程为

$$\frac{\mathrm{d}q_1}{\dfrac{\partial H}{\partial p_1}} = \frac{\mathrm{d}q_2}{\dfrac{\partial H}{\partial p_2}} = -\frac{\mathrm{d}p_1}{\dfrac{\partial H}{\partial q_1}} = -\frac{\mathrm{d}p_2}{\dfrac{\partial H}{\partial q_2}}, \tag{2.41}$$

其中 $H = H(q_1, q_2, p_1, p_2)$.它有一个经典积分——广义能量积分

$$H(q_1, q_2, p_1, p_2) = h. \tag{2.42}$$

如果我们还知道另一个独立的空间积分,即有

$$F(q_1, q_2, p_1, p_2) = \alpha. \tag{2.43}$$

这就构成了一个“最后乘子”型的问题.我们可以应用 Jacobi 最后乘子的理论来寻找第三个积分.假定对上述积分满足条件 $K = \mathrm{D}(H, F)/\mathrm{D}(p_1, p_2) \neq 0$,并注意到(2.41)方程有一个 Jacobi 乘子 $M = 1$,因此最后一个积分为

$$\int (\widehat{1/K})\left(\widehat{\frac{\partial H}{\partial p_2}}\mathrm{d}q_1 - \widehat{\frac{\partial H}{\partial p_1}}\mathrm{d}q_2\right) = \beta. \tag{2.44}$$

通过如下的分析,我们可以得到最后一个积分更简洁的表达式:

假定从积分(2.42),(2.43)中解出

$$p_1 = f_1(q_1, q_2, h, \alpha), \quad p_2 = f_2(q_1, q_2, h, \alpha), \tag{2.45}$$

---

① 引用 5.3.3 小节中关于 m 阶积分不变量的引理 2,即可得到证明.

显然，把这些式子代回原积分中应成为恒等式. 对 α 求偏导数，则有

$$\widehat{\frac{\partial H}{\partial p_1}}\frac{\partial f_1}{\partial \alpha}+\widehat{\frac{\partial H}{\partial p_2}}\frac{\partial f}{\partial \alpha}=0,\quad \widehat{\frac{\partial F}{\partial p_1}}\frac{\partial f_1}{\partial \alpha}+\widehat{\frac{\partial F}{\partial p_2}}\frac{\partial f_2}{\partial \alpha}=1. \tag{2.46}$$

方程组(2.46)的系数行列式正是$\widehat{\dfrac{\mathrm{D}(H,F)}{\mathrm{D}(p_1,p_2)}}=\widehat{K}$，因此得

$$\frac{\partial f_1}{\partial \alpha}=-\widehat{\frac{\partial H}{\partial p_2}}\Big/\widehat{K},\quad \frac{\partial f_2}{\partial \alpha}=\widehat{\frac{\partial H}{\partial p_1}}\Big/\widehat{K}. \tag{2.47}$$

将求出的(2.47)式代入(2.44)式中，立即得到第三个第一积分

$$\int\frac{\partial f_1}{\partial \alpha}\mathrm{d}q_1+\frac{\partial f_2}{\partial \alpha}\mathrm{d}q_2=\frac{\partial}{\partial \alpha}\int(f_1\mathrm{d}q_1+f_2\mathrm{d}q_2)=-\beta. \tag{2.48}$$

这就证实了，$f_1\mathrm{d}q_1+f_2\mathrm{d}q_2$ 一定是全微分. 由此可以断定，一定存在着函数 $S(q_1, q_2, h, \alpha)$，使

$$\frac{\partial S}{\partial q_1}=f_1,\quad \frac{\partial S}{\partial q_2}=f_2. \tag{2.49}$$

利用这个 S 函数，原 Hamilton 问题的第三个积分可表达为

$$\frac{\partial S}{\partial \alpha}=-\beta. \tag{2.50}$$

§5.3 Hamilton 正则方程的解析性质

第一积分的研究提供了解决 Hamilton 力学问题的途径之一. 但是，力学经典问题研究的例子证明，要想找到足够的第一积分(特别是便于研究的代数型的第一积分)是很困难的，不少的情况下甚至是不可能的. 为了在这种情况下研究 Hamilton 力学问题，就需要对正则方程组进行更深入的讨论，以掌握它更深刻的性质，这便于为解决问题提供新的途径.

5.3.1 第一个正则性条件——广义 Hamilton 原理与 Liven 原理

Hamilton 正则方程是正则变量 $q_1,\cdots,q_n,p_1,\cdots,p_n$ 对时间 t 的一阶微分方程组. 它在$(q_1,\cdots,q_n,p_1,\cdots,p_n,t)$这个“增广相空间”内决定了一族相轨迹，这对应着实际系统动力学可能的运动. 每条相轨迹都是满足正则方程组的特解

$$q_i=q_i(t),\quad p_i=p_i(t),\quad i=1,2,\cdots,n. \tag{3.1}$$

但是，也可以从变分的意义上来决定上述相轨迹. 我们考虑如下定义的一个多元函数[①]：

① 请注意，实际上在 $\tilde{L}$ 函数中，$\dot{p}_1,\cdots,\dot{p}_n$ 这些变量并未出现.

$$\widetilde{L}(q_1,\cdots,q_n,\dot{q}_1,\cdots,\dot{q}_n,p_1,\cdots,p_n,\dot{p}_1,\cdots,\dot{p}_n,t)$$
$$=\sum_{i=1}^{n}p_i\dot{q}_i-H(q_1,\cdots,q_n,p_1,\cdots,p_n,t). \tag{3.2}$$

注意到 H 函数的定义(1.13)式,即

$$H(q_1,\cdots,q_n,p_1,\cdots,p_n,t)=\overbrace{\sum_{i=1}^{n}p_i\dot{q}_i-L}$$
$$=\left[\sum_{i=1}^{n}p_i\dot{q}_i-L(q_1,\cdots,q_n,\dot{q}_1,\cdots,\dot{q}_n,t)\right]\Bigg|_{(p_i=\partial L/\partial\dot{q}_i)}, \tag{3.3}$$

也许会认为这里的 $\widetilde{L}$ 函数就是系统的 Lagrange 函数. 但实际上,两者的含义并不相同. 当运动沿着相轨迹的时候,此时符合 $p_i=\partial L/\partial\dot{q}_i$ 这个限制关系,因而 $\widetilde{L}$ 和 L 相等. 但对于一个不是相轨迹而是增广相空间里任意一个“假想运动”来说,此时 $\widetilde{L}$ 函数中的 p_i,q_i 互相独立,没有什么联系,因而 $\widetilde{L}$ 和 L 并不一致.

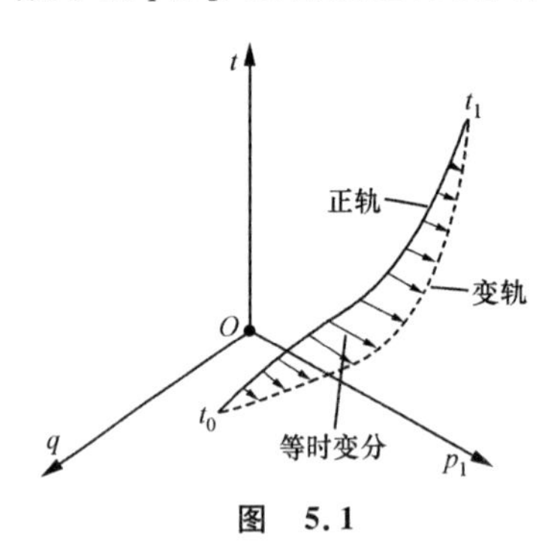

图 5.1

利用函数 $\widetilde{L}$,在增广相空间$(q_1,\cdots,q_n,p_1,\cdots,p_n,t)$内考虑一个有限时间区段$(t_0,t_1)$,然后建立泛函

$$I=\int_{t_0}^{t_1}\widetilde{L}(q_1,\cdots q_n,\dot{q}_1,\cdots,\dot{q}_n,p_1,\cdots,p_n,\dot{p}_1,\cdots,\dot{p}_n,t)\,\mathrm{d}t. \tag{3.4}$$

试考虑在这个空间里上述泛函的定端点变分问题. 此时基本变分的情况如图 5.1 所示. 对于这个增广相空间里的定端点等时变分,我们称之为**广义的 Hamilton 变分**,并记之为 δ_{H}.

根据多因变量的变分学理论,此种泛函变分问题的逗留值曲线满足 Euler 方程

$$\begin{cases}\dfrac{\mathrm{d}}{\mathrm{d}t}\dfrac{\partial\widetilde{L}}{\partial\dot{q}_i}-\dfrac{\partial\widetilde{L}}{\partial q_i}=\dfrac{\mathrm{d}}{\mathrm{d}t}p_i+\dfrac{\partial H}{\partial q_i}=0,\\[2ex]\dfrac{\mathrm{d}}{\mathrm{d}t}\dfrac{\partial\widetilde{L}}{\partial\dot{p}_i}-\dfrac{\partial\widetilde{L}}{\partial p_i}=-\dot{q}_i+\dfrac{\partial H}{\partial p_i}=0,\end{cases}\quad i=1,2,\cdots,n. \tag{3.5}$$

显然,这就是系统的 Hamilton 正则方程组. 由此可见,泛函 I 在增广相空间里的定端点变分逗留值曲线正是系统的相轨迹. 这个原理,就是**广义的 Hamilton 原理**. 可以用下式来表示这个关系

$$\begin{cases}\dot{q}_i=\dfrac{\partial H}{\partial p_i},\\[2ex]\dot{p}_i=-\dfrac{\partial H}{\partial q_i}\end{cases}\Longleftrightarrow\delta_H\int_{t_0}^{t_1}\left(\sum_{i=1}^{n}p_i\dot{q}_i-H\right)\mathrm{d}t=0. \tag{3.6}$$

注意,(3.6)式的变分原理是在正则空间里考查的.此时,$\delta q_1,\cdots,\delta q_n,\delta p_1,\cdots,\delta p_n$ 都是独立的变分量.因此,广义的 Hamilton 原理又称为**正则空间的 Hamilton 原理**或**(q,p,t)空间的 Hamilton 原理**.

广义的 Hamilton 原理要求的基本变分是**广义的 Hamilton 变分**,其特点有二:

(1) 是增广相空间里的等时变分,q_i 和 p_i 完全可以独立变分.这是和普通 Hamilton 变分的不同之处.

(2) 是定端点变分,即 $t_0,q_1^0,\cdots,q_n^0,p_1^0,\cdots p_n^0$ 和 $t_1,q_1^1,\cdots,q_n^1,p_1^1,\cdots,p_n^1$ 全为固定.

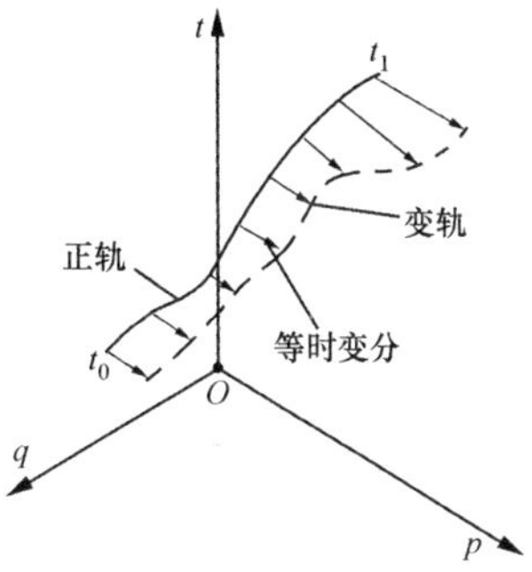

但实际上,上述端点条件可以放松.可以证明,对于半定半动的端点条件:

$$\begin{cases} t_0,q_1^0,\cdots,q_n^0,t_1,q_1^1,\cdots,q_n^1 \text{ 固定}, \\ p_1^0,\cdots,p_n^0,p_1^1,\cdots,p_n^1 \text{ 可以变动}. \end{cases}$$

此时泛函 I 沿正轨就有一阶变分为零.满足如上端点条件的基本变分称为 **Liven 变分**,其情况如图 5.2 所示.

图 5.2

Liven 原理可以推导如下:当正则变量由正轨出发作 Liven 变分时,泛函的变分为

$$\delta\int_{t_0}^{t_1}\widetilde{L}\mathrm{d}t=\int_{t_0}^{t_1}\left(\sum_{i=1}^{n}p_i\delta\dot{q}_i+\sum_{i=1}^{n}\dot{q}_i\delta p_i-\sum_{i=1}^{n}\frac{\partial H}{\partial q_i}\delta q_i-\sum_{i=1}^{n}\frac{\partial H}{\partial p_i}\delta p_i\right)\mathrm{d}t. \quad (3.7)$$

注意到沿正轨满足 Hamilton 正则方程,所以

$$\begin{aligned}\delta\int_{t_0}^{t_1}\widetilde{L}\mathrm{d}t&=\int_{t_0}^{t_1}\sum_{i=1}^{n}(p_i\delta\dot{q}_i+\dot{q}_i\delta p_i+\dot{p}_i\delta q_i-\dot{q}_i\delta p_i)\mathrm{d}t\\&=\int_{t_0}^{t_1}\frac{\mathrm{d}}{\mathrm{d}t}\left(\sum_{i=1}^{n}p_i\delta q_i\right)\mathrm{d}t=\left(\sum_{i=1}^{n}p_i\delta q_i\right)\Bigg|_{t_0}^{t_1}.\end{aligned} \quad (3.8)$$

因此,只要有

$$\delta q_i|_{t=t_0}=\delta q_i|_{t=t_1}=0,\quad i=1,2,\cdots,n,$$

就有沿正轨满足

$$\delta\int_{t_0}^{t_1}\widetilde{L}\mathrm{d}t=0. \quad (3.9)$$

为提醒 Liven 变分的端点条件,(3.9)式亦可改记为

$$\delta_{\mathrm{Liven}}\int_{t_0}^{t_1}\widetilde{L}\mathrm{d}t=0.$$

这就是 Liven 原理的表达式.

必须着重说明,正则空间 Hamilton 原理的成立是由 Hamilton 正则方程组直接导出的,它本质上是正则方程组的变分写法.从表面上看,似乎可认为,(3.6)的

原理式和 5.1.1 小节中的"经典 Hamilton 原理的正则变形"完全一样，但实际上它们的含义并不相同. 正则空间 Hamilton 原理的成立，无需也不能由经典 Hamilton 原理直接导出. 同时还可以证明，正则空间 Hamilton 原理和经典 Hamilton 原理的泛函作用量极值性质也不相同. 经典 Hamilton 原理中，只要(t_0, t_1)时间区段足够小，Hamilton 作用量沿正轨一定取极小值；而正则空间 Hamilton 原理中，上述结论一般不再成立. 以下深入讨论这两种 Hamilton 原理的区别.

经典 Hamilton 原理的变分问题恒满足加强的 Legendre 条件，而正则空间的 Hamilton 原理则刚好相反，总有

$$\frac{1}{2}\sum_{i=1}^{2n}\sum_{j=1}^{2n}\frac{\partial^2 \widetilde{L}}{\partial \dot{x}_i \dot{x}_j} x_i x_j \equiv 0.$$

这是属于奇异变分的情况.

由于上述条件的根本不同，经典 Hamilton 原理的驻定轨线方程是(q,t)空间的二阶微分方程组，并可以解成二阶典范形式. 在事件空间里看，通过端点可以构造一族驻定轨线，并在一定条件下形成中心驻定轨道场. 正则空间的 Hamilton 原理，在正则变量$(\boldsymbol{q}, \boldsymbol{p}, t)$空间里，其驻定轨线方程是一阶微分方程组. 经过增广正则空间中的任一端点，都只有唯一的一条驻定轨线.

经典 Hamilton 原理，当(t_0, t_1)时间区段足够小之后，沿正轨的 Hamilton 作用量一定是极小值；但对正则空间的 Hamilton 原理而论，上述性质不再成立. 为证明这一结论，只要举一个例子即可.

试考虑单自由度谐振子，系统的 Hamilton 函数为

$$H = \widehat{T+V} = \frac{p^2}{2m} + \frac{m\omega^2}{2} q^2.$$

正则空间 Hamilton 原理的作用量泛函表达式为

$$I = \int_{t_0}^{t_1} \widetilde{L}(t, q, p, \dot{q}, \dot{p})\,\mathrm{d}t = \int_{t_0}^{t_1} \left[p\dot{q} - \left(\frac{p^2}{2m} + \frac{m\omega^2}{2} q^2 \right) \right] \mathrm{d}t.$$

为判断沿正轨的作用量的极值性质，需考查上述泛函的二阶变分

$$\begin{aligned}
\delta^2 I = & \frac{1}{2}\int_{t_0}^{t_1} \Big[\frac{\partial^2 \widetilde{L}}{\partial q \partial q}(\delta q)^2 + \frac{\partial^2 \widetilde{L}}{\partial p \partial p}(\delta p)^2 + \frac{\partial^2 \widetilde{L}}{\partial \dot{q} \partial \dot{q}}(\delta \dot{q})^2 \\
& + \frac{\partial^2 \widetilde{L}}{\partial \dot{p} \partial \dot{p}}(\delta \dot{p})^2 + 2\frac{\partial^2 \widetilde{L}}{\partial q \partial p}(\delta q)(\delta p) + 2\frac{\partial^2 \widetilde{L}}{\partial q \partial \dot{q}}(\delta q)(\delta \dot{q}) \\
& + 2\frac{\partial^2 \widetilde{L}}{\partial q \partial \dot{p}}(\delta q)(\delta \dot{p}) + 2\frac{\partial^2 \widetilde{L}}{\partial p \partial \dot{q}}(\delta p)(\delta \dot{q}) + 2\frac{\partial^2 \widetilde{L}}{\partial p \partial \dot{p}}(\delta p)(\delta \dot{p}) \\
& + 2\frac{\partial^2 \widetilde{L}}{\partial \dot{q} \partial \dot{p}}(\delta \dot{q})(\delta \dot{p}) \Big] \mathrm{d}t \\
= & \frac{1}{2}\int_{t_0}^{t_1} \left[-m\omega^2(\delta q)^2 - \frac{1}{m}(\delta p)^2 + 2\delta p \delta \dot{q} \right] \mathrm{d}t,
\end{aligned}$$

其中 $\delta q,\delta p$ 是正则空间里满足定端点条件的两个独立变分函数. 以下来适当选取 $\delta q,\delta p$,并讨论 I 泛函沿正轨和变轨取值的大小.

(1) 选择 $\delta p=0$,则

$$\delta^2 I=\frac{1}{2}\int_{t_0}^{t_1}[-m\omega^2(\delta q)^2]\mathrm{d}t=-\frac{1}{2}m\omega^2\int_{t_0}^{t_1}(\delta q)^2\mathrm{d}t<0.$$

只要 δq 在(t_0,t_1)内不恒为零. 由此可见,$\delta q,\delta p$ 在这种选择下正则空间里沿正轨的 Hamilton 作用量有

$$I(\text{正轨})>I(\text{变轨}).$$

(2) 考虑本谐振子在(q,t)空间里的 Hamilton 原理. 假定正则空间的正轨对应着(q,t)空间里的正轨为 $q(t)$,根据(q,t)空间中 Hamilton 原理的特性,只要(t_0,t_1)足够短,$q(t)$正轨的作用量是极小值. 考虑如图 5.3 所示,在(q,t)空间中的变轨,满足端点条件

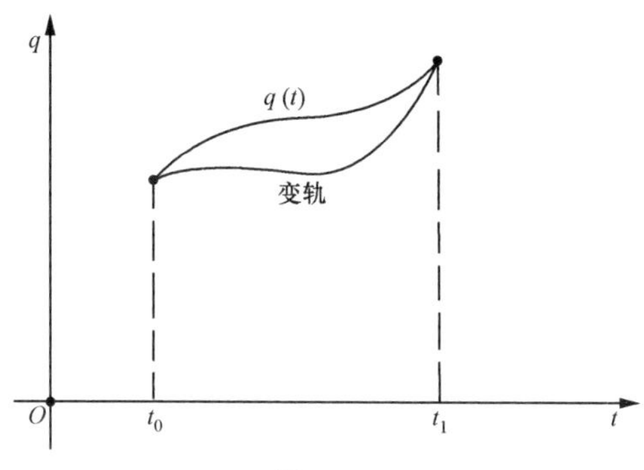

图 5.3

$$\delta q|_{t=t_0}=0,\quad \delta q|_{t=t_1}=0,$$
$$\delta\dot{q}|_{t=t_0}=0,\quad \delta\dot{q}|_{t=t_1}=0.$$

将上述正轨,变轨按 Legendre 变换 $p=\dfrac{\partial L}{\partial\dot{q}}$ 转化到(q,p,t) 空间里去,显然有

$$\delta q|_{t=t_0}=0,\quad \delta q|_{t=t_1}=0,$$
$$\delta p|_{t=t_0}=0,\quad \delta p|_{t=t_1}=0,$$

从而,此时映射出的在(q,p,t)空间里的正轨和变轨满足正则空间里的定端点条件,而且

$$I(\text{正轨})=\int_{t_0}^{t_1}\widetilde{L}|_{\text{正轨}}\mathrm{d}t=\int_{t_0}^{t_1}L|_{\text{正轨}}\mathrm{d}t,$$
$$I(\text{变轨})=\int_{t_0}^{t_1}\widetilde{L}|_{\text{变轨}}\mathrm{d}t=\int_{t_0}^{t_1}L|_{\text{变轨}}\mathrm{d}t.$$

根据(q,t)空间里 Hamilton 原理的性质,我们有

$$\int_{t_0}^{t_1} L|_{正轨}\mathrm{d}t \leqslant \int_{t_0}^{t_1} L|_{变轨}\mathrm{d}t.$$

从而

$$I(正轨) \leqslant I(变轨).$$

由此可见,在正则空间中,无论(t_0, t_1)多么短,I(正轨)都既非极大,也非极小.这一结果反映了(q,t)空间的 Hamilton 原理和(q,p,t)空间的 Hamilton 原理本质性的区别.

5.3.2　第二个正则性条件——Pfaff 型等价定理

Hamilton 正则方程组的通解,也就是全部相轨族,是依赖于 $2n$ 个独立任意常数的一组函数

$$\begin{cases} q_i = q_i(t, \gamma_1, \gamma_2, \cdots, \gamma_{2n}), \\ p_i = p_i(t, \gamma_1, \gamma_2, \cdots, \gamma_{2n}), \end{cases} \quad i = 1, 2, \cdots, n. \tag{3.10}$$

而且满足 Hamilton 正则方程,即有

$$\frac{\partial q_i}{\partial t} = \frac{\partial H}{\partial p_i}, \quad \frac{\partial p_i}{\partial t} = -\frac{\partial H}{\partial q_i}, \quad i = 1, 2, \cdots, n. \tag{3.11}$$

现在我们来证明一定理,此定理将函数组(3.10)满足正则方程的要求转化为满足一 Pfaff 型方程.

定理　依赖于时间 t 及 $2n$ 个任意常数 $\gamma_1, \gamma_2, \cdots, \gamma_{2n}$的函数组(3.10),而且有

$$\frac{\mathrm{D}(q_1, q_2, \cdots, q_n, p_1, p_2, \cdots, p_n)}{\mathrm{D}(\gamma_1, \gamma_2, \cdots, \gamma_{2n})} \neq 0. \tag{3.12}$$

这个函数组满足以 H 为 Hamilton 函数的正则方程组的充要条件是:当把(3.10)式代入

$$\sum_{i=1}^{n} p_i \mathrm{d}q_i - H(q_1, q_2, \cdots, q_n, p_1, p_2, \cdots, p_n, t)\mathrm{d}t,$$

并化为 $\mathrm{d}t, \mathrm{d}\gamma_1, \mathrm{d}\gamma_2, \cdots, \mathrm{d}\gamma_{2n}$的 Pfaff 型时,它应表达为一个全微分加上一个不含时间 t 的 Pfaff 型,即

$$\sum_{i=1}^{n} p_i \mathrm{d}q_i - H(q_1, q_2, \cdots, q_n, p_1, p_2, \cdots, p_n, t)\mathrm{d}t$$
$$= \mathrm{d}\psi + \sum_{s=1}^{2n} K_s(\gamma_1, \gamma_2, \cdots, \gamma_{2n})\mathrm{d}\gamma_s. \tag{3.13}$$

证明　首先证明必要性.此时假设函数组(3.10)满足正则方程,即(3.11)式成立.将此函数组代入

$$\sum_{i=1}^{n} p_i \mathrm{d}q_i - H\mathrm{d}t,$$

此 Pfaff 型称为 Poincaré-Cartan Pfaff 型.代入后化为 $\mathrm{d}t, \mathrm{d}\gamma_1, \mathrm{d}\gamma_2, \cdots, \mathrm{d}\gamma_{2n}$的 Pfaff 型,得

$$\sum_{i=1}^{n} p_i \mathrm{d}q_i - H\mathrm{d}t = U\mathrm{d}t + \sum_{s=1}^{2n} U_s \mathrm{d}\gamma_s. \tag{3.14}$$

显然有

$$U = \overline{\left(\sum_{i=1}^{n} p_i \frac{\partial q_i}{\partial t} - H\right)}, \tag{3.15}$$

$$U_s = \overline{\sum_{i=1}^{n} p_i \frac{\partial q_i}{\partial \gamma_s}}, \quad s = 1,2,\cdots,2n, \tag{3.16}$$

其中带上括号的表达式应化为 $t,\gamma_1,\gamma_2,\cdots,\gamma_{2n}$ 的表达式.

我们来证明有下列关系式成立：

$$\frac{\partial U}{\partial \gamma_s} = \frac{\partial U_s}{\partial t}, \quad s = 1,2,\cdots,2n, \tag{3.17}$$

这是因为

$$\begin{aligned}\frac{\partial U}{\partial \gamma_s} &= \frac{\partial}{\partial \gamma_s}\overline{\left(\sum_{i=1}^{n} p_i \frac{\partial q_i}{\partial t} - H\right)} \\ &= \sum_{i=1}^{n}\overline{\left(\frac{\partial p_i}{\partial \gamma_s}\frac{\partial q_i}{\partial t} + p_i \frac{\partial^2 q_i}{\partial t \partial \gamma_s} - \frac{\partial H}{\partial q_i}\frac{\partial q_i}{\partial \gamma_s} - \frac{\partial H}{\partial p_i}\frac{\partial p_i}{\partial \gamma_s}\right)}.\end{aligned}$$

注意到(3.11)式，从而有

$$\frac{\partial U}{\partial \gamma_s} = \sum_{i=1}^{n}\overline{\left(p_i \frac{\partial^2 q_i}{\partial t \partial \gamma_s} + \frac{\partial p_i}{\partial t}\frac{\partial q_i}{\partial \gamma_s}\right)} = \frac{\partial}{\partial t}\overline{\left(\sum_{i=1}^{n} p_i \frac{\partial q_i}{\partial \gamma_s}\right)} = \frac{\partial U_s}{\partial t},$$

作函数

$$\psi = \int U\mathrm{d}t = \psi(t,\gamma_1,\gamma_2,\cdots,\gamma_{2n}), \tag{3.18}$$

所以一定有

$$\frac{\partial \psi}{\partial t} = U. \tag{3.19}$$

利用(3.19)以及(3.17)两式，可以求出 U_s 和 ψ 之间的关系式

$$\frac{\partial U_s}{\partial t} = \frac{\partial U}{\partial \gamma_s} = \frac{\partial}{\partial \gamma_s}\left(\frac{\partial \psi}{\partial t}\right) = \frac{\partial}{\partial t}\left(\frac{\partial \psi}{\partial \gamma_s}\right).$$

对 t 积分之，从而有

$$U_s = \frac{\partial \psi}{\partial \gamma_s} + K_s(\gamma_1,\cdots,\gamma_{2n}), \quad s = 1,2,\cdots,2n. \tag{3.20}$$

这样，将已求得的 U,U_s 表达式代入 Poincaré-Cartan 型中，即有

$$\begin{aligned}\sum_{i=1}^{n} p_i \mathrm{d}q_i - H\mathrm{d}t &= U\mathrm{d}t + \sum_{s=1}^{2n} U_s \mathrm{d}\gamma_s \\ &= \frac{\partial \psi}{\partial t}\mathrm{d}t + \sum_{s=1}^{2n}\left(\frac{\partial \psi}{\partial \gamma_s} + K_s\right)\mathrm{d}\gamma_s\end{aligned}$$

$$= \left(\frac{\partial\psi}{\partial t}\mathrm{d}t + \sum_{s=1}^{2n}\frac{\partial\psi}{\partial\gamma_s}\mathrm{d}\gamma_s\right) + \sum_{s=1}^{2n}K_s\mathrm{d}\gamma_s$$

$$= \mathrm{d}\psi + \sum_{s=1}^{2n}K_s(\gamma_1,\gamma_2,\cdots,\gamma_{2n})\mathrm{d}\gamma_s.$$

必要性证毕. 下面证明充分性.

现在已知(3.10)函数组满足 Pfaff 等式(3.13). 将此 Pfaff 型对 $t,\gamma_1,\gamma_2,\cdots,\gamma_{2n}$ 展开,就有

$$\sum_{i=1}^{n}p_i\left(\frac{\partial q_i}{\partial t}\mathrm{d}t + \sum_{s=1}^{2n}\frac{\partial q_i}{\partial\gamma_s}\mathrm{d}\gamma_s\right) - H\mathrm{d}t$$

$$= \left(\frac{\partial\psi}{\partial t}\mathrm{d}t + \sum_{s=1}^{2n}\frac{\partial\psi}{\partial\gamma_s}\mathrm{d}\gamma_s\right) + \sum_{s=1}^{2n}K_s\mathrm{d}\gamma_s. \tag{3.21}$$

比较上式中 $\mathrm{d}t,\mathrm{d}\gamma_1,\mathrm{d}\gamma_2,\cdots,\mathrm{d}\gamma_{2n}$各独立微分项的系数,即得如下方程:

$$\sum_{i=1}^{n}p_i\frac{\partial q_i}{\partial t} - H = \frac{\partial\psi}{\partial t}, \tag{3.22}$$

$$\sum_{i=1}^{n}p_i\frac{\partial q_i}{\partial\gamma_s} = \frac{\partial\psi}{\partial\gamma_s} + K_s(\gamma_1,\gamma_2,\cdots,\gamma_{2n}). \tag{3.23}$$

注意到 K_s 不含时间 t,因此可以作如下关系式:

$$\frac{\partial}{\partial\gamma_s}\left(\sum_{i=1}^{n}p_i\frac{\partial q_i}{\partial t} - H\right) - \frac{\partial}{\partial t}\left(\sum_{i=1}^{n}p_i\frac{\partial q_i}{\partial\gamma_s}\right)$$

$$= \frac{\partial}{\partial\gamma_s}\left(\frac{\partial\psi}{\partial t}\right) - \frac{\partial}{\partial t}\left(\frac{\partial\psi}{\partial\gamma_s} + K_s\right)$$

$$= 0,\quad s = 1,2,\cdots,2n. \tag{3.24}$$

展开方程(3.24)的左边项,得

$$\sum_{i=1}^{n}\left[\frac{\partial q_i}{\partial\gamma_s}\left(\frac{\partial p_i}{\partial t} + \frac{\partial H}{\partial q_i}\right) + \frac{\partial p_i}{\partial\gamma_s}\left(\frac{\partial H}{\partial p_i} - \frac{\partial q_i}{\partial t}\right)\right] = 0,$$

$$s = 1,2,\cdots,2n. \tag{3.25}$$

(3.25)式一共有 $2n$ 个方程,而且系数行列式为

$$\frac{\mathrm{D}(q_1,q_2,\cdots q_n,p_1,p_2,\cdots,p_n)}{\mathrm{D}(\gamma_1,\gamma_2,\cdots,\gamma_{2n})} \neq 0,$$

从而得

$$\frac{\partial q_i}{\partial t} = \frac{\partial H}{\partial p_i},\quad \frac{\partial p_i}{\partial t} = -\frac{\partial H}{\partial q_i},\quad i = 1,2,\cdots,n.$$

这就是(3.11)式. 定理证毕. □

5.3.3　第三个正则性条件——Poincaré 积分不变量,Liouville 定理

积分不变量的理论是研究动力学系统运动性质的重要工具. 为了明了其意义,

我们先介绍某些一般概念，然后再来研究正则系统的积分不变量.

1. 状态变换与积分不变量的概念

考虑一个状态空间$(x_1,x_2,\cdots,x_m)$，自变量为时间t，状态方程为

$$\frac{\mathrm{d}x_i}{\mathrm{d}t}=X_i(x_1,x_2,\cdots,x_m,t),\quad i=1,2,\cdots,m. \tag{3.26}$$

假定$X_1,X_2,\cdots,X_m$满足某些相当一般性的条件，使得在我们所研究的区域内具有解的存在唯一性. 我们把状态方程所确定的解看成一个变换(也称之为"流")，就是把$t=0$时刻的起始状态点$\boldsymbol{x}^0=[x_1^0,x_2^0,\cdots,x_m^0]^{\mathrm{T}}$变换到$t$时刻的状态点$\boldsymbol{x}=[x_1,x_2,\cdots,x_m]^{\mathrm{T}}$，如图5.4所示. 显然，这个变换是依赖于单参数——时间t的. 我们记这个变换为D_t，并称之为由状态方程(3.26)所定义的**状态变换**. 现在我们不单单考虑$t=0$时刻的一个状态点，而考虑$t=0$时刻的一段曲线γ_0. 一般我们假定γ_0除有限个拐点外都具有连续转动的切线. 在状态变换D_t的作用下，上述曲线段γ_0变换到t时刻的另一段状态曲线γ，如图5.5所示.

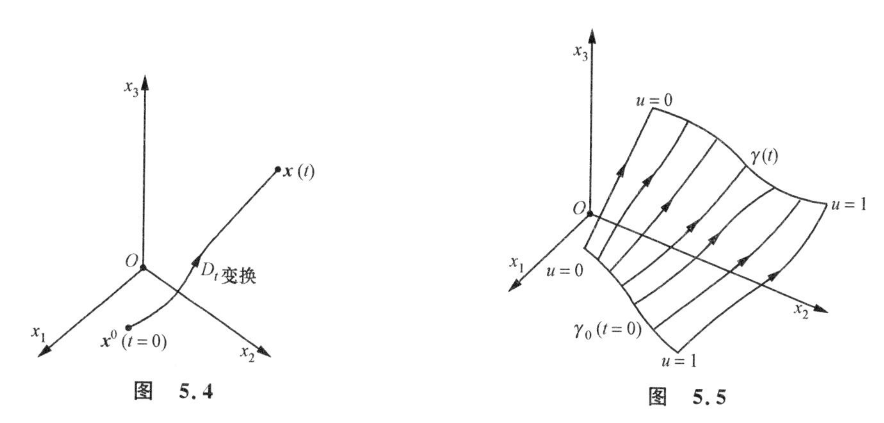

图 5.4　　　　图 5.5

为了描述这种一维状态曲线的变换，我们引入参数u，它是曲线γ的参数. 当点由曲线这一头变到另一头时，参数由0变到1，而且参数还如此选择：使得在不同时刻，同样u值的点都是同一轨道上的点. 这样，得到

$$x_i=x_i(u,t),\quad i=1,2,\cdots,m, \tag{3.27}$$

其中，对于固定t值，上述方程决定了曲线γ，并且当u从0变到1时，状态点由γ的一头变到另一头. 对于固定的u而言，上述方程就决定了轨道，因此它满足状态方程.

现在另引入一个向量场$\boldsymbol{F}$，它的分量式为

$$\boldsymbol{F}=[f_1,f_2,\cdots,f_m]^{\mathrm{T}}.$$

它在γ_0上(此时$t=0$)有定义，在γ上(此时t不等于零了)也有定义，故可分别作积分

$$I_0=\int_{\gamma_0}(f_1\mathrm{d}x_1+f_2\mathrm{d}x_2+\cdots+f_m\mathrm{d}x_m), \tag{3.28}$$

$$I=\int_{\gamma}(f_1\mathrm{d}x_1+f_2\mathrm{d}x_2+\cdots+f_m\mathrm{d}x_m). \tag{3.29}$$

引入定义如下：如果 $I=I_0$ 这个等式对所有任意选择的 γ_0 及任意时刻 t 都成立，那么它就是一个**绝对的线性积分不变量**. 如果 $I=I_0$ 这个等式只对封闭曲线成立，那么它就是一个**相对的线性积分不变量**.

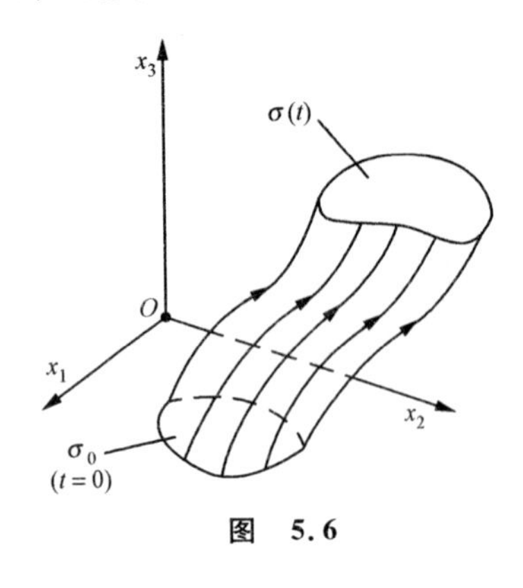

图 5.6

以上的积分不变量是线性的，也就是一阶的. 我们也可以类似地引进高阶积分不变量的概念. 以二阶为例：我们考虑 $t=0$ 时刻在状态空间中的一片二维区域 σ_0，在状态变换 D_t 作用下，它变换到 t 时刻的另一片二维区域 σ，如图 5.6 所示.

另引入一对称的二维阵

$$\boldsymbol{F}=\begin{bmatrix} f_{11} & f_{12} & \cdots & f_{1m} \\ f_{21} & f_{22} & \cdots & f_{2m} \\ \vdots & \vdots & & \vdots \\ f_{m1} & f_{m2} & \cdots & f_{mm} \end{bmatrix}, \tag{3.30}$$

分别作积分：在 $t=0$ 时刻，有

$$I_0=\iint\limits_{\sigma_0}\sum_{i,j}f_{ij}\mathrm{d}x_i\mathrm{d}x_j; \tag{3.31}$$

在 t 时刻，有

$$I=\iint\limits_{\sigma}\sum_{i,j}f_{ij}\mathrm{d}x_i\mathrm{d}x_j. \tag{3.32}$$

如果 $I=I_0$ 这个等式对任意选择的 σ_0 及所有时刻都成立，那它是一个绝对的二阶积分不变量；如果 $I=I_0$ 这个等式只对封闭曲面 σ_0 才成立，则它是一个相对的二阶积分不变量.

m 维状态空间的 m 阶积分不变量往往有重要意义. 此时考虑 $t=0$ 时刻状态空间的一个 m 维区域 τ_0，在状态变换 D_t 作用下，变到 t 时刻的另一 m 维区域 τ. 另外引入一个 $m+1$ 元的函数

$$M(t,x_1,x_2,\cdots,x_m), \tag{3.33}$$

作积分：在 $t=0$ 时刻，有

$$I_0=\int\limits_{\tau_0}\cdots\int M(0,x_1,x_2,\cdots,x_m)\mathrm{d}x_1\mathrm{d}x_2\cdots\mathrm{d}x_m; \tag{3.34}$$

在 t 时刻，有

$$I=\int\limits_{\tau}\cdots\int M(t,x_1,x_2,\cdots,x_m)\mathrm{d}x_1\mathrm{d}x_2\cdots\mathrm{d}x_m. \tag{3.35}$$

由此即可同样地定义出 m 阶积分不变量的概念.

2. 线性积分不变量的条件

现在仅考虑线性积分不变量的问题. 如上段中所述,在引进参数 u 之后,可以将 I 表达为

$$I = \int_{\gamma} \sum_{i=1}^{m} f_i \mathrm{d}x_i = \int_0^1 \Big(\sum_{i=1}^{m} f_i \frac{\partial x_i}{\partial u} \Big) \mathrm{d}u. \tag{3.36}$$

注意到 u 参数是等时的,而且(3.27)各函数对固定的 u 来说满足状态方程,即可计算 I 随时间的变化率

$$\begin{aligned}
\frac{\mathrm{d}I}{\mathrm{d}t} &= \frac{\mathrm{d}}{\mathrm{d}t}\int_0^1 \Big(\sum_{i=1}^{m} f_i \frac{\partial x_i}{\partial u} \Big) \mathrm{d}u = \int_0^1 \frac{\mathrm{d}}{\mathrm{d}t} \Big(\sum_{i=1}^{m} f_i \frac{\partial x_i}{\partial u} \Big) \mathrm{d}u \\
&= \int_0^1 \sum_{i=1}^{m} \Big[\Big(\frac{\partial f_i}{\partial t} + \sum_{j=1}^{m} \frac{\partial f_i}{\partial x_j} \dot{x}_j \Big) \frac{\partial x_i}{\partial u} + f_i \frac{\mathrm{d}}{\mathrm{d}t} \Big(\frac{\partial x_i}{\partial u} \Big) \Big] \mathrm{d}u \\
&= \int_0^1 \sum_{i=1}^{m} \Big[\frac{\partial f_i}{\partial t} \frac{\partial x_i}{\partial u} + \sum_{j=1}^{m} \frac{\partial f_i}{\partial x_j} X_j \frac{\partial x_i}{\partial u} + f_i \frac{\partial X_i}{\partial u} \Big] \mathrm{d}u \\
&= \int_0^1 \sum_{i=1}^{m} \Big[\frac{\partial f_i}{\partial t} + \sum_{j=1}^{m} \frac{\partial f_i}{\partial x_j} X_j + \sum_{j=1}^{m} f_j \frac{\partial X_j}{\partial x_i} \Big] \frac{\partial x_i}{\partial u} \mathrm{d}u \\
&= \int_{\gamma} \sum_{i=1}^{m} \Big[\frac{\partial f_i}{\partial t} + \sum_{j=1}^{m} \Big(\frac{\partial f_i}{\partial x_j} - \frac{\partial f_j}{\partial x_i} \Big) X_j + \sum_{j=1}^{m} \frac{\partial}{\partial x_i} (f_j X_j) \Big] \mathrm{d}x_i \\
&= \sum_{j=1}^{m} f_j X_j \Big|_{u=0}^{u=1} + \int_{\gamma} \sum_{i=1}^{m} R_i \mathrm{d}x_i,
\end{aligned} \tag{3.37}$$

其中

$$R_i = \sum_{j=1}^{m} \Big(\frac{\partial f_i}{\partial x_j} - \frac{\partial f_j}{\partial x_i} \Big) X_j + \frac{\partial f_i}{\partial t}. \tag{3.38}$$

由此可见,I 是一个绝对线性积分不变量的充要条件是:对任意选择的 γ 都有

$$\sum_{j=1}^{m} f_j X_j \Big|_{u=0}^{u=1} + \int_{\gamma} \sum_{i=1}^{m} R_i \mathrm{d}x_i = 0. \tag{3.39}$$

对于相对的线性积分不变量,上述条件简化为:对任意选择的封闭曲线 γ 都有

$$\oint_{\gamma} \sum_{i=1}^{m} R_i \mathrm{d}x_i = 0. \tag{3.40}$$

如果向量场 $\boldsymbol{F}$ 是定常的,即有

$$\frac{\partial f_i}{\partial t} = 0, \quad i = 1,2,\cdots,m,$$

那么 I 是相对线性积分不变量的条件为

$$\oint_{\gamma} \sum_{i=1}^{m} \sum_{j=1}^{m} \Big(\frac{\partial f_i}{\partial x_j} - \frac{\partial f_j}{\partial x_i} \Big) X_j \mathrm{d}x_i = 0 \tag{3.41}$$

3. Poincaré 线性积分不变量

现在我们回到 Hamilton 正则方程上来. 我们要证明如下的定理：

定理　偶数个状态变量$(q_1,\cdots,q_n,p_1,\cdots,p_n)$，其状态方程记为

$$\begin{cases}\dfrac{\mathrm{d}q_i}{\mathrm{d}t}=Q_i(q_1,\cdots,q_n,p_1,\cdots,p_n,t),\\[2mm]\dfrac{\mathrm{d}p_i}{\mathrm{d}t}=P_i(q_1,\cdots q_n,p_1,\cdots,p_n,t),\end{cases}\quad i=1,2,\cdots,n. \tag{3.42}$$

上述状态方程是 Hamilton 正则方程的充要条件是：有如下的相对线性积分不变量

$$I=\oint\sum_{i=1}^{n}p_i\mathrm{d}q_i. \tag{3.43}$$

这就是著名的 **Poincaré 线性积分不变量**.

证明　首先证明必要性. 如果状态方程是 Hamilton 正则方程，那么存在着 Hamilton 函数 $H(q_1,\cdots,q_n,p_1,\cdots,p_n,t)$，有

$$\frac{\mathrm{d}q_i}{\mathrm{d}t}=Q_i=\frac{\partial H}{\partial p_i},\quad \frac{\mathrm{d}p_i}{\mathrm{d}t}=P_i=-\frac{\partial H}{\partial q_i},\quad i=1,2,\cdots,n. \tag{3.44}$$

为了应用前面的结果，我们现在归入相应论述的形式. 此时有 $m=2n$，并有

$$\begin{cases}[x_1,\cdots,x_n,x_{n+1},\cdots,x_m]^{\mathrm{T}}=[q_1,\cdots,q_n,p_1,\cdots,p_n]^{\mathrm{T}},\\[2mm][X_1,\cdots,X_n,X_{n+1},\cdots,X_m]^{\mathrm{T}}=\left[\dfrac{\partial H}{\partial p_1},\cdots,\dfrac{\partial H}{\partial p_n},-\dfrac{\partial H}{\partial q_1},\cdots,-\dfrac{\partial H}{\partial q_n}\right]^{\mathrm{T}},\\[2mm][f_1,\cdots,f_n,f_{n+1},\cdots,f_m]^{\mathrm{T}}=[p_1,\cdots,p_n,0,\cdots,0]^{\mathrm{T}}.\end{cases} \tag{3.45}$$

注意到 $\partial f_i/\partial t=0, i=1,2,\cdots,m$，因此检验(3.43)的线积分是不是相对积分不变量可以应用条件(3.41). 此时有

$$R_i=\sum_{j=1}^{m}\left(\frac{\partial f_i}{\partial x_j}-\frac{\partial f_j}{\partial x_i}\right)X_j=-\frac{\partial H}{\partial q_i},\quad i=1,2,\cdots,n; \tag{3.46}$$

$$R_{n+i}=\sum_{j=1}^{m}\left(\frac{\partial f_{n+i}}{\partial x_j}-\frac{\partial f_j}{\partial x_{n+i}}\right)X_j=-\frac{\partial H}{\partial p_i},\quad i=1,2,\cdots,n. \tag{3.47}$$

从而

$$\sum_{i=1}^{m}R_i\mathrm{d}x_i=\sum_{i=1}^{n}\left(-\frac{\partial H}{\partial q_i}\mathrm{d}q_i-\frac{\partial H}{\partial p_i}\mathrm{d}p_i\right)=-\mathrm{d}_sH, \tag{3.48}$$

其中 d_s 代表状态空间微分，时间变量不变.

根据(3.48)式，立即得到，对任意选择的封闭曲线 γ，总有

$$\oint_\gamma\sum_{i=1}^{m}R_i\mathrm{d}x_i=\oint_\gamma(-\mathrm{d}_sH)=0. \tag{3.49}$$

根据 2 中的线性积分不变量的条件，这就证实了

$$I=\oint_\gamma\sum_{i=1}^{n}p_i\mathrm{d}q_i$$

是 Hamilton 系统的相对积分不变量. 注意到 Poincaré 积分不变量的表达式与系统的 Hamilton 函数无关,因此它对任何同阶的 Hamilton 系统全适用. 由此它被称之为 **Hamilton 系统的通用相对线性积分不变量**. 不仅如此,可以证明,Hamilton 正则系统的任一通用相对线性积分不变量都只可能和 Poincaré 积分不变量差一个常数因子. 这一结论被称之为**李华宗定理**[58].

以下证明 Poincaré 积分不变量(3.43)的存在是状态方程正则性的充分条件. 对封闭曲线 γ 引入参数 u,如 2 中所述. 此时 Poincaré 积分 I 可表达为

$$I=\int_0^1\Big(\sum_{i=1}^n p_i\frac{\partial q_i}{\partial u}\Big)\mathrm{d}u.$$

试求

$$\frac{\mathrm{d}I}{\mathrm{d}t}=\frac{\mathrm{d}}{\mathrm{d}t}\int_0^1\Big(\sum_{i=1}^n p_i\frac{\partial q_i}{\partial u}\Big)\mathrm{d}u=\int_0^1\sum_{i=1}^n\Big(\dot{p}_i\frac{\partial q_i}{\partial u}+p_i\frac{\partial \dot{q}_i}{\partial u}\Big)\mathrm{d}u$$

$$=\int_0^1\sum_{i=1}^n\Big[\dot{p}_i\frac{\partial q_i}{\partial u}+\frac{\partial}{\partial u}(p_i\dot{q}_i)-\dot{q}_i\frac{\partial p_i}{\partial u}\Big]\mathrm{d}u.$$

注意到

$$\int_0^1\sum_{i=1}^n\Big[\frac{\partial}{\partial u}(p_i\dot{q}_i)\Big]\mathrm{d}u=\int_0^1\frac{\partial}{\partial u}\Big(\sum_{i=1}^n p_i\dot{q}_i\Big)\mathrm{d}u=0. \tag{3.50}$$

因此由 I 是相对积分不变量可立即得到

$$\oint_\gamma\sum_{i=1}^n(\dot{p}_i\mathrm{d}q_i-\dot{q}_i\mathrm{d}p_i)=0. \tag{3.51}$$

只是要注意,这里的 $\mathrm{d}q_i,\mathrm{d}p_i$ 都是沿 γ 的微分,因而是等时的. 鉴于 γ 是任意的封闭曲线,所以由(3.51)式可以断定

$$\sum_{i=1}^n(\dot{p}_i\mathrm{d}q_i-\dot{q}_i\mathrm{d}p_i)$$

是一等时的状态空间全微分,亦即存在函数 $H(q_1,\cdots,q_n,p_1,\cdots,p_n,t)$ 使

$$\sum_{i=1}^n(\dot{p}_i\mathrm{d}q_i-\dot{q}_i\mathrm{d}p_i)=-\mathrm{d}_sH=-\sum_{i=1}^n\Big(\frac{\partial H}{\partial q_i}\mathrm{d}q_i+\frac{\partial H}{\partial p_i}\mathrm{d}p_i\Big). \tag{3.52}$$

由(3.52)式来比较各独立微分项,得

$$\dot{q}_i=\frac{\partial H}{\partial p_i},\quad \dot{p}_i=-\frac{\partial H}{\partial q_i},\quad i=1,2,\cdots,n.$$

这就是 Hamilton 正则方程. 定理证毕. □

4. Poincaré 积分不变量的二阶形式

高维空间闭曲线上的线积分可以化为该曲线所围曲面上的曲面积分,即 Stokes 公式[9,10]

$$\oint_c f_1\mathrm{d}x_1+\cdots+f_m\mathrm{d}x_m=\iint_\sigma\sum_{s<r}\Big(\frac{\partial f_r}{\partial x_s}-\frac{\partial f_s}{\partial x_r}\Big)\mathrm{d}x_r\mathrm{d}x_s. \tag{3.53}$$

将此公式应用于 Poincaré 线积分上，有

$$I=\oint_{c}\sum_{i=1}^{n}p_{i}\mathrm{d}q_{i}=\oint_{c}(p_{1}\mathrm{d}q_{1}+\cdots+p_{n}\mathrm{d}q_{n}+0\mathrm{d}p_{1}+\cdots+0\mathrm{d}p_{n})$$

$$=\iint_{\sigma}(\mathrm{d}q_{1}\mathrm{d}p_{1}+\mathrm{d}q_{2}\mathrm{d}p_{2}+\cdots+\mathrm{d}q_{n}\mathrm{d}p_{n}),\tag{3.54}$$

其中 σ 是封闭曲线 c 所张的任一曲面.

根据 Poincaré 线积分对正则方程状态变换的不变性，可知

$$\iint_{\sigma}\sum_{i=1}^{n}\mathrm{d}q_{i}\mathrm{d}p_{i}.$$

对正则方程状态变换来说也是不变的. 由于 σ 是任一片二维曲面，从定义可知

$$\iint_{\sigma}\sum_{i=1}^{n}\mathrm{d}q_{i}\mathrm{d}p_{i}$$

是正则方程状态变换的一个二阶绝对积分不变量. 我们称之为 **Poincaré 积分不变量的二阶形式.**

5. Poincaré 积分不变量的扩充——Poincaré-Cartan 积分不变量

为了扩充 Poincaré 线性积分不变量，我们首先做一个改变：不像前面那样，在相空间里去理解积分不变量的含义，改为在增广相空间里来讨论 Poincaré 线性积分不变量的几何含义. 在增广相空间里，Hamilton 正则方程组也有相轨族. 考虑 $t=t_0$ 时刻的封闭曲线 c_0，由它上面的相点出发的相轨迹构成了一个"相轨管"，或称为"流管". 在 $t=t_1$ 时刻，曲线 c_0 随着相轨变成另一封闭曲线 c_1，它是 $t=t_1$ 平面横截流管形成的截口曲线. 上述情况如图 5.7 所示.

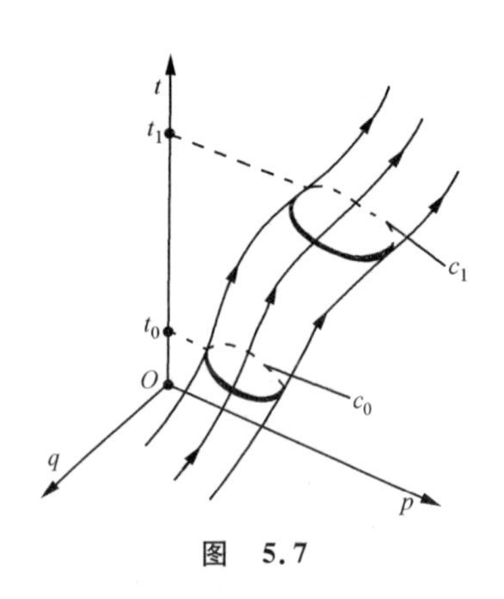

图　5.7

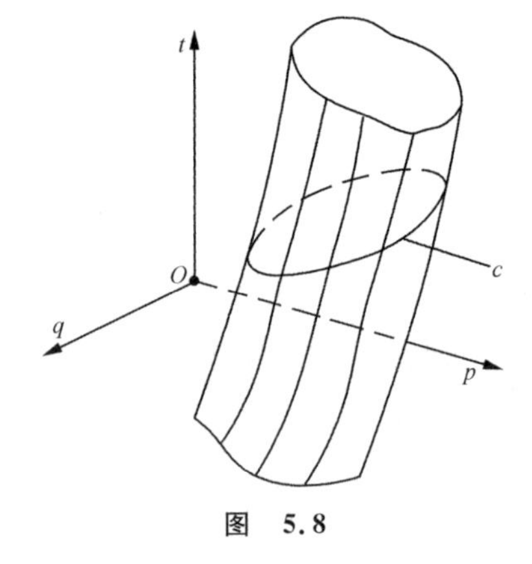

图　5.8

按上述意义，所谓 Poincaré 线性积分的不变性就是指绕 c_0 的 Poincaré 积分等于绕 c_1 的 Poincaré 积分，即

$$\oint_{c_0}\sum_{i=1}^{n}p_i\mathrm{d}q_i=\oint_{c_1}\sum_{i=1}^{n}p_i\mathrm{d}q_i.$$

注意到它的特点：每个积分都是环绕 $t=\text{const.}$ 平面和流管形成的截口曲线. 以下我们来推广 Poincaré 积分不变量. 考虑环绕流管的任一封闭曲线 c，它可以不在 $t=\text{const.}$ 平面上，如图 5.8 所示. 沿此闭曲线作 Poincaré-Cartan 积分

$$J=\oint_c\left(\sum_{i=1}^{n}p_i\mathrm{d}q_i-H\mathrm{d}t\right). \tag{3.55}$$

应该注意到，这个曲线积分的微分形式部分正是 Poincaré-Cartan Pfaff 型. 我们来证明：一个流管的任一环绕曲线的 Poincaré-Cartan 积分都相等.

证明 正则方程的通解为

$$\begin{cases}q_i=q_i(t,\gamma_1,\gamma_2,\cdots,\gamma_{2n}),\\ p_i=p_i(t,\gamma_1,\gamma_2,\cdots,\gamma_{2n}),\end{cases} \tag{3.56}$$

其中 $\gamma_1,\gamma_2,\cdots,\gamma_{2n}$对于每一根相轨来说都是常数.

利用通解表达式(3.56)，将 Poincaré-Cartan 积分变换成 $t,\gamma_1,\gamma_2,\cdots,\gamma_{2n}$空间的积分，根据 Pfaff 型等价定理，我们有

$$\begin{aligned}J&=\oint_c\left(\sum_{i=1}^{n}p_i\mathrm{d}q_i-H\mathrm{d}t\right)=\oint_{\bar c}\left(\mathrm{d}\psi+\sum_{s=1}^{2n}K_s\mathrm{d}\gamma_s\right)\\&=\oint_{\bar c}\mathrm{d}\psi+\oint_{\bar c}\sum_{s=1}^{2n}K_s(\gamma_1,\gamma_2,\cdots,\gamma_{2n})\mathrm{d}\gamma_s.\end{aligned}$$

$\bar c$ 显然是封闭的，因此

$$\oint_{\bar c}\mathrm{d}\psi=0.$$

而

$$\oint_{\bar c}\sum_{s=1}^{2n}K_s(\gamma_1,\gamma_2,\cdots,\gamma_{2n})\mathrm{d}\gamma_s$$

对一个流管来说是常值，与 c 的选择无关. 从而证实了我们的论断. □

按上述意义的不变量

$$J=\oint_c\left(\sum_{i=1}^{n}p_i\mathrm{d}q_i-H\mathrm{d}t\right)$$

称为 **Poincaré-Cartan 积分不变量**. 很明显，它的不变性同样是 $q_1,\cdots,q_n,p_1,\cdots,p_n$ 为正则变量的充要条件.

6. m 阶积分不变量的条件，Liouville 定理

Hamilton 正则方程所决定的相空间状态变换还有一个重要性质：保持相体积不变. 这实际上是正则方程的一个 $2n$ 阶的积分不变量，表达式为

$$\frac{\mathrm{d}I}{\mathrm{d}t}=\frac{\mathrm{d}}{\mathrm{d}t}\int\cdots\int_{\tau}\mathrm{d}q_1\mathrm{d}p_1\cdots\mathrm{d}q_n\mathrm{d}p_n=0. \tag{3.57}$$

这就是 **Liouville 定理**. 为证明此定理,我们先证明两个一般性的引理.

引理　考虑状态方程

$$\frac{\mathrm{d}x_i}{\mathrm{d}t} = X_i(x_1, x_2, \cdots, x_m, t), \quad i = 1, 2, \cdots, m. \tag{3.58}$$

它的通解为

$$x_i = x_i(t, \alpha_1, \alpha_2, \cdots, \alpha_m), \quad i = 1, 2, \cdots, m, \tag{3.59}$$

其中 $\alpha_1, \alpha_2, \cdots, \alpha_m$ 为积分常数. 对每一个运动来说,$\alpha_1, \alpha_2, \cdots, \alpha_m$ 不变化,与时间无关. 按(3.59)式作状态变量对 $\alpha_1, \alpha_2, \cdots, \alpha_m$ 的 Jacobi 行列式

$$J = \frac{\mathrm{D}(x_1, x_2, \cdots, x_m)}{\mathrm{D}(\alpha_1, \alpha_2, \cdots, \alpha_m)}, \tag{3.60}$$

那么一定有

$$\frac{\mathrm{d}J}{\mathrm{d}t} = J\left[\frac{\partial X_1}{\partial x_1} + \frac{\partial X_2}{\partial x_2} + \cdots + \frac{\partial X_m}{\partial x_m}\right]. \tag{3.61}$$

证明　$\mathrm{d}J/\mathrm{d}t$ 是 Jacobi 行列式(3.60)对时间求导数,它可以表达为 m 个行列式之和,每个行列式是按次序地将其一列对时间求导数,其他列不动. 其中第一个行列式为

$$\frac{\mathrm{D}(\dot{x}_1, x_2, \cdots, x_m)}{\mathrm{D}(\alpha_1, \alpha_2, \cdots, \alpha_m)} = \frac{\mathrm{D}(X_1, x_2, \cdots, x_m)}{\mathrm{D}(\alpha_1, \alpha_2, \cdots, \alpha_m)} = \frac{\partial X_1}{\partial x_1}J.$$

同理,也可以得其他的行列式. 加起来之后,有

$$\frac{\mathrm{d}J}{\mathrm{d}t} = J\left[\frac{\partial X_1}{\partial x_1} + \frac{\partial X_2}{\partial x_2} + \cdots + \frac{\partial X_m}{\partial x_m}\right].$$ □

引理　对状态方程(3.58)所决定的状态变换来说,m 阶积分

$$I = \int\cdots\int_{\tau} M \mathrm{d}x_1 \mathrm{d}x_2 \cdots \mathrm{d}x_m \tag{3.62}$$

是绝对积分不变量的充要条件是: M 函数满足

$$\frac{\partial M}{\partial t} + \frac{\partial (MX_1)}{\partial x_1} + \frac{\partial (MX_2)}{\partial x_2} + \cdots + \frac{\partial (MX_m)}{\partial x_m} = 0. \tag{3.63}$$

证明　利用通解(3.59)先将 m 阶积分(3.62)变换到由积分常数 $\alpha_1, \alpha_2, \cdots, \alpha_m$ 构成的空间中,即

$$I = \int\cdots\int_{\tau} M \mathrm{d}x_1 \mathrm{d}x_2 \cdots \mathrm{d}x_m = \int\cdots\int_{\tau^0} MJ\, \mathrm{d}\alpha_1 \mathrm{d}\alpha_2 \cdots \mathrm{d}\alpha_m.$$

此时,积分区域 τ^0 就不随时间而变化了,于是

$$\begin{aligned}\frac{\mathrm{d}I}{\mathrm{d}t} &= \frac{\mathrm{d}}{\mathrm{d}t}\int\cdots\int_{\tau^0} MJ\, \mathrm{d}\alpha_1 \mathrm{d}\alpha_2 \cdots \mathrm{d}\alpha_m = \int\cdots\int_{\tau^0} \frac{\mathrm{d}}{\mathrm{d}t}(MJ)\, \mathrm{d}\alpha_1 \mathrm{d}\alpha_2 \cdots \mathrm{d}\alpha_m \\ &= \int\cdots\int_{\tau^0} \left(\frac{\mathrm{d}M}{\mathrm{d}t}J + M\frac{\mathrm{d}J}{\mathrm{d}t}\right) \mathrm{d}\alpha_1 \mathrm{d}\alpha_2 \cdots \mathrm{d}\alpha_m\end{aligned}$$

应用第一个引理的结果(3.61)式,得

$$\begin{aligned}\frac{\mathrm{d}I}{\mathrm{d}t}&=\int_{\tau^0}\cdots\int\left[\left(\frac{\partial M}{\partial t}+\sum_{r=1}^{m}\frac{\partial M}{\partial x_r}X_r\right)J\right.\\&\quad\left.+MJ\left(\frac{\partial X_1}{\partial x_1}+\frac{\partial X_2}{\partial x_2}+\cdots+\frac{\partial X_m}{\partial x_m}\right)\right]\mathrm{d}\alpha_1\mathrm{d}\alpha_2\cdots\mathrm{d}\alpha_m\\&=\int_{\tau^0}\cdots\int J\left[\frac{\partial M}{\partial t}+\frac{\partial(MX_1)}{\partial x_1}+\cdots+\frac{\partial(MX_m)}{\partial x_m}\right]\mathrm{d}\alpha_1\mathrm{d}\alpha_2\cdots\mathrm{d}\alpha_m.\end{aligned}\tag{3.64}$$

注意到积分常数的独立性以及 τ^0 的任意性,由(3.64)式即可断定,I 为绝对积分不变量的充要条件是

$$\frac{\partial M}{\partial t}+\frac{\partial(MX_1)}{\partial x_1}+\frac{\partial(MX_2)}{\partial x_2}+\cdots+\frac{\partial(MX_m)}{\partial x_m}=0.$$ □

将第二个引理的结果应用于 Hamilton 正则方程,此时可令

$$M\equiv 1,$$

于是(3.63)的判别条件为

$$\begin{aligned}&\frac{\partial X_1}{\partial x_1}+\frac{\partial X_2}{\partial x_2}+\cdots+\frac{\partial X_m}{\partial x_m}\\&\quad=\frac{\partial}{\partial q_1}\left(\frac{\partial H}{\partial p_1}\right)+\frac{\partial}{\partial p_1}\left(-\frac{\partial H}{\partial q_1}\right)+\frac{\partial}{\partial q_2}\left(\frac{\partial H}{\partial p_2}\right)+\frac{\partial}{\partial p_2}\left(-\frac{\partial H}{\partial q_2}\right)\\&\qquad+\cdots+\frac{\partial}{\partial q_n}\left(\frac{\partial H}{\partial p_n}\right)+\frac{\partial}{\partial p_n}\left(-\frac{\partial H}{\partial q_n}\right)=0.\end{aligned}$$

由此证实了 Liouville 定理的成立.

利用第二个引理,可以直接建立 Hamilton 系统 $2n$ 阶积分不变量的一般条件如下:

$$I=\int_{\tau}\cdots\int F(q_1,\cdots,q_n,p_1,\cdots p_n,t)\mathrm{d}q_1\cdots\mathrm{d}q_n\mathrm{d}p_1\cdots\mathrm{d}p_n$$

是 Hamilton 正则方程的绝对积分不变量的充要条件是:F 函数满足

$$\frac{\partial F}{\partial t}+(F,H)=0.$$

由此可见,F 函数等于常数,或者是 Hamilton 系统的一个第一积分.

Hamilton 力学关于正则方程相体积不变的 Liouville 定理在处理大量粒子统计行为(例如气体分子)的统计物理中非常重要,它是我们用相空间概念处理统计物理问题的基本根据[34].

§5.4 正则变换与接触变换

变换,是分析动力学研究问题的重要手段.对于 Hamilton 正则系统来说,我们

希望能在保持正则方程形式的前提下,通过变换来尽量地化简状态方程,使之成为可以积分或者是便于研究的形式.为达到此目的,正则变换与接触变换是重要的工具.本节就来研究这种变换的性质及其表达形式.

5.4.1 状态空间的变换,正则变换,接触变换

先讨论一个一般性的状态空间$(x_1,x_2,\cdots,x_m)$,自变量为时间t,状态方程为

$$\frac{\mathrm{d}x_i}{\mathrm{d}t}=X_i(x_1,x_2,\cdots,x_m,t),\quad i=1,2,\cdots,m. \tag{4.1}$$

我们考虑将状态空间$(x_1,x_2,\cdots,x_m)$变到另一个同维数的新的状态空间$(y_1,y_2,\cdots,y_m)$,它们之间通过相互一一的可逆变换来联系,即

$$y_i=y_i(x_1,x_2,\cdots,x_m,t),\quad i=1,2,\cdots,m. \tag{4.2}$$

为了保证可逆性,我们要求在所关心的区域内,有

$$\frac{\mathrm{D}(y_1,y_2,\cdots,y_m)}{\mathrm{D}(x_1,x_2,\cdots,x_m)}\neq 0. \tag{4.3}$$

通过状态空间的变换关系(4.2),我们不难得到系统在状态空间$(y_1,y_2,\cdots,y_m)$内的状态方程.由于变换的相互一一性质,我们研究新状态空间内的新状态方程,同样也可以完全地刻画系统的运动.

对于 Hamilton 正则系统的具体情况,系统的状态空间有其特点.以尚未经过进一步变换的自然情况而论,它的特点是:(1) 维数是偶数;(2) 一半状态变量是系统的广义坐标,记为$q_1,q_2,\cdots,q_n$;另一半是广义动量,记为$p_1,p_2,\cdots,p_n$;(3) 状态方程由一个动力学函数——Hamilton 函数$H(q_1,q_2,\cdots,q_n,p_1,p_2,\cdots,p_n,t)$所生成;(4) 状态方程具有耦对性,亦即有如下形式:

$$\begin{bmatrix}\dot{q}_1\\ \dot{q}_2\\ \vdots\\ \dot{q}_n\\ \dot{p}_1\\ \dot{p}_2\\ \vdots\\ \dot{p}_n\end{bmatrix}=\begin{bmatrix}\mathbf{0} & \boldsymbol{I}\\ -\boldsymbol{I} & \mathbf{0}\end{bmatrix}\begin{bmatrix}\partial H/\partial q_1\\ \partial H/\partial q_2\\ \vdots\\ \partial H/\partial q_n\\ \partial H/\partial p_1\\ \partial H/\partial p_2\\ \vdots\\ \partial H/\partial p_n\end{bmatrix}, \tag{4.4}$$

或者

$$\dot{\boldsymbol{x}}=\boldsymbol{Z}\boldsymbol{H}_x,$$

其中q_1和p_1,q_2和p_2,$\cdots$,q_n和p_n构成“正则共轭对”.

为了通过状态变换来化简正则系统，我们对上述状态空间作变换，即引入

$$\begin{cases} Q_i = Q_i(q_1, q_2, \cdots, q_n, p_1, p_2, \cdots, p_n, t), \\ P_i = P_i(q_1, q_2, \cdots, q_n, p_1, p_2, \cdots, p_n, t), \end{cases} \quad i = 1, 2, \cdots, n. \tag{4.5}$$

当然，我们要求这个变换是可逆的. 为了在足够广泛的范围内研究变换，同时又保留正则系统的基本性质，我们对变换后的状态空间就不再能完完全全地按上面自然的特征来要求了. 这时，我们要求新的状态空间保留如下性质：

(1) 维数仍然是偶数，与原来系统的状态空间一致.

(2) 状态变量仍然形成"正则共轭对"，记这些正则共轭对的变量为 Q_1, P_1; $Q_2, P_2; \cdots; Q_n, P_n$.

(3) 状态方程仍然是由一个 Hamilton 函数所生成. 记这个新 Hamilton 函数为 $\widetilde{H}(Q_1, \cdots, Q_n, P_1, \cdots, P_n, t)$. 此函数和原来系统的 Hamilton 函数可以不同.

(4) 状态方程仍然是耦对的，即

$$[\dot{Q}_1, \cdots, \dot{Q}_n, \dot{P}_1, \cdots, \dot{P}_n]^{\mathrm{T}} = Z\left[\frac{\partial \widetilde{H}}{\partial Q_1}, \cdots, \frac{\partial \widetilde{H}}{\partial Q_n}, \frac{\partial \widetilde{H}}{\partial P_1}, \cdots, \frac{\partial \widetilde{H}}{\partial P_n}\right]^{\mathrm{T}} \tag{4.6}$$

这样的状态空间和自然的相空间一样，仍然统称为系统的**正则状态空间**或**相空间**. 而满足如上要求的状态变换，我们称之为**正则变换**.

应该着重指明，这里对变换所提出的要求是针对状态变换本身而言的，它必须对同样阶数的所有的 Hamilton 系统都成立，而不应该依赖于 Hamilton 系统的具体选择. 换句话说，正则变换是通用的，而不是专用的. 把一个具体的 Hamilton 系统变成另一个 Hamilton 系统的变换并不一定是正则变换.

寻求正则变换的判别条件是很重要的. 在下一小节中我们将证明，一般性状态变换(4.5)成为正则变换，其充要条件是满足如下的 Pfaff 方程：

$$\sum_{i=1}^{n} P_i \mathrm{d}Q_i - k\sum_{i=1}^{n} p_i \mathrm{d}q_i = R\mathrm{d}t - \mathrm{d}W, \tag{4.7}$$

其中 k 是不等于零的任意常数，称为正则变换的**价**. 而 R 和 W 是任意的连续可微函数，其中 W 称为正则变换的**生成函数**或**母函数**.

在今后大多数问题的研究中，我们常可以把正则变换限制在较小的范围内. 此时，我们只考虑 $k=1$ 的正则变换，亦即所谓"单价正则变换". 我们把这种正则变换特称为**接触变换**. 此时，变换接触性的判别条件为

$$\sum_{i=1}^{n} P_i \mathrm{d}Q_i - \sum_{i=1}^{n} p_i \mathrm{d}q_i = R\mathrm{d}t - \mathrm{d}W. \tag{4.8}$$

我们称这个条件为**变换接触性的 Lie 条件**. 注意到函数 R 和 W 的任意性，可以想象到接触变换仍然是相当广泛的一大类. 在大多数问题的研究中，把变换限制在接触变换范围内会使得结果简单一些. 同时，这样做也不妨碍我们达到化简

Hamilton 系统的目标.

5.4.2 正则变换的判别条件

现在我们来证明主要的定理.

定理 状态变换(4.5)成为正则变换的充要条件是满足 Pfaff 方程(4.7),即

$$\sum_{i=1}^{n} P_i \mathrm{d}Q_i - k\sum_{i=1}^{n} p_i \mathrm{d}q_i = R\mathrm{d}t - \mathrm{d}W.$$

证明 首先证明条件(4.7)的充分性. 在新的增广状态空间($Q_1,\cdots,Q_n,P_1,\cdots,P_n,t$)内考虑任意一个 $t=t_1=\mathrm{const.}$ 的超平面. 在这个超平面上任取一个闭回路 c_1',作沿此闭回路的 Poincaré 线积分,即

$$I' = \oint_{c_1'} \sum_{i=1}^{n} P_i \mathrm{d}Q_i. \tag{4.9}$$

利用状态变换(4.5)将积分(4.9)变回到老增广状态空间($q_1,\cdots,q_n,p_1,\cdots,p_n,t$)内,显然有

$$I' = \oint_{c_1} \overbrace{\sum_{i=1}^{n} P_i \mathrm{d}Q_i}, \tag{4.10}$$

其中 c_1 是与 c_1' 相对应的闭回路,显然它仍然在 $t=t_1=\mathrm{const.}$ 的超平面之上. 而 $\overbrace{\sum_{i=1}^{n} P_i \mathrm{d}Q_i}$ 则代表 Pfaff 型 $\sum_{i=1}^{n} P_i \mathrm{d}Q_i$ 通过状态变换(4.5) 所变成的、用 $q_1,\cdots,q_n,p_1,\cdots,p_n,t$ 这些变量表示的微分型. 现已假定变换(4.5) 满足 Pfaff 方程(4.7),因此有

$$\begin{aligned} I' &= \oint_{c_1} \left(k\sum_{i=1}^{n} p_i \mathrm{d}q_i + R\mathrm{d}t - \mathrm{d}W\right) \\ &= k\oint_{c_1} \sum_{i=1}^{n} p_i \mathrm{d}q_i + \oint_{c_1} R\mathrm{d}t - \oint_{c_1} \mathrm{d}W. \end{aligned} \tag{4.11}$$

注意到 c_1 是 $t=t_1=\mathrm{const.}$ 超平面上的闭回路,因此有

$$\oint_{c_1} R\mathrm{d}t = 0,\quad \oint_{c_1} \mathrm{d}W = 0, \tag{4.12}$$

从而得到

$$I' = k\oint_{c_1} \sum_{i=1}^{n} p_i \mathrm{d}q_i = kI, \tag{4.13}$$

其中

$$I = \oint_{c_1} \sum_{i=1}^{n} p_i \mathrm{d}q_i.$$

它是老状态变量的 Poincaré 线积分. 由于老状态变量是正则变量,根据第三个正则

条件的定理，我们知道 I 是通用相对积分不变量. 这样从(4.13)式不难立即断定，在新状态空间内，Poincaré 线积分 I' 也是相对积分不变量. 利用 Poincaré 积分不变量作为正则性条件的充分性，可以断定$(Q_1,\cdots,Q_n,P_1,\cdots,P_n)$是正则状态空间. 这样证明了变换(4.5)是正则变换.

以下来证明判别条件(4.7)是正则变换的必要条件. 为此，在增广相空间$(q_1,\cdots,q_n,p_1,\cdots,p_n,t)$内考虑任意一条封闭回路 c，它在新的增广相空间$(Q_1,\cdots,Q_n,P_1,\cdots,P_n,t)$内有相应的封闭回路 $\tilde{c}$. 经过 c 和 $\tilde{c}$，它们分别在新老增广相空间内生成相应的流管. 再考虑任意的 $t=t_1=\text{const.}$ 超平面，它们分别与上述流管截出封闭回路 c_1 与 $\tilde{c}_1$. 根据增广相空间内的 Poincaré-Cartan 积分不变量性质，我们有

$$\oint_c\Big(\sum_{i=1}^n p_i\mathrm{d}q_i-H\mathrm{d}t\Big)=\oint_{c_1}\sum_{i=1}^n p_i\mathrm{d}q_i,\tag{4.14}$$

$$\oint_{\tilde{c}}\Big(\sum_{i=1}^n P_i\mathrm{d}Q_i-\widetilde{H}\mathrm{d}t\Big)=\oint_{\tilde{c}_1}\sum_{i=1}^n P_i\mathrm{d}Q_i.\tag{4.15}$$

现在考虑将 Poincaré 线积分

$$I'=\oint_{\tilde{c}_1}\sum_{i=1}^n P_i\mathrm{d}Q_i.$$

用变换(4.5)变到空间$(q_1,\cdots,q_n,p_1,\cdots,p_n,t)$内，显然有

$$I'=\oint_{c_1}\overline{\sum_{i=1}^n P_i\mathrm{d}Q_i}.$$

由于 I' 是新相空间内的通用相对线性积分不变量，所以

$$\oint_{c_1}\overline{\sum_{i=1}^n P_i\mathrm{d}Q_i}$$

也必然是老相空间内的通用相对线性积分不变量. 根据通用相对线性积分不变量的李华宗定理，我们知道一定有

$$I'=\oint_{c_1}\overline{\sum_{i=1}^n P_i\mathrm{d}Q_i}=k\oint_{c_1}\sum_{i=1}^n p_i\mathrm{d}q_i,\tag{4.16}$$

其中 k 是一个不等于零的常数. 综合(4.14)～(4.16)各式的结果，得

$$\oint_{\tilde{c}}\Big(\sum_{i=1}^n P_i\mathrm{d}Q_i-\widetilde{H}\mathrm{d}t\Big)=k\oint_c\Big(\sum_{i=1}^n p_i\mathrm{d}q_i-H\mathrm{d}t\Big).\tag{4.17}$$

将

$$\int_{\tilde{c}}\Big(\sum_{i=1}^n P_i\mathrm{d}Q_i-\widetilde{H}\mathrm{d}t\Big)$$

用变换(4.5)变到$(q_1,\cdots,q_n,p_1,\cdots,p_n,t)$空间内，有

$$\oint_c\Big[\overline{\Big(\sum_{i=1}^n P_i\mathrm{d}Q_i-\widetilde{H}\mathrm{d}t\Big)}-k\Big(\sum_{i=1}^n p_i\mathrm{d}q_i-H\mathrm{d}t\Big)\Big]=0.\tag{4.18}$$

由于 c 是 $(q_1,\cdots,q_n,p_1,\cdots,p_n,t)$ 空间内的任意一条封闭回路，所以从(4.18)式得

$$\overbrace{\left(\sum_{i=1}^{n}P_i\mathrm{d}Q_i-\widetilde{H}\mathrm{d}t\right)}-k\left(\sum_{i=1}^{n}p_i\mathrm{d}q_i-H\mathrm{d}t\right)=-\mathrm{d}W,$$

其中 W 是某一可微的函数. 再注意到微分形式的不变性，上述方程显然成为

$$\sum_{i=1}^{n}P_i\mathrm{d}Q_i-k\sum_{i=1}^{n}p_i\mathrm{d}q_i=(\widetilde{H}-kH)\mathrm{d}t-\mathrm{d}W. \tag{4.19}$$

等式(4.19)的成立证实了判别方程(4.7)是正则变换的必要条件，并且有

$$\widetilde{H}=kH+R. \tag{4.20}$$

定理证毕. □

如果我们仅仅考虑接触变换，那么从以上定理显然可以得出推论：

(1) 由于接触变换满足 Lie 条件，即

$$\sum_{i=1}^{n}P_i\mathrm{d}Q_i-\sum_{i=1}^{n}p_i\mathrm{d}q_i=R\mathrm{d}t-\mathrm{d}W,$$

所以它一定是正则变换，其价等于 1；

(2) 接触变换保持 Poincaré 线积分不变，即

$$\oint_{\tilde{c}_1}\sum_{i=1}^{n}P_i\mathrm{d}Q_i=\oint_{c_1}\sum_{i=1}^{n}p_i\mathrm{d}q_i,$$

其中 c_1 和 $\tilde{c}_1$ 是 $t=t_1=\mathrm{const.}$ 超平面上相应的任一封闭回路；

(3) 接触变换前后，系统的 Hamilton 函数关系为

$$\widetilde{H}=H+R.$$

实际上，保持 Poincaré 线积分不变也是变换接触性的充分条件. 这一点根据第三个正则性条件的充分性以及上面的定理不难得到证明. 注意到 Poincaré 线积分是沿着 $t=t_1=\mathrm{const.}$ 超平面上任一封闭回路来作的，因此其中的 $\mathrm{d}Q_i$ 和 $\mathrm{d}q_i$ 都是等时的变更. 由此可以得出结论：状态变换(4.5)是接触变换的充要条件可简化为

$$\sum_{i=1}^{n}P_i\delta Q_i-\sum_{i=1}^{n}p_i\delta q_i=-\delta W,$$

其中 δ 是等时变分. 这一简化条件常被用来作为判别已知变换(4.5)是否为接触变换的判据. 将已知变换(4.5)代入此简化条件，并展开为 $q_1,\cdots,q_n,p_1,\cdots,p_n$ 的微分形式，得

$$\sum_{i=1}^{n}\left(\sum_{j=1}^{n}P_j\frac{\partial Q_j}{\partial q_i}-p_i\right)\delta q_i+\sum_{i=1}^{n}\left(\sum_{j=1}^{n}P_j\frac{\partial Q_j}{\partial p_i}\right)\delta p_i=-\delta W.$$

为了判断此式能否成立，也就是要判断 W 函数存在与否，只要判别此式的左边微分形式是否为正则变量 $q_1,\cdots,q_n,p_1,\cdots,p_n$ 的全微分式即可.

5.4.3 接触变换的显式，生成函数

根据上一小节的论证，我们知道接触变换是联系 $2n$ 个老正则变量 $q_1,\cdots,q_n$，

$p_1,\cdots,p_n$ 与 $2n$ 个新正则变量 $Q_1,\cdots,Q_n,P_1,\cdots,P_n$ 之间的 $2n$ 个独立的变换关系式.因此,这前后总共 $4n$ 个变量之中,对于满足变换关系来说,一定有 $2n$ 个变量可以作为独立变量.在这 $4n$ 个变量中,选择哪 $2n$ 个作为独立变量,通常可以有多种方案.首先,按变换原来的含义,选择 $q_1,q_2,\cdots,q_n,p_1,p_2,\cdots,p_n$ 作为独立变量,或者选择 $Q_1,\cdots,Q_n,P_1,\cdots,P_n$ 作为独立变量一定是可以的.但是,并不是一定要如此选择,而且这种选择对于得到接触变换的显式来说也是不适用的.我们希望讨论独立变量的其他选择方式.在此,首先必须说明,对一个具体的接触变换来说,这种选择绝不是任意的.举例来看,恒等变换显然是一个接触变换:

$$Q_i = q_i,\quad P_i = p_i,\quad i = 1,2,\cdots,n. \tag{4.21}$$

很明显,对满足这个变换来说,不能选择 $q_1,\cdots,q_n,Q_1,\cdots,Q_n$ 这 $2n$ 个变量作为独立变量,也不能选择 $p_1,\cdots,p_n,P_1,\cdots,P_n$ 这 $2n$ 个变量作为独立变量.原因一是,它们对满足变换关系来说,不能独立变化,所以不是独立变量;二是,另外的 $2n$ 个变量也不能用它们表达出来.

再看另一个例子:

$$Q_i = p_i,\quad P_i = -q_i,\quad i = 1,2,\cdots,n. \tag{4.22}$$

这个变换也是接触变换(下面即将证明.读者亦可用上一小节的简化条件直接证明之).对这个变换来说,选择 $q_1,\cdots,q_n,Q_1,\cdots,Q_n$ 或者 $p_1,\cdots,p_n,P_1,\cdots,P_n$ 作为独立变量是完全可以的,但是选择 $q_1,\cdots,q_n,P_1,\cdots,P_n$ 或者 $p_1,\cdots,p_n,Q_1,\cdots,Q_n$ 作为独立变量却又是不行了.由此可见,究竟在这 $4n$ 个变量中哪 $2n$ 个变量可以作为独立变量,是要根据变换的情况来判定的.但是,以下我们反过来做:就是,在预先假定某 $2n$ 个变量可以作为变换的独立变量的前提下,来寻找这一类变换的明显表达式.

(1) 首先考虑某一类接触变换,它的 $4n$ 个变量中,$q_1,q_2,\cdots,q_n,Q_1,Q_2,\cdots,Q_n$ 可以作为 $2n$ 个独立变量.这种接触变换显然是存在的.实际上,对于变换式(4.5),只要有

$$\frac{\mathrm{D}(Q_1,Q_2,\cdots,Q_n)}{\mathrm{D}(p_1,p_2,\cdots,p_n)} \neq 0, \tag{4.23}$$

从(4.5)的前 n 个式可以解出

$$p_i = p_i(q_1,\cdots,q_n,Q_1,\cdots,Q_n,t),\quad i = 1,2,\cdots,n. \tag{4.24}$$

将(4.24)式代入原变换式,立即得以 $q_1,\cdots,q_n,Q_1,\cdots,Q_n$ 为独立自变量表达的关系式.这种变换有人称之为**自由的接触变换**.

既然 $q_1,\cdots,q_n,Q_1,\cdots,Q_n$ 可以作为独立变量,于是变换 Lie 条件中的 W 函数可以表达为 $W(q_1,\cdots,q_n,Q_1,\cdots,Q_n,t)$,从而这种接触变换所应满足的 Pfaff 关系式为

$$\sum_{i=1}^{n} P_i \mathrm{d}Q_i - \sum_{i=1}^{n} p_i \mathrm{d}q_i = R\mathrm{d}t - \mathrm{d}W(q_1,\cdots,q_n,Q_1,\cdots,Q_n,t)$$

$$= R\mathrm{d}t - \left(\frac{\partial W}{\partial t}\mathrm{d}t + \sum_{i=1}^{n} \frac{\partial W}{\partial q_i}\mathrm{d}q_i + \sum_{i=1}^{n} \frac{\partial W}{\partial Q_i}\mathrm{d}Q_i\right)$$

$$= \left(R - \frac{\partial W}{\partial t}\right)\mathrm{d}t - \sum_{i=1}^{n} \frac{\partial W}{\partial q_i}\mathrm{d}q_i - \sum_{i=1}^{n} \frac{\partial W}{\partial Q_i}\mathrm{d}Q_i. \tag{4.25}$$

由于 $q_1,\cdots,q_n,Q_1,\cdots,Q_n$ 是独立变量，因此 $\mathrm{d}q_1,\cdots,\mathrm{d}q_n,\mathrm{d}Q_1,\cdots,\mathrm{d}Q_n$ 以及 $\mathrm{d}t$ 都是独立的任意量. 因此，(4.25)的 Pfaff 关系式的成立等价于如下的一系列关系式

$$P_i = -\frac{\partial W}{\partial Q_i}, \quad p_i = \frac{\partial W}{\partial q_i}, \quad R = \frac{\partial W}{\partial t}, \quad i = 1,2,\cdots,n. \tag{4.26}$$

公式(4.26)就是由一个函数 $W(q_1,\cdots,q_n,Q_1,\cdots,Q_n,t)$ 所生成的接触变换关系式，其中前 $2n$ 个关系式给出了状态变换，最后一个式给出了新 Hamilton 函数增加的部分. 为了保证生成的变换是可逆的，还应该要求 W 函数满足如下条件：

$$\det\left[\frac{\partial^2 W}{\partial q_r \partial Q_s}\right] \neq 0. \tag{4.27}$$

函数 $W(q_1,\cdots,q_n,Q_1,\cdots,Q_n,t)$ 称为**第一类生成函数或者第一类母函数**.

(2) 考虑某一类接触变换，它的 $2n$ 个独立变量可以选作为 $p_1,\cdots,p_n,Q_1,\cdots,Q_n$. 此时，首先对接触变换的 Lie 条件可作如下变化：

注意到恒等式

$$\mathrm{d}(p_i q_i) = p_i \mathrm{d}q_i + q_i \mathrm{d}p_i. \tag{4.28}$$

于是 Lie 条件可以改写为

$$\sum_{i=1}^{n} P_i \mathrm{d}Q_i - \sum_{i=1}^{n} p_i \mathrm{d}q_i = \sum_{i=1}^{n} P_i \mathrm{d}Q_i - \sum_{i=1}^{n}[\mathrm{d}(p_i q_i) - q_i \mathrm{d}p_i] = R\mathrm{d}t - \mathrm{d}W,$$

亦即

$$\sum_{i=1}^{n} P_i \mathrm{d}Q_i + \sum_{i=1}^{n} q_i \mathrm{d}p_i = R\mathrm{d}t - \mathrm{d}\left(W - \sum_{i=1}^{n} p_i q_i\right). \tag{4.29}$$

由于 $2n$ 个独立变量是 $p_1,\cdots,p_n,Q_1,\cdots,Q_n$，因此我们记

$$\left(W - \sum_{i=1}^{n} p_i q_i\right)\Bigg|_{(p,Q)} = U_2(p_1,\cdots,p_n,Q_1,\cdots Q_n,t). \tag{4.30}$$

从而，Lie 条件成为

$$\sum_{i=1}^{n} P_i \mathrm{d}Q_i + \sum_{i=1}^{n} q_i \mathrm{d}p_i = R\mathrm{d}t - \mathrm{d}U_2. \tag{4.31}$$

根据 $\mathrm{d}p_1,\cdots,\mathrm{d}p_n,\mathrm{d}Q_1,\cdots,\mathrm{d}Q_n,\mathrm{d}t$ 的独立性，即知 Pfaff 方程(4.31)的成立等价于如下的一系列关系式：

$$q_i = -\frac{\partial U_2}{\partial p_i}, \quad P_i = -\frac{\partial U_2}{\partial Q_i}, \quad R = \frac{\partial U_2}{\partial t}, \quad i = 1,2,\cdots,n. \tag{4.32}$$

这就是用生成函数 $U_2(p_1,\cdots,p_n,Q_1,\cdots,Q_n,t)$ 表达出来的第二类接触变换，其中前 $2n$ 个关系式给出了状态空间变换公式，最后一个式子给出新 Hamilton 函数增加的部分. 为了保证变换的可逆性，要求生成函数 U_2 满足条件

$$\det\left[\frac{\partial^2 U_2}{\partial p_r \partial Q_s}\right] \neq 0. \tag{4.33}$$

函数 $U_2(p_1,\cdots,p_n,Q_1,\cdots,Q_n,t)$ 称为**第二类生成函数**或者**第二类母函数**.

(3) 考虑另一类接触变换，它的 $2n$ 个独立变量可以选为

$$(q_1,\cdots,q_n,P_1,\cdots,P_n).$$

此时，对接触变换的 Lie 条件作如下变化：

注意到恒等式

$$\mathrm{d}(P_iQ_i) = P_i\mathrm{d}Q_i + Q_i\mathrm{d}P_i, \tag{4.34}$$

所以 Lie 条件为

$$\begin{aligned}\sum_{i=1}^{n} P_i\mathrm{d}Q_i - \sum_{i=1}^{n} p_i\mathrm{d}q_i &= \mathrm{d}\Big(\sum_{i=1}^{n} P_iQ_i\Big) - \sum_{i=1}^{n} Q_i\mathrm{d}P_i - \sum_{i=1}^{n} p_i\mathrm{d}q_i \\ &= R\mathrm{d}t - \mathrm{d}W,\end{aligned}$$

亦即

$$-\sum_{i=1}^{n} Q_i\mathrm{d}P_i - \sum_{i=1}^{n} p_i\mathrm{d}q_i = R\mathrm{d}t - \mathrm{d}\Big(W + \sum_{i=1}^{n} P_iQ_i\Big). \tag{4.35}$$

用独立变量来表达如下函数，有

$$\Big(W + \sum_{i=1}^{n} P_iQ_i\Big)\Big|_{(q,P)} = U_3(q_1,\cdots,q_n,P_1,\cdots,P_n,t). \tag{4.36}$$

根据 $\mathrm{d}q_1,\cdots,\mathrm{d}q_n,\mathrm{d}P_1,\cdots,\mathrm{d}P_n,\mathrm{d}t$ 的独立性，即知 Lie 条件(4.35)的成立等价于如下的变换关系式

$$p_i = \frac{\partial U_3}{\partial q_i},\quad Q_i = \frac{\partial U_3}{\partial P_i},\quad R = \frac{\partial U_3}{\partial t},\quad i = 1,2,\cdots,n. \tag{4.37}$$

这就是用 $U_3(q_1,\cdots,q_n,P_1,\cdots,P_n,t)$ 表达出的第三类接触变换. 为了保证变换的可逆性，要求 U_3 满足条件

$$\det\left[\frac{\partial^2 U_3}{\partial q_r \partial P_s}\right] \neq 0, \tag{4.38}$$

其中函数 $U_3(q_1,\cdots,q_n,P_1,\cdots,P_n,t)$ 称为**第三类生成函数**或者**第三类母函数**.

(4) 当某一类接触变换的 $2n$ 个独立变数可以选为 $(p_1,\cdots,p_n,P_1,\cdots,P_n)$ 时，接触变换的 Lie 条件可以作如下转换：

注意到恒等式

$$\mathrm{d}(p_iq_i) = p_i\mathrm{d}q_i + q_i\mathrm{d}p_i,\quad \mathrm{d}(P_iQ_i) = P_i\mathrm{d}Q_i + Q_i\mathrm{d}P_i.$$

从而

$$\sum_{i=1}^{n}P_i\mathrm{d}Q_i-\sum_{i=1}^{n}p_i\mathrm{d}q_i=\sum_{i=1}^{n}[\mathrm{d}(P_iQ_i)-Q_i\mathrm{d}P_i]-\sum_{i=1}^{n}[\mathrm{d}(p_iq_i)-q_i\mathrm{d}p_i]$$
$$=\sum_{i=1}^{n}q_i\mathrm{d}p_i-\sum_{i=1}^{n}Q_i\mathrm{d}P_i+\mathrm{d}\sum_{i=1}^{n}(P_iQ_i-p_iq_i)$$
$$=R\mathrm{d}t-\mathrm{d}W.$$

于是得到 Lie 条件为

$$\sum_{i=1}^{n}q_i\mathrm{d}p_i-\sum_{i=1}^{n}Q_i\mathrm{d}P_i=R\mathrm{d}t-\mathrm{d}\left[W+\sum_{i=1}^{n}(P_iQ_i-p_iq_i)\right]. \tag{4.39}$$

用独立变量来表达生成函数，即

$$\left[W+\sum_{i=1}^{n}(P_iQ_i-p_iq_i)\right]\Bigg|_{(p,P)}=U_4(p_1,\cdots,p_n,P_1,\cdots,P_n,t). \tag{4.40}$$

根据 $\mathrm{d}p_1,\cdots,\mathrm{d}p_n,\mathrm{d}P_1,\cdots,\mathrm{d}P_n,\mathrm{d}t$ 的独立性，即知 Lie 条件(4.39)的成立等价于如下的变换关系式

$$q_i=-\frac{\partial U_4}{\partial p_i},\quad Q_i=\frac{\partial U_4}{\partial P_i},\quad R=\frac{\partial U_4}{\partial t},\quad i=1,2,\cdots,n. \tag{4.41}$$

这就是用 $U_4(p_1,\cdots,p_n,P_1,\cdots,P_n,t)$ 表达出的第四类接触变换. 为了保证变换的可逆性，要求 U_4 满足

$$\det\left[\frac{\partial^2U_4}{\partial p_r\partial P_s}\right]\neq 0, \tag{4.42}$$

其中函数 $U_4(p_1,\cdots,p_n,P_1,\cdots,P_n,t)$ 称为**第四类生成函数**或者**第四类母函数**.

以上我们得到了用四类生成函数表达的四类接触变换公式. 这些公式我们称之为**接触变换的显式**. 必须说明，这四类接触变换显然不是接触变换的全部，因为它们都是在关于 $2n$ 个独立变量有特殊的假定下才取得的. 这些假定的共同特点是把 $4n$ 个变量分成四组：$q_1,\cdots,q_n$；$p_1,\cdots,p_n$；$Q_1,\cdots,Q_n$；$P_1,\cdots,P_n$，在选取变换的独立变量时是成组地进行选取. 这种做法显然是特殊的①，举出不属于这四类的接触变换是不难的. 即使这样，这四类接触变换也是足够广泛的，其他的情况我们就不一一讨论了.

5.4.4 接触变换举例

利用接触变换的显式，可以立即构造出不少有重要意义的接触变换. 以下举例说明之.

① 可以证明，任何接触变换总可以这样来选取 $2n$ 个独立变量：其中一半是老正则变量；另一半是新正则变量. 而且无论是老正则变量，还是新正则变量，都不包含任何的共轭对. 根据这个性质，可以建立接触变换的一般显式. 见参考文献[9].

(1) 考虑第三类生成函数

$$U_3 = \sum_{i=1}^{n} q_i P_i. \tag{4.43}$$

利用公式(4.37),立即得到一组接触变换

$$p_i = \frac{\partial U_3}{\partial q_i} = P_i,\quad Q_i = \frac{\partial U_3}{\partial P_i} = q_i,\quad R = \frac{\partial U_3}{\partial t} = 0,$$
$$i = 1,2,\cdots,n, \tag{4.44}$$

并有

$$\det\left[\frac{\partial^2 U_3}{\partial q_r \partial P_s}\right] = 1 \neq 0. \tag{4.45}$$

显然,这就是相空间的恒等变换.恒等变换是接触变换,这是不言而喻的.

(2) 考虑另一种第三类生成函数

$$U_3 = \sum_{i=1}^{n} f_i(q_1, q_2, \cdots, q_n, t) P_i. \tag{4.46}$$

由于

$$\det\left[\frac{\partial^2 U_3}{\partial q_r \partial P_s}\right] = \det\left[\frac{\partial f_s}{\partial q_r}\right] = \frac{\mathrm{D}(f_1, f_2, \cdots, f_n)}{\mathrm{D}(q_1, q_2, \cdots, q_n)}.$$

为了保证变换的可逆性,要求

$$J = \frac{\mathrm{D}(f_1, f_2, \cdots, f_n)}{\mathrm{D}(q_1, q_2, \cdots, q_n)} \neq 0. \tag{4.47}$$

应用接触变换的生成公式(4.37),立即得到一组接触变换:

$$\begin{cases} p_i = \dfrac{\partial U_3}{\partial q_i} = \displaystyle\sum_{j=1}^{n} \frac{\partial f_j}{\partial q_i} P_j, \\ Q_i = \dfrac{\partial U_3}{\partial P_i} = f_i(q_1, q_2, \cdots, q_n, t), \quad i = 1,2,\cdots,n. \\ R = \dfrac{\partial U_3}{\partial t} = \displaystyle\sum_{i=1}^{n} \frac{\partial f_i}{\partial t} P_i, \end{cases} \tag{4.48}$$

为明确这组接触变换的含义,我们来考察这样的问题:研究某一理想、完整、有势的力学系统,它的广义坐标为 $q_1, q_2, \cdots, q_n$,与这组广义坐标相应的广义动量为 $p_1, p_2, \cdots, p_n$.现在假定另外再引入一组广义坐标 $Q_1, Q_2, \cdots, Q_n$,它和 $q_1, q_2, \cdots, q_n$ 之间由可逆的位形变换关系来联系:

$$Q_i = f_i(q_1, q_2, \cdots, q_n, t), \quad i = 1,2,\cdots,n,$$

满足条件

$$J = \frac{\mathrm{D}(f_1, f_2, \cdots, f_n)}{\mathrm{D}(q_1, q_2, \cdots, q_n)} \neq 0.$$

同一系统在广义坐标 $Q_1, Q_2, \cdots, Q_n$ 的描述下,它所相应的广义动量为 $P_1, P_2, \cdots,$

P_n. 这样，我们就得到了同一系统的两种自然的正则描述. 我们来寻求它们之间的变换关系. 由于系统在两种广义坐标表达下，Lagrange 函数 $L=T-V$ 的值是不变化的，因此有

$$p_i=\frac{\partial L}{\partial \dot{q}_i}=\sum_{j=1}^{n}\frac{\partial L}{\partial \dot{Q}_j}\frac{\partial \dot{Q}_j}{\partial \dot{q}_i}=\sum_{j=1}^{n}P_j\frac{\partial \dot{Q}_j}{\partial \dot{q}_i}.$$

注意到

$$\dot{Q}_j=\sum_{r=1}^{n}\frac{\partial f_j}{\partial q_r}\dot{q}_r+\frac{\partial f_j}{\partial t},$$

故立即得

$$p_i=\sum_{i=1}^{n}P_j\frac{\partial f_j}{\partial q_i},\quad i=1,2,\cdots,n.$$

显然，这同一系统的两种自然正则描述之间的变换正是(4.48)式所表示的变换. 这种变换我们称之为**位形点变换**. 注意到，当两种广义坐标之间的关系式为定常的时候，我们有 $R=0$，此时系统的 Hamilton 函数的值在两种自然正则描述下也不变化.

(3) 考虑第一类的生成函数

$$U_1=W=\sum_{i=1}^{n}q_iQ_i. \tag{4.49}$$

这个函数满足

$$\det\left[\frac{\partial^2 W}{\partial q_r\partial Q_s}\right]=1\neq 0. \tag{4.50}$$

利用接触变换的显式(4.26)，立即可以生成一组接触变换

$$P_i=-\frac{\partial W}{\partial Q_i}=-q_i,\quad p_i=\frac{\partial W}{\partial q_i}=Q_i,\quad R=\frac{\partial W}{\partial t}=0. \tag{4.51}$$

这组接触变换我们在(4.22)式中曾引用过. 按照这种接触变换，可以把系统的广义坐标和广义动量交换位置(仅差一个负号)，而仍能保持状态方程的正则性. 从这个意义来说，由于有了接触变换，广义坐标和广义动量的区分在相空间内来看，并无绝对的意义.

(4) 在相空间(q,p)内①，若已知一个预先给定的运动规律为

$$q_i=q_i^*(t),\quad p_i=p_i^*(t),\quad i=1,2,\cdots,n. \tag{4.52}$$

这组运动规律可以是原正则方程的一组解，也可以不是正则方程的解.

我们引进系统在相空间中的运动对于(4.52)式这组给定运动的偏差，即

$$\Delta q_i=q_i-q_i^*(t),\quad \Delta p_i=p_i-p_i^*(t),\quad i=1,2,\cdots,n. \tag{4.53}$$

现在来证明：这样定义的扰动变量 Δq_i，Δp_i 是正则变量，且由空间(q,p)到空间

---

① 这里的"相空间(q,p)"是通常的相空间$(q_1,\cdots,q_n,p_1,\cdots,p_n)$的简记.

$(\Delta q_i,\Delta p_i)$的变换是接触变换.为此,考虑如下的第三类生成函数:

$$U_3=\sum_{i=1}^{n}[q_i-q_i^*(t)][P_i+p_i^*(t)]. \tag{4.54}$$

这个函数满足

$$\det\left[\frac{\partial^2 U_3}{\partial q_r\partial P_s}\right]=1\neq 0.$$

应用接触变换公式(4.37),立即得到一组接触变换为

$$\begin{cases}p_i=\dfrac{\partial U_3}{\partial q_i}=P_i+p_i^*(t),\\[2ex] Q_i=\dfrac{\partial U_3}{\partial P_i}=q_i-q_i^*(t),\end{cases}\quad i=1,2,\cdots,n, \tag{4.55}$$

即

$$\begin{cases}Q_i=q_i-q_i^*(t)=\Delta q_i,\\ P_i=p_i-p_i^*(t)=\Delta p_i,\end{cases}\quad i=1,2,\cdots,n. \tag{4.56}$$

这就证实了(4.53)式定义的扰动变换是一种接触变换.

(5) Hamilton 正则方程决定了相空间(q,p)内的一个"相流动".这个相流动可以看成是由$t=t_0$时刻的相点到$t=t$时刻的相点之间的状态变换,记这个动力学变换为D_{t-t_0}.以下我们来证明,当$t-t_0=\mathrm{d}t$是一个无穷小量时(因而凡差别是$\mathrm{d}t$的高阶项均可忽略不计),这个由 Hamilton 动力学方程决定的"无穷小动力学变换"是一个接触变换.

记无穷小动力学变换后的相坐标为Q,P,根据定义,在一阶小量的精度范围内,应有

$$\begin{cases}Q_i-q_i=\dot{q}_i\mathrm{d}t=\left.\dfrac{\partial H}{\partial p_i}\right|_{(q,p)}\mathrm{d}t,\\[2ex] P_i-p_i=\dot{p}_i\mathrm{d}t=-\left.\dfrac{\partial H}{\partial q_i}\right|_{(q,p)}\mathrm{d}t,\end{cases}\quad i=1,2,\cdots,n. \tag{4.57}$$

现在来考虑一个第三类的生成函数

$$U_3=\sum_{i=1}^{n}q_iP_i+\mathrm{d}tH(q_1,\cdots,q_n,P_1,\cdots,P_n,t). \tag{4.58}$$

利用公式(4.37),立即可以构造出接触变换

$$p_i=\frac{\partial U_3}{\partial q_i}=P_i+\mathrm{d}t\left.\frac{\partial H}{\partial q_i}\right|_{(q,P)},\quad Q_i=\frac{\partial U_3}{\partial P_i}=q_i+\mathrm{d}t\left.\frac{\partial H}{\partial P_i}\right|_{(q,P)}.$$

略加整理,得

$$Q_i-q_i=\left.\frac{\partial H}{\partial P_i}\right|_{(q,P)}\mathrm{d}t,\quad P_i-p_i=-\left.\frac{\partial H}{\partial q_i}\right|_{(q,P)}\mathrm{d}t. \tag{4.59}$$

注意到P_i和p_i的差别是$\mathrm{d}t$的一阶小量,因此

$$\left.\frac{\partial H}{\partial P_i}\right|_{(q,P)}, \quad \left.\frac{\partial H}{\partial q_i}\right|_{(q,P)} \quad 和 \quad \left.\frac{\partial H}{\partial p_i}\right|_{(q,p)}, \quad \left.\frac{\partial H}{\partial q_i}\right|_{(q,p)}$$

的差别也是一阶小量. 略去 $\mathrm{d}t$ 的二阶小量项,显然由(4.59)得到一个接触变换

$$Q_i - q_i = \left.\frac{\partial H}{\partial p_i}\right|_{(q,p)} \mathrm{d}t, \quad P_i - p_i = -\left.\frac{\partial H}{\partial q_i}\right|_{(q,p)} \mathrm{d}t, \tag{4.60}$$

这就证实了,Hamilton 的无穷小动力学变换是接触变换. 当然,根据 Hamilton 动力学变换具有保持 Poincaré 积分不变的性质,我们可以立即断定,任何有限时间间隔的 Hamilton 动力学变换也是一个接触变换.

(6) 利用接触变换来简化 Hamilton 系统的一般理论,我们将在后面来讨论. 这里仅举一个简单例子,目的是说明接触变换确实可以把没有循环坐标的 Hamilton 系统变成有循环坐标的 Hamilton 系统.

考虑如图 5.9 所示的单自由度的简谐振子,其 Lagrange 函数为

$$L = T - V = \frac{1}{2}m\dot{q}^2 - \frac{1}{2}kq^2.$$

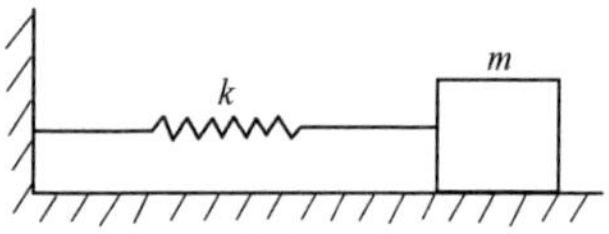

图 5.9

引入广义动量

$$p = \frac{\partial L}{\partial \dot{q}} = m\dot{q}.$$

注意到系统是定常的,从而得到系统的 Hamilton 函数为

$$H = \widetilde{T + V} = \frac{p^2}{2m} + \frac{m\omega^2}{2}q^2, \tag{4.61}$$

其中

$$\omega = \sqrt{k/m}.$$

不难看到,由(4.61)Hamilton 函数决定的系统并无循环系统. 以下对系统做接触变换. 引入第一类生成函数

$$W = U_1(q,Q) = \frac{m}{2}\omega q^2 \frac{\cos Q}{\sin Q}. \tag{4.62}$$

利用公式(4.26),它生成的接触变换为

$$P = -\frac{\partial U_1}{\partial Q} = \frac{m\omega q^2}{2\sin^2 Q}, \quad p = \frac{\partial U_1}{\partial q} = m\omega q \frac{\cos Q}{\sin Q}. \tag{4.63}$$

由上式立即可以解出

$$q = \sqrt{2P/m\omega}\sin Q, \quad p = \sqrt{2m\omega P}\cos Q. \tag{4.64}$$

注意到 $R = \dfrac{\partial U_1}{\partial t} = 0$,因而新 Hamilton 函数为

$$\widetilde{H}(Q,P) = \widetilde{\frac{p^2}{2m} + \frac{m\omega^2}{2}q^2} = \omega P. \tag{4.65}$$

从(4.65)式立即看到,对于新的正则变量 Q,P 来说,系统成为有循环坐标的系统了. 由 $\widetilde{H}$ 的表达式可以得

循环积分:
$$P = P_0 = \text{const.}; \tag{4.66}$$

正则方程:
$$\dot{Q} = \frac{\partial \widetilde{H}}{\partial P} = \omega.$$

从而

$$Q = \omega t + \alpha. \tag{4.67}$$

将(4.66)及(4.67)式的结果代入(4.64),立即得系统的解

$$q = \sqrt{2P_0/m\omega}\sin(\omega t + \alpha),$$

其中 P_0 和 α 是积分常数.

5.4.5 接触变换的相空间测度不变性

接触变换如同 Hamilton 动力学变换一样,具有保持相空间测度不变的性质.

关于接触变换的 Liouville 定理 试在相空间 (q,p) 内任取一空间区域 D,经过接触变换,它变成 (Q,P) 空间内的相应区域 D',可以证明,一定有

$$\int_D\cdots\int \mathrm{d}q_1\cdots\mathrm{d}q_n\mathrm{d}p_1\cdots\mathrm{d}p_n = \int_{D'}\cdots\int \mathrm{d}Q_1\cdots\mathrm{d}Q_n\mathrm{d}P_1\cdots\mathrm{d}P_n. \tag{4.68}$$

证明 根据积分变换公式,有

$$\begin{aligned}&\int_{D'}\cdots\int \mathrm{d}Q_1\cdots\mathrm{d}Q_n\mathrm{d}P_1\cdots\mathrm{d}P_n\\&= \int_D\cdots\int \frac{\mathrm{D}(Q_1,\cdots,Q_n,P_1,\cdots,P_n)}{\mathrm{D}(q_1,\cdots,q_n,p_1,\cdots,p_n)}\mathrm{d}q_1\cdots\mathrm{d}q_n\mathrm{d}p_1\cdots\mathrm{d}p_n.\end{aligned} \tag{4.69}$$

显然,只要证明对接触变换有

$$J = \frac{\mathrm{D}(Q_1,\cdots,Q_n,P_1,\cdots,P_n)}{\mathrm{D}(q_1,\cdots,q_n,p_1,\cdots,p_n)} = 1, \tag{4.70}$$

则定理成立. (4.70)公式的成立可以应用接触变换的一般显式加以证明. 这里仅就接触变换的 $2n$ 个独立变数可以选为 $q_1,\cdots,q_n,Q_1,\cdots,Q_n$ 的第一类情况加以证明. 此明

$$\begin{aligned}J &= \frac{\mathrm{D}(Q_1,\cdots,Q_n,P_1,\cdots,P_n)}{\mathrm{D}(q_1,\cdots,q_n,p_1,\cdots,p_n)}\\&= \frac{\mathrm{D}(Q_1,\cdots,Q_n,P_1,\cdots,P_n)}{\mathrm{D}(q_1,\cdots,q_n,Q_1,\cdots,Q_n)}\Big/\frac{\mathrm{D}(q_1,\cdots,q_n,p_1,\cdots,p_n)}{\mathrm{D}(q_1,\cdots,q_n,Q_1,\cdots,Q_n)}.\end{aligned} \tag{4.71}$$

注意到 $2n$ 个独立变量之间相互的偏导数应该为零,从而

$$\frac{\mathrm{D}(Q_1,\cdots,Q_n,P_1,\cdots,P_n)}{\mathrm{D}(q_1,\cdots,q_n,Q_1,\cdots,Q_n)}=\begin{vmatrix} & \mathbf{0} & & \begin{matrix}1 & & 0\\ & \ddots & \\ 0 & & 1\end{matrix} & \\ \dfrac{\partial P_1}{\partial q_1} & \cdots & \dfrac{\partial P_1}{\partial q_n} & \dfrac{\partial P_1}{\partial Q_1} & \cdots & \dfrac{\partial P_1}{\partial Q_n} \\ \vdots & & \vdots & \vdots & & \vdots \\ \dfrac{\partial P_n}{\partial q_1} & \cdots & \dfrac{\partial P_n}{\partial q_n} & \dfrac{\partial P_n}{\partial Q_1} & \cdots & \dfrac{\partial P_n}{\partial Q_n}\end{vmatrix}$$

$$=(-1)^{(n+2)n}\begin{vmatrix}\dfrac{\partial P_1}{\partial q_1} & \cdots & \dfrac{\partial P_1}{\partial q_n}\\ \vdots & & \vdots \\ \dfrac{\partial P_n}{\partial q_1} & \cdots & \dfrac{\partial P_n}{\partial q_n}\end{vmatrix},$$

$$\frac{\mathrm{D}(q_1,\cdots,q_n,p_1,\cdots,p_n)}{\mathrm{D}(q_1,\cdots,q_n,Q_1,\cdots,Q_n)}=\begin{vmatrix}\begin{matrix}1 & & 0\\ & \ddots & \\ 0 & & 1\end{matrix} & & \mathbf{0} & \\ \dfrac{\partial p_1}{\partial q_1} & \cdots & \dfrac{\partial p_1}{\partial q_n} & \dfrac{\partial p_1}{\partial Q_1} & \cdots & \dfrac{\partial p_1}{\partial Q_n} \\ \vdots & & \vdots & \vdots & & \vdots \\ \dfrac{\partial p_n}{\partial q_1} & \cdots & \dfrac{\partial p_n}{\partial q_n} & \dfrac{\partial p_n}{\partial Q_1} & \cdots & \dfrac{\partial p_n}{\partial Q_n}\end{vmatrix}$$

$$=\begin{vmatrix}\dfrac{\partial p_1}{\partial Q_1} & \cdots & \dfrac{\partial p_1}{\partial Q_n}\\ \vdots & & \vdots \\ \dfrac{\partial p_n}{\partial Q_1} & \cdots & \dfrac{\partial p_n}{\partial Q_n}\end{vmatrix}.$$

注意到此时接触变换的显式(4.26),则(4.71)式成为

$$J=(-1)^{(n+2)n}\begin{vmatrix}-\dfrac{\partial^2 W}{\partial Q_1\partial q_1} & \cdots & -\dfrac{\partial^2 W}{\partial Q_1\partial q_n}\\ \vdots & & \vdots \\ -\dfrac{\partial^2 W}{\partial Q_n\partial q_1} & \cdots & -\dfrac{\partial^2 W}{\partial Q_n\partial q_n}\end{vmatrix}\div\begin{vmatrix}\dfrac{\partial^2 W}{\partial q_1\partial Q_1} & \cdots & \dfrac{\partial^2 W}{\partial q_1\partial Q_n}\\ \vdots & & \vdots \\ \dfrac{\partial^2 W}{\partial q_n\partial Q_1} & \cdots & \dfrac{\partial^2 W}{\partial q_n\partial Q_n}\end{vmatrix}$$

$$=(-1)^{(n+2)n+n}=(-1)^{n^2+3n}=1. \tag{4.72}$$

其他的情况可以类似地证明. □

5.4.6　接触变换下双线性协变式的不变性

所有以上关于接触变换的定义以及性质的研究，都是发源于 Poincaré 通用线性积分不变量这个正则充要条件. 但是 Poincaré 积分不变量还可以表达为二阶的形式. 由此二阶形式出发，可以得到关于接触变换的一系列显式条件. 利用这些显式条件可以直接判别已给变换的接触性. 为建立这些理论，需引进相空间内的二维曲面，并定义沿曲面上坐标进行微分的概念.

1. 二维曲面上的微分

在相空间$(q_1, q_2, \cdots, q_n, p_1, p_2, \cdots, p_n)$内任意选定一张二维曲面. 在这张曲面上张上曲线坐标网，一个坐标记为ξ，另一个坐标记为η.

任给一函数$f(q_1, q_2, \cdots, q_n, p_1, p_2, \cdots, p_n, t) \in c_2$，它在上述曲面上时，其中的变元$q_1, q_2, \cdots, q_n, p_1, p_2, \cdots, p_n$显然是$\xi, \eta$的函数. 现在我们考虑在$t$固定情况下，函数沿$\xi$变化的方向微分（记为 d，但要注意，不要和常用的对时间t的微分相混淆）以及沿η变化的方向微分（记为δ，但注意不要和常用的等时变分混淆）. 由上所述，定义的分析表达式为

$$\mathrm{d}f = \sum_{u=1}^{n}\left(\frac{\partial f}{\partial q_i}\frac{\partial q_i}{\partial \xi}\mathrm{d}\xi + \frac{\partial f}{\partial p_i}\frac{\partial p_i}{\partial \xi}\mathrm{d}\xi\right), \tag{4.73}$$

$$\delta f = \sum_{i=1}^{n}\left(\frac{\partial f}{\partial q_i}\frac{\partial q_i}{\partial \eta}\delta\eta + \frac{\partial f}{\partial p_i}\frac{\partial p_i}{\partial \eta}\delta\eta\right). \tag{4.74}$$

从上述定义，不难直接验证

$$\delta\mathrm{d}f = \mathrm{d}\delta f. \tag{4.75}$$

因为

$$\begin{aligned}
\delta\mathrm{d}f =& \delta\left[\sum_{i=1}^{n}\left(\frac{\partial f}{\partial q_i}\frac{\partial q_i}{\partial \xi}\mathrm{d}\xi + \frac{\partial f}{\partial p_i}\frac{\partial p_i}{\partial \xi}\mathrm{d}\xi\right)\right] \\
=& \sum_{i=1}^{n}\left[\frac{\partial}{\partial \eta}\left(\frac{\partial f}{\partial q_i}\frac{\partial q_i}{\partial \xi}\right)\mathrm{d}\xi\delta\eta + \frac{\partial}{\partial \eta}\left(\frac{\partial f}{\partial p_i}\frac{\partial p_i}{\partial \xi}\right)\mathrm{d}\xi\delta\eta\right] \\
=& \sum_{i=1}^{n}\sum_{j=1}^{n}\left(\frac{\partial^2 f}{\partial q_i \partial q_j}\frac{\partial q_i}{\partial \xi}\frac{\partial q_j}{\partial \eta} + \frac{\partial^2 f}{\partial q_i \partial p_j}\frac{\partial q_i}{\partial \xi}\frac{\partial p_j}{\partial \eta}\right. \\
&\left. + \frac{\partial^2 f}{\partial p_i \partial q_j}\frac{\partial p_i}{\partial \xi}\frac{\partial q_j}{\partial \eta} + \frac{\partial^2 f}{\partial p_i \partial p_j}\frac{\partial p_i}{\partial \xi}\frac{\partial p_j}{\partial \eta}\right)\mathrm{d}\xi\delta\eta \\
&+ \sum_{i=1}^{n}\left(\frac{\partial f}{\partial q_i}\frac{\partial^2 q_i}{\partial \xi \partial \eta} + \frac{\partial f}{\partial p_i}\frac{\partial^2 p_i}{\partial \xi \partial \eta}\right)\mathrm{d}\xi\delta\eta,
\end{aligned}$$

$$\mathrm{d}\delta f = \mathrm{d}\left[\sum_{j=1}^{n}\left(\frac{\partial f}{\partial q_j}\frac{\partial q_j}{\partial \eta}\delta\eta + \frac{\partial f}{\partial p_j}\frac{\partial p_j}{\partial \eta}\delta\eta\right)\right]$$

$$
=\sum_{j=1}^{n}\left[\frac{\partial}{\partial\xi}\left(\frac{\partial f}{\partial q_j}\frac{\partial q_j}{\partial\eta}\right)+\frac{\partial}{\partial\xi}\left(\frac{\partial f}{\partial p_j}\frac{\partial p_j}{\partial\eta}\right)\right]\mathrm{d}\xi\delta\eta
$$

$$
=\sum_{i=1}^{n}\sum_{j=1}^{n}\left(\frac{\partial^2 f}{\partial q_j\partial q_i}\frac{\partial q_i}{\partial\xi}\frac{\partial q_j}{\partial\eta}+\frac{\partial^2 f}{\partial q_j\partial p_i}\frac{\partial p_i}{\partial\xi}\frac{\partial q_j}{\partial\eta}\right.
$$

$$
\left.+\frac{\partial^2 f}{\partial p_j\partial q_i}\frac{\partial q_i}{\partial\xi}\frac{\partial p_j}{\partial\eta}+\frac{\partial^2 f}{\partial p_j\partial p_i}\frac{\partial p_i}{\partial\xi}\frac{\partial p_j}{\partial\eta}\right)\mathrm{d}\xi\delta\eta
$$

$$
+\sum_{j=1}^{n}\left(\frac{\partial f}{\partial q_j}\frac{\partial^2 q_j}{\partial\xi\partial\eta}+\frac{\partial f}{\partial p_j}\frac{\partial^2 p_j}{\partial\xi\partial\eta}\right)\mathrm{d}\xi\delta\eta,
$$

比较计算结果,即知(4.75)成立.

2. 双线性协变式

在上述定义的基础上,我们在前面引进的二维曲面上可以定义如下的双线性协变式

$$
LL(q,p)=\sum_{i=1}^{n}(\mathrm{d}q_i\delta p_i-\delta q_i\mathrm{d}p_i). \tag{4.76}
$$

现在进一步来考虑相空间的变换.当正则变量 q,p 经过接触变换变成新正则变量 Q,P 时,在空间 (q,p) 内,以 ξ,η 为独立参数的二维曲面也变成空间 (Q,P) 内以 ξ,η 为参数的像——一张相应的二维曲面.在空间 (Q,P) 内,同样可以定义双线性协变式

$$
LL(Q,P)=\sum_{i=1}^{n}(\mathrm{d}\Omega_i\delta P_i-\delta Q_i\mathrm{d}P_i). \tag{4.77}
$$

可以证明如下结论:双线性协变式在接触变换下具有不变性,即有

$$
LL(q,p)=LL(Q,P). \tag{4.78}
$$

证明　因为计算双线性协变式各微分项时,考虑的都是同一时刻的,因此,根据接触变换条件,一定有

$$
\sum_{i=1}^{n}P_i\mathrm{d}Q_i=\sum_{i=1}^{n}p_i\mathrm{d}q_i-\mathrm{d}W, \tag{4.79}
$$

$$
\sum_{i=1}^{n}P_i\delta Q_i=\sum_{i=1}^{n}p_i\delta q_i-\delta W, \tag{4.80}
$$

从而有

$$
\delta\left(\sum_{i=1}^{n}P_i\mathrm{d}Q_i\right)-\mathrm{d}\left(\sum_{i=1}^{n}P_i\delta Q_i\right)=\delta\left(\sum_{i=1}^{n}p_i\mathrm{d}q_i-\mathrm{d}W\right)-\mathrm{d}\left(\sum_{i=1}^{n}p_i\delta q_i-\delta W\right). \tag{4.81}
$$

展开上式的左、右两边,并注意到

$$
\delta\mathrm{d}Q_i-\mathrm{d}\delta Q_i=0,\quad \delta\mathrm{d}q_i-\mathrm{d}\delta q_i=0,\quad \delta\mathrm{d}W-\mathrm{d}\delta W=0, \tag{4.82}
$$

立即得到

$$\sum_{i=1}^{n}(\mathrm{d}Q_i\delta P_i-\delta Q_i\mathrm{d}P_i)=\sum_{i=1}^{n}(\mathrm{d}q_i\delta p_i-\delta q_i\mathrm{d}p_i).$$

这就是要证明的等式(4.78). □

5.4.7 接触变换与 Lagrange 括号,Poisson 括号

1. 接触变换的显式条件

利用接触变换下双线性协变式的不变性,我们可以得到变换接触性加在变换关系式上直接的显式条件.

设空间(q,p)到空间(Q,P)的接触变换关系式为

$$\begin{cases}q_i=q_i(Q_1,\cdots,Q_n,P_1,\cdots,P_n,t),\\ p_i=p_i(Q_1,\cdots,Q_n,P_1,\cdots,P_n,t),\end{cases}\quad i=1,2,\cdots,n. \tag{4.83}$$

在引入任意的二维曲面参数之后,有

$$\begin{cases}\mathrm{d}q_i=\sum\limits_r\left(\dfrac{\partial q_i}{\partial Q_r}\mathrm{d}Q_r+\dfrac{\partial q_i}{\partial P_r}\mathrm{d}P_r\right),\\ \mathrm{d}p_i=\sum\limits_s\left(\dfrac{\partial p_i}{\partial Q_s}\mathrm{d}Q_s+\dfrac{\partial p_i}{\partial P_s}\mathrm{d}P_s\right),\\ \delta q_i=\sum\limits_r\left(\dfrac{\partial q_i}{\partial Q_r}\delta Q_r+\dfrac{\partial q_i}{\partial P_r}\delta P_r\right),\\ \delta p_i=\sum\limits_s\left(\dfrac{\partial p_i}{\partial Q_s}\delta Q_s+\dfrac{\partial p_i}{\partial P_s}\delta P_s\right),\end{cases}\quad i=1,2,\cdots,n. \tag{4.84}$$

在接触变换下,对任意的二维曲面参数,均有

$$\sum_{i=1}^{n}(\mathrm{d}Q_i\delta P_i-\delta Q_i\mathrm{d}P_i)=\sum_{i=1}^{n}(\mathrm{d}q_i\delta p_i-\delta q_i\mathrm{d}p_i). \tag{4.85}$$

将(4.84)各式一起代入(4.85)等式的右边,得

$$\begin{aligned}&\sum_{i=1}^{n}(\mathrm{d}Q_i\delta P_i-\delta Q_i\mathrm{d}P_i)\\ &=\sum_{i=1}^{n}\Big\{\sum_r\left(\frac{\partial q_i}{\partial Q_r}\mathrm{d}Q_r+\frac{\partial q_i}{\partial P_r}\mathrm{d}P_r\right)\sum_s\left(\frac{\partial p_i}{\partial Q_s}\delta Q_s+\frac{\partial p_i}{\partial P_s}\delta P_s\right)\\ &\quad-\sum_r\left(\frac{\partial q_i}{\partial Q_r}\delta Q_r+\frac{\partial q_i}{\partial P_r}\delta P_r\right)\sum_s\left(\frac{\partial p_i}{\partial Q_s}\mathrm{d}Q_s+\frac{\partial p_i}{\partial P_s}\mathrm{d}P_s\right)\Big\}\\ &=\sum_{i=1}^{n}\Big\{\sum_r\sum_s\Big(\frac{\partial q_i}{\partial Q_r}\frac{\partial p_i}{\partial Q_s}\mathrm{d}Q_r\delta Q_s+\frac{\partial q_i}{\partial Q_r}\frac{\partial p_i}{\partial P_s}\mathrm{d}Q_r\delta P_s\\ &\quad+\frac{\partial q_i}{\partial P_r}\frac{\partial p_i}{\partial Q_s}\mathrm{d}P_r\delta Q_s+\frac{\partial q_i}{\partial P_r}\frac{\partial p_i}{\partial P_s}\mathrm{d}P_r\delta P_s\Big)\\ &\quad-\sum_r\sum_s\Big(\frac{\partial q_i}{\partial Q_r}\frac{\partial p_i}{\partial Q_s}\delta Q_r\mathrm{d}Q_s+\frac{\partial q_i}{\partial Q_r}\frac{\partial p_i}{\partial P_s}\delta Q_r\mathrm{d}P_s\end{aligned}$$

$$+\frac{\partial q_i}{\partial P_r}\frac{\partial p_i}{\partial Q_s}\delta P_r \mathrm{d}Q_s+\frac{\partial q_i}{\partial P_r}\frac{\partial p_i}{\partial P_s}\delta P_r \mathrm{d}P_s\Big)$$

$$=\sum_r\sum_s\Big(\sum_{i=1}^n\frac{\mathrm{D}(q_i,p_i)}{\mathrm{D}(Q_r,Q_s)}\Big)\mathrm{d}Q_r\delta Q_s$$

$$+\sum_r\sum_s\Big(\sum_{i=1}^n\frac{\mathrm{D}(q_i,p_i)}{\mathrm{D}(P_r,P_s)}\Big)\mathrm{d}P_r\delta P_s$$

$$+\sum_r\sum_s\Big(\sum_{i=1}^n\frac{\mathrm{D}(q_i,p_i)}{\mathrm{D}(Q_r,P_s)}\Big)(\mathrm{d}Q_r\delta P_s-\mathrm{d}P_s\delta Q_r). \tag{4.86}$$

比较(4.86)式的两边,利用各微分的自由性,立即得

$$\begin{cases}\displaystyle\sum_{i=1}^n\frac{\mathrm{D}(q_i,p_i)}{\mathrm{D}(Q_r,Q_s)}=0,\\ \displaystyle\sum_{i=1}^n\frac{\mathrm{D}(q_i,p_i)}{\mathrm{D}(P_r,P_s)}=0, \qquad r,s=1,2,\cdots,n,\\ \displaystyle\sum_{i=1}^n\frac{\mathrm{D}(q_i,p_i)}{\mathrm{D}(Q_r,P_s)}=\delta_r^s=\begin{cases}0, & r\neq s,\\ 1, & r=s,\end{cases}\end{cases} \tag{4.87}$$

(4.87)式就是接触变换的显式条件.

以上证明了这些条件的必要性.实际上,这些条件也是接触变换的充分条件.为证明此事,我们首先来引入“Lagrange 括号”的概念.

2. Lagrange 括号与它的不变性

在相空间(q,p)内任取一张二维曲面π,曲面的参数为u,v,此曲面的表达式为

$$\pi:\ q_i=q_i(u,v),\quad p_i=p_i(u,v),\quad i=1,2,\cdots,n. \tag{4.88}$$

我们定义曲面方程(4.88)式每一对共轭变量对u,v的 Jacobi 行列式之和,称之为以u,v为参数的曲面π的 **Lagrange 括号**,并记之为

$$[u,v]_{(q,p)}=\sum_{i=1}^n\frac{\mathrm{D}(q_i,p_i)}{\mathrm{D}(u,v)}. \tag{4.89}$$

当相空间(q,p)以接触变换变到空间(Q,P)之后,上述曲面π自然也映射成空间(Q,P)内以u,v为参数的曲面

$$\pi':\ Q_i=Q_i(u,v),\quad P_i=P_i(u,v),\quad i=1,2,\cdots,n. \tag{4.90}$$

完全类似,在空间(Q,P)内,也可以定义π'的 Lagrange 括号为

$$[u,v]_{(Q,P)}=\sum_{i=1}^n\frac{\mathrm{D}(Q_i,P_i)}{\mathrm{D}(u,v)}. \tag{4.91}$$

我们利用接触变换的显式条件(4.87),可以直接证明如下结论:Lagrange 括号在接触变换下具有不变性,亦即

$$[u,v]_{(q,p)}=[u,v]_{(Q,P)}. \tag{4.92}$$

证明 假定(q,p)与(Q,P)之间的变换式为

$$\begin{cases} q_i = q_i(Q_1,\cdots,Q_n,P_1,\cdots,P_n,t), \\ P_i = p_i(Q_1,\cdots,Q_n,P_1,\cdots,P_n,t), \end{cases} \quad i = 1,2,\cdots,n. \tag{4.93}$$

于是

$$[u,v]_{(q,p)} = \sum_{i=1}^{n} \frac{\mathrm{D}(q_i,p_i)}{\mathrm{D}(u,v)} = \sum_{i=1}^{n} \begin{vmatrix} \dfrac{\partial q_i}{\partial u} & \dfrac{\partial q_i}{\partial v} \\ \dfrac{\partial p_i}{\partial u} & \dfrac{\partial p_i}{\partial v} \end{vmatrix}.$$

根据(4.93)及(4.90)式,我们有

$$\begin{aligned} [u,v]_{(q,p)} &= \sum_{i=1}^{n} \begin{vmatrix} \sum\limits_{r=1}^{n}\left(\dfrac{\partial q_i}{\partial Q_r}\dfrac{\partial Q_r}{\partial u} + \dfrac{\partial q_i}{\partial P_r}\dfrac{\partial P_r}{\partial u}\right) & \sum\limits_{r=1}^{n}\left(\dfrac{\partial q_i}{\partial Q_r}\dfrac{\partial Q_r}{\partial v} + \dfrac{\partial q_i}{\partial P_r}\dfrac{\partial P_r}{\partial v}\right) \\ \sum\limits_{s=1}^{n}\left(\dfrac{\partial p_i}{\partial Q_s}\dfrac{\partial Q_s}{\partial u} + \dfrac{\partial p_i}{\partial P_s}\dfrac{\partial P_s}{\partial u}\right) & \sum\limits_{s=1}^{n}\left(\dfrac{\partial p_i}{\partial Q_s}\dfrac{\partial Q_s}{\partial v} + \dfrac{\partial p_i}{\partial P_s}\dfrac{\partial P_s}{\partial v}\right) \end{vmatrix} \\ &= \sum_{i=1}^{n}\sum_{r=1}^{n}\sum_{s=1}^{n} \begin{vmatrix} \dfrac{\partial q_i}{\partial Q_r}\dfrac{\partial Q_r}{\partial u} + \dfrac{\partial q_i}{\partial P_r}\dfrac{\partial P_r}{\partial u} & \dfrac{\partial q_i}{\partial Q_r}\dfrac{\partial Q_r}{\partial v} + \dfrac{\partial q_i}{\partial P_r}\dfrac{\partial P_r}{\partial v} \\ \dfrac{\partial p_i}{\partial Q_s}\dfrac{\partial Q_s}{\partial u} + \dfrac{\partial p_i}{\partial P_s}\dfrac{\partial P_s}{\partial u} & \dfrac{\partial p_i}{\partial Q_s}\dfrac{\partial Q_s}{\partial v} + \dfrac{\partial p_i}{\partial P_s}\dfrac{\partial P_s}{\partial v} \end{vmatrix} \\ &= \sum_{i=1}^{n}\sum_{r=1}^{n}\sum_{s=1}^{n} \begin{vmatrix} \dfrac{\partial Q_r}{\partial u} & \dfrac{\partial Q_r}{\partial v} \\ \dfrac{\partial Q_s}{\partial u} & \dfrac{\partial Q_s}{\partial v} \end{vmatrix} \dfrac{\partial q_i}{\partial Q_r}\dfrac{\partial p_i}{\partial Q_s} + \sum_{i=1}^{n}\sum_{r=1}^{n}\sum_{s=1}^{n} \begin{vmatrix} \dfrac{\partial Q_r}{\partial u} & \dfrac{\partial Q_r}{\partial v} \\ \dfrac{\partial P_s}{\partial u} & \dfrac{\partial P_s}{\partial v} \end{vmatrix} \dfrac{\partial q_i}{\partial Q_r}\dfrac{\partial p_i}{\partial P_s} \\ &\quad + \sum_{i=1}^{n}\sum_{r=1}^{n}\sum_{s=1}^{n} \begin{vmatrix} \dfrac{\partial P_r}{\partial u} & \dfrac{\partial P_r}{\partial v} \\ \dfrac{\partial Q_s}{\partial u} & \dfrac{\partial Q_s}{\partial v} \end{vmatrix} \dfrac{\partial q_i}{\partial P_r}\dfrac{\partial p_i}{\partial Q_s} + \sum_{i=1}^{n}\sum_{r=1}^{n}\sum_{s=1}^{n} \begin{vmatrix} \dfrac{\partial P_r}{\partial u} & \dfrac{\partial P_r}{\partial v} \\ \dfrac{\partial P_s}{\partial u} & \dfrac{\partial P_s}{\partial v} \end{vmatrix} \dfrac{\partial q_i}{\partial P_r}\dfrac{\partial p_i}{\partial P_s}. \end{aligned} \tag{4.94}$$

利用接触变换的显式条件(4.87),不难证明(4.94)式第三个等号右边的第一项、第四项为零.以第一项为例,有

$$\begin{aligned} \text{第一项} &= \frac{1}{2}\sum_{i=1}^{n}\sum_{r=1}^{n}\sum_{s=1}^{n} \begin{vmatrix} \dfrac{\partial Q_r}{\partial u} & \dfrac{\partial Q_r}{\partial v} \\ \dfrac{\partial Q_s}{\partial u} & \dfrac{\partial Q_s}{\partial v} \end{vmatrix} \dfrac{\partial q_i}{\partial Q_r}\dfrac{\partial p_i}{\partial Q_s} + \frac{1}{2}\sum_{i=1}^{n}\sum_{r=1}^{n}\sum_{s=1}^{n} \begin{vmatrix} \dfrac{\partial Q_r}{\partial u} & \dfrac{\partial Q_r}{\partial v} \\ \dfrac{\partial Q_s}{\partial u} & \dfrac{\partial Q_s}{\partial v} \end{vmatrix} \dfrac{\partial q_i}{\partial Q_r}\dfrac{\partial p_i}{\partial Q_s} \\ &= \frac{1}{2}\sum_{i=1}^{n}\sum_{r=1}^{n}\sum_{s=1}^{n} \begin{vmatrix} \dfrac{\partial Q_r}{\partial u} & \dfrac{\partial Q_r}{\partial v} \\ \dfrac{\partial Q_s}{\partial u} & \dfrac{\partial Q_s}{\partial v} \end{vmatrix} \dfrac{\partial q_i}{\partial Q_r}\dfrac{\partial p_i}{\partial Q_s} - \frac{1}{2}\sum_{i=1}^{n}\sum_{r=1}^{n}\sum_{s=1}^{n} \begin{vmatrix} \dfrac{\partial Q_s}{\partial u} & \dfrac{\partial Q_s}{\partial v} \\ \dfrac{\partial Q_r}{\partial u} & \dfrac{\partial Q_r}{\partial v} \end{vmatrix} \dfrac{\partial q_i}{\partial Q_r}\dfrac{\partial p_i}{\partial Q_s} \\ &= \frac{1}{2}\sum_{i=1}^{n}\sum_{r=1}^{n}\sum_{s=1}^{n} \begin{vmatrix} \dfrac{\partial Q_r}{\partial u} & \dfrac{\partial Q_r}{\partial v} \\ \dfrac{\partial Q_s}{\partial u} & \dfrac{\partial Q_s}{\partial v} \end{vmatrix} \left(\dfrac{\partial q_i}{\partial Q_r}\dfrac{\partial p_i}{\partial Q_s} - \dfrac{\partial p_i}{\partial Q_r}\dfrac{\partial q_i}{\partial Q_s}\right) \end{aligned}$$

$$=\frac{1}{2}\sum_{r=1}^{n}\sum_{s=1}^{n}\frac{\mathrm{D}(Q_r,Q_s)}{\mathrm{D}(u,v)}\sum_{i=1}^{n}\frac{\mathrm{D}(q_i,p_i)}{\mathrm{D}(Q_r,Q_s)}=0;$$

第四项的计算完全类似.第二项与第三项之和可计算如下:

$$\text{第二项}+\text{第三项}=\sum_{i=1}^{n}\sum_{r=1}^{n}\sum_{s=1}^{n}\begin{vmatrix}\dfrac{\partial Q_r}{\partial u} & \dfrac{\partial Q_r}{\partial v}\\ \dfrac{\partial P_s}{\partial u} & \dfrac{\partial P_s}{\partial v}\end{vmatrix}\frac{\partial q_i}{\partial Q_r}\frac{\partial p_i}{\partial P_s}$$

$$-\sum_{i=1}^{n}\sum_{r=1}^{n}\sum_{s=1}^{n}\begin{vmatrix}\dfrac{\partial Q_s}{\partial u} & \dfrac{\partial Q_s}{\partial v}\\ \dfrac{\partial P_r}{\partial u} & \dfrac{\partial P_r}{\partial v}\end{vmatrix}\frac{\partial q_i}{\partial P_r}\frac{\partial p_i}{\partial Q_s}$$

$$=\sum_{i=1}^{n}\sum_{r=1}^{n}\sum_{s=1}^{n}\begin{vmatrix}\dfrac{\partial Q_r}{\partial u} & \dfrac{\partial Q_r}{\partial v}\\ \dfrac{\partial P_s}{\partial u} & \dfrac{\partial P_s}{\partial v}\end{vmatrix}\left(\frac{\partial q_i}{\partial Q_r}\frac{\partial p_i}{\partial P_s}-\frac{\partial q_i}{\partial P_s}\frac{\partial p_i}{\partial Q_r}\right)$$

$$=\sum_{i=1}^{n}\sum_{r=1}^{n}\sum_{s=1}^{n}\frac{\mathrm{D}(Q_r,P_s)}{\mathrm{D}(u,v)}\frac{\mathrm{D}(q_i,p_i)}{\mathrm{D}(Q_r,P_s)}$$

$$=\sum_{r=1}^{n}\sum_{s=1}^{n}\frac{\mathrm{D}(Q_r,P_s)}{\mathrm{D}(u,v)}\sum_{i=1}^{n}\frac{\mathrm{D}(q_i,p_i)}{\mathrm{D}(Q_r,P_s)}$$

$$=\sum_{r=1}^{n}\sum_{s=1}^{n}\frac{\mathrm{D}(Q_r,P_s)}{\mathrm{D}(u,v)}\delta_r^s=\sum_{i=1}^{n}\frac{\mathrm{D}(Q_i,P_i)}{\mathrm{D}(u,v)}.$$

综合以上计算结果,即得

$$[u,v]_{(q,p)}=[u,v]_{(Q,P)}.$$

可见,Lagrange 括号的不变性是显式条件(4.87)的必然结果. □

3. Lagrange 括号与 Poincaré 积分的二阶形式

Lagrange 括号$[u,v]_{(q,p)}$和 Poincaré 的二阶积分有密切关系.其分析意义如下:

在空间(q,p)的曲面π上任取一个区域σ,它对应的u,v参数区域为D,那么σ上的 Poincaré 二阶积分为

$$I_2=\iint_\sigma\sum_{i=1}^{n}\mathrm{d}q_i\,\mathrm{d}p_i=\iint_D\sum_{i=1}^{n}\frac{\mathrm{D}(q_i,p_i)}{\mathrm{D}(u,v)}\mathrm{d}u\,\mathrm{d}v$$

$$=\iint_D[u,v]_{(q,p)}\,\mathrm{d}u\,\mathrm{d}v. \tag{4.95}$$

现在考虑曲面π在空间(Q,P)内的像π',相应的曲面上区域为σ',显然它所对应的u,v参数区域仍然是D,所以有

$$I_2'=\iint_{\sigma'}\sum_{i=1}^{n}\mathrm{d}Q_i\,\mathrm{d}P_i=\iint_D\sum_{i=1}^{n}\frac{\mathrm{D}(Q_i,P_i)}{\mathrm{D}(u,v)}\mathrm{d}u\,\mathrm{d}v. \tag{4.96}$$

若由空间(q,p)到空间(Q,P)之间的变换满足显式条件(4.87)，那么根据前面所证的结论，Lagrange 括号是不变的，因此立即得

$$I_2 = I_2'. \tag{4.97}$$

这就是说，Poincaré 二阶积分也是不变量. Poincaré 二阶积分等价于 Poincaré 回路线积分，从而 Poincaré 回路线积分是由空间(q,p)到空间(Q,P)变换的不变量. 这就可以断定变换一定是接触变换. 于是我们证实了显式条件(4.87)是接触变换的充分条件.

利用 Lagrange 括号的符号，(4.87)式的显式条件可以表达成如下形式

$$\begin{cases} [Q_r, Q_s]_{(q,p)} = 0, \\ [P_r, P_s]_{(q,p)} = 0, \quad r,s = 1,2,\cdots,n. \\ [Q_r, P_s]_{(q,p)} = \delta_r^s, \end{cases} \tag{4.98}$$

4. 接触变换显式条件的矩阵形式，Poisson 括号条件

接触变换的显式条件(4.98)可以表达成矩阵形式. 为此考虑变换(4.93)的 Jacobi 矩阵

$$\begin{aligned} \boldsymbol{J} &= \frac{\partial(q_1,\cdots,q_n,p_1,\cdots,p_n)}{\partial(Q_1,\cdots,Q_n,P_1,\cdots,P_n)} \\ &= \begin{bmatrix} \dfrac{\partial q_1}{\partial Q_1} & \cdots & \dfrac{\partial q_1}{\partial Q_n} & \dfrac{\partial q_1}{\partial P_1} & \cdots & \dfrac{\partial q_1}{\partial P_n} \\ \vdots & & \vdots & \vdots & & \vdots \\ \dfrac{\partial q_n}{\partial Q_1} & \cdots & \dfrac{\partial q_n}{\partial Q_n} & \dfrac{\partial q_n}{\partial P_1} & \cdots & \dfrac{\partial q_n}{\partial P_n} \\ \dfrac{\partial p_1}{\partial Q_1} & \cdots & \dfrac{\partial p_1}{\partial Q_n} & \dfrac{\partial p_1}{\partial P_1} & \cdots & \dfrac{\partial p_1}{\partial P_n} \\ \vdots & & \vdots & \vdots & & \vdots \\ \dfrac{\partial p_n}{\partial Q_1} & \cdots & \dfrac{\partial p_n}{\partial Q_n} & \dfrac{\partial p_n}{\partial P_1} & \cdots & \dfrac{\partial p_n}{\partial P_n} \end{bmatrix} = \begin{bmatrix} \left[\dfrac{\partial \boldsymbol{q}}{\partial \boldsymbol{Q}}\right] & \left[\dfrac{\partial \boldsymbol{q}}{\partial \boldsymbol{P}}\right] \\ \left[\dfrac{\partial \boldsymbol{p}}{\partial \boldsymbol{Q}}\right] & \left[\dfrac{\partial \boldsymbol{p}}{\partial \boldsymbol{P}}\right] \end{bmatrix}. \end{aligned} \tag{4.99}$$

引入矩阵 $\boldsymbol{Z}$

$$\boldsymbol{Z} = \begin{bmatrix} \boldsymbol{0} & \boldsymbol{I} \\ -\boldsymbol{I} & \boldsymbol{0} \end{bmatrix}. \tag{4.100}$$

通过计算可直接验证

$$\boldsymbol{J}^{\mathrm{T}}\boldsymbol{Z}\boldsymbol{J} = \begin{bmatrix} \left[\dfrac{\partial \boldsymbol{q}}{\partial \boldsymbol{Q}}\right]^{\mathrm{T}} & \left[\dfrac{\partial \boldsymbol{p}}{\partial \boldsymbol{Q}}\right]^{\mathrm{T}} \\ \left[\dfrac{\partial \boldsymbol{q}}{\partial \boldsymbol{P}}\right]^{\mathrm{T}} & \left[\dfrac{\partial \boldsymbol{p}}{\partial \boldsymbol{P}}\right]^{\mathrm{T}} \end{bmatrix} \begin{bmatrix} \boldsymbol{0} & \boldsymbol{I} \\ -\boldsymbol{I} & \boldsymbol{0} \end{bmatrix} \begin{bmatrix} \left[\dfrac{\partial \boldsymbol{q}}{\partial \boldsymbol{Q}}\right] & \left[\dfrac{\partial \boldsymbol{q}}{\partial \boldsymbol{P}}\right] \\ \left[\dfrac{\partial \boldsymbol{p}}{\partial \boldsymbol{Q}}\right] & \left[\dfrac{\partial \boldsymbol{p}}{\partial \boldsymbol{P}}\right] \end{bmatrix} = \begin{bmatrix} A & B \\ C & D \end{bmatrix},$$

其中

$$A = \left[\frac{\partial \boldsymbol{q}}{\partial \boldsymbol{Q}}\right]^{\mathrm{T}}\left[\frac{\partial \boldsymbol{p}}{\partial \boldsymbol{Q}}\right] - \left[\frac{\partial \boldsymbol{p}}{\partial \boldsymbol{Q}}\right]^{\mathrm{T}}\left[\frac{\partial \boldsymbol{q}}{\partial \boldsymbol{Q}}\right],$$

$$B = \left[\frac{\partial \boldsymbol{q}}{\partial \boldsymbol{Q}}\right]^{\mathrm{T}}\left[\frac{\partial \boldsymbol{p}}{\partial \boldsymbol{P}}\right] - \left[\frac{\partial \boldsymbol{p}}{\partial \boldsymbol{Q}}\right]^{\mathrm{T}}\left[\frac{\partial \boldsymbol{q}}{\partial \boldsymbol{P}}\right],$$

$$C = \left[\frac{\partial \boldsymbol{q}}{\partial \boldsymbol{P}}\right]^{\mathrm{T}}\left[\frac{\partial \boldsymbol{p}}{\partial \boldsymbol{Q}}\right] - \left[\frac{\partial \boldsymbol{p}}{\partial \boldsymbol{P}}\right]^{\mathrm{T}}\left[\frac{\partial \boldsymbol{q}}{\partial \boldsymbol{Q}}\right],$$

$$D = \left[\frac{\partial \boldsymbol{q}}{\partial \boldsymbol{P}}\right]^{\mathrm{T}}\left[\frac{\partial \boldsymbol{p}}{\partial \boldsymbol{P}}\right] - \left[\frac{\partial \boldsymbol{p}}{\partial \boldsymbol{P}}\right]^{\mathrm{T}}\left[\frac{\partial \boldsymbol{q}}{\partial \boldsymbol{P}}\right].$$

注意到 Lagrange 括号的定义(4.89)式,可以得到

$$\boldsymbol{J}^{\mathrm{T}}\boldsymbol{Z}\boldsymbol{J} = \begin{bmatrix} [Q_r, Q_s]_{(q,p)} & [Q_r, P_s]_{(q,p)} \\ -[Q_r, P_s]_{(q,p)} & [P_r, P_s]_{(q,p)} \end{bmatrix}. \tag{4.101}$$

注意到接触变换的显式条件(4.98),于是得到矩阵形式的条件为

$$\boldsymbol{J}^{\mathrm{T}}\boldsymbol{Z}\boldsymbol{J} = \boldsymbol{Z}. \tag{4.102}$$

利用矩阵形式的条件(4.102),可以将接触变换的显式条件化为 Poisson 括号的形式. 考虑变换(4.93)的逆变换,显然它也是接触变换. 逆变换的 Jacobi 阵为 $\boldsymbol{J}^{-1}$. 根据(4.102)式,应该有

$$(\boldsymbol{J}^{-1})^{\mathrm{T}}\boldsymbol{Z}\boldsymbol{J}^{-1} = \boldsymbol{Z}.$$

取此式的逆,得到

$$\boldsymbol{J}\boldsymbol{Z}^{-1}\boldsymbol{J}^{\mathrm{T}} = \boldsymbol{Z}^{-1}. \tag{4.103}$$

注意到 $\boldsymbol{Z}^{-1} = -\boldsymbol{Z}$,故(4.103)式成为

$$\boldsymbol{J}\boldsymbol{Z}\boldsymbol{J}^{\mathrm{T}} = \boldsymbol{Z}. \tag{4.104}$$

将(4.104)式写成展开的形式,有

$$\begin{bmatrix} \left[\dfrac{\partial \boldsymbol{q}}{\partial \boldsymbol{Q}}\right] & \dfrac{\partial \boldsymbol{q}}{\partial \boldsymbol{P}} \\ \left[\dfrac{\partial \boldsymbol{p}}{\partial \boldsymbol{Q}}\right] & \left[\dfrac{\partial \boldsymbol{p}}{\partial \boldsymbol{P}}\right] \end{bmatrix} \begin{bmatrix} \boldsymbol{0} & \boldsymbol{I} \\ -\boldsymbol{I} & \boldsymbol{0} \end{bmatrix} \begin{bmatrix} \left[\dfrac{\partial \boldsymbol{q}}{\partial \boldsymbol{Q}}\right]^{\mathrm{T}} & \left[\dfrac{\partial \boldsymbol{p}}{\partial \boldsymbol{Q}}\right]^{\mathrm{T}} \\ \left[\dfrac{\partial \boldsymbol{q}}{\partial \boldsymbol{P}}\right]^{\mathrm{T}} & \left[\dfrac{\partial \boldsymbol{p}}{\partial \boldsymbol{P}}\right]^{\mathrm{T}} \end{bmatrix} = \begin{bmatrix} E & F \\ G & K \end{bmatrix},$$

其中

$$E = \left[\frac{\partial \boldsymbol{q}}{\partial \boldsymbol{Q}}\right]\left[\frac{\partial \boldsymbol{q}}{\partial \boldsymbol{P}}\right]^{\mathrm{T}} - \left[\frac{\partial \boldsymbol{q}}{\partial \boldsymbol{P}}\right]\left[\frac{\partial \boldsymbol{q}}{\partial \boldsymbol{Q}}\right]^{\mathrm{T}},$$

$$F = \left[\frac{\partial \boldsymbol{q}}{\partial \boldsymbol{Q}}\right]\left[\frac{\partial \boldsymbol{p}}{\partial \boldsymbol{P}}\right]^{\mathrm{T}} - \left[\frac{\partial \boldsymbol{q}}{\partial \boldsymbol{P}}\right]\left[\frac{\partial \boldsymbol{p}}{\partial \boldsymbol{Q}}\right]^{\mathrm{T}},$$

$$G = \left[\frac{\partial \boldsymbol{p}}{\partial \boldsymbol{Q}}\right]\left[\frac{\partial \boldsymbol{q}}{\partial \boldsymbol{P}}\right]^{\mathrm{T}} - \left[\frac{\partial \boldsymbol{p}}{\partial \boldsymbol{P}}\right]^{\mathrm{T}}\left[\frac{\partial \boldsymbol{q}}{\partial \boldsymbol{Q}}\right]^{\mathrm{T}},$$

$$K = \left[\frac{\partial \boldsymbol{p}}{\partial \boldsymbol{Q}}\right]\left[\frac{\partial \boldsymbol{p}}{\partial \boldsymbol{P}}\right]^{\mathrm{T}} - \left[\frac{\partial \boldsymbol{p}}{\partial \boldsymbol{P}}\right]\left[\frac{\partial \boldsymbol{p}}{\partial \boldsymbol{Q}}\right]^{\mathrm{T}}.$$

注意 Poisson 括号的定义,可以得

$$\boldsymbol{JZJ}^{\mathrm{T}}=\begin{bmatrix}(q_r,q_s) & (q_r,p_s)\\ -(q_r,p_s) & (p_r,p_s)\end{bmatrix}=\begin{bmatrix}\boldsymbol{0} & \boldsymbol{I}\\ -\boldsymbol{I} & \boldsymbol{0}\end{bmatrix}. \tag{4.105}$$

比较(4.105)式的各对应项,立即得 Poisson 括号表示的显式条件

$$(q_r,q_s)=0,\quad (p_r,p_s)=0,\quad (q_r,p_s)=\delta_r^s,$$
$$r,s=1,2,\cdots,n. \tag{4.106}$$

5. Poisson 括号的不变性

在相空间(q,p)内,引进两个均$\in c_1$的任意函数

$$\begin{aligned}u&=u(q_1,\cdots,q_n,p_1,\cdots,p_n,t),\\ v&=v(q_1,\cdots,q_n,p_1,\cdots,p_n,t).\end{aligned} \tag{4.107}$$

根据 5.2.2 小节中的定义,有 Poisson 括号如下:

$$(u,v)=\sum_{i=1}^{n}\frac{\mathrm{D}(u,v)}{\mathrm{D}(q_i,p_i)}=\sum_{i=1}^{n}\left(\frac{\partial u}{\partial q_i}\frac{\partial v}{\partial p_i}-\frac{\partial u}{\partial p_i}\frac{\partial v}{\partial q_i}\right). \tag{4.108}$$

当空间(q,p)经过接触变换变到空间(Q,P)之后,则有

$$\begin{aligned}u&=u(q_1,\cdots,q_n,p_1,\cdots,p_n,t)\Big|_{\substack{q_i=q_i(Q_1,\cdots,Q_n,P_1,\cdots,P_n,t)\\ p_i=p_i(Q_1,\cdots,Q_n,P_1,\cdots,P_n,t)}}\\ &=U(Q_1,\cdots,Q_n,P_1,\cdots,P_n,t),\end{aligned} \tag{4.109}$$

$$\begin{aligned}v&=v(q_1,\cdots,q_n,p_1,\cdots,p_n,t)\Big|_{\substack{q_i=q_i(Q_1,\cdots,Q_n,P_1,\cdots,P_n,t)\\ p_i=p_i(Q_1,\cdots,Q_n,P_1,\cdots,P_n,t)}}\\ &=V(Q_1,\cdots,Q_n,P_1,\cdots,P_n,t).\end{aligned} \tag{4.110}$$

此时在空间(Q,P)内,对函数U,V同样可以作出 Poisson 括号

$$(U,V)=\sum_{i=1}^{n}\frac{\mathrm{D}(U,V)}{\mathrm{D}(Q_i,P_i)}. \tag{4.111}$$

可以证明如下结论: Poisson 括号在接触变换下具有不变性,即

$$(u,v)\Big|_{\substack{q_i=q_i(Q_1,\cdots,Q_n,P_1,\cdots,P_n,t)\\ p_i=p_i(Q_1,\cdots,Q_n,P_1,\cdots,P_n,t)}}=(U,V). \tag{4.112}$$

证明　根据定义有

$$(U,V)=\sum_{i=1}^{n}\left(\frac{\partial U}{\partial Q_i}\frac{\partial V}{\partial P_i}-\frac{\partial U}{\partial P_i}\frac{\partial V}{\partial Q_i}\right).$$

根据(4.109)及(4.110)式,立即得

$$\begin{aligned}(U,V)=&\sum_{i=1}^{n}\Bigg[\sum_{r=1}^{n}\left(\frac{\partial u}{\partial q_r}\frac{\partial q_r}{\partial Q_i}+\frac{\partial u}{\partial p_r}\frac{\partial p_r}{\partial Q_i}\right)\sum_{s=1}^{n}\left(\frac{\partial v}{\partial q_s}\frac{\partial q_s}{\partial P_i}+\frac{\partial v}{\partial p_s}\frac{\partial p_s}{\partial P_i}\right)\\ &-\sum_{r=1}^{n}\left(\frac{\partial u}{\partial q_r}\frac{\partial q_r}{\partial P_i}+\frac{\partial u}{\partial p_r}\frac{\partial p_r}{\partial P_i}\right)\sum_{s=1}^{n}\left(\frac{\partial v}{\partial q_s}\frac{\partial q_s}{\partial Q_i}+\frac{\partial v}{\partial p_s}\frac{\partial p_s}{\partial Q_i}\right)\Bigg]\\ =&\sum_{r=1}^{n}\sum_{s=1}^{n}\frac{\partial u}{\partial q_r}\frac{\partial v}{\partial q_s}\sum_{i=1}^{n}\frac{\mathrm{D}(q_r,p_s)}{\mathrm{D}(Q_i,P_i)}+\sum_{r=1}^{n}\sum_{s=1}^{n}\frac{\partial u}{\partial q_r}\frac{\partial v}{\partial p_s}\sum_{i=1}^{n}\frac{\mathrm{D}(q_r,p_s)}{\mathrm{D}(Q_i,P_i)}\end{aligned}$$

$$+\sum_{r=1}^{n}\sum_{s=1}^{n}\frac{\partial u}{\partial p_r}\frac{\partial v}{\partial q_s}\sum_{i=1}^{n}\frac{D(p_r,q_s)}{D(Q_i,P_i)}+\sum_{r=1}^{n}\sum_{s=1}^{n}\frac{\partial u}{\partial p_r}\frac{\partial v}{\partial p_s}\sum_{i=1}^{n}\frac{D(p_r,p_s)}{D(Q_i,P_i)}$$

$$=\sum_{r=1}^{n}\sum_{s=1}^{n}\frac{\partial u}{\partial q_r}\frac{\partial v}{\partial q_s}(q_r,q_s)+\sum_{r=1}^{n}\sum_{s=1}^{n}\frac{\partial u}{\partial q_r}\frac{\partial v}{\partial p_s}(q_r,p_s)$$

$$+\sum_{r=1}^{n}\sum_{s=1}^{n}\frac{\partial u}{\partial p_r}\frac{\partial v}{\partial q_s}(p_r,q_s)+\sum_{r=1}^{n}\sum_{s=1}^{n}\frac{\partial u}{\partial p_r}\frac{\partial v}{\partial p_s}(p_r,p_s).$$

注意到接触变换的显式条件(4.106),从而

$$(U,V)=\sum_{r=1}^{n}\sum_{s=1}^{n}\frac{\partial u}{\partial q_r}\frac{\partial v}{\partial p_s}\delta_r^s-\sum_{r=1}^{n}\sum_{s=1}^{n}\frac{\partial u}{\partial p_r}\frac{\partial v}{\partial q_s}\delta_s^r$$

$$=\sum_{i=1}^{n}\left(\frac{\partial u}{\partial q_i}\frac{\partial v}{\partial p_i}-\frac{\partial u}{\partial p_i}\frac{\partial v}{\partial q_i}\right)=\sum_{i=1}^{n}\frac{D(u,v)}{D(q_i,p_i)}=(u,v).$$

证毕. □

§5.5 Hamilton 主函数的研究

Hamilton 在建立他的力学理论时,主要受到了几何光学原理的启发.他利用几何光学的 Fermat 原理成功地建立光学-力学比拟,建立了新的积分变分原理——Hamilton 原理.同时,他也利用了几何光学中另一著名的原理——Huygens 原理.Huygens 把光的传播看成是“波前曲面”的运动,并认为“波前曲面”的未来位置是此刻各子波面的包络面.Huygens 原理是通过一个“波前曲面”函数来刻画光的传播.Hamilton 类比 Huygens 原理,建立了力学系统的“波前面函数”——这就是本节要讨论的 Hamilton 主函数.有了这个主函数我们就可以方便地决定系统的运动.主函数所满足的方程就是所谓 Hamilton-Jacobi 偏微分方程.这个理论的进一步发展构成了 Hamilton-Jacobi 方法,它是分析动力学研究最有意义的成果之一.

经典力学规律有着多种的表述形式.当经典力学规律以 Hamilton 的这种形式表述时,充分显示了它和非经典的现代物理学之间的紧密联系.在刻画电子、中子等微观粒子运动规律的 Schrödinger“波动力学”中,Hamilton 主函数被推广为新意义下的“波函数”,而 Hamilton-Jacobi 方程则为 Schrödinger 方程所代替.当我们考查这种微观力学在 $\hbar\to 0$ 时的极限时,微观意义下的波函数和 Schrödinger 方程就蜕化为经典力学的 Hamilton 主函数和 Hamilton-Jacobi 方程[57].

5.5.1 Hamilton 主函数

考虑一个 Lagrange 力学系统,其广义坐标为 $q_1,q_2,\cdots,q_n$. Lagrange 函数为

$L(q_1,\cdots,q_n,\dot{q}_1,\cdots,\dot{q}_n,t)$，系统的动力学方程为

$$\frac{\mathrm{d}}{\mathrm{d}t}\frac{\partial L}{\partial \dot{q}_i}-\frac{\partial L}{\partial q_i}=0,\quad i=1,2,\cdots,n. \tag{5.1}$$

我们在空间 E^q 内来考虑系统的运动. 设 $t=t_0$ 为初始时刻，系统的初始条件为

$$q_i|_{t=t_0}=q_i^0,\quad \dot{q}_i|_{t=t_0}=\omega_i^0,\quad i=1,2,\cdots,n. \tag{5.2}$$

根据运动的存在唯一性，我们知道有 Lagrange 问题的解

$$q_i(t)=\varphi_i(q_1^0,\cdots,q_n^0,\omega_1^0,\cdots,\omega_n^0,t_0,t). \tag{5.3}$$

将这个从始端(5.2)出发的正轨代入到 Lagrange 函数里，得

$$\begin{aligned}&L(q_1,\cdots,q_n,\dot{q}_1,\cdots,\dot{q}_n,t)|_{q_i=\varphi_i}\\&=\widehat{L}(q_1^0,\cdots,q_n^0,\omega_1^0,\cdots,\omega_n^0,t_0,t).\end{aligned} \tag{5.4}$$

考虑从始端(5.2)出发，沿着正轨到 $t=t_1$ 的末端，作如下的积分：

$$\begin{aligned}&\int_{t_0}^{t_1}\widehat{L}(q_1^0,\cdots,q_n^0,\omega_1^0,\cdots,\omega_n^0,t_0,t)\mathrm{d}t\\&=\xi(q_1^0,\cdots,q_n^0,\omega_1^0,\cdots,\omega_n^0,t_0,t_1).\end{aligned} \tag{5.5}$$

很明显，按(5.5)式定义的 ξ 就是系统沿现在所考虑的正轨从 t_0 到 t_1 之间的 Hamilton 作用量.

引进这条正轨在 $t=t_1$ 时刻的位形值 $q_1^1,\cdots,q_n^1$. 按(5.3)式应该有

$$q_i^1=\varphi_i|_{t=t_1}=\varphi_i(q_1^0,\cdots,q_n^0,\omega_1^0,\cdots,\omega_n^0,t_0,t_1)=\widehat{\varphi}_i. \tag{5.6}$$

这是 n 个方程式. 假定对于我们所考虑的运动有如下条件成立①：

$$\frac{\mathrm{D}(\widehat{\varphi}_1,\widehat{\varphi}_2,\cdots,\widehat{\varphi}_n)}{\mathrm{D}(\omega_1^0,\omega_2^0,\cdots,\omega_n^0)}\neq 0. \tag{5.7}$$

从而可由方程组(5.6)解出

$$\omega_i^0=\omega_i^0(q_1^0,\cdots,q_n^0,q_1^1,\cdots,q_n^1,t_0,t_1),\quad i=1,2,\cdots,n. \tag{5.8}$$

将这 n 个关系式代入(5.4)的 ξ 表达式中，消去 $\omega_1^0,\cdots,\omega_n^0$ 后可以定义如下的函数：

$$\begin{aligned}&S(q_1^0,\cdots,q_n^0,q_1^1,\cdots,q_n^1,t_0,t_1)\\&=\xi(q_1^0,\cdots,q_n^0,\omega_1^0,\cdots,\omega_n^0,t_0,t_1)|_{\omega_i^0=\omega_i^0(q_1^0,\cdots,q_n^0,q_1^1,\cdots,q_n^1,t_0,t_1)}.\end{aligned} \tag{5.9}$$

这就是 **Hamilton 主函数**. 由此可见，Hamilton 主函数就是以初始参数(时刻及位形)，末端参数(时刻及位形)为变元而表达出的沿正轨的 Hamilton 作用量.

5.5.2 主函数的微分表达式

为导出主函数 S 的微分表达式，我们来研究主函数随其变元变化而产生的变

① 如果末端只在始端的邻近，可以证明，条件(5.7)是成立的；对于末端不是始端邻近的情况，可能会出现某些特殊的情形，此时条件(5.7)不成立.

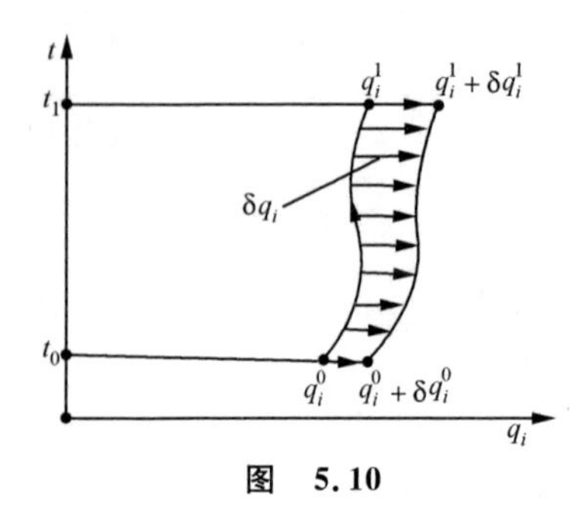

图 5.10

动. 首先计算当 t_0, t_1 不变动，而 $q_1^0, \cdots, q_n^0, q_1^1, \cdots, q_n^1$ 有变动时引起的主函数变动.

如图 5.10 所示，当 $q_1^0, \cdots, q_n^0$ 变到 $q_1^0+\delta q_1^0, \cdots, q_n^0+\delta q_n^0$，且 $q_1^1, \cdots, q_n^1$ 变到 $q_1^1+\delta q_1^1, \cdots, q_n^1+\delta q_n^1$ 时，显然从 t_0 到 t_1 之间满足 Lagrange 方程的解每个时刻都与原来的解有相应的变动，即由 $q_1, q_2, \cdots, q_n$ 变到 $q_1+\delta q_1, \cdots, q_n+\delta q_n$，所以主函数变动的线性主部为

$$\begin{aligned}\delta S &= \int_{t_0}^{t_1} \delta L \mathrm{d}t = \int_{t_0}^{t_1} \sum_{i=1}^{n} \left(\frac{\partial L}{\partial q_i}\delta q_i + \frac{\partial L}{\partial \dot{q}_i}\delta \dot{q}_i\right)\mathrm{d}t \\ &= \int_{t_0}^{t_1} \sum_{i=1}^{n} \left[\frac{\mathrm{d}}{\mathrm{d}t}\left(\frac{\partial L}{\partial \dot{q}_i}\right)\delta q_i + \frac{\partial L}{\partial \dot{q}_i}\delta \dot{q}_i\right]\mathrm{d}t \\ &= \int_{t_0}^{t_1} \sum_{i=1}^{n} \left[\left(\frac{\mathrm{d}p_i}{\mathrm{d}t}\right)\delta q_i + p_i \frac{\mathrm{d}}{\mathrm{d}t}\delta q_i\right]\mathrm{d}t = \int_{t_0}^{t_1} \frac{\mathrm{d}}{\mathrm{d}t}\left(\sum_{i=1}^{n} p_i \delta q_i\right)\mathrm{d}t \\ &= \left(\sum_{i=1}^{n} p_i \delta q_i\right)\bigg|_{t_0}^{t_1} = \sum_{i=1}^{n} p_i^1 \delta q_i^1 - \sum_{i=1}^{n} p_i^0 \delta q_i^0. \end{aligned} \tag{5.10}$$

这样，就得到了重要的关系式

$$\frac{\partial S}{\partial q_i^1} = p_i^1, \quad \frac{\partial S}{\partial q_i^0} = -p_i^0, \quad i = 1, 2, \cdots, n. \tag{5.11}$$

以下再来计算 $\partial S/\partial t_1$ 和 $\partial S/\partial t_0$：根据(5.5)式，有

$$\frac{\partial \xi}{\partial t_1} = \frac{\partial}{\partial t_1}\int_{t_0}^{t_1} \widehat{L}\,\mathrm{d}t = \widehat{L}\,|_{t=t_1} = L_1. \tag{5.12}$$

注意到(5.9)式，实际上应该有恒等式

$$S(q_1^0, \cdots, q_n^0, q_1^1, \cdots, q_n^1, t_0, t_1)\,|_{q_i^1 = \widehat{\varphi_i}} = \xi, \tag{5.13}$$

所以

$$\frac{\partial \xi}{\partial t_1} = \frac{\partial S}{\partial t_1} + \sum_{i=1}^{n} \frac{\partial S}{\partial q_i^1}\frac{\partial \widehat{\varphi_i}}{\partial t}.$$

注意到(5.11)式以及

$$\frac{\partial \widehat{\varphi_i}}{\partial t_1} = \frac{\partial \varphi_i}{\partial t}\bigg|_{t=t_1} = \dot{q}_i\,|_{t=t_1} = \dot{q}_i^1, \quad i = 1, 2, \cdots, n,$$

故

$$\frac{\partial \xi}{\partial t_1} = \frac{\partial S}{\partial t_1} + \sum_{i=1}^{n} p_i^1 \dot{q}_i^1.$$

可见

$$\frac{\partial S}{\partial t_1}=\frac{\partial \xi}{\partial t_1}-\sum_{i=1}^{n}p_i^1\dot{q}_i^1=L_1-\sum_{i=1}^{n}p_i^1\dot{q}_i^1$$

$$=\left(L-\sum_{i=1}^{n}p_i\dot{q}_i\right)\Bigg|_{t=t_1}=(-H)\,|_{t=t_1}=-H_1. \tag{5.14}$$

计算$\dfrac{\partial S}{\partial t_0}$仍然从恒等式(5.13)出发,有下列等式成立:

$$\frac{\partial S}{\partial t_0}+\sum_{r=1}^{n}\frac{\partial S}{\partial q_r^1}\frac{\partial q_r^1}{\partial t_0}=\frac{\partial \xi}{\partial t_0}=\int_{t_0}^{t_1}\frac{\partial \widehat{L}}{\partial t_0}\mathrm{d}t-\widehat{L}_0, \tag{5.15}$$

$$\frac{\partial S}{\partial q_i^0}+\sum_{r=1}^{n}\frac{\partial S}{\partial q_r^1}\frac{\partial q_r^1}{\partial q_i^0}=\frac{\partial \xi}{\partial q_i^0}=\int_{t_0}^{t_1}\frac{\partial \widehat{L}}{\partial q_i^0}\mathrm{d}t, \tag{5.16}$$

$$\sum_{r=1}^{n}\frac{\partial S}{\partial q_r^1}\frac{\partial q_r^1}{\partial \omega_i^0}=\frac{\partial \xi}{\partial \omega_i^0}=\int_{t_0}^{t_1}\frac{\partial \widehat{L}}{\partial \omega_i^0}\mathrm{d}t. \tag{5.17}$$

将上三式作和式:

$$(5.15)\text{ 式}+\sum_{i=1}^{n}\omega_i^0\times(5.16)\text{ 式}+\sum_{i=1}^{n}\alpha_i^0\times(5.17)\text{ 式},$$

得

$$\frac{\partial S}{\partial t_1}+\sum_{i=1}^{n}\omega_i^0\frac{\partial S}{\partial q_i^0}+\sum_{r=1}^{n}\frac{\partial S}{\partial q_r^1}\Big(\frac{\partial q_r^1}{\partial t_0}+\sum_{i=1}^{n}\omega_i^0\frac{\partial q_r^1}{\partial q_i^0}+\sum_{i=1}^{n}\alpha_i^0\frac{\partial q_r^1}{\partial \omega_i^0}\Big)$$

$$=-\widehat{L}_0+\int_{t_0}^{t_1}\Big(\frac{\partial \widehat{L}}{\partial t_0}+\sum_{i=1}^{n}\omega_i^0\frac{\partial \widehat{L}}{\partial q_i^0}+\sum_{i=1}^{n}\alpha_i^0\frac{\partial \widehat{L}}{\partial \omega_i^0}\Big)\mathrm{d}t, \tag{5.18}$$

其中

$$\alpha_i^0=\ddot{q}_i|_{t=t_0},\quad i=1,2,\cdots,n. \tag{5.19}$$

可以证明如下公式

$$\frac{\partial q_r^1}{\partial t_0}+\sum_{i=1}^{n}\omega_i^0\frac{\partial q_i^1}{\partial q_i^0}+\sum_{i=1}^{n}\alpha_i^0\frac{\partial q_r^1}{\partial \omega_i^0}\equiv 0,\quad r=1,2,\cdots,n; \tag{5.20}$$

$$\frac{\partial \widehat{L}}{\partial t_0}+\sum_{i=1}^{n}\omega_i^0\frac{\partial \widehat{L}}{\partial q_i^0}+\sum_{i=1}^{n}\alpha_i^0\frac{\partial \widehat{L}}{\partial \omega_i^0}\equiv 0. \tag{5.21}$$

从而(5.18)式成为

$$\frac{\partial S}{\partial t_0}=-\widehat{L}_0-\sum_{i=1}^{n}\omega_i^0\frac{\partial S}{\partial q_i^0}=-\widehat{L}_0+\sum_{i=1}^{n}\omega_i^0p_i^0=H|_{t=t_0}=H_0. \tag{5.22}$$

综合(5.11),(5.14),(5.22)各式,得到 Hamilton 主函数对其变元的微分公式:

$$\mathrm{d}S=\sum_{i=1}^{n}p_i^1\mathrm{d}q_i^1-\sum_{i=1}^{n}p_i^0\mathrm{d}q_i^0-H_1\mathrm{d}t_1+H_0\mathrm{d}t_0. \tag{5.23}$$

为补充公式(5.20),(5.21)的证明,我们来考虑如图 5.11 所示的从 A 点出发的正轨. 到末端 B 点,有

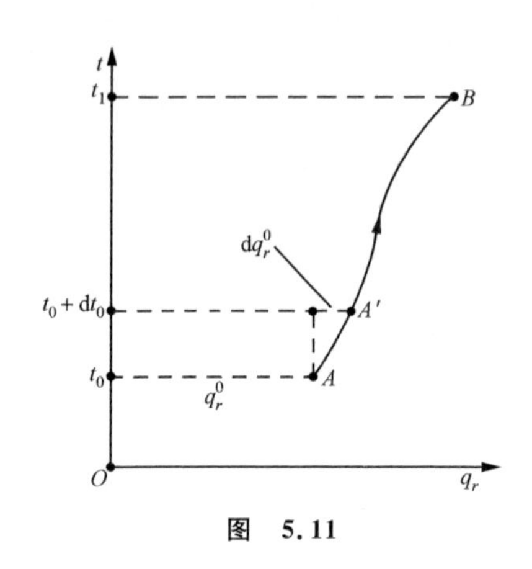

图　5.11

$$q_r^1 = \varphi_r(q_1^0,\cdots,q_n^0,\omega_1^0,\cdots,\omega_n^0,t_0,t_1),\quad r = 1,2,\cdots,n. \tag{5.24}$$

现在我们再来考虑从 A 点邻近，但仍在上述同一正轨上的 A'点出发的正轨. A'点对应的参数为 $q_1^0+\mathrm{d}q_1^0,\cdots,q_n^0+\mathrm{d}q_n^0,t_0+\mathrm{d}t_0$. 显然，从 A'出发的正轨也要到达 B 点，即有

$$q_r^1 =\varphi_r(q_1^0+\mathrm{d}q_1^0,\cdots,q_n^0+\mathrm{d}q_n^0,\omega_1^0+\mathrm{d}\omega_1^0,\cdots,\omega_n^0+\mathrm{d}\omega_n^0,t_0+\mathrm{d}t_0,t_1),\quad r = 1,2,\cdots,n. \tag{5.25}$$

在上述含义下，显然应该有恒等式

$$\varphi_r(q_1^0+\mathrm{d}q_1^0,\cdots,q_n^0+\mathrm{d}q_n^0,\omega_1^0+\mathrm{d}\omega_1^0,\cdots,\omega_n^0+\mathrm{d}\omega_n^0,t_0+\mathrm{d}t_0,t_1) - \varphi_r(q_1^0,\cdots,q_n^0,\omega_1^0,\cdots,\omega_n^0,t_0,t_1)\equiv 0,\quad r = 1,2,\cdots,n, \tag{5.26}$$

亦即有

$$\sum_{i=1}^n \frac{\partial\widehat{\varphi_r}}{\partial q_i^0}\mathrm{d}q_i^0 + \sum_{i=1}^n \frac{\partial\widehat{\varphi_r}}{\partial \omega_i^0}\mathrm{d}\omega_i^0 + \frac{\partial\widehat{\varphi_r}}{\partial t_0}\mathrm{d}t_0 \equiv 0, \tag{5.27}$$

其中 $\mathrm{d}t_0$ 可以任意小，因此(5.27)式可化为

$$\sum_{i=1}^n \frac{\partial\widehat{\varphi_r}}{\partial q_i^0}\frac{\mathrm{d}q_i^0}{\mathrm{d}t_0} + \sum_{i=1}^n \frac{\partial\widehat{\varphi_r}}{\partial \omega_i^0}\frac{\mathrm{d}\omega_i^0}{\mathrm{d}t_0} + \frac{\partial\widehat{\varphi_r}}{\partial t_0} \equiv 0. \tag{5.28}$$

注意到 A'的含义，显然有

$$\frac{\mathrm{d}q_i^0}{\mathrm{d}t_0} = \omega_i^0,\quad \frac{\mathrm{d}\omega_i^0}{\mathrm{d}t_0} = \alpha_i^0,\quad i = 1,2,\cdots,n, \tag{5.29}$$

所以得

$$\frac{\partial\widehat{\varphi_r}}{\partial t_0} + \sum_{i=1}^n \omega_i^0\frac{\partial\widehat{\varphi_r}}{\partial q_i^0} + \sum_{i=1}^n \alpha_i^0\frac{\partial\widehat{\varphi_r}}{\partial \omega_i^0} \equiv 0,\quad r = 1,2,\cdots,n.$$

这就是(5.20)式. 对公式(5.21)的证明类似.

5.5.3　主函数所应满足的微分方程

现在，让我们这样来考虑主函数：让始端参数 $t_0,q_1^0,\cdots,q_n^0$ 固定不变，但固定的数值可以任意. 让末端参数变化，并记

$$t_1 = t,\quad q_i^1 = q_i,\quad i = 1,2,\cdots,n. \tag{5.30}$$

于是，可以将主函数改写成为 $S(q_1,\cdots,q_n,t,q_1^0,\cdots,q_n^0,t_0)$. 注意到现在有

$$\mathrm{d}t_0 = 0,\quad \mathrm{d}q_i^0 = 0,\quad i = 1,2,\cdots,n. \tag{5.31}$$

所以主函数的微分关系式(5.23)成为

$$\mathrm{d}S=\sum_{i=1}^{n}p_i\mathrm{d}q_i-H(q_1,\cdots,q_n,p_1,\cdots,p_n,t)\mathrm{d}t. \tag{5.32}$$

并且有

$$\frac{\partial S}{\partial q_i}=p_i,\quad i=1,2,\cdots,n. \tag{5.33}$$

从(5.32)及(5.33)式,立即得

$$\frac{\mathrm{d}S}{\mathrm{d}t}=\sum_{i=1}^{n}p_i\frac{\mathrm{d}q_i}{\mathrm{d}t}-H\left(q_1,\cdots,q_n,\frac{\partial S}{\partial q_1},\cdots,\frac{\partial S}{\partial q_n},t\right). \tag{5.34}$$

而

$$\frac{\mathrm{d}S}{\mathrm{d}t}=\frac{\partial S}{\partial t}+\sum_{i=1}^{n}\frac{\partial S}{\partial q_i}\frac{\mathrm{d}q_i}{\mathrm{d}t}=\frac{\partial S}{\partial t}+\sum_{i=1}^{n}p_i\frac{\mathrm{d}q_i}{\mathrm{d}t}. \tag{5.35}$$

比较上述两式,得

$$\frac{\partial S}{\partial t}+H\left(q_1,\cdots,q_n,\frac{\partial S}{\partial q_1},\cdots,\frac{\partial S}{\partial q_n},t\right)=0. \tag{5.36}$$

这就是 $S(q_1,\cdots,q_n,t,q_1^0,\cdots,q_n^0,t)$ 所应满足的偏微分方程;或者说,Hamilton 主函数 $S(q_1,\cdots,q_n,t,q_1^0,\cdots,q_n^0,t_0)$ 一定是偏微分方程(5.36)的一个积分.由于在上述主函数表达式中,$q_1^0,\cdots,q_n^0,t_0$ 虽然看成固定不变,但取值却可以任意,所以实际上是任意常数.按此观点,Hamilton 主函数 S 乃是包含有 $n+1$ 个任意常数的函数,因此它是(5.36)偏微分方程的一个全积分.

5.5.4　主函数能完全决定系统的运动

如同几何光学中 Huygens 的"波前曲面"函数能完全决定光线的传播一样,力学系统的 Hamilton 主函数能完全决定系统的运动.也就是说,由它能完全决定出力学系统的 Lagrange 方程或 Hamilton 正则方程的通解.

假定我们已经知道了系统的主函数为

$$S(q_1,\cdots,q_n,t,q_1^0,\cdots,q_n^0,t_0), \tag{5.37}$$

其中 $q_1^0,\cdots,q_n^0,t_0$ 是 E^q 空间中正轨的始端参数,$q_1,\cdots,q_n,t$ 是正轨的末端参数.

根据已经建立的主函数关系式(5.11),显然有

$$\frac{\partial S}{\partial q_i^0}=-p_i^0,\quad i=1,2,\cdots,n. \tag{5.38}$$

由(5.38)的 n 个方程,就完全可以决定出 $q_1,\cdots,q_n$ 为时间 t 的函数[①],其中包含有

---

① 这一可解性的条件是 $\dfrac{\mathrm{D}(p_1^0,p_2^0,\cdots,p_n^0)}{\mathrm{D}(q_1,q_2,\cdots,q_n)}\neq 0$.由于我们已知

$$\frac{\mathrm{D}(p_1^0,p_2^0,\cdots,p_n^0)}{\mathrm{D}(\omega_1^0,\omega_2^0,\cdots,\omega_n^0)}\neq 0,$$

且 $q_1=q_1^1,\cdots,q_n=q_n^1$,因此上述条件实际上就是 $\dfrac{\mathrm{D}(\omega_1^0,\omega_2^0,\cdots,\omega_n^0)}{\mathrm{D}(q_1^1,q_2^1,\cdots,q_n^1)}\neq 0$.这一条件的成立正是我们假定条件(5.7)所保证的.

空间 E^q 的始端参数及起始动量，共 $2n+1$ 个参数：$q_1^0,\cdots,q_n^0,p_1^0,\cdots,p_n^0,t_0$. 由这组函数所决定的 t 时刻的表现点$(q_1,\cdots,q_n)$显然是在由始端出发的正轨上. 这也就是说，解出的函数组是力学系统 Lagrange 方程的通解.

再考虑到(5.11)式的另一组

$$\frac{\partial S}{\partial q_i} = p_i, \quad i = 1,2,\cdots,n. \tag{5.39}$$

与(5.38)式联合，即可同时决定出 $q_1,\cdots,q_n,p_1,\cdots,p_n$ 为时间 t 的函数，其中包含有 $q_1^0,\cdots,q_n^0,p_1^0,\cdots,p_n^0,t_0$ 等相空间的始端参数. 显然，这就构成了系统 Hamilton 正则方程的通解.

由此可见，找到了系统的主函数 S，就是解决了系统的动力学问题. 但是，在5.5.1 小节中所提供的主函数构造法并不能解决问题，因为在这个构造法中，必须先知道 Lagrange 方程的通解(5.3)(用在两处：(1) 形成 $\widehat{L}$，以便于作由 t_0 到 t_1 的积分，求 Hamilton 作用量；(2) 反解出 $\omega_i^0=\omega_i^0(q_1^0,\cdots,q_n^0,q_1^1,\cdots,q_n^1,t_0,t_1)$，以便从 ξ 函数中消去 $\omega_1^0,\cdots,\omega_n^0$.)这样看来，上述研究似乎是走了一个圆圈，并没有什么进展，但实际上并非如此. 在下一节中我们将看到，主函数偏微分方程(5.36)的任何一个全积分在决定系统的运动问题上能够起到主函数同样的作用. 这样，我们终于在一个似乎是循环的过程中找到了一个突破点. 虽然，寻找偏微分方程(5.36)的全积分也不是一件易事，但终究给解决动力学问题开辟了一个新途径.

5.5.5 相空间的 Hamilton 动力学变换是一个接触变换群

利用 Hamilton 主函数以及它的微分关系式，不难立即看出 5.4.4 小节中的第(5)点的结论：Hamilton 动力学变换是一个接触变换.

设 Hamilton 动力学变换 $D_{t_0,t}$ 是将 $t=t_0$ 时刻的相点$(q_1^0,\cdots,q_n^0,p_1^0,\cdots,p_n^0)$经过正则方程的"相流动"变换到 t 时刻的相点$(q_1,\cdots,q_n,p_1,\cdots,p_n)$. 可以建立沿正则方程相流动(亦即沿正轨)从始端到末端的主函数 $S(q_1,\cdots,q_n,t,q_1^0,\cdots,q_n^0,t_0)$，根据主函数微分公式，有

$$\mathrm{d}S = \sum_{i=1}^{n} p_i \mathrm{d}q_i - \sum_{i=1}^{n} p_i^0 \mathrm{d}q_i^0 - H\mathrm{d}t + H_0 \mathrm{d}t_0. \tag{5.40}$$

我们以下假定，全空间初始相点出发的时刻是固定不变的，亦即有 $\mathrm{d}t_0=0$，而沿正轨的末端时刻 t 可以任意取，所以(5.40)式成为

$$\mathrm{d}S = \sum_{i=1}^{n} p_i \mathrm{d}q_i - \sum_{i=1}^{n} p_i^0 \mathrm{d}q_i^0 - H\mathrm{d}t,$$

亦即

$$\sum_{i=1}^{n} p_i \mathrm{d}q_i - \sum_{i=1}^{n} p_i^0 \mathrm{d}q_i^0 = H\mathrm{d}t + \mathrm{d}S. \tag{5.41}$$

将(5.41)式与接触变换的 Lie 条件

$$\sum_{i=1}^{n} P_i \mathrm{d}Q_i - \sum_{i=1}^{n} p_i \mathrm{d}q_i = R\mathrm{d}t - \mathrm{d}W$$

相比较,我们立即可以断定:从 $t=t_0$ 的初始相点到 t 时刻的相点$(q_1,\cdots,q_n,p_1,\cdots,t_n)$的动力学变换 $D_{t_0,t}$是接触变换.

以下考虑把末端时刻也取定为 t_1 的情况:此时,(5.41)式成为

$$\sum_{i=1}^{n} p_i^1 \mathrm{d}q_i^1 - \sum_{i=1}^{n} p_i^0 \mathrm{d}q_i^0 = \mathrm{d}S. \tag{5.42}$$

按变换运算的传统定义,有乘法运算

$$D_{t_0,t_1} D_{t_1,t_2} = D_{t_0,t_2}. \tag{5.43}$$

显然,D_{t_0,t_2}仍然是一个接触变换.按照这种运算定义,Hamilton 动力学变换成为一个接触变换群,因为

(1) 有乘法运算.运算的积仍是接触变换.

(2) 当 $t_1=t_0$ 时,是恒等变换,定义为 E.它显然是一个接触变换.

(3) $D_{t_0,t_1} D_{t_1,t_0}=E$,故有逆.逆也是接触变换.

由于 Hamilton 动力学变换是接触变换,因此,有关接触变换已经证明的性质:Poincaré 积分的不变性,保持相空间测度的不变性(Liouville 定理)等都可以应用到 Hamilton 动力学变换上.这些结果对于我们来说,都是已经证明了的事实.

§5.6 Hamilton-Jacobi 方法

接触变换的研究不仅仅对 Hamilton 动力学系统运动的性质提供了规律性的认识,而且也提供了真正寻找 Lagrange 系统和 Hamilton 系统的解的重要途径.这就是本节要讨论的 Hamilton-Jacobi 方法.

5.6.1 化零接触变换

在 5.2.1 和 5.4.4 小节中我们都曾经希望通过变换来使系统产生出更多的循环坐标,从而达到化简系统的目的.现在我们来实践这种想法,并且做得更加彻底.

让我们来考虑一个 Hamilton 正则系统

$$\dot{q}_i = \frac{\partial H}{\partial p_i}, \quad \dot{p}_i = -\frac{\partial H}{\partial q_i}, \quad i = 1,2,\cdots,n, \tag{6.1}$$

其中的 Hamilton 函数 $H=H(q_1,\cdots,q_n,p_1,\cdots,p_n,t)$.

现在来研究由一个第一类生成函数 $W(q_1,\cdots,q_n,Q_1,\cdots,Q_n,t)$产生出的接触变换:

$$(q_1,\cdots,q_n,p_1,\cdots,p_n) \longleftrightarrow (Q_1,\cdots,Q_n,P_1,\cdots,P_n).$$

根据(4.26)式,这个接触变换的变换关系式为

$$P_i = -\frac{\partial W}{\partial Q_i},\quad p_i = \frac{\partial W}{\partial q_i},\quad R = \frac{\partial W}{\partial t},\quad i = 1,2,\cdots,n. \tag{6.2}$$

已经证明过,经过(6.2)式这样的接触变换,Hamilton 正则系统(6.1)在新的相空间$(Q_1,\cdots,Q_n,P_1,\cdots,P_n)$内仍然是正则系统,而且其新 Hamilton 函数 $\widetilde{H} = H + R$.

试设想,如果能选到这样的生成函数 W,使得有

$$\widetilde{H} \equiv 0, \tag{6.3}$$

那么,称由这种生成函数做成的接触变换(6.2)是**化零接触变换**①.

如果我们找到了化零接触变换,而由于 $\widetilde{H} \equiv 0$,所以系统的动力学在空间$(Q_1,\cdots,Q_n,P_1,\cdots,P_n)$里变得极为简单.此时所有的 $Q_1,\cdots,Q_n$ 都是循环坐标,因而有 n 个循环积分

$$P_i = \beta_i = \text{const.},\quad i = 1,2,\cdots,n. \tag{6.4}$$

不仅如此,此时系统的新"坐标"本身,即 $Q_1,\cdots,Q_n$ 也都是常数.因为

$$\dot{Q}_i = \frac{\partial \widetilde{H}}{\partial P_i} = 0,\quad i = 1,2,\cdots,n. \tag{6.5}$$

所以有

$$Q_i = \alpha_i = \text{const.}. \tag{6.6}$$

因此,系统(6.1)经过化零接触变换之后,新的正则变量都是积分常数.从增广相空间内的"相流动"图像来看,化零接触变换好像一把梳子,把原来空间$(q_1,\cdots,q_n,p_1,\cdots,p_n,t)$内零乱复杂的相流动一下子梳成和 t 轴平行的直线束.其情况如图 5.12 所示.

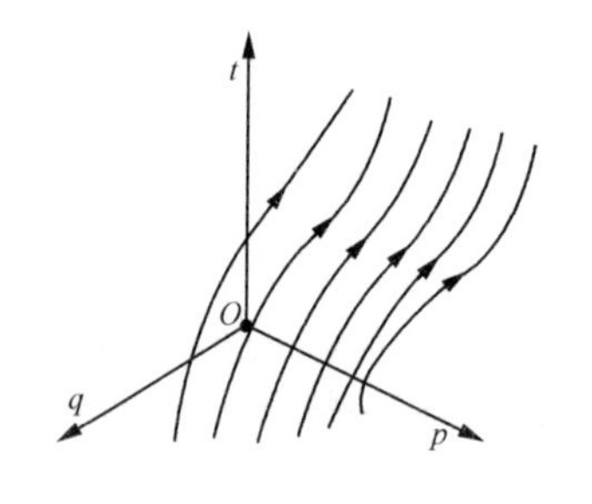

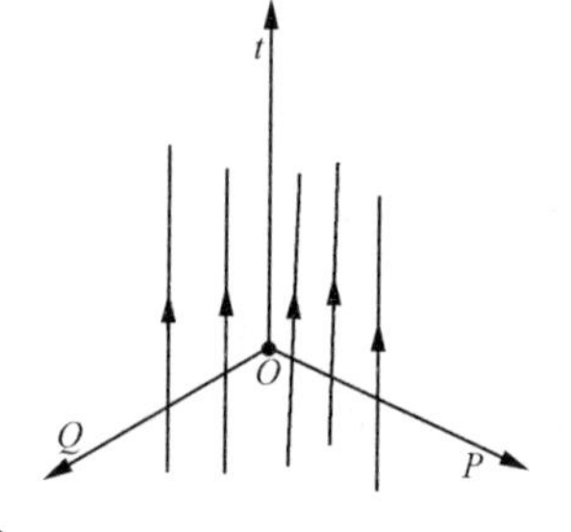

图　5.12

将(6.4),(6.6)式这 $2n$ 个积分代入变换公式(6.2)后,得

$$\beta_i = -\frac{\partial W}{\partial Q_i}\bigg|_{Q_j=\alpha_j} = -\frac{\partial W|_{Q_j=\alpha_j}}{\partial \alpha_i} = -\frac{\partial W(q_1,\cdots,q_n,\alpha_1,\cdots,\alpha_n,t)}{\partial \alpha_i}, \tag{6.7}$$

① 应该注意到,接触变换对 Hamilton 系统来说是通用的,而化零接触变换则是专用的.

$$p_i = \frac{\partial W}{\partial q_i}\bigg|_{Q_j=\alpha_j} = \frac{\partial W(q_i,\cdots,q_n,\alpha_1,\cdots,\alpha_n,t)}{\partial q_i}. \tag{6.8}$$

如同找到了 Hamilton 主函数 S 就能够决定系统的运动一样，有了化零接触变换生成函数 W，我们就可以建立方程(6.7)，(6.8). 先从(6.7)这 n 个方程可以解出

$$q_i = q_i(\alpha_1,\cdots,\alpha_n,\beta_1,\cdots,\beta_n,t),\quad i=1,2,\cdots,n, \tag{6.9}$$

其中 $\alpha_1,\cdots,\alpha_n,\beta_1,\cdots,\beta_n,t$ 都是积分常数. 显然，(6.9)式就是系统 Lagrange 方程的通解；再由(6.8)这 n 个方程，可进一步决定出

$$\begin{aligned} p_i &= \frac{\partial W(q_1,\cdots,q_n,\alpha_1,\cdots,\alpha_n,t)}{\partial q_i}\bigg|_{q_j=q_j(\alpha_1,\cdots,\alpha_n,\beta_1,\cdots,\beta_n,t)} \\ &= p_i(\alpha_1,\cdots,\alpha_n,\beta_1,\cdots,\beta_n,t),\quad i=1,2,\cdots,n. \end{aligned} \tag{6.10}$$

(6.9)和(6.10)式合在一起，构成了系统 Hamilton 正则方程(6.1)的通解.

由此可见，找到化零接触变换的生成函数 W 是全部问题的关键.

化零接触变换生成函数 W 需满足的条件是(6.3)式，即

$$\widetilde{H} = \widetilde{H+\frac{\partial W}{\partial t}} = \widetilde{H(q_1,\cdots,q_n,p_1,\cdots,p_n,t)+\frac{\partial W}{\partial t}} \equiv 0. \tag{6.11}$$

注意到(6.2)式，(6.11)式成为

$$\widetilde{\frac{\partial W}{\partial t} + H\left(q_1,\cdots,q_n,\frac{\partial W}{\partial q_1},\cdots,\frac{\partial W}{\partial q_n},t\right)} \equiv 0. \tag{6.12}$$

既然

$$\frac{\partial W}{\partial t} + H\left(q_1,\cdots,q_n,\frac{\partial W}{\partial q_1},\cdots,\frac{\partial W}{\partial q_n},t\right)$$

表达成为新正则变量函数时恒为零，故在未变之前也应恒等于零. 所以 W 应满足的条件就是如下的 Hamilton-Jacobi 偏微分方程

$$\frac{\partial W}{\partial t} + H\left(q_1,\cdots,q_n,\frac{\partial W}{\partial q_1},\cdots,\frac{\partial W}{\partial q_n},t\right) = 0. \tag{6.13}$$

如果我们能够找到这个偏微分方程的某个全积分，我们就能够得到化零接触变换的生成函数，从而完全解决了系统的动力学问题. 大家看到，化零接触变换生成函数所必须满足的偏微分方程与 Hamilton 主函数满足的偏微分方程(5.36)完全一致. 因此，如同得到了 Hamilton 主函数能够完全解决动力学问题一样，知道了化零接触变换的生成函数也同样能解决动力学问题，这是毫无疑问的. 但是，我们还是要把这样的过程严格证明一下，这就是下一小节的 Hamilton-Jacobi 定理.

5.6.2　Hamilton-Jacobi 定理

Hamilton-Jacobi 偏微分方程是一个一阶非线性的偏微分方程

$$\frac{\partial W}{\partial t} + H\left(q_1,\cdots,q_n,\frac{\partial W}{\partial q_1},\cdots,\frac{\partial W}{\partial q_n},t\right) = 0.$$

这个方程的未知函数是 W，自变量是 $q_1,\cdots,q_n,t$，总共 $n+1$ 个. 因此，这个偏微分方程的全积分应该是包含有 $n+1$ 个独立的未定常数的函数. 但注意到，在 Hamilton-Jacobi 方程中，未知函数 W 只是以各个偏导数项出现，因此，若 W 是一个解，则 $W+\alpha$ 也必然是解，这里 α 是一个任意的积分常数. 由此可见，Hamilton-Jacobi 偏微分方程的全积分一定含有一个相加常数. 在今后的叙述中，如果不加声明的话，这个相加常数往往不算在积分常数之列，所以我们只要找到一个不包括相加常数在内，而另有 n 个独立积分常数的积分，就算找到了 Hamilton-Jacobi 方程的一个全积分.

Hamilton-Jacobi 定理 对于以 $H(q_1,\cdots,q_n,p_1,\cdots,p_n,t)$ 为 Hamilton 函数的正则系统，如果 $W=W(q_1,\cdots,q_n,\alpha_1,\cdots,\alpha_n,t)$ 是 Hamilton-Jacobi 偏微分方程

$$\frac{\partial W}{\partial t}+H\left(q_1,\cdots,q_n,\frac{\partial W}{\partial q_1},\cdots,\frac{\partial W}{\partial q_n},t\right)=0$$

的一个全积分，亦即 $W\in c_2,\alpha_1,\cdots,\alpha_n$ 是独立的积分常数，即

$$\det\left[\frac{\partial^2 W}{\partial q_r\partial\alpha_s}\right]\neq 0. \tag{6.14}$$

并满足上述偏微分方程，那么，由下列方程

$$\frac{\partial W}{\partial\alpha_r}=-\beta_r,\quad \frac{\partial W}{\partial q_r}=p_r,\quad r=1,2,\cdots,n. \tag{6.15}$$

解出的

$$\begin{cases}q_r=q_r(\alpha_1,\cdots,\alpha_n,\beta_1,\cdots,\beta_n,t),\\ p_r=p_r(\alpha_1,\cdots,\alpha_n,\beta_1,\cdots,\beta_n,t)\end{cases} \tag{6.16}$$

必是原 Hamilton 正则方程的通解，其中 $\alpha_1,\cdots,\alpha_n,\beta_1,\cdots,\beta_n$ 都是积分常数.

证明 首先说明，从(6.15)的前 n 个方程

$$\frac{\partial W}{\partial\alpha_r}=\frac{\partial W(q_1,\cdots,q_n,\alpha_1,\cdots,\alpha_n,t)}{\partial\alpha_r}=-\beta_r,\quad r=1,2,\cdots,n.$$

确实可以反解出

$$q_r=q_r(\alpha_1,\cdots,\alpha_n,\beta_1,\cdots,\beta_n,t),\quad r=1,2,\cdots,n.$$

这是因为

$$\frac{D\left(\frac{\partial W}{\partial\alpha_1},\cdots,\frac{\partial W}{\partial\alpha_n}\right)}{D(q_1,\cdots,q_n)}=\det\left[\frac{\partial^2 W}{\partial\alpha_s\partial q_r}\right]\neq 0. \tag{6.17}$$

于是，得到(6.16)的表达式是有保证的. 对于(6.16)这 $2n$ 个函数作 Pfaff 型，有

$$\sum_{r=1}^{r}p_r\mathrm{d}q_r-H\mathrm{d}t.$$

注意到(6.15)式，显然应该有

$$\sum_{r=1}^{n} p_r \mathrm{d}q_r - H\mathrm{d}t = \sum_{r=1}^{n} \frac{\partial W}{\partial q_r}\mathrm{d}q_r + \frac{\partial W}{\partial t}\mathrm{d}t. \tag{6.18}$$

作

$$\begin{aligned} & W(q_1,\cdots,q_n,\alpha_1,\cdots,\alpha_n,t)\ \big|_{q_r=q_r(\sigma_1,\cdots,\sigma_n,\beta_1,\cdots,\beta_n,t)} \\ & = \widehat{W}(\alpha_1,\cdots,\alpha_n,\beta_1,\cdots,\beta_n,t). \end{aligned} \tag{6.19}$$

从而

$$\mathrm{d}\widehat{W} = \sum_{r=1}^{n} \frac{\partial W}{\partial q_r}\mathrm{d}q_r + \sum_{r=1}^{n} \frac{\partial W}{\partial \alpha_r}\mathrm{d}\alpha_r + \frac{\partial W}{\partial t}\mathrm{d}t. \tag{6.20}$$

比较(6.18)与(6.20)式，立即得

$$\sum_{r=1}^{n} p_r \mathrm{d}q_r - H\mathrm{d}t = \mathrm{d}\widehat{W} - \sum_{r=1}^{n} \frac{\partial W}{\partial \alpha_r}\mathrm{d}\alpha_r = \mathrm{d}\widehat{W} + \sum_{r=1}^{n} \beta_r \mathrm{d}\alpha_r. \tag{6.21}$$

如果记

$$\begin{cases} \gamma_1 = \alpha_1,\cdots,\gamma_n = \alpha_n,\gamma_{n+1} = \beta_1,\cdots,\gamma_{2n} = \beta_n, \\ \psi = \widehat{W}(\gamma_1,\gamma_2,\cdots,\gamma_{2n},t), \\ K_s = \gamma_{n+s}, \quad s = 1,2,\cdots,n, \\ K_s = 0, \quad s = n+1,n+2,\cdots,2n. \end{cases} \tag{6.22}$$

那么，(6.21)式成为

$$\sum_{r=1}^{n} p_r \mathrm{d}q_r - H\mathrm{d}t = \mathrm{d}\psi + \sum_{s=1}^{2n} K_s(\gamma_1,\cdots,\gamma_{2n})\mathrm{d}\gamma_s.$$

根据 Pfaff 型等价定理，我们可以断定(6.16)这 $2n$ 个包含有 $2n$ 个积分常数的函数，确实是以 H 为 Hamilton 函数的正则方程的通解. 定理证毕. □

5.6.3 守恒系统

对于有 $\partial H/\partial t=0$ 的自然的 Hamilton 系统——亦即有广义能量守恒积分

$$H = h = \text{const.} \tag{6.23}$$

的系统，上述 Hamilton-Jacobi 方法还可以简化. 此时，系统的 Hamilton-Jacobi 偏微分方程为

$$\frac{\partial W}{\partial t} + H\left(q_1,\cdots,q_n,\frac{\partial W}{\partial q_1},\cdots,\frac{\partial W}{\partial q_n}\right) = 0. \tag{6.24}$$

对于方程(6.24)，可以令

$$W = -ht + K, \tag{6.25}$$

其中 h 是能量积分常数，而 K 不含时间 t. 将(6.25)式代入(6.24)方程，得到

$$H\left(q_1,\cdots,q_n,\frac{\partial K}{\partial q_1},\cdots,\frac{\partial K}{\partial q_n}\right) = h. \tag{6.26}$$

这就是简化了的 Hamilton-Jacobi 方程. 在这个方程中不再含有 t 这个自变量，但

方程本身却含有一个任意常数 h. 既然方程本身含有 h,所以它的积分一般也含有 h. 对于这个简化了的方程,只要找到包含 $n-1$ 个独立的积分常数的全积分(应注意:这 $n-1$ 个积分常数不包含 h 及相加常数在内),就等于找到了原来 Hamilton-Jacobi 方程(6.24)的一个全积分. 比如,假定找到了方程(6.26)的一个全积分

$$K = K(q_1, \cdots, q_n, \alpha_1, \cdots, \alpha_{n-1}, h). \tag{6.27}$$

并有

$$\det\left[\frac{\partial^2 K}{\partial q_i \partial \alpha_j}\right] \neq 0, \tag{6.28}$$

其中 $j=1,2,\cdots,n-1$,而 i 是在 $1,2,\cdots,n$ 中任取 $n-1$ 个. 将(6.27)式代入(6.25)式,得方程(6.24)的全积分为

$$W = -ht + K(q_1, \cdots, q_n, \alpha_1, \cdots, \alpha_{n-1}, h). \tag{6.29}$$

可以证明,只要 K 满足条件(6.28),那么上面所求出的 W 一定满足条件(6.14).

实际上,对于 K,不失一般性,我们可假定有

$$\triangle_1 = \det\left[\frac{\partial^2 K}{\partial q_i \partial \alpha_j}\right] \neq 0, \tag{6.30}$$

其中 $i,j=1,2,\cdots,n-1$. 根据自然系统 Hamilton 函数的性质,应有

$$\frac{\partial H}{\partial p_n} \neq 0. \tag{6.31}$$

于是

$$\triangle = \det\left[\frac{\partial^2 W}{\partial q_i \partial \alpha_j}\right]_{(i=1,\cdots,n;j=1,\cdots,n;\alpha_n=h)}$$
$$= \begin{vmatrix} \dfrac{\partial^2 W}{\partial q_1 \partial \alpha_1} & \cdots & \dfrac{\partial^2 W}{\partial q_1 \partial \alpha_{n-1}} & \dfrac{\partial^2 W}{\partial q_1 \partial h} \\ \vdots & & \vdots & \vdots \\ \dfrac{\partial^2 W}{\partial q_{n-1} \partial \alpha_1} & \cdots & \dfrac{\partial^2 W}{\partial q_{n-1} \partial \alpha_{n-1}} & \dfrac{\partial^2 W}{\partial q_{n-1} \partial h} \\ \dfrac{\partial^2 W}{\partial q_n \partial \alpha_1} & \cdots & \dfrac{\partial^2 W}{\partial q_n \partial \alpha_{n-1}} & \dfrac{\partial^2 W}{\partial q_n \partial h} \end{vmatrix}.$$

注意到

$$H\left(q_1, \cdots, q_n, \frac{\partial W}{\partial q_1}, \frac{\partial W}{\partial q_2}, \cdots, \frac{\partial W}{\partial q_n}\right) = h, \tag{6.32}$$

所以

$$\begin{cases} \dfrac{\partial H}{\partial h} = \displaystyle\sum_{i=1}^{n} \frac{\partial H}{\partial p_i} \frac{\partial^2 W}{\partial q_i \partial h} = 1, \\ \dfrac{\partial H}{\partial \alpha_j} = \displaystyle\sum_{i=1}^{n} \frac{\partial H}{\partial p_i} \frac{\partial^2 W}{\partial q_i \partial \alpha_j} = 0, \quad j = 1,2,\cdots,n-1. \end{cases} \tag{6.33}$$

从而

$$\triangle=\frac{1}{\dfrac{\partial H}{\partial p_n}}\begin{vmatrix}\dfrac{\partial^2 W}{\partial q_1\partial\alpha_1} & \cdots & \dfrac{\partial^2 W}{\partial q_1\partial\alpha_{n-1}} & \dfrac{\partial^2 W}{\partial q_1\partial h}\\ \vdots & & \vdots & \vdots\\ \dfrac{\partial^2 W}{\partial q_{n-1}\partial\alpha_1} & \cdots & \dfrac{\partial^2 W}{\partial q_{n-1}\partial\alpha_{n-1}} & \dfrac{\partial^2 W}{\partial q_{n-1}\partial h}\\ \dfrac{\partial H}{\partial p_n}\dfrac{\partial^2 W}{\partial q_n\partial\alpha_1} & \cdots & \dfrac{\partial H}{\partial p_n}\dfrac{\partial^2 W}{\partial q_n\partial\alpha_{n-1}} & \dfrac{\partial H}{\partial p_n}\dfrac{\partial^2 W}{\partial q_n\partial h}\end{vmatrix}$$

$$=\frac{1}{\dfrac{\partial H}{\partial p_n}}\begin{vmatrix}\dfrac{\partial^2 W}{\partial q_1\partial\alpha_1} & \cdots & \dfrac{\partial^2 W}{\partial q_1\partial\alpha_{n-1}} & \dfrac{\partial^2 W}{\partial q_1\partial h}\\ \vdots & & \vdots & \vdots\\ \dfrac{\partial^2 W}{\partial q_{n-1}\partial\alpha_1} & \cdots & \dfrac{\partial^2 W}{\partial q_{n-1}\partial\alpha_{n-1}} & \dfrac{\partial^2 W}{\partial q_{n-1}\partial h}\\ 0 & \cdots & 0 & 1\end{vmatrix}$$

$$=\triangle_1\Big/\frac{\partial H}{\partial p_n}. \tag{6.34}$$

故由$\triangle_1\neq 0$可立即得出$\triangle\neq 0$.

根据 Hamilton-Jacobi 定理,正则系统的解可由如下方程决定:

$$\begin{cases}\dfrac{\partial W}{\partial\alpha_r}=\dfrac{\partial K}{\partial\alpha_r}=-\beta_r, & r=1,2,\cdots,n-1,\\ \dfrac{\partial W}{\partial q_r}=\dfrac{\partial K}{\partial q_r}=p_r, & r=1,2,\cdots,n,\\ \dfrac{\partial W}{\partial\alpha_n}=\dfrac{\partial W}{\partial h}=-t+\dfrac{\partial K}{\partial h}=-\beta_n.\end{cases} \tag{6.35}$$

通常记$\beta_n=t_0$,对(6.35)式加以整理,得

$$\begin{cases}\dfrac{\partial K}{\partial\alpha_r}=-\beta_r, \quad r=1,2,\cdots,n-1, & (6.36)\\ \dfrac{\partial K}{\partial q_r}=p_r, \quad r=1,2,\cdots,n, & (6.37)\\ \dfrac{\partial K}{\partial h}=t-t_0. & (6.38)\end{cases}$$

此时,按 Hamilton-Jacobi 方法来求解动力学问题,所得出的解,其结构特别简单,特征如下:

(1) 由(6.36)方程决定了空间$(q_1,q_2,\cdots,q_n)$中的轨道方程,而不管表现点在轨道上的运动速率.

(2) 由(6.36)及(6.37)两组方程决定了相空间(q,p)内相轨迹的方程,而不管相点在相轨上的运动速率.

(3) 方程(6.36)和(6.38)结合，决定了 Lagrange 方程的解.

(4) (6.36),(6.37),(6.38)等方程合在一起，决定了相空间内 Hamilton 问题的通解.

5.6.4　两自由度的可分离变量系统

应用 Hamilton-Jacobi 方法来解决动力学问题，真正能彻底分析求解的主要是可分离变量系统. 以守恒系统为例，所谓可分离变量系统是指 Hamilton-Jacobi 方程

$$H\left(q_1,\cdots,q_n,\frac{\partial K}{\partial q_1},\cdots,\frac{\partial K}{\partial q_n}\right)=h,$$

存在着这样的全积分

$$K=\sum_{i=1}^{n}K_i(q_i,\alpha_1,\cdots,\alpha_n)$$

并有

$$\det\left[\frac{\partial^2 K}{\partial q_i\partial\alpha_j}\right]\neq 0.$$

在积分常数 $\alpha_1,\cdots,\alpha_n$ 中可以有一个就是能量常数 h，或者在 $\alpha_1,\cdots,\alpha_n$ 和 h 之间存在着一个关系式.

系统是否具有可分离变量性质与广义坐标的选取有关，这可以从本小节的例题中看到. 这种可分离变量的系统和我们以前讨论过的 Liouville 系统有密切的联系. 对于 Liouville 系统，应用 Lagrange 力学的局部能量积分也可以加以解决，但不如应用 Hamilton-Jacobi 方程既系统又彻底.

Hamilton-Jacobi 方法的重要性不仅仅在于可以分析地解决可分离变量系统，而且还在于它引进的积分常数具有正则性. 正是这一点，它为摄动理论的发展打开了道路.

以下来进行具体的讨论.

1. Liouville 系统

考虑一个二自由度的 Liouville 系统. 广义坐标记为 x,y. 系统的动能，势能分别为

$$T=\frac{1}{2}(X+Y)\left(\frac{\dot{x}^2}{A}+\frac{\dot{y}^2}{B}\right),\quad V=\frac{\xi+\eta}{X+Y},\tag{6.39}$$

其中 X,A,ξ 仅是 x 的函数，Y,B,η 则仅是 y 的函数，且有 $X+Y>0$.

为了应用 Hamilton-Jacobi 方法，我们首先要求出系统的 Hamilton 函数. 为此求广义动量

$$p_x=\frac{\partial T}{\partial\dot{x}}=\frac{X+Y}{A}\dot{x},\quad p_y=\frac{\partial T}{\partial\dot{y}}=\frac{X+Y}{B}\dot{y},\tag{6.40}$$

从而

$$H=\widetilde{T+V}=\frac{1}{X+Y}\left(\frac{1}{2}Ap_x^2+\frac{1}{2}Bp_y^2+\xi+\eta\right). \tag{6.41}$$

由此可以建立系统的 Hamilton-Jacobi 方程为

$$\frac{1}{X+Y}\left[\frac{1}{2}A\left(\frac{\partial K}{\partial x}\right)^2+\frac{1}{2}B\left(\frac{\partial K}{\partial y}\right)^2+\xi+\eta\right]=h. \tag{6.42}$$

上式略加整理,亦可写成

$$\frac{1}{2}A\left(\frac{\partial K}{\partial x}\right)^2+\xi-hX=-\left[\frac{1}{2}B\left(\frac{\partial K}{\partial y}\right)^2+\eta-hY\right]. \tag{6.43}$$

如果我们设想系统有分离变量的积分,亦即假定

$$K=K_1(x)+K_2(y), \tag{6.44}$$

代入方程(6.43)中,即有

$$\frac{1}{2}A\left(\frac{\partial K_1}{\partial x}\right)^2+\xi-hX=-\left[\frac{1}{2}B\left(\frac{\partial K_2}{\partial y}\right)^2+\eta-hY\right]. \tag{6.45}$$

(6.45)式的左边是 x 的函数,右边是 y 的函数. 可见,为了上式能够成立,显然只有两边全都等于某一与 x,y 无关的常数. 记此常数为 α,则有

$$\begin{cases}\dfrac{1}{2}A\left(\dfrac{\partial K_1}{\partial x}\right)^2+\xi-hX=\alpha,\\[2ex] \dfrac{1}{2}B\left(\dfrac{\partial K_2}{\partial y}\right)^2+\eta-hY=-\alpha.\end{cases} \tag{6.46}$$

积分上述两个方程(以下开方号前的正负号都略去),有

$$\begin{cases}K_1=\displaystyle\int\sqrt{2A^{-1}(hX-\xi+\alpha)}\,\mathrm{d}x,\\[2ex] K_2=\displaystyle\int\sqrt{2B^{-1}(hY-\eta-\alpha)}\,\mathrm{d}y.\end{cases} \tag{6.47}$$

从而求得 Hamilton-Jacobi 偏微分方程的全积分为

$$K=\int\sqrt{2A^{-1}(hX-\xi+\alpha)}\,\mathrm{d}x+\int\sqrt{2B^{-1}(hY-\eta-\alpha)}\,\mathrm{d}y, \tag{6.48}$$

其中积分常数是 h 和 α. 利用这个全积分,代入(6.36)~(6.38)诸式中,可以得到系统 Lagrange 问题和 Hamilton 问题的解:

$$-\beta=\frac{\partial K}{\partial\alpha}=\int\frac{\mathrm{d}x}{\sqrt{2A(hX-\xi+\alpha)}}=\int\frac{\mathrm{d}y}{\sqrt{2B(hY-\eta-\alpha)}}, \tag{6.49}$$

$$p_x=\frac{\partial K}{\partial x}=\sqrt{\frac{2}{A}(hX-\xi+\alpha)},\quad p_y=\frac{\partial K}{\partial y}=\sqrt{\frac{2}{B}(hY-\eta-\alpha)}, \tag{6.50}$$

$$t-t_0=\frac{\partial K}{\partial h}=\int\frac{X}{\sqrt{2A(hX-\xi+\alpha)}}\mathrm{d}x+\int\frac{Y}{\sqrt{2B(hY-\eta-\alpha)}}\mathrm{d}y. \tag{6.51}$$

为了研究 Lagrange 问题的解,仅需分析(6.49)及(6.51)两式. 微分之,得

$$0 = \frac{\mathrm{d}x}{\sqrt{R}} - \frac{\mathrm{d}y}{\sqrt{S}}, \quad \mathrm{d}t = \frac{X}{\sqrt{R}}\mathrm{d}x + \frac{Y}{\sqrt{S}}\mathrm{d}y, \tag{6.52}$$

其中

$$R = 2A(hX - \xi + \alpha), \quad S = 2B(hY - \eta - \alpha). \tag{6.53}$$

方程(6.52)亦可改写为

$$\frac{\mathrm{d}x}{\sqrt{R}} = \frac{\mathrm{d}y}{\sqrt{S}} = \frac{\mathrm{d}t}{X+Y}. \tag{6.54}$$

如果我们令

$$(X+Y)^{-1}\mathrm{d}t = \mathrm{d}\tau, \tag{6.55}$$

此处,$\mathrm{d}\tau$ 是"当地时间 τ"的微分. 根据(6.55)式,可以看出"当地时间 τ"的特点如下:

(1) 由于 $X+Y>0$,故 τ 随着 t,一直是增长的.

(2) 由于 τ 的变化不仅依赖于 $\mathrm{d}t$,而且还依赖于 $X(x)+Y(y)$,因此是与系统所在的位形有关,故 τ 称为**当地时间**.

(3) 如果 $X+Y$ 在我们所研究的范围内一直有界,即有 $0<X+Y\leqslant M$,其中 M 是某固定之正数,那么,τ 是随着 $t\to+\infty$ 才趋向于无穷的. 此时,当 t 趋向于一个有限值时,τ 也只能趋向于有限值.

(4) 如果 $X+Y$ 在我们研究的范围内无界,那么情况就不同了. 此时可能出现 $t\to\infty$ 而 τ 却是趋向于一个有限值的情形.

有了当地时间 τ 之后,由方程(6.54)得到

$$\frac{\mathrm{d}x}{\mathrm{d}\tau} = \sqrt{R}, \quad \frac{\mathrm{d}y}{\mathrm{d}\tau} = \sqrt{S}. \tag{6.56}$$

从上式粗看起来,似乎 x 和 y 的运动已经完全分离了,但实际上并非如此. 这是因为当地时间 τ 是依赖于 x 和 y 的,但是,这种耦合仅仅是通过当地时间来实现的. 此时我们仍然能根据方程(6.56)相对独立地来分别讨论 x 和 y 的运动规律. 比如说,首先我们可以来单独讨论 x 对 τ 的运动.

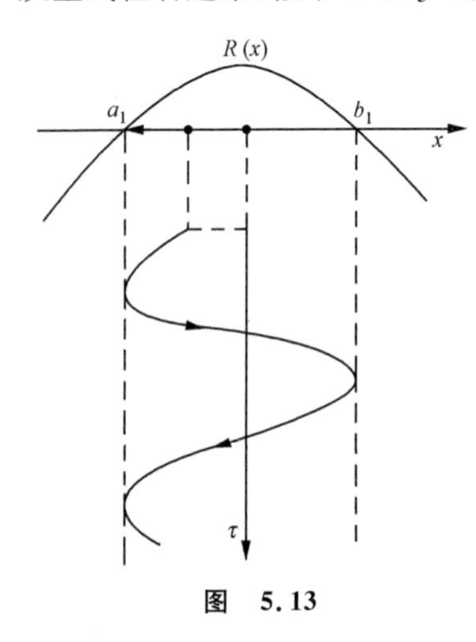

图 5.13

假定在我们涉及的范围内,有

$$0 < X+Y \leqslant M.$$

此时 x 对 τ 的运动就如同常见的单自由度有势运动分析一样,可以通过画出 $R(x)$ 函数,并根据它的零点分布情况来决定 x 的运动性质:

(1) 如图 5.13 所示,若 $R(x)$ 在 (a_1, b_1) 之间大于零,而 a_1, b_1 是它的两个简单零点. 那么

x 对 τ 的运动可以在 a_1, b_1 之间发生，并且对 τ 是周期运动，周期是

$$T_\tau = \oint \frac{dx}{\sqrt{R}}. \tag{6.57}$$

为了与对 t 的周期运动(通常称为**振动**)区别起见，这种对 τ 的周期运动我们称之为**摆动运动**.

值得说明的是，x 的摆动运动对 t 却不一定是周期的，这是因为 dt 和 $d\tau$ 之间的关系依赖于 x,y 两者. 当 x 重复时，y 却不见得重复，故对 t 不见得是周期性的.

(2) 若 $R(x)$ 在 (c_1, d_1) 之间大于零，但其中 c_1 是简单零点，d_1 是 $R(x)$ 的一个二重或二重以上零点. 此时 x 对 τ 的运动可以在 (c_1, d_1) 之间发生，但却不是摆动运动. 这时的运动有

$$\lim_{\tau \to +\infty} x = d_1. \tag{6.58}$$

这种运动，我们称之为**极限运动**，如图 5.14 所示.

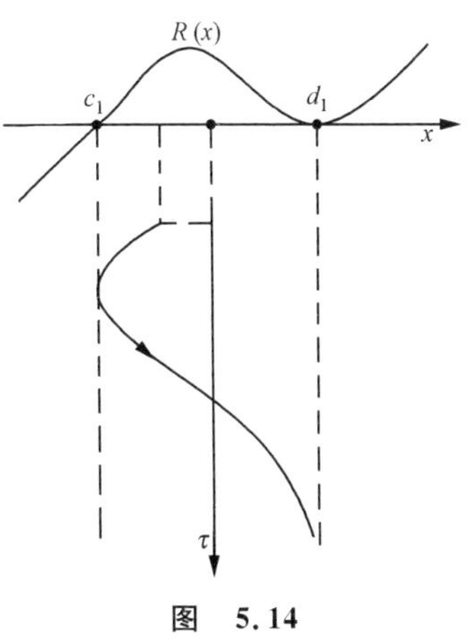

图 5.14

当然，y 对 τ 的运动完全一样，可以通过 $S(y)$ 函数的性质以及零点分布来加以研究.

但是，如果要讨论 x,y 对时间 t 的运动，那就必须结合在一起来分析. 以 x 和 y 都做摆动运动为例，如果

$$\oint \frac{dx}{\sqrt{R}} \Big/ \oint \frac{dy}{\sqrt{S}} = \text{有理数} = l/k, \tag{6.59}$$

其中 k,l 为正整数，且无公因子，那么系统对 t 的运动也必是周期性运动. 因为 x 摆动 k 次，y 摆动 l 次之后，x 和 y 两者都同时恢复原来的位置. 这样，对 τ 的周期性也就转化为对 t 的周期性了. 根据方程(6.52)的第二式，这时对 t 的周期可计算如下：

$$T_t = k\oint \frac{X}{\sqrt{R}} dx + l\oint \frac{Y}{\sqrt{S}} dy. \tag{6.60}$$

但如果

$$\oint \frac{dx}{\sqrt{R}} \Big/ \oint \frac{dy}{\sqrt{S}} = \text{无理数}, \tag{6.61}$$

那么，虽然 x,y 对 τ 都分别是“周期的”，但结合起来，由于对 τ 构不成封闭轨道，对 t 也就都不是周期的了. 此时 x,y 在 $a_1 \leqslant x \leqslant b_1, a_2 \leqslant y \leqslant b_2$ 的范围内运动，并总可以经过上述范围内任意一点的无穷小邻域. 这种运动有人称之为**似周期的**，如图 5.15 所示.

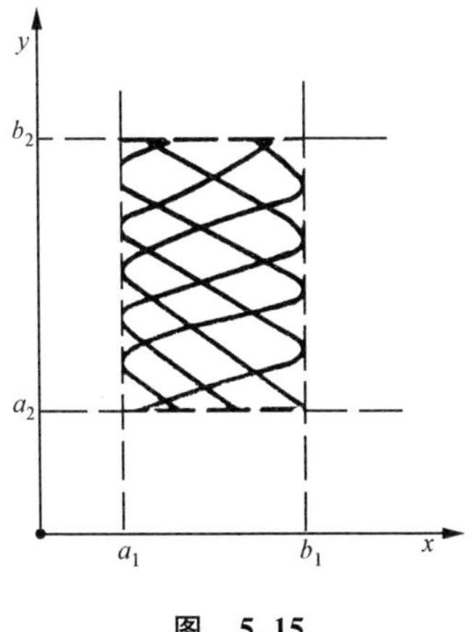

图 5.15

2. 二自由度正交可分离变量系统的充要条件

以上看到,二自由度的 Liouville 系统是可分离变量的. 但如果我们限定只考虑正交系统,亦即假定系统的 Hamilton 函数具有如下形式:

$$H = \frac{1}{2}(ap_x^2 + bp_y^2) + V, \tag{6.62}$$

其中 a,b,V 均是 x,y 的函数,那么这种系统可分离变量的必要条件也就是为 Liouville 系统. 对此结论可证明如下:

证明 系统的 Hamilton-Jacobi 方程为

$$\frac{1}{2}\left[a\left(\frac{\partial K}{\partial x}\right)^2 + b\left(\frac{\partial K}{\partial y}\right)^2\right] + V = h. \tag{6.63}$$

假定方程(6.63)有分离变量的全积分,即

$$K = K_1(x,h,\alpha) + K_2(y,h,\alpha). \tag{6.64}$$

将它代入(6.63)式,应该成恒等式

$$\frac{1}{2}\left[a\left(\frac{\partial K_1}{\partial x}\right)^2 + b\left(\frac{\partial K_2}{\partial y}\right)^2\right] = h - V. \tag{6.65}$$

作上式对 h,α 的偏导数,分别得

$$\begin{cases} a\dfrac{\partial K_1}{\partial x}\dfrac{\partial^2 K_1}{\partial x\partial h} + b\dfrac{\partial K_2}{\partial y}\dfrac{\partial^2 K_2}{\partial y\partial h} = 1, \\ a\dfrac{\partial K_1}{\partial x}\dfrac{\partial^2 K_1}{\partial x\partial \alpha} + b\dfrac{\partial K_2}{\partial y}\dfrac{\partial^2 K_2}{\partial y\partial \alpha} = 0. \end{cases} \tag{6.66}$$

把(6.66)式看成是 a,b 的线性方程组,其系数行列式为

$$\triangle = \frac{\partial K_1}{\partial x}\frac{\partial K_2}{\partial y}\begin{vmatrix} \dfrac{\partial^2 K_1}{\partial x\partial h} & \dfrac{\partial^2 K_2}{\partial y\partial h} \\ \dfrac{\partial^2 K_1}{\partial x\partial \alpha} & \dfrac{\partial^2 K_2}{\partial y\partial \alpha} \end{vmatrix} = \frac{\partial K_1}{\partial x}\frac{\partial K_2}{\partial y}\det\left[\frac{\partial^2 K}{\partial q_i\partial \alpha_j}\right]. \tag{6.67}$$

根据全积分的性质,应该有

$$\frac{\partial K_1}{\partial x},\quad \frac{\partial K_2}{\partial y},\quad \det\left[\frac{\partial^2 K}{\partial q_i\partial \alpha_j}\right],$$

三者全不为零,故知$\triangle \neq 0$,从而由方程(6.66)一定可以解出 a,b 如下:

$$\begin{cases} a = \dfrac{\dfrac{\partial K_2}{\partial y}\dfrac{\partial^2 K_2}{\partial y\partial \alpha}}{\triangle} = \dfrac{-1\Big/\dfrac{\partial K_1}{\partial x}\dfrac{\partial^2 K_1}{\partial x\partial \alpha}}{\dfrac{\partial^2 K_1}{\partial x\partial h}\Big/\dfrac{\partial^2 K_1}{\partial x\partial \alpha} - \dfrac{\partial^2 K_2}{\partial y\partial h}\Big/\dfrac{\partial^2 K_2}{\partial y\partial \alpha}}, \\ b = \dfrac{-\dfrac{\partial K_1}{\partial x}\dfrac{\partial^2 K_1}{\partial x\partial \alpha}}{\triangle} = \dfrac{-1\Big/\dfrac{\partial K_2}{\partial y}\dfrac{\partial^2 K_2}{\partial y\partial \alpha}}{\dfrac{\partial^2 K_1}{\partial x\partial h}\Big/\dfrac{\partial^2 K_1}{\partial x\partial \alpha} - \dfrac{\partial^2 K_2}{\partial y\partial h}\Big/\dfrac{\partial^2 K_2}{\partial y\partial \alpha}}. \end{cases} \tag{6.68}$$

从(6.68)式,不难看到,a,b 具有如下形式:

$$a = A(X+Y)^{-1}, \quad b = B(X+Y)^{-1}, \tag{6.69}$$

其中 X,A 是 x 的函数,Y,B 是 y 的函数. 将(6.69)式代入(6.65)式,不难证明,V 函数的形式为

$$V = (\xi+\eta)/(X+Y), \tag{6.70}$$

其中 ξ 是 x 的函数,η 是 y 的函数. 由此可以看到,此时系统确为 Liouville 系统. 证毕. □

上述性质仅对二自由度系统成立.

3. Hamilton-Jacobi 方法应用举例

一质量为 m 的质点在平面上运动,受有该平面上两固定点 A,B 为中心的 Newton 引力. 试用 Hamilton-Jacobi 方法求解.

解 如图 5.16 所示,在平面上建立 Descartes 坐标系 Oxy. 质点 m 运动的动能. 势能分别为

$$T = m(\dot{x}^2+\dot{y}^2)/2,$$

$$V = -\left[\frac{\gamma_1}{\sqrt{(x-c)^2+y^2}} + \frac{\gamma_2}{\sqrt{(x+c)^2+y^2}}\right],$$

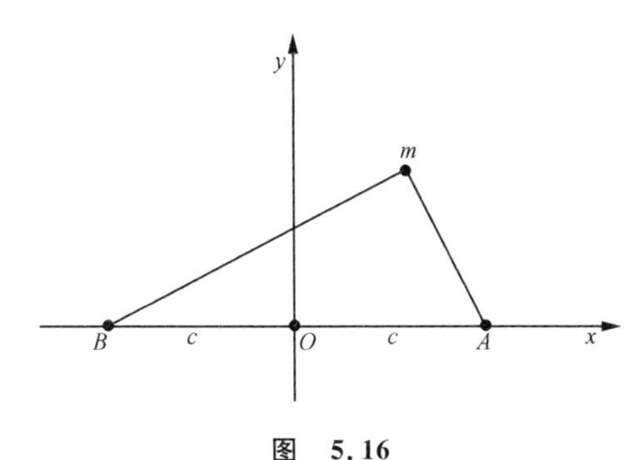

图 5.16

其中 γ_1,γ_2 分别为 A,B 两中心对 m 的引力常数. 在此 Descartes 坐标系下,有

$$p_x = \frac{\partial T}{\partial \dot{x}} = m\dot{x}, \quad p_y = \frac{\partial T}{\partial \dot{y}} = m\dot{y},$$

从而

$$T = (p_x^2+p_y^2)/2m.$$

Hamilton 函数为

$$H = \widetilde{T+V} = \frac{1}{2m}(p_x^2+p_y^2) - \left[\frac{\gamma_1}{\sqrt{(x-c)^2+y^2}} + \frac{\gamma_2}{\sqrt{(x+c)^2+y^2}}\right].$$

系统采用这种广义坐标来描述时,达不到变量分离的目的. 为了分离变量,我们引

入一种新的广义坐标——椭圆坐标变量 ξ,η,定义如下①:

$$x = c\cosh\xi\cos\eta, \quad y = c\sinh\xi\sin\eta.$$

通过直接计算得到

$$T = \frac{1}{2mc^2(\cosh^2\xi - \cos^2\eta)}(p_\xi^2 + p_\eta^2),$$

$$V = -\left[\frac{\gamma_1}{c(\cosh\xi - \cos\eta)} + \frac{\gamma_2}{c(\cosh\xi + \cos\eta)}\right].$$

系统的 Hamilton 函数为

$$H = \frac{1}{2mc^2(\cosh^2\xi - \cos^2\eta)}(p_\xi^2 + p_\eta^2) - \left[\frac{\gamma_1}{c(\cosh\xi - \cos\eta)} + \frac{\gamma_2}{c(\cosh\xi + \cos\eta)}\right].$$

简化的 Hamilton-Jacobi 方程为

$$\frac{\left(\frac{\partial K}{\partial\xi}\right)^2 + \left(\frac{\partial K}{\partial\eta}\right)^2}{2mc^2(\cosh^2\xi - \cos^2\eta)} - \left[\frac{\gamma_1}{c(\cosh\xi - \cos\eta)} + \frac{\gamma_2}{c(\cosh\xi + \cos\eta)}\right] = h,$$

亦即

$$\left[\left(\frac{\partial K}{\partial\xi}\right)^2 + \left(\frac{\partial K}{\partial\eta}\right)^2\right] - 2mc[\gamma_1(\cosh\xi + \cos\eta) + \gamma_2(\cosh\xi - \cos\eta)] = 2mc^2h(\cosh^2\xi - \cos^2\eta).$$

这样使上述方程达到了分离变数的目的,即有

$$\left(\frac{\partial K}{\partial\xi}\right)^2 - 2mc(\gamma_1 + \gamma_2)\cosh\xi - 2mc^2h\cosh^2\xi = -\left[\left(\frac{\partial K}{\partial\eta}\right)^2 - 2mc(\gamma_1 - \gamma_2)\cos\eta + 2mc^2h\cos^2\eta\right].$$

令上式等于不依赖于 ξ 和 η 的常数 $-2mc\alpha$,其中 α 是积分常数,于是得

$$\left(\frac{\partial K_1}{\partial\xi}\right)^2 - 2mc[-\alpha + (\gamma_1 + \gamma_2)\cosh\xi + hc\cosh^2\xi] = 0,$$

$$\left(\frac{\partial K_2}{\partial\eta}\right)^2 - 2mc[\alpha + (\gamma_1 - \gamma_2)\cos\eta - hc\cos^2\eta] = 0,$$

从而得 Hamilton-Jacobi 方程的全积分为

$$K = K_1 + K_2 = \int\sqrt{2mc[(\gamma_1 + \gamma_2)\cosh\xi + hc\cosh^2\xi - \alpha]}\,d\xi$$

---

① 由

$$\frac{D(x,y)}{D(\xi,\eta)} = c^2(\cosh^2\xi - \cos^2\eta)$$

可知,此广义坐标在全平面上除 A,B 两点外无奇点.

$$+\int\sqrt{2mc[(\gamma_1-\gamma_2)\cos\eta-hc\cos^2\eta+\alpha]}\mathrm{d}\eta.$$

按照 Hamilton-Jacobi 方法的公式(6.36)～(6.38)，不难得到系统的解为

$$\frac{\partial K}{\partial\alpha}=\sqrt{\frac{mc}{2}}\left[\int\frac{\mathrm{d}\eta}{\sqrt{(\gamma_1-\gamma_2)\cos\eta-hc\cos^2\eta+\alpha}}\right.$$
$$\left.-\int\frac{\mathrm{d}\xi}{\sqrt{(\gamma_1+\gamma_2)\cosh\xi+hc\cosh^2\xi-\alpha}}\right]=-\beta,$$

$$\frac{\partial K}{\partial\xi}=p_\xi=\sqrt{2mc[(\gamma_1+\gamma_2)\cosh\xi+hc\cosh^2\xi-\alpha]},$$

$$\frac{\partial K}{\partial\eta}=p_\eta=\sqrt{2mc[(\gamma_1-\gamma_2)\cos\eta-hc\cos^2\eta+\alpha]},$$

$$\frac{\partial K}{\partial h}=t-t_0=c\sqrt{\frac{mc}{2}}\left[\int\frac{\cosh^2\xi\mathrm{d}\xi}{\sqrt{(\gamma_1+\gamma_2)\cosh\xi+hc\cosh^2\xi-\alpha}}\right.$$
$$\left.-\int\frac{\cos^2\eta\mathrm{d}\eta}{\sqrt{(\gamma_1-\gamma_2)\cos\eta-hc\cos^2\eta+\alpha}}\right].$$

5.6.5 *n* 个自由度的可分离变量系统

一般性的可分离变量系统问题和两自由度系统稍有不同. 虽然 Liouville 系统照旧是可分离变量的充分条件，但却不再是必要的了，即使对于正交系统也是如此.

1. Liouville 系统

考虑 n 个自由度的 Liouville 系统

$$\begin{cases}T=2^{-1}(A_1p_1^2+\cdots+A_np_n^2)(X_1+\cdots+X_n)^{-1},\\ V=(\xi_1+\cdots+\xi_n)(X_1+\cdots+X_n)^{-1},\end{cases}\tag{6.71}$$

其中 X_i,A_i,ξ_i 仅是 q_i 的函数.

系统的 Hamilton-Jacobi 方程为

$$\frac{1}{X_1+\cdots+X_n}\sum_{i=1}^n\left[\frac{1}{2}A_i\left(\frac{\partial K}{\partial q_i}\right)^2+\xi_i\right]=h,$$

亦即

$$\sum_{i=1}^n\left[\frac{1}{2}A_i\left(\frac{\partial K}{\partial q_i}\right)^2+\xi_i-hX_i\right]=0.\tag{6.72}$$

现在设想这个方程有分离变量的积分

$$K=\sum_{i=1}^nK_i(q_i),\tag{6.73}$$

其中 $K_1(q_1),\cdots,K_{n-1}(q_{n-1}),K_n(q_n)$ 分别满足

$$\begin{cases}\dfrac{1}{2}A_i\left(\dfrac{\partial K_i}{\partial q_i}\right)^2+\xi_i-hX_i=\alpha_i, \quad i=1,2,\cdots,n-1,\\ \dfrac{1}{2}A_n\left(\dfrac{\partial K_n}{\partial q_n}\right)^2+\xi_n-hX_n=\alpha^*.\end{cases} \tag{6.74}$$

并且有

$$\alpha^*=-(\alpha_1+\alpha_2+\cdots+\alpha_{n-1}). \tag{6.75}$$

积分(6.74)这一系列方程，得

$$\begin{aligned}K&=\sum_{i=1}^{n-1}\int\sqrt{\frac{2}{A_i}(\alpha_i+hX_i-\xi_i)}\,\mathrm{d}q_i+\int\sqrt{\frac{2}{A_n}(\alpha^*+hX_n-\xi_n)}\,\mathrm{d}q_n\\&=K(q_1,\cdots,q_n,\alpha_1,\cdots,\alpha_{n-1},h).\end{aligned} \tag{6.76}$$

利用这个全积分，不难得到系统 Lagrange 问题和 Hamilton 问题的解. 将它们代入 Hamilton-Jacobi 方法的公式(6.36)～(6.38)，得

$$\begin{cases}-\beta_i=\dfrac{\partial K}{\partial\alpha_i}=\displaystyle\int\frac{\mathrm{d}q_i}{\sqrt{2A_i(\alpha_i+hX_i-\xi_i)}}-\int\frac{\mathrm{d}q_n}{\sqrt{2A_n(\alpha^*+hX_n-\xi_n)}},\\ p_i=\dfrac{\partial K}{\partial q_i}=\sqrt{\dfrac{2}{A_i}(\alpha_i+hX_i-\xi_i)},\\ p_n=\dfrac{\partial K}{\partial q_n}=\sqrt{\dfrac{2}{A_n}(\alpha^*+hX_n-\xi_n)},\\ t-t_0=\dfrac{\partial K}{\partial h}=\displaystyle\sum_{i=1}^{n-1}\int\frac{X_i\,\mathrm{d}q_i}{\sqrt{2A_i(\alpha_i+hX_i-\xi_i)}}+\int\frac{X_n\,\mathrm{d}q_n}{\sqrt{2A_n(\alpha^*+hX_n-\xi_n)}}.\end{cases} \tag{6.77}$$

类似于两自由度的情况，分析 Lagrange 问题的解可以通过研究(6.77)关系式得到. 微分(6.77)中的有关方程，得

$$\begin{cases}0=\dfrac{\mathrm{d}q_i}{\sqrt{R_i}}-\dfrac{\mathrm{d}q_n}{\sqrt{R_n}},\\ \mathrm{d}t=\displaystyle\sum_{i=1}^{n}\frac{X_i\,\mathrm{d}q_i}{\sqrt{R_i}},\end{cases} \tag{6.78}$$

其中

$$\begin{cases}R_i=2A_i(\alpha_i+hX_i-\xi_i), \quad i=1,2,\cdots,n-1,\\ R_n=2A_n(\alpha^*+hX_n-\xi_n).\end{cases} \tag{6.79}$$

整理方程组(6.78)，可改写成为

$$\frac{\mathrm{d}q_i}{\sqrt{R_1}}=\frac{\mathrm{d}q_2}{\sqrt{R_n}}=\cdots=\frac{\mathrm{d}q_n}{\sqrt{R_n}}=\frac{\mathrm{d}t}{X_1+\cdots+X_n}. \tag{6.80}$$

引入“当地时间 τ”，定义为

$$\mathrm{d}\tau=(X_1+\cdots+X_n)^{-1}\mathrm{d}t, \tag{6.81}$$

那么系统的运动方程成为“似分离”的形式

$$\frac{\mathrm{d}q_i}{\mathrm{d}\tau}=\sqrt{R_i},\quad i=1,2,\cdots,n,\tag{6.82}$$

其中 R_i 只包含积分常数以及变量 q_i.

以下的分析和二自由度情况完全一样,就不再赘述了.

2. n 个自由度正交系统可分离变量的充要条件

充要条件由如下的 Stäckel 定理给出:

Stäckel 定理 n 个自由度的正交系统为

$$H=\frac{1}{2}\sum_{i=1}^{n}a_ip_i^2+V,\tag{6.83}$$

其中 $a_1,a_2,\cdots,a_n,V$ 均是广义坐标 $q_1,q_2,\cdots,q_n$ 的函数,且 $a_i\geqslant 0$. 记 $\boldsymbol{\alpha}=[a_1,a_2,\cdots,a_n]^{\mathrm{T}}$. 这个系统是可分离变量的充要条件是:存在着非奇异矩阵

$$\boldsymbol{\Phi}=[\Phi_{ij}(q_i)]_{i,j=1,2,\cdots,n},$$

以及列阵 $\boldsymbol{W}=[W_1(q_1),W_2(q_2),\cdots,W_n(q_n)]^{\mathrm{T}}$,使得

$$\boldsymbol{\Phi}^{\mathrm{T}}\boldsymbol{\alpha}=[0,\cdots,0,1]^{\mathrm{T}},\tag{6.84}$$

$$\boldsymbol{W}^{\mathrm{T}}\boldsymbol{\alpha}=V.\tag{6.85}$$

证明 首先我们证明上述条件的必要性. 系统的 Hamilton-Jacobi 方程为

$$\frac{1}{2}\sum_{i=1}^{n}a_i\left(\frac{\partial K}{\partial q_i}\right)^2+V=h=\alpha_n.\tag{6.86}$$

假定偏微分方程(6.86)有着分离变量的全积分,亦即有积分

$$K=K_1+K_2+\cdots+K_n,\tag{6.87}$$

其中

$$K_i=K_i(q_i,\alpha_1,\alpha_2,\cdots,\alpha_{n-1},h),\quad i=1,2,\cdots,n.$$

将(6.87)式代入方程(6.86),恒等条件仍成立. 对此恒等式作对 $\alpha_1,\alpha_2,\cdots,\alpha_{n-1},h$ 的偏导数,得到

$$\begin{cases}\displaystyle\sum_{i=1}^{n}a_i\frac{\partial K_i}{\partial q_i}\frac{\partial^2K_i}{\partial q_i\partial\alpha_j}=0,\quad j=1,2,\cdots,n-1,\\ \displaystyle\sum_{i=1}^{n}a_i\frac{\partial K_i}{\partial q_i}\frac{\partial^2K_i}{\partial q_i\partial h}=1.\end{cases}\tag{6.88}$$

若令

$$\boldsymbol{\Phi}=\begin{bmatrix}\dfrac{\partial K_1}{\partial q_1}\dfrac{\partial^2K_1}{\partial q_1\partial\alpha_1} & \cdots & \dfrac{\partial K_1}{\partial q_1}\dfrac{\partial^2K_1}{\partial q_1\partial\alpha_{n-1}} & \dfrac{\partial K_1}{\partial q_1}\dfrac{\partial^2K_1}{\partial q_1\partial h}\\ \vdots & & \vdots & \vdots\\ \dfrac{\partial K_n}{\partial q_n}\dfrac{\partial^2K_n}{\partial q_n\partial\alpha_1} & \cdots & \dfrac{\partial K_n}{\partial q_n}\dfrac{\partial^2K_n}{\partial q_n\partial\alpha_{n-1}} & \dfrac{\partial K_n}{\partial q_n}\dfrac{\partial^2K_n}{\partial q_n\partial h}\end{bmatrix}.\tag{6.89}$$

则根据(6.88),立即得

$$\boldsymbol{\Phi}^{\mathrm{T}}\boldsymbol{\alpha}=[0,\cdots,0,1]^{\mathrm{T}};$$

同时,

$$\det\boldsymbol{\Phi}=\frac{\partial K_1}{\partial q_1}\cdots\frac{\partial K_n}{\partial q_n}\det\left[\frac{\partial^2 K}{\partial q_i\partial\alpha_j}\right]_{i,j=1,2,\cdots,n}. \tag{6.90}$$

根据 K 是全积分的性质,可知有

$$\det\boldsymbol{\Phi}\neq 0.$$

再由(6.86)式可以解出 V 为

$$V=h-\frac{1}{2}\sum_{i=1}^{n}a_i\left(\frac{\partial K_i}{\partial q_i}\right)^2. \tag{6.91}$$

注意到(6.88)式的最后一个关系式,则(6.91)可改写为

$$\begin{aligned}V&=h\left(\sum_{i=1}^{n}a_i\frac{\partial K_i}{\partial q_i}\frac{\partial^2 K_i}{\partial q_i\partial h}\right)-\frac{1}{2}\sum_{i=1}^{n}a_i\left(\frac{\partial K_i}{\partial q_i}\right)^2\\&=\sum_{i=1}^{n}W_i a_i=\boldsymbol{W}^{\mathrm{T}}\boldsymbol{\alpha},\end{aligned} \tag{6.92}$$

其中 W_i 只要按下式选定即可:

$$W_i=h\frac{\partial K_i}{\partial q_i}\frac{\partial^2 K_i}{\partial q_i\partial h}-\frac{1}{2}\left(\frac{\partial K_i}{\partial q_i}\right)^2,\quad i=1,2,\cdots,n. \tag{6.93}$$

必要性证毕.

以下来证明条件(6.84),(6.85)的充分性.根据这两个条件,Hamilton-Jacobi 方程可改写成为

$$\frac{1}{2}\sum_{i=1}^{n}a_i\left(\frac{\partial K}{\partial q_i}\right)^2+\sum_{i=1}^{n}W_i a_i=h,$$

而

$$\begin{aligned}h=&\alpha_1(\Phi_{11}a_1+\Phi_{21}a_2+\cdots+\Phi_{n1}a_n)+\alpha_2(\Phi_{12}a_1+\Phi_{22}a_2+\cdots+\Phi_{n2}a_n)\\&+\cdots+h(\Phi_{1n}a_1+\Phi_{2n}a_2+\cdots+\Phi_{nn}a_n)\\=&(\alpha_1\Phi_{11}+\alpha_2\Phi_{12}+\cdots+h\Phi_{1n})a_1+(\alpha_1\Phi_{21}+\alpha_2\Phi_{22}+\cdots+h\Phi_{2n})a_2\\&+\cdots+(\alpha_1\Phi_{n1}+\alpha_2\Phi_{n2}+\cdots+h\Phi_{nn})a_n.\end{aligned} \tag{6.94}$$

很明显,如果 K_i 满足如下已分离变量的方程

$$\frac{1}{2}\left(\frac{\partial K_i}{\partial q_i}\right)^2+\overline{W}_i=\alpha_1\Phi_{i1}+\alpha_2\Phi_{i2}+\cdots+\alpha_{n-1}\Phi_{i,n-1}+h\Phi_{in}, \tag{6.95}$$

那么,$K=K_1+K_2+\cdots+K_n$ 一定是 Hamilton-Jacobi 方程的分离变量的积分.积分(6.95)式,得

$$K_i=\int\sqrt{2B_i}\,\mathrm{d}q_i=K_i(q_i,\alpha_1,\alpha_2,\cdots,\alpha_{n-1},h), \tag{6.96}$$

其中

$$B_i = \alpha_1 \Phi_{i1} + \alpha_2 \Phi_{i2} + \cdots + \alpha_{n-1} \Phi_{i,n-1} + h\Phi_{in} - W_i, \tag{6.97}$$

由于 $K = \sum_{i=1}^{n} K_i(q_i, \alpha_1, \alpha_2, \cdots, \alpha_{n-1}, h)$ 包含了 n 个积分常数,并且

$$\det\left[\frac{\partial^2 K}{\partial q_i \partial \alpha_j}\right]_{i,j=1,2,\cdots,n} = \frac{1}{\sqrt{2B_1}} \cdots \frac{1}{\sqrt{2B_n}} \det[\Phi_{ij}]_{i,j=1,2,\cdots,n}. \tag{6.98}$$

根据假定,显然应该有

$$\det\left[\frac{\partial^2 K}{\partial q_i \partial \alpha_j}\right]_{i,j=1,2,\cdots,n} \neq 0. \tag{6.99}$$

这就证实了 K 是 Hamilton-Jacobi 方程分离变量的全积分. 定理证毕. □

满足 Stäckel 定理条件的系统称为 **Stäckel 系统**. 对于 n 个自由度正交系统来说,它是可分离变量求解的充要条件.

3. Liouville 系统与 Stäckel 系统的比较

首先,Liouville 系统是 Stäckel 系统的特例. 当然,这可以从 Stäckel 定理中的必要性看出,但也可以直接加以证明. 注意由 Liouville 系统的方程(6.71),可知

$$\boldsymbol{\alpha} = \left[\frac{A_1}{X_1 + \cdots + X_n}, \frac{A_2}{X_1 + \cdots + X_n}, \cdots, \frac{A_n}{X_1 + \cdots + X_n}\right]^{\mathrm{T}}. \tag{6.100}$$

只要我们选取

$$\boldsymbol{\Phi} = \begin{bmatrix} 1/A_1 & 1/A_1 & \cdots & 1/A_1 & X_1/A_1 \\ -1/A_2 & 0 & \cdots & 0 & X_2/A_2 \\ 0 & -1/A_3 & \cdots & 0 & X_3/A_3 \\ \vdots & \vdots & & \vdots & \vdots \\ 0 & 0 & \cdots & -1/A_n & X_n/A_n \end{bmatrix}, \tag{6.101}$$

$$\boldsymbol{W} = [\xi_1/A_1, \xi_2/A_2, \cdots, \xi_n/A_n]^{\mathrm{T}}, \tag{6.102}$$

即可直接验证满足 Stäckel 定理的要求.

其次,Stäckel 系统也可以写成类似于 Liouville 系统的形式. 注意到

$$\Phi_{1n} a_1 + \Phi_{2n} a_2 + \cdots + \Phi_{nn} a_n = 1,$$

所以(6.83)可改写为

$$\begin{cases} T = \dfrac{1}{2} \dfrac{a_1 p_1^2 + \cdots + a_n p_n^2}{\Phi_{1n} a_1 + \Phi_{2n} a_2 + \cdots + \Phi_{nn} a_n}, \\ V = \dfrac{W_1 a_1 + W_2 a_2 + \cdots + W_n a_n}{\Phi_{1n} a_1 + \Phi_{2n} a_2 + \cdots + \Phi_{nn} a_n}. \end{cases} \tag{6.103}$$

当然(6.103)式与 Liouville 系统只是形式上的类似,实际上差别很大. 因为这里 $a_1, a_2, \cdots, a_n$ 都是未分离变量的函数.

对于 Stäckel 系统,利用它的分离变量的全积分,不难得到

$$(2B_i)^{-1/2} \mathrm{d}q_i = a_i \mathrm{d}t, \quad i = 1, 2, \cdots, n. \tag{6.104}$$

由此我们看到，对于 Stäckel 系统，不再能如同 Liouville 系统那样，通过引入一个统一的当地时间 τ 就可以使每个广义坐标做到“似分离状态”；现在只能对每一个广义坐标都分别引入一个当地时间 τ_i，即令

$$\mathrm{d}\tau_i = a_i \mathrm{d}t, \quad i = 1,2,\cdots,n, \tag{6.105}$$

从而，(6.104)式成为

$$\frac{\mathrm{d}q_i}{\mathrm{d}\tau_i} = \sqrt{2B_i}, \quad i = 1,2,\cdots,n, \tag{6.106}$$

其中 B_i 仅依赖于 q_i 与积分常数. 虽然，对于每个广义坐标的运动分析仍可以同 Liouville 系统一样进行，但这里的每个 τ_i 和 t 的关系都各不相同. 因而转化到对时间 t 的关系时就更加复杂了. 这是 Stäckel 系统与 Liouville 系统本质的差别.

5.6.6 摄动理论

Hamilton-Jacobi 方法在动力学的研究上之所以重要，不仅是因为 Hamilton-Jacobi 方程的全积分提供了正则方程的通解，而且还因为它提供了处理更复杂系统的有效途径. 这些更复杂的系统是指在可求全积分系统的基础上又有摄动的情况. 以下我们来说明这一点.

试考虑一 Hamilton 正则系统，它的 Hamilton 函数是由一个主要函数 H 和另一个摄动函数 εH^* 叠加所组成，其中 ε 是小参数. 此时系统为

$$\dot{q}_i = \frac{\partial(H+\varepsilon H^*)}{\partial p_i}, \quad \dot{p}_i = -\frac{\partial(H+\varepsilon H^*)}{\partial p_i}, \quad i = 1,2,\cdots,n, \tag{6.107}$$

其中 εH^* 我们称之为**摄动函数**.

如果忽略小摄动(即认为 $\varepsilon=0$)，则系统(6.107)成为无摄动的“理想系统”，即

$$\dot{q}_i = \frac{\partial H}{\partial p_i}, \quad \dot{p}_i = -\frac{\partial H}{\partial q_i}, \quad i = 1,2,\cdots,n. \tag{6.108}$$

“理想系统”的 Hamilton-Jacobi 方程为

$$\frac{\partial W}{\partial t} + H\left(q_1,\cdots,q_n,\frac{\partial W}{\partial q_1},\cdots,\frac{\partial W}{\partial q_n},t\right) = 0. \tag{6.109}$$

假定理想系统可按 Hamilton-Jacobi 方程求解，亦即方程(6.109)有一个全积分 $W(q_1,\cdots,q_n,\alpha_1,\cdots,\alpha_n,t)$，按 Hamilton-Jacobi 定理，对于理想系统，它的解可由下式解出

$$\frac{\partial W}{\partial \alpha_i} = -\beta_i, \quad \frac{\partial W}{\partial q_i} = p_i, \quad i = 1,2,\cdots,n, \tag{6.110}$$

其中 $\alpha_1,\cdots,\alpha_n,\beta_1,\cdots,\beta_n$ 是不变的积分常数.

现在回过来考虑有摄动的系统(6.107). 由于系统不同，当然(6.110)式不再能提供系统的解. 但是，我们可以把理想系统的全积分 $W(q_1,\cdots,q_n,\alpha_1,\cdots,\alpha_n,t)$ 作为处理方程(6.107)的第一类接触变换的生成函数. 应用接触变换的生成公式

(4.26),变换关系式为

$$-\beta_i=\frac{\partial W}{\partial \alpha_i},\quad p_i=\frac{\partial W}{\partial q_i},\quad R=\frac{\partial W}{\partial t},\quad i=1,2,\cdots,n,\tag{6.111}$$

其中 $\alpha_1,\cdots,\alpha_n$,对应以前的记号,$Q_1,\cdots,Q_n$;$\beta_1,\cdots,\beta_n$ 对应以前的记号 $P_1,\cdots,P_n$. 它们是新正则变量. 很明显,当 $\varepsilon=0$(无摄动)时,这些新正则变量 $\alpha_1,\cdots\alpha_n,\beta_1,\cdots,\beta_n$ 都是常数. 现在 $\varepsilon\neq 0$,故 $\alpha_1,\cdots,\alpha_n,\beta_1,\cdots,\beta_n$ 不再是常数了,但仍是正则变量. 它的 Hamilton 函数为

$$\begin{aligned}\widetilde{H}&=\overline{(H+\varepsilon H^*)+R}=\overline{H+\varepsilon H^*+\frac{\partial W}{\partial t}}\\&=\overline{\left(\frac{\partial W}{\partial t}+H\right)}+\varepsilon\widehat{H}^*.\end{aligned}\tag{6.112}$$

注意到 W 所满足的方程(6.109),故有

$$\widetilde{H}=\varepsilon\widehat{H}^*.\tag{6.113}$$

从而新正则变量所满足的方程为

$$\dot{\alpha}_i=\frac{\partial(\varepsilon\widehat{H}^*)}{\partial\beta_i},\quad \dot{\beta}_i=-\frac{\partial(\varepsilon\widehat{H}^*)}{\partial\alpha_i},\quad i=1,2,\cdots,n.\tag{6.114}$$

方程(6.114)说明,摄动常数 $\alpha_1,\cdots,\alpha_n,\beta_1,\cdots,\beta_n$ 不再是不变的了. 它的变化满足正则方程,其 Hamilton 函数就是摄动函数. 这个方程(6.114)一般称之为**摄动方程**. 注意到摄动方程右边含有小参数,因此,$\alpha_1,\cdots,\alpha_n,\beta_1,\cdots,\beta_n$ 虽然不再是常数了,但变化速率是很小的. 这种变量具有慢变的特点. 如果研究的时间范围不是很长,其变化量也是不大的. 对于这种含有小参数的正则系统,级数展开法就是有力的研究工具了.

Hamilton-Jacobi 方法在天体力学的研究中得到了系统的应用. 下一节我们就来作简略的讨论.

§5.7 天体力学引论

由于分析动力学的理论和方法在天体力学的研究中得到了系统的应用,因此用这个论题作为例子是很适宜的. 何况,这些研究的本身也是颇令人感兴趣的. 当然,天体力学是一个相当大的领域,我们这里只能是作一个初步的讨论. 主要内容局限在关于大行星运动的某些研究.

5.7.1 二体问题的 Hamilton-Jacobi 解

研究大行星的运动,最简单的模型是“太阳-行星”这样的二体模型. 如图 5.17

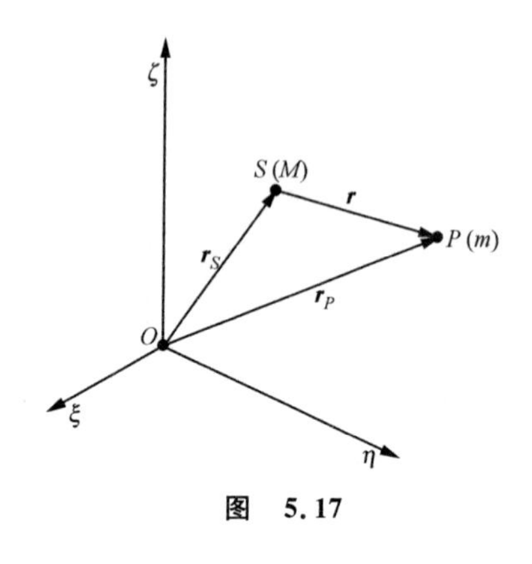

图 5.17

所示，设 $O\xi\eta\zeta$ 为空间中不动的惯性坐标系. 所谓**二体模型**，就是假定在我们所研究的空间中，只有太阳 S(其质量记为 M)和一个行星 P(其质量记为 m)这样两个物体，它们以万有引力互相吸引而运动着.

首先我们来证明，行星相对太阳的运动可以看成一个以太阳为静止中心的中心引力问题. 实际上，按图 5.16 所注的记号，太阳的运动方程为

$$M\ddot{\boldsymbol{r}}_S = \frac{\gamma Mm}{r^2}\frac{\boldsymbol{r}}{r}, \tag{7.1}$$

其中 γ 是万有引力常数.

行星的运动方程为

$$m\ddot{\boldsymbol{r}}_P = -\frac{\gamma Mm}{r^2}\frac{\boldsymbol{r}}{r}, \tag{7.2}$$

令 m 乘以(7.1)式减去 M 乘以(7.2)式，并注意到

$$\boldsymbol{r}_P - \boldsymbol{r}_S = \boldsymbol{r}, \tag{7.3}$$

即可得到

$$m\ddot{\boldsymbol{r}} = -\frac{\mu m}{r^2}\frac{\boldsymbol{r}}{r}, \tag{7.4}$$

其中

$$\mu = \gamma(M+m). \tag{7.5}$$

由方程(7.4)可以看到，行星相对太阳的运动可以看成一个“太阳在惯性系中静止，以太阳为心的中心引力问题”. 还可以进一步简化行星对太阳的运动方程(7.4)，得

$$\ddot{\boldsymbol{r}} = -\frac{\mu}{r^2}\frac{\boldsymbol{r}}{r}. \tag{7.6}$$

由方程(7.6)可见，行星对太阳的运动可以把行星看成是一个单位质量的质点，它是在“不动的太阳”吸引下作中心引力问题的运动，而那个“不动的太阳”质量为 $M+m$. 这样的简化模型如图 5.18 所示.

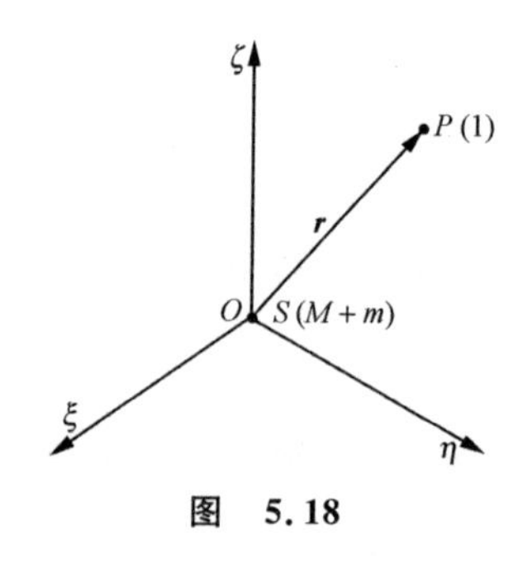

图 5.18

以下我们用 Hamilton-Jacobi 方法来解决这个问题. 对于这个简化模型，可以分别建立动能和势能：

$$T = (\dot{\xi}^2 + \dot{\eta}^2 + \dot{\zeta}^2)/2, \tag{7.7}$$

$$V = -\gamma(M+m)/r. \tag{7.8}$$

按照天文观测的传统习惯，描述行星相对太阳的运动，不是采用 $S\xi\eta\zeta$ 直角坐标系，而是采用黄道球坐标，它的含义如图 5.19 所示. 其中首先要引入黄道直角坐标系 $S\xi\eta\zeta$: $S\xi\eta$ 为黄道平面，$S\xi$ 方向指向春分点. 在黄道直角坐标系基础上，引入黄道球坐标. 行星 P 位置的描述参数为：黄经 λ（从春分点算起）、黄纬 θ（从黄道面算起）和向径 $\boldsymbol{r}$（从太阳算起）. 行星的黄道直角坐标和黄道球坐标之间的变换关系式为

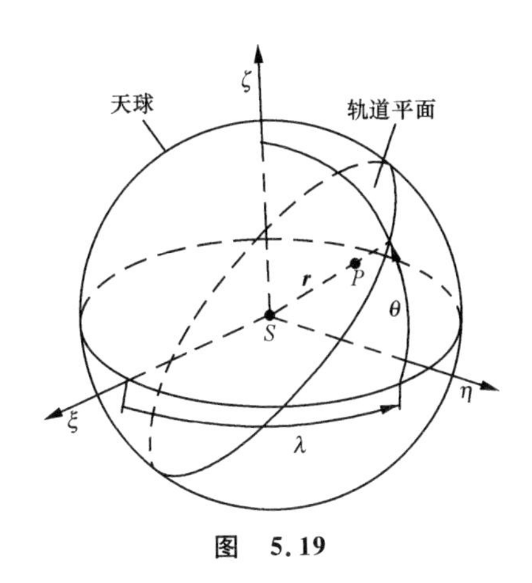

图 5.19

$$\xi = r\cos\theta\cos\lambda, \quad \eta = r\cos\theta\sin\lambda, \quad \zeta = r\sin\theta. \tag{7.9}$$

用黄道球坐标，有

$$\begin{cases} T = (\dot{r}^2 + r^2\dot{\theta}^2 + r^2\dot{\lambda}^2\cos^2\theta)/2, \\ V = -\gamma(M+m)/r = -\mu/r. \end{cases} \tag{7.10}$$

应该注意到，按(7.10)式的势能，当 $r\to\infty$ 时，势能为零；当 $r\to 0$ 时，势能趋向于负无穷大. 一般情况下，V 的取值为负.

从(7.10)的表达式，有广义动量

$$p_r = \frac{\partial L}{\partial \dot{r}} = \dot{r}, \quad p_\theta = \frac{\partial L}{\partial \dot{\theta}} = r^2\dot{\theta}, \quad p_\lambda = \frac{\partial L}{\partial \dot{\lambda}} = r^2\dot{\lambda}\cos^2\theta, \tag{7.11}$$

从而可建立 Hamilton 函数

$$H = \widetilde{T+V} = \frac{1}{2}\left(p_r^2 + \frac{1}{r^2}p_\theta^2 + \frac{1}{r^2\cos^2\theta}p_\lambda^2\right) - \frac{\mu}{r}. \tag{7.12}$$

这是一个守恒的 Hamilton 系统，其 Hamilton-Jacobi 方程为

$$\frac{1}{2}\left[\left(\frac{\partial K}{\partial r}\right)^2 + \frac{1}{r^2}\left(\frac{\partial K}{\partial \theta}\right)^2 + \frac{1}{r^2\cos^2\theta}\left(\frac{\partial K}{\partial \lambda}\right)^2\right] - \frac{\mu}{r} = h. \tag{7.13}$$

按天体力学的习惯，将能量积分常数 h 改记为 α_1. 方程(7.13)可用分离变量法求解，为此令

$$K = R(r) + \Theta(\theta) + \alpha_3\lambda, \tag{7.14}$$

其中 α_3 为积分常数. 代入方程(7.13)中，得

$$\left(\frac{\partial \Theta}{\partial \theta}\right)^2 + \frac{\alpha_3^2}{\cos^2\theta} = r^2\left[2\alpha_1 + \frac{2\mu}{r} - \left(\frac{\partial R}{\partial r}\right)^2\right]. \tag{7.15}$$

方程(7.15)中左边为 θ 的函数，右边为 r 的函数. 为了这个分离变量方程的成立，两边都必须等于某个积分常数. 注意到其左边显然应该大于零，故有

$$\begin{cases} \left(\dfrac{\partial\Theta}{\partial\theta}\right)^2 + \dfrac{\alpha_3^2}{\cos^2\theta} = \alpha_2^2, \\ r^2\left[\left(\dfrac{\partial R}{\partial r}\right)^2 - \dfrac{2\mu}{r} - 2\alpha_1\right] = -\alpha_2^2, \end{cases} \tag{7.16}$$

其中 α_2 为积分常数.整理(7.16)式,得

$$\left(\frac{\partial R}{\partial r}\right)^2 = 2\alpha_1 + \frac{2\mu}{r} - \frac{\alpha_2^2}{r^2}, \quad \left(\frac{\partial\Theta}{\partial\theta}\right)^2 = \alpha_2^2 - \frac{\alpha_3^2}{\cos^2\theta}. \tag{7.17}$$

从方程(7.17)可以看到,为了$\dfrac{\partial R}{\partial r}$,$\dfrac{\partial\Theta}{\partial\theta}$有实解,显然需要满足如下条件:

$$2\alpha_1 + 2\mu r^{-1} - \alpha_2^2 r^{-2} \geqslant 0, \tag{7.18}$$

$$\alpha_2^2 - \alpha_3^2/\cos^2\theta \geqslant 0. \tag{7.19}$$

由上述条件,立即可以推得

$$\alpha_2^2 \geqslant \alpha_3^2, \tag{7.20}$$

$$f(r) = 2\alpha_1 r^2 + 2\mu r - \alpha_2^2 \geqslant 0. \tag{7.21}$$

$f(r)$是 r 的二次曲线,它的图像根据能量积分常数 $\alpha_1>0$ 以及 $\alpha_1<0$ 有两种不同的情况(如图 5.20 所示):为了满足(7.21)式,如果 $\alpha_1=h>0$,则行星的运动一定有 $r\geqslant r^*$,而且无界;如果 $\alpha_1=h<0$,则行星的运动一定有 $r_1\leqslant r\leqslant r_2$.这是 r 为有界的情况.显然,大行星的运动对应的正是这第二种情况($h=\alpha_1<0$).

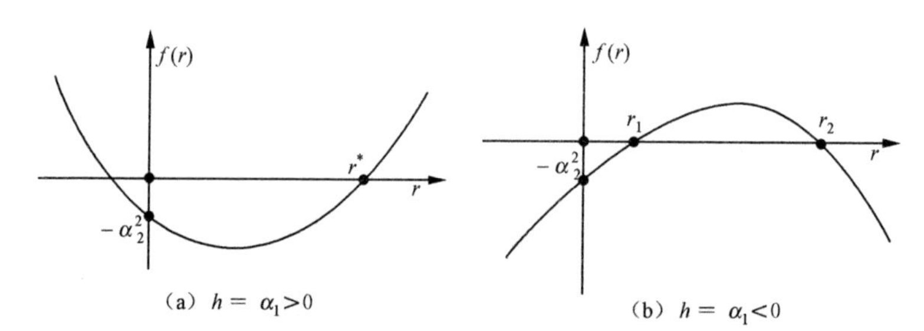

图　5.20

在以上条件下,我们可以积分(7.17)式,得到 Hamilton-Jacobi 方程(7.13)的全积分为

$$K = \int_{r_1}^{r} \sqrt{2\alpha_1 + \frac{2\mu}{r} - \frac{\alpha_2^2}{r^2}}\,\mathrm{d}r + \int_0^{\theta} \sqrt{\alpha_2^2 - \frac{\alpha_3^2}{\cos^2\theta}}\,\mathrm{d}\theta + \alpha_3\lambda. \tag{7.22}$$

利用求得的全积分,代入 Hamilton-Jacobi 方法的公式(6.36)~(6.38),可以得到行星对太阳运动的 Lagrange 问题的解为

$$t - t_0 - t - \beta_1 = \frac{\partial K}{\partial h} = \frac{\partial K}{\partial \alpha_1} = \int_{r_1}^{r} \frac{\mathrm{d}r}{\sqrt{2\alpha_1 + 2\mu r^{-1} - \alpha_2^2 r^{-2}}}, \tag{7.23}$$

$$-\beta_2=\frac{\partial K}{\partial \alpha_2}=\int_{r_1}^{r}\frac{-\alpha_2\mathrm{d}r}{r^2\sqrt{2\alpha_1+2\mu r^{-1}-\alpha_2^2r^{-2}}}+\int_0^{\theta}\frac{\alpha_2\mathrm{d}\theta}{\sqrt{\alpha_2^2-\alpha_3^2/\cos^2\theta}} \tag{7.24}$$

$$-\beta_3=\frac{\partial K}{\partial \alpha_3}=-\int_0^{\theta}\frac{\alpha_3\mathrm{d}\theta}{\cos^2\theta\sqrt{\alpha_2^2-\alpha_3^2/\cos^2\theta}}+\lambda. \tag{7.25}$$

这就是二体问题的 Hamilton-Jacobi 解. 利用它可以决定行星的位置参数 r,θ,λ 为时间 t 以及积分常数 $\alpha_1,\alpha_2,\alpha_3,\beta_1,\beta_2,\beta_3$ 的函数，其中 $\alpha_1=h,\beta_1=t_0$.

5.7.2 正则常数与轨道根数

上一小节求得的二体问题的 Hamilton-Jacobi 解表面上显得繁杂，似乎并无优点. 但实际上，这个解的求得有很大的好处. 因为按这个解引入的积分常数 $\alpha_1,\alpha_2,\alpha_3,\beta_1,\beta_2,\beta_3$ 是一组正则常数. 我们利用这个解可以很快地决定出正则常数与天文学上具有明确意义的轨道根数之间的关系. 在考虑摄动的复杂情况下，由于 $\alpha_1,\alpha_2,\alpha_3,\beta_1,\beta_2,\beta_3$ 是一组正则变量，它所满足的方程根据摄动理论可以方便地求得. 这样就不难得到轨道根数在摄动下的变化规律.

为此，我们首先说明一下天文学上所用的**轨道根数**. 为了直观，刻画一个行星绕太阳运动的椭圆轨道，用如下六个具有明确意义的参数：

i——行星运动轨道平面 π 和黄道平面的倾角；

Ω——行星轨道升交点 N 的黄经(自春分点算起)；

ω——轨道近日点的极角(自升交点方向 SN 算起)；

a——轨道长半轴；

e——轨道偏心率；

τ——行星过近日点时刻.

上述参数的意义示于图 5.21 中. 以下我们来建立正则常数和轨道根数之间的关系：

(1) 首先，从积分(7.25)式出发，有

$$\lambda+\beta_3=\int_0^{\theta}\frac{\mathrm{d}\theta/\cos^2\theta}{\sqrt{\alpha_2^2\alpha_3^{-2}-1/\cos^2\theta}}$$

$$=\int_0^{\theta}\frac{\mathrm{d}(\tan\theta)}{\sqrt{(\alpha_2^2\alpha_3^{-2}-1)-\tan^2\theta}},$$

从而

$$\tan\theta=\sqrt{\alpha_2^2\alpha_3^{-2}-1}\sin(\lambda+\beta_3). \tag{7.26}$$

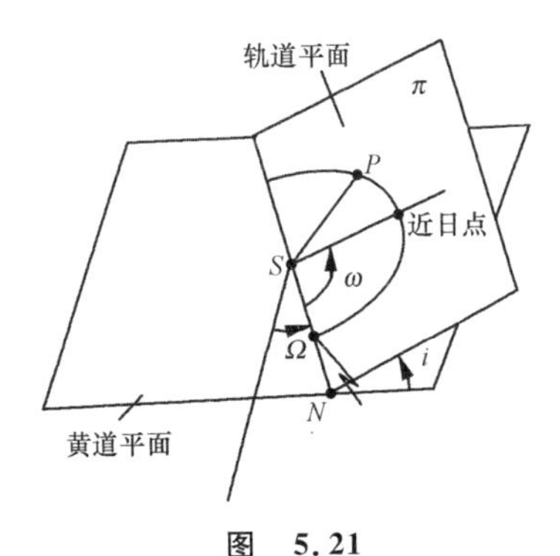

图 5.21

由(7.26)式可以判定，行星对太阳的运动轨道是一平面曲线. 实际上，将(7.26)式中的 $\sin(\lambda+\beta_3)$ 展开，并乘以 $r\cos\theta$，得到

$$r\sin\theta = \sqrt{\alpha_2^2\alpha_3^{-2}-1}(r\cos\theta\sin\lambda\cos\beta_3 + r\cos\theta\cos\lambda\sin\beta_3).$$

注意到变换关系式(7.9)，则上式成为

$$\zeta = \sqrt{\alpha_2^2\alpha_3^{-1}-1}(\eta\cos\beta_3 + \xi\sin\beta_3). \tag{7.27}$$

很明显，(7.27)式是过原点(即太阳 S)的一张平面，也就是行星轨道所在的平面 π.

轨道平面 π 的法向单位矢量为 $\boldsymbol{n}$，如果用根数来表达，应该为

$$\boldsymbol{n} = [\sin i\sin\Omega, -\sin i\cos\Omega, \cos i]^{\mathrm{T}}. \tag{7.28}$$

现设行星的向径为 $\boldsymbol{r}$，黄经为 λ，黄纬为 θ，则显然有

$$\boldsymbol{r}\cdot\boldsymbol{n} = r\cos\theta\cos\lambda\sin i\sin\Omega - r\cos\theta\sin\lambda\sin i\cos\Omega + r\sin\theta\cos i = 0.$$

整理之，得

$$\tan\theta = \tan i\sin(\lambda-\Omega) = \sqrt{(1/\cos i)^2-1}\sin(\lambda-\Omega). \tag{7.29}$$

将(7.29)式与(7.26)式比较，可知有

$$\alpha_3/\alpha_2 = \cos i, \tag{7.30}$$

$$\beta_3 = -\Omega. \tag{7.31}$$

(2) 接下来计算积分(7.24). 首先看第一项：

$$\int_{r_1}^{r}\frac{\alpha_2\,\mathrm{d}r}{r^2\sqrt{2\alpha_1+2\mu r^{-1}-\alpha_2^2r^{-2}}} = \int_{r_1}^{r}\frac{\mathrm{d}r/r^2}{\sqrt{2\alpha_1\alpha_2^{-2}+2\mu\alpha_2^{-2}r^{-1}-r^{-2}}}$$

$$= \int_{r_1}^{r}\frac{\mathrm{d}r/r^2}{\sqrt{(r_1^{-1}-r^{-1})(r^{-1}-r_2^{-1})}}, \tag{7.32}$$

其中的 r_1，r_2 含义见图 5.20 所示. 可作如下变换来完成上述积分的计算：令

$$\frac{1}{r} = \frac{1}{2}\left(\frac{1}{r_1}+\frac{1}{r_2}\right)+\frac{1}{2}\left(\frac{1}{r_1}-\frac{1}{r_2}\right)\cos\psi. \tag{7.33}$$

明显可见，当行星位于近日点(即 $r=r_1$)时，一定有 $\psi=0$. 通过直接计算，可以得到

$$\int_{r_1}^{r}\frac{\alpha_2\,\mathrm{d}r/r^2}{\sqrt{2\alpha_1+2\mu r^{-1}-\alpha_2^2r^{-2}}} = \psi. \tag{7.34}$$

再来看(7.24)式的第二项. 如果引入行星从升交点方向 SN 算起的极角 f，则一定有关系式

$$\sin\theta = \sin i\sin f, \tag{7.35}$$

而

$$\int_0^{\theta}\frac{\alpha_2}{\sqrt{\alpha_2^2-\alpha_3^2/\cos^2\theta}}\mathrm{d}\theta = \int_0^{\theta}\frac{\mathrm{d}\theta}{\sqrt{1-(\alpha_3/\alpha_2)^2/\cos^2\theta}}.$$

注意到(7.30)式，上述积分成为

$$\int_0^{\theta}\frac{\alpha_2}{\sqrt{\alpha_2^2-\alpha_3^2/\cos^2\theta}}\mathrm{d}\theta = \int_0^{\theta}\frac{\cos\theta\,\mathrm{d}\theta}{\sqrt{\cos^2\theta-\cos^2 i}}. \tag{7.36}$$

按(7.35)作变换，即得

$$\int_0^\theta \frac{\alpha_2 \mathrm{d}\theta}{\sqrt{\alpha_2^2 - \alpha_3^2/\cos^2\theta}} = \int_0^f \frac{\sin i \cos f \mathrm{d}f}{\sqrt{\sin^2 i - \sin^2 i \sin^2 f}} = f. \tag{7.37}$$

综合(7.34)与(7.37)式的计算结果,立即将积分(7.24)简化为

$$-\beta_2 = -\psi + f. \tag{7.38}$$

以近日点(即 $r=r_1$)代入(7.38)式,得

$$-\beta_2 = \psi\,|_{r=r_1} + f\,|_{r=r_1} = \omega. \tag{7.39}$$

(3) 由(7.38),(7.39)式知,(7.33)式中的 ψ 为

$$\psi = f - \omega. \tag{7.40}$$

代入(7.33)式,可知行星轨道在 π 平面上的方程为

$$\frac{1}{r} = \frac{1}{2}\left(\frac{1}{r_1} + \frac{1}{r_2}\right) + \frac{1}{2}\left(\frac{1}{r_1} - \frac{1}{r_2}\right)\cos(f - \omega). \tag{7.41}$$

这是轨道平面上一个标准的极坐标椭圆方程.引入椭圆的常用参数 a,e,则有

$$r_1 = a(1-e), \quad r_2 = a(1+e), \tag{7.42}$$

而 r_1,r_2 是 $2\alpha_1 r^2 + 2\mu r - \alpha_2^2 = 0$ 的根.因此有

$$r_1 + r_2 = 2a = -\mu/\alpha_1, \quad r_1 r_2 = a^2(1-e^2) = -\alpha_2^2/2\alpha_1; \tag{7.43}$$

求解,得

$$\alpha_1 = -\mu/2a, \tag{7.44}$$

$$\alpha_2 = \sqrt{\mu a(1-e^2)}. \tag{7.45}$$

(4) 从积分(7.23),立即可以看到

$$\beta_1 = t_0 = \tau. \tag{7.46}$$

整理以上分析的结果,得到正则常数和轨道根数之间的重要关系式如下

$$\begin{aligned} &\alpha_1 = -\mu/2a, \quad \alpha_2 = \sqrt{\mu a(1-e^2)}, \quad \alpha_3 = \sqrt{\mu a(1-e^2)}\cos i, \\ &\beta_1 = \tau, \qquad \beta_2 = -\omega, \qquad \beta_2 = -\Omega. \end{aligned} \tag{7.47}$$

5.7.3 天体力学的一般问题

在完成了二体问题分析的基础上,我们现在转向天体力学一般问题的讨论.任何一个天体,其运动都可以分为两个部分:一是该天体质量中心的运动;另一个是天体绕它自己质量中心的转动.天体的转动类似于刚体动力学和陀螺动力学的研究对象,这里不再作讨论.我们现在讨论的是天体质心的运动.此时可以把各天体当做一些质点,相互之间以 Newton 万有引力吸引而运动.研究这种体系的运动规律乃是有关天体运动轨道问题讨论的基础.

1. n 体问题的运动方程与势

假定 $O\xi\eta\zeta$ 为空间的某不动的惯性坐标系.在其中有 n 个天体 $P_1,P_2,\cdots,P_n$,它们的质量分别为 $m_1,m_2,\cdots,m_n$,坐标分别为(ξ_1,η_1,ζ_1),(ξ_2,η_2,ζ_2),$\cdots$,$(\xi_n,\eta_n$,

ζ_n)，相互之间以 Newton 万有引力吸引而运动着.

现考虑其中任意的某一个天体 P_i 的运动. 它受到的力就是其余天体的引力. 在这其余的天体中，可以任举一个 $P_j(j\neq i)$ 作为代表.

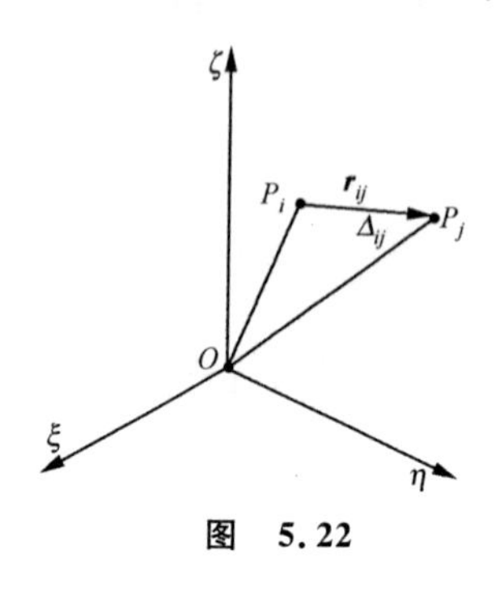

图　5.22

如图 5.22 所示，从天体 P_i 到 P_j 的矢量为

$$\boldsymbol{r}_{ij}=[\xi_j-\xi_i,\eta_j-\eta_i,\zeta_j-\zeta_i]^{\mathrm{T}}.$$

若记 P_i 到 P_j 之间的距离为 Δ_{ij}，有

$$\Delta_{ij}=\sqrt{(\xi_j-\xi_i)^2+(\eta_j-\eta_i)^2+(\zeta_j-\zeta_i)^2}. \tag{7.48}$$

则 P_i 到 P_j 的单位矢量为

$$\boldsymbol{r}_{i,j}^0=\left[\frac{\xi_j-\xi_i}{\Delta_{ij}},\frac{\eta_j-\eta_i}{\Delta_{ij}},\frac{\zeta_i-\zeta_j}{\Delta_{ij}}\right]^{\mathrm{T}}. \tag{7.49}$$

根据 Newton 万有引力定理，P_i 受到 P_j 的引力为

$$\boldsymbol{F}_{ij}=\frac{\gamma m_i m_j}{\Delta_{ij}^2}\boldsymbol{r}_{ij}^0=\gamma m_i m_j\left[\frac{\xi_j-\xi_i}{\Delta_{ij}^3},\frac{\eta_j-\eta_i}{\Delta_{ij}^3},\frac{\zeta_j-\zeta_i}{\Delta_{ij}^3}\right]^{\mathrm{T}}=\gamma m_i m_j\left[\frac{\partial U_{ij}}{\partial\xi_i},\frac{\partial U_{ij}}{\partial\eta_i},\frac{\partial U_{ij}}{\partial\zeta_i}\right]^{\mathrm{T}}, \tag{7.50}$$

其中

$$U_{ij}=\frac{1}{\Delta_{ij}}=\frac{1}{\sqrt{(\xi_j-\xi_i)^2+(\eta_j-\eta_i)^2+(\zeta_j-\zeta_i)^2}}. \tag{7.51}$$

考虑到所有的其余天体的影响之后，P_i 天体受到的总引力为

$$\boldsymbol{F}_i=\sum_{\substack{j=1\\j\neq i}}^{n}\boldsymbol{F}_{ij}=\sum_{\substack{j=1\\j\neq i}}^{n}\gamma m_i m_j\left[\frac{\partial U_{ij}}{\partial\xi_i},\frac{\partial U_{ij}}{\partial\eta_i},\frac{\partial U_{ij}}{\partial\zeta_i}\right]^{\mathrm{T}}=\gamma m_i\,\nabla_i\Big(\sum_{\substack{j=1\\j\neq i}}^{n}m_jU_{ij}\Big), \tag{7.52}$$

其中

$$\nabla_i=\left[\frac{\partial}{\partial\xi_i},\frac{\partial}{\partial\eta_i},\frac{\partial}{\partial\zeta_i}\right]^{\mathrm{T}}.$$

于是，天体 P_i 相对 $O\xi\eta\zeta$ 坐标系的运动方程为

$$m_i\ddot{\boldsymbol{r}}_i=\boldsymbol{F}_i=\nabla_i\gamma m_i\sum_{\substack{j=1\\j\neq i}}^{n}(m_jU_{ij}). \tag{7.53}$$

如果令

$$\begin{aligned}U=\gamma\Big(&\frac{m_1m_2}{\Delta_{12}}+\frac{m_1m_3}{\Delta_{13}}+\cdots+\frac{m_1m_n}{\Delta_{1n}}\\&+\frac{m_2m_3}{\Delta_{23}}+\cdots+\frac{m_2m_n}{\Delta_{2n}}\\&+\cdots\cdots\cdots\cdots\\&+\frac{m_{n-1}m_n}{\Delta_{n-1,n}}\Big),\end{aligned} \tag{7.54}$$

不难看出,P_i 的运动方程可以写成为

$$m_i\ddot{\xi}_i=\frac{\partial U}{\partial \xi_i},\quad m_i\ddot{\eta}_i=\frac{\partial U}{\partial \eta_i},\quad m_i\ddot{\zeta}_i=\frac{\partial U}{\partial \zeta_i},\quad i=1,2,\cdots,n, \tag{7.55}$$

其中 U 为系统的力函数,而系统的势 V 为

$$V=-U=-\gamma\sum_{i=1}^{n-1}\sum_{j=i+1}^{n}\frac{m_i m_j}{\Delta_{ij}}. \tag{7.56}$$

如果按分析动力学传统的记号,引入 n 体系统的 Descartes 位形

$$[u_1,u_2,u_3,\cdots,u_{3n-2},u_{3n-1},u_{3n}]^{\mathrm{T}}=[\xi_1,\eta_1,\zeta_1,\cdots,\xi_n,\eta_n,\zeta_n]^{\mathrm{T}}.$$

质量的编号也按分析动力学传统的习惯重新编号,那么系统的运动方程显然为

$$m_s\ddot{u}_s=\frac{\partial \widehat{U}}{\partial u_s},\quad s=1,2,\cdots,3n, \tag{7.57}$$

其中 $\widehat{U}$ 是(7.54)式中的 U 用新记号的表达式.

2. n 体问题的经典积分

由于我们假定在 n 体问题中除它们之间的万有引力外,没有其他的作用力,因此 n 体问题的系统是一个封闭的力学系统.这种封闭的力学系统一定有经典的守恒律,也就是所谓经典积分.

动量守恒积分为

$$\sum_{i=1}^{n}m_i\dot{\xi}_i=c_1,\quad \sum_{i=1}^{n}m_i\dot{\eta}_i=c_2,\quad \sum_{i=1}^{n}m_i\dot{\zeta}_i=c_3; \tag{7.58}$$

质心运动积分为

$$\sum_{i=1}^{n}m_i\xi_i=c_1t+c_4,\quad \sum_{i=1}^{n}m_i\eta_i=c_2t+c_5,\quad \sum_{i=1}^{n}m_i\zeta_i=c_3t+c_6; \tag{7.59}$$

动量矩守恒积分为

$$\begin{cases}\sum_{i=1}^{n}m_i(\eta_i\dot{\zeta}_i-\zeta_i\dot{\eta}_i)=c_7,\\ \sum_{i=1}^{n}m_i(\zeta_i\dot{\xi}_i-\xi_i\dot{\zeta}_i)=c_8,\\ \sum_{i=1}^{n}m_i(\xi_i\dot{\eta}_i-\eta_i\dot{\xi}_i)=c_9;\end{cases} \tag{7.60}$$

机械能守恒积分为

$$\frac{1}{2}\sum_{i=1}^{n}m_i(\dot{\xi}_i^2+\dot{\eta}_i^2+\dot{\zeta}_i^2)-U=T+V=c_{10}. \tag{7.61}$$

以上总共 10 个经典积分,它们都是各质点坐标分量,速度分量(或动量分量)以及时间 t 的代数函数,因此也称之为**代数积分**.为了一般性地解决 n 体问题,我们需要 $6n$ 个这样的第一积分.除二体问题外,天体力学一般问题中,最简单的就是

三体问题了.一般性地解决三体问题,需要 16 个第一积分①.因此,天体力学早期的研究中希望在经典积分之外,再寻找其他的独立的第一积分(譬如用 Poisson 方法).但是,很可惜,这种寻找一直没有成功.实际上,Bruns 已经证明[32],对于一般性的三体问题,不再存在任何其他的独立的代数第一积分了.正是由于这个原因,天体力学问题的研究不再寄希望于一般性的解决,而是走摄动与摄动展开的路子了.

5.7.4 行星运动的摄动方程

现在我们来研究行星运动中的三体模型:行星 P,P' 与太阳 S 之间相互吸引而运动,各自的质量分别记为 m,m',M.假定空间的惯性参考系为 $O^*\xi\eta\zeta$,记各矢量的 Descartes 分量为

$$\begin{aligned}
\overrightarrow{O^*S} &= \boldsymbol{\rho}_0 = [\xi_0,\eta_0,\zeta_0]^{\mathrm{T}},\\
\overrightarrow{O^*P} &= \boldsymbol{\rho} = [\xi,\eta,\zeta]^{\mathrm{T}},\\
\overrightarrow{O^*P'} &= \boldsymbol{\rho}' = [\xi',\eta',\zeta']^{\mathrm{T}},\\
\overrightarrow{SP} &= \boldsymbol{r} = [x,y,z]^{\mathrm{T}},\\
\overrightarrow{SP'} &= \boldsymbol{r}' = [x',y',z']^{\mathrm{T}}.
\end{aligned}$$

我们现在来证明如下结论:行星 P 对太阳 S 的运动可以归结为这样的简化模型:把该行星看成是一个单个质量质点,它的运动除受有"不动的太阳"(此"不动的太阳"质量为 $M+m$)的 Newton 中心引力外,还受有行星 P' 的摄动力

$$\boldsymbol{F}_{P'} = \left[\frac{\partial R}{\partial x},\frac{\partial R}{\partial y},\frac{\partial R}{\partial z}\right]^{\mathrm{T}}, \tag{7.62}$$

其中

$$R = \gamma m'\left(\frac{1}{\Delta} - \frac{xx'+yy'+zz'}{r'^3}\right) \tag{7.63}$$

称为**摄动函数**.这个简化模型的情况如图 5.23 所示.

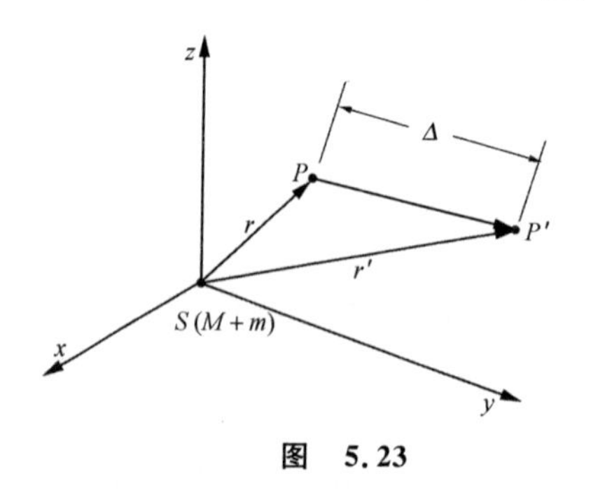

图 5.23

证明 根据天体力学一般问题的讨论,各星体的运动方程为:

太阳 S 的运动方程

$$M\ddot{\boldsymbol{\rho}}_0 = \gamma M\begin{bmatrix}\dfrac{\partial}{\partial\xi_0}\\ \dfrac{\partial}{\partial\eta_0}\\ \dfrac{\partial}{\partial\zeta_0}\end{bmatrix}\left(\frac{m}{r}+\frac{m'}{r'}\right); \tag{7.64}$$

① 参阅 5.2.4 小节中的 Jacobi 最后乘子理论.

行星 P 的运动方程

$$m\ddot{\boldsymbol{\rho}} = \gamma m \begin{bmatrix} \dfrac{\partial}{\partial \xi} \\ \dfrac{\partial}{\partial \eta} \\ \dfrac{\partial}{\partial \zeta} \end{bmatrix} \left(\frac{M}{r} + \frac{m'}{\Delta}\right); \tag{7.65}$$

行星 P'的运动方程

$$m'\ddot{\boldsymbol{\rho}}' = \gamma m' \begin{bmatrix} \dfrac{\partial}{\partial \xi'} \\ \dfrac{\partial}{\partial \eta'} \\ \dfrac{\partial}{\partial \zeta'} \end{bmatrix} \left(\frac{M}{r'} + \frac{m}{\Delta}\right). \tag{7.66}$$

现考虑行星对太阳的运动,注意到

$$\boldsymbol{r} = \boldsymbol{\rho} - \boldsymbol{\rho}_0, \quad \boldsymbol{r}' = \boldsymbol{\rho}' - \boldsymbol{\rho}_0. \tag{7.67}$$

则显然有

$$\ddot{x} = \ddot{\xi} - \ddot{\xi}_0 = \gamma \frac{\partial}{\partial \xi}\left(\frac{M}{r} + \frac{m'}{\Delta}\right) - \gamma \frac{\partial}{\partial \xi_0}\left(\frac{m}{r} + \frac{m'}{r'}\right). \tag{7.68}$$

又注意到

$$\begin{cases} \dfrac{\partial}{\partial \xi}\left(\dfrac{M}{r}\right) = \dfrac{\partial}{\partial x}\left(\dfrac{M}{r}\right), & \dfrac{\partial}{\partial \xi}\left(\dfrac{m'}{\Delta}\right) = \dfrac{\partial}{\partial x}\left(\dfrac{m'}{\Delta}\right), \\ \dfrac{\partial}{\partial \xi_0}\left(\dfrac{m}{r}\right) = -\dfrac{\partial}{\partial x}\left(\dfrac{m}{r}\right), & \dfrac{\partial}{\partial \xi_0}\left(\dfrac{m'}{r'}\right) = -\dfrac{\partial}{\partial x'}\left(\dfrac{m'}{r'}\right), \end{cases} \tag{7.69}$$

所以(7.68)式成为

$$\begin{aligned} \ddot{x} &= \gamma\left[\frac{\partial}{\partial x}\left(\frac{M}{r}\right) + \frac{\partial}{\partial x}\left(\frac{m'}{\Delta}\right) + \frac{\partial}{\partial x}\left(\frac{m}{r}\right) + \frac{\partial}{\partial x'}\left(\frac{m'}{r'}\right)\right] \\ &= -\gamma(M+m)\frac{x}{r^3} + \gamma m' \frac{\partial}{\partial x}\left(\frac{1}{\Delta}\right) - \gamma m' \frac{x'}{r'^3}. \end{aligned} \tag{7.70}$$

如果记

$$\mu = \gamma(M+m), \quad R = \gamma m'\left(\frac{1}{\Delta} - \frac{xx' + yy' + zz'}{r'^3}\right), \tag{7.71}$$

则(7.70)式成为

$$\ddot{x} + \mu \frac{x}{r^3} = \frac{\partial R}{\partial x}. \tag{7.72}$$

类似地,对 y,z 也可以得到

$$\ddot{y}+\mu\frac{y}{r^3}=\frac{\partial R}{\partial y},\tag{7.73}$$

$$\ddot{z}+\mu\frac{z}{r^3}=\frac{\partial R}{\partial z}.\tag{7.74}$$

综合以上结果，即知结论已经证毕. □

以下我们来将行星对太阳运动的摄动方程(7.72)～(7.74)转变成 Hamilton 正则方程的形式. 按上面已经证明的简化模型，行星 P 相对太阳运动的动能

$$T=(\dot{x}^2+\dot{y}^2+\dot{z}^2)/2,\tag{7.75}$$

势能

$$V=-\mu r^{-1}-R.\tag{7.76}$$

所以，三体模型下行星 P 对太阳运动的 Hamilton 函数为

$$\widetilde{H}=\widetilde{T+V}=\widetilde{T-\mu r^{-1}-R}=H+\varepsilon H^*,\tag{7.77}$$

其中 H 是二体模型(太阳 S+行星 P)的 Hamilton 函数，$\varepsilon=m'$，而

$$H^*=-\frac{R}{m'}=-\gamma\left(\frac{1}{\Delta}-\frac{xx'+yy'+zz'}{r'^3}\right).\tag{7.78}$$

引入天文学上习用的黄道球坐标 $q_1=\lambda, q_2=\theta, q_3=r$ 来描述行星相对太阳的运动，那么行星运动方程的正则形式为

$$\dot{q}_i=\frac{\partial(H+\varepsilon H^*)}{\partial p_i},\quad \dot{p}_i=-\frac{\partial(H+\varepsilon H^*)}{\partial q_i},\quad i=1,2,3.\tag{7.79}$$

5.7.5 正则常数摄动方程与轨道根数摄动方程

1. 行星摄动运动的直观意义

对于行星围绕太阳的运动，由于考虑到：(1) 其他行星的质量比起太阳的质量来说都是小量；(2) 其他行星离开所研究的行星也不是很近，因此，行星运动的基本近似就是“行星绕日”这个二体模型. 已经证明了，这个“基本近似”的运动是一个椭圆运动. 具体决定这个椭圆运动的六个根数可以由正则常数 $\alpha_1,\alpha_2,\alpha_3,\beta_1,\beta_2,\beta_3$ 利用公式(7.47)唯一地决定. 这些根数也都是常数.

当然，这只是基本近似. 更精确的考虑，其他的行星实际上还是有不容忽视的影响. 考虑这些行星的影响之后，行星的运动可以看成是在缓慢变化着的椭圆上运动. 每一时刻的这个椭圆，我们可以称之为轨道的**密切椭圆**，而行星的真正运动轨道就是这个密切椭圆族的包络线. 按这个观点，关键是要决定这个椭圆如何变化. 椭圆运动的变化决定于其根数的变化，而根数的变化又决定于正则常数如何变化. 正则常数的变化，恰好可以由 Hamilton-Jacobi 方法的摄动理论方便地加以解决.

2. 正则常数摄动方程

研究行星 P 相对于太阳 S 的运动. 引入黄道球坐标 q_1,q_2,q_3 之后，并考虑其

他行星 $P_1,P_2,\cdots,P_k$ 的影响. 在忽略 $P_1,P_2,\cdots,P_k$ 这些行星之间相互影响之后，行星 P 的正则运动方程为

$$\dot{q}_i=\frac{\partial\widetilde{H}}{\partial p_i},\quad \dot{p}_i=-\frac{\partial\widetilde{H}}{\partial q_i},\quad i=1,2,3,\tag{7.80}$$

其中 Hamilton 函数为

$$\widetilde{H}=H+H^*=H+\sum_{j=1}^{k}\varepsilon_j H_j^*.\tag{7.81}$$

根据(7.77),(7.78)式，我们知道

$$H^*=\sum_{j=1}^{k}\varepsilon_j H_j^*=-\sum_{j=1}^{k}R_j=-R^*=-\sum_{j=1}^{k}\gamma m_j\left(\frac{1}{\Delta_j}-\frac{\boldsymbol{r}\cdot\boldsymbol{r}_j}{r_j^3}\right),\tag{7.82}$$

其中 $m_1,m_2,\cdots,m_k$ 分别是行星 $P_1,P_2,\cdots,P_k$ 的质量，$\Delta_j=|PP_j|$，$\boldsymbol{r}$ 是行星 P 相对太阳的定位矢量，$\boldsymbol{r}_j$ 是 P_j 相对太阳的定位矢量.

当 $\varepsilon_1=\varepsilon_2=\cdots=\varepsilon_k=0$ 时，行星 P 的运动方程蜕化为

$$\dot{q}_i=\frac{\partial H}{\partial p_i},\quad \dot{p}_i=-\frac{\partial H}{\partial q_i},\quad i=1,2,3.\tag{7.83}$$

它就是行星 P 绕日运动的二体模型，其中

$$H=\frac{1}{2}\left(p_r^2+\frac{p_\theta^2}{r^2}+\frac{1}{r^2\cos^2\theta}p_\lambda^2\right)-\frac{\mu}{r}.$$

已经证明，方程(7.83)的 Hamilton-Jacobi 方程有全积分

$$K=\int_{r_1}^{r}\sqrt{2\alpha_1+2\mu r^{-1}-\alpha_2^2 r^{-2}}\,\mathrm{d}r+\int_0^\theta\sqrt{\alpha_2^2-\alpha_3^2/\cos^2\theta}\,\mathrm{d}\theta+\alpha_3\lambda.$$

应用这个全积分函数作为正则方程(7.80)的第一类接触变换生成函数，将方程变换成“正则常数”——实际上，是指 $\alpha_1,\alpha_2,\alpha_3,\beta_1,\beta_2,\beta_3$ 这些正则变量(在无摄动时，蜕化为常数)的新正则方程. 根据 5.6.6 小节中摄动理论的结果，我们有

$$\dot{\alpha}_i=\frac{\partial H^*}{\partial\beta_i},\quad \dot{\beta}_i=-\frac{\partial H^*}{\partial\alpha_i},\quad i=1,2,3.\tag{7.84}$$

这就是正则常数的摄动方程.

3. 轨道根数摄动方程(Lagrange 行星方程)

在考虑了摄动之后，显然正则常数和轨道根数都在变化着，但由于变换关系式仍然是由全积分 K 按同样方式生成的，因而密切椭圆根数和正则常数之间的关系式仍然一直保持(7.47)式的形式. 因此，我们可以从(7.47)式中解出轨道根数，有

$$\begin{cases}a=-\mu/2\alpha_1,\quad \tau=\beta_1,\\ e^2=1+2\alpha_1\alpha_2^2/\mu^2,\quad \omega=-\beta_2,\\ \cos i=\alpha_3/\alpha_2,\quad \Omega=-\beta_3.\end{cases}\tag{7.85}$$

将(7.85)各式对时间取导数，再注意到方程(7.84)及关系式(7.47)，得到

$$\begin{cases}\dot{a}=\dfrac{\mu}{2\alpha_1^2}\dot{\alpha}_1=\dfrac{2a^2}{\mu}\dfrac{\partial H^*}{\partial\beta_1},\\ e\dot{e}=\dfrac{\alpha_2^2}{\mu^2}\dot{\alpha}_1+\dfrac{2\alpha_1\alpha_2}{\mu^2}\dot{\alpha}_2=\dfrac{a}{\mu}(1-e^2)\dfrac{\partial H^*}{\partial\beta_1}-\sqrt{\dfrac{1-e^2}{\mu a}}\dfrac{\partial H^*}{\partial\beta_2},\\ -\sin i\,\dfrac{\mathrm{d}i}{\mathrm{d}t}=-\dfrac{\alpha_3}{\alpha_2^2}\dot{\alpha}_2+\dfrac{1}{\alpha_2}\dot{\alpha}_3\\ \qquad=-\dfrac{\cos i}{\sqrt{\mu a(1-e^2)}}\dfrac{\partial H^*}{\partial\beta_2}+\dfrac{1}{\sqrt{\mu a(1-e^2)}}\dfrac{\partial H^*}{\partial\beta_3},\\ \dot{\tau}=\dot{\beta}_1=-\dfrac{\partial H^*}{\partial\alpha_1},\quad\dot{\omega}=-\dot{\beta}_2=\dfrac{\partial H^*}{\partial\alpha_2},\quad\dot{\Omega}=-\dot{\beta}_3=\dfrac{\partial H^*}{\partial\alpha_3}.\end{cases}\tag{7.86}$$

注意到 $H^*=-R^*$，所以有

$$\begin{cases}\dfrac{\partial H^*}{\partial\alpha_1}=-\dfrac{\partial R^*}{\partial a}\dfrac{\partial a}{\partial\alpha_1}-\dfrac{\partial R^*}{\partial e}\dfrac{\partial e}{\partial\alpha_1}=-\dfrac{\mu}{2\alpha_1^2}\dfrac{\partial R^*}{\partial a}-\dfrac{\alpha_2^2}{\mu^2 e}\dfrac{\partial R^*}{\partial e}\\ \qquad=-\dfrac{2a^2}{\mu}\dfrac{\partial R^*}{\partial a}-\dfrac{a(1-e^2)}{\mu e}\dfrac{\partial R^*}{\partial e},\\ \dfrac{\partial H^*}{\partial\alpha_2}=-\dfrac{\partial R^*}{\partial e}\dfrac{\partial e}{\partial\alpha_2}-\dfrac{\partial R^*}{\partial i}\dfrac{\partial i}{\partial\alpha_2}=-\dfrac{2\alpha_1\alpha_2}{\mu^2 e}\dfrac{\partial R^*}{\partial e}-\dfrac{\alpha_3}{\alpha_2^2\sin i}\dfrac{\partial R^*}{\partial i}\\ \qquad=\dfrac{1}{e}\sqrt{\dfrac{1-e^2}{\mu a}}\dfrac{\partial R^*}{\partial e}-\dfrac{\cos i}{\sin i\sqrt{\mu a(1-e^2)}}\dfrac{\partial R^*}{\partial i},\\ \dfrac{\partial H^*}{\partial\alpha_3}=-\dfrac{\partial R^*}{\partial i}\dfrac{\partial i}{\partial\alpha_3}=\dfrac{1}{\alpha_2\sin i}\dfrac{\partial R^*}{\partial i}=\dfrac{1}{\sin i\sqrt{\mu a(1-e^2)}}\dfrac{\partial R^*}{\partial i},\\ \dfrac{\partial H^*}{\partial\beta_1}=-\dfrac{\partial R^*}{\partial\tau},\quad\dfrac{\partial H^*}{\partial\beta_2}=\dfrac{\partial R^*}{\partial\omega},\quad\dfrac{\partial H^*}{\partial\beta_3}=\dfrac{\partial R^*}{\partial\Omega}.\end{cases}\tag{7.87}$$

将(7.87)式代入方程(7.86)，即得到**轨道根数摄动方程**：

$$\begin{cases}\dot{a}=-\dfrac{2a^2}{\mu}\dfrac{\partial R^*}{\partial\tau},\\ \dot{e}=-\dfrac{a(1-e^2)}{\mu e}\dfrac{\partial R^*}{\partial\tau}-\dfrac{1}{e}\sqrt{\dfrac{1-e^2}{\mu a}}\dfrac{\partial R^*}{\partial\omega},\\ \dfrac{\mathrm{d}i}{\mathrm{d}t}=\dfrac{\cos i}{\sin i\sqrt{\mu a(1-e^2)}}\dfrac{\partial R^*}{\partial\omega}-\dfrac{1}{\sin i\sqrt{\mu a(1-e^2)}}\dfrac{\partial R^*}{\partial\Omega},\\ \dot{\tau}=\dfrac{2a^2}{\mu}\dfrac{\partial R^*}{\partial a}+\dfrac{a(1-e^2)}{\mu e}\dfrac{\partial R^*}{\partial e},\\ \dot{\omega}=\dfrac{1}{e}\sqrt{\dfrac{1-e^2}{\mu a}}\dfrac{\partial R^*}{\partial e}-\dfrac{\cos i}{\sin i\sqrt{\mu a(1-e^2)}}\dfrac{\partial R^*}{\partial i},\\ \dot{\Omega}=\dfrac{1}{\sin i\sqrt{\mu a(1-e^2)}}\dfrac{\partial R^*}{\partial i}.\end{cases}\tag{7.88}$$

这就是著名的 **Lagrange 行星摄动方程**. 针对行星运动的各种具体情况,适当地处理上述方程,并广泛应用小参数级数展开的方法来寻找轨道根数的各级近似解,是天体力学摄动理论的主要内容. 有关这些深入的研究可参阅天体力学的专著[59].

习　题

5.1 一质点在一势函数为 V 的场中自由运动. 当坐标分别选定为:(1) Descartes 坐标;(2) 柱坐标;(3) 球坐标时,试分别求其广义动量的表达式、Hamilton 函数以及 Hamilton 正则方程.

5.2 求重刚体绕固定点转动的 Lagrange 情形的广义动量表达式、Hamilton 函数以及 Hamilton 正则方程.

5.3 已知力学系统的 Lagrange 函数具有下列形式,求力学系统的 Hamilton 函数以及 Hamilton 正则方程:

(1) $L=\frac{3}{2}\dot{q}_1^2+\frac{1}{2}\dot{q}_2^2-q_1^2-\frac{1}{2}q_2^2-q_1q_2$;

(2) $L=\frac{5}{2}\dot{q}_1^2+\frac{1}{2}\dot{q}_2^2+\dot{q}_1\dot{q}_2\cos(q_1-q_2)+3\cos q_1+\cos q_2$;

(3) $L=\frac{1}{2}[(\dot{q}_1-\dot{q}_2)^2+a\dot{q}_1^2t^2]-a\cos q_2$.

5.4 已知力学系统的 Hamilton 函数具有下列形式,求该力学系统的 Lagrange 函数:

(1) $H=q_1p_2-q_2p_1+a(p_1^2+p_2^2)$;

(2) $H=\frac{1}{2}\frac{p_1^2+p_2^2}{q_1^2+q_2^2}+a(q_1^2+q_2^2)$;

(3) $H=p_1p_2+q_1q_2$.

5.5 在球坐标描述中,相对论性粒子在引力场中的 Lagrange 函数为

$$L=-m_0c^2\sqrt{1-(\dot{r}^2+r^2\dot{\theta}^2+r^2\dot{\varphi}\sin^2\theta)/c^2}+\gamma/r,$$

其中 m_0 是粒子的静止质量,c 是光速. 试求此时粒子的 Hamilton 函数.

5.6 一可变长度的平面数学摆,摆长是时间的已知函数 $l(t)$. 试建立其 Hamilton 正则方程.

5.7 一质量为 M 的三棱柱可沿水平面无摩擦地滑动. 半径为 r,质量为 m 的匀质圆柱可沿与水平面成 α 角的棱柱侧面无滑动地滚动,如图 5.24 所示. 试求系统的 Hamilton 函数,建立正则方程并求解.

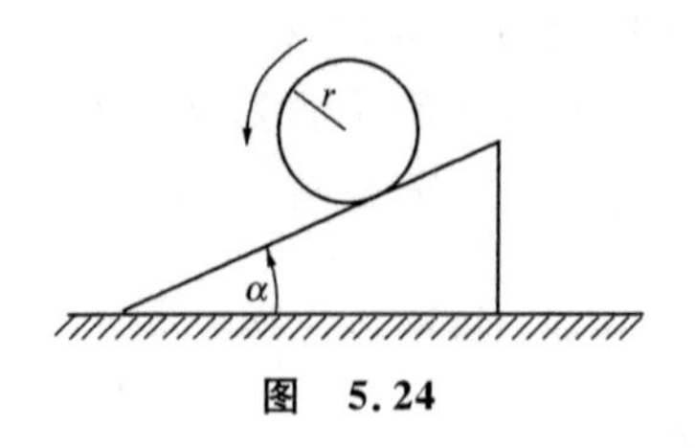

图 5.24

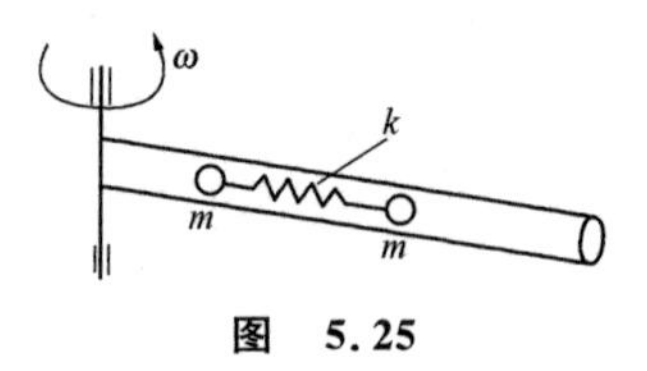

图 5.25

5.8 质量均为 m 的两个质点彼此之间用刚度为 k 的弹簧联结，并可无摩擦地沿管子滑动. 管子以匀角速度 ω 绕垂直轴旋转，如图 5.25 所示. 求系统的 Hamilton 函数，并建立两个质点相对运动的正则方程.

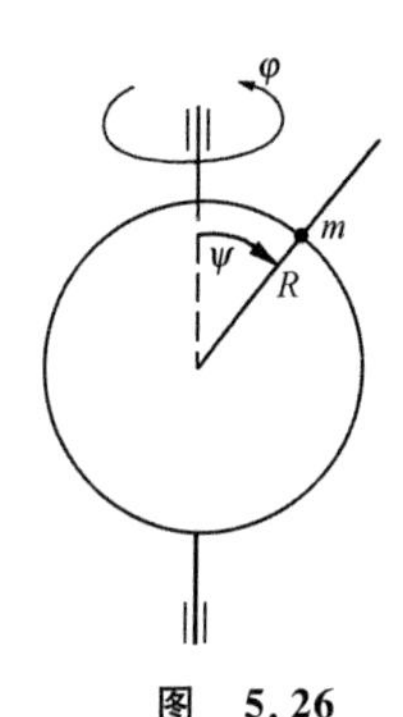

图 5.26

5.9 质量为 m 的质点可以沿质量为 M、半径为 R 的光滑金属丝作圆周滑动，而圆周绕其垂直轴可自由转动，其情况如图 5.26 所示. 求系统的 Hamilton 函数，建立正则方程并求解.

5.10 在 Descartes 坐标中三维各向异性振子的 Hamilton 函数为

$$H = \frac{1}{2m}(p_x^2 + p_y^2 + p_z^2) + \frac{1}{2}(\alpha x^2 + \beta y^2 + \gamma z^2).$$

求此振子分别在柱坐标、球坐标描述中的 Hamilton 函数.

5.11 假定某力学系统的 Hamilton 函数为 $H(q_1, \cdots, q_n, p_1, \cdots, p_n, t)$. 当系统的广义坐标按如下的非蜕化变换：

$$q_i = f_i(\theta_1, \theta_2, \cdots, \theta_n, t), \quad i = 1, 2, \cdots, n$$

变成为 $\theta_1, \theta_2, \cdots, \theta_n$ 时，试求系统在新广义坐标描述下的 Hamilton 函数.

5.12 质量为 m 的重物吊在刚度为 c 的弹簧上. 作用在重物上的力有干扰力 $F(t)$ 和介质阻力 $f = -\beta v$. 引入坐标

$$y = x\exp(\beta t/2m),$$

其中 x 是重物从平衡位置算起来的位移. 试求出系统的 Lagrange 函数，并验证系统的动力学方程可表达成 Hamilton 正则形式.

5.13 设某 Hamilton 系统有循环坐标 q_j，并假定系统有第一积分 $\varphi(q_1, \cdots, q_j, \cdots, q_n; p_1, \cdots, p_n, t)$. 试证明

$$\frac{\partial \varphi}{\partial q_j}, \quad \frac{\partial^2 \varphi}{\partial q_j^2}, \quad \cdots$$

均为系统的第一积分，只要它们仍然是正则变量的函数.

5.14 试证明，如果某系统的 Hamilton 函数为

$$H = H[\varphi(q_1, \cdots, q_m, p_1, \cdots, p_m), q_{m+1}, \cdots, q_n, p_{m+1}, \cdots, p_n, t].$$

则 $\varphi(q_1, \cdots, q_m, p_1, \cdots, p_m)$ 是系统的第一积分.

5.15　试证明，对于有循环坐标的系统，一定存在着两个第一积分，借助于它们仅利用 Poisson 方法就可以得出系统第一积分的完全组.

5.16　设某系统的 Hamilton 函数为

$$H = F(f_n(\cdots,f_2(f_1(q_1,p_1),q_2,p_2),\cdots,q_n,p_n),t).$$

试证明函数 $f_1(q_1,p_1),f_2(f_1,q_2,p_2),\cdots,f_n(f_{n-1},q_n,p_n)$ 都是第一积分.

5.17　设某 Hamilton 系统有 n 个不依赖于广义动量而且函数独立的第一积分. 试求系统 Hamilton 函数的形式.

5.18　x 为自变量，$y_1,y_2,\cdots,y_n$ 均为因变量. 试证明，在普通的定端点变分问题

$$\delta\int_{x_0}^{x_1} f(y_1,y_2,\cdots,y_n,y_1',y_2',\cdots,y_n',x)\mathrm{d}x = 0$$

中，如果某一个因变量的导数 y_i' 不包含在 f 中，那么在推导逗留值曲线的 Euler 方程时，x_0 和 x_1 相应的端点条件可以放松，其中 δy_i 无需为零.

5.19　试判别如下积分是否为 Hamilton 系统的通用相对积分不变量：

(1) $\oint_c \frac{p}{q}\mathrm{d}q + (q + \ln q)\mathrm{d}p$ ；

(2) $\oint_c (ap + bq)\mathrm{d}q + (\alpha p + \beta q)\mathrm{d}p$ ；

(3) $\oint_c \sum_{i=1}^{n}[(\alpha_i p_i + \varphi_i(q_i))\mathrm{d}q_i + (\beta_i q_i + \psi_i(p_i))\mathrm{d}p_i]$.

5.20　一封闭回路 c 位于流管上但不环绕流管. 试计算

$$\oint_c\Big(\sum_{i=1}^{n} p_i\mathrm{d}q_i - H\mathrm{d}t\Big).$$

5.21　当环绕流管的回路 c 任意变化时，积分

$$\oint_c\Big(\sum_{i=1}^{n} q_i\mathrm{d}p_i + H\mathrm{d}t\Big)$$

会如何变化？

5.22　设函数 $f(q_1,\cdots,q_n,p_1,\cdots,p_n,t)$ 是某 Hamilton 系统的第一积分. 在增广相空间中选取一初始闭回路 c_0，使它位于上述第一积分所决定的某张积分曲面上. 由 c_0 生成一流管，在此流管上任取一个环绕流管的闭曲线 c. 试证明，

$$I' = \oint_c\Big[\sum_{i=1}^{n} p_i\mathrm{d}q_i - (H + f)\mathrm{d}t\Big]$$

的值与 c 在流管上的选取无关.

5.23　设函数 $f(q_1,\cdots,q_n,p_1,\cdots,p_n,t)$ 是某 Hamilton 系统的第一积分. 试证明，

$$I=\int\cdots\int_{\tau} f(q_1,\cdots,q_n,p_1,\cdots,p_n,t)\mathrm{d}q_1\cdots\mathrm{d}q_n\mathrm{d}p_1\cdots\mathrm{d}p_n$$

是绝对积分不变量.

5.24 如果某 Hamilton 系统有绝对积分不变量

$$I=\int\cdots\int_{\tau} F(q_1,\cdots,q_n,p_1,\cdots,p_n,t)\mathrm{d}q_1\cdots\mathrm{d}q_n\mathrm{d}p_1\cdots\mathrm{d}p_n,$$

其中 F 是正则变量的连续可微函数,试证明 $F(q_1,\cdots,q_n,p_1,\cdots,p_n,t)$ 是系统的第一积分.

5.25 试证明,对于系统

$$\begin{cases}\dot{q}_i=Q_i(q_1,\cdots,q_n,p_1,\cdots,p_n,t),\\ \dot{p}_i=P_i(q_1,\cdots,q_n,p_1,\cdots,p_n,t),\end{cases}\quad i=1,2,\cdots,n$$

而言,相体积守恒是该系统为 Hamilton 系统的充要条件这一结论仅对 $n=1$ 时成立;对 $n\geqslant 2$ 则不成立.

5.26 定常线性系统的状态方程为

$$\dot{x}_i=\sum_{j=1}^{n}a_{ij}x_j,\quad i=1,2,\cdots,n.$$

试求其状态空间体积守恒的充要条件.

5.27 试建立下列位形点变换所相应的接触变换及生成函数

(1) Descartes 坐标(x,y,z)变换到球坐标(r,θ,φ);

(2) Descartes 坐标(x,y,z)变换到柱坐标(ρ,φ,z);

(3) Descartes 坐标(x,y,z)变换到抛物线坐标(ξ,η,φ),变换公式为

$$x=\sqrt{\xi\eta}\cos\varphi,\quad y=\sqrt{\xi\eta}\sin\varphi,\quad z=(\xi-\eta)/2.$$

5.28 试证明,变换

$$Q=q+p,\quad P=2p(\mathrm{e}^{(p+q)^2}+1)+2q(\mathrm{e}^{(p+q)^2}-1)$$

是正则变换.

5.29 试证明,变换

$$Q_i=\mu q_i+\frac{\partial\varphi(p_1,\cdots,p_n,t)}{\partial p_i},\quad P_i=p_i,\quad i=1,2,\cdots,n$$

是正则变换,并求变换的价 c,生成函数与 Hamilton 函数的变换规律.

5.30 为使变换

$$Q_i=q_i,\quad P_i=\varphi_i(p_1,\cdots,p_n,t)+\psi_i(q_1,\cdots,q_n,t),\quad i=1,2,\cdots,n$$

成为价为 c 的正则变换,函数 φ_i 和 ψ_i 应满足哪些条件?

5.31 试证明,价为 c 的正则变换的 Jacobi 行列式的平方等于 c^{2n}.

5.32 利用习题 5.28 的变换关系来变换如下的系统:

$$H=(p+q)^2\mathrm{e}^{2(p+q)^2}+2(p^2-q^2)\mathrm{e}^{(p+q)^2}+2(p^2+q^2),$$

并求变换后系统的 Hamilton 函数.

5.33　试证接触变换的生成函数的确定只能精确到可以差一个任意的可加函数 $f(t)$.

5.34　相平面(q,p)上的变换

$$q=\rho\cos\varphi,\quad p=\rho\sin\varphi$$

是正则变换吗？试证明，相平面(q,p)上的面积守恒变换一定是接触变换.

5.35　试证明，任何一个价为 c 的正则变换均可看成是某一接触变换和一个典型正则变换

$$\tilde{q}_i=cq_i,\quad \tilde{p}_i=p_i,\quad i=1,2,\cdots,n$$

的重叠.

5.36　试证如下变换：

$$Q_i=q_i\mathrm{e}^{-\beta t},\quad P_i=p_i\mathrm{e}^{-\gamma t},\quad i=1,2,\cdots,n$$

能使方程组

$$\dot{q}_i=\frac{\partial H}{\partial p_i}+\beta q_i,\quad \dot{p}_i=-\frac{\partial H}{\partial q_i}+\gamma p_i,\quad i=1,2,\cdots,n$$

变成 Hamilton 方程组.

5.37　试用 Hamilton-Jacobi 方法求质量为 m、长度为 l 的数学摆运动规律.

5.38　建立单自由度线性振子的 Hamilton-Jacobi 方程，求全积分并求运动规律.

5.39　质量为 m 的粒子在如下的势力场中运动：

$$V=-\gamma r^{-1}+\beta z,\quad r=\sqrt{x^2+y^2+z^2}.$$

试求粒子的 Hamilton-Jacobi 方程并求其全积分.

5.40　求球面摆的 Hamilton-Jacobi 方程及其全积分.

5.41　已知系统的动力学函数如下，试用 Hamilton-Jacobi 方法求运动规律：

(1) $H=(p_1q_2+2p_1p_2+q_1^2)/2$；

(2) $H=\dfrac{1}{2}\left[\dfrac{p_1^2+p_2^2}{q_1-q_2}+\left(p_3^2+\dfrac{1}{q_3^2}\right)(q_1+q_2)\right]$；

(3) $L=\dfrac{1}{2}(\dot{q}_1^2q_1^4+\dot{q}_2^2q_1^2)-\dfrac{q_2^2}{q_1^2}$.

5.42　已知 $H=H(p_1,p_2,\cdots,p_n,t)$. 试用 Hamilton-Jacobi 方法求运动规律.

5.43　根据接触变换独立变量的不同取法，试讨论化零接触变换生成函数所满足的各种方程.

5.44　寻求以 $p_1,\cdots,p_n,Q_1,\cdots,Q_n$ 为独立变量的生成函数所应满足的方程，由它生成的接触变换使得以 H 为 Hamilton 函数的系统变成 $\widetilde{H}=\sum\limits_{i=1}^{n}(Q_i^2+P_i^2)$ 的

系统.

5.45 某力学系统的 Lagrange 函数为 $L(q_1,\cdots,q_n,\dot{q}_1,\cdots,\dot{q}_n,t)$. 试证

$$\frac{\mathrm{d}}{\mathrm{d}t}\left[S|_{q_i=q_i(t,\alpha_1,\cdots,\alpha_n,\beta_1,\cdots,\beta_n)}\right]=L|_{q_i=q_i(t,\alpha_1,\cdots,\alpha_n,\beta_1,\cdots,\beta_n)},$$

其中 $S(q_1,\cdots,q_n,\alpha_1,\cdots,\alpha_n,t)$是系统 Hamilton-Jacobi 方程全积分，而 $q_i=q_i(t,\alpha_1,\cdots,\alpha_n,\beta_1,\cdots,\beta_n)$是由关系式

$$\frac{\partial S}{\partial \alpha_i}=\beta_i,\quad i=1,2,\cdots,n$$

来确定的.

参考文献

[1] Newton I. Philosophiae Naturalis Principia Mathematica. 1687 (Mathematical Principles of Natural Philosophy. translated and edited by Cajori F. University of California Press, 1934).

[2] Hertz H. Die Prinzipien der Mechanik in neuem, Zusammenhange dargestellt, Leibzig. 1894.

[3] Lagrange J L. Mécanique Analytique, T. Ⅰ, Ⅱ. Paris, 1788.

[4] Ruelle D. 奇异吸引子. 数学译林，1982，1(2).

[5] Kai, Tomita. Statistical mechanics of determinatic Chaos. Progress Theo. Physics, 1980, 64(5).

[6] Holmes P J. A nonlinear oscillator with a strange attractor. Philosophical Trans. The Royal Society of London, 1979, 292(1394): 419—448.

[7] Ландау Л Д, Лпфщиц Е М. Теория поля. [s. l.]: Гостехиздат. 1948 (场论. 任朗，表炳南，译. 北京：人民教育出版社，1969).

[8] 陈滨. 论状态空间的约束，轨道及变分//陈滨. 现代数学理论与方法在动力学、振动与控制中的应用. 北京：科学出版社，1992：54—64.

[9] Arnold V I. Mathematical Methods of Classical Mechanics. New York: Springer-Verlag, 1978.

[10] Westenholz C V. Differential Form in Mathematical Physics. [s. l.]: North-Holland, 1978 (数学物理中的微分形式. 叶以同，译. 北京：北京大学出版社，1990).

[11] 陈省身，陈维恒. 微分几何. 北京：北京大学出版社，2001.

[12] 梅向明，黄敬之. 微分几何. 北京：人民教育出版社，1981.

[13] 陈滨，朱海平. 状态空间线性约束大范围性质分析与运动规划. 中国科学：A辑，1997，27(6)：533—541.

[14] Pars L A. A treatise on analytical dynamics. London: Heinmann, 1965.

[15] 陈滨. 力学系统动力学理论的某些研究成果//台湾大学应用力学研究所. 现代力学研讨会论文集. 台北，1993-12：55—63.

[16] 陈滨. 状态空间非线性约束的完整性与非完整性. 中国科学：A辑，1993，23(8)：839—846.

[17] 陈滨. 状态空间非线性约束的完整性与轨道性质. 北京理工大学学报，1996，S1：8—11，16.

[18] Ландау Л Д，Лпфщиц Е М. Квантовая механика. [s. l]：Гостехиздат，1963（量子力学. 严肃，译. 北京：人民教育出版社，1980）.
[19] 曹昌祺. 电动力学. 北京：人民教育出版社，1961.
[20] 涂序彦. 大系统理论及应用讲座（第三讲）. 信息与控制，1980，9(3).
[21] 陈滨. 自由陀螺仪漂移理论及有关的某些一般问题. 力学学报，1964-09，7(3).
[22] Rosenberg R M. Analytical Dynamics of Discrete Systems. [s. l.]：Plenum，1977.
[23] Четаев Н Г. Устойвоств Движения. [s. l.]：Гостехиздат，1955（运动稳定性. 王光亮，译. 北京：国防工业出版社，1959）.
[24] Rocard Y. L′instabilité en mecanique. Paris，1954.
[25] Неймарк Ю И，Фуфаев Н А. Динамика неголономных систем. [s. l.]：Наука，1967.
[26] Ellis J R. Vehicle Dynamics. London：Business，1969.
[27] 陈滨. 动力载荷对自由陀螺仪漂移的影响//科研论文汇编. 国防科学资料编辑部第二编辑室，1963.
[28] Меркин Д Р. Гироскопические системы. [s. l.]：Гостехиздат，1956.
[29] Чаплыгин С А. Исследования по динамике неголономных спстем. [s. l.]：Гостехпздат，1949（非全定系统的动力学研究. 张燮，译. 北京：科学出版社，1956）.
[30] Appell P. Traité de mécanique rationnelle. Paris：Gauthier-Villars，1919—1924.
[31] Hamel G. Theoretische Mechanic. New York：Springer-Verlag，1978.
[32] Edelen G B. Lagrangian Mechanics of Nonconservative Nonholonomic Systems. [s. l.]：Noordhoff，1977.
[33] Румянцев В В. О лринципе Гамилвтона для неголономных систем. ПММ，1978，42(3).
[34] Румянцев В В. Оь интегральных принципах для неголономных систем. ПММ，1982，46(1).
[35] Kane T R. Dynamics of nonholonomic systems. ASME J. Appl. Mech. , 1961，29：574—578.
[36] Kane T R，Levinson D A. Formulation of equations of motion for complex spacecraft. J. of Guidance and Control，1980，3(2)：99—112.
[37] Lanczos C. The Variational Principles of Mechanics. Toronto：University of Toronto Press，1949.
[38] Chen B，Wang L S，Chu S S，Chou W T. A New Classification of Non-holonomic Constraints. Proc. Roy. Soc. London：Ser. A，1997(453)：631—642.
[39] Kane T R，Likins P W，Levinson D A. Spacecraft dynamics. New York：McGraw-Hill，1983.
[40] Четаев Н Г. О принципе Гаусса，Устойчивость двихения ж Раьоты по аналитической механике，Изд. АНСССР，Москва，1962，стр. 323—326
[41] Четаев Н Г. Одно видоизменение принципа Гаусса. ПММ，1941，5(1).
[42] Румянцев В В. О движении управляемых механических систем. ПММ，1976，40(5).
[43] Румянцев В В. О некоторых вариационных принципах механики//Современие проьлемы теоретический и прикладной механики. 1978，стр. 74—86

[44] 陈滨. 论 Hamilton 作用量的极值性质. 黄淮学刊，1997-01，13(1)：1—19.

[45] Лурье А И. Аналитическая Механика. [s. l.]：Физматгиз，1961.

[46] 陈滨. 柔性多体系统（FMS)动力学研究的若干问题//黄文虎，陈滨，王照林. 一般力学(动力学、振动与控制)最新进展. 北京：科学出版社，1994：91—97.

[47] Chait Y, et al. A natural modal expansion for the flexible robot arm problem via a self-adjoint formulation. IEEE Trans. On Robotics and Automation，1990，6：601—603.

[48] Enrique Barbieri，Ümit Özüner. Unconstrained and constrained mode expansions for a flexible slewing link. J. of DMC，1988，110(4)：416—421.

[49] Sakawa Y，Luo Zhenghua. Modeling and control of coupled bending and torsional vibrations of flexible beams. IEEE Trans. On Automatic Control，1989，34(9)：970—977.

[50] Mörgul Ö. Orientation and stabiliation of a flexible beam attached to a rigid body：planar motion. IEEE Trans. On Automatic Control，1991，36(8)：953—962.

[51] 邹建奇，陆佑方，冯冠民. 基函数的不同对柔性机械臂动力学特性的影响//陈滨. 动力学，振动与控制的研究. 北京：北京大学出版社，1994.

[52] Bloch A M. Stability analysis of a rotating flexible system. Acta Applicandae Mathematicae，1989，15：211—234.

[53] Choura S，et al. On the modeling and open-loop control of a rotating thin flexible beam. Trans. ASME，J. of DMC，1991，113：26—33.

[54] 肖世富，陈滨. 一类刚柔耦合系统的建模与稳定性研究. 力学学报，1997-07，29(4)：439—447.

[55] 肖世富，陈滨. 一类刚柔耦合系统柔体模态分析的特性. 中国空间科学技术，1998，18(4)：8—13.

[56] 肖世富，陈滨. 匀速转动内悬臂梁的建模与分岔研究. 中国科学：A 辑，1997-10，27(10)：911—916.

[57] 曾谨言. 量子力学. 北京：科学出版社，1981.

[58] Hwa-Chung Lee. Invariants of Hamilton systems and applications to the theory of canonical transformations. Proc. Roy. Soc. Edinbourgh，Ser. A，v. LXⅡ，1947：237—247.

[59] 牛青萍. 经典力学基本微分原理与不完整力学组的运动方程. 力学学报，1964，7(2).

[60] Poincaré H. Les méthodes nouvelles de la mécanique célests，Paris，1892，1893，1899.

[61] Whittaker E T. A treatise on the analytical dynamics of particles and rigid bodies. London：Combridge，1904.

[62] Гантмахер Ф Р. Лекции по аналитичекоu механике. Физматгиз，1960（分析力学讲义. 薛问西，钟奉娥，译. 北京：人民教育出版社，1963).

[63] Goldstein H. Classical Mechanics. Addison-Wesley，1953（经典力学. 汤家镛，陈为洵，译. 北京：科学出版社，1981).

[64] Бухголвц Н Н. Основной курс теоретической механики. [s. l.]：Гостехиздат. 1939（理论力学基本教程. 钱尚武，钱敏，译. 北京：高等教育出版社，1957).

[65] Ляпунов А М. Оьщая задача оь устойчцвости движения. [s. l.]：Харьков，1892.

[66] Abraham R，Marsden J E. Foundation of Mechanics. New York：Benjamin. 1967.

[67] Yusuke Hagihara，Celestial mechanics，Vol. 1. Dynamical principles and transformation theory. Boston：MIT，1970.

[68] Greenwood D T. Classical dynamics. New Jersey：Prentice Hall，1977（经典动力学. 孙国锟，译. 北京：科学出版社，1982）.

[69] Kane T R，Levinson D A. Dynamics，Theory and Applications. New York：McGraw-Hill，1985（动力学：理论与应用. 贾书惠，薛克宗，译. 北京：清华大学出版社，1988）.

[70] Feynman R P，Leighton R B，Sands M. The Feynman lectures on physics，Vol. 2. [s. l.]：Addison-Wesley. 1964，2（费曼物理学讲义：第二卷. 王子辅，译. 上海：上海科学技术出版社，1981）.

[71] 唐有祺. 统计力学及其在物理化学中的应用. 北京：科学出版社，1979.

[72] 梅凤翔. 非完整系统力学系统. 北京：北京工业学院出版社，1985.

[73] 梅凤翔. 非完整动力学研究. 北京：北京工业学院出版社，1987.

[74] 汪家詠. 分析动力学. 北京：高等教育出版社，1958.

[75] 梅凤翔. 非完整系统力学的历史与现状. 力学与实践，1979，1(4).

[76] Гуляев М П. Оь устойчивости вращения твердого тела с одной неподвпжной точкой в случае Эйлера. ПММ，1959，23(2).

[77] Ge Z M，Cheng Y H. Extended Kanés equations for nonholonomic variable mass system. ASME J. of Appl. Mech. ，1982，49(2).

[78] 易照华. 天体力学教程. 上海：上海科学技术出版社，1961.

[79] 陈滨. 陀螺稳定平台的非线性失稳与抖振. 北京大学学报，1979(2).

[80] 陈滨. 陀螺稳定平台的摩擦振动. 北京大学学报，1979(4).

[81] 陈滨. 机器人通过奇点的运动学逆问题的数值解法. 力学学报，1988(2).

[82] Mei Fengxiang，Chen Bin. Analytical Mechanics in China//Proceedings of the International Coference on Dynamics，Vibration & Control. Beijing：Peking University Press，1990，658—667.

[83] 陈滨. 关于经典非完整力学的一个争议. 力学学报，1991(3).

[84] 陈滨. 论约束力学性质的基本意义//陈滨. 现代数学理论与方法在动力学、振动与控制中的应用. 北京：科学出版社，1992：72—78.

[85] 陈滨. Hamilton 原理四种表达形式的异同. 力学与实践，1994-01，16(1)：64—68.

[86] 陈滨. 正则空间 Hamilton 原理的一个性质//陈滨. 动力学、振动与控制的研究. 北京：北京大学出版社，1994：13—14.

[87] 黄文虎，陈滨，王照林. 我国当前一般力学(动力学、振动与控制)研究的若干重要课题//黄文虎，陈滨，王照林. 一般力学(动力学、振动与控制)最新进展. 北京：科学出版社，1994：1—10.

[88] 梅凤翔，陈滨. 关于分析力学的学科发展问题//黄文虎，陈滨，王照林. 一般力学(动力学、振动与控制)最新进展. 北京：科学出版社，1994：37—45.

[89] 俞慧丹，陈滨. 滚盘实际运动的动力学研究. 1996-01，28(1)：76—82.

[90] 陈滨，潘寒萌．含铰接间隙与杆件柔性的空间伸展机构单元的动力学建模与计算模拟：第一部分：动力学建模．导弹与航天运载技术，1997(1)：27—37.

[91] 陈滨，潘寒萌．含铰接间隙与杆件柔性的空间伸展机构单元的动力学建模与计算模拟：第二部分：系统动态特性的计算模拟结果．导弹与航天运载技术，1997(3)：33—40.

[92] Chen Bin, Zhu Haiping. Global properties of linear constraints in state space and motion planning. Science in China: Series A, 1997-07, 40(7): 745—754.

[93] 王照林，陈滨，李铁寿．复杂系统动力学与控制及其在航天高科技中的应用//现代力学与科技进步，第1卷．北京：清华大学出版社，1997：441—446.

[94] Xiao Shifu, Chen Bin. Modelling and Bifurcation Analysis of Internal Cantilever Beam System on a Steadily Rotating Ring. Science in China: Series A, 1998-05, 41(5): 527—533.

[95] 陈滨．力学系统状态约束的本构特性问题//陈滨．动力学、振动与控制的研究．长沙：湖南大学出版社，1998：12—22.

[96] Chen Bin, Mei Fengxiang, Wang Zhaolin, Zhu Haiping. Developments of the Study on Nonlinear Dynamical Properties of Mechanical Systems//The Third International Conference on Nonlinear Mechanics (ICNM-Ⅲ). Shanghai, 1998-08.

[97] 肖世富，陈滨．离心场中悬臂梁的力学行为研究//陈滨．动力学、振动与控制的研究．长沙：湖南大学出版社，1998：257—265.

[98] 刘才山，陈滨．基于 Hamilton 原理的柔性多体系统动力学建模方法//陈滨．动力学、振动与控制的研究．长沙：湖南大学出版社，1998：354—359.

[99] 肖世富，陈滨．中心刚体——外 Timoshenko 梁系统的建模与分岔特性研究．应用数学与力学，1999-12，20(12)：1286—1290.

[100] 刘才山，陈滨．作大范围回转运动柔性梁斜碰撞动力学研究．力学学报，2000-08，32(4)：457—465.

[101] 肖世富，陈滨．离心场中纵向悬臂梁的大范围分岔分析．力学学报，2000，32(5)，559—565.

[102] 赵振，金海，陈滨．双面约束的理想加载．北京大学学报：自然科学版，2004，40(5)：735—739.

[103] Zhao Zhen, Chen Bin, Liu Caishan, Jin Hai. Impact Model Resolution on Painlevé Paradox. Acta Mechanica Sinica. 2004, 20(6): 649—660.

[104] 姚文莉，陈滨．考虑摩擦的平面多刚体系统的冲击问题．北京大学学报：自然科学版，2004-09，40(5)：729—734.

[105] 姚文莉，陈滨，刘才山．含摩擦的空间多刚体系统冲击问题．动力学与控制学报，2004-06，2(2)：7—10.

[106] Wenli Yao, Bin Chen, Caishan Liu. Energetic Coefficient of Restitution for Planar Impact in Multi-Rigid-Body Systems with Friction. International Journal of Impact Engineering, 2005, 31(3): 255—265.

[107] 姚文莉，陈滨，赵振，尉立肖．受到多点打击的非理想离散系统冲击动力学．北京大学学报：自然科学版，2005-9，41(5)：695—700.

[108] 赵振，刘才山，陈滨. 三维含摩擦多刚体碰撞问题的数值计算方法. 中国科学：G 辑，2006，36(1)：72—88.

[109] 赵振，刘才山，陈滨. 步进冲量法. 北京大学学报：自然科学版，2006，42(1)：41—46.

[110] Caishan Liu，Zhen Zhao，Bin Chen. The Boucing Motion Appearing in a Robotic System with Unilateral Constraint. Nonlinear Dynamics，2007，49：217—232.

[111] Zhen Zhao，Caishan Liu，Bin Chen. The Painlevé Paradox Studied at a 3D Slender Rod，Multibody System Dynamics，2008，19：323—343.

[112] Zhen Zhao，Caishan Liu，Wei Ma，Bin Chen. Experimental Invertigation of the Painlevé Paradox in a Robotic System. ASME J. of Applied Mechanic，2008，75(4)：041006-1-041006-11.

索　引

H

J

K

L

M

N

O

P

Q

R

S

T

V

W

X

Y

Z